Namen- und Sach-Register

zu den

Fortschritten der Physik.

Band I. bis XX.

Bearbeitet

von

W. Barentin.

Berlin.
Druck und Verlag von Georg Reimer.
1872.

Berichtigungen.

Seite 30 rechts l. Bourq statt Boury.
- 105 rechts - Greaves statt Graves.
- 144 rechts - Lougan statt Bougan, unterste Zeile.
- 196 rechts - Peale statt Peal.
- 290 rechts - Woodbury statt Woodburg.
- 344 rechts - elektrostatische statt el-stasche, unterste Zeile.
- 442 links - Helligkeit d. Pl. statt Pl. Helligkeit, unter Planeten.
- 43 rechts ist Calker vor Calla zu setzen.
- 62 rechts ist nach Doll einzuschalten: Dellisse s. Thomas.
- 65 links ist hinter Destocquois zu setzen: s. d'Estocquois, wohin auch die beiden unter Destocquois aufgeführten Abhandlungen gehören.

Die Jahrgänge sind im Register nach der Bandnummer bezeichnet; da sie auch nach dem Jahr citirt werden, über welches sie berichten, so ist zu beachten, dass Band I den Bericht von 1845 u. s. w., Band XX den Bericht von 1864 enthält. Von den Abhandlungen, die mit einem (*) versehen sind, ist kein Inhalt angegeben.

Abachef, D. Ueber d. wechselseitige Auflösung d. Flüssigkeiten XIII. 162*.

d'Abbadie, A. Trockenheit d. Luft in Abessinien III. 591. 615 — Beobachtung eines trocknen unter d. Namen Qobar bekannten Nebels in Aethiopien VI. 1051. 1098 — Vergleich d. hunderttheiligen Thermometers mit d. Thermometer v. Fahrenheit VI. 1059* Ueb. d. Gewitter Aethiopiens VIII. 600* — Ueb. Erdbeben u. Hebungen d. Bodens VIII. 646 — Apparat um d. Bewegungen d. Bodens zu beobachten VIII. 651 — Regenmenge zu Bayonne u. Saint-Pierre d'Irube VIII. 777* — Beobachtung d. totalen Sonnenfinsterniss v. 28. Juli 1851 zu Frederikswärn in Norwegen X. 643* — Erdmagnetismus. Beobachtungen d. Inclination d. Magnetnadel zu Urugue und Audaux XI. 625 — Fixirung d. Siedepunkts d. Centesimalthermometers XI. 629 — Pluviometrische Beobachtungen XI. 701 — Erdbeben des 28. Dec. 1854, XI. 804 — Schwingungen d. Bodens XI. 806 — Inclination d. Magnetnadel XII. 603 — Decimalsystem d. Maasse XIII. 93* — Ueb. d. Sonnenfinsterniss v. 18. Juli 1860 XVI. 570. 573; XVIII. 505* — Ueb. d. Variationen d. Intensität d. Schwere XVII. 45. 147 — Ueb. d. Gewitter in Aethiopien XVIII. 536*.

Abbe, E. Begründung d. Satzes v. d. Aequivalenz zw. Wärme u. mechan. Arbeit XVII. 366*.

Abbot s. Humphrey.

Abel, F. A. Anwend. d. Elektricität verschied. Quellen zur Entzündung v. Schiesspulver XVII. 514* — Ueb. e. merkwürd. Fall elektrolytischer Wirkung XIX. 440 — Verhalten d. Schiesspulvers u. d. Schiessbaumwolle bei Erhitzung unter besonderen Umständen XX. 359.

Abel u. Wheatstone, Ueb. d. Anwendung d. verschied. Arten d. Elektricität zum Minenzünden XX. 539.

Abert, J. J. Areal d. Flussgebiete in d. Vereinigten Staaten XI. 780.

Abich, H. Erste Resultate d. meteorolog. Stationen in Transkaukasien IV. 428. 432 — Höhenbestimmungen in Daghestan u. einigen transkaukasischen Provinzen V. 459. 463 — Thätigkeit der meteorolog. Stationen in Georgien VI. 1049. 1071 — Erläuterungen zu einem Profil d. nördlichen Abhangs d. Kaukasus IX. 663* — Ueb. einen in d. Nähe v. Tula stattgefundenen Erdfall XI. 787 — Ueb. d. letzten Erdbeben im nördl. Persien u. im Kaukasus, sowie üb. d. dortigen Quellen u. Gase, welche mit diesen Erscheinungen in Verbindung stehn XI. 800 — Vergleichende chemische Untersuchungen d. Wasser d. caspischen Meeres, d. Urmia- u. Vansees XII. 738 — Lichterscheinungen auf dem Kraterplateau d. Vesuvs 1857, XIII. 597 — Bildung v. Eiskrusten an Pflanzentheilen XV. 730* — Einige Punkte d. Geschichte u. Bildung d. Aetna XV. 774 — Ueb. e. bei Stawropol gefal-

lenen Meteorstein XVI. 607* — Ueb. d. Erdbeben v. Schemacha. Forschungen im Kaukasus im J. 1859, XVI. 901 — Ueb. eine im casp. Meer neu erschienene Insel nebst Beiträgen zur Kenntniss d. Schlammvulkane d. casp. Region XIX. 712 — Die Mineralquellen d. Sees von Urmia XX. 877 — Einige Resultate seiner letzten Reisen in Georgien u. d. benachbarten Gegenden XX. 915.

Abramow, N. Ueb. d. Erdbeben v. Semipalatinsk XIV. 714 — Heisse Quellen in d. Provinz Semipalatinsk XVI. 842 — Resultate d. meteorolog. Beobachtung zu Semipalatraja am Irtysch XIX. 660*.

Abria, Bestimmung der beim Mischen v. Wasser u. Schwefelsäure entwickelten Wärmemenge I. 335 — Wärmeerzeugung bei der Verbrennung von Wasserstoff u. Phosphor in Chlor II. 249. 250 — Anemoskop u. Anemometer mit immerwährender Anzeige VI. 1059* — Gesetze d. Rotationsmagnetismus X. 553; XI. 474 — Geschwindigkeit d. Lichts in verschied. Mitteln XVI. 204 226* — Gesetze d. elektrischen Induction in dicken Massen XVII. 520 — Beweis d. Formeln v. Gauss für d. Wechselwirkung zweier Magnete XX. 496 — Einfluss d. Länge eines Eisenstabes auf d. Gesetz, nach welchem die durch e. elektr. Strom erregte magnetische Intensität mit d. Durchmesser d. Stabes wächst XX. 501.

Abriuzki, Ausbruch d. Schlammvulkans auf d. Tamanschen Halbinsel im August 1853, XI. 816.

Accarié, Neue Art die Schiffe mit Dampf zu treiben X. 182.

Achard, A. Elektromagnet. Maschine zum Seidespinnen. Hemmung auf Eisenbahnen XI. 517*.

Acosta, J. Udometrische Beobachtungen in Neu-Granada V. 375. 379 — Mittlere Temperatur in geringer Bodentiefe in d. heissen Zone VIII. 655.

Adams, A. L. Ueb. d. Geologie eines Theils d. Nilthals nördl. v. zweiten Cataract in Nubien XX. 868.

Adams, H. W. Verbesserungen in d. Gewinnung galvan. Elektricität VI. 723. 726.

Adhemar, Umwälzungen des Meeres XVI. 910*; XVII. 748*.

Adie, J. Construction d. Marine-Teleskops V. 211* — Ursachen, durch welche d. Fundamentalpunkte d. Thermometer geändert werden VI. 1059*.

Adie, P. Beschreib. e. Instrumens zur Messung v. Entfernungen; desg. zur Winkelmessung XVII. 7*.

Adie, R. Thermoelektrische Versuche II. 370; VIII. 457 — Wirkung d. Sauerstoffs bei d. Erregung d. galvan. Elektricität II. 372. 378 — Ueb. Grundeis III. 89. 90 — Versuche mit voltaschen Ketten V. 265. 272 — Ursache d. Aenderungen d. Isothermen VI. 1053* — Zusammenhang zw. d. Farbe d. Köper und ihren magnetischen Eigenschaften VI. 1127. 1145 — Ungleiche erwärmende Wirkung eines galvan. Stroms beim Ein- u. Austritt aus einem Leiter VIII. 462 — Temperatur einer Löthstelle v. Wismuth u. Antimon beim Durchgang des galvan. Stroms VIII. 463 — Zusammenhang d. Magnetismus u. Diamagnetismus mit d. Farbe d. Körper VIII. 580 — Verbesserung d. Sikes'schen selbstregistrirenden Thermometers VIII. 665. 666 — Ueb. d. Temperatur u. Leiter galvanischer Ströme. Ueber inducirte Ströme bei d. metallischen Kreuz X. 452 — Ueb. Grundeis in fliessenden Gewässern IX. 662* — Einfluss von hügligem od. welligem Boden auf d. Hemmung der Windströme X 763* — Temperatur d. Ströme bei Frostwetter X. 787 — Ueb. einige thermoelekr. Eigenschaften d. Zinks u. d. Silbers. Ueb. d. elektr. Ströme v. Metallen, die mit Wismuth an einander gelöthet sind XI. 414 — Ueb. d. Thermostrom v. zusammengelöthetem Antimon, Wismuth u. Palladium XI. 414 — Ueb. hydroelektr. Ströme mit einem einzigen Metall XII. 440 — Einige thermoelektr. Eigenschaften d. Wismuths u. Antimons XIII. 340 — Beschreibung eines hermetisch verschlossenen Barometers XVI. 666 — Ueb. d. Grundeis XVII. 756; XVIII. 340.

Adley, C. C. Geschichte, Theorie u. Praxis d. elektr. Telegraphie VIII. 553*.

Adrian, A. Diffusionsgeschwindigkeiten u. Diffusionsäquivalente bei getrockneten Membranen XVI. 116.

Aeby, C. Ueb. d. Accommodationsgeschwindigkeit des menschl. Auges XVII. 318.

Agassiz, L. Die erratischen Erscheinungen am Oberen See VI. 908. 915

— Die Gletscherbildung XX. 879* — Die Eisperiode in Amerika XX. 899*.
Aguilar, A. Ueb. d. totale Sonnenfinsterniss v. 18. Juli 1860, XVI. 569. 573.
Aguirre, C. Meteorolog. Beobachtungen zu Antisana VI. 1050. 1088.
Aigneau, Vialète de, u. Gillis Totale Sonnenfinsterniss v. 7. Sept. 1858, XIV. 585. 586.
Aimé, Zusammendrückung d. Flüssigkeiten II. 99. 100 — Condensation d. Gase durch Druck II. 102. 106 — Ueb. Erdmagnetismus III. 520. 555 — Gebrauch des Reflexions-Anemometers III. 575. 585 — Schwankung d. mittleren Meeresniveau u. d. mittl. Barometerhöhe zu Algier IV. 411. 423.
Ainsworth, Th. Tafel üb. d. Regenmenge bei Whitehaven 1858 bis 1860, XVIII. 666. 667*.
Airy, G. B. Normalmaasse I. 579* — Ueb. die bei theilweiser Auffangung d. Spectrums entstehenden Streifen II. 580. 605 — Bemerk. zu Faraday's Strahlenschwingungen. — Gleichungen für d. Licht unter magnet. Einwirkung II. 581. 624 — Ueb. Brewster's neue Analyse d. Sonnenlichts III. 118. 132 — Magnet. u. meteorologische Beobachtungen auf d. königl. Observatorium III. 517. 522; IV. 393. 394; V. 350. 364 — Ueb. d. theoret. Bestimmung d. Schalles v. Challis IV. 101. 105 — Schwierigkeit in d. Theorie d. Schalles V. 93. 95 — Schwingung eines freien Pendels in einer von d. graden Linie wenig verschiedenen Curve VI. 69. 128 — Zusammenhang d. Windrichtung mit d. Mondphasen nach Beobachtungen zu Greenwich VI. 1052. 1110 — Ueb. Pendelbeobachtungen X. 48 — Correction d. Compasses auf eisernen Schiffen X 673* — Berechnung d. störend. Einflusses d. Anziehung v. Gebirgsmassen auf d. Bestimmung der geographischen Breite bei geodätischen Aufnahmen XI. 76 — Compasscorrection auf eisernen Schiffen. Discussion d. Compassabweich. auf hölzernen u. eisernen Schiffen nebst Tafeln zur leichteren Untersuchung d. Compassabweichung XI. 609 — Ueb. gewisse bisher unbeachtet gebliebene Fälle d. Personalgleichung nebst Zahlenangaben XII. 75 — Etalons d. englischen Maasse XII. 83* — Bericht üb. d. Pendelversuche im Hartonkohlenbergwerk zur Bestimmung d. mittleren Dichte d. Erde XII. 109. 113 — Ueb. d. Versuche zur Bestimmung d. Correction für d. Temperatur d. Pendels XII. 113; Zusatz v. Stokes 114 — Längenunterschied d. Sternwarten zu Brüssel u. Greenwich nach galvan. Signalen XII. 532* — Ueb. d. neuen englischen Normalmaassstab XIII. 90 — Ueb. d. mechanischen Zustand d. submarinen Kabels bei d. Versenkung XIV. 81 — Niedriger Barometerstand d. 24. Mai 1858, XIV. 678 — Ueb. d. scheinbare Projection d. Sterne auf d. Mondscheibe bei Sternbedeckungen XV. 556* — Beobachtung d. Sonnenfinsterniss v. 18. Juli 1860, XVI. 569. 572. 573; XVIII. 505* — Ueb. d. scheinbare Projection v. Sternen auf d. Mondscheibe bei ihren Verfinsterungen XVI. 603* — Ueb. Erdströme XVII. 565 — Gesetze d. täglichen v. Sonne u. Mond abhängigen Unregelmässigkeiten des Erdmagnetismus nach zehnjähr. Beobachtung zu Greenwich u. über ihre scheinbaren Ursachen XVII. 575 — Astronom., magnet. u. meteorolog. Beobachtungen zu Greenwich 1860, XVII. 578 — Ueb. d. Richtung d. Winde XVII. 654* — Ueb. d. Aenderung d. Klimas in verschiedenen Gegenden d. Erde XVII. 726* — Theorie d. Regulirung d. Uhren durch galvan. Ströme XVIII. 474* — Ueb. die Spannungen im Innern d. Balken XIX. 57 — Ueb. den zu Greenwich gebrauchten Apparat zur Beobachtung d. Sternspectra u. d. wichtigsten damit gewonnenen Resultate XIX. 209 — Ueb. d. geeignete Form d. Linsen für negative Fernrohroculare XIX. 302 — Ueb. d. numerischen Ausdruck für d. zerstörende Wirkung d. Explosionen d. Dampfkessel verglichen mit der des Schiesspulvers XIX. 338; XX. 328 — Verschiedenheit d. heiss u. kalt gewalzten Eisens hinsichtlich d. Eigenschaft Magnetismus aufzunehmen u. zu behalten XIX. 454 — Ueb. d. täglichen Ungleichheiten d. Erdmagnetismus nach d. Beobacht. zu Greenwich v. 1841 bis 1857, XIX. 600*; desgl. 1861, XIX. 601* — Beobachtung der magnet. Inclination 1856, XIX. 601* — Ergebniss d. meteorolog. Beobacht. zu Greenwich 1861, XIX. 659* — Erdbeben zu Greenwich XIX. 723 — Be-

stimmung d. Länge v. Valencia in Irland durch galvan. Signale im Sommer 1862, XX. 542* — Ueb. d. Ursprung des bei partiellen Sonnenfinsternissen um d. sichtbaren Mond rand wahrgenommenen Lichtstreifens. Ueb. d. hellen Streifen um d. Mondrand bei Photographien v. Finsternissen XX. 592* — Analyse von 177 magnet. Störungen registrirt von d. magnet. Instrumenten d. Sternwarte zu Greenwich 1841 bis 1857, XX. 621 — Magnet. Beobacht. zu Greenwich XX. 634* — S. Fitz-Roy.

Airy u. Le Verrier, Neue Bestimmung d. Längenunterschiedes d. Observatorien v. Brüssel u. Greenwich X. 592*.

Airy u. Quetelet, Längenunterschied d. Observatorien von Greenwich u. Brüssel X. 592*.

Akin, C. K. Ueb. d. Zusammendrückbarkeit d. Gase XIX. 38 — Ueb. Verwandlung d. Strahlen d. Spectrums Ueb. vorläufige Versuche üb. Calcescenz XIX. 189 — Ueb. thermoelektr. Ströme d. Ritterschen Art XIX. 454* — Ueb. d. Geschichte d. Kraft XX. 23 — Neue Methode zur directen Bestimmung d. specif. Wärme d. Gase bei constantem Volumen XX. 390 — Ueb. d. Umwandlung d. Strahlen d. Spectrums. Vorläufige Versuche üb. Calcescenz XX. 422.

Albert, J. V. Lichtmessapparat II. 179. 210 — Schilderung eines Sturms V. 375* — S. Steinheil.

Albrecht, Meteorolog. Beobachtungen in Chakodate, Japan, XVI. 757.

Alexander, J. H. Technische Bedeutung d. Hygrometrie u. relativer Werth d. gebräuchl. Hygrometer III. 93. 95 — Neue Formel für d. Spannkraft d. Wasserdämpfe IV. 95. 96 — Tafel d. Spannkraft d. Dampfs bei verschied. Temperatur V. 80 — Meteorolog. Coincidenzen VI. 1056* — Hassler's Versuche üb. die Ausdehn. d. Wassers bei verschied. Temperaturen IX. 22 — Galvanische Federhalter X. 545* — S. Henry.

Alexander, S. Ueb. d. Vergrösser. d. scheinbaren Durchmessers eines Körpers durch d. atmosphär. Strahlenbrechung XX. 592*.

Alexander, W. D. Besuch d. Mauna Loa während seines Ausbruchs 1859, XVI. 864.

Alix, Ausserordentlicher Hagelfall am 26. Dec. 1855, XII. 686.

Allain, Neuer Schiffscompass VIII. 609.

Allan, R. Zustand d. Haukedalr-Geysir in Island 1855, XII. 742.

Allan, T. Verbesserungen an elektr. Telegraphen VI. 839* — Verbesserungen an galvan. Batterien IX. 517 — Elektromagnetische Maschinen X. 586*; XIII. 434* — Einzellige Batterie XI. 464* — Verbesserungen in d. Benutzung d. Elektricität XI. 511* — Magneto-elektr. Motor XIII. 434*.

Allen, W. Höhenbestimmungen in Jerusalem vermittelst d. Aneroidbarometers XI. 693 — S. Johnson.

Allman, Apparat zur Erzeugung v. elektr. Licht V. 291* — Ueb. Schneekrystalle XVII. 671* — Ueb. d. Phosphorescenz d. Beroe XVIII. 240.

Allt, A. Einige Höhenbestimmungen in d. Bukowina u. d. angränzenden Ländern VIII. 633*.

Alluard, Ueb. d. specif. Wärme d. festen u. flüssigen Naphthalin's u. seine latente Schmelzwärme XV. 359 — Bestimmung d. Löslichkeit d. Salze XX. 95 — Ueb. d. Siedepunkt d. Mischungen zweier in jedem Verhältniss sich lösenden Flüssigkeiten XX. 368.

d'Almeida, J. C. Zersetzung wässriger Salzlösungen durch d. Säule X. 533; XII. 466 — Neuer stereoskop. Apparat XIV. 307 — Eigenschaften d. amalgamirten Zinks XVII. 483.

d'Almeida, J. C. u. P. P. Dehérain, Elektrolyse eines Gemenges v. Alkohol u. Salpetersäure XVI. 514.

d'Alquen, Zur Mikroskopie XII. 340.

Alter, D. Physikalische Eigenschaften des durch d. Verbrennung verschiedener Metalle im elektr. Funken hervorgebrachten u. durch e. Prisma gebrochenen Lichts X. 279; XI. 280.

Alth, A. v. Neue Höhenbestimmungen in d. Bukowina, d. Marmaros u. d. Kolomezer Kreise XV. 789*.

Althans, C. L. Resultate aus directen Messungen d. Sonnenwärme IX. 394.

Alvarez, A. Ueb. den aus d. Windrichtung stammenden Barometer-Unterschied zw. Rom und Subiaco XX. 708.

Amadio, F. Neue Form d. Barometers mit constantem Niveau u. horizontalem Schenkel XV. 656*.

Amberger, Nicklès und Cassal,

Anwendung des Elektromagnetismus zur Bewegung VI. 840*.
Amici, Achromatisches Mikroskop I. 298. 300 — Polarisationsapparat I. 298. 310.
Amsler, J. Zur Theorie d. Anziehung und d. Wärme VI. 604. 608 — Gesetze d. Wärmeleitung im Innern fester Körper VI. 604. 609; VIII. 417.
Amussat, A. Resultate d. Anwend. d. Elektricität als chirurgisches Heilmittel IX. 528; X. 545*.
Amy, Reise eines Hydroskopen od. d. Kunst Quellen aufzufinden XVII. 758*.
Amyot, Elektr. Telegraphie V. 314*.
Andeer, P. J. Meteorolog. Beobacht. in Bergun XVII. 689.
Andral, Erdbeben v. 20. Juli 1854, X. 793.
Andrau, K. F. R. Ueb. d. Temperatur d. Atlant. Oceans XVII. 617. 737* — Gesetz d. Stürme nach neueren Beobachtungen. Theorie d. Wirbelstürme in höheren Breiten XVIII. 640.
Andraud, Immerwährend fliessender Heber V. 63* — Luftspiegelung des erleuchteten Glockenthurms d. Cathedrale v. Strassburg 10 lieues v. d. Stadt VIII. 595* — Ueb. d. Explosionen d. Dampfkessel u. d. Mittel sie zu verhindern XI. 395 — Beziehung zwischen Erdbeben u. grossen Ueberschwemmungen XI. 797.
André, Beobachtung d. Nordlichts v. 15. Dec. 1862 zu Schloss Puycharnaud XVIII. 511* — Feuerkugel beobachtet zu Schloss Puycharnaud XX. 595*.
Andréeff, E. Ueb. d. specif. Gewicht u. d. Ausdehnung einiger condensirter Gase XV. 344.
Andrew, W. P. Der Indus u. seine Bezirke XVI. 825*.
Andrews, E. B. Ueb. d. Meteorsteinfall v. New-Concord XVI. 606* — Geolog. Verhältnisse u. Vorkommen d. Steinöls XVII. 764*.
Andrews, J. W. Barometerbeobachtungen auf einer Reise v. Albany auf d. Gipfel d. Berges Washington VI. 1058*.
Andrews, Th. Bestimmung der bei chemischen Verbindungen entwickelten Wärmemengen I. 327. 331 — Bestimmung d. specif. Wärme einiger Flüssigkeiten I. 359 — Wärmeentwicklung bei d. Verbindung d. Körper mit Sauerstoff u. Chlor sowie bei Metallsubstitutionen IV. 205. 208; V. 217. 222 — Specif. Wärme d. Broms IV. 226 — Latente Wärme d. Dämpfe IV. 226. 236 — Wärmeentwickl. beim Austausch v. Metallen VI. 599 — Apparat zur Bestimmung d. Feuchtigkeit d. Luft VI. 1050. 1092 — Methode e. vollständiges Vacuum unter d. Recipienten d. Luftpumpe herzustellen VIII. 135 — Neuer Aspirator VIII. 135 — Entdeckung geringer Mengen v. Natron durch polarisirtes Licht VIII. 285 — Ueb. chemische Verbindungswärme VIII. 393 — Ueber die polare Zersetzung d. Wassers durch Reibungs- u. atmosphär. Elektricität XI. 447 — Chemische Beschaffenheit u. Eigenschaften des Ozons XI. 458 — Wirkungen von starkem Druck mit Kälte auf d. sechs permanenten Gase XVII. 383.
Andrews, Th. u. P. G. Tait Dichtigkeit d. Ozons XIII. 82; XV. 470 — Ueb. d. volumetrischen Verhältnisse d. Ozons u. die Wirkung d. elektr. Entladung auf Sauerstoff u. andere Gase XVI. 515.
Andrini, Der grosse Ausbruch d. Vesuvs XVIII. 782*.
Andriveau-Goujon, E. Die Meeresströmungen nach Maury XIX. 669*.
Anglès, R. Sternschnuppenbeobacht. im August 1850, VI. 871*.
Angström, A. J. Magnet. Beobachtungen auf einer Reise in Deutschland u. Frankreich III. 519. 543 — Die Molecularconstanten d. monoklinoedr. Krystalle VI. 228. 237 — Temperatur d. Erde in verschied. Tiefe VI. 1058* — Bedeutung d. Polarisationsebne in d. Optik IX. 198 — Ueb. d. grüne Farbe d. Pflanzen IX. 250 — Optische Untersuchungen IX. 251 — Ueb. d. latente u. specif. Wärme d. Eises IX. 389 — Bemerk. in Betreff d. Wärme u. deren Theorie IX. 403 — Versuch einer mathematischen Theorie d. thermometrischen Wärme X. 398 — Das prismatische Spectrum d. elektr. Funkens XII. 250* — Ueb. d. Fortpflanzung d. Wärme in den Körpern XVI. 384 — Polarisation des Lichts d. Corona bei Sonnenfinsternissen XVI. 607* — Lufttemperatur in Enontekis XVI. 706* — Ueb. d. Fraunhoferschen Linien d. Sonnenspectrums XVII. 260; XVIII. 235 — Neue Methode d. Wärmeleitungsvermögen d. Körper zu bestimmen XVII.

403; XX. 396 — Ueb. d. Wärmeleitungsvermögen d. Kupfers u. Eisens bei verschied. Temperatur XVIII. 362 — Neue Bestimmung d. Länge d. Lichtwellen nebst einer Methode auf opt. Wege d. fortschreitende Bewegung d. Sonnensystems zu bestimmen XX. 189.

Ansted, D. T. Wassergehalt d. Kreide XVI. 837* — Statistik d. Erdbeben XVI. 886 — Die Wassermühlen von Argostoli XIX. 674.

Anstice, R. R. Bewegung eines freien Pendels VI. 68. 123.

Antinori, V. Aeltere Beobachtungen üb. d. Bewegung d. Pendels v. d. Mitgliedern der accademia del Cimento VI. 70. 145.

Antoine, Nebentöne u. optische Erscheinungen an schwingenden Körpern. Theorie d. Bogens V. 110. 113.

Antonelli, G. Ueb. d. Durchsichtigkeit der Atmosphäre X. 640* — Theorie der aräometr. Quecksilberbarometer XIX. 617*.

Apjohn, Kann mechanische Arbeit erhalten werden durch eine gegebene Wärmemenge, die zur Erzeugung v. Dampf angewendet wird, unabhängig v. d. Natur d. Flüssigkeit VIII. 382.

Appold, Centrifugalpumpe VI. 155. 196; XI. 104*.

Appolt, Gebrüder, Mittel zur Bestimmung hoher Temperaturgrade XII. 373.

Arago, F. Bemerk. zu d. Apparat v. Soleil um d. Drehung bei d. Circular-Polarisation zu messen I. 180* Photometrische Apparate in denen d. Doppelbrechung eine wichtige Rolle spielt I. 299* — Ueb. d. elektr. Telegraphen zwischen Paris u. Rouen; Rolle, welche d. Erdboden bei d. elektr. Telegraphen spielt I. 549. 567 — Elektr. Telegraphie II. 530* — Neue Mittel d. Fäden im Fernrohr zu beleuchten III. 210. 212. 373 — Neues Ocularmikrometer mit Doppelbrech. III. 210. 214 — Ueb. d. Nordlicht v. 17. Nov. 1848, IV. 171. 174 — Mikrometer V. 211* — Erweiterung u. Vervollkommnung einiger älteren opt. Versuche VI. 394. 397 — Ueb. Photometrie. Sieben Abhandlungen VI. 417. 418 — Vorschlag zu Versuchen behufs d. Entscheidung zw. d. Undulations- u. Emissionstheorie VI. 417. 420 — Feuermeteor am Tage VI. 871* — Ueb. d. totale Sonnenfinsterniss v. 8. Aug. 1850, VI. 874* — Versuche an einem Bohrbrunnen v. 321 Meter Tiefe zu Rouen VIII. 618 — Ueb. d. Geschwindigkeit d. Lichts (gelesen d. 10. Dec. 1810) IX. 252 — Methode zur Vergleichung verschieden gefärbter Lichtquellen IX. 253 — Ueb. d. Intensität des Erdmagnetismus während d. Sonnenfinsterniss IX. 626 — Interferenzrefractor X. 274 — Beschreibung d. Apparats zur Bestimmung des unter verschied. Einfallswinkeln v. einer Glasplatte zurückgeworfenen u. durchgelassenen Lichts X. 286 — Ueb. Thierelektricität X. 546* — Elektromagnetismus X. 575 — Ueb. Nordlichter X. 642* — Der Blitz X. 649 — Erdmagnetismus X. 671 — Geschichtliches üb. Dampfmaschinen. Explosion v. Dampfmaschinen XI. 373* — Ueb. Erdbeben u. merkwürdige vulkan. Eruptionen XV. 781* — S. Haeghens.

Arcari, J. Ein Problem d. Stosses IX. 33.

Archangelsky, Der östliche Theil d. Gouvernements Nischney-Nowgorod XVI. 808.

Archer, Ch. Ueb. d. Accommodation d. Auges für verschiedene Entfernungen XV. 276.

Archer, F. S. Der Collodiumprocess in d. Photographie VI. 522. 544; VIII. 349.

d'Archiac, Ueb. d. Geologie d. Corbieren XI. 789*.

Arconati, G. M. Ueb. d. Ausbruch d. Aetna 1863, XIX. 708*.

Arendt, R. Methode zum Calibriren d. Quetschhahnbüretten XII. 80.

Argelander, Witterungsverhältnisse d. Jahres 1854, XI. 758* — Regenmenge d. Monats Mai 1856, XII. 685 — Ueb. ein neues v. Schwerd erfundenes u. ausgeführtes Photometer XV. 231 — Menge d. Niederschläge bei Bonn v. 1848 bis 1859, XVI. 741* — D. Feuchtigkeitsverhältnisse in Bonn 1860, XVII. 656 — Ueb. d. Regenverhältnisse im J. 1862, XIX. 641*.

Armellini, T. Neues Experiment üb. d. elektrostatische Polarität XIII. 330 — Neue Einrichtung d. Barometers XVIII. 601* — Luftthermometer XX. 656.

Armitage, Blitzableiter IX. 620.

Armstrong, W. G. Ueb. d. sphäroi-

dalen Zustand d. Flüssigkeiten I. 14. 23 — Grosse Hydro-Elektrisirmaschine I. 386. 438 — Vorbeugung d. Erschütterungen v. Pumpenklappen X. 177 — Anwendung von Wasserdruckmaschinen XI. 99 Ursache d. krystallinischen Structur, welche d. Schmiedeeisen unter gewissen Umständen annimmt XVI. 19.

Arnaud-Bey, Ueb. d. jährliche Steigen d. Nils v. 1846 bis 1862 verglichen mit den Angaben d. Meqhyas XIX. 689.

Arndt, C. Ueb. Zodiakallichter X. 643*.

Arndtsen, A. Akustische Notiz XIV. 174 — Ueb. d. Circularpolarisation d. Lichts in verschiedenen Flüssigkeiten XIV. 279 — Ueb. d. Leitungswiderstand des Nickels XIV. 445 — Ueb. d. galvan. Leitungswiderstand bei verschiedenen Temperaturen XIV. 446 — Magnetische Untersuchungen mit d. Diamagnetometer v. Weber XIV. 508 — Beobacht. üb. Richtung u. Stärke der erdmagnet. Kraft auf einer Reise längs d. norweg. Küste v. Christiansand nach Varangerfjord XIX. 596.

Arnoldi, Elektr. Telegraphie III. 476*.

Arnollet, Neues atmosphär. Eisenbahnsystem I. 593. 603.

Arnott, N. Gefälle d. Flüsse IX. 650 — Hydrostatisches Bett od. schwimmende Matratze XI. 103*.

d'Arrest, Bestimmung d. Declination im magnet. Observatorium zu Leipzig VI. 889* — Ueber die ungleiche Wärmevertheilung auf d. Sonnenoberfläche IX. 708 — Nordlicht zu Kopenhagen d. 22. u. 23. Febr. 1859, XV. 563* — Ueb. d. seculäre Aenderung d. magnet. Declination zu Kopenhagen XV. 648.

Arthur, Die fortschreitende Bewegung d. Erde bewiesen durch Panisetti's Versuche XII. 120.

Artur, J. X. Wärmestrahlung eines festen Körpers auf e. cylindrisches Thermometer I. 364. 372 - Erscheinungen d. Calefaction I. 365. 376 — Hauptfehler in d. Theorie d. Capillarität v. Laplace XIV. 40 — Ueb. d. Erscheinungen, welche man durch e. vorgeblichen sphäroidalen Zustand d. Körper hat erklären wollen XVII. 384 (s. XVIII. 341*) — Ursachen d. Siedeverzugs d. Flüssigkeiten in gewissen Fällen XIX. 368*.

Ashe, J. Ueb. d. Pendelversuch zum Beweise d. Drehung d. Erde XII. 126 — Ueb. d Ursachen d. Erscheinung d. Wirbelstürme XVIII. 650 — Vorschläge zur Luftschiffahrt XIX. 42.

Asmus, H. Instruction behufs d. Beobachtung wiederkehrender Lebenserscheinungen an Thieren u. Pflanzen XV. 717.

Assmann, C. Erwärmung u. Erkaltung v. Gasen durch plötzliche Volumänderung VIII. 369.

Astrand, Tafel üb. d. relative Luftfeuchtigkeit XX. 742*.

Athey, T. H. Selbstthätige Wage III. 3 0*.

Atkinson, Ueb. abnorme Störungen d. Luftdrucks in gewissen Jahreszeiten XVIII. 637 — Tafeln üb. d. Regenmenge 1861 zu Old Trafford u. s. w. XVIII. 667*.

Attfield, Ueb. d. Spectrum d. Kohlenstoffs XVIII. 224.

Aubert, H. Ueb. d. blinden Fleck u. d. Begränzung der scharf sehenden Stelle im Auge d. Menschen XI. 341* — Ueber die durch d. elektr. Funken erzeugten Nachbilder XV. 291 — Scheinbare bedeutende Drehung von Objecten bei Neigung d. Kopfes nach rechts u. links XVI. 279 — Zur Physiologie d. Netzhaut XVII. 295; XVIII. 266; XIX. 297*; XX. 261 — Ueb. die Sinnesthätigkeiten d. Netzhaut XVIII. 266 — Ueb. subjective Lichterscheinungen XVIII. 267 - Ueb. Augenmaass u. optische Täuschungen XX. 295.

Aubert u. Förster, Ueb. d. Raumsinn d. Netzhaut XII. 318.

Aubrée, Photographie auf Papier VI. 520. 539.

Aubrée, Millet u. Leborgne, Photographieen durch elektr. Licht VI. 520. 538.

Aubry-Bailleul, Beobachtungen am Bord d. Jupiter VI. 1056*.

Aucapitaine, Ueb. d. Erdbeben in Algier v. 21. bis 25. Aug. 1856, XII. 772.

Aucour, Meteorolog. Beobachtungen zu Oran v. 1841 bis 1848, VI. 1055*.

Audouin, P. u. P. Bérard Ueb. d. verschiedenen Gasbrenner u. d. besten Bedingung. für d. Verbrenn. XVIII. 236.

Auerbach, J. Chemische Zusammensetzung d. Meteoriten v. Tula XVIII. 509* — Ueb. d. Meteoreisen v. Sarepta XX. 600*.

August, Rotation durch Reibungselektricität VI. 647 — Beschreibung zweier Sonnenuhren XIV. 293.
August, F. Neue Art stereoskopischer Erscheinungen XVI. 281.
v. Augustin, Veränderung in d. Structur d. Eisens V. 3. 18.
d'Auriac, F. Ueb. Eiserzeugung XIX. 373*.
Ausfeld, G. Meteorolog. Beobachtungen zu Schnepfenthal XIII. 534; XIV. 662*; XV. 707*.
Austen, R. Neuere Aenderungen d. Meeresspiegels VI. 909. 937.
Austin, Th. Beobacht. üb. d. Erdbeben am Morgen d. 6. Oct. 1863 in England XX. 927.
Autenheimer, Zur Theorie d. Torsion cylindrischer Wellen XII. 173.
Authenrieth, Beschreib. einer neuen Aräometerwage XVI. 13*.
Avenarius, M. Die Thermoelektricität ihrem Ursprunge nach als identisch mit d. Contactelektricität betrachtet XIX. 451 — Ueb. elektrische Differenzen d. Metalle bei verschied. Temperaturen XX. 488.
Avery, Elektromagnetische Maschine XII. 532*.
Avogadro, Ueb. d. Atomvolume u. ihre Beziehung zu d. Stellung d. Körper in d. elektrochem. Reihe I. 3. 13; II. 3. 11; VI. 4. 10 — Folgerungen aus Regnault's Versuchen üb. d. Zusammendrückbarkeit d. Gase VIII. 128.
Azzarelli, Ueb. d. Bewegung d. Doppelkegels auf zwei convergirenden graden Linien XII. 99.
Babbage, H. P. Ueb. eine mechanische Bezeichnungsweise erläutert an d. schwedischen Rechenmaschine d. Hrn. Scheutz XI. 80.
Babinet, Ueb. e. neues isochron. Pendel I. 73. 74 — Schätzung d. Dispersion in sehr kleinen Prismen durchsichtiger Substanzen I. 298. 301 — Ueber Brewster's Beobachtung d. neutralen Punktes II. 177. 188 — Die feurigen Wolken d. Sonne betrachtet als planetarische Massen II. 178. 201 — Darstellung starker Magnete ohne elektr. Ströme II. 542. 575 — Barometercorrection in Bezug auf d. Veränderung d. Schwere IV. 95 — Atmidoskop IV. 98 — Physikal. Beobachtungen während d. totalen Mondfinsterniss den 19. März 1848, IV. 171. 179 — Ein optisches Phänomen IV. 171. 183 — Schwingungsrichtung in polarisirten Strahlen V. 161. 162 — Zusammenhang zw. Temperatur u. Entwicklung d. Pflanzen V. 374. 377; VI. 1056* — Theorie d. Meeresströmungen V. 373. 460. 488 — Messung d. Intensität d. Stosswinde V. 376* — Modification d. Barometerformel v. Laplace zur Vermeidung d. Logarithmen VI. 214. 224 — Rechnungen zu Arago's Scintillometer VI. 318. 380 — Theorie d. Meeresströmungen VI. 912. 1004 — Ueb. d. Longitudinallinien im Spectrum VIII. 246 — Kugelförmiger Blitz VIII. 601* — Ueb. d. ungewöhnlichen unter d. Namen Mascaret, Bore, Pororoca u. s. w. bekannten Bewegungen d. Meeres VIII. 612 — Ueb. d. höhere Temperatur d. Flusswassers üb. die d. umgebenden Luft VIII. 616. 617 — Photometer zu gewerblichen Zwecken IX. 255 — Ueb. d. Sternschnuppenperiode d. 13. Nov. XII. 555* — Ueb. e. am 26. Juni v. d. k. Jacht la Reine Hortense ausgeworfenen u. am 15. Juli an d. Orcaden gefundenen Holzblock XII. 736 — Vergleichende Beobachtungen mit d. Barometer v. Davout XIII. 501 — Rückkehr d. französischen Klimas zu seinem normalen Zustand XIII. 539* — Ueber die vorgebliche Veränderung d. Schwere XIV. 82 — Ueb. d. Verdoppelung d. Bilder durch doppeltbrechende Krystallplatten mit parallelen Flächen XIV. 279* — Einfluss d. Drehung d. Erde auf d. Lauf d. Flüsse XV. 60 — Ueb. d. Abweichung eines senkrecht zum Meridian sich frei bewegenden Körpers nach Norden od. Süden XV. 61 — Beweis d. Foucaultschen Gesetzes über die transversale Tendenz eines Punktes, der sich auf d. Erdoberfläche bewegt XV. 64 — Ueb. ein diakatoptrisches Teleskop XV. 303 — Ueb. d. blauen Schatten v. 27. Mai 1859, XV. 555* — Ueb. einen Punkt d. Kosmogenie von Laplace XVII. 45 — Ueb. d. terrestr. u. astronom. Strahlenbrechung. Vollständige Formel für d. Strahlenbrechung XVII. 545 — Barometerformel für kleine Höhen XVII. 639 — Neue Barometerformel XVII. 640 — Ueb. d. säculären Aenderungen d. Salzgehalts d. Meere u. d. Acclimatisirungen d. Natur XVII. 737 — Ueb. d. Verwüstung zu Lissabon 1531, XVII. 789 — Ueb. d. Parallaxe d. Sonne XVIII. 198

— Einfluss d. Bewegung d. Erde auf d. optischen Erscheinungen XVIII. 199 — Apparat zur statischen Messung d. Schwere XIX. 17 — Ueb. e. neue Fortpflanzungsart d. Lichts XIX. 237 — Mondfinsterniss am 1. Juni 1863, XIX. 521 — Ueb. d. Berechnung d. Versuchs v. Cavendish üb. d. Masse u. mittlere Dichte d. Erde XX. 33 — Ueb. d. Paragenie od. seitliche Fortpflanzung d. Lichts u. üb. d. Ablenkung d. gebeugten Strahlen durch d. Bewegung d. Erde XX. 152 — Ueb. d. Temperatur, welche eingeschlossene Luft erreichen kann XX. 417 — Bericht üb. d. Arbeiten v. Coulvier-Gravier u. Chapelas üb. Sternschnuppen u. verwandte Erscheinungen XX. 592 — Ueb. d. Stabilität d. Atmosphäre XX. 647 — Gestalt u. Dimensionen d. Erde XX. 836.

Babington, B. Guy, Ueb. freiwillige Verdunstung XV. 358.

Babo, L. v. Spannkraft d. Wasserdampfs in Salzlösungen III. 64. 75 — Anwendung der Centrifugalkraft im chemischen Laboratorium VIII. 62 — Spannkraft des üb. Salzlösungen befindlichen Wasserdampfs XII. 359 — Analyse eines Meteorsteins XII. 558* — Gefrieren d. Quecksilbers in einem glühenden Tiegel XIII. 158; XIV. 127 — Absorption d. Wasserdampfs durch d. Ackererde. Spannkraft des sich aus Salzlösungen entwickelnden Wasserdampfs XIII. 165 — Argandsche Gaslampe XIII. 298 — Stereoskop. Darstellung mikroskopischer Gegenstände XVII. 313 — Apparat zur Darstellung von Ozon XVII. 516 — Zur Kenntniss d. Ozons XIX. 12*. 440.

Babo, v. u. Claus, Ueb. d. Volum d. Ozons XIX. 440.

Babo, v. u. J. Müller, Die Fluorescenz erregende Eigenschaft d. Flamme d. Schwefelkohlenstoffs XII. 257.

Bacaloglo, E. Eine Aufgabe aus d. analyt. Mechanik XV. 51* — Ueb. d. Maxima d. gebeugten Lichts und d. Functionen v. der Form $\frac{\sin x}{x}$, XVI. 252 — Theoretische Erläuterungen zu d. homologen Reihen XVII. 25 — Ueb. d. v. Hrn. Zöllner beschriebene Pseudoskopie XVII. 324 — Ueb. d. Gestalt d. Atmosphäre XVIII. 57 — Ueb. d. Richtung d. Schwere in verschied. Höhe üb. d. Erdboden XX. 33 — Neue Bestimmungsweise des durch kleine Oeffnungen gebeugten Lichts XX. 151.

Bacco, A. Anwendung v. schwefelsaurem Eisenoxyd statt Salpetersäure in d. Bunsenschen Batterie XVII. 437.

Bache, A. D. Magnetische u. meteorolog. Beobachtungen in Philadelphia V. 350. 351 — Fluthbeobachtungen zu Cat Island im Golf v. Mexiko VI. 914* — Beobacht. üb. Kraft u. Richtung d. Windes in d. beiden Küstenvermessungsstationen d. mexikan Meerbusens VI. 1052. 1107 — Ueb. Ebbe u. Fluth in Key West, Florida, nach Beobachtungen bei d. Küstenvermessung d. Verein. Staaten X. 772, dazu Whewell 773 — Die Fluthen an d. Westküste d. Verein. Staaten. Fluthen in d. Bay v. San Francisco in Californien. Tägl. Ungleichheit der Fluthen in San Diego, San Francisco und Astoria an d. Küste d. Verein. Staaten am Stillen Meer XII. 728 — Bestimmung d. Linien gleicher Fluthzeit an d. atlantischen Küste d. Verein. Staaten. Annähernde Bestimmung der Linien gleicher Fluthzeit an den Küsten d. Stillen Meeres d. Verein. Staaten XII. 729 — Fluthbeobacht. an der Küste der Verein. Staaten im Golf von Mexiko mit typischen Curven d. verschied. Stationen und Zerlegung derselben in die Curven d. tägl. u. halbtägigen Fluthen XII. 729; XIII. 568 — Vertheilung d. Temperatur im u. am Golfstrom an d. Küste d. Verein. Staaten XII. 733 — Erdbebenwellen an d. Westküste der Verein. Staaten im Dec. 1854, XII. 734 — Glaube dem Glauben gebührt XIII. 434* — Allgemeine Vertheilung d. Erdmagnetismus in d. Verein. Staaten XIII. 481* — Ueb. d. Winde an d. Pacificküste d. Verein. Staaten XIII 548; XIV. 665 — Fluthhöhen an d. atlantischen Küste d. Verein. Staaten. Fluthtabellen für d. Verein. Staaten. Anwachsen d. Insel Sandy Hook XIII. 569; XIV. 682 — Operationen und Resultate der Küstenvermessung d. Verein. Staaten XIV. 682 — Fluthströmung in d. Bay v. New-York XIV. 683 — Discussion d. magnet. Beobachtungen auf d. Observatorium des Girard College zu Philadelphia XV. 641 — Ueb. d. Golf-

strom XV. 740; XVI. 790* — Vertheilung d. Meerestemperatur in d. Kanal u. d. Strassen v. Florida XVI. 789 — Ueb. d. Küstenvermessungsoperationen 1859, XVI. 792* — Einfluss d. Mondes auf d. magnet. Declination nach den Beobachtungen am Girard College zu Philadelphia v. 1840 bis 1845, XVII. 584 — Discussion d. magnetischen Horizontalintensität nach d. Beobacht. ebendaselbst XVIII. 565 — Aufzeichnungen und Resultate einer magnet. Aufnahme v. Pensylvanien u. d. angränzenden Staaten 1840 u. 1841 nebst Nachträgen XIX. 597 — Discussion d. magnet. u. meteorolog. Beobacht. zu Philadelphia von 1840 bis 1845, XIX. 601*; XX. 633*.

Bache und Hilgard, Elemente des Erdmagnetismus in d. Verein. Staaten XIII. 471.

Bachs, Bohrversuch auf Steinsalz im Johannisfelde bei Erfurt XI. 788.

Baddeley, P. Ueb. d. Staubstürme in Indien VI. 1054*.

Baddeley, W. Anwendung v. Windkesseln bei Saugepumpen IX. 101; X. 176 — Construction v. Windkesseln u. andere Einflüsse auf d. Verhalten d. Wasserstrahlen X. 176.

Bädeker, F. Verdünnung und Verdichtung v. Flüssigkeiten zu einem bestimmten specif. Gewicht VIII. 41.

Baehr, G. F. W. Lichterscheinung zu Middelburg VIII. 596* — Bestimmung d. specif. Gewichts v. Körpern, die leichter sind als Wasser X. 33 — Bewegung eines festen Körpers um seinen Schwerpunkt unter der Voraussetzung, dass der letztere auf d. Erde fest ist, und an ihrer täglichen Drehung theilnimmt XI. 84 — Neuer parhelischer Kreis XVIII. 210.

Bähr, J. K. Vorträge üb. Newton's u. Göthe's Farbenlehre XIX. 218*.

Baer, Galvanoplastik d alten Aegypter VIII. 492* — Beobachtung eines Irrlichts IX. 609*.

Baer, K. v., Nothwendige Ergänzung d. Beobacht. üb. d. Bodentemperatur in Sibirien VI. 909. 939 — Caspische Studien XI. 766; XII. 737 — Allgemeines Gesetz in der Gestaltung d. Flussbetten XVI. 808; XX. 862. Vergl. XVII. 752 — Ueb. ein neues Project Austernbänke an d. russ Ostseeküste anzulegen u. üb. d. Salzgehalt d. Ostsee in verschied. Gegenden XVII. 739 — Die Verflachung des Asowschen Meeres XVIII. 719 — Ueb. d. Project d. Manytsch zu kanalisiren XVIII. 731*.

Baeyer, J. J. Theorie d. Contraction d. Wassers beim Ausfluss aus Oeffnungen in dünnen Wänden IV. 67. 69 — Höhen auf dem Eichsfelde u. in dessen Umgebung IX. 662* — Ueb. d. Anfertigung einiger Copieen v. d. Besselschen Toise X. 37* — Ueb. d. Strahlenbrechung in d. Atmosphäre XI. 566 — Neue Formel zum Höhenmessen mit d. Barometer XII. 657 — Beziehungen d. Strahlenbrechung in d. Atmosphäre zu d. Witterung und Zusammenhang einer Landesvermessung mit der Meteorologie XIV. 573* — Ueb. d. Bahnlinie d. Winde auf d. sphäroidischen Oberfläche XIV. 667 — Ueb. d. Cyclonen od. Wirbelstürme XV. 721 — Ueb. d. Strahlenbrechung in d. Atmosphäre XVI. 566 — Ueb. d. Grösse u. Figur d. Erde XVII. 735 — Ueb. d. Stand d. mitteleuropäischen Gradmessung. Das Messen auf der sphäroidischen Erdoberfläche XVIII. 689.

Baggs, J. Ueb. die durchbrechende Entladung und nächste Ursache des Funkens IV. 266. 268 — Elektrochemischer Telegraph VI. 838* — Elektr. Inductionsrollen XV. 507.

Bagot, Nepheleskop XIII. 555*.

Bahr, J. F. Analyse der atmosphär. Luft in Stockholm XVI. 665* — Ueb. die Nichtexistenz identischer Netzhautstellen XVIII. 271.

Baierlacher, Physiolog. Studien im Gebiet d. elektr. Muskelerregung vom Nerven aus XIV. 562*.

Baikie, W. B. Temperaturbeobacht. an d. Westküste d. tropischen Afrika XVIII. 615.

Bailey, J. W. Unterscheidung des künstlichen Kamphers v. natürlichem VI. 428. 454 — Universalindicator für Mikroskope XI. 357 — Bemerk. zu einem Aufsatz v. Wenham XII. 339.

Bailleul, Ueb. einige Umstände beim letzten Ausbruch d. Vesuvs VI. 910. 968.

Bailly, Meteorologische u. hypsometrische Beobachtung. aus Guatemala III. 591. 617 — Gewicht d. Erde XV. 734.

Bain, A. Ueb. elektr. Uhren, Telegraphen u. Zählapparate I. 549. 568 — Elektr. Telegraph II. 530. 532 —

Neues System d. elektr. Telegraphie III. 477* — Elektr. Glocken III. 477*; VIII. 553* — Verbesserungen an musikal. Instrumenten IV. 126. 357* — Neue Verbesserungen in d. Telegraphie VI. 838*.
Bain und Bakewell, Elektrochemischer Copirtelegraph VI. 838*.
Bakewell, F. C. Elektricitätsleitung durch Wasser VI. 700. 706 — Elektr. Copirtelegraph VI. 839* — S. Bain.
Balachoff, Ein Mittel um durch Zahlen richtige Vorstellungen über die Grösse d. verschied. Länder zu geben VIII. 44.
Balestrieri, P. Neue erprobte Methoden zur vollkommenen Aufhebung der sphär. Aberration, wodurch die Helligkeit u. Vergrösserungskraft d. Fernröhre unbegränzt zu steigern u. d. Linsenbilder ausserordentlich zu vervollkommnen sind XII. 806.
Balfour, J. H. Zusammenhang der Temperatur mit d. Vegetation, besonders in Bezug auf d. Frost im Dec. 1860, XVII. 619.
Ball, J. Anwendung d. elektr. Telegraphie auf meteorolog. Untersuchungen IV. 356*; V. 374* — Ueb. einen zweifelhaften Punkt d. Klimatologie XI. 785 — Ueb. d. Structur d. Gletscher XIII. 588* — Piks, Pässe und Gletscher, e. Reihe von Excursionen XV. 755* — Ueb. d. geaderte Structur d. Gletschereises XV. 756 — Ueb. e. Plan zu systemat. Beobachtungen d. Temperatur in Gebirgsgegenden XVII. 617* — Thermometerbeobachtungen in den Alpen XVIII. 616* — Ueb. barometr. Höhenmessung XVIII. 640* — Ueb. d. Entstehung d. Alpenthäler u. Alpenseen XIX. 677 — Ein Führer in d. Westalpen XIX. 697*.
Ballo, M. O. Einfluss d. atmosphär. Ebbe u. Fluth auf d. Barometerstand u. d. astronom. Refraction XX. 708*.
Bancalari, A. M. Einwirkung d. Muskelcontraction auf die Magnetnadel VI. 730. 753 — Ueb. d. Wärmecapacität zusammengesetzter Atome IX. 389 — Ueb. d. Molecularkräfte XII. 154.
Banck, O. Alpenbilder XIX. 697*.
Bandeira, de Sa Da, Ueb. d. Flüsse Zambeze u. Chire u. einige Seen d. östl. Afrika XVIII. 731*.
Banks, Neues Anemomet. III. 575. 584.
Banner, Oberschlächtige Wasserräder X. 184.
de Banville, Das Meer von Nizza XVI. 792*.
de Baran, Neue Luftpumpe VI. 214. 226.
Baranowsky, S. Klimatolog. Karte d. Erde IV. 458. 460.
Barber s. Morgan.
Barbiani, D. G. u. D. A. Erdbeben auf d. Insel Zante XIX. 724*.
Barbier, E. Thermometer mit doppeltem Index für Min. u. Maximum XVIII. 596 — Anwendung d. Capillarerscheinungen zur Construction verschied. Thermometrographen XX. 662*.
Barbot de Marni, N. Beschreib. d. Astrachanisch. od. Kalmücken-Steppe XX. 866.
Barbotte u. Rossin, Ueb. ein stark vergrösserndes astronom. Ocular IV. 198.
Barclay, J. C. Elektromagnetische Maschine XV. 489 — Neue wohlfeile Formen d. galvan. Batterie XVII. 445.
Barclay, J. T. Physikalisch-geograph. Beobachtungen in Jerusalem XIV. 635.
Barentin, W. Ueb. d. Ausströmen brennbarer Gase XV. 80.
Barfuss, Construction zusammengesetzter Mikroskope II. 242. 243.
Barker, T. H. Ueb. d. relativen Werth v. Schönbein's u. Moffat's Ozonometer nach täglichen Beobachtungen zu Bedford XII. 581*.
Barlow, P. W. Ueb. die bei Eisenbahnzügen zur Ueberwindung d. Trägheit u. s. w. erforderliche Kraft II. 48. 53 — Ueb. ein bei d. Berechnung d. Biegungsfestigk. einzuführendes neues Element XI. 148 — Ueb. e. Element der Festigkeit in Balken, die dem Querdruck unterworfen sind, d. Biegungswiderstand, XIII. 151.
Barlow, W. H. Dasein täglich wechselnder elektr. Ströme an der Erdoberfläche III. 520. 555 — Spontane elektr. Ströme in d. Telegraphendrähten IV. 411. 412; V. 315 — Verbesserungen an elektr. Telegraphen V. 313* — Ursache d. täglichen Variation d. Magnetnadel V. 351. 357; VI. 889* — Neue Elektrisirmaschine VI. 649. 650 — Aeltere Wahrnehmungen v. Störungen d. Telegraphen während eines Nordlichts XV. 566*.
Barnabita, B. Mikroskop von origineller Construction III. 210. 211 — Neuer meteorolog. Registrator XIII. 504.

Barnabita, P. M. Meteorolog. Beobacht. zu Livorno XIV. 663*.
Barnard, F. A. P. Methode zur gleichzeitigen Anfertigung v. stereoskop. Daguerreotypien auf derselben Platte mit einer gewöhnlichen Camera IX. 319 — Ueb. d. Elasticität erhitzter Luft als Bewegungskraft. Vergleich d. Wärmeverbrauchs in verschiedenen Formen der Luftmaschine X. 395 — Mechanische Wirkung d. Wärme X. 396 — Ueb. d. Theorie, welche d. Zodiakallicht zu einem Ring um d. Erde macht XII. 558* Ueb. d. Pendel nebst Beschreibung d. elektr. Uhr v. Ritchie XV. 56 — Vorlesungen üb. d. Wellentheorie d. Lichts XIX. 170*.
Barnard, J. G. Beweis d. scheinbaren Bewegung d. Schwingungsebne d Pendels in Folge d. Drehung d. Erde XI. 84 — Analytische Behandlung der sich selbst erhaltenden Kraft des Gyroskops XIII. 123 — Ueb. d. durch Reibung u. Luftwiderstand modificirte Bewegung d. Gyroskops u eine kurze Analyse d. Kreisels XIV. 85 — Einfluss d. Anfangsgeschwindigkeit u. d. hemmenden Kräfte auf d. Bewegung d. Gyroskops XIV. 85 — Dynamische Theorie d. Ebbe u. Fluth XV. 741 — Ursache der Ablenkung länglicher Geschosse XVI. 58.
Baroques, Verflüchtigung d. fixen Salze mit d. Wasserdampf u. technische Anwendungen davon V. 85. 86.
Barral, J. Fällung d. Goldes im metall. Zustand II. 409. 412. 434 — Galvan. Vergoldung u. Unterschied v. d. Feuervergoldung III. 377. 382. 383 (gegen Ruolz) — Ueb. Elektromagnete III. 461. 467 — Chemische Statik d. menschlichen Körpers IV. 222 — Ueb. d. Gehalt d. Regenwassers in verschiedenen Gegenden v. Frankreich VIII. 706 — Ueb. d. Trockenheit von 1858 u. d. Wasserstand d. Seine seit 140 Jahren XV. 728 — Ueb. Fortbewegung in d. Luft XIX. 42 — Ueb. eine eigenthümliche zu Paris d. 29. März 1864 gefallene Hagelform XX. 766 — S. Bontemps.
Barral, J. A. u. G. Die meteorolog. Prophezeiungen d. Hrn. Mathieu XIX. 606*.
Barral u. Bixio, Ueb. ihre aëronaut. Reisen VI. 1055*.
Barranti u. Matteucci, Neue Gasmaschine XIX. 347*.
Barré de Saint-Venant s. Saint-Venant.
Barreswil, C. Wasserzersetzung durch Metalle unter Einfluss geringer Mengen anderer Metalllös. II. 409. 413 — Eigenthüml. Fall von Endosmose VI. 33. 34 — Photograph. Steindruck VIII. 355.
Barrett, F. Ueb. physikal. Analyse d. menschl. Athems XX. 409.
Barry, E. Neue Formel für d. Spannung d. Dämpfe I. 90. 98.
Barse, J. Reactionen zur Unterscheidung v. Silicium u. Tungstein mittelst Silber XI. 460*.
Barth, H. Das Becken d. Mittelmeers in natürl. u. kulturhistor. Beziehung XVI. 792* — Capt. Speke's Entdeck. d. Abflusses d. einen Nilarmes aus d. See Ukerewe XIX. 688* — Dr. Balfour Baikie's Thätigkeit am untern Niger mit besonderer Berücksichtig. d. Flussschwellen dieses Stromes u. derjenigen d. Tsad- und Nilbeckens XIX. 690 Capt. Burton's Besteigung d. Camerungebirges 1861 u. 1862, XIX. 709.
Barthe, Meteorolog. Beobachtungen auf d. Reise d. Fregatte la Sibylle XIV. 661*.
Barthélemy, A. Beobachtungen üb. d. Hagel und seine Entstehung XIII. 555.
Bartlett, G. Ueb. d. verschiedenen Klimate Californiens XII. 708.
Bartlett, W. H. C. Ueb. d. Richtung der Schwingung im gradlinig polarisirten Licht XVI. 208.
Bashforth, F. Ueb. Capillarattraction XIX. 79.
Bashforth, J. Bemerk. zu Dresser's Versuchen üb. die Leitungsfähigkeit v. Drähten für volt. Elektricität VIII. 478 — Ueb. Joule's Versuche mit einem starken Elektromagneten VIII. 548. 549.
Bassolini, Ueber farbige Schatten XVII. 333.
Bastian, A. Ueb. d. Flüsse Birmas XIX. 684*.
Batchelder, J. M. Elektricitätsentwicklung in Lederriemen III. 341.
Bateman, J. F. Ueb. d. Fluthen in d. Manchester Wasserwerken im Februar 1852, VIII. 778* — Beobachtungen üb. d. Ausfluss d. Wassers IX. 87 — Ueb. einen artes. Brunnen im neuen rothen Sandstein bei d. Was-

serwerken von Wolverhampton XV. 749* — Bericht üb. Fluthbeobacht. am Humber XIX. 670* — S. Clare.
Battaglini, G. Ueb. d. Hauptaxen VI. 67. 71.
Battaille, C. Ueb. d. Stimmbildung XVII. 176.
Battista, R. Erdbeben in d. Basilicata XIV. 714.
Baudin, Hypsometer XVI. 673 — S. Doulcet.
Baudrimont, A. E. Festigkeit der dehnbaren Metalle VI. 15; Wertheim dazu 15* — Apparat zum Nachweis d. Drehung d. Erde VI. 70. 152 — Versuche üb. d. Elasticität heterophoner Körper VI. 228. 229 — Ueb. Schallbildung VI. 295. 314 — Ueber die Strahlen leuchtender Körper VI. 488. 492 — Das Aërodensimeter VI. 1050. 1093 — Neue Beobachtungen über d. weichen Schwefel XII. 23 Ausbleiben d. Tonschwingungen in heterogenen Flüssigkeiten XIII. 174 — Ueb. d. specif. Gewichte d. elastischen Flüssigkeiten XV. 23 — Prioritätsanspruch gegen H. S. C. Deville XVI. 375 — Ueb. d chemische Wirkung d. Sonnenlichts XVII. 294; XVIII. 260 — Ueb. d. Structur d. krystallisirten Körper u. d. Form ihrer Partikeln XX. 19*.
Bauer, A. Ueb. Gletscher XIII. 588* — Versuch zur Erklärung d. Gletscherspalten XVII. 770.
Bauernfeind, C. M. Beobacht. und Untersuch. üb. d. Genauigkeit barometr. Höhenmessungen u. d. Veränderung d. Temperatur u. Feuchtigkeit der Atmosphäre XVIII. 640* — Die atmosphärische Strahlenbrechung auf Grund einer neuen Aufstellung über d. physikal. Constitution d. Atmosphäre XX. 557.
Baumert, M. Neue Oxydationsstufe des Wasserstoffs u. ihr Verhältniss zum Ozon IX. 503 — Zur Ozonfrage XII. 478.
Baumgarten, Versuche mit d. Woltmannschen Mühle II. 53. 63 — Ueb. d. Werth d. Elasticitätscoefficienten für Gusseisen zur Bestätigung d. Berichts v. Collet-Meygret u. Desplaces (s. diese) XI. 156.
Baumgartner, A. v., Wirkung d. natürlichen Elektr. auf elektromagnet. Telegraphen IV. 355* — Anwendung d. galvan. Telegraphie zur geograph. Längenbestimmung IV. 356* — Leitkraft der Erde für d. Elektricität V. 276. 284; VI. 700 — Entdeckung elektr. Ströme durch d. Telegraphendrähte V. 315* — Umwandlung der Wärme in Elektricität XII. 343; XIV. 431 — Einfluss, den d. neueren Arbeiten üb. Wärme auf unsere Grundbegriffe üben müssen. Das mechan. Aequivalent d. Wärme u. seine Bedeutung in d. Naturwissenschaften XII. 344 — Ueb. Gewitter, insbesondere Hagelwetter XIII. 461 — Von d. allgemeinen Eigenschaften d. Kräfte XIV. 62 — Ein Fall ungleichzeitiger Wiederkehr für verschiedene Farben XIV. 314 — Grund d. scheinbaren Abweich. d. Wärmeäquivalents bei verschiedenen Gasen XV. 323 — Chemie u. Geschichte d. Himmelskörper nach d. Spectralanalyse XVIII. 235; XX. 177 — Die mechan. Theorie d. Wärme XX. 332*.
Baumhauer, E. H. v. Muthmasslicher Ursprung d. Meteorsteine u. Analyse eines in d. Prov. Utrecht gefallenen III. 674 — Aspirator u. Perspirator X. 189 — Neues Hygrometer X. 678 — Dichtigkeit d. Gemenge v. Alkohol u. Wasser XVI. 9 — Dichte, Ausdehnung durch Wärme, Siedepunkt u. Spannkraft d. Dampfes d. Alkohols u. d. Gemenge v. Alkohol u. Wasser XVI. 340; XVII. 13 — Ueb. d. Normalaräometer XVII. 13.
Baumhauer, E. H. v. und F. M. v. Moorsel, Tafeln zur Bestimmung d. Alkoholgehalts v. Gemengen aus Alkohol u. Wasser XVII. 13.
Baumhauer, E. H. v. u. F. Seelheim, Chemische Untersuch. d. Meteorsteins v. Uden. Ueb. eine für e. Meteorstein gehaltene Gesteinsmasse XVIII. 509*.
Baup, S. Barometr. Höhenbestimm. mehrerer Orte in d. Cantonen Waad, Freiburg und Wallis VI. 911. 974 — Ursache d. Vorrückens d. Gletscher VIII. 632; XIII. 587.
Baur, C. W. Ueber Erdrundung und Luftspiegelung auf d. Bodensee XII. 554; XIII. 456*.
Bauschinger, J. Ueb. d. Vertheilungscoefficienten XIV. 379 — Theorie d. Ausströmens vollkommener Gase aus einem Gefässe u. ihres Einströmens in ein solches XIX. 45. 346 — Ueber das Ausströmen des Wasserdampfes aus einem Gefäss und sein

Einströmen in ein solches XIX. 48. 346*.
Baxendell, J. Ueb. Sonnenflecke XV. 557; XVI. 608*; XVIII. 503* — Beobacht. üb. d. Zodiakallicht XVI. 609* — Merkwürd. Luftdruck d. 10. Nov. 1859, XVI. 722* — Theorie d. Regens XVI. 740* — Erscheinung v. Gruppen v. Sonnenflecken. Ein Sonnenfleck v. langer Dauer XVIII. 503* — Beziehung zw. d. Temperaturabnahme mit d. Erhebung in d. Atmosphäre und andern meteorolog. Elementen XVIII. 578 — Einfluss d. Jahreszeiten auf d. Abnahme d. Temperatur d. Atmosphäre mit d. Höhe in Europa u. Asien unter verschied. Breiten XVIII. 614 — Ueb. ein System period. Störungen d. Luftdrucks in Europa u. Nordasien XVIII. 635 — Ueb. d. unregelmäss. Schwankungen d. Barometers zu Lissabon XVIII. 636 — Ueb. d. Theorie d. Regens XVIII. 660 — Ueb. period. Aenderungen im magnet. Zustand d. Erde u. d. Temperaturvertheil. an ihrer Oberfläche XX. 635*.
Baxter, H. F. Ob u. was für elektr. Ströme in lebenden Thieren sich zeigen IV. 302. 328; IX. 535 — Experimentaluntersuchung um festzustellen, ob bei d. Muskelcontraction e. ähnliche Kraft wie im Gymnotus u. Torpedo entwickelt wird XI. 465; XIV. 532* — Versuche zur Ermittelung ob in d. Pflanzen elektr. Ströme während des Wachsthums auftreten XII. 491 — Einfluss d. Magnetismus auf d. chemische Wirkung XIII. 394 — Elektricitätserregung in Pflanzen XIV. 520* — Ueb. Nervenkraft. Besitzt Magnetismus e. Einfluss auf organ. Kräfte XVIII. 830*.
Bayard, H. Lichtbilder auf Papier II. 230. 240; VI. 520. 540.
Bayma, J. Mechanik d. Moleküle XX. 19*.
Bazin, Ueb. d. Bewegung d. Wassers in Kanälen. Dazu Bericht v. Morin XVIII. 40 — Ueb. d. Wellen und d. Fortpflanzung der Wasserschwellen. Dazu Bericht v. Clapeyron XVIII. 43; XIX. 36*.
Beatson, W. Ueb. elektromagnetische u. andere Schwingungen I. 143. 145; II. 142. 151.
Beau de Rochas, A. Allgemeine Formel für d. Ausfluss d. Gase mit od. ohne Expansion XIX. 41.
Beaufils, Mittel um d. Aerostaten steigen u. sinken zu lassen X. 186
Beaufort, F. Beobachtungen üb. d. Fluth im engl. Kanal u. in d. Nordsee VI. 914*.
Beaumont, E. de, Bericht über die Arbeiten v. A. Perrey üb. Erdbeben X 795 — Frühere Veränderungen d. Vesuvs XIV. 707 — Bemerk. zu Babinet's Mittheilung über die blauen Schatten XV. 555*.
Beaumont u. Mayer, Apparat zur Erzeugung v. Wärme durch Reibung (Thermo-Generator) XI. 372; XVI. 373.
Beauregard, T. de, Verbesserung in d. Dampferzeugung IV. 249. 254 — Generator mit überhitztem Dampf XVI. 337 — Verschiedene Anwendungen d. überhitzten Dampfes XVIII. 325*.
Béchamp, A. Einwirkung d. reinen Wassers u. verschiedener Salzlösungen auf d. Rohrzucker XI. 312 — Ueb. d. Veränderung d. Drehungsvermögens beim Stärkezucker XII. 281 — Ursache d. Aenderung d. Drehungsvermögens beim Stärkezucker u. Wahrscheinlichkeit d. Existenz v. zwei Arten amorpher Glukose XII. 281 — Zersetzungsproducte d. Stärkmehls u. d. Cellulose unter Einwirkung d. Alkalien, d. Chlorzinks u. der Säuren XII. 289 — Wirkung der Oxydationsstufen des Stickstoffs auf Jodkalium in Gegenwart v. Wasser XII. 581*.
Béchamp und Saintpierre. Chemische Untersuchung d. schleimigen Substanzen in d. Wassern v. Molitg (Ostpyrenäen) XVII. 764*.
Becher, A. B. Die Schifffahrt auf d. stillen Ocean XVI. 792*.
v. Bechtold, Versuche zur Ermittelung der Anfangsgeschwindigkeit d. Geschosse, ausgeführt zu Metz mit Hülfe d. ballist. Pendels IX. 61.
Beck, F. Meteorolog. Beobachtungen in Ohrdruf 1858, XV. 707*.
Beck, J. Entstehung d. Idee v. Entfernung im Stereoskop XV. 300*. — Verbesserungen an Stereoskopen XVI. 280.
Becker, Abhängigkeit d. elektr. Leitungswiderstandes einiger Flüssigkeiten v. d. Temperatur VI. 700 701.
Becker, J. Meteorolog. Beobachtungen zu Cronberg XVIII. 686*.
Becker, L. Ueb. die beständig zunehmende Erhöhung d. Flussbetten

VI. 909. 924 — Früheres Vorhandensein von Binnenseen VI. 909. 936 — Allmähliges Aufsteigen d. südlichen Küste v. Neuholland XIV. 680.

Becker, O. Wahrnehmung eines Reflexbildes im eigenen Auge XVII. 328.

Becker, O. u. A. Rollet, Zur Lehre vom Sehen d. dritten Dimension XVII. 305.

Beckley, R. Modell eines selbstregistrirenden Anemometers XII. 617.

Béclard, J. Ueb. Aufsaugung u. Ernährung VI. 34. 42 — Einfluss d. Lichts auf Thiere XIV. 289 — Wärmeerzeugung bei der Muskelcontraction XVI. 382.

Becquerel, A. Optische Bestimmungsmethode d. Eiweisses V. 161. 176; IX. 290.

Becquerel, E. Ueb. die durch Fällung v. Metalloxyden auf Metallen gebildeten Farbenringe I. 470 475 — Anwendung d. Elektrochemie auf d. Zersetzungen u. Verbindungen an d. Erdoberfläche I. 471. 479; II. 409. 411 — Wirkung d. Magnetismus auf alle Körper I. 573 — Wirkung d. rothen Strahlen auf d. Daguerreschen Platten; gegen Fizeau u. Foucault II. 236 — Ueb. die durch elektr. Entladungen erzeugte Polarität II. 338. 355 — Einfluss d. Gase auf d. elektr. Contactwirkungen II. 372. 377 — Elektr. Leitungsvermögen d. festen u. flüss. Körper II. 372. 381; III. 364. 366; V. 276 — Ueb. d. Wirkung d. Magnetismus auf alle Körper II. 541. 565; 542. 566 — Phosphorescenz durch Insolation III. 194. 199 — Elektr. Ströme durch Flüssigkeiten III. 352. 359 — Farbige Photographie d. Sonnenspectrums IV. 191. 193; V. 203. 204 — Ueb. d. elektrochemische Theorie V. 265. 269 — Elektricitätserregung bei d. Muskelcontraction V. 299* — Wirkung d. Magnetismus auf alle Körper V. 333. 344 — Entstehung elektrochemischer Wirkungen durch d. Sonnenlicht VI. 518. 534 — Ursache d. Elektricitätsentwicklung in d. Pflanzen u. üb. d. Ströme zw. Erde u. Gewächsen VI. 728. 740 — Ueb. d. bei d. Muskelcontraction erregte Elektricität VI. 729. 751 — Wirkung d. Magnetismus auf alle Körper VI. 1127. 1147. 1152 — Beobacht. üb. d. elektrochemischen Eigenschaften d. Wasserstoffs VIII. 474 — Erzeugung mehrerer Mineralverbindungen VIII. 486 — Neue Entwicklungen in Betreff chemischer Wirkungen durch d. Contact fester und flüssiger Körper VIII. 487 — Beschreibung eines Uhrthermometers VIII. 658 — Elektr. Leitungsfähigkeit d. Gase bei hohen Temperaturen IX. 479 — Ueb. chemische Verbindungen, welche mittelst langsamer Wirkungen durch d. Contact fester u. flüssiger Körper hervorgebracht werden IX. 510 — Ueb. d. Klimate u. d. Einfluss d. bewaldeten u. nicht bewaldeten Bodens IX. 737* — Prioritätsanspruch (d. ersten Wahrnehmungen d. Fluorescenz betreffend) X. 281 — Neue Untersuchungen üb. d. farbigen Erzeugnisse d. chemischen Lichtthätigkeit X. 327* — Beschreibung zweier depolarisirenden Apparate zur Gewinnung constanter elektr. Ströme X. 483 — Neue Untersuchungen üb. die Principien, auf welchen die Entwicklung d. Elektricität bei chemischen Wirkungen beruht X. 484 — Ueb. d. Erregung pyroelektr. Ströme X. 486 — Elektrochemische Behandlung d. Silber- Blei- u. Kupfererze X. 539 — Entstehung galvan. Ströme bei d. Berührung fester Körper mit bewegten Flüssigkeiten XI. 416 — Entstehung galvan. Ströme bei d. Berührung v. Erde u. Wasser XI. 422 — Ueb. d. Magnetkraft d. Sauerstoffs XI. 543 — Ueb. d. Erregung d. Elektricität durch Reibung XII. 383 — Ueb. d. Entwicklung d. Elektricität in d. voltaschen Säulen; Elektromotorische Kraft XII. 438 — Ueb. einige d. hauptsächlichsten Ursachen d. atmosphär. Elektricität. Ueb. d. Elektricität d. Luft u. d. Erde u. üb. d. chemischen Producte langsamer Einwirkungen mit od. ohne Einfluss elektr. Kräfte XII. 577 — Untersuchung verschied. Lichtphänomene, die aus d. Wirkung d. Lichts auf d. Körper entspringen XIII. 218; XIV. 225; XV. 234. 235; XVI. 243 — Elektr. Erleuchtung XIII. 361* — Ueb. d. langsamen Wirkungen d. Wärme u. d. Drucks XIII. 367 — Ueb. d. elektr. Thermometer u. seine Anwendung XIV. 401 — Messung d. Temperaturen unter d. Boden u. in d. Luft in verschiedenen Höhen XIV. 627 — Phosphorescenz d. Gase mittelst Elektricität XV. 234 — Elektr. Wirkungen unter Einfluss d. Lichts

XV. 434. — Ueb. mehrere Abhandl. d. Hrn. Houzeau d. Ozon betreffend XV. 571. 575 — Ueb. d. Temperatur d. Gewächse XV. 717* — Ueb. d. Anwendung unlöslicher Verbindungen in d. galvan. Ketten. Anwendung d. schwefelsaur. Bleioxydes in galvan. Ketten XVI. 449 — Ueb. d Ursachen d. atmosphär. u. terrestr. Elektricität XVI. 618* — Temperatur d. Luft auf d. Nordseite nahe am Boden, in gewisser Entfernung darüber u. auf d. d. Gipfel d. Bäume XVI. 688 — Temperatur d. Gewächse u. d. Bodens im Norden v. Amerika XVI. 707* — Zu einer Abhandl. v. A. Mousson üb. d. Spectrum XVII. 241 — Ueb. galvan. Ketten XVII. 442. Leitungsfähigkeit d. Flüssigkeiten in Capillarröhren; Rheostat zur Vergleichung grosser Widerstände XVII. 479 — Ueb. d. sogenannten Erdströme XVII. 480 — Galvan. Abscheidung d. Kieselsäure- u. Thonerdehydrats XVII. 490 — Ueb. d. elektrochem. Färbung u. d. Niederschlag v. Eisensuperoxyd auf Eisen u. Stahlplatten XVII. 493 — Elektr. Psychrometer XVII. 592; XX. 653. — Ueb. Temperatur in freier Luft nahe u. fern d. Bäumen nach d. gewöhnlichen u. elektr. Thermometer XVII. 609 — Bestimmung hoher Temperaturen mittelst d. Intensität des v. glühenden Körpern ausgestrahlten Lichts XVIII. 328* — Elektrochemische Reduction v. Kobalt, Nickel, Gold, Silber u. Platin XVIII. 444 — Ueb. d. Mitteltemperatur eines Orts. Ueb. d. Temperatur d. Luft in verschied. Höhen. Ueb. d. Temperatur in den unteren Luftschichten XVIII. 602 — Ueb. die Bestimmung hoher Temperaturen u. d. Strahlung glühender Körper XIX. 224. 229. 348. 351. Bemerk. zu einer Note v. Deville u. Troost XIX. 351 — Ueb. d. elektrochem. Zersetzung unlöslicher Substanzen XIX. 438 — Neue Untersuch. üb. d. Temperatur d. Luft, d. Minima u. d. Maxima XIX. 624 — Bestimmung der Bodentemperatur in grosser Tiefe durch d. elektr. Thermometer XIX. 624 — Anwendung thermoelektr. Ströme zur Messung d. Temperatur in den Pflanzen, in verschied. Höhen d. Luft u. Tiefen d. Erde XIX. 635* — Bemerk. zu einer Abhandl. v. Crova üb. d. elektromotor. Kraft d. Polarisation XX. 469 — Ueb. d. elektrochem. Färbung u. Ablagerung v. Eisenoxyd auf Eisen u. Kupferplatten. Elektr. Darstellung v. Kieselerde u. Thonerde. Elektrochem. Zersetzung unlöslicher Verbindungen XX. 484 — Ueb. die Ursache der Veränderung verschied. Metalle namentlich des Kupferbeschlags u. der Eisenplatten d. Panzerschiffe, u. d. Mittel sie zu verhindern. Ueb. die Erhaltung des Kupfers und Eisens im Meerwasser. Ueb. d. Erhaltung v. Eisen u. Gusseisen in süssem Wasser XX. 485 — Elemente der Elektrochemie u. ihre Anwendungen in Kunst und Wissenschaft XX. 486 — Ueb. d. Temperat. d. Pflanzen u. d. Luft u. üb. die d. Bodens in verschied. Tiefen XX. 684* — Ueb. d. Temperatur d. Luft in d. Nähe d. Bäume, in d. Luft u. d. obern Erdschichten. Veränderungen d. Temperatur nach d. Bodenbeschaffenheit. Temp. d. Erdschichten bis zu 36 Meter Tiefe XX. 685* — Ueb. d. Minima und Maxima der Lufttemperatur XX. 831* — S. Fremy.

Bède, E. Ueber das Aufsteigen des Wassers u. die Depression d. Quecksilbers in Capillarröhren VIII. 25; XI. 20* — Specif. Wärme mehrerer Metalle bei verschiedener Temperatur XI. 379 — Ueb. d. Capillarität XV. 108; XVI. 80; XVIII. 75 — Ueb. den Zusammenhang d. Erscheinungen d. Capillarität u. d. Endosmose XVIII. 71; XX. 75.

Beeck, E. Ueb. ein Meteor IX. 610* — Stand d. Luftelektricität in Halle IX. 613. — Resultate v. 2000 Beobachtungen d. Luftelektricität, IX. 613 — Ueb. Blitzableiter IX. 621.

Beer, A. Ableitung d. Fresnelschen Construction für d. Lichtbewegung aus den Formeln v. Cauchy VI. 318. 372 — Beobachtungen an pleochromatischen Krystallen VI. 427. 437 — Absorptionsverhältnisse d. Cordierits für rothes Licht VI. 427. 439 — Ueb. d. innere conische Refraction VI. 428. 453 — Neue Art d. Gesetze d. Fortpflanzung u. Polarisation d. Lichts in zweiax. Krystallen darzustellen VI. 428. 456 — Ueb. d. Hof um Kerzenflammen VI. 489. 512 — Ableitung d. Intensitäts- u. Polarisationsverhältnisse d. Lichtringes bei d. innern conischen Refraction VIII. 199 — Be-

stimmung d. Absorption des rothen Lichts in farbigen Flüssigkeiten VIII. 257 — Ueb. d. optischen Versuch d. Hrn. Libri VIII. 328 — Das überzählige Roth im Farbenbogen d. totalen Reflexion VIII. 334 — Ungewöhnlicher Regenbogen VIII. 595* — Beitrag zur Dioptrik optisch einax. Krystalle IX. 205 — Zur Katoptrik und Dioptrik krystallinischer Mittel mit einer opt. Axe IX. 210 — Vier photometrische Probleme IX. 226 — Ueb. d. Hof um Kerzenflammen IX. 303 — Ueb. die Dispersion der Hauptschnitte zweiaxiger Krystallplatten, sowie üb. d. Bestimmung d. optischen Axen durch Beobachtung d. Hauptschnitte X. 248 — Grundriss d. photometrischen Calcüls X. 251 — Ueb. d. Aberration d. Lichts X. 251 — Herleitung d. Cauchyschen Reflexionsformeln für durchsichtige Mittel. Herleitung d. Formel für d. Totalreflexion nach Fresnel u. Cauchy. Ueb. d. Cauchyschen Näherungsformeln für Metallreflexion. Herleitung der allgemeinen Cauchyschen Reflexionsformeln für durchsichtige und undurchsichtige Körper. Tabelle d. Brechungsindices u. Absorptionscoefficienten d. verschiedenfarbigen Lichts in Metallen. Begründung d. Reflexionstheorie durch Herleitung d. verschwindenden Strahlen aus d. allgem. Differentialgleichungen d. Lichtbewegung. Herleitung d. Fresnelschen Reflexionsformeln X. 342 — Ueb. d. Oberflächen rotirender Flüssigkeiten, insbesondere üb. d. Plateauschen Rotationsversuch XI. 94 — Vorstellungen vom Verhalten d. Aethers in bewegten Mitteln XI. 221 — Schreiben an W. Haidinger üb. d. Richtung d. Schwingungen des Lichtäthers im polarisirten Licht XI. 231 — Vertheilung d. Elektricität eines ellipsoidischen Conductors durch d. Einfluss einer entfernten elektr. Masse XI. 397 — Verhältniss d. Laplace-Biotschen Gesetzes zu Ampère's Theorie des Magnetismus; Vergleich der v. Neumann und Plücker aufgestellten Theorieen d. magnetoelektr. Induction XI. 470 — Allgemeine Methode zur Bestimmung der elektr. u. magnet. Induction XII. 385 — Ueb. d. successiven Entladungen zweier sphärischen Conductoren während d. Annäherung XII. 387 — Graphische Darstellung der Amplituden- und Phasenverhältnisse bei d. Reflexion d. gradlinig polarisirten Lichts XII. 786 — Ueb. d. Enveloppe gewisser Planetenbahnen XIII. 109 — Ueb. die Plateauschen Versuche mit Flüssigkeiten, welche der Wirkung der Schwere entzogen sind XIII. 126 — S. Plücker.

Beer A. u. P. Kremers, Ueb. die Brechungsindices einiger wässriger Salzlösungen XIII. 227.

Beetz, W. Passivität des Eisens I. 459; II. 387. 391 — Braunsteinkette III. 371 — Wirkung d. freien Sauerstoffs in der galvan. Kette IV. 284. 289 — Elektromotorische Kraft der Gase. Galvan. Polarisation d. Platinelektroden V. 275. 277 — Wirkung d. Erwärmens und Erschütterns der Elektroden auf d. Stromstärke VI. 701. 710 — Ueb. d. Stärke d. galvan. Polarisation IX. 485 — Ueb. d. Wärme X. 380* — Ueb. d. Leitungsfähigkeit für Elektricität, welche Isolatoren durch Temperaturerhöhung annehmen X. 487 — Ueb. voltasche Polarisation, Zersetzungskraft u. Uebergangswiderstand XI. 437 — Zur Theorie d. Nobilischen Farbenringe XII. 477 — Elektromagnetische Wirkung voltascher Ströme verschied. Quellen XIII. 430 — Ueb. d. elektromotorische Gesetz XIV. 398 — Ueb. d. Entstehen u. Verschwinden d. Magnetismus in Elektromagneten XIV. 489; XV. 489 — Vorlesungsthermometer XVI. 338 — Elektricitätsleitung durch Kohle und Metalloxyde XVI. 498 — Ueb. d. innern Vorgänge, welche die Magnetisirung bedingen XVI. 522 — Ueb. d. Farbe des Wassers XVIII. 227 — Ueb. d. elektr. Leitungsvermögen d. Flüssigkeiten XVIII. 438 — S. Du Bois-Reymond.

Beez, Ueb. Diffusion von Salzlösungen in Wasser XV. 108; XVIII. 91.

Begemann, Ueb. d. Ozongehalt der Atmosphäre XX. 617.

Beghin, E. L. Maschine mit vortheilhafter Benutzung d. Spannkraft des Aetherdampfs XVII. 369*.

Behm, E. Südafrika im Jahre 1858, eine geographische Skizze d. neuerforschten Regionen XIV. 630.

Behr, H. v, Ueber Magnetismus und dessen Verhältniss zu d. übrigen Naturkräften VI. 1127. 1165 — Ueb. d. neuere Theorie d. Wärme X. 381.

Beilstein, F. Ueb. d. Diffusion von Flüssigkeiten XII. 41. S. Christofle.

Beinert, C. Der Meteorit zu Braunau IV. 171. 179.

Bains, Ueb. d. galvan. Polarisat. in Bezug auf d. thier. Elektricität XIV. 537.

Beke, Ueb. d. Nilquellen im Mondgebirge V. 460. 478 — Der Fluss Sobat od. Astasabos XVII. 755*.

Beker, F. M. Theorie d. Erdbeben u. Vulkane XIV. 702.

Bel, Hydraulische Hemmung XI. 98.

Belgrand, Wirkungen der Wälder auf den Ablauf d. Regenwassers X. 776 Ueber Regenmessungen 1858 bis 1860, XVII. 671*.

Bell, J. P. Beobachtungen und Messungen über das Zurückweichen der Yorkshireküste IX. 649.

Bell, R. Geolog. Beschaffenheit der Halbinsel Gaspé XX. 914.

Bell, W. Ueb. d. Stärke v. Schmiede- und Gusseisen XII. 170 — Verfahren auf galvan. Wege Aluminium darzustellen u. andere Metalle mit Aluminium zu überziehen XVIII. 445.

Belland, s. Contégril.

Bellani, Töne eines in d. Luft ausgespannten Drahtes III. 103.

Bellavitis, G. Ueb. d. Foucaultsche Pendel VIII. 77 •Theorie der optischen Instrumente IX. 187 — Problem üb. d. Gyroskop XV, 66.

Belleville, Dampfmaschine mit überhitztem Dampf ohne Kessel IX. 432* — Pyrometer XVI. 339.

Belli, G. Condensations-Hygrometer I., 132. 139; III. 575. 578 — Ueb. d. Dichte d. Erdkruste u. einige damit in Verbindung stehende Erscheinungen VIII. 651 — Ueb. d. Erdbeben in Pavia XI. 804 — Ueb. d. am 22. März 1856 zu Pavia beobachtete Meteor XII. 556* — Ueb. Consistenz u. Dichtigkeit d. festen Erdkruste u. einige damit verbundene Erscheinungen XII. 723 — Elektrostatische Induction XIII. 327; XIV. 375 — Einzige Möglichkeit gleichzeitiger entgegengesetzt Ströme in einem Leiter XIII. 352 — Vorschlag d. Schiffschronometer vor jeder Unregelmässigkeit durch den Magnetismus zu bewahren XIII. 482* — Dichtigkeit des Aethers in d. planetarischen Räumen XV. 313 — Eigenthümlichkeiten d. Erdrinde aus Rechnungen über d. Verbreitung d. inneren Erdwärme hergeleitet XVI. 769 — Ueb. d. Bewegung d flüssigen Kernes unter d. festen Erdkruste XX. 839.

Belou, Luftmaschine XVII. 369*.

Belt, Th. Ueb. d. Bildung u. Erhaltung d. Seen durch Eis XX. 894.

Bénard, A. Jährl. Vertheil. d. Temperatur zu Paris v. 1816 b. 1855, XVIII. 607.

Bence Jones, H. Auflösung d. Blasensteine in verdünnten Salzlösungen durch Elektricität IX. 529.

Bender, W. Ueb. Versuche mit Mac Connelschen Hohlaxen XII. 178 — Zur Berechnung d. barometr. Höhenformel XIX. 637*.

van Beneden, Ueb. e. am 7. Decbr. 1863 in Belgien wahrgenomm. Aerolithen XIX. 544*.

Benedictis, B. de, Neues Instrument zur Messung unzugänglicher Entfernungen XVI. 3.

Benedikt, M. Abhängigkeit d. elektr. Leitungswiderstandes v. d. Grösse u. Dauer d. Stromes XIII. 353 — Aenderungen d. Magnetismus unter d. Einfluss elektr. Vertheilung XIII. 441.

Benedix, A. Versuche d. elast. Kraft d. Quecksilberdampfs bei verschied. Temperaturen zu messen X. 384.

v. Bennigsen-Förder, Zur Niveaubestimmung d. drei nordischen Diluvialmeere XV. 735* — Gletscher in Scandinavien XV. 761 — Hebungs- u. Senkungsfelder d. europäischen Meere XVI. 780.

Benoit-Duportail, A. C. Berechnung d. Axendimensionen für Eisenbahnwagen XII. 179.

Benoit, P. M. N. Verbessertes Wasserniveau IV. 79* — Versuche üb. d. Richtung eines Pendels v. Grante 1750 VI. 70. 151 — Ueb. Centrifugalpumpen VI. 155. 195.

Bentham, Einfluss d. Wärme auf d. Pflanzenleben XX. 333*.

Bentham, S. Calorimeter v. schmelzbarem Metall VI. 610. 618.

Bentley, C. A. Ueb. e. verbesserte Construction d. Ruhmkorffschen Inductionsrolle XII. 515.

Bentley u. Hearder, Verbesserter Inductionsapparat XIII. 415.

Beranger, Verbesserungen an Wagen VI. 60. 63.

Béranger u. Comp., Wägeapparat XIII. 93*.

Bérard, P. s. Audouin.

Beresin, Klima d. südl. Mandjurien XVIII. 611.

Berg, A. Die Chimaera X. 798.

Bergeat, C. Galvan. Färbung polirter Metalle VI. 722* — Verbesserung d. Zinkkohlenbatterie XII. 482 — Ueb. einige elektr. Apparate XIII. 337 — Bestimm. d. Factoren eines galvan. Stromes u. üb. e. hierzu sehr bequemen Rheostaten XIII. 378.

Bergemann, Untersuch. v. Meteoreisen XIII. 458*.

Berger, Ueb. Grundeisbildung XVIII. 337 — Ueb. d. Sphäroidalzustand XIX. 364 — Der Sturm in Deutschland am 6. Juli 1862 XIX. 639* — Ueb. Nebel XIX. 640* XX. 746 — Der Wisper- u. d. Bodenthalwind XX. 714.

Bergeys, Ueb. d. Differential-Stadiometer XIII. 435*.

Bergmann, C. Verhältnisse d. Wärmeökonomie d. Thiere zu ihrer Grösse IV. 222 — Zur Kenntniss d. gelben Fleckes d. Netzhaut X. 325 — Anatomisches u. Physiologisches üb. d. Netzhaut d. Auges XIII. 259*.

Bergon, Einfluss d. Nordlichts in d. Nacht v. 28. zum 29. Aug. auf die Telegraphenlinien XV. 564*.

Bergsträsser, C. Die Salzseen des Gouvern. Astrachan u. d. Wolgamündungen XIV. 688 — Iwanow's u. Nasarow's Aufnahme in d. pontocaspischen Niederung. Verbindung d. Caspischen mit d. Schwarzen Meer XV. 746. 789; XVI. 799; XVII. 750 — Wasserfahrt durch d. pontocasp. Niederung XVI. 824 — Ueb. d. Kuma-Manytsch Niederung XVI. 825.

Bergsträsser u. Kostenkoff, Untersuchung d. Manytsch u. d. pontocaspischen Niederung XVII. 750.

Bergue, C. de, Apparat zur Bewegung d. Wassers od. anderer Flüssigkeiten oder eines darauf schwimmenden Körpers XI. 101.

Berigny, A. Beobacht. mit Schönbein's ozonometr. Papier zu Versailles im Monat August, Morgens, Mittags, Abends u. Mitternacht XI. 593 — Vergleichende Beobachtungen aus Versailles u. d. Krim XI. 752 — Ozonometrische Beobachtungen mit Schönbeins Papier in d. Nähe d. Caserne zu St. Cloud im Oct. u. Nov. 1855, XII. 580* — Ueb. d. ozonometrische Papier XIII. 466 — Verhältniss des Ozongehalts d. Luft vor, während u. nach d. Nordlicht v. 28. zum 29. Aug. XV. 565. 616. 620 — Ueb. d. Ozonometrie XV. 571. 579 — Ozonometr. Beobachtungen auf dem Leuchtthurm zu Calais XVI. 632 — Einfluss der Luftfeuchtigkeit auf d. Resultate d. ozonometr. Beobachtungen XIX. 583 — S. Haeghens, Hervé.

Berjot, Darstellung einer Flüssigkeit, mit der man durch blosses Eintauchen d. Zinkplatten der galvan. Elemente amalgamiren kann XIV. 441; XV. 405.

Berkeley, E. S. Ueb. Nebensonnen IX. 608.

Berlioz, Die magneto-elektrische Maschine der Gesellschaft Alliance XVIII. 474*.

Bermann, O. Ueber die scheinbare Aenderung d. Orts u. d. Gestalt unter Wasser befindl. Objecte XIX. 181.

Bernard, F. Absorption des Lichts durch unkrystallin. Medien VIII. 252 — Beschreib. und Anwendung eines neuen Photometers IX. 253 — Bestimmung des Brechungsindex X. 275 — Ueber die Polarisation der Atmosphäre X. 295 — Bestimmung d. Brechungsexponenten mittelst d. Verschiebung XI. 262 — Beschreibung u. Theorie eines neuen Cyanometers XII. 553* — Ueb. d. Bestimmung d. Wellenlängen d. Spectrallinien durch Interferenzstreifen XX. 186 — Theorie d. Interferenzstreifen, welche durch theilweise Einschiebung einer dünnen durchsichtigen Platte entstehn. Anwendung dieser Erscheinung auf d. Bestimm. d. Wellenlänge d. Strahlen d. Spectrums. Wellenlänge d. Linie A. u. der Thalliumlinie XX. 188 — S. Bourguet.

Bernardin, Ueb. d. Zusammenfallen d. Gewitter mit d. Zeit d. Neu- od. Vollmondes XIX. 572.

Bernoulli, C. Zur industriellen Wärmelehre II. 312*.

Bernoulli, Dan. Ansicht über die Constitution d. Gase XV. 314.

Bernstein, J. Ueber e. neuen elektr. Reizapparat für Nerv u. Muskel XVIII. 836 — Ueb. d. Muskeln d. wirbellosen Thiere XIX. 509.

Béron, Ueb. Meteorologie XII. 692*.

Berthaud, Verbesserung des elektr. Telegraphen II. 530* — Buchstabendruck durch d. elektr. Telegraphen III. 476*.

Berthault. Nenes Schleusensystem II. 82*.

Berthelot, M. Ueb. d. gezwungene Ausdehnung d. Flüssigkeiten VI. 44. 53 – Einfache u. gefahrlose Art Gase, namentlich Kohlensäure, flüssig zu machen VI. 258 275 — Ueb. d. verschiedenen Arten Terpenthinöl IX. 291 — Ueb. einige Zuckerarten XI. 316 — Ueb. einige physikalische Eigenschaften d. zusammengesetzten Körper XII. 5 — Ueb. d. Schwefel XIII. 15 — Bildung d. unlöslichen Schwefels bei Einwirkung d. Wärme XIII. 20 — Ueb. d. weichen Schwefel d. Hyposulfite XIII. 22 — Beziehungen zwischen d. Zuständen d. Schwefels u. der Natur seiner Verbindungen XIV. 27 — Ueber die verschiedenen Zustände d. Schwefels u. ihre Darstellung XIV. 29 — Ueb. die Trehalose e. neue Zuckerart. Ueb. d. Melezitose desgl. XIV. 282* – Oxydirende Eigenschaften des Terpenthinöls XV. 27; XVI. 20 — Wirkung der Wärme auf d. verschied. Arten d. unlöslichen Schwefels XV. 29* — Ueb. d. augenblickliche Elasticität fester u. flüss. Körper XVII. 101 — Synthese des Acetylens durch directe Vereinigung v. Kohlenstoff u. Wasserstoff XVIII. 447. 448 — Ueb. d. Destillation gemischter Flüssigkeiten u. die Reinheit des Amylalkohols XIX. 362 — Sandregen am 15. Febr. 1863 auf e. Theil d. canarischen Inseln XIX. 641; XX. 770* — Ueber die Synthese der Ameisensäure XX. 355 — Ueber die Zersetzung d. Ameisensäure XX. 356.

Bertherand, Klima und Bodenbeschaffenheit Algeriens XI. 736.

Berthon, E. L. Selbstthätiges Log od. Geschwindigkeitsanzeiger für Schiffe VI. 154. 190.

Berthoud, H. Feuerkugeln u. Sternschnuppen als Quelle für Wetterprophezeiung XVI. 665*.

Berti, A. Die letzten Erdstösse in Venedig XIII. 610 – Eine meteorolog. Erscheinung XIV. 663*.

Bertin, A. Magnetische Circularpolarisation IV. 358. 371 — Messung d. Refractionsindex durchsichtiger Platten mittelst d. gewöhnl. Mikroskops V. 149. 152 — Magnetische Polaritätsphänomene an rasch gekühlten Gläsern u. den Fresnelschen Parallelepipeden V. 333. 347 — Anzahl d. Bilder v. einem zwischen zwei gegeneinander geneigten ebnen Spiegeln befindl. Gegenstand VI. 383 — Bildung von Wasser durch Platinelektroden XIII. 362 — Ueb. die elektromagnetische Rotation d. Flüssigkeiten XIV. 474; XV. 498; XVI. 526 — Neuer hydrostat. Dichtigkeitsmesser XV. 9 — Ueb. d. Interferenzstreifen, welche e. senkrecht zur Axe geschnittener Kalkspath zwischen zwei Glimmerblättchen v. einer Viertelwellenlänge in d. Turmalinzange zeigt XV. 248 — Elektromagnetische Rotation d. Flüssigkeiten XVI. 526 — Ueb. d. isochromatische Fläche; allgemeine Theorie d. Interferenzfransen d. Krystallplatten XVII. 196 — Ueb. d. hydrostatischen Dichtigkeitsmesser XVIII. 12* — Versuche über Induction. Ueb. einige besondere Eigenschaften unterbroch. Ströme XVIII. 482 — Ueb. Nörremberg's Polarisationsmikroskop XIX. 306 — Ueb. d. opt. Eigenschaften des Eises XX. 239.

Bertocchi, A. Statistik d. Tiber von 1822 bis 1861, XX. 866*.

Berton, P. A. u. P. H. J. Boutfol, Anomale Aenderung d. Nadel in d. Umgegend d. Insel Ouessant XIII. 481*.

Bertram, J. Condensationsdampfmaschinen ohne Luftpumpe XIII. 297*.

Bertrand, A. Ueb. d. Umwälzungen d. Erde mit Anmerk. v. Arago, E. de Beaumont u. a. m. XIX 661* — S. J. Jamin.

Bertrand, J. Theorie d. isothermen Flächen I. 377 — Fortpflanzung des Schalls in einem heterogenen Mittel II. 123. 141 — Aehnlichkeit in der Mechanik III. 31. 35 — Theorie der relativen Bewegungen IV. 61 — Vereinfachungen durch d. Aenderung d. Coordinaten bei Betrachtung der Bewegung der Wärme IV. 223. 225 — Neues Theorem d. analyt. Mechanik VIII. 51 — Ueb. d. mehreren Problemen d. Mechanik gemeinsamen Integrale VIII. 54; XII. 92 —Ueb. d. Erdbeben v. 20. Juli 1854 im Dep. Vienne X. 793 — Ueb. e. Abhandlung v. Ostrogradsky. Beweis eines Lehrsatzes v. Sturm XII. 87 — Ueber das Foucaultsche Gyroskop XII. 133 — Theorem üb. d. Bedingung für d. Temperaturgleichgewicht in einem homogenen Körper XII. 366 — Ueb. einige d. einfachsten Formen, welche d. Integrale d. Differentialgleichungen für d. Bewegung eines materiellen Punk-

tes annehmen können XIII. 107 — Ueb. d. Einfluss d. Erddrehung auf d. Lauf d. Flüsse XV. 61 — Beobachtungen d. Nordlichts v. 14. Decbr. 1862 zu Bellac XVIII. 511* — Ueb. d. Feuerkugel v. 11. Nov. XX. 596*.
Bertrand de Doue, J. M. Vergleich d. oberen u. unteren Winde im Klima v. Puy en Velay VI. 1058* — Ueb. d. in Puy beobachtete Gesetz der ungleichen Häufigkeit d. oberen u. unteren Winde VIII. 755.
Bertsch, Photographische Bilder mikroskop. Objecte XIII. 270. 271.
Besant, W. H. Gleichgewicht biegsamer Flächen XIV. 80; XVI. 85 — Gleichgewicht einer gebog. elast Platte XVI. 35 — Gleichung zur Bestimmung der anfänglichen Spannung eines Fadens. XX. 27.
Besio, Ueb. d. Sehen in verschied. Entfernungen II. 213. 220.
Bessard, H. F. Einige Eigenthümlichkeiten beim Blitzschlag XV. 621*.
Besse-Bergier, Feuerkugel vom 3. Febr. 1856; XII. 556*.
Bessel, Construction eines symmetrischen Pendels mit reciproken Axen V. 32* — Seine Refractionstafeln verbessert u. erweitert XI. 584* — Hypsometr. Tafeln nach engl. Maass berechnet v. Ellis XIX. 637*.
Bessemer, Centrifugalpumpe VI. 155. 196.
Beswich, Berechnung der magnet. Declinat. nach d. Principien v. Gauss VI. 889* — Neue Theorie d. Drucks d. Flüssigkeiten u. d. Dampfbildung VIII. 112.
Betti, E. Theorie der nach d. Newtonschen Gesetz wirkenden Kräfte u. Anwendung derselben auf die stat. Elektricität XX. 430.
Beuvière, Neues Planimeter I. 579. 580. II. 45 — Verfahren um Lichtbilder zu copiren II. 229. 239 — Apparat zum Beweise d. Axendrehung d. Erde X. 75.
Bezold, A. v. Zur Physiologie d. Elektrotonus XV. 517. 519 — Ueb. d. zeitlichen Verhältnisse, welche bei der elektr. Erregung d. Nerven u. Muskeln ins Spiel kommen XVI. 553 — Ueb. d. Beginn der negativen Stromesschwankung im gereizten Muskel XVII. 528 — Ueb. die elektr. Reizung d. Nerven u. Muskeln XVII. 534. 539 — Ueb. d. Natur d. negativen Stromesschwankung im gereizten Muske XVIII. 823.
Bezold, A. v. u. J. Rosenthal, Ueb. d. Gesetz d. Zuckungen XV. 525.
Bezold, W. v. Zur Theorie d. Condensators XVI. 418 — Physikalische Bedeutung d. Potentialfunction in d. Elektricitätslehre XVII. 422* — Ueb. das Verhalten d. starren Isolatoren gegen Elektricität XIX. 396; XX. 435 — Zur Lehre vom binocularen Sehen XX. 286 — Beobacht. üb. d. Dämmerung XX. 565.
Bianchi, Ueb. d. Verbrennung des Schiesspulvers im leeren Raum und in verschied. gasförm. Mitteln XVIII. 333. — S. Laroque.
Bianchi, B. Apparat für d. Circularpolarisation III. 138. 155.
Bianchi, G. Untersuchungen über d. Luftdruck IX. 739* — Neue meteorologische Erscheinungen X. 763* — Vergleich zweier Pendeluhren und eines Chronometers XI. 52*.
Bianconi, G. Ueber Galvanoplastik II. 421 423 — Ueb. d. durch Reibung fester u. flüss. Körper erzeugte Wärme mit Rücksicht auf Thermalquellen u. Meteoriten XVIII. 329.
Bianconi, J. Ueb. eine zu Bologna d. 10. Aug. 1863 zersprungene Feuerkugel XIX. 543*
v. Bibra, Untersuchung v. Seewasser d. Stillen u. Atlant. Oceans VI. 912. 1007; H. Schlagintweit dazu, 1009 — Zodiakallicht und Sternschnuppen in Chile IX. 611* — Regenlose Küste IX. 731.
Biddle, Beobacht. d. Sonnenfinsterniss in England 18. Juli 1860, XVIII. 505*.
Bienaymé, Nordlicht v. 1. Oct. XV. 563*.
Bielz, E. A. Zur Geschichte merkwürd. Naturbegebenheiten in Siebenbürgen XVIII. 812; XIX. 723 — Sternschnuppenschwarm aus älterer Zeit (15. Nov. 1606 XIX. 540*.
Bjerknes, Ueb. d. innern Zustand einer incompressiblen Flüssigkeit, in welcher eine Kugel sich bewegt, indem sie ihr Volumen ändert XX. 46.
Bigelow, A. Beobacht. üb. d. Gefrierpunkt d. Wassers XVII. 387*.
Bignon, Neues Heberbarometer XVII. 607*.
Bigourdan, Luftspiegelung zu Paris XI. 585*.

Bigsby, J. J. Ueb. d. physikalische Geographie d. Oberen Sees in Nordamerika VIII. 621.
Bilharz, Th. Beobachtungen üb. d. Zitterwels IX. 529; XII. 492* — Das elektr. Organ d. Zitterwelses XIV. 538.
Bilharz, A. u. O. Nasse, Elektrotonus im modificirt. Nerven XVIII. 832.
Billet, F. Mittel zur Beobacht. d. Beschaffenh d. Flüssigkeitsadern VI. 154. 179 — Constitut. d. polarisirt. Lichts u. wahre Ursache d. Veränderungen d. Phasenunterschiede zweier polarisirten Strahlen, die aus einem unpolarisirten hervorgegangen sind VIII. 196 — Die elektr. Condensationen der zweiten u. dritten Ordnung VIII. 446 — Ueb. d. drei Fälle, in denen ein Lichtstrahl beim Eintritt in einen doppelt brechenden einaxigen Krystall nicht getheilt wird, u. d. Flächen, welche diese Erscheinung zeigen können X. 242 — Beschreibung einiger Apparate zur Erleichterung d. Versuche mit dynamischer Elektricität X. 543 — Volumänderung d. Körper beim Uebergang aus d. festen in d. flüssigen Zustand XI. 36 — Ueb. d. Interferenzstreifen XI. 264 — Neues Mittel zur Untersuchung d. Ganges des ausserordentlichen Strahles im Kalkspath XI. 311; XV. 246 — Lehrbuch d. physikal. Optik XV. 204* — Zwei Apparate zur Erzeugung u. Untersuchung d. Interferenzfransen XVII. 350 — Ueb. d. Interferenz-Halblinsen XVIII. 244 — Ueb. d. siebzehn ersten Regenbogen d. Wassers XIX. 523 — Ueb. die supernumerären Bogen der elf ersten Regenbogen des Wassers XX. 573.
Billiard, Ueb. d. elektr. Aeusserungen d. Pflanzen X. 545*; XIV. 520*.
Billings, E. Ueb. gewisse Theorien d. Gebirgsbildung XVI. 780*.
Billroth, Th. u. A. Fick, Ueb. d. Temperatur bei Tetanus XX. 361*.
Bineau, A. Beziehungen zwischen d. Dampfdichten u. d. chemischen Aequivalenten II. 102. 107 — Ueb. d. Verbindungen d. Schwefelsäure mit Wasser V. 28. 29 — Löslichkeit verschied. Metalloxyde u. d. kohlensauren Erden u. einige Reactionen ihrer Lösungen XI. 170 — Bemerk. üb. Ozon u. Entgegnung v. Cloez XII. 581* — Ueb. die Auflösungen einiger Carbonate, besonders d. kohlensauren Kalks XIII. 160 — Dichtigkeit der überhitzten Dämpfe v. Schwefel, Phosphor und Arsenik XV. 22 — Schreiben üb. d. Beobachtungen von H. S. C. Deville u. Troost XVI. 13*.
Binet, Bewegung d. einfachen Pendels mit Rücksicht auf die tägliche Drehung der Erde VI. 68. 108 — S. Volpicelli.
Binet Saint-Preuve, Einfluss der Trägheit der Magnetnadeln auf die tägl. Variation d. Inclinat. u. Declination VI. 887. 892.
Bingham, R. J. Verbesserung im Daguerreschen Verfahren II. 229. 238 — Photograph. Handgriffe VI. 518* — Anwendung d. Collodiums in der Photographie VIII. 349. 351.
Biot, Bemerk. üb. die Apparate von Soleil die Drehung bei d. Polarisation leicht zu beobachten u. zu messen; Anweisung zur Beobacht. und Messung der Circular-Polarisation; opt. Eigenschaften d. Apparate mit zwei Rotationen; Ueb. d. Drehungserscheinungen im Bergkrystall I. 180 — Bemerk. üb. d. v. Ebelmen künstlich gewonnene durchsichtige Kieselsäurehydrat I. 180. 194 — Modification des in Deutschland für prakt. Zwecke angewandten Polarisationsapparats I. 299. 311 — Modificationen, welche d. polarisirte Licht unter d. Einfluss starker Magnete erleidet II. 158* — Drehung d. Polarisationsebne in festen Körpern V. 161. 163 — Anfertigung u. Anwendung der für das Herzogthum Modena bestimmten metrischen Normalmaasse VI. 61. 66 — Versuche üb. d. Verhalten d. Wassers in d. Nähe d. Gefrierpunkts gegen polarisirtes Licht VI. 427. 442 — Moleculare Eigenthümlichkeiten der Weinsteinsäure beim Schmelzen VI. 457 461 — Bericht über Pasteur's Untersuchungen des Drehvermögens seiner neuen Säuren VI. 457. 459. 473 — Drehung d. Polarisationsebene in festen Körpern. Gesetz der Aenderung des Drehvermögens in Flüssigkeiten mit e. drehenden Körper u. andern nicht drehenden VI. 457. 466 — Bemerk. zu d. Mittheilung v. Piria: üb. d. Populin VIII. 286 — Versuche zum Beweise, dass die mit dem Drehungsvermögen begabt. Körper, wenn sie in chemisch sie nicht angreifenden Medien aufgelöst sind, mit diesen

so lange vorübergehende Verbindungen ohne bestimmte Verhältnisse bilden, als diese den flüssigen Zustand bewahren VIII. 292 — Anwendung d. Theorie des Achromatismus auf die Compensation d. Ablenkungen, welche d. Drehvermögen den Polarisationsebenen d. Strahlen v. ungleicher Brechbarkeit ertheilt VIII. 298 — Bericht üb. d. Abhandlung v. Pasteur: Neue Untersuchungen üb. die Beziehungen zw. Krystallform, chem. Zusammensetzung und molecularem Rotationsvermögen IX. 285 — desgl.: üb. die Abhandlung: über Asparagin- und Aepfelsäure IX. 286 — Ueber atmosphärische Strahlenbrechung X. 635. 638 — Ueb. d. chemischen Wirkungen d. Sonnenlichts XI. 346 — Ueb. die Zuverlässigkeit d. jetzigen Refractionstafeln. Bestimmung d. Umstände, üb. welche hinaus ihre Anwendung unzulässig ist. Prüfung d. Theorie v. Ivory u. v. Bessel XI. 548 — Ueb. d. Gebrauch d. Wortes Glukose XII. 279 — Bemerk. zu einem Aufsatz v. Jeanjean üb. d. äth. Oel d. Krappweingeistes XII. 288 — Ueb. d künstliche Darstellung d. Weinsteinsäure durch Liebig XV. 255 — Einleitung zu d. Untersuch. üb. chemische Mechanik, worin d. polarisirte Licht als Reagens dient XVI. 265 — Ueb. einen Punkt in d. Geschichte d. Optik in Betreff d. Polarisationserscheinungen XVI. 266.

Biot u. Pasteur, Optische Bemerk. üb. d. künstlich dargestellte Populin u. Salicin VIII. 288.

Birks, R. Ueb. Materie und Aether XVIII. 16; XIX. 13*.

Birnbaum, H. Ueb. d. Erdbeben in Manila XX. 931*.

Birt, W. R. Ueber atmosphärische Wellen III. 645. 654; XVII. 635. — Erzeugung des Blitzes durch Regen V. 258 — Elektr. Beobachtungen zu Kew. V. 258. 262 — Zusammenhang der atmosphärischen Elektricität mit d. Condensation d. Dampfes VI. 877. 879 — Ueb. d. Hagelsturm v. 5. Mai 1850 zu Kew VI. 1051. 1097 — Merkwürd. Bogen am Himmel VIII. 595* — Ueb. eine den 23. Febr. 1859 beobachtete Gruppe von Sonnenflecken. Anzeichen v. Rotation in e. Sonnenfleck XVI. 609*; XVIII. 503* — Dreitägiger Bestand zweier Lichtstellen auf einem Sonnenfleck. Disposition d. Penumbra eines Sonnenflecks XVIII. 503* — Ueb. die Kraft d. Sonne im Herbst 1861 u. Frühling 1862, XVIII. 504* XIX. 539*. — Ueb. e. Instrument zur Farbenvergleichung, Homochromaskop. XIX. 308*.

Bischoff, G. Erklärung d. Kohlensäureexhalationen VI. 909. 944.

Bishop, Physiologie der menschlichen Stimme II. 142. 146.

Bisson, Galvanopl. Bronzirung IV. 300.

Bixio, s. Barral.

Bizio, B. Ueb. d. kugligen Zustand d. Körper I.I. 3. 6 — Ueb. d. Verdünnungswärme VIII. 416 — Ueb. e. Aufsatz v. Cima XII. 198 — Zusammenhang zwischen d. Aequivalenten d. Körper u. der in ihre Constitution eingehenden Wärme XVI. 332*.

Black, Zugutemachung d. Erze durch Elektricität X. 540* s. Wall.

Blackwell, F. E. Ausfluss d. Wassers bei Ueberfällen VI. 154. 185 — Ueb. die Bewegung d. Gletscher im Winter XI. 785 Forbes dazu 785.

Blackwell u. Norris, galvan. Verkupferung eiserner Nägel I. 483*.

Blair, Resultate über Elektromagnetismus mit d. Wagegalvanometer XVII. 511 — s. W. Mackenzie.

Blake, E. W. Allgemeines Gesetz d. Fortpflanzung v. Erschütterungen in elastischen Medien und Bemerk. zur Theorie d. Schalles IV. 101. 110 — Anwendung d. Bewegungsgesetze auf d. Ausdehnung d. Gase. Ueber den Ausfluss elastischer Flüssigkeiten VI. 214. 224 — Entgegnung auf d. Beurtheilung v. Hendricks IX. 105.

Blake, W. P. Neue Methode d. Unterscheidung ein- und zweiax. Krystalle und Resultate bei einigen für einax. gehaltenen Glimmerarten VI. 428 453 — Erdbeben in Californien X. 793 — Verhältniss der Verdampfung d. Tulare-Seen in Californien XII. 740 — Erdbeben in Californ. XII. 766.

Blakiston, Ueber einen merkwürd. Hagelschauer XVI. 740*; XVII. 672*.

Blakiston, Th. W. Fünf Monate an d. Yang-Tsze, mit einem Bericht üb. die Erforschung seiner oberen Gewässer XVIII. 731*.

Blanchet, R. Apparat zur Messung d. Gehörs III. 104. 106 — Ueb. den Hagel vom 23. August 1850 im Canton Waad VIII. 778* — Ueber den

Hagel IX. 737* — Ueb. d. Erzeugung d. Lichts bei den Leuchtkäfern XII. 245* — Ueb. die Tromben XX. 617*.
Blandet, Wiederherstellg. d. Stimme an menschl. Leichnamen II. 142. 145.
Blanpain, L. Sternschnuppenbeobachtungen XII. 555.
Blanquart-Evrard, Lichtbilder auf Papier II. 230. 240; III. 196. 206. VI. 520. 539. Talbot, Brewster dagegen III. 207 — Photographische Untersuchungen V. 204. 208; VI. 519. 534 — Verfahren um d. positiven Bilder chemisch zu färben VI. 520. 539 Herstellung albuminirter Platten VI. 521. 543.
v. Blaramberg, Vermessung des Parallelbogens v. 52" nördl. Breite durch ganz Europa u. die Betheiligung Russlands an derselben XVII. 735.
Blaserna, P. Ueber den inducirten Strom der Nebenbatterie XIV. 387; XV. 389.
Blaserna, P. Mach u. Peterin, Ueb. elektr. Entladung u. Induction XV. 389.
Blazek, G. Ueb. Volumsbestimmungen mit Zuziehung d. Schwerpunktstheorie XIX. 16.
Bley, H. Bemerk. zu Lagrange's analytischer Mechanik XVI. 25.
Bloch, Heber mit intermittirendem Ausfluss V. 63. 69 — Immerwährender Aspirator VI. 214. 226.
Blochmann, G. M. Ueb. Photometrie u. d. Beziehungen der einzelnen Bestandtheile d. Leuchtgases zur Lichtentwicklung XIX. 234.
Blodget, L. Wärmevertheilung in d. nordamerikan. Klima XIII. 483 — Klimatologie d. Verein. Staaten u. gemässigten Breiten v. Nord-Amerika XIII. 541; XIV. 661 — Regenvertheilung in d. gemässigten Breiten von Nord-Amerika XIII. 555*.
Blondat, Beobachtung einer Luftspiegelung von einem Haus der rue Fleurus 13. Juli 1852, VIII. 595*.
Blondeau, C. Neues Barometersystem XIV. 625.
Blondel, Anwendung d. elektr. Telegraphie auf d. Vervollkommnung d. Karten IX. 580*. Dazu Faye u. Arago 580.
Bloxam, Ch. L. Anwendung d. Elektrolyse auf Entdeckung giftiger Metalle in organ. Flüssigkeiten XVI. 520*; XVIII. 452*.
Bloxam, J. C. Meteorologie v. Newport, Insel Wight, aus Beobachtungen v. 1841 bis 1856, XV. 708*.
Bloxam, J. M. Mathematische Theorie u. praktische Mängel v. Uhrechappements nebst Beschreibung eines neuen Echappements X. 58; XV. 56.
Blum, Bedeutung u. Theorie d. Foucaultschen Versuchs XII. 124 — Ueb. d. Wirkung d. Luft in d. calor. Maschine XVII. 369* — Ueb. e. Meteorstein v. Darmstadt XVII. 555*.
Blumröder, Meteorolog. Beobachtungen zu Bayreuth XI. 721.
Boase, H. S. Bemerk. zu Hrn. Faye's Prüfung d. Abhandl. v. Plana üb. d. Repulsivkraft und das widerstehende Mittel XVII. 50*.
Bobierre, A. Ueb. d. Veränderung d. Messingbeschläge im Meerwasser XX. 485 — Ueb. die chemische Zusammensetzung d. Regenwassers in den Städten in verschied. Höhe XX. 765.
Bobierre u. Moride, Zusammensetzung der Eisenquelle v. Kirouars VI. 913. 1037 — Untersuchung der Eisenquelle von la Bernerie VI. 914. 1038.
Boblin, A. Optischer Versuch um v. einer Photographie d. Eindruck eines Körpers zu erhalten XIV. 305.
Boch-Buschmann, Darstellung reinen Eisens auf galvanoplast. Wege II. 421. 426.
Bochet, H. Verminderung der gleitenden Reibung bei zunehmender Geschwindigkeit namentlich auf Eisenbahnen XIV. 80 — Ueb. d. gleitende Reibung auf Eisenb. XVI 43; XVII. 46.
Bockewell, Verbesserungen im Telegraphiren mittelst Elektricität V. 314* — Zur Geschichte des elektr. Telegraphen V. 314*.
Boebert, Fortpflanzung d. Lichts in isophanen einaxig. krystall. Körpern V. 161*.
Boeck, Irrlichtbeobachtung XIII. 456*.
Boeck, B. Ueb. Muskelcontractionen XI. 466*.
Böcking, M. Meteoreisen v. Cap d. guten Hoffnung XI. 587* — Meteoreisen v. Ruffs-Mountain XII. 558*.
Boedecker, Die gesetzmässigen Beziehungen zw. Dichtigk., specifischer Wärme u. Zusammensetzung d. Gase XIII. 75.
Böhm, J. Ueb. d. Seehöhe v. Prag

XIII. 561* — Ueb. Pendel mit Quecksilbercompensation XIV. 79 — Einfluss d. Sonnenstrahlen auf Chlorophyllbildung und d. Wachsthum der Pflanzen überhaupt XV. 256 — Zur Berechnung der Sternschnuppen XV. 558* — Ueb. d. atmosphär. Ozon XV. 571. 577 — Ballistische Versuche u. Studien XVII. 46.

Boens, H. Ueb. d. Sehen der Menschen und Thiere VIII. 309.

Böttger, C. Das Mittelmeer XV. 742*.

Böttger, R. Versilbern des Glases behufs der Spiegelfabrication I. 298. 308 — Eisen in cohärentem Zustand mittelst Galvanismus II. 421. 425 — Erzeugung gleichförm. matter Oberflächen beim Versilbern u. Vergolden auf galvanischem Wege II. 421. 427 — Wiedergewinnung d. Goldes aus d. Rückstand bei d. galvan. Vergoldung II. 422. 430 — Bereitung des Kaliumkupfercyanür behufs d. galvan. Verkupferung II. 422. 433 — Ablenkung der Polarisationsebne durch kräftige Elektromagnete II. 541. 562 — Verfahren um Stahlmagnete bis zum Maximum zu magnetisiren II. 542. 575 — Vernickeln u. Verplatiniren v. Metallen III. 378. 388 — Reclamation in Betreff einer Beobacht. beim Leidenfrostschen Phänomen VI. 259. 289 — Ueb. d. Freiwerden von Elektricität bei chem. Zersetzung X. 438 — Einige Thatsachen in Betreff des elektr. Stroms und elektr. Lichts X. 519 — Ueb. d. Phänomen des lange anandauernden Siedens einer übersättigten Glaubersalzlösung nach Entfernung der Wärmequelle XI. 189 — Hervorbringung des unter d. Namen chemische Harmonika bekannten Phänomens theils mit Leuchtgas aus Steinkohlen theils mit einem Gemisch aus atmosphärischer Luft und Wasserstoff XI. 216 — Ueber die Fluorescenz des Kaliumplatincyanürs und die Benutzung von in Sauerstoff verbrennendem Schwefel od. Phosphor zur Erzeugung v. Photographien XI. 278 — Ersatz d. Stathamschen Zünder. Erzeugung elektr. (sogenannter Lichtenbergschen) Staubfiguren in grösster Vollkommenheit und in verschiedenen Farben XI. 407 — Berichtigende Bemerkung üb. die Bildung von Antimonsuboxyd und selbstentzündlichem Antimonwasserstoff auf galvan. Wege XI. 452 — Ueb. d. Verplatiniren d. Metalle mittels d. elektr. Stroms XI. 460* — Ueb. eine lange wirksam bleibende besonders für telegraphische Zwecke sich eignende voltasche Batterie XI. 462 — Phosphoresciren d. Chlorophans XII. 245* — Einfachste Bereitungsweise d. Kaliumplatincyanürs u. Versuche üb. d. Fluorescenz desselben XII. 256 — Festfrieren einer von aussen mit Wasser benetzten Kupferschale, in welchér e. Tropfen Schwefelkohlenstoff rasch verdampft wird XII. 374* — Ueb. d. Zerplatzen d. galvanisch niedergeschlagenen Antimons XII. 479 — Wer hat d. eigenthümlichen Geruch bei d. Elektrolyse, der zur Entdeckung des activen Sauerstoffs führte, zuerst wahrgenommen?* XIV. 467 — Entstehung v. Untersalpetersäure und Salpetersäure durch Decomposition der atmosphärischen Luft mittelst Inductionselektricität XIV. 469 — Ueb. das bei d. Elektrolyse d. Antimonchlorids an d. Kathode sich ausscheidende Metall XIV. 470; XVII. 489. — Ueber eine perpetuirliche Ozonquelle XVI. 17 — Zur Spectralanalyse XVII. 253 — Einwirkung eines elektr. Inductionsstroms auf verschied. Gase XVIII. 459 — Ueb. d. Entzündungstemperatur e. Gemisches v. Sauerstoffgas u. Schwefelkohlenstoffdampf. Ueb. die Differenz der Temperaturen, bei welchen verschied. leicht feuerfangende Körper sich entzünden XIX. 359 — Anwendung d. Zeiodelits XIX. 410 — Ueb. d. Einwirkung d. elektr. Inductionsstromes auf verschied. Gase XIX. 443 — Ueb. d. Spectrum d. v. Reich u. Richter in Freiberg entdeckten Indiummetalles XX. 192 — Thallium in magnetischer Beziehung XX. 496.

Bogg, Formeln u. Tafeln zur Auflösung verschied. hypsometr. Aufgaben XVIII. 640*.

Bogget u. Pettit, Patentirte dioptr. Refractoren IX. 317.

Boguslawski, G. v. Ueb. d. periodischen Sternschnuppen-Phänomene. D. Meteor v. 28. Sept. 1852, VIII. 596* — Zehnter Nachtrag zu Chladni's Verzeichn. der Feuermeteore u. herabgefallenen Massen IX. 610* — Die period. Sternschnuppen d. Aug. IX. 611*.

Bohn, C. Bemerk. zu Bunsen's Photometer XV. 226 — Optische Eigen-

schaften der künstlichen Weinsteinsäure XV. 255 — Physikalische Untersuchung d. Gasteiner Thermalwassers XVI. 839* — Zur Polarisation des Lichts durch einfache Brechung XVIII. 248 — Geschichtliche Notizen über d. Erhaltung d. Energie XX. 331 — Ueb. d. Bestimmung d. specif. Wärme aus Mischversuchen XX. 373.

Boileau, P. Ueb. d. Bewegung des Wassers in d. Strombetten II. 53. 64; IV. 67; V. 42. 53 bis 59 — Wassermessung III. 44. 48 — Ausfluss aus d. Speiseöffnungen d. hydraul. Räder mit gekrümmten Schaufeln III. 54* — Bestimmung d. Wassermenge in Kanälen von geringem oder mittlerem Querschnitt VI. 154. 182 — Ueb. d. Bewegung d. Wassers in Flussbetten und grossen Abflussöffnungen IX. 86. — Ueb. d. Elasticität d. vulkanisirten Kautschucks XII. 179 — Höchste Temperaturen zu Nimes v. 1826 bis 1857, XIII. 482.

Boisse, Die am 11. Nov. zu Rodez beob. Feuerkugel XX. 596*.

Bokowa, Maria, Ein Verfahren künstliche Farbenblindheit hervorzurufen XX. 297.

Boldrini, C. Barometer mit zwei Flüssigkeiten XI. 637.

Boll, E. Entstehung d. Inseln in d. Landseen d. Ostseegebietes IX. 655 — Der grosse Nebel im Jahre 1783, X. 766* — Grosse Unzuverlässigkeit d. ältern mecklenburgischen Höhenmessungen X. 788* — Blitze ohne Donner XI. 597 — Zur Gewitterkunde XIII. 463*; XVIII. 543*; XIX. 572* — Rauchende Berge XIII. 555* — Auffallende Meeresfluth an d. Nordseeküste XV. 741. 781 — Die Eishöhle bei Roth in d. Eifel XX. 899*.

Bolley, P. A. Ueb. d. Krystallinisch- u. Sprödewerden d. Schmiedeeisens durch fortgesetzte Erschütterungen VI. 3. 7 — Darstellung von schwammigem Blei zur Galvanoplastik VI. 722* — Vorzüge des in England gebräuchlichen Aräometers v. Twaddle vor d. Beauméschen und Beckschen Aräometer X. 29 — Relation zw. d. Gehalt u. der Dichtigkeit wässriger Lösungen v. Aetznatron X. 35 — Zur Kenntniss d. Moleculareigenschaften d. Zinks XI. 5 — Die Heizkraft des Holzgases verglichen mit der des Weingeistes XIII. 297.

Bolley, P. u. G. Pillichody, Ueb. einige physikal. Eigenschaften d. Legirungen v. Zinn u. Blei XVII. 15. 387.

Bolsmann, Irrlicht zu Gimbte bei Münster XVI. 603*.

Bolzani, J. Verbreitung des elektr. Stromes in Körpern von gegebener Gestalt XIII. 351.

Bolze, H. Ueb. das verkehrte Bild beim Hohlspiegel XVIII. 195.

Bond, G. P. Geschichte der Fortschritte in d. Anwendung des Elektromagnetismus zu geodät. u. astronomischen Zwecken VI. 839* — Apparat zur Beobachtung v. Durchgängen mittelst elektr. Ströme auf dem Observatorium zu Cambridge VI. 841* — Photographie v. Sterngruppen XIII. 271* — Sternphotographie XV. 271* — Ueb. d. Licht d. Sonne, d. Mondes, d. Jupiters u. der Venus XVIII. 236.

Bond u. Hoadley, Meteor v. 30. Sept. 1850. VI. 871*.

Bonelli, G. Anwendung d. Elektricität beim Jacquard-Stuhl X. 586*; XI. 517* — Ersatz d. mit Seide besponnenen Kupferdrähte für Multiplicatorwindungen XII. 488; XVIII. 432 — Elektr. Propulsor XVIII. 474*.

Bonet, Ueb. d. freiwillige Zersetzung der Schiessbaumwolle unter Einwirk. d. Lichts XVII. 293. Dazu Chevreul 294.

Bonjean, Schwefel auf d. vom Blitz getroffenen Metallen II. 363. 367.

Bonnafont, Schallleitung durch die Kopfknochen zur Beurtheilung der Empfindlichkeit der Gehörnerven IV. 118. — Luftspiegelung beobacht. 1857 auf d. Salzsee v. Dréhan, Prov. Oran XIII. 456* — Beobachtung v. Wasserhosen XIII. 548*; XIV. 664.

Bonnefille, Beschreibung eines an der gewöhnlichen Kanalwage angebrachten Apparats. um dieselbe als Neigungsmesser gebrauchen zu können XII. 77.

Bonnefin, Ueb. d. Verbreitung der Elektricität in d. Nervencentren IX. 526*.

Bonnet, O. Theorie der elastischen Körper IV. 88. 94 — Besondere Fälle d. Temperaturgleichgewichts in Körpern, deren Leitungsfähigkeit sich mit d. Richtung ändert IV. 223. 225 — Theorie der rechteckigen isothermen Oberflächen V. 241* — Eine meteorolog. Erscheinung VI. 1051. 1095.

Bonpland, Klima v. San-Borja VI. 1054*.
Bontemps, Ch. Die Sternschnuppen XIX. 540*.
Bontemps, G. Ursachen, warum gewisse Glasröhren und Cylinder bei schwacher Reibung springen III. 3. 8.
Bontemps, Ch. u. J. A. Barral, Die neue Gasmaschine v. Hugon XIX. 347*.
Boole, Ueber die Differentialgleichungen d. Mechanik XX. 22*.
Booth, Ueb. Johnson's Druckmesser d. Tiefsee XVII. 96*.
Borchers, Anwendung e. Magnets zur Ermittelung d. Durchschlagsrichtung zweier Gegenörter II. 543*.
v. Borck, Die Feuerkugel v. 17. Aug. 1859, XVI. 605*.
Borissiack, Meteorsteinfall am Don II. 179. 209.
Bornemann, J. G. Ueb. d. gegenwärtigen Zustand d. activen Vulkane Italiens XII. 752. 756. 757; XIII. 600 — Beobachtungen auf d. Insel Vulcano XII. 763 — Die Eruptionserscheinungen Sardiniens XIII. 576 — D. Mineralquellen Sardiniens XIII. 577. — Ansichten v. Stromboli. XVIII. 782.
Bornemann, K. R. Ueber relative Festigkeit IX. 19* — Ueb. J. Jones' Versuche über den Kraftbedarf zum Lochen d. Kesselbleche XII. 178.
Bornitz, H. Periodisch wiederkehrende Sonnenfleckengruppen XVII. 549* — Zodiakallicht beobacht. zu Lichtenberg bei Berlin XVII. 556*; XVIII. 510* — Polarbanden daselbst XVII. 557* XVIII. 512* — Sternschnuppenbeobachtungen zu Lichtenberg XVIII. 508* — Anzahl d. Sonnenflecke u. Gruppen während April, Mai, Juni 1862 beob. zu Lichtenberg XIX. 538* — Beobacht. d. Nordlichts v. 14. Dec. 1862 zu Lichtenberg XIX. 546*.
Borszczow, E. Natur d. aralo-caspischen Flachlandes XVI. 799; XVIII. 723.
v. Bose, s. Matthiessen.
Bosscha, J. Ein Mittel zur unmittelbaren Messung d. Schallgeschwindigkeit in einem geschlossenen Raum IX. 163 — Ueb. d. Princip d. Differentialgalvanometers und seine Anwendung zur Vergleichung der Drehungsmomente, welche Leiter v. verschiedener Form und Grösse auf die Magnetnadel ausüben, wenn sie von gleich starken Strömen durchflossen werden X. 492 — Ueb. eine Bestimmung der elektromotorischen Kräfte XI. 423 — Mechanische Theorie der Elektrolyse XIII. 400; XIV. 418; XVIII. 452 — Erhaltung des Arbeitsvermögens im galvan. Strom XIV. 418 — Einige Eigenschaften d. linearen Verzweigung galvan. Ströme XIV. 451 — Ueb. das mechanische Aequivalent d. Wärme berechnet aus galvanischen Messungen XV. 436 — Ueb. d. Gesetz d. galvan. Wärmeentwicklung in Elektrolyten XV. 437; XVIII. 452* — Bestimmung d. Schallgeschwindigkeit XVIII. 129.
Bothe, F. Apparat zur bequemen Combination constanter Elemente XVI. 453.
Botkin, Ueb. Diffusion organ. Stoffe XVI. 111.
Botto, Gesetze d. Wärmeentwicklung durch d. volt. Strom I. 463. 464 — Beziehungen zw. elektromagnetischer Induction u. elektrochemischer Wirkung III. 471. 472 — Neues System d. elektr. Telegraphie V. 314*; VI. 840*.
Botzenhart, Ueb. d. von farbigen Körpern reflectirte Licht II. 176. 180. 186 — Polarisationsbüschel am Quarz III. 138. 154 — Vergrösserung der durch Flüssigkeiten bewirkten Drehung der Polarisationsebne III. 138. 155.
Bouchardat, Optische Eigenschaften d. Camphersäure V. 161. 165.
Bouchardat u. F. Boudet, Rotationsvermögen d. Chinidins, Codeins, Narceins, Papaverins u. Pikrotoxins IX. 289.
de Boucheporn, Die physikalischen Gesetze allein die Folge d. Eigenschaften d. Materie V. 3. 18 — Anwendung d. Pendels zur Messung v. Geschwindigkeiten IX. 53 — Ueb. d. Veränderung d. Schwere XIII. 118 — Ueb. d. Geschichte d. Erde u. Ursachen der Umwälzungen ihrer Oberfläche XVII. 727*.
Boucher, Ueb. ein Lichtmeteor IV. 171. 178 — s. Roseleur.
Bouchotte, Ueb. d. Werth d. Stadiums und der babylonischen Elle XVIII. 4.
Boudet, F. s. Bouchardat.
Boudin, Anzahl d. durch den Blitz Getödteten u. einige an d. Getroffenen beobachtete Erscheinungen X. 652.
Boué, A. Charakteristik d. mechan.

Ablagerungen d. Flüsse, Süsswasserseen u. Meere besonders in der Alluvialzeit VI. 908. 921 — Nothwendigkeit d. Erdbeben u. vulkan. Erscheinungen genauer zu beobachten. v. Baumgartner dazu: VI. 910. 956 — Erdbeben in Mittel-Albanien 1851, VI. 910. 962 — Ueb. die donnerart. Detonationen, welche d. heurigen Gewitter u. Regengüsse im September begleiteten VI. 1051. 1097 — Drei Wasserhosen auf dem See v. Janina, August 1838, VI. 1056* — Ueb. die Karten d. Gebirge u. Thälerrichtungen VIII. 636 — Ueb. e. merkwürdigen Regenbogen IX. 609* — Chronologischer Katalog d. Nordlichter bis 1856, sammt einer Bibliographie üb. diese Erscheinung XII. 558*; XVIII. 510* — Ueb. einige Quellen in Gainfahre XII. 744* — Parallele d. Erdbeben, Nordlichter, d. Erdmagnetismus sammt ihrem Zusammenhang mit d. Erdplastik u. Geologie XIII. 605*

Ueb. d. Erdbeben in Illyrien und Kärnthen Ende Dec. 1857, XIV. 713 — Ueb. d. Symmetrie der Erdoberfläche u. Dicke der Erdrinde in verschied. geolog. Epochen XVI. 776 — — Ueb. e. heftiges Gewitter zu Vöslau d. 6. Juni 1862, XVIII. 538* — Ueb. Solfataren u. Krater erloschener Vulkane XIX. 704; XX. 910 — Ueb. die Physiognomik d. Gebirgsketten, d. Gebirge, d. Berge, d. Hügel, der Thäler, d. Ebenen, sowie d. verschied. Felsarten XX. 840* — Ueb. d. kanalartige Form gewisser Thäler und Flussbetten XX. 864*.

Boughey, B. Bestimmung d. Atomvolume der einfachen Körper I. 3. 13.

Bouilhet, H. Rolle d. Cyansilberkaliums bei d. elektrochemischen Versilberung VI. 722* — Ueb. Kaliumcyanür u. seine Rolle bei d. galvan. Versilberung. Reclamation v. Ruolz VIII. 491* — Ueb. Galvanoplastik XI. 459*.

Bouis, J. Wirkung d. Chlors auf d. Lösung von Cyanquecksilber unter Einfluss d. Sonnenlichts III. 194. 198 — Ueb. Elektrolyse V. 294. 295 — Ueb. d. Schmelzen und Festwerden XI. 160 — Ueb. e. Erdregen im Süden Frankreichs und in Spanien XIX. 641*.

Boulard, Astronom. u. meteorolog. Beobachtungen zu Laghuat XVIII. 675.

Boulu, Anwendung der Elektricität in d. Therapie X. 544*.

Bouniakowsky, V. Zahl d. Gleichgewichtslagen eines dreiseitigen in einer Flüssigkeit schwimmenden Prismas VI. 153. 156 — Ueb. die freien Planimeter XVI. 8*.

Bour, E. Ueb. d. Integration d. Differentialgleichungen der analytischen Mechanik XI. 54. Liouville dazu 58 — Ueb. d Problem d. drei Körper XI. 66 — Ueb. d. relativen Bewegungen XII. 132; XIX. 19.

Bourbouze, Verbreitung der Elektricität auf d. Oberfläche d. Körper IX. 439 — Apparat für das Studium d. Fallgesetze XVIII. 30.

Bourdaloue, Relatives Niveau des Rothen und Mittelländischen Meeres VI. 912. 1000.

Bourdin, Feuermeteor zu Choisy-le-roi VI. 870*.

Bourdon, E. Dynamometer IV. 79* XVI. 42 — Neues Metallmanometer VI. 60. 62 — Thermometer, Manometer u. Barometer aus Metall ohne Quecksilber IX. 675.

Bourgeois, S. Ueb. d. Bai d. Peiho im Golf v. Petscheli XX. 853*.

Bourget, J. Anziehung elliptischer Paraboloide XIII. 112; XIV. 72 — Mathemat. Theorie der mechanischen Wirkungen der einem permanenten Gase mitgetheilten Wärme XV. 324 — Einfluss d. Drehung d. Erde auf die Bewegung der schweren Körper an ihrer Oberfläche XVIII. 26 — Ueb. d. Schwingungen kreisförm. Membranen XX. 127. s. Burdin.

Bourget, J. u. F. Bernard, Ueb. d. Vibrationen d. quadrat. Membranen XVI. 148.

Bouris, G. C. Meteorologische Beobachtungen zu Athen IX. 736*.

Boury u. Cahours, Rother Regen in Reims VIII. 707.

Bourrières, Beob. eines Lichtmeteors zu Agen XX. 596*.

Bourseul, Ueb. d. Niederschlag auf d. Thonzellen XIII. 376.

Bousigues, Neues photograph. Verfahren auf Papier VI. 520. 538.

Boussingault, Wirkungen e. Blitzschlags II. 363. 367 — Ueb. Grubenbeleuchtung II. 395. 402 — Ueb. d. Wechsel in d. Zusammensetzung d. Wassers d. Todten Meeres XII. 739 — Ueb. d. Barometerstand am Mee-

resspiegel nahe d. Aequator u. über d. Amplituden d. täglichen Barometerschwankungen in verschied. Höhen d. Cordilleren XIII. 561* — Menge d. Salpetersäure im Regen, Nebel, Thau XIV. 674 — Bemerk. zu einer Mittheilung betreffend ein Erdbeben in d. Capstadt XIV. 710 — Jüngste Zerstörung v. Quito durch ein Erdbeben XV. 785 — Vorhandensein v. Stickstoff in Meteoreisen XVII. 553*

Boutan, A. Anwendung thermoelektrischer Ströme zur Temperaturmessung XIV. 627.

Boutfol, P. H. J. s. Berton

Boutigny, Versuche zum Beweise, dass d. Körper im sphäroidalen Zustand fast alle strahl. Wärme reflectiren I. 364. 373 — Definition des sphäroidalen Zustands IV. 249. 254 — Erstarren des Quecksilbers in einem glühenden Tiegel durch d. sphäroidalen Zustand IV. 249* — Thatsachen in Betreff d. sphäroidalen Zustandes d. Körper. Feuerprobe, der unverbrennliche Mann V. 85. 86; Perrey u. Plücker dazu 87 — Ueb. d. Kraft, welche d. Körper im sphäroidalen Zustand erhält, VI. 259. 284 (Dazu Babinet VI. 260) — Ueb. d. momentane Unverbrennlichkeit lebend. organ. Gewebe VI. 260* — Rotation d. Körper im sphäroidalen Zustand XII. 196 — Ueb. d. sphäroidalen Zustand d. Materie XVI. 367 — Temperatur des Wassers im sphäroid. Zustand XVI. 368; XVII. 384 — Intensität der Repulsivkraft glühender Körper XVII. 384.

Boutmy u. Chateau, Ueb. d. Passivität d. Eisens XVII. 488.

Bouvier, Ueb. Entstehung d. Quellen XI. 779.

Bouvy, P. Erdbeben in Majorka VIII. 643; IX. 666 — Periodische Sternschnuppen im Augustmonat XI. 586* — Sternschnuppenbeobacht. XII. 555*.

Bowditch, W. R. Ueb. d. Bildung d Hagels erläut. durch locale Stürme XV. 729*.

Bowman, H. Temperatur der sechs Sommermonate 1860 zu Manchester XVIII. 612.

Bowmann, Elektricität der Schiessbaumwolle II. 360.

Boxer, E. M. Einfluss der Drehung d. Erde auf d. Bahn eines Geschosses VI. 70. 149.

Boye, M. H. Nordlicht im Sept. 1853, IX. 611.

Brachet, Neues System der elektr. Telegraphie II. 530* — Ueber Erleuchtung durch elektr. Licht XVIII. 462 — Verbesserungen in der Construction einiger opt. Instrumente XX. 306.

Bradley, F. Sternschnuppenbeobachtungen im Aug. 1860, XVII. 551*.

Bradley, L. H. Angeblicher Meteorstein XIII. 458*.

Braithwaite, F. Ueb. die Ermüdung d. Metalle und das dadurch entstehende Brechen derselben X. 10 — Tiefe Brunnen der Hauptstadt XVI. 837*.

Brame, C. Quecksilberdampf bei gewöhnlicher Temperatur V. 80. 83 — Ueb. d. Bildung v. Bläschen u. Zellen VIII. 9 — Verschiedene Dichtigkeit d. Schwefels VIII. 11 — Löslichkeit d. verschied. Modificationen d. Schwefels in Schwefelkohlenstoff VIII. 144 — Spaltung auf nassem Wege VIII. 145 — Gesetz d. multipeln Proportionen v. Dalton u. d. Atmosphären der Theilchen IX. 11 — Uebergang d. krummen Linie zur graden bei d. schlauchförm. Krystallbildung (Sphäroidie und Orthoidie) IX 12 Ueb. d. Krystalle d. Schnees u. die Schlauchform d. Wassers. Bewegliche Sphäroidie, Amorphie u. Polymorphie d. Schwefels IX. 14 — Wirkung des Lichts auf d. Schwefel, 16 — Analogie zw. d. glasartigen u. krystallisirbaren weichen Körpern. Ueb. d. festen durchsicht. Schwefel und die glasartige arsenige Säure IX. 17 — Amalgam zum Bestreichen d. Kissen d. Elektrisirmaschine IX. 448 — Gränze d. Verdampfung des Quecksilbers X. 152 — Ozon XII. 581*.

Brande, Elektromagnetische Glocken VIII. 553*.

Brandely, A. Verfahren Cyansilber zur galvan. Versilberung zu bereiten I. 483* — Verfahren d. Gyps zu galvanoplastischen Zwecken mit Phosphor- u. Silberauflösung zu metallisiren IV. 300*.

Brandt, Ueber Verschiedenheit des Klanges (Klangfarbe) XVII. 151 — S. Garcke.

Brasack, F. Ueber Spectralanalyse XX. 177.

Braschmann, N. Bewegung des einfachen Pendels VI. 68. 128 — Bestimmung der Gleichgewichtslagen

schwimmender Körper XII. 150 — Theorie der Stabilität des Gleichgewichts XIV. 65 — Ueb. das Princip d. kleinsten Wirkung XV. 59* — Ueb. den Perrotschen Versuch XVI. 50 — Ueb. d. Druck der Eisenbahnwagen auf d. rechte Schiene und der Wasserläufe auf d. rechte Ufer in Folge der Erddrehung XVII. 44 — Anwendung d. Princips der kleinsten Wirkung zur Bestimmung d. Volumens der durch einen Ueberfall austretenden Flüssigkeit, XVII. 63 — Ueb. e. neues Lehrbuch d. Mechanik u. üb. d. Bewegung eines Punktes in Beziehung auf e. bewegl. Coordinatensystem nebst Anwendung derselben auf einige physikal. Aufgaben XVIII. 35* — Ueb. d. Seitenbewegung der Flüsse XVIII. 725.

Brasseur, Umwandlung d. Princips d. Momente in das d. virtuellen Geschwindigkeiten und geometr. Construction d. Elasticitätsfläche V. 36. 37.

Brassine, E. Ueb d. Glieder, welche die allgemeine Gleichgewichtsgleichung für den Fall d. Reibung vervollständigen XIII. 96.

Braun, A. Ueb. e. sonderbare Wirkung der diesjähr. (1861) Spätfröste auf d. Blätter der Rosskastanie und einiger and. Bäume XVII. 618.

Braun, C. Das Passagemikrometer XX 4 — Das Nephoskop, Instrument zur Bestimmung d. Richtung u. Geschwindigkeit des Windes in höheren Regionen XX. 663*.

Braun, G. Zur Anatomie u. Bedeutung d. Stäbchenschicht d. Netzhaut XVI. 297.

Brauns, Galvan. Vergoldung u. Versilberung V. 298*.

Bravais, A. Ueb. d. weissen Regenbogen II. 178. 192; III. 156. 160. 645. 671 — Sonnenring beob. zu Paris II. 178. 196; III. 645 672 — Nordlicht II. 178. 199 — Optische Erscheinungen an d. Wolken von Eistheilchen III. 156 160. 645. 672. — Erdmagnetismus III. 519. 543 — Brechungsverhältniss u. Dispersion des Eises III. 680. 687 — Anwendung d. Gruppentheorie auf d. Krystallographie V. 3. 17; VI. 4. 11 — Höhe d. Wolken V. 374. 396; VI. 1057* — Hof mit Nebenmonden u. einem circumzenithalen Bogen V. 451. 454 — Systeme, in welchen rechts und links drehende Schwingungen nicht auf gleiche Weise vor sich gehen VI. 68. 113 — Einfluss d. Drehung d. Erde auf e. conisches Pendel VI. 68. 114 — Einfluss d. Drehung d. Erde auf die Gestalt einer sich um e. verticale Axe drehenden Flüssigkeit VI. 70. 150 — Dioptrisches VI. 318. 376; XII. 775 — Neues Polariskop und Fälle schwacher Doppelbrechung VI. 428. 454 — Polarisationszustand d. Atmosphäre in der Nähe der Sonne während eines Halo VI. 476. 479 — Ueber Höfe nebst Anweisung sie zu beobachten VI. 477. 482 — Beobachtung eines Hofes VI. 869* — Einfluss d. Tagesstunden auf die barometr. Höhenmessung VI. 1053. 1121 — Temperatur d. Luft in verschied. Höhe üb. dem Boden in d. Nordländern VI. 1053* — Ueber Schallgeschwindigkeit VIII. 159 — Einfluss d. Drehung der Erde auf die Bewegung eines conischen Pendels IX. 61* — Erklärung einer merkwürdigen Lichtbrechungserscheinung IX. 186 — Wirkung eines Kreisstroms, der die Basis eines Kegels bildet, auf eine an der Spitze desselben befindliche Magnetnadel IX. 538 — Ueb. Luftspiegelung IX. 608* — Einfluss der Drehung d. Erde auf d. Schwingun. d. conischen Pendels X. 77 — Ueb. die Nichttheilung des gebrochenen Strahls beim Eintritt in einaxige Krystalle X. 245 — Ueber Beobachtung d. Lufttemperatur X. 684 — Ueb. die v. d. Corvette la Recherche 1838 bis 1840 in d. nördl. Meeren beobachteten Fluthen X. 774 — Neues Polariskop und Messung schwacher Doppelbrechungen XI. 300 — Geometrische Beziehung zwischen d. wahren Bewegung einer Sternschnuppe zu ihrer scheinbaren XI. 586* — Erklärung eines merkwürd. Falles d. Lichtbrechung nach d. Undulationstheorie XII. 775 — Kurze Zusammenstellung d. Gaussschen Formeln üb. d. Theorie d. Fernröhre u. ihre Anwendung zum Beweise der Eigenschaften des Ocularringes XII. 810* — s. Lottin.

Bravais A. u. Ch. Martins, Geschwindigkeit d. Schalles zw. Orten v. gleicher oder ungleicher Meereshöhe I. 143. 149.

Brayley, E. W. Ueb. d. magnetische Wirkung d. Sonne u. ihren Zusam-

menhang mit Sonnenflecken, Erdmagnetismus u. Polarlichtern XV. 652* — Ueb. d. Allgemeinheit eines der Regelation ähnlichen Princips, üb. die Natur d. Glases und die wahrscheinliche Existenz d. Wassers in einem glasähnl. Zustand XVI. 347.

de Bréauté, Feuerkugel III. 157. 170.

Breda, J. G. S. van, Elektr. Ströme I. 440* — Lichterscheinungen d. volt. Batterie II. 395. 400.

Breda, J. G. S. van u. W. M. Logeman, Ueb. d. galvanische Leitungsfähigkeit d. Flüssigkeiten X. 502 — Ueb. d. Fortführung v. Flüssigkeiten durch poröse Scheidewände XII. 447 — Ueb. d. Frage, ob d. Strom der Säule das Wasser durchlaufen kann ohne dasselbe zu zersetzen XII. 455 456 — Ueb. d. Versuch d. Hrn. Gore XIV. 482 — Bemerk. zu Ampère's Versuch über die Abstossung eines gradlin. Stromes durch sich selbst XVIII. 484. 485.

Breguet, Elektr. Telegraphie I. 549. 569; II. 530. 533; VIII. 552. 553* — Induction durch verschied. Metalle II. 515. 516 — Elektromagnet. Apparat II. 524 — Elektr. Wecker für Eisenbahnen III. 476* — Unfall am elektr. Telegraphen von St. Germain III. 477* — Laternenuhr. Elektr. Manometer XII. 532. 533* — Neue elektr. Uhr XIII. 435*. S. Brisbart, Fizeau, Wertheim.

Breguet u. Konstantinoff, Apparat zur Messung d. Geschwindigkeit eines Geschosses in verschied. Punkten d. Bahn I. 46. 53.

Breithaupt, A. Ueb. die dreizehn Krystallisationssysteme des Mineralreichs und deren opt. Verhalten XVI. 257 — Ueb. d. Quarz v. Euba und d. optische Zweiaxigkeit tetragonaler u. hexagonaler Krystalle XX. 240.

Breithaupt, F. W. Neue Kreuze u. Netze für Fernröhre XX. 304.

Breithaupt, G. Neues Nivellirinstrument VI 60. 61 — Beschreibung einer Längentheilmaschine XI. 48.

Bremiker, Bericht üb. d. Beobacht. d. Sonnenfinsterniss v. 18. Juli 1860, XVI. 571. 592 — Theorie d. Amslerschen Polarplanimeters XIX. 5*.

Brennecke, Lehre v. Wurf XIII. 96.

Brenner, Nichtigkeit des Newtonschen Luftwiderstandgesetzes sowie Vorschläge zur Auffindung d. wahren IX. 112; XVI. 57 — Zersprengen von Kugeln mittelst einer durch e. elastisches Fluidum bewirkten Explosion IX. 113 — Das liegende u. wälzende Pendel X. 39.

Bresse, Veränderungen, welche metallische Brückenbogen durch Temperatur erleiden XI. 138 — Ueb. d. Wattsche Curve XII. 98 — Berechnung d. Widerstandes eines Dampfkessels mit schwach ellipt. Profil XIII. 142 — Berechnung der Biegungsmomente eines auf mehreren Stützen ruhenden Balkens XVIII. 66.

Breton, P. Modification d. Wasserwage V. 32 — Vertheilung d. Lichts auf einer durch mehrere parallele Lichtbündel erleuchteten Fläche VIII. 210 — Ueb d. sphärische Abweichung u. neue Methoden zur vollständigen Aufhebung derselben bei Apparaten, die aus beliebig vielen brechenden od. spiegelnden sphärischen Flächen mit gemeinsamer Axe bestehen X. 240 — Mathemat. Nachweis d. Schwierigkeiten mit dem Daguerreotyp grosse Portraits zu erhalten X. 241 — Prioritätsanspruch betreffend die Anfertigung von Glas für Objective X. 341 — Zweckmässigste Stellung der Diaphragmen bei optischen Apparaten XI. 253 — Magnetische Theorie der Wirkungen einer einfachen Linse in ihrer Anwendung als Objectiv der Camera obscura u. als Brillenglas XII 802 — Ueb. d. Krümmung d. Focalflächen bei einem aus beliebig vielen einander berührenden Linsen zusammengesetzten Objectiv, welches in seinem geometr. Mittelpunkt v. sehr dünnen Strahlenbündeln durchlaufen wird XII. 804 — Accomodation des Auges für verschiedene Entfernungen durch mechan. Druck auf den Augapfel XII. 307 — Ueb. submarine Kabel XVI. 28 — Eine Eigenschaft d. Krystalllinse d. menschl. Auges XVI. 275. — Bestimmung der zweckmässigsten Form einer einfachen Linse als Fernrohr oder Mikroskopocular XVI. 303. — Gesetze der Punkte grösster und kleinster Beleuchtung XX. 215. — Apparat zur Veranschaulichung des Interferenzprincips XX. 220.

Breton, L. u. A. Verbesserungen an der Luftpumpe IX. 104 — Fliegende Säule zur Anwendung d. Elektricität XII. 490*.

Brett, J. Elektr. Drucktelegraph III. 477; V. 314*.
de Brettan, Elektromagnet. Chronograph III. 31*.
Brettell, Grosses Brennglas XVI. 306.
Brettes, s. Martin de Brettes.
Brewster, D. Ueb. e. neue Polarität d. Lichts u. die v. Airy nach d. Undulationstheorie dafür gegebene Erklärung I. 179. 188 — Ueb. d. Polarisation d. Lichts in d. Atmosphäre u. Bemerk. Babinet's dazu I. 179. 189 — Polarisation durch rauhe Oberflächen I. 179* — Ursache d. schönen weissen Ringe um einen leuchtenden Körper I. 180. 195 — Ueb. zwei neue Eigenschaften der Retina I. 199* — Ursache einer v. Selwyn angegebenen Beobachtung I. 199. 223 — Abänderung zu d. Methoden positive Kalotype zu nehmen I. 275. 294 — Neue Wirkung des chrysamminsauren Kalis auf gewöhnl. u. polarisirtes Licht II. 177. 186 — Ueb. isochromatische Curven II. 177. 187 — Nebelringe beobachtet in Amerika II. 178. 195 — Zerlegung u. Zerstreuung des Lichts in flüss. und festen Körpern III. 117. 120 — Ueb. d. dunklen Linien diesseit des rothen Endes im Spectrum III. 117. 126 — Analyse d. Sonnenlichts u. d. Absorptionsspectrums III. 118. 132. 133 — Aenderung d. Doppelbrechung und Structur des Topas durch elast. von kleinen Höhlungen ausgehende Kräfte III. 137. 153 — Polarisation der Atmosphäre III. 156. 159 — Schätzung d. Entfernung beim Sehen mit zwei Augen III. 182. 187 — Umkehrung eines Reliefs bei umgekehrtem Sehen III. 182. 188 — Ueb. Photographie III. 196. 207 — Entgegnung an Melloni in Betreff der einfachen Farben d. Spectrums IV. 150. 161 — Lichtringe im Kalkspath und Beryll erzeugt durch röhrenförmige Höhlungen IV. 165. 167 — Ueb. muscae volitantes IV. 184. 186 — Erscheinungen an dünnen festen oder flüss. Platten im polarisirten Licht V. 119. 140 — Linsen zur Construction zweier Teleskope od. Mikroskope v. genau gleicher optischer Kraft. Binocularkammer V. 211* — Neues Stereoskop V. 211. 213 — Einige mit d. Beugung durch geritzte Flächen zusammenhängende Polarisationserscheinungen VI. 399. 409 — Beobachtungen üb. das Sonnenspectrum VI. 412. 413 — Optische Eigenschaften d. Magnesiumplatincyanür VI. 427. 436 — Ueb. d. v. Arago u. Babinet entdeckten neutralen Punkte d. Atmosphäre VI. 476. 478 — Polarisationserscheinung in d. Atmosphäre VI 476. 479 — Polarisirende Structur des Auges VI. 488. 494 — Chromat. Stereoskop VI. 488. 501; VIII. 321 — Verbesserung d. photographischen Kammer VI. 519. 535 — Ueb. einige nach dem Verfahren von Elias angefertigte Magnete v. Logeman VI. 841. 844 — Eine merkwürd. Eigenschaft d. Diamants VIII. 214 — Ueb. gewisse Beugungserscheinungen VIII. 229 — Beschreibung mehrerer Stereoskope VIII. 320 — Beschreib. einer binocularen Camera zur Aufnahme stereoskop. Daguerreotype VIII. 321 — Ueber das Sehen mit beiden Augen u. d. Stereoskop VIII. 322 — Erklärung einer opt. Täuschung VIII. 327 — Prüfung d. Theorie d. Glanzes v. Dove VIII. 331 — Entstehen u. Verschwinden d. doppelt brechenden Structur in der Krystalllinse der Thiere nach dem Tode VIII. 335 — Fall v. Sehen ohne Retina VIII. 336 — Form der durch Linsen u. Spiegel v. verschied. Grösse erzeugten Bilder VIII. 345 — Ueb. eine in den Trümmern v. Ninive gefundene Bergkrystalllinse und Proben zersetzten Glases VIII. 355 — Merkwürdige Luftspiegelung VIII. 595* — Ueb. e. vom Blitz im Claudeboye-Park getroffenen Baum VIII. 601* — Erzeugung opt. Figuren durch rauhe Krystallflächen IX. 231 — Eigenthümliche Färbung bei Flussspathstücken IX. 243* — Optische Erscheinungen u. Krystallisation d. Turmalins, Rutils u. Quarzes in Glimmer, Amethyst u. Topas IX. 266 — Erzeugung von Krystallstructur in krystallinischen Pulvern durch Druck u. Dehnen IX. 267 — Ueb. kreisförm. Krystalle IX. 275 — Ueb. d. Entdeckung d. optischen Eigenschaften d. chrysamminsauren Kalis X. 301* — Ueb. thermometrische, barometrische u. hygrometrische Uhren X. 683 — Absorption von Seife durch feste Körper XI. 264 — Das dreifache u. d. strahlende Spectrum XI. 265 — Ueb. d. binoculare Sehen verschiedenfarbiger Flächen XI. 340 — Ueb. d. Theorie des binocularen

Sehens v. Brewster XII. 301 — Prioritätsreclamation XII. 306. Wheatstone's Entgegnung 306 — Das Stereoskop XII. 319* — Das Geheimniss d. Umgekehrtsehens. Das Stereoskop, seine Geschichte, Theorie, Construction u. Anwendung XIII. 259* — Centriren d. Linsen v. Mikroskopobjectiven XIII. 275 — Gebrauch v. Amethystplatten bei Versuchen mit polarisirtem Licht XIV. 275 — Dauer d. Lichteindrücke auf gewissen Punkten d. Retina XIV. 309 — Eine Erscheinung durch d. foramen ovale XIV. 310 — Neue Art v. Doppelbrechung. Ueb. d. zu Ninive u. an andern Orten gefundene verwitterte Glas XV. 254* — Ueb. d. Haidingerschen Büschel XV. 290 — Gewisse abnorme Structuren in d. Krystalllinse XV. 300* — Polarisation d. Lichts d. Cometen XV. 556* — Wirkung unkrystallinischer Blättchen auf gewöhnliches u polarisirt. Licht. Ueb. gewisse Erscheinungen der Krystallisation und Polarisation im verwitterten Glas XVI. 256 — Ueb. e. Punkt in d. Geschichte d. Optik XVI. 262 — Naturphotographie XVI. 267 — Optische Täuschungen durch Umkehrung d. Perspective XVI. 279 — Ueber mikroskop. Sehen und e. neue Form d. Mikroskops XVI. 302 —. Ueb. binocularen Glanz XVII. 315 — Ueb. gewisse Affectionen d. Netzhaut. Ueb. d. opt. Studium d. Netzhaut XVII. 327 — Ueber photograph. Mikrometer XVIII. 4 — Wirkung verschied. Farbstoffe auf das Spectrum XVIII. 227 — Compensation der über d. Netzhaut hin bewegten Eindrücke XVIII. 276 — Ueber Mikrophotographien XVIII. 282 — Ueb. Polarisation des Lichts durch rauhe und weisse Flächen XIX. 247 — Ueb. Structur und optische Erscheinungen v. altem verwitterten Glas XIX. 261* — Beobachtungen üb. d. Polarisation d. Atmosphäre zu St. Andrews 1841 bis 1845, XIX. 520 — Beschreib. des Lithoskops, eines Instruments zur Unterscheidung v. Edelsteinen u. andern Körpern XX. 168 — Beugungsfransen durch doppelt gestreifte Oberflächen XX. 225 — Einfluss des Brechungsvermögens d. Kalkspaths auf die Polarisation, Intensität und Farbe des reflectirten Lichts XX. 234 — Ueber das stereoskop. Relief der Chimenti-Bilder XX. 300* — Ueb. das Photomikroskop XX. 303 — S. Stevelly.

Brewster, D. u. J. H. Gladstone, Ueb. die Linien d. Sonnenspectrums XVI. 229.

Briant, Galvanische Vergoldung X. 540*.

Bridet, H. Ueber die am 16. u. 17. Feb 1861 bei Reunion vorübergegangene Cyclone XVII. 655* — Ueb. die Orkane d. südlichen Hemisphäre XVIII. 648*.

Bridge, J. Ueb. d. schiefe Aberration d. Linsen XI. 254 — Anwendung d. Photographie bei Beugungsversuchen XI. 265 — Ueb. das Gyroskop XIII. 122 — Ueb. d. Diffraction des Lichts XIV. 202.

Bridge, R. Das grosse Erdbeben zu Mendoza, 20. März 1861, XVIII. 821.

Briegleb, H. Ueb. Photogeometrie; Anwendung der Photographie zum Messen von horizontal. Entfernungen u. Höhen XV. 271*.

Brighenti, M. Wasserstand d. Reno bei Bologna v. 1846 bis 1849; IX. 662* Ueb. d. Küstenströme d. Adriat. Meeres XV. 740; XVIII. 717* — Einfluss d. Entwaldung u. Urbarmachung d. Berge auf d. Höhe d. Ueberschwemmungen d. Flüsse XV. 753* — Ueb. den Einfluss cylindrischer od. divergenter Ansatzröhren XIX. 38* — Ueb. d. neuesten Anschwellungen d. Arno, namentl. am 18. u. 19. Jan. 1863 bei Pisa XX. 866*.

Bright, C. T. Neues Verfahren Telegraphendrähte in Strassen zu legen VIII. 553* — Ueber Elektricität als Quelle v. Kraft X. 586*. — Elektr. Log XIII. 435* — S. Clark.

Bright, E. B. Blitzableiter IX. 620.

Brin de jonc des Moulinais, Ueb. e. Mittheilung die elektrodynamische Maschine v. Daina betreffend IX. 511.

Brioschi, F. Ueb. ein Theorem der analyt. Mechanik IX. 32 — Ueber d. Tautochrone. Variation d. willkürl. Constanten in d. Dynamik IX. 84* — Neue Eigenschaft. der Integrale eines dynamischen Problems XI. 60 — Ueb. d. mehreren mechanischen Problemen gemeinsamen Integrale XII. 92 — Entwicklungen zu § 3 d. Untersuch. v. Dirichlet üb. e. hydrodynam. Problem XVII. 61.

Briot, Ch. Ueber Schwingungsbewegungen I. 164; II. 157* — Fortpflan-

zung d. Lichts in d. krystallisirten Mitteln XV. 196 — Mathemat. Theorie des Lichts. Circularpolarisation XVI. 200 — Ueb. d. Theorie des Lichts XVII. 211; XX. 139 — Ueb. d. Dispersion d. Lichts XIX. 161.

Brisbane, Th. M. Observatorium für magnetische u. meteorolog. Beobachtungen zu Makerstown in Schottland IV. 393. 396.

Brisbart, Gobert und Breguet (Sohn) Telegraph. Apparate VI. 839*.

Brix, A. Versuche über d. rückwirkende Festigkeit mehrerer in Berlin zur Anwendung kommenden Bausteine IX. 19* — Beziehungen, welche zwischen d. Procentgehalten d. verschied. Zuckerlösungen, den zugehörigen Dichtigkeiten u. den Beauméschen Aräometergraden statt finden X. 30 — Zerdrückungsversuche zur Ermittelung d. rückwirkenden Festigkeit verschied. Bausteine XI. 146 — Bericht über die zur definitiven Feststellung d. neuen Urpfundes nach d. Gesetz v. 17. Mai 1856 erforderlich gewesenen Operationen XIX. 4 — Bericht üb. d. v. Hrn. Th. Gerlach angestellten Versuche zur Bestimm. d. specifischen Gewichts verschiedener Zuckerlösungen bei zunehmender Temperatur vom Gefrierpunkt bis zum Siedepunkt XIX. 7* — S. Regnault.

Brix, P. W. Ausdehnung des Gusseisens bei wiederholtem Erhitzen X. 30 — Bemerk. zu d. Vorschlägen die umsponnenen Kupferdrähte für Multiplicatorwindungen zu ersetzen XII. 489 — Betriebsstörungen der Telegraphenlinien während d. Nordlichterscheinungen v. 28. Aug. bis 4. Sept. 1859, XV. 566* — Stromverlust auf einer Telegraphenleitung, welche an allen Isolationspunkten Fehler von gleichem Widerstand hat XVI. 487 — Ueb. d. Relationen, welche zwischen den an beiden Enden einer mangelhaft isolirten Leitung ausführbaren Widerstandsmessungen bestehen XIX. 427.

Broch, O. J. Ueb. die Fraunhoferschen Linien V. 149. 153.

Brocklesby, J. Irisirendes Silber II. 176. 184 — Ueberzählige Regenbogen III. 157. 166 — Steigen des Wassers in Quellen vor d. Regen IX. 654.

Brodhurst, B. E. Ueb. d. Irisbewegungen VIII. 340.

Brodie, B. C. Schmelzpunkt u. Umwandlungen d. Schwefels X. 130.

Brodie, J. Ueber die physikal. Beschaffenheit d. Erde in früheren Epochen ihrer Geschichte XX. 839.

Broek, van der, Ueb. d. Wirkung d. Smithsonschen Kette bei der Untersuchung auf kleine Mengen Quecksilber XVIII. 452.

Brogniart, Lichtmeteor u. Meteorsteinfall am 14. Mai XX. 597*.

Bromeis, C. Aeussere u. innere Verhältnisse d. gasreichen Thermen zu Nauheim VIII. 625. — Das Geysirphänomen imitirt durch e. Apparat nach Bunsen's Geysirtheorie XIII. 576.

Brondgeest, P. Q. Neue Methode d. Anzahl u. Dauer d. Herzschläge zu registriren XX. 542*.

Bronner, P. Mathey's verbesserte Daniellsche Batterie XVII. 438 — Verbesserte Smeesche galvan. Batterie XVII. 440.

Brooke, C. Selbstregistrirung meteorolog. Instrumente durch Photographie III. 197. 209. 519. 550; VI. 522. 544. 1059*; VIII. 607 — Selbstregistrirendes Thermometer, Barometer und Psychrometer III. 575. 588; IV. 393. 404. 406 — Verbesserung des photographischen Papiers zu selbstregistrirenden Instrumenten V. 204. 208 — Neue Beleuchtungsweise dunkler Objecte unter dem Mikroskop VI. 546. 554 — Compensation d. Temperatureinflusses bei Magnetstäben VI. 887. 893 — Zusammengesetzte achromatische Mikroskope X. 339.

Brooman, Verbesserung in d. Anwendung d. Elektrochemie zu gewerbl. Zwecken VIII. 492*.

Brorsen, Th C. A. Ueb. d. Gegenschein d. Zodiakallichts XI. 588; XV. 562* — Ueb. d. ringförm. Gestalt d. Zodiakallichts XV. 562* — Ueb. das bei einigen Nordlichtern gehörte Geräusch XV. 562* — Die Novemberkälte d. J. 1858, XV. 711 — Drei Feuerkugeln beob. zu Senftenberg XVIII. 507*.

Brossard-Vidal, Neues Alkoholometer, Ebullioskop II. 29. 34. III. 18; IV. 36. 44,

Brouard, E. Ueb. d. Feuerkugel zu Paris 29. Oct. 1857, XIII. 458*.

Brouezec, J. E. Hydrographie d. Senegal XVII. 755*.

Brougham, Lord, Experimentelle u analyt. Untersuchungen üb. d. Licht

VI. 318. 345; 398. 400; XVI. 248. Dazu Arago VI. 318. 345; desgl. B. Powell VI. 400 — Einige Beugungserscheinungen VIII. 230*.

Broun, H. Ueb. d. Beziehungen zw. d. meteorolog. Variationen und den magnet. Störungen XIX. 600*.

Broun, J. A. (auch Brown) Magnet. u. meteorolog. Beobachtungen zu Makerstown bei Edinburg III. 517. 522; V. 350. 355 — Variationen des Erdmagnetismus mit Rücksicht auf die Höhe d. Atmosphäre III. 519. 529. 546 — Variation d. horizontalen u. verticalen Componente der magnet. Intensität nach Mond- u. Sonnenperioden. Magnet. Beobachtungen in Sir Th. Brisbane's Observatorium zu Makerstown III. 519. 520. 529. 559 — Ueber elektr. Staubfiguren auf Glasscheiben VI. 641. 642 — Neue Theorie d. Nordlichts. Nordlichtbeobachtungen zu Makerstown VI. 873*. — Wärmecompensation d. Bifilars und der magnet. Wage VI. 887. 893 — Anfertigung seidener Aufhängefäden für d. Declinationsmagnetometer VI. 888. 899. — Einfluss d. Höhe in d. Atmosphäre auf d. tägl. Variation d. Magnetnadel VI. 888. 902. — Ueber die Bewegungen d. Magnetnadel und d. Nordlicht VI. 889. 907 — Wahrscheinl. Ursache d. tägl. Variation der Magnetnadel VI. 890* — Statistik des Missisippi X. 776 — Auszug aus d. meteorolog. Journal für Arbroath v. Jahr 1854; XI. 716; v. J. 1855, XII. 717; v. J. 1856, XIII. 538* — Regenmenge zu Arbroath XII. 684 — Resultate v. magnet. Beobachtungen XIV. 598 — Beobacht. d. Sonnenfinsterniss vom 15. März 1858 zu Arbroath XV. 557* — Gelungene Errichtung eines meteorolog. u. magnet. Observatoriums zu Travancore in 6200 Fuss Meereshöhe u. Resultate d. magnetischen Beobachtungen zu Trevandrum XV. 624 — Ueb. d. Regen in Forfarshire XV. 729* — Ueb. d. tägliche Mondperiode der Declination am magnet. Aequator XVI. 649; XVII. 588. XVIII. 569 — Ueb. halbtägige u. jährl. Variationen d. Barometers XVI. 722* — Die nordwestl. Durchfahrt XVI. 792* — Geschwindigkeit d. Erdbebenstösse im indischen Laterit XVI. 902 — Instrument zur Messung geringer Aenderungen der Schwerkraft XVII. 42 — Das Bifilarmagnetometer, seine Fehler u. Correctionen XVII. 562 — Resultate d. Beobachtungen im Observatorium d. Rajah von Travancore. Ueb. d. tägl. Aenderungen d. magnet. Declination am Aequator u. d. zehnjährige Periode XVII. 572. 638 — Ueb. e. neues Inductions-Inclinatorium XVII. 578 — Ueb. magnet. Felsen im südl. Indien XVII. 580 — Ueb. d. Horizontalintensität d. Erdmagnetismus XVII. 582 — Magnet. Aufnahme der Westküste v. Indien XVII. 583 — Bemerk. zu einer Note des Hrn. Secchi XVII. 585 — Ueber d. angeblichen Zusammenhang zw. d. meteorolog. Erscheinungen u. d. Variationen d. Intensität des Erdmagnetismus XVII. 586 — Ueb. d. halbtägigen u. jährl. Schwankungen d. Barometers. Ueb. d. vom Monde abhängige halbtägige Schwankung d. Barometers XVII. 632 — Zusammenhang zw. den magnet. Variationen u. d. Windrichtung XVIII. 553 — Apparat zur statischen Messung d. Schwere XIX. 17 — Ueb. den Zusammenhang zw. d. Stürmen und d. magnet. Variationen XIX. 600*.

Brown u. Williams, Verbesserungen an elektr. u. magnet. Apparaten für Benachrichtigungen VI. 838*.

Brown-Séquard, Wirkung d. Lichts u. d. Wärme auf d. Iris III. 181. 182.

Browne, G. Ueb. d. prismat. Bildung d. Eises in gewissen Eishöhlen und Gletschern XX. 878.

Browning, J. Neue Form des Spectroskops, bei welchem directes Sehen mit einem Prisma erreicht wird XX. 173 — S. Friend.

Bruce, H. W. Ein vom Blitz getroffenes Schiff XIII. 465.

Bruckmann, A. E. Die neuen artes. Brunnen zu Heilbronn, d. alten Bohrbrunnen u. die Kirchbrunnen dieser Stadt, die neue Brunnenstube zu Bönningheim u. s. w. XVII. 762*.

Bruckner, H. Formel f. d. Elasticität des Wasserdampfs V. 80; VI. 563. 592.

Brück, B. Der Magnetismus d. Erde abgeleitet, aus d. Principien d. physikalischen Wissenschaften XV. 626.

Brücke, E. Verhalten der optischen Medien d. Auges gegen Licht- und Wärmestrahlen I. 200. 224. 364 — Anatomische Untersuchung d. sogenannten leuchtenden Augen bei den Wirbelthieren I. 200. 224 — Ueb. d.

musculus cramptonianus u. d. Spannmuskel d. Chorioidea. Verhalten d. optischen Medien d. Auges gegen d. Sonnenstrahlen II. 213. 226 — Wesen der braunen Farbe. Folge der Farben in d. Newtonschen Ringen IV. 150. 158 — Ueb. subjective Farben VI. 488. 497 — Farbenwechsel d. afrikanischen Chamäleons VI. 489. 510. — Neue Arbeitslupe VI. 546 552 — Ueb. d. Farben, welche trübe Medien im auffallenden u. durchfallenden Licht zeigen VIII. 217 — Farben u. Farbenwechsel bei den Cephalopoden und Chamäleonen VIII. 258* — Dichroismus des Blutfarbestoffes IX. 250 — Wirkung complementär gefärbter Gläser beim binocularen Sehen IX. 299 — Ueb. die unächte innere Dispersion d. dichroitischen Hämatinlösungen X. 282 — Objectträger aus Canarienglas XII. 338 — Ueber die Erhaltung der Kraft XIII. 98 — Eine Dissectionsbrille XV. 297 — Ueb. d. Metallglanz XVII. 313 — Ueber den Nutzeffect intermittirender Netzhautreizungen XX. 287.

Brückmann, C. A. Ueb. d. sogenannte Antifrictionscurve u deren Anwendbarkeit beim Maschinenbau X. 59 — s. Hülsse.

Brückner, L. Mondregenbogen. Wasserziehen der Sonne XI. 585* — Zodiakallicht XI. 588*.

Brügmann, Einwirkung d. Kanonendonners auf d. Regenbildung XVIII. 666*.

Bruhns, Beobachtung der totalen Sonnenfinsterniss vom 18. Juli 1860 XVI. 571. 576 — Die astronom. Strahlenbrechung in ihrer histor. Entwicklung XVII. 547.

Bruhns C. u. W. Förster, Bestimm. d. Längendifferenz zwischen d. Sternwarten zu Berlin und Leipzig auf telegraph. Wege XX. 542*.

Brumhard, Zur Klimatologie des Vogelsberges XI. 725.

Brunel, Herstellung v. Messing- u. Bronceüberzügen auf elektrochem. Wege IV. 300*.

Brunet, J. Ueb. d. organische Mechanik XVIII. 35*.

Brunner, (d. ältere) Beitrag zur Eudiometrie V. 84* — Bestimmung von Gasgemengen VIII. 44 — Darstellung v. reinem Silber aus Chlorsilber VIII. 492* — Mittel um auf chemischem Wege e. luftleeren Raum zu erzeugen X. 188 — Darstellung u. Benutzung eines luftverdünnten Raumes XVI. 56.

Brunner, C. (Sohn) Dichtigkeit des Eises bei verschied. Temperaturen I. 32. 33 — Beziehung zwischen d. Cohäsion u. Temperatur d. Flüssigkeiten II. 13. 14; V. 19 — Einfluss des Magnets auf thierische Körper III. 396. 447; V. 298 — Theodolit für Beobachtung d. Erdmagnetismus III. 519* — Elektr. Lichterscheinungen ohne Donner IV. 275 — Einfluss des Magnetismus auf die Cohäsion der Flüssigkeiten VI. 15. 19 — Diamagnetismus des Eises VI. 1126 1143 — Ueber d. Taschenbarometer IX. 678 — Zweijährige Beobachtungen über d. Temperatur des Wassers in Ziehbrunnen XII. 742 — Bestimmung d. specif. Gewichts v. Flüssigkeiten XVII. 10* — s. v. Fischer.

Brunner, G. B. Beitrag zur elektr. Reizung d. nervus opticus XX. 553*.

Bruno, Faa de, Ueb. d. Construction d. Metronome XI. 74.

Bryce, J. Ueb. gestreifte u. polirte Felsen im Seedistrict v. Westmoreland VI. 908. 918.

Bryson, A. Compensationspendel gegen hygrometrische Einflüsse unempfindlich zu machen I. 579. 585 — Selbst regulirende meteorologische Uhr V. 376* — Neue optische Instrumente VI. 427. 435.

Bucchich, Höhe d. Meeresspiegels u. d. Luftdrucks XVII. 716.

Buchanan, W. M. Elektricitätsentwicklung in e. Fabrik VI. 649. 650.

Buchner, O. Die Feuermeteore, insbesondere d. Meteoriten historisch u. naturwissenschaftlich betrachtet XV. 560* — Ueb. Feuermeteore u. Meteoriten XVI. 604* — Versuch eines Quellenverzeichnisses zur Literatur über Meteoriten XVII. 553*; XIX. 544* — Meteorsteinfall zu Wedde. Desgl. zu Killeter in Irland. Meteorsteinfälle zu Canellas in Catalonien u. zu Magryhee in Irland XVII. 554* — Die Meteoriten in Wien u. London XVIII. 509* — Die Meteoriten in Sammlungen, ihre Geschichte, mineralog. u. chem. Beschaffenheit XIX. 543*; XX. 598* — Ueber analytische Gewichte u. Wagen XX. 9 — Lichtmesser u. d Wage XX. 215.

Buckler, R. Zerstörung v n Blei durch galvan. Wirkung VII.I 488.

Bucquet, Ein Hof um die Sonne VI. 869*.
Buddingh, P. Meteorologische Beobachtungen v. J. 1846 auf einer Reise v. d. Niederlanden nach Java IV. 412. 425.
Budge, J. Ueb. d. directen Einfluss d. Lichts auf d. Irisbewegungen VIII. 340 — Ueber die blinde Stelle der Netzhaut XI. 341* — Elektr. Erscheinungen an offenen Inductionskreisen XV. 529 — Ueb. den galvan. Strom, welcher sich in der Haut d. Frosches zu erkennen giebt XVI. 544 — Verschiedene Reizbarkeit eines u. desselben Nerven und über den Werth des Pflügerschen Elektrotonus XVI. 550*; XIX. 504 — Ueber unipolare Leitung XVI. 553* — Beweis, dass das Duboissche Gesetz vom Muskelstrom unhaltbar ist XVII. 528; XVIII. 829.
Budge, R. Ueb. d. grosse Erdbeben in Chili 1851 (Bollaert dazu) VI. 910. 958.
Budge u. Valler, Ueb. die Pupille VIII. 340.
Budin, s. Tellier.
v. Bühler, Der Bodensee XI. 772 — Beziehungen der Stromgebiete und Wasserscheiden zu den Gebirgen XII. 748*.
Büttner, Ueber die durch Galvanoplastik erhaltenen Resultate V. 297* — Einfluss der Elektricität auf das organische Leben XI. 466*.
Buff, H. Ueb. d. Maass elektromotor. Kräfte IV. 284 — Bemerk. über die elektromotorische Kraft der Muskeln V. 299* — Auflösung des flüssigen Strahls in Tropfen VI. 154. 177 — Ueb. Wassertrommelgebläse VI. 154. 180 — Ueb. die Theorie d. Leidenfrostschen Versuchs u. d. Versuche v. Boutigny VI. 259. 285; XII. 196* — Elektr. Beschaffenheit d. Flamme VI. 661. 674 — Ueb. d. v. Dubois R. entdeckte elektromotor. Kraft der Muskeln VI. 730. 753 — Zur Berührungselektricität VIII. 465 — Richtung des durch Entladung angehäufter Reibungselektricität erregten Inductionsstroms IX. 442 — Ueb. d. elektrolytische Gesetz IX. 484. 498 — Tangentenbussole mit langem Multiplicatordraht IX. 555. — Ueb. Elektricitätsentwicklung bei d. Verdampfung X. 436 — Ueb. e. Galvanoskop von grosser Empfindlichkeit u. über das elektr. Leitungsvermögen d. Flamme X. 458 — Elektrische Leitfähigkeit d. erhitzten Glases X. 487 — Galvan. Kette, in welche Eisenchlorid als Bestandtheil eingeht X. 541 — Elektricitätserreg. durch lebende Pflanzen X. 544*; XIV. 519 — Ueb. d. Leidenfrostschen Versuch XI. 189 — Ueber die durch d. elektrisch-chemischen Prozess verzehrte elektromotorische Kraft XI. 437 — Ueb. d. Vorgang d. elektrisch-chemischen Zersetzung und d. Elektrolyse d. Eisenchlorids XI. 442 — Galvan. Wasserzersetzungsapparat zum Gebrauch für Chemiker XI. 446 — Zersetzung d. Wassers durch sehr schwache elektr. Ströme insbesondere durch Maschinenelektricität XI. 447 — Schreiben an G. Magnus XIII. 127 — Ueb. d. elektr. Verhalten d. Aluminiums XIII. 341 — Verhalten der Chromsäure unter Einwirkung des elektr. Stromes XIII. 364 — Elektrolytische Studien XIV. 452; XVI. 520 — Ueb. d. Bewegung d. Elektricität durch d. Masse eines Elektrolyten XIV. 456; XVI. 520 — Ueb. d. Elektrolyse höherer Verbindungsstufen XV. 465 — Ueb. d. specif. Wärme der Gase unter gleichem Druck u. bei gleichem Volumen XVI. 316 — Ueb. d. Gleichartigkeit d. Quellen d. Reibungs- u. Berührungselektricität XVI. 453 — Bemerk. zu d. Abhandl. v. Clausius üb. d. specif. Wärme d. Gase XVII. 388. 391 — Ueb. d. Vertheilung d. Elektricität in Nichtleitern XVII. 427. — Ueb. d. Beziehungen zw. Temperatur und Spannkraft d. Dämpfe XIX. 346* — Bemerk. bezüglich d. specif. Wärme zusammengesetzter Gase XX. 391* — Ueb. die durch den elektr. Strom in Eisenstäben erzeugten Töne XX. 507 — s. Liebig, Wöhler.
Buff, H. u. A. W. Hoffmann, Zerlegung gasförm. Verbindungen durch elektr. Glühen XVI. 501.
Buff u. Zamminer, Ueb. d. Magnetisirung von Eisenstäben durch den galvan. Strom VI. 811. 821.
Buhse, F. Meteorolog. Beobacht. auf einer Reise durch Transkaukasien u. Persien 1847 bis 1849, XVI. 763* — Ueb. d. Temperatur d. Winters 1859 und 1860, XVII. 617* — Zur telegraph. Meteorologie XX. 742.* — Vergleichung die Temperatur und des Nie-

derschlags in Riga 1862 mit dem Durchschnitt von 1851 bis 1862, XX. 834*.
Buignet, H. Dichtigkeit d. Wassers in d. krystallisirten Salzen XVII. 16 — Anwendung d. Physik auf d. Lösung chem. u. pharmaceut. Probleme. Brechungsindices XVII. 236 — Drehungsvermögen und Brechungsindex mehrerer in d. Medicin angewandten Substanzen XVII. 287 — Spannkraft d. Dampfgemenge XVII. 387* — s. Bussy.
Buist, W. G. Erhebungen und Senkungen im Boden Indiens VI. 908. 923 — Abriss d. Klimas v. Westindien VI. 1050. 1084 — Meteorolog. Phänomene in Indien v. Januar bis Mai 1849. Registrirung period. Erscheinungen bei Pflanzen und Thieren VI. 1050. 1090 — Hagelstürme in Indien VI. 1051. 1095. 1057* — Ueberschwemmungen in Indien VI. 1055* — Die Vulkane in d. Bay v. Bengalen VIII. 642 — Ueb. vier gleichzeitige Versuche zur Bestimmung d. Regenmenge in verschied. Höhen zu Bombay. Tägl. u. jährl. Schwankungen d. Atmosphäre VIII. 778* — Ueber die Strömungen d. Indischen Meere IX. 645 — Physikalische Geographie von Hindostan X. 779 — Merkwürdige Hagelwetter in Indien v. März 1851 bis Mai 1855, XII. 690 — Ursache d. Abstossung d. Wassers v. den Federn d. Wasserhuhns u. v. d. Blättern d. Pflanzen XIII. 46 — Physische Geographie d. Rothen Meeres XV. 743 — Die Wärme d. Rothen Meeres XVI. 784.
Buist, G. u. J. E. Tennent, Süsses Wasser auf Coralleninseln XVI. 839*.
Bulard, C. Ueb. e. bestimmtes Gesetz d. Bewegung d. Winde X. 759 — Beobachtung der Mondfinsterniss vom 13. Oct. 1856, XII. 559* — Beobacht. d. Sonnenfinsterniss v. 31. Dec. 1861, XVIII. 506*.
Bullar, Uebereinstimmung gewisser vitaler u. elektromagnet. Gesetze II. 437. 472.
Bunsen, R. Instrument um Glasröhren zu graduiren II. 118 — Blaue u. grüne Farbe d. Wassers III. 118. 136 — Einfluss des Drucks auf den Erstarrungspunkt geschmolz. Materien VI. 257. 262. 562 — Verhalten des Oeles unter starkem Druck VI. 257. 263 — Einfluss des Drucks auf die chemische Natur der plutonischen Gesteine VI. 909. 930 — Darstellung d. Magnesiums auf elektrolytischem Wege VIII. 487 — Ueb. vulkanische Exhalationen VIII. 642 — Darstellung v. metallischem Chrom auf galvanischem Wege X. 535 — Elektrolytische Gewinnung d. Erd- u. Alkalimetalle X. 537 — Bemerk. zu einer Mittheilung v. Deville X. 538 — Gesetz der Gasabsorption XI. 172 — Darstellung v. Lithium u. Strontium auf elektrischem Wege XI. 451 — Ueb. e. neues dem Kalium nahe stehendes Metall XVI. 235 — Ueb. Cäsium u. Rubidium XVII. 246 — Zur Kenntniss d. Cäsiums XIX. 195 — Umkehrung d. Absorptionsstreifen im Didymspectrum XX. 209 — Thermoketten von grosser Wirksamkeit XX. 491 — s. Descloiseaux, Kirchhoff.
Bunsen, R. u. H. E. Roscoe, Photometrische Untersuchungen XI. 344. — Maassbestimmungen der chemischen Wirkungen d. Lichts XII. 320; XIII. 260; XV. 261; XX. 256 — Meteorologische Lichtmessungen XVIII. 256.
Bunsen, R. und L. Schischkoff, Chemische Theorie d. Schiesspulvers XIII. 130.
Bunt, T. G. Pendelversuche VI. 69 134. 135; VIII. 71.
Burckhardt, F. Beobachtungen an einem Daltonisten VIII. 336 — Ueb. Binocularsehen X. 307 — Zur Irradiation X. 310 — Gang der Lichtstrahlen im Auge XI. 330 — Ueber d. Bestimmung d. Vegetationsnullpunktes XIV. 616 — Die Empfindlichkeit d. Augenpaares für Doppelbilder XVII. 312 — Ueb. Contrastfarben XIX. 293.
Burdin, Berechnung des Effects der Maschinen XII. 96 — Ueb. d. mechanische Aequivalent XX. 332* — Locomotiven durch heisse Luft getrieben. Vergleich d. Dampfes und der erhitzten Luft mit Rücksicht auf d. Verbrauch an Brennmaterial XX. 333.
Burdin u. Bourget, Mathemat. Theorie der Luftmaschinen XIII. 296* — Maschine mit heisser Luft nach einem neuen System XIX. 347*.
Burdwood J. Fluthtafeln 1861, XVII. 745.
Burg, A. Dynamograph zur Bestimmung d. Widerstände und Zugkräfte II. 45* — Ueb. den graden centralen Stoss zweier fester Körper VI. 67. 77.

Burg, A. v. Ueb. Kohn's Versuche zur Ermittelung d. Einflusses oft wiederholter Torsionen auf den Molecularzustand d. Eisens VI. 3. 7 — Festigkeit v. Stahlblechen aus dem Eisenwerk v. Fr. Mayr in Leoben XV. 97 — Festigkeit d. Aluminiums und d. Aluminiumbronze XV. 100

Burg, van der, Ueb. d. Art Klangfiguren hervorzubringen u. Bemerk. üb. longitudinale Schwingungen XIV. 172.

Burgartz, F. Höhenkarte v. Vorarlberg XX. 840*.

Burgess, J. Ueb. Höhenmessungen mit d. Barometer und d. Hypsothermometer XV. 790*; XIX 637* — Ueb. d. Fluthbeobacht. zu Bombay, XX. 844*.

Burhenne, H. Erweiterung eines Satzes vom Schwerpunkt IX. 31.

Burkart, H. J. Ueb. d. Fundorte d. bis jetzt bekannten mexikan. Meteoreisenmassen nebst Bemerk. über Ursprung u. Zusammensetzung d. Aerolithe XII. 558* — Feuerausbruch im Gebirge Real de monte in Mexiko XIII. 601 — Erscheinungen bei dem Ausbruch des mexikan. Feuerberges Jorullo 1759 nebst Zusatz v. Humboldt XIII. 601* — Ueb. d. v. Hidalgo gemeldeten Feuerausbruch im Gebirge v. Real del monte XV. 781.

Burkert, Erdbeben in Mexiko den 19. Juni 1858, XIV. 720.

Burkhardt, A. U. Uebersicht d. Witterung in Oesterreich u. einigen auswärtigen Stationen 1856 - 1858, XV. 683.

Burman, E. Meteorologische Beobachtungen in Lappland XIV. 608.

Burmeister, H. Ueb. d. Klima von Mendoza XIV. 642 — Klima d. Gegend v. Parana XV. 708* — Die Winterkälte an d. Ufern d. Amur XV. 716* — Barometerbeobacht. in Mendoza XV. 718 — Reise durch einige nördl. Provinzen der La Platastaaten XVI. 906 — Ueb. d. Klima der Argentin. Republik XVII. 687 — Ueb. d. Klima von Buenos-Ayres XIX. 660* — Die artes. Brunnen bei Buenos-Ayres XIX. 696* — Die Regenverhältnisse der Argentin. Republik im Allgem. und d. ungewöhnlich starke Regenfall in Tucuman zu Anfang d. J. 1863, XX. 753 - Ueb. d. Erdbeben v. Mendoza XX. 931.

Burnett, J. Ueber Mikroskope VI. 546. 551 — Neue Formen v. Actinometern XVI. 267. 673.

Burnier, Temperatur d. Genfer Sees VIII. 616.

Burnier u. L. Gouin, Bestimmung d. Barometerhöhe an einigen Punkten d. Alpen XVIII. 712*.

Burnier u. J. Marguet, Gleichzeit. meteorolog. Beobachtung im Decbr. 1861 zu Lausanne u. Morges XX. 658*.

Burnier u. E. Plantamour, Nivellement d. Grossen St. Bernhard XI. 687.

Burnouf, E. s. Guillemin.

Burow, A. Der gelbe Fleck im eigenen Auge X. 325 — Einfluss peripherischer Netzhautparthien auf die Regelung d. accommodativen Bewegungen d. Auges XVI. 269 — Construction e. neuen Optomet. XIX. 296.

Burow, (jun.) Beobachtung d. eigenen Augenhintergrundes XIX. 296

Burq, A. Instrumente u. Apparate zur Anwendung d. Elektricität u. d. Magnetismus in d. Heilkunde X. 545*.

Burr, T. W. Ueb. das Zodiakallicht XI. 588* — Apparat zur mechanischen Nachbildung d. Präcession XII. 127 — Beobacht. d. Sonnenfinsterniss v. 18 Juli 1860 in England XVIII. 505*.

Bursill u. Williams, Magnetisch-atmosphärische Locomotive III. 477*.

Burton, Die Seeregionen v. Centralafrika XVII. 751*.

Burton, R. u. G. Mann, Erste Besteigung d. Camerungebirges XIX. 709.

v. Buschen, Ueb. die vulkan. Erscheinungen auf d. Erdball XV. 766*.

Busolt, J. E. Wirkliche Farbe der Sonne u. ihrer Flecke V. 150. 157. 452.

Bussy u. Buignet, Ueb. die Cyanwasserstoffsäure XX. 347 — Ueb. d. Temperaturänderungen beim Mischen verschiedener Flüssigkeiten XX. 349. — Dazu Deville, Pasteur, Favre 349 — Wirkung d. Salze auf die Dampfspannung d. Cyanwasserstoffsäure XX. 369.

Butler, T. B. Die Philosophie des Wetters u. e. Führer bei Witterungsänderungen XII. 681.

Buttel, P. Elektr. Jodfiguren XVIII. 404.

Butti, Kugelförmiger Blitz zu Mailand VIII. 601*.

Buys-Ballot, C. H. D. Akustische Versuche auf der niederländ. Eisenbahn u. Bemerk. zur Theorie d. Hrn. Doppler I. 143. 157 — Wirkung der ungleichen Erwärmung auf die Windrichtung u. Wärmewirkung d. Mondes II. 272. 274 — Einfluss d. Tempera-

tur auf d. Synaphie III. 10. 11. 690 — Meteorologische Beobachtungen zu Breda III. 590. 606 — Die periodischen v. d. Natur d. Sonne und des Mondes abhängigen Aenderungen d. Temperatur III. 619. 623 — Ueb. d. Dovesche Drehungsgesetz III. 619. 635 — Physiologie d. unorganischen Natur V. 3 — Meteorolog. Beobacht. in den Niederlanden 1851, VI. 1048. 1066 — Ueb. d. kalten Tage im Mai u. Februar VI. 1052. 1111 — Wichtigkeit d. Abweichungen vom mittleren Zustand der Atmosphäre für die Meteorologie VI. 1054* — Rotationszeit d. Sonne aus Beobachtungen zu Danzig VI. 1056 — Ueber die sogenannte zehnjährige Periode in der Grösse d. tägl. Bewegung d. Magnetnadel VIII. 610 — Bemerk. zu d. Ergebniss der Hohenpeissenberger Beobachtungen VIII. 698 — Einfluss d. Mondes auf d. Helligkeit d. Himmels IX. 737* — Klima von Holland IX. 740* — Erläuterung einer graphischen Methode zur gleichzeitigen Darstellung d. Witterungserscheinungen an vielen Orten, u. Aufforderung d. Sammeln der Beobachtungen zu erleichtern X. 726 — Jährlicher Gang der Temperatur zu Gröningen, Nymwegen u. Brüssel 1849 bis 1853, X. 764* — Niederländisches meteorologisches Jahrbuch für 1855, XI. 759* — Desgl. für 1856, XIII. 535 — Ergebnisse d. Erfahrung u. Wissenschaft üb. Winde u. Meeresströmungen in einigen Theilen d. Oceans XII. 674 — Meteorolog Beobachtungen in Holland, den Holländ. Colonien und vielen Orten in Europa XII. 712 — Beziehung zw. d. Intensität u. Richtung d. Windes zu den gleichzeit. Barometerständen XIII. 557 — Ueb. die Art der Bewegung, welche wir Wärme u. Elektricität nennen XIV. 319 — Beziehungen zwischen den meteorolog. Vorgängen u. d. Rotation d. Sonne XIV. 608 — Magnet. Einfluss d. Mondes XV. 639 — Prachtvoller Nebenmond zu Utrecht XVI. 603* — Ueb. einen Sonnenring. Zweckmässige Eintheilung d. Jahres für meteorolog. Beobachtungen XVI. 664* — Zusammenhang zwischen Barometerstand und Windrichtung XVI. 722* — Mittlere Windstärke u. Häufigkeit der Windgattungen nach den Beobacht. v. 1819–1854 zu Utrecht XVI. 725 — Regeln für d. Vorausbestimm. d. Wetters XVI. 763* — Beiträge zur Vorhersagung der Witterung, namentlich von Windrichtung u. Windkraft XVII. 644; XIX. 638* — Ueb. d. zu Hanau beobachteten Gang d. atmosphärischen Druckes und der Temperatur nach d. Aufzeichnungen d. Hrn. v. Möller XVII. 676 — Ueber d. jährl. Gang d. Thermometers und Barometers in d. Niederlanden und an verschied. Orten Europas nach gleichzeit. Beobachtungen XVII. 723* — Meteorolog. Beobacht. in d. niederländ. Besitzungen u. Vergleich d. Temperatur u. des Barometerstandes an vielen Orten Europas XVIII. 681 — Ueb. d. in Holland befolgte System d. Vorhersagung d. Wetters XIX. 638* — Ueb. d. mittleren Luftdruck an mehr. Orten Europas XX. 707. 708.

Buzzetti, C. Neue Bestimmung der absoluten Elemente d. Erdmagnetismus in Mailand XX. 635*.

Byström, O. Zunahme der specif. Wärme d. Metalle mit d. Temperatur XVI. 369 — Beschreib. eines Hydropyrometers XVIII. 344; XIX. 355*.

Cabillot, Anwendung d. Monochords II. 153*.

Cadrat, Feuerkugel v. 9. Oct. 1846, II. 179. 203.

Cagniard-Latour, Ueb. d. menschliche Stimme I. 143. 160; Neue Versuche II. 142 — Messingene Flöte. Intermittirende Reibung der Luft an d. Lippen beim Pfeifen VI. 294. 309 — Apparat zum Studium d. Axentons VI. 294. 310 — Mittel zur Hervorbringung eines künstlichen Klingens im Ohr, welches als Stimmgabel benutzt werden kann XI. 218*.

Cagnoni, Ueb. d. Ausfluss d. comprimirten Luft durch lange Röhren u. d. Anwendung derselben bei der Durchbohrung d. Mont Cenis XV. 81.

Cahours, Ueb. d. Dampfdichte der zusammengesetzten Körper I. 90. 110 — d. Phosphorchlorid's I. 90* — Einfluss d. Chlors auf verschiedene zusammengesetzte Aetherarten d. Methylenreihe unter Einwirkung des Lichts II. 228. 232 — Ueb. anomale Dampfdichten XIX. 9. s. Bourq.

Caillaux, A. Der artes. Brunnen v. Passy XVII. 760.

Caillet, Werth des Brechungsvermögens d. atmosphär. Luft nach d. alten Versuchen v. Biot u. Arago XI. 547.
Cailletet, L. Einfluss d. entstehenden Wasserstoffs auf die Amalgamation XIII. 367 — Ueb. d. Eisen und seine Legirungen in Bezug auf Magnetismus. Verfahren um Eisen frei von Coercitivkraft zu erhalten XV. 535 — Ueb. die Durchdringung des Eisens durch Gase bei hoher Temperatur XX. 92.
Calandrelli, J. Ueb. d. Solarrefraction XIII. 217.
Calderoni, Ueb. d. Genauigkeit d. Tangentengesetzes für das Magnetometer XVI. 477.
Caligny, A. de, Eigenthümliche Zusammenziehung d. Flüssigkeit in d. Kanalbiegungen eines Hüttenwerks I. 78 — Ueb. d. Bewegung d. Wellen II. 54. 75 — Hydraulische Maschinen; Turbinen, Schleuseneinrichtungen u. Geschichte der Hydraulik II. 82* — Hydraulischer Motor III. 54* — Neues Schleusensystem; atmosphär. hydraulische Motoren; Intermittenz eines Wasserstrahls aus einer theilweise verschlossenen Oeffnung IV. 78* — Hydraulische Räder V. 43* — Zwei neue hydraul. Maschinen u. neues Saugephänomen VI. 155. 193 — Versuche üb. ein Mittel den Widerstand d. Wassers in d. Krümmungen d. Leitungsröhren zu vermindern VIII. 120 — Ueber Wasserwellen VIII. 123. — Verschied. Wasserhebemaschinen VIII. 124; XI. 104* — Mittel zur Verringerung d. Widerstandes gegen d. Bewegung d. Wassers in gekrümmten Röhren XI. 97 — Beobachtungen an einer hydraulischen Maschine XI. 98 — Neue Schöpfpumpe ohne Kolben u. Ventil XI. 100. 103 — Eigenschaften eines gewöhnlichen Regulators an mehreren hydraul. Maschinen XIII. 128 — Versuche über e. divergente flüssige Oberfläche. Bewegung des Wassers in Biegungen. Neue hydraulische Versuche XIV. 96* — Theorie der Maschinen zur Compression der Luft durch Wasserfälle XVI. 59* — Erzeugung fortschreitender Wasserwellen XVII. 72 — Wirkung der Wärme auf d. dreiarmigen Heber am Mont-Cenis XVII. 100 — Ueb. d. Bewegung d. Wellen auf d. Meer. Versuche über e. hydraulische Maschine mit oscillirendem Cylinder XVIII. 52 — Ein Mittel zur leichteren Erhaltung d. Vacuums namentlich in der Wärme XVIII. 59 — Betracht. üb. d. Anwendung d. Wärmetheorie auf die Compressionsapparate mit oscillirenden Wassersäulen, die seit Jahren am Alpentunnel erfolgreich im Gebrauch sind XIX. 344 — Ueber die Bahnen der Wassertheilchen in den Meereswellen u. üb. d. Erscheinungen d. Wellenbewegung in Kanälen, die mit d. Bewegung d. Meeres auf den Rheden zusammenhangen XX. 42 — Ueb. e. v. Cagniard de Latour erdachten Apparat zur Herstellung einer Feder v. constanter Kraft XX. 52 — Ueb. ein einfaches Mittel durch den Versuch eine schwierige Frage der mechan. Wärmetheorie zu lösen XX. 332* — Ueb. d. Wirkungen d. Wärme bei d. hydraulischen Compressionen mit oscillirenden Flüssigkeitssäulen XX. 343.
Calla, Ketten v. Minotto u. Callaud XX. 446 — Kette v. Maiche XX. 448.
Callan, N. J. Neue billige u. starke galvan. Batterie III. 370. 371; IV. 295. 296 — Ergebnisse einer Reihe von Versuchen üb. d. Zersetzung d. Wassers durch die galvan. Batterie mit Rücksicht auf die Darstellung eines constanten u. glänzenden Kalklichts X. 531 — Neue galvan. Batterie mit einer Flüssigkeit v. grösserer Stärke u. geringerem Preise als d. Salpetersäurebatterien XI. 462. 464 — Ueber die elektrodynamische Inductionsmaschine XIII. 414. 434 — Ueb. e. Unterbrecher, der allen bisherigen überlegen ist, u. d. Einfluss d. Condensators auf verschiedene Arten v. Unterbrechern XIV. 486 — Ueb. e. Inductionsrolle v. starker Wirkung im Verhältniss zur Länge XV. 507 — Ueber eine Inductionsrolle v. grosser Stärke u. üb. d. Wirkung v. Platten, die mit d. Enden d. secundären Spirale verbunden werden XIX. 481.
Callander, Erdbeben zu Rhodos XIX. 724.
Callaud, Wohlfeile Kette XX. 446.
Callon, Ueb. d. Turbine I. 587. 589.
Calloud, Ueb. die Phosphorescenz d. valeriansaur. Chinins XIX 237.
Calker, van, Ueb. d. opt. Erscheinungen in zusammengesetzten Kalkspathkrystallen XIX. 261*.

Calvert, F. C. Ueb. Chevreul's Farbenregel XIII. 239*.
Calvert, F. C. u. R. Johnson, Ueb. d. Härte v. Metallen u. Legirungen XIV. 115; XV. 104 — Wärmeleitungsfähigkeit d. Metalle und Legirungen XIV. 355. — Ueb. d. specif. Gewicht der Legirungen XV. 16 — Leitungsfähigkeit d. Quecksilbers u. d. Amalgame XV. 363; XVIII. 372.
Cameron, P. Verbesserungen am Compass IX. 635* — Ueb. d. Anfertigung u. Magnetisirung v. Stahlmagneten XII. 536.
Cammas, H. u. A. Lefèvre, Das Nilthal XIX. 688*.
Campagne, A. de, Abbrechen von Zweigen u. Wipfeln durch die Wirkung des Windes auf die mit einer Eiskruste umgebenen Bäume XII. 691.
Campani, G. Ueb. das ozonometr Papier mit Jodkalium XII. 582* — Ueb. d. rothen Regen d 28. Decbr. 1860 zu Siena XVI. 740*.
Campani, G. u. C. Toscani, Ueb. d. Erdbeben in Siena XV. 782.
Campbell, D. Ueb. d. Quellen des Wassers der tiefen Brunnen im Kalk unter London XII. 744* — Erdstoss in Rhodos XII. 774 — Vorkommen v. Arsen u. Antimon in den Quellen u. Betten d. Flüsse XVI. 829 — s. Nobel.
Campbell, J. Ueber Heliochromie VIII. 346.
Candolle, A. de, Ueb. d. nach Vaillant's Ansicht in Algier anzustellenden vereinfachten Beobachtungen XII. 723*.
Candrian, L. Meteorolog. Beobacht in Pitasch XVII. 690.
Canina, L. Ueb. den wahren Werth d. alten römischen Längenmaasse IX. 30*.
Cannizaro, S. Ueb. die Bemerk. v. Dumas hinsichtlich der Aequivalente d. einfachen Körper XIV. 5 — Untersuchung einiger ungewöhnl. Dampfcondensationen XIV. 51.
Canto, D. A. Die Erdbeben v. Manila. Historische Studien üb. d. Erdbeben auf d. Philippinen XIX. 727*.
Cantoni, G. Ueb. d. specif. Wärme d. Körper XVII. 394 — Beziehungen zwischen einigen thermischen Eigenschaften u. andern physischen Eigenschaften d. Körper XVIII. 356* — Ueb. die meteorolog. Beobachtungen zu Pavia, XVIII. 678. Magrini dazu 678 — Ueb. d. Verdunstung u. Diffusion der Flüssigkeiten. u. üb. d. Imbibition poröser Körper. Ueb. d. Eindringen der Flüssigkeiten in poröse Körper XX. 83 — Ueb. d. Temperaturänderungen in Flüssigkeiten durch Bewegung XX. 344.
Cantor, Physikalische Aufgabe XIII. 129.
Cantzler, Die Sonnenfinsterniss v. 17. Mai 1863, XIX. 539*.
Canudas, A. Aufzeichnung d. Erdbeben zu Guatemala 1857 und 1858, XV. 785.
Cap u. Garot, Ueb. d. Glycerinmedicamente XI. 170.
Capelli, G. Stündliche Barometer- und Thermometerstände zu Mailand XV. 687 — Meteorolog. Beobacht. zu Mailand 1858 1859, XVII. 723* — Barometervergleiche XX. 662* — Relative Häufigkeit, Richtung u. Kraft d. Winde in d. verschied. Monaten zu Mailand XX. 742*.
Capello, de B. Führer zum Gebrauch d. Wind- u. Stromkarten v. Golf v. Guinea XVIII. 717. 718*.
Capocci, Beobacht. eines Meteors VI. 871. 872 — Astrolabium angefertigt 1568 zu Löwen IX. 631.
Capozzi, E. mit Giordano u. A. Bericht üb. d. am 8. Dec. 1861 begonnenen Ausbruch d. Vesuvs XIX. 707.
Cappès, Sturm am 4. Dec. 1863 im Mittelländ. Meer XX. 742*.
Carbonelle, J. Geometr. Theorie d. Wattschen Parallelogramms IX. 31.
Carey Lea, Optische Eigenschaften d. pikrinsaur. Mangans XVI. 263 — Ueb. d. Destillation von Substanzen verschied. Flüchtigkeit XX. 372.
Carius, L. Absorptiometrische Untersuchungen XI. 180 — Nachweis d. Absorptionsgesetzes für Ammoniakgas XII. 190.
Carl, Ph. Ueb Sonnenflecke XV. 557* — Ueb. die galvan. Polarisation bei unterirdisch eingegrabenen Metallplatten XVI. 466 — Sonnenfleckenbeobachtungen im Jahre 1859, XVI. 608. 609* — Ueb. d. Nichtvorhandensein eines Extrastroms XVII. 518 — Beobacht. v. Sonnenflecken in München XVII. 549* — Verhältniss der Störungen d. horizont. u. verticalen Intensität des Erdmagnetismus XVII. 560 — Sonnenfleckenbeobacht. zu Bogenhausen XVIII. 504* — Feuerkugel zu Bogenhausen 15. Juni 1862,

XVIII. 506* — Ueber die Gewittererscheinungen in München u. ihren Zusammenhang mit d. Temperatur XVIII. 528 — Sonnenfleckenbeob. 1862, XIX. 539* — Münchener Sonnenfleckenbeobacht. 1863, nebst Bemerk. über Sonnenfleckenbeob. überhaupt XX. 593*

Carlet, H. Ueb. die Oxydationsproducte d. Dulcins durch Salpetersäure; Darstellung künstlicher Traubensäure XVI. 266.

Carlini, F. Verschied. Documente üb. d. Construction d. Barometers d. technolog. Cabinets nebst Andeutungen üb. d. Formel zur Höhenmessung XII. 620* 671* — Gesetz der Regenvertheilung in d. verschied. Monaten XV. 726.

Carosio, Grosse Gassäule XI. 463.

Carpenter, Anwendung der Photographie auf mikroskop. Gegenstände III. 197. 208 — Ueb. d. Beziehungen der physischen und Lebenskräfte zu einander VI. 729. 749 — Anwendung d. Princips v. d. Erhaltung d. Kraft auf Physiologie XX. 333*.

Carpenter u. Westley, Neue Zauberlaterne VI. 546. 553.

Carré, Künstliche Eisfabrication XV. 362 — Apparat zur künstl. Eisbereitung XVI. 370 — Antwort auf e. Prioritätsanspruch XVII. 396 — Bericht v. Pouillet, Regnault u. Balard üb. d. Apparat v. Carré XVIII. 342.

Carrère, Zwei Verfahrungsweisen zur Erzeugung d. Farbenringe in grosser Vollkommenheit XI 264 — Darstellung dünner durchscheinender Platten aus Harzlösungen und üb. ein damit dargestelltes Papier mit changirenden Farben XII. 248.

Carrick, Th. Ueb. d. Fluthen u. d. Drehung d. Erde. Ueb. d. Welle v. Hochwasser mit Andeutungen zu einer neuen Theorie der Fluthen XIX. 38. 667. 668.

Carrié, Hydroskopographie und Metalloskopographie od. die Kunst unterird. Wasser u. Metalllager mittelst Elektromagnetismus zu entdecken XIX. 695*; XX. 869*.

Carrington, R. C. Ueb. d. aus der Bewegung d. Sonnenflecke sich ergebende Wahrscheinlichkeit einer Sonnenatmosphäre XIV. 574. 580 — Ueb. e. Beobachtung an Sonnenflecken XV. 557; XVI. 608* — Augenglas für die Sonnenfinsterniss XVI. 569 — Vertheilung der Sonnenflecke nach der Breite seit 1854. Erscheinungen bei der Bewegung der Sonnenflecke XVI. 608* — Ueb. Sömmering's Beobacht. von Sonnenflecken 1826 bis 1829. Ueb. zwei Fälle v. Sonnenflecken in hohen Breiten u. über die durch die Beobachtung angedeuteten Ströme d. Oberfläche XVII. 550* — Chronograph XVIII. 6* — Beobacht. üb. d. Sonnenflecke auf d. Redhill-Observatorium XX. 576.

Carrol, Anordnung der Atome in Flüssigkeiten XIII. 5.

Carus, C. G. Ueb. Schlossenbild. IX. 740* — Ueb d. phosphoresc. Substanz d Lampyris italica. Wiederherstell. d. Phosphorescenz in d. ausgetrockneten Substanz durch Wasser XX. 216,

Carvallo, J. Versuch einer Theorie d. Giffardschen Injectors XV. 329 — Mathemat. Gesetze üb. Ausfluss und Spannung d. Dampfes XVII. 369*.

de Carville, Blitzschlag in ein Haus mit Blitzableiter II. 363. 367.

Casa, L. della, Ueb. d. Luftelektricität bei heiterem Himmel X. 644* — Ueb. elektrostat. Induction XV. 386; XX 437 — Ueb. d. elektr. Pause XV. 387; XVI. 427 — Neue Methode d meteorolog. Instrumente registrirend zu machen XV. 656* — Ueb. d. Formveränderungen des Eises XVII. 387* — Ueber die elektrostatische Induction XVII. 428 — Ueb. d. mechan. Aequivalent d. Wärme XIX 314 — Ueber d. Formänderungen bei der scheinbaren Elasticität des Eises XIX. 364* — Ueb d. Schichtung d. elektrischen Lichts XIX. 450*; XX. 495 — Ueber d. Thau XIX. 641* —

Casamajor, P. Methode Krystallwinkel ohne Goniometer zu messen durch Reflexion XIII. 274.

Casartelli, J. Tafel d. Regenmenge 1861 zu Old Trafford u. s. w. XVIII. 667*.

Casaseca, Blitzschlag in d. Havanna VI. 878* — Regenbeobacht. in d. Havanna v. Sep. bis Dec. 1853, X. 747 — Regenmessung. auf Havanna v. 1. Jan. 1854 bis 1. Jan. 1855, XI. 699: desgl. v. 1 Jan. 1855 bis 1. Jan. 1856, XII. 683.

Casella, L. P. Meteorolog. Instrumente XVI. 674* — Ueb. e. mikrometrisches Diaphragma XVIII. 283.

Caselli, Pantelegraph XV. 493*; XX. 542*.

Casiano de Prado, Die Erdbeben d. Provinz Almeria XX. 931*.

Casinese, F. T. Ausbruch d. Aetna im Jahre 1852, VIII. 637.
Casola, Windrichtung in grosser Höhe am Cotopaxi XV. 724.
Casoni, G. Ueb. d. Sonnenstrahlung XVII. 617; XIX. 635* — Ueb. d. Einfluss des Mondes auf die Atmosphäre XIX. 605* — Ueb. die Winde in dem Klima v. Bologna XX. 740.
Caspary, R. Wärmeentwicklung in d. Blüthe d. Victoria regia XI. 376* — Eine canadische Pappel v. Blitz getroffen XVIII. 521 — Ueb. eine vom Blitz getroffene Esche XIX. 578.
Cassal, s. Amberger.
Casselmann, Einfluss der Gewitter auf elektr. Telegraphen III. 645. 668; IV. 355; V. 314* — Merkwürd. Blitzschlag XII. 588*.
de Castelnau, Erdbeben in d. Capstadt XIV. 710 — Temperatur des Sommers 1859 zu Nimes in Vergleich zu der der 34 vorhergehenden Jahre XV. 710 — Mehrfache Wasserhosen an der Küste v. Singapore XVI. 736* — Erdbeben zu Singapore XVII. 790.
Castorani, Ophthalmoskop XII. 306.
Castrucci, G. Ueb. d. Ausbruch d. Vesuvs im Mai 1855, XII. 756*.
Caswell, A. Ueb. e. Spiegelteleskop d. Hrn. Lyman VIII. 359 — Meteorolog. Beobacht. zu Providence 1831 bis 1860, XVII. 723* — Meteorolog. Beobachtungen zu Providence, Rhode Island, von Dec. 1831 bis Mai 1860, XVIII. 667.
Catalan, Statisches Theorem III. 31. 32.
Cator, C. O. F. Neues Anemometer XX. 661.
Cattaneo, F. Schreiben an Prof. Brioschi XX. 28.
Catton, A. R. Ueb. den Zusammenhang zw. d. Form und den optischen Eigenschaften d. Krystalle XX. 238.
Cauchy, A. Bemerk. zu d. mathemat. Theorie d. Lichts v. Laurent I. 163; II. 158* — Ueb. d. chromatische Polarisation III. 679. 680 — Ueb. d. drei Arten v. Lichtstrahlen, welche d. einfachen Bewegungen d. Aethers entsprechen IV. 129. 130 — Ueb. das von d. Oberfläche eines undurchsichtigen Körpers namentlich eines Metalles reflectirte Licht IV. 129. 134 — Bedingungen der Körperbegrenzung, welche zu d. Gesetzen der Zurückwerfung u. Brechung d. Lichts führen IV. 119. 136 — Molecularmechanik V. 119. 125 — Ueb. d. durch dünne Platten reflectirten und gebrochenen Strahlen und Farbenringe V. 128 — Ueb. d. einfachen u. verschwindenden Strahlen V. 119. 131 — Reflexion u. Refraction d. Lichts u. neue reflectirte u. gebrochene Strahlen V. 119. 133 — Untersuchung der Integrale, welche unendlich kleine Bewegungen homogener Körper und vorzüglich in ebnen Wellen darstellen V. 119. 134 — Ueb. Gleichgewicht u. vibrirende Bewegungen fester Körper VI. 67. 84 — Störungen in den Vibrationsbewegungen eines Molecularsystems durch Einwirkung eines andern Systems. Fortpflanzung d. Lichts in isophanen Mitteln. Schwingungen d. Aethers in Mitteln, die nach einer gegebenen Richtung isophan sind VI. 317. 319 — Gangunterschied zweier Lichtstrahlen, welche aus einer doppelt brechenden Platte mit parallelen Flächen treten VI. 317. 324 — Intensität des von d. Oberfläche e. durchsicht. oder undurchsichtigen Körpers reflectirten Lichts VI. 317. 326 — Ueb. ein System v. Atomen, die um eine Axe isotrop sind, u. d. beiderlei Lichtstrahlen in den Krystallen mit einer optischen Axe VI. 317. 326 — Reflexion und Brechung d. Lichts an d. Oberfläche durchsichtiger Körper u. Krystalle VI. 317. 327 — Differentialgleichungen der Aetherbewegung in ein- u. zweiaxigen Krystallen VI. 317. 339 — Neues Reflexionsphänomen VI. 318. 341 — Lichtreflexion unter d. Hauptincidenz an d. äusseren Oberfläche einaxiger Krystalle VI. 318. 342 — Reflexion d. linear polarisirten Lichts an d. äusseren Oberfläche durchsichtiger Körper. Ueber transversale Aethervibrationen u. d. Farbenzerstreuung VI. 318. 343 — Theorie der linearen Momente verschied. Ordnung IX. 50 — Ueb. die associirten Radien vectoren und der Nutzen ihrer Anwendung in der mathematischen Physik X. 88 — Ueber d. Torsion d. Prismen X. 90 — Bemerkung zu einer Abhandlung von Ostrogradsky. Ueber d. plötzlichen Geschwindigkeitsänderungen in einem System materieller Punkte. Duhamel dazu u. Entgegnung von Cauchy XII. 87 — Ueb. einige Sätze d. rationalen Mechanik XII. 88.

Cauderay, Elektrochem. Zuspitzung d. Metalldrähte XX. 483 — Ueber d. Ableitung d. Elektricität in d. Boden durch Blitzableiter od. Telegraphenstangen. Leitungsvermögen d. Körper. Verbesserung der Blitzableiter XX. 621.

Cavalleri, G. M. Neue Skala für d. Psychrometer II. 115 — Ueb. d. Focus in den Daguerreschen Apparaten III. 195. 205 — Ursache d. Longitudinallinien im Spectrum V. 149. 154 — Photometrische Bestimmung der Intensitäten verschied. Lichtquellen XIII. 245* — Ursache d. von Sternen u. leuchtenden Punkten ausgehenden Strahlen XIV. 314* — Ueb. zwei polarisirende Helioskope anjedem Fernrohr passend XV. 309 Optische Erscheinungen bei der Bedeckung der Sterne durch d. Mondscheibe XV. 556* — Ueb. e. neues Seismometer aufgestellt zu Monza XV. 785 — Ueb. d. blinden Fleck d. Auges XVI. 301* — Dichte d. verschied. Theile d. Erdkugel u. Dicke u. Beschaffenheit der Erdrinde XVI. 770.

Cavaillé-Coll, A. Ueber d. Orgelpfeifen u. d. Verhältniss ihrer Dimensionen zu ihrem Tone XVI. 158; Dazu Wertheim 159 — Neuer Präcisionsblasebalg mit neuem System von Druckregulatoren; Anwendung auf akust. Versuche u. auf d. Regulirung d. Ausströmung d. LeuchtgasesXIX. 94.

Cavalli, G. Ueber die Zugkraft der Pferde VI. 68. 104; X. 37*.

Cavan, C. Ueb. das Zusammenfallen d. ordentl. u. ausserordentl. Strahles in einaxigen Krystallen der Richtung nach XX. 154.

Cavaroz, Auffindung von Körpern meteorolog. Ursprungs in Mexiko XX. 600*.

Cayley, A. Ueb. e. Eigenschaft der Diakaustika d. Kreises IX. 185 — Ueb. d. Methoden v. Gauss u. Laplace zur Berechnung der Anziehung d. Ellipsoide XI. 92* — Zur Theorie der elliptischen Bewegung XII. 94 — Ueb. d. Oval v. Descartes. Ueb. Brennlinien XII. 776 — Ueb. eine Klasse dynamischer Probleme XIII. 105 — Beweis d. Hamiltonschen Theorems betreffend d. gleichen Zeiten bei d. Circularhodograph XIII. 109 — Ueb. die neueren Fortschritte d. theoretischen Dynamik. Ueb. d. Hamiltonsche Methode bei Behandlung d. Problems v. drei u. mehr Körpern. Ueber die Lagrangesche Lösung d. Problems v. zwei festen Centren XIII. 110 — Ueb. d. Curve $\frac{m}{r} + \frac{m'}{r'} = C$, XIII. 111 — Ueber d. Theorie d. Attraction XIV. 69 — Ueb. d. Methode v. Rodrigues für d. Anziehung d. Ellipsoide XIV. 70 — Ueber die Wellenfläche XIV. 217; XV. 186 — Analytisches Theorem üb. d. Vertheilung d. Elektricität auf Kugelflächen XV. 383 — Beweis eines Satzes üb. Trägheitsmomente XVI. 34 — Ueb. Sylvesters Graden in Involution XVII. 35 — Ueb. das Problem d. Drehung eines festen Körpers XVII. 42 — Bericht üb. d. Fortschritte in d. Lösung gewisser Probleme d. Mechanik XIX. 18.

Cayley, G. Ueb. die letzten verheerenden Ueberschwemmungen in Frankreich nebst Erörterung üb. die wirksamsten u. billigsten Mittel zur Verhütung solcher Unglücksfälle XII. 748*.

Cazin, A. Ueber die Expansion und Compression der Gase ohne Wärmeaustausch XVIII. 311; XX. 332 — Anwendung der mechan. Wärmetheorie auf d. hydraul. Compressionsapparat d. Alpentunnels XIX. 343 — Darstellung d. mechan. Wärmetheorie XIX. 345* — Ueb. d. Nutzeffect der Maschine von Lenoir XIX. 346 — Verfahren die Spannung der Entladung einer elektrischen Batterie und eines Ruhmkorffschen Apparates zu verändern XIX. 408 — Ueb. d. Auswerthung d. elektrodynam. Wirkungen in Gewichtseinheiten XIX. 474 XX. 531* — Luftmaschine von Mouline. Elementar-Methode zur Berechnung der mechan. Wirkungen der Wärme und Anwendung auf die Theorie d. Luftmaschinen XX. 334 — Gesetze der unterbrochenen Ströme XX. 522 — Elektromagnetische Locomotive XX. 541.

Cecchi, F. Dasaräometr. Wage-Barometer XIX. 617*.

Cellérier, Gesetz d. elektrodynamischen Wirkungen VI. 767. 791.

de Celles, Neues Quecksilberbarometer XIV. 626.

Centner, F. Ueber das Schwimmen v. festen Eisenstücken auf geschmolz. Eisen XIX. 6.

Ceselli, L. Neues Verfahren Glas zu albuminiren VI. 521. 543.
Cessner, C.u. Kletzinsky, Anwendung d. Thonerdehydrats als Entfärbungsmittel für alle Gattungen v. Melassen, Colonial- und Rübenzucker XIII. 47.
Chacornac, Feuerkugel v. 7. Sept 1854, X. 641* — Beobachtung der Mondfinsterniss am 13. Oct. 1856, XII. 559* – Merkwürd. Sonnenfleck XIII. 460* – Ueb. d. Sonnenflecke XIV. 573. 577 – Beobacht. des Zodiakallichts XIV. 591* — Brief an Hrn. Leverrier XV. 556* — Beschreib. der totalen Sonnenfinsterniss den 18. Juli 1860, XVI. 570 — Grosse Anzahl v. Sonnenflecken XVI. 609* — Beobachtung einer grossen Sternschnuppe d. 5 Juli 1861, XVII. 552* — Ueb. e. Mittel d. Helligkeit zweier Sterne genau zu vergleichen XX. 215. 230 — Ueb. ein Mittel d. Menge d. im Kometenlicht enthaltenen polarisirten Lichts zu bestimmen XX. 230. 592 — Ueber die Durchsichtigkeit und das Reflexionsvermögen d. Atmosphäre XX. 562 — Ueb. d. Zunahme d. Dichte in d. unteren Schichten der absorbirenden Sonnenatmosphäre. Ueb. d. Sonnenflecke XX. 576.
Chadbourne, P. A. Wirkung gepulverten Eises auf d. in Glasgefässen siedende Wasser XVIII. 340.
Chaix, P. Ueb. d. Arve und Rhonegebiet XIII. 581 — Hydrographie der Orbe XVIII 729.
Chalette, Meteorolog. Beobachtungen zu Chalons s. M. V. 376*.
Challeton de Brughat, F. Geograph. physikal. u. hydrograph. Karte von Dänemark und den Herzogth. Schleswig-Holstein u. Lauenburg XX. 866*.
Challis, J. Theorie d. Aberration d. Lichts I. 164, II. 587; VIII. 259; Bemerk. v. Stokes dazu II. 579. 587 — Aenderungen in d. Art d. Sehens bei einem fehlerhaften Auge III. 182. 187 — Theorie d. Lichtstrahlen nach d. Undulationstheorie III. 679. 683 — Theorie d. Lichtpolarisation III. 679. 684. 685 — Theoretische Bestimmung d. Schallgeschwindigkeit IV. 101. 102; V. 93; Airy's Bemerk. dazu IV. 101. 105; Stoke's 107; Moon's IV. 101; V. 93 — Ueber die sphärischen Wellen in einer elast. Flüssigkeit V. 93 — Weg eines Lichtstrahls von e. Himmelskörper zur Erdoberfläche V. 119. 120 – Theorie der Durchsichtigkeit u. Doppelbrechung nach der Undulationshypothese V. 119. 122 — Nordlichtbeobachtungen V. 451. 453 — Neue Gleichung der Hydrodynamik; gegen Tardy u. Stokes VI. 153. 162 VIII. 112 — Theorie d. Geschwindigkeit d. Schalls VI. 293. 295 — Mathemat. Theorie v. Foucaults Pendelversuch VIII. 74 — Ueb. einige hydrodynam. Theoreme IX. 86 — Anwendung der elektr. Telegraphie auf d. Längenbebestimmung IX. 580* — Längenbestimmung v. Cambridge mittelst galvan Signale X. 591* -- Ueber die Aberration d. Lichts XI. 231 — Ueb. d. Problem d. drei Körper XII. 95 — Theorie der Mischfarben nach dem Undulationssystem XII. 777 — Ueb. d. Veränderung d. Lichtstrahlen nebst Erwiderung auf die Bemerkung von Stokes XII. 810* — Mathematische Theorie d. anziehenden Kräfte. Theorie d. Schwere XV. 56 — Ueber d. Centralbewegung einer elast. Flüssigkeit Theorie d. Tartinischen Stösse XV. 79*. — Zusammenhang v. Druck u. Dichte XV. 87* — Theorie d. elliptisch polarisirten Lichts XV. 181 — Widerstand des lichtfortpflanzenden Mediums gegen d. Bewegung d. Planeten u. Kometen XV. 183 — Ueb. d. Verlust einer halben Schwingung in d. Optik XV. 184 — Ueb. d. Schwingungsrichtung eines polarisirten Strahles XV. 190 — Mathematische Theorie der Wärme XV. 335* — Theorie der Molecularkräfte XVI. 48* — Theorie d. elektr. Kraft XVI. 413 — Theorie der galvan. Kraft XVI 416 — Ueber theoret. Phsyik XVII. 50* — Theorie d. Magnetkraft XVII. 418 — Principien d. theoret. Physik XVIII. 16* — Allgem. Differentialgleichungen der Hydrodynamik. Mathemat. Theorie der Schwingungen eines elast. Fluidums XVIII. 53* — Erklärung d. Lichterscheinungen nach d. Undulationstheorie XVIII. 167; XIX. 166 — Ueb. die Vergrösserung des scheinbaren Durchmessers eines Körpers durch d. atmosphär. Strahlenbrechung XVIII. 490 — Ueb. Zodiakallicht u Sternschnuppen XVIII. 510* — Ueb. Newton's Begründung der gesammten Physik XIX. 31 — Ueb. d. Quelle u Erhal-

tung der Sonnenwärme XIX. 345* — Theorie d. Zodiakallichts XIX. 533 — Ueb. d. Ausdehnung d. Atmosphäre der Erde XIX. 606* — Ueb. d. Theorie der Geschwindigkeit d. Schalles XX. 114 — Ueb. Hydrodynamik mit Bezug auf d. Theorie d. Dispersion d. Lichts XX. 146 — Ueb. d. Berechnung einer opt. Wirkung d. atmosphär. Strahlenbrechung XX. 592* — Ueb. die Ausdehnung der Atmosphäre XX 648.

Chalmers, Smee's Princip auf die gewöhnl. wie auch d. constante Batterie angewandt VI. 723 724; Müller dagegen 724.

Chamard, Ungewöhnlicher Regenbogen XII. 554*.

Chambers, Alte Seeränder V. 459. 467 — Ueb. Terrassen u. d. Wechsel d. relativen Niveaus v. See und Land in Skandinavien. Geologie d. Ostsee VI. 909. 926 — Gletscherspuren in d. Nähe v. Edinburg VI. 912. 994.

Chambers, C. Ueb. d. magnetische Wirkung d. Sonne auf d. Erde XIX. 588.

Chameroy, Neues atmosphär. Eisenbahnsystem I. 593. 598.

Champigny, Wirkung d. Eiskruste auf die Bäume in einem Theil von Poitou u. d. Vendée XII. 691.

Chancel, G. u. A. Moitessier, Zusammensetzung d. am 9. Decbr. 1858 gefallenen Meteorsteins v. Montrejean XV. 561*.

de Chandon, Ueber die Entholzung d. Bodens in Frankreich XVI. 832*.

Chanikoff, Ueb. den Niveauwechsel d. Caspischen Meeres IX. 638.

Channing, W. F. Elektr. Telegraphen für die Stadt, besonders bei Feuersbrünsten VIII. 553*.

Chanoine, Ueb. d. Zufrieren d. Seine oberhalb Paris im Winter 1853 bis 1854, XI. 781.

Chantreau, Wirkung der Eiskruste auf die Bäume in einem Theil von Poitou u. d. Vendee XII. 691.

Chanut, Pyrophoren od. Cucujos XX. 216.

Chapelas, Die Sternschnuppen, ihre Beziehungen zur Atmosphäre und Barometerschwankung XIX. 606; XX. 643* — Ueb. die Lage d. Ausströmungscentren d. Sternschnuppen XX. 594*.

Chapman, E. J. Ueber artes. Brunnen bei Silsoe in Bedfordshire VIII. 628 — Zweck des Salzes im Meere XI. 765.

Chapman, H. G. Eigenthümlicher Fall v. Meeresleuchten im Indischen Ocean XI. 769.

Chappelsmith, J. Beschreibung e. Wirbelsturms bei New Harmony am 30. April 1852 nebst Zeichnung seines Verlaufs XI. 696 — Verhalten d. Barometers bei Orkanen XIII. 548* — Gang des Barometers während des Fortschreitens eines Sturmes XIII. 663.

Charault, L. R. Erscheinungen von elektr. Abstossung VI. 641. 642 — Ueb. d. Verlust statischer Elektricität durch Zerstreuung an d. Luft u. d. Stützen XVI. 428 — s. Desains.

Charault u. Descroix, Ueb. einige elektr. Erscheinungen während des Gewitters v. 28. Sept. XV. 565*.

Charière, s. Midre, Sulpice.

Charnoz, Ueb. die bei d. Verbrennung von Wasserstoff in Sauerstoff entwickelte Wärme I. 317*.

Charpentier, Ueber die warmen Schwefelquellen v. Saint-Amand XVII. 762*.

Chase, P. E. Abhängigkeit d. Erdmagnetismus v. atmosphär. Strömen. Erdmagnetismus e. Art v. Bewegung. Neue Beziehung zwischen der tägl. Variation der magnet. Kraft durch Sonne n. Mond u. d. Barometerdruck XX. 635* — Ueber d. Barometer als Anzeiger d. Drehung d. Erde und d. Entfernung d. Sonne. Gesetz d. primären und secundären Maxima und Minima des Barometerstandes in jedem halben Monat. Barometrische Anzeigen eines widerstehenden Aethers. Atmosphärische Ebbe u. Fluth. Ueber d. Hauptgrund der Barometerschwankungen XX. 702 — Ueber die Höhe d. Fluthen XX. 844*.

Chasles, Feuerkugel v. 9. Oct. 1846 II. 179. 203 — Sätze üb. d. endliche Verschiebung einer unveränderlichen Figur im Raum XVI. 23 — Ueber d. sechs Graden, welche d. Richtungen von sechs Kräften in Gleichgewicht sein können. Eigenschaften des Hyperboloids mit einer Fläche vom 4. Grad XVII. 36.

Chasseloup-Laubat, Comte de, Jahrbuch d. Ebbe und Fluth für die Küsten Frankreichs 1861, XVII. 745*.

Chateau, s. Boutmy.

Chatin, A. Ueb. d. Jodgehalt d. Luft,

d. Wassers, d. Bodens und der Nahrungsmittel in den Alpen, in Frankreich u. Piemont VIII. 704 — Mineralquelle u. Gestein v. Saxon in Wallis XVI. 840 s. Macario.

Chatterton, Schutz für d. Isolirung d. Telegraphendrähte VIII. 553*.

Chatterton u. Smith, Verfahren d. Isolirungsvermögen der Gutta percha zu erhöhen XVII. 483.

Chausson, B. Steigen u. Fallen d. Wassers in einem Graben bei Noville XVI. 795.

Chautard, J. Ueber links drehende Camphersäure u. links drehenden Campher IX. 285 — Ueb. d. Beugungserscheinungen beim Durchgang sehr divergenter Strahlen durch einen von mehreren Oeffnungen durchbohrten Schirm vor dem Objectiv eines Fernrohrs XVIII. 256* — Uebersicht der meteorolog. Beobacht. in Lothringen im J. 1862, XIX. 758* — Erscheinungen in d. Spectren des v. Inductionsströmen in verdünnten Gasen erzeugten Lichts XX. 195 — Uebersicht d. meteorolog. Beobacht. in Nancy 1863, XX. 833.*.

Chauveau, Theorie der physiolog. Wirkungen der Elektricität sowohl augenblickl. wie dauernder Ströme auf den thier. Organismus XV. 531; XVI. 552.

Chavagneux, Ueb. die Lichtwellen im Allgem. u. d. Saturnring ins Besondere I. 164; II. 157* — Ueber e. meteorolog. Phänomen VI. 869*.

Chazallon, R. Ueb. d. Sonnenfluth bei Brest. Schwanken d. Fluthperiode und Maassstäbe dafür X. 774 — Bewegung d. verschied. Wellen aus denen d. Fluth besteht XII. 726 — Jahrbuch d. Gezeiten für d. Küsten Frankreichs XVI. 788*.

Chelini, D. Gesetz der Anziehung e. heterogenen Ellipsoids XVII. 29 — Analyt. Bestimmung d. Drehung freier Körper nach Poinsot's Principien XVII 42 — Gesetze, nach denen ein heterogenes Ellipsoid seine Anziehung von Punkt zu Punkt fortpflanzt XIX. 32*.

Chenot, Ueb. die Liquefaction der Luft I. 116* — Explosionsvermögen d. schwammförm. Siliciums XI. 3 — Neue Theorie der Stabilität d. Gewölbe. Desgl. d. Erddrucks XVII. 46.

Chester, Telegraphenbatterie X. 544*.

Chevandier u. Wertheim, Ueber die Elasticität und Cohäsion d. verschied. Glassorten I. 84; III. 60 61. — Mechan. Eigenschaften der Holzarten II. 95. 99. III. 62.

Chevalier, C. L. Stetig wirkende Luftpumpe III. 97* — Ueber schiefe Beleuchtung für mikroskop. Objekte III. 210. 211 — Lorgnette von neuer Einrichtung VI. 547*.

Chevallier, T. Höhe des Nordlichts III. 158. 179 180. — Regenbogen nach Sonnenuntergang V. 451; VI. 869*; XII. 554* — Ueber die Fluthen von Neu-Schottland XII. 731 — Instrument zur Bestimmung d. Höhe d. Wolken XIX. 639*; XX. 750.

Chevallier-Appert, Merkwürdiger Blitzschlag XVIII. 518.

Cheverton, B. Ueb. die calorische Maschine u. d. Natur d. bewegenden Kraft XII. 361* — Ueb. d. Erhaltung d. Kraft XIII. 97. 98.

Chevreul, E. Theorie d. optischen Wirkungen seidener Stoffe I. 163. 178 — Ueb. d. Darstellung d. v. Niepce gravirten gezeichneten od. gedruckten Bilder III. 3* — Ueb. d. Färben. Rationelle Benennung d. Farben III. 118; VI. 412. 416 — Wirkung des Lichts auf Berlinerblau im luftleeren Raum V. 204. 206 — Ueb. d. Harmonie d. Farben XI. 340 — Erklärung d. Braun auf d. Blättern d. Geranium XIII. 271 — Chemische Wirkung des Lichts auf d. Körper XIV. 283. 288 — Versuche über Farbencontraste XIV. 311 — Classification und genaue Bestimmung d. natürlichen und künstl. Farben XVI. 241 — Ueb. den simultanen Contrast d. Farben in Bezug auf eine Mittheilung von Laussédat über die Beobachtung d. Sonnenfinsterniss v. 18. Juli XVI. 278* — Definition und Benennung d. Farben nach einer genauen und experimentellen Methode mit Anwendung derselben XVII. 237 — Bemerk. über die Untersuch. des Hrn. Niepce de St. Victor XVIII. 259 — Neue Versuche üb. d. Gesetz d. simultanen Contrastes der Farben u. ihrer Mischung XIX. 292 — Ueb. d. Allgemeinheit d. Gesetzes d. simultanen Contrastes XX. 298.

Chiaje, delle, Ueb. zwei aus Amerika lebend nach Neapel gebrachte Gymnoten IV. 302. 308.

Childe, G. F. Ueb. die Oberflächen

reflectirter Strahlen u. d. Brennlinien durch Reflexion XIV. 208.
Childers, W. W. Meteorolog. Beobachtungen zu Saint Helier Jersey III. 590. 604.
Children, J. G. Anwendung einer Mischung v. Weingeist u. Camphine für optische Zwecke III. 210. 211.
Chiozza, Condensation d. Gase auf d. Oberfläche der festen Körper VIII. 146.
Chodzko, Die neuesten Höhenmessungen im Kaukasus XV. 789* — Die russ. Aufnahmen im Kaukasus XVIII. 712*.
Chop, K. Bedenken üb. d. mittlere Windrichtung nach d. Lambertschen Formel XX. 713.
Choron, Poländerung durch d. Torsion eines Eisendrahts I. 572* — Farben d. Abendröthe III. 158. 181.
Chouteau, C. P. Meteoreisen von Nebraska XVI. 606*.
Chowne, W. D. Ueb. die Bewegung der atmosphärischen Luft in Röhren XI. 106 — Geschwindigkeit der durch d. Wasserdampf d. Atmosphäre veranlassten Luftströmungen in verticalen Röhren XII. 153 — Einfluss der künstlichen Wärmequellen auf die Atmosphäre von London XII. 648 — Beziehung zw. d. Spannung d. Wasserdampfs u. seiner Kraft in verticalen Röhren Luftströme zu erzeugen XVI. 57.
Chrestien, Todesfall durch d. Blitz XX. 616.
Christie, H. Einige diamagnetische Versuche XIV. 506.
Christie, H. S. Ueb. d. Zusammenwirken verschiedener Nationen bei meteorologischen Beobachtungen VIII. 681*.
Christie, J. R. Gebrauch des Barothermometers zur Höhenmessung II. 83. 86.
Christison, A. Klima von Rangoon VIII. 778*.
Christlieb, A. Wasserhose auf der Tolense im J. 1828, XII. 681*.
Christoffel, E. B. Ueb. d. Dispersion d. Lichts XVII. 219 — Ueb. die kleinen Schwingungen e. periodisch eingerichteten Systems materieller Punkte XX. 141.
Christofle, Galvanische Vergoldung IV. 300*.
Christofle, B. und F. Beilstein, Ueb. d. Färbung d. Wasserstoffflamme durch Phosphor u. seine Verbindungen. Spectrum d. Phosphors XIX. 199.
Chuard, Neues System elektr. Telegraphie I. 549*.
Church, A. H. Ueb. den sphäroidalen Zustand X. 153 — Ueb. d. Benzolreihe. Bestimmung v. Siedepunkten XI. 188 — Gefärbte Flammen XVI. 240 — Versuche üb. d. Dichte von Granat, Idokras u. s. w. XX. 11.
Church, W. S. Besteigung des Vulkans v. Candarave, Peru XVIII. 795*.
Churchill, F. Ueb. Wind u. Regenmenge zu Simons-Bay, Capland, XVIII. 674.
Chydenius, K. Beiträge zur Kenntniss d. erdmagnet. Verhältnisse bei Spitzbergen XIX. 597.
Cialdi, A. Ueber die Wellenbewegung und die Strömungen des Meeres XI. 772*.
Cima, A. Ueb. galvan. Contractionen und elektrophysiologische Ströme IV. 302. 309 — Elektricitätsentwicklung bei d. freiwilligen Muskelcontraction VI. 730. 753 — Verdampfung und Durchschwitzung von Flüssigkeiten durch Thierhäute IX. 21* — Eigenthümliche Erscheinung beim Fallen v. Tropfen auf die Oberfläche einer gleichart. oder ungleichartigen Flüssigkeit XII. 196 — Ueb. e. neues stereoskopisches Phänomen XIII. 255 — Ueb. einige Punkte d. Elektrophysiologie XV. 512 — Diathermanität d. Augenmedien XVI. 409 — s. Matteucci.
Cipoletti, D. Ueb. d. Trägheits- u. Elasticitätsmomente d. Durchschnitte XX. 38* — Ueb. e. Problem d. angewandten Mechanik XX. 64.
Cito, Mich. principe della Rocca, Versuche üb. d. elektromotorische Kraft I. 442. 450; II. 372. 375.
Civiale, A. Anwendung der Photographie auf physikal. Geographie und Geologie XVI. 268*.
Claparède, E. Ueb. das binoculare u. stereoskopische Sehen. Ueber d. Horopter XIV. 303 · XV. 281.
Clapeyron, Berechnung der Druckvertheilung eines elast. Balkens, der frei auf ungleich entfernten Stützen liegt XIII. 140 — Ueb. d. Arbeit elast. Kräfte in e. festen elastischen Körper bei Einwirkung äusserer Kräfte XIV. 108.
Clapperton, Erdbeben in Tarsus

auf d. Südseite v. Kleinasien, 16. Jan. 1855, XI. 805.
Claraz, s. Heusser.
Clare, P., Ueb. einige Gewitterstürme u. ungewöhnl. elektr. Erscheinungen bei Manchester VI. 877. 881.
Clare, P. u. J. F. Bateman, Regenmenge zw. Rochdale, Ashton-under-Lyne u. Peak-Forest-Canals VI. 1054*.
Clark, Grösse d. Verdampfung von zwei gleich grossen Wasserflächen, von denen die eine ganz offen, die andere unter Dach ist, und Regenmenge in ein Gefäss von derselben Weite IX. 738*.
Clark, A. Sonne u. Sterne photometrisch verglichen XIX. 230 — Die Sonne ist e. kleiner Stern XX. 215*.
Clark, L. Versuche üb. die Gesetze d. Fortpflanzung d. elektr. Stroms in langen submarinen Kabeln XVIII. 412 — s. Faraday.
Clark, W. S. Analysen von Meteoreisen VIII. 597*.
Clark u. Bright, Ueber Normalmaasse für Elektricitätsmenge und Leitungswiderstand XVIII. 412.
Clarke, Bemerk. zu Pratt's Aufsatz üb. d. Wirkung d. localen Anziehung auf d. englischen Meridian XIV. 84.
Clarke, A. R. Ueb. die Gestalt der Erde XVII. 734.
Clarke, C. Verbesserungen am Stereoskop IX. 308.
Clarke, H. Ausbreitung d. Schalles IV. 126*.
Clarke, U. Wahrscheinlicher Einfluss d. Rotation d. Erde auf See- u. Landreisen VIII. 88.
Classen, A, Ueb. d. Schlussverfahren d. Sehaktes XIX. 283 — Beitrag zur zur physiolog. Optik XIX. 285.
Claubry, G. de, Darstellung v. Bildern auf empfindlichem Papier durch Wärme XV. 272* — Mondhöfe XVI. 603* — Anwendung der Dialyse zur Aufsuchung d. Digitalins XX. 90.
Claudet, A. Eigenthümlichkeit d. verschied. Bestrahlung für Daguerreotypplatten III. 195. 205 — Wirkung d. rothen u. gelben Strahlen auf Daguerreotypplatten IV. 191. 194 — Das Photographometer zur Messung der chemischen Intensität des Lichts IV. 192. 195 — Priorität d. Beschleunigungsverfahrens in d. Daguerreotypie IV. 192. 195 — Theorie der vorzüglichsten Erscheinungen d. Photographie V. 204, 207 — Das Dynaktometer u. Bemerk. üb. d. Verschiedenheit d. Focus der sichtbaren u. photograph. Strahlen VI. 518. 532 — Weisse photograph. Kammer VI. 519. 534 — Anwendung e. Polygons zur Bestimmung der Lichtintensität im Photographenzimmer. Beseitigung d. Gefahren der Quecksilberdämpfe beim Daguerreotypiren VI. 519. 536 — Das Stereoskop u. d. Anwendung der Photographie dazu. Ueb. d. Winkel der beiden photographischen Bilder für das Stereoskop IX. 314*; X. 322 — Theorie d. stereoskop. Bilder X. 322 — Ueb. verschiedene Brechungserscheinungen durch Halblinsen oder Prismen u. die dadurch hervorgebrachten Anomalien bei d. Betrachtung stereoskop. Bilder XII. 305 — Das Geheimniss des Umgekehrtsehens XIII. 259* — Ueb. d. Stereomonoskop XIV. 306; XV. 300 — Versuche während der Sonnenfinsterniss vom 15. März 1858, XIV. 585. 586 — Ueb. d. Focus der Objektivgläser XV. 304 — Wechselndes Diaphragma für doppelte achromatische Verbindungen XV. 310* — Principien der Solar-Camera XVI. 307 — Ueb. d. Mittel den Winkel binocularer Instrumente zu vergrössern um e. stereoskop. Effect zu erhalten der ihrer Vergrösserung entspricht XVI. 308 — Ueber einige durch d. Brechungsvermögen d. Auges hervorgebrachte Erscheinungen XIX. 288; XX. 289 — Das Sternchromatoskop zur Untersuch. und Vergleichung d. Sternenlichts XIX. 305; XX. 304.
Claus, s. Babo.
Clausen, T. Einfluss d. Umdrehung u. Gestalt d. Erde auf die scheinbaren Bewegungen an d. Oberfläche derselben VI. 68 121; IX. 61.
Clausius, R. Intensität des durch die Atmosphäre reflectirten Sonnenlichts IV. 129. 142 — Veränderungen, welche in den bisher gebräuchlichen Formeln für d. Gleichgewicht u. d. Bewegung elast. Körper durch die Beobachtung nothwendig geworden sind V. 73 — Natur derjenigen Bestandtheile der Atmosphäre, durch welche d. Reflexion in derselben bewirkt wird — Ueb. die blaue Farbe d. Himmels u. d. Morgen- u. Abendröthe V. 176. 184; VIII. 585 — Einfluss d. Drucks auf d. Gefrieren der

Flüssigkeiten VI. 257. 261 — Ueb. d. Erklärung d. Morgen- u. Abendröthe VI. 477. 481 — Ueb. die bewegende Kraft d. Wärme VI. 561. 567 — Verhalten d. Dampfes bei d. Ausdehnung unter verschied. Umständen VI. 562. 578 — Entgegnung auf Thomson's Bemerk. über die Dampfreibung VI. 562. 581 — Einfluss des Drucks auf d. Gefrieren d. Flüssigkeiten VI. 562 588 — Erwiderung auf d. Bemerk. d. Hrn. Holzmann VI. 562. 589 — Zusammenhang zweier empirisch aufgestellter Gesetze üb. d. Spannung u. latente Wärme verschied. Dämpfe VI. 562. 590 — Uebersichtliche Darstellung d. meteorolog. Optik VI. 869* — Anordnung der Elektricität auf einer sehr dünnen Platte u. d. beiden Belegen einer Franklinschen Tafel VIII. 449 — Ueb. d. mechanische Aequivalent einer elektr. Entladung u. die dabei stattfindende Erwärmung des Leitungsdrahtes VIII. 452; XIV. 317. — Ueb. d. v. Grove beobachtete Abhängigkeit d. galvan. Glühens v. der Natur des umgebenden Gases VIII. 479 — Ueb. d. bei einem stationären Strom in dem Leiter gethane Arbeit u. erzeugte Wärme VIII. 499 — Farben eines Dampfstrahls u. d. Atmosphäre VIII. 590 — Ueb. einige Stellen d. Schrift v. Helmholtz, „über die Erhaltung d. Kraft" IX. 446; X. 367 — Anwendung der mechanischen Wärmetheorie auf die thermoelektr. Erscheinungen IX. 461 — Ueber das Vorhandensein v. Dampfbläschen in d. Atmosphäre u. ihren Einfluss auf d. Lichtreflexion u. Farben derselben IX. 603 — Ueb. e. veränderte Form d. zweiten Hauptsatzes der mechan. Wärmetheorie X. 369; XII. 343 — Ueb. d. durch e. elektr. Entladung erzeugte Wärme X. 566 — Ueb. den Zusammenhang zwischen d. Satz v. d. Aequivalenz v. Wärme u. Arbeit u. d. Verhalten d. permanenten Gase XII. 348 — Ueb. d. Entdeckung d. wahren Form v. Carnot's Function XII. 349 — Anwendung d. mechan. Wärmetheorie auf d. Dampfmaschine XII. 355 — Erwiderung auf e. Notiz von Joule XII. 356 — Ueb. d. Entfernungen, in welchen die v. e. Eisenbahnzuge bewirkten Erschütterungen noch spürbar sind XIII. 121 — Ueb. d. Art d. Bewegung, die wir Wärme nennen XIII. 282 — Beziehung zwischen der chemischen Wirkung in einer galvan. Kette, u. der durch d. Strom erzeugten Arbeit, XIII. 406 — Ueb. d. Elektricitätsleitung in Elektrolyten XIII. 409; XV. 479 — Ueb. die Natur des Ozons XIV. 23 — Beweis d. Gleichung

$$\frac{dX}{dx} + \frac{dY}{dy} + \frac{dZ}{dz} = -4\pi\varepsilon\varkappa_p,$$

XIV. 69 — Ueb. d. Wesen d. Wärme verglichen mit Licht und Schall XIV. 317 — Mechanische Wärmetheorie XIV. 318 — Mittlere Länge d. Wege, welche bei der Molecularbewegung gasförmiger Körper v. d. einzelnen Molecülen zurückgelegt werden XIV. 323 — Zunahme d. elektr. Leitungswiderstandes d. einfachen Metalle mit der Temperatur XIV. 448 — Erwiderung auf einige Bemerkungen d. Hrn. Hittorf XIV. 457 — Die Potentialfunction u. d. Potential XV. 43 — Dynamische Theorie der Gase XVI. 321 — Ueb. d. Dichtigkeit d. gesättigten Wasserdampfs XVII. 358 — Ueber d. specif. Wärme d. Gase XVII. 388 — Ueb. die Formel v. Duhamel für die Fortpflanzungsgeschwindigkeit des Schalles in d. Luft XVIII. 114 — Ueb. d. Druck d. Luft während der Fortpflanzung d. Schalles XVIII. 121. Dazu Duhamel 122 — Ueb. d. Anwendung d. Satzes v. d. Aequivalenz der Verwandlungen auf die innere Arbeit XVIII. 293 — Ueb. d. Wärmeleitung gasförm. Körper XVIII. 316 — Ueber d. Molecularbewegungen in gasförm. Körpern XVIII. 320 — Ueb. d. Einwürfe d. Hrn. Hirn XIX. 315 — Ueb. e. Grundsatz d. mechan. Wärmetheorie XIX. 316 — Ueb. d. Verdichtung d. Dämpfe bei d. Expansion od. Compression XIX. 318 — Ueb. einige Gleichungen, welche aus d. mechanischen Wärmetheorie folgen XIX. 318 — Ueb. d. Unterschied zw. activem und gewöhnl. Sauerstoff XX. 17 — Abhandlungen üb. d. mechan. Wärmetheorie XX. 313 — Ueb. d. Concentration d. Wärme- u. Lichtstrahlen u. d. Gränzen ihrer Wirkung XX. 314 — Ueb. d. Fundamentalgleichungen d. mechan. Wärmetheorie XX. 322 — Ueber e. Bestimmung d. mechan. Wärmeäquivalents XX. 322 — Ueb. d. Einfluss d. Schwere auf die Bewegungen der Gasmolecüle XX. 328.

Clavel, A. Antheil d. Augenmuskeln an den Erscheinungen des Sehens. Functionen d. schiefen Augenmuskeln VI. 489. 508.
Clay, H. Eigenthümliche atmosphär. Erscheinungen IX. 609*.
Clays, Nordlicht X. 643* — Sternschnuppen XII. 555*.
Clebsch, A. Bewegung eines Ellipsoids in einer tropfbaren Flüssigkeit XII. 140; XIII. 125 — Allgem. Transformation d. hydrodynamischen Gleichungen XIII. 124 — Integration der hydrodynam. Gleichungen XIV. 89 — Gleichgewichtsfigur eines biegsamen Fadens XV. 38 — Zur Theorie der Trägheitsmomente und der Drehung um einen Punkt XV. 41 — Ueb. das Gleichgewicht schwimmender Körper XV. 75 — Theorie d. circularpolarisirenden Medien XVI. 185 — Bemerk. zu d. Abhandl. d. Hrn. Röthig über d. Potential eines homogen. graden elliptischen Cylinders XVIII. 19 — Theorie d. Elasticität fester Körper XVIII. 61 — Ueb. d. Reflexion von Kugelflächen XVIII. 185.
Clemens, J. s. Klemens.
Clément, K. J. Eine frühere Bemerk. üb. d. sphäroidalen Zustand VI. 260* — Die ringförmige Bahn der Erdbeben XIII. 605 — Die Nordlichter v. Aug. Sept. Octbr. 1859, XVI. 610*.
Clerget, Optische Analyse zuckerhaltiger Flüssigkeiten II. 177* — Saccharimetrische Untersuchungen IV. 198. 200 — Analyse zuckerhaltiger Substanzen mittelst der opt. Eigenschaften ihrer Lösungen V. 161. 166.
Clerk, Ueb. die Formänderung von Schmiedeeisen und anderen Metallen beim Erhitzen u. nachherigen theilweisen Eintauchen in Wasser XIX. 59*.
Clerk, H. Bericht über die südliche magnetische Expedition III. 519. 543.
Cleveland Abbe, Ueb. d. Durchsichtigkeit d. Erdatmosphäre XX. 564.
Clibborn, E. Ueb. die Funken von Callan's Eisen-Inductionsrolle XIX. 482*.
Clifton, R. B. Conische Refraction einer graden Linie XVI. 202 s. Roscoe.
Cloetta, Diffusionsversuche durch Membranen mit zwei Salzen VI. 34.
Cloez, S. Ueb. die Anwendung des Jodkalium als Reagens auf Ozon XII. 580* Bemerkung dazu v. Bineau u. Scoutetten und Entgegnung 581* — Ueb. d. verschied. Zustände d. Schwefels XIV. 25 — Ueb. die Gegenwart freier Salpetersäure u. salpetrigsauer Verbindungen in d. atmosphär. Luft XVII. 668 — Chemische Analyse des Meteorsteins von Orgueil. Bestimm. der Kohlensäure im Meteorstein von Orgueil XX. 597*.
Cloez u. Gratiolet, Untersuchungen üb. d. Vegetation VI. 517. 526.
Clos, J. A. Meteorologie d. Gegend v. Toulouse. IX. 736*.
Clouston, Ch. Ueb. das Klima von Orkney XV. 716*; XVI. 706*.
Clum, A. Verbesserung an Barometern XVI. 673*.
Clutterbruck, J. C. Kalkwasserniveau unter London XVI. 837*.
Clymer, G. Passatstaubfall XIX. 641*; XX. 771.
Coan, T. Ausbruch d. Mauna Loa auf Hawaii VIII. 637. 638 — Ueber d. Kilauea u. den letzten Ausbruch d. Mauna Loa IX. 668; XII. 758; XIV. 707; XVI. 864 — Ueb. den gegenwärtigen Zustand des Kraters d. Kilauea auf Hawaii X. 791 — Ueb. d. Vulkanausbrüche auf Hawaii XII. 762 — Vulkan. Thätigkeit in Hawaii XIII. 598 — Ueb. d. Vulkan Kilauea auf Hawaii XX. 919 — s. Lyman.
Coaz, Höhenlage der Ortschaften u. Pässe im Canton Graubünden XVII. 736 — Die Gebirgspässe Graubündens u. der Eisenbahnstrasse zw. d. Schweiz u. Italien XVIII. 712*.
Coblentz, Anwendung der Galvanoplastik zur Conservirung der Typen III. 377. 383.
Cochius, H. Ueb. das elektr. Licht XVII. 501*.
Cockle, J. Ueber Licht unter Einwirkung des Magnetismus III. 679. 680; VI. 1127. 1145.
Cocks, E. Meerestiefenmesser IX. 640.
Codazza, G. Ueb. d. Möglichkeit d. Existenz eines magnet. Mediums in den von ponderabler Materie leeren Räumen XII. 549 — Ueb. d. Molecularkräfte u. d. allgemeine Anziehung mit Rücksicht auf d. elektr. Zustand d. Atome XVI. 416 — Ueber einige Punkte in d. Theorie d. Construction d. Dampfkessel XVII. 369* — Ueber d. Princip der Wechselwirkung der phys. u. dynam. Kräfte XVIII. 16* — Ueber einige Punkte der mechan. Wärmetheorie XVIII. 325*.

Codazzi, D. Theorie der kleinen Bewegungen e. homogenen Schwimmers XIV. 91.
Codrington, T. Wahrscheinlicher Ursprung einiger norweg. Seen durch Gletscher XVI. 798.
Coet, Hydrologie des Cantons Roye XVII. 758*.
Coffin, J. H. Ueb. d. Monsoons an den Küsten d. nordatlant. Oceans VI. 1052. 1107 — Wirkungen des Blitzes VIII. 601* — Vertheilung der Winde in der nördl. Hemisphäre X. 753 — Ueb. das System d. meteorolog. Beobachtungen in Nord-Amerika XVI. 664* — Gang einer Feuerkugel in Bezug auf d. Erdoberfläche XX. 594*.
Cogswell, J. Merkwürd. Quelle od. Fontaine in Hollis VI. 913. 1028.
Cohen, A. Beweis für das Parallelogramm d. Kräfte X. 37.
Cohn, F. Ueb. d. Einwirkungen des Blitzes auf d. Bäume X. 652 — Merkwürd. Blitzschlag in zwei Tannen XI. 599* — Bericht üb. die Entwicklung d. Vegetation 1853, 54 u. 55, XI. 664 — Die Wettersäule v. Masselwitz v. 23. Juni 1861, XVIII. 543* — Ueb. e. merkwürd. Schnee- und Staubfall in Schlesien XX. 768 — s. Meissner.
Colding, L. A. Ueb. d. gegenseitige Abhängigkeit d. Naturkräfte VI. 563. 597 — Wirkung d. Magnets auf weiches Eisen VI. 866 — Ueber die Geschichte d. Princips d. Erhaltung d. Energie XX. 330.
Coleman, J. J. Ueber einige merkwürd. Beziehungen zw. dem Atomgewicht, Atomvolumen und den Eigenschaften d. chem. Elemente XVII. 28*.
Coleman, N. J. Indianahöhle VI. 909. 942.
Colla, A. Eigenthüml. Lichtschein in klaren Nächten im Norden II. 178. 199 — Ueb. Sternschnuppen II. 179. 206; XIII. 457* — Feuerkugel III. 157. 169 — Ungewöhnl. magnetische Störung d. Declination d. 24. Sept. 1847 zu Parma III. 518 — Physik d. Erdballs III. 518* — Meteorolog. Erscheinungen V. 375* — Nordlicht zu Parma V. 451* — Beobachtung verschied. Erscheinungen 1849 u. 1850, VI. 1055* — Ausserordentlich niedere Barometerstände u. atmosphär. Störungen aufgezeichnet im Febr. 1853 in Parma IX. 725 — Ausserordentl. magnetische Störung X. 672* — Meteorolog. und magnetische Beobacht. zu Lucca XII. 716* — Erdbeben zu Parma den 12. Januar 1857 XIII. 612.
Colladon, Apparat um die effective Kraft der Schiffsdampfmaschine zu messen I. 47 71.
Collardeau, Dichte d. alkoholischen Gemenge bei 15'' nach d. Tafel von Gay-Lussac XVII. 10.
Collen, H. Anwendung d. photograph. Kammer zur Registrirung meteorolog. Instrumente II. 230. 240.
Collet-Meygret und Desplaces, Ueb. Proben, welche bei Uebernahme d. gusseisernen Eisenbahnbrücke üb. d. Rhone zwischen Tarascon u. Beaucaire in Betreff des Temperatureinflusses und der Belastung angestellt sind, sowie üb. Elasticität u. Festigkeit des Gusseisens XI. 152; Baumgarten dazu 156.
Collin, hydrometrische Beobacht. im Dep. d. Côte-d'or v. 1831 bis 1850, IX. 738*.
Collins, M. Ueber d. Clairaultschen Satz und verwandte Gegenstände IX. 35; X. 47 — Die Anziehung d. Ellipsoide geometrisch betrachtet X. 47*
Collomb, Farbe d. Gletscherwassers III. 119. 136 — Ueb. den Schnee d. Vogesen V. 459. 466 — Die Erdbeben in Wallis XI. 808 — Ueber die Gletscher XIII. 588* — Die Gletscher d. Maladetta XX. 900* — s. Verneuil.
Collongues, Dynamoskop. Stimmgabel XVIII. 160.
Calmeiro, Beobacht. während der Sonnenfinsterniss vom 18. Juli 1860, XVIII. 505*.
Colnet d'Huart, de, Bestimmung d. Gesetzes zw. d. strahlenden, geleiteten und latenten Wärme. Neue mathemat. Theorie der Wärme und Elektricität. Bestimmung der Beziehung zwischen strahlender Wärme, geleiteter Wärme u. Elektr. XIX. 339.
Colombier, Th. du, Nordlichtbeob. zu Porto-Rico XV. 566*.
Columbus, Meteorolog. Observationen in Linz u. Kivitschlag V. 375*.
Combes, Ch. Bemerk. zu d. Mittheilung v. Perrot u. Babinet in Betreff d. Erddrehung XV. 64 — Ueb. Giffard's selbstthätige Speisevorrichtung für Dampfkessel XV. 327 — Die Principien der mechan. Wärmetheorie und ihrer hauptsächlichsten Anwendungen XIX. 345; XX. 332* — Theorie d. Gas-

maschine von Frauchot XIX. 347* — Bemerk. hinsichtlich einer Note von W. Thomson XX. 324.
Combier, C. Reise nach d. Golf v. Californien XX. 844. 917*.
Come, Möglichkeit die Hände ungestraft in geschmolzenes Metall zu tauchen VI. 259*.
Conaty, d. Ebullioskop IV. 44 s. auch 36.
Condogouris, Beobacht. in Chios XI. 715 — Beobacht. in Chios vom 1. Septbr. 1855 bis 31. Aug. 1856, XII. 702.
Cones, E. S. Ueb. d. Gestalt und Theile d. Erdoberfläche XVI. 780*.
Connell, A. Ueber die galvan. Zersetzung d. Wassers X. 505 — Neues Hygrometer od. Thaupunktinstrument X. 680 — Verbesserungen an dem Thaupunktgyrometer XI. 639.
Contedini, J. Anwendung d. elektr. Lichts zur Beleuchtung auf Leuchtthürmen mit d. Mechanismus v. Jaspar XI. 441*.
Contégril, J. B. und L. Belland, Ueb. d. Ueberschwemmungen XVI. 811.
Conzen, T. Uebersicht d. im Jahre 1854 zu Giessen angestellten meteorolog. Beobachtungen XI. 725 — Meteorolog. Beiträge XIV. 663*.
Cook, G. H. Senkung d. Landes an d. Seeküste v. New-Jersey u. Long Island XIII. 591.
Cook, W. Theorie d. Gyroskops XIII. 124.
Cooke, J. P. Messung elektr. Kräfte III. 352. 362 — Messung der chem. Verwandtschaft VI. 678. 690 — Specif. Gewicht der Legirungen v. Zink und Antimon XI. 47 — Krystallin. Gestalt nicht nothwendig e. Kennzeichen bestimmter chem. Zusammensetzung XVI. 21* — Das Spectroskop XVIII. 213 — Ein verbessertes Spectroskop XIX. 186.
Cooley, W. D. Das Geheimniss der Umkehr d. Bilder im Auge XIII. 259*.
Coombe, J. A. Ueb. d. Drehung d. Erde VI. 68. 115 — Bewegung d. Absidenlinie der elliptischen Pendelbahn VI. 69. 128.
Cooper, Nordlichtbeob. zu Mount-Eagle Irland III. 158. 180.
Coquilhat, Ueber den beim Bohren entstehenden Widerstand oder die dazu erforderlichen Kräfte IX. 36.
Corbett, R. Erdbeben zu Adderley VIII. 643. 645 — Explosion eines Meteors X. 641*.
Core, Th. H. Ueb. d. Barometerdepression u. den gleichzeit. Sturm am 19. Oct. 1862, XIX. 639*.
Cornay, Wirkungen d. Sturms vom 18. Aug. in d. Gegend von Paris I. 440*.
Cornelius, C. S. Zur Theorie der elektromagnetischen Erscheinungen IX. 561 — Theorie des Sehens und räumlichen Vorstellens XVII. 338 — Meteorologie XVIII. 685*; XIX. 606* — Zur Theorie d. Sehens mit Rücksicht auf d. neuesten Arbeiten auf diesem Gebiet XX. 287.
Cornu, Theorem üb. die Beziehung in d. Lage d. Polarisationsebne des einfallenden, reflectirten u. gebroch. Strahles in d. isotropen Mitteln XIX. 125.
Cornuel, Blitz von eigenthümlicher Form VIII. 602*.
Corosio, Bemerkung zu d. Abhandl. v. Daina üb. d. Anwendung d. voltaschen Elektricität IX. 511.
v. Corvin-Wiersbitzki, Anweisung zur Glyphographie II. 421*.
Corvisart, L. Ueb. d. Magensaft, d Peptone u. ihre Wirkung auf das polarisirte Licht XVIII. 256 — s. Niepce.
Coste, L. M. P. Beziehung zwischen Temperatur u. Spannung d. Dampfes XII. 356.
Couche, Erörterung d. Versuche üb. d. Widerstand d. Gusseisens VI. 14*.
Coulier, Wirkungen des Blitzes auf d. Schornstein einer Dampfmaschine IV. 275. 277 — Verhalten d. Flüssigkeiten in Capillarröhren VI. 19. 20 — Ueb. e. Ocularmikrometer, das ohne Rechnung d. Grösse mikroskop. Gegenstände angiebt XV. 310 — Ueber d. Phosphorwasserstoffringe XX. 52.
Coulon, Ueb. den Geruch d. Nebels XI. 699* — Ueb. d. Farben d. Neuchateler Sees XI. 772*.
Coulston, Ueber Sonnensäulen IX. 609*.
Coulvier-Gravier, Nordlicht II. 178. 201; III. 158. 180; V. 451* — Ueber Sternschnuppen III. 646. 673; IV. 171. 178; V. 453. 455; VI. 871. 872*; VIII. 597;* X. 640* — Verzeichniss d. v. 1841 bis 1853 beobachteten Feuerkugeln X. 640* — Ueb. d. periodische Wiederkehr d. Sternschnuppen am 9., 10. u. 11. August XI. 585* — Sternschnuppenbeob. im August, October u. November 1856, XII. 554* — desgl

im Jahre 1857, XIII. 457* — Ueb. d. Feuerkugel v. Febr. 1856, XII. 556* — Sternschnuppen d. Juli- u. Augustperiode 1858, beob. zu Paris. Sternschnuppen v. October u. November. Zweiter Theil d. Feuerkugeln-Catalogs seit Sept. 1853, XV. 559* — Nordlichtbeobachtung in d. Nacht v. 28. zum 29. August XV. 564* — Catalog der Feuerkugeln von 1853 bis 1859 Sternschnuppen im August u. Nov. 1859 u. 1860, XVI. 604* — Nordlicht d. 9. April zu Paris. Nordlichter d. 9., 10. u. 12. August 1860, XVI. 611* — Feuerkugeln und Sternschnuppen als Quelle für Wetterprophezeiung XVI. 665*; XVIII. 591* — Sternschnuppenbeob. August 1860 u. 1861, XVII. 551*; desgl. 1862, XVIII. 507*; desgl. 1863, XIX. 540. 541* — Ueber die Sternschnuppen v. Oct. u. Nov. 1861, XVII. 552* — Nordlicht den 10. März 1861, XVII. 556* — Nordlichtbeob. zu Paris XVIII. 511* - Erscheinungen vor u. während d. Sturms im Octbr. 1862, XVIII. 687* — Ueb. d. Meteore u. d. Gesetze, denen sie unterworfen sind. Meteorolog. Album XIX. 540* — Ueb. d. Sternschnuppen u. Luftströmungen XX. 592. 644 — Sternschnuppen v. 12. und 13. Nov. Gang d. Phänomens in d. letzten 33 Jahren XX. 594* — Beobacht. d. Sternschn. 9. bis 11. August 1864. Feuerkugel beob. zu Paris 7. Juni 1864, XX. 595*.

Coupvent des Bois, Meeresstrom in d. Strasse v. Gibraltar V. 460. 489.

Courtépée, s. Masson.

Cousin, A. und A. H. Matthieu, Unterseeischer Vulkan am Aequator zw. 20. u. 22° westl. Länge XIII. 600.

Coventry, Geschichte über Elektrocultur I. 499. 503.

Cox, H. Parallelogramm mechanischer Grössen VI. 67. 82 — Beweis d. Umdrehung d. Erde mittelst zweier Pendel VI. 69. 135 — Das hyperbolische Gesetz d. Elasticität VI. 228. 254.

Coyteux, Ueber die Principien der Physik XX. 19*.

Crace-Calvert, F. und G. Cliff Lowe, Ausdehnung d. Metalle und Legirungen XVI. 339.

Crahay, M. J. G., Neue Theorie d. Sehens II. 213. 222 — Nebensonne III. 156. 165 — Einfluss d. schnellen Bewegung eines Beobachters auf d. Schall IV. 121. 125 — Ueb. d. Longitudinalstreifen im Spectrum IV. 150. 163 — Meteorolog. Beobachtungen zu Löwen IV. 429. 455 — Ueber die Kälteperiode um d. Mitte d. Monats May IV. 459. V. 374. 440 — Plötzliche Temperatur- u. Druckänderungen im Januar u. Februar 1849 zu Brüssel V. 376* — Temperaturbeobacht. zu Löwen Mai 1849, V. 376* — Ueb. d. Temperatur dieses Winters (1851), VI. 1056* — Ueb. e. Aufsatz über d. Regen VI. 1056* — Elementare Ableitung der Drehungsgeschwindigkeit d. Schwingungsebne d. Pendels unter verschied. Breiten VIII. 74 — Ausserordentl. Kälte in Belgien Ende Decbr. 1853, X. 696 — s. Deveaux, Minkelers.

Crahay u. Florimond, Anwendung d. Gusseisens zur Anfertigung künstl. Magnete IX. 594.

Craig, Neues Riesenteleskop VIII. 359.

Cramer, A. Ueb. d. Accommodationsvermögen d. Auges X. 312 — Zur Erklärung der sogenannten Irradiationserscheinungen XI. 334.

Cranmore, R. F. Einige Erscheinungen fehlerhaften Sehens VI. 489. 511.

Craufurt, A. Q. G. Neue Auflösung üb. d. Ausfluss d. Flüssigkeiten und üb. d. Principien der Hydrodynamik VI. 154. 184.

Craven, Entdeckung einer Untiefe im Golfstrom X. 773.

Craveri, Erderschütterung zu Bra, XVIII. 815.

Crawley, H. W. Ueb. e. zu Sydney beobachteten Sonnenhof XVIII. 502*.

Crelle, A. L. Verschiedene Anwendungsweisen d. atmosphär. Luft als bewegende Kraft auf Eisenbahnen II. 94* — Zur Theorie d. Dampfmaschinen IV. 61. 64 — Zur Statik unfester Körper an d. Beispiel d. Drucks der Erde auf Futtermauern VI. 67. 81 — Dynamischer Beweis für d. Parallelogramm der Kräfte VI. 67; VIII. 50 — Theorie des Höhenmessens mit dem Barometer VI. 214. 222.

Crena, Apparat zur Herstellung d. Gleichgewichts zwischen d. Schwerkraft u. d. Luftdruck II. 94*.

Cresson, J. C. Ueber d. Sturm mit Regen am 12. Sept. 1862 zu Philadelphia XVIII. 667* — Einige merkwürd. elektr. Erscheinungen beob. im Sommer 1860, XIX. 570*.

Crickmer, R. Windkessel b. Saugeröhren X. 176.

Cristal, M. Das Inselmeer d. Canals XVI. 792*.
Crochewit, J. H. Ueber die neue Theorie d. Atmosphäre v. Smits V. 443.
Croll, J. Zu Ampère's Versuch über d. Abstossung eines gradlin. Drahtes durch sich selbst XVII. 521*; XVIII. 485 — Ueb. d. Cohäsion d. Gase u. ihre Beziehung zur Carnotschen Function u. zu neuen Versuchen über die Wärmewirkung bewegter Gase XIX. 314*. 332 — Ueb. d. mechan. Kraft d. Elektromagnetismus mit besonderer Beziehung auf d. Theorie v. Joule u. Scoresby XIX. 437* — Ueb. den Einfluss d. Fluthwelle auf d. Drehung d. Erde u. die Beschleunigung der mittleren Bewegung d. Mondes XX. 32. 840 — Ueber vermeintliche Einwürfe gegen d. mechan. Wärmetheorie. Ueber die Natur der Wärmeschwingungen XX. 329 — Ueber die Ursache d. Abkühlung fester Körper durch Spannung XX. 332* — Ueb. d. physische Ursache d. Klimawechsels in den geologischen Epochen XX. 840*.
Crookes, W. Anwendung d. Photographie zur Erforschung gewisser Polarisationserscheinungen IX. 273 — Photograph. Untersuchung des Sonnenspectrums. Camera obscura zur Darstellung d. Spectrums XII. 250 — Beschreibung des Wachspapierprozesses zu den photo-meteorograph. Registrirungen auf dem Radcliffe Observatorium XII. 331* — Theorie stereoskop. Bilder XIII. 259* — Photographie des Mondes XIII. 271* — Spectroskop XVII. 243 — Undurchsichtigkeit d. Natronflamme für Licht v. ihrer eigenen Farbe XVII. 252 — Zu einer Abhandl. v. Dupré üb. ein neues Metall aus der Calciumgruppe XVII. 256 — Das Lithiumspectrum XVII. 256 — Existenz eines neuen Grundstoffes, wahrscheinlich aus der Schwefelgruppe XVII. 257 — Entdeckung d. Metalles Thallium XIX. 195 — Plan zu e. Spectrometer XX. 417.
Crosland, Ch. Geschwindigkeit des elektr. Stroms III. 31*.
Crosse, A. Ueb. d. scheinbar mechanische Wirkung bei d. elektr. Ueberführung X. 539.
Crova, Ueb. die Gesetze d. elektromotor. Kraft der Polarisation XIX. 432 — Schreiben an d. Redacteure d. Ann. de Chim. et de Phys. (die Messung der Polarisat. betreffend) Gesetze d. Aenderung d. elektromotor. Kraft in Ketten mit einer Flüssigkeit XX. 469. Dazu Becquerel 469 — Elektrochem. Eigenschaften des Wasserstoffs XX. 480.
Cruickschrank, A. Ueb. d. natürlichen Hindernisse d. Sehens entfernter Objecte an d. Erdoberfläche XV. 726*; XVI. 736*.
Crusell, G. Actives Voltameter II. 405. 406 — Continuirlicher Strom durch d. magnetoelektr. Maschine III. 364. 369 — Der Galvanismus als Heilmittel gegen locale Krankheiten III. 394* — Ueb. Galvanokaustik IV. 301. 307 — Continuirlicher Strom durch magnetische Induction IV. 340. 347 — Ueb. d. galvanische Kette u. üb. Elemente mit drei Flüssigkeiten XII. 486.
Csader, C. Ueb. d. Wärme- u. Lichterscheinung. in d. Pflanzenwelt XIII. 298*.
Cumberland, Verbesserung im Daguerreotyp-Verfahren I. 275*.
Cumine, J. A. u. C. Hunter, Elektromagnetische Maschinen XIII. 434.
Cumming, W. Ueber eine Lichterscheinung im menschl. Auge II. 213. 225.
Cundell, Wirkung d. Silbergallonitrats v. Talbot auf jodirtes Papier II. 229. 239.
Cunha Gatros, Manoel da, Regenmenge zu Rio de Janeiro XIV. 672.
Cunningham, W. C. Schneegränze im Himalaya VI. 1049. 1079 — Temperatur d. Luft u. d. Meeresoberfläche auf einer Reise von Samoa bis Valparaiso IX. 645.
Curioni, Ueb. die zu Trenzano den 12. Nov. 1856 gefallene Feuerkugel XVI. 605*.
Curr, Temperatur d. Dampfs u. entsprech. Druck desselben VI. 563. 593
Curtet, Neue galvan. Erscheinungen VI. 713. 714.
Curtis, A. H. Geometrischer Beweis d. Mac Cullaghschen Satzes v. d. Polarebne XI. 226 — Ueb. d. Gyroskop XVI. 50.
Curtis, J. Regenmenge zu Mancheste XV. 730*; XVI. 741* — Ueber die Regenmenge zu Manchester 1858 bis 1860 verglichen mit dem Mittel von 47 Jahren nach Dalton und dem Durchschnitt d. letzten 72 u. 75 Jahre XVIII. 666*. 667*.
Cuvier, G. Ueb. d. Umwälzungen d.

Erdballs, Studien üb. d. Ibis u. üb. d. Hottentotten-Venus XIX. 730*.
Cuyper, A. C. de, Regulirung der Flüsse u. Arbeiten zur Verhinderung ihres Austretens IX. 662*.
Czarnotta, Die Besteigung d. Vulkans Demavend XV. 775*.
Czermak, J. Bau u. optisches Verhalten d. Haut v. Ascaris lumbrocoides VIII. 258* — Zur Physiologie d. Gesichtssinnes X. 305 — Physiolog. Studien XI. 321 — Ueber secundäre Zuckung v. theilweise gereiztem Muskel aus XIII. 380; XIV. 532 — Ueb. d. Accommodationsphosphen XIV. 301; XVII. 319 — Ueber die Sprache bei luftdichter Verschliessung des Kehlkopfes XV. 178 — Ueb. d. entoptische Wahrnehmung der Stäbchen- und Zapfenschicht XVI. 296 — Zur Erklärung einiger sogen. subjectiven Gesichtserscheinungen XVII. 324 — Ueb. laryngoskopische Photographien u. üb. d. Mikrostereoskop XVIII. 286 — Ueb. Pflüger's Versuch die Abhängigkeit d. elektrotonischen Erregbarkeitszustandes v. d. Zeit zu bestimmen u. üb. e. neuen Versuchsplan zur exacten Ermittlung derselben XIX. 502.

Dagg, J. L. Theorie des Pendelversuchs XI. 84.
Dagron, Mikrophotograph. Röhren, Cylinder u. Bijouterien XVIII. 282.
Daguin, P. A. Ueb. den vesiculären Dampf XV. 725* — Ueb. e. Sonnenhof zu Toulouse XVI. 603*.
Dahlander, G. R. Einige Theoreme d. Mechanik XV. 38 — Anziehung d. Ellipse XVI. 36 — Neue Art Gleichgewichtsfiguren für rotirende Flüssigkeiten. Gleichgewichtsfigur einer Flüssigkeit, welche in einem hohlen Sphäroid rotirt XVI. 51; XVII. 63. — Zur Theorie d. Beugungserscheinungen XVI. 254 — Ueb. e. Methode d. Barometer und andere physikal. Instrumente selbstregistrirend zu machen XVII. 590 — Ueb. den Einfluss, den d. Unebenheiten d. Erdoberfläche u. d. Meeresbodens auf d. Veränderung d. Niveaus d. Meeres ausüben XVIII. 37. 713 — Bestimmung d. mechanischen Wärmeäquivalents XX. 315.
Dahlhaus, C. Neue verbesserte Construction d. Turbine II. 82*.
Dahlmann, Absolute Festigkeit verschied. Eisen- u. Stahlsorten XIII. 143.
Daina, Anwendung der voltaschen Elektricität als bewegende Kraft IX. 511.
Dale, Elliptische Polarisation II. 581. 619 — s. Gladstone.
Dallington, Aenderung der Regenmenge mit gewissen Mondphasen XIII. 554.
Dalmahoy, J. Gewicht d. unter gegebenen Umständen an einer kalten Fläche verdichteten Wasserdampfs VI. 1058* — Ueb. eine Schwierigkeit in d. Theorie d. Regens XVIII. 660.
Dalyell, R. A. O. Erdbeben zu Erzerum XVIII. 820; XIX. 725.
Dammer, O. Fluorescenz d. Wärme XVIII. 243.
Damour, A. Chemische Untersuch. üb. d. Meteorstein v. Montrejeau XV. 561* — Beobachtungen auf einer Ueberfahrt v. Europa nach d. Antillen u. auf d. Berge la Soufrière XVI. 742 — Ueb. d. Meteorstein v. Chassigny XVIII. 509* — s. Descloiseaux.
Dana, J. D. Ueber gewisse Gesetze d. Cohäsion III. 4* — Einige Punkte d. physikalischen Geographie v. Oregon u. Obercalifornien V. 459. 464 — Ueber Chambers alte Seeränder V. 459. 467 — Isomorphie und Atomvolumen einiger Mineralien VI. 4. 10 — Ueb. heteronomen Isomorphismus VI. 4. 11 — Zerstörung der Felsen von Neu-Südwales u. Bildung d. Thäler VI. 908. 919 — Die Lagunen Toskana's VI. 908. 920 — Vulkan-Ausbrüche auf Hawaii VI. 910. 963 — Ueb. Corallenriffe u. Cor-Inseln VI. 910. 970; VIII. 654 — Ausbruch d. Mauna Loa VIII. 638 — Isothermenkarte d. Oceans zum Nachweis d. geograph. Vertheilung d. Seethiere IX. 646 — Veränderungen der Meerestemperatur, welche aus einer Niveauänderung d. afrikanischen und südamerikanischen Continents folgen würden IX. 646 — Molecularconstitution d. Krystalle XI. 9 — Der vulkan. Ausbruch d. Mauna Loa XII. 759 — Ueb. Meeresströmungen XIV. 688 — Ueb. d. Vulkane Cotopaxi u. Arequipa XX. 918.
Danger, Leuchten des Quecksilbers im Vacuum II. 360 — Höhe d. Quecksilbermenisken in Glasgefässen IV. 16. 17.

Daniel, Spectralanalyse des elektr. Funkens in Flüssigkeiten und Gasen XIX. 201.
Daniell u. Miller, Elektrolyse secundärer Verbindungen I. 470.
Danson, W. Ueb. d. allgemeine Gesetz d. Stürme XVIII. 651.
Darcy, H. Ueber die Bewegung des Wassers in Röhren X. 168; XIV. 85. — Einige Abänderungen an d. Pitotschen Röhre XIII. 128.
Dareste, C. Ueb. d. Färbung d. chinesischen Meeres. Ueber die rothe Färbung d. Meeres u. ihre Ursachen X. 770 — Ueb. die v. d. Seefahrern unter d. Namen Meermilch beschriebenen Erscheinungen XI. 769 — Ueb. d. Thierchen u. organ. Körper, welche d. See roth färben XII. 741*.
Darling, W. Ueb. d. wahrscheinliche Maximum d. Meerestiefe XI. 762.
Darlu, Feuerkugel III. 157. 170 — Nordlicht III. 158. 180 — Beschreibung eines Vergleichungsbarometers XI. 635.
Daru, Mechanische Wirkung d. comprimirten Luft XIII. 129.
Daubeny, Ch. Ueb. die Einwirkung d. Lichts auf das Keimen der Samen XII. 331* — Ueb. d. Erhebungstheorie der Vulkane, Antwort auf eine Abhandl. v. P. Scrope XVI. 855 — Ueb. die Entwicklung von Ammoniak aus Vulkanen XVIII. 749 — Ueb. d. neuen Ausbruch d. Vesuvs im Decbr. 1861, XIX. 705 — Das Klima, Ursachen seiner Verschiedenheiten u. sein Einfluss auf d. Pflanzenleben XX. 834*.
Daubrée, Wärmemenge, welche jährlich zur Verdampfung des Wassers auf d. Erde erforderlich ist, und mechanische Kraft der fliessenden Gewässer III. 248. 249. 645. 662 — Temperatur d. Quellen d. Rheinthals in d. Vogesenkette und am Kaiserstuhl V. 460. 483 — Ueb. d. Streifung der Felsen, Bildung der Geschiebe, des Sandes u. der durch mechan. Wirkungen hervorgebrachten chemischen Zersetzungen XIII. 565 — Nordgränze d. Erdbebens im Elsass den 25. Juli 1855, XIII. 608 — Ueb. d. Zusammenhang d. heissen Quellen v. Plombières mit den metallführenden Gängen und über d. gegenwärtige Bildung v. Zeolithen XV. 750 — Zeolithbildung im röm. Cäment durch d. warmen Quellen v. Luxeuil XVI. 841 — Möglichkeit einer capillaren Infiltration durch poröse Substanzen trotz eines bedeutenden Gegendrucks durch Wasserdampf. Anwendung auf geolog. Erscheinungen XVII. 116. 776 — Lichtmeteor u. Meteorsteinfall d. 14. Mai 1864. Ueb. d. Meteorite v. Orgueil. Gegenwart von krystall. kohlensaur. Magnesia u. Eisenox. im Meteorstein v. Orgueil XX. 597* — Der v. Ch. de Saporta dem Museum d'hist. nat. angebotene Meteorit anscheinend die zu Aigle d. 26. April 1803 gefallene Hauptmasse. Verzeichniss d. Meteorite d. Museums. Ueb. zwei zu Vouillé den 13. März 1831 u. zu Mascombes den 31. Jan. 1836 gefallene Aerolithe XX. 599*.
Daug, H. T. Umarbeitung v. Duhamel's Beweis d. Princips der virtuellen Geschwindigkeiten XVI. 47*.
Dausse, Ueb. Ueberschwemmungen XII. 748*.
Davanne u. Girard, Theoret. und prakt. Untersuchungen üb. die Entstehung d. positiven Bilder XX. 255.
David, A. Meteorolog. Beobacht. in Peking 1863, XX. 835*.
Davidoff, A. Theorie d. Capillarerscheinungen V. 21; XI. 20; XIII. 63 — Ueb. d. grösseste Anzahl v. Gleichgewichtslagen für e. homogenes dreiseitiges in eine Flüssigkeit getauchtes Prisma X. 154 — Entgegnung auf e. Bemerk. v. Popoff XII. 27.
Davidson, Erdbeben in Fort Yuma XI. 798.
Davies, J. A. Ueb. d. Farbenerzeugung durch d. Prisma, die innerliche oder instinktmässige Vergrösserung d. Sehwinkels u. andere opt. Erscheinungen XVIII. 236*.
Davies, J. S. Ueb. Erdmagnetismus III. 520*.
Davies, Th. Ueb. d. tägl. Barometerschwankungen XVI. 722* — Ueber Krystallisation XVIII. 16*.
Davis, C. H. Geolog. Wirksamkeit d. Ebbe u. Fluth u. anderer Meeresströme VI. 909. 925.
Davis, J. B. Grosser Ausbruch des Vulkans Mauna Loa auf Hawaii XV. 781.
Davis, N. K. Ueber d. Meteor vom 8. Juli XIII. 457*.
Davout, Neues Barometer. Beobachtungen mit demselben in den Alpen XIII. 501.

Davy, H. Farbe des Wassers III. 118. 136.
Davy, J. Verflüchtigung des Quecksilbers bei niedriger Temperatur I. 116; II. 102. 106 — Temperatur des Menschen I. 346 — Ueb. d. im Seewasser enthaltenen kohlensaur. Kalk V. 460. 479 — Klima u. physikalische Geographie d Seedistricts v. Westmoreland XI. 732 — Elektr. Verhalten des Hühnereis XV. 410 — Ungewöhnlicher Regenfall im Januar 1859 im Seedistrict. Ueb. d. Herabfallen einer schwefligen Substanz im Juni 1858 in Invernesssshire XV. 730* — Ungewöhnl. Regenguss im Seedistrict XVI. 740* — Ueb. d. Farbe d. Rhone XVI. 807 — Ueb. d. Entstehung des Nebels XVII. 666 — Regenmenge im Seedistrict 1861 nebst Bemerk. über d. Zusammensetzung des Regenwassers XVIII. 662 — Ueb. d. Temperatur d. Geschlechter XX. 361* — Ueb. d. Gefrieren d. Hühnereier XX. 366.
Dawes, W. R. Neue Oculareinrichtung VIII. 358 — Neues Ocular zur Beobachtung d. Sonne IX. 314* — Eigenthüml. Sonnenfleck XIII. 460* — Ueb. einige grosse Sonnenflecke XV. 557* — Merkwürd. Sonnenfleck XVI. 608* — Beobacht. d. Sonnenfinsterniss v. 18. Juli 1860 in England XVIII. 505* — Ueb. die teleskop. Erscheinung d. äusseren Sonnenhülle XX. 575*.
Day, A. Ueb. d. Drehung d. Pendels X. 77.
Day, J. Gesetze, welche der Construction e. perpetuum mobile zum Grunde liegen VI. 67. 77.
Dayman, J. Meerestemperaturen beobachtet auf einer Reise v. 1846 bis 1847, VIII. 613 — Tiefenmessung d. Meeres zwischen Irland u. Neufundland XIV. 686 — Tiefseelothungen im Meerbusen v. Biscaya u. im Mittelmeer XVII. 746.
Debray, H. Ueb. d. Krystallisation d. Schwefels in Schwefelkohlenstoff XIV. 31 — Analyse d. Metallspectra. Ueb. d. Anwend. d. Drummondschen Lichts u. üb. d. Projection d. hellen Linien in den durch Metalle gefärbten Flammen XVIII. 223 — s. Deville.
Debus, H. Ueb. d. fasrige Structur d. Eisen- u. Glasröhren XVII. 103.
Decerf, Blitzschlag auf das Gefängniss v. la Châtre III. 344. 348.
Decharmes, C. Maximum- u. Minimumbarometer XIV. 626; XX. 659 — Nordlicht beobachtet zu Amiens den 12. Oct. XV. 564* — Variation des Thermometers u. Barometers zu Amiens Dec. 1859, XVI. 761*.
Dechaud, s. Gaultier.
Dechen, H. v., Höhenmessungen in d. Rheinprovinz VIII. 633* — Geognostischer Führer zu d. Laacher See u. seiner vulkan. Umgebung XX. 915*.
Decher, G. Ueb. den Reichenbachschen Distanzmesser VI. 61. 64 — Ueb. d. Versuche v. Weissbach und Treviranus mit Reactionswasserrädern u. Theorie derselben VI. 156. 202 — Bestimmung d. Constanten eines Hippschen Chronoskops VIII. 48 — Zur Theorie d. Zapfenreibung VIII 68* — Ueb d. Versuche d. Hrn. Hirn die mittelbare Reibung betreffend u. das mechanische Aequivalent d. Wärme XI. 363 — Beiträge zur elementaren Optik XIII. 274* — Ueb. d. Wesen d. Wärme XIV. 318.
Decken, v. d., Brief üb. seine Reise nach d. Kilimanjaro XVIII. 789; XIX. 709.
Decoster, Universal-Theilmaschine I. 579. 582.
Dedekind, Zusatz zu d. Abhandlung v. Dirichlet üb. e. Problem d. Hydrodynamik XV. 72.
Degoussée, u. C. Laurent, Ueb. e. artes. Brunnen in Neapel XIV. 689 — Ankündigung von Bodenschwankungen durch Störungen im Zufluss artes. Brunnen XIX. 729.
Degrand, Ueb. d. Gasmaschinen XVII. 369* — s. Reynaud.
Dehaut, Bemerk. zu einer Mittheilung v. Poncelet betr. d. Drehung d. Pendels XVI. 49.
Déhérain, P. P. Physische u. chemische Beschaffenheit d. Sonne XIX. 218* — s. d'Almeida, Fonvielle.
Deicke, H. Beobacht. des Höhenrauchs zu Mühlheim an d. Ruhr 1859 bis 1861, XVIII. 653*; XIX. 640*; XX. 751* — Bestimmung d. Absorptionscoefficienten d. Chlorwasserstoffsäure für Wasser XIX. 87.
Deicke, J. C. Ueb. Eisbildung und Entstehung d. Schründe und Spalten in d. Eisdecken d. Süsswasserseen XVIII. 725; XX. 854* — Ueber d. Verheerungen orkanart. Föhnstürme XIX. 638* — Ueb. d. Bildung d. Wasserquellen in d. Melassen und Quartär-

formationen der Ostschweiz mit besonderer Beziehung auf d. Umgebung d. Stadt St. Gallen XX. 869.

Dejean, Beziehung zwischen d. Höhe d. Flüssigkeiten und ihrer Ausflussgeschwindigkeit I. 78* — Ueb. den Ausfluss d. Flüssigkeiten VI. 154. 181 — Neue Theorie d. Ausflusses von Flüssigkeiten XI. 95.

Delabar, G. Der Foucaultsche Pendelversuch als directer Beweis der Axendrehung d. Erde X. 84*.

Delafosse, Beziehung zw. der atomistischen Zusammensetzung u. der Krystallgestalt IV. 3. 6; VI. 3. 7. Reclamation v. Baudrimont IV. 7 — Ueb. Plesiomorphismus VI. 3. 8 — Mittel zur synthetischen Lösung mehrerer Hauptfragen d. Krystallographie. Ueb. d. Structur d. Krystalle u. deren Beziehungen zu ihren physikalischen u. chemischen Eigenschaften XII. 10 — Natur d. Hemiedrie und ihre Beziehungen zu den physikal. Eigenschaften d. Krystalle XIII. 3.

Delaharpe, J. Einfluss d. Barometerdrucks auf den Menschen in den Alpen XIV. 678* — Unterird. mit d. Genfersee zusammenhängende Seen XVI. 793 — Barometrische Höhenbestimmung einiger Punkte d. Alpen v. Bex, XVII. 736* — Betrachtungen üb. d. Gletschertheorie XVII. 771.

Delamarche u. Ploix, Ueber den Gang eines Chronometers mit Balancier ohne Compensation XV. 57.

Delamoriniére u. Séguier, Idee einer neuen für alle Gewichte von 50 Kilogr. bis 1 gr. geeigneten Form XIII. 93*.

Delamotte, C. Ueb. Galvanoplastik XI. 459*.

Delaporte, s. Renou.

Delaurier, Beschreib. und Abbild. neuer hydraulischer Maschinen IV. 78*.

Delcros, Tafeln zur leichteren Berechnung der atmosphär. Strahlenbrechung VI. 477*.

Delesse, Magnetische Polarität in Mineralien IV. 357. 370. V. 315. 316 — Magnetische Kraft d. Eisens und seiner metallurgischen Producte V. 315. 316 — Magnetische Kraft der Mineralien und Gebirgsarten u. Einfluss derselben bei Bildung gewisser Gesteine. Magnet. Kraft der durch Schmelzung d. Felsarten entstehenden Gläser VI. 841. 842 — Hydrograph. Karte d. unterird. Wasser der Stadt Paris. XII. 744* — Hydrolog. Karte v. Paris XVII. 758* — Ueb. d. unterirdische Ueberschwemmung zu Paris 1856 (mit Beaulieu und Yvert) XVII. 758 — Ueber das Wasser im Innern d. Erde XVIII. 695.

Deleuil, Neue Form einer elektr. Batterie V. 291. 292 — Veränderung der Bunsenschen Säule VI. 723. 724 — Verfahren zur strengen Regulirung der Gewichte für sehr genaue Wägungen VIII. 41 — Elektrische Beleuchtung X. 528* — Einrichtung d. von ihm construirten Wage XVII. 4; XVIII. 5. — s. Napier.

Delezenne, Ueber trockne Säulen I. 442. 450.

Delffs, W. Neues vereinfachtes Gasometer VI. 214. 227 — Brechungsexponenten der zusammengesetzten Aetherarten VI. 394. 395 — Siedepunkte, specif. Gewichte und Brechungsexponenten einiger organ. Flüssigkeiten X. 150.

Delitsch, s. Vogel.

Dell, Th. Elektroculturversuche I. 499. 503.

Dellmann, F. Ueb. d. Dellmannsche Elektrometer VIII. 447 — Luftelektricität IX. 614; XV. 567. 585 — Höhenrauch ist Rauch nach Beobachtungen d. Luftelektricität IX. 615 — Resultate zweijähriger Beobachtungen über Luftelektricität X. 643. 645 — Neue Fehlerquelle bei elektrometr. Bestimmungen XV. 385 — Ueber den elektr. Zustand d. Gewitter- u. Regenwolken XV. 568 — Einfluss d. Nordlichts auf d. elektr. Zustand der Atmosphäre XVI. 616 — Verbesser. e. Elektroskops XVII. 424 — Zweckmässigste Form der Zinkeisensäule XVII. 439 — Ueb. d. Zusammenhang d. Witterungserscheinungen XVII. 695 — Ein anomal elektr. Zustand d Atmosphäre am 2. und 15. Jan. 1862, XVIII. 512 — Elektr. Untersuchungen. Ueb. d. Theorie d. Nordlichts XVIII. 515. — Ueb. d. Rolle, welche d. Luft als Zwischendielektricum bei d. Elektricitätsvertheilung spielt XVIII. 518 — Ueb. d. Entstehung d. Gewitters XVIII. 546 — Meteorolog. Studien XVIII. 570 — Die Spannung d. offenen Säule XIX. 391. — Das Gesetz u. die Theorie der Stürme XIX. 638*; XX. 714 — Das Klima der mittelrheinischen Ebene XIX.

656*; XX. 787 — Ueber die Gesetzmässigkeit und die Theorie des Elektricitätsverlustes XX. 436 — Ueber die Isolirungsfähigkeit des Eises XX. 478.
Dellwick, C. A. Wärmecapacität d. gerösteten u. ungerösteten Eisenerze XVI. 370*.
Delpech, Patentirte Castraise Pumpe XI. 103*.
Delvy, M. Ueb. die Anwendung der Theorie v. Phillips auf d. Construction von Locomotivfedern neuer Art XLI. 149.
Demidoff, Erscheinung v. Mondlicht erzeugt III. 157. 167 — Meteorolog. Beobachtungen V. 376* — Meteorolog. Beobacht. zu Nischne Tagilsk VI. 1050. 1053. 1058*; IX. 695.
Demirmont, Mittel d. Bildung und d. Anhaften v. Luftblasen auf d. Formen für galvanoplast. Copieen zu verhüten VI. 722*.
Denham, H. M. Messung einer Meerestiefe v. 7706 Faden IX. 639.
Deniel, Tachometer zur fortdauernden Bestimmung und graph. Darstellung d. Geschwindigkeit d. Locomotiven VIII. 45.
Dennis, W. Ueber den Einfluss der Entfernung der Sonne und ihrer Geschwindigkeit in d. Ekliptik auf die Temperatur d. extremen Jahreszeiten in d. gemässigten Zone XIX. 634 — Ueb. d. beste Art in populärer Form die Theorie von Ebbe und Fluth darzustellen mit Angaben zur Construction anschaulicher Apparate XX. 844*.
Dent, Neues Princip der Compensation I. 579. 584 — Neue tragbare Bussole II. 543*; III. 519*.
Denys, E. Kette mit schwefelsaur. Bleioxyd u. Kochsalz od. Chlorbleikette XVII. 442 — Ueb. die Anwendung d. Kupferoxyds in d. Kette u. seine Bereitung XIX. 412.
Denzler, H. H. Ueb. d. Funkeln d. Sterne VIII. 596* — Ergebnisse 31jähriger Gewitterbeobacht. VIII. 602* — Ueb. eine Sinnestäuschung psycholog. Ursprungs IX. 308 — Die untere Schneegränze während d. Jahres vom Bodensee bis zur Säntisspitze IX. 666*; XI. 789 — Bewegung d. mittleren Temperatur d. Luftsäule Genf-St Bernhard im Lauf des Jahres nach 17jähr. Beobacht. IX. 708 — Einfluss d. Axendrehung d. Erde auf die strömenden Gewässer XV. 751 — Die Meereshöhe d. Chasseral als Grundlage d. schweizerischen Höhennetzes XX. 841*.
Depigny, J. P. Neue Versuche üb. d. Sehen nebst einem auf d. Principien der Optik gegründeten Erklärungsversuch X. 311 — Neue Beobacht. über Hagel und Graupel X. 764*.
Dering, G. E. Verbesserungen in d. Darstellung gewisser Salze u. Metalloxyde IX. 512* — Verbesserungen an galvanischen Batterien X. 544*; XII. 481 — Verbess. in d. Erzeugung bewegender Kraft durch Elektricität X. 586*; XI. 511*.
Derote, L. Neuer Satz über die Anordnung d. Stützen, welche dem Minimum der Maximalspannung eines gleichförmig belasteten prismat. Balken entspricht XX. 64*.
Derschau, N. v. Selbstregistrirendes Anemometer XVIII. 596.
Desains, E. Specif. Wärme d. Eises I. 359 — Schmelzung d. Phosphors II. 112 — Polarisation d. v. Glas reflectirten Lichts VI. 427. 432 — Anwendung d. Theorie der Capillarerscheinungen VIII. 28 — Ueb. Capillaritätserscheinungen XII. 30 — Ueb. d. capillare Steighöhe des Wassers zwischen zwei parallelen Wänden XIII. 61 — Festwerden von Flüssigkeiten, die bis unter ihren Erstarrungspunkt abgekühlt sind XI. 157 — Thermometerbeobachtungen während d. Sonnenfinsterniss den 18. Juli 1860, XVI. 576. 706* — Ueb. d. Erstarrung einer unter ihren Schmelzpunkt erkalteten Flüssigkeit XVIII. 337 — s. Provostaye.
Desains, P. Beschreib. eines Polarisationsapparats XII. 268 — Photographie d. Resultate, die entstehen, wenn man ein conisches Lichtbündel auf eine Kalkspathplatte fallen lässt, XVII. 286 — Beschreib. u. Discussion einiger Versuche üb. Doppelbrechung XVIII. 251.
Desains u Charault, Magnet. Störungen am 29. Aug. u. 2. Sept. XV. 565*.
Desbans, Elektr. Eigenschaften des Papiers VI. 649. 650.
Desboeuf-Pottier, Todesfall durch e. elektr. Entladung ohne Donner I. 439.
Desbordeaux, Galvanoplast. Ver-

silberung des Stahls I. 483. 497; IX. 512*.
Desbordes, Pyrometer XVI. 339.
Deschmann, C. Ueb. e. merkwürd. Schneefall in d. Umgebung v. Reifnig 21. Febr. 1864, XX. 768.
Deschwanden, A. Ueb. die Bewegung von Flüssigkeiten III. 44. 50 Seitenschwingung des Foucaultschen Pendels IX. 66 — Bewegung d. Flüssigkeiten bei Ueberfällen IX. 87 Graphische Bestimmung d. Ausflusses der Flüssigkeiten durch rechteckige Oeffnungen IX. 90 — Graph. Bestimmung d. Bewegung d. Flüssigkeiten in Röhren mit rechteckigem Querschnitt IX. 92.
Deschwanden, J. W. Entstehung d. Wasserhosen durch Wirbelwinde IX. 105; XI. 105.
Descloiseaux, Ueb. e. Asterie des Diamants I. 180. 195 — Physikal. u. krystallographische Untersuchungen üb. d. Quarz XI. 296 — Anwendung der optischen Eigenschaften doppelt brechender Krystalle auf die Unterscheidung u. Eintheilung krystallisirter Mineralien XIII. 249 — Entdeckung der Circularpolarisation im Zinnober sowie über die gemeinsame Drehung d. Polarisationsebne durch d. aufgelöste und krystallisirte schwefelsaure Chinin XIII. 251 — Ueb. d. Krystallisation u. innere Structur d. Quarzes XIV. 258* — Anwendung d. doppeltbrechenden optischen Eigenschaften auf die Bestimmung d. Krystallarten. Bestimmung d. Krystallform u. opt. Eigenschaften d. Hureaulit's. Optische doppelt brechende Eigenschaften u. Krystallform d Liroconit's XIV. 274 — Ueber die Doppelbrechung krystallisirter Körper. Untersuchung d. gewöhnlichen Camphers XV. 240 — Neue Methode zur Messung d. Brechungsindex u. d. Winkels d. opt. Axen bei Substanzen, wo letzterer sehr gross ist, u. üb. Trennung mehrerer bisher als isomorph betrachteter Mineralspecies XVII. 281 — Ueber vorübergehende und bleibende Aenderungen d. optischen Eigenschaften d. Feldspaths durch d. Wärme XVII. 282 — Dispersion d. optischen Axen XVIII. 252 — Ueb. die vorübergehenden u. bleibenden Aenderungen, welche gewisse opt. Eigenschaften mehrerer Körper durch d. Wärme erleiden XVIII. 254; XIX. 252 — Ueb. die Krystallform und doppeltbrech. opt. Eigenschaften des Castors u. Petalits XIX. 252 — desgl. des Amblygonits XIX. 253 — Beziehungen zw. d. Erscheinungen d. Circularpolarisation u. d. hemiedr. oder hemimorphen Formen der ein- oder zweiax. Krystalle XIX. 253 — Anwesenheit von Magnesia- u. Eisencarbonat im Meteorstein v. Orgueil XX. 597*.
Descloiseaux und Bunsen, Temperatur d. Geyserquellen III. 89. 91.
Descloiseaux u. Damour, Untersuchung d. optischen u. pyrogenetischen Eigenschaften der Gadolinite, Allanite, Orthite u. s. w. XVI. 257.
Descroix, s. Charault.
Desdouits, Feuerkugeln III. 157. 170 — Nordlicht III. 158. 180.
Deslongchamps, E. Beobacht. d. Feuermeteors v. 7. Jan. 1856 zu Caen XII. 555* — Beobacht. einer Feuerkugel zu Caen d. 19. Septbr. 1862, XVIII. 507*.
Desmoulins, Ch. Hydrograph. und statistische Untersuch. auf d. Küste von Syrien XVIII. 718* — Das hydrograph. Bassin v. Couzeau in seinen Beziehungen zum Thal d. Dordogne XX. 866*.
Desor, E. Die Fluth u. ihr Verhältniss zu d. geologischen Erscheinungen V. 459. 469 — Neue Thatsache bei einer Luftspiegelung VIII. 596* — Ueb. d. Klima d. Vereinigten Staaten IX. 736* — Die Wasserfälle d. Niagara und ihr Rückschreiten X. 777 — Beobachtungen üb. d. Schall XI. 217 — Charakteristische Züge d. amerikan. Klimas XI. 712* — Ueb. die Farben d. Neuchateler Sees XI. 772* — Bildung der Schweizerseen durch Gletscherwirkung XVI. 796 — Classification d. Seen mit Rücksicht auf die Bassins d. Südabhangs d. Alpen XVII. 748.
Desormery, Merkwürd. Blitzschlag V. 258. 263.
Desplaces, s. Collet.
Desprels, Ueb. e. analytischen Ausdruck für das mechan. Wärmeaequivalent XVI. 332*.
Despretz, C. Gränze d. hohen und tiefen Töne I. 143. 148 — Ueb. die Wasseruhr v. Pyrlas I. 587. 590 — Zusammendrückung d. Flüssigkeiten II. 99 — Bemerk. zu Regnault's Ar-

beit üb. d. Compression der Gase II. 102. 105 — Apparate zum Nachweis d. magnet. Wirkung auf d. Licht II. 541. 565* — Ueb. flüssiges Stickstoffoxyd u. Alkohol V. 84 — Schmelzung u. Verflüchtigung d. Körper V. 285. 286 — Elektricitätsentwickl. bei der Muskelcontraction V. 299*; VI. 729. 751 — Ablenk. d. Magnetnadel durch warme od. kalte Körper V. 315. 329 — Ueb. die Säule mit zwei Flüssigkeiten VI. 677. 687 — Schmelzung u. Verflüchtigung strengflüssiger Körper. Ueb. d. Kohle. Länge des volt. Bogens. Ueb. d. Licht d. Säule mit zwei Flüssigkeiten VI. 714. 716 — Neue Zahlen üb. d. Wärmeleitung in festen Körpern VIII. 417 — Gesetz der galvan. Ströme VIII. 476 — Beobacht. über constante Ketten VIII. 496 — Die Tangentenbussole VIII. 516 — Einige Beobachtungen üb. d. Säule IX. 491 — Ueb. d. Kohle u. d. Temperaturunterschied d. leuchtenden Inductionspole IX 496 — Zusatz zu d. Abhandlung üb. d. Säule mit zwei Flüssigkeiten X. 505 — Einige Versuche üb. d. Frage ob d. Strom der Säule das Wasser durchlaufen kann ohne es zu zersetzen XII. 455; de la Rive dazu 455 — Hat es e. Nutzen bei d. chemischen Zersetzung einen Inductionsapparat in den Schliessungsbogen einzuschalten? XIII. 371 — Zerleg. einiger Salze namentl. der Bleisalze durch d. galvan. Strom XIII. 371 — Chronograph mit con. Pendel von Martin de Brettes XVII. 512.

Desrumeaux, Gewitter d. 10. Sept. 1863 zu Brüssel XIX. 572*.

Destocquois, Integration d. Bewegungsgleichungen der Wärme u. der Vibrationen elast. Flüssigkeiten II. 313* — Differentialgleichungen der Bewegung d. Flüssigkeiten V. 42. 53.

Desvaux, Bericht üb. d. artes. Brunnen in Algier XVI. 837*.

Desvignes, P. H. u. F. X. Kukla, Verbesserungen an galvan. Batterien IX. 516.

Detouche u. Houdin, Elektrische Uhrwerke XI. 517*.

Devalque, s. Dewalque.

Devaux, A. Anwendung heisser Luft statt Wasserdampf zur Bewegung v. Maschinen VIII. 384 — Ueb. d. Mittel Gebäude vor Blitzschaden zu schützen XVI. 641.

Devaux u. Crahay, Ueb. d. Luftballons v. van Hecke, van Esechen u. René-Michel III. 56.

Deville, Ch. S. C. Verminderung d. Dichte v. Mineralien beim Uebergang aus d. krystallin. in den glasigen Zustand II. 28. 31; III. 20. 24 — Hagel auf Guadeloupe V. 375* — Vertheilung der Mineralwässer Frankreichs VI. 914. 1039 — Klimatologie der Antillen VI. 1050. 1088 — Die Dimorphie u. d. Umwandlungen d. Schwefels VIII. 7 — Ueb. die bei der Verbrennung d. Kohle in Luft erzeugte Temperatur VIII. 414 — Temperatur des Meeres in d. Antillen, dem Golf von Mexiko und einem Theil des Atlant. Oceans VIII. 613 — Darstellung des Aluminiums durch die Säule X. 536. 538. Bunsen dazu X. 538 — Ueb. Silicium u. Titan XI. 4 — Dichtigkeit einiger nach d. Schmelzung rasch erstarrter Körper XI 34 — Beschaffenheit u. Vertheilung d. Fumarolen bei d. Ausbruch d. Vesuvs d. 1. Mai 1855, XI. 792 — Ueb. einige Ausströmungsproducte in Sicilien XI. 818 — Ueb. d. Modificationen d. Schwefels unter d. Einfluss der Wärme u. der Auflösungsmittel XII. 22 — Ueb. die Producte d. Vulkane Süditaliens XII. 751 — Zusammensetzung u. Verbreitung d. Fumarolen bei d. Vesuvausbruch am 1. Mai 1855, XII. 751 — Ueb. d. Emanationen d. Vulkane XII. 752; XIII. 601 — Ueber die Ausbruchserscheinungen d. Vesuvs u. d. südl. Italien XII. 752. 756. 757. 763. 764. 765 — Ueber Emanationen in Sicilien XII. 765 — Ueber die Eigenschaften des Schwefels XIII. 22 — Ueb. d. Silicium XIII. 26 — Ueb. d. gegenwärtigen Zustand d. Vesuvs u. die seit 1854 auf seinem Plateau eingetretenen Veränderungen XIV. 707 — Artesischer Brunnen zu Neapel XV. 749* — Veränderung d. Vesuvgipfels XV. 773* — Die täglichen Barometerschwankungen in d. Antillen und benachbarten Gegenden XVI. 719 — Ueb. d. Erdbeben auf den Antillen 8. Febr. 1843, XVI. 905 — Ueb. d. vorzüglichsten meteorolog. u. physikal. Erscheinungen auf d. Antillen XVII. 723* — Ausbruch d. Vesuvs XVII. 778 — Beobachtung e. Erdbebens am Bord des Schiffes la Félicie XVII. 792 — Ueb. d. eruptiven Erscheinungen des südl. Italien

11 bis 14. Brief XVIII. 765 bis 772 — Ueb. d. vulkan. Ausströmungen der phlegräischen Felder XVIII. 775 — Bemerk. zu einer Mittheil. v. Cailletet XX. 92 — Hypsometrie der Antillen aus einer geolog. Reise nach d. Antillen, Teneriffa u. Fogo XX. 841*.

Deville, C. S. C. u. F. Leblanc, Chemische Zusammensetzung d. aus d. vulkan. Gegenden Süditaliens ausströmenden Gase XIII. 602; XVIII. 783 — Ueb. die Gasausströmung in den toskanischen Borsäurefumarolen XIII. 604; XIV. 699.

Deville, C. S. C. mit F. Leblanc u. F. Fouqué, Ueber die Ausströmungen brennbarer Gase aus d. Spalten d. Lava von 1794 zu Torre del Greco beim letzten Ausbruch d. Vesuvs XVIII. 781; XIX. 707.

Deville, H. S. C. Ueb. Wärmeentwicklung bei chemischen Verbindungen XVI. 375 — Ueb. die Zersetzung chemischer Verbindungen durch die Wärme und d. Dissociation XVI. 379 — Einfluss d. Wände gewisser Gefässe auf d. Bewegung u. Zusammensetzung durchströmender Gase XVII. 140 — Ueb. d. Erscheinung der Dissociation d. Wassers. Ueb. d. Dissociation d. Kohlensäure u. d. Dichtigkeit d. Dämpfe XIX. 8 — Ueber d. Constitution d. Salmiaks u. d. Dampfdichten XX. 14 — Ueb. d. Dissociation d. Kohlenoxyds XX. 20* — Ueb. d. Durchgang der Gase durch feste homogene Körper XX. 93 — s. Wöhler.

Deville, H. S. C. und H. Debray, Schmelzung u. Guss d. Platins XVI. 349.

Deville, H. S. C. und L. Troost, Ueb. d. Dampfdichte gewisser mineralischer Substanzen XIII. 73; XV. 20 — Ueb. Dampfdichten bei sehr hohen Temperaturen XV. 20; XIX. 9 — Porosität d. Platins. Ueb. d. Porosität d. Eisens in hoher Temperatur XIX. 84 — Ueb. d. Messung hoher Temperaturen. Antwort auf d. Kritik v. Becquerel üb. d Bestimmung hoher Temperaturen. Bestimmung d. Siedepunkts schwer flüchtiger Flüssigkeiten XIX. 351. 354. 368 — Bestimmung d. Ausdehnungscoefficienten d. Porcellans v. Bayeux zw. 1000 u. 1500°, XX. 337.

Devincenzi, G. Elektrochemisches Gravirverfahren XI. 459*.

Devison, Uhrhemmung V. 33*.

Dewalque, Temperaturminimum zu Gent, Löwen, Stavelot u. Namür XVII. 608 — Ueb. e. am 7. Dec. 1863 in Belgien wahrgenomm. Aerolithen XIX. 544* — Vertheilung d. Mineralquellen in Belgien XX. 874.

Dewey, C. Leitung d. Eisens IV. 280. 282 — Veränderliches Niveau des Ontariosees XV. 747 — Zweckmässigste Stunden zu Temperaturbeobachtungen XVII. 617*.

Dewy, C. Neue Flüssigkeit für die Grovesche Batterie IV. 295. 296.

Diacon, s. Wolf.

Dibbits, H. C. Die Spectralanalyse XIX. 218* — Ueb. d. Spectra d. Flammen einiger Gase XX. 192 — Spectralanalyt. Untersuch. einiger niederländischer Wasser XX. 201.

Dick, Schutz für Telegraphendrähte VI. 839*.

Dickinson, J. Wasservorrath der Kalkschichten in d. Nähe v. London VI. 914. 1042.

Dickson, Regen die Ursache des Blitzes V. 258. 259.

Didion, J. Ueber Ballistik I. 73. 77. II. 48. 52 — Wahre Bewegungen d. Wurfgeschosse IV. 61 — Ueber die Gesetze des Luftwiderstandes bei grosser Geschwindigkeit d. Geschosse XII. 114.

Dieck, R. Lassen sich Tiefen nur aus d. Farbe d. Objectes beurtheilen? XX. 289.

Dien, C. Beschreib. des Nordlichts v. 26. Sept. 1854 zu Paris X. 642* — Beobacht. einer Feuerkugel zu Paris 3. Febr. 1856, XII. 555*.

Dienger, J. Deutsches Maass-, Gewichts- u. Münzsystem IV. 55. 57 — Ueber d. Heber V. 63* — Gleichgewichtslage einer Magnetnadel unter d. Einfluss e. Magnets und magnet. Curven V. 315. 324 — Ueb. d. Gleichungen d. Bewegung. Anwendung derselben VIII. 51 — Zur mathemat. Theorie d. elastischen Körper X. 115. — Das Princip d. kleinsten Wirkung XX. 23 — Eine Aufgabe aus der Hydraulik XX. 39 — Ueb. d. permanente Gestalt einer mit constanter Winkelgeschwindigkeit rotirenden Flüssigkeit XX. 44.

Diepenbach, Photographie auf Papier VI. 520. 542.

Dieterici, F. Die arabische An-

schauung der Welt und der Erde im 10. Jahrhundert unserer Zeitrechnung XVII. 735*.
Dietzel, C. F. Elasticität d. vulkanisirten Kautschucks u. üb. d. Elasticität fester Körper überhaupt XIII. 143.
Dieu, Bewegung des einfachen Pendels mit Rücksicht auf die Drehung d. Erde VIII. 85.
Dilke, Mac-Leod, Martins, Meteorolog. Beobachtungen V. 375*.
Dingle, J. Neues Gesetz des Binocularsehens XIV. 304; XV. 300 — Ueb. d. Bau d. Erde XV. 732 — Ueb. überzählige Regenbogen XVIII. 503*.
Dippe, M. C. Tafeln zur Reduction von Barometerbeobachtungen auf ein anderes Niveau und zur Bestimmung v. Höhenunterschieden aus Barometerbeobachtungen XII. 667; XIII. 561 — Benutzung d. Ohmschen Gesetzes zur Bestimmung d. Längenunterschiedes zweier Orte mit Hülfe der elektr. Telegraphen. Prüfung verschied. Methoden bei elektrotelegraph. Längenbestimmungen XIII. 435*.
Dirks, H. Apparat zur Erzeugung optischer Täuschungen XV. 293.
Ditmar, C. v., Ueb. d. Eismulden im östl. Sibirien IX. 656. Dazu v. Middendorff IX. 657 — Die Vulkane und heissen Quellen Kamtschatkas XVI. 878.
Ditscheiner, L. Anwendung der opt. Eigenschaften in der Naturgeschichte unorgan. Naturproducte XVII. 283 — Die Brechungsquotienten e. Lösung v. salpetersaur. Wismuthoxyd XX. 178 — Bestimm. d. Wellenlängen d. Fraunhoferschen Linien des Sonnenspectrums XX. 184 — Revision d. vorhandenen Beobacht. an krystallin. Körpern XX. 237.
Ditten, H. S. Analyse eines Meteorsteins X 642*.
Dittmann, A. F. Die veränderliche Umdrehungsrichtung oder doppelte Axendrehung d. Erde XIX. 661*.
Dittmar, s. Roscoe.
Dittrich, J. J. Die stehenden Landgewässer d. Erde XV. 744*.
Dixons, Geschwindigkeitsmesser V. 32*.
Doat, V. Neue Einrichtung der constanten galvan. Säule XII. 484 — Ueb. e. galvan. Rheoskop XVI. 518.
Dobson, T. Theorie der Cyclonen IX. 739* — Sturmbahnen im südlichen stillen Ocean X. 762 — Beziehung zwischen d. Wirbelstürmen und den Explosionen in Kohlenbergwerken XI. 675 — Ueb. d. Sturm v. Balaklava u. üb. die Erklärung von Barometerschwankungen XII. 674 — Ueber die Ursachen grosser Ueberschwemmungen XII. 748*.
Dodd, C. Erhebung einer Insel aus d. See XX. 914.
Doellen, W. Bestimmung der Höhe üb. d. Meere für einige Punkte in d. Umgegend v. Pawlowsk VI. 911. 979.
Dörgens, R. Astronom. Ortsbestimmungen u. barometr. Höhenmessungen in Syrien u. Palästina XVII. 736*.
Dörgens, R. u. Wetzstein, Reise in d. Ost-Jordanland XVI. 861.
Dörksen, J. Erscheinungen d. Thier- u. Pflanzenwelt in d. Mennonitencolonie Ohrloff XIX. 635*.
Dolfuss-Ausset, Materialien für d. Studium d. Gletscher XIX. 696; XX. 878 — s. Hogard.
Dollfuss, G. Wirkung d Erdbebens v. 25. Juli 1855 an der Sitterbrücke bei St. Gallen XIII. 607.
Dollond, Atmosphär. Recorder oder Selbstregistrirapparat III. 575. 588.
Domeyko, J. Ueber die Solfatara, welche 1847 am Cerro Azul in der Cordillera von Talca entstanden ist VIII. 640. Dazu Philippi 640 — Ueb. das Erdbeben am 20. März 1861 in Chili u. auf d. andern Seite der Anden XVII. 794 — Ueb. grosse in der Wüste v. Atakama gefundene Aerolithenmassen XX. 600*.
Don, M Regenmessungen v. 1838 bis 1847 zu Algier IV. 412. 424.
Donaldson, J Ueb. die Wassersirene VI. 294 310.
Donati, Ueb. die Linien der Sternspectra XVIII. 225 — Beobacht. der totalen Sonnenfinsterniss v. 18. Juli 1860 zu Terra blanca in Spanien XVIII. 505* — Ueb. Sternspectra XIX 209 — Schreiben an Prof. Peters den Kometen II. 1864 betreffend XX. 207.
Donders, F. C. Stoffwechsel die Quelle d. Eigenwärme bei Thieren u. Pflanzen III. 232* — Verhalten der unsichtbaren Lichtstrahlen von hoher Brechbarkeit in d. Medien d. Auges IX. 304 — Zur Kenntniss d. Refractions- u. Accommodationsanomalien XVI. 271; XVII. 335. 339 — Die Refractionsanomalien d. Auges und ihre

Folgen XIX. 288; XX. 301. — Ueber einen Spannungsmesser d. Auges XIX. 296 — Zur Klangfarbe d. Vocale XX. 134 — Die Accommodation abgeleitet aus innern Veränderungen des Auges XX. 301*.

Donders, F. C. u. D. Doyer, Die Lage d. Drehpunktes d. Auges XIX. 286.

Donkin, W. F. Geometr. Gesetze d. Bewegung eines starren Systems um e. festen Punkt VI. 67. 78 — Ueber e. Klasse v. Differentialgleichungen, besonders üb. die bei dynam. Problemen vorkommenden X. 38; XI. 60 — Theorie d. Anziehung von Körpern, die v. einer gewissen Klasse v. Flächen begränzt sind XVI. 47* — Ueb. gewisse Angaben in Elementarwerken üb. die specif. Wärme der Gase XX. 327*.

Donné u. Foucault, Photoelektr. Mikroskop II. 242. 246.

Donny, Ueb. d. Cohäsion d. Flüssigkeiten I. 14. 25; II. 13. 18.

Donny u. Mareska, Ueb. d. liquefieirten Gase I. 116. 131.

Donovan, Vermeintliche Identität d. Ursprungs der elektr., galvanischen, elektromagnet., magnetoelektr., u. thermoelektr. Erscheinungen VIII. 445* — Verbesserungen in d. Construction v. Galvanometern und ein neues Instrument um d. Verhältniss der magnet. Kraft in zusammengesetzten Nadeln zu bestimmen, die fast astatisch werden sollen VIII. 512 — Ueb. Galvanometerablenkungen durch Reibung u. Berührung v. Metallen unter verschied. Umständen XII. 419 — Ueb. e. neues akust. Phänomen XIII. 194* — Bewegl. Sonnenuhr, welche noch Bruchtheile einer Minute genau anzeigt XIII. 275.

Doppler, Chr. Ueb. die bisherigen Erklärungsversuche d. Abberrations-Phänomens I. 164* — Verbesser. d. katoptrischen Mikroskops I. 164; II. 581. 610 — Methode d. Geschwindigkeit d. Schwingung d. Luftmolekel zu bestimmen II. 123. 128 — Eigenthüml. bei d. Rotation d. Mittels eintretende Ablenkung d. Licht- u. Schallstrahlen II. 157. 160 — Opt. Diastemometer. Mittel um period. Bewegungen von grosser Geschwindigkeit zu bestimmen II. 158. 166 — Ueb. d. bisherigen Erklärungsversuche des Aberrations-Phänomens II. 579. 581. Vom Zerstreuungsvermögen d. Fortpflanzungsmittels unabhängige rotator. Dispersion des Lichts nebst Bemerk. zur rotator. Brechung II. 580. 598 — Vorrichtung die geringste Ablenkung e. Lichtstrahls zu messen II. 580. 599 — Zur Fixsternkunde II. 580. 601 — Zur Theorie d. farbigen Lichts der Doppelsterne mit Rücksicht auf d. v. Ballot dagegen erhobenen Bedenken II. 581. 620 — Anzahl d. menschl. Gesichtswahrnehmungen IV. 184. 187 — Systematische Classification der Farben IV. 184. 188 — Erklärung d. galvanoelektr. u. magnetischen Polarität nach mechanischen Principien IV. 257 — Die Spannkraft des Wasserdampfs d. Luft durch d. Gehör zu bestimmen V. 80. 83 — Mittel die Brechung d. Schallstrahlen nachzuweisen und numerisch zu bestimmen V. 97 — Einfluss der Bewegung des Fortpflanzungsmittels auf d. Erscheinungen d. Aether-, Luft- u. Wasserwellen V. 123 — Classification der Farben V. 150. 158 — Bisher noch unbenutzte Quellen magnetischer Declinationsbeobachtungen V. 351. 367 — Einfluss d. Bewegung auf die Intensität d. Töne VI. 294. 299 — Anwendung d. Sirene u. d. akustischen Flugrädchens zur Bestimmung der Spannung d. Wasserdämpfe und der comprimirten Luft VI. 294. 313 — Einige Mittheilungen zur Theorie d. farbigen Lichts der Doppelsterne VI. 412. 416 — Versuch einer auf mechan. Principien sich stützenden Erklärung d. galvan. u. magnet. Polaritätserscheinungen VI. 677. 679 — Bemerk. u. Anträge die Einsendung magnet. Beobachtungen betreffend VI. 887. 894 — Ueb. d. in Freiberg aufgefundenen Declinationsbeobacht. aus älterer Zeit VI. 890* — Beitrag zur genaueren Ermittelung d. Reibungscoefficienten zw. Eisen und Erde VIII. 69 — Weitere Mittheilungen d. Theorie d. farbigen Lichts d. Doppelsterne betreffend VIII. 258 — Beitrag zur Bestimmung d. magnet. Declination aus einer früheren Zeitperiode VIII. 609.

Dor, H. Ueb. individuelle Verschiedenheiten d. Refraction d. Auges XVII. 336.

van Doren, Die sangirschen Inseln u. ihre Vulkane XV. 777.

Dorna, A. Ueber den Druck auf die

Stütze eines im Gleichgewicht befindl. aber d. Bewegung sehr nahen Systems XIX. 59*.

Doulcet, Maximum- u. Minimumthermometer XVII. 607*.

Doulcet u. Baudin, Beschr. v. drei neuen Min.- u. Maximum-Thermometern XVIII. 596.

Douliot, E. Ueb. die Wahrnehmung d. Reliefs im Stereoskop und in der Natur XV. 300*.

Dove, H. W. Ueb. d. Ladungsstrom d. elektr. Batterie I. 385. 400 — Erscheinungen, welche polarisirtes Licht bei d. Drehung d. Polarisationsebne zeigt; Depolarisation des Lichts III. 137. 145. 147 — Messung der Umdrehungsgeschwindigkeit e. rotirenden Scheibe III. 182. 190 — Opt. Täuschung beim Fahren auf der Eisenbahn III. 182. 191 — Stephanoskop III. 210. 212 — Entladungserscheinungen elektr. Batterien, die par cascade verbunden sind III. 329. 332 — Ueb. d. tägl. Veränderungen d. Temperatur d. Atmosphäre III. 619. 620 — Die nicht periodischen Aenderungen der Temperaturvertheilung* auf d. Oberfläche d. Erde III. 619 623 — Die tägl. Veränderungen des Barometers in der heissen Zone III. 619. 631 — Die vom Drehungsgesetz abhängigen Drehungen d. Windfahne im Gegensatz d. durch Wirbelwind veranlassten; Prüfungen d. Drehungsgesetzes auf der nördl. Erdhälfte und Wahrnehmungen desselben auf der südlichen III. 619. 632 — Zusammenhang d. Temperaturveränderung der Erdatmosphäre u. der obersten Erdschichten mit der Entwicklung der Pflanzen III. 645. 646 — Scheiben zur Darstellung subjectiverFarben IV. 184. 188 — Die nicht period. Aenderungen d. Temperaturvertheilung auf d. Erdoberfläche IV. 458. 460 — Temperaturtafeln nebst Bemerkung. üb. d. Verbreitung d. Wärme u. ihre jährl. period. Veränderungen IV 458. 461 — Monatsisothermen IV. 458. 465; V. 374 — Einfluss d. Windrichtung auf die Temperatur eines der freien Ausstrahlung und Isolation ausgesetzten Bodens und seiner Pflanzendecke V 374. 384 — Wassergehalt der Atmosphäre V. 373. 447 — Periodische Aenderungen d. Drucks d. trocknen Luft in Sitka V. 374* — Barometr. Erscheinungen an d. Küste d. Ochotskischen Meeres V. 375* — Tägl. Veränderungen d. Barometers in Hindostan V, 375 — Lochsirene für gleichzeitige Erregung mehrerer Töne VI. 294. 311 — Methode gespannte Saiten und elastische Federn mittelst Elektromagnete in tönende Schwingungen zu versetzen VI. 294. 312 — Anwendung des Reversionsprismas zur Darstellung d. ellipt. u. circularen Polarisation VI. 427. 436 — Binocularsehen prismatischer Farben u. neue stereoskop. Methode VI. 489. 502 — Mehrere Prismenstereoskope u. einfaches Spiegelstereoskop VI. 489. 503 — Ueb. e. beim Doppeltsehen e. graden Linie wahrgenomm. Erscheinung. Ursache des Glanzes und der Irradiation VI. 489. 505 — Das Reversionsprisma u. seine Anwendung VI. 547. 554 — Ueb. die in d. Jahren 1848 und 1849 auf den Stationen des meteorolog. Instituts in Preussen angestellten Beobachtungen VI. 1048. 1063 — Tägl. Variationen d. Barometers in Hindostan VI. 1050. 1087 — Zusammenhang d. Wärmeverhältnisse der Atmosphäre mit d. Entwicklung d. Pflanzen nach d. Beobacht. v. Vogt in Arys VI. 1050. 1092 — Karte der Gestaltänderung u. Fortrückung der Isothermen v. 4 u. 20" Réaum. in d. jährl. Periode VI. 1052 1108 — Extreme d. Kälte, welche 1850 auf den preuss. Stationen beobachtet wurden VI. 1052. 1113 — Ergänzungen zu d. 1846 veröffentl. Temperaturtafeln u. Fortsetzung der mit 1729 beginnenden Witterungsgeschichte bis 1849, VI. 1052. 1114 — Thermische Isanomalen. Monatsisothermen VI. 1057* — Einfluss d. Helligkeit einer weissen Beleuchtung auf die relative Intensität verschiedener Farben VIII. 329 — Ueber die mittlere Abnahme der Wärme mit zunehmender Breite und die Ursachen d. Verschiedenheit dieser Abnahme unter verschied. Meridianen VIII. 721 — Ueber die Rückwirkung d. im Gebiet d. Moussons u. ganz Asien stattfindenden jährlichen Veränderung des Luftdrucks auf die Passatzone des Atlant. Oceans und wahrscheinliche Entstehungsweise d. westindischen Stürme VIII. 765 — Meteorolog. Erscheinungen in Verbindung mit d. Klima in Berlin VIII.

778* — Absorption des polarisirten Lichts in doppelt brechenden Krystallen als Unterscheidungsmittel ein- und zweiaxiger Krystalle u. e. Methode dieselbe zu messen IX. 258 — Die neuesten Fortschritte d. Hydrographie IX. 636 — Verbreit. d. Wärme auf d. Oberfläche d. Erde erläutert durch Isothermen, Isanomalen und Temperaturcurven IX. 685 — Ueb. d. klimatischen Verhältnisse d. preussischen Staats IX. 696 — Jährl. Variation des Atmosphärendrucks in verschied. Theilen d. Erde IX. 738* — Resultate d. Beobachtungen d. Barometers und Hygrometers auf d. südl. Halbkugel IX. 739* — Apparat für elliptisch polarisirtes Licht X. 288* — Ueber einige stereoskopische Erscheinungen X. 304* — Darstellung d. period. u. nicht periodischen Veränderungen d. Temperatur durch fünftägige Mittel X. 688; XI. 641; XX. 684 — Temperatur der Küsten v. Grönland, Labrador u. der neu entdeckten arktischen Länder. Temperatur der Behringsstrasse, desgl. der Beechey-insel X. 692 — Vertheilung d. Regen in der gemässigten Zone X. 749 — Ueb. d. Verwandlung der Winde in Cyclonen. Schlüsse, die sich aus d barometr. u. hygrometrischen Beobachtungen in Hobarton u. am Cap d. guten Hoffnung auf die allgemeine Theorie d. Veränderungen d. atmosphärischen Erscheinungen ziehen lassen X. 759 — Ueb. d. v. ihm gegebene Erklärung des Glanzes XI. 340 — Darstellung der Wärmeerscheinungen durch fünftägige Mittel im J. 1854. Ueb d. klimatischen Verhältnisse des preuss. Staates XI. 641 — Gegenseitige Compensation barometr. Maxima u. Minima zu derselben Zeit XI. 674 — Ueb. d. Klima von Nord-Amerika XII. 636 — Bemerk. über d. Temperatur d. Polargegenden. Ueb. d. Extreme d. Temperatur auf d. Erde XII. 641 — Ueb. d. Klima d. preuss. Staates XII. 642; XIII. 539 — Darstellung d. Wärmeerscheinungen durch fünftägige Mittel von 1782 bis 1855, mit besond. Berücksichtigung strenger Winter XII. 644; XIX. 635 — Gestalt d. Fluthlinien an den amerikan. und europäischen Küsten XII. 730 — Ueb. d. Wärme des Golfstroms nach den Ergebnissen d. amerikan. Küstenaufnahme unter Bache XII. 733 — Neuere Arbeiten üb. d. Caspische Meer, d. Urmia- und Vansee XII. 738 — Eine akustische Interferenz XIII. 175 — Methode Interferenz- u. Absorptionsfarben in beliebigem Verhältniss zu mischen XIII. 231 — Ueb. d. elektr. Licht XIII. 237 — Ueber Binocularsehen durch verschieden gefärbte Gläser XIII. 253 — Unterschied monocularer u. binocularer Pseudoskopie. Darstellung von Körpern durch Betrachtung einer Projection desselben vermittelst eines Prismastereoskops XIII. 254 — Ueb. d. tägl. Aenderungen d. Temperatur d. Atmosphäre XIII. 487 — Rückfälle der Kälte im Mai XIII. 494* — Allgemeine Theorie des Windes. Ueb. die v. d. Drehungsgesetz abhängigen Aenderungen d. Temperatur XIII. 542 — Ueb. d. meteorolog. Untersuchungen d. Hrn. Vettin XIII. 545 — Vertheilung des Regens auf d. Oberfläche der Erde XIII. 549 — Ueber die tägl. Oscillationen des Barometers XIII. 556 — Ueber die Wärme der Flüsse XIII. 578 — Einfluss d. Binocularsehens bei Beurtheilung d. Entfernung durch Spiegelung u. Brechung gesehener Gegenstände XIV. 301 — Unterschied d. prismatischen Spectra des am posit. u. negat. Pol im luftverdünnten Raum hervortretenden elektr. Lichts XIV. 406. 413 — Ueb. d. ungewöhnliche Kälte des Novembers 1858 im nordöstl. Deutschland. Ueb. d. Temperatur d. Ostsee verglichen mit der d. Atlant. Oceans XIV. 602 — Die Temperatur v. Jakuzk XIV. 603 — Ueb. d. Wärme d. Meerwassers im finnischen Meerbusen. Temperat. v. Point Barrow XIV. 605 — Ueb. d. nichtperiod. Aenderungen d. Temperaturvertheilung auf die Oberfläche d. Erde XIV. 616* — Die Ueberschwemmungen 1858 in Schlesien u. am Harz u. ihre Ursachen. Klima von Cayenne XIV. 638 — Ueber die Scheidelinie d. nördl. und südl. Erdhälfte XIV. 641 — Ergebnisse d. von 1848 bis 1857 angestellten Beobacht. d. preuss. meteorolog. Instituts XIV. 649 — Ueb. d. veränderliche Niveau d. Ströme XIV. 691 — Beweis, dass die Tartinischen Töne nicht subjectiv sondern objectiv sind XV. 166 — Stereoskopische Darstellung eines durch e. Doppelspath binocular be-

trachteten Typendrucks. Anwendung d. Stereoskops um e. Druck v. seinem Nachdruck, e. Original v. seiner Copie zu unterscheiden XV. 276 — Optische Studien XV. 300* — Ueb. d. Anwendung mit Silber belegter Gläser als Blendgläser XV. 301 — Vertheilung d. Magnetismus im Elektromagneten XV. 483 — Ueb. d. Klima d. westl. Europa XV. 694 — Temperaturgegensätze d. Winters v. 1859 auf dem Gebiete des preuss. Staates XV. 711 — Ueb. d. kalten Tage d. diesjährigen (1859) Mai XV. 716* — Vertheilung d. atmosphär. Druckes auf d. Oberfläche d. Erde XV. 719* — Veränderungen d. Temperatur des Meerwassers in d. jährlichen Periode XV. 736 — Untersuch. d. Holländer über die Temperatur d. Meeresströmungen am Cap der guten Hoffnung XV. 738 — Ein Gitterversuch XVI. 251 — Ueber Kalkspathzwillinge XVI. 257 — Das Dichrooskop XVI. 259 — Ueber Reflexion d. Lichts v. rauhen Flächen. Ueb. d. Absorption d. Lichts in doppelt brechenden Körpern XVI. 261 — Ueb. Flüssigkeiten, welche die Polarisationsebne des Lichts drehen XVI. 264 — Ueber flatternde Herzen XVI. 278 — Ueber Stereoskopie XVI. 282 — Nichtidentität d. Grösse der durch Prägen und Guss in derselben Form v. verschied. Metallen erhaltenen Medaillen XVI. 283 — Farbenkreisel d. Hrn. Lohmeier XVI. 298 — Die kalten Tage d. diesjähr. (1860) Mai XVI. 687 — Ueb. die Wärmeabnahme in höheren Breiten XVI. 691 — Ueber d. period. Aenderungen d. Drucks d. Atmosphäre XVI. 708 — Ueb. d. barometrischen Extreme 1859, XVI. 712 — Ueb. d. Compensation gleichzeitig an verschied. Orten herabfallender Regenmengen XVI. 737*; XVII. 672* — Beschreib. eines Photometers XVII. 266 — Ueb. Phosphorescenz durch Bestrahlung v. polarisirtem Licht XVII. 269 — Interferenzerscheinung an Zwillingskrystallen doppelt brechender Körper XVII. 280 — Ueb. eine durch Photographie hervorgetretene Lichterscheinung u. üb. photograph. Darstellung d. geschichteten elektr. Lichts XVII. 293 — Ueb. d. bei binocularer Betrachtung durch Rotation entstehender Lichtlinien durch farbige Gläser hervortretenden Farben XVII. 310 — Ueb. Binocularsehen und subjective Farben XVII. 311 — Ueb. den Glanz XVII. 317 — Anwendung achromatisirter Arragonitprismen zu Polarisatoren XVII. 350 — Abweichung der Temperatur v. vieljähr. Mittel in d. ersten Hälfte d. J. 1861, XVII. 618 — Das Gesetz d. Stürme in seiner Beziehung zu d. allgemeinen Bewegungen d. Atmosphäre XVII. 654* — Ergebnisse zwölfjähr. neunmal täglich v. Hrn. Lose in Crefeld angestellter Beobachtungen XVII. 672 — Ueb. die aus d. Drehungsgesetz folgenden Bewegungen d. Barometers u. Thermometers in Nord-Amerika nach den Beobacht. in Toronto XVII. 694 — Klima des preuss. Staates und des angränzenden Nord-Deutschlands XVII. 717 — Ueb. das Hörbarmachen von Beitönen durch Interferenz XVIII. 133 — Neue Methode die Intensität der Interferenzfarben zu bestimmen XVIII. 254 — Ueb. anemometr. Bestätigungen d. Drehungsgesetzes auf Bermuda u. in Australien XVIII. 644 — Ueber d. Sturmfluthen an den Küsten der Nordsee u. üb. d. Witterung d. Nov. 1862, XVIII, 668 — Ueb. d. Verhältnisse d. Festen u. Flüssigen auf der Erdoberfläche XVIII. 703* — Die Ueberschwemmungen in Deutschland im Winter 1861 bis 1862, XVIII. 729* — Ueb. d. Unterschied der auf d. Palette d. Malers entstehenden Mischfarben u. der auf dem Farbenkreisel hervortretenden XIX. 212 — Ueb. die Entstehung eines schwarz glänzenden Körpers aus d. Combination farblos durchsichtiger Körper XIX. 290 — Gutachten üb. telegraph. Wetterberichte XIX. 603 — Ueb. ein v. Geissler construirtes neues Maximumthermometer XIX. 612 — Die Stürme d. gemässigten Zone mit besonderer Berücksichtigung d. Stürme d. Winters 1862 bis 1863. Ueber Andrau's Theorie der Wirbelstürme XIX. 637. 638* — Einfluss d. Richtung d. Gebirge auf die Regenmenge XIX. 640* — Ueber die Witterungserscheinungen d. Winters 1862, 1863, XIX. 641 — Ueber den Einfluss d. Alpen auf d. Klima ihrer Umgebung XIX. 642; XX. 834 — Ueb. d. opt. Eigenschaften d. Carthamins XX. 171 — Ueb. d. opt. Eigenschaften d. Quarzes von Euba XX. 240 — Beobacht. über mangelnden Farben-

sinn XX. 297 — Ueb. e. neues polarisirendes Prisma XX. 307 — Ueb. d. Dämmerung d. Wärme in d. Winternacht d. Polarländer XX. 663 — Ueb. d. Insolation auf der südlichen Erdhälfte XX. 666 — Die Monats- und Jahresisothermen in d. Polarprojection nebst Darstellung ungewöhnlicher Winter durch thermische Isametralen in Nordamerika XX. 677 — Ueber die Gestalt der Isametralen in Nordamerika XX. 678 — Ueber die jährliche Veränderung d. atmosphär. Drucks in der kalten Zone XX. 686 — Die Stürme d. gemässigten Zone mit besonderer Berücksichtigung d. Winters 1862, 1863, XX. 715 — Ueb. d. Klima v. Südafrika XX. 776 — Die Witterungserscheinungen des nördl. Deutschlands v 1858 bis 1863, XX. 805 — Atmosphär. Störungen im vergangenen Winter XX. 832*.

Downing, C. Trockenlegung des Harlemersees XV. 745*.

Doyer, s. Donders.

Doyère, Neue Methode zur Analyse d. Gase; Reclamation v. Regnault u. Reiset III. 87 88 — Wahre Zusammensetzung d. atmosphärischen Luft. Regnault's Bemerk. dazu IV. 97* — Eudiometrische Absorption u. Verbrennung V. 84*.

Doyère u. Poggiale, Ueb. d. Anwesenheit eines albuminart. Stoffes in d. normal. Milch, welcher d. polarisirte Licht nach links ablenkt IX. 290.

Drach, S. M. Folgerungen aus Glaisher's meteorolog. Berichtigungen VI. 1055* — Neue Thermometerskale VI. 1059* — Formeln für stündliche Beobacht. von nahezu periodischen Erscheinungen VIII 681 — Ueb. Sabine's periodische u. nichtperiodische Temperaturveränderungen in Toronto XII. 649* — Ueb. Prof. Smyth's meteorolog. Beobacht. auf Teneriffa XV. 706*.

Dräger, A. Die Gletscher der deutschen Alpen XVI. 854*.

Draper, C. Neuer photometrischer Process zur Bestimmung d. tägl. Lichtmenge durch Fällung von Gold XV. 259.

Draper, H. Ueb. e. zu Hastings bei New-York aufgestelltes Spiegelteleskop zur Photographie d. Himmels XVII. 343 — Ueb. d. Photographie d. Himmels XX. 260 — Ueb. d. photograph. Gebrauch eines Reflectors mit versilbertem Glasspiegel XX. 304.

Draper, J. W. Ist Capillarität eine elektr. Erscheinung? I. 30 — Ueber d. Allotropie d. Chlors I. 275. 276 — Unterschied zw. d. Licht v. glühendem Kalk u. dem elektr. Funken I. 275. 282 — Ueb. d. Interferenzspectrum u. d. Absorption d. tithonischen (chemischen) Strahlen I. 275. 284 — Lichterzeugung durch Hitze III. 118. 132; 296. 297 — Existenz v. schützenden oder negativen Sonnenstrahlen III. 195 203 — Erzeugung d. Lichts durch chemische Action IV. 150. 151 — Ueb. Phosphorescenz VI. 517. 524 — Ueb. d. chemische Wirkung des Lichts VI. 518. 528 — Ueb. d. Beugungsspectrum. Bemerk. zu Eisenlohr's neuen Versuchen XIII. 234 — Einfluss d. Lichts auf Chlor XIII. 266 — Messung d. chem. Action d. Lichts XIII. 267 — Ueb. d. Natur d. Flamme u. den Zustand der Sonnenoberfläche XIV. 220 — Ueb. d. Veränderungen in d. Linien d. Sonnenspectrums XIX. 212 — Ueb. d. Bewegungen d. Camphers zum Licht XIX. 368*.

Drechsel, s. Gottschalk.

Drescher, Elektromagnetischer Telegraph III. 477* — Fortleitung des Drahts für elektrische Telegraphen V. 314*.

Dresser, C. L. Leitungsfähigkeit d. Drähte für volt. Elektricität VI. 700. 704 — Anwendung der Gaskohle als negat. Platte in d. volt. Batterie VI. 723. 724.

Drew, J. Ueb. d. Klima v. Southampton VI. 1057*; X. 724.

Drian, A. Neue Construction des Condensationshygrometers v. Regnault IX. 740* — Meteorolog. Beobacht. um 9 Uhr Morgens im Observatorium zu Lyon 1857 bis 1859, XVII. 725*; XVIII. 687*.

Drion, C. Ueb. d. Ausdehnung der Flüssigkeiten über ihrem Siedepunkt XIV. 52 — Einfluss d. Wärme auf d. Erscheinungen d. Capillarität XV. 107 — Ueb d. Ausdehnbarkeit d. flüchtigen Flüssigkeiten XV. 342.

Drion, C. und Loir, Neue Methode zur Verdichtung d. Gase XVI. 364 — Ueb. d. Erstarrung der Kohlensäure XVII. 374.

Drobisch, M. W. Ueb. musikalische Tonbestimmung u. Temperatur VIII. 151 — Ueber die Wellenlängen und Oscillationszahlen d. farbigen Strahlen

im Spectrum IX. 239 — Zur Theorie d. musikalischen Tonverhältnisse XI. 207 — Bestimmung der Gestalt des scheinbaren Himmelsgewölbes XI. 581.
Droinet, s. Overduyn.
Dronke, A. Beitrag zur mechanischen Wärmetheorie XVI. 332* — Ueber d. Spannkraft der Dämpfe aus Flüssigkeitsgemischen XVIII. 340 — Verhalten eines homogenen isotropen Ellipsoids im homogenen magnet. Felde u. Ableitung d. magnet. Inductionsconstanten aus demselben XVIII. 466 — Zur mechan. Wärmetheorie XIX. 345*.
Drouot, Ueb. d. warmen Quellen v. Bourbonnes-les-Bains XIX. 696*.
Druckenmüller, Ueb. die Zapfenreibung bei d. stehenden Wellen X. 58.
Drummond, J. Theorie d. Structur und magnet. Erscheinungen der Erde XIII. 481* — Intensität d. Erdmagnetismus. Theorie d. Erdmagnetismus XIV. 600 — Ueber einige Analogieen in d. Structur d. Eises u. d. Glases besonders in Bezug auf A. Erman's Beobachtungen üb. die Structur des Eises am Baikalsee XV. 355.
Dub, J. Ueb. d. Anker der Elektromagnete IV. 341. 353; VI. 811 — Anziehende Wirkung d. Elektromagnete VI. 811. 833 — Tragkraft der Elektromagnete VIII. 545 — Gesetze der Anziehung hufeisenförmiger Elektromagnete VIII. 546 — Gesetze d. Anziehung d. Elektromagnete IX. 573 — Ueb. elektromagnetische Spiralanziehung XI. 506 — Ueb. d. Länge der Elektromagnete XIII. 431 — Beziehungen des im Eisenkern d. Elektromagnete erregten Magnetismus zu d. Dimensionen d. Magnetkerns XIV. 491 — Abhängigkeit d. Tragkraft von d. Grösse d. Berührungsfläche zwischen Magnet u. Anker XIV. 494 — Ueber d. Länge, Form u. Anker d. Elektromagnete. Ueb. d. magnetischen Sättigungszustand XIV. 502* — Gesetz d. Vertheilung d. freien Magnetismus auf d. Längsrichtung d. Magnets XV. 482 — Der Elektromagnetismus XVI. 521* — Ueb. d. Gesetze d. Vertheilung d. Magnetismus in Elektromagneten XVIII. 470 — Die Anwendung d. Elektromagnetismus mit besonderer Rücksicht auf d. elektr. Telegraphie XVIII. 474* XIX. 468* — Ueb. d. Urtheil des Hrn. Wiedemann in Bezug auf die Gesetze für d. Abhängigkeit d. magnet. Intensität v. den Dimensionen d. Elektromagnete. Der Satz v. Thomson in Bezug auf d. Wirkung d. Elektromagnete und Folgerungen aus demselben XIX. 461.
Dubois, Ein Feuermeteor IV. 171 178.
Dubois, E. Ueb. die Bewegung der Schwingungsebne e. Pendels XVIII. 25.
Dubois, L. Geschichtl. Studien üb. d. Bewegungen d. Erdballs XVII. 727* — Der Pol u. d. Aequator XIX. 730*.
Du Bois-Reymond, E. Allgemein. Gesetz der Nervenerregung durch d. Strom I. 499. 504 — Ueb. unipolare Inductionszuckungen I. 523. 538 — Matteucci's wissenschaftl. Treiben III. 397 — Untersuch. über thierische Elektricität IV. 301. 302; V. 298; VI. 727. 731; XVI. 537 — Negative Schwankung d. Muskelstroms am unversehrten menschl. Körper IV. 302. 303 — Elektricitätserregung d. Muskelcontraction V. 299; VI. 729. 749 — Gesetz d. Muskelstroms u. Modification, welche dasselbe durch d. Contraction erleidet VI. 730. 731. 749. 763 — Orthopädische Heilmethode d. Schielens VIII. 325 — Ueb. thierische Elektricität. Ueber Mateucci's Brief an Bence Jones IX. 530. 532 — Neue Wirkung d. galvan. Stroms auf d. Muskeln IX. 535 — Ueb. Ströme, die durch Andrücken feuchter Leiter an metallische Elektroden entstehn X. 545* — Verfahren um feine galvanische Versuche einer grösseren Versammlung zu zeigen XI. 463 — Ueb. Polarisation an d. Gränze ungleichartiger Elektrolyte. Ueb. d. innere Polarisation poröser mit Elektrolyten getränkter Halbleiter XII. 458 — Ueb. e. nach Berlin gelangten lebenden Zitterwels XIII. 380; XIV. 542. 544 — Ueb. nicht polarisirbare Elektroden XV. 429 — Abhängigkeit der secundär elektromotorischen Wirkung innerlich polarisirbarer Körper v. deren Dimensionen XV. 432 — Ueb. d. Reaction d. elektr. Organe u. d. Muskeln XV. 515 — Ueb. den secundären Widerstand, ein durch d. Strom bewirktes Widerstandsphänomen an feuchten porösen Körpern XVI. 470 — Ueb. d. Polarisation an der Gränze zweier Elektrolyten u. üb. d. innere Polarisation XVI. 474* — Zur Theorie der astat. Nadelpaare XVII.

446 — Ueb. positive Schwankung d. Nervenstroms beim Tetanisiren XVII. 524 — Jodkaliumelektrolyse u. Polarisation durch d. Schlag d. Zitterwelses XVII. 529 — Ueb. d. zeitlichen Verlauf voltaelektr. Inductionsströme. Abänderung d. Magnetelektromotors durch Helmholtz XVIII. 475 — Ueber d. Gesetz d. Muskelstromes mit besonderer Berücksichtigung d. M. gastrocnemius d. Frosches XIX. 484 — Beschreib. einiger Vorrichtungen u. Versuchsweisen zu elektrophysiolog. Zwecken XIX 497 — Ueb. d. räumliche Ausbreitung des Schlages der Zitterfische XX. 544.

Du Bois-Reymond u. Beetz, Zur Theorie d. Nobili'schen Farbenringe II. 409. 414.

Du Bois-Reymond, P. Ueb. Flüssigkeiten, üb. deren innere Strömungserscheinungen, üb. d. Erscheinungen d. stillstehenden Tropfens, d. Ausbreitung u. Vertreibung X. 156 — Erscheinungen, welche die Ausbreitung von Flüssigkeiten auf Flüssigkeiten hervorruft XIV. 32 — s. A. Fick.

Duboscq, J. Beschreibung des von ihm construirten Brewsterschen Stereoskops VI. 489. 501 — Elektr. Regulator VI. 714. 717 — Neue Stereoskope VIII. 319 — Kosmoramisches Stereoskop X. 322 — Vervollkommnete elektr. Lampe X. 527 — Photoelektr. Apparat XI. 442* — Ueb. ein neues Prismenstererskop mit veränderl. Winkel u. bewegl. Linsen XIII. 257 — Neuer Heliostat nach d. Angabe d. Hrn. Foucault XVIII. 280 — Neue Einrichtung d. photoelektr. Lampe XVIII. 462*.

Duboscq u. Soleil, Neuer Compensator für d. Saccharimeter VI. 547. 557

Dubrunfaut, Ueb. einige Drehungserschein. u. Eigenschaften d. Zuckerarten II. 177* — Ueber Osmose u. ihre technische Anwendung XI. 27 — Ueb. d. Sehen XI. 336 — Ueb. die Weinsteinsäure XII. 273 — Ueb. d. Milchzucker XII. 275 — Ueb. d. veränderliche Drehungsvermögen d. Krümelzuckers d. Trauben XII. 281 — Ueb d. Inulin XII. 286 — Ueb. d. umgewandelten Zucker XII. 294 — Erzeugung v. Wärme u. mechanischer Arbeit durch die weinige Gährung XII. 364 — Osmogen e. Apparat zur Behandlung d. Melassen, Syrupe u. s. w. XX. 89.

Du Cellíée-Müller, L. J. Beschreib. d. Fluth in Geldern im Jan. u. Febr. 1861, XVIII. 719*.

Duchenne, Elektrophysiolog. Untersuchungen V. 298* — Verschiedene Methoden die Elektricität als Heilmittel anzuwenden V. 298*; VI. 728. 736 — Neue Methode d. Galvanisireus, d localisirten Galvanisation, u. ihre Anwendung als Heilmittel VI. 728. 737.

Ducis, Verschied. Erscheinungen an einer v. d. Hrn. Steiner verbesserten Elektrisirmaschine VIII. 455.

Ducros, Anwendung magnetoelektr. Ströme um je nach ihrer Dauer Schlaf u. Gefühllosigkeit zu erzeugen oder zu verscheuchen; Anwendung elektr. Ströme, den Aetherrausch plötzlich aufzuheben; Benutzung d. magnetoelektr. Ströme um d. Scheintod vom wahren zu unterscheiden. III. 394. 430 — Elektrophysiolog. Versuche V. 299. VI. 730. 752.

Dudgeon, Hydraulische Winde X. 183.

Dudley T. Das Erdbeben v. 1811 zu Neu-Madrid, Missouri XV. 784.

Due, s. Hansteen.

Dürer, B. Regenmenge in Mailand u. am Comer See XX. 755.

Duff, A. Ueber d. Nat- Mee oder Geisterfeuer in d. Provinz Pegu XVIII. 802.

Dufour, C. Ueber d. scheinbare Ablenkung d. Schwingungsebne d. Pendels in d. Versuch v. Foucault VI. 69. 136 — Luftspiegelung mit unsymmetrischem Bilde VI. 870* — Feuermeteor zu Travant VI. 870* — Optische Erscheinungen bei Aufgang d. Sonne VIII. 596* — Ueb. d. Funkeln d. Sterne XII. 553* — Regenbogen mit zwei aneinanderstossenden Bogen XIII. 456* — Ueb. d. Funkeln der Sterne XIII. 540* — Ueb. e. Blitzschlag zu Schloss Vufflens XV. 621* — Meteorolog. Beobachtungen zu Morges 1850 bis 1854, XV. 708* — Instruction zur bessern Beobachtung des Sternefunkelns XVI. 568; XVIII. 502* — Ueb. das Repertorium für Meteorologie redigirt von Kämtz XVI. 761* — Ergebniss der zu Morges v. d. Hrn. Burnier, Dufour u. Yersin v. 1850 bis 1854 angestellten meteorolog. Beobachtungen XVI. 762* — Ueb. d. Temperatur einiger Quellen XVII. 758* — Beobacht. einer Ne-

bensonne XIX. 538* — Ueb. verschied. Feuerkugeln XIX. 543* — Blitzschlag zu Clarens, Wallis, XIX. 569 — Tägl. telegraph. Witterungsberichte XIX. 604 — Ueb. e. algebraisches auf d. Bestimmung der Lufttemperatur mittelst eines nicht äquilibrirten Thermometers anwendbares Theorem XX. 653.

Dufour, L. Erdbeben vom 20. Juli 1854, X. 793 — Zähigkeit v. Metalldrähten, die als Leiter galvan. Ströme gedient haben XI. 158 — Mikroskopische Untersuchung d. elektr. Funkens XI. 404 — Einfluss der Temperatur auf d. Kraft d. Magnete XI. 521 — Wirkung des Erdbebens vom 25. Juli 1855 auf d. Thermen in Wallis XI. 812 — Temperaturcorrection bei den erdmagnetischen Beobachtungen XII. 537 — Abhängigkeit d. magnet. Intensität d. Stahlstäbe v. ihrer Temperatur. Magnetische Intensität der Elektromagnete, die üb. 100° erwärmt sind XIII. 438 — Lufttemperatur und Luftspiegelung auf d. Genfer See XIII. 456* — Regen ohne Wolken XIII. 555* — Ueb. d. Magnetisirung der Stahlstäbe durch Erkaltung XIV. 502* — Ueb. d. Dichtigkeit d. Eises XVI. 9; XVIII. 11 — Ueb. eine aus Fraxinus Ornus gezogene fluorescirende Lösung XVI. 247 — Ueb. d. Gefrieren einiger wässrigen Lösungen XVI. 350 — Bestimm. der Wassermenge der Rhone beim Eintritt in den Genfer See und beim Ausgang XVI. 815 — Ueb. das Gefrieren d. Wassers u. d. Bildung d. Hagels XVII. 375 — Ueb. die Erstarrung einiger Substanzen. Gefrieren u. Sieden XVII. 376 — Ueb. das Sieden d. Flüssigkeiten XVII. 378 — Ausfrieren d. Salzlösungen XVII. 738 — Dauer d. Verbrennung der Zündruthen unter verschied. atmosphär. Druck XVIII. 331 — Beobacht. von zwei Blitzschlägen XVIII. 538* — Ueb. d. Erstarren u. Sieden. Ueb. d. Sieden d. Flüssigkeiten XIX. 361 — Ueb. d. Einfluss d. Luftdrucks auf d. Verbrennung XX. 360 — Ueb. d. Sieden d. Wassers u. üb. e. wahrscheinliche Ursache der Dampfkesselexplosionen XX. 371.

Dufourmault, Beobachtung einer Nebensonne VI. 869*.

Dufrénoy, Bericht über sechs Abhandlungen d. Hrn. Brame betreffend d. Krystallisation d. Schwefels u. s. w. IX. 8.

Dugast, F. Erdbeben auf dem Meere XVIII. 820.

Duhamel, J. M. C. Ueb. d. kleinen Bewegungen der Gasmolecüle II. 83. 92 — Wärmeleitung in Krystallen III. 245. 247; IV. 223. 225 — Mehrfache Resonanz d. Körper IV. 102. 118 — Ueb. die Bewegung d. verschiedenen Punkte einer sich abkühlenden zylindrischen Stange X. 127; XII. 177 — Ueb. eine Notiz von Cauchy XII. 87 — Bemerk. über einen Lehrsatz der Mechanik. Erklärung, dass er bei seiner früheren Meinung bleibe (Cauchy gegenüber XII. 88 — Ueb. d. Reibung als Ursache schwingender Bewegungen XII. 234 — Ueb. d. Bewegung d. Wärme in einem System v. Punkten XII. 367 — Ueber die Temperaturen bewegter Flüssigkeiten XIV. 357* — Ueb. d. Abhandl. d. Hrn. de Tessan „über d. Verlegung der Kräftepaare" XVI. 23 — Ueb. d. Fortpflanzungsgeschwindigkeit d. Schalles in d. Luft XVIII. 114 — Allgemeine Gleichungen d. kleinen Bewegungen d. Gasmolecüle. Anwendung auf die Fortpflanzung d. Schalles XVIII. 114 — Ueb. d. Länge d. Wellen in einer mit Luft gefüllten Röhre od. an einem elast. Faden XVIII. 122 — Bewegung eines elast. Fadens unter Einfluss eines Flüssigkeitsstromes v. constanter Geschwindigkeit XIX. 57.

Dujardin, F. Neue magnetoelektr. Maschine I., 523. 525; II. 524 — Veränderte Construction d. Elektromagnete II. 523* — Elektr. Telegraphie II. 530. 533 — Umänderung seines Apparats für Faraday's Versuche II. 542. 566 — Ueb. d. einfachen Augen d. Gliederthiere III. 182. 192; Pappenheim dazu 192 — Prioritätsansprüche III. 471* — Magnetoelektr. Batterie für d. Telegraphen III. 476* — Verbesserungen an elektr. Telegraphen IV. 356* — Isolirung d. Drähte V. 314* — Versuche üb. elektr. Telegraphie VI. 838* — Ueb. einige Verhältnisse d. Sehapparates d. Insekten XII. 318.

Dullo, Fabrik zur Erzeugung v künstl. Eis in Liverpool XVI. 372 — Anwendung d. Pergamentpapiers für d. porösen Zellen galvan. Batterien XVII. 438 — Verkupferung von Gusseisen XX. 483.

Dumas, Ueb. d. flüssige und bis auf — 90" abgekühlte Chlor I. 115. 131 — Apparat für elektrisches Licht V. 291* — Ueber die Resultate, welche hinsichtlich der Zusammensetzung der Gewässer angegeben sind in dem Werk „Jahrbuch d. Gewässer Frankreichs" VI. 914. 1040 — Bericht üb. verschiedene meteorologische Erscheinungen beobachtet auf einer Luftschifffahrt von Launoy IX. 699 — Graphische Darstellung des Zusammenhangs zwischen der chemischen Zusammensetzung und den physikal. Eigenschaften d. Körper X. 3 — Prioritätsanspruch wegen einer Notiz d. Hrn. Kremers XI. 7 — Ueb. d. Aequivalente d. einfachen Körper XIV. 5. 6 — Ueb. d. Entdeckung des Cäsiums u. Rubidiums durch Bunsen u. Kirchhoff XVII. 248 — Ueb. d. artes. Brunnen v. Passy XVII. 759 — Bericht üb. e. Abhandl. d. Hrn. Dumas betreffend das Thallium XVIII. 222* — Prioritätsfrage in Betreff eines Versuchs von Berthelot (über Acetylen) XVIII. 448 — Bericht üb. d. Preisbewerbung für die Anwendungen der voltaschen Säule XX. 526.

Dumas, A. Klima v. Cette XVII. 725*.

Dumas, A. u. Benoit, Apparat zur Beleuchtung für Grubenarbeiter durch Inductionslicht XVIII. 460 — Elektr. Lampe XIX. 450* — Ueb. d. elektr. Lampe u. ihre Anwendung zum Wegthun d. Sprengschüsse beim Bergbau XX. 539.

Dumas, W. Ueb. die Bewegung des Raumpendels mit Rücksicht auf die Rotation d. Erde XI. 89.

Duméril, Ueb. d. eigenthümliche Organe d. Rochen III. 395. 441.

Du Moncel, T. Ueb. zwei Anemometer mit fortwährender Anzeige VI. 1059* — Statischer und dynamischer Magnetismus VIII. 517 — Elektromagnetischer Motor VIII. 552* — Ueber d. elektr. Anemographen VIII. 669 — Ueber die Inductionsfunken, welche durch schlechte Leiter springen IX. 494 — Ueb. e. Commutator für elektr. Ströme, dessen beweglicher Theil e. beständiger Magnet ist IX. 514 — Einrichtung d. Bunsenschen od. Groveschen Säule um sie nach Belieben in Thätigkeit zu setzen, ohne dass während ihrer Unthätigkeit d. Elemente angegriffen werden IX. 518 — Magnetische Wirkungen d. Ströme je nach d. Natur d. Säule u. d. Leitung IX. 571 — Kraftverlust, welchen die Elektromagnete erfahren, wenn sie der Wirkung eines starken Stroms ausgesetzt sind, u. darauf durch e. geringere Kraft erregt werden IX. 572 — System der elektromagnetischen Maschinen IX. 577* — Neue Art brennbare Substanzen mittelst des Stroms einer Daniellschen Säule aus d. Ferne anzuzünden IX. 579* — Rückwirkung d. Magnete auf magnetische unmagnetisirte Körper, diese Rückwirkung als statischen Effect betrachtet IX. 580 — Elektrischer Anemograph zum Registriren d. Zeit, während welcher jeder Wind geweht hat. Neues elektr. Anemoskop IX. 683 — Unterschiede zw. d. statischen u. dynam. Elektricität X. 427 — Theorie d. statischen u. dynamischen Wirkungen d. Ströme u. ihr Verhältniss zu d. Faradayschen Versuchen X. 428 — Versuche über die Inductionsströme des Ruhmkorffschen Apparats. Ueb. d. Kugelblitz. Wirkungen d. Inductionsströme durch isolirende Platten hindurch X. 522. 523 — Minensprengung durch Elektricität X. 524 — Bunsensche Säule X. 542 — Elektrochronometr. Distributeur für d. Galvanoplastik X. 540* — Ueb. d. physiolog. Reactionen d. Inductionsströme einer Daniellschen Batterie X. 545* — Ersatz der Bunsenschen Kette durch d. Daniellsche bei elektromedicinischen Apparaten X. 546* — Einrichtung der bei Anwendung d. Elektricität gebrauchten Elektromagnete X. 577 — Elektromotor, der ohne Polumkehrung anziehend u. abstossend wirkt X. 586* — Elektr. Wärmeregulator um einen abgeschlossenen Raum constant auf einer beliebigen Temperatur zu erhalten X. 587* — Theorie der Blitze X. 654 — Neues Sphärometer XI. 49 — Versuche um zu beweisen, dass d. inducirte Schliessungsstrom nur e. Ladungsstrom, d. Oeffnungsstrom e. Entladungsstrom ist, XI. 472 — Ueb. die Lichtatmosphäre, welche den Inductionsfunken des Ruhmkorffschen Apparats umgiebt XI. 497 — Durchgang d. Inductionsströme der Ruhmkorffschen Maschine durch isolirende Substanzen XI. 498 — Ueb. das geschichtete elektr. Licht XI. 499 — Elek-

tromagnetisches Auslösungswerk XI. 509 — Elektromagnet. Mange. Anwendung der Elektricität um zu verhindern, dass die Schiffe auf Sandbänke auflaufen XI. 517* — Das Fortinsche Barometer nach einem neuen System XI. 636 — Neue Anordnung d. Säulen XII. 486 — Neues System elektr. Uhren, die sich selbst nach der Sonne stellen XII. 532* — Mittel einen Gegenstand rechtzeitig einer physikal. od. chemischen Wirkung zu entziehen XII. 533* — Anemometer mit continuirl. Angaben XII. 620* — Versuche mit hufeisenförm. Elektromagneten mit einer Magnetisirungsspirale XIII. 424 — Ueb. d. Kraft d. Elektromagnete je nach d. Stellung ihrer Anker XIII. 426 — Ueber die secundären Wirkungen zwischen den Elektromagneten u. ihren Ankern XIII. 428 — Ueb. Jean's Verbesserungen des Ruhmkorffschen Inductionsapparates XIV. 486 — Ueb. d. Aussehen des Inductionsfunkens unter dem Mikroskop u. üb. d. Spectra d. elektr. Lichts im luftverdünnten Raum XV. 454 — Einwirkung d. Magnets auf d. Lichthelle des Inductionsfunkens XV. 455 — Ueb. d. Ungleichartigkeit d. Inductionsfunkens. Ursachen d. leuchtenden Hülle des Inductionsfunkens XV. 456 — Ueb. die Schichtung der leuchtenden Atmosphäre, welche den Inductionsfunken in freier Luft umgiebt XV. 457 — Erscheinungen beim Uebergang des Inductionsfunkens im leeren Raum oder in freier Luft XV. 457 — Ursprung d. Atmosphäre des Inductionsfunkens u. üb. d. Geräusch d. elektr. Funkens XV. 458 — Neue Anordnung d. Elektromagnete, welche d. schädl. Wirkungen des remanenten Magnetismus verhindert XV. 481 — Ursprung der Inductionsströme, welche durch feste Magnete in d. umgebenden Spiralen allein durch die Bewegung des Ankers entstehn. Inductionsapparat zum Nachweise d. Ursprungs u. der eigenthümlichen Wirkungen d. Ströme durch die verschiedenen Inductionsmaschinen XV. 502 — Anemometer des Observatoriums von Lebisay XV. 656* — Wirkung d. Incrustationen d. porösen Gefässe in Daniellschen Ketten XVI. 452 — Anwendung d. Ketten in Reihen von mehreren Elementen. Anordnung d. Ketten in heterogenen Reihen XVI. 467 — Nicht-Homogeneität d. Inductionsfunkens XVI. 513* — Ueb. d. Elektromagnetismus XVI. 524 — Gesetze d. elektr. Ströme mit Rücksicht auf ihre Anwendung XVI. 526* — Ueb. d. Richtkraft der Magnetpole gegen weiches Eisen XVI. 554 — Ueb. d. stereoskop. Apparate d. Hrn. Benoist XVII. 339* — Ueber d. Kette des Herrn Callaud XVII. 445; XVIII. 411 — Bestimmung der Constanten der Voltaschen Ketten XVII. 451 — Ueb. die Leitung d. Elektricität durch d. Erdboden XVII. 480 — Einfluss d. Grösse der Erdplatten u. der Beschaffenheit ihrer Oberfläche auf d. Ströme, welche sie in d. Telegraphenleitung erzeugen XVII. 480 — Ueb. d. elektr. Chronograph des Hrn. Gloesener XVII. 512 — Ueb. die Inductionsströme der magneto-elektr. Maschinen XVII. 523* — Ueber die Rolle d. mittleren Theiles d. Eisenkerns d. Elektromagnete hinsichtlich ihrer Anziehung XVIII. 473 — Einfluss d. Form d. Pole d. Elektromagnete auf ihre Anziehung XVIII. 473 — Ueb. d. Reibkissen d. Elektrisirmaschinen von Steiner XIX. 393 — Fortpflanzung d. Elektricität in der veränderl. Periode XX. 477 — Ueb. die zur guten Wirksamkeit der Telegraphenapparate erforderl. Schliessungsdauer XX. 540.

Dumont, A. Apparat um kleine Unterschiede d. manometrischen Drucks zu messen II. 45* — Nebensonne III. 156. 165 — Anwendung der elektr. Telegraphie für d. Verkehr in grossen Städten VI. 838* 839* — Anwendung d. Elektromagnetismus als bewegende Kraft VI. 841* — Anwendung d. Geologie zum Auffinden unterirdischer Wasser VI. 913. 1023 — Zinkographie, elektr. Gravirverfahren X. 540*.

Duna, Bestimmung d. Temperatur u. Spannung d. Flüssigkeiten V. 80*.

Dunglas, Apparat um zu erkennen ob d. Magnetnadeln ihren Magnetismus auf Reisen bewahren II. 543*.

Dunkin, E. Schätzung der Anzahl v. Lichttheilchen innerhalb eines bestimmten Theils der Sonnenscheibe XX. 576.

Dunn, E. Maschine zur Erzeugung v. Triebkraft mittelst d. Ausdehnung atmosphär. Luft durch d. Wärme VI. 563. 596.

Dupasquier, Ueb. das blaue Licht, welches v. Blattgold od. einer schwebende Goldtheilchen enthaltenden Flüssigkeit durchgelassen wird I. 179.

Dupaty, A. Erdbeben zu Mascara VIII. 643. 644.

Duperrey, Nordlicht beobachtet zu Guadeloupe d. 12. Sept. XV. 563* — Allgemeine Ströme der Atmosphäre. System d. Winde XIX. 638*.

Dupin, C. Herstellung einer elektromagnet. Verbindung zw. Frankreich u. England VI. 839* — Bemerk. zu d. Bericht üb. d. Construction d. Blitzableiter auf Schiffen X. 656. 658.

Duponchel, A. Ueb. die Gleichgewichtsbedingungen der Atmosphäre. Ueb. d. Bildung d. Wolken u. die Zunahme d. Regenmenge mit der Annäherung an d. Erdboden XX. 645.

Duppa, s. A. W. Hoffmann.

Dupré, A. Bestimmung d. Höhe und Geschwindigkeit der Wolken VI. 1057* — Abweichung fallender Körper nach Süden VIII. 83 — Vergrösserung der Wirkung einer Säule auf Elektromagnete VIII. 552* — Ueb. mechan. Arbeit u. ihre Umformungen XVI. 328; XVII. 357; XVIII. 322; XX. 317. — Ueb. d. Messung d. Dichtigkeit gesättigter Dämpfe XVIII. 322 — Ueb. d. Erklärung u. d. Maass d. Temperatur XVIII. 326 — Ueb. d. Verdichtung d. Dämpfe bei d. Expansion oder Compression. Antwort auf die Bemerk. von Reech XIX. 318. 319 — Anwendung d. mechan. Wärmetheorie auf Regnault's Versuche üb. d. Compressibilität d. Gase XIX. 341; XX. 315 — Ueb. die Temperaturänderung einer Gasmasse durch Aenderung des Volumens XIX. 358* — Ueb. d. Ausflussgeschwindigkeit d. Gase aus Oeffnungen in dünner Wand XX. 48 — Ueb. d. Widerstand d. Flüssigkeiten gegen Bewegung XX. 50 — Theorie d. Gase u. Vergleich d. Versuche v. Regnault damit XX. 315 — Ueb. d. mechan. Theorie d. Wärme XX. 317 — Ueb. d. Molecularcohäsion d. Dämpfe und d. mechan. Wärmeäquivalent XX. 322 — Berichtigung d. v. W. Thomson gegebenen Formel zur Berechnung d. Temperaturänderungen bei Compression od. Expansion mit Arbeit. Ueb. d. Gesetze d. Zusammendrückbarkeit u. Ausdehnung d. Körper XX. 323 — Antwort auf d. Bemerk. v. Thomson. Ueb. die v. Zeuner gegebenen Ausflussformeln u. Prioritätsanspruch für d. eine derselben. Neues Theorem üb. die Capacitäten XX. 324 — Ueb. d. Gesetz d. Dampfspannungen von Regnault XX. 326.

Dupré, A. u. F. Spectralanalyse d. Londoner Wassers XVI. 231; XVII. 256. Dazu Crookes XVII. 256.

Duprez, F. Beob. v. Sternschnupp. II. 179. 206; III. 157. 170; V. 453; XI. 586* — Elektricitätsentwicklung beim Zerreissen einer Blase II. 360 — Ueb. einen besond. Fall d. Gleichgewichts bei Flüssigkeiten VI. 19. 20; IX. 20; X. 11 — Ueb. e. zu St.-Denis-Westrem gefall. Meteorstein XI. 586*. — Sternschnuppen XII. 555* — Sternschnuppenbeobacht. im Aug. 1857 zu Brüssel u. Gent XIII. 457* — Meteorolog. Zustand in Gent 1857; XIV. 659 — Ueb. atmosph. Elektricität XV. 589 — Statistik d. Blitzschläge, welche Blitzableiter oder mit solchen versehene Gebäude u. Schiffe getroffen haben XV. 624* — Ueb. d. meteorolog. Beobachtungen zu Gent 1858, XV. 707 — Beobachtung d. period. Erscheinungen im Jahr 1856 und 1857 in Brüssel, Gent u. s. w. XV. 707* — Ueber das Minimum der Temperatur zu Gent, Löwen und Namür XVII. 608 — Ueb. Blitzableiter. Einrichtung d. Blitzableiter auf Gebäuden mit Eisenconstruction XVIII. 552* — Ueber den Widerstand gegen d. Eingiessen einer Flüssigkeit in e. enges Gefäss XIX. 81 — Beobacht. der period. Sternschnuppen im Aug. 1863, XIX. 542*.

Dupuis, Mittel zur Lenkung d. Luftballons II. 94*.

Dupuis-Delcourt, Elektro-Subtracteur II. 363*.

Dupuit, J. Bewegung des Wassers durch poröse Erdschichten XIII. 127; XVII. 70. — Ueb. d. Horizontalschub d. bei Constructionen angewendeten Balken XIII. 144.

Durand, A. Neigung gewisser Wurzeln d. Licht zu suchen od. zu vermeiden I. 275. 284; II. 228 — Directe Wirkung d. Elektricität auf d. Muskelcontraction XVIII. 840* — Vergleichung der Harmonie der Farben u. Töne XX. 171.

Dureau de la Malle, Aeltere Temperaturbeobachtungen VI. 1056* — Beobachtungen nach denen d. Catalpa

leichter als andere Bäume vom Blitz getroffen wird XII. 588.
Durège, H. Ueb. e. Anwendung der imaginären Grössen in der Mechanik XIX. 18; XIX. 37*.
Duret, Scheinbare Unwirksamkeit v. Blitzableitern XVIII. 518.
Durocher, J. Gränze des ewigen Schnees III. 590. 592 — Magnetische Kraft der Felsen V. 315. 318 — Structur d. skandinavischen Gebirge u. d. Erscheinungen ihrer Entstehung VI. 909. 933 — Temperatur d. Gewässer u. des Bodens in Nicaragua XVI. 686 — Ueb. d. Barometervariationen in Central-Amerika XVI. 721 — Klimatologie von Central-Amerika XVI. 761* — Physikal. Beobachtungen auf d. nordatlant Ocean XVI. 785 — Ueb. d. See v. Nicaragua XVI. 803. — s. Malaguti.
Duteil, C. Kenntniss der alten Aegypter v. Magnetismus V. 315. 323.
Dutirou, Refractionsindex verschied. Glassorten V. 149. 153.
Dutrochet, Uebt d. Magnetismus e. Einfluss auf d. Saftbewegung d. Chara? II. 436. 440.
Duval, A. J. Geschichte der Anwendung d. Elektricität auf die Medicin XII. 491*.
Duvernoy, Ausdehnung der Körper bei d. Krystallisation X. 31 — Ueb. d. Ausdehnung d. Wassers beim Gefrieren XVIII. 10.
Duvivier, Reduction v. Aluminium aus einem Stück Disthen im elektr. Licht X. 526.
Dyer, J. C. Die imponderable Materie als Grundstoff betrachtet XV. 37* — Ueb. Wärmeerscheinungen XVIII. 325* — Natur u. Wirkung d. Dampfes in Beziehung auf Kesselexplosionen XVIII. 341*. —
Dykes, J. W. Ueb. das Anwachsen d. Landes an d. Küste v. Coromandel XVII. 745.
Dwight, Elektricitätserregung durch Papier II. 360.

Eads, J. B. Mechanische Principien d. Rotoskops XIII. 123.
Earl, W. Goniometer II. 45. 47 — Die asiatische Bank VIII. 649 — Die vulkanischen Inseln d. indischen Archipels VIII. 650.
Earnshaw, Mathematische Theorie d. beiden grossen Wellen erster Ordnung III. 95 — Ueb. d. Theorie des Schalles XIV. 163 — Neue theoret. Bestimm. der Schallgeschwindigkeit XVI. 173 — Bemerk. zu Leconte's Abhandl. über d. Schallgeschwindigkeit XX. 116.
Eaton, H. S. Ueb. d. mittlere Barometerhöhe zu London nach 38jähr. Beobacht. X.X. 636.
Ebelmen, Neue Methode Krystalle auf trockenem Wege zu erhalten IV. 3. 5.
Eberhard, W. Analyse eines Meteoreisens aus Thüringen XI. 587*.
v. Ebner, Anwendung der Reibungselektricität zum Zünden v. Sprengladungen XI. 405.
Ebray, Zusammenhang der Mineralquellen v. Nièvre mit Verwerfungen XVI. 841.
Ecker, A. Entwicklung der Nerven im elektr. Organ v. Torpedo Galvani V. 299* — Ueb. einige an d. Leiche eines Hingerichteten angestellte Beobachtungen. Ueb. d. elektr. Organ v. Mormyrus dorsalis XII. 492* — Ueb. d. elektr. Nerven d. Zitterwelses XIV. 538*.
Eckfeldt u. Dubois, Apparat zur Bestimmung specif. Gewichte XII. 65.
Eckhard, C. Nachweis, dass die galvan. Strömung d. Zustandekommen von Muskelzuckungen durch andere Reize verhindert IX. 527 — Dr. Pflüger u. s. Untersuchungen üb d. Physiologie des Elektrotonus XIII. 380; XIV. 553 — Zur Physiologie d. elektr. Organs beim Zitterrochen XIV. 542 — Einfluss d. constanten galvan. Stromes auf d. Erregbarkeit der motorischen Nerven XIV. 553 — Zur Lehre von der Filtration u. Hydrodiffusion XVI. 113 — Ueb. die Diffusionsgeschwindigkeit durch thier. Membranen XVI. 114 — Ueber Hydrodiffusion durch vegetabil. Pergament, Thonzellen u. d. Cornea XVI. 115.
Eckhardt, Ueb. die Depression des Quecksilbers im Barometer XVII. 116.
Eckhardt, Einfluss des Vorder- und Hintertheils d. Schiffe auf d. Widerstand d. Wassers XI. 96.
Edkins, J. Erdbeben in Japan XI. 802.
Edlund, E. Folgerungen aus d. Gleichung für d. Continuität d. Flüssigkeiten II. 53. 54 — Ueber die beim Oeffnen u. Schliessen einer galvan. Kette entstehenden Inductionsströme

V. 300. 303 — Ueber galvan. Polarisation VI. 701. 709 — Einwirkung d. Magnetismus auf einen gradlinig polarisirten Lichtstrahl beim Durchgang durch comprimirtes Glas VIII. 581 — Elektr. Leitungsvermögen d. magnetisirten Eisens IX. 477 — Meteorolog. Beobachtungen in Schweden XV. 708 — Ueb. d. Polarisation des Lichts d. Corona bei totalen Sonnenfinsternissen XVI. 570. 607 — Ueb. d. bei Volumenveränder. fester Körper entstehenden Wärmephänomene, sowie deren Verhältniss zu der dabei geleisteten Arbeit XVII. 397 — Meteorolog. Beobachtungen in Schweden 1860, XVIII. 680, desgl. 1862, XIX. 657*; XX. 836* — Ueber Bildung v. Grundeis in süssem und salzigem Wasser XIX. 670 — Ueb. Eisbildung im Meere XIX. 672 — Ueb. d. Wärmeentwicklung galvan. Inductionsströme u. das Verhältniss dieser Entwicklung zu der dabei verbrauchten Arbeit XX. 523 — Ueb. d. Eisbildung im Meer XX. 847.

Edmonds, R. Ueb. die grossen Gewitterstürme d. 5. Juli u. 1. Aug. 1846 II. 364. 368 — Mondperioden bei Erdbeben III. 646. 674 — Merkwürd. Temperaturmaxima beim ersten Mondviertel oder nahe dabei VI. 1052. 1110 — Scheinbare Sichtbarkeit d. Sterne hinter d. Mond unmittelbar vor ihrer Verdeckung X. 276 — Ueb. e. Erdstoss am 30. Mai 1855 u. e. ausserordentliche Bewegung d. See am 6. Juni 1855 in Penzance XII. 770 — Stösse zu Mountsbay an d. Tagen d. grossen Erdbeben zu Lissabon XV. 782 — Ausserordentl. Bewegung d. See an d. Westküste von England; über Erdbeben in Cornwall u. einen merkwürd. Wirbelwind in Penzance XVI. 897. 899 — Ueb. Erdbeben u. ausserordentl. Bewegungen d. See XVII. 788.

Edwards, Photographieen d. Mondoberfläche XI. 353*.

Ehrenberg, Ueber die zimmt- und ziegelfarbenen Staubmeteore III. 157. 171 — Anwendung des polarisirten Lichts für mikroskop. Auffassung d. Organischen u. Anorganischen IV. 164. 165; V. 211. 212 — Einfache Lichtbrechung d. Hefe IV. 164* — Anwendung des chromatisch polarisirten Lichts für mikroskopische Verhältnisse VI. 427. 434 — Beschreib. und Zusammensetzung des den 17. Febr. auf dem St. Gotthard bei Windstille gefallenen rothen Passatstaubes VI. 1051. 1102 — Ueb. den vom 3. zum 4. Febr. 1851 in der Schweiz gefall. rothen Schnee VI. 1051. 1103 — Ueb. e. d. Sonne zwei Tage lang trübenden Staubnebel in Russland 1849. Ueb. e. anfangs Febr. 1850 mit Südwestwind auf reinen Schnee gefall. russartigen Staub VI. 1054* — Ueb. den am 14. und 20. Nov. im Canton Zürich gefallenen rothweinartigen Regen und dessen Mischung mit organ. Formen XI. 711 — Ueber eine am 1. Mai 1856 in China d. Sonne verfinsternd erschienene Substanz XII. 718* — Absätze in heissen Quellen. XV. 751 — Ueb. zwei Staubmeteore aus Westphalen u. Syrien und deren Vergleich mit d. Passatstaub u. zwei neuen centralafrikan. Oberflächenerden XVI. 735* — Ueb. d. am 24. Januar 1859 auf d. amerikan. Schiff Derby bei d. Capverden gefall. Passatstaub XVI. 736* — Die bei Sicilien sich wieder hebende Ferdinands- oder Grahams-Insel XIX. 708.

Eichmann, Mangelndes Unterscheidungsvermögen für Farben X. 324.

Eichwald, Der Meteorstein v. Lixna VIII. 597*.

Eisel, R. Ueb. d. Quellenverhältnisse d. Umgebung v. Gera XVII. 762*.

Eisenlohr, F. Verhältniss der Schwingungsrichtung des Lichts zur Polarisationsebne und Bestimmung dieses Verhältnisses durch d. Beugung XIV. 177; XV. 189 — Formeln für d. Intensität des an d. Oberfläche zweier isotropen Mittel gespiegelten, gebrochenen u. gebeugten Lichts XIV. 180 — Erklärung d. Farbenzerstreuung u. d. Verhaltens des Lichts in Krystallen XVI. 195.

Eisenlohr, O. Zusammenhang des Barometerstandes mit der Witterung im Winter. Wetterskala für das Barometer in Karlsruhe VIII. 758.

Eisenlohr, W. Constante Batterie V. 291. 293 — Wirkung d. violetten u. ultravioletten unsichtbaren Lichtes X. 281 — Apparat zur Erzeugung d. Newtonschen Farbenringe XII. 249 — Die brechbarsten oder unsichtbaren Lichtstrahlen im Beugungsspectrum u. ihre Wellenlänge XII. 251 — Wellenlänge d. brechbarsten und der auf

Jodsilber chemisch wirkenden Strahlen XII. 254 - Zusammenhang zwischen dem Ringelpendel und d. mathemat. Pendel XVII. 41 — Ueb. d. Aneroidbarometer XVII. 593.

Ekman, F. L. Einfluss d. freien Elektricität auf genaue Wägungen XVI. 8*.

Elekt, Gletschersturz bei Randa im Vispersthal XIII. 588.

Elias, P. Ueber Böttger's Abänderung meines Verfahrens zu magnetisiren II. 542. 575 — Ein künstlicher Magnet VIII. 554 — Leistungen der elektromagnet. Maschine XVII. 523*.

Elice, Elektricitätserregung durch Entladung eines Gewehrs I. 386. 438.

Elkington, Galvanoplastische Abformung v. Gold- und Silbergeräthen I. 482. 488.

Ellet, C. Physikal. Geographie des Missisippithales VIII. 622.

Elliot, C. M. Magnet. Ortsbestimmungen im östl. Archipel VI. 888. 901 — Ueb. die atmosphär. Mond-Ebbe u. Fluth zu Singapore VIII. 700.

Elliot, F. H. Verbessertes Gehäuse für Aneroidbarometer XVII. 594.

Elliot, J. Beschreib. einiger mechan. Vorrichtungen zur Erläuterung der Planetenbewegungen, u. neue Erklärung d. Stabilität d. Saturnringe XI 79 — Das Telestereoskop. Ueber zwei neue Formen des Stereoskops XIII. 255.

Ellis, A. J. Einfache Formel und praktische Regel barometr. Höhen ohne Logarithmen zu berechnen XIX. 637* — Ueb. d. Bedingungen, d. Umfang u. d. Ausführung einer vollkommenen Skala auf Instrumenten mit festen Tönen XX. 133*.

Ellis, R. Meteorolog. optische Erscheinung II. 178. 195 — Der Entwicklungsprocess in d. Photographie VI. 521. 542.

Ellis, W. Veränderungen im Gange einer Uhr durch magnet. Einwirkung XIX. 5*. 460.

Ellner, B. Witterungsbeobacht. zu Bamberg XVI. 765* — Tiefer Barometerstand d. 7. bis 9. Decbr. 1860, XVII. 638* — Sturm u. Gewitter am 20. Jan. 1863 zu Bamberg XIX. 658*.

Elphinstone, H. W. Methode den störenden Einfluss der durch Erdströme in Telegraphendrähten inducirten Ströme zu vermeiden XV. 493*.

Elsner, L. Galvan. Verkupferung, Versilberung und Vergoldung I. 483. 494; II. 422. 428 — Wiedergewinnung d. Goldes u. Silbers aus d. Cyankaliumlösung in der Galvanoplastik II. 422. 429 — Fällung der Metalle auf nassem Wege III. 376. 379 — Galvanische Vergoldung III. 377. 385. Verhalten regulinischer Metalle gegen Cyankaliumlösung III. 378. 388 — Galvan. Vergoldung. u. Versilberung III. 378. 390 — Ueberkupfern v. Glas- u. Porcellangefässen IV. 300* — Galvan. Löthung V. 297; VI. 722* — Galvanoplastisches Niello IX. 512*.

Emerson, E. Verbesserung des Linsenstereoskops XVII. 349 — Ueb. die Tiefenwahrnehmung XVIII. 270.

Emery, L. Geschwindigkeit d Lichts; Betrachtung üb. d. Versuch v. Foucault zur directen Messung derselben XIX. 171.

Emsmann, H. Optische Täuschung welche sich am Abplattungsmodell zeigt sobald dieses auf d. Schwungmaschine in Bewegung kommt I. 199. 221 — Construction der Anamorphosen im Kegelspiegel V. 149. 152; 211. 212 — Zur Geschichte des Leidenfrostschen Phänomens VI. 260* — Anamorphosen in graden u. schiefen Kegelspiegeln, wenn d. Auge in d. verlängerten Axe d. Kegels seine Stelle nimmt VIII. 214 — Ueb. F. v. Hagenow's Patentdikatopter IX. 320 — Dauer des Lichteindrucks X. 319 — Ueb. Doppeltsehn XI. 341* — Luftspiegelung an d. Sonne XII. 554* — Entstehung des Tones beim Brummkreisel XIV. 171 — Ein neuer Distanzmesser XV. 3 — Verallgemeinerung d. Begriffs Pendel XVI. 26 — Positive u. negative Fluorescenz, Phosphorescenz u. Fluorescenz XVII. 270 — Das Typoskop XVIII. 280.

Emy, C. Prioritätsanspruch zu Gunsten d. Hrn. Aubertin betreffend die Erfindung eines Verfahrens d. specif. Gewicht fester Körper zu bestimmen XII. 64.

Encke, J. F. Längenbestimmung v. Berlin u. Königsberg mittelst d. Telegraphen XIII. 435; XV. 492* — Declination d. Magnetnadel v. 1847 bis 1854, XIII. 476 — Magnet. Declination zu Berlin XIII. 481* — Meteorolog. Beobachtungen v. 1847 bis 1854, XIII. 538* — Bestimmung des Längenunterschiedes zwischen den Stern-

warten v. Brüssel u. Berlin abgeleitet auf telegraph. Wege XV. 492*.

Encke u. Lorey, Längenbestimm. zwischen Berlin u. Frankfurt mittelst d. galvan. Telegraphen X. 591*.

Endemann, Einige Constructionen d. Schwerpunkts d. Vierecks XX. 21.

Engel u. Schellbach, Darstellende Optik V. 148. 151.

Engelbach, Lithium und Strontium im Meteorstein von Capland XVIII. 509*.

Engelhardt, Ueb. Grundeisbildung XVI. 349; XX. 864.

Engelmann, G. Meteorolog. Tabelle für 1860 u. 1861 in St. Louis. Unterschied d. Temperatur u. Feuchtigkeit in d. Stadt u. auf d. Lande. Regenmenge (einschl. Schnee) zu St. Louis 1839 bis 1861, XIX. 654.

Engelmann u. Wislicenus, Meteorolog. Beobachtungen von 1856 in St. Louis, XIII. 539*; desgl. 1859 bis 1860, XVI. 763*.

Enneper, A. Ueb. e. Theorem von Malus XIX. 105.

Ensmann, Neuer galvanoplastischer Apparat I. 467. 469.

Ennis, J. Einfluss d. Erdatmosphäre auf d. Farbe d. Sterne XX. 592*.

Erdl, Elektr. Apparat beim Gymnarchus niloticus III. 395*.

Erdmann, A. Ueb. Hebung d. Bodens in Schweden VIII. 648 — Wasserstand des Mälarsees VIII 649 — Wasserstand im Mälarsee u. in der Ostsee (v. 1774 bis 1852) IX. 638 — desgl. 1853, X. 768 — desgl. 1854, XI. 770; desgl 1855, XII. 741 — desgl. 1857 bis 1860, XVIII. 723* — Ueb. d. alten Wassermarken an d. südlichen Fähre XI. 771 — Beobachtungen üb. Wasserstandshöhen und Windänderungen an d. schwedischen Küsten XIII. 567*.

Erdmann, O. L. Merkwürd. Structurveränderung bleihalt. Zinns VI. 3. 7 — Ueb. d. hygroskop. Eigenschaften pulverförmiger Körper XVI. 117 — Zur Spectralanalyse XVIII. 222.

Erhard, J. Zur Physiologie des Gehörorgans XIX. 101.

Ericson, Calorische Maschine VIII. 384; X. 406; XVI. 337* — Neue Luftmaschine XII. 361* — Hochdruckluftmaschine XVII. 369*.

v. Erlach, Mikroskop. Beobacht. üb. organische Elementartheile bei polarisirtem Licht III. 137. 138.

Erlenmeyer, Ueb. anomale Dampfdichten XIX. 9.

Erler, W. Einfacher Apparat zur Veranschaulichung d. Foucaultschen Beweises für d. Umdrehung d. Erde IX. 63 — Zur Geschichte der Bestimm. d. Lichtgeschwindigkeit IX. 252.

Erman, A. Bemerk. zu Müller's opt. Versuchen II. 580. 608 — Magnet. Inclination und Intensität für Berlin III. 518* — Magnetische Constanten v. Gauss III. 519. 554 — Ueber das Herschelsche Actinometer und seine Anwendung bei d. Sonnenfinsterniss den 28. Juli 1851, VIII. 431. 695 — Gebrauch d. Aneroidbarometers VIII. 661 — Meteorolog. Beobachtungen auf d. Grossen u. auf d. Atlant. Ocean VIII. 709 — Ueb. Boden- u. Quellentemperaturen. u. d. Folgerungen, zu denen Beobachtungen derselben berechtigen VIII. 734 — Ueber einige barometr. Beobachtungen u. d. Folgerungen zu denen sie veranlassen IX. 717 — Zur Klimatologie d. russ. Reichs; Klima von Tobolsk IX. 732; XII. 620; XIII. 298 — Magnet. Beobachtungen in Spanien u. Frankreich X. 670 — Ueber Seemeteorologie X. 741 — Ueb. d. Horizontalcomponente d. Erdmagnetismus an einigen Punkten in Spanien u. Frankreich XI. 625 — Ueb. d. Ausdruck d. Stromstärke in sogenannten Nebenschliessungen der galvan. Kette XII. 449. 452 — Ueb. d. Salzgehalt d. Meerwassers u. dessen Werth im mittelländ. und Atlantischen Meer XIII. 84 — Ueber Boden- u. Quellentemperatur u. die Folgerungen, zu denen d. Beobacht. derselben berechtigen XIII. 298* — Bestimm. d. Horizontalcomponente d. Erdmagnetismus XIV. 600 — Einige gelegentlich in Sibirien üb. Structur, Schmelzen u. Krystallisation d. Eises gemachte Beobachtungen XV. 354 — Ueb. die in Peking angestellten meteorolog. Beobacht. XV. 660 — Reduction v. Messungen mit d. Reflexionsgoniometer XVI. 301 — Messungen zur Bestimmung der Horizontalcomponente d. Erdmagnetismus von Kowalsky XVI. 656* — Neue Barometerbeobachtungen in Nordasien u. deren hypsometr. Anwendung XVII. 638* — Ueb. ein optisches Hülfsmittel zum Fischfang XVIII. 237 — Ueb. d. Anwendbarkeit der doppelten Strahlen-

brechung bei astronom. Messungen u. Beobachtungen XVIII. 289 — Ueb. d. Temperaturvertheilung an d. Ostküste v. Asien XVIII. 611 — Ueb. Erschütterungen des Meeres durch vulkan. Thätigkeit XIX. 721 — Ueb. d. Elemente d. Erdmagnetismus und deren säculare Veränderungen für Berlin XX. 628.

Erman, A. und P. Herter, Ueber Messung d. permanenten Ausdehnung, die d. Gusseisen durch Erhitzen erleidet, u. die dabei gebrauchten Mittel zur Bestimmung hoher Temperaturen XII. 59.

Erman, P. Einfluss der Reibung auf thermoelektr. Erscheinungen I. 440.

Ermerins, J. W. Ueb. d. Identität v. Licht u. strahlender Wärme XIII. 312*.

d'Escayrac-Lauture, Ueber ein Gewitter zu Cairo im Jan. 1855, XI. 650 — Ueb. d. Verlegung zweier Hauptflüsse in China XVIII. 731*.

Eschricht, Ueb. d. Sehen mit bewaffnetem Auge XIV. 254.

Eschweiler, T. J. Kurzer Beweis d. Gesetzes, nach welchem d. Schwingungsebne eines Pendels sich bei d. Foucault'schen Versuch um die Verticale d. Aufhängepunktes dreht VIII. 78.

de l'Espeé, Ungewöhnlicher Blitzschlag VIII. 602*.

Espy, J. P. Gesetz der Stürme XIV. 666 — Bestätigung der Jouleschen Einheit XV. 332.

Esselbach, E. Messung d. Wellenlängen des ultravioletten Lichts XI. 270. Helmholtz dazu XI. 275 — Ueb. d. Leitungswiderstand einiger Unterseekabel XV. 493 — Ueb. die Dauer d. Fluorescenz XIX. 235 — Experimentelle Bestimmung der absoluten Quantität elektrischer Ladung auf Condensatoren XIX. 397.

Essen, E. Zur Theorie der Kräftepaare IX. 84* — Die Lehre v. Schwerpunkt in d. elementaren Stereometrie XI. 92*.

Estin, Erfahrung an operirten Blinden IV. 184. 186.

d'Estocquois, Th. Ueber Molecularanziehung VIII. 9 — Bewegung einer schweren Flüssigkeit beim Ausfluss aus einer horizontalen rechteckigen Oeffnung VIII. 120 — Ueb. die Gleichungen für d. Gleichgewicht d. Flüssigkeiten IX. 424 — Ueb. die Differentialgleichungen d. Bewegung von Flüssigkeiten mit Rücksicht auf die Temperatur XI. 97* — Ueb. die Homologie in d. Mechanik XIII. 96; XVI. 23 — Ueb. d mechanische Wärmeäquivalent XIV. 348 — Ueb. d. Doppelbrechung XVI. 203 — Ueber das Elasticitätsellipsoid XVII. 218 — Ueb. d. Contractionscoefficienten d. flüss. Strahls XVIII. 53* — Ausfluss d. Flüssigkeiten XX. 41.

Etangs, S. des, Thermometerbeobachtungen zu Bar-sur-Aube d. 19. u. 20. Decbr. 1859; die Temperatur in d. Stadt unter der eines nahen Berges XV. 716*.

Etienne, D. Der Winter v. 1857 bis 1858 in d. arctischen Regionen XIV. 608.

Ettingshausen, A. v. Differentialgleichungen d. Lichtschwingungen III. 679. 681 — Ueb. e. Satz v. Green d. elektr. Potential betreffend IV. 269 — Beweis vom Parallelogramm der Kräfte V. 36. 39 — Ueb. d. neueren Formeln für das an einfach brechenden Medien reflectirte u. gebrochene Licht XII. 793.

Evans, E. W. Bahn u. Geschwindigkeit des Guernsey-Meteors v. 1. Mai 1860, XVII. 554* — Ueb. d. Beschaffenheit d. Erdölquellen XX. 877 — s. Smith.

Evans, P. J. Ueb. den Compass d. „Warrior" XVII. 581.

Everest, R. Ueb. d. Linien d. tiefsten Wassers um d. britt. Inseln XVII. 745*; XVIII. 713.

Everett, J. D. Methode zur Reduction d. Bodentemperatur XV. 764* — Reduction der Beobachtungen von Bodentemperaturen mit Anwendung auf d. Monatsmittel d. Bodentemp. zu Edinburg XVI. 699 — Methode zur Reduction d. Temperaturbeobacht. mit e. Hinblick auf Vergleichung d. Klimate XVII. 618* — Untersuchung eines Ausdrucks für d. mittlere Temperatur einer Bodenschicht als Function der Jahreszeit XVIII. 615 — Beobachtungen der atmosphär. Elektricität zu Windsor, Neuschottland, XIX. 547 — Beschreib. einer Methode zur Reduction v. Temperaturbeobachtungen XIX. 634.

Exley, T. Ursache der Fortpflanzung d. Elektricität in Leitern überhaupt, insbesondere in d. Telegraphendrähten X. 429.

Exter, s. v. Heintz.
Eyk, J. A. van, Thermometer zum Gebrauch bei öffentlichen Vorlesungen XVIII. 326.
Eyrel, Ueb. d. menschliche Stimme I. 143*.
Ewbank, T. Ueb. d. calorische Maschine X. 406*.

Fabian, Ueb. die Dehnbarkeit des Aluminiums XVI. 67.
Fabre, Zusammenhang zw. d. grossen Windströmungen ausAfrika (Sirocco), u. d. Austreten d. Rheins, d. Rhone, u. d. Loire VIII. 762 — Ursache der Phosphorescenz d. Pilzes d. Olivenbäume XI. 262* — Zusammenhang zw. den Ueberschwemmungen in Frankreich u. d. afrikan. Sirocco XII. 748*.
Fabré, Ueb. d. Widerstand fasriger Körper XIV. 112.
Fabri, R. Ueb. d.elektrostatischePolarität. Erwider. an Hrn. Ratti. XI. 396 — Beschreibung eines Barometers mit zwei Flüssigkeiten und Formel zur Correction der Temperaturveränderungen XI. 641* — Ueb. die Versuche gegen d. neue Theorie d. elektrostatischen Induction XIII. 329 — Mikroskopische Beobachtungen über d. elektr. Funken XIV. 416 — Einige Erscheinungen d. Interferenz d.Schalles XV. 171 — Elektrodynam. Vorrichtung um augenblicklich u. in jeder Entfernung den Wasserstand eines Flusses zu erkennen XV. 492* — Vorgang bei d. Auflösung krystallisirter Körper XVI. 108 — Ueb. Combinationstöne XVI. 159 — Ueb. Erscheinungen durch vielfache Schallreflexionen XVI. 160.
Fack, M. W. Die Riesenwellen in d. Ostsee am 5. Juni 1858, XV. 742.
Fagnoli, G. Theorie d. Druckes e. unveränderlichen Körpers oder Systems gegen feste und unbewegliche Stützen IX. 84* — Ueb. selbstschreibende Regenmesser X. 682.
Fairbairn, W. Untersuch. über die Festigkeit v. Eisenplatten und ihrer Vernietung für d. Schiffsbau VI. 14* — Expansive Wirkung des Dampfes VI. 563. 596 — Mechanische Eigenschaften d. Metalle bei wiederholtem Schmelzen. Festigkeit v. unbearbeiteten Eisenplatten bei verschiedenen Temperaturen IX. 19* — Dichtigkeit verschiedener Substanzen unter sehr hohem Druck X. 30 — Mechanische Eigenschaften d. Metalle nach wiederholten Umschmelzungen, d. Maximum u. d. Ursachen d. Verringerung ihrer Festigkeit X. 120 — Festigkeit des Schmiedeeisens bei verschied. Temperaturen XIII. 146; XV. 94 — Relative Werthe des Widerstandes verschiedener Steinsorten gegen Zusammendrückung XIII. 156 — Ueber den Widerstand d. Röhren gegen Zusammendrückung XIV. 112; XV. 104 — Festigkeit einiger Gemische v. Gusseisen u. Nickel XIV. 114 — Apparat zur Bestimmung d. Dampfdichte bei allen Temperaturen XV. 10 — Widerstand v. Glaskugeln u. Cylindern gegen Zerdrücken XV. 94 — Wirkung v. Vibrationen u. lange fortgesetzten Wechseln der Belastung auf eiserne Brücken u. Balken XVII. 104 — Temperatur der Erdrinde nach Thermometerbeobachtungen beim Abteufen des tiefen Schachtes zu Dunkinfield XVII. 616; XVIII. 613. 695 — Versuche zur Bestimmung d. Wirkung v. Vibrationen und lange fortgesetztem Wechsel d. Belastung auf schmiedeeiserne Gitter XX. 61.
Fairbairn, Hopkins und Joule, Wirkung d. Drucks auf d. Schmelzpunkt IX. 427 — Ueber d. Erstarren geschmolzener Körper unter hohem Druck X. 120.
Fairbairn, W. und Th. Tate, Bestimmung der Dampfdichte bei verschiedenen Temperaturen XV. 10 — Ueb. d. Widersand v. gläsernen Kugeln u. Cylindern gegen Zerdrücken, u. üb. d. absolute u. relative Festigkeit verschied. Glassorten XV. 94 — Ueb. d. Dampfdichte bei allen Temperaturen u. d. Gesetz d. Ausdehnung d. überhitzten Dampfes XVI. 343; XVIII. 328.
Faivre d'Esnans, Blitze deren Licht einige Zeit dauert XV. 612. 615 — Theorie d. Hagels XVI. 740*.
Falconer, Das Gletschersystem des Himalaya XX. 900*.
Falkowsky, Bildung d. Grundeises II. 112*.
Faraday, M. Condensation d. Gase zu flüssigen u. festen Körpern I. 115. 120 — Eigenthüml. Eigenschaften d. Quecksilbers I. 116* — Magnetischer Charakter d. Metalle I. 572 — Neue

Beziehungen zwischen Elektricität, Licht u. Magnetismus I. 573 — Magnetisirung d. Lichts und Beleucht. d. magnetischen Kraftlinien II. 541. 543 — Neue magnet. Wirkungen u. magnet. Zustand der Materie (20 Reihe) II. 541. 549 — Wirkung d. Magnete auf magnet. Metalle u. ihre Verbindungen, auf Luft u. Gase (21 Reihe) II. 541. 557 — Ueb. d. magnet. Affection d. Lichts u. d. magnet. u. diamagnet. Beschaffenheit d. Materie II. 542. 569 — Gedanken üb. Strahlenschwingungen II. 581. 623. — Gefrieren d. Quecksilbers in einem glühenden Tiegel III. 89. 91 — Diamagnet. Eigenschaften d. Flamme und d. Gase III. 492. 500 — Gebrauch d. Guttapercha zur elektr. Isolirung IV. 259. 260 — Krystallpolarität d. Wismuths u. anderer Körper sowie deren Beziehung zur magnet. Kraft (22 Reihe) V. 333. 340; VI. 1126 — Mögl. Zusammenhang d. Schwerkraft mit d. Elektricität (24 Reihe) VI. 677. 678 — Atmosphärischer Magnetismus (26 und 27 Reihe) VI. 888. 897. 1127 — Ueb. d. polaren u. nichtpolaren Zustand d. diamagnet. Körper (23 Reihe) VI. 1126. 1134 — Magnet. u. diamagnetische Beschaffenheit d. Körper (25 Reihe), VI. 1127. 1153 — Magnetisches Leitungsvermögen (26 Reihe) VI. 1127. 1156 — Ueber Magnetkraftlinien, ihren endlichen Charakter u. ihre Vertheilung in e. Magnet u. durch d. Raum (28 Reihe) VIII. 560. 561. 565 — Anwendung d. magnetoelektr. Inductionsströme zur Wahrnehmung u. Messung d. magnet. Kräfte (29 Reihe) VIII. 560 — Beobachtungen üb. d. Magnetkraft IX. 595 — Ueb. elektr. Vertheilung; gleichzeitige Strom- u. Spannungswirkungen. Ueb. unterirdische Telegraphendrähte X. 497 — Ueb. d. Leitungsfähigkeit d. Flüssigkeiten X. 501 — Entwicklung inducirter Ströme in Flüssigkeiten X. 502 — Ueb. Blitzableiter X. 656. 659 — Ueb. elektr. Leitung XI. 434 — Ueber Ruhmkorff's Inductionsapparat XI. 502* — Ueb. einige Punkte in d. Theorie des Magnetismus. Bemerk. üb. Magnetismus XI. 531 — Constanz der Differentialmagnekrystallkraft in verschied. Medien. Wirkung d. Wärme auf Magnekrystalle u. auf d. absolute magnetische Kraft d. Körper (30 Reihe) XI. 538 — Ueb. gewisse magnetische Wirkungen u. Affectionen XII. 541* — Ueb. d. Erhaltung d. Kraft XIII. 97. 98; XV. 37 — Beziehung v. Gold- u. andern Metallen zum Licht XIII. 233. — Ueb. Sternefunkeln XIII. 455 — Dauernde Blitzerscheinung XIII. 462 — Ueb. Phosphorescenz, Fluorescenz u. s. w. XV. 238 — Ueber Regelation XV. 350; XVI. 354 — Anwend. d. elektr. Lichts bei Leuchtthürmen XVI. 513 — Ueb. Gasöfen XVIII. 334*.

Faraday, M. und L. Clark, Beobachtungen über gleichzeitige Strom- u. Spannungswirkungen bei d. elektr. Vertheilung XI. 428.

Faraday u. Holmes, Intensität d. elektr. Lichts XIX. 449.

Faraday u. Riess, Ueb. d. Wirkung d. Nichtleiter bei d. elektr. Induction XII. 393.

Fardely, Elektr. Uhren II 524. 527 — Elektr. Telegraph II. 531* — Blitzableiter bei elektr. Telegraphen IV. 355* — Elektromagnet. Telegraph VI. 838*.

Fargeaud, A. Blitzschlag in den Strassburger Münster I. 439* — Regen ohne Wolken XVII. 671*.

Fario, Excentrische Bewegungen d. Krystalllinse VI. 489. 509.

Farkas-Vukotinovic, L. v., Die Plitvica-Seen in Croatien XV. 744*.

Farrar, A. S. Ueb. d. letzten Ausbruch d. Vesuvs XII. 756*.

Fastré, Meteorolog. Apparate XX 654.

de Fauconpret, Ein Commutator von neuer Form VIII. 538.

Faure, J. Bestimmung der Längendifferenz zw. Greenwich u. Paris mit Hülfe d. Telegraphenlinien XI. 511*.

Fauvel, Construction der Elektromagnete XII. 490.

Favart, Begleitschreiben zu einem Fragment des d. 7. Decbr. 1863 zu Tourinnes la Grosse gefall. Meteorsteins XX. 599*.

Favier, Ueber d. Nivellements des Isthmus v. Suez in d. J. 1799 u. 1847, XI. 763.

Favre, P. A. Thermochemische Untersuchungen über die verschiedenen Verbindungsstufen derselben Bestandtheile IX. 367 — Ueb. d. in d. galvan. Kette entwickelte Wärme in ihrer Beziehung zu der chemischen Wirkung, welche den Strom erzeugt IX. 488 — Ueb. d. Condensation der

Gase durch feste Körper u. d. dabei entwickelte Wärme; üb. d. Beziehungen zwischen diesen Erscheinungen u. der beim Flüssig- od. Festwerden d. Gase entstehenden Wärme X. 416 — Ueb. d. hydroelektrischen Ströme X. 514 — Beobacht. eines merkwürd. Nebels. Ueb. den Geruch d. Nebels XI. 699* — Ueb. d. Erdbeben im J. 1855, XI. 808; XII. 769 — Beziehung zwischen d. Wärme eines mechanische Arbeit verrichtenden Stromes u. derjenigen, die aus der chemischen den Strom erzeugenden Thätigkeit hervorgeht XIII. 399 — Ueb. d. mechan. Aequivalent der Wärme XIV. 348 — Ueb. d. hydroelektr. Ströme XIV. 426 — Antwort auf die Einwürfe des Hrn de la Rive gegen seine elektr. Untersuchungen XV. 434 — Ueb. d. Thauniederschlag während des Tages XV. 730* — Wärmeerscheinungen bei Einwirkung d. Wassers u. des Alkohols auf verschied. Substanzen XVI. 378 — Wirkung d. Drucks auf einige physikal. u. chemische Erscheinungen XVI. 517 — Bemerk. zu einer Mittheil. v. Bussy in Betreff der Mischung verschied. Flüssigkeiten XX. 349.

Favre, P. A. und P. J. Laurent, Einfluss d. Inductionsströme auf die Intensität der discontinuirl. Ströme XVI. 529.

Favre, P. A. und Ch. du Quaillard, Ueb. die chemische Verwandtschaft XVI. 377.

Favre, P. A. u. J. T. Silbermann, Ueb. d. bei chemischen Verbindungen entwickelten Wärmemengen I. 317. 340; II. 249. 251; III. 219; IV. 205; V. 217 — Verbrennung d. Sumpf- u. ölbildenden Gases I. 317. 341 — Apparat zur Bestimmung der specif. Wärme der Gase IV. 226. 238 — Wärmemengen, welche bei chemischen u. molecularen Wirkungen entwickelt werden VIII. 398; IX. 333.

Faye, Nordlichtbeobacht. III. 180; s. Darlu 158 — Feuerkugel IV. 171. 179 — Weisser Regenbogen V. 451. 454 — Ueber den Lichtschweif der Feuerkugeln VI. 872* — Ueb. totale Sonnenfinsternisse VI. 874* — Apparat zur Sondirung in grossen Tiefen VI. 912. 996. s. Ferdinand, Lalanne — Ueb. die Centralwärme der Erde VI. 1052. 1111 — Ueber astronom. Strahlenbrechung X. 635. 636 — Neue Art d. Stereoskope XII. 302 — Ueb. d. Farbe d. Mondes während d. Verfinsterungen XII. 559* — Ueber die centralen Finsternisse (1858), XIII. 460* — Ueb. die Photographien der Sonnenfinsterniss v. 15. März 1858 durch Porro u. Quinet XIV. 585. 589. 590 — Ueb. die Parallaxe d. Sonne u. d. centralen Finsternisse d. Jahres 1858, XIV. 585. 589 — Ueb. die Versuche d. Hrn. Fizeau unter Berücksichtigung d. Bewegung des Sonnensystems XV. 193 — Bemerk. zu einer Abhandlung d. Hrn. Genillier über d. physische Beschaffenheit der Sonne. Ueb. d. Sonnenatmosphäre XV. 556* — Ueb. d. Hypothese vom widerstehenden Mittel XVI. 39 — Ueb. d. Gestalt d. Kometen u. d. Beschleunigung ihrer Bewegung. Hypothese v. der Repulsivkraft in Bezug auf d. Theorie d. Satelliten XVI. 41 — Bemerk. zu einer Note von Jacobi betreffend d. Einführung einer neuen Kraft in d. Mechanik d. Himmels XVI. 41 — Zustand d. astronom. Photographie in Frankreich XVI. 268* — Versuch am Ruhmkorffschen Apparat um die Abstossungskraft glühender Flächen nachzuweisen XVI. 510 — Ueber die Sonnenfinsterniss vom 18. Juli 1860, XVI. 569. 571. 572. 574 — Ueber die Curven, durch welche Hr. Harrison d. Einfluss d. Mondes auf d. Temperatur darstellt XVI. 706* — Ueb. eine neue Abhandlung v. Plana über die Repulsivkraft und das widerstehende Mittel XVII. 45 — Bemerk. zu einer Mittheilung von Plateau XVII. 115 — Spectrum d. Aureole bei totalen Sonnenfinsternissen unter Hinweis auf d. Finsterniss v. 31. Decbr. 1861, XVII. 258 — Anwendung d. elektr. Lichts auf Leuchtthürmen und für Beleuchtung entfernter Punkte XVII. 498 — Wirkung metallischer Dämpfe auf d. geschichtete Licht des Inductionsfunkens im Vacuum XVII. 503 — Durchbohrung v. dicken Crownglasplatten durch d. Funken des Ruhmkorffschen Apparats XVII. 521 — Ob d. Irradiation d. Hypothese von die Sonnenwolken mit d. bei totalen Sonnenfinsternissen beobachteten Thatsachen vereinen kann? XVII. 550* — Ueb. die Repulsivkraft in den phys. Erscheinungen XVIII. 17 — Anwendung der Methode der Coincidenzen

auf d. Messung d. Schallgeschwindigkeit u. Längenbestimmung XVIII. 127 — Ueb. die astronom. Zeichnungen und photograph. Proben d. Hrn. W. de la Rue XVIII. 260* — Ueber das Zodiakallicht u. seine Bedeutung in d. dynam. Theorie d. Sonnenwärme XVIII. 324. 510 — Beobacht. des Zodiakallichts in Mexiko XVIII. 510* — Ueb. d. geodät. Instrumente und die mittlere Dichte der Erde XIX. 30 — Ueb. d. Sternschnuppen, ihre Theorie u. Beobachtung XIX. 531 — Bemerk. zu einer Abhandl. von König über vibrirende Platten XX. 124 — Ueber die Zusammensetz. d. Aerolithe von Chili u. Mexiko XX. 600*.

Fayrer, J. Auszug aus d. meteorolog. Register zu Rangoon für Sept. 1852, IX. 735*.

Fechner, G. Th. Verknüpfung der Faradayschen Induction mit d. Ampèreschen elektrodynam. Erscheinungen I. 523. 530 — Ueb. ein psychophys. Grundgesetz und dessen Beziehung zur Schätzung d. Sterngrössen XIV. 298; XV. 275 — Ungleiche Deutlichkeit d. Gehörs auf linkem u. rechtem Ohr XVI. 179 — Ueber die Contrastempfindung XVI. 275 — Einige Verhältnisse d. binocularen Sehens XVI. 284 — Ueb. den seitlichen Fenster- u. Kerzenversuch XVIII. 268 — Ueb. d. Correctionen bezüglich d. Genauigkeitsbestimmung der Beobachtungen u. s. w. nach d. Methode d. mittleren Fehler XVIII. 579 — Ueb. d. physikal. u. philosoph. Atomenlehre XX. 19*.

Feddersen, B. W. Beiträge zur Kenntniss d. elektr. Funkens XIII. 333; XIV. 406 — Ueb. d. elektr. Wellenbewegung XV. 396 — Ueb. d. oscillatorische Entladung und ihre Gränze XVII. 430 — Ueb. d. elektr. Flaschenentladung XVII. 431; XX. 445 — Ueb. eine eigenthüml. Stromtheilung bei Entladung d. Leydener Batterie XVIII. 394.

Fée, Physiologie und Organographie d. sensitiven Pflanzen II. 228. 234.

Fehling, H. Löslichkeit des reinen Chlornatriums VI. 258. 272.

Feil, Flintglas von grosser Reinheit V. 211. 212.

Feilitzsch, O. v. Ueb. d. Eindringen des Elektromagnetismus in weiches Eisen u. d. Sättigungspunkt desselben VI. 811 825 — Theorie des Diamagnetismus. Magnetismus des Wismuths. Erweiterung d. Ampèreschen Theorie VI. 1128. 1166 — Erklärung der diamagnet. Wirkung aus der Ampèreschen Theorie VIII. 577; X. 611 — Ueber Herrn de la Rive's Theorie der v. d. Magnetkraft abhängigen Erscheinungen X. 609 — Magnetische Rotationen unter Einfluss eines Stromleiters v. unveränderlicher Gestalt XIV. 476 — Beobachtung d. totalen Sonnenfinsterniss v. 18. Juli 1860 in Castellon de la Plana XVI. 570. 572 — Erklärung d. Corona u. Protuberanzen XVI. 607*. — Fernewirkungen d. galvan. Stroms XVII. 523*; XIX. 460*.

Feldt, Vertheilung der Gewitter an der Ostsee XVI. 641 — Ueb. d. Zufrieren u. Aufthauen der Flüsse, namentlich d. Weichsel XVI. 821*.

Felici, R. Ueb. d. elektrodynamische Induction VIII. 532 — Ueber die Inductionserscheinungen bei der Leidener Flasche IX. 443 — Versuch einer Anwendung d. Calcüls auf die durch bewegten Magnetismus inducirten Ströme IX. 560 — Fortpflanzung der galvan. Elektricität im Innern einer Kugel X. 549 — Mathemat. Theorie d. Inductionsströme in Körpern von beliebiger Form X. 550 — Erzeugung inducirter Ströme durch Rotation eines Leiters um e. Magneten XI. 474 — Ueb. die Erklärung einiger neueren elektrostatischen Versuche XII. 393 — Gesetze d. Inductionsströme der Leidener Flasche XII. 413 — Ueber d. Lenz'sche Gesetz und einige neue Versuche v. Matteucci üb. d. Voltainduction XII. 506 — Ein Fall von Induction, wo die elektrodynamische Wirkung des inducirenden Magnets null sein sollte auf den Strom im Schliessungsbogen XIII. 393 — Erklärung des Diamagnetismus aus der Theorie der elektrodynamischen Induction XV. 493 — Versuche zum Beweise, dass, wenn ein Körper unter Einfluss eines Magnets rotirt, die durch d. Inductionsströme hervorgerufene Kraft je nach der Rotationsrichtung abstossend oder anziehend ist, die Abstossung aber grösser als die Anziehung XV. 495 — Ueb. eine Bemerkung des Herrn de la Rive zu einem Fundamentalversuch der elektrodynamischen Induction XV. 498

— Ursache der Ströme in einem Schliessungsbogen, dessen unbewegl. Enden auf einem Leiter schleifen der um die Axe eines cylindr. Magnets rotirt XV. 499 — Ueb. d. Geschwindigkeit d. Elektricität u. d. Dauer d. Funkens XVIII. 402; XIX. 408 — Uebersicht der neueren Arbeiten über Elektrodynamik XX. 532.

Felix, A. Ueb. eine neu aufgefundene Jod- u. Brom haltige Kochsalzquelle XIX. 696*.

Fellenberg, L. R. v. Aräometer für Dichtigkeiten, welche um nur Weniges die d. reinen Wassers übertreffen XVI. 13*.

Felten u. Guilleaume, Patentirte Seilerei in Köln XII. 178.

Fendler, A. Temperaturunterschied in verschied. Theilen d. Stadt St Louis XVII. 617*.

Ferdinand, Anwendung des Luftballons V. 64* — Sondirung in grossen Tiefen. Prioritätsansprüche gegen Hrn. Faye VI. 912. 998.

Fergola, N. Ueb. Erschütter. XII. 180*.

Ferguson, J. Ueb. d. neueren Veränderungen d. Gangesbettes IX. 650; XIX. 684.

Fermond, C. Princip d. krummlin. u. kreisförm. Bewegungen VI. 294. 299.

Fernet, E. Ueb. d. Löslichkeit der Gase in Salzlösungen, ein Beitrag zur Theorie d. Athmens XI. 188 — Absorption u. Entwicklung d. Gase durch Salzlösungen und Blut. Rolle d. Hauptbestandtheile des Bluts bei der Absorption und Entwicklung der Athmungsgase XIV. 132 — Ueber die Inductionsströme XX 530 — s. Martin-Magron.

Ferran u. Havre, Behandlung der sogenannten statischen Elektricität auf dynamische Weise XIX. 391.

Ferrel, W. Bewegung flüssiger und fester Körper auf der Erdoberfläche XVII. 44 — Ursache der jährlichen Ueberschwemmung d. Nils XIX. 688.

Fessel, F. Elektromagnet. Motor VI. 840* — Empfindlichkeit d. Ohrs für Höhe u. Tiefe d. Töne XVI. 178.

Feuerstein, J. Die trigonometrisch bestimmten Höhen an der tyrolisch-bayerischen Ländergränze XV. 789*

Fick, A. Nachschrift zum Aufsatz v. L. Fick üb. d. Adaption d. Auges IX. 298 — Methode mikroskopische Objecte mathematisch genau zu zeichnen u. deren Flächenräume zu messen IX. 330 — Neue Ausstellung an d. Begriff d. endosmotischen Aequivalents X. 14 — Das Mehrfachsehn mit einem Auge X. 312 — Die Bewegung des menschl. Augapfels X. 318 — Versuch e. Erklärung d Ausdehnung d. Körper durch die Wärme X. 379 — Ueber thierische Wärme X. 418* — Ueber Diffusion XI. 22 — Ueber die chromatische Abweichung d. menschl. Auges XII. 308 — Erwiderung auf einige Stellen d. Abhandl. „Ueb. die Diffusion v. Flüssigkeiten" (v. Beilstein) XII. 65 — Ueb. d. Augenstellung XV. 289 — Ueb. d Jürgensensche Phänomen XVII. 463 — Ueb. d. zeitlichen Verlauf der Erregung in der Netzhaut XIX. 294 — Untersuch. üb. elektr. Nervenreizung XIX. 505; XX. 548 — Beiträge zur vergleichenden Physiologie d. irritablen Substanzen XIX. 506 — s. Billroth, Tachau.

Fick, A. u. P. du Bois-Reymond, Ueb. d. unempfindliche Stelle d. Netzhaut im menschl. Auge IX. 301.

Fick, L. Ueb. d. Adaption d. Auges IX. 298 — Zur Physiologie d. Sehens X. 304.

Ficker, A. Flächeninhalt d. österreichischen Länder nach ihrer gegenwärtigen administrativen Eintheilung. Mit einer physikalisch statist. Karte v. Ungarn u. s. w. XVIII. 711*.

Fiebig, O. Ueb. die Anziehung der Quecksilbertheile gegeneinander XVII. 118 — Einfluss d. Wärme auf Phosphorescenz XVII. 269.

Fiedler, G. Merkwürdige Blitzschläge II. 363. 367.

Fiedler, W. Entwicklungen üb. ein Kapitel aus Poisson's Mechanik XV. 59*.

Field, F. Ursache des Erglühens v. Platinschwamm V. 285. 289 — Analyse eines Meteorsteins aus d. Wüste v. Atakama XII. 557*. — Ueb. d. Farbenneutralisation in den Mischungen gewisser Salzlösungen XVII. 240.

Figuier, L. Die Gewässer v. Paris, ihre Vergangenheit, Gegenwart und Zukunft XVIII. 743* — Die Erde und d. Meere od. physische Beschreibung d. Erdballs XIX. 730*.

Filhol, Beziehung zwischen d. Atomgewicht, d. Krystallform und Dichte der Körper III. 3. 4 — Entfärbungsvermögen d. Kohle u. einiger anderer Körper VIII. 14.

Filhol und Leymerie, Ueber den Meteorstein v. Montrejeau XV. 561*.

Fils, A. W. Barometrische Höhenmessung in Schlesien IX. 662* — Physikalisch-geograph. Skizze vom Herzogthum Coburg XI. 789* — Die Centralgruppe d. Thüringer Waldes od. d. Gegend zw. Ilmenau u. Oberhof XV. 748. 788 — Neueste Höhenmessungen im Herzogth. Meiningen XV. 788*; XVII. 736*.

Finck, Fall der Körper von grosser Höhe XIX. 19.

Findlay, A. G. Ueb. d. Strömungen im Atlantischen u. Stillen Ocean IX. 643 — Arctische und antarctische Meeresströmungen X. 770 — Wirkung der Meereswellen VI. 156. 208. 912. 1005.

Fischbach, Eine Brillantparabel XX. 593*.

Fischer, Ueb. d. während d. Nacht zum 8. Juni 1853 im Oldenburgischen gefallenen sogen. Schwefelregen IX. 737*.

Fischer, N. W. Bemerk. üb. Ozon I. 481 — Leuchten d. Phosphors II. 409* — Zur chemischen Wirkung d. Lichts V. 204. 207 — Anwendung d. Metallreduction zur Analyse auf nassem Wege VI. 718*.

Fischer-Ooster, C. v. Ueber die Theorie d. absoluten Wärme u. die Formel für d. Schneegränze VI. 1058* — Beschreibung eines neuen Hypsometers und Bathometers VIII. 133 — Zur Höhenkenntniss d. Cantons Bern, enthaltend die Bestimmung einiger zweifelhaften Punkte mittelst des Barometers VIII. 633* — Beitrag zur Kenntniss d. Vertheilung d. Wärme im Raum XX. 671.

v. Fischer und C. Brunner, Thermometrische Sondirungen im Thuner See V. 460. 485.

Fischer, G. Natur u. Ursprung des Nordlichts III. 645. 669 — Ueber d. Erdbeben in d. Schweiz im Juli 1855 XI. 808.

Fitz-Roy, R. Ueb. Hagelstürme XIV. 675 — Ueb. Stürme in England XVI. 735* — Ueb. d. Stürme im Oct. u. Nov. 1859, XVI. 736* — Barometer u. Wetterführer. Sturmsignale an d. engl. Küste. Ueber Stürme, Sturmsignale u. Wettertafeln XVII. 650 — Meteorolog. Abhandlungen XVII. 719 — Das Wetter XVII. 726* — Erklärung d. meteorolog. Telegraphie XVIII. 651* — Das Wetterbuch, Handbuch d. prakt. Meteorologie XIX. 604.

Fitz-Roy, R. u. G. B. Airy, Heberbarometer XVII. 605.

Fizeau, H. Wellenlänge d. Wärmestrahlen II. 255. 267 — Akustische u. opt. Erscheinungen bei schneller Bewegung V. 110. 112 — Geschwindigkeit d. Fortpflanzung d. Lichts V. 209 — Ueber die Aetherhypothesen u. e. Versuch zum Beweise d. Aenderung d. Lichtgeschwindigkeit im Innern bewegter Körper VI. 418. 424 — Bemerk. üb. die v. Walker u. Mitchell angestellten Versuche zur Bestimmung der Fortpflanzungsgeschwindigkeit d. Elektricität VI. 692. 696 — Bewegung der Erde um die Sonne VIII. 260 — Ueb. d. Inductionsmaschine und ein leichtes Mittel zur Erhöhung ihrer Wirksamkeit IX. 563 — Von d. Hypothesen üb. d. Lichtäther u. e. Versuch, der zu beweisen scheint, dass d. Bewegung d. Körper d. Geschwindigkeit d. Lichts in ihnen ändert XV. 193 — Ueb. e. Methode zur Untersuchung, ob d. Azimuth der Polarisation d. gebrochenen Strahles v. d. Bewegung d. brechenden Körpers abhängt XV. 193; XVI. 225*. Dazu de Tessan und Faye XVI. 225* — Ueb. mehrere Erscheinungen der Polarisation des Lichts XVII. 275 — Ueb. d. Veränderungen d. Geschwindigkeit d. Lichts in Glas u. mehreren andern festen Körpern unter dem Einfluss d. Wärme XVIII. 207 — Ueb. das v. d. in Luft brennenden Natrium ausgesendete Licht XVIII. 220 — Bericht üb. e. Abhandl. d. Hrn. Janssen üb. d. Spectralanalyse d. Lichts der Sonne u. mehrerer Sterne XX. 207 — Ueb. d. Ausdehnung und Doppelbrechung d. erhitzten Bergkrystalls XX. 246.

Fizeau u. Breguet, Vergleich der Geschwindigkeit d. Lichts in Luft u. Wasser VI. 422.

Fizeau u. Foucault, Interferenzerscheinung zwischen zwei Lichtstrahlen v. grossem Gangunterschied I. 179. 187 — Ueber die chromatische Polarisation durch dicke Krystallplatten II. 176. 183 — Einfluss der verschiedenen Strahlen d. Spectrums auf d. photograph. Operationen II. 229. 235; III. 195. 202 — Interfe-

renz d. strahlenden Wärme III. 255. 267 — Interferenzen bei grossem Gangunterschied d. Strahlen IV. 150. 157; V. 119. 137. 156; VI. 399. 410.
Fizeau und Gounelle, Fortpflanzungsgeschwindigkeit d. Elektricität VI. 691. 692.
Flammarion, C. Ueber die period. Sternschnuppen des Aprils XIX. 541* — Die Vorhersagung des Wetters. Meteorologie XIX. 605*.
Fléchet, Solar-Chronometer XVIII. 290*.
Fleck, H. Bestimmung d. absoluten u. specif. Gewichts in Flüssigkeiten suspendirter Niederschläge XVII. 7 — Ueb. einige neue Beziehungen zw. d. Atomzahl u. d. specif. Gewicht der Elemente u. einfachen Verbindungen XVIII. 11.
Fleming, Bemerk. über Regenmesser zur Erlangung vergleichbarer Beobachtungen XI. 640.
Flemming, G. Ueb. d. Lebenswärme d. Pflanzen X. 418*.
Fleuriot de Langle, A. Ueber d. Atlant. Ocean, Cap Horn u. d. Stille Meer XVIII. 718* — Beurtheilung von Maury's Arbeiten üb. Schiffscourse u. physikal. Geographie d. Meeres XIX. 677*.
Fleury, G. Ueb. die Verbrennungswärme d. Ameisensäure XX. 356.
Fleury, L. Feuermeteore beobachtet zu Cherbourg 1850, VIII. 602* — Neuer elektr. Condensator X. 463 — Methode zur Bestimmung d. Fortpflanzungsgeschwindigkeit d. elektr. Strahlung X. 621 — Ueb. d. Tragkraft u. Anziehungskraft d. Magnete XII. 531. — Ueb. d. Zahl d. Gewitter in Cherbourg XII. 588 — Correction der Angaben des Pluviometers XII. 620* — Resultate d. Regenmessungen bei Tage u. bei Nacht zu Cherbourg im J. 1856, XII. 692* — Raz-de-marée XII. 733 — Ueb. d. Erzeugung d. Tones in d. Mundstücken XV. 170 — Mittel zur Bestimmung der Wärmevertheilung auf d. Sonnenoberfläche XV. 556* — Anwendung d. Elektricität in d. Eisenindustrie. Neue Eisenreinigungsmethode durch den inducirten elektr. Strom XVII. 492 — s. Liais.
Fliedner, C. Ueber Zerstreuungsbilder im Auge und die Theorie des Sehens VIII. 311; IX. 295.
Florimond, Brüchigkeit d. Messingdrähte, welche unter gewissen Temperaturänderungen d. Luft ausgesetzt sind XV. 103 — Ladungserscheinung an einer Geisslerschen Röhre XV. 385 — Ueber Magnete aus gehärtetem Gusseisen XV. 534 — Ueber einen merkwürd. Regenbogen XV. 555* — Beobacht. einer Feuerkugel zu Löwen XVI. 605* - Nordlicht zu Löwen d. 1. Jan. 1860, XVI. 611* — Ueber d. Minimum der Temperatur zu Gent, Löwen u. Namür XVII. 608 — Ueb. d. Seifenblasen XVIII. 69 — Ueb. d. atmosphär. Elektricität XVIII. 515 — Gewitter v. 10. Sept. 1863 zu Brüssel XIX. 572* — s. Crahay.
Flückiger, F A. Bemerkungen u. Versuche üb. Ozonometrie XV. 582 — Ueb. d. Salzsäurebach Sungi Paït in Ost-Java XVIII. 786.
Foerstemann, F. C. Ueb. d. Magnetismus d. Gesteine XV. 537.
Förster, R. Ueb. d. Gränzen des Gesichtsfeldes XIX. 289.
Förster, W. s. Aubert. Bruhns.
Follet, Neues Anemometer VI. 1059*.
Fontaine, Turbine mit vielen Schützen I. 587. 589; II. 82 — Apparat zur Hervorbringung eines vollständigen Vacuums VIII. 135.
Fontainemoreau, P. A. L. de, Verbesserungen an elektr. Telegraphen VI. 840* — Verbesserte Art elektr. Licht zu reguliren X. 528* — Verbesserte Art elektr. Ströme zu erzeugen X. 544*.
Fontan, Ueb. d. Erdbeben d. 5. Dec. 1855, XI. 815.
Fonvielle, W. de, Ueb. e. chromatische Theorie d. Bewegung d. Sterne XVIII. 194* — Neue Untersuch. über d. Nordlicht XVIII. 463 — Die Nord- u. Südlichter. Entdeckung der Einwirkung d. Nordlichter auf die Magnetnadel XVIII. 510* — Meteorolog. Telegraphie XVIII. 647 — Die elektr. Leuchtthürme XIX. 450 — Der Ring d. Zodiakallichts XIX. 546* — Ueb. d. Einfluss d. Mondes auf d. meteorolog. Erscheinungen. Ueber begründete Wetterprophezeiung. Die Meteorologie in England XIX. 605* — Der kleine Winter u. kleine Sommer XIX. 606* — Der Golfstrom und d. Passatwinde XX. 844*.
de Fonvielle und Dehérain, Ueb. die depolarisirende Wirkung des sauerstoffhaltigen Wassers XIV. 468.

Foot, F. J. Meteorolog. Tagebuch geführt zu Ennistimon u. Ballyvaughan 1861, XVIII. 688* — Ueb. e. Sturm d. 29. Oct. 1863 zu Ballinasloe XX 741*.
Foote, Eine Tour durch die westl. Theile v. San Salvador XVI. 877.
Foote, Elisha, Ueb. die Wärme der Sonnenstrahlen XII. 375 — Neue Quelle d. Elektricität XIII. 316.
Foote, Eunice, Wärmewirkung der Sonnenstrahlen unter verschied. Umständen XII. 375.
Forbes, C. S. Island, seine Vulkane, Geyser u. Gletscher XVII. 780*.
Forbes, J. D. Ueb. d. Accommodation d. Auges beim Sehen in verschied Entfernungen I. 199. 212 s. Haldat. Brechungsverhältniss v. Chloroform V. 149. 153 — Classification d. Farben V. 150. 158 — Dimensionen und Brechungsvermögen d. Auges VI. 488. 491 — Merkwürd. Meteor v. 19. Dec. 1849, VI. 871* — Ueb. Gletscher VI. 911. 984 — Die intermittirenden Salzquellen in Kissingen VI. 913. 1027 — Versuche üb. d. Gesetze d. Wärmeleitung VIII. 421 — Beschaffenheit d. Gletscher in Norwegen IX. 659 — Norwegen u. seine Gletscher im J. 1851, X. 784 — Versuche u. Bemerk. üb. das thermobarometrische Höhenmessen XI. 690 — Ueb. Secchi's statisches Barometer u. d. Ursprung d. Kathetometers XIII. 499 — Verhalten d. Eises in d. Nähe seines Schmelzpunktes XIV. 126; XV. 348 — Ueber gewisse durch Elektricität erzeugte Schwingungen XV. 441 — Ueb. die Erdtemperatur nebst Index zu d. fünf Abhandl. v. Dove üb. d. Temperatur d. Erde XV. 716* — Gelegenheitsschriften üb. d. Theorie d. Gletscher mit einer Vorrede über die neuesten Fortschritte u. den gegenwärt. Stand der Theorie XV. 755* — Bemerk. zu einer Abhandlung üb. Eis u. Gletscher XV. 758 — Ueb. die Temperatur der Erde XVI. 696 — Ueb. d. Klima von Edinburg v. 1795 bis 1850, XVI. 754 — Thermometerbeobacht. zu Dunfermline v. 1799 bis 1837 v. H. Fergus XVI. 755 — Erwiderung auf Tyndall's Bemerk. in seinem Werk „Die Alpengletscher" über Rendu's Gletschertheorie XVI. 854* — Ueb. Ampère's Versuch hinsichtl. d Abstossung eines gradlin. Drahtes auf sich selbst XVII. 521* — Ueb. zwei künstl. Hemisphären, welche graphisch d. Vertheilung d. Temperatur u. d. Magnetismus vom Aequator bis zum Nordpol d. Erde darstellen XVII. 577 — Ueb. d. Gesetze d. Wärmeleitung in Stäben u. üb. d. Leitungsvermögen d. Schmiedeeisens XVIII. 365 — Ueb. das Klima v. Palästina in neuer und alter Zeit XVIII. 673 — Statische Messung der Schwere XIX. 18.
Forbes, R. B. Blitzableiter für Schiffe X. 656. 659.
Forbes, E. u. R. Godwin-Austen, Naturgeschichte der europäischen Meere XVI. 791*.
Forchhammer, J. G. Bestimmung d. Heizkraft verschiedener Brennmaterialien III. 219. 229 — Meteoreisen v. Niakornak X. 641* — Meteoreisen v. Fortunbay in Grönland XVI. 607* — Ueb. d. wasserführenden Schichten, im Besonderen die in Dänemark Quellen u. Brunnen nähren XVI. 833 Ueb. d. Salzgehalt d. Mittelmeers u. üb. d. Vorkommen d. Borsäure u. Thonerde im Seewasser XVIII. 714* — Zusammensetzung d. Seewassers in verschied. Tiefen u.unter verschied. Breiten XVIII. 714.
Forshay, G. C. Klima und Erscheinungen im nördl. Texas XIII. 548*.
Forshey, C. B. Period. Augustmeteore VI. 872*.
Forster, R. T. Ueb. Sternschnuppen II. 179. 207; III. 157. 169. 170 — Merkwürd. Erscheinung während der totalen Mondfinsterniss 1848, V. 452* — Molecularconstitution d. Krystalle XI. 7; XV. 36.
Fort, O. Dr. Petzholdt's Versuche üb. d. Dichtigkeit d. Eises bei verschied. Temperaturen I. 32. 35.
Forthomme, Neue Methode zur Bestimmung des Brechungsindex von Flüssigkeiten XV. 209; XVI. 227 — Geschichte d.Spectralanalyse XX. 176.
Forti, A. Brechungsexponenten einiger Substanzen in Beziehung zur Wellenlänge d.durchgehenden Lichtes XIII. 239* — Tafeln zur Berechnung eines aplanatischen Objectivs aus drei zusammenstossenden Linsen, wenn d. brechenden und zerstreuenden Kräfte d. angewandten Substanzen gegeben sind XV. 204* — Ein photograph. für alle Objectivweiten achromat. Apparat XVII. 352* — Beweis d. Aehnlichkeit d. Bildes mit d. Object für ein

grosses Gesichtsfeld bei einem für alle Objectdistanzen achromat. photograph. Apparat, nebst historischen Bemerk. üb. d. Theorie d. Achromasie optischer Instrumente XIX. 300.
Fortone, J. C. Zur mathematischen Theorie d. Capillarität XIII. 63.
Fossangrives, M. Künstliche Erleuchtung d. Körperhöhlungen durch leuchtende Röhren XVI. 512.
Foucault, L. Apparat um d. elektr. Licht constant zu machen. Anwendung des elektr. Lichts V. 286. 289. 291 — Neue Form d. Bunsenschen Säule V. 291. 292 — Beweis für die Rotation d. Erde mittelst d. Pendels VI. 68. 105 — Schwingungen eines um seine Axe rotirenden Stabes VI. 68. 120 Messung d. Lichtgeschwindigkeit in d. Luft u. d. durchsichtigen Mitteln. Relative Geschwindigkeit d. Lichts in Luft u. Wasser. Vorschlag zu einem Versuch üb. d. Fortpflanzungsgeschwindigkeit der strahlenden Wärme VI. 417. 421 — Neuer experimenteller Beweis für d Bewegung d. Erde aus d. Festigkeit der Rotationsebne. Orientirungserscheinungen v. Körpern, die sich um eine an d. Oberfläche d. Erde feste Axe drehen. Neue sichtbare Beweise für d. tägl Bewegung d. Erde. Ueber d. Bestreben d. Drehungen zum Parallelismus VIII. 93. 97. 98 — Methode die Spectralfarben zu mischen IX. 248 — Ueb. d. eigenthümliche Leitungsfähigkeit der Flüssigkeiten IX. 482; X. 503 — Neue Versuche zum Beweise d. Drehung d. Erde mittelst d. Gyroskops X. 84 — Geschwindigkeit d. Lichts in d. Luft u. im Wasser X. 283 — Das Gyroskop XI. 81* — Ununterbrochene Schwingungen seines Pendels XI. 81 Leuchtkraft der gasförmigen Destillationsproducte d. Torfs XI. 286* — Ueb. die durch d. Einfluss eines Magnets in bewegten Körpern erzeugte Wärme XI. 364 — Ueb. d. Anwendung d. Inductionsapparate; Wirkung d. zusammengesetzten Maschinen. Neuer Unterbrecher für d. zusammengesetzten Inductionsapparate. Quecksilberunterbrecher XII. 516 — Neuer Polarisator v. Kalkspath XIII. 245 — Teleskop mit Silberspiegel XIII. 272 — Unterbrecher mit doppelter Wirkung für Inductionsapparate XIII. 414 — Teleskop mit versilbertem Glasspiegel. Verfahren zur Erkennung der Gestalt bei optischen Oberflächen XIV. 291; XV. 302 — Ueb. d. Licht d. galvan. Bogens XVI. 235 — Ueb. d. prismatische Analyse und Zusammensetzung der Sonnenatmosphäre XVII. 257 — Ueb. d. Solarcamera des Hrn. Woodward XVII. 341 — Ueb. e. System d. Stromvertheilung für elektr. Motoren XVII. 512 — Lösung d. Isochronismus eines conischen Pendels XVIII 31 — Experimentelle Bestimmung d. Geschwindigkeit des Lichts; Sonnenparallaxe XVIII. 198 — Neues Teleskop der kaiserlichen Sternwarte XVIII. 283 — Allgem. Ausdruck für d. Bedingungen d Isochronismus beim Centrifugalpendel XIX. 29 — s. Donné, Fizeau, Gaigneau, Lefévre.
Foucault, L. und V. Regnault, Ueb. d. Sehen mit beiden Augen V. 187. 188.
Foucou, F. Grösse d. Gesichtsfeldes beim Menschen. Analyse der Untersuchung üb. d. Bestimm. d. Gesetze d. Sehfeldes v. Leboucher XX. 289.
Fouqué, s. Deville.
Fournet, J. Temperaturverhältnisse d. Gewässer d. Rhonebassins IX. 653 — Ueb. die Abkühlung vom 24. bis 26. April 1855. XI. 650 — Erdbeben v. 25. Juli 1855, XI. 813 — Ueb. d. Gefrieren d. Dampfbläschen u. über d. Eisnadeln XII. 682* — Gestalt u. Bedeutung d. Beckens von Burgund bei d. Ueberschwemmungen v. Lyon XII. 748* — Erdbeben am 21. und 22. Aug. 1856, XII. 772 — Ueb. gewisse Winterstürme in Algerien XIII. 548* — Ueb. gewisse Färbungen d. Mondes u. d. Sonne XIV. 584 — Ueb. d. blaue Färbung d. Gestirne XV. 548 — Ueb. d. farbigen Schatten zu verschiedenen Stunden in verschiedenen Jahreszeiten u. üb. ihre Anwendung XV. 549 — Nordlicht v. 12. Oct. XV. 564* — Meteorologische Wahrnehmungen hinsichtlich der Nordlichter v. 29. Aug. 1859 und 17. Nov. 1858, XV. 564* — Ueb. unterird. Hydrographie XV. 748*; XVI. 830 — Beobachtungen auf d. Ueberfahrt v. Southampton nach der Landenge v. Panama in d. Region d. Passats XVI. 761* — Meteorolog. Anomalien zu Bona v. Juni 1859 bis Apr. 1860, XVI. 762* — Einfluss d. Structur u. Regenverhältnisse

im Becken v. Bourgogne auf d. Ueberschwemmungen zu Lyon. Wasserstand der Rhone zu Lyon von 1826 bis 1855, XVI. 816 — Ueber den Frühling 1860, XVII. 617* — Ueber den Winter 1859 bis 1860, XVII. 727* — Zusammenhang der Gewitter mit den Gebirgsgipfeln, namentlich ihre Vertheilung in d. Umgegend v. Lyon XVIII. 529 — Ueber den meteorologischen Charakter d. Jahres 1861, XVIII. 675.

Fournié, Studie üb. d. Stimme XX. 136*

Fowler, G. Ursache d. Magnetismus XI. 526*.

Fownes, G. Alkoholgehalt d. Spiritus bei verschiedenem specif. Gewicht III. 16. 18.

Fox, R. W. Instrument zur Bestimmung specif. u. absoluter Gewichte IV. 36. 47 — Temperatur einiger tiefen Minen in Cornwall XIII. 589.

Franchot, Vorrichtung um mittelst eines Uhrwerks d. Schwingungen d. Foucaultschen Pendels unendlich zu verlängern VI. 70. 142 — Luftmaschinen X. 405* — Ueb. die Widder- od. Trägheitspumpen XI. 103*.

François, J. Ueb. d. Mineralwasser v. la Malou XVIII. 746.

Frankenhein, M. L. Abhängigkeit d. Cohäsionserscheinungen v. d. Temperatur III. 10. 12; V. 21 — Ausdehnung einiger Flüssigkeiten durch die Wärme III. 20. 29 — Veränderungen, welche d. Höhe des Quecksilbers in Haarröhren mit d. Temperatur erleidet IV. 16. 18 — Krystallisation u. Amorphie VI. 3. 5 — Volumen des Wassers bei verschied. Temperaturen nach Pierre's Beobachtungen VIII. 38 — Ueb. die in der galvan. Kette an d. Gränze zweier Leiter entwickelte Wärme od. Kälte X. 475 — Ueb. d. Anordnung d. Molecüle im Krystall XII. 12 — Einfluss der Temperaturveränderungen auf die Capillaritätsphänomene am Quecksilber XII. 40 — Wärmeleitungsfähigkeit des Quecksilbers XII. 372 — Ueb. d. Entstehen u. Wachsen d. Krystalle XVI. 19 — Ueb. die durch Verletz. eines Krystalls entstehenden Krystallflächen XVII. 26 — Ueb. d. Magnetisiren der Stahlstäbe XX. 503.

Frankland, E. Zusammensetzung der Luft v. Mont Blanc XVI. 665* — Ueb. d. blaue Linie d. Lithiumspectrums XVII. 257 — Ueb. d. Verbrennung in verdünnter Luft XVII. 262 — Bemerk. zu Adie's Abhandlung über Grundeis XVII. 757 — Ueber d. Gang d. Verbrennung der Zündruthen bei verschied. Luftdruck XVIII. 331 — Ueb. d. Temperatur, bei welcher sich d. Leuchtgas entzündet XVIII. 333*; XIX. 358 — Ueb. d. Verbrennung v. Eisen in comprimirtem Sauerstoff XX. 359 — Ueber die physikal. Ursache d. Eiszeit XX. 879.

Franklin, Meteorolog. Beobacht. im Staate New-York XIII. 540.

Frantzius, A v. Beiträge zur Kenntniss d. Vulkane v. Costarica XVII. 781.

Franz, J. Ueb. d. täglichen Wasserstand d. Nils von April bis August 1857, XIII. 583*.

Franz, R. Härte der Mineralien und neues Verfahren dieselbe zu messen VI. 15. 17 — Ueb. thermoelektrische Ströme VI. 661. 669; VIII. 458 — Diathermanität einiger Gasarten und gefärbten Flüssigkeiten XI. 386 — Thermoelektr. Erscheinungen an gleichartigen Metallen XII. 420 — Ueb. d. Diathermansie einiger gefärbten Flüssigkeiten XIII. 304 — Ueber das Verhältniss v. Wärme u. Licht im Spectrum XIV. 360 — Ueb. d. Diathermansie d. Medien d. Auges XVIII. 383 — s. Wiedemann.

Frascara, E. Galvanische Säule XI. 463.

Fraser, R. W. Ebbe u. Fluth. Merkwürdigkeiten u. Wunder d. Seeküste. XVI. 788*.

Frauenfeld, G. Ueb. Neu-Amsterdam XVI. 864*.

Fraysse, Meteorolog. Beobachtungen zu Trivas V. 376*.

Frazer, W. Osmiumspectrum XIX. 199.

Fremy, E. Umwandlung d. Weinsäure u. Traubensäure in d. Wärme VI. 457. 463. Biot dazu VI. 464 — Galvanische Zersetzung d. Fluorverbindungen XI. 453.

Fremy E. u. E. Becquerel, Elektrochemische Untersuch. über d. Eigenschaften elektrisirter Körper VIII. 488.

French, W. H. Verbesserungen an elektrotelegraphischen Instrumenten III. 476* — Verdienste von Cook, Wheatstone u. Brett um d. Telegraphen III. 477*.

Fresenius, R. Die Mineralquelle zu Weilbach XIII. 578*.

Fresenius u. Schulze, Bestimmung d. specif. Gewichts v. Kartoffeln für praktische Zwecke VI. 44. 48.
Fresnel, A. Reflexion d. Lichts III. 109 — Ueb. d. Farben, welche polarisirtes Licht in homogen. Flüssigkeiten erzeugt III. 109. 113 — Prioritätsfrage in Betreff d. Anwendung d. totalen Reflexion auf Leuchtthürmen VIII. 356 — Ueb. d. Theorie d. Beugung XVIII. 163.
Frestel, Kritische Bemerk. zu den Versuchen v. de Haldat I. 199*.
Freund, G. Ueb. d. Bewegung der Luft um einen Cylinder, welcher gedreht wird XVIII. 57.
Freyss, s. Schlagdenhauffen.
Frezin, Entwicklung v. Kohlenwasserstoff an einer Stelle d. Arvethales XI. 817.
Frick, J. Vergleich üb. d. Magnetisiren d. Stahls mit der Spirale von Elias u. mit Elektromagneten V. 315. 328; Entgegnung VI. 842 847 — Ueb. einen neuen Apparat für d. Spannung des Wasserdampfs im lufterfüllten Raum XII. 359 — Zur Lehre vom Blitz XVI. 625.
v. Friedau, Geographische u. magnetische Bestimmungen aus d. Nilthal IX. 628.
Friedel, C. Elektrolyse e. Mischung v. Aceton u. Wasser XV. 469 — Ueb. d. pyroelektr. Eigenschaften einiger d. Elektricität gut leitender Krystalle XVI. 448.
Friedmann, Beiträge zur Aërographie IX. 737* — Graphische Darstellung der Temperatur eines Orts durch geschlossene Curven XIX. 635* — Die Witterungsverhältnisse im Juli 1864, XX. 778.
Friend u. Browning, Apparat zum Corrigiren d. Variationen d. Schiffscompasse XI. 628*.
Fries, Lichterscheinungen an lebenden Pflanzen XV. 239.
Friesach, K. Geographische und magnetische Beobachtungen in Nord- u. Süd-Amerika XIV. 599; XVI. 657*; XVIII. 569* — Barometerbeobachtungen in Peru u. Bolivien XVII. 638* — s. Liais.
Frischen, Zweckmässige und billige Batterie zum Entzünden von Minen IX. 515.
Frisiani, P. Ueb. Erdmagnetismus XVI. 656*; XVII. 561; XVIII. 569* — Ueb. d. Mehrheit d. magnet. Erdaxen XVII. 561 — Ueb. elektrodynam. Induction XVIII. 486* — Ueb. d. Periode der Sonnenflecke in Bezug auf eine gleiche d. magnet. Störungen. Ueb. ungewöhnl. magnet. Störungen und ihr Zusammentreffen mit Nordlichtern XVIII. 569*.
Fritzsch, K. Meteorologische Beobachtungen für d. J. 1846 zu Prag IV. 428. 436 — Meteorologie für den Horizont von Prag V. 373. 432; VIII. 779 — Constante Verhältnisse des Wasserstandes u. der Beeisung der Moldau bei Prag VI. 914. 1045 — Temperaturverhältnisse u. Menge d. Niederschlags in Böhmen VI. 1049. 1079 — Meteorolog. Tafeln für Prag VI. 1058* — Tägliche Periode d. Gewitter u. ihre Ursachen VIII. 602* — Nachweisung einer säculären period. Aenderung der Lufttemperatur VIII. 696 — Die Lichtmeteore in der Atmosphäre als Vorzeichen v. Niederschlägen VIII. 779* — Weitere Belege für e. säculäre Aenderung der Lufttemperatur. Ueber das Steigen und Fallen der Lufttemperatur binnen einer analogen elfjährigen Periode, in welcher sich d. Sonnenflecke vermehren u. vermindern IX. 708 — Ueb. Schneefiguren IX. 737* — Ueber den Orcan den 30. Juni 1854, X. 760 — Ergänzung d. Belege für e. säculäre Aenderung d. Lufttemperatur X. 764* — Resultate der im J. 1854 in Wien u. an einigen andern Orten d. österr. Kaiserstaats angestellten Vegetationsbeobachtungen XI. 669 — Ueber die constanten Verhältnisse des Wasserstandes der Donau bei Wien XI. 772 — Vorausbestimmung d. Lufttemperatur aus d. Verhalten d. Barometers XII. 632 — Vegetationsverhältnisse in Oesterreich 1855, XII. 650 — Gesetz des Einflusses d. Lufttemperatur auf d. Zeit bestimmter Entwicklungsphasen d. Pflanzen mit Berücksichtigung d. Insolation u. Feuchtigkeit XIII. 494 — Ueb. period. Erscheinungen im Pflanzen- u. Thierreich 1853 und 1854. Ausserordentlich frühe Entwicklung der Pflanzen im Frühjahr 1859 zu Wien XV. 717* — Ueb. d. Störungen d. tägl. Ganges einiger d. wichtigsten meteorolog. Elemente an Gewittertagen XVI. 657 — Phänolog. Beobachtungen aus dem Pflan-

zenreich XVI. 707* — Nebenmonde zu Wien, 24. Juli 1861. Eine sonderbare Strahlenbrech. d. Sonne XVII. 549* — Ueb. eine d. 24. Jan. 1861 beob. Feuerkugel XVII. 552* — Resultate mehrjähr. Beobacht. üb. die Belaub. u. Entlaubung d. Bäume u. Sträucher im Wiener botan. Garten XVII. 618* — Thermische Constanten für die Blüthe u. Fruchtreife von 889 Pflanzenarten aus 16jähr. Beobacht. im botan. Garten zu Wien XVII. 619 — Die elfjährige Periode der Sonnenflecke u. ihr Einfluss auf d. Temperatur XVIII. 503* — Polarbanden beobachtet zu Wien XVIII. 512* — Die Eisverhältnisse der Donau bei Wien XVIII. 729*; desgl. in Oesterreich u. Ungarn 1851 bis 1861, XIX. 384* — Ueb. Wetterprognose XX. 639 — Ueb. d. verheerenden Hagelfall am 12. Juli 1864 zu Salzburg XX. 767.

Fritzsche, Ueb. das Gefrieren gefärbter Flüssigkeiten XIX. 364.

Frolow, Anomale Strahlenbrechung auf d. Schwarzen Meer IX. 610.*

Froment, Elektr. Instrument mit vibrirender Zunge III. 471. 472 — Mikrometer V. 32* — Comparateur VI. 61. 65 — Elektr. Telegraph mit Tasten VI. 840* — Elektromagnetische Motoren IX. 577*; XIII. 434*.

Fromm, L. Der Plauer See XIX. 683.

Frost, P. Ueber Bewegung und Beschleunigung XIV. 76.

Fry, Guttapercha in d. Photographie VI. 522. 544.

Fryer, Kleine Schwankungen d. Barometers XVIII. 639*.

Fuchs, Ueber die Luftfeuchtigkeit während d. Finsternisse XVI. 736*.

v. Fuchs, Theoretische Bemerk. üb. die Gestaltungszustände des Eisens VIII. 10.

Fuchs, A. Verhalten eines feinen Springbrunnens innerhalb einer elektr. Atmosphäre XII. 398 — Eisbildung auf Flüssen XII. 745 — Wesen der Wärme u. ihre Beziehung zur bewegenden Kraft XIII. 279* — Springbrunnen als Elektroskope XIV. 389.

Fueter, E. Tiefer Barometerstand in Bern 2. Febr. 1823, X. 766*.

Fuhlrott, C. Ueb. das Wesen des Wisperwind XVII. 655* — Das Quellwasser oder Grundzüge der Quellenkunde XIX. 695*.

Fulbroock, C. Theorie d. Regens. Aenderung d. Regenmenge nach der Mondphase XIII. 554.

Fuller, J. Verbesserungen an galvan. Batterien X. 544*.

Funke, O. Zur Kenntniss d. Urari u. einiger anderen Gifte XV. 508 — Zur Lehre vom blinden Fleck XX. 293.

Furet, P. Resultate meteorolog. Beobachtungen auf d. Lu-tschu-Inseln XV. 689.

Fusinieri, Mechanische Wirkung d. volt. Ströme I. 463. 466; II. 396. 404.

Fuster, Aenderung des Klimas in Frankreich III. 590. 598.

Fyers, A. B. Ueb. d. Variation der Nadel XIII. 481*.

Fyfe, A. Versuche üb. Elektrocultur II. 436. 439.

Gabussi, C. Ueb. die Lenkung des Luftballons XII. 154*.

Gadolin, A. Bestimmung des specif. Gewichts d. Mineralien XV. 19.

Gätzschmann, M. S. Zündung von Sprengschüssen durch d. elektr. Funken IX. 447.

Gaietta, Elektr. Multiplicator VI. 641. 643 — Ueb. Licht u. Magnetismus VI. 1127. 1145.

Gaiffe, A. Elektricität der Schiessbaumwolle III. 340.

Gaigneau, Reclamation in Betreff des Apparats v. Foucault für elektr. Licht V. 291*.

Gaimard, Reisen in Skandinavien. Erdmagnetismus III. 518. 543.

Gairaud, A. Quecksilberluftpumpe ohne Stempel und Ventile XIV. 97; XV. 87.

Galbraith, J. A. Allgemeine Construction für die grösste Wurfweite im luftleeren Raum XII. 100 — Tafeln und Figuren zu der in Dublin beobacht. Regenmenge XVII. 671*.

Galbraith J. A. u. S. Haughton, Bewegung d. Apsidenlinie eines freihängenden Pendels VI. 69. 128 — Handbuch d. Fluthen u. Fluthströme XVIII. 717*.

Galle, J. G. Beobachtung d. weissen Nebensonnen auf d. Horizontalkreise durch d. Sonne III. 156. 165 — Beobachtung v. Irrlichtern VI. 870* — Plan für d. Bearbeitung der in Schlesien angestellten meteorolog. Beobachtungen für klimatolog. Zwecke VIII. 780* — Ueb. d. im Dec. 1852 in

Schlesien beobachtete Feuerkugel IX. 610* — Fortgang und Schluss der schlesischen meteorolog. Beobacht. IX. 707 — Uebersicht d. meteorolog. Beobachtungen auf d. Sternwarte zu Breslau 1853, IX. 707; im J. 1854, X. 711; im J. 1855, XI. 721; 1862, XIX. 659 — Meteorolog. und magnet. Constanten von Breslau X. 711 — Grundzüge d. schlesischen Klimatologie XIII. 516 — Ueb. d. in Breslau angestellten Regenmessungen XVI. 740* — Ueb. e. fehlerhaften Stand eines Pistorschen Barometers in Folge einer veränderten Quecksilbercapillarität u. Adhäsion XX. 653.

Galle, L. Das neue Relais v. Stöhrer VIII. 553*.

Gallenkamp, W. Anzahl der Bilder eines leuchtenden Punktes zwischen zwei geneigten ebnen Spiegeln VI. 383 — Ein elektr. Meteor XV. 571. 572

Gallo, Einleitung in d. Mechanik u. Naturphilosophie XVI. 22.

Gallois, F. L. v. Multiplicator und Intensitätsaccommodator XV. 405 — Der Präcisirungsbogen an analyt. u. andern Wagen XVIII. 5.

Galopin, Ueber die Theorie der Doppelbrechung XIX. 145.

Galton, F. Luftspiegelung in Südafrika X. 640* — Meteorolog. Karten XVII. 714 — Theorie d. Cyclonen XIX. 638* — Das Klima am Ukerewe-See nach d. Beobacht. v. Speke u. Grant XIX. 649 — Meteorographie od. Methode das Wetter in Karten zu verzeichnen mit mehr als 600 Diagrammen XIX. 650.

Galy-Cazalat, Neue oscillirende Maschine ohne Stempel u. Ventil, bewegt durch Dampf und d. Verbrennungsgase od. durch Dampf u. stark erhitzte Luft VIII. 387.

Galvagno, Neue Art Luftballon II. 94*.

Gambey, Theilungsmethode V. 32*.

Gand, E. Einfluss d. Erdmagnetismus auf d. eisernen Index des Maximumthermometers XIII. 501.

Garcia, M. Ueb. d. menschl. Stimme XI. 218*; XVII. 175.

Garcke u. Brandt, Bestimmung d. Zugkraft der Locomotiven nach der Windham-Hardingschen u. der de Pambourschen Formel XI. 75.

Gardiner, R. H. Ueber Barometer, Regen- u. Schneemesser XV. 657* — Ueb. d. Aufthauen u. Gefrieren des Kennebekflusses, Maine, XV. 752 — Ueb. d. Verschwinden d. Eises XVII. 617*.

Gardner, D. P. Ueb. d. Functionen d. Pflanzen II. 25.

Gardner, J. Ueb. e. Meteor XX. 596*.

Garelli, F. Ueber Italiens Mineralwasser u. ihre therapeut. Anwendungen XX. 874*.

Garner, R. Ueb. ein merkwürdiges Hagelwetter in North Staffordshire XII. 692*.

Garnier, C. F. Beziehungen zwischen d. mittleren Atomgewicht u. d. specif. Wärme d. einfachen Körper VIII. 423. Wertheim dazu 424. Zusatz zu dieser Abhandlung IX. 388.

Garnier, P. Apparat für elektrische Telegraphie I. 549* — Elektr. Uhren III. 477*; IV. 357*; V. 314*; XII. 532* — Apparate zur Bestätigung d. Theorie d. Hrn. Phillips XVI. 33.

Garot, s. Cap.

Garthe, Leonhard's elektr. Telegraph IV. 356* — Foucault's Versuch angestellt im Dom zu Köln, nebst einigen diesen Gegenstand betreffenden Apparaten VIII. 88.

de Gasparin, Nordlichtbeobachtung III. 158. 180 — Beziehung d. Regens zu Orange zum Barometerstand von 1817 bis 1849, VI. 1057* — Ueb. die Sonnenstrahlen u. ihre Wirkung auf d. Vegetation IX. 397 — Einfluss d. Wärme auf d. Fortgang der Vegetation XI. 652.

Gassiot, J. P. Grosse Wasserbatterie I. 467* — Spannungs-Elektricität in d. volt. Batterie II. 395. 400 — Eigenthümliche Veränderung d. Diamants durch d. volt. Bogen VI. 714. 717 — Einige Versuche mit dem Ruhmkorffschen Inductionsapparat X. 519 — Wärmewirkung secundärer Ströme X. 520 — Ueb. galvan. Wasserzersetzung unter Druck X. 533 — Ueb. d. Schichtung d. elektr. Lichts im Torricellischen Vacuum XIV. 406; XV. 449; XIX. 447 — Elektr. Entladung in Wasserdampf XIV. 407. 409 — Beschreibung eines v. Ritchie construirten Ruhmkorffschen Inductionsapparates XIV. 485 — Elektr. Entladung einer grossen volt. Batterie im luftverdünnten Raum XV. 45.) — Ueb. d. phosphorescirende Licht bei der elektr. Entladung in

Röhren von Flint- u. Kaliglas. Einwirkung einer bewegl. Glaskugel auf d. geschichtete elektr. Entladung XV. 150 — Ueb. d. leuchtende Entladung voltascher Batterien im Kohlensäurevacuum. Anzeige d. Vacuums durch d. Quecksilberbarometer u. durch d. elektr. Entladung XVI. 508 — Unterbrechung d. voltaschen Entladung im Vacuum durch d. Magnet XVI. 509 — Anwendung der Entladung d. Inductoriums zur Beleuchtung XVI. 509 — Ueb. d. Wärmeentwicklung an d. Polen einer volt. Batterie während des Durchgangs leuchtender Entladungen in Luft u. im Vacuum XVII. 496; XIX. 447 — Ueb. d. metallischen Beschlag am negat. Pol des Inductoriums bei der Entladung in luftleeren Röhren XVII. 505 — Natur u. Wirkungen d. leuchtenden Entladung volt. Pole XVII. 505* — Ueber d. Ablagerung v. Metallen an der negativen Elektrode e. Inductionsrolle bei d. Entladung im Vacuum XVIII. 482 — Ueb. Spectralanalyse nebst Beschreib. eines grossen Spectroskops mit neun Prismen und achromat. Fernröhren v. zwei Fuss Brennweite XIX. 186 — Ueb. d. Schicht. d. elektr. Lichts XIX. 447 — Beschreib. e. Spectralapparats mit elf Schwefelkohlenstoffprismen XX. 171 — Ueber die Anwendung von Schwefelkohlenstoffprismen und d. Nutzen v. Fernröhren mit grosser Brennweite bei Untersuch. des Sonnenspectrums XX. 172.

Gastaldi, Ueb. d. Aushöhlung der Seebecken in d. Moränenthälern XIX. 677.

Gaston, Neue Pumpe von Hovasse XX. 43.

Gatchell, J. L. Hydraulischer Widder X. 182 — Ueb. Blitzableiter X. 656. 659.

Gaudichaud, Abriss d. physiolog. Chemie III. 195. 202.

Gaudin, A. Darstellung von photographischem Papier I. 275. 294 — Untersuchungen über die eigentlichen Ursachen der Krystallisationskraft III. 4* — Betrachtungen über die verschiedenen Modificationen in der Construction der Luftballons III. 56* — Ueber die von der Temperatur unabhängigen Sympiezometer III. 98. IV. 79. 81 — Ueber die lichtbrechenden Medien IV. 198. 199 — Die wahren Ursachen der Krystallformen VI. 3. 4. 8 — Neues Mikroskop VI. 546. 548 — Ueber die Gruppirung der Atome in den Molecülen und die wahren Ursachen der Krystallformen VIII. 5; XIII. 4 — Brief an Despretz (verflüchtigte Kohle betreffend) IX. 496 — Bildung d. Krystalle aus Molecularpolyedern XIII. 4 — Moleculare Morphogenie XIV. 3; XVIII. 16; XIX. 13*; XX. 19* — Entstehung d. kubischen Systems XX. 19*

Gaudin, C. T. Luftspiegelungen XIV. 591* — Luftspiegelung auf d. Meer in Sicilien XVI. 791 — Ungefähre Bestimmung d. Schlammmenge, welche d. Arno beim Regen mit sich führt XVI. 818 — Wassermenge der Grünsandschicht, welche d. Brunnen von Grenelle und Passy speist XVII. 759 — Mittel d. Wassermenge d. artes. Brunnen von Passy zu steigern XVII. 761 — Antwort auf d. Beobachtung v. Michon üb. d. artes. Brunnen XVIII. 743.

Gaudry, A. Jetziger Zustand des Vesuvs XI. 793 — Analyse d. Berichte üb. die vulkanischen Ausbrüche auf d. Insel Hawaii XI. 794 — Ueb. die Erdbeben, welche im Aug. 1853 die Stadt Theben zerstörten XII. 768.

Gaugain, J. M. Ueb. Thermoströme IX. 453 — Ueb. die angebliche Entstehung d. Elektricität durch d. Bewegung d. Wärme IX. 457; Erwiderung auf die Einwürfe v. Le Roux hiergegen 458 — Neue Art v. Gasketten IX. 459 — Erzeugung v. Strömen durch Reibung v. zwei Metallplatten IX. 460 — Beschreib. eines Elektroskops mit doppelter Condensation IX. 512 — Tangentenbussole nach einem neuen elektrodynamischen Princip IX. 537 — Ueb. d. Elektricitätsentwicklung bei d. Verdampfung v. Salzlösungen u. den Ursprung der atmosphärischen Elektricität X. 433 — Elektricitätsentwicklung bei der Verbrennung X. 478 — Ueb. einige Ursachen, welche d. elektromotorische Kraft verändern können X. 491 — Ueb. die Gesetze der Intensität der elektr. Ströme. Gesetze d. Intensität d. inducirten Ströme X. 569 — Ueb. die elektromotorische Kraft, welche secundäre Ströme erzeugt XI. 438 — Ueber einige neue Versuche v. Poggendorff XI. 489 — Ueb. d. vermeint-

lichen Wirkungen zweier gleicher u. entgegengesetzter Ströme XI. 491 — Ueb. ein elektr. Ventil XI. 492; XII. 522. — Ueb. die elektr. Leitungsfähigkeit d. Luft XI. 496 — Ueber die Schichtung d. elektr. Lichts XI. 499 — Ueb. ein Elektroskop mit doppelter Condensation XII. 414 — Ueber die elektr. Eigenschaften d. Turmalins. Beziehung zwischen d. entwickelten Elektricitätsmenge u. d. Erkaltungsgeschwindigkeit XII. 415 — Ueb. die elektromotorische Kraft der Säulen mit amalgamirten Metallen XII. 439 — Elektricität d. Turmaline XIII. 339; XV. 381 — Ueb. d. Ausbreitung der Elektricität an d. Oberfläche isolirter Körper XIV. 380 — Gesetze d. Elektricitätsleitung in schlechten Leitern XV. 411; XVI. 487; XVII. 465 — Versuche, welche in gewisser Weise d. Voltasche Theorie der elektromotor. Kraft bestätigen XVI. 456 — Ueber d. Fortpflanzung der Elektricität im variablen Spannungszustand. Ueber d. Ladungscoefficienten der Telegraphendrähte XVI. 484 — Störungen in d. Fortpflanzung d. Elektr. durch d. Einfluss d. Luft od. d.e unvollkommene Isolation d. Leitung XVI. 486 — Theorie d. cylindr. Condensatoren XVII. 424; desgl. d. ebenen Condensat. 425; desgl. d. sphär. Condensatoren XVII. 426 — Ueber die elektr. Condensation auf untergetauchten Telegraphenkabeln XVII. 429 — Zusammenhang d. Theorie d. statischen Elektricitätsvertheilung mit d. Theorie d. Elektricitätsleitung. Ueb. d. elektr. Leitungsvermögen und die inductive Capacität d. Isolatoren XVIII. 388 — Ueb. d. Gränzladung d. elektrischen Condensatoren XVIII. 389 — Ueber d. thermoelektr. Ströme XVIII. 453 — Ueb. d. elektr. Eigenschaft d. Sonnenstrahlen XIX. 390 — Ueber die inductive Capacität d. Isolatoren XIX. 394; XX. 444 — Ueb. d. besonderen Charakter des elektrischen Stromes, welcher d. isolirende Hülle untergetauchter Telegraphenkabel durchläuft XIX. 431 — Ueb. die Elektricitätserregung bei d. Reibung v. Metallen u. Isolatoren XX. 429 — Theorie der elektr. Influenz XX. 432 — Ueb. die gebundene Elektricität XX. 433 — Ueb. d. Rückstand d. elektr. Condensatoren XX. 443 — Ueber d. Theorie der elektr. Condensatoren im veränderlichen Spannungszustand XX. 444 — Ueb. d. Bewegung d. Elektricität in schlechten Leitern XX. 475.

Gaugin, Galvanoplast. Broncirung IV. 300*.

Gaultier de Claubry, Entdeckung aller giftigen Metalle durch Galvanismus VI. 718* — Merkwürd. Aussehn d. Himmels während eines Gewitters VI. 870* — Wirkungen d. Erdstösse am 21. und 22. Aug. 1856 in Algerien XII. 772 — Ueb. die Erdstösse in Philippeville XII. 773.

Gaultier de Claubry u. Dechaud, Elektrochem. Behandlung d. Kupfererze I. 470. 476.

Gaultier de Claubry u. Jacquelain, Ueb. d. Ebullioskop d. Fräul. Brossard-Vidal XIX. 363.

Gaume, Verwüstungen durch eine Windhose in d. Gemeinde Fuans XI. 697*.

Gaunery, Chronometer V. 33*.

Gauntlett, Pyrometer XVI. 339 — Registrirendes Thermometer für Gartenhäuser XVII. 605.

Gauss, C. F. Dioptrische Untersuchungen XII. 775* — Bericht eines Comités für d. Untersuchung, ob d. vorhandenen Beobacht. hinreichen um d. allgem. Theorie des Erdmagnetismus v. Gauss auf d. magnet. Variationen anzuwenden XIX. 586.

Gaussin u. Ploix, Jahrbuch d. Ebbe u. Fluth an den französ. Küsten für 1864, XVIII. 717*; XIX. 670*; desgl. für 1865, XX. 844*.

Gautier, A. Ueber d. grossen Teleskope des Lord Rosse I. 298. 309 — Einfluss, welchen Anzahl u. Verweilen der in d. Sonnenscheibe beobachteten Flecke auf d. Temperatur an d. Erde ausüben III. 646. 675 — Aenderungen d. Luftdrucks in Brüssel V. 375. 376* — Ueb. d. Observatorium zu Brüssel u. die darin ausgeführten wissenschaftlichen Arbeiten X. 763*; XVI. 763* — Nebensonne u. unerklärl. Geräusch in der Luft zu Feings XIII. 455* — Neuere Anwendungen der Photographie in d. Astronomie XIV. 574 — Ueber Sonnenflecke XV. 557* — Ueb. neuere Untersuchungen und Erscheinungen die Sonne betreffend XVI. 608* — Ueber den meteorolog. Bericht d. Observatoriums d. Collegio Romano XX. 824.

Gautier, E. Beobacht. der Sonnenfinsterniss v. 18. Juli 1860, XVI. 574 — Ueb. die Constitution der Sonne nach d. Untersuchungen d. Sonnenspectrums v. Kirchhoff XIX. 539*; XX. 575.

Gavarret, Elektrophysiolog. Untersuchungen V. 298 — Ueb. Galvani's elektrophysiolog. Untersuchungen VI. 727. 732 — s. Perrot.

Gebauer, Erhebliche Rechnungserleichterung bei der Bestimmung der Höhe d. Sternschnuppen XII. 555*.

Geigel, A. Zur Lehre vom amphorischen Wiederhall XII. 242.

Geissler, Ueb. ein Vaporimeter X. 385 — s. Plücker.

Gemellaro, G. G. Allmälige Erhebung eines Theils d. Küste v. Sicilien XIV. 679 — Ueb. d. vulkan. Kegel v. Paterno u. Motta, Aetna XVIII. 782*.

Geniller, Physische Beschaffenheit d. Sonne XIII. 460.

Gensler, F. W. K. Geometrische Eigenschaften d. gravitas acceleratrix Newton's u. ihre Consequenzen für d. Atomlehre XIV. 4.

Genth, F. A. Meteorstein von Neu-Mexiko X. 641* — Analyse des Meteoreisens v. Tuczon in Mexiko XI. 586*.

Gentili, Ueb d. Gesetze für die in den Tropen in der Luft enthaltenen Wassermengen XVII. 662*.

Geoffroy, Feuerkugel beobachtet zu Dijon II. 179. 204.

Gérard, Modification seines Kreistheilungszirkels III. 98* — Elektrische Uhren XII. 533* — Neue Anordnung d. galvan. Kette XIX. 411.

Gérard, A. Foucault's Pendelversuch VI. 69. 140 — Ueb. Pendelbeobacht. IX. 24.

Gérardin, A. Wirkung d. Säule auf geschmolzene Kali- und Natronsalze u. Legirungen XVII. 491 — Ueb. die Löslichkeit eines Körpers in einem Gemenge seiner Lösungsmittel XVIII. 88 — Bestimmung d. Schmelzpunktes schlechter Wärmeleiter XVIII. 337.

Gerding, T. Das Centrifugalgebläse in seiner Anwendung zum Glasblasen VI. 214. 227.

Gergens, s. Seelheim.

Gerhardt, C. Ueber d. Siedepunkt der Kohlenwasserstoffe I. 3* — Ueb. die bei chemischen Verbindungen entwickelte Wärme II. 249* — Atomvolumen einiger isomorphen Oxyde d. regulären Systems III. 3. 5.

Gerlach, G. Th. Die specif. Gewichte der gebräuchlichsten Salzlösungen bei verschied. Concentrationsgraden XVI. 13*.

Gerlach, J. Mikroskopisch-anatomische Photographie XVII. 346 — Die Photographie als Hülfsmittel mikrosk. Forschung XVIII. 286; XIX. 300* — Ueb. d. photographische Darstellung v. Injections-, Imbibitions- u. Blutkörperchenpräparaten in ihren natürl. Farben XX. 260.

Gerling, C. L. Deutsches Münz-, Maass- u. Gewichtswesen V. 32* — Zwei Briefwagen IX. 28 — Mechan. Vorrichtung zur Darstellung d. Wellenbewegung XII. 775 — Darstellung aller Polarisationsbewegungen und einer zweiten verwandten Wellenbewegung nebst Apparat dazu XIV. 294*.

Germain, J. A. Beobachtung der period. Erscheinungen 1856 u. 1857 zu Brüssel, Gent u. s. w. XV. 707*.

Germar, Zur Erklärung v. Fluth u. Ebbe und Whewell's Verdienste um dieselbe XV. 741*.

Gernez, D. Ueber das Drehungsvermögen d. activen Flüssigkeiten und ihrer Dämpfe XX. 252.

Gersheim, H. Ueb. Guttapercha u. deren Anwendung zur Isolirung der Kupferdrähte VI. 839*.

Gether, A. Ueb. d. Naturkraft XVIII. 16*

Geubel, H. C. Methode kupferne Gegenstände mit Regenbogenfarben zu überziehen VI. 722* — Neue Kette aus Zink und Kupfervitriol VI. 723. 726 — Zur Beugung u. Interferenz d. Lichts VIII. 230*.

Geuther, A. Elektrolytische Versuche XII. 475 — Elektrolyse d. Schwefelsäure XV. 467.

Ghaye, M. Ueb. d. Phosphorescenz d. Schnees XII. 245*.

Gherardi, Ueb. d. polaren Magnetismus der Paläste und anderer Gebäude in Turin XIX. 458 — Ueb. d. polaren Magnetismus d. Ziegelsteine XIX. 460; XX. 499.

Giacchetti, Fall eines Meteorsteins zu Civita-vecchia XII. 556*.

Gianetti, Heberballons IX. 85.

Giardini, M. Ueb. einen temporären Magneten durch Influenz d. blossen Erdmagnetismus XI. 473.

Gibbes, L. R. Nordlicht v. 29. Sept. 1851, VIII. 597*.
Gibbon, J. H. Meteorsteinfall in Carolina VI. 872*.
Gibbons, H. Ueb. d. Klima v. San Francisco, VIII. 779*; X. 764* — Ueb. das Klima v. San Francisco im J. 1854, XI. 751; desgl. im J. 1855, XII. 710 — Ueb. d. Wetter im Juni zu San Francisco XI. 758* — Ueb. das Anschwellen d. Quellen und Flüsse in Californien vor dem Winterregen XX. 870.
Gibbs, W. Neue Form des Spectroskops XIX. 185.
Giebel, C. G. Ueb. d. Erdbeben in Wallis 1855 XI. 808 — Die Erderschütterung in Sachsen u. Thüringen d. 7. Juni 1857, XIII. 613.
Giffard, Einspritzen zum Speisen d. Dampfkessels XV. 327 — Ueber den selbstthätigen Injector XVII. 369*.
Gilbert, Ph. Zur Theorie d. Capillarerscheinungen XIII. 62 — Ueb. eine optische Lufterscheinung XVI. 602* — Ueb. d. Integration der Differentialgleichungen der Dynamik XX. 23* — Analyt. Untersuchungen über die Beugung des Lichts XX. 148 — s. Laurentius.
Gilbert-Charrier, s. Girouard.
Gill, Die Fluthen im südl. Stillen Meer X. 774.
Gill, J. Ueb. d. mechanische Wärmetheorie XIX. 345*; XX. 329.
Gillepsie, P. Beobachtungen auf einer Reise von Leith nach Granada VI. 1058*.
Gilles, L. P. de St. s. Saint Gilles.
Gillet u. Saintard, Neues System der elektr. Telegraphie I. 549*.
Gillett, W. S. Neue und richtigere Methode zur Bestimmung d. Oeffnung v. Objectiven für Mikroskope X. 338.
Gillis, J. M. Magnet. u. meteorolog. Beobachtungen zu Washington III. 517. 522 — Antuco XII. 762 — Ueb. das Erdbeben in Chile den 2. April 1851, XII. 767 — Die astronom. Expedition d. Vereinigten Staaten in d. südliche Hemisphäre 1849 bis 1852, XIII. 516 — Ueb. d. totale Sonnenfinsterniss d. 7. Sept. 1858 beob. zu Olmos in Peru XV. 558* — Erdbeben auf der Insel Penang XVII. 791 — Astronom. u. meteorolog. Beobacht. auf d. Seeobservatorium in d. Verein. Staaten 1861, XVIII. 688*. s. Aigneau.
Giltay, K. Spectralanalyse XVII. 253.
Gintl, Ambulanter Telegraph V. 314; VI. 840* — Ueb. d. gleichzeitige Telegraphiren auf demselben Draht in entgegengesetzter Richtung IX. 579* — Ueber die Entstehung des elektrischen Stromes XII. 457.
Giordano, J. Ueb. d. letzten Ausbruch d. Vesuvs XVIII. 758 — Bathorheometer oder elektr. Sphärometer XIX. 4.
Giorgini, Flüssigkeit zur Versilberung ohne Elektricität II. 421. 427.
Girard, Ueb. d. Eigenwärme d. Insecten. Ueb. d. Methoden der Eigenwärme der Gliederthiere namentlich d. Insecten zu untersuchen XVIII. 334. s. Davanne.
Girard, L. D. Neues Schleusensystem I. 587. 592 — Wasserhebungsmaschine IV. 79* — Hydraulische Maschinen V. 43 — Hydropneumatische Wehre u. Anwendung ihres Princips auf Wasserräder u. Turbinen VI. 155. 197 — Hydraulische Eisenbahn mit einem Wasservertheilungs- und Bewässerungssystem VIII. 127 — Neuer hydraulischer Receptor, sogenanntes Schraubenrad mit horizontaler Axe od. Turbine ohne Leitcurven XI. 100 — Wirkungen einer Trombe in der Gegend v. Coutance (Manche) XV. 725*.
Girardin, Neues Verfahren Zeichnungen, Kupferstiche u. s. w. zu reproduciren XIII. 47.
Giraud, L. Ueb. e. magnet. Phänomen unter d. Einfluss d. Nordlichts v. 21. Aug. XV. 565*.
Giraud-Teulon, Theorie d. Sprunges XI. 92* — Ueb. d. Princip in d. Mechanismus zum Schwimmen der Fische u. Fliegen d. Vögel XII. 137* — Ueb. d. Gehen XIII. 124* — Ueb. d. Mechanismus d. Erzeugung eines Reliefs beim Binocularsehen XIII. 259 — Einfluss d. Brillengläser namentl. ihrer äusseren und inneren prismatischen Theile auf die Gesichtsthätigkeit beim binocularen Gebrauch XVI. 273 — Ueb. d. Einheit der Empfindung beim binocularen Sehen XVI. 283 — Ueb. seitliche Decentralisationsbewegungen der Krystalllinse XVII. 321 — Neues Ophthalmoskop um d. Bilder d. Augengrundes binocular zu betrachten XVII. 334 — Einrichtung opt. Instrumente (Fernrohre, Mikroskope) für binoculares Sehen

XVII. 348 — Ursache u. Mechanismus gewisser Erscheinungen d. Polyopie bei physiolog. Aberration im Auge. Abwesenheit d. sphär. Aberration im Auge. Anwendung auf d. Bestimm. d. Gränzen d. deutlichen Sehfeldes XVIII. 273 — Ueb. die Lage d. opt. Mittelpunktes d Auges u. d. Bestimmung d. Brechungsvermögens seiner Medien XX. 289.

Girault, C. Bedingungsgleichungen für die an d. Oberfläche einer bewegten Flüssigkeit befindlichen Theilchen XII. 137.

Girouard und Gilbert-Charrier Vacuum erzeugt durch einen Luftstrom XX. 52.

Giudice, F. del Ueb. einige d. constantesten Erscheinungen bei den Vesuvausbrüchen XI. 793.

Giulio, C. J. Mechanische Eigenschaft d. Kreises u. anderer Figuren zur Construction v. Compensationspendeln VI. 67. 86 — Ueb. d. Widerstand d. Luft gegen d. Bewegung d. Pendels IX. 108 — Lehrsätze über d. Intensität d. Lichts IX. 230.

Gladstone, J. H. Einfluss d. Sonnenstrahlen auf d. Wachsthum der Pflanzen VIII. 344 — Ueb. d. Fluorescenz verschiedener Eisen- u. Platinsalze X. 282 — Einfluss d. Sonnenstrahlen auf den Lebensprocess der Pflanzen unter verschied. atmosphärischen Bedingungen X. 327* — Einfluss d. Sonnenlichts auf die vitalen Fähigkeiten der Pflanzen XI. 347* — Ueb. Fluorescenz. Ueber einige dichromatische Erscheinungen. Ueber d. gegenseitige Zersetzung d. Salze XII. 258 — Ueb. d. Schaum XIII. 127 — Gebrauch d. Prismas bei d. qualitativen Analyse. Optisches Kennzeichen für Didymium. Farbe der Salzlösungen, bei denen jeder Bestandtheil gefärbt ist. Wirkung der Wärme auf farbige Salzlösungen. Chemische Wirkung d. Wassers auf lösliche Salze XIII. 230 — Ueb. d. festen Linien des Sonnenspectrums XIV. 239 — Fluorescenz u. Phosphorescenz d. Diamants XV. 239 — Photographie fluorescirender Substanzen XV. 260 — Ueb. d. Perioden u. Farben d. Lichtmeteore XV. 558* — Ueb. Circularpolarisation XVI. 265 — Ueb. seine eigene Farbenwahrnehmung XVI. 295 — Ueb. das elektr. Quecksilberlicht XVI. 509 — Ueb. d. atmosphär. Linien d. Sonnenspectrums und über gewisse Gasspectra XVII. 258; XVIII. 235 — Vertheil. d. Nebels um d. britt. Inseln XVII. 666; XIX. 640* — Ueber die violette Flamme vieler Chloride XVIII. 215 — Ueb. d. Emission u. Absorption der Lichtstrahlen durch gewisse Gase XVIII. 226 — Ueb. d. Mittel zur Beobachtung der v. d. Erdatmosphäre herrührenden Linien des Sonnenspectrums XIX. 211 — Ueb. Nebel- und Nebelsignale XIX. 640* — Ueber den Durchgang des rothen Lichts durch verschiedene farbige Lösungen XX. 209 — Ueb. Nebel XX. 749. — s. Brewster.

Gladstone, J. H. u. T. P. Dale, Einfluss d. Temperatur auf d. Lichtbrechung XIV. 240 — Ueber einige optische Eigenschaften d. Phosphors XV. 210 — Beziehung zwischen Brechungsindex und Dichtigkeit bei den Flüssigkeiten XV. 211 — Ueb. d. Refraction, Dispersion u. Empfindlichkeit der Flüssigkeiten XIX. 183*; XX. 161.

Glaisher, J. Nordlichtbeobachtung III. 158. 180 — Nächtliche Wärmestrahlung der Erdoberfläche u. anderer Körper in ihrer Nähe III. 256. 295; IV. 411. 416 — Correctionen d. monatlichen Mittel meteorolog. Beobachtungen irgend einer Stunde um sie in mittlere monatl. Werthe zu verwandeln IV. 412. 426 — Reduction der in d. Gebäude d. Königl. Gesellschaft v. 1774 bis 1781 u. v. 1787 bis 1843 angestellten Thermometerbeobachtungen IV. 412. 427; V. 375; VI. 1049. 1081 — Ueber d. Meteor vom 11. Febr. 1850, VI. 871* — Ueb. die Witterung v. Oct. 1849 bis Septbr. 1850, VI. 1054* — Ueb. d. ausserordentliche Regenmenge März 1851 bei London VI. 1056* — Meteorologie v. England u. d. Süden von Schottland VI. 1058* — Ueb. das Meteor vom 12. August 1852, VIII. 596* — Abwechselnd kalte u. warme Jahre VIII. 696 — Bestimmung der Mitteltemperatur eines jeden Tages im Jahr nach den Beobachtungen zu Greenwich von 1814 bis 1851, IX. 735* — Jahresbericht der meteorologischen Gesellschaft X. 723 — Ueb. die ausserordentliche meteorologische Periode d. letzten drei Monate v. J. 1853 und

die merkwürdige Witterung zu Anfang 1854, X. 725 — Ueb. d. kalte Wetter vor Kurzem und die Schneekrystalle während desselben XI. 652* — Aehnlichkeit d. Form v. Schnee u. Campherkrystallen unter gewissen Bedingungen XII. 21 — Mittlere Temperatur jedes Tages zu Greenwich während 43 Jahre XIII. 484 — Regenfall d. 22. Oct. 1857, XIII. 555* — Ueber leuchtende Meteore 1859 und 1860, XVI. 604*; XVII. 551*; desgleichen 1861 u. 1862, XVIII. 507*; desgl. 1863, XIX. 541*; desgl. 1864, XX. 585 — Ueber e. Druckmesser u. e. Thermometer für d. Tiefsee XVII. 747* — Meteorolog. u. physikal. Beobachtungen bei acht Luftfahrten XVIII. 572 — Ueber ein neues bei der letzten Luftfahrt gebrauchtes Barometer XVIII. 591 — Der Regenfall XVIII. 660 — Ueb. e. Tiefseethermometer v. H. Johnson XVIII. 714* — Wissenschaftliche Luftfahrt. Die Linien im Spectrum XIX 212 — Wissenschaftl. Versuche in Luftballons XIX. 658* — Magnet. Beobacht. von 1862 zu Greenwich XX. 634* · Resultate der Registririnstrumente zu Greenwich bei d. ungewöhnl. Sturm am 30 Octbr. 1863, XX. 741* — Bericht üb. d. meteorolog. u. physikal. Beobachtungen bei fünf Luftfahrten im J. 1863, desgl. bei vier Luftfahrten im J. 1864, XX. 790 — Meteorolog. Beobacht. zu Greenwich 1862, XX. 833*.

Glatz, S. Ueber weniger bekannte Heilquellen des Pressburger Regierungsbezirks XII. 744.*.

Glennie, J. S. Allgemeine mechan. Theorie d. Physik XV. 36* — Physik als Zweig d. Bewegungslehre XVI. 48* — Principien der Energetik XVII. 29 — Anwend. d. Princips v. der Erhalt. d. Kraft auf die mechan. Erklärung d. Wechselwirkung d. Kräfte XVIII. 16*.

Glénisson und Terreil, Nichtspiegelnde Daguerreotype auf Metallplatten VI. 519. 537.

Gleuns, W. Ablenkungsgeschwindigkeit d. Schwingungsebne d. Pendels in verschied. Richtungen VIII. 72 — Ueb. d. Meteor v. 8. Juli 1852, und den bei d. Gelegenheit gefundenen Meteorstein VIII. 597*.

Glock, L. Meteorolog. Beobachtungen in Messel 1855 bis 1858, XVI. 764*.

Glösener, Zwei Apparate zur Aenderung der Richtung elektr. Ströme III. 371. 372 — Elektromagnet. Uhren u. Telegraphen IV. 356* — Ueb. elektr. Telegraphie VI. 839* — Ueber eine wichtige Vervollkommnung d. Chronoskope XII. 83* — Neue elektr. Chronoskope XVI. 526; XVII. 512.

Gluge, Physiolog. Untersuch an den Leichen v. Hingerichteten III. 393. 426.

Gobanz, s. Zollikofer.

Godard, Ueber die Feuerkugel vom 30. Juli 1856, XII. 556*.

Goddard, J. T. Ueb. den Wolkenspiegel und Sonnenscheinregistrirapparat XVII. 606.

Godfray, H. Eigenschaften d. Hyperbel u. Beschreib. eines Hyperbographen II. 118*.

Godwin-Austen, H. H. Die Gletscher d. Mustagh-Reihe XX. 900*.

Godwin-Austen, R. s. E. Forbes.

Göbbels, Verfahren d. Spannungen in Eisenconstructionen durch Töne zu messen XIX. 98.

Göbel, A. Untersuchung eines den 11. Mai 1855 auf Oesel gefallenen Meteorsteins XII. 557* — Ueb. die in dem Bestande einiger Salzseen der Krim vor sich gehenden Veränderungen XIX. 681 — Ueb. e. vermeintlichen Heerd vulkan. Thätigkeit in Chorassan XIX. 709.

Göldlin, St. Elmsfeuer XI. 585*.

Göppert, R. Blitzschlag zu Sprottau VI. 878*.

Görtz, L. v. Stärke des Schalls in grossen Höhen X. 230.

Göttl, Vorschläge zur Verhütung d. sogenannt. Sprudelausbrüche XII. 744*.

Golaz, Gewichtsthermometer XX. 342*.

Goldmann, Eudiometer zur Bestimmung der v. den Pflanzen ausgeathmeten Luft II. 110 — Ueb. Pflanzenernährung II. 228. 233.

Goldschmidt, H. Magnetische Declination während eines Nordlichts V. 351* — Instrument die Brennweite der Brillen zu untersuchen VI. 546. 548 — Ueb. d. stereoskopische Sehen XII. 303 — Ueber Sonnenflecke XV. 557*; XVI. 609* — Beobachtung d. Zodiakallichts XV. 562* — Ueber das Nordlicht v. 1. Octbr. (1859) XV. 563* — Beobachtung trockner Nebel XV. 726* — Beobachtung der totalen Sonnenfinsterniss v. 18. Juli 1860 zu Vittoria XVI. 572 — Beobacht. d. Zodiakallichts zu Chatillon-sous-Bagneux XVII. 556*.

Goldsmith, H. Ueber die zu Goree bei d. totalen Sonnenfinsterniss den 31. Dec. 1861 beobacht. Lichtstreifen XIX. 539*.

Golubejeff, (Goloubeff) A. Temperatur und Luftdruck in der Festung Warno XVI. 746; XVII. 678 — Magnet. Inclination in Central-Asien XVII. 580 — Ueb. d. Resultate einer Expedition nach d. Issyk-Kul XVII. 750*.

Gonin, L. Trockenlegung d. Sümpfe d. Orbe XVI. 815 — Ueb. See- und Regenmessungen im Canton Waad XIX. 640*.

Gonnella, T. Formeln für terrestrische Oculare mit vier Linsen XX. 304.

Goodchild, Trocheidoskop XVI. 299.

Goodmann, J. Sehr kräftige galvan. Kette mit Kalium III. 370 — Ueber Thermo-Elektricität IV. 279 — Identität v. Licht, Wärme, Elektr., Magnetismus u. Gravitation VI. 563. 598; VI. 661. 671.

Goodsir, Die neueren Entdeckungen üb. d. Accommodation d. Auges zum deutlichen Sehen XII. 307.

Goosequill, Erhaltung der Kraft XIII. 97.

Goppelsröder, F. Neues Verfahren Farbstoffe in ihren Gemischen zu erkennen XVIII. 93.

Goracuchi, J. A. Die Adria u. ihre Küsten XIX 673*.

Gore, G. Ueb. Wärmeleitung in Metallen IX. 387 — Verbesserter Regulator für galvan. Spiralapparate und magnetoelektr. Maschinen IX. 513 — Elektrische Abscheidung des Aluminiums u. Siliciums X. 538 — Eigenthümliche Erscheinung an galvanisch gefälltem Antimon XI. 451 — Stellung d. Aluminiums in der thermoelektr. Reihe XII. 418 — Erregung d. dynamischen Elektricität beim Eintauchen ungleich erwärmter Metalle in Flüssigkeiten XIII.346 — Moleculare Eigenschaften des Antimons XIII. 373 — Rotation von metallenen Röhren und Kugeln durch Elektricität XIV. 481 — Eigenschaften des elektrolytisch ausgeschiedenen Antimons XV. 28; XIX. 439 — Apparat zur Prüfung d. elektr. Verhaltens ungleich erhitzten Quecksilbers u. flüss. Legirungen in leitenden Flüssigkeiten XV. 407 — Rotation v. Metallkugeln durch Elektricität XV. 440 — Rotation hohler Metallkugeln durch Wärme XV. 441 — Dichtigkeit des galvanisch niedergeschlagenen amorphen Antimons XVI. 10 — Ueb. d. Bewegungen flüssiger Metalle und Elektrolyte im galvan. Schliessungsbogen XVI. 519 — Ueb. d. Eigenschaften d. flüssigen Kohlensäure XVII. 383 — Ueber Ozon. Erzeugung v. Schwingungen u. Tönen durch Elektrolyse XVII. 517; XVIII. 451 — Ueber d. Natur u. Beschaffenheit galvan. Ströme XVIII. 451 — Ueb. d. Adhäsion d. Flüssigkeiten an Quecksilber XIX. 79 — Ueb. d. elektr. Beziehungen d. Metalle in geschmolzenen Substanzen XX. 462.

Gordon, L. D. B. Förderung d. Vegetation durch atmosphär. Elektricität I. 499. 503 — Schmelzpunkte d. Metalle u. verschied. metallurg. Producte II. 112*.

Gorlof, Bewegung eines Geschosses in e. gezogenenGeschützrohr XVIII. 31.

Gorne u. Thornthwaite, Bergbarometer XX. 662*.

Gorrie, J. Eisfabrication VI. 257. 263; XI. 373 — Grösse d. Wärmeentwicklung bei Compression d. atmosphär. Luft VI 563. 595.

Goskynski, Theorie d. Festwerdens einer concentrirten Lösung von Glaubersalz in Wasser VI. 257. 272.

Gottschalk, F. Ueb. d. Möglichkeit Uebereinstimmung unter d. Spectralapparaten zu erzielen XX 174.

Gottschalk, F. und E. Drechsel, Ueb. das Spectrum der Chlorchromsäure XIX. 200.

Gouillaud, H. J. Verwüstungen e. Wasserhose zu Moulins II 364. 368 — Wärmeleitung der Metalle VIII. 421; XII. 370.

Gouin, s. Burnier.

Goujon u. Liais, Bestimmung der magnet Elemente auf der Kaiserl. Sternwarte in Paris XII. 597.

Gould, B. A. Geschwindigkeit d. galvanischen Stroms in Telegraphendrähten VI. 692 696.

Gould, J. Klima v. Australien VI.1053*.

Goulier, W. Ueb. d. Form d. Bussolnadeln und über ihre Hütchen XVI. 554.

Gounelle, Messung der Geschwindigkeit d. Elektricität. Prioritätsanspruch rücksichtlich einer Mittheilung d. Hrn. Guillemin u. Burnouf X. 494 — s. Fizeau.

Goupillière, Haton de la, Neue Theorie d. Geometrie d. Massen u.

der Hauptaxen der Trägheit XIV. 65 — Theorie des cylindrischen Potentials XV. 43; 44 — Neue allgemeine Theorie d. Isothermen XV. 44; XVII. 32 — Ueb. d. Theorie d. Wärme u. d. Potentials. Ueber zwei reciproke Potentiale XVI. 37*.
Goussef, Ueb. die Gestalt d. Mondes XVI. 268.
Govi, Wirkung d. Fluorescenzstrahlen auf d Diamant XIII. 235 — Eine alte Bestimmung d. absoluten Schwingungszahl d. Stimmgabel XVI. 160 — Ueb. ein analysirendes Photometer XVI. 242 — Ueb. d. Polarisation des Lichts durch Diffusion XVI. 255 — Messung d. Vergrösserung opt. Instrumente u. Gebrauch eines Megameters zu ihrer Bestimmung XIX. 305 — Ueb. d. Absorption d. Lichts XX. 209 — Ueb. ein neues registrirendes Minimum- und Maximum-Luftthermometer XX. 663*.
Gowland, G. Seecompasse XI. 628*.
Gozzadini, Ueb. d. Aquaduct und d. Thermen zu Bologna XX. 874*.
Grad, A. C. Der Baikalsee XX. 862*.
Graef, C Die Markgrafschaft Mähren u. d. Herzogth. Ober- u. Niederschlesien nach ihren orohydrograph Verhältnissen XX. 866*.
Graefe, A. v. Ueb Doppeltsehn nach Schieloperationen u. Incongruenz d. Netzhäute X. 315 — Beiträge zur Physiologie u. Pathologie d. schiefen Augenmuskeln. Vorbemerkung zu einem Aufsatz v. G. Kessler X. 326* — Ueb. Myopia in distans nebst Betrachtungen üb. d. Sehen jenseits d Gränzen unserer Accommodation XII. 312 — Einfluss der Erregung nichtidentischer Netzhautpunkte auf die Stellung d. Sehaxen XV. 290.
Graefe, V. v. Ueb. Orkane XII. 681*.
Graeger, Specifische Wärme roher u. plastischer Thonwaaren XIII. 302 — Bedeutung der unregelmässigen Schwankungen d. Luftdrucks in den mittleren Breiten für die Vegetation XIII. 556 (s. auch XI. 667).
Grävell, F. Ueb. Licht und Farben mit Beziehung auf die Farbenlehre Newton's u. Göthe's XV. 220.
Graf, J. J. Ueb. das Nordlicht vom 28. Aug. 1859, XV. 566*.
Graham, J. D. Magnetische Inclination III. 518* — Bericht über die Verbesserung der Häfen in d. Seen Michigan, Erie, Ontario u. s. w. 1860, XVI. 801 — Mondfluth in den nordamerikan. Seen XVI. 802.
Graham, Th. Neue Eigenschaft der Gase I. 25. 30 — Thermochemische Untersuchungen I. 327 — Neues eudiometr. Verfahren II. 110. 111. — Ueb. d. Bewegung der Gase V. 63. 65 — Diffusion d. Flüssigkeiten VI. 34. 36 — Endosmose v. Flüssigkeiten VIII. 31 — Ueb. die osmotische Kraft X. 14 — Ueb. d. Concentration d. Alkohols bei d. Sömmeringschen Versuch X. 25 — Ueber Osmose XII. 41* — Ueb. capillare Transpiration d. Flüssigkeiten in Bezug auf chemische Zusammensetzung XVII. 95; XX. 87 — Die Flüssigkeitsdiffusion angewandt auf Analyse XVII. 136; XVI.I. 87; XIX. 85* — Ueb. die Molecularbewegung d. Gase XIX. 82 — Speculationen üb. d. Constitution d. Materie XX. 19* — Ueb. d Eigenschaften d. Kieselsäure und anderer colloider Säuren XX. 87 — Dialyse XX. 89.
Grailich, J. Bestimmung d. Winkels d. optischen Axen mittelst der Farbenringe angewendet auf d. diprismatischen Bleibaryt VIII. 276 — Bewegung des Lichts in optisch einax. Zwillingskrystallen IX. 216 — Ueb. d. ein- und zweiaxigen Glimmer IX. 269 — Bestimmung der Zwillinge in prismatischen Krystallen mit Hülfe d. polarisirten Lichts IX. 275 — Bewegung d. Lichts in optisch einaxigen Krystallen X. 257 — Zur Theorie der gemischten Farben X. 262 — Brechung und Reflexion des Lichts an Zwillingsflächen optisch einaxiger Krystalle XI. 235 — Brechung und Reflexion d. Lichts an Zwillingsflächen optisch einax. Krystalle XII. 787 — Ueb. Doppelfluorescenz XII. 257 — Ueb. singende Flammen XIII. 193 — Ueber Fluorescenz XIII 235 — Symmetr. Functionen, die zur Darstell. gewisser physikal. Verhältnisse krystallisirter Körper dienen können XIV. 218 — Krystallographisch-optische Untersuchungen XIV. 272 — Ueber Erdmagnetismus XV. 639.
Grailich, J. u. A. Handl, Zusammenhang zwischen der Aenderung d. Dichten u. der Brechungsexponenten in Gemengen v. Flüssigkeiten XIII. 222.
Grailich J. und V. v. Lang, Ueber die physikalischen Verhältnisse krystallisirter Körper. Orientirung der

magnetischen Verhältnisse in Krystallen d. rhombischen Systems XIV. 260 — Beziehungen zwischen Krystallform, Substanz und physikal. Verhalten XIV. 261.
Grailich, J. u. F. Pekarek, Das Sklerometer e. Apparat zur genauen Messung d. Härte d. Krystalle X. 121.
Grailich u. Weiss, Ueber d. Singen d. Flammen XIV. 166.
Grandeau, L. Ueb. d. Vorkommen d. Cäsiums u. Rubidiums in gewissen alkal. Erzeugnissen der Natur u. Industrie XVII. 254; XVIII. 221 — Ueb. d. Vorkommen d. Rubidiums in gewissen Pflanzen XVIII. 221 — Anwendung d. Dialyse zur Auffindung der Alkaloide. Neue Eigenschaft des Digitalins XX. 90.
Grant, R. Ueber den Ursprung der im 17. Jahrhundert gemachten Versuche zur Herstellung eines unveränderlichen Normalmaasses nach physikalischen Principien XII. 83* — Mechanische Nachbildung d. Präcession XII. 128.
Grante de, Ueb. Versuche, die dem Foucaultschen analog sein sollten XII. 116*.
Gras, A. H. Hydrograph. Untersuch. üb. d. Basch-Inseln u. s. w., d. japan. u. ochotzkische Meer XVI. 793*.
Gras, S. Ueber die Charaktere des Wanderterrains bekannt in d. Gegend v. Lyon unter d. Namen alpines Diluvium od. conglomerat bressan XV. 761.
Grassi, Ueb. d. bei chemischen Verbindungen entwickelte Wärme I. 317. 338 — Anwendung d. Volumenometers zur Bestimmung des specif. Gewichts III. 16. 17 — Zusammendrückbarkeit der Flüssigkeiten IV. 94; VI. 44. 55.
Grassmann, H. Neue Theorie der Elektrodynamik I. 523. 525 — Zur Theorie d. Farbenmischung IX. 248.
Gratiolet, s. Cloez.
Gravatt, W. Elementare Betrachtung üb. d. drehende Bewegung XII. 129.
Graves, J. T. Ueb. d. Polyeder d. Kräfte XII. 85.
Graves, P. W. Fluthenscheinung in Port Lloyd auf den Bonininseln XI. 803.
Gravina, B. Einige Einzelheiten üb. den gegenwärt. (1863) Ausbruch des Aetna XIX. 708*.
Gray, J. E. Ueber den Bomerang VIII. 61 — Patentirte Compasse XI. 628*.
Gray, W. Ueber einige vollständige concentr. Regenbogen IX. 609*.
Gray, W. und J. Phillips, Regenmenge in verschied. Höhe über dem Boden zu York, VI. 1057*.
Graves, E. Chromatische Stimmgabeln IX. 166.
Great Gun, A. Das elektr. Licht XIII. 361*.
Grebe, E. W. Hülfsmittel die bei sphär. Spiegeln vorkommenden Fälle leicht zu behalten V. 149. 152.
Grebel, Merkwürd. Blitzschlag VI. 878*.
Green, G. Versuch zur Anwendung d. mathemat. Analysis auf d. Theorie d. Elektricität und des Magnetismus VIII. 453.
Green, J. Normalbarometer XII. 611.
Green, J. u. W. Wurdemann, Ueb. Füllung d. Barometerröhren XVI. 673*.
Green, R. Verbesserung in der Bewegung v. Schiffen XI. 101.
Greene, Ein Versuch mit Alkohol III. 89. 91.
Greene, R. Modell einer Maschine zum Poliren d. Linsen u. Spiegel v. Spiegelteleskopen XIII. 273*.
Greener und Staite, Galvan. Beleuchtung II. 396. 404.
Greenough, J. J. Elektromagnetische Maschine VI. 841*.
Greenwood, G. Regen u. Strömungen gegenüber d. Eistheorie XX. 888*.
Greg, R. P. Ueber Meteorsteine X. 641* — Neues Meteoreisen aus Chili, gediegenes Blei enthaltend, XI. 586* — Fall einer grossen Eisenmasse zu Corrientes in Süd-Amerika. Ueb. d. Ursprung der Meteorsteine aus dem Mond XI. 587* — Leuchten v. Meteoren durch Sonnenreflexion XVI. 603* — Periodicität d. Sonnenflecke u. magnet. Störungen XVI. 608* — Verzeichniss v. Meteoriten u. Feuerkugeln bis 1860, XVII. 553* — Neue Meteorsteinfälle XVII. 554* — Bemerk. zu Hrn. Haidinger's Mittheilung üb. d. Ursprung und Fall der Meteoriten XVIII. 495 — Ueber einige Meteorite im britt. Museum XVIII. 509* — Periodische Meteore XX. 594*.
Greg u. Henschall, Ueb. die Periodicität d. Sonnenflecke XVIII. 503*.
Gregory, K. Ueb. d. Vorkommen v.

Naphthaquellen zwischen Rymanow u. Zarszyn in Galizien XVIII. 748*.
Greiss, C. B. Ueb. d. Magnetismus der Eisenerze XII. 539 — Fluorescenz d. Magnesium-Platincyanürs XV. 237 — Verhältnisse der Temperatur u. d. Luftdrucks zu Frankfurt a. M. XVI. 746 — Ueb. Fluorescenz d. Auszüge aus den verschied. Theilen der Pflanzen XVII. 271; XX. 218 — Ueb. Erregung d. Magnetismus durch Drehung XX. 498.
Grellois, Einheit der physischen Kräfte XX. 19*.
Grenet, Hermetische Kette XIX. 410.
Gressler, E. Ueber die Fabrication v. Kohlencylindern zu galvanoelektr. Batterien X. 541.
Greth, J. Der Bodensee XVI. 795*.
Greve, s. Simon.
Grewingk u. Schmidt, Ueb. d. Meteoritenfälle von Pillistfer, Buschhof u. Igast in Liv- u. Curland XX. 601*.
Griesebach, Ueb. die Pflanzenernährung I. 275. 284.
Griffith, J. W. Abhängigkeit der Schärfe eines zusammengesetzten Mikroskops bei schiefer Beleuchtung v. d. Apertur d. Objectivs X. 339.
Grillet, Maschine um Zeichnungen aller Art in beliebigem Maassstab zu copiren I. 579. 582.
Grimaud de Caux, Ueb. d. Klima d. Stadt Wien XVII. 686* — Ueber d. Klima v. Venedig XIX. 657*.
Grimelli, Barometrische Destillationsmethode II. 102. 109 — Schreiben an d. Fürsten M. Cito über die elektromotor. Kraft II. 372. 375 — Ueb. d. Galvanismus VI. 729. 741.
Grischow, Ueb. d. Respiration der Pflanzenblätter I. 275. 283.
Grissell und Lane, Verbesserungen an Schnell- u. Brückenwaagen II. 45*.
Groetars, Instrument zur Messung unzugänglicher Entfernungen VI. 546. 550 — Reisefernrohr VI. 547*.
Groll, A. Photographie auf Glas VI. 521. 543.
Grolous, Theoret. Untersuch. über d. Ausdehnung d. Körper XIX. 316*.
Gromoff, B. Mitteltemperatur des Dorfes Ischak u. d. Stadt Kosmodémiansk XVIII. 616*.
Groshans, J. A. Ueb. die entsprechenden Temperaturen, Sied- u. Gefrierpuncte der Körper V. 85. 87; VI. 258. 280 — Ueb. d. Volume u. Dichtigkeiten flüss. u. gasiger Körper VI. 259. 282 — Einige physische Eigenschaften d. Körper VI. 563 596; IX. 24; X. 148; XVI. 15 — Sind die sogenannten elementaren Körper wirklich einfache X. 148 — Verhältnisse zwischen d. Spannungen u. Temperaturen d. Dämpfe XIV. 326 — Ueb. d. phys. Eigenschaften d. Körper im gasförm. u. flüss. Zustand XIX. 13.
Gross, L. v. Gleiches Maass u. Gewicht für Deutschland IV. 55. 57.
Grossmann, R. Zuckungen e. Froschschenkels unter d. Einfluss der tönenden Schwingungen eines Magnetstabes XII. 492; XIV. 569.
Groth, P. Ueber Polarbanden XVII. 557. 667*; XVIII. 512* — Nordlicht v. 19. Dec. 1861, XVIII. 511*.
Grouven, H. Meteorolog. Beobacht. nebst Beobacht. üb. Wasserverdunstung u. Bodenwärme 1863 in Salzmünde XX. 833*.
Grove, W. R. Ueb. die Gasbatterie I. 458. 461 — Zur Theorie v. Grotthus üb. Trennung u. Wiedervereinig. d. Molecüle I. 471. 478 — Zersetzung des Wassers durch Hitze II. 312 — Ueb. Grubenbeleucht. II. 396. 402 — Erscheinungen d. Voltaschen Glühens u. Zersetzung d. Wassers durch Hitze III. 296. 301 — Abhängigkeit der Elektrolyse v. d. Flächen-Grösse d. Elektrolyten III. 352. 357 — Vorlesungen üb. d. Beziehungen d. physikal. Kräfte, IV. 61. 66 — Abkühlung galvanisch glühender Körper durch Wasserstoff und seine Verbindungen IV. 293 — Wirk d. umgebenden Mittel auf d. volt. Glühen V. 285. 287; IX 488 — Erzeugung v. Wärme durch Magnetismus V. 316. 327 — Kosten der Beleuchtung mit elektr. Licht VI. 714. 718 — Verfahren erloschene Netzhauteindrücke wieder zu beleben VIII. 334 — Ueb. d. elektrochemische Polarität der Gase VIII. 483 — Ueber d. wärmeerregenden Eigenschaften d. Elektricität u. des Magnetismus VIII. 501 — Verbesserung der Fernröhre IX. 327 — Elektricitätsleitung in d. Flamme u. in Gasen IX. 481 — Ueb. verschied. anomale Fälle elektr. Zersetz. IX. 502 — Ueb. d. Elektr. d. Löthrohrflamme X. 479. 481 — Methode zur Verstärkung gewisser Wirkungen d. Inductionsstromes XI. 485 — Wechselbeziehung d. Naturkräfte XII. 345 —

Versuche zum Nachweis der scheinbaren Verwandlung v. Elektricität in mechan. Kraft XII. 347 — Schlüsse aus der Unmöglichkeit eines Perpetuum mobile XII. 347 — Das geschichtete Aussehen der elektr. Entladung in verdünnten Gasen und Dämpfen namentlich im Phosphordampf XII. 523 — Neue Methoden elektr. Figuren hervorzurufen u. zu fixiren XIII. 360 — Moleculare Wirkungen des Lichts und der Elektricität XIV. 3 — Natürliche Photographie XIV. 289 — Ueb. Schichtung d. elektr. Lichts im Vacuum XIV. 407 — Einfluss d. Lichts auf polarisirte Elektroden XIV. 468 — Ueb. d. Spiegelung und Beugung d. Lichts an glühenden Oberflächen XV. 209 — Ueb. d. elektr. Licht XV. 458* — Durchgang der Elektrolyse durch Glas XVI. 500 — Ueb. einige Wirkungen der Wärme auf Flüssigkeiten XIX. 362.

Grubb, T. Verbesserungen an Spiegelteleskopen und Aequatorialinstrumenten XIII. 273 — Ueb. e. neues zusammengesetztes Mikroskop XVII. 345.

Grube, F. Ueb. d. Anziehung eines Cylinders XIX. 16; XX. 37* — Ueber d. senkrecht zur Axe gerichtete Anziehungscomponente eines kreisförm. Kegels XX. 26.

Grüel, C. A. Elektrisches Papier II. 360 — Wirksame Cylinder-Elektrisirmaschinen II. 361. 362 — Elektromagnet. Glockengeläut II. 524. 527 — Vereinfachung des Heliostats III. 210. 213 — Elektromagnetische Maschine III. 471* — Apparat für subjective Farbenerscheinungen IV. 184. 189 — Ueber e. elektromagnetische Maschine mit oscillirenden Ankern IX. 577* — Interferenz zweier Stimmgabeln XIV. 171 — Ueber d. Minimumthermometer XVI. 665 — Vortheilhafte Darstellung d. Kienmayerschen Amalgams XVIII. 406 — Ueb. künstliche Erzeugung des Asterismus XIX. 238 — Ueb. d. optische Wirkung d. Insectenaugen XIX. 297 — Elektromagnet. Maschine mit dauernd geschlossenem Magnet XIX. 467 — Gyrotropischer Apparat XX. 479.

Grüneberg, H. Anwendung des Centrifugalapparats zum Abscheiden von Niederschlägen IX. 40.

Grunert, J. A. Theorie d. Fernröhre, Mikroskope und achromat. Objective II. 158* — Theorie d. Regenbogens V. 176 — Theorie d. Luftspiegelung V. 176. 181 — Aufgaben aus dem Attractionscalcül VIII. 51 — Ueber d. Distanzmesser v. Martins VIII. 179 — Ueb. d. katoptrische u. dioptrische Beleuchtungssystem für Leuchtthürme VIII. 181 — Beobacht. eines Mondregenbogens VIII. 595* — Ueber den Inhalt der Fässer IX. 27 — Ueber Foucault's Pendelversuch zum Beweis für d. Umdrehung der Erde um ihre Axe IX. 62 — Ueb. d. Grundformeln d. Theorie der freien krummlinigen Bewegung eines Punktes IX. 84* — Elementarer Beweis der Formeln von Simpson u. Bradley zur Bestimmung d. astronomischen Refraction u. der Formel für d. terrestr. Refraction IX. 608 — Ueb. d. Kimm od. Kimmtiefe od. d. Depression des Meerhorizonts IX. 608* — Zur Lehre v. d. Wurfbewegung. Ueb. d. ballistische Problem X. 38 — Ueb. d. Vortrag d. Lehre v. d. physischen Pendel u. v. d. Momenten d. Trägheit. Ueb. d. Hauptaxen eines beliebigen Systems materieller Punkte. Princip d. virtuellen Geschwindigkeiten und allgemeine Bedingungsgleichungen d. Ruhe u. der Bewegung XI. 92* — Elementare Theorie d. Pendelversuchs von Foucault aus neuen Gesichtspunkten XII. 125; XIII. 122 — Grundformeln der Drehung eines Systems materieller Punkte um e. festen Punkt. Hauptaxen eines Systems materieller Punkte XIII. 122* — Ueb. Guldin's Regel XV. 37 — Ueb. e. Formel v. Gauss für d. physische Pendel XVII. 41 — Ueb. d. Schwerpunkt d. Vierecks und der Vielecke überhaupt XX. 21.

Grutey, Feuerkugel v. 9. Oct. 1846, II. 179. 203.

Gschwindt, Trennung d. Wachsabgüsse v. d. Gypsformen I. 482. 489.

Guarini, G., Palmieri u. Scacchi, Ueb. d. Vesuvausbruch im Mai 1855, XI. 790.

Gube, F. Die Ergebnisse d. Verdunstung u. d. Niederschlags nach Messungen an neuen Instrumenten auf d. Station Zechen bei Guhrau XX. 775*.

Gudermann, Ueb. d. drehende Bewegung der festen Körper um ihre Schwerpunkte VIII. 56.

Güldenapfel, Meteorolog. Phänomen in d. Gegend v. Weimar XIII. 455*.

Gümbel, C. W. Geognost. Beschreibung des bayerischen Alpengebirges u. seines Vorlandes XVIII. 712*.
Günsberg, Analyse d. Bronislawsbrunnens in d. Badeort Truskawice in Galizien XVII. 761.
Günther, Jahresübersichten d. meteorolog. Beobachtungen zu Breslau von 1849 bis 1852, VIII. 780*; desgl. 1858 u. 1859, XVI. 761*.
Güntner, C. Benutzung d. Sonnenwärme zu Heizeffecten XX. 418.
Guépin, Einfluss d. Santonins auf d. Auge u. seine therapeut. Wirkung XVI. 296.
Guérard, Beobacht. üb. das Doppeltsehen I. 199. 220 — Zerlegung der Circularpolarisationsfarben XI. 303.
Guery, Meteoreisen gefunden bei d'Epinal 7. Juli 1851, VIII. 597*.
Guest, W. E. Schneemesser XV. 657*.
Guettet, Anwendung der Hydraulik auf d. Blutcirculation II. 82*.
Guggenberger, M. Der Leopoldsteiner See XV. 744 — Das Wassergebiet des Wienflusses XV. 755* — Zu K. v. Bär's allgemeinem Gesetz über Gestaltung d. Flussbetten XVII. 752.
Guignet, E. Physische Bedingungen, welche d. Löslichkeit modificiren können VI. 258. 274 — Neues System d. Säule IX. 517 — Durchdringung poröser Körper; Anwendung auf Immediatanalyse; Dialyse XVIII. 93.
Guilhem, St. Ueb. Erdschüttungen mit u. ohne Ueberlastung XV. 58.
Guilleaume, s. Felten.
Guillemin, Analyse des Wassers d. Dnieper XVI. 822*.
Guillemin, C. M. Aenderung der Elasticität in e. Stabe aus weichem Eisen durch die Elektricität II. 142. 150 — Ströme in einer isolirten Säule V. 265. 271 — Ueber Fluorescenz XIII. 237 — Entwicklung d. grünen Farbstoffs d. Pflanzen u. Biegung d. Zweige unter d. Einfluss d. verschied. Strahlen d. Sonnenspectrums XIII. 270 — Ueber d. Fortpflanzung d. Elektricität. Modificationen, welche man in d. Fortpflanzungsdauer d. Ströme in Telegraphendrähten hervorbringen kann XVI. 478 — Ueb. d. Telegraphenkabel XVI. 480 — Ueb. d. Inductionsströme. Richtung d. Inductionsströme, wenn der inducirende Draht Theil e. Telegraphendrahtes ist XVI. 533 — Grösseste Anzahl v. Zeichen, welche man mit d. Morseschen Apparat in gegeb. Zeit liefern kann XVII. 515* — Ueb. d. Erschütterung durch elektr. Ströme XVII. 538.
Guillemin, und E. Burnouf, Ueb. d. Durchgang der Elektricität durch Telegraphendrähte. Ergebnisse mehrerer auf den in Toulouse mündenden Telegraphenlinien angestellten Versuche X. 494 — Fortpflanzung der Elektricität in Telegraphendrähten XVI. 478.
Guillemot, Beschreib. einer Schraubenpumpe IV. 79*.
Guillet, A. Maass der zur Erzeugung d. Stimme erforderlichen Luft XIII. 194*.
Guillet, J. Beschreib. eines Spirometers XII. 154*.
Guillot-Saguet, Photographie auf Papier III. 196. 207.
Guisan, R. Regenbogen mit zwei anstossenden Bogen XIX. 538*.
Guiscardi, G. Schreiben an Prof. Scacchi XI. 791 — Ueber die Nerobäder XII. 764 — Ueb. d. Vesuv XIII. 592; XIV. 707; XVII. 778; XVIII. 782 — Ueber die Gasausströmung der Phlegräischen Felder XIII. 603.
Guist, M. Meteorolog. Beobachtungen zu Mühlbach 1858 bis 1860, XI. 836*.
Guitard, C. F. Condensation durch Elektricität VI. 641. 642.
Guldberg, C. M. Gesetze d. Schmelzpunkts der Legirungen, d. Gemenge v. Fettsäuren u. v. Salzen XVI. 352 — Ueb. die Formeln für barometr. Höhenmessungen XVIII. 640*; XIX. 637* — Hydraulische Notizen XIX. 38*.
Gulick, L. H. Die Fluthen in Ponape od. Ascension im Stillen Ocean XII. 732 — Klima u. Producte v. Ponape XIV. 661*.
Gumprecht, T. E. Die neueren Zustände v. Spanien IX. 663 — Schnee u. Schneeberge im tropischen Afrika IX. 664 — Treibproducte der Strömungen im nordatlantischen Ocean X. 768.
Gunlogsen, O. Geräusch bei Nordlichtern XVI. 610*.
Gunning, J. W. Ueber Imbibition thierischer Membranen XVI. 117*.
Gurney, G. Das Differentialbarometer VI. 213. 220; VI. 1059*.
Gut, J. Ueb. Doppeltsehen mit einem Auge X. 311.

Guthe, C. Anwendung d. Kohle als Entfärbungsmittel VIII. 24.
Guthrie, F. Elektrolytische Versuche XII. 477 — Wirkung d. Lichts auf Chlorsilber XIII. 267 — Neue Form d. Spirators XIV. 97 — Ueb. Tropfen XX. 66*.
Guyard, Anwendung d. Rückstände d. Bunsenschen Säule XVII. 437.
Guyon, Erdbeben zu Teniet-el-Haad, Prov. Algier VIII. 643. 644 — Ueb. die am Bord der Brigg la Félicité durch d. Blitz verursachten Beschädigungen XIII. 464 — Hagelkörner v. beträchtlicher Grösse XIII. 555* — Ueb. die warmen Quellen in Tunis XIII. 578*; XX. 876*.
Guyot, A. Karte d. Bodens d. Seen v. Neufchatel u. Murten V. 459. 474 — Ueber barometr. Höhenmessung XVII. 644*.
Guyot, J. Aenderung der Schwere III. 31. 34 — Das Pendel steht nicht senkrecht auf d. Oberfläche d. Flüssigkeiten VI. 70. 141 — Vorschriften der Smithsonian-Institution zur Anstellung meteorolog. Beobachtungen XII. 620 — Ueb. die Formen und Kräfte der Materie. Ueber die Einheit der Naturkräfte XVII. 50* — Ueber die Elektricität u. d. gewöhnliche Molecularbewegung XVII. 419.
Gwynne, J. E. A. Centrifugalpumpe VI. 155. 196 — Ebbe- u. Fluthturbine VI. 156. 199 — Verbesserte Centrifugalpumpe XI. 104*.

v. Hackewitz, Verfahren Figuren auf galvanoplastischem Wege darzustellen IV. 299* — Verfahren galvanisch niedergeschlagene Figurentheile zu verbinden. Lüdersdorff darüb. V. 297*.
Häcker, P. W. Tragvermögen hufeisenförm. Magnete u. Schwingungsdauer gradliniger Magnetstäbe III. 478. 483 — Magnetische Versuche IV. 357. 362 — Gesetz d. Magnetismus, wie er sich bei d. Tragkraft hufeisenförm. Magnete u. bei d. Schwingungsdauer gradliniger Magnete zu erkennen giebt VIII. 557.
Hädenkamp, Wirkung einer elektr. Spirale auf ein in d. Axe d. Spirale liegendes magnet. Theilchen V. 300 302 — Wirkung des durch eine Drahtspirale gehenden elektr. Stromes auf e. in der Spirale befindliche weiche Eisenmasse VIII. 550 — Veränderungen d. Rotationsaxe d. Erde durch Veränderungen auf d. Erdoberfläche IX. 58 — Gleichungen d. Bewegung eines Pendels auf der sich um ihre Axe drehenden Erde IX. 63 — Ueber die Tangentenbussole X. 566.
Haeghens, J. Höhenmessungen in Frankreich VI. 911. 973 — Regenmenge zu Paris in verschied. Höhen von 1817 bis 1848; VI. 1057*. (Dazu Arago ebenda).
Haeghens, Martins u. Berigny, Meteorologisches Jahrbuch v. Frankreich für 1849 u. 1850, IV. 429. 439; V. 373. 419.
Hällström, G. G. Zeiten des Aufthauens u. Zufrierens einiger nordischen Gewässer III. 591. 615.
Härdtl, A. v. Die Heilquellen und Kurorte d. österr. Staats und Ober-Italiens XIX. 695*.
Härlin, J. Ueber d. Verhalten einiger Farbstoffe im Sonnenspectrum XIX. 217.
Hagemann, J. Vulkan. Erscheinungen im indischen Archipel XVI. 863*.
Hagen, G. Ueb. die Oberfläche der Flüssigkeiten I. 14; V. 42 — Auflösung flüssiger Cylinder in Tropfen V. 42. 43 — Ueb. d. Scheiben, welche sich beim Zusammenstoss zweier Wasserstrahlen bilden V. 42. 47 — Vermeintliche Abnahme d. Wasserstandes in d. Hauptströmen Deutschlands V. 460. 476 — Druck und Bewegung d. trocknen Sandes VIII. 59 — Ausdehnung des destillirten Wassers unter verschied. Wärmegraden XII. 66 — Einfluss der Temperatur auf d. Bewegung d. Wassers in Röhren XII. 145 — Ueb. die Fluth- und Bodenverhältnisse d. preuss. Jadegebiets XII. 727 — Ueb. Ebbe u. Fluth in d. Ostsee XIII. 567; XIV. 681; XVI. 485 — Zur Theorie d. Meereswellen XV. 74 — Ueb. Wasserwellen bei begrenzter Tiefe XVI. 53 — Zur Frage über das deutsche Maass XVII. 6* — Ueb. Wellen auf Gewässern v. gleichförm. Tiefe XVIII. 46 — Verhalten d. Meereswellen beim Auflaufen auf Untiefen und auf d. Strand XVIII. 52 — Ueber die Wirkung des Windes auf trocknen Sand XIX. 41 — Ueb. die Wärme der Sonnenstrahlen XIX. 618.
Hagen, O. Verbesserungen in Bezug

auf d. Anwendung d. salpetersauren Uranoxyds in der Photographie XIV. 283* — Ueb. d. Absorption d. Lichts in Krystallen XV. 242 — Ausserordentliche Lufttrockenheit in Madeira XVII. 655.

Hagenbach, E. Bestimmung der Zähigkeit einer Flüssigkeit durch d. Ausfluss aus Röhren XVI. 93 — Ueb. e. Blitzschlag XX. 617*.

Hahn, H. Ueb. die Ausdehnung krystallisirter Körper beim Erwärmen XV. 339*.

Haidinger, W. Ueb. d. Pleochroismus d. Krystalle I. 180. 196 — Opt. Erscheinungen am durchsichtigen Andalusit und Diaspor I., 181. 198 — Blitze ohne Donner I. 439; III. 645. 666 — Ueb. Lichtpolarisationsbüschel II. 177. 185 — Farbenvertheilung im Cyanplatinmagnesium II. 177. 186 — Ueb. d. Schillern d. Krystallflächen III. 137. 149 — Pleochroismus d. Chrysoberylls III. 150; V. 161; des Amethysts III. 151 — Das Dichrophan III. 137. 153 — Helle Andreaskreuzlinien in d. Sehaxe III. 182. 188 — Ueb. den Glanz IV. 150. 157 — Zusammenhang d. orientirt. Flächenschillers mit d. Lichtabsorption farbiger Krystalle IV. 165. 169 — Pleochroismus d. oxalsauren Chromoxydkalis und Vivianits; Schillern d. Hypersthens IV. 165. 170; V. 161 — Ueb. d. schwarzen u. gelben Streifen am Glimmer V. 161. 162 — Oberflächen- u. Körperfarben d. Andersonits V. 161. 169 — Optische Eigenschaften d. Magnesiumplatincyanüre. Ueb. d. Antigorit V. 161. 170 — Bildung und Zerstörung des Eises auf Flüssen V. 460. 482 — Das Interferenzschachbrettmuster u. d. Farbe d. Polarisationsbüschel VI. 488. 493 — Richtung d. Schwingungen d. Lichtäthers im gradlinig polarisirten Licht VIII. 205 — Farbenringe durch Anhauchen auf frischen Theilungsflächen des Glimmers VIII. 222 — Zusammenhang d. Körperfarben u. der Oberflächenfarben gewisser Körper VIII. 273 — Die Löweschen Ringe e. Beugungserscheinung VIII. 332 — Niedrigste Höhe v. Gewitterwolken VIII. 602* — Ueb. die von Herapath entdeckte und von Stokes in optischer Beziehung untersuchte Jodchininverbindung IX. 262 — Die Farben d. Mausits IX. 266 — Austheil. d. Oberflächenfarben am Murexid IX. 271 — Das Schallphänomen d. Monte Tomatico bei Feltre IX. 665 — Die Interferenzlinien am Glimmer. Berührungs- und Plattenringe X. 277 — Annähernde Bestimmung d. Brechungsexponenten am Glimmer und Pennin X. 291 — Ueb. d. Pleochroismus u. d. Krystallstructur d. Amethystes X. 296 — Pleochroismus einiger Augite u. Amphibole X. 297 — Form und Farbe d. Weltzienits. Pleochroismus an mehreren einaxigen Krystallen X. 298 — Pleochroismus an einigen zweiaxigen Krystallen X. 299 — Gewundene Bergkrystalle X. 304* — Dauer des Eindrucks d. Polarisationsbüschel auf d. Netzhaut X. 320 — Zur Erklärung der Farben der Polarisationsbüschel durch Beugung X. 321 — Einige neuere Ansichten üb. d. Natur d. Polarisationsbüschel X. 321 — Tabelle der Eisbedeckung d. Donau bei Galacz v. 1836 bis 1853, X. 788 — Schreiben d. Hrn. Beer über die Richtung der Schwingungen d. Lichtäthers im polarisirten Licht XI. 231 — Die zwei Hypothesen d. Richtung der Schwingungen des Lichtäthers nach ihrer Wahrscheinlichkeit XI. 234 — Die konische Refraction am Diopsid nebst Bemerk. über einige Erscheinungen d. konischen Refraction am Aragon XI. 302 — Herapathitzangen XI. 305 — Lichtabsorption d. Cadmacetits, der Krystalle d. essigsauren Cadmiumoxydes XI. 305 — Vergleich v. Augit u. Amphibol nach den Hauptzügen ihrer krystallographischen u. optischen Eigenschaften XI. 306 — Die Krystalle des essigsauren Manganoxyduls. Die Formen d. Kalichlorcadmiates XI. 308 — Oberflächen- u. Körperfarben von Wöhler's Jodtellurmethyl XI. 309 — Ueber die zuweilen im geschmeidigen Eisen entstandene Structur verglichen mit jener des Meteoreisens XI. 586* — Ueb. Pick's Ansichten üb. d. Sicherheit barometr. Höhenmessungen XI. 686 — Ein optisch-mineralogisches Aufschraubegoniometer XII. 267 — Ueb. d. krystallograph. optischen Verhältnisse d. Phenakits XIII. 247 — Serpentin mit magnet. Polarität XIII. 481 - Optische Eigenschaften einiger chrysamminsauren Salze XV. 252 —

Die Meteoriten d. k. k. Hof-Mineralien-Cabinets am 7. Jan. 1859 chronologisch geordnet. Ueb. d. Meteorit v. Aussun. Der Meteorsteinfall von Hraschina bei Agram XV. 560; XVII. 555* — Der Meteorit v. Kakowa bei Oravitza XV. 561* — Dritte Urkunde üb. d. Meteorsteinfall v. Hraschina XVI. 605* — Eine Leitform der Meteoriten. Der Meteorit v. Chalka u. d. Piddingtonit. Die Calcutta Meteoriten im k. k. Hof-Mineraliencabinet. Die Meteoritenfälle v. Quenggouk u. Dhurmsala. Neuere Nachrichten üb. Meteoriten namentlich die v. Bokkeveld, New-Concord, Trenzano, u. d. Meteoreisen v. Nebraska, Brazos u. Oregon XVI. 606* — Der Meteorit von St. Denis-Westrem. Ueber das Meteoreisen v. Tula XVI. 607* — Ueb. d. Eisdecke der Donau in Ungarn im Winter 1858, XVI. 821* — Das Doppelmeteor v. Elmira und Long-Island XVII. 552* — Natur d. Meteoriten in ihrer Zusammensetzung und Erscheinung. Die Meteoritensammlung des k. k. Hof-Mineraliencabinets am 30. Mai 1861, XVII. 553* — Meteoreisen von Rogues-River-Mountain (Oregon) und von Taos in Mexiko. Ueb. das Meteoreisen von Nebraska XVII. 554* — Der Meteorit v. Parnallee, v. Yatoor, v. Dhurmsala XVII. 555*; XIX. 545* — Meteorsteinfall zu Montpreis (Steiermark). Die Dandenong-Meteoreisenmasse in Melbourne. Die zwei Crambourne Meteoreisenblöcke in Victoria, XVII. 555* — Ueb. d. Regenbogenphänomen v. 28. Juli 1861, XVIII. 489 — Versuch zur Erklärung d. phys. Beschaffenheit u. d. Falles d. Meteoriten auf unsern Planeten XVIII. 498 — Das Meteor v. Quenggouk in Pegu, d. Meteoreisen v. Crambourne. Meteorsteinfall im Gorukpur-District in Ober-Bengalen. Das Eisen v. Kurrukpur nicht meteor. Ursprungs. Meteoreisen v. Sarepta. Stannern: Ein zweiter Meteorstein durch seine Rinde in seiner kosmischen Bahn orientirt. Die Meteoriten v. Bachmut u. Paulowgrad XVIII. 508* — Ueb. die Sternschnuppen u. den Ort ihrer Erscheinung XIX. 540* — Die Octoberfeuermeteore in den Wiener Blättern 1862 XIX. 541* — Ein Meteor den 10. August beob. zu Venedig XIX. 543* — Hrn. J. Schmidt's Feuermeteor am 18. Octbr. 1863, XIX. 543* — Das Carleton-Tucson Meteoreisen XIX. 544* — Der Meteorit von Albareto u. d. Troilit. Neuer Meteorsteinfall in Indien (Shythal bei Dacca) XIX. 545* — Sternschnuppen, Feuerkugeln u. Meteoritenschwärme im Zusammenhang betrachtet XX. 590 — Ueb. e. in d. Umgegend v. Tirlemont gefallenen Meteorstein. Meteorsteinfall v. Tourinnes la Grosse XX. 599* — Grosskörnige Meteoreisenbreccie v. Copiapo. Fall eines Meteoriten bei Dacca in Bengalen 11. Aug. 1863. Der Meteorstein von Manbhoom in Bengalen XX. 600* — Die Fundeisen v. Rokitzan, Gross Kotta u. Kremnitz. Meteorfall bei Trapezunt 10. Decbr. 1863 — Ueber den Meteorstein von Albareto XX. 601* — Ein Mannaregen bei Karput in Kleinasien im März 1864, XX. 771 — s. Stokes.

Haig, W. Bericht über magnetische Beobacht. 1858 u. 1861 in Columbia, Washington u. Vancouver Island XX. 634*.

Hajech, C. Ueb. die Brechung des Schalles XII. 217; XIV. 143.

Haldat, C. N. A. de, Bemerkungen über die Hypothese von Forbes betreffend das Sehen in verschied. Entfernungen I. 199* — Concentration der magnet. Kraft auf d. Oberfläche d. Magnete I. 572. 575 — Versuche mit einer aus kleinen Magneten gebildeten Magnetnadel II. 542. 572 — Messung d. Magnetkraft und Universalität des Magnetismus II. 542. 573 — Allgemeine Verbreitung d. Magnetismus III. 478. 491 — Zufällige Färbungen des Wassers V. 150. 158 — Optik des Auges. Versuch mit zwei Stecknadeln V. 187. 188 — Ueb. den Klang der Töne VI. 294. 299 — Accommodation des Auges VI. 488. 491 — Ueb. einige opt. Täuschungen VI. 489. 507 — s. Frestel.

Hall, C. F. Meteorologische Uhr VIII. 658.

Hall, M. Wirkung gewisser physikal. u. chemischer Kräfte auf d. Nervensystem IV. 301. 303; V. 298; VI. 728.

Hallette, Verbesserungen im atmosphär. Eisenbahnsystem I. 593. 605.

Hallier, E. Merkwürd. Erscheinung bei einem Sturm auf Helgoland XVII. 647 — Ueb. e. schöne Interferenzerscheinung auf der Düne zu Helgo-

land XVII. 740 — Nordseestudien XIX. 675*.
Hallmann, E. Temperaturverhältnisse d. Quellen X.779, XI.775; XIV.689.
Hallwachs, W. Ueber Tomlinson's Verfahren zur Erkennung der Reinheit v. Oelen XX. 71.
Halske, J. G. Stromunterbrecher XII. 512 — Stereoskop mit beweglichen Bildern XIII. 225.
Hamann, E. F. Rotationsapparat zum Beweise d. Axendrehung d. Erde VIII. 105 — Neue Magnetisirungsmethode VIII. 554.
Hamel, J. Colossale elektromagnetische Maschine zum Versilbern und Vergolden III. 378. 390; IV. 300 — Entstehung d. galvan. u. elektromagnetischen Telegraphie XVI. 526*.
Hamilton, Ueb. elektr. Ströme in d. Erdoberfläche XIV. 450.
Hamilton, G. Verbesserungen an Wagen XII. 83* — Bemerk. betreffend d. mechanische Nachbildung der Präcession XII. 129.
Hamilton, M. Bericht üb. Erdbeben in Süd-Amerika in den J. 1844 bis 1847, VI. 910. 956.
Hamilton, R. Gesichtsfehler in Folge unregelmäss. Strahlenbrech. IV. 184. 190.
Hamilton, W. R. Ueb. ein allgem. Kräftecentrum XIX. 32*; XX. 24.
Hammerschmidt, Photographie, Daguerreotypie, Galvanoplastik III. 196. 197. 206. 207*.
Hammerton, J. Verbesserte Isolirung für d. Leitungsdraht bei elektr. Telegraphen IV. 355*.
Hanamann, J. Ueb. Kältemischungen XX. 362.
Handl, A. Die magnet. Declination v. Lemberg XIX. 600* — s. Grailich.
Handl A. u. A. Weiss, Zusammenhang in den Aenderungen d. Dichten u. Brechungsexponenten in Gemengen v. Flüssigkeiten u. Verbindungen v. Gasen XIV. 242.
Handl, v. Lang, Murman, Krystallograph. Untersuchungen XIV. 274.
Hankel, H. Zur allgem. Theorie der Bewegung d. Flüssigkeiten XVII. 57 — Mathematische Bestimmung des Horopters XX. 282.
Hankel, W. G. Magnetisirung von Stahlnadeln durch d. elektr. Funken und seinen Nebenstrom I. 385. 404; II. 338. 342 — Veränderung d. Leitungswiderstandes der Flüssigkeiten durch Temperaturerhöhung und Construction d. Differentialgalvanometers II. 373. 384 — Differentialgalvanometer II. 405. 407 — Pyroelektricität d. Boracits u. Titanits IV. 274 — Benutzung der Ausdehnung der Drähte durch elektr. Ströme zur Messung d. letzteren IV 295. 296 — Theorie d. Diamagnetismus IV. 358. 389 — Construction eines Elektrometers VI. 641. 644 — Vermeintl. Leitungsvermögen d. Marekanite für Elektr. VI. 648 — Ueb. d. Elektricität d. Flamme und d. dadurch erzeugten Ströme VI. 661. 671 — Messungen üb. d. Grösse der Kraft zwischen einer elektr. Spirale und einem in ihrer Axe befindlichen Eisenkern VI. 811. 835 — Messung der Abstossung des krystallisirten Wismuths durch die Pole eines Magnets mittelst der Drehwage VI. 1126. 1142 — Ueb. die Messung d. atmosphär. Elektricität IX. 612 — Messung d. atmosphär. Elektricität nach absolutem Maass XII. 560 — Ueber farbige Reflexion v. matt geschliffenen Flächen XIII. 221 — Thermoelektr. Eigenschaften d. Boracits XIII. 338 — Elektricitätserregung zwischen Metallen u. erhitzten Salzen XIV. 389 — Verhalten d. Weingeistflamme in elektr. Beziehung XV. 374 — Ueber phosphorisches Leuchten d. Fleisches XVII. 269 — Maassbestimmungen der elektromotor. Kräfte XVII. 419 — Messungen über die Absorption der chemischen Strahlen d. Sonnenlichts XVIII. 230 — Ueb. die v. G. Meissner an d. Oberfläche d. menschl. Körpers beobacht. elektr. Erscheinung. XIX. 497*.
Hansen, P. A. Theorie d. Pendelbewegung mit Rücksicht auf d. Gestalt u. Bewegung d. Erde IX. 67 — Anziehung eines Revolutionsellipsoids u. d. Wirkung desselben auf d. Pendelbewegung X. 78.
Hansen, W. Apparat mit Hülfe dessen man beliebige Gegenstände mit d. grössten Schärfe aufzunehmen im Stande ist IX. 322 — Elektromagnetische Gravirmaschine X. 587* — Ueb. d. Brauchbarkeit d. Keilräder zur Fortpflanz. drehend. Bewegungen XI. 74.
Hansteen, Ch. Magnetische Beobachtungen auf einer Reise im nördl. Europa III. 518. 543 — Beobachtung d. Nordlichter zu Christiania u. Finnmarken v. 1837 bis 1848 IV. 171. 172

vergl. Siljeström — Die Kunst zu wägen V. 32. 494 — Regulirung der astronom. Pendeluhr V. 33* — Meteorolog. Constanten für Christiania V. 376* — Jährliche Regenmenge in Christiania VIII. 777* — Abnahme d. magnetischen Inclination IX. 630 — Verzeichniss aller seit 1846 zu Christiania gesehenen Nordlichter X. 642* — Ueb. die magnetische Inclination in Brüssel. Säculare Aenderung d. Erdmagnetismus. Mit Zusätzen von Kupffer X. 672* — Ueb. d. Variationen d. magnetischen Inclination in d. nördl. gemässigten Zone XI. 605 — Magnet. Inclination in Genf XI. 607 — Die tägl. u. jährl. Veränderungen der magnet. Inclination XI. 612 — Veränderungen d. magnet. Intensität an einigen Punkten d. nördlichen Europa XII. 595 — Entgegnung wider Laugier 598. 600 — Ueber Sternschnuppen XIII. 457* — Period. Aenderungen der magnet. Inclination in Christiania XIII. 475 — Ueb. Erdmagnetismus XIII. 479; XIV. 599 — Periodische Aenderungen der magnet. Inclination XIV. 601* — Ueb. d. Nordlicht v. 23. Febr. u. d. Geräusch bei Erscheinung d. Nordlichter. Magnet. Störungen u. Nordlichterscheinungen zu Christiania XV. 562* — Magnetische Elemente zu Christiania XV. 628 — Reduction der magnet. Intensität zu London auf d. absolute Einheit von Gauss XV. 631 — Reduction der Schwingungszeit d. Magentnadel auf e. unendlich kleinen Bogen. Reduction der magnet. Beobachtungen von E. Quetelet XV. 644 — Veränderungen d. magnet. Inclination in d. nördl. u. südl. Halbkugel. Periodicität d. Erdmagnetismus XV. 652* — Magnet. Elemente zu Stockholm. Magnetische Inclination und Intensität in Kopenhagen. Polarlicht, magnet. Störungen und Sonnenflecke in Christiania XVI. 656* — Variation der jährlichen Inclination zu Brüssel. Amplitude d. tägl. Variation d. magnet Inclination in Christiania zw. 10 Uhr Vormitt. u. e. Stunde vor Sonnenuntergang XVII. 587* — Eine tägl. u. jährl. Periode in d. magnet. Inclination. Schreiben an Hrn. Quetelet üb. d. Variationen d. magnet. Inclination u. Declination zu Brüssel seit 1827, XIX. 600* — Vergleichung d. Weingeist- u. Quecksilberthermometer XX. 342 — Ueber d. Höhe der Atmosphäre XX. 587 — Ueb. die magnet. Elemente zu Christiania. Beobacht. d. magnet. Inclination zu Christiania 1855 bis 1864. Ueb. d. säcularen Aenderungen des Magnetismus. Ueber Richtung und magnet. Kraft zu Christiania, und die Veränderung dieser Elemente seit 100 Jahren XX. 625.

Hansteen, Ch. u. Due, Resultate magnet., astronom. und meteorolog. Beobacht. auf einer Reise nach dem östl. Sibirien in d. J. 1828 bis 1830, nebst Anhang enthaltend magnet. Beobacht. XIX. 595. 657; XX. 801.

Happe, L. Bestimmungen d. Sehbereichs und dessen Correction, nebst Erläuterungen üb. den Mechanismus d. Accommodation XVII. 321.

Hardie, W. Beschreib. eines neuen Pseudoskops IX. 301 — Ueber das Telestereoskop XIV. 304.

Hardy, R. W. H. Lichterscheinungen VIII. 332.

Hare, R. Schmelzung von Iridium u. Rhodium II. 112. 114 — Ueb. freie Elektricität III. 314. 323 — Ueb. d. Wirbeltheorie d. Stürme VI. 1051. 1103 — Wise's Beobachtungen und Schlüsse üb. ein Gewitter, dem er d. 3. Juni 1852 auf einer Reise im Luftballon v. Portsmouth, Ohio, ausgesetzt war XI. 598* — Verfahren zur Anfertigung kleiner Gewichte XV. 5.

Hargreave, Ueb. das Problem der drei Körper XIV. 78.

Harless, E. Physiologische Beobachtung u. Experiment IV. 184. 189 — Erforschung des menschl. Stimmorgans VIII. 161; X. 232* — Diffusionsversuche IX. 21 — Ueb. d. negative Schwankung d. Muskelstroms bei d. Zusammenziehung IX. 532 — Theorie u. Anwendung d. Seitendruckspirometers zur Bestimmung d. Respirationsluft XI. 107* — Beschreibung der Apparate, welche in seiner Abhandl. üb. d. statischen Momente d. menschl. Gliedmaassen zur Auffindung der Lage des allgem. Schwerpunkts bezeichnet sind XIII. 120 — Ueber moleculare Vorgänge in der Muskelsubstanz XIII. 381* — Zur Bestätigung d. latenten Reizung XV. 533* — Einfluss d. Länge eines gereizten Nervenstücks XV. 533* — Moleculare Vorgänge in d. Nervensubstanz XV,

533* — Maassbestimmung d. Polarisation durch d. physiolog. Rheoskop XVI. 475*; XVII. 484.

Harley, G. Ueber den Zustand des durch das Blut beim Athmen absorbirten Sauerstoffs XII. 193.

Harms, E. Anwendung d. Kohle als Entfärbungsmittel VIII. 24.

Harpe, J. de la, Meteorologie der Winde, besonders üb. die d. Beckens vom Genfersee XV. 725*.

Harper, Galvan. Verbindungen III. 371. 372.

Harris, E. P. Bestandtheile d. Meteorits v. Montrejean XV. 561*.

Harris, W. S. Natur u. Gesetze d. elektr. Anziehung III. 314. 315 — Verbesserter Blitzableiter III. 344. 347 — Gesetz d. elektrischen Entladung IV. 266; V. 251* — Ueb. inducirte u. andere magnetische Kräfte VI. 842 862 — Tragbares Barometer VI. 1059* — Verbesserungen an Blitzableitern auf Schiffen IX. 621 — Beschützung d. neuen Westminsterpalastes gegen d. Blitz XI. 602 — Ueber d. Gesetz d. elektr. u. magnetischen Kraft XII. 381 — Ueb. d. quantitative Messung statischer Elektricität u. einige neue Erscheinungen der elektr. Kraft XII. 387 — Allgemeines Gesetz d. elektr. Entladung. Ueb. d. Riesssche Gesetz für d. elektrische Wärme XII. 398 — Schiffbrüche durch Blitzschläge XII. 590 — Ueb. statische Elektricität XIII. 330 — Einige besondere Gesetze d. elektr. Kraft XIII. 335.

Harrison, Ueb. e. selbstregistrirendes Thermometer IV. 249 — Elektromagnetische Maschine VI. 841* — Künstliche Eisfabrication XIII. 303 — Elektr. Lampe XV. 458*.

Harrison, A. A. Ueber d. Wärmetheorie XII. 355.

Harrison, B. F. Ueb. d. Auflösung des Eises auf Binnengewässern XIX. 680.

Harrison, J. P. Abhängigkeit der Temperatur v. Mondeinfluss XIII. 494* — Neue Beweise d. Mondeinflusses auf d. Temperatur d. Erde XIV. 610; XV. 654; XVI. 706 — Aehnlichkeit d. Mondcurven der niedrigsten Temperatur zu Greenwich u. Utrecht 1859, XVII. 617* — Neuer Nachweis d. indirecten Mondeinflusses auf d. Temperatur d. Luft nach d. Beobachtungen zu Greenwich 1861 u. 1862, XVIII. 616*.

Hart, P. Allan's elektromagnet. Maschinen X. 586*.

Hart, R. Beobachtung einer Erscheinung am Mond XI. 589*.

Hartig, E. Einfaches Verfahren den Parallelismus der Endaxen feiner Waagen gegen d. Mittelaxe zu prüfen u. d. vorhandenen Abweichungen zu messen XV. 6 — Theorie der gleicharmigen Waage mit Rücksicht auf d. elast. Biegung d. Balkens XV. 52.

Hartig, T. Leuchten d. weissfaulen Holzes XI. 262*; XII. 245*.

Harting, J. Ueb. kleine Wirbel-Bewegungen in Gemischen v. Wasser und flüchtigen Flüssigkeiten XII. 149.

Harting, P. Methode e. Miskroskop auf seine Schärfe u. Deutlichkeit zu prüfen IX. 314; X. 334* — Ueber d. Absorptionsvermögen d. reinen und des unreinen Chlorophylls für die Strahlen d. Sonne XI. 279 — Ueber d. Hagel XII. 687 — Ueb. d. neueren Linsensysteme v. Merz u. Hartnack, u. üb. d. Gränze d. opt. Vermögens d. heutigen Mikroskope XVII. 343.

Hartland, F. D. Der Vesuv u. seine Ausbrüche XII. 756*; XIII. 597.

Hartmann, J. Ueb. d. Winkelspiegel VI. 383. 385.

Hartmann, F. und A. Mousson, Ueb. d. Quellen v. Pfäfers, St. Gallen XII. 744*.

Hartmann, R. Ueb. die elektr. Organe d. Fische XVII. 532; XVIII. 832 — Skizze d. Landschaft Sennâr; Land u. Klima XX. 835*.

Hartnack, Grosses Mikroskop XX. 306.

Hartness, J. Ueb. d. beiden grossen Stürme am 25. u. 27. Dec. 1853, IX. 738*.

Hartnup, J. Ueb. die Veränderung im Gange d. Chronometer X. 37* — Darstellung des grossen Sturms am 3. Dec. 1863 nach d. Aufzeichnungen d. Registririnstrumente zu Liverpool XX. 715.

Hartung G. Die Azoren in ihrer äusseren Erscheinung und nach ihrer geognost. Natur XVII. 790 — Ueber Erhebungskrater, ältere und neuere Eruptionsmassen nebst Schilderung d. geolog. Verhältnisse d. Insel Gran Canaria XVIII. 752 — Geologische Beschreib. d. Inseln Madeira u. Porto Santo XX. 900.

Hartwell, C. Beschreib. eines dritten Regenbogens X. 640*.

Harzer, J. Zur Lehre v. d. Endosmose XII. 50.
Hasert, B. Verbesserte Construction d. Nicolschen Prismas XVII. 350.
Haskell, R. C. Eruption d. Mauna Loa auf Hawaii XV. 780; XVI. 866.
Haskins, R W. Die offene Polarsee XIV. 687.
Hasner, J. v. Ueb. das Binocularsehen XV. 279.
Hasskarl, s. van Rees.
Hatch, F. W. Meteorologische Beobachtungen zu Sacramento XI. 758*.
Hatcher, Verbesserungen an elektr. Telegraphen III. 477*.
Hattier, Untersuchung des Mineralwassers v. Bourbon-l'Archambault VI. 913. 1037.
Hauch, A. Resultate d. physikalisch-chemischen Untersuchung d. Mineralheilquellen v. Szliacs in Ungarn XI. 779.
Hauer, F. v. Höhenmessungen im nordöstl. Ungarn XV. 789* — Höhenmess. im westl. Siebenbürgen XVIII. 711*.
Hauer, K. v. Apparat zur Bestimmung der Löslichkeitsverhältnisse v. Salzen bei höherer Temperatur XII. 189 — Untersuchung der warmen Schwefelquellen v.Trentschin-Teplitz inUngarn XV. 750* — Krystallogenetische Beobachtungen XVI. 20 — Das Wasser des Kampflusses im Viertel Ober-Mannhardsberg. Analyse des Donauwassers XVII. 755* — Chemische Constitution d.eisenhalt. Quellen bei Mauer nächst Wien. Chemische Untersuch. d. Suliguli Säuerlings unweit Visso in d. Marmarosch. Wasser der Quellen bei Gars im Viertel Ober-Mannhardsberg XVII. 761*.
van Hauerboke, Magnetische Beobachtungen in Island III. 519. 543.
Haughton, B. Das Nordlicht vom 14. Dec. 1862, XIX. 546*.
Haughton, S. Dynamischer Werth d. Bussole u. Ursache d. Verharrens der Nadel im magnet. Meridian III. 520* — Ueb. Gleichgewicht und Bewegung fester u. flüssiger Körper IV. 67. 72 — Nachweis d. gemeinschaftl. Natur v. Magnetismus, Cohäsion, Adhäsion und Zähigkeit IV. 357. 367 — Ueb. Potter's Theorie d. Schalls VI. 293. 295 — Versuche mit e. neuen Reibeschlitten zum Anhalten der Eisen bahnzüge VIII. 68 — Bemerkungen zur Molecularmechanik, No. 2: Fortpflanzung ebner Wellen IX. 185 — Ueber Spiegelung des polarisirten Lichts an der Oberfläche durchsichtiger Körper IX. 203 — Versuche zur Bestimmung der Geschwindigkeit gewöhnlicher Büchsenkugeln X. 60; XI. 52* — Ueber Molecularmechanik, No. 3: Normale und transversale Schwingungen X. 235 — Neue Gesetze für die Reflexion des polarisirten Lichts X. 272 — Chemische Zusammensetzung und optisches Verhalten d. Glimmers aus d. Graniten v. Dublin, Wicklow und Carlow XI. 309 — Ueb. die Dichtigkeit d. Erde nach Airy's Versuchen im Hartonkohlenbergwerk XII. 114 — Discussion der v. d. königl. irischen Akademie 1850 u. 1851 veranlassten Fluthbeobachtungen. Tägl. Sonnen- u. Mondfluthen an d. irischen Küste XII. 728 — Ueb. d. Dicke d. Erdrinde XV. 732. 733; XVI. 767 — Ueber die Gezeiten u. Fluthströmungen d. Irischen See u. d. engl. Kanals XV. 742* — Ueb. d. Aerolithenregen zu Killeter 29. April 1844, XVII. 554* — Ueber die dynamischen Elasticitätscoefficienten von Stahl, Eisen, Messing, Eichen- und Teakholz XVIII. 69 — Unterschied zw. Regenmenge und Verdunstung zu St. Helena, desgl. zu Dublin 1860, XVIII. 661 — Ueber die tägl. Fluthen zu Port Leopold. Graphische Berechnungsweise d. Bewegung eines Fahrzeugs durch die Fluth im Irischen Meer od. d. engl. Kanal XVIII. 717* — Ueber die Reflexion des polarisirten Lichts von polirten durchsicht. u. metallischen Oberflächen XIX. 261*; XX. 225 — Windbeobacht. 1848 und 1849 in Leopoldshafen am Bord d. Investigator XIX. 638* — Ueb. d. Fluthen d. arktischen Meere. Die halbtägigen Fluthen v. Leopoldshafen XIX. 670* — Ueb. den nicht cyclonischen Character des Sturmes v. 29. Oct. 1863, XX. 741* — s. Galbraith.
v. Hauslab, Ueb. d. Krystallgestalt d. Erde IX. 664.
Hausmann, J. F. L. Pyroelektricität d. Struvits II. 362 — Irisiren d. Mineralien IV. 165. 168 — Krystallsystem d. Karstenits nebst Beiträgen zum Homöophormismus im Mineralreich VI. 4* — Ueb. die durch Mole-

cularbewegungen in starren leblosen Körpern bewirkten Formveränderungen XI. 17; XIII. 28 — s. Tellier.
Have, R. Einwürfe gegen d. Theorien v. Franklin, Dufay u. Ampère u. Erklärung der elektr. Erscheinungen durch statische u. undulator. Polarisation IV. 257. 258.
Havre, s. Ferran.
Hawliczeck, A. Trigonometrische Höhenbestimmung in d. k. k. Kronland Schlesien VI. 911*.
Hay, Maschine um Ovale zu zeichnen II. 118*.
Haycraft, Ueb. wasserfreien Dampf u. Verhütung der Kesselexplosionen VI. 563. 596.
Hayden, T. Function des gelben Sömmeringschen Fleckes beim binocularen Sehen XVI. 289*.
Hayes, A. Chemische Beschaffenheit d. Wassers an d. Oberfläche und am Boden d. Meeres VI. 912. 1006.
Hayes, J. Nordfahrt im Herbst 1854, XVI. 792*.
Haymart, Möglichkeit Veränderungen d. Atmosphäre vorherzusagen V. 374.
Hayot, Ununterbrochen wirkende Saug- u. Hubpumpe X. 179.
Hayward, Directe Methode Geschwindigkeiten, Beschleunigungen u. ähnliche Grössen in Bezug auf bewegliche Axen zu schätzen nebst Anwendungen XII. 85.
Heale, J. N. Galvanische Ströme im Blut IV. 302. 328.
Heaphy, Ch. Die vulkan. Umgebung v. Auckland XVI. 869.
Hearder, J. N. Anwendung d. Gusseisens zur Construction kräftiger permanenter Magnete VI. 841. 844 — Neue Einrichtung d. Inductionsspirale XII. 515 — Kräftige Gestalt der Inductionsspirale und einige neue statische u. thermische Wirkungen des Inductionsstromes XII. 520 — Neues Instrument zur Aufzeichnung schnell sich folgender elektr. Entladungen, u. Vergleich d. Wirkungen eines Inductionsapparrats u. einer Elektrisirmaschine XIII. 415 — Permanente Gusseisenmagnete XIII. 440 — Unterschied d. Wirkung v. Cylinder- und Scheibenmaschinen bei gleicher Oberfläche XIV. 376 — Ueb. d. atlantische Kabel. Neue Form d. Telegraphenkabels zur Verminderung der Inductionswirkung XV. 421 — Ueber elektrische Leitungsfähigkeit XVI. 499 — s. Bentley.
Hearn, G. W. Ueb. Zusammensetzung u. Zerlegung d. Kräfte II. 47. 48 — Wärmezustand eines an beiden Enden gleich erhitzt. Drahtes II. 260 - Ursache d. v. Baily beobacht. Abweichung in d. Dichte d. Erde III. 521. 531 — Leichtes Verfahren d. Trägheitsmomente eines Ellipsoids um seine Hauptaxen zu finden IX. 84*.
Heath, D. D. Strahlung d. Mondes XVII. 409. 410 — Ueber e. Stelle in Tyndall's Vorlesungen üb. Kraft und Wärme XIX. 334.
Heathcote, J. A. Küstenflüsse in d. Bay von Bengalen. Oberflächenströme in d. Bay v. Bengalen während d. Südwest- und Westmonsoons XVIII. 717*.
Hebert, Blitzschlag in Kugelform III. 344. 348.
van Hecke, Neues System von Luftballons; Prioritätsanspruch darauf v. Jenneson; Bericht üb. dies System v. Devaux III. 56*.
Heddle, F. Meteorblei im Meteoreisen v. Taparaca in Chili XII. 557*.
Heelis, Th. Ueb. Stürme nebst Versuch zur Bestimm. ihres Laufs in d. Nähe d. britt. Inseln, u. ihre Analogie mit andern kosmischen Erscheinungen XVI. 735* — Beobachtung d. Zodiakallichts zu Smyrna XVIII. 510* — Abnorme Passatwinde XVIII. 578 — Meteorolog. Beobacht. u. Beobacht. d. Meerestemperatur d Atlant. Oceans bei Reisen v. Liverpool nach Gibraltar u. zurück, XVIII. 682.
Heer, O. Schneefall mit Würmern XII. 718*.
Heeren, Messung d. Lichtstärke für photographische Versuche I. 275. 289 — Anwendung des Chlorjods in der Photographie II. 229. 237 — Galvan. Messingüberzug VI. 722* — Galvanisches Messing X. 540* — Bestimm. d. Dichte d. Schiesspulvers XII. 61 — Apparat zur Bestimmung d. specif. Gewichts d. Leuchtgase XVI. 13* — Ueb. e. Normalmaass für Lichtstärke XVII. 265.
Heeren, u. Karmarsch, Ueber d. Aluminium XII. 24.
Heidenhain, R. Neue elektrophysiologische Versuche XII. 490; 551 — Wiederherstellung d. erloschenen

Erregbarkeit d. Muskeln durch constante galvan. Ströme XIV. 551 — Zur Kenntniss d. Zuckungsgesetzes XIV. 562 — Mechanische Leistung, Wärmeentwicklung u. Stoffumsatz bei d. Muskelthätigkeit XX. 361*.

Heidenhain R. u. L. Meyer, Verhalten d Kohlensäure gegen Lösungen v. phosphorsaur. Natron XIX. 88.

Heidenreich, F. W. Physiologische Induction, zur medicin. und Nervenphysik III. 396. 448 — Physiologische Wirkung d. elektr. Stromes auf die Sinnesnerven IV. 301. 305 — Der elektromagnet. Apparat mit gleichlaufenden Inductionsströmen zweiter Ordnung XII. 515.

Heidner, Ueb. ein Sinuselektrometer XIV. 443.

Heim, J. P. G. v. Zur Lehre v. den Schwingungen elast. fester Körper VI. 228. 229 — Zur Theorie der Bewegung der Räderfuhrwerke mit Inbegriff d. Dampfwagen IX. 54.

Heine, Behandlung einer d. Potential einer Kreisscheibe betreffenden Aufgabe X. 47; XI. 61.

Heine, W. Weltreise um d. nördl. Hemisphäre in Verbind. mit d. ostasiat. Expedition 1860 u. 1861, XIX. 730*.

Heineken, N. S. Eigenthümliche Unregelmässigkeit beim Sehen IV. 184. 190 — Glänzendes Meteor zu Sidmouth VIII. 596* — Ungewöhnl. Lichterscheinung am Himmel IX. 609*.

Heinemann, H. Formel zur Berechnung d. Stauweiten für gegebene Höhen XI. 104*.

Heintz, W. Erscheinungen an Glasstäben, die durch e. Flamme gezogen worden sind VIII. 448 — Zur Theorie d. Wärme IX. 428 — Schmelzpunkt u Zusammensetz. d. chemisch reinen Stearins X. 133 — Zusammensetzung u. Eigenschaften d. Fette und fetten Säuren X. 135.

v. Heintz, K. A. Steinheil, Exter, Verfahren zur Steigerung des pyrometrischen Wärmeeffects jedes Brennstoffs XI. 372.

Heis, Sternschnuppenbeobacht. III. 157. 170; V. 453* — Nordlichter V. 451* — Beobacht. v. Nordlichtern, Sternschnuppen und Zodiakallicht zu Achen VI. 873* — Die Sternschnuppen d. Juli- u. Augustperiode 1856, XII. 555* — Ueb. d. am 3. Febr. 1856 gesehene Feuerkugel XII. 556* — Ueber das Zodiakallicht XII. 558* — Feuerkugeln und Sternschnuppenbeobacht. 1858, XV. 558* — Sternschnuppenbeobacht. in Deutschland und Athen 1859. Feuerkugel beob. am 7. Aug. 1859, XV. 559*; desgl. zu Münster den 9. Dec. 1859, XV. 560* — Das Zodiakallicht im J. 1859 zu Münster. Zusammentreffen d. Nordlichter u. magnet. Störungen XV. 562 — Ueb. d. Nordlichter 1859. Nordlicht zu Münster Naugard, Prag am 23. Febr. Nordlicht v. 21. 22. 23. April 1859, XV. 563* — Das Südlicht in Australien u. d. gleichzeit. Nordlicht in Münster d. 9. u. 10. April 1858, XV. 563* — Nordlicht in d. Nacht v. 28. bis 29 Aug. u. am 5. Sept. Die Nordlichter u d. damit verbundenen magnet. Störungen v. Ende Aug. bis Mitte October XV. 566* — Magnet. Constanten für Münster XV. 639 — Witterungsverhältnisse in Deutschland, Frankreich u. s. w. 1858 bis 1859, XV. 669; XVI. 763* — Bildliche Darstellung der zu Münster v. 1. Dec. 1857 bis 30. Nov. 1858 angestellten meteorolog Beobacht XV. 706*; desgl. 1859, XVI. 763* — Der aussergewöhnlich hohe Barometerstand um d. 3. Jan. 1859, XV. 718 — Höhenrauch im Frühjahr und Sommer 1859, XV. 726* — Regen in Amerika. Beobacht. über den Niederschlag XV. 728 — Regenmenge in Münster XV. 730* — Die Sonnenfinsterniss vom 18. Juli 1860, XVI. 570 — Die Sternschnuppen der Augustperiode 1859, die Juli- und Augustperiode 1860, XVI. 604* — Die Feuerkugel v. 17. Aug. 1859, XVI. 605* — Das Zodiakallicht in Münster, Paris und Melbourne XVI. 609* — Nordlichtbeobachtungen 1860, XVI. 611* — Sternschnuppenbeob. im Aug. u. Nov. 1860, XVII. 551* — Grosse Feuerkugel beob. d. 3. Decbr. 1861, XVII. 552* — Beobacht. d. Zodiakallichts zu Münster XVII. 556*; XIX. 545* — Nordlichtbeob. 1861, XVII. 556. 557* — Die Witterungsverhältnisse in Deutschland, Frankreich u. s. w. vom Oct. 1860 bis 1861. Bildliche Darstellung d. meteorolog. Beobachtungen zu Münster 1859 und 1860, XVII. 724* — Die in Deutschland am 3. Dec. 1861 gesehene Feuerkugel XVIII. 494 — Ueb. d. correspondirenden Stern-

schnuppenbeobacht. des Hrn. Secchi zw. Rom u. Civita vecchia XVIII. 495 — Sonnenflecken im Juli u. August 1862, XVIII. 504* — Ausgezeichnete Meteore zu Münster XVIII. 506* — Die Sternschnuppen der Juli- und Augustperiode XVIII. 507* — Ueb. d. Zodiakallicht. Bemerk. zu den Abhandl. von Santini über Nordlichter XVIII. 510* — Nordlicht zu Münster u. s. w. 1862, XVIII. 511* — Verkündigung der Witterung XVIII. 591* — Mittlerer Barometerstand an verschied. Punkten d. Erdoberfläche XVIII. 632 — Ueb. Wolkenbeobachtungen XVIII. 651 — Die Witterungsverhältnisse in Deutschland, Frankreich u. s. w. im Septbr. 1861 bis Juli 1862, XVIII. 686* — Vergleich d. Lichtstärke d. Mondes, der Sonne, Venus, Jupiters u. mehrerer heller Fixsterne XIX. 232 — Ueber Sternschnuppenbeobacht. in Frankreich XIX. 533 — Ueber die Strahlung der Sternschnuppen u. die Natur dieser Meteore. Die Gestalt der Sternschnuppenschweife beob. in Münster u. Krakau XIX. 540* — Ueb. Sternschnuppen. Schreiben an Hrn. Faye darüb. und dessen Erwiderung XIX. 541* — Die Sternschnuppen der Augustperiode 1863 in Westphalen u. Umgegend. Die Sternschnuppen d. Novemberperiode zu Münster 1863. Feuerkugel v. 4. August 1858, XIX. 542* — Die grosse Feuerkugel, welche am Abend d. 4. März 1863 in Holland, Deutschland u. s. w. gesehen worden ist XIX. 543* — Nordlicht am 14. Dec. 1862; desgl. am 9. u. 10. Nov. XIX. 546. 547* — Erscheinung des Wasserziehens an der der Sonne gegenüberstehenden Seite XIX. 640*; XX. 750 — Witterungsverhältnisse in Deutschland, Frankreich u. s. w. Aug. 1862 bis Septbr. 1863, XIX. 659* — Die Ausstrahlungspunkte der Sternschnuppen XX. 594* — Dunkle Sternschnuppe am 4. Octbr. 1864. Die Feuerkugel v. 6. Aug. 1864, XX. 595* — Meteorologische Beobachtungen in Australien XX. 818 — Telegraphische Witterungsberichte in Preussen. Einige meteorologische und astronomische Beobachtungen auf einer Reise nach der Schweiz und Italien XX. 835*.

Heldt, W. Fundamentaleigenschaften des Sauer- und Wasserstoffs XVII. 28* — Ueber die sogenannte Passivität der Metalle XIX. 436.

Heller, J. F. Die Staaten Tabasco, Chiapas u. Socunosco V. 459. 467 — Ueb. d. Leuchten des faulen Holzes, lebender Pflanzen u. Pflanzentheile. Anwendung phosphorescirender todter Seefische zur Beleuchtung X. 272*.

Heller, R. Das Erdbeben XIX. 721*.

Helm, E. Die period. Quelle zu Kapsdorf im Zipser Comitat XVII. 758*.

Helmersen, G. v. Versuche die relative Wärmeleitungsfähigkeit einiger Felsarten zu ermitteln VIII. 420; XII. 366 — Ueber das langsame Emporsteigen d. Ufer d. baltischen Meeres u. die Wirkung der Wellen und des Eises auf dieselben XII. 747 — Die Salzseen Bessarabiens u. d. Einbruch des Schwarzen Meeres in dieselben 1850, XV. 746 — Artesischer Brunnen in St. Petersburg XX. 870.

Helmert, O. Der Seidmachersche elektromagnet. Telegraph IV. 356*.

Helmholtz, H. Wärmeentwicklung bei d. Muskelaction III. 232 — Erhaltung d. Kraft III. 233 — Augenspiegel zur Untersuchung d. Netzhaut im lebenden Auge VI. 490. 514 — Dauer u. Verlauf der durch Stromesschwankungen inducirten elektrischen Ströme VI. 793. 801 — Ueb. d. Theorie der zusammengesetzten Farben VIII. 247 — Mischung homogener Farben VIII. 248 — Ueb. Brewsters neue Analyse d. Sonnenlichts VIII. 251 — Theorem üb. die Vertheilung elektr. Ströme in körperlichen Leitern VIII. 498 — Ueb. eine bisher unbekannte Veränderung am menschl. Auge bei veränderter Accommodation IX. 298 — Ueb. einige Gesetze d. Vertheil. elektr. Ströme in körperlichen Leitern mit Anwendung auf d. thierisch-elektr. Versuche IX. 544 — Erwiderung auf d. Bemerkung v. Clausius X. 367 — Ueb. die Wechselwirkung der Naturkräfte X. 377; XII. 343 — Ueb. d. Geschwindigkeit einiger Vorgänge in Muskeln u. Nerven X. 545*; XIV. 521. 529 — Ueb. d. Zusammensetz. v. Spectralfarben XI. 266 — Physiologisch-optische Resultate d. Untersuch. von Esselbach XI. 275 — Ueber die Accommodation d. Auges XI. 324 — Empfindlichkeit d. menschlichen Netzhaut für d. brechbarsten Strahlen d. Sonnenlichts XI. 335 — Ueber die

Combinationstöne XII. 203 — Ueber d. Erklärung d. stereoskopischen Erscheinung d. Glanzes XII. 304 — Das Telestereoskop XIII. 256 — Ueb. d. Integrale d. hydrodynamischen Gleichungen, welche d. Wirbelbewegung entsprechen XIV. 85 — Zeitlicher Verlauf der Muskelzuckung XIV. 521 — Fortpflanzungsgeschwindigkeit der Nervenerregung XIV. 521. 527 — Ueb. die Methoden kleinste Zeittheile zu messen XIV. 521. 530 — Theorie der Luftschwingungen in Röhren mit offenen Enden XV. 130 — Klangfarbe d. Vocale XV. 172 — Ueb. musikal. Temperatur XVII. 151 — Ueber die Bewegung der Violinsaiten XVII. 156 — Zur Theorie d. Zungenpfeife XVII. 164 — Physiolog. Optik XVII. 338 — Die Lehre v. den Tonempfindungen als physiolog. Grundlage für d. Theorie d. Musik XVIII. 144 — Ueber die normalen Bewegungen des menschl. Auges XIX. 278; XX. 275 — Versuche über das Muskelgeräusch XX. 136 — Ueb. d. Horopter XX. 275. 282.

Helmholtz, H. u. G. v. Piotrowsky, Ueb. Reibung tropfbarer Flüssigkeiten XVI. 101.

Hement, Die Bewegungen d. Meeres u. d. Atmosphäre XX. 844*.

Hempel, Aequilibrirungssystem von Präcisionswaagen XX. 10.

Henderson, E. Beschreibung des Geotropeskops zur Erläuterung des Foucaultschen Versuchs VI. 70. 148.

Henderson, W. Natur und Wirkung der Ueberschwemmung d. Indus den 10. Aug. 1858 zu Attok XVI. 826*.

Hendricks, J. E. Beurtheilung von Hrn. Blake's Aufsatz üb. d. Ausfluss elastischer Flüssigkeiten IX. 105.

Hendry, W. Ueb. d. Krystallisation d. Glases durch Wärme XX. 18.

Henke, W. Der Mechanismus der Accommodation für Nähe und Ferne XVI. 275.

Henle, J. Zur Physiologie d. Stimme XVIII. 160* — Ueb. d. äussere Körnerschicht d. Retina. Zur Anatomie d. Retina XX. 300*.

Henley, Elektr. Telegraph mit Elektromagneten statt d. Säulen VI. 838*.

Hennessy, H. G. Anwendung der Photographie zum Registriren der Thermometer und Barometer I. 276. 296 — Vertheil. d. Sternschnuppen im Weltenraum VI. 872* — Gestalt u. Bildung der Erde VI. 908. 921 — Stabilität d. Rotationsaxe d. Erde VIII. 651 — Zusammenhang zwischen geologischen Theorien u. d. Gestalt d. Erde VIII. 652 — Instrument zur Beobachtung verticaler Luftströmungen XII. 615 — Ueb. Isothermen XII. 646 — Physikalische Structur d. Erde XII. 725 — Richtung d. Schwere auf der Erde XIII. 117 — Ueb. d. Festwerden der Flüssigkeiten durch Druck XIII. 295 — Wärmevertheilung auf den brittischen Inseln. Einfluss d. Golfstroms auf das Klima v. Irland XIII. 486; XIV. 613 — Gleichzeitige Isothermen XIII. 494* — Ueb. die Verticalströme d. Atmosphäre XIII. 548* — Einfluss d. Bodens auf die Temperatur d. untern Luftschichten XIV. 613 — Einfluss d. Golfstroms auf d. Winter der britt. Inseln XIV. 656 — Ueb. die Figur einer unvollkommen elastischen Flüssigkeit XV. 73 — Einfluss d. Vertheilung v. Land und Wasser auf d. Klima in verschiedenen geolog. Epochen XV. 654* — Gesetze für die Vertheilung der Isothermen. Abnahme der Temperatur bei der Bodenerhebung XV. 716* — Ueber d. milden Winter der brittischen Inseln XV. 717* — Ueb. d. Dicke u. Structur d. Erde XV. 733 — Einfluss d. Golfstroms auf d. Winter d. britt. Inseln XV. 740 — Ueb. die Verticalströme in der Atmosphäre XVI. 726 — Ueb. d Möglichkeit d. innere Structur d. Erde aus d. Erscheinungen an ihrer Oberfläche zu ermitteln XVI. 768 — Ueb. Clairaut's Theorem XVII. 63 — Ueb. e. wahrscheinliche Ursache d. tägl. Variation der magnet. Inclination und Declination XVII. 575; XVIII. 569 — Zusammenhang zwischen Stürmen u. verticalen Störungen d. Atmosphäre XVII. 654* — Ueb. d. Aenderung des Klimas in verschiedenen Gegenden d. Erde XVII. 726* — Bericht üb. d. gegenwärt. Zustand unserer Kenntnisse v. d. Fortpflanzung d. Schallsignale bei Nebel auf d. See XVIII. 141 — Ueb. d. relativen Betrag der die heisse Zone treffenden Sonnenstrahlen XVIII. 613 — Ueber die gleichzeit. Vertheilung der Wärme üb. d. Erdoberfläche XIX. 633 — Ueb. d. Rückfall d. Kälte im Mai XX. 679.

Henrici, F. C. Bemerkung üb. Theorie u. Anwendung der Elektricität I.

381 — Ueb. das Gewitter I. 439* — Einfluss d. Temperatur auf das Leitungsvermögen der Flüssigkeiten für galvan. Ströme I. 442. 448 — Ueber meteorolog. Gegenstände III. 645. 663 — Thermoelektrische Erscheinungen an gleichartigen Metallen VI. 661. 662 — Elektricitätserreg. durch Ablöschen erhitzter Metalle VI. 678. 691 — Einfluss d. Bodennähe auf d. Anzeigen der im Freien aufgehängten Thermometer XII. 631 - Ueber scheinbare Elektricitätsentwicklung durch chemische Processe XVI. 458 — Kleine Versuche üb. elektr. Erscheinungen XVIII. 407 — Elektr. Wirkungen der Bewegung v. Metalldrähten in Flüssigkeiten. Versuche üb. einige chem. Vorgänge u. deren galvanoskop. Erkennung XX. 473.

Henry, C. L. Theorie der täglichen Barometerschwankung; Constitution d. Aethers und Analogie desselben mit d. elektr. Fluidum XVI. 663. 722.

Henry, J. Versuche über Entladung u. dynam. Induction I., 386* — Verfahren Häuser mit Metalldächern vor d. Blitz zu schützen I. 440; II. 363. 366 — Ueber Capillarität II. 27 — Wirkung der atmosphär. Elektricität auf d. Telegraphendrähte II. 531. 538; III. 668 — Elektr. Versuche III. 313 — Versuche über Sonnenflecke III. 646. 678; IV. 241 — Ueber ein System meteorologischer Beobachtungen für die Vereinigten Staaten. Bildung einer meteorolog. Gesellschaft in London VI. 1049. 1069. 1070; VIII. 777* — Bericht üb. den v. d. Smithsonian Institution angenommenen Plan zur Erforschung d. Meteorologie v. Nord-Amerika IX. 736* — Versuche an einer Fontaineschen Turbine XI. 103* — Ueb. d. Prüfung v. Baumaterialien u. den bei d. Erweiterung d. Capitols d. Verein. Staaten benutzten Marmor XII. 170 — Ueb. die Regenmenge in verschied. Höhen XII. 692* — Circular über Erdbeben XII. 774* — Umriss eines Vortrags üb. Physik XIII. 29 — Grosses Barometer in d. Smithsonian Institut XIII. 503 — Physikal. Bedingungen d. Klimas der Verein. Staaten XIII. 548* — Meteorologie im Zusammenhang mit Agricultur XIV. 662* — Ueb. d. Erhaltung der Kraft XVI. 48* — Resultate der meteorologischen Beobachtungen unter Leitung des Patentamtes der Verein. Staaten u. d. Smithsonian Instituts. 1854 bis 1859, XVII. 713.

Henry, J. und J. H. Alexander, Versuche über Sonnenflecke I. 364. 372; IV. 241.

Henry, O. Bestimmung d. Goldes auf nassem Wege III. 378. 390.

Henschall, s. Greg.

Henschel, C. A. Das bequemste Maass- u. Gewichtssystem gegründet auf den natürlichen Schritt des Menschen XII. 76.

Hensen, V. Ueb. d. Gehörorgan d. Dekapoden XIX. 100.

Henwood, W. J. Farbloser Regenbogen im Innern v. Brasilien IV. 171. 183; V. 452. 454.

Hepburn, Meteorolog. Aufzeichnungen zu Kanagawa, Japan, XVIII. 674.

Herapath, W. B. Optische Eigenschaften eines neuerdings entdeckten Chininsalzes VIII. 281 — Chemische Zusammensetz. u. Atomgewicht der polarisirenden Krystalle v. schwefelsaur. Chinin VIII. 282 — Darstellung grosser Krystalle v. schwefelsaurem Jodchinin (Herapathit) zu optischen Zwecken statt Turmalin zu gebrauchen IX. 264 — Weitere Angaben üb. die Darstellung künstlicher Turmaline X. 294 — Eigenschaften des schwefelsauren Jodchinins od. Herapathits, namentl. üb. seine Krystallform u. sein optisches Verhalten XI. 304 — Ueb. d. Verbindungen v. Jod u. Strychnin XI. 310 — Phosphorescenz d. Insecten XIII. 221 — Ueb. d. optischen Charaktere gewisser Alkaloidverbindungen d. Chinins und d. Sulfate ihrer Jodverbindungen XIII. 235 — Ueb. d. Chininalkaloide XIII. 248 — Ueb. d. allgemeinen Charakter d. Jodsulfate und Cinchonaalkaloide XIV. 279* — Dynamische Theorie d. Gase XVI. 322.

Héraud, A. F. Meteorolog. Beobacht. am Senegal 1860, XVII. 723*.

Herder, F. v. Ueb. d. period. Entwicklung d. Pflanzen im freien Lande im k. botan. Garten zu St. Petersburg XIX. 635*.

Hericart de Thury, Beobacht. e. Feuerkugel II. 179. 202.

Hering, E. Ueb. A. Classen's Beitrag zur physiolog. Optik XIX. 285 — Beiträge zur Physiologie XIX. 290* — Ueb. Wundt's Theorie des bino-

cularen Sehens XIX. 290; XX. 280 — Bemerk. zu Volkmann's Untersuch üb. d. Binocularsehen XX. 271 — Das Gesetz d. identischen Sehrichtungen XX. 280 — Die sogenannte Raddrehung des Auges in ihrer Bedeutung für d. Sehen bei ruhendem Blick XX. 281 — Allgemeine geometr. Auflösung d. Horopterproblems. Von d. Bewegungen d. menschl. Auges. Vom binocularen Tiefsehen. Kritik einer Abhandl. v. Helmholtz über d. Horopter XX. 282.

Hermann, R. Zusammensetzung d. Epidote, Heteromerie u. Atomvolume heteromerer Verbindungen VI. 4* — Ueb. d. Zusammensetzung d. kaukasischen Mineralquellen in verschied. Perioden XVII. 763.

Hermes, Konische Spiegel II. 242.244.

Hermite, Theorie u. Beschreibung einer durch elektr. Ströme wirksamen Maschine X. 463.

Herrick, E. C. Nordlicht, Zodiakallicht u. Sternschnuppen II. 178. 198. 200. 206 — Sternschnupp. am 10. Aug. 1850. Ein Meteor am Tage VI. 871* — Nordlichtbeobacht. im April und Juni 1852, VIII. 598* — Ueb. d. Sternschnuppen v. 9. u. 10. Aug. 1855, XI 586* — Sternschnuppen d. 10. Aug 1856, XII. 555* — Ueber die Sternschnuppen vom 10. August 1859 in Amerika XV. 559* — Entdeckungen das Rever. G. Jones üb. das Zodiakallicht XV. 562* — Nordlicht vom 28. Aug. 1859 in Amerika XV. 566* — Feuerkugeln beobachtet in den Verein. Staaten XVI. 605* — Sternschnuppenbeobacht. im Aug. u Nov. 1860, XVII. 551 — Meteorbeob. 1861 zu New-Haven u. s. w. XVII. 552* — Sternschn. im Nov. u. Dec. 1861 zu New-Haven. Desgl. im Januar 1862, XVIII. 507*.

Herschel, A. S. Ueb. d. Höhe und Geschwindigkeit der in England beobachteten Sternschnuppen XIX. 540* — Ueb. die period. Sternschnuppen d. Monats April XIX. 541* — Beobacht. merkwürd. Sternschnuppen im August 1863 in England. Uebereinstimmung des Erscheinens der in Brüssel u. in England am 10. Aug. 1863 beobachteten Sternschnuppen. Correspondenznachrichten üb. Sternschnuppen XIX. 542* — Standpunkt der Meteorkunde XX. 586 — Verfahren d. Bahn einer Feuerkugel zu bestimmen XX. 594* — Meteore d. Monat August XX. 595* — Feuerkugel v. 11. Nov. XX. 596*.

Herschel, F. W. Das Wetter und die Wetterpropheten XX. 649*.

Herschel, J. Färbung einer homogenen innerlich farblosen Flüssigkeit. Ueb. d. epipolische Diffusion d. Lichts I. 179. 183; IX. 243 — Ueb. d. Amphityp I. 275. 294 — Strahlung der Sonne am Cap IV. 242 — Anwendung der Photographie zu astronom. Beobachtungen XI. 353* — Wirkung d. Sonnenspectrums auf verschiedene Silbersalze XV. 258 — Ueb. Farbenblindheit XV. 294 — Englische Modular-Längeneinheit XVI. 5 — Bemerk. zu einer Abhandl. v. Hopkins über Meteorologie XVIII. 577 — Ueber die Natur d. Sternschnuppen. Beobacht. eines ungewöhnl. Meteors zu Hurworth, Oct. 1854, XIX. 540* — Ueb. die Sternschnupp. v. 10. Aug. 1863, XIX. 542* — Ueb. d. Sternschn. und die Feuerkugel am 4. März 1863, XIX. 543* — Bemerk. zu d. Abhandl. v. Hopkins üb. d. Theorie der Gletscherbewegung XIX. 696* — Ueb. d. Natur d. Sternschnuppen XX. 587.

Hertel, Wetterbeobacht. zu Görlitz 1858 u. 1859, XVI. 763*.

Hervé-Mangon, Neues Pluvioskop XVI. 668; XVIII 595 — Bild. v. Blattgrün unter d. Einfluss d. el. Lichts XVII. 293.

Hervé-Mangon u. Berigny, Sturm zu Paris und Versailles d. 27. Febr. 1860, XVI. 735*.

Herzog, Ueb. d. Platiniren metallener Gegenstände mittelst d. galvan. Stromes IX. 512*.

Heschl, Seitliche Verschiebung des Bildes im Mikroskop bei schiefer Beleuchtung XIV. 289. 290.

Hess, Neue Methode zur Bestimm. der bei chemischen Verbindungen entwickelten Wärmemengen I. 317. 318 — Specifische u. Schmelzwärme des Eises VI. 610. 611 — Metallthermometer verbessert v. Kreutzer IX. 25.

Hessemer, J. M. Ueb. die Anfertigung d. stereoskop. Bilder XII. 303.

Hessenberg, Elast. Formen u. Modelle zur Galvanoplastik III. 376. 381 — Galvan. Vergold. III. 377. 385. 387.

Hessler, Leichte Art thermoelektr. Säulen zu verfertigen II. 370.

Hétet, F. Ueber die chemische Sub-

stanz, welche die Absorption des im Blut enthalt. Sauerstoffs bedingt u. d. Erklärung d. Farbe des Blutes VIII. 146.
Hetzer, W. Bemerk. zu d. Experiment von Reinsch XII. 382 — Intensität des Erdmagnetismus in Halle nach absolutem Maass XIII. 482*.
Heusser, J. C. Brechung des farbigen Lichts in einigen krystallin. Medien VIII. 284 — Vergleichung d. Werthe d. Winkel d. opt. Axen, die aus directen Messungen der scheinbaren Axen folgen, mit den aus den Brechungsexponenten berechneten für Arragonit u. Schwerspath IX. 272 — Ueb. die Fraunhoferschen Linien X. 279 — Dispersion d. Elasticitätsaxen in zwei- und eingliedr. Krystallen X. 299 — Ueb. d. Erdbeben im Visperthal 1855, XI. 808 — Analyse des Wassers zweier in Folge des Erdbebens im Visperthal entstandenen Quellen XIII. 608.
Heusser, Ch. und G. Claraz, Meteorolog. und hydrograph. Fragmente über die brasilian. Provinzen Rio de Janeiro und Minas Geraes XV. 696; XVII. 671.
Heussi, Verbesserung an d. Repetitionstheodoliten und Nivellirinstrumenten XIV. 294*.
Hewett, Anwendung d. Ammoniaks in d. Photographie II. 229. 236.
Hewitson, W. W. Verbesserungen in d. Aufstellung des Compasses auf eisernen od. theilweise eisernen Schiffen IX. 635.
v. Heyden, Erdlöcher, denen tödtliches Gas entströmt in d. Wetterau IX. 674.
Heymann, F. Die empfindende Netzhautschicht XX. 299.
van Heyningen, Meteorolog. Beobachtungen auf einer Reise von den Niederlanden nach Java V. 373. 417.
Heynsius, A. Ueb. Eiweissdiffusion XVI. 116.
Heys, W.H. Ueb.d.Kaloskop XVIII. 285.
Hicks, J. Maximum- und Minimum-Quecksilberthermometer XVI. 666 — Beschreib. eines verbessert. Quecksilberbarometers XX. 659.
Hickson, W. E. Ueb. d. Aenderung des Klimas in verschied. Gegenden d. Erde XVII. 726*.
Hiffelsheim, Anwendung d. exacten Wissenschaften auf die Physiologie XIII. 124*.
Higginson, F. Ein explodirender Meteorit IX. 617. 618.
Highton, Verbesserung an elektr. Telegraphen II. 531. 534; V. 313; VI. 838* — Zerstörungen durch atmosphärische Elektricität V. 258. 263 — Wirkung d. Nordlichts auf d. elektr. Telegraphen V. 314 — Mechanisches Aequivalent für das Nordlicht vom 17. Nov. 1848, VI. 873* — Wirkung d. Luftelektricität auf d. elektr. Telegraphen VI. 878* — Aeltere Wahrnehmungen v. Störungen d. Telegraphen während eines Nordlichts XV. 566*.
Hilber, Meteorolog. Beobachtungen zu Passau v. 1852 bis 1857, XIV. 661.
Hildreth, S. P. Auszug aus einem meteorolog. Journal zu Marietta Ohio V. 375*; VI. 1055* — Resultat d. meteorolog. Beobachtungen zu Marietta, Ohio, im Jahr 1851, VIII. 730; desgl. für das Jahr 1852, IX. 735*; desgl. 1853, X. 763*; desgl. 1854, XI. 751, desgl. 1855; XII. 716*; desgl. 1856, XIII. 538*; desgl. 1857, XIV. 662*; desgl. 1858, XV. 706*; desgl. 1859, XVI. 763*; desgl. 1860, XVII. 724*; desgl. 1861, XVIII. 688*; desgl. 1862 XIX. 658*.
Hilgard, J. E. Beschreibung des magnet. Observatoriums d. Smithsonian Institution XVI. 655 — s. Bache.
Hill, Photographien in natürlichen Farben VI. 519. 537.
Hills, G. H. Die Schifffahrt auf der Irischen See, ihre Gezeiten u. s. w. XV. 742*.
Hills, H. T. S. Verbesserte Luftpumpe X. 189.
Hind, Beobacht. der totalen Sonnenfinsterniss v. 31. Dec. 1861 auf der Insel de la Trinité XVIII. 505*.
Hind, H. Y. Ueb. d. vermeintlichen Gletscherlauf in Labrador, West-Canada u. im südl. Arm d. Saskatchewan XX. 899.
Hinrichs, G. Der Erdmagnetismus als Folge der Bewegung d. Erde im Aether XVI. 651 — Ueb. d. Vertheilung d. dunklen Linien in d. Spectren d. Grundstoffe XX. 202 — Abhängigkeit d. magnet. Periode v. d. Rotation d. Sonne XX. 635*.
Hinton, J. Beziehung zw. physischer, chemischer und Lebenskraft XVI. 48*.
Hjorths, Elektromagnet. Maschine V. 315*; VIII. 552*.

Hipp, M. Chronoskop zur Messung d. Fallzeit V. 32* — Neuester Schreibtelegraph. Neuer Buchstabentelegraph VI. 839* — Neues Relais VIII. 553* — Verschiedenh. d. Wirk. gleich starker Ströme auf Elektromagnete XI. 506 — Wirkungsunterschied der Inductionsströme beim Oeffnen und Schliessen d. Kette XV. 501 — Ueb. d. Störungen d. elektr. Telegraphen während eines Nordlichts XVI. 610* — Registrirapparate für meteorolog. Instrumente XVII. 595 — Elektromagnet. Registrirbarometer u. Registrirthermometer XIX. 608.

Hippesley, J. Ueber Lichterscheinungen VIII. 331. 332.

Hirn, G. A. Ueb. die hauptsächlichsten Erscheinungen der mittelbaren Reibung XI. 361. Decher dazu 363 — Umwandlung d. Wärme in mechan. Kraft, neue Art d. Anwendung des Dampfes XI. 374* — Experimental-Untersuchung über das mechanische Wärmeäquivalent (Preisbewerbungsschrift) XI. Einl. pag. XIII., XIV. 343; XV. 313 — Ueb. d. Betrieb d. Dampfmaschinen mit überhitztem Dampf. Zur Theorie d. Dampfmaschinen mit überhitztem Dampf XIII. 297* — Analyse d. Arbeiten d. Hrn. Löwel üb. übersättigte Lösungen XVI. 108* — Geschwindigkeit und Intensität des Donners XVI. 168 — Mechanisches Wärmeäquivalent XVI. 328 — Annähernde Theorie d. Gasmaschine XVI. 333 — Hörbares Lichtphänomen zu Colmar XVI. 604* — Versuche über den durch d. Verbrennung explosiver Gasgemenge erzeugten Druck XVII. 366 — Analytische u. experimentelle Darstellung d. mechan. Wärmetheorie. Enthaltend d. Uebersetzung d. Buchs von Zeuner: Grundzüge der mechan. Wärmetheorie XVIII. 298 — Ueb. d. wahre Rolle d. Muskelreib. bei d. Wärmeerzeugung warm- u. kaltblütiger Thiere XVIII. 334 — Mechan. Wärmetheorie XIX. 315; XX. 332*. 333* — Experimentelle Bestätigung d. zweiten Grundsatzes d. mechan. Wärmetheorie u. d. daraus abgeleiteten Gleichungen. Analyt. Beweis u. Folgerung. aus diesem Satz XIX. 316.

Hirsch, Uebersicht d. Zeiten sowie d. senkrechten Steigung d. Fluth, d. geograph. Lage u. s. w. vieler Hafenorte nebst e. kurzen Abhandl. üb. d. Entstehung v. Ebbe u. Fluth XIX 667*.

Hirst, T. A. Ueb. d. Existenz eines magnet. Mediums XI. 531 — Ueb. d. Körper, welche gleiche Anziehung auf einen Punkt ausüben XIII. 111; XIV. 70 — Ueber d. Potential einer unendlich dünnen Schicht, welche v. zwei ellipt. Paraboloiden eingeschlossen ist XIII. 114 — Ueb. die Wasserstreifen u. ihre Beziehung zur Geschwindigkeit der Ströme XVII. 72; XVIII. 717*.

His, W. Ueb. d. Bau der Hornhaut IX. 307.

Hitchcock, E. Ueb. Terrassen und alte Seeufer, besonders am Connecticut u. seinen Nebenflüssen in Neu-England VI. 909. 938.

Hittorf, W. Allotropie d. Selens VI. 3. 6 — Elektr. Leitungsvermögen d. Schwefelsilbers und Halbschwefelkupfers VI. 700. 707 — Ueb. d. Wanderung d. Jonen während der Elektrolyse IX. 506; XII. 467; XV. 459 — Rechtfertigung seiner Mittheilungen üb. d. Wanderung d. Jonen. Elektrolyse einer Lösung zweier Salze XIV. 457 — s. Plücker.

Hoadley, s. Bond.

Hobler, Ueber e. Kupferplatte, auf welche Eisen unter magnet. Einfluss galvan. niedergeschlagen ist XVIII. 446.

Hoche, Ueb. d. Bewegung e. Kugel in einer unendl. Flüssigkeit XIX. 38*.

Hochstetter, F. v. Hagelwetter XII. 686 — Lage d. Karlsbader Thermen in zwei parallelen Quellenzügen auf zwei parallelen Gebirgsspalten XII. 744* — Puynipet XVI. 863 — St. Paul u. Neu-Amsterdam im südind. Ocean XVI. 864 — Die Stewartinseln XVI. 868 — Geolog. Untersuchungen in der Prov. Auckland, Neuseeland XVI. 868 — Falschheit der Behauptung, dass d. Vulkane v. Java keine Lavaströme geben XVI. 872 — Luzon XVI. 875 — Erscheinung regelmässig gereihter Hügel am Vulkan Gunong Gelunggung XVI. 881 — Roto mahana od. d. warme See in d. Prov. Auckland, Neuseeland, XVIII. 799 — Der Isthmus v. Auckland in Neuseeland XVIII. 800 — Die Erscheinung der sogen. Eiszeit und deren naturgemässe Erklärung XIX. 699* — Neuseeland XIX. 730 — Geologie von Neu-Seeland. Beiträge zur Geologie d. Provinzen Auckland u. Nelson XX. 920.

Hochstetter, F. v. u. A. Peter-

mann, Geologisch-topograph. Atlas v. Neu-Seeland XX. 920.
Hodgkinson, E. Unvollkommenheit d. Elasticität in gepressten Metallen III. 61* — Elasticität v. Steinen und krystallinischen Körpern IX. 120 — Ueb. d. Festigkeit u. andere Eigenschaften d. Gusseisens XI. 154 — Ueb. d. Festigkeit v. gusseis. Säulen XIII. 150
Hodgson, B. H. Das Alpenland d. Himalaya V. 459. 461 — Neue Anwendung d. Prismas VI. 547. 554.
Hodgson, R. Beschreibung eines Sonnenoculars XI. 356 — Ueber die leuchtende Eruption auf d. Sonnenoberfläche d. 1. Sept. 1859 XVI. 608* — Ueb. e. Sonnenfleck XVIII. 503*.
Hoefer, F. Ueb. d. Ursache d. Erdbeben XI. 796.
Hoek, M. Ueber Aberration XVII. 216 — Berechnung des Brechungsquotienten, welcher einem gegebenen Gemische zweier Flüssigkeiten entspricht XVII. 235.
Hörnes, M. Ueb. d. Meteorsteinfall bei Kaba südlich v. Debreczin. Ueb. d. Meteorsteinfall in Ohabe in Siebenbürgen XIV. 592*.
Hoffmann, A. W. Ueb. die sogen. anomal. Dampfdichten XVI. 11 — s. Buff.
Hoffmann, A. W. u. F. B. Duppa, Ueb. d. Bromtitan XII. 194.
Hoffmann, C. Beschreibung der Tafelwaage I. 47. 71.
Hoffmann, H. Sammlung v. Höhenmessungen aus d. Grossherzogthum Hessen, Nassau u. d. angränzenden Ländern IX. 662* — Zur Klimatologie von Giessen XI. 758* — Klimatolog. Beiträge XIV. 663* — Ein Diffusionsversuch XVIII. 92.
Hofmann, (in Paris) Spectroskop à vision directe XIX. 187 — Polarmikroskop XX. 307.
Hofmann, F. Die Ueberschwemmungen von Wien u. Umgebung im Febr. 1862, XVIII. 729*.
Hofmann, J. V. Somatologie oder Lehre v. der inneren Beschaffenheit d. Körper XX. 19*.
Hofmeister, H. Chronik der in der Schweiz beobachteten Naturerscheinungen XII. 774. XIII. 566. 613*.
Hogard, H. Ueb. d. Gletscher und die erratischen Bildungen d. Schweizer Alpen XV. 761*.
Hogard, H. u. Dollfus-Ausset, Material z. Studium d. Gletscher X. 786.
Hogg, J. Ueb. Gebel Haurân und d. östliche Wüste v. Syrien XVI. 861.
Holböll, Klimatologische Notizen üb. Grönland X. 764*.
Holditch, H. Ueb. d. Katakaustika einer Kugelfläche XI. 222 — Ueb. d. nte kaustische Curve bei Reflexion v. einem Kreise XIV. 215.
Holmberg, N. Beschreib. e. Windfahne XVI. 674*.
Holmes, N. J. Elektricitätserregung in e. Fabrik VI. 649. 650 — s. Faraday.
Holmes, O. W. Ueb. Tiefenmessungen im Atlant. Ocean XX. 846*.
Holmgren, F. Ueb. d Mechanismus d. Gasaustausches bei d. Respiration XX. 98 — Ueb. d. negative Schwankung des Muskelstroms im nervenfreien Muskelgewebe. Ueb. d. elektrische Stromesschwankung am thätigen Muskel XX. 543.
Holmgren, K. A. Ueb. d. Einfluss d. Temperatur auf d. Magnetismus XII. 536 — Einfluss d. Magnetismus auf die Wärmeleitung durch feste Körper. Wärmeleitung in magnetisirtem Eisen XVIII. 373; XX. 399.
Holten, Untersuch. üb. d. Regen in Nord-Amerika, desgl. in Europa XVIII. 667*.
Holtermann, Meteorolog. Journal v. Blagowetschensk am Amur 1859, XVI. 757; desgl. 1860 und 1861 XVII. 678; XVIII. 681.
Holtz, W. Ueb. d. Durchbrechen v. Glas mittelst Reibungselektricität XVIII. 403.
Holtzmann, C. A. H. Wärme und Elasticität der Gase und Dämpfe I. 90; III. 64. 71 — Theoretische Formel für die Spannkraft des Wasserdampfs II. 102. 104 — Cohäsion des Wassers III. 10 — Ueber die bewegende Kraft d. Wärme VI. 562. 589 — Ueb. die Polarisation d. elektr. Stroms X. 511 — Mechanische Arbeit, welche zur Erhaltung eines elektr. Stromes erforderlich ist X. 556 — Das Foucaultsche Pendel XII. 122 — Das polarisirte Licht schwingt in d. Polarisationsebne XII. 791 — Ueber d. Theorie d. Erscheinungen der Capillarität XVII. 118.
Holtzmann, M. s. Matthiessen.
Holuby, J. L. Vegetationsbeobacht. zu Pressburg im J. 1856. XII. 650.
d'Hombres-Firmas, Ungewöhnl. Wirkung d. Blitzes II. 363. 368. 462;

III. 393. 427 — Achromatopsie V. 187. 192; VI. 489. 513 — Ueb. d. aussergewöhnliche Kälte zu Montpellier im Jan. 1855, XI. 648.

Hooker, Höhe d. grossen Plateaus v. Thibet V. 459. 461; VI. 908.

Hooreman, Magnet. Störung XIV. 597.

Hopkins, A. Ursache der grossen Meeresströmungen VIII. 612. 717 — Ursprung u. Beschaffenheit d. Kräfte, durch welche die Stürme hervorgebracht werden VIII. 771.

Hopkins, F. Wirkung des Wasserdampfs auf d. Störungen in der Atmosphäre XIII. 564.

Hopkins, Th. Beziehungen zwischen den halbtägigen Bewegungen d. Barometers u. den Land- u. Seewinden III. 645. 669 (s. 602) — Berechnung der in einer verticalen Luftsäule enthaltenen Dampfmenge V. 89. 90 — Luftspiegelung an d. Küste v. Lancaster V. 452* — Luftspiegelung VI. 476* — Ueber Thaubildung VI. 619. 636 — Ursache d. Hebung der Isothermen im Winter der nördlichen Halbkugel VI. 1052. 1115 — Mittel zur Berechnung der Dampfmenge in d. Atmosphäre an verschiedenen Orten u. Höhen. Tägliche Wolkenbildung in Makerstown VI. 1053. 1116 — Ursache d. ungleichen Regenfalls in Cumberland VI. 1054* — Ueber d. Druck d. gasförmigen u. wässrigen Bestandtheile d. Atmosphäre. Einfluss der Sonnenwärme auf Luftströmungen X. 765* — Ueb. d. atmosphär. Aenderungen, welche Regen, Wind u. d. Barometerschwankungen erzeugen XI. 759 — Ueb. d. äussere Temperatur d. Erde u. der übrigen Planeten des Sonnensystems XII. 649 — Verbesserungen bei meteorologischen Aufzeichnungen XIV. 623 — Einfluss des erwärmten Erdbodens auf die Störung der Atmosphäre XIV. 671 — Täglicher Barometerstand zu Toronto XIV. 678* — Ueb. Gletschertheorien XV. 755* — Ueber die Kräfte, welche d. grossen Strömungen in d. Luft u. im Ocean hervorbringen XVI. 664* — Unregelmässigkeiten der Wintertemperatur d. britt. Inseln XVI. 706* — Ueb. d. gegenwärt. Zustand der Meteorologie XVIII. 577 — s. Fairbairn.

Hopkins, W. Ursachen, welche die Oberflächentemperatur der Erde geändert haben können VIII. 657; IX. 661 — Dynamische Wärmetheorie IX. 410 — Einfluss des Drucks auf den Schmelzpunkt verschiedener Substanzen X. 381 — Ueb. d. Leitungsvermögen verschiedener Substanzen mit Anwendung d. Resultate auf d. Erdtemperatur XIII. 299 — Calorimeter zur Bestimmung des Ausstrahlungsvermögens der Oberflächen und Anwendung desselben auf d. Oberflächen verschied. Mineralsubstanzen XVI. 410. XVII. 412 — Ueb. d. Gletscherbewegung XVIII. 748; XIX. 696* — s. Fairbairn.

Hoppe, R. Widerstand der Flüssigkeiten gegen d. Bewegung fester Körper X. 174 — Ausdruck des Trägheitsmoments eines beliebigen Polyeders für e. beliebige Axe XI. 62 — Körperliches Raumpendel bei constanter Rotation nebst Anwendungen auf d. Stabilität d. Kreisels XI. 65 — Bestimmung d. Bewegung v. Rotationskörpern in einer incompressiblen Flüssigkeit XII. 139 — Ueber die Wärme als Aequivalent der Arbeit XII 348 — Biegung prismatischer Stäbe XIII. 138 — Bemerk. zu den Aufsätzen d. Hrn. v. Seydlitz u. Erwiderung auf d. Notiz d. Hrn. Clausius betreffend d. Wärmetheorie XIII. 280 — Ueb. d. Bewegung und Beschaffenheit der Atome XIV. 322 — Erwiderung auf e. Artikel v. Clausius nebst einer Bemerk. zur Theorie d. Erdwärme XVI. 325 — Bedingung d. Stabilität eines auf dem Gipfel einer Fläche ruhenden Körpers XVII. 37 — Drehung eines Körpers um e. Punkt ohne Kräftepaar XX. 29 — Constructive Ermittelung der Gleichgewichtslagen schwimmender Körper u. ihrer Stabilität XX. 38 — Biegung eines Ringes durch gleichmässigen Druck v. aussen XX. 56.

Hoppe-Seyler, F. Ueb. d. circularpolarisirende Eigenschaft d. Gallensubstanzen u. ihrer Zersetzungsproducte XV. 254 — Verhalten d. Blutfarbstoffes im Spectrum d. Sonnenlichts XIX. 216 — Optische Unterscheidung d. Manganoxyd- u. d. Uebermangansäureverbindungen XIX. 217 — Ueber die Circularpolarisationsverhältnisse der Gallensäure und ihrer Zersetzungsproducte XIX. 259 — Ueber die che-

mischen u. opt. Eigenschaften d. Blutfarbstoffs XX. 211. 212.
Horne, Pneumatische Instrumente I. 587. 588.
Horner, J. Fundamentalsätze über Kräftepaare XIX. 13.
Horner, L. Neue Untersuchungen bei Cairo zur genaueren Kenntniss des Alluviallandes in Aegypten XI. 763*.
Hornstein, Steinheil's Passage-Prisma II. 581. 611 — Sonnenfleckenbeobachtungen in Wien XVI. 609*; XVII. 549* — s. v. Littrow.
Horsford, E. N. Elektr. Leitungswiderstand der Flüssigkeiten III. 364 — Ueb. d. sphäroidalen Zustand d. Körper VI. 259. 288 — Eindringen des Quecksilbers in Metalle VIII. 29 — Wirkung der Wärme auf d. lothrechte Stellung des Bunkerhillmonuments IX. 23.
Horsley, Photographisches Papier I. 275; II. 230. 240.
Hoskins, E. Klima von Guernsey VIII. 777*.
Hoskyn, Sondirungen im Atlantischen Ocean westl. v. Irland XVIII. 713*.
Hossard, P. Einfaches Mittel zur Erzeugung eines luftleeren Raumes III. 97* — Anwendung eines Quecksilberspiegels statt des Niveaus bei astronomischen Beobacht. X. 340.
Hossauer, G. Verfahren Zink, Zinn, Blei, Eisen, Stahl zu verkupfern, versilb., vergold. od. zu bronciren XI. 460*.
Houbotte, Versuchsapparat für die Zerdrückungsfestigkeit XI. 141.
Houdin, s. Detouche.
Hough, B. Meteorolog. Beobacht. im Staate New-York XIII. 540.
Houzeau, A. Mondhof III. 156. 166 — Ueb. d. Sauerstoff im status nascens XII. 478 — Analytische Methode um den activen Sauerstoff zu erkennen u. quantitativ zu bestimmen XIII. 467 — Nachweis eines neuen gasigen Princips in d. Atmosphäre, l'oxygène naissant, XV. 571. 576 — Ueber d. Fehlen d. freien Ozons im oxydirten Terpenthinöl XVI. 18 — Neue Methode d. Ozon zu erkennen u. zu bestimmen XVI. 633*; XVIII. 580 — Ueb. d. Sauerstoff im activen Zustand XVII. 24 — Veränderlichkeit der Eigenschaften der atmosphärischen Luft XVII. 668 — Anomalie in der Aeusserung der Eigenschaften der atmosphär. Luft XX. 617. 649.
How, Ueber einige Mineralwasser v. Neu-Schottland XIX. 696*.
Howard, Meteorolog. Mondcyclus III. 646. 674.
Howlett, F. Zeichnungen, desgleichen Beobacht. v. Sonnenflecken XVIII. 504* — Ueb. d. Erscheinungen, welche d. Verschwinden des grossen Sonnenflecks in Folge d. Rotation am 4. Aug. 1862 begleiteten. Beobacht. üb. Sonnenflecke XIX. 539*.
Howson, s. Whiting.
Hübbe, Wasserstands- und Eisverhältnisse d. Elbe im März 1855, XII. 748*.
Hülsse, Kato und Brückmann, Bremsversuche an einem Kropfrade VI. 155. 199.
Hugeny, s. Hugueny.
Huggins, W. Ueb. d. Spectra einiger chemischen Grundstoffe XX. 190 — Ueb. d. Spectra einiger Nebelflecke XX. 203.
Huggins, W. und W. A. Miller, Ueb. die Spectrallinien einiger Fixsterne XIX. 210; XX. 203.
Hughes, S. Ueb. den Ausfluss des Leuchtgases u. d. Bewegung desselben in den Leitungsröhren X. 190 — Versuche üb. Form und Natur d. Elektromagnete XX. 505.
Hugolin, Ausbruch d. Vulkans der Insel Réunion XVI. 873; XVIII. 790.
Hugueny, Beobacht. einer Trombe zu Dijon I. 439* — Ueber e. Blitzschlag XVIII. 539.
Hull, E. Spuren alter Gletscher im Seedistrict v. Cumberland u. Westmoreland XVI. 852*.
Hullmann, C. Kritik d. Meters und Entwicklung eines neuen geograph. Systems XVII. 6* — Das Grundgesetz d. Materie, ein Beitrag zur Erweiterung d. rationellen Physik XIX. 33*.
Hulot, Vervielfältigung einer gravirten Platte durch Galvanoplastik VIII. 492* — Anwendung des Aluminiums in d. galvan. Säule XI. 460.
Humbert, Merkwürdige Eigenthümlichkeit der Lösung v. Jodoform in Schwefelkohlenstoff X. 328*.
Humboldt, A. von, Meteorsteinfall v. Braunau III. 158. 176 — Ueber d. Versuche von Du Bois-Reymond V. 299* — Beobacht. d. Schwankens d. Sterne VI. 870* — Period. Erscheinung d. Sternschnuppen am 13. Nov. VI. 871* — Geschichte d. Bestimmung

der Lichtgeschwindigkeit IX. 252 — Ueb. d. mittlere Höhe d. Continente IX. 664 — Ueb. einige Erscheinungen in d. Intensität d. Thierkreislichtes XI. 588*.
Hume, Artesischer Brunnen in Charleston X. 797.
Humphrey, A. A. Methode d. Wassermenge e. Flusses zu bestimmen XV. 753.
Humphrey, A. A. u. H. L. Abbot, Ueb. die Physik und Hydraulik des Missisippistromes, üb. d. Schutz der Alluvialregion seiner Mündungen vor Ueberschwemmung u. s. w. XVIII. 732.
Hunaeus, G. Ch. K. Die geometr. Instrumente d. gesammten praktischen Geometrie, deren Theorie, Beschreib. u. Gebrauch XIX. 5*.
Hunt, E. B. Bedeutung d. Mariotteschen Gesetzes VI. 213. 215 — Der konische Condensator, ein Zusatzapparat für Fernröhre IX. 328 — Ueb. Cohäsion v. Flüssigkeiten, Verdampfung u. Dampfkesselexplosionen X. 13 — Ueb. unsere Wahrnehmung d. Verticalen und Horizontalen und die Schätzung d. Entfernung XI. 341* — Ueb. d. Dynamik d. Meeresströmungen XV. 738 — Anomalien d. Golfstroms v. Florida XV. 740* — Strahlenbanden. Ein Mondaufgang XIX. 538* — Zodiakallicht XIX. 546* — Nordwinde und Stürme zu Key West XIX. 638* — Wolkenbank d. Golfstroms XIX. 639* — Durchsichtigkeit der Atmosphäre XIX. 656 — Ursprung, Wachsthum, Bau und Chronologie d. Floridariffs XIX. 675.
Hunt, R. Beiträge zur Strahlungschemie I. 275. 278 — Der Actinograph I. 276. 297; II. 241. III. 575. 576 — Einfluss des Sonnenlichts auf d. Wachsthum der Pflanzen II. 228. 232; III. 194. 198. 645 — Einfluss d. Magnetismus auf d. Anordnung der Molecüle II. 543. 578 — Anwendung farbigen Glases beim Palmenhaus in Kew III. 195. 201 — Verhinderung chemischer Wirkung durch Licht IV. 191. 194 — Muthmaasslicher Einfluss d. Magnetismus auf chemische Wirkungen IV. 357. 366 — Dispersion d. Lichts V. 119. 147 — Ueber Photographie. Gegenwärtige Kenntniss v. d. chemischen Wirkung der Sonnenstrahlen VI. 518. 519. 534; VIII. 342; IX. 309* — Ueb. thier. Elektricität VI. 730. 752 — Anwendung des Elektromagnetismus als bewegende Kraft VI. 840*; XIII. 434* — Verfahren das Keimen der Samen zu beschleunigen X. 327*.
Hunt, T. C. Meteorolog. Beobacht. zu St. Michael von 1840 bis 1849, VI. 1050. 1090 — Ueber einen Erdstoss auf d. Azoren IX. 671.
Hunt, T. S. Die Mineralquellen Canadas VI. 913. 1028 — Ueber Atomvolumen, Constitution und Aequivalentvolumen einiger Mineralspecies. Ueb. d. Theorie d. chemischen Verwandlungen u. über Aequivalentvolumen IX. 5 — Betrachtungen über d. Auflösung u. d. chemischen Process XI. 168 — Ueb. Ozon, salpetrige Säure u. Stickstoff XVII. 517 — Geschichte d. Petroleums od. Steinöls XVII. 764* — Ueb. d. Klima d. Erde in paläozoischer Zeit XIX. 662.
Hunter, Ueb. die Winde und Strömungen d. westl. stillen Oceans XV. 740*.
Hunter, C. s. Cumine.
Hunter, J. Ueb. d. Absorption von Gasen durch Holzkohle XIX. 86.
Huntington, E. Ein lange sichtbares Meteor IV. 171. 178.
Hutchinson, J. Hydrograph. Beschreibung d. inneren Golfs Spencer, Australien XVIII. 718*.
Hutstein, Interessante Lichtentwicklung bei d. Krystallisation d. chlorsauren Baryts X. 272*.
Hutton, Ueber die Schneelinie im Himalaya VI. 911. 982.
Huxley, T. H. Structur d. Gletschereises XIII. 585 — s. Tyndall.
Huyssen, A. Die Soolquellen des westphälischen Kreidegebirges, ihr Vorkommen u. muthmaassl. Ursprung XI. 774.

Ibenwood, Meteorolog. Beobacht. zu Gongo Soco in Brasilien III. 618.
Imray, J. Distanzmesser XII. 334.
Inglis, E. Ueber ein Meteor in der Schweiz V. 453*.
Irminger, C. Ueber einige Meeresströmungen im Atlant. Ocean IX. 641; X. 768 — Die arctische Strömung um Grönland XII. 736 — Ueber Ebbe und Fluth im kleinen Belt bei Fridericia XIII. 568 — Die Strömungen u. d. Eistreiben bei Island XVII. 741.
Ismail-Effendi-Mustapha, Ueb. d. Ausdehnungscoefficienten des der

ägypt. Regierung gehörigen Apparats zur Messung der geodät. Basis XX. 338.
Ives, J. C. Ueber d. Coloradostrom im Westen XVIII. 732*.
Iwaschinzow, Verschwinden der Insel Kumani XVIII. 801.
Iwaschinzow und Petrow, Ueb. eine neu entstandene Insel im Kasp. Meer XVIII. 801. Erman dazu 801.

Jack, s. Toldervy.
Jackson, C. T. Ueb. ein in Oregon gefundenes Meteoreisen XVI. 606* — Aerolithenfall zu Dhurmsala XVII. 555* — Meteoreisen v. Dacotah XIX. 545*.
Jackson, E. H. Verbesserungen in der Erzeugung v. künstlichem Licht u. bewegender Kraft IX. 497.
Jacob, W. S. Schwächung d. Lichts in der Atmosphäre VI. 476. 478 — Ursachen der Unterschiede bei der Bestimmung d. Dichtigkeit d. Erde XIII. 118 — Ueb. d. Zodiakallicht zu Madras 1856 bis 1858 sowie üb. die Helligkeit gewisser Sterne XVI. 609*.
Jacobi, A. Versuche mit einer elektromagnet. Scheibe XIX. 468*.
Jacobi, K. G. Neue Formeln über die Rotation d. Körper V. 37. 41 — Lateinischer Codex d. Ptolemäischen Optik VI. 394 — Einführung einer neuen Kraft in d. Mechanik d. Himmels neben d. Gravitation XVI. 41.
Jacobi, M. H. v. Ueb. d. Mittel d. Geschwindigk. e. Geschosses zu messen I. 46* — Neue volt. Combinationen I. 467. 468; II. 405. 408 — Anweisung für Galvanoplastiker I. 467. 469 — Galvan. u. elektromagnet. Versuche I. 549 — Leitung galvan. Ströme durch Flüssigkeiten II. 372. 379 — Galvanoplastische Reduction mittelst einer magnetoelektr. Maschine II. 421. 426; III. 379. 392 — Ueb. magnetoelektr. Maschinen II. 524. 528 — Elektrotelegraph. Leitungen III. 476; IV. 355*. 356* — Resorption d. Gase im Voltameter V. 275* (II. 394) — Quecksilbervoltagometer V. 276. 283 — Polarisation der Leitungsdrähte V. 314* — Einige Punkte d. Galvanometrie VI. 711. 712 — Messung des galvan. Stromes durch d. Kupferniederschlag VI. 712 — Theorie d. elektromagnet. Maschinen VI. 811. 812 — Bestimm. d. Dicke d. Eisenkerns der Elektromagnete VI. 811. 817 — Beschreibung eines galvan. Pendels IX. 577* — Bemerk. zu d. Aufsatz d. Hrn. Lenz: Ueb. d. Einfluss d. Geschwindigkeit d. Drehens auf den durch magnetoelektr. Maschinen erzeugten Inductionsstrom X. 570 — Die galvanische Pendeluhr XII. 78 — Ueb. die elektrolytische Zersetzung d. organischen Säuren u. d. schwefelsauren Natrons XII. 480 — Ueb. d. elektr. Einheiten XIII. 349 — Ueb. Widerstandsmessung XV. 407 — Anwendung einer Gegenbatterie von Platin bei Telegraphenlinien XV. 422.
Jacobi u. Zinine, Bericht über d. Maschine v. Chandor XIX. 347*.
Jacobsen, E. Die Bildung der hemiedr. Flächen am chlorsauren Natron. Ueb. die v. Pasteur beobachtete Anomalie am ameisensaur. Strontian XVII. 27.
Jacobson, H. Einleitung in d. Hämodynamik XVII. 76 — Beiträge zur Hämodynamik XIX. 35.
Jacquelain, V. A. Verschiedene Beobachtungen üb. die Hydrate der Schwefelsäure VI. 257. 266 — s. Gaultier.
Jacquelain u. Silbermann, Pyrometrische Legirungen XI. 162.
Jacquemet, Lichtstreifen vor Sonnenaufgang II. 178. 198.
Jacquot, E. Untersuch. der Springquellen in d. Gascogne XIX. 696*; XX. 870*.
Jaeger, E. Ergebnisse der Untersuchung d. menschlichen Auges mit d. Augenspiegel XI. 339.
Jaennicke, Schwarzer runder Punkt auf d. Sonne XVII. 550*.
Jago, J. Ocularspectrum, Einrichtung und Verrichtung XI. 341; XIII. 259*.
Jahn, G. A. Wöchentl. Unterhaltungen für Freunde d. Astronomie, Geographie und Meteorologie 1847 bis 1850: IV. 428. 438.
Jaillard, Ueber die Elektrolyse des Alkohols XX. 482.
James, H. Nothwendigkeit einer v. d. Windstärke abhängigen Correction d. beobachteten Barometerhöhe VIII. 769 — Meteorolog. Beobachtungen zu Edinburg 1852 in 130 Fuss über d. Meeresspiegel IX. 735* — Abweichung d. Bleilothes bei Arthur's Seat und Dichtigkeit der Erde XII. 107 — Ueber Gestalt, Grösse und mittlere Dichte d. Erde nach d. trigonometr.

Aufnahme v. Grossbrittanien u. Irland XII. 108 — Ergebnisse der Generalstabs-Aufnahme von Grossbrittanien XV. 789* — Normalmaasse XVI. 6* — Ueber die Aenderung d. Klimas in verschied. Gegenden d. Erde XVII. 726*.

Jameson, J. Ueber Luftmaschinen u. Luftcompressionsapparate XX. 334.

Jamieson, J. F. Ueber d. Driftlagen u. Wanderblöcke des nördl. Schottlands XV. 763.

Jamin, Quelle v. Aïn-Oumach XVI. 843.

Jamin, J. Ueb. d. metallische Polarisation I. 163; II. 157. 158. 580. 589; III. 680. 687 — Ueb. d. Farben der Metalle III. 680. 687; IV. 129. 138 — Ueb. d. Zurückwerf. d. Lichts v. durchsicht. Körpern IV. 129. 131; V. 119. 136 — Zurückwerfung d. Lichts IV. 129. 133 — Die Haidingerschen Farbenbüschel IV. 164. 165. 184. 187 — Ueber die Reflexion des Lichts an der Oberfläche durchsichtiger Körper VI. 383. 386 — Polarisation d. Quarzes V. 161. 168 — Elliptische Doppelbrechung d. Quarzes VI. 318. 346. 427. 430 — Spiegelung an Flüssigkeiten. Ueber totale Reflexion VI. 383. 390 — Ueb. d. Farbenringe VIII. 223 — Zersetzung d. Wassers durch d. Säule X. 505 — Ueb. die Bewegungen flüssiger Leiter unter d. Einfluss eines Magnets XI. 474 — Ueb. die Endosmose der Gase XII. 46 — Beschreib. eines neuen auf Interferenz beruhenden Untersuchungsapparates XII. 247 — Geschwindigkeit d. Lichts in Wasser bei verschiedenen Temperaturen XII. 262 — Messung v. Brechungsexponenten d. Gase XIII. 223 — Ueb. die Brechungsexponenten XIII. 227 — Die Optik und die Malerei XIII. 245 — Veränderung des Brechungsexponenten des Wassers bei verschiedenem Druck XIV. 247 — Ueber d. Brechungsexponenten des Wasserdampfs XIV. 251 — Gleichgewicht u. Bewegung d. Flüssigkeiten in porösen Körpern XVI. 83 — Ueb. d. Theorie d. Reflexion u. Refraction XVI. 204 — s. Masson.

Jamin, J. und Bertrand, A. Verdichtung d. Gase an der Oberfläche fester Körper IX. 134.

Jamphy, Ueb. d. absolute Festigkeit d. Eisenblechs X. 118.

Janniar, Ungewöhnlicher Ton in d. Telegraphendrähten II. 142. 152.

Janse, L. Beobachtungen während 24stündiger Pendelschwingung zu Middelburg VIII. 73.

Jansen, A. Ausbruch d. Awoe auf d. Insel Sangir 1856, XIII. 598.

Janssen, J. Absorption d. dunklen Wärmestrahlen in den Augenmedien XVI. 407. Dazu Cima 409 — Ueber drei Spectroskope XVIII. 212 — Ueb. d. tellurischen Linien d. Sonnenspectrums XVIII. 225; XX. 208 — Einrichtung d. Spectroskops zur Beobachtung d. Erdlinien des Sonnenspectrums. Anwendung d. Spectralanalyse auf die Frage üb. d. Mondatmosphäre. Bemerk. zu einer Mittheil. v. P. Secchi über d. Spectra der Himmelskörper. Ueb. die Erdlinien des Sonnenspectrums u. d. Siriusspectrums. Spectrum von α Orionis. Spectralkarten d. Sonne XIX. 205.

Japy, Gebrüder, Doppeltwirkende Saug- u. Druckpumpe X. 177.

Jaspar, J. Ueb. einen photoelektr. Apparat IX. 497 — Ueb. elektrische Uhren IX. 579* — Ueb. Blitzableiter XVI. 641. 646; XVIII. 552 — Vergleichung d. Widerstandes eiserner und kupferner Leiter gegen d. Zerstörung durch d. galvan. Strom u. d. elektr. Funken XIX. 408.

Jayet, A. Ueber die Ebene d. Orbe XVIII. 730*.

Jean, Ueb. die mit seinen Inductionsspiralen erhaltenen Resultate XIV. 486 — Quecksilberluftpumpe ohne Hahn XX. 51 — Ueb. d. elektr. Licht XX. 493.

Jeandel, F. Ueb die Ueberschwemmungen XVI. 811.

Jeanjean, J. Ueb. d. ätherische Oel d. Krappweingeistes XII. 288 — Ueb. d. Borneocampher aus dem Krappweingeist XII. 288.

Jeannel, J. Ueb. d. augenblickliche Fortpflanzung d. mechan. Bewegungen XVIII. 38.

Jeannon, A. Ueb. e. Luft-Barometer und -Thermometer XIX. 617*; XX. 654.

Jedlik, Modification d. Bunsenschen Batterie XII. 485.

Jeffreys, J. G. Ueb. die Bewegung d. Gletscher XI. 784.

Jeitteles, J. Ueber eine eigenthüml. Bewegung IX. 96.

Jeitteles, L. H. Die letzten Erdbeben in d. Karpathen und Sudeten XIV. 717; XV. 782 — Quellentempe-

raturmessungen in den Sudeten und Karpathen XV. 748* — Ueb. d. Ausbleiben d. Sodener u. Franzensbrunner Mineralquellen im Novbr. 1859, XVI. 840 — Geschichte d. Erdbeben in d. Karpathen und Sudetenländern bis Ende des 18. Jahrhunderts XVI. 889.

Jelensky, Beobacht. e. leuchtenden Punkts II. 179*.

Jeleznow, N. Bestimmung der auf d. Boden angehäuften Schneemasse XI. 710 — Ueb. die meteorologische Station Narouovo XI. 786 — Wärmeleitungsfähigkeit des Erdbodens XII. 373.

Jelinek, C. Tägl. Gang d. vorzüglichsten meteorolog. Instrumente aus den stündlichen Beobachtungen der Prager Sternwarte VI. 1055* 1057* — Zur Theorie der Pendelabweichung XVII. 44 — Kälte in Ungarn im Monat Mai 1864, XX. 686* — Schneesturm v. 28. und 29. März (1864) in Oesterreich XX. 742*.

Jellett, J. H. Ueber Gleichgewicht u. Bewegung eines elast. Körpers VIII. 136 — Ueb. einige auf die Theorie d. Attraction bezügliche Sätze XIII. 110 — Ueb. d. Streitfrage zw. den Hrn. Pratt u. Haughton XVI. 767 — Neues Instrument zur Bestimmung der Polarisationsebne XVII. 351 — Neues optisches Saccharometer XIX. 307.

Jenkin, F. Ueber Guttapercha als Isolator bei verschiedenen Temperaturen XV. 417; XVI. 483 — Verzögerung d. Signale durch lange submarine Kabel XV. 419 — Vorläufiger Bericht üb. Normalmaasse für elektr. Widerstand XVIII. 413 — Widerstandsrollen. Bericht üb. d. elektr. Instrumente auf der Industrie-Ausstellung 1862, XVIII. 416 — Ueber dauernde thermoelektrische Ströme in Ketten aus einem Metall XVIII. 453 — Ueb. d. Fortpflanzung elektr. Signale durch verschiedene Längen eines Kabels XIX. 428 — Bericht üb. die v. d. Comité d. britt. Association vorgeschlagene Einheit des elektr. Widerstandes XX. 449 — Ueber die Verzögerung der elektr. Signale auf Landlinien XX. 478.

Jennesson, s. Hecke.

Jenyns, L. Temperatur und Regenmenge zu Bath XX. 800.

Jenzer, E. Sonnenfleckenbeobacht. zu Bern 1861 u. 1862, XIX. 539*.

Jenzsch, G. Ueb die Bestimmung d. specif. Gewichte XII. 63 — Ueb. optisch zweiaxige Turmaline XV. 251.

Jesuiticus, (anonym) Bemerkungen zu Moon's Abhandlung üb. Fresnel's Theorie der Doppelbrechung II. 580. 598.

Jevons, W. S. Ueb. e. Sonnenmesser XIII. 504* — Ueb. Federwolken XIII. 555* — Ueb. d. Wolkenformen XIV. 675 — Ueb. d. halbtägige Variation des Barometers XV. 718 — Ueb. die durch den Wind in einem erhöhten Regenmesser verursachte Ungenauigkeit XVII. 671*; XVIII. 667*.

Jewreinoff, Verfahren zum Verplatiniren IX. 511.

Joachimsthal, J. Ueb. e. Attractionsproblem XVI. 37.

Jobard, J. B. A. M. Elektropneumatische Eisenbahn III. 477* — Modell eines neuen Pumpensystems ohne Kolben und Ventil X. 178 — Neue akustische Röhre X. 230 — Neues Ventilsystem. Hydraulische Schleuder XI. 98 — Musikalische Instrumente aus Kautschuck XI. 217 — Heilung der Kurzsichtigkeit und der Weitsichtigkeit XI. 340 — Ueber die gewaltsamen Explosionen XI. 395 — Ueb. Nordlichter XI. 588* — Ursache der Constanz des Meeresniveau und mögliche Folgen daraus für die Zukunft d. Erde XI. 762 — Ueb. d. natürliche Diapason XIII. 194* — Ansichten über d. Ursache d. Donners, üb. Wolkenbildung u. s. w. XIII. 464.

Jobert, Anatomische Untersuchungen üb. d. elektr. Apparat d. Malapterurus electr. XIV. 539* — Ueb. die elektr. Organe d. elektr. Fische XV. 515.

Jochmann, E. Zur Theorie d. Gase. Ueber die Molecularconstitution der Gase XV. 320 — Ueb. die durch Magnetpole in rotirenden körperlichen Leitern inducirten elektr. Ströme XX. 533.

Jodin, T. V. Ueb. d. Modificationen des Drehvermögens der Zuckerarten durch inactive Substanzen XX. 253 — Chemische Wirkung des Lichts auf einige nähere Bestandtheile der Pflanzen. Veränderung d. vegetabil. Gewebe unter d. vereinten Einfluss v. Luft u. Licht XX. 258.

John, S. S. Elektr. Erscheinungen in manchen Häusern zu New-York und Cleveland XIV. 388; XV. 381 — Das Eismeer XVI. 792*.
Johnson, A. S. Ueb. e. neues von Spencer verfertigtes Objectiv VIII. 357.
Johnson, E. J. Magnetische Versuche auf dem eisernen Dampfer Bloodhound IV. 357. 365 — Wirkung der verschiebbaren (teleskopischen) Röhrenschornsteine der Dampfschiffe auf d. Compass VI. 842. 847 — Anbringung d. Compasses auf eisernen Schiffen VIII. 555 — Nachweis und Messung der atmosphär. Elektricität mittelst d. Photobarographs u. Thermographs XI. 598.
Johnson, J. H. Verbesserungen in d. Anwendueg d. galvanoplast. Verfahrens XI. 460* — Verbesserungen an elektromagnet. Maschinen XI. 511* — Ueb. e. Druckmesser für Meerestiefen XV. 79; XVI. 781.
Johnson, M. J. Anwendung d. Heliometers zur Photometrie der Sterne IX. 254 — Meteorolog. Beobacht. XI. 759* — Meteorolog. Beobacht. auf d. Radcliff Observatorium zu Oxford im J. 1854 XII. 717*; desgl. 1856 u. 1857, XV. 707*; desgl. 1858, XVI. 764*.
Johnson, M. W. Einfacher Aspirator VI. 214. 226.
Johnson, W. R. Festigkeit u. Dauerhaftigkeit amerikanischer u. anderer Bausteine VI. 14* — Ueb. die elektromagnetische Maschine v. Page VI. 840* — Beschreibung des Rotaskops zur Erläuterung einiger Erscheinungen u. Gesetze d. drehenden Bewegung XI. 82 — s. Calvert, Morris.
Johnson, S. W. u. O. D. Allen, Ueb. d. Aequivalent u. Spectrum d. Cäsiums XIX. 194.
Johnston, s. Keith.
Johnston, J. u. B. Silliman, Ueb. d. elektr. Eigenschaften d. Pyroxylinpapiers u. der Schiessbaumwolle XX. 428.
Jokély, J. Höhenschichtenkarte des böhmischen Riesengebirges XVIII. 711*.
Jolly, P. Experimentaluntersuchungen üb. Endosmose IV. 24; V. 23 — Ueb. die Physik der Molecularkräfte XIII. 70 — Ueber d. specif. Gewicht des flüssigen Ammoniaks XVI. 12 — Ueb. d. Molecularkräfte XVIII. 15 — Ueber Bathometer und graphische Thermometer XVIII. 714*; XIX. 666 — Eine Federwage zu exacten Wägungen XX. 8 — Ueber die Ausdehnung des Wassers v. 30 bis 100° C., XX. 335.
Jomard, Wirkungen eines Blitzschlags VI. 878* — Ueber die periodischen Anschwellungen des Nils XX. 868.
Jones, G. Ursache d. Zodiakallichts XI. 588; XII. 559* — Beobachtungen üb. d. Zodiakallicht XIII. 459 — Ueb. e. Aschenfall in der Ebene v. Quito XIII. 600.
Jones, J. Zwei verbesserte Galvanometer V. 292. 294 — Neue Art der Elektrotypie V. 297* — Kraftbedarf zum Lochen von Kesselblechen X. 117 — Patentirtes federndes Schaufelrad X. 184.
Jones, J. M. Ueb. Meeresströmungen und ihre Wirkungen auf Inseln fern v. Küsten XX. 845.
Jones, W. Analyse meines Gesichtsorganes, Bestimmung d. Focalweite meiner Augen für horizontale und verticale Strahlen und ihres Accommodationsvermögens XVI. 292.
Jonquières, E. de, Sternschnuppen in der Nacht v. 9. zum 10. August, VIII. 597*.
Jonquière, H. de la, Erdbeben in Gelos bei Pau VI. 910. 961 — Ueb. e. atmosphär. Erscheinung zu Pau u. in seiner Umgebung XII. 718*.
Jordan, C. J. Metallene Abgüsse für galvan. Copien zu machen I. 482. 485 — Jodirtes Papier mittelst e. einzigen Auflösung zu bereiten IV. 192. 196.
Jordan, G. Ueb. e. mexikan. Meteoreisen XIII. 458*.
Jouan, H. Ueb. d. niedrigen Inseln und Korallenriffe im grossen Ocean XVI. 792* — Beobacht. eines Südlichts XVII. 557* — Meteorolog. und nautische Bemerk. auf einer Reise v. Frankreich nach Neu-Caledonien und im südwestl. Stillen Ocean XX. 834. 853*.
Jouannin, D. Erdbeben auf d. Insel Rhodos XIX. 724.
Joule, J. P. Wärmeverbrauch bei elektrochem. Zersetzungen I. 317* — Ueb. d. Temperaturänderungen durch Verdünnung u. Verdichtung d. Luft I. 317. 344; VI. 561 — Zusammenhang zwischen Wärme u. d. gewöhnl.

Formen d. mechanischen Kraft I. 317. 344 — Theoretische Geschwindigkeit d. Schalls III. 101 Bestimmung d. mechanischen Wärmeäquivalents aus d. Reibung v. Flüssigkeiten III. 219. 229 — Wirkung d. Magnetismus auf d. Dimensionen v. Stahl- und Eisenstäben III. 478. 489; V. 316. 327 — Ueb. Sternschnuppen IV. 171. 177 — Verdampfungswärme des Wassers V. 228. 237 — Reclamation gegen Mayer in Betreff d. mechanischen Aequivalents der Wärme V. 241 (s. 237) — Mechanisches Wärmeäquivalent VI. 562. 585; X. 361; XI. 363 — Ueb. e. Luftmaschine VI. 562. 585 — Ueber Wärme u. Constitution der Gase VI. 562. 592 — Nachweis einer Gränze d. Magnetisirbarkeit d. Eisens. Anwendung v. Elektromagneten. Ueber elektromagnetische Kräfte VI. 811. 835 — Merkwürd. Blitzerscheinung VI. 877. 881 — Sondirung in tiefer See VI. 912. 998 — Oekonomie in d. Erzeugung mechanischer Kraft aus chemischen Kräften VIII. 383 — Ueb. die bei chemischen Verbindungen entwickelte Wärme VIII. 394 — Versuche mit einem starken Elektromagneten VIII. 548 — Specif. Wärme d. Luft bei constantem Druck IX. 418 — Ueb. d. Erregung d. Magnetismus in Eisenstangen durch galvan. Ströme XI. 504 — Versuche mit einem grossen Elektromagneten XI. 506 — Ueb. Clausius Anwendung d. mechan. Wärmetheorie auf die Dampfmaschine XII. 356 — Wärmeabsorption bei chemischen Zersetzungen XII. 363 — Ueb. d. Wärme u. die Constitution elast. Flüssigkeiten XIII. 282 — Ueb. die Thermoelektricität d. Eisensorten u. d. Wärmewirkung bei d. Ausdehnung fester Körper XIII. 290 — Wärmewirkung d. longitudinalen Zusammendrückung fester Körper. Ausdehnung d. Holzes durch d. Wärme XIII. 291 — Die Oberflächencondensation od. d. Röhrencondensator für Dampfmaschinen XIII. 297* — Schmelzung v. Metallen durch d. volt. Batterie XIII. 352 — Thermodynamische Eigenschaften fester Körper. Erwärmung d. Flüssigkeiten durch Compression XIV. 341; XV. 330 — Ueber ein verbessertes Galvanometer XIV. 443 — Ueb. d. Lichtintensität während der letzten Sonnenfinsterniss (1858), XIV. 585. 587 — Versuche üb. die durch Reibung in Luft erzeugte Wärme XV. 332 — Ueb. Dalton's Bestimmung d. Ausdehnung d. Luft durch d. Wärme XV. 335 — Thermoelektr. Intensitäten v. Metallen, Legirungen u. s. w. XV. 397 — Ueb. d. Ausfluss d. Luft XVI. 56 — Oberflächenverdichtung des Dampfes XVI. 364; XVII. 387 — Ueb. d. Gesammtwärme d. Dampfes XVI. 372; XVIII. 344 — Ueb. d. Wärmewirkung d. Compression d. Flüssigkeiten XVII. 397* — Ueb. d. Ausfluss d. Luft aus Röhren u. aus Oeffnungen in dünner Wand XVIII. 53 — Ueber die Geschichte der mechanischen Wärmetheorie XVIII. 323; XIX. 334; Tyndall's Bemerk. dazu XX. 330 — Versuche üb. einige Amalgame XVIII. 447 — Wahrscheinliche Ursache des Gewitter XVIII. 547 — Ueb. e. neues sehr empfindliches Thermometer XIX. 357; XX. 662 — Ueber einige Amalgame XIX. 456 — Neues Barometer XIX. 612 — s. Fairbairn, Playfair, Scoresby.

Joule, J. P. und W. Thomson, Wärmewirkung der durch enge Oeffnungen getriebenen Luft VIII. 381 — Ueb. d. thermischen Wirkungen bewegter Flüssigkeiten IX. 412; X. 361; XII. 350; XIII. 288; XVI. 327; XVIII. 325; XIX. 311 — Temperatur eines Körpers, der sich langsam durch die Luft bewegt XIII. 288 — Ueber die Wärmewirkungen elast. Flüssigkeiten XVIII. 322 — Ueber das bewegliche Gleichgewicht d. Temperatur in der Atmosphäre XVIII. 315. 576.

Jouravski, Widerstand eines Prismas u. eines aus Holz u. Eisenblech zusammengesetzten Körpers gegen e. zur Längenrichtung senkrechte Kraft XII. 180*.

Joy, C. A. Analyse d. Meteoreisens v. Cosby's Creek IX. 610* — Analyse d. Meteorsteins v. Copiapo XX. 600*.

Juckes, J. B. Ueber die Aenderung d. Klimas in verschied. Gegenden d. Erde XVII. 726* — Ueb. d. Bildungsweise verschied. Flussthäler im südlichen Irland XVIII. 730*.

Jülfs, Die Stürme d. nordatlant. Oceans u. d. Golfstroms XVIII. 717*.

Jürgensen, Th. Betrachtungen üb. d. scheinbaren Bewegungen d. Schwingungsebne eines frei hängenden Pen-

dels VI. 69. 133 — Mechanische Untersuchungen üb. d. Pendelbewegung VIII. 81 — Bemerk. üb. d. Bewegungen d. elektrischen Stroms XIII. 353* — Ueb. d. Bewegung fester in Flüssigkeiten suspendirter Körper unter d. Einfluss des elektr. Stromes XVI. 470 — Ueber die in den Zellen der Vallisneria spiralis stattfindenden Bewegungserscheinungen XVII. 464.

Jukovitz, A. Der Neusiedlersee XX. 859.

Julien, J. Der Golfstrom und die Umwälzungen d. Meeres XV. 740* — Strömungen u. Umwälzungen d. Atmosphäre u. d. Meeres; neue Theorie üb. d. period. Sündfluthen XVI. 790* — Harmonien d. Meeres, d. Ströme u. d. Umwälzungen XVII. 740.

Julien, St. Ueber Kupferlegirungen, Weisskupfer, Gongs und Tam-tams III. 105 — Die magischen Spiegel d. Chinesen u. ihre Anfertigung III. 117. 119.

Julien-Jaulin, D. Panorguepiano IV. 126.

Julienne, Comprimirte Luft als Triebkraft IX. 107.

Jullien, Ueb. d. Schwerpunkt sphärischer Figuren XI. 53 — Theorie d. Waagebarometers XVIII. 601* — Ueb. d. neuen Seetelegraphen d. französ. Küsten XX. 832*.

Junge, A. Tragkraft gesprengter Balken XI. 126.

Jungk, G. Veranschaulichung einiger Erscheinungen an d. volt. Säule mit Bezug auf d. Zweifel, ob d. Erde als Leiter oder als Reservoir der Elektr. zu betrachten ist XIX. 415 — Einiges zur Erklärung der Erscheinungen beim Durchgang der Wärmestrahlen durch rauhe u. trübe diathermane Körper XX. 420.

Junot, C. J. E. Elektrochemische Reduction u. Anwendung d. Tungstein, Molybdän, Titan u. Silicium IX. 511* — Verbesserung in der Reduction verschiedener noch unbenutzter metallischer Substanzen, u. Verwendung derselben zum Ueberziehen anderer Gegenstände mittelst Elektricität IX. 512*.

Just, F. Ueb. d. überzähligen Regenbogen. Geschichte der Theorie des Regenbogens XIX. 538*.

Jutier, Detonation unter vorangegang. heller Lichterscheinung, wahrscheinl. v. einer Feuerkugel XVI. 604*.

Juvioli, Scheinbare Verzögerung d. Keimens v. Samen durch d. elektr. Zustand des Gefässes, welches die Erde für d. Samen enthält I. 499. 503.

Kämtz, L. F. Magnetische Beobachtungen in Finnland VI. 887. 891 — Ueb. d. Erdmagnetismus IX. 627 — Eigenthümlichkeit des Erdmagnetismus XI. 612 — Pluviometrische Beobachtungen XI. 707 — Ueb. verschiedene meteorolog. Fragen XI. 753 — Ueb. d. Horizontalintensität d. Erdmagnetismus in St. Nicolas u. in Zermatt XII. 606* — Ueber baro- und thermometrische Windrosen XIV. 643 — Beziehungen zwischen d. Angaben d. Barometers u. d. Kraft u. Richtung d. Windes XIV. 655 — Ableitung mittlerer Resultate aus meteorolog. Beobacht. Instruction zur Anstell. meteorolog. Beobachtungen XV. 653 — Repertorium für Meteorologie XV. 687 — Meteorologische Beobachtungen zu Dorpat im Winter 1858 bis 1859, XV. 694 — Temperatur v. Archangel. Ueb. d. tägl. Gang d. Wärme zu Catharinenburg XV. 713 — Ueber die Ableitung des Namens Haarrauch XV. 726* — Temperatur bei verschied. Bewölkung in Dorpat XVI. 676 — Barometr. Windrose zu Dorpat XVI. 715 — Ueb. d. Klima der südrussischen Steppen XVI. 741; XVII. 697; XIX. 660 — Temperatur u. Luftdruck in d. Festung Warno XVI. 746 — Klima v. München XVI. 765* — Ueb. ein v. Goldschmid in Zürich construirtes Aneroidbarometer XVII. 593 — Ueber Hygrometer XVII. 600; XVIII. 651 — Ueb. Verdunstung XVII. 656 — Ueb. einige in d. Atmosphäre enthaltene Körper XVII. 669 — Meteorologische Constanten für mehrere Hauptpunkte d. österreich. meteorolog. Netzes XVII. 716 — Ueb. elektr. Phänomene XVIII. 534* — Ueber die Aenderung d. Regenmenge im westl. Europa XVIII. 589 — Ueb. die Temperatur u. Winde v. Mitau XVIII. 616* — Ueb. d. Barometerstand im Niveau d. Meeres XVIII. 630 — Ueb. d. Bewegungen d. Barometers in Dorpat Ende Dec. 1861, XVIII. 638 — Ueb. d. Stürme im Decbr. 1836, XVIII. 645 — Der Höhenrauch als angeblicher Regenvertilger XVIII. 653 — Ueb. d.

Hagel XVIII. 663 — Resultate der meteorologischen Beobachtungen zu Avandus 1859 u. 1860; desgl. in der Colonie Victoria in Neu-Holland XVIII. 688* — Ueber den Nutzen der telegraph. Mittheilungen für die Meteorologie XIX. 602 — Ueb. d. Barometer als Wetterglas XIX. 603 — Ueb. d. Buran XIX. 638* — Ueb. d. Psychrometer unter d. Gefrierpunkt. Psychrometertafeln XIX. 639* — Ueb. d. Höhenrauch XIX. 640*.

Käppelin, Neues Instrument zum Wägen XII. 82.

Kahl, E. Theorie d. Luftschwingungen in Röhren XIII. 174* — Mechanische Aufgabe XVI. 26 — Die Fundamente d. Elektrodynamik nach d. neuesten Untersuchungen XVI. 529* — Ueber die Messung kleiner Flugzeiten v. Geschossen mittelst bewegter Elektricität XVIII. 6 — Ueb. die Bestimmung d. absoluten und specif. Gewichts in Flüssigkeiten suspendirter Niederschläge XVIII. 12* — Nachweis eines wohlfeilen Apparats zu Spectralbeobachtungen XVIII. 213 — Bedenken A. v. Baumgartner's gegen d. Wärmeäquivalent von Joule XVIII. 325* — Dynamische Notiz XIX. 18 — Die inneren Ursachen d. magnet. und diamagnet. Erscheinungen XIX 460* — Beobacht. d. Schallgeschwindigkeit durch Coincidenzbeobachtungen XX. 120.

Kaiser, Beobacht. über d. Luftausströmen u. Lufteinziehen d. Brunnen auf Sylt XIX. 695.

v. Kamecke, Einfluss d. Luftwiderstandes auf die Abweichung rotirender Geschosse aus ihrer Flugbahn X. 62.

Kammerer, F. Die Lichtintensitätscurven auf krummen Flächen XVIII. 238.

v. Kamptz, s. Masch.

Kane, E. K. Bestehen der Eisberge d. Polarmeers aus Firn X. 784. Arktische Forschungen XIII. 574 — Magnetische Beobachtungen in d. nordischen Meeren 1853 bis 1855 zu Van Rensselaer Hafen u. an andern Punkten der Westküste von Grönland XV. 640 — Meteorolog. Beobachtungen ebendaselbst XV. 697 — Fluthbeobachtungen in den nordischen Meeren XVI. 788*; XIX. 670*.

Kapeller, L. Verbesserung am Geothermometer III. 297. 310 — Schwefelalkohol-Thermometer III. 297. 309 — Neue Constructionsmethode für Quecksilberthermometer III. 297. 309 — Zwei neue Barometer IV. 79. 84.

Karlinsky, F. Resultate ozonometrischer Beobachtungen in Krakau X. 647 — Magnetische Störungen zu Prag d. 15. April 1861, XVII. 585 — Resultate aus den magnet. Declinationsbeobachtungen zu Krakau XVII. 588*.

Karmarsch, K. Hydrostatische Silberprobe III. 20 — Kleine Wasserwaage zu technischem Gebrauch IX. 26 — Irisiren IX. 512* — Beschreibung zweier Blechlehren mit Mikrometerschraube, nebst Untersuch. üb. deren Brauchbarkeit zum Messen d. Papierdicke XI. 49 — Leuchtkraft u. Beleuchtungswerth d. Paraffinkerzen XI. 286* — Absolute Festigkeit d. Metalldrähte XV. 101 — s. Heeren.

Karsten, C. J. B. Ueber Feuermeteore und einen merkwürd. Meteormassenfall zu Thorn IX. 610*.

Karsten, G. Verhalten d. Auflösungen d. reinen Kochsalzes in Wasser I. 32. 43 — Hygrometrische Tabellen für Gebläse u. Gradirwerke II. 115. 116 — Verdunstungsgränze d. Quecksilbers III. 64. 75 — Elektr. Leitvermögen einiger Schwefelmetalle III. 314. 318 — Elektrische Staubfiguren III. 330. 340 — Pyroelektricität des derben Boracits III. 343. 344 — Irisirendes Kupfer III. 376. 379 — Vorschläge zur deutschen Maass-, Gewichts- u. Münzregulirung IV. 55. 57 — Ueb. d. Vergleichung der preuss. Platinkilogramme mit dem Kilogramm d. Archives XVII. 5.

Karsten, H. Geognostische Bemerk. üb. d. Nordküste Neugranadas, insbesondere der sogenannten Vulkane v. Turbaco und Zamba VIII. 652 — Ueb. d. Vulkane d. Anden XIII. 599 — Ueb. d. Wirkung plötzlicher bedeutender Temperaturänderungen auf d. Pflanzenwelt XVIII. 616* — Reiseskizzen aus Neugranada XVIII. 745.

Karsten, H. (in Rostock) Lehrbuch d. Krystallographie XVII. 28*.

Kato, s. Hülsse.

Katolinsky, A. Ueb. d. physiolog. Erscheinungen nach d. Reizung der Gehörsnerven durch den constanten galvan. Strom XIX. 515*.

Kaufmann, F. J. Ueb. den Hagel-

schlag, welcher d. 9. Juni 1861 die Umgegend v. Luzern betroffen XVII. 671; XVIII. 663.
Kaul, Ueb. d. Plateauschen Figuren XVIII. 71*.
Kaumann, Ueb. d. Durchbiegung u. Elasticitätsgränze für Axen d. Eisenbahnfahrzeuge XI. 140.
Kayser, E. Ein Photometer zur Bestimmung d. relativen Helligkeit der Sterne XVIII. 239 — Methode an Gläsern d. Abweichung v. Parallelismus zu ermitteln XVIII. 281 — Stimmen d. Saiten mittelst des Gesichtssinnes XIX. 96.
Kayser, G. A. Ueb. e. am 13. Dec. 1863 in Hermannstadt stattgefundenes Gewitter ungewöhnl. Art XX. 614.
Keferstein, Zur Geschichte der Physik d. elektr. Fische XV. 517 — s. C. Kupffer.
Kehlberg, P. A Ueb. d. Erdbeben in Sselenginsk XII. 771; XVI. 900; XIX. 725*.
Keith Johnston, A. Neue Beobachtungen üb. d. Florida Golfstrom XVIII. 717.
Kekulé, Ueb. d. Zersetzung mehrerer organ. Säuren durch den Strom XX. 482.
Kelland, Ph. Ueb. d. Erhaltung d. Energie XIX. 334.
Keller, Ueber die Fluthströme und Wasserwellen III. 54*.
Keller, F. A. E. Ueber Orkane, Tornados, Typhons u. Stürme XVII. 654* — Ueb. d. Karte d. Umgebung v. Cherbourg XVII. 745*.
Keller, F. A. E. u. Em. Ueber d. Ursache d. Schwere u. d. allgemeinen Gravitation XIX. 31.
Keller, T. Einige Eigenschaften d. elektrischen Stromes in Telegraphendrähten aus der Ohmschen Theorie hergeleitet XV. 423 — Ueb. d. Waagebarometer XIX. 617*.
Kellett, H. Ueb. die physikalische Geographie d. Melvilleinsel XI. 727.
Kelley, F. M. Untersuchung durch das Atratothal nach d. Stillen Meer zur Auffindung des Weges für einen Kanal XII. 731.
Kemp, Neue Art d. Krafterzeugung durch Elektromagnetismus VIII. 552* — Ueber d. Landverlust d. Holdernessküste IX. 649 — Ueber Elektromagnete X. 585 — Elektromagnetismus als bewegende Kraft X. 586.
Kempton, Verbesserungen in der Verfertigung d. Reflectoren V. 210*.
Kennelly, D. J. Ueb. d. Erdbeben am 29. April 1864 im nordwestlichen Theil der Präsidentschaft Bombay XX. 927.
Kenngott, A. Eigenthümliche Erscheinungsweise d. ellipt. Ringsysteme am zweiax. Glimmer VI. 428. 453 — Bestimmtes Verhältniss zw. d. Atomgewicht, d. Härte u. dem specif. Gewicht isomorpher Mineralien VIII. 12 — Ueb. e. Meteorstein XV. 561* — Ueb. e. Meteoreisen in d. Universitätssamml. in Zürich XX. 600*.
Kenngott, A. u. D. F. Wiser, Ueb. d. Meteoriten d. Züricher Sammlungen XVII. 508.
Kerhallet, C. P. de, Ueb. d. Atlant. Ocean XVI. 792* — Handbuch der Schiffahrt im Antillenmeer u. im Golf v. Mexiko XVIII. 718*.
van Kerkhoff, Ueb. d. sogen. Sphäroidalzustand d. Wassers VI. 259. 289.
Kernig, W. Experimentelle Beiträge zur Kenntniss der Wärmeregulirung beim Menschen XX. 361*.
Kerris, s. Stein.
Kersten, O. Ueb. d. Natur d. Leuchtens d. Flamme XVII. 265.
Kersting, R. Ueb. d. Leidenfrostsche Phänomen I. 365. 375.
Kesselmeyer, P. A. Ueb. d. Ursprung der Meteorsteine XVI. 605*; XVII. 553* — Ueb. d. Meteorstein v. Lons-le-Saunier XVIII. 509* — Ueb. einige angebliche Meteorsteinfälle XIX. 545* — Der Meteorsteinfall zu Orgueil u. Nohic d. 14. Mai 1864, XX. 597* — Aelteste Nachricht über d. Meteorsteinfall zu Ensisheim. Meteorsteinfall bei Tirlemont am 7. Dec. 1863, und üb. d. angebl. Meteorsteinfall bei Brest 10. Jan. 1864, XX. 599* — Ueb. zwei vermeintliche Meteorsteine in Griechenland XX. 601*.
Kessler, F. Beziehungen zw. Temperatur u. Spannkraft d. gesättigten Wasserdampfs XVII. 385.
Kessler, G. Ueb. d. Longitudinallinien des Sonnenspectrums VI. 399. 412 — Zur Beantwortung der Frage, warum d. brechbarsten Strahlen d. Sonnenlichts die Empfindung d. Leuchtenden nicht erregen X. 326*.
Kestner, Neue Thatsachen zur Geschichte d. Traubensäure IX. 276.
Ketteler, Ueb. die Dispersion des

Lichts in den Gasen. Abhängigkeit der Fortpflanzung des Lichts von Schwingungsdauer und Dichtigkeit XX. 179.

Key, H. Cooper, Verfahren Glasspiegel für d. Newtonsche Teleskop anzufertigen XIX. 307*.

Khanikoff, N. Meteorolog. Beobacht. zu Bagkisafa Sept. 1854, XI. 758* — Erdbeben in Tebris XI. 800.

Khoudakoff, K. Meteorologische Beobacht. zu Ichim 1852 bis 1861, XVIII. 681.

Kiddle, W. W. Meeresströmung bei d. Azoren XX. 844*.

Kjerulf, T. Ueb. das Frictionsphänomen XVI. 852.

Kilburn, W. E. Vorzüge galvanisch versilberter Daguerrescher Platten IV. 192. 196 — Geweisste photograph. Kammer VI. 519. 534 — Zusammenlegbares Stereoskop IX. 308.

Killias, W. Meteorolog. Beobacht. im J. 1860 auf der Linie von Trons üb. d. Lukmanier bis Olivone XVII. 690.

Kind, Erfolg d. artes. Brunnens von Passy XVII. 759.

King, Elektr. Licht II. 396. 403.

King, P. P. Specif. Gewicht d. Seewassers in d. nördlichen u. südlichen Hemisphäre XIII. 572.

King W., Verver, F. H. Storer, Ueb. d Verlust v. Licht durch Glasschirme XVI. 242; XVII. 266.

Kingston, G. T. Regenmenge in Südaustralien 1839 bis 1859, XVI. 739 — Auszug aus d. magnet. Beobacht. d. magnet. Observatoriums zu Toronto XIX. 601*; XX. 634*.

Kinkelin, H. Bewegung e. magnet. Pendels XIII. 442.

Kirchhoff, G. Durchgang G. Durchgang eines elektr. Stromes durch e. Ebne, insbesondere e. kreisförmige I. 442. 451; II. 475. 507 — Auflösung d. Gleichungen, auf welche d. lineare Vertheilung galvanischer Ströme führt III. 352. 363 — Theorie d. Gleichgewichts u. der Bewegung einer elast. Platte IV. 88. 93 — Anwendbarkeit d. Formeln für d. Intensität d. galvanischen Ströme in einem System linearer Leiter auf Systeme die theilweise aus nicht linearen Leitern bestehen IV. 330. 337 — Ableitung d. Ohmschen Gesetze, welche sich an d. Theorie d. Elektrostatik anschliessen V. 265. 267 — Bestimmung d. Constanten, v. welcher d. Intensität inducirter elektr. Ströme abhängt V. 300 — Gleichgewicht u. Bewegung einer elast. Scheibe VI 228. 233 — Gleichungen d. Gleichgewichts eines elast. Körpers bei nicht unendlich kleinen Verschiebungen seiner Theile VIII. 138 — Fortpflanzung d. Elektricität in einer leitenden Platte. Formeln für d. Intensität d. elektr. Ströme in einem System nicht linealer Leiter. Herleitung d. Ohmschen Gesetze aus d. Principien der statischen Elektricität X. 546* — Ueber d. inducirten Magnetismus eines unbegränzten Cylinders v. weichem Eisen X. 592 — Ueber die Bewegung der Elektricität in Drähten XIII. 381 — Ueber die Bewegung d. Elektricität in Leitern XIII. 381. 387; XV. 493 — Ueb. e. Satz d. mechanischen Wärmetheorie u. einige Anwendungen desselben. Spannung d. Wasserdampfs bei Temperaturen, die dem Eispunkt nahe sind XIV. 328 — Spannung des Dampfes v. Mischungen aus Wasser u. Schwefelsäure XIV. 339 — Ueb. d. Gleichgewicht u. d. Bewegung eines unendlich dünnen Stabes XV. 87 — — Ueb. d. Verhältniss der Quercontraction zur Längendilatat. bei Stäben v. federhartem Stahl XV. 88; XVIII. 69 — Ueb. die Fraunhoferschen Linien XV. 215; XVI. 239 — Zusammenhang zw. Emission u. Absorption v. Licht u. Wärme XV. 216; XVI. 232. 235 — Winkel d. optischen Axen d. Arragonits für die verschied. Fraunhoferschen Linien XV. 241 — Untersuch. über das Sonnenspectrum und die Spectra der chemischen Elemente XVII. 248; XVIII. 235; XIX. 191. — Ueb. d. chemische Analyse d. Sonnenatmosphäre, Schreiben an den Herrn Roscoe XVII. 251 — Vertheilung der Elektricität auf zwei leitenden Kugeln XVII. 421 — Zur Geschichte d. Spectralanalyse u. d. Analyse d. Sonnenatmosphäre XIX. 192 — Ueb. d. Princip d. Gleichheit d. Strahlungs- u. Absorptionsvermögens XIX. 192 — Zur Theorie d. Entladung einer Leidener Flasche XX. 437.

Kirchhoff G. u. R. Bunsen, Chemische Analyse durch Spectralbeobachtungen XVI. 232; XVII. 246 — Die Spectren d. Alkalien u. alkal. Erden

XVIII. 235 — Kleiner Spectralapparat zum Gebrauch im Laboratorium XVIII. 235 *.
Kirchweger, Neue Saug- u. Druckpumpe XI. 101.
Kireevsky, E. Bemerkungen auf e. Reise in d. centralasiat. Steppen XII. 739 — Ueb. Grove's Wechselwirkung d. Naturkräfte XV. 37*.
Kirk, A. C. Maschine zur Kälteerzeugung u. Eisbereitung mittelst Expansion der Luft XIX. 373; XX. 366.
Kirkpatrick, J. A. Die Meteorologie von Philadelphia XVIII. 688*.
Kirkwood, D. Nordlicht v. 19. Febr. 1852, VIII. 598*.
Kirschleger, Die Säuerlinge der Vogesen und d. Schwarzwaldes XX. 874*.
Kittel, M. B. Meteorolog. Beobacht. zu Aschaffenburg XI. 722; XIII. 539*; XV. 706*; XVI. 763*; XVII. 725*.
Kittlinger, Resultate d meteorolog. Beobacht. in Nürnberg 1863, XX. 833*.
Kleefeld, A. Eine Beobacht. d. St. Elmsfeuers XVIII. 520.
Klein, F. H. Die Vorherverkündigung d. Wetters in Verbindung mit meteorolog. Beobacht. XX. 741*.
Klein, J. Ueb. e. einfache Abänderung d. Steinheilschen Prismenphotometers zur Messung lichtschwacher Sterne XVIII. 238 — Polarbanden zu Cöln XVIII. 512*.
Kleinsorgen, J. C. F. v. Compass zur Bestimmung d. Abweichung der Magnetnadel X. 673* — Neuer Variations- und Azimuthalcompass XII 606*.
Klemens, J. Ueb. das Erdbeben zu Sillein 15. Jan. 1859, XVI. 888.
Klencke, Gebrauch d. Galvanismus zur Ueberführung von Heilstoffen in kranke Gewebe III. 394. 429.
Kletzinsky, s. Cessner.
Klinkerfues, W. Ueb. das v. Gauss berechnete u. v. Steinheil ausgeführte Fernrohrobjectiv XVII. 342 — Ueb. e. neuen einspiegeligen Heliostaten XX. 301 — Ueb. einen v. Steinheil construirten neuen einspiegel. Heliostaten XX, 302.
Klinkerfues und Westphal, Variationen d. Declination d. Magnets während des Nordlichts d. 19. Febr. 1852, VIII. 608*.
Klöden, K. F. v. Zur physikalischen Geographie Abessiniens XI. 728.
Klopsch, Sonnenhöfe zu Naugard in Pommern XVI. 603*; XVIII. 503* — Das Zodiakallicht zu Naugard XVI. 609* — Feuerkugel beob. zu Naugard d. 20. Septbr. 1862, XVIII. 507* — Nordlichtbeobacht. zu Naugard XVIII. 511*.
Kluge, E. Beleuchtung v. Clement's Theorie der Erdbeben XIII. 605 — Verzeichniss d. Erdbeben u. vulkan. Eruptionen 1855 und 1856, XIII. 605* — Die Reactionen d. Erdinnern gegen d. Erdoberfläche in den Jahren 1855 u. 1856, XIV. 704 — Ueber die Ursache der in d. J. 1850 bis 1857 stattgefund. Erderschütterungen u. d. Beziehung derselben zu d. Vulkanen XVII. 773 — Ueber die Periodicität vulkan. Ausbrüche XVIII. 750 — Ueb. Bewegungen in Gewässern bei Erdbeben u. e. mögliche Ursache gewisser Erderschütterungen XVIII. 803 — Ueb. einige neue Forschungen auf dem Gebiet d. Vulkanismus XIX. 699 — Ueb. Synchronismus und Antagonismus d. vulkan. Eruptionen u. die Beziehungen derselben zu den Sonnenflecken und erdmagnetischen Variationen XIX. 700.
Klun, V. Einfluss d. Rotation d. Erde auf d. Lauf und die Uferbildung der Flüsse XVIII. 726 — Flusskarten der Donau u. d. Theiss XIX. 684*.
Knapp, J. H. Lage und Krümmung d. Oberflächen d. menschl. Krystalllinse u. ihre Veränderungen bei der Accommodation XVI. 273; XVII. 335 — Ueb. die Asymmetrie des Auges in seinen verschied. Meridianebnen XVIII. 272.
Knight, G. Ueber e. kosmoramische Stereoskoplinse X. 323.
Knight, R. Verbesserungen an Apparaten zur Prüfung des Eisens auf seine magnetische Capacität und an magnet. Apparaten XI. 502.
Knoblauch, A. Anwendung d. Galvanoplastik zur Anfertigung v. Kupferplatten für Kupferstecher V. 297*.
Knoblauch, H. Veränderungen, welche die strahlende Wärme durch Diffusion erleidet I. 364. 366 — Neue Versuche üb. strahlende Wärme II. 273. 281 — Reflexion der Wärmestrahlen v. schwarzem Glas u. Stahl III. 255. 260 — Identität d. Licht u. Wärme erzeugenden Strahlen III. 255. 265 — Doppelbrechung d. strahlenden

Wärme III. 255. 268; IV. 239 — Polarisation d. strahlenden Wärme durch Reflexion, durch einfache u. Doppelbrechung III. 255. 270. 274. 278; IV. 239 — Beugung d. strahl. Wärme III. 256. 284; IV. 239 — Ueb. d. Longitudinalstreifen im Sonnenspectrum IV. 150. 163 — Verhalten krystallisirter Körper zw. elektr. Polen VI. 641. 644 — Abhängigkeit d. Durchgangs der strahlenden Wärme durch Krystalle v. ihrer Richtung in denselben VIII. 426; X. 419 — Durchgang der Wärme durch dünne Metallplatten XI. 390 — Ueb. den Einfluss, welchen Metalle auf die strahlende Wärme ausüben XIII. 307 — Zusammenhang zw. den physikalischen Eigenschaften u. den Structurverhältnissen bei verschied. Holzarten XIV. 12 — Ein paar opt. Vorlesungsversuche XV. 207 — Ueb. d. Interferenz d. Wärmestrahlen XV. 365; XVI. 406 — Ueb. die v. verschiedenen Körpern reflectirten Wärmestrahlen XVI. 404 — Diffusion der Wärme XVI. 406* — Ergebnisse der Prüfung eines Alkoholometers XVII. 14 — Ueb. d. Reflexion d. Wärmestrahlen an krystallisirten Körpern XVII. 411 — Ueb. d. Durchgang der strahlenden Wärme durch polirtes, mattes und berusstes Steinsalz und üb. die Diffusion der Wärmestrahlen XIX. 382.

Knoblauch, H. u. Tyndall, Verhalten krystallisirter Körper zw. den Polen eines Magnets VI. 1126. 1128. 1129.

Knoblecher, Wasserhöhen d. blauen Nils 1849. Tagebuch während einer Reise nach d. weissen Nil 1849 und 1850, XV. 752*.

Knochenhauer, K. W. Gesetz nach welchem ein nicht isolirter Körper v. d. Innenseite d. elektr. Batterie angezogen wird I. 385. 389 — Ueb. d. elektr. Nebenstrom I. 385. 422 — Vertheilung d. freien Spannung auf d. Schliessungsdraht d. elektrischen Batterie II. 322. 337 — Vergleich d. elektr. mit den galvan. Formeln II. 338. 354 — Spannungsverhältnisse beim Ladungsstrom II. 338. 358 — Bestimmung d. compensirten Drahtlängen ohne Luftthermometer II. 359 — Lösung d. Problems über d. Verzweigung galvan. Ströme für d. Entladungsstrom der Batterie II. 359 — Erscheinungen, die mit dem Ladungsstrom zusammenhängen III. 330. 339 — Spannungsverhältnisse beim Nebenstrom III. 340 — Veränderungen d. Entladungsstroms einer elektr. Batterie, wenn mit d. Schliessungsdraht eine zweite Batterie verbunden wird IV. 269. 273 — Widerstand der Luft im Schliessungsbogen d. elektr. Batterie. Seitenentladung im Schliessungsbogen d. elektr. Batterie V. 251. 256 — Correction d. Beobachtungen bei Anwendung ungleicher Flaschen zu den elektr. Batterien VI. 652. 654 — Entgegnung auf e. Bemerkung v. Riess VI. 652. 658 — Zusammenhang, in welchem d. Stromtheilung u. d. Nebenstrom d. elektr. Batterie stehen VI. 659* — Versuche üb. elektr. Induction VIII. 455 — Widerstand d. Eisendrahts im elektr. Strom IX. 435 — Apparat zu Inductionsversuchen mit d. Nebenbatterie. Inducirte Ladung d. Nebenbatterie in ihrem Maximum. Ueber d. Tönen der Nebenbatterie IX. 444 — Ueb. d. Einfluss d. Nichtleiter auf d. Stärke d. elektr. Induction X. 446 — Ueb. d. inducirte Ladung der Nebenbatterie in ihrem Maximum XI. 403 — Ueb. d. gemeinsame Wirkung zweier elektr. Ströme XII. 410 — Wirkung e. Eisendrahtbündels auf d. elektr. Strom XII. 412 — Ueb. d. Theilung d. elektr. Stromes XIII. 335; XV. 392 — Ueb. d. Strom d. Nebenbatterie. Ueb. zwei sich gleichzeitig entladende Batterien XIII. 336 — Versuche mit einer getheilten Batterie XIV. 382 — Ueb. d. elektr. Zustand d. Nebenbatterie während ihres Stromes XIV. 386 — Ueb. d. Strom der Nebenbatterie XV. 387 — Ueber das elektrische Luftthermometer XVI. 440 — Ueber den Gebrauch des Luftthermometers (in drei Abhandlungen) XVII. 433; XVIII. 400 — Versuche zur Theorie des Condensators. Ueb. Flüssigkeiten im elektrischen Strom XIX. 398 — Ueb. d. Zusammenhang d. Magnetismus mit d. Oscillationen des Batteriestromes XX. 442.

Knop, W. Beobachtungen üb. Krystallbildung III. 3. 6 — Ueber die bei Angaben v. Dichten od. specif. Gewichten v. Gasen u. Dämpfen gebräuchlichen Zahlen XIII. 74 — Ueb. Regelmässigkeiten der Condensation

des Wasserdampfs in porösen Körpern XVIII. 95.
Knorr, E. Prakt. Bemerkungen zur Daguerreotypie I. 275. 290 — Das Tastengyrotrop u. seine Anwendung zu physikal. Zwecken u. in d. elektr. Telegraphie IX. 513 — Beobachtung eines Irrlichts IX. 609* — Ueb. das Mikrometer d. Herrn Petruschefsky XVI. 3 — Ueb. d. Messung d. Gehörweite u. d. Ungleichheit für d. rechte u. linke Ohr XVII. 174 — Ueber die tägl. Variation d. Barometers und d. atmosphärische Lunarfluth XVIII. 616.
Knox, G. J. Dasein eines elektrischen Aethers im Raume XI. 393.
Knox, Th. Regenmenge, welche bei verschied. Winden zu Toomevera, Grafschaft Limerick in zwei Jahren fiel III. 620. 641 — Wirkung d. Strahlen d. Mondes VIII. 431.
Kobell, F. v. Galvan. Anfertigung erhabener Typen I. 482. 485 — Das galvan. Verhalten und die Leitungsfähigkeit d. Mineralkörper als Kennzeichen VI. 700. 707 — Bildung galvan. Kupferplatten zum Zweck der Galvanographie VI. 722* — Optisch-krystallographische Beobachtungen u. üb. e. neues Polariskop, Stauroskop. Combinirung d. Stauroskops und des zusammengesetzten Mikroskops XI. 311 — Stauroskopische Beobachtungen u. ein Complementärstauroskop XII. 270; XIV. 278 — Stauroskopische Beobacht. u. üb. Pleochroismus XII. 270 — Neue Methode Krystallwinkel zu messen XIII. 91 — Verhalten der mineralischen Metallsulfurete zur Salzsäure unter galvan. Einfluss XIII. 374 — Ueb. Asterismus u. d. Brewster-schen Lichtfiguren XVIII. 246; XIX. 246 — Stauroskopische Bemerkungen XIX. 246 — Ueber ein Gemsbart-Elektroskop u. üb. Mineralelektricität XIX. 389.
Koch, F. E. Wirkungen d. strömenden Wassers X. 776.
Koch, J. Meteorolog. Beobachtungen im Sommer u. Herbst 1855 in Bern u. Burgdorf XI. 724; desgl. im Winter 1855 u. 1856 und Frühling 1856, XII. 717*; desgl. im Sommer und Herbst 1856, im Winter und Frühling 1857, XIV. 663*; desgl. 1858, XV. 706*; desgl. 1859 u. 1860, XVI. 763*.
Koeberle, Ueb. d. Rolle d. Trommelfells XVII. 179.
Köchlin, Neue Turbine II. 82*.
Kölbing, F. W. Meteorolog. Beobachtungen III. 620. 636.
Köler, Temperatur d. Seeoberfläche im Nordatlantischen Meere V. 373. 380.
Kölliker, A. Zur Anatomie und Physiologie der Retina VIII. 338; IX. 307 — Ueber die elektr. Nerven d. Malapterurus IX. 529 — Die Eruption d. Aetna von 1852, IX. 666 — Ueber einige an d. Leiche eines Enthaupteten angestellte Beobachtungen X. 545* — Endigung d. Nerven in dem elektrischen Organ der Zitterrochen XII. 491; XIV. 538* — Ueb. d. Leuchtorgane d. Leuchtkäfer XIII. 220; XV. 239.
Kölliker, A. u. H. Müller, Ueb. d. Structur d. menschlichen Netzhaut IX. 306 — Ueb. d. elektromotor. Verhalten d. Froschherzens XII. 491*; XIV. 532 — Nachweis d. negativen Schwankung d. Muskelstroms am natürlich sich contrahirenden Muskel XII. 492* — Ueb. d. Endigungen der Nerven im elektr. Organ d. Zitterrochen XIII. 381*.
Köne, C. J. Ueb. die Untersuchung d. Hrn. Boussingault betreffend die im Regen enthaltene Menge Salpetersäure XV. 730*.
König,, R, Apparat zur Messung der Schallgeschwindigkeit XVIII. 127. Dazu Faye 129 — Phonoskopisches Sichtbarmachen d. Knoten u. Bäuche in tönenden Pfeifen XVIII. 138 — Neue Untersuchung üb. d. vibrirenden Platten XX. 122. Dazu Faye 124 — Methode zur opt. Beobachtung d. Dichtigkeitsänderungen in vibrirenden Luftsäulen XX. 128 — Neuer Apparat um Schwingungen mit möglichst geringem Verlust ihrer Intensität vom tönenden Körper zum Ohr zu leiten XX. 129.
Königsberger, L. Bewegung eines v. zwei festen Centren angezogenen festen Punktes XVI. 26.
de Köningk, E. Lichtmeteor zu Liége V. 452*.
Kösters, Aufgabe aus d. Mechanik IX. 84*.
Kohl, J. G. Geschichte der atlant. Strömungen und namentlich d. Golfstroms bis auf Benj. Franklin XVII. 740 — Die Mündungen d. Missisippi XVIII. 733 — Aelteste Geschichte d.

Entdeckung u. Erforschung d. Golfs v. Mexiko durch d. Spanier 1492 bis 1543, XIX. 675*.

Kohlmann, Leslie's verbessertes Stereometer zur Bestimmung d. Raumes poröser oder pulverförm. Körper IX. 28 — Ueb. die wichtigsten Abänderungen des Foucaultschen Versuchs IX. 64 — Ueb. Papinius Dampfapparat. Ueb. Savary's Dampfmaschine u. Clegg's Gasuhr IX. 432* — Ueb. d. Zodiakallicht IX. 611* — Neues Barometer ohne Quecksilber und Glas IX. 676 — Ueb. das Grundeis in der Saale bei Halle X. 786.

Kohlrausch, F. Ueb. d. elastische Nachwirkung bei d. Torsion XIX. 50 — Ueb. die Rotationserscheinungen, insbesondere üb. rotirende Geschosse XX. 38*.

Kohlrausch, R. Ueb. d. Dellmannsche Elektrometer III. 341; IV. 259. 264 — Der Condensator in Verbindung mit d. Dellmannschen Elektrometer IV. 259. 265 — Die elektromotor. Kraft ist den elektroskopischen Spannungen an d. Polen d. geöffneten Kette proportional IV. 280; X. 483 — Elektroskopische Eigenschaften d. geschlossenen galvan. Kette V. 265 266; X. 483 — Elektroskop. Eigenschaften d. Thermokette VI. 661. 664 — Ursprung der elektromotor. Kraft in d. Daniellschen Kette VI. 677. 682 — Numerische Bestimmung d. Stellung einiger Metalle in d. Spannungsreihe VI. 677. 684 — Das Sinuselektrometer IX. 438 — Ueb. elektrische Differenzen und Faraday's Schwefelkaliumkette IX. 468 — Theorie des elektr. Rückstandes in d. Leidener Flasche X. 451 — Ueber Regnault's Bestimmung d. Gewichts von einem Liter Luft u. üb. d. Dichte d. Wassers bei Null XII. 61 — Ueber die elektr. Vorgänge bei d. Elektrolyse XII. 502 — Praktische Regeln zur genaueren Bestimmung des specif. Gewichts XIII. 87 — Ueb. d. Regenverhältnisse der letzten Jahre XVII. 671*.

Kohlrausch, R. und W. Weber, Elektrodynamische Maassbestimmungen, insbesondere Zurückführung d. Stromintensitätsmessungen auf mechanisches Maass XII. 496.

Kohn, C. Pendel ohne Uhrwerk längere Zeit schwingend zu erhalten VI. 70. 148 — Fixirung stehender Quecksilberwellen VI. 156. 210 — Ueber Pumpen VI. 259. 284 — Ueber das Schwächerwerden künstl. Magnete durch öfteres Trennen d. Ankers v. denselben VI. 841. 845 — Glühendes Metall als schlechter Schallleiter. Schallleitung durch glühende Röhren VIII. 160 — Dauer einer constanten Erdbatterie VIII. 495 — Magnetströme auf Glas oder Papier zu fixiren VIII. 556 — Porosität d. Kupfers IX. 6 — Eisenblech durch Lochen magnetisch. Magnetischwerden durch Luftwellen IX. 581.

Kolb, G. F. Camera obscura zum Zeichnen nach d. Natur XIX. 300.

Kolbe, H. Oxydirende Kraft des durch galvan. Elektricität erhaltenen Sauerstoffs III. 372. 375 — Elektrolyse organischer Verbindungen V. 294. 296 — Elektrolytische Beobachtungen XVI. 515.

Kolke H. vom, Neue Methode die Intensität des Magnetismus zu bestimmen VI. 842. 848.

Koller, M. Berechnung period. Naturerscheinungen VI. 1053* — Ueb. ein handschriftl. Werk des verstorbenen Kreil üb. d. Klimatologie in Böhmen XIX. 652 — Zur Theorie d. Auguѕtschen Heliostaten XX. 303.

Komaroff, A. Die elektr. Telegraphie in Russland XVIII. 474*.

Konstantinoff, s. Breguet.

Koosen, J. H. Ueb. d. Inductionsstrom d. elektromagnet. Maschine VIII. 524 — Zur Theorie d. Saxtonschen Maschine VIII. 534 — Methode die Abweichung d. Magnetisirung d. Eisens v. der Proportionalität mit der Stromstärke zu beobachten. Elektromagnetische Wirkung galvanischer Ströme von sehr kurzer Dauer VIII. 541 — Ueb. d. Erwärmung und Abkühlung, welche d. permanenten Gase erfahren durch Compression u. Dilatation, wie auch durch Berührung mit Körpern v. verschied. Temperatur IX. 419 — Ueb. d. Gesetze d. Entwicklung von Wärme und mechan. Kraft durch d. Schliessungsdraht d. galvan. Kette X. 558 — Beschreibung einer elektromagnetischen Maschine X. 565 — Ueb. d. Ladung d. Leidener Batterie durch elektromagnetische Induction XII. 518 — Entwicklung der Fundamentalgesetze üb d. Elasticität

und d. Gleichgewicht im Innern chemisch homogener Körper XIII. 139 — Wirkung des unterbrochenen Inductionsstromes auf die Magnetnadel XV. 503 — Ueb. d. Unterschied der Wärmeausstrahlung in geschlossenen Thälern und auf Hochebenen XVIII. 601.

Kopp, C. Ueb. die Beziehungen zw. d. Variationen d. Magnetnadel u. d. Sonnenflecken XI. 589* — Vergleichende Beobachtungen des Heber- u. Aneroidbarometers XI. 641* — Ergebniss der zu Neuchatel 1852 bis 1854 angestellten Beobachtungen XI. 645; Ladame darüb. 645 — Zusammenstellung der zu Neuchatel v. 1844 bis 1852 beobachteten Hagelfälle XI. 712* — Ueb. d. Farben d. Neuchateler See's XI. 772* — Niveau d. Neuchateler See's XII. 741* — Niveauschwankungen d. See's v. Neuchatel von 1835 bis 1856, XVI. 795* — Bericht des meteorolog. Comite's zu Neuchatel 1859, XVI. 893 — Aenderungen des Wasserspiegels d. Seen v. Neuchatel, Bienne und Morat. Temperatur des See's v. Neuchatel XVII. 749*; XVIII. 723*; XX. 860.

Kopp, E. Uebersicht v. Schönbein's Arbeiten üb. Ozon XVI. 20*.

Kopp, H. Verzeichniss seiner Arbeiten bis 1845 üb. specif. Gewicht, Volumtheorie u. Isomorphismus I. 4 — Ueb. Siedepunktsregelmässigkeiten I. 3. 5; VI. 258 — Resultate über Regelmässigkeiten in d. specifischen Gewichten u. Siedepunkten chemischer Verbindungen I. 3. 5 — Bemerkungen zu Löwig's Volumtheorie II. 6 — Untersuchungen über das specifische Gewicht, die Ausdehnung durch die Wärme und den Siedepunkt einiger Flüssigkeiten III. 20. 26; XI. 41; XII. 53 — Specifische Wärme einiger Flüssigkeiten IV. 226. 227 — Ausdehnung einiger festen Körper durch d. Wärme VIII. 31 — Ueb. d. specif. Volume flüssiger Verbindungen X. 4 — Abhängigkeit d. Siedepunkts und des specifischen Volumens flüssiger Verbindungen v. d. chemischen Zusammensetzung. Zur Stöchiometrie d. physikalischen Eigenschaften chemischer Verbindungen XI. 9; XII. 3 Volumänderung einiger Substanzen beim Erwärmen u. Schmelzen XI. 28 — Ueber die specifischen Volume stickstoffhaltiger Verbindungen XII. 3 — Ueb. die Siedepunkte entsprechender Brom- u. Chlorverbindungen u. d. Formeln d. Silicium- u. Titanverbindungen XII. 195 — Ueber die Volume flüssiger Verbindungen XIII. 8 — Berechnung der Dampfdichten XIII. 72 — Zur Erklärung ungewöhnl. Condensationen v. Dämpfen XIV. 50 — Zur Lehre v. d. specif. Volumen flüssiger Verbindungen XIX. 6 — Ueb. scheinbare und wahre Dampfdichten XIX. 9 — Ueber die specif. Wärme starrer Körper und Folgerungen bezüglich d. Zusammengesetztheit sogenannter chemischer Elemente XIX. 369; XX. 378.

Koppe, C. Ueber die Theorie der nordöstl. u. südwestl. Winde in der gemässigten Zone XVII. 648.

Kopzinski, Fehler der zu technischen Zwecken gebräuchlichen Säulen II. 405. 407.

Koristka, K. Einfluss d. Höhe und der geometr. Beschaffenheit des Bodens auf d. Erdmagnetismus V. 350. 365 — Ueb. die im J. 1851 im Auftrage d. k. k. geolog. Reichsanstalt ausgeführten Höhenmessungen VIII. 635 — Hypsometrische Messungen zu geologisch-orographischen Zwecken VIII. 636 — Ueber einige im Zwittathal und im südwestlichen Mähren ausgeführte Höhenmessungen X. 788* — Neue Tafeln zur schnellen Berechnung barometrisch gemessener Höhen XI. 689 — Neue Methode Höhenwinkel mittelst Reflexion zu messen XII. 335 — Ueb. einige in d. mährisch-schlesischen Sudeten 1858 ausgeführte Höhenmessungen XV. 788* — Ueber die Methoden und die Benutzung hypsometrischer Arbeiten XVII. 644*.

Kornhuber, G. A. Barometrische Höhenmessung in d. Karpathen XII. 671* — Klimatische Verhältnisse zu Pressburg im J. 1856. Meteorolog. Monatsberichte XII. 712 — Wasserstand d. Donau am Pegel zu Pressburg XII. 745 — Ueb. Ozon XIII. 469* — Mittlere Windrichtung zu Pressburg 1856, XIII. 548* — Das Erdbeben v. 15. Januar 1858 rücksichtlich seiner Verbreitung in Ungarn XIV. 717 — Erdbeben am 12. April 1858, XIV. 717 — Ueb. Jeitteles Ansicht vom Silleiner Erdbeben XIV. 718 — Zur Kennt-

niss der klimatischen Verhältnisse Pressburg's XV. 670 — Ergebnisse aus d. meteorolog. Beobacht. zu Pressburg 1858 bis 1859, XVI. 765* — Barometr. Höhenmessungen im nordwestlichen Ungarn XVII. 644* — Barometr. Höhenmess. in Ungarn. Seehöhe v. Pressburg XVIII. 640*.

Korsakoff, A. Beschreib. eines zu Tula d. 20. u. 22. Febr. 1858 beobachteten Hofes XV. 555*.

Kosmann, C. Ueb. atmosphär. Ozon XVIII. 545 — Atmosphär. Ozon und von Pflanzen 1853 und 1863 ausgehauchtes Ozon XX. 619.

Kostenkoff, N. Beschreibung der östl. und westl. Manytsch XVII. 750; XVIII. 730 — s. Bergsträsser.

Kotschy, Th. Erforschung und Besteigung des Vulkans Demavend XV. 775*.

Kowalsky, Ueb. das Nordlicht XVI. 609*.

Krämer, Ueb. das auf galvan. Wege erzeugte Eisen XVII. 489.

Krättli, J. H. Meteorolog. Beobacht. in Revers 1856 bis 1860, XVII. 690.

Kraft u. Sohn, Verbesserte hydraul. Winde XI. 104*.

Krafft, s. Michel.

Krake, Der Sturmwind am 30. Oct. 1863, XX. 742*.

Kramer, Neue Telegraphenschreibapparate VI. 838* — Ueb. d. Project d. galvan. Uhren zu Berlin VI. 839*.

Kramer-Belli, Ueb. Ozon II. 410. 411*.

Krantz, A. Ueber ein sehr schönes durchgeschnittenes u. geätztes Stück mexikan. Meteoreisens XI. 587* — Ueb. Meteorsteine XII. 558* — Ueb. Meteoreisen v. Teluccathal in Mexiko XIII. 458*.

Kraus, s. Reitlinger.

Krause, W. Die Brechungsindices d. durchsichtigen Medien d. menschl. Auges XI. 329.

Krecke, F. W. Beschreibung des meteorolog. u. magnetischen Observatoriums zu Utrecht IV. 394. 409 — Herstellung grosser parabolischer Spiegel VI. 546. 551 — Instrument zur Bestimmung d. Höhe u. Entfernung d. Wolken VI. 1057* — Gewitter und Sturm am 11. August 1856, XII. 681* — Ueb. d. Verbreitung d. Polarlichter XVI. 610* — Gewitter im Juni 1859 u. Juli 1860 in d. Niederlanden XVI. 633 — Das Klima der Niederlande XIX. 573 — Klima von Niederland u. Sturmsignale in Utrecht XX. 835*.

Kreil, C. Magnet. und meteorolog. Beobachtungen zu Prag (mit Jelinek) III. 517. 523; IV. 393. 400; V. 350 — Magnetische u. geographische Ortsbestimmungen in Oesterreich III. 518. 545; V. 350. 364 — Bestimmung einiger Längenunterschiede mittelst des elektr. Telegraphen IV. 356* — Einfluss d. Alpen auf d. Aeusserungen d. magnet. Erdkraft V. 350. 366; VI. 889. 905 — Ueb. d. Inductions-Inclinatorium und ein autographisches Thermometer aus Zinkstangen auf d. Prager Sternwarte VI. 889* — Einfluss d. Mondes auf d. magnet. Declination VI. 890* — Bericht über d. Broschüre: Instructions for taking meteorological observations etc. VI. 1052. 1106 — Entwurf eines Systems meteorolog. Beobachtungen für d. österr. Monarchie VI. 1055* — Autographes Thermometer aus Zinkstangen VI. 1059* — Einfluss des Mondes auf d. horizontale Componente d. magnetischen Erdkraft VIII. 606 — Bericht über die k. k. Centralanstalt für Meteorologie u. Erdmagnetismus VIII. 660. 754 — Resultate aus den magnet. Beobachtungen zu Prag X. 665 — Neues Reisebarometer X. 675 — Jahrbücher d. k. k. Centralanstalt für Meteorologie u. Erdmagnetismus v. 1848 bis 1851, X. 707; Jahrgang 1852, XII. 697 — Magnetische und geographische Ortsbestimmungen an d. Küsten d. Adriatischen Golfs im Jahr 1854, XI. 608 — Ueb. e. neuen Erdbebenmesser XI. 795 — Erste Ergebnisse d. magnet. Beobachtungen in Wien XII. 596 — Ueb. d. Bestimmung d. Seehöhe aus d. beobachteten Luftdruck XII. 651 — Meteorolog. Beobachtungen zu Chartum u. Gondokoro XIII. 520 — Magnetische u. geographische Ortsbestimmungen im südöstl. Europa und an einigen Küstenpunkten Asiens XV. 625; XVIII. 565 — Schreiben an d. Hrn. Gen.-Major Sabine XV. 626 — Magnetische Beobachtungen zu Wien 1854, XV. 652* — Thermometrograph aus Kupferdraht XV. 654 — Meteorolog. Beobachtungen zu Wien u. auf d. Stationen d. k. k. Centralanstalt für Meteorologie

u. s. w. 1853 bis 1854, XV. 683; desgl. 1855, XVI. 760; desgl. 1856, XVII. 726 — Resultate d. fünfmonatl. meteorolog. Beobachtungen in Chartum und der dreizehnmonatl. in Ulibary und Gondokoro XV. 685 — Zur Klimatologie v. Central-Afrika XVI. 749; XVII. 726* — Störungen d. Luftdrucks in Mailand, Salzburg, Kremsmünster u. s. w. XVI. 760 — Magnet. Beobachtungen zu Wien im J. 1856, XVII. 577 — Ueb. d. tägl. Schwankungen d. Luftdrucks XVII. 620 — Störungen d. Luftdrucks im J. 1856, XVII. 638* — Ueb. Barometerschwankungen in längeren Perioden XVIII. 628 — Ueb. d. period. Schwankungen d. Atmosphäre nach den in Oesterreich und den angränzenden Ländern angestellten Beobachtungen XVIII. 639*.

Kremers, P. Zusammenhang des specif. Gewichts chemischer Verbindungen mit ihrer Auflöslichkeit VIII. 143 — Ueb. d. Krystallwasser, sein Verhältniss zur Constitut. und Löslichkeit der Salze VIII. 144 — Versuch die relative Löslichkeit d. Salze aus ihrer Constitution abzuleiten X. 143 — Ueb. einige physikal. Eigenschaften d. salpetersauren Lithions X. 145 — Ueb. d. relative Gewicht, d. Volum u. d. Löslichkeit d. Salzatome XI. 3 — Aenderungen d. Volums, welche d. Lösung wasserfreier Salze in Wasser u. die Verdünnung wässriger Salzlösungen begleiten XI. 37 — Löslichkeit d. neutralen schwefelsaur. Lithions in Wasser XI. 169 — Contractionen, welche die Mischung verschiedener wässriger Salzlösungen begleiten XII. 54 — Löslichkeitscurven einiger Salzatome u. d Siedepunkte gesättigter Salzlösungen XII 185 — Modification d.mittleren Eigenschaft XII. 187 — Modificat. d. mittleren Volumina einiger Salzatome u. deren Lösungen XII. 188 — Modification d. mittleren specif. Wärme u. des mittleren Volums. Ueber die Schmelz- u. Siedepunkte d. Glieder einzelner Triaden XIII. 6 — Conjugirte Triaden XIII. 8 — Ueb. d. Aenderungen, welche die Modificat. d. mittl. Volumens gelöster Salzatome durch d. Aenderung d. Temperatur erleidet XIII. 80; XIX. 7* — Brechungsvermögen einiger Salzlösungen XIII. 228 — Modification d. mittleren Löslichkeit einiger Salzatome XIV. 128 — Aenderungen d. Modification d. mittleren Volumens einiger Salzlösungen durch Aenderung d. Temperatur XIV. 131; XV. 347; XVI* 13; XVII. 26 — Vergleich zw. d. Modification d. mittleren Volumens und der des mittleren Brechungsvermögens XV. 205 - Ueb. d. Volumscurven d. gesättigten Salzlösungen XVIII. 12* — Ueb. d. Aggregatzustände der unzerlegten Körper XX. 20* — Ueb. d. Wärmecapacität d. unzerlegten Körper XX. 378.

Kreuger, Ueber den Sturm vom 3. zum 5. Oct. 1854, XI. 697*.

Krinitzky, s. Stoukalsky.

Krönig, A. Grundzüge einer Theorie der Gase XII. 352 — Ueb. die vortheilhafteste Reihe v.Gewichtsstücken u. deren Anwendung XX. 9 — Ueb. die Concentration der Luftarten XX. 47 — Einfaches Mittel d. Ort eines opt. Bildes zu bestimmen XX. 156 — Ueber die Theorie der Davyschen Sicherheitslampe XX. 416 — Ueber Mohr's Hageltheorie XX. 760.

Krüger, Ueb. die Veränderung der Brennweite d. Objective durch Temperatur und Luftdruck XIX. 307* — Ueber Barometercompensation der Pendeluhren XX. 6.

Krüger, A. Rotationsapparat zur Demonstration d. Axendrehung d. Erde VI. 70. 149.

Krüger, F. E. J. Die Galvanoplastik d. alten Aegyptern bekannt VI. 722.

Krug, Theorie d. Endosmose u. Abhängigkeit d. endosmotischen Aequivalents v. d. Concentration XVI. 117*.

Kruspér, Zwei neue Methoden zur Bestimmung d. Brechungsexponenten durchsicht. Körper XIX. 183.

Krutzsch, H. Temperatur d. Bäume im Vergleich zu Luft- u. Bodentemperatur X. 764*.

Kühne, Ueb. das Porretsche Phänomen am Muskel XVI. 469 — Neue Art motorischer Nerven XVIII. 278.

Küpper, C. Zur Theorie der Trägheitsmomente. Lehrsätze XIII. 95 — Die geometr. Gesetze d. Ortsveränderung starrer Systeme XVII. 37.

Kuhlmann, F. Ueb. d. Krystallisationskraft, Bild. v. Kalkspath, Steinsalz u. s. w. XX. 19*. Dazu Morin 20.

Kuhn, Beobachtung. zweier Feuerkugeln den 7. Sept. 1861 zu Gaillou XVII. 552*.

Kuhn, C. Bemerkungen üb. d. fixen u. longitudinalen Streifen im Spectrum IV. 150. 163 — Ueb. d. fixen Linien im Spectrum d. Sonnenlichts IX. 247 — Klima v. München X. 727 — Ueb. einige Gegenstände d. angewandten Elektricitätslehre XI. 51* — Verfahren um für Feuerwaffen v. geringerer Tragweite mittelst des Hippschen elektromagnetischen Chronoskops d. Geschwindigkeit d. Geschosse zu bestimmen XI. 51* — Leitungsfähigkeit des Erdreichs für voltasche Ströme und einige damit zusammenhängende Einzelheiten XI. 435 — Ueb. d. Zündung v. Minen mittelst d. elektrischen Entladungsfunkens u. durch voltasche Ströme XIII. 337 — Abgeänderte Einrichtung d. Kupferzinkkette XIII. 377 — Bemerk. zu d. meteorol. Beobacht. des Dr. Bath auf seiner Reise im Orient XIII. 539* — Eigenthümlichkeiten d. Witterungsganges 1857 zu München und auf dem Hohenpeissenberg XIV. 656 — Ueber die Vertheilung der Gewitter XVI. 633 — Construction v. Blitzableitern für Gebäude XVI. 641 — Zur Kenntniss d. Temperaturganges zu Jerusalem XVI. 701 — Ueber die Klingenfeldsche Tafelwaage XVII. 7* — Zünden v. Sprengladungen u. Minenöfen mittelst elektr. Wirkungen XVII. 514* — Ueb. Blitzableiter XVIII. 533 — Ueb. Telegraphenblitzableiter XVIII. 550 — Angewandte Elektricitätslehre XIX. 468* — Bemerk. zu den v. Hrn. Perrot üb. d. Unwirksamkeit d. gewöhnl. Blitzableiter geäusserten Ansichten XIX. 584.

Kuhse, Merkwürd. Nebensonnenphänomen XV. 555*.

Kukla, F. X. Beschreibung einiger neuen Batterien IX. 516 — s. Desvignes.

Kulczucki, A. Ueb. d. Insel Tahiti u. d. Halbinsel Taiarapu XV. 779.

Kummer, Ueb. d. Vogelflug V. 63. 72.

Kummer, E. E. Ueb. die unendlich dünnen gradlinigen Strahlenbündel XVI. 190 — Ueb. atmosphär. Strahlenbrechung XVI. 565; XVIII. 489.

Kunde, F. Einfluss der Wärme und Elektricität auf das Rückenmark XIII. 381*.

Kundt, A. Ueber Augenmaass und opt. Täuschungen XIX. 276 — Ueber die Untersuchung planparalleler Gläser XIX. 298 — Ueb. Depolarisation XX. 227 — Ueber die Doppelbrechung des Lichts in tönenden Stäben XX. 232.

Kuntz, Einige bemerkenswerthe Witterungsbeobacht. auf der Rhede bei Peiho XX. 777.

Kunzek, A. Lehrbuch d. Meteorologie VI. 1048. 1060 — Jahres- und Monatsmittel aus den während eines Zeitraums von 20 Jahren in Lemberg fortgeführten meteorolog. Beobacht. VI. 1049. 1080.

Kupffer, A. T. Magnetisches und u. meteorolog. Jahrbuch III. 517. 522; IV. 393. 398; V. 350; VIII. 770 — Jährlicher Gang des Barometers zu Sitka III. 619. 630 — Ueb. die Elasticität d. Metalle IV. 87. 91; V. 72* — Mittlere Temperaturen in Russland IV. 428. 433; V. 373. 437 — Zusammenstell. d. meteorolog. Beobachtungen im russ. Reich IV. 428. 434 — Versuche über die Elasticität d. Metalle VI. 228. 237 — Ueb. Höhenmessung mit dem Barometer VI. 910. 972 — Meteorologische Correspondenz 1850. 1851, VI. 1048. 1055* 1065; IX. 738* — Errichtung e. physikalischen Observatoriums in St. Petersburg VI. 1053* — Meteorolog. Beobachtungen zu Sitka VI. 1154* — Gewicht v. einem Kubikzoll Wasser VIII. 41 — Uetersuch. üb. Elasticität VIII. 138; IX. 113; XI. 146; XIII. 156 — Ueb. d. mechanische Aequivalent der Wärme VIII. 373 — Einfluss der Wärme auf d. Elektricität IX. 119 — Meteorolog. u. magnet. Beobachtungen IX. 736*; X. 714; XI. 757; XII. 700; XIII. 540; XIV. 645; XIX. 659; XX. 834*. — Annalen des russ. physikal. Central-Observatoriums IX. 738*; X. 766*; XI. 757; XII. 700; XIV. 645; XVII. 577; XVIII. 569; XIX. 600. 659; XX. 834* — Ausdehnung d. Metalle durch Wärme X. 33 — Alkoholometer X. 34 — Ueb. Transversalschwingungen elastischer Metallstäbe. Flexion elast. Metallstäbe. Ueber Elasticität X. 110 — Ueb. d. Widerstand der Stoffe beim Brechen X. 114 — Einfluss d. Temperatur auf d. Elasticität der festen Körper, insbesondere d. Metalle XII. 166 — Wahrscheinliche Ursache der an d. Decke d. Concertsaales beobachteten Nebelbildung XII. 682* — Meteorolog. Nachrichten aus Russland XIII. 511 — Mittel aus d. meteorolog. Beobachtungen zu Bogoslowsk, Slatoust, Bougan, Novo-Petroosk u. St.

Petersburg. Mittel v. 15 Jahren aus den meteorolog. Beobachtungen zu St. Petersburg XIII. 540* — Meteorolog. Correspondenz XIV. 647 — Bestimmung d. Verhältnisses d. Schwere an verschied. Punkten der Erdoberfläche XV. 53 — Ueb. d. Elasticität der Metalle XVI. 62; XIX. 59 — Meteorolog. Beobachtungen d. Centralobservatoriums zu St. Petersburg u. der russ. meteorolog. Stationen XVI. 756 — Mittel aus den meteorolog. Beobacht. 1858 in d. Kaukasischen Provinzen XVI. 757; desgl. 1859, XVII. 678; desgl. 1860, XVIII. 681; desgl. 1861, 1862, XIX. 600 — Anleitung zu meteorolog. Beobachtungen XVI. 765* — Ueb. e. Fehler d. preuss. Alkoholometer XVII. 14 — Einführung neuer Stimmgabeln in Russland XVII. 150 — Meteorolog. Beobacht. zu St. Petersburg, Catharinenburg u. s. w. 1858. Ueb. die Sonnenstrahlung zu St. Petersburg, Catharinenburg u. s. w. Uebersicht d. meteorolog. Beobacht. für 1858, XVII. 677; desgl. für 1859, XVIII. 680 — Fehler d. meteorolog. Tabellen v. Tiflis. Meteorolog. und magnetische Beobachtungen 1857 u. 1858, XVII. 677 — Mittel der Beobachtungen zu Kostroma 1858 u. 1859. Desgl. in d. Kaukasusprovinzen XVII. 678 — Auf- und Zugang der Flüsse, Seen und Kanäle d. Marienkanalsystems 1859 und 1860, XVIII. 681 — Tägl. u. monatl. Mittel der meteorologischen Beobachtungen für 1859 u. 1860, XVIII. 681 — Construction von Normalalkoholometern XIX. 7* — Magnetische Inclination zu St. Petersburg 1863, XX. 634* — Magnet. Beobacht. zu St. Petersburg, Catharinenburg, Barnaul u. s. w. XX. 634*.

Kupffer, C. und W. Keferstein, Ueb. d. feineren Bau d. elektr. Organs beim Zitteraal (Gymnotus electricus) XIII. 380; XIV. 539*.

Kurz, A. Ueb. d. Reflexion d. polarisirten Lichts an d. Oberfläche unkrystallisirter durchsichtiger Körper XV. 198 — Ueber e. neuen bathometrischen Apparat v. Jolly XX. 846; s. üb. d. Apparat XIX. 666.

Laborde, C. Elektr. Telegraphie I. 549* — Anwendung d. Quecksilbers mit Schwefeläther in der Photographie V. 204. 207 — Die Photographie auf Papier VI. 521. 542 — Ueb. die Abkühlung u. Verdichtung d. Wasserdämpfe unter dem Einfluss der Elektricität, üb. d. Bildung des Hagels und Gewitterregens VIII. 779 — Abscheidung d. Sauerstoffs aus der atmosphär. Luft durch Magnetismus IX. 600 — Auflösliche Anoden im einfachen Apparat; constante Kette X. 542 — Doppelt wirkender Unterbrecher u. verschiedene Verbesserungen am Ruhmkorffschen Apparat XII. 509 — Ueber andauernde Lichtwirkung XV. 259 — Aenderungen der Brennweite durch wechselnde Grösse d. Diaphragmas XV. 310* — Anwendung d. Registrirmethode d. Schwingungen auf d. Studium verschiedener physikal. Erscheinungen XVI. 161 — Uebertragung v. Schwingungen in d. Ferne durch Elektricität XVI. 163 — Freiwillige Entzündung d. Phosphors XVII. 401 — Anwendung d. Inductionsfunkens auf verschied. Erscheinungen XIX. 444 — Versuche üb. d. Wärme XX. 400 — Dauernde Schichtung durch d. Inductionsfunken; neue Anordnung der Stromunterbrecher XX. 529.

Laboulaye, C. Ueb. d. mechanische Arbeit, welche d. Wärmeeinheit theoretisch erzeugen kann XI. 363 — Ueb. d. mechanische Wärmeäquivalent XIV. 347 — Erzeugung von Wärme durch chemische Verwandtschaft u. üb. d. mechanischen Aequivalente d. Körper XIV. 355 — Ueb. d. mechanische Wärmeäquivalent. Moigno's Erwiderung XVI. 328 — s. Tresca.

Lacaita, J. P. Ueb. das letzte Erdbeben in Süd-Italien XIV. 715*.

Lacassagne und Thiers, Regulator für das elektr. Licht XII. 461 — Neue voltasche Batterie XII. 485 — Elektrometr. Regulator oder Stromausgleicher XII. 487 — Verbesserte elektr. Lampe XIII. 361* — Ueber e. elektr. Regulator u. e. photoelektr. Lampe XIII. 379.

Lachlan, Ueb. d. periodische Fallen u. Steigen d. Seen XI. 771.

Lachmann, W. Physiographie der Herzogthümer Braunschweig u. des Harzgebirges VIII. 634* — Entwicklung d. Vegetation durch d. Wärme nach 30jährigen Beobachtungen an 24 Pflanzen verglichen mit gleichzeitigen 30jährigen meteorologischen Beobachtungen zu Braunschweig XI.

659 — Die Jahre 1826 u. 1846, 1836 u. 1856 in ihren meteorolog. Verhältnissen XIII. 491 — Die Jahreszeiten in ihrer klimatischen u. meteorolog Begränzung XV. 708* — Die drei frühesten u. d. drei spätesten Pflanzenevolutionen während d. letzten 34 Jahre zu Braunschweig XV. 718*.

Ladame, H. Ueb. d. elektr. Erscheinungen der Luft IV. 275. 278 — Bemerk. zu d. Beobacht. v. Kopp XI. 645 — Ueber den Nebel XI. 699* — Merkwürd. Nebel. Ueb. den Geruch d. Nebels XI. 699* — Ueb. die Farben des Neuchateler Sees XI. 772* — Achtjährige Beobachtungen über die Temperatur d. Neuchateler Sees XI. 772 — Tafeln über die meteorolog. Beobachtungen zu Cornaux 1812 bis 1819, XV. 725* — Beschaffenheit der Körper im Gas- und Nebelzustand XV. 726* — Ueb. d. Temperatur des Neuchateler Sees in verschied. Tiefen XVII. 749 — Temperatur d. Quellwassers in d. Stadt Neuchatel XVII. 758*.

Ladd, W. Ueb. einige Modificationen d. Ruhmkorffschen Apparats XIV. 485 — Verbesserte Form d. Luftpumpe XVI. 59* — Neue Form d. Sirene XX. 129 — Eine elektromagnet. Maschine XX. 542.

Lafon, A. Drehung eines festen Körpers um seinen Schwerpunkt XVI. 50 — Ueb. d. relative Bewegung eines festen Körpers XX. 31.

Lafont, Ergebniss d. Versuche von Castel, Poncelet u. s. w. üb. d. Ausfliessen d. Wassers XVII. 96*.

de Lagny, Ueb. Winkelmessung II. 45*.

Lagout, E. Ueb. d. Ueberschwemmungen durch Wasserläufe XV. 753.

Lagrange, F. de, Neue Zusammenstellung d. volt. Kette VIII. 494.

Lahure, Stabilität d. schwimmenden Körper XX. 46*.

Lais, Ueb. eine am 19. Oct. 1859 zu Dorpat beobacht. Feuerkugel XVI. 605*.

Laisné, Ueb. e. leuchtendes Meteor III. 157* — Ueb. d. gewöhnl. Form d. Hagels und d. Ursprung gewisser Gewitterregen VIII. 777*.

Lake, J. Materielle Beschaffenheit d. elektr. Fluidums IV. 257. 258.

de Lalande, Erscheinungen während des Gewitters vom 17. Mai 1851 zu Beuzeville VIII. 601*.

Lalanne, L. Alte Sondirungsapparate und ihre Aehnlichkeit mit dem d. Hrn. Faye VI. 912. 998.

Lalesque, Erdbeben vom 20. Juli 1854, X. 793.

Lallemand, A. Wechselseitige Anziehung und Abstossung momentaner Ströme IV. 340. 345 — Untersuchung der Inductionsgesetze mittelst der elektrodynam. Waage VI. 793. 799 — Idee zu einer atmosphärischen elektromagnetischen Maschine X. 586* — Ueb. d. Verhältniss zw. d. Intensität des inducirenden und des inducirten Stromes XIX. 475; XX. 523.

Lamarle, E. Ueb. d. neuen Versuch v. Foucault VIII. 106 — Einfluss der Drehung d. Erde auf die Bewegung eines an der tägl. Drehung theilnehmenden Körpers VIII. 110 — Beweis für die Drehung der Erde durch die Orientirung rotirender Körper IX. 65 — Einfaches Mittel die Widerstandsfähigkeit v. gleichmässig belasteten Prismen gegen Biegung bedeutend zu erhöhen XI. 128 — Begriff u. innere Natur d. Geschwindigkeit XIII. 95 — Geometrische Theorie d. Mittelpunkte u. augenblicklichen Drehungsaxen XIV. 65; Anwendungen XV. 59* — Geometr. Lösung einer Reihe v. Aufgaben d. Baukunst XVI. 46 — Ueb. d. Bewegung der Gewässer auf d. Erdoberfläche XVI. 50. 811 — Geometrische Darstellung der Differential- u. Integralrechnung, vorangehend d. Lehre v. d. Bewegung d. Punktes, d. Graden u. d. Ebene XVIII. 35* — Ueber d. Stabilität der Flüssigkeitssysteme in dünnen Häuten XX. 74.

Lambert, s. Poggiale.

Lambotte, H. Feuerkugel zu Namur XII. 557*.

Lambron, Temperaturminimum auf d. Gipfel d. Nethou XIV. 609 — Meteorolog. Beobachtungen bei einer neuen Besteigung d. Pic von Nethou XIV. 656.

Lamé, G. Ueb. Dicke u. Krümmung d. Dampfkessel VI. 229. 256 — Gleichgewicht elastischer Kugelschalen IX. 128 — Lehrbuch der analytischen Wärmetheorie XVI. 383 — Ueber d. einzuschlagenden Weg zur Entdeck. d. allein wahrhaften allgemeinen Princips d. physischen Natur XIX. 32 — Ueb. d. Arbeit d. elastischen Kräfte XIX. 126.

Lamezan, G. v. Lösung d. Newtonschen Problems über d. Fläche des kleinsten Widerstandes XVI. 52.

Laming, R. Bemerk. zu Faraday's Aufsatz üb. Elektricitätsleitung und Natur d. Materie I. 381. 384.

Lamont, J. Annalen d. königl. Sternwarte bei München III. 517. 522 — Magnetische Beobachtungen in München III. 518 — Magnetische Ortsbestimmungen III. 519 — Brief an Sabine, über e. selbstregistrirenden Apparat III. 519. 551. 575 — Reduction der Schwingungen auf den luftleeren Raum; Anwendung des Kupfers zu Magnetgehäusen III. 521* — Ursache d. tägl. Variationen d. Erdmagnetismus V. 351. 359 — Temperaturverhältnisse in Bayern V. 373. 439 — Ueb. d. allmäligen Kraftverlust der Magnete besonders in Rücksicht auf d. Bestimmung d. Variation d. erdmagnet. Intensität VI. 842. 846 — Vertheilung d. Magnetismus in Stahlstäben u. Maassbestimmung d. magnet. Intensität durch d. Kraft, womit weiches Eisen angezogen wird VI. 842. 852 — Theorie u. Beschreibung eines Elektrometers VI. 878. 885 — Die registrirenden magnet. Instrumente der Münchener Sternwarte VI. 887. 895 — Das Differential-Inclinatorium VI. 888. 899 — Ueber die zehnjährige Periode in d. täglichen Bewegung der Magnetnadel VI. 888. 903; VIII. 602; XVIII. 557 — Ueber die zur magnetisch-meteorolog. Erforschung des Königreichs Baiern unternommenen Excursionen VI. 889. 905 — Verzeichniss der vorzüglichsten im Königr. Bayern gemessenen Höhenpunkte VI. 911. 974 — Beobachtungen des meteorolog. Observatoriums auf d. Hohenpeissenberg v. 1792 bis 1850, VI. 1049. 1068 — Die registrirenden meteorologischen Instrumente d. Münchener Sternwarte. Galvan. Zeitregistrirungsapparat VI. 1053. 1124 — Magnetische u. galvan. Untersuchungen VIII. 538 — Beobachtungen d. Luftelektricität zu München v. 1. Mai 1850 bis Ende Oct. 1851, VIII. 600* — Magnet. Beobacht. VIII. 610* — Verzeichniss d. vorzüglichsten Höhenpunkte d. Pfalz. Höhe d. Bahnhöfe, Stationen, Haltestellen d. Ludwigswestbahn u. d. Augsburg-Ulmer Bahn üb. d. Meere VIII. 633* — Meteorolog. Beobachtungen VIII. 695. 749 — Einfluss d. Rotation der Sonne um ihre Axe auf d. atmosphär. Temperatur VIII. 698 — Meteorolog. Beobachtungen angestellt an d. Sternwarte bei München während d. Jahre 1848, 1849, 1850 VIII. 699 — Meteorolog. Beobachtungen auf d. Hohenpeissenberg. Jährl. Gang der Temperatur daselbst VIII. 728 — Beschreibung und Theorie eines neuen Galvanometers, womit man schwache u. starke Ströme absolut messen kann IX. 541 — Magnet. Beobachtungen angestellt an d. Sternwarte bei München von 1847 bis 1851, IX. 631 — Meteorolog. Beobacht. angestellt an d. Sternwarte bei München im Jahr 1851 und 1854, IX. 736*; X. 703 — Theorie d. Magnetisirung d. weichen Eisens durch d. galvan. Strom X. 574 — Ueb. d. Erscheinungen bei totalen und ringförmigen Sonnenfinsternissen X. 643* — Beobachtungen d. Luftelektricität bei München 1850 bis 1853, X. 643* — Magnetische Ortsbestimmungen an verschiedenen Punkten des Königreichs Bayern und an einigen auswärtigen Stationen X. 668; XII. 604 — Magnetische Karten von Deutschland u. Bayern. Magnetische Beobachtungen von 1852 bis 1854 X. 668 — Stündlicher Gang u. monatl. Mittel d. Temperatur und des Luftdrucks nach d. Aufzeichnungen der registrirenden Instrumente von 1848 bis 1854 an d. Sternwarte bei München X. 703 — Ueb. die im Königreich Bayern im Herbst 1854 ausgeführten magnet. Messungen XI. 628* — Anwendung d. galvan. Stromes bei Bestimmung der absoluten magnet. Inclination XII. 597 — Inclination d. Magnetnadel in Brüssel XII. 606* — Beobachtungen der Luftelektricität 1854 und 1855 zu München XIII. 461* — Magnet. Beobacht. zu München 1855. Schwankungen d. magnet. Kraft nach den Beobachtungen zu München v. 1816 bis 1855, XIII. 481* — Resultate aus d. meteorolog. Untersuchungen zu München u. über d. Einfluss des Klimas von München auf die Gesundheitsverhältnisse der Bewohner XIII. 523. 556 — Meteorolog. Beobacht. zu München im Jahr 1855, XIII. 538*; desgl. 1856 u. 1857 XIV. 662* — Temperatur d. Isar und

der am rechten Isarufer befindlichen Quellen XIII. 578 — Bestimmung d. magnetischen Constanten im Süden v. Frankreich u. Spanien. Ueb. Richtung u. Stärke des Erdmagnetismus an verschied. Punkten des südwestl. Europa XIV. 595 — Magnet. Beobachtungen zu München im J. 1856, XIV. 601* — Höhe des meteorischen Wassers 1857, XIV. 673 — Ueber d. Magnetisirung d. weichen Eisens durch d. galvan. Strom XV. 489; s. X. 574 — Ueber Sonnenflecke XV. 557* — Erscheinungen bei totalen Sonnenfinsternissen XV. 558* — Beobachtungen der Luftelektricität bei München im Jahr 1856, XV. 567* — Gewitter bei München im Jahr 1856, XV. 571 — Schreiben an Hrn. Gen.-Major Sabine XV. 626 — Ueb. d. Erdmagnetismus, insbesondere üb. d. zu Brüssel beobachtete Declination XV. 638 — Ueber den magnet. Einfluss der Sonnenflecke XV. 640 — Magnetische Untersuchungen in Norddeutschland, Belgien, Holland, Dänemark. Tägl. magnet. Beobachtungen der Sternwarte zu München. Bestimmung d. magnet. Constanten an verschiedenen Punkten d. europäischen Continents XV. 645 — Ueb. d. Richtung, welche in d. Untersuchung d. Erdmagnetismus zu befolgen ist XV. 648 — Meteorolog. Verhältnisse in München XV. 669 — Monatl. und jährl. Resultate der bei München von 1825 bis 1856 angestellten meteorolog. Beobachtungen nebst allgem. Zusammenstellungen u. daraus abgeleiteten Interpolationsformeln XV. 671; desgl. 1855 bis 1859, XVI. 764*; XVII. 726*. Dazu Kämtz 727 — Barometrische und thermometr. Beobachtungen zu Madrid XV. 708* — Ueb. d. Sonnenfinsterniss vom 18. Juli 1860, XVI. 569. 574 — Ueber die Messung der Inclinationsvariationen mittelst d. Induction weicher Eisenstäbe XVI. 647 — Ueb. d. jährl. Periode der Horizontalintensität des Erdmagnetismus XVI. 655 — Eigenthüml. Beschaffenheit der Barometeroscillationen in Madrid XVI. 707 — Ueber Spitzbergen im J. 1859, XVI. 846 — Ueb. d. vortheilhafteste Form der Magnete XVII. 509 — Ueber den Erdstrom. Schreiben an Prof. Heis und de la Rive XVII. 565 — Verhältniss der magnet. Horizontalintensität und Inclination in Schottland XVII. 577 — Bestimmung des Werths der Skalentheile in magnet. Observatorien XVII. 584 — Ob die tägliche Schwankung des Barometers durch d. Erwärmung der Erdoberfläche allein erklärt werden kann, od. ob sie theilweise einer kosmischen Kraft zugeschrieben werden muss? XVII. 630; XVIII. 639 — Die Daltonsche Dampftheorie und ihre Anwendung auf d. Wasserdampf der Atmosphäre XVIII. 341. 582 — Beitrag zu einer mathemat. Theorie d. Magnetismus XVIII. 464 — Zusammenhang zw. Erdbeben und magnet. Störungen XVIII. 552. 802 — Ueb. d. zehnjähr. Periode in d. tägl. Bewegung d. Magnetnadel u. d. Beziehung des Erdmagnetismus zu den Sonnenflecken XVIII. 557 — Der Erdstrom u. d. Zusammenhang desselben mit d. Magnetismus der Erde. Ueb. die Beobachtung d. Erdstroms in Telegraphenlinien. Aufforderung zu Beobachtungen über Erdströme XVIII. 558 — Verhältniss der magnet. Intensitäts- und Inclinationsstörungen XVIII. 562 — Magnet. Beobacht. zu München 1857 und 1858, XVIII. 569* — Ueb. einige Principien der Meteorologie. Die Daltonsche Dampftheorie u. ihre Anwendung auf den Wasserdampf in der Atmosphäre XVIII. 582. 651 — Ueb. die Messung d. Bodentemperatur in verschiedenen Tiefen nebst Beobachtungen von 1860 bis 1862, XVIII. 608; XX. 685* — Ueber die tägl. Oscillation des Barometers XVIII. 619 — Meteorolog. Beobacht. zu München während d. Jahre 1858 bis 1861, XVIII. 686*; desgl. 1862 u. 1863, XX. 832* — Handbuch d. Magnetismus (in Karsten's Encyclopädie) XIX. 460* — Beobachtung der totalen Sonnenfinsterniss vom 18. Juli 1860 in Castellon de la Plana im südlichen Spanien XIX. 539* — Magnet. Beobachtungen in Frankreich u. Spanien im J. 1860. Das magnet. Observatorium in München nach 22jähr. Bestand. Zusammenstellung u. Berechnung der absoluten Intensitätsbeobacht. v. 1841 bis 1858, XIX. 601* — Ueb. d. Verhältniss d. atmosphär. Luft zu dem in derselben enthalt. Wasserdampf XX. 372*. 639 — Ueb. d. Einfluss d. Mondes auf die Magnet-

nadel. Ueb. d. 10jährige Periode d. magnet. Variationen u. Sonnenflecke XX. 626 — Magnet. Beobachtungen zu München 1859 bis 1862, XX. 634* — Ueb. die jährl. Periode des Barometers XX. 687 — Höhe des meteorischen Wassers 1861 bis 1863 nach den Messungen an der Sternwarte bei München XX. 776* — s. Soldner.

Lampray, J. u. H. Schaw, Bericht über Pendelversuche auf Ceylon VI. 69. 139.

Lamy, A. Ueb. d. Magnetismus und die elektr. Leitungsfähigkeit d. Kaliums u. Natriums XII. 541 — Billige Erzeugung d. elektr. Stromes durch d. Erdmagnetismus XIII. 423 — Versuche üb. e. angebliche Variation d. Schwere XV. 55 — Ueb. d. Existenz eines neuen Metalles, des Thalliums XVIII. 222; XIX. 196 — Intensität d. physiolog. Wirkungen der grossen Ruhmkorffschen Iuductionsmaschine XX. 553.

Lanaux und Roseleur, Verfahren zum Verplatiniren d. Metalle XI. 459*.

Landerer, Zur Hydrologie des Orients IX. 648 — Vulkanische Erscheinungen in Griechenland XI. 807 — Ueber die desoxydirende Wirkung der Sonnenstrahlen auf Eisenlösungen XII. 331* — Ueber d. meteorolog. Erscheinungen in Griechenland im Allgemeinen XII. 707 — Die Heilquellen v. Kaiapha im Peloponnes XIII. 577* — Phosphorescenz des schwefelsaur. und valeriansaur. Chinins XIV. 236 — Ueber ein opt. Phänomen XX. 298.

Landgrebe, G. Naturgeschichte d. Vulkane u. der damit in Verbindung stehenden Erscheinungen XI. 818*; XVIII. 749* — Grundzüge d. physikal. Erdkunde XVIII. 708*.

Landolt, H. Ueb. d. Brechungsexponenten flüssiger homologer Verbindungen XVIII. 202; XIX. 174 — Ueb. den Einfluss der atomistischen Zusammensetzung C-, H- u. O-haltiger flüssiger Verbindungen auf die Fortpflanzung d. Lichts XX. 157.

Landré C. u. H. C. Focke, Lichterscheinung beobachtet in Surinam VIII. 597*.

Landsberg, C. Neue Reiterverschiebung für chemische Waagen XVI. 7* — Beschreibung eines neuen Optometers und Ophthalmodiastimeters XVI. 299 — Ueb. die physikal. Vorgänge bei der gleitenden Reibung fester Körper XX. 103.

Landson, T. Meteorolog. Register v. 1843 bis 1854, XIII. 541.

Landur, N. Zurückführung d. Physik auf die Mechanik XVII. 50* — Einige Rechnungen üb. Luftschifffahrt XVII. 101* — Ueb. e. Fundamentalpunkt in d. Theorie d. Lichts XVIII. 194* — Ueb. d. Versuche v. Lucas üb. thier. Elektricität XVIII. 830* — Ueb. d. Erscheinungen, welche sich durch schwingende Bewegungen erklären XIX. 33 — Ueber die Luftschiffahrt ohne Ballon XIX. 42 — Ueb. d. Schwingungsrichtung im polarisirten Licht XIX. 170*.

Lane, J. H. Gesetz d. elektr. Leitung in Metallen II. 372. 379 — Neue Entladungsart der Leidener Batterie V. 251. 257 — Induction eines elektr. Stromes auf sich selbst und Entladung d. Maschinen-Elektricität durch grade Drähte VI. 767. 789 — Anwendung von Augenblicksphotographien zur genauen Bestimmung der Bahn und Geschwindigkeit e. Sternschnuppe XVI. 604* — s. Grissell.

Lang, E. E. Das Trentschin-Teplitzer Thal und dessen Mineralquellen XIII. 578* — Untersuch. d. Mineralquellen v. Baimocz und Belitz im Neitraer Comitat XVII. 761*.

Lang, V. v. Ermittelung der Constanten d. transversalen Schwingungen elast. Stäbe XIV. 117 — Aenderungen d. Krystallaxen d. Arragonits durch d. Wärme berechnet aus Rudberg's Beobachtungen XIV. 266 — Ueb. d. Minimumablenkung d. Lichtstrahlen durch doppelt brechende Prismen XIV. 270 — Hauptbrechungsquotienten v. Galmey u. unterschwefelsaur. Natron XV. 251 — Monographie des Anglesits XVI. 258 — Ueb. die Gesetze d. Doppelbrechung XVII. 183 — Zur Theorie der Spiegelung u. Brechung d. Lichts XVII. 214 — Ueber e. Apparat zum Messen d. Winkels der opt. Axen XVIII. 251 — Orientirung d. optischen Elasticitätsaxen in d. Krystallen d. rhombischen Systems XVIII. 253 — Zur Theorie d. Circularpolarisation XIX. 154 — Krystallform u. opt. Verhalten d. schwefelsaur. Thalliumoxydes XIX. 252 —

Ueber das Kreuz, das gewisse organische Körper im polarisirten Licht zeigen und über die Haidingerschen Farbenbüschel XX. 233 — s. Grailich, Handl.

Langberg, Ch. Bestimmung der Temperatur und Wärmeleitung fester Körper I. 355 — Specif. Gewicht d. Schwefelsäure bei verschied. Verdünnung II. 41 — Magnetische Intensitätsbestimmungen III. 518* — Volumsverminderung beim Mischen d. Schwefelsäurehydrats mit Wasser und die dabei freigewordene Wärme V. 217. 224 — Magnet. Beobachtungen auf einer Reise in Christiansandstift V. 351. 368 — Schreiben an Hrn. Poggendorff eine Interferenzerscheinung betreffend X. 248 — Einwirkung d. Sonne auf d. Magnetismus der Erde XI. 603. 604 — Einrichtung und Gebrauch von Bunsens Photometer XII. 267 — Einfluss der Capillarität auf d. Angaben d. Aräometers XIV. 49.

Lang Cassels, J. Ueb. einen 1857 zu Parnallee in Hindostan gefall. Meteoriten XVII. 555*.

Lange, A. Feuerkugel von grünem Licht VI. 872*.

Langerhans, Zwei Fälle v. Blitzschlag XIX. 516*.

Langlois, Geschichtliche Notiz d. Galvanismus betreffend) IV. 301. 303.

Langsdorf, W. Das Silber als Einheit d. elektr. Leitungswiderstandes IX. 474.

Lankaster, Bestimmung d. Ozongehalts d. Luft XV. 621.

Lanoye, F. de, Der Fluss Amur XVI. 825* — Das Polarmeer XX. 853*.

Lapierre, Ueb. d. Rothe Meer XIX. 677*.

Lapointe, Wassermesser III. 44. 46.

Laporterie, Blitzschlag am 10. Dec. 1860 auf dem Staatsschiff St. Louis XVI. 625; XVIII. 521. 523.

Lapschine, Folgen die zu Kharkov wehenden Winde dem Doveschen Drehungsgesetz? IX. 732 — Windrichtung zu Kharkov und Beschreib. eines neuen Anemographen XIII. 504*.

Lapschine und Tichanowitsch, Ueb. elektr. Versuche mit d. Batterie zu Charkow XVII. 494.

Larocque, Verflüchtigung der fixen Salze mit d. Wasserdampf nebst Anwend. V. 86.

Laronce de, Versuch zu einem allgemeinen Gesetz d. Strömungen XIII. 572.

Laroque, F. Ueb. d. drehende Bewegung einer durch eine runde Oeffnung in dünner Wand mitten im Boden eines cylindr. Gefässes ausfliessenden Flüssigkeit XVI. 52; XVII. 68 — Neue Versuche über denselben Gegenstand XIX. 34 — Ueb. Hagelkörner v. eigenthüml. Form XIX. 640* — Hydraul. Untersuchungen XX. 42.

Laroque, F. u. A. Bianchi, Ueb. d. magnet. Eigenschaften d. Meteorsteins v. Montrejean XV. 561* — Ueb. die magnet. Eigenschaften gewisser Mineralien bei Erhitzung XX. 499 — Ueber den Aerolithen v. 14. Mai 1864, XX. 597*.

Larrey, Lichtmeteor zu Toulouse VI. 871*.

Lartigue, H. System d. Winde X. 763 — Ueb. d. Gewitterstürme in d. Pyrenäen XI. 695 — Beobachtungen üb. Stürme und Windstösse in dem Theile des Mittelländischen Meeres zwischen d. Küsten von Frankreich u. Algier XII. 671 — Nordlichtbeobachtungen in d. Nacht vom 28. zum 29. Aug. zu Noyelles s. M. XV. 564* — Ueb. die den verschied. Windtheorien zu Grunde liegenden Thatsachen namentlich üb. d. System d. Lieut. Maury XVI. 735* — Ueb. eine am 4. Decbr. 1864 zu Paris beobachtete Feuerkugel XX. 596* — Untersuchungen über die Bewegung der Atmosphäre XX. 737.

Lasch, W. Ueb. d. absolute Gewicht d. atmosphär. Luft zu Berlin u. die Vergleichung d. preuss. Maasse mit d. franz. u. englischen VIII. 43.

Lasius, O. Deutsche Vorschläge für e. einheitliches Maasssystem XVII. 6*.

Lassaigne, J. L. Neues eudiometr. Verfahren I. 115 — Eudiometrie II. 110. 112 — Ammoniakabsorption durch Kohle VI. 258. 277.

Lassel, Maschine zum Poliren der Spiegel V. 210. 212.

Lathrop, S. P. Ueb. Einfach- und Doppeltsehen V. 187. 188 — Ergebniss der meteorolog. Beobachtungen v. 1851 zu Beloit VIII. 733 — Desgl. im Jahr 1852, IX. 736* — Desgl. im Jahr 1853, X. 764*.

Lauders, Phosphorescenz d. schwefelsaur. Chininlösung durch Wärme XVI. 246.

Laugel, A. Ueb. die Spaltung der Gesteine XI. 123 — Die Vulkane v. Java XV. 779*.
Laugier, E. Einfluss der Aufhängefeder auf die Schwingungsdauer des Pendels I. 73. 74* — Feuerkugel III. 157. 169 — Meteorstein v. 12. Juni 1850, VI. 870* — Ueb. astronomische Strahlenbrechung X. 635. 637 — Beobachtung d. Sonnenuntergangs den 22. Juli 1854 auf d. Insel Ouessant X. 640* — Ueb. vier Beobachtungen der magnet. Declination im J. 1854 auf den äussern Festungswerken von Paris. Vergleich dieser Beobachtungen mit verschied. Declinationsbestimmungen auf d. kaiserl. Sternwarte XII. 597; Le Verrier dazu u. Entgegnung hierauf 598 — Ueber e. Plan zur Erforschung d Erdmagnetismus XII. 598 — Ueber die Genauigkeit des Auges bei Messung v. Winkeldistanzen XIII. 92 — Ueber eine Abhandlung v. Laussédat über d. Anwendung d. Photographie bei Aufnahme von Plänen XVI. 268* — Declination und Inclination zu Paris 1860 XVI. 657*.
de Launay, Nebensonne zu Valence VI. 869*.
Launoy, Eine Luftfahrt VIII. 759. 760.
Laurence, J. Z. Ueb. d. Empfindlichkeit des Auges für Farben XVII. 332*.
Laurent, Alphons, Ueb. d. mathematische Theorie d. Lichts I. 163. II. 157. 168; vergl. Cauchy. — Beobachtungen über Flüssigkeitswellen und über deren Aehnlichkeit mit Lichtwellen I. 163* — Ueb. d. Bewegung der Atome, die Schwingungen des Aethers, d. Beweg. d. Körper I. 163. 164* — Ueb. d. Isomerophormismus II. 3. 12 — Anwend. d. mathemat. Analysis auf d. Physik II. 47. 51 — Ueb. d. Verbreitung d. Schallwellen II. 123. 138 — Schwingungsrichtung d. Schallwellen II. 123. 140 — Mathematische Theorie der Wellenbewegung, Richtung d. Schwingungen in einem elast. Mittel; Drehvermögen d. elast. Mittel II. 157* — Ueber Wellen der Flüssigkeiten im Vergleich mit Lichtwellen II. 157. 163 — Bewegung d. Aetheratome u. Wellenbewegung d. Aethers II. 157. 164. 165.
Laurent, August, Beziehung zw. Form u. Zusammensetzung gewisser Körper; Isomorphie der Oxyde RO u. R^2O^3 u. üb. Hemimorphie IV. 3. 10.
Laurent, Ch. Artesische Brunnen der östlichen Sahara XIII. 577 — s. Degousée.
Laurent, P. Erdbeben im Departement der Vogesen VI. 910. 960 — Nordlicht v. 10. Oct. beob. zu Saint Amé XV. 564* — Intensität und Geschwindigkeit d. Donners XVI. 170.
Laurent, P. A. Ueb. d. Theorie d. imaginären Grössen, üb. d. Gleichgewicht d. Temperaturen und die Elasticität XIX. 57. 374*.
Laurentius und Gilbert, Anatomische Studien d. Haut, ihre Erregbarkeit unter elektr. Einfluss XI. 465*.
Laussédat, A. Beobachtung des Nordlichts vom 1. Oct. XV. 563* — Beobacht. d. Sonnenfinsterniss vom 18. Juli 1860 in Algier XVI. 574 — Feuerkugel zu Paris d. 22. Mai 1860, XVI. 605* — Beobacht. eines Sonnenringes zu Yzeure XVII. 549* — Gestalt u. Zusammensetzung der am 2. Aug. zu Yzeure gefall. grossen Hagelkörner XVII. 671* — Camera clara XVIII. 281 — Beobachtung des Zodiakallichts zu Yzeure XIX. 545* — Mondring am 21. Febr. 1864, XX. 593* — Ueb. die zur Bahnbestimm. d. Feuerkugel v. 14. Mai angewandte Methode, gegen Lespiault XX. 597*.
Lautour, Meteorologische Beobachtungen zu Damas 1853, X. 719.
Lavalle, Ueber die langsame Entstehung der Krystalle bei gewöhnl. Temperatur IX. 6.
Lavalleé, Ueber Infiltrationskanäle zur Verhütung v. Ueberschwemmungen XII. 748*.
Lavater, Klisimeter oder Neigungsmesser IX. 29.
Lavizzari, Tiefenkarte v. d. Luganer See XVI. 793*.
Lawrence, G. Excursion nach dem Nicaraguasee auf d. Fluss San Juan XIX. 683*.
Lawrow, N. v. Ueber den Salzsee Elton XVIII. 725.
Lawson, T. Neues gefärbtes Ocular II. 246 — Zwölfjähr. meteorolog. Beobachtungen v. 1831 bis 1842, VI. 1049. 1070 — Wirkung des farbigen Lichts auf d. Keimung X. 328*.
Lawson, W. Geographie der Stromsysteme XV. 755*.

Lawton, T. W. Meteorolog. Beobachtungen zu Hull IX. 736*.
Lebihan, Lenkung des Luftballons V. 64*.
Lebique, Ein Blitzschlag XX. 617*.
Leblanc, F. Ueb. e. zur. Wasserhebung angewendeten hydraulischen Widder VI. 155. 194 — Beobachtungen beim Messen v. Luftströmen in Kanälen v. verschied. Querschnitt VI. 214. 225 — Ueb. d. elektrochemische Zersetzung d. Wassers X. 505 — s. Deville.
Leboeuf, Ankündigung einer Regenzeit V. 374*.
Leborgne, s. Aubrée.
Leboulangé, P. Ueber e. elektroballist. Chronographen XX. 7.
Lecadre, Ueb. ein Feuermeteor zu Havre d. 7. Jan. 1856 XII. 555*.
Léchalas, Ueb. die Bewegung des Wassers im maritimen Theil d. Flüsse XVIII. 729.
Lechatelier, Bedingungen d. Stabilität d. Locomotiven in Bewegung V. 37*.
Lechner, Irrlichtbeobachtung XIII. 456*.
Leclanché, Beobachtung über das Spectrum d. Wasserstoffs XIX. 199.
Leclerc, Einfluss d. Elektricität auf d. Bewegungen d. Sinnpflanze X. 545*.
Leclercq, Eisbildung am Grund d. Gewässer I. 115. 120 — Erscheinungen d. Luftelektricität VI. 878* — Ursache d. langen Dauer d. Donners X. 654.
Leclercq, D. u. Houzeau, Mondhof III. 156. 166.
Lecocq, H. Erdbeben vom 16. Juni 1857 zu Clermont-Ferrand, XIII. 612 — Ueb. d. Umwandlung d. Bewegung in Wärme bei d. Thieren XVIII. 334 — Ueb. den zu Clermont-Ferrand d. 3. Juli 1863 gefall. Hagel XIX. 640* — Eine Nebelbeobachtung zu Cognac XX. 751 — Die Mineralwasser d. Centralgebirges von Frankreich in ihren Beziehungen zu Chemie und Geologie XX. 874*.
Le Coentre, Bleisonde VI. 912. 998.
Le Conte, J. Merkwürdige Eisabsonderung aus Pflanzenstengeln und eigenthümliche Auftreibung von Eissäulen aus manchen Bodenarten bei Frostwetter VI. 257. 264 — Anwendung d. elektr. Lichts zur Telegraphie VI. 547* — Ueb. e. Meteoreisen aus d. mexikan. Provinz Sonora VIII. 597* — Ueb. d. Nordlicht v. 29. Sept. 1851, VIII. 598 — Bemerk. zu Moseley's Theorie üb. die Bewegung der Gletscher XI 783 — Ueber einige vulkan. Quellen in d. Wüste d. Colorado in Südcalifornien XI. 817 — Wirksamkeit des Golfstroms bei der Bildung v. Landzungen u. Dämmen in Florida XIII. 571 — Einfluss musikalischer Töne auf e. Flamme von Kohlengas XIV. 143 — Ueb. d. Einfluss d. Sonnenlichts auf d. Verbrennungsprozess XIV. 221 — Wechselwirkung d. physikal., chemischen u. Lebenskraft, u. d. Erhaltung d. Kraft in den Lebenserscheinungen XV. 36* — Ueb. die Sternschnuppenperiode des Monats Nov. 1858, XV. 559* — Optische Eigenschaften des Silver Spring in Florida XVI. 838 — Ueber d. Werth d. Laplaceschen Erklärung d. Unterschiedes zw. d. berechneten und beobacht. Schallgeschwindigkeit in Luft und Gasen XX. 107. Dazu Earnshaw 116.
Le Cot, Fortpflanzung d. Töne durch feste Körper, Anwendung derselben bei halb tauben Kindern X. 231 — Feuerkugel XIII. 457* — Das Zodiakallicht XIV. 591 — Beobacht. des Zodiakallichts zu Noyon XVII. 556*.
Ledeau, Ueber galvan. Elektricität III. 352. 357.
Lee, J. Meteorolog. Beobachtungen zu Kaafjord in Finnmark u. zu Christiania VI. 1050. 1089 — Tägliche Vergleichung eines Aneroidbarometers mit einem Normalbarometer XV. 656* — Ueb. d. Fortschritte d. astronomischen Photographie XVIII. 260* — Beschreib. eines v. Dawes erfundenen Sonnenoculars XIX. 303.
Leedom, E. C. Versuche u. Beobacht. üb. Sonnenstrahlen II. 273. 279.
Leeson, Ueb. e. neues Goniometer III. 30*.
Lefèbvre, G. Hygrometrie V. 89. 374*.
Lefèvre, Wirkung d. Santonins XV. 295 — s. Cammas.
Lefévre, u. Foucault, Verfahren d. hellen u. dunklen Töne e. Lichtbildes gleichgut zu erhalten II. 229. 238.
Lefort, Bestimmung d. Gesetze der Wasserbewegung in Röhren u. Leitungen durch Versuche VI. 154. 181.
Lefort, J. Chemische u. toxikolog. Versuche üb. d. Digitalin XX. 90.

Lefranc, Barometer III. 575. 581; IV. 79. 80.
Lefroy, J. H. Magnet. Störung den 24. Sept. 1847. III. 518* — Ueb. Nordlichtbeobacht. VI. 873*; VIII. 597* — Anwend. d. Photographie zur Registrirung magnet. u. meteorolog. Instrumente VI. 888. 896; 1059* — Ueb. d. Winter 1851 bis 1852 in Canada VIII. 732 — Magnet. u. meteorolog. Beobacht. am See Athabasca u. Fort Simpson XI. 628*.
Légal, Ueb. Flüssigkeiten im sphäroidallen Zustand VI. 259. 290.
v. Legat, Ueb. d. Reproduction v. Tönen auf elektrogalvan. Wege XVIII. 143*.
Legeler, Beschreibung des 1845 zu Sanssouci aufgestellten Regen- und Windmessers VI. 1058*.
Legrand, J. N. Ueb. d. Gesetz der Refraction X. 635. 637 — Ueber die Temperatur des v. 19. zum 20. Jan. 1855 zu Montpellier gefallenen Schnees und die Bewegung der Wärme in d. Dicke d. Schicht XI. 648 — Ueb. d. latente Wärme der Dämpfe XII. 357.
Legray, G. Neue Darstellungsweise v. negat. photograph. Papier VI. 520. 542.
Legrip, V. Ungewöhnliche Luftspiegelung XIII. 456* — Temperaturanomalie zu Chambon u. in ganz Europa XIV. 610 — Schwefelsäure in d. Atmosphäre nach e. Gewitter XV. 616. 620 — Ueb. d. Feuerkugel v. 11. Nov. XX. 596*.
Le Gros, Ueb. Photographie VI. 518*.
Lehmann, W. Einfluss der Bewegung d. Erde um die Sonne auf die Bewegung d. frei hangenden Pendels; desgl. auf d. Bewegung d. gebundenen Pendels X. 79 — Merkwürd. Form d. unmerklichen Störung d. gebund. u. frei hangenden Pendels. Bestimm. d. Augenblicke d. grössten u. kleinsten Elongationen d. gebund. u. frei hangenden in Ellipsen schwingenden Pendels mit Rücksicht auf die Verminderung der Elongationen durch den Widerstand der Atmosphäre. Anomalistische u. azimuthale Bewegung des Pendels in einer Kegelfläche v. nahe kreisförm. Basis mit Rücksicht auf d. Verminderung d. Elongationen durch d. Widerstand d. Atmosphäre. — Ferner drei Abhandlungen üb. dieselben Fälle, wenn d. Widerstand d. Atmosphäre nicht wie zuvor proportional der Geschwindigkeit, sondern proport. d. Quadrat d. Geschwindigkeit gesetzt wird XI. 91*.
Lehner, Das Erdbeben vom 25. Juli 1855 in Unterbäch bei Raron XIV. 709.
Le Hon, Periodicität der grossen Ueberschwemmungen XVII. 748*.
Lejean, G. Der Senegal XVI. 826*.
Lejeune-Dirichlet, G. Einige Fälle, in welchen sich d. Bewegung eines festen Körpers in einem incompressibeln flüss. Medium theoretisch bestimmen lässt VIII. 113 — Neue Formel zur Bestimm. d. Dichtigkeit e. unendlich dünnen sphär. Schicht XIII. 116 — Ueb. e. Problem d. Hydrodynamik XIII. 128; XV. 67 (s. auch 72).
Leitch und W. Thomson, Merkwürdige Wirkung d. Blitzes VI. 878*.
Lemercier, Photograph. Steindruck VIII. 351. 355.
Lemielle, T. Grubenventilator X. 191.
Lemoch, J. Untersuch. d. Fehlers, wenn d. Ebnen e. Glasspiegels nicht parallel sind XI 259 — Untersuchung des Fehlers, wenn bei e. Spiegelinstrumente d. Spiegel auf d. Limbus nicht senkrecht stehen XI. 260.
Le Molt, Verbesserung des elektr. Lichts V. 291*.
Le Molt und Robert, Flüssigkeitslinsen u. galvanisch erzeugte Reflectoren XII. 336.
Le Moyne, Neues photographisches Verfahren auf Glas VI. 522. 543.
Lenglet, Ueb. d. vesiculären Dampf XV. 725* — Ueb. d. Flecke u. andere Erscheinungen auf der Sonnenoberfläche XVI. 609*.
Lenoir, Die Gasmaschine XVI. 332. 333.
Lenssen, E. Zur Farbenlehre XIII. 231 — Eine Diffusionserscheinung XVIII. 91.
Lenz, E. Stromstärke in e. System verbundener nebeneinander stehender Säulen I. 442* — Einfluss der Geschwindigkeit d. Drehens auf den durch magnetoelektr. Maschinen erzeugten Inductionsstrom IV. 340; IX. 565; XIII. 419 — Leitung d. galvan. Stroms durch Flüssigk., wenn deren Querschnitt verschied. ist v. d. Fläche der in sie getauchten Elektroden VIII. 470; IX. 477 — Ueb. d. Proportionalität d. Stromstärke mit d. erregten Elektromagnetismus XII. 530 — Auf wieviel Quadratfuss e. Dachoberfläche muss bei d. Construction e. Blitzableiters e. Leiter zur Erde angebracht werden? XII. 592 — Ueb. d. Gebrauch d. Fahrenheitschen Aräometers zur Bestimmung des Salzgehal-

tes des Meerwassers XIII. 82 — Physikal. Bericht über die Resultate der Expedition nach Chorassan XV. 659 — Bedeutende Anomalie in d. Vertheilung der magnet. Declination am Finnischen Meerbusen XVI. 654 — Ueb. d. magnet. Expedition nach d. Insel Jussary XVI. 654 — Ueber die stündl. Temperaturveränderungen d. Luft u. d. Oberfläche des Meeres in den Tropen XVI. 678 - Meteorolog. Beobacht. auf d. Atlant. u. Grossen Ocean v. Dr. Schrenk 1853 u. 1854, XVII. 681; desgl. v. E. Lenz 1847 bis 1849, XIX. 645.

Lenz u. Saweljew, Ueber galvan. Polarisation und elektromotor. Kraft in Hydroketten II. 387.

Lenz, W. Untersuch. einer unregelmässigen Vertheilung d. Erdmagnetismus im nördl. Theil d. finn. Meerbusens XIX. 594.

Leonhard, Elektr. Telegraph II. 531. 535.

Leps, Meteorstaubfall III. 158. 173 — Wasserhose III. 344. 349.

Leras, Blitzschlag V. 258. 263 — Erdbeben zu Brest V. 460. 493.

Lerebours, Chemischer u. leuchtender Focus in den Objectiven für Lichtbilder II. 229. 234 — Zerstörende und fortsetzende Strahlen III. 195. 205 — Photographisches Papier III. 196. 206 — Photograph. Steindruck VIII. 351. 355.

Lerebours u. Secretan, Die Vervollkommnungen d. Photographie III. 196* — Alkoholometrisches Thermometer zur Bestimmung des Alkoholgehalts der Weine VI. 258. 278 — Objectiv mit vollständiger Coincidenz d. chemischen u. d. sichtbaren Focus für die Daguerresche Platte X. 327*.

Le Roux, F. P. (auch Leroux) Ueb. d. Ursache der Elektricitätsentwicklung durch Temperaturerhöhung IX. 458 — Anwendung eines erhitzten Gemenges v. Braunstein u. Schwefelsäure in d. Bunsenschen Kette, und üb. ein Mittel den Salpetersäureverbrauch in dieser Kette zu verringern IX. 517 — Ersetzung d. Sauerstoffs in d. Bunsenschen Säule durch Chlor IX. 518 — Ueb. elektromagnet. und magnetoelektr. Maschinen XII. 527; XIII. 408 — Einfluss d. Structur auf d. magnet. Eigenschaften d. Eisens XIII. 423 — Ueb. gewisse durch Elektricität erzeugte Rotationen von metallenen Röhren und Kugeln XV. 442 — Brechungsindices einiger Metalle und Metalloide in Dampfform XVI. 227 — Darstellung v. Stahlspiegeln für opt. Versuche XVI. 308 — Wärmeerscheinungen, welche unter gewissen Umständen d. vibrirende Bewegung der Körper begleiten XVI. 373 — Erzeugung von Ozon mittelst eines galvanisch glühenden Platindrahts XVI. 502 — Elektrodynamische Versuche mit biegsamen Leitern XVI. 527 — — Ueb. d. Brechungsindices der nur in hohen Temperaturen dampfförm. Körper XVII. 234 — Neues Princip d. Thermoskopie. Temperaturänderungen inner- und ausserhalb einer Spiralfeder bei ihrer Ausdehnung XVII. 400 — Ueb. den selbstthätigen Regulator für elektr. Licht von Serrin XVII. 505 — Ueb. die Geschwindigkeit der Fortpflanzung einer Erschütterung in einer cylindr. Röhre XVIII. 133 — Anomale Dispersion d. Joddampfes XVIII. 211 — Versuche zum Nachweis d. mangelnden Achromasie d. Auges. Erklärung gewisser davon herrührender Erscheinungen XVIII. 274 — Ueb. d. Regulatoren für d. elektr. Licht von Spakowsky und Cantin XVIII. 461 — Ueb. d. elektr. Funken, seine Wirkung auf Jodsilber; neue Markirungsart durch ihn XVIII. 486.

Leroux, J. Temperatur des ausgedehnten Kautschucks XIII. 290. 292 — Bestimmung des mechanischen Aequivalents d. Wärme XIV. 349.

Leroy, Ersatz d. Vernier III. 98* — Ueb. d. Temperatur d. letzten Winters 1854, X. 696.

Leroy d'Etiolles, Ueb. e. elektr. Exciseur XI. 465*.

Lersch, L. M. Praktische Mineralquellenlehre XVI. 839* — Hydrochemie od. Handbuch d. natürl. Wässer XX. 869*.

Lesbros, Gesetze des Wasserausflusses aus verticalen rechteckigen Oeffnungen VI. 154. 181; VIII. 115.

Lescarbault, Mondregenbogen XVII. 549*.

Leseurre, J. Anwendung der Sonnenstrahlen zur Fortpflanzung von Signalen auf beliebige Entfernungen XI. 556.

Lesley, Nordlichtbeobachtungen d. 23. Juli 1862 bei Sydney XIX. 546* —

Ueb. d. Reihe von Stürmen, welchen der Canada auf seiner hundertsten Fahrt v. Liverpool nach Boston begegnete XX. 742*.
Leslie, J. Ausfluss d. Wassers aus Röhren u. Oeffnungen XI. 97 — Bestimmung der Wassermenge eines Flusses XVI. 814*.
Lesnewsky, Ueber das Klima von Nowgorod XV. 690.
Lespauri, Ueb. Elasticität III. 61*.
Lespiault, Ueb. die Bewegung der Mondknoten und die Ungleichheit in Breite, welche d. Maass für die Abplattung d. Erde giebt XVII. 727* — Wahrscheinlicher nur durch die Explosion bekundeter Fall eines Meteorsteins XX. 595* — Ueber d. am 24. Septbr. zu Mont de Marsan gefallene Feuerkugel XX. 596* — Ueb. die Feuerkugel v. 14. Mai 1864, XX. 597*.
Lessing, Darstellung d. Gesetze d. Fortpflanzung d. Lichts in isotropen Mitteln XIX. 170*.
Lesure, s. Rousseau.
Letherby, Ueber die Bildung einer blauen Substanz bei der Elektrolyse v. schwefelsaurem Anilin XVIII. 450.
Lethuillier-Pinel, Magnetischer Wasserstandszeiger bei Dampfkesseln X. 36.
Letillois, Fixation d. prismatischen Farben VI. 521. 542.
Leuchtenberg, Herzog v., Neue Batterie für d. Galvanoplastik I. 467. 469 — Untersuchung der Kupfervitriollös. zu galvanoplast. Arbeiten II. 409. 413. 422; III. 376. 379 — Verfahren bei galvan. Vergold. u. Versilberung d. angewandte Menge Gold und Silber kennen zu lernen II. 422. 431 — Vergold. u. Versilber. durch Berührung d. Gegenstände mit Zink II. 422. 432 — Untersuchung des schwarzen Niederschlags an d. Anode aus d. Kupfervitriol durch d. elektr. Strom III. 375. 376. 380; V. 297 — Beiträge zur galvan. Vergoldung IV. 300*; V. 297* — Fabrikmässige galvan. Vergoldung VI. 722*.
Leurs, A. Vereinfachung d. elektroballist. Apparats v. Navez XX. 542*.
Leverres, Ueb. d. Feuerkugel vom 24. Sept. XX. 596*.
Le Verrier, Zu Petit's Mittheilung über Feuerkugeln VI. 872* — Ergebniss d. Beobachtungen d. Luftdrucks und der Temperatur an der Pariser Sternwarte v. Januar bis April 1854; dazu Laugier X. 719 — Karte üb. d. meteorolog. Zustand der verschied. Theile Frankreichs am 26. Febr. 1855 um 8 Uhr Morgens. Entwicklung d. meteorolog. Forschungen in Frankreich XI. 712 — Ueber Längenbestimmungen auf d. Erde XII. 532* — Beobacht. einer Feuerkugel zu Paris d. 30. Juli 1856, XII. 556* — Bemerk. zu einer Abhandl. v. Laugier. Ueb. d. verschiedene Richtung d. Magnetnadel an verschied. Punkten d. Terrasse d. kaiserl. Sternwarte zu Paris XII. 598 — Resultate magnet. Beobachtungen auf d. kaiserl. Sternwarte zu Paris mit selbstregistrirenden Instrumenten XII. 601 — Gleichzeitige Sternschnuppenbeobachtungen. Genäherte Ortsbestimmungen einer d. 29. Oct. 1857 zu Paris wahrgenommenen Feuerkugel XIII. 457* — Sonnenfinsterniss v. 31. Dec. 1861. Meteorolog. Beobacht. zu Paris. Astronom. und meteorolog. Beobacht. zu Marseille XVIII. 505* — Ueber die Sternschnuppen u. d. Ort ihres Erscheinens XIX. 540* — Ueb. d. Wetterprophezeiung d. Hrn. Mathieu XIX. 605* — Lichtmeteor u. Meteorsteinfall am 14. Mai XX. 597* — Bemerk. zu'e. Mittheil. d. Marschalls Vaillant üb. d. Sturm v. 2. und 3. Dec. 1863 XX. 723. 832 — Ueb. d. meteorolog. Theorie des Hrn. Mathieu XX. 832* s. Airy.
Le Voir, L. C. Ueber Fluorescenz XIV. 238 — Ueber die Anfertigung astatischer Nadelpaare XX. 457.
Levol, A. Klang d. Zinns XV. 163.
Lewes, G. H. Geheimniss d. Umgekehrtsehens XIII. 259*.
Lewis, J. C. Regen in Folge von Kanonendonner XVII. 667 — Registrirendes Thermometer XIX. 617*.
Lewis, R. T. Aenderungen in der scheinbaren Grösse d. Mondes XVIII. 276*.
Lewy, B. Zusammensetzung der im Meerwasser zu verschiedenen Tageszeiten aufgelösten Gase II. 228. 232 — Erdiger Regen im südlichen Frankreich III. 157. 173.
Leycester, Vulkanische Gruppe v. Milo VI. 908. 923.
Leyden, E. Beiträge zur Pathologie d. Tetanus XX. 361*.

Leydolt, F. Ueb. d. Meteorstein v. Borkut XI. 587*.

Leymerie, Versuch einer allgemeinen Erklärung d. Hemiedrie XII. 11 — Ueber die Rücksicht, welche bei Aufstellung der Krystallsysteme auf Hemiedrie zu nehmen ist XII. 12 — Ueb. d. Meteorstein von Montrejean XV. 561* — s. Filhol.

Lhermite, Ueb. d. Endosmose X. 22.

Liagre, Schwankungen d. Luftblase in d. Libelle II. 48. 51 — Collimation d. Meridianfernröhre V. 211* — Gesetz d. Vertheilung d. Barometerhöhen um ihren Mittelwerth VIII. 688 — Messung v. Entfernungen mittelst der Stadia IX. 323 — Experimentaluntersuchung üb. d. Nivellirungsstadia X. 334 — Einfluss d. Mondes auf d. Luftdruck XIII. 558 — Wahrscheinliche Theorie der Sternschnuppen XVI. 603* — Geschichtl. Bemerkung üb. d. Geschwindigkeit u. Aberration d. Lichts XVIII. 172.

Liais, E. Winkelmessung durch Kreise v. kleinem Radius, III. 30* — Regelmässige tägl. Schwankungen d. Barometers V. 374* — Zur Theorie d. Hagels V. 375* — Ueb. weisse Ringe um Sonne u. Mond v. 1 bis 2" VI. 476. 479 — Feuerkugel zu Cherbourg VI. 872* — Höhe der Nordlichter VI. 873* — Genaue Bestimmung d. Lufttemperatur VI. 1059* — Beschreibung eines von merkwürd. Umständen begleiteten Gewitters zu Cherbourg VIII. 601* — Blitzschläge VIII. 602* — Beschreibung eines leicht anzufertigenden Anemometers, welches für jeden Tag d. mittlere Richtung und Geschwindigkeit des Windes angiebt VIII. 668 — Resultate d. meteorolog. Beobachtungen zu Cherbourg von 1848 bis 1851, VIII. 749 — Nordlicht beobachtet zu Cherbourg IX 611* — Variationen d. Magnetnadel während d. Sonnenfinsterniss d. 6. Juni 1853, IX. 635*. — Ueb. d. Temperatur d. Planetenraums IX. 738*; X. 699 — Abnahme d. Einflusses d. Meeres auf Temperatur u. Vegetation IX. 739* — Neuer Zeitmesser X. 36 — Messung sehr kleiner Zeittheile X. 37* — Erhitzte Luft als bewegende Kraft X. 397 — Erklärung einiger neuen Erscheinungen durch d. Ampèresche Theorie u. Abänderung derselben um den Diamagnetismus daraus zu erklären X. 582 — Elektr. Uhr X. 587* — Elektr. Minimum- und Maximumbarometer. Elektr. Min.- u. Maximum-Quecksilberthermometer mit Zeitangabe der Extreme. Elektrische Minimum- und Maximumpsychrometer. Lufttemperatur X. 685* — Neue Methode d. Höhe der Wolken zu bestimmen X. 765* — Ueb. d. Ras-de-marée X. 773 — Ueb. d. Sturm auf dem Schwarzen Meer im Nov. 1854, XI. 696 — Einrichtung den Contact d. elektr. Uhren zu schonen. Wirkung d. Motors auf d. Schwingungsdauer d. Pendels XII. 533* — Bestimmung d. Bahn d. Feuerkugeln. Feuerkugel v. 12. Dec. 1851, XII. 557* — Einfluss d. Torsion auf d. Bestimmungen der magnetischen Declination. Bestimmung d. Schwerpunkts eines Magnetstabes XII. 607* — Temperatur der Luft XII. 620* — Apparat zum Schöpfen v. Meerwasser aus bekannten Tiefen, um Salzgehalt u. Dichte zu untersuchen XII. 741* — Elektr. Stundentheilung XIII. 435* — Licht, welches während der Mondfinsterniss den im Schatten d. Erde befindlichen Theil des Mondes erleuchtet XIV. 585 — Beobachtung der Sonnenfinsterniss v. 15. März zu Cherbourg XIV. 585. 587 — Beobacht. der totalen Sonnenfinsterniss vom 7. Sept. 1858, XIV. 585. 588; XV. 558* — Beobacht. üb. d. Zodiakallicht auf einer Fahrt v. Frankreich nach Brasilien XIV. 591* — Ueb. d. Höhe d. Atmosphäre aus Polarisationsbeobachtungen in d. Tropenzone zu Anfang d. Morgen- u. Ende d. Abenddämmerung XV. 543 — Polarisation d. Corona d. Sonnenfinsternisse und d. Kometenlichts XV. 556* — Folgerungen aus d. dynamischen Theorie d. Sonnenwärme. Untersuch. zur Bestimm. d. Rotationszeit d Sonne XV. 556*. — Ueb. d. Zodiakallicht in d. Nähe d. Sonne XV. 562* — Ueb. d. Theilung d. Blitze in mehrere Aeste XV. 612 — Verdunkelung d. Sonne beobachtet in Pernambuco XVI. 603* — Ueber die wahrscheinl. Theorie der Sternschnuppen XVI. 603* — Polarisation d. Corona bei Sonnenfinsternissen XVI. 607* — Einfluss d. Meeres auf d. Klima oder Ergebniss der meteorolog. Beobachtungen zu Cherbourg 1848 bis 1851, XVI. 762* — Einfluss d. Meeres auf d. Klima XVI.

785* — Ueb. d. Flug d. Vögel und einen Apparat zur Bestätigung der Folgerungen üb. den Luftwiderstand XVII. 101* — Eine Erscheinung von Nebenmonden XVII. 549* — Ueb. alte Verrückungen v. Sonnenflecken XVII. 550* — Ueb. d. Flug d. Vögel und Insecten XX 52 — s. Goujon.

Liais u. Fleury, Zwei Abänderungen der Bunsenschen Kette, wovon eine die innere Leitung, die andere die Spannung vergrössert VIII. 495.

Liais u. Friesach, Positionsbestimmungen und Höhenmessungen in Südamerika XVIII. 712*.

Liandier, Ueber das Funkeln XVII. 548; XVIII. 491 — Beobacht. einer Feuerkugel zu Paris d. 25. Sept. 1862, XVIII. 507 — Beobacht. d. atmosphär. Wellen in den oberen Regionen und ihre muthmaassl. Beziehung zu den Sternschnuppen XIX. 606* — Ueb. d. Sternschnuppen XX. 595*.

Lichtenstein, E. Ueb. Ozonbeobachtungen XVIII. 526.

Lieben, A. Ursache des plötzlichen Erstarrens übersättigter Salzlösungen unter gewissen Umständen X. 146. — Homogenität d. Lösungen XIII. 63.

Liebermeister, Ueb. d. quantitativen Veränderungen d. Wärmeproduction XVI. 383* — Ueber die Anwendung der Mathematik auf die physikal. Wissenschaften XVII. 25.

Liebert, Photographische Vergrösserungen XX. 303.

Liebig, G. v. Meteorolog. Beobacht. zu Parisnath hill XIV. 661* — Der Wirbelsturm am 9. u. 10. April 1858 in d. Andamansee XX. 741* s. Playfair.

Liebig, J. Ueb. d. thierische Wärme I. 346. 347 — Ursachen d. Säftebewegung im thier. Organismus IV. 24. 35; V. 23 — Form, in welcher der absorbirte Sauerstoff im Blute vorhanden ist VI. 258. 276 — Wirkung d. Braunsteins als Entfärbungsmittel d. Glases X. 280 — Ueb. Versilberung u. Vergoldung des Glases XII. 332 — Verfahren d. versilberte Oberfläche v. Spiegeln auf galvan. Wege mit einem schützenden Ueberzug v. Kupfer, Gold u. s. w. zu versehen XV. 310* — Ueb. die Theorie d. Osmose XVII 140; XVIII. 91.

Liebig, J. u. Buff, Säule aus thierischen Stoffen III. 395. 441.

Liévin, Die Monsune des indischen Meeres XII. 681*.

Lilley, J. Verbesser. an Schiffscompassen X. 673*.

Limencey, L. de u. Secrétan, Lucimeter XII. 264.

Linari, S. Der magneto-elektr. Inductionsfunke I. 523. 533.

Linari u. Palmieri, Erscheinungen d. tellurischen Induction I. 523. 534.

Linati, F. Wirkung d. elektrischen Stromes auf die Functionen des grossen sympathicus XIII. 380*.

Lindeloef, L. Einfluss d. Drehung d. Erde auf einen längs ihrer Oberfläche bewegten Körper XV. 65 — Ueb. d. durch Reflexion entstehenden Brennlinien XVII. 208 — Beobacht. der totalen Sonnenfinsterniss vom 18. Juli 1860 in Spanien XVIII. 504* — Analyt. Bestimmung d. Form der elementaren Lichtwellen XIX. 170*.

Lindemann, C. Anatom. Untersuch. üb. d. Structur d. Leuchtorgans von Lampyris splendidula XIX. 236.

v. Lindenau, Beiträge zur Klimatologie VIII. 718.

Lindhagen. D. G. Ueb. atmosphär. Strahlenbrechung XIV. 573* — Vergleichung zw. Struve's Doppeltoise u. der für d. schwedische Akademie angefertigten Copie derselben XX. 3*.

Lindig, Ueber die Abänderung der elektromotor. Kräfte durch d. Wärme XX. 460.

Lindsay, W. L. Ueb. d. Durchgang der Elektricität durch Wasser XV. 419 — Ueb. d. Ausbruch d. Vulkans Kötlugja auf Island 1860, XVI. 859.

Lingon, Zur Geschichte des Meter-Maasssystems XVI. 8*.

Link, F. Erscheinungen beim Gefrieren d. Wassers unter d. Mikroskop I. 115. 117 — s. Schacht.

Linnemann, E. Phosphorescenz d. Kaliums und Natriums XIV. 236; XVI. 246 — Elektrolytische Abscheidung d. Kaliums XIV. 470.

Lion, Ueb. Erdmagnetismus III. 520* — Intensität d. Erdmagnetismus während d. Sonnenfinsterniss v. 28. Juli 1851, VI. 888. 900 — Aenderungen der magnetischen Intensität während einer Sonnenfinsterniss VIII. 607; IX. 626 — Ueb. d. Wirkungsmittelpunkte od. Brennpunkte elektr. nicht leitender Oberflächen XVII. 426.

Liouville, J. Fragen der mathemat.

Physik u. Analyse I. 377 — Ellipsoide mit drei ungleichen Axen, welche d. Gleichgewicht einer homogenen rotirenden Flüssigkeit entsprechen VI. 153. 160 — Bemerkung zu einer Abhandlung v. Bour XI. 58 — Ueb. d. Gleichungen der Dynamik XI. 59 — Allgemeine Formeln üb. die Stabilität des Gleichgewichts einer homogenen rotirenden Flüssigkeit XI. 96 — Merkwürd. Ausdruck für diejenige Grösse, welche bei der Bewegung eines Systems materieller beliebig verbundener Punkte in Folge des Princips der kleinsten Wirkung zu einem Minimum wird XII. 90 — Ueb. einen besonderen Fall d. Problems d. drei Körper XII. 94 — Ueb. zwei Abhandlungen v. Poisson XII. 201 — Ueber ein Capitel der Mechanik v. Poisson XIV. 76 — Ueb. e. Problem d. Mechanik XIV. 78.

v. Liphart, Ueb. die Magnetisirung v. Stahlnadeln durch d. Entladungsstrom der Leidener Batterie XVIII. 397.

Lipold, M. v. Das Gefälle d. Flüsse in Salzburg X. 776 — Höhenbestimmung im nordöstl. Kärnthen XI. 780.

Lipowitz, A. Bestimmung d. specif. Gewichts d. Gasarten, insbesondere des Leuchtgases XVI. 13* — Ueber Wood's leichtflüssiges Metall XVI. 347.

Lippich, F. Ueb. die transversalen Schwingungen belasteter Stäbe XVIII. 61 — Bemerk. zu Melde's Lehre v. den Schwingungscurven XIX. 99 — Ueb. d. Natur d. Aetherschwingungen im unpolarisirten und theilweise polarisirten Licht XIX. 109 — Ueber den Phonautographen von Scott XX. 133*.

Lipschitz, R. Theorie d. Vertheilung d. statischen und dynamischen Elektricität in leitenden Körpern. Vertheilung d. statischen Elektricität in d. kreisförmig begränzten Segment einer Kugelfläche XVI. 431. 559 — Anwendung eines Abbildungsprincips auf d. Theorie d. Vertheilung d. Elektricität XVIII. 21. 391 — Desgl. auf d. Theorie d. Gravitation XVIII. 23 — Ueb. d. Gesetz, nach dem sich die Dichtigkeit d. Schichten im Innern d. Erde ändert XVIII. 32 — Zur Theorie d. Gleichgewichts eines nicht homogenen flüssigen rotirenden Sphäroids XX. 44.

Lissajous, J. Lage der Knoten transversal schwingender Stäbe VI. 228. 232 — Einfacher Apparat zum Nachweise der Interferenz d. Schallschwingungen XI. 207 — Neues Mittel um d. Schwingungsbewegung der Körper sichtbar zu machen XI. 209 — Neue Methode zur Untersuchung schwingender Bewegungen XI. 210 — Allmälige Erhöhung d. Stimmgabeln seit Ludwig XIV. bis auf die jetzige Zeit, u. Nothwendigkeit einer allgemeinen Normalstimmgabel XI. 212 — Stimmgabel aus Aluminium XI. 213 — Optische Untersuchung v. Schwingungsbewegungen XII. 221 — Ueber d. Transversalvibrationen elast. Stäbe XIV. 153 — Beschreib. verschiedener Stereoskope XIV. 294* — Beobachtung einer blauen Sonne XIV. 583 — Ueb. d. Inductionsfunken XV. 457 — Mittel d. Tönen d. Telegraphenleitungen zu beseitigen XX. 131.

Lissajous und Schultz, Neuer Chronograph XVIII. 5.

Listing, J. B. Beitrag zur physiolog. Optik I. 199. 214 — Leistungen der Engländer in d. neuesten Zeit hinsichtlich der Mikroskope X. 341* — Zuckerbestimmung im diabetischen Harn auf optischem Wege XI. 317 — Meteorolog. Beobachtungen zu Göttingen 1857, XIII. 539*; desgl. v. Septbr. 1858 bis Juni 1859, XV. 707*; desgl. 1859 u. 1860 XVI. 764* — Beseitigung d. Getöns d. Telegraphenleitungen XX. 131 — Ueb. einen von Korsakoff in Russland beobachteten terrestr. Sonnenhalo nebst Bemerk. über das krystallisirte Wasser XX. 574.

Little, G. Verbesserungen an elektr. Telegraphen VI. 839*.

Litton, A. Belcher und Brother's artes. Brunnen XIII. 589.

Littrow, K. v. Beobachtungen der totalen Sonnenfinsterniss von 1851, Juli 28, VIII. 692 — Vergleichung d. österreich. mit d. Pariser Maass IX. 27 — Ueb. d. allgemeine Niveau d. Meere IX. 637 — Fehlender Niveauunterschied zw. d. Ostsee und dem Adriat. Meer IX. 662* — Culminationspunkte d. östl. Alpen IX. 663 — Zusammenhang v. Flecken u. Protuberanzen d. Sonne XI. 588* — Ueb. lichte Fäden im dunklen Felde bei Meridian-Instrumenten XII. 337 —

Beobachtung d. Sonnenfinsterniss v. 18. Juli 1860, XVI. 570. 577 — Tiefenkarten des Meeres XVII. 745* — Ein merkwürdiger Regenbogen XVIII. 489 — Die Meereshöhe des Bodensees XIX. 683*.

Littrow, K. v. u. C. Hornstein, Meteorolog. Beobacht. in Wien von 1775 bis 1855, XVII. 724*; XVIII. 686*

Littrow, K. v. u. E. Weiss, Meteorolog. Beobacht. in Wien von 1775 bis 1855, XIX. 657*.

Littrow O. v. Ueb. e. neue Einrichtung d. Spectralapparates XVIII. 214 — Ueb. e. Heliostaten nach August's Princip XIX. 299.

Livsey, P. J. Beschreibung eines v. Howson erfund. Quecksilberbarometers XVIII. 592.

Lloyd, H. Bestimmung der magnet. Intensität nach absolutem Maass III. 520. 537 — Magnetische Declination in Dublin V. 350. 360 — Ueber die Meteorologie von Irland nach den Beobachtungen auf d. Küstenwachtstationen VIII. 729 — Meteorologie v. Irland nach den im J. 1851 unter Leitung d. königl. irländ. Akademie gemachten Beobachtungen XI. 737 — Beschaffenheit der im J. 1851, in Irland angestellten gleichzeitigen meteorolog. Beobachtungen u. der daraus abgeleiteten Resultate XII. 646 — Ueb. Erhaltung d. Kraft XIII. 99 — Ueb. den directen magnetischen Einfluss eines Himmelskörpers auf d. täglichen Veränderungen d. magnetischen Kraft an d. Erdoberfläche XIV. 592 — Bestimmung der Intensität d. Erdmagnetismus in absolutem Maass XIV. 594 — Ueb. d. Phase des v. dünnen Blättchen reflectirten und durchgelassenen Lichts XV. 254* — Ueb. die bei d. magnet. Untersuchung Irlands angewandten Instrumente nebst einigen Resultaten XV. 629 — Ueber Erdströme und ihren Zusammenhang mit d. Erscheinungen d. Erdmagnetismus XVII. 565 — Ueber die säcularen Aenderungen d. Erdmagnetismus u. ihren Zusammenhang mit Störungen XVII. 571 — Ueb. Erdströme in Zusammenhang mit magnet. Störungen. Wahrscheinliche Ursache d. Erdströme XVIII. 558; XIX. 602*.

Lobeck, G. Vertheilung d. Elektricität auf Kugeln XIV. 372.

Lo Cicero, G. Reautometer XVI. 477.

Locke, J. Magnetische Intensität in verschiedenen Theilen d. Vereinigten Staaten III. 518. 543 — Einfach- u. Doppeltsehen mit beiden Augen V. 187. 188 — Der Elektrochronograph V. 314* — Das Phantaskop VI. 489. 506 — Ueber Erdmagnetismus VIII. 610*.

Löcherer, Ueb. d. chemischen od. photogenischen Brennpunkt d. camera obscura VI. 519. 535.

Löffler, Bestimmung d. Constanten d. Kettenlinie XVII. 38.

Löhr, Meteorolog. Beobachtungen zu Cöln v. 1849 bis 1859, XVI. 756.

Löwe, A. Farbenringe beim Durchsehen durch farbige Flüssigkeiten III. 137. 152.

Löwe, H. L. Pumpwerk auf d. Schleusenbaustelle bei Hohensathen X. 177.

Löwe, J. Darstellung der Newtonschen Farbenringe VI. 399. 406 — Ausströmen der Reibungselektricität aus gebog. Drähten od. elektr. Büscheln VI. 647 — Ueber Hagelbildung VI. 1053. 1119 — Darstellung eines reinen Graphits zur Galvanoplastik XI. 459* — Ueb. die nasse Versilberung des Glases auf kaltem Wege XII. 333.

Löwel, H. Beobacht. über Uebersättigung von Salzlösungen VI. 257; 268; VIII. 144; IX. 133; XI. 163. 165. XII. 182 — Ueb. die Löslichkeit des kohlensauren Natrons XI. 167.

Löwenthal, J. Ueber den Ozonwasserstoff XIV. 466.

Löwig, Zusammenhang zwischen d. Atomvolumen und Atomgewichten d. flüssigen organischen Verbindungen I. 3. 12; II. 3. 6 — Anwendung d. Wassers als Nutzmaterial, indem man es durch glühende Kohlen zersetzt XI. 375.

Logan, Th. M. Uebersicht d. meteorologischen Beobachtungen in Sacramento in Californien v. 1. April 1853 bis 31. März 1855, XI. 751; XII. 717*; desgl. v. 1859, XVI. 761*; desgl, v. 1860, XVII. 725*; desgl. von 1861-XVIII. 688*. In d. drei letzten Abhandl. auch d. Mittelwerthe v. respect. 7, 8, 9 Jahren zu Sacramento — Ueb. d. Delta d. Irrawaddy XIII. 582.

Logeman, W. M. Elektr. Telegraph VI. 838* — Verzeichniss d. grösseren Magnete XVIII. 468 — s. Breda.

Lohage, F. A. Zusammenhang der imponderablen Naturerscheinungen

mit den Molecularbewegungen beim chem. Process XVIII. 16*.
Loir, A. Ueber Methylcamphersäure (Holzäthercamphersäure) IX. 288 — Elektricitätserzeugung in Werkstätten XIX. 393 — s. Drion.
Lollini, F. Ueb. eine neue Schnellwage XV. 3.
Lombardini, E. Ueber die grosse Wassermenge d. lombardischen Flüsse v. 31. Oct. bis 2. Novbr. 1855, XII. 748* — Ungewöhnl. Wasserhöhe d. Po am 23. Januar 1857, XV. 753* — Ursprung u. Fortschritt d. Hydraulik in Italien XVII. 96* — Hydrologische Studien üb. d. Nil XX. 868*.
Lommel, E. Zur Theorie der Beugung des Lichts XVII. 273 — Ueber die Beugung des polarisirten Lichts XVIII. 182 — Versuch einer Theorie d. Fluorescenz XVIII. 242 — Die Interferenzerscheinungen zweiaxig. senkrecht zur ersten Mittellinie geschnittener Krystallplatten im homogenen polaris. Licht XIX. 149.
Longobardo, A. Auszug eines Schreibens an C. S. C. Deville XIX. 708.
Loof, Uebersicht d. meteorolog. Verhältnisse im J. 1859 zu Gotha XV. 707* — Meteorolog. Beobachtungen zu Gotha v. 1845 bis 1859 XVI. 753 — Geometr. Beweis für d. Vereinigungsweite bei convexen Spiegeln XVII. 232 — Ueb. d. Witterungsverhältnisse in Deutschland XVIII. 686*.
Loomis, E. Wasserhose III. 344. 349 — Unsere Kenntniss d. Magnetismus in den Vereinigten Staaten III. 518. 543 — Bestimmung d. Längenunterschiede mittelst des elektr. Telegraphen V. 314* — Elektr. Erscheinungen in Wohnhäusern VI. 649. 650 — Elektricität einer in d. Erde gegrabenen Zinkplatte VI. 700. 706 — Richtige Höhe der Blitzableiter VI. 877. 883 — Ueb. d. Widerstand d. Luft gegen fallende Körper X. 61 — Ueb. d. Hagelsturm zu New-York d. 1. Juli 1853, X. 763* — Ueb. einige elektr. Erscheinungen in den Vereinigten Staaten XIII. 315 — Elektr. Erscheinungen in manchen Häusern v. New-York XIV. 388; XV. 381 — Die grosse Nordlichterscheinung v. 28. August bis 4. Septbr. 1859, XV. 565* — Variation der Magnetnadel zu Hudson XV. 652* — Ueb. gewisse Stürme in Europa und Amerika im Dec. 1836, XV. 724 — Gesetz der Stürme XV. 725* — Ueb. d. Meteor v. 15. Nov. 1859, XVI. 605* — Die grosse Nordlichterscheinung vom 28. August bis 4. Sept. 1859 und d. geograph. Verbreitung der Nordlichter u. Gewitter XVI. 610; XVII. 556*; XVIII. 534* — Ueb. natürliche Eisgrotten u. gefrorene Brunnen XVI. 844 — Ueb. elektr. Ströme an d. Erdoberfläche und ihr Zusammenhang mit d. Nordlicht XVIII. 558 — Bemerk. zu einer Abhandl. v. Everett XIX. 634 — Ueber vibrirende Wasserfälle XIX. 694.
Loomis und Robinson, Relative Genauigkeit der verschiedenen Methoden der Längenbestimmung XIII. 435*.
Loose, J. Beschreib. e. prachtvollen Nordlichts III. 158. 179.
Lorenz, J. R. Der Vranasee auf Cherso XV. 744 748; XVI. 799 — Die Quellen d. Liburnischen Karstes u. der vorliegenden Inseln XV. 748 — Die Recina eine hydrograph. Skizze XVII. 754* — Ein Tiefenthermometer v. mehrfacher hydrograph. Verwendbarkeit XVIII. 714 — Ueb. d. Wasser d. Quarnerischen Golfes XIX. 673 — Brakwasserstudien an der Elbmündung XIX. 684* — Ueb. d. Adriatische Meer. Charakteristik d. istrodalmatischen Archipelagus XX. 850*.
Lorenz, L. Ueb. die Reflexion des Lichts an der Gränzfläche zweier isotroper durchsicht. Medien XVI. 214 — Bestimmung d. Schwingungsrichtung d. Lichtäthers durch die Polarisation des gebeugten Lichtes XVI. 223 — Theorie d. Elasticität d. homogenen festen Körper XVII. 106 — Bestimmung d. Schwingungsrichtung d. Lichtäthers durch d. Reflexion u. Brechung d. Lichts XVII. 225 — Ueb. die Theorie des Lichts XIX. 106; XX. 144.
Lorey, s. Encke.
Loriere, s. Verneuil.
Lortet, Ueber die Instrumente zur Messung d. Regenmenge VI. 1057*.
Loschmidt, Zur Constitution des Aethers XVIII. 68.
Lose, L. Ueb. die täglichen Schwankungen d. Windes XIV. 670.
Lottin u. Bravais, Tägliche Variation der magnet. horizontalen Intensität III. 520. 557.

Lottner, E. Lösung d. Problems d. Bewegung eines festen schweren um e. Punkt d. Umdrehungsaxe rotirenden Revolutionskörpers in Functionen, welche die Zeit explicite enthalten X. 44 — Reduction d. Bewegung eines schweren um einen festen Punkt rotirenden Revolutionskörpers auf d. ellipt. Transcendenten XI. 64 — Zur Theorie des Foucaultschen Pendelversuchs XII. 124 - Ueb. die der Einwirkung der Schwere entzogenen, aber unter d. Einfluss d. Erdbewegung rotirenden Körper. Theorie d. Foucaultschen Gyroskops XIII. 122 — Zweckmässigste Combination einer gegebenen Anzahl v. Elementen XIII. 350 — Ableitung d. La Placeschen Ausdrucks d. atmosphär. Refraction aus d. Gesetz der Brechung u. Abnahme der Dichtigkeit d. Luft mit der Höhe XIII. 455* — Welchen Einfluss hat d. tägl. Umdrehung der Erde auf d. Gang einer genau regulirten fest aufgestellten astronom. Uhr? XVIII. 26.

Louyet, Modification d. Groveschen Kette I. 467 - Verzinken d. Eisens auf galvan. Wege I. 483* — Ueber Grubenbeleuchtung II. 395. 402 — Verzinken d. Eisens III. 378. 389 — Ueb. d. Sieden d. Flüssigkeiten und ihre Adhäsion an d. Gefässwandung als Ursache gewisser Erscheinungen IV. 13. 249. 250 — Durchgang des Wasserstoffgases durch feste Körper V. 23. 27 — Polarisation d. Elektroden des Voltameters V. 275. 276 — Vergleich üb. die Kraft und Constanz des Stromes verschied. voltascher Säulen V. 291. 292.

Love, Ueb. d. Festigkeit d. Metalle XVI. 64 — Ueber die Einheit der Naturkräfte XVII. 50*.

Lovering, J. Magnetische Beobachtungen im Observatorium d. Harvard-Universität III. 517. 522 — Ueb. d. Aneroidbarometer VI. 213. 218 — Ueb. d. Geschwindigkeit des Lichts u. d. Entfernung d. Sonne XIX. 171.

Lowe, E. J. Merkwürd. Sonnenringe II. 178. 197 — Höfe mit Nebensonnen V. 451. 454 — Ungewöhnliche Erscheinungen VI. 870* -- Ueb. Sternschnuppen VI. 871* — Mitteltemperatur d. Observatoriums zu Highfield House v. 1810 bis 1850, VI. 1056* — Glänzende Sonnenerscheinungen IX. 609 — Sonnenringe u. Nebensonnen X. 640* — Beobachtungen d. Zodiakallichts zu Highfield House XII. 559* — Stärke d. Windes im Juli u. Aug. nach d. Bestimmungen d. atmosphär. Aufzeichners auf dem Observatorium zu Breston XII. 673 — Beschaffenheit d. Wetters während d. grossen Sonnenfinsterniss d. 15. März 1858 an verschiedenen Orten u. Wirkung der Lichtverminderung auf Thiere u. Pflanzen XIV. 662* — Ueb. e. Compensationspendel aus Stahl u. Zink XVI. 4 — Neue Ozonbüchse u. Probestreifen XVI. 632 — Temperatur d. Blüthen u. Blätter d. Gewächse XVI. 707* — Ueb. d. grosse Kälte Weihnachten 1860 und ihre verderblichen Folgen XVIII. 615 -- Beobacht. einer Feuerkugel am 27. Nov. 1862 in England XIX. 543* — Ozonbüchse und Beobacht. üb. Ozon XIX. 578. 579 — Ueb. d. Sturm bei Newark d. 7. Mai 1862, XIX. 638*.

Lowe, G. s. Crace.

Lowthorp, Thore für Kanalschleusen III. 54*.

Loyer, Theorie d. Sehens VI. 488. 491.

Lubbock, J. W. Ueb. die Wärme d. Dämpfe III. 64*; XI. 368 — Feuerkugel III. 157. 169 — Ueber Sternschnuppen IV. 171. 175 - Ueb. die Beschaffenheit der Atmosphäre, auf welcher die Laplacesche Tafel der astronom. Refraction beruht XI. 584* — Theorie der astronom. Strahlenbrechung XII. 553*.

Lubimoff, N. Ueber d. scheinbare Grösse d. Gegenstände XIV. 308.

Luboldt, R. Drehungsvermögen flüchtiger Oele zusammengestellt nach d. natürl. Familien d. Stammpflanzen XVI. 266.

Luca, F. de, Reise d. Dr. Kane in in d. nördl. Polargegend XIX. 657*.

Luca, S. de, Darstellung der Stickstoffsäure XII. 581* — Temperatur d. Wassers im sphäroidalen Zustand; analyt. Methoden auf d. sphäroidalen Zustand beruhend u. neues Verfahren zur Entdeckung d. Jods XVI. 367. 368 — Ueb. d. rothe Regenwasser v. Siena XVI. 740* -- Temperatur des Wassers im sphäroidalen Zustand XVII. 384; XVIII. 341* — Ueber die organ. u. mineral. Bestandtheile des Regenwassers XVII. 670 — Rother kürzlich zu Siena gefallener Regen

XVII. 670 — Ergebniss ozonometr. Versuche XVIII. 526 — Analytische Untersuchung des in einem Brunnen zu Pompeji gefund. Wassers XX. 874*.
Lucas, H. Resultate meteorolog. Beobacht. zu Arnstadt 1823 bis 1862, XX. 833*.
Ludwig, C. Diffusion zwischen ungleich erwärmten Arten gleich zusammengesetzter Lösungen XII. 44.
Ludwig, C. und J. Stefan, Ueb. d. Druck, welchen d. fliessende Wasser senkrecht zu seiner Stromrichtung ausübt XIV. 92.
Ludwig, H. Ueber endosmotische Aequivalente und die endosmotische Theorie V. 23. 24 — Ueb. d. warmen Soolquellen Nauheims VIII. 625. 626. — Dichtigkeit der Leicht- u. Schwermetalle u. ihrer Oxyde XI. 47.
Ludwig, R. Die Sprudelquellen zu Nauheim XI. 774 — Entstehung von Süsswasserquellen bei Homburg am Taunus XVI. 833 — Die warmen Mineralquellen zu Bad Ems XIX 696*.
Lüders, W. Aeusserung der Elasticität an Eisen- u. Stahlstäben u. üb. eine beim Biegen solcher Stäbe beobachtete Molecularbewegung XVI. 59.
Lüdersdorff, Gefärbte Flüssigkeiten zur Füllung von Minimum- und Zimmerthermometern VI. 1059*.
v. Lütke, Meteorolog. Beobachtungen in Avandus 1857 und 1858, XV. 708*.
Lugeol, Blitzschlag in d. Schiff Jupiter d. 24. Juli 1854; X. 649. 651 — Stereoskopischer Versuch XII. 304.
Lukas, Verzeichniss der 1855 in Oesterreich stattgehabten Erdbeben XII. 774*.
Lund, Ueb. d. Ladogasee XV. 745.
Lurtzing, Ueb. d. Lenkung d. Luftballons III. 56.
Luther, E. Merkwürdig tiefer Barometerstand XI. 675 — Das Klima v. Königsberg XX. 832*.
Lutze, G. Verbesserungen in der Talbotypie VI. 520. 541.
Luvini, J. Physiolog. optische Erscheinung V. 189.
de Luynes, Höhenbestimmung einiger Punkte Palästinas XX. 841*.
Lyell, C. Ueb. die auf steiler Unterlage erstarrten Laven nebst Bemerk. üb. d. Ursprung d. Aetna u. d. Theorie der Erhebungskrater XIV. 703 — Ueb. d. angeblichen Beweise d. Prof. Smyth für d. submarinen Ursprung v. Teneriffa u. anderen vulkan. Kegeln XV. 766.
Lyman, C. S. Bemerkungen üb. den Pendelversuch VI. 69. 140.
Lyman, C. S. u. T. Coan, Ueber den neuen Zustand d. Kilauea VI. 910. 963.
Lyman, Th. Ueber Kräfte XVI. 48*.
Lynch, Tragkraft des Wassers des Todten Meeres V. 460. 482.
Lyon, C. F. Luftspiegelung VI. 476. 477. 870*.
Lyons und Millward, Erzeugung galvanoplast. erhabner u. vertiefter Zeichnungen auf Metallen. Anwendung d. Schwefelkohlenstoffs in der Galvanoplastik IV. 300*.
Lyte, F. M. Ueb. e. Instrument zum Messen v. Meerestiefen IX. 641.

Maas, Beschreib. einer Nebensonne III. 156. 165 — Ueb. das elektrische Fluidum und die Bewegung d. Elektricität III. 352 358; IV. 257. 258; V. 245 — Analogien in d. Wirkung zw. Wärme u. Erdmagnetismus III. 520* — Umkehrung des elektr. Zeichens nach d. Entladung d. Condensatoren IV 266. 267. Bemerk. v. Crahay dazu 266 — Anomalie bei elektrischen Reactionen IV. 280. 283 — Geht die Fortführung der Materie stets vom positiven zum negativen Pol? IV. 293. 295; V. 286 — Elektrochemische Zersetzung durch verschiedene Voltameter V. 294. 295 — Ueber d. Nordlicht v. 21. April 1859, XV. 563* — Ausserordentliche Barometerhöhe am 9. Jan. 1859 in Belgien. Atmosphärische Störungen zu Namur XV. 719* — Minimum d. Temperatur zu Gent, Löwen, Namür u. Stevelot XVII. 608 — Ueber das Wasser als Ursache des Diamagnetismus mancher organischer Körper XIX. 457.
Macadam, S. Ursache d. Erscheinungen am Geyser auf Island VI. 259. 290 — Ueb. d. Centralhitze u. Dichte der Erde, sowie die Ursachen der vulkan. Erscheinungen VI. 909. 935. — Ueb. d. allgemeine Verbreitung d. Jods VIII. 704 — Ursache d. Geisererscheinungen X. 799.
Macario und Chatin, Klima von Nizza XVI. 764*.
Maccaire, Ueber die Richtung der Pflanzen III. 195. 201.

Mac Clintock, J. L. Nordsee-Tiefenmessungen XVI. 782* — Reise d. „Fox" in d. Polarmeer XVI. 792* — Meteorolog. Beobachtungen im Polarmeer am Bord d. Yacht „Fox" 1857 bis 1859, XIX. 660*.
Mac Clure, Die arktischen Expeditionen IX. 636 — Entdeckung der Nordwestpassage XVI. 792*.
Mac Cullagh, Ueb. die Anziehung v. Ellipsoiden nebst einem Beweis d. Clairaultschen Satzes XI. 61.
Mac Donald, B. M. Explosion e. Meteors im westl. Tenessee XVI. 605 — Winde u. Strömungen an d. Küste v. Japan XVII. 741.
Mac Donnel, Elektr. Natur der in d. Actinien vorhandenen Kraft XIV. 547.
Mac Farland, Ueb. d. Fata Morgana v. Irland VIII. 595*.
Mac Gillavry, T. M. Ueb. d. Accommodation XV. 275.
Mac Ginn, J. Merkwürd. Nordlicht zu Montreal VI. 873*.
Macgowan, J. Ueb Sandregen in d. Ebenen Chinas VI. 1051. 1102 — Neuerliche physikal. Erscheinungen in China u. Japan XI. 802 — Ueber d. kosmischen Phänomene in d. Umgebung v. Shangai während d. letzten 13 Jahrhunderte XVII. 791.
Mac-Gregor, J. Ueb. Luftschiffahrt III. 56* — Wasserzersetzung durch galvan. Elektricität III 461. 468 — Ueb. Regenbogen IX. 608*.
Mach, E. Ueb. d. Aenderung d. Tons u. d. Farbe durch Bewegung XVI. 155; XVIII. 114 — Ueb. d. Controverse zw. Doppler und Petzval bezüglich der Aenderung d. Tones und der Farbe durch Bewegung XVII. 147 — Ueber das Sehen von Lagen und Winkeln durch d. Bewegung des Auges XVII. 322 — Ueber die Molecularwirkung d. Flüssigkeiten XVIII. 74 — Ueber d. Spectra chemisch verschiedener Körper XVIII. 216 — Zur Theorie d. Pulswellenzeichner. Ueb. d. Gesetze d. Mitschwingens. Zur Theorie des Gehörorgans XIX. 95. 101 — Ueber d. Licht glühender Gase XX. 202 — s. Blaserna.
Mackay, J. Apparat zur Bewegung d. Schiffe XI. 103*.
Mackenzie, A. Verbesserungen an elektr. Telegraphen VIII. 553*.
Mackenzie, G. S. Entstehung und Fortpflanzung des Schalles III. 101. 102.
Mackenzie, W. Ueb. d. Sehen von Gegenständen auf und in d. Auge I. 199. 218.
Mackenzie, W. u. G. Blair, Elastische Skalen für Thermometer IX. 25.
Mackworth, H. Ueb. d. Metra XII. 77.
Maclaren, C. Gletscherspuren in Glenmessan VI. 912. 994.
Maclear, T. Resultate d. meteorolog. Beobachtungen im königl. Observatorium am Cap d. guten Hoffn. XIV. 629.
Mac Millan, S. B. Merkwürdiger Regenfall in Ohio XVII. 671*.
Mac Nab, J. Tabelle d. Blüthezeit d. Frühlingspflanzen im königl. botan. Garten zu Edinburg nebst Vergleichung mit d. vier vorangegangenen Jahren XI. 673.
Mac Rea, W. C. Messung der Geschwindigkeit eines Eisenbahnzugs durch Elektromagnetismus XII. 533*.
Macvicar, J. G. Neues Maximum- und Minimumthermometer XIII. 500; XIV. 621 — Ueb. d. Philosophie der Physik XV. 36* — Ausdehnung des Gesetzes über Gasvolume auf dichte Körper XX. 20*.
Maddens, Ueb. d. Himalayagebirge V. 459. 465.
Mader, F. Bestimmung des specif. Gewichts einiger Holzarten XVIII. 12*.
Mädler, J. H. Horizontalrefraction auf d. Oberfläche der Venus V. 452. 455 — Lichterscheinung v. 5. Juni 1849 zu Dorpat VIII. 595* — Die Sonnenfinsterniss vom 18. Juli 1860, XVI. 569. 571. 599; XVII. 550; XVIII. 504 — Ueb. kosmische Bewegungsgeschwindigkeiten mit Beziehung auf Doppler's Hypothese der Entstehung d. Farben d. Gestirne XVII. 205.
Maggi, P. Einfluss d. Magnetismus auf d. Wärmeleitung im weichen Eisen VI. 604 — Ueber einige Erscheinungen d. Sonne am Horizont VIII. 596*.
Maggiorani, C. Wirkung d. Elektrisirung eines Hühnereies XII. 492* — Ueb. Endosmose d. Eiweisses XIII. 69 — Mikroskop. Beobacht. über d. Wirkungen d. Elektricität auf Albumin. XIII. 380*.
Magistrini, G. B. u. D. Neue Anwendung des Wasserheberades und zweckmässigste Form d. Röhren bei demselben IX. 103*.

Magistris, A. Entzündung v. Bohrlöchern durch d. elektr. Funken XII. 410.

Magnes-Lahens, Einfluss d. Lichts u. d. Wärme auf d. reinen Aether in Berührung mit d. Luft XII. 331*.

Magni, Ueb. d. Accommodation des menschlichen Auges beim deutlichen Sehen XV. 300*.

Magnus, G. Absorptionsvermögen d. Blutes für Sauerstoff I. 112 — Diffraction des Lichts im leeren Raum III. 118. 134 — Ueb. die Bewegung der Flüssigkeiten VI. 153. 167; XII. 137 — Ueb. thermoelektr. Ströme VI. 661. 665 — Abweichung d. Geschosse u. e. auffallende Erscheinung bei rotirenden Körpern IX. 78 — Ueb. d. Verdichtung der Gase an der Oberfläche glatter Körper IX. 135 — Ueb. rothen u. schwarzen Schwefel X. 10* — Verbesserte Construction eines Apparats zur Erläuterung verschied. Erscheinungen bei rotirenden Körpern X. 80 — Prioritätsanspruch in Beziehung auf Regnault's Abhandlung üb. d. Elasticität d. Dämpfe X. 393 — Hydraulische Untersuchungen XI. 92; XV. 76 — Ueb. d. allotropischen Zustände des Schwefels XII. 22 — Elektrolytische Untersuchungen XII. 470 — Ueber directe und indirecte Zersetzung durch den galvan. Strom XIV. 462 — Verbrennlichkeit des Eisenpulvers unter Einfluss eines Magnets XV. 536 — Ueber die Verbreitung d. Wärme in d. Gasen XVI. 390 — Ueb. die drehende Bewegung d. Wasserstrahls XVII. 69 — Ueb. d. Temperatur der aus kochenden Salzlösungen u. gemischten Flüssigkeiten entweichenden Dämpfe XVII. 379 — Ueb. den Durchgang der strahlenden Wärme durch feuchte Luft u. über die hygroskop. Eigenschaften des Steinsalzes XVII. 410 — Veränderungen im Inductionsstrom beim Einschalten verschied. Widerstände u. üb. d. Farbenänderung d. elektrischen Lichts XVII. 501 — Ueb. metallische u. flüssige Widerstände, durch welche Inductionsströme alternirend werden XVII. 502 — Ueb. die Absorption d. Wärme durch Luftschichten von verschied. Dicke. Desgl. durch feuchte Luft XVIII. 374 — Ueb. d. Diathermansie trockner u. feuchter Luft XIX. 375 — Ueber die Verdichtung von Dämpfen an der Oberfläche fester Körper XX. 95. 401 — Ueb. d. Einfluss d. Condensation bei Versuchen üb. Diathermansie XX. 401 — Ueber die Beschaffenheit der Sonne XX. 410 — Ueb. Wärmestrahlung XX. 411 — Ueb. d. Verschiedenheit d. Wärme, welche rauhe u. glatte Oberflächen ausstrahlen XX. 412.

Magrini, L. Elektromotorische Kraft der Erde I. 523. 535 — Ueber Versuche an d. elektr. Telegraphen zw. Paris und Rouen III. 476* — Beobachtungen u. Versuche üb. eine von Du Bois-R. beobachtete Erscheinung VI. 730. 753 — Wirkungen des volt. Lichtbogens auf Terpenthinöl XI. 455 — Ueb. das photometrische System v. Cesa-Bianchi XII. 267* — Modification d. Bunsenschen Kette XII. 482 — Resultate verschied. Versuche üb. d. Ausfluss der Luft XV. 82 — Ueb. e. Sonometer von Barberini XV. 167 — Neue Form der voltaschen Säule XV. 405 — Geschichtliche Bemerkung über die Entdeckung continuirlicher elektr. Ströme bei offener Kette XV. 422 — Ueber d. Sturm, welcher die Stadt u. Umgegend von Mailand am 30. Juli 1858 verheerte XV. 725* — Rotationsapparat gegründet auf die Wirkung d. Ströme eines Solenoids auf e. magnet. Stab XVI. 529 — Priorität d. Beobachtung, dass d. Gegenwart des Eisenkerns den Inductionsfunken verstärkt XVI. 535* — Einige Erscheinungen am Ruhmkorffschen Inductionsapparat XVI. 535 — Methode den Wolken e. grössere Elektricitätsmenge zu entziehen als mit dem gewöhnlichen Blitzableiter XVI. 646 — Ueb. e. Methode die Beitöne wahrzunehmen XVII. 169 — Ueb. ein neues elektr. Phänomen XVII. 436* — Ueb. ein v. Volta 1791 vorgeschlag. meteorolog. Observatorium XVII. 724*; XVIII. 678 — Ueb. d. Farbe d. Körper u. d. Schatten XVIII. 236* — Ueb. den Blitzschlag, welcher den 4. März 1861 d. Dom zu Mailand traf, und üb. d. Verbesserung seiner Blitzableiter XVIII. 533* — Ueb. d. Gewitter v. 7. Septbr. 1861 zu Mailand XVIII. 538*. 687* — El. Ströme bei offener Kette XIX. 437* — Ueb. d. atmosphär. Elektricität XIX. 572 — Ueb. besondere Wirkungen d. Blitzschlags auf d. cascina Colombera zu Mailand am

13. April 1863, XIX. 578* — Ueber die auf d. 10. Congress d. italien. Gelehrten zu Siena aufgestellten Punkte für d. meteorolog. Gesellsch. in der Lombardei XIX. 657* — Ueber Einsaugung durch pulverförm. Körper XX. 86.
Magron, s. Martin-Magron.
Maguire, Ausbleiben d. Störung d. Magnetnadel während d. Ausbreitung d. Nordlichts XIII. 477.
Mahistre, Ueber die Theorie der Dampfmaschinen XI. 374* — Ueber d. konische Pendel od. d. Centrifugalregulator XII. 96 — Rotationsgeschwindigkeiten, welche gewisse Räder annehmen können, ohne durch d. Wirkung d. Centrifugalkraft e. Bruch zu erleiden XIII. 135 — Gränzen d. Geschwindigkeit für Eisenbahnzüge ohne e. Bruch d. Schienen befürchten zu müssen XIII. 136 — Ueb. d. Arbeit d. Dampfes in den Cylindern der Maschinen. Beschreibung eines Rades die Dampfspannung zu bewirken. Berechnung der Verdampfung einer Maschine, die mit d. Maximum der Wirkung arbeitet XIII. 296* — Ueb. die zur Bewegung eines Hahns od. einer konischen Axe im Lager erforderliche Kraft XIV. 79.
Mahla, F. Ueb. d. Drehungsvermögen d. amerikan. Terpenthinöls XVII. 288.
Mahmoud, Ueb. die magnet. Intensität u. d. Aenderungen derselben seit 25 Jahren v. 1829 bis 1854, X. 666 — Neue Bestimmung des Erdmagnetismus in Brüssel XI. 626 — Ueb. d. gegenwärt. Zustand d. Elemente des Erdmagnetismus in Paris und seinen Umgebungen XII. 600 — Gegenwärtiger Zustand der isoklinischen u. isodynam. Linien in Grossbrittannien, Holland, Belgien und Frankreich XII. 603 — Isoklinen u. Isodynamen in Grossbrittanien, Holland, Belgien u. Frankreich XIV. 600.
Mahon, Mittel d. Tönen d. Telegraphenleitungen zu beseitigen XX. 131.
Maiche, Inductionsrolle mit zwei isolirten Drähten XX. 526.
Maier, Sternschnuppenbeobacht. II. 179. 206.
Maillard, Feuermeteor mit Detonation VI. 870* — Fabrication d. chinesischen magischen Spiegel IX. 231 — Meteorologie d. Insel Réunion IX. 736*.
Maille, Ueber d. Regenmessung VI. 1056*.
Main, Feuerkugel am 11. Nov. beob. in d. Bretagne XX. 596* — Resultate d. meteorolog. Beobacht. im J. 1861 auf dem Radcliffe Observatorium XX. 834*.
Mainardi, G. Ueber die Integrale, welche mehreren mechanischen Problemen gemeinsam sind XII. 92 — Ueber das Gleichgewicht einer vollkommen biegsamen Oberfläche. Ueb. d. Seilpolygon, die Tautochronen, die Bewegungsgleichungen für e. unveränderliches System XII. 99 — Bewegungen eines in einer Flüssigkeit schwimmenden Halbellipsoids XII. 151* — Gleichgewicht eines elast. Fadens XII. 180*.
Majocchi, G. A. Ursprung d. galvan. Stroms II. 372. 376 — Neues Hygrometer III. 93.
Maistre, J. Elektr. Thermometer, mit welchem man e. Kessel od. ein Zimmer auf einer bestimmten u. constanten Temperatur erhalten kann X. 587*.
Maistre, L. Neue Säule XX. 447.
Makins, G. H. Verbesserte Probirwaage IX. 30.
Malaguti, Ueber das magnetische Eisenoxyd XIX. 458.
Malaguti, A. und J. Durocher, Beobachtungen über die Temperatur des Bodens und der Luft X. 781 — Thermische Eigenschaften verschied. Bodenarten XII. 750.
Malapert, Darstellung d. Glaubersalzes für Kältemischungen VI. 257. 263.
Malbeck, Pumpe ohne Kolben XI. 100.
Malcolm, Ungewöhnliche Witterung in Indien V. 375* — Meteor in Indien V. 453*.
Malinowsky, Ueb. Lichtmessung I. 275. 289.
Mallet, J. W. Ueb. d. rothen Schwefel XIII. 23 — Ein Fall der Fluorescenz XIII. 235 — Ueber Fluorescenz XIV. 238 — Verflüchtigung d. Quecksilbers mit Wasserdampf bei 100° C. XVI. 354.
Mallet, R. Statische u. dynamische Wirkungen der Erdbeben. Bestimmung d. fortschreitenden Geschwindigkeit d. Welle eines Erdbebens V. 460. 489 — Erster u. zweiter Bericht

über Erdbeben VI. 909. 944; 1051. 1100 — Dritter Bericht VIII. 645; X. 792; XI. 795 — Vierter Bericht XV. 781 — Ueber das Erdbeben in England d. 9. Nov. 1852, XI. 797 — Ueb. d. physikal. Bedingungen bei artilleristischen Constructionen und einige bisher unerklärt gebliebene Ursachen d. Zerspringens v. Kanonen XII. 180* — Ueb. d. Erdbeben im Königreich Neapel d. 16. Dec. 1857, XVI. 895 — Ueb. Beobachtung d. Erdbeben XVI. 910* — Versuche zu Holyhead üb. d. Fortpflanzungsgeschwindigkeit v. Wellen analog den Erdbebenwellen durch d. localen Felsformationen XVII. 784. Anhang dazu XVIII. 809 — Das grosse Erdbeben zu Neapel 1857. Erste Principien der beobachtenden Seismologie XVIII. 814 — Vorschlag zur Messung der Temperatur thätiger vulk. Herde in möglichst grosser Tiefe, sowie d. Temperatur, d. Sättigungsgrades u. d. Geschwindigkeit d. ausströmenden Dampfes XIX. 703 — Bericht über die experimentelle Bestimm. der Temperatur vulkan. Herde u. s. w. XX. 925 — Ueber d. letzte Erdbeben (Oct. 1863) u. Erdbeben überhaupt XX. 925.

Malone, T. A. Darstellung negativer Glasbilder VI. 522 — Ueber Grove's Gasbatterie XX. 473 — s. Talbot.

Malzu, Ueb. d. Erklärung einer meteorolog. Erscheinung v. Bixio und Barral VI. 1051. 1096.

Mandl, Ueb. d. Osmose der Lunge od. üb. Absorption u. Ausscheidung d. Athmungsorgane XVI. 117.

Mangin, Wahrscheinliche Ursache d. Explosionen d. Dampfmaschinen XVIII. 341*.

Mangon, s. Hervé-Mangon.

Mann, F. Beiträge zur Undulationstheorie d. Wärme XIII. 281; XIV. 318 — Berechnung der mechan. Arbeit, welche zur Zerlegung einer chem. Verbindung erforderlich ist XVII. 366*.

Mann, G. s. Burton.

Mann, J. A. Meeresströmungen an d. Nordostküste v. Südamerika XIX. 675.

Mann, R. J. Ein merkwürd. Meteor XII. 556*.

Mannhardt, J. Ueb. den Accommodationsmuskel u. die Accommodation XV. 275.

Mannheim, Anwendung der Transformation durch reciproke Radien auf die Untersuchung der Antikaustica XVI. 227.

Manross, N. S. Ueb. d. Asphaltsee auf Trinidad XI. 817.

Mapple, Verbesserungen an Apparaten für die elektr. Telegraphie III. 477*; IV. 356*.

Marbach, H. Verticale Stoss- und Druckwasserräder und deren grösster Effect VI. 155. 198 — Die circulare Polarisation des Lichts durch chlorsaures Natron X. 301 — Ueber d. opt. Eigenschaften einiger Krystalle d. tesseralen Systems XI. 294 — Ueb. d. Enantiomorphie u. d. opt. Eigenschaften v. Krystallen des tesseralen Systems XII. 271 — Neue Beobacht. üb. Krystallbildung XII. 273 — Neue Beziehungen zwischen Krystallform u. Thermoelektricität XIII. 340.

Marcel de Serres, Temperatur d. heissen Höhlen bei Montpellier VIII. 620 — Ueber Härte und Dichte der einfachen Körper XVII. 28*; XVIII. 12*.

Marcet, F. Ueb. d. Verdampfung d. Flüssigkeiten IX. 390 — Einfluss d. Mondes auf die Witterung XVI. 665* — Vergleichende Versuche über die Wirkung der nächtlichen Strahlung üb. dem Boden u. üb. einer Wasserfläche. Bemerk. zu d. Abhandl. v. Martins üb. d. nächtl. Zunahme der Temperatur mit d. Höhe in d. unteren Schichten der Atmosphäre XVII. 614 — Ueber e. merkwürd. Fall der Wärmeausstrahlung des Bodens bei Tage. Ueb. d. Wirkung d. nächtl. Wärmeausstrahlung d. Bodens in d. Tropen XIX. 631.

Marchal, Beschaffenheit u. Ursprung d. Absätze an d. Flussmündungen d. Manche X. 778 — Apparate auf den Spitzen d. Thürme in China, welche diese nach Art der Blitzableiter zu schützen scheinen XIII. 465*.

Marchand, Erdbeben; Beschreib. einiger Instrumente zur Beobachtung dieser Erscheinungen XVII. 786.

Marchand, E. Gehalt d. Regenwassers in verschied. Gegenden v. Frankreich VIII. 706.

Marchand, R. F. Dichtigkeit des Eises bei verschied. Temperatur I. 32. 35 — Ueb. Ozon II. 409* — Gewicht der Atmosphäre III. 54. 55 — Neue Methode das specif. Gewicht einiger Gase zu bestimmen, u. Dichte des Sauerstoffs, der Kohlensäure und

schwefligen Säure IV. 36. 48 — Elektr. Eigenschaften der Guttapercha IV. 259. 260 — Zerlegung des Wassers v. Todten Meer V. 460. 480 — Ueb. d. Leuchten des Phosphors VI. 517. 526.

Marcou, J. Geräusch beim Nordlicht XIII. 459*.

Marcus, E. Ueb. Filtration v. Gummilösungen durch thierische Membranen XVI. 117* — Ueb. e. neuen Elektromotor XIX. 467.

Marcusen, J. Ueb. d. elektr. Organ d. Zitterwelses X. 545*; XIV. 538*.

v. Marenholtz, Nachricht v. einer Feuerkugel XVI. 605*.

Marenzi, F. v. Zwölf Fragmente üb. Geologie od. Beleuchtung dieser Wissenschaft nach den Grundsätzen d. Astronomie u. Physik XX. 840*.

Marès, P. Meteorolog. und naturgeschichtliche Beobachtungen im Süden d. Prov. Oran XIII. 531.

Mareschal, J. Anwendung d. comprimirten Luft als bewegende Kraft XVII. 100.

Mareska, s. Donny.

Marett, C. Ueb. d. Ursachen, durch welche d. Zeit der Aenderung vom Fluth- zum Ebbestrom mit d. Zeit d. Hochwassers nicht zusammenfällt XII. 726.

Marey, Ueb. d. Circulation d. Bluts XIV. 95 — Der Thermograph, Registrirapparat für Temperaturen XX. 660.

Marey-Monge, Ueb. Luftschiffahrt III. 56*.

Marguet, J. Ueb. das Bourdonsche Metallbarometer XIII. 504* — Ueb. d. meteorol. Beobacht. in d. école spéciale zu Lausanne 1854 bis 1858. Meteorol. Beobacht. zu Lausanne von 1763 bis 1772, XV. 696; von 1855 bis 1858, XV. 708* — Bestimmung d. mittleren Temperatur von Lausanne XVI. 695 — Zwei Blitzschläge XX. 617* — s. Burnier.

Marguet, J. u. E. Meteorologische Uebersicht d. J. 1859 und 1860 für Lausanne XVII. 691; XVIII. 687*; desgl. d. J. 1861 u. 1862, XIX. 658*.

Marianini, P. D. Anziehung von Spiralen, die mit Eisen umgeben sind VIII. 551 — Ueb. d. Zunahme d. Anziehungskraft e. elektromagnetischen Spirale, wenn sie v. einer Eisenröhre umgeben ist XII. 531 — Ueb. einige Arten v. künstlichen armirten Magneten und einige Magnetisirungsmethoden XII. 533 — Experimentelle Bestätigung d. Gesetzes d. Abhängigkeit d. Schwingungsdauer d. Pendels von der Intensität der Schwere XVII. 40.

Marianini, S. G. Mittel die Richtung d. Blitzes zu entdecken I. 440* — Magnetisirung durch elektr. Ströme von augenblicklicher Dauer II. 338. 346 — Ueber elektr. Metallochromie II. 422. 435 — Magnetisirende Wirkung der elektr. Entladung III. 329. 330; IV. 266 — Ueber gebundenen Magnetismus u. daraus entstehende Erscheinungen III. 478. 488 — Vervollständigung d. Atwood'schen Fallmaschine IV. 61. 62 — Leichte Art die subjectiven Farben zu sehen XI. 339 — Ueb. d. Eigenschaft d. Flüssigkeiten in Berührung mit isolirten elektr. Körpern Elektricität zu absorbiren XI. 400 — Ueber die magneto-elektrostatische Induction XII. 413.

Marié-Davy, Durchgang elektrischer Ströme durch leitende Flüssigkeiten I. 442. 449 — Experimentaluntersuchungen üb. Elektricität II. 373. 386 — Ueb. d. Sehen V. 187. 192 — Ueb. d. Abstossung elektr. Körper u. die Coulombsche Drehwaage VI. 641. 643 — Ueb. e. Arbeit v. Knochenhauer. Messinstrumente für Elektricität von hoher Spannung VI. 651. 652 — Elektrophysiologische Untersuchungen IX. 527 — Neue elektromagnetische Maschine X. 586* — Analytische und experimentelle Theorie der elektromagnetischen Maschinen XI. 508 — Neue elektr. Kette XV. 404 — Theorie d. Säule XV. 410 — Ueber die Fortpflanzung d. Elektricität XVI. 483 — Ueb. d. mechanische Wärmetheorie XVII. 358 — Ueb. die elektromotor. Kräfte der galvan. Ketten XVII. 440 — Ueb. die Elektricität als bewegende Kraft. Ueb. d. Geschwindigkeit der Elektricität. Ueber den variabeln Stromzustand in aufgewickelten Stromkreisen mit od. ohne Eisenkern. Ueb. d. Natur d. elektr. Bewegung XVII. 453 — Ueb. d. Leitungsfähigkeit d. Salzlösungen. Ueb. den Verbrauch lebendiger Kraft bei d. Elektrolyse der Alkalisalze XVII. 475 — Ueber das wahre transatlant. Kabel XVII. 481 — Anwendung der

Elektricität als bewegende Kraft XVII. 511 — Ueb. d. galvan. Messung der specif. Verbindungswärme der wichtigsten Metalle XVIII. 437 — Ueber d. Leitungsvermögen d. Salzlösungen XVIII. 438 — Ueber die Elektricität unter mechan. Gesichtspunkt betrachtet XVIII. 443 — Ueb. d. Aequinoctialstürme. Ueb. d. Sturm vom 2. u. 3. Dec. 1863, XIX. 639*; XX. 723 — Ueber den Zustand der Atmosphäre während d. ersten Hälfte d. August 1862, XIX. 651; XX. 723 — Stürme d. Monate Mai und Juni XX. 732 — Ueb. d. Cyclone v. 19. 20. 21. Dec. 1862. Ueb. d. Bewegungen d. Atmosphäre im März 1863. Erwiderung auf eine Note d. Marschall Vaillant XX. 832*.

Marié-Davy und Troost, Anwendung der galvan. Kette zur Messung der bei chemischen Verbindungen entwickelten Wärmemengen. Bestimmung der bei Verbindung d. Chlors mit den Metallen erzeugten Wärmemengen durch d. galvan. Kette XIV. 418.

Marignac, C. Darstellung u. Natur d. Ozons I. 481 — Beziehungen zw. den physikal. Eigenschaften und der chemischen Zusammensetzung der Körper II. 3. 10 — Ueb. Foucault's Versuch hinsichtlich der Ablenkung d. Pendelebne durch d. Drehung der Erde VI. 68. 118 — Ueb. die zu Genf angestellten Pendelversuche VI. 69. 137 — Ueb. Erstarren u. Sieden d. Hydrate d. Schwefelsäure IX. 131 — Anwendung d. Studiums d. Krystallformen auf d. Untersuchung d. Atomgewichte d. einfachen Körper u. d. chem. Formeln ihrer Verbindungen XV. 36* — Temperatur des Wassers im sphäroidalen Zustand XVI. 367. 368.

Marmé, W. und J. Moleschott, Einfluss d. Lichts auf d. Reizbarkeit d. Nerven XIV. 533.

Marozeau, Circulation d. Wassers in d. Turbine v. Köchlin I. 587. 589; II. 82*.

Marquardt, F. Beschreibung einer Wasserhebemaschine mit Hubregulator für Bergwerke X. 177.

Marquart, Ueber Hagelkugeln von München-Gladbach XII. 685.

Marr, R. A. Ueb. d. Missisippifluss in Memphis IX. 662.

Marrian, J. P. Tonerregung durch Elektromagnete I. 143. 144.

Marsden, E. und J. Verbesserungen an Pumpen X. 177.

Marsh, B. V. Taghelles Meteor am 15. Nov. 1859, XVI. 605* — Ueb. d. Polarlicht als eine elektr. Entladung zw. d. magnet. Polen d. Erde unter Einfluss des Erdmagnetismus XVII. 504 — Ueb. d. Leuchten d. Meteore in Folge der latenten Wärme XIX. 524 — Sternschnuppen im Dec. 1862, XIX. 541*.

Marshall, Verfahren grosse Gypsformen durch Galvanoplastik zu erhalten I. 482. 486.

Marshall Hall, Einfluss physikal. u. chemischer Agentien auf d. Nervensystem. Vergleich d. tetanisirenden Wirkung d. Elektricität u. d. Strychnins, Narcotins u. s. w.; retrograde Reflexthätigkeit im Frosch III. 393. 412.

Martens, Ueb. Daguerreotyp-Panoramen I. 275. 294 — Elektromotor. Kraft des Eisens I. 458 — Theorien üb. d. Ursprung d. volt. Elektricität u. die Wirkungsweise der Säulen II. 372* — Säulen mit Säuren u. Alkalien getrennt durch poröse Körper VI. 677. 686 — Die elektrochem. Theorie in Beziehung auf d. Substitutionssetz VI. 678. 688 — Ueber elektrochemische Zersetzungen VIII. 490 — Ueb. d. Ursprung od. die Natur der Wärme X. 366 — Ueb. die elektrochemische Zersetzung des essigsaur. Bleis XIII. 371 — Ueb. d. Ursprung d. Elektricität in d. Ketten XVIII. 406.

Martin, Orkan v. 14. Febr. 1849 in Bedfordshire V. 375* — Elektromagnetisches Pendel zur Messung sehr kleiner Zeiträume VI. 841* — Ueber d. Princip d. Affinität in der neuen elektrochem. Wissenschaft XX. 459.

Martin, A. Photographie auf Papier III. 196. 207 — Erfolg seiner photograph. Arbeiten IV. 192. 196 — Ueb. Photographie VI. 520. 540 — Photographie auf Glas VI. 521. 543 — Umwandlung d. negat. Bilder auf Glas in positive VIII. 354.

Martin, E. Die Atomistik im Gegensatz zur Dynamistik XVIII. 16* — Ueb. d. wahren Aether als das eine d. grossen Principien der physischen Natur XIX. 33.

Martin, P. J. Meteorolog. Beobachtungen VIII. 596*.

Martin-Magron u. Fernet, Einfluss d. Polarisation hinsichtlich der Wirkung der Elektricität auf das Nervensystem XVI. 551; XVII. 539* — s. Rousseau.

Martin de Brettes, Prioritätsanspruch betr. das Telegraphensystem d. Herrn Leseurre XII. 334 — Neue Registrirapparate mit Inductionsfunken XV. 492* — Neue Inductionschronographen, einer mit konischem Pendel, ein anderer mit Stimmgabel (elektrophonischer Chronograph) XVII. 512; XVIII. 6 — Vergleich d. Nutzeffects d. Schusswaffen u. d. Dampfmaschinen XX. 327.

Martineau, H. Die englischen Seen mit einer geolog. Karte und einem Anhang üb. d. Meteorologie, Botanik u. s. w. d. Seedistricts XVII. 750*.

Martini, A. de, Wirkungen d. Santonins auf d. Sehen XIV. 313 — Ueb. d. Färbung d. Auges u. Harnes durch Santonin XVI. 295.

Martins, A. Prüfungsmittel für Plan- u. Parallelgläser nebst Apparat zur Anfertigung derselben I. 298. 301 — Entfernungsmesser für militair. Zwecke II. 45. 46 — s. Pistor.

Martins, Ch. Farbe des Gletscherwassers III. 118. 136 — Intensität d. Schalls in verdünnter Luft IV. 443; V. 111; VI. 293* — Spaltung v. Bäumen durch elektr. Tromben V. 258. 263; VI. 877. 880 — Identität der Gletscherwirkungen in d. Umgegend v. Edinburg mit denen auf d. europäischen Festland u. in Spitzbergen VI. 908. 916 — Ueb. d. sechs Klimate Frankreichs VI. 1050. 1084 — Anweisung zur Beobachtung v. Windhosen od. Tromben VI. 1050. 1093 — Natur u. Ursprung d. verschied. Arten trockener Nebel VI. 1051. 1098 — Vergleich d. Regenmenge von Paris u. Montpellier im J. 1853, X. 748 — Ueb. die ausserordentliche Kälte zu Montpellier im Jan. 1855 u. die bedeutenden Temperaturverschiedenheiten innerhalb eines kleinen Umkreises XI. 646. 648 — Eine Contrastwirkung durch d. Reflexion d. Mondes in d. Meeren d. Orients XII. 553* — Ueb. d. Regenmenge zu Montpellier im März 1856, XII. 682 — Regenmenge, welche v. 24. bis 28. Sept. 1857 zu Montpellier fiel XIII. 554 — Vertheilung d. Regens in Frankreich im Jahr 1857, XIV. 672 — Ueber die nächtliche Strahlung auf hohen Bergen XV. 709 — Thermometrische u. physiologische Kälte in den Ebenen u. auf Gebirgen XV. 716* — Ueb. die Erwärmung d. Bodens auf hohen Bergen u. ihren Einfluss auf d. Schneegränze u. d. Alpenvegetation XV. 717* — Ursachen d. Kälte auf hohen Bergen XVI. 674 — Nächtliche Zunahme d. Temperatur mit d. Höhe XVI. 706* — Einfluss des Abstandes und der Stundenzeit auf d. barometrisch gemessenen Höhenunterschied zweier Stationen XVI. 724 — Höhenmessung mit d. Barometer XVII. 644* — Ueb. d. Gewitter vom 11. Octbr. 1862 zu Montpellier XVIII. 537 — Ueber die nächtliche Abkühlung der Erdoberfläche verglichen mit der der unmittelbar darüber befindlichen Luftschicht XVIII. 606 — Ueb. d. nächtliche Erkaltung verschied. Bodenarten an d. Oberfläche im Winter zu Montpellier. Ueb. Bodentemperatur zu Montpellier im Winter in 0,05, 0,10, 0,30^{m} Tiefe XIX. 627 — Ueb. d. auf hohen Bergen und in d. Ebene verschiedene Wärmeaufnahme durch Bestrahlung XX. 680 — Ueb. die Abkühlung des Meerwassers unter den Gefrierpunkt XX. 846 — s. Haeghens.

Martins, s. Pistor.

Martius, T. v. Einfluss des Lichts auf d. Blüthenfarben. Einfluss der verschied. farbigen Lichtstrahlen auf d. Pflanzen IX. 309*; X. 327* — Ueb. d. period. Erscheinungen des Pflanzenreichs IX. 737*.

Martyn, P. Function des Schildknorpels XIII. 194*.

Marx, C. Zur Geschichte der Lehre v. d. doppelten Strahlenbrechung V. 161* — Neuer experimenteller Beweis v. der Drehung d. Erde VI. 71. 152 — Elektr. Erscheinung VI. 649. 651 — Leuchtkraft des Leuchtgases unter verschied. Druck und bei verschied. Weite d. Gasbrenner XI. 286*.

Mascart, Ueb. d. Streifen d. ultravioletten Sonnenspectrums. Ueber die chemischen Strahlen XIX. 189 — Bestimmung der Wellenlänge der Linie A. XIX. 190 — Bestimmung d. Wellenlänge d. leuchtenden u. ultravioletten Strahlen XX. 187.

Masch, A. G. Grosse Feuerkugeln X. 641* — Starkes Gewitter 1802 zu

Neustrelitz. Hagelwetter zu Neustrelitz 1773, X. 649* — Nordlicht am hellen Tage XII. 558*.
Masch, u. G. E. v. Kamptz, Merkwürd. Phänomen 27. Dec. 1798, X. 640*.
Maschke, Ueb. d. Bildung d. Grundeises XI. 782.
Maskelyne, N. S. Beiträge d. Photographie zur Philosophie der Chemie III. 194* — Zusammenhang der chemischen Kräfte mit d. Polarisation d. Lichts VI. 458. 474 — Ueber Aerolith- und Steinfälle zu Butsura. Indien, im Mai 1861. Bemerkungen üb. Aerolithe XIX. 544*.
Mason, J. A. Klima u. Meteorologie v. Madeira IV. 428. 429.
Massey, Apparat zur Messung der Geschwindigkeit der Schiffe und des Wassers in Flüssen u. s. w. I. 46. 51.
Masson, A. Elektr. Photometrie I. 385. 419; VI. 651. 653 (de la Rive dazu 654); XI. 440 — Ueb. die Bewegung elastischer Flüssigkeiten. Neue Theorie d. Blaseinstrumente IX. 149; XII. 202 — Ueb. einige Wirkungen d. elektr. Ströme IX. 493 — Ueber d. elektr. Licht IX. 494 — Ueber die Erscheinungen bei zwei elektrischen Strömen, die sich in gleicher od. entgegengesetzter Richtung in demselben Leiter fortpflanzen IX. 495 — Wärmende u. leuchtende Wirkung zweier gleichzeitigen elektr. Ströme X. 513 — Ueb. d. Induction XII. 525 — Ueb. d. Geschwindigkeit des Tons in festen Körpern, Flüssigkeiten und elast. Fluiden, u. d. Beziehungen d. physikalischen Eigenschaften der Körper XIII. 171; XIV. 326. — Ueber d. Note d. Hrn. Verdet XIV. 485*.
Masson A. u. L. Courtépée, Ausstrahlungsvermögen der Körper III. 255. 256; IV. 239. 240.
Masson u. Jamin, Ueb. d. Durchgang d. strahlenden Wärme VI. 619. 635; XVII. 407.
Master, Apparat zur Eisbereitung IX. 366.
Masterman, S. Beobachtungen üb. Donner u. Blitz XII. 587 — Beobacht. einer Nebensonne zu Weld XVI. 602* — Sternschnuppen im Januar 1863, XIX. 541* — Beobacht. d. Zodiakallichts XIX. 546*.
Matheson, Elektrometer VIII. 456.
Mathews, W. Vergleich zwischen engl. u. Metermaass auf Barometern mit doppelter Skala XX. 663*.
Mathieu, Ueb. astronom. Strahlenbrechung X. 635. 637 — Vervielfältigung v. Druckplatten durch Galvanoplastik XI. 460* — Beobachtung eines Feuermeteors zu Bougie XVIII. 506* — Wetterverkündigung XVIII. 591* — Schreiben an Hrn. Velpeau XIX. 606* — Bericht üb. e. Abhandl. d. Hrn. Philipps üb. e. neue Methode den Elasticitätscoeff. u. s. w. verschied. Substanzen zu bestimmen XX. 63 — s. Pascal.
Mathieu, E. Ueb. d. Bewegung der Flüssigkeiten in sehr engen Röhren XIX. 35 — Ueb. d. Fortpflanzung d. Wellen XIX. 59*. — Ueb. d. Dispersion d. Lichts XX. 144.
Mathiot, G. Ueb. die elektrotypen Operationen der Küstenvermessung in den Vereinigten Staaten IX. 512* — Beschreibung einer constanten galvan. Säule XII. 480 — Das atlantische Kabel XV. 493*.
Mattei, Apparat zur Ermittelung d. Dauer u. Richtung der Ströme in e. flüss. oder gasförm. Mittel II. 45*.
Matteucci, C. Tonerregung in einem von einer Spirale umgebenen Eisenstab beim Oeffnen u. Schliessen der Kette I. 143. 148 — Ueber die Induction d. Flaschenentladung I. 385* — Elektricität des Dampfes I. 386* — Ueb. elektr. Leitungsfähigkeit I. 442. 456 — Ueb. Elektrophysiologie I. 499. 503 — Ueb. d. Zitterrochen I. 499. 507 — Der Muskel- u. Froschstrom; über inducirte Zuckung I. 500. 512. 519; II. 437. 470 — Die Erde als Leitung für die elektr. Telegraphie I. 523. 534; II. 515. 523. 531. 537; X. 500 — Beschaffenheit des trüben Theiles im Wasserstrahl II. 54. 74 — Ueber die Respiration der Pflanzen II. 228. 234 — Elektr. Zustand der Isolatoren II. 322. 323 — Elektricitätsentwicklung durch chemische Wirkung II. 372. 374 — Physiolog. Wirkung des elektr. Stromes II. 436. 442 — Elektromotorische Fische II. 437. 466 — Beziehung zw. chemischer Action u. der durch sie erzeugten Licht-, Wärme- u. Elektricitätsmenge III. 219. 226 — Zustand der nichtleitenden Körper in Berührung mit elektrisirten Leitern III. 314. 317 — Elektrisirung v. Mag-

netnadeln in verschied. Mitteln III. 329. 331 — Erscheinungen beim Durchgang d. Stromes durch d. Nerven eines lebenden Thieres je nach der Richtung des Stromes 393. 403 — Beziehung zw. Stromdichte und physiologischer Wirkung III. 393. 412 — Gesetze d. elektr. Entladung der Zitterrochen und anderer Fische III. 394. 433 — Function der elektrischen Fische III. 395. 435 — Eigenthümliches Organ d. Rochen III. 395. 440 — Ueb. inducirte Zuckungen III. 395. 442 — Verhältniss des Nervenprincips zur Elektricität III. 396. 445 — Elektromagnetische Versuche III. 461. 468 — Einfluss d. Magnetismus auf d. Drehvermögen einiger Körper IV. 358. 374 — Fortpflanzung d. Elektricität in Gasen u. festen Isolatoren. Elektricitätsverlust in mehr od. minder feuchter Luft V. 246 — Elektr. Leitungsvermögen d. Säuren V. 275. 281 — Beobachtungen üb. d. galvan. Lichtbogen V. 286. 290 — Neue Untersuchungen üb. Elektrophysiologie. — Ueb. d. Versuche von Du Bois-Reymond V. 299* — Einfluss d. Magnetismus auf schwingende Platten VI. 294. 311 — Entwicklung d. Elektricität bei chemischen Verbindungen u. Theorie d. Säulen aus einem Metall u. zwei Flüssigkeiten VI. 677. 686 — Fortpflanzung d. galvanischen Stroms in d. Erde VI. 700. 704 — Neue Versuche über d. volt. Lichtbogen VI. 713. 715 — Neue elektrophysiolog. Untersuchungen VI. 729. 742. 744 — Reclamation in Betreff d. Mittheilungen v. Du Bois-Reymond VI. 730. 750 — Ursache d. inducirten Zuckung u. d. organ. Ströme VI. 731. 759. 760 — Ueber atmosphär. Elektricität VI. 878* — Rotation des polarisirten Lichts, Einfluss d. Magnetismus u. d. diamagnet. Erscheinungen im Allgemeinen VI. 1127. 1146 — Gesetze d. Magnetismus u. Diamagnetismus VIII. 574 — Schreiben an Bence Jones betr. d. Brochüre üb. thierische Elektricität IX. 530 — Ueb. die Vertheilung d. elektr. Ströme in Arago's rotirender Scheibe. Rotationsmagnetismus in krystallisirtem Wismuth. Rotationsmagnetismus in Massen aus sehr kleinen unter sich isolirten Theilchen IX. 569 — Ueber d. Gleichgewichtsfiguren und d. Bewegungen v. Flüssigkeiten u. Gasen IX. 597 — Einfluss v. Wärme, Compression, Krystallform u. chemischer Zusammensetzung auf d. diamagnetischen Erscheinungen IX. 598 — Ueb. d. Elektricität d. Flamme X. 480 — Ueb. die Grundsätze, auf denen die Entwicklung d. Elektricität bei chemischen Erscheinungen beruht X. 485 — Ueb. d. Leitungsfähigkeit d. Flüssigkeiten X. 505 — Ueber eine Stelle in d. Abhandlung v. Favre üb. d. thermischen Wirkungen d. hydroelektr. Ströme X. 513 — Lehrbuch d. Induction, d. Rotationsmagnetismus, d. Diamagnetismus und d. Zusammenhangs zw. magnetischer Kraft u. Molecularwirkung X. 568 — Ueb. gewisse physikalische Eigenschaften des comprimirten u. d. krystallisirten Wismuths XI. 411. 412 — Ueber die Wirksamkeit d. Hagelableiter XI. 602 — Apparat zum Nachweis u. zur Messung d. verschiedenen Leitungsfähigkeit d. krystallisirten Wismuths XII. 454 — Ueber d. physikal. u. chemischen Erscheinungen d. Muskelcontraction XII. 490* — Ueber d. Bedingungen, welche bei d. Fröschen d. Dauer d. Muskelcontraction nach ihrem Tode verändern. Ueber die elektrische Wirkung einiger Fische. Ein Versuch üb. d. gleichzeit. Durchgang zweier elektr. Ströme v. entgegengesetzter Richtung in demselben Draht. Ueber thierische Elektricität XII. 491; XIV. 569 — Ueber d. physiolog. Wirkung d. Elektricität. Ueber die elektrischen Erscheinungen der Muskelcontraction XII. 492* — Ueber d. elektr. Zustand, welcher in einer vor einem Magnet rotirenden Metallscheibe inducirt wird XII. 527 — Neue Anwendung einer immer geschlossenen Telegraphenleitung XII. 533* — Ueb. e. Phänomen bei einem rotirenden Magneten XIII. 412 — Experimentaluntersuchungen üb. d. Magnetismus XIII. 444 — Beziehungen zwischen den Inductionsströmen und der mechanischen Kraft der Elektricität XIV. 426 — Neue elektromagnetische Inductionserscheinung XIV. 484 — Elektromagnetische Erscheinungen durch Torsion XIV. 499 — Experimentaluntersuch. üb. Diamagnetismus XIV. 510 — Ueb. d. physikal. u. chemischen Erscheinungen d.

Muskelcontraction. Ueber thierische Elektricität. Ursachen, welche die Dauer d. Muskelcontraction nach d. Tod der Frösche ändern XIV. 536 — Elektr. Thätigkeit einiger Fische XIV. 542 — Ueb. d. elektr. Eigenschaften der isolirenden Körper XV. 383 — Neue Versuche üb. axiale Induction XV. 500 — Neue elektrophysiolog. Versuche XV. 511. 529 — Erscheinungen an d. Telegraphendrähten v. Toscana nach d. Nordlicht vom 28. zum 29. Aug. XV. 565* — Versuche, die in d. Telegraphenbureaux anzustellen sind bei Erscheinungen, die dem Erdmagnetismus od. der atmosphär. Elektricität zugeschrieben werden XV. 566* — Aeltere Störungsbeobachtungen d. Telegraphen während eines Nordlichts XV. 566* — Ueb. die elektr. Endosmose XVI. 457 — Ueb. d. elektr. Erscheinungen bei der Muskelcontraction XVI. 536 — Elektromotor. Kraft des Organs der Zitterrochen XVI. 547 — Secundäre elektromotor. Kraft der Nerven und anderer organ. Gewebe XVI. 549 — Physiol. Wirkung d. elektr. Stroms XVI. 551*; XVII. 538* — Ueb. d. Imbibition XVII. 130 — Ueb. d. Elektricität d. Flamme d. Wasserstoffs oder des Alkohols XVII. 487 — Einfluss der Contraction auf d. elektromotorische Kraft d. Muskeln XVII. 523* — Ueb. d. secundäre elektromotor. Kraft d. Nerven u. ihre Anwendung auf d. Elektrophysiologie XVII. 533; XIX. 504 — Anwend. d. Princips d. secundären Polarität d. Nerven auf d. Erklärung der Erscheinungen des Elektrotonus XVII. 534 — Ueber die elektrischen Ströme in Telegraphendrähten XVIII. 558 — Ueb. d. elektr. Function des Zitterrochens XVIII. 830. Dazu Moreau u. Becquerel 830 — Ueber die Diffusion d. Gase durch gewisse poröse Körper XIX. 84 — Experimentaluntersuchungen üb. d. Gesetze d. Imbibition XX. 82 — Ueb. d. dynamische Theorie d. Wärme und ihre Anwendungen auf die Säule, die elektromagnetischen Maschinen und den lebenden Körper XX. 332* — Ueber einige Versuche v. Faye über d. Inductionsfunken u. üb. d. Zusammenschweissen zweier Eisencylinder in hoher Temperatur XX. 487 — Ueb. d. elektr. Erdströme XX. 629 — s. Barranti.

Matteucci, C. u. A. Cima, Ueber Endosmose I. 25. 26.

Matthiessen, A. Beobachtung des Sonnenspectrums während der Sonnenfinsterniss III. 117. 125 — Messung d. bedeutenden Dispersion des menschl. Auges III. 181. 183; Vallée's Bemerk. dazu 184 — Reflexionsgoniometer III. 210. 213 — Bestimmung d. Drehvermögens einer Anzahl durchsichtiger Verbindungen unter magnetischem Einfluss III. 491. 506 — Ueber das Linsenprisma IX. 243 — Elektrolytische Darstellung der Metalle d. Alkalien und Erden XI. 449 — Darstellung d. Strontiums u. Magnesiums XI. 450 — Galvanische Leitungsfähigkeit d. Metalle d. Alkalien u. alkalischen Erden XII. 452 — Bemerk. üb. Baryum XII. 477 — Ueber die thermoelektr. Reihe XIV. 398 — Ueb. d. elektr. Leitungsfähigkeit d. Metalle XIV. 444 — Ueb. d. Coercitivkraft des reinen Eisens XIV. 502 — Specif. Gewicht der Legirungen XV. 12 — Elektr. Leitungsfähigkeit d. Goldes XVI. 491 — Elektr. Leitungsfähigkeit der Legirungen XVI. 496 — Ueb. e. Legirung, welche als Widerstandsmaass dienen kann XVII. 465 — Elektr. Leitungsvermögen des Kupfers und seiner Legirungen XVII. 470 — Bemerk. zu Prof. Bolley's Mittheilung üb. einige physikalische Eigenschaften d. Legirungen v. Zinn und Blei XVIII. 9 — Bericht üb. die chemische Natur d. Legirungen XX. 15.

Matthiessen, A. und M. v. Bose, Einfluss d. Temperatur auf d. elektr. Leitungsfähigkeit XVIII. 433.

Matthiessen, A. und M. Holtzmann, Elektr. Leitungsfähigkeit d. reinen Kupfers u. deren Verminderung durch Metalle und Metalloide XVI. 491.

Matthiessen, A. und Vogt, Ueb. d. Einfluss von Spuren fremder Metalle auf d. elektr. Leitungsfähigkeit d. Quecksilbers XVIII. 435 — Ueber d. elektr. Leitungsfähigkeit v. Thallium u. Eisen u. d. Einfluss d. Temperatur auf dieselbe XIX. 420 — Einfluss d. Temp. auf d. elektr. Leitungsfähigkeit d. Legirungen XIX. 423.

Matthiessen, L. Ueb. die Gleichgewichtsfiguren homogener freier rotirender Flüssigkeiten XIII. 125; XVI. 51; Nachträge und Verbesserungen

dazu XVII. 62 — Zur Kenntniss der Anordnung der Elektricität auf isolirten Leitern XVII. 423 — Ueb. die Abweichung d. freien Falles d. Körper von der Verticalen XVIII. 29 — Ueb. eine besondere Art secundärer Gleichgewichtsfiguren XIX. 13 — Beschreibung u. Theorie eines Variationsinstruments für Declinat. u. Intensität d. Erdmagnetismus XX. 634*

Matzenauer, E. Erdmagnetismus u. Nordlicht XVII. 579.

Matzka, W. Wann liegt d. Schwerpunkt eines ebenen Vierecks ausserhalb desselben? VIII. 50 — Neuer Beweis d. Kräfteparallelogramms XII. 84 — Zur Theorie der Sinusbussole XV. 406 — Abänderung des Ausspruchs des gewöhnl. Gesetzes der Lichtbrechung XVI. 226* — Allgem. Berechnung d. Stromstärke an Galvanometern. Bemerk. zur Lehre v. d. Sinusbussole XVI. 475.

Mauget, A. Ueb. d. gegenwärtigen Ausbruch d. Vesuvs XIV. 707 — Ueb. die nach d. letzten Ausbruch d. Vesuvs erfolgten Erscheinungen XVIII. 780.

Maumené, E. J. Neuer Versuch üb. complementäre Farben VI. 412. 415 — Ueb. die Destillation gemischter Flüssigkeiten XIX. 362 — Ueb. die Löslichkeit d. salpetersaur. Natrons XX. 94.

Maunoir, J. P. Erste Idee d. elektr. Telegraphie VI. 839* — Accommodation d. Auges für verschied. Entfernungen XII. 307.

Maurat, Ueb. d. Klirrtöne d. Saiten XV. 168.

Maurice, Die Mineralölquellen Nordamerikas XVII. 764*.

Mauritius, Ueber den Magnetismus bei verschied. Temperaturen XIX. 455 — Ueb. e. einfache Vorrichtung zur Bestimmung der magnet. Declination XIX. 601*.

Maury, M. F. Beobachtungen zu d. Karten über Wind- und Meeresströmungen im Atlant. Ocean V. 373. 444 — Wahrscheinl. Zusammenhang der Circulation der Atmosphäre mit dem Magnetismus VI. 887. 890 — Ueber d. Ströme d. Atlant. Oceans und d. Existenz der nordwestl. Durchfahrt VI. 912. 1000 — Einfluss der Entdeckung des Golfstroms auf d. Handel v. Charleston. Ueb. d. allgem. Umlauf d. Atmosphäre VI. 1052. 1108 — Ueb. d. Passat VI. 1056* — Ueb. die Wolken u. äquatorialen Wolkenringe d. Erde VIII. 772 — Beobachtungen üb. d. Druck d. Atmosphäre IX. 739*. Dazu Secchi 739 — Ueber d. Barometerstand in der Höhe von Cap Horn X. 701 — Barometr. Anomalien in d. Anden XI. 691 — Curvenkarte der atmosphärischen Erscheinungen auf d. Atlant. Meer XII. 693 — Ueb. d. Sondirungen auf d. Telegraphenplateau XII. 735 — Wind- u. Stromkarten XIII. 549 — Einige besondere Ursachen, welche auf die Temperatur der Meeresoberfläche wirken XIV. 687 — Barometerbeobachtungen auf d. Reise nach Australien 1857; Zusammenhang der Luftströmungen mit d. Angaben d. Barometers; Theorie der Cyclonen XV. 723 — Erläuterungen u. Schifffahrtsrouten zu d. Wind- und Strömungskarten XV. 741* — Barometerbeobachtungen auf dem Meer XVI. 721 — Internationale Conferenz zur Herbeiführung gleichart meteorolog. Beobachtungsweisen XVI. 727 — Vertheilung d. Winde auf d. Oberfläche d. Meere XVI. 736* — Die Seewinde, ihre mittlere Richtung u. Dauer im Jahr XVI. 791* — Regenkarte vom nördl. Stillen Meer XVI. 792* — Ueb. d. Klima d. antarct. Regionen nach Beobacht. der Barometerhöhe und d. Windrichtung XVII. 638. 725* — Physische Geographie u. Meteorologie d. Meeres XVII. 737*; XX. 854* — Wichtigkeit e. Expedition in d. antarct. Regionen für meteorol. u. andere wissenschaftl. Zwecke XVIII. 671 — Physikal. Geographie für Schulen XX. 840*.

Maus, H. Bericht üb. d. Abhandl. v. Plateau: Ueb. die Gleichgewichtsfiguren einer gewichtlosen Flüssigkeit XII. 142.

Mauthner, S. Zur Lehre vom entommatischen Sehen XIX. 287.

Mauvais, Vorrichtungen zur Verringerung der Vibrationen des Quecksilberspiegels u. Anwendung derselben bei Passageinstrumenten VIII. 362.

Maxwell, J. C. Gleichgewicht fester elast. Körper VI. 229. 255 — Ueber e. besonderen Fall d. Herabsinkens eines schweren Körpers in einem widerstehenden Mittel X. 61 — Versuche üb. Farbenmischung und Be-

merkungen über Farbenblindheit XI. 281. Wilson desgl. Forbes dazu XI. 284 — Ueb. e. dynamischen Kreisel zur Beobachtung d. Bewegung eines Systems von veränderl. Form um e. festen Punkt, nebst Bemerk. über d. Bewegung d. Erde XII. 134 — Elementare Theorie d. optischen Instrumente XII. 805 — Theorie d. zusammengesetzten Farben mit Bezug auf d. Mischung v. blauem u. gelbem Licht XII. 259 — Ungleiche Empfindlichkeit d. foramen centrale für Licht von verschiedener Farbe XII. 315 — Ueber Faraday's Kraftlinien XII. 382 — Methode zur Construction der theoret. Form v. Faraday's Kraftlinien ohne Rechnung XII. 383 — Ueber Farbenwahrnehmung XIII. 232 — Ueb. d. allgemeinen Gesetze optischer Instrumente XIV. 216 — Ueber die Mischung v. Spectralfarben XV. 223 — Ueb. d. Bewegung und d. Stoss vollkommen elastischer Kugeln; zur dynam. Theorie d. Gase XV. 314 — Theorie d. zusammengesetzten Farben u. Beziehungen d. Spectralfarben XVI. 301* — Diffusion zweier oder mehrerer Arten sich bewegender Molecule. Ueb. d. Stösse vollkommen elast. Körper v. beliebiger Form XVI. 322 — Ueb. d. Theorie der Mischfarben und d. Beziehungen zwischen d. Farben d. Spectrums XVII. 328 — Theorie d. Molecularwirbel angewandt auf elektr. Ströme XVII. 417 — desgl. auf statische Elektricität; desgl. auf d. Wirkung d. Magnetismus auf polarisirtes Licht XVIII. 387 — Ueber reciproke Figuren u. Kräftediagramme XX. 21 — Ueb. die Berechnung des Gleichgewichts u. die Festigkeit der Gitter XX. 58.

May, s. Nasmyth.

Mayall, J. E. Emaillirte u. Crayondaguerreotypbilder VI. 519. 537 — Firniss für positive Bilder VI. 521. 542 — Photographie auf Glas VI. 522. 543.

Mayefsky, Ueb. d. Widerstand der Luft gegen sphär. Geschosse XV. 87*.

Mayer, Patentgefällmesser XII. 82.

Mayer, A. M. Schätzung sehr kleiner Gewichtsmengen XIV. 61.

Mayer, C. Ueb. d. Stimme d. Menschen u. d. Thiere VIII. 162 — Einfluss d. Lichts auf die Bewegungen d. Iris X. 324.

Mayer, E. Ueber das Erdbeben in Aegypten am 12. Oct. 1856, XII. 773.

Mayer, J. R. Die organische Bewegung in Zusammenhang mit d. Stoffwechsel III. 232* — Umwandlung d. lebendigen Kraft in Wärme und umgekehrt IV. 61. 66 — Prioritätsanspruch gegen Joule in Betreff des Wärmeäquivalents V. 228. 237 — Ueb. d. mechanische Aequivalent d. Wärme VI. 562. 590; XIX. 345* — Ueb. die Kräfte der unorgan. Natur XVIII. 325* — Dynamik des Himmels XIX. 344*.

Mayes, W. Meteorolog. Beobacht. zu Aden und Fort George Barraks Bombay III. 590. 603.

Mayrhöfer, C. v. Ueber die Umwandlung des Schmiedeeisens durch Vibration im kalten Zustand v. einer sehnigen Textur in eine grobkörnig krystallinische, u. die damit verbundeneFestigkeitsverminderung XVIII. 62.

Mazzarella, G. Ueb. e. am 17. April 1859 in d. Prov. Basilicata u. Principato citra beobachtete Feuerkugel XV. 559*.

Meay, Einfluss des Silbers auf den Klang d. Glocken XVI. 164.

Mechanic, A. Erhaltung der Kraft XIII. 97.

Meech, L. W. Berechnung der tägl. Intensität d. Sonne auf d. Erdoberfläche u. die säculare Wärmeänderung VI. 1053* — Relative Intensität der Erwärmung und Beleuchtung unter verschied. Breiten auf d. Erde XIII. 490; XIV. 613.

Meesche, F. van, Hagel zu Koewacht in Flandern d. 23. Aug. 1853, IX. 737*.

Meese, Klima v. Riga nach d. Beobachtungen v. Deters V. 373. 380.

Méhédin, Ueb. die Bildung d. Nilschlammes XVIII. 731.

Méhédin u. E. Willm, Chemische Beschaffenheit d. Natronseen XVIII. 724.

Mehler, Anziehung einer mit Masse belegten abwickelbaren Fläche auf e. materiellen Punkt XVI. 35 — Ueb. die Anziehung einer von zwei ähnl. Flächen zweiten Grades begränzten Schale XVIII. 19.

Meibauer, R. Ueber die unendlich dünnen Lichtbündel XVII. 232* — Ueb. allgemeine Strahlensysteme d. Lichts in verschied. Mitteln XIX. 105*

— Theorie d. gradlinigen Strahlensysteme d. Lichts XX. 146.

Meidinger, H. Ueb. voltametrische Messungen IX. 500 — Elektromotor. Verhalten der den galvan. Strom leitenden Schwefelmetalle u. Metalloxyde XIV. 440 — Ueb. eine völlig constante galvan. Batterie XV. 399 — Abhängigkeit des Leitungswiderstandes d. Erde von der Grösse der versenkten Polplatten XV. 418 — Das Ueberziehen gravirter Kupferplatten mit Eisen auf galvanoplast. Wege XV. 477 — Bemerk. zu der v. C. W. Williams aufgestellten Theorie der Erwärmung d. Wassers XVII. 387* — Ueb. Ammoniumeisen XVIII. 446.

Meier, F. Ueber den allgemeinen Charakter u. d. merkwürd. Veränderungen der Bahn eines Aethermoleculs XIV. 220*.

Meinig, C. L. A. Verbesserungen an galvan. Batterien X. 544*.

Meissel, E. Zur Theorie d. Tautochronen X. 39 — Ueb. e. speciellen Fall d. Ausflusses v. Wasser in einer verticalen Ebne XI. 94.

Meissner, G. Lehre von den Bewegungen d. Auges XII. 319*; XVI. 268 — Zur Kenntniss des elektr. Verhaltens d. Muskels. Ueb. d. elektr. Verhalten d. Oberfläche d. menschl. Körpers XVII.526 — Ueb. d. Leuchten d. Phosphors XVIII. 240 — Ueb. den Sauerstoff XIX. 12*. 559. 639; XX. 18 — Ueb. d. Bestandtheile d. Regenwassers XIX. 641*.

Meissner, M. Versuche zur Ermittelung der absoluten Festigkeit von Eisen- u. Stahlsorten XIV. 111.

Meissner u. **Meyerstein**, Neues Galvanometer, Elektrogalvanometer genannt XVII. 449.

Meissner, J. u. F. **Cohn**, Ueber d. elektr. Verhalten des thätigen Muskels XVIII. 823.

Meister, F. X. Akustisches Phänomen XIII. 191 — Bodentemperatur unweit Freising XIV. 698 — Temperatur d. Erdbodens u. d. Erde überhaupt XVI. 700.

Melber, Jahresbericht des physikal. Vereins zu Frankfurt a. M. für 1848 IV. 393. 403.

Melde, F. Methoden die akustischen Schwebungen od. Stösse sichtbar zu machen XV. 166 — Methode d. Schwingungsvorgang sichtbar zu machen sowie deren Anwendung bei glockenförm. Körpern XVI. 133 — Neue Art v. Klangfiguren durch Flüssigkeitstropfen. Erregung stehender Wellen eines fadenförm. Körpers XVI. 137 — Ueb. Flüssigkeitsströmungen XVI. 146 - Benutzung des Violinbogens zur Hervorbringung d. harmon. Töne einer Saite XVII. 163 — Ueb. einen neuen Apparat zur Darstellung von Schwingungscurven XVIII. 113 — Die Lehre von den Schwingungscurven XIX. 98.

Melicher, J. Effecte des Galvanismus auf Harnsteine IV. 302. 307.

Mellet, Trombe aus Wasserdampf II. 364. 369.

Melloni, M. Neue Untersuchung üb. die strahlende Wärme I. 364 — Geschichte der durch den Erdmagnetismus inducirten elektr. Ströme I. 523. 532 — Wärmewirkung d. Mondlichts II. 272. 273; III. 619. 629 — Ursache der blauen Farbe der blauen Grotte III. 118. 135; IV. 150. 156 — Theorie d. Thaus III. 256. 296; 620. 642; IV. 243. 245; VIII. 779 — Ueb. d. Strahlen glühender Körper u. d. Elementarfarben d. Sonnenspectrums IV. 150. 162 — Beschaffenheit d. Flamme u. d. elastischen Flüssigkeiten nebst Wirkung der Compression in durchscheinenden Körpern, welche d. Drehung der Polarisationsebne mittelst des Magnets erzeugen V. 333. 348 — Ueber Thermochrose VI. 619. 635 — Richtkraft krystallisirter Substanzen unter d. Einfluss d. Magnetismus VI. 1128. 1179 — Ueber einige neuere Beobachtungen in Betreff der Sonnenwärme VIII. 435 — Ueb. die diathermanen Substanzen IX. 400 — Ueb. d. Magnetisirung d. vulkan. Gesteine. Ueber den Magnetismus d. Gesteine IX. 582 — Ueber die beste Methode zur Bestimmung der Diathermanität einer Platte für verschied. Wärmestrahlen X. 423 — Ueb. die elektrostatische Induction X. 443; XII. 385 — Neues Elektroskop X. 462 — Gleichheit der Geschwindigkeit von Strömen verschiedener Spannung in demselben metallischen Leiter X. 500 — Temperatur im Innern d. Erde X. 797 — Magnetische Polarität der Lava. Magnetisirung d. Lava durch d. Wärme und die Wirkung einiger magnetischer Gesteine XIII. 442.

Melov, J. Meteorsteinfall XII. 557*.
Melsens, Durchsichtigkeit v. Quecksilberbläschen I. 179. 183 — Ueb. Einrichtungen am Papinschen Topf u. üb. e. elektr. Anzeiger XII. 533* — Dauer d. Lichteindrucks auf d. Retina XIII. 258 — Gang u. Bewegung d. Pulvergase XVII. 100.
Menabrea, L. F. Ueb. d. Wirkung d. Wasserstosses in d. Leitungsröhren XIV. 95 — Ueb. d. Durchbohrung d. Alpen zwischen Modane und Bardonèche XIV. 99 — Neues Princip d. Spannungen in elast. Systemen XIV. 105 — Ueb. ein neues System von Maschinen mit heisser Luft XIX. 347*.
Mendel, G. Meteorologische Beobachtungen in Mähren und Schlesien für das Jahr 1863, XX. 832*.
Mendelejeff, D. Ueb. den Zusammenhang einiger physikal. Eigenschaften d. Körper mit ihren chemischen Reactionen XIV. 8; XV. 35 — Ueb. die Molecularcohäsion einiger organ. Flüssigkeiten und ihre Beziehung zu den chemischen Reactionen der Körper XVI. 80 — Ausdehnung homologer Flüssigkeiten XVI. 340 — Ausdehnung der Flüssigkeiten beim Erwärmen üb. ihren Siedepunkt XVII. 370.
Mendia, Erdbeben zu Mendoza XVIII. 820.
Mène, C. Elektromagnetische Waage zur Messung der Intensität elektr. Ströme IV. 341. 355 — Wirkung der Luftelektricität während eines Gewitters VI. 878* — Anwendung des Thonerdehydrats zur Entfärbung statt Thierkohle XIII. 46 — Bestimmung d. Kohlensäure d. Luft XIX. 605.
Mennon, Neue galvan. Batterie mit Blei statt Zink XV. 401.
Mensbrugghe, G. van der, Ueber einige merkwürd. Wirkungen der Cohäsionskraft bei Flüssigkeiten XX. 71.
Menzies, J. M. Die Zusammensetzung d. Lichts u. Field's Gesetz d. Farbenharmonie XIX. 183.
Meriam, Eben, Anzahl der v. Blitz in den Vereinigten Staaten in drei Jahren erschlagenen Personen I. 439*.
Merian, P. Gegenseitige Beziehungen der warmen Quellen im Canton Aargau VIII. 628 — Meteorologische Uebersicht der Jahre 1850 und 1851, VIII. 748 — Geschwindigkeit d. Windstosses in der Nacht v. 16. auf den 17. Dec. 1850, VIII. 754, — Ueb. die Nebeldecke in d. mittleren Schweiz VIII. 754. 755 — Ueb. d. tiefen Barometerstand im Febr. 1853, X. 701 — Meteorolog. Beobachtungen zu Basel 1852 bis 1854, X. 713 — Ueb. schneereiche Winter in Basel XI. 710 — Meteorolog. Uebersicht d. Jahres 1855, XII. 716*; d. J. 1856, XIII. 539*; d. J. 1857 und 1858, XV. 657; 1859, XVI. 764* — Mittel aus d. meteorolog. Beobacht. zu Basel v. 1829 bis 1858 u. 1863, XV. 657; XX. 799 — Met. Uebersicht d. J. 1860 für Basel XVII. 691 — Ueb. d. Meteorsteinfall zu Ensisheim XX. 599* — Meteorol. Uebersicht d. J. 1862 u. 1863. XX. 799.
Merian, R. Bemerk. zu d. Versuche v. Buys-Ballot üb. den Einfluss der Temperatur auf d. Synaphie III. 10. 11.
Merino, M. Die Gestalt der Erde XX. 837*.
Mermet, Erdbeben d. 29. Dec. 1854, XI. 804.
Merryweather, Blutegelbarometer X. 678.
Mersch,, Höhen über d. Nullpunkt d. Brücke v. Ostende XVIII. 712*.
Mertens, F. Ueb. d. Potentialfunction zweier homogen. Ellipsoide XX. 24.
Merz, L. Neuer Apparat zum Messen d. Brennweite v. Linsen I. 298. 299 — Bemerk. veranlasst durch d. Aufsatz d. Hrn. Broch üb. d. Fraunhoferschen Linien VIII. 245 — Flammenfärbungen XVI. 240 — Ueb. das Farbenspectrum XVIII. 221 — Flintglas von sehr hoher Zerstreuungskraft für Spectralanalyse XIX. 184.
Metford, W. E. Verbesserter Theodolith XII. 336.
Meunier, A. Zwei kuglige Blitzschläge kurz hintereinander VIII. 601*.
Meunier, S. Ueber die Tropfenform d. Flüssigkeiten und Gase auf ihrer eigenen Oberfläche XIX. 77 — Ueb. d. Moleculardiffusion d. Gaslösungen XX. 90.
Meurein, Uebersicht d. meteorolog. Beobachtungen zu Lille im J. 1859, XV. 706*.
Meursinge, Entwicklung v. Gasen durch den Ruhmkorffschen Apparat XII. 529*.
Meyer, Schnelles Verfahren zur Bestimmung d. specif. Gewichts XIV. 53 — Sinustangentenbussole nach Siemens u. Halske XVI. 476.

Meyer, C. T. Ueber d. vollen Ausfluss des Wassers aus Röhren beim Durchgang durch Verengungen und den bei d. plötzlichen Ueberspringen zu d. grösseren Querschnitt stattfindenden Arbeitsverlust XII. 138.

Meyer, H. Ueber e. optischen Versuch VI. 489. 507 — Schätzung der Grösse u. Entfernung d Gesichtsobjecte aus d. Convergenz der Augenaxen VIII. 324 — Zur Lehre v. der Synergie d. Augenmuskeln VIII. 325 — Ueb. d. Strahlen, die ein leuchtender Punkt beim Senken der Augenlider im Auge erzeugt IX. 296 — Sphärische Abweichung des menschl. Auges IX. 296; XI. 338 — Ueb. den die Flamme eines Lichts umgebenden Hof, sowie Beiträge zu: Unempfindlichkeit der Netzhaut in d. Nähe starker Lichteindrücke, Mondhöfe, Löwesche Ringe u s. w. XI. 337 — Beugungserscheinungen im menschl. Auge XI. 338 — Ueb. Contrast- u. Complementärfarben XI. 339 — Ueb. einige Beugungserscheinungen XII. 248 — Zur Lehre v. der Schätzung d. Entfernung aus der Convergenz der Augenaxen XII. 303 — Einfluss der Aufmerksamkeit auf die Bildung des Gesichtsfeldes überhaupt u. des gemeinschaftlichen Gesichtsfeldes beider Augen im Besonderen XII. 309 — Ueb. d. Strahlen, die e. leuchtender Punkt im Auge erzeugt. Ueb. Beugungserscheinungen XII. 310 — Ueb. d. Bewegungen d. Augapfels. Erörterung der hauptsächlichsten darauf bezügl. Arbeiten XX. 300*.

Meyer, H. v. Ein Feuermeteor beobachtet zu Frankfurt a. M. III. 157. 170 — Wasserhose III. 344. 350 — Sternschnuppen V. 453.

Meyer, J. R. Die Ebbe u. Fluth u. d. innere Erdwärme XX. 844*.

Meyer, L. Die Gase d. Blutes XIII. 162 — Wirkung d. Kohlenoxydgases auf das Blut XV. 120 — Chemische Untersuchung d. Thermen v. Landeck XX. 873 — s. Heidenhain.

Meyer, O. E. Ueb. die gegenseitige Reibung zweier Flüssigkeiten XVI. 107; XVII. 79; XIX. 34.

Meyerstein, Construction zweier Inclinatorien III. 519. 547 — Beschreibung eines neuen Augenspiegels X. 347 — Instrument zur Bestimmung d. Brechungs- und Zerstreuungsvermögens verschiedener Medien XII. 246 — Beschreibung eines Ophthalmometers nach Helmholtz XVI. 300 — Methode zur Bestimmung des Brechungscoeffic. XVII. 232 — Das Spectrometer XVII. 234 — s. Meissner.

Meyerstein u. L. Thiry, Ueb. d. Wärmeentwicklung bei der Muskelcontraction XIX. 360; XX. 361*.

Meyn, L. Neue Insel in Norddeutschland VIII. 653 — Zur Chronologie d. Paroxysmen d. Hekla X. 792 — Der Sonnenvorbote XI. 585*.

Meynier, Darstellung v. elektr. Zeug IV. 259.

Michaelis, Verbesserte Bunsensche Batterie V. 292* — Galvan. Löthung u. Metallüberzug üb. Glas und Porzellan V. 297.

Michaelis, F. Ueber Rechts- und Linkspolarisation mit d. Instrumenten v. Mitscherlich u. Soleil XIV. 282*.

Michel, J Studien üb. die Donauschifffahrt XII. 745 — Hypsometrie d. Beckens d. Genfer Sees XV. 789* — Niveau des Genfer Sees XX. 860 — Schreiben an Hrn. Plantamour betreff. die Höhenbestimm. d. Genfersees üb. dem Meeresniveau XX. 861. Erwider. 862.

Michel, A. u. L. Krafft, Ueb. die Salzauflösungen X. 141.

Michon, A. Ueb. d. Theorie d. Hrn. Gaudin und die Speisung der artes. Brunnen XVII. 759.

Mickle, Ueber thermoelektr. Ströme durch d. Condensation d. Dampfs u. d. Verdampfung d. Wassers XIX. 453.

Middelburg, H. A. Ueb. Astigmatismus XIX. 297*.

Middeldorff, Ueb. die chirurgische Anwendung der elektr. Glühhitze IX. 528; XII. 491*.

Middleton, J. Beschleunigungsprocess in d. Photographie VI. 520. 542.

Midre u. Charière, Neue Indices für Maximum-Thermometer XV. 656* — Modification des Saussureschen Haarhygrometers XVI. 674*.

Militzer, Ausdehnung d. Quecksilbers durch die Wärme VI. 44. 52 — Hülfstafeln zur Reduction gemessener Gasvolumina auf 0° u. 760^{mm}, VI. 214. 220 — Vergleich der drei zu Regnault's Psychrometer v. Fastré verfertigten Thermometer VI. 1059* — Versuche zur Ausmittelung d. magnetischen Verhaltens der durch Tor-

sion und Erschütterung veränderten Eisenstangen XIII. 433.
Millo, P. Blitzschlag in eine Mühle bei Aix XVI. 625.
Miller, Aelteste Erwähnung d. Aerolithe XX. 598*.
Miller, J. F. Regenmenge in dem Seedistrict v. Cumberland u. Westmoreland III. 590. 611; V. 375; VI. 1051. 1100 — Jährl. Regenmenge u. Verdampfung zu Whitehaven VI. 1051. 1100 — Uebersicht der meteorolog. Beobachtungen zu Whitehaven 1848, 49, u. 50; VI. 1055*; desgl. 1851, 52 u. 53, X. 765* — Beziehung zwischen d. Luft- u. Verdampfungstemperatur zu d. Temperatur d. Thaupunkts VI. 1058* — Meteorologie d. englischen Seedistricts u. d. Resultate d. Beobachtungen üb. die in verschiedenen Höhen gefallenen Regenmengen VIII. 777*; IX. 735*; X. 763* — Uebersicht der meteorolog. Beobachtungen zu Whitehaven 1851, VIII. 778*; desgl. i. J. 1852, IX. 735*; desgl. im Jahr 1853, X. 763* — Eigenthüml. Regenbogenerscheinung IX. 609*.
Miller, W. Ueb. d. letzten Ausbruch d. Mauna Loa auf Hawaii, XII. 758.
Miller, W. A. Ueber Linien im Spectrum beim Durchgang d. Lichts durch gefärbte Dämpfe u. Gase sowie über gewisse farbige Flammen I. 179. 186 — Photographien verschied. Spectra XVII. 259 — Ueb. die Spectralanalyse XVIII. 219 — Ueber d. photograph. Durchsichtigkeit verschied. Körper u. d. photographische Wirkung metallischer und anderer durch den elektr. Funken erzeugter Spectra XVIII. 233; XX. 260* — Ueb. das Thalliumspectrum XIX. 196 — s. Huggins.
Miller, W. H. Ueb. d. Herstellung d. neuen Normalpfundes, die Copieen desselben v. Platin u. die Vergleichung des Normalpfundes mit dem Kilogramme des archives XII. 70 — Ersatz für das Reflexionsgoniometer XIV. 293.
Millet, Temperatur d. Seen XVI. 793 — s. Aubrée.
Millon, Zersetzung d. Wassers durch d. Metalle in Gegenwart von Säuren u. Salzen I. 471. 477; II. 228. 232.
Millward, Erzeugung erhabner und vertiefter Figuren auf Metallen III. 378. 389 — s. Lyons.
Milne, A. D. Anwendung gewisser Wärme- u. Verbrennungsgesetze auf d. Gebrauch v. Brennstoffen XVI. 382*.
Minary u. Résal, Ueber das Ausströmen d. Dämpfe XVII. 97 — Ueb. d. Gesammtwärme d. geschmolzenen Gusseisens und einiger anderen Metalle XVII. 395.
Minary u. Sire, Ueb. e. besondere Art d. Erzeugung von Flüssigkeitsblasen XVIII. 70.
v. Minckwitz, Wirkungen d. Blitzes an den Leitungen des elektr. Telegraphen der Köln-Mindener Eisenbahn VIII. 601*.
Minding, A. Ueb. einige Lehrsätze d. Statik XII. 85.
Minding, F. Neuer Ausdruck des Hauptsatzes d. Dioptrik II. 580. 608 — Auflösung einer Aufgabe aus der mécanique analytique von Lagrange IX. 41 — Ueb. eine angebliche Berichtigung d. Formel für d. barometrische Höhenmessung XVI. 723.
Minkelers u. Crahay, Ueb. mehrere durch die Februarkälte ausgezeichnete Winter XI. 648.
Minnigerode, B. Ueber Wärmeleitung in Krystallen XVIII. 374*.
Minotto, J. Nutzen d. Keils u. Anwendung desselben zu einem neuen Uebertragungssystem bei Locomotiven IX. 52 — Eine Abänderung d. Daniellschen Batterie XX. 446.
v. Minutoli, Die klimatischen Verhältnisse in Spanien XI. 732.
Miquel, Pumpensystem mit Centrifugalkraft II. 82*.
de Miranda und Paci, Ueber den Zitteraal I. 499. 510 — Beobacht. über atmosphär. Elektricität in den vulkanischen Exhalationen III. 344. 346.
Miraud, Verbesserung an de la Rive's Unterbrecher IX. 571.
Missaghi, G. Temperatur d. Wassers im sphäroidalen Zustand XVI. 367. 368 — Analyse eines in der Gegend von Alessandria gefallenen Meteorsteins XX. 601* — s. Oliva.
Mitchell, A. Geschwindigkeit elektr. Wellen oder Ströme VI. 692. 694 — Ueb. Ozon XVI. 633*.
Mitchell, J. Ueb. d. Dauer d. Verbrennung von Zündruthen unter verschied. Luftdruck XX. 360.
Mitscherlich, A. Beiträge zur Spectralanalyse XVIII. 215; XIX. 197*.

— Ueb. d. Spectra d. Verbindungen u. d. einfachen Körper XX. 199.

Mitscherlich, E. Zusammenhang d. chemischen Zusammensetzung u. des Zerstreuungs- und Brechungsverhältnisses d. Körper II. 176* — Anleitung zum Gebrauch d. Polarisationsapparates für zuckerhalt. Flüssigkeiten VI. 457. 460 — Ueb. d. Krystallform u. d. isomeren Zustände d. Selens und die Krystallform d. Jods XI. 16 — Ueb. d. rothe Färbung des Schwefels XII. 22 — Ueb. d. Wärme, welche frei wird, wenn d. Krystalle des Schwefels, die durch Schmelzen erhalten werden, in d. andere Form übergehen VIII. 415; XII. 362* — Ueb. die Mykose, d. Zucker des Mutterkorns XIII. 253.

Mitteregger, J. Analysen einiger Heilquellen in Kärnten XX. 874*.

Möbius, A. F. Elementare Herleitung d. Newtonschen Gesetzes aus d. Keplerschen II. 47. 50 — Beweis des Satzes vom Parallelogramm der Kräfte VI. 67. 75 — Entwicklung d. Lehre von dioptrischen Bildern mit Hülfe d. Collineationsverwandtschaft XI. 238 — Neue Methode Krystallformen darzustellen XII. 246 — Geometr. Entwicklung d. Eigenschaften unendl. dünner Strahlenbündel XIX. 105.

Möllendorff, G. v. Die Regenverhältnisse Deutschlands XI. 702. Fortgesetzt v. John, s. die folgenden.

Möllendorff G. von und E. John, Die Regenverhältnisse Deutschlands u. die Anwendbarkeit d. Regenbeobacht. bei Ent- und Bewässerungen, bei Mühlen und anderen Stauanlagen XVIII. 656.

Möller, Ueb. Grundwasser XIX. 695*.

Möller, K. Einfluss d. Druckes auf d. Löslichkeit einiger Salze XVIII. 88.

v. Möller, Ergebnisse der in Hanau angestellten meteorolog. Beobachtungen von 1846 bis 1854, X. 713; XVII. 676.

Moesta, C. Ausdehnung grosser Massen v. metamorphischem Porphyr unter Einwirkung d. Sonne XI. 35 — Beobachtung der totalen Sonnenfinsterniss d. 30. Nov. 1853 zu Ocajaió in Peru XI. 588* — Ueber ein Paar in Chili beobachtete Lichtphänomene XII. 584 — Die Mondfinsterniss den 13. Oct. 1856 zu Santiago XIII. 460* — Die Sonnenfinsterniss v. 7. September 1858 in Peru XVI. 607* — Isothermen in Südamerika (Chili) XX. 685*.

Moffat, Ueber Meteorologie in Bezug auf Landwirthschaft u. Arzneikunde, sowie üb. Ozon in der Atmosphäre VIII. 777*; X. 649 — Resultate der Ozonbeobachtungen in verschied. Höhen XII. 581* — Ueb. das Leuchten d. Phosphors XVIII. 240 — Ueb. atmosphär. Ozon XVIII. 544.

Mohl, H. v. Einrichtung des Polarisationsmikroskops zur Untersuchung organ. Körper XV. 308.

Mohn, H. Dioptrische Notizen XVI. 204. 226* — Wirkung d. Randstrahlen im Auge XVI. 301* — Ueber die magnet. Declination in Christiania v. 1842 bis 1862, XX. 635* — Bewölkung in Christiania XX. 745.

Mohr, F. Ueberziehen gläserner und porzellanener Gefässe mit Kupfer III. 376. 381 — Bestimmung des specif. Gewichts u. d. Volums fester Körper IX. 21 — Bedingungen der Unlöslichkeit der Körper XII. 181 — Neue Form des Galvanometers XII. 495 — Ueb. pseudoskopische Wahrnehmungen XVI. 292 — Bestimmung d. absoluten u. specif. Gewichts von eingetauchten Körpern. Ueb. Fleck's Methode zur Bestimm. d. absol. u. specif. Gewichts in Flüssigkeiten suspendirter Niederschläge XVII. 7 — Methode d. specif. Gewicht von Flüssigkeiten mit d. Uhr zu bestimmen XVII. 9 — Bemerk. zu einem Aufsatz von Fleck betreffend Beziehungen zw. Atomzahl u. specif. Gewicht XVIII. 11 — Ueb. die Entstehung d. Hagels XVIII. 548. 663; XIX. 640* — Ueber das untere Ende der Blitzableiter XVIII. 549 — Einfarbiger Regenbogen XIX. 537* — Ueber Hagel u. Gewitter XIX. 605* — Ueb. analytische Gewichte XX. 9 — Eisregen und Rauhfrost. Bestätigung meiner Hageltheorie XX. 759 — Die Abplattung d. Erde XX. 837.

Moigno, F. M. Erörterung d. Schwierigkeiten, welche das Undulationssystem in gewissen Fällen bietet I. 164* — Ueb. d. Farben an sich und in d. Körpern I. 164* — Repertorium d. neuern Optik II. 176* — Geschichte u. Theorie d. Photographie III. 195* — Ueb. elektr. Telegraphie IV. 356*

— Beständiges Erscheinen v. Licht am negativen Pol d. volt. Säule VI. 713. 714 — Ein Mittel d. Fortbewegung d. Erde darzuthun VIII. 259 — Ueber elektr. Telegraphie VIII. 552. 553* — Meteorologische Optik VIII. 585 — Erklärung des Funkelns der Sterne VIII. 585. 587 — Beobachtung einer ungewöhnlich hohen Temperatur VIII. 762. 764 — Ueb. atmosphär. Refraction X. 635* — Ueb. die Formeln und Gesetze des Stosses elast. Körper XII. 88 — Mondfinsterniss v. 13. Oct. 1856, XII. 559* — Ueber d. Phonautographie zur Registrirung der einfachen u. zusammengesetzten Töne erfunden von Scott XV. 167 — Kugelblitz zu Argenteuil XV. 612. 614 — Atmosphärische Störungen und trockne Nebel d. Monate Mai u. Juni XV. 726* — Wechselwirkung u. Homogenesis d. physischen Kräfte XVI. 48* — Solar-Camera d. Hrn. Woodward XVI. 307 — Optik, Akustik u. Mechanik d. Leuchtthürme XVI. 310 — Motor mit expandirter Luft oder Gasmaschine d. Hrn. Lenoir XVI. 333 — Jacobi wahrer Erfinder d. Galvanoplastik XVI. 520* — Doppelte Art d. Erstarrung XVII. 376 — Continuirliche Eisbereitung durch Circulation d. flüss. u. gasförm. Ammoniaks XVII. 396 — Ungewöhnliche elektr. Spannung XVII. 521 — Ueber Spectralanalyse XIX. 218* — Soleil's Tenebroskop zur Erläuterung der Unsichtbarkeit des Lichts XIX. 298. — Neues Mikrometer XIX. 304.

Moigno und Soleil, Neues Unterscheidungsmerkmal zwischen positiven u. negativen einaxigen Krystallen VI. 427. 436.

Moissenet, L. Artesischer Brunnen zu Louisville XV. 749.

Moitessier, A. s. Chancel.

Molard, H. de, Neue photographische Untersuchungen VI. 521. 542 — Schnelle Darstellung photograph. Bilder auf albuminirtem Papier mittelst e. beschleunigend. Substanz VI. 521. 543.

Moleschott, Der bewegungsvermittelnde Vorgang in Nerven kann auch v. einer posit. Schwankung des Nervenstroms begleitet sein XVII. 524 — s. Marmé.

de Molin, Graf, Neue elektromagnetische Maschine XX. 541.

Molin, R. Unrichtigkeit eines Versuchs von Matteucci VI. 729. 748.

du Moncel, s. Du Moncel.

de Mondésir u. Schlösing, Ueb. die Entzündung verschied. Gasgemenge in verschloss. Gefässen XVIII. 332.

Mondino, B. S. Beschreibung eines hauptsächlich zum Höhenmessen bestimmten Barometers XIX. 613.

Monier, Beobacht. eines Mondregenbogens XVIII. 502*.

van Monkhoven, Ueb. e. Beobacht. der Moserschen Bilder XVIII. 259 — Theorie des photograph. Vergrösserungsapparats XX. 303.

Monte, P. Ueb. d. falschen Vulkan v. Livorno XIV. 700 — Magnetische Beobacht. am Lyceum zu Livorno d. 29. Aug. 1859, XV. 565* — Fallmaschine XVI. 42.

de Montfort, Erdbeben zu Biarritz XIV. 721.

Montgolfier und Seguin, Prioritätsanspruch X. 397.

Montgomerie, Die Riesengletscher v. West-Tibet XIX. 698.

Montigny, Ch. Wirkung e. schnellen Bewegung des Beobachters auf den Schall IV. 121. 125 — Nachdauer d. Gesichtseindrücke auf die Netzhaut VI. 490. 515 — Einfluss der Windgeschwindigkeit auf den Luftdruck VI. 1053. 1123 — Verfahren d. Schwingungen eines elast. Stabes sichtbar zu machen u. zu zählen VIII. 140 — Beobachtung eines Nordlichts VIII. 597* — Bewegungen der Luftblase in d. Wasserwaagen VIII. 646 — Beziehung zw. d. Barometerstand und dem Druck des Windes IX. 737* — Chronometrisches Anemometer X. 191 — Ueber atmosphärische Refraction und Dispersion X. 633; XI. 575 — Ausserordentliche Kälte in Belgien Ende Dec. 1853, X. 696 — Ob nicht d. Funkeln d. Sterne durch d. atmosphärische Refraction u. Dispersion hervorgebracht wird? XI. 581 — Elliptische Oscillationen des ruhenden Pendels XII. 118 — Ueb. das Funkeln d. Sterne XII. 553. 554* — Ueb. d. meteorolog. Registririnstrumente u. Project einer neuen Art von Instrumenten XIII. 504* — Einfluss d. Läutens d. Glocken auf d. Barometerhöhe XV. 166 — Ueb. d. Farbe des Sternenlichts XV. 549* — Ueber die Geschwindigkeit d. Donners XVI. 165.

170 — Bestimmung u. Vergleich des Barometerstandes bei verschiedenen Winden sowie d. Intensität u. Temperatur dieser Winde zu Brüssel XVI. 712 — Ueb. das Krachen d. Donners XVII. 148 — Ueber die Ursache des Windeinflusses auf d. Luftdruck XVII. 636 — Ueb. d. relativen Widerstand eiserner und kupferner Blitzableiter gegen d. Schmelzung durch d. Blitz Ueb. d. Widerstand der bei d. Construction v. Blitzableitern angewendeten Metalle gegen d. Schmelzung durch Elektricität XIX. 409 — Nordlicht v. 14. Dec. 1862, XIX. 546* — Ueb. das Gewitter v. 25. Juni 1863, XIX. 571 — Neue Methode den Brechungsindex v. Flüssigkeiten zu messen XX. 156 — Neues Scintillometer XX. 569 — Ueb die v. Arago aufgestellte Frage: Ist d. Scintillation e. Sternes für verschieden aufgestellte Beobachter dieselbe? XX. 571.

Moon, R. Ueber Fresnel's Diffractionstheorie I. 163. 164; II. 580. 596 — Eine Schwierigkeit in d. Theorie d. Schalles v. Challis IV. 101. V. 93. 96 — Ueber die Theorie des innern Widerstandes u. d. innern Reibung d. Flüssigkeiten, u. üb. die Theorie d. Schalles und Hörens XIV. 97. 161 — Ueber die wahre Theorie d. Drucks angewandt auf elast. Flüssigkeiten XIX. 40 — s. Jesuiticus.

Moor, H. Entzündung von Bomben durch Elektricität II. 396. 404.

Moorsel, F. M. v. s. Baumhauer.

Moorsom, W. S. Anwendung des Aneroidbarometers als Orometer XIV. 622.

Mordret, Neuer automat. Regulator für elektr. Licht XX. 493.

Moreau, A. Ueber ein glänzendes Meteor II. 179. 203 — Ueber das elektr. Organ d. Zitterrochen. Erklärung d. elektr. Schlages d. Zitterrochen. Wirkung d. Curare auf d. Zitterrochen XVI. 547 — Die Elektricität bei der Entladung d. Zitterrochens kann in einem physikalischen Apparat gesammelt und aufbewahrt werden XVII. 532 — Ueb. d. Natur d. Elektricitätsquelle d. Zitterrochens. Ueb. Matteucci's Mittheilung üb. die elektrische Function d. Zitterrochens XVIII. 830 — Schreiben aus Anlass einer Note v. Matteucci XIX. 515*. Erwiderung v. Matteucci u. de la Rive 516*.

Morellet, Ueb. einen Fall v. Phosphorescenz d. Meerwassers XIX. 235.

Moreno, G. Erforschung d. Vulkans Pichincha XIV. 706 s. Wisse.

Morey, Anwendung der Kraft des Rückstosses auf Luftballons u. Taucherschiffe XVIII. 60*.

Morfit, C. Anwendung der Photographie zur Anfertigung von Mikrometern XVI. 8*.

de Morgan, Ueb. d. Stösse unvollkommener Consonanzen XIV. 156 — Allgemeine Principien, aus denen d. Zusammensetzung der Kräfte folgt XV. 37.

Morgan, Ch. E. Einige Versuche mit dem Strom der ruhenden Nerven XIX. 483.

Morgan, J. E. Anemometer zur Registrirung der grössesten Stärke und d. äussersten Richtungen d. Windes XVIII. 598.

Morgan, J. H. und J. T. Barber, Nordlichtbeobachtungen IV. 171. 174.

Moride, s. Bobierre.

Morin, A. Ueb. die Durchdringlichkeit poröser Gefässe u. getrockneter Membranen für Nahrungsstoffe X. 25.

Morin, A. J. Ueb. d. Steifigkeit der Seile I. 73 — Ausflussmenge des Wassers aus Schutzöffnungen II. 53. 60 — Versuche an Wasserrädern mit krummen Schaufeln II. 53. 61 — Anwendung d. Theorie d. Flüssigkeiten auf d. Versuche v. Marozeau II. 82* — Versuche mit d. Turbine v. Fontaine II. 82* — Verhältniss der Pulverladung zu der Anfangsgeschwindigkeit der Kugel III. 32. 36 — Erscheinung beim Ausfluss d. Luft aus Oeffnungen VI. 214. 225 — Ueber d. Locomotive v. Cugnot im Conservatoire des arts et mét. VI. 563. 596 — Ventilation des grossen Amphitheaters im Conservatoire des arts et métiers VIII. 131 — Praktische Mechanik üb. d. Widerstand d. Körper IX. 19* — Zu d. Streitfrage üb. d. Stoss XII. 88 — Widerstand d. Materialien XII. 168; XVIII. 64 — Bericht üb. die Apparate zur Heizung ohne Brennmaterial vermittelst einer verlorenen od. nicht angewandten Kraft XII. 343*; s. XI. 372 — Erleuchtung d. Theaterrampen XVII. 339 — Verfahren um Pulver durch Elektricität zu entzünden XVII. 514* — Formeln für d. Bewegung d. Luft in Röhren

XVIII. 55 — Bemerkung zu einer Mittheil. von Herrn. Kuhlmann XX. 20* — Bericht üb. e. Abhandl. v. Tresca üb. d. Ausfluss fester Körper XX. 39 — Ueb. d. Bewegung d. Wassers in d. Kanälen XX. 41 — Thermometer für Gewächshäuser XX. 540 — Beschreibung eines neuen Barometrographen XX. 658.

Morin und Tresca, Bestimmung d. Elasticitätscoefficienten des Aluminiums XVI. 78.

Moritz, A. Ueb. Coulomb's Verfahren d. Cohäsion d. Flüssigkeiten zu bestimmen II. 13. 17 — Der Leidenfrostsche Versuch auf Glas III. 297. 310 — Ausdehnung des Eises durch d. Wärme V. 28 — Thermometer d. Akademie del Cimento V. 376*; VI. 1059* — Verbesserung eines Fehlers in d. Tafel v. Regnault üb. d. elast. Kraft des Wasserdampfs X. 386; XII. 343 — Salzgehalt d. Wassers an d. Südwestküste d. Caspischen Meeres XI. 765 — Lebenslinien d. meteorolog. Stationen im Kaukasus XV. 707* — Meteorolog. Beobacht. zu Tiflis 1857, XVI. 756; desgl. 1859, XVII. 678; desgl. 1860, XVIII. 681 — Meteor. Beobacht. bei d. Besteigung d. Ararat 1858, XVI. 757.

Morlet, Hypothesen üb. den Nordlichtbogen III. 158. 177 — Neue Untersuchungen üb. d. Lichtbogen bei Nordlichtern V. 258. 263.

Morlot, A. v. Laming's elektr. Experiment III. 314. 315 — Die geolog. Verhältnisse von Oberkrain VI. 913. 1026 — Ueb. d. Erdbeben in Wallis XI. 808.

Morren, C. Wiederholung v. Foucault's Versuch VI. 69. 139 — Witterungserscheinungen im Winter 1852 und 1853, IX. 735* — Thermoelektr. Säule XI. 415 — Ueb. d. elektrischen Augenblicksbilder XIII. 337 — Selbstabbildung d. Schichtungen d. elektr. Lichts XV. 451 — Bildung einiger gasförmigen Verbindungen unter elektrischem Einfluss XV. 459 — Spectralanalyse XVII. 252 — Ueber die Phosphorescenz d. verdünnten Gase XVII. 504 — Ueb. d. Spectralanalyse der Kohlenwasserstoffgase XVIII. 224 — Elektr. Leitungsvermögen d. verdünnten Gase XVIII. 443; XX. 478 — Synthese eines Kohlenwasserstoffs mittelst d. Kette. Synthese d. Acetylens XVIII. 447 — Nordlichtbeobacht. zu Marseille XVIII. 511* — Ueb. die Lichterscheinungen einiger Flammen, besonders derjenigen d. Cyans u. Acetylens. Constitution der Flammen kohlenstoffhalt. Gase XIX. 200; XX. 201.

Morris, E. J. Ueb. d. Erdbeben in Calabrien VI. 910. 961.

Morris, O. W. Auszug aus den meteorolog. Beobachtungen zu Knoxville, Tennessee für 1852, X. 763* — Ueb. die Regenmenge in verschied. Höhen XII. 692*.

Morris T. und W. Johnson, Verfahren auf galvan. Wege Ueberzüge v. Messing, Argentan u. andern Legirungen hervorzubringen IX. 512*.

Morse, System der elektr. Telegraphie I. 549* — Leitung elektrischer Ströme üb. Flüsse II. 530. 531 — Verbesserungen am elektr. Telegraphen VI. 838*.

Mortillet, G. de, Karte d. alten Gletscher d. Südabhanges d. Alpen XVI. 852* — Ursprung d. Schwefelquellen v. Savoyen XVIII. 745 — Ueb. d. Aushöhlung durch alte Gletscher XIX. 677.

Moseley, H. Ueb. die rollende Bewegung eines Cylinders VI. 67. 89 — Ueb. d. dynamische Stabilität u. d. Oscillationen schwimmender Körper VI. 153. 157 — Ueb. die Bewegung d. Gletscher XI. 783. Dazu Le Conte 783 — Ursache d. Fortrückens der Gletscher XVI. 845 — Bewegung e. Metallplatte auf einer geneigten Ebne bei abwechselnder Ausdehnung u. Zusammenziehung derselben u. üb. die Bewegung d. Gletscher XVIII. 749.

Moser, Ueb. die Stokesschen Phänomene IX. 246.

Mosquera, C. Meteorolog. Beobachtungen V. 376*.

Moss, G. Ueber das Tönen der die Elektricität leitenden Kupferdrähte in einem elektromagnet. Rotationsapparat XVII. 518 — Ueb. e. Pendel zur fasslicheren Erklärung d. Lissajousschen Schallfiguren XX. 127.

Mossotti, O. F. Ueber elektrostatische Induction III. 314. 323 — Foucault's Pendel IX. 65 — Neue Theorie d. optischen Instrumente XIII. 217; XIV. 219*; XV. 204* — Sonnenflecke XIII. 460* — Eigenschaften der conjugirten Hauptpunkte u. Hauptflächen

und ihre Anwendung zur Berechnung d. optischen Instrumente XIV. 219* — Wirkung d. Blitzableiter XVIII. 552* — Ueb. die Strahlenbrechung einer hypothetischen Mondatmosphäre XIX. 523.

Most, Mathemat. Theorie der Gleitstellen elektrischer Ströme XX. 531.

Mothes u. Stöhrer, Ueber Blitzableiter XV. 623.

Mouchot, Ueb. d. mechan. Wirkungen eingeschlossener v. den Sonnenstrahlen erhitzter Luft XX. 418.

Mouchy, L. de, Sonnenfinsterniss v. 15. März (1858) XIV. 585. 586.

Mouilleron, Elektrisches Läutewerk. Elektr. Thermometer XVIII. 474*.

Mounsey, J. C. Eigenthümlicher Regenbogen auf d. Windermere-See XII. 554*.

Moure, A. Der Fluss Paraguay XVII. 755

Mourey, Ueb. galvan. Versilberung I. 483*.

Mouromgoff, Meereshöhe von Kaluga XVI. 757.

Mousson, A. Geschichte d. Dampfelektrisirmaschine III. 343 — Eine thermoelektr. Erscheinung III. 350. 351 — Ueb. die Whewellschen oder Queteletschen Streifen VI. 399. 406; IX. 234 — Ueb. d. galvan. Strom durch Muskelcontraction VI. 730. 753 — Veränder. d. galvan. Leitungswiderstandes d. Metalldrähte XI. 430 — Die Gletscher der Jetztzeit XI. 784 — Einige Thatsachen über das Schmelzen und Gefrieren des Wassers XIV. 123 — Ueb. d. gegenwärtigen Standpunkt d. Gletscherfrage XIV. 691 — Ueber die Tromben XV. 721 — Die Mühle von Argostoli XV. 754 — Zur Kenntniss der magnet. u. telegraph. Störungen 1859, XVI. 610* — Gesammtheit unserer Kenntnisse über d. Spectrum XVI. 241 — Ueb. Spectralbeobachtungen XVII. 242 — Ueb. d. Versuche d. Hrn. Gore XVII. 496 — Ueb. das Aneroidbarometer XVII. 593 — Bericht d. meteorolog. Commission über die Organisation eines gemeinsamen Systems von Beobacht. in d. ganzen Schweiz XVII. 693; XX. 782 — Ueb. den am 9. Juni zu Luzern gefallenen Hagel XVIII. 663 — Bericht an die schweiz. naturforsch. Gesellschaft im Namen d. meteorolog. Commission XIX. 653; XX. 782 (erstattet in d. ersten allgem. Sitzung d. schweiz. naturforsch. Gesellsch. zu Samaden am 24. August 1863.

Muchuy, Verzinnung von Gusseisen X. 540*.

Mühlenpfordt u. Wöhler, Ueber e. neuen Meteoriten XIII. 458*.

Mühry, A. Ein Blick auf d. geograph. System der Winde in meteorolog. Hinsicht XV. 722 — Geograph. Vertheilung d. Regens auf d. Erde XVI. 661 — Ueber ein einfaches schärfer messendes Atmometer XVII. 591 — Die Wetterwende in Europa Mitte Januar 1861, XVII. 674 — Ueber die geograph. Aenderung der Axe der meteor. Windrose an d. östl. Seite d. beiden grossen Continente XVIII. 590 — Klimatograph. Uebersicht d. Erde XVIII. 686* — Ueb. d. meteorolog. Verhältnisse d. Hochalpen XIX. 641 — Beiträge zur Geophysik und Klimatographie XIX. 656* — Zur Vertheidigung d. Oceanität am Nordpol in meteorol. Hinsicht XX. 636. 853* — Die milde Wintertemperatur in Grönland XX. 669 — Geographischer Ueberblick der Wetterbewegung des Jahres 1864 in Europa. Mit einer Bemerk. zur Theorie d. Stürme XX. 778 — Ueb. d. ersten Ergebnisse d. Schweizer meteorolog. Beobachtungssystems Winter 1863, 1864, XX. 833* — Die Meeresströmungen an der Südspitze Afrikas XX. 845.

Müller, A. Ueb. das Beschauen der Landschaften mit normaler u. abgeänderter Augenstellung VIII. 317 — Neues Colorimeter IX. 249 — Verhalten d. Pupille am Hunde bei der Accommodation in d. Nähe X. 325 — Ueb. d. Complementärcolorimeter XI. 280 — Ueb. d. chemischen Einfluss d. Ackerbaues auf d. Klima XI. 673* — Studien am Complementärcolorimeter XIX. 218.

Müller, B. v. u. A. Sonntag, Beobachtungen üb. Erdmagnetismus in Mexiko XV. 641.

Müller, C. J. Neues photograph. Verfahren VI. 521. 542.

Müller, E. Bedeckung d. Drähte zu d. elektromagnet. Apparaten IV. 356*.

Müller, F. Ueber d. Vorherbestimmung d. Stürme u. insbesondere üb. d. Stürme v. 1. bis zum 4. Decbr. 1863, XX. 711.

Müller, H. Ueb. d. Bau u. d. Functionen d. Retina VIII. 338, mit Kölliker;

Structur d. menschl. Netzhaut IX. 306 — Ueb. einige Verhältnisse d. Netzhaut bei Menschen und Thieren IX. 308* — Ueb. einige an d. Leiche e. Enthaupteten angestellte Beobachtungen X. 545* — Entoptische Wahrnehmung d. Netzhautgefässe, insbesondere als Beweismittel für d. Lichtperception durch die nach hinten gelegenen Netzhautelemente XI. 336 — Anatomische und physiolog. Untersuchungen üb. d. Retina d. Menschen und der Wirbelthiere. Prioritätsanspruch in Betreff einer Mittheilung üb. d. Accommodation d. Auges XII. 317 — Ueb. die Binnenmuskeln des Auges XV. 275 — Die ellipt. Lichtstreifen v. Purkinje XV. 293 — Ueb. die Zapfen am gelben Fleck des Menschen XVII. 333 — s. Kölliker.

Müller, H. Analysen des Meteoreisens v. Zacatecas Mexiko XV. 561* — s. Rue.

Müller, J. (Berlin) Ueb. die Fische, welche Töne von sich geben und d. Entstehung dieser Töne XIII. 194*.

Müller, J. (in Halle), Abhängigkeit d. Leitungswiderstandes v. d. Temperatur IV. 280. 282.

Müller, J. (in Freiburg) Anwendung der stroboskop. Scheiben zur Versinnlichung d. Wellenlehre II. 153 — Fraunhofersche Linien auf einem Pappschirm II. 176. 181 — Prismatische Zerlegung d. Interferenzfarben II. 580. 607; III. 679. 686 — Prismatische Zerlegung der Farben verschiedener Flüssigkeiten III. 117. 124 — Ueb. Bunsen's Geysertheorie VI. 258. 279 — Ueb. d. natürlichen Farben durchsichtiger Körper VI. 412. 414 — Einfluss der Durchlöcherung d. Kupfercylinder in d. Daniellschen Batterie VI. 723. 724 — Magnetisirung v. Eisenstäben durch d. galvan. Strom VI. 811. 820; XII. 530*. — Ueb. d. Sättigungspunkt der Elektromagnete VI. 811. 823; XII. 530 — Zur Theorie der diamagnet. Erscheinungen VI. 1128. 1178 — Magnetisirung d. Stahls u. Eisens durch d. galvan. Strom VIII. 540 — Theorie d. elektromagnetischen Maschinen. Berichtigung dazu VIII. 551 — Ueb. d. Gesetze des Elektromagnetismus X. 577 — Pleochroismus d. schwefelsauren Kobaltoxydul-Ammoniaks XI. 309 — Photographie d. Spectrums XII. 251; XV. 221 — Berichtüb. d. neuesten Fortschritte d. Physik XII. 448; XV. 479* — Bestimmung d. geograph. Länge XII. 532* — Ueber d. Schneefall im Febr. 1855. Regenmenge zu Freiburg in d. J. 1854 u. 1855, XII. 692* — Intermittirende Fluorescenz XIV. 237 — Ueb. d. thermischen Wirkungen d. Sonnenspectrums XIV. 360 — Wellenlänge und Brechungsexponent d. äussersten dunklen Strahlen des Sonnenspectrums XIV. 364 — Thermische Fluorescenz XIV. 365 — Ueber Elektromagnetismus XIV. 497 — Stereoskopische Mondphotographie XV. 277 — Bestimmung der Wellenlänge einiger heller Spectrallinien XIX. 191 — Bestimmung d. magnetischen Inclination zu Freiburg im Br. durch inducirte Ströme XIX. 593 — s. v. Babo.

Müller, J. (Wesel) Abnahme der Elektricitätsleitung in Metallen bei starken Temperaturerhöhungen XIV. 449.

Müller, Jos. und Vennemann, Neues Badethermometer XI. 51.

Müller, L. Erdbeben in Haiti XVI. 903.

Münch, Ein Mittel bei jeder Witterung d. Elektrisirmaschine brauchbar zu machen VI. 649. 651.

Münnich, Amalgamirtes Eisen und sein Verhalten in der galvan. Kette II. 388. 394.

Müttrich, F. A. Einfluss der Temperatur auf die opt. Constanten des weinsteinsaur. Kali-Natrons XIX. 261* — Bestimmung des Krystallsystems u. d. opt. Constanten des weinsteinsauren Kali-Natrons. Einfluss der Temperatur auf dieselben und Bestimm. d. Brechungsquotienten des Rüböls und destillirten Wassers bei verschied. Temperaturen XX. 240.

Mulder, E. Ueber die Spectra von Phosphor, Schwefel u. Selen XX. 198.

Mullock, Das Klima von Neu-Fundland XVII. 674.

Munck af Rosenschöld, Untersuchung üb. Vertheilung u. Bindung der Elektricität II. 322. 325 — Verbesserte Construction elektr. Duplicatoren III. 341. 343.

Muncke, Elasticität d. Wasserdampfs bei niederen Temperaturen II. 102.

Mungo Ponton, Registrirung der stündlichen Thermometervariationen mittelst photograph. Papiers I. 276. 296

Munk, H. Ueb. d. Leitung d. Erregung im Nerven XVIII. 835. Dazu Wundt 836.

Murchison, R. J. Ueber die Ausströmungsöffnungen heisser Dämpfe in Toskana und ihre Beziehung zu alten Bruch- u. Hebungslinien VI. 909. 942 — Ueb. e. muthmasslichen Meteorstein in e. alten Weidenstamm XI. 587* — Ueb. die Thätigkeit der Gletscher an d. Veränderungen der Erdoberfläche und die Wirksamkeit schwimmender Eisberge XX. 889.

Murman, A. Bemerk. zu einer Stelle d. mécanique céleste XVI. 37 — s. Handl.

Murman, A. u. L. **Rotter**, Orientirung d. Schwingungsaxen d. Lichts in Krystallen des monoklinoedr. Systems XV. 244.

Murphy, J. J. Beobacht. v. convergirenden Strahlen zu Greenisland XIII. 455* — Ueber grosse Temperaturschwankungen im arktischen Winter XVII. 617* — Ueber Süsswasserseen ohne Abfluss XIX. 680 — Ueb. d. Circulation d. Atmosphäre d. Erde u. d. Sonne XX. 648.

Murray, C. A. Naturgeschichte der elektr. Fische nebst Beschreib. einer neuen Species von Malapterurus XI. 465; XIV. 538 — Ungewöhnl. Lufterscheinung XIII. 456* — Ueb. einige Mineralquellen bei Teheran XV. 750 — Ueber das Erdbeben zu Mendoza am 20. März 1861, XVII. 794.

Murray, J. Ueb. d. Gezeiten, d. Bett u. die Küsten der Nordsee VIII. 611. — Ueb. Wirbelstürme XIX. 638*.

Musculus, Ueb. d. Veränderungen d. Molecularcohäsion d. Wassers XX. 73.

Musset, Ch. Thatsachen zum Beweise d. elektr. Wirkung d. Sonnenstrahlen XIX. 390. 391.

Mustapha-Magdaly, Quantitative Analyse des Nilwassers während 10 Monate d. Jahres XIX. 689.

Muston, Erdstoss in der Umgegend v. Montbéliard XIII. 612.

Mylne, P. W. Ueb. die Brunnen im Londoner Becken XVI. 837*.

Nachet, Achromatische Linsen von sehr kleiner Dimension I. 298* — Vorrichtung zur schiefen Beleuchtung d. Objecte im Mikroskop III. 210 — Neue Mikroskope zum Gebrauch bei Vorlesungen X. 338.

Nachtigal, G. Erdbeben in Tunis am 14. Sept 1863, XIX. 729.

Nadjeschda Suslowa, Veränderungen d. Hautgefühle unter d. Einfluss elektr. Reizung XIX. 501.

Nägeli, C. Ueb. das Verhalten des polarisirten Lichts gegen pflanzliche Organismen XVIII. 255 — Anwendung des Polarisationsmikroskops auf die Untersuch. d. organ. Elementartheile XX. 308.

Nägeli C. und S. **Schwendener**, Theorie d. Mikroskops u. d. mikroskop. Wahrnehmung XX. 305.

Nagel, A. Das Sehen mit zwei Augen und die Lehre v. d. identischen Netzhautstellen XVII. 307 — Ueber d. ungleiche Erscheinung v. Doppelbildern, welche in verschied. Höhe gesehen werden XVIII. 272.

Nagel, C. L. Anwendung d. Turbinen bei wechselndem Ober- und Unterwasser VI. 156. 199.

Nahrath, H. Gesetze bezüglich der Fällung d. Metalle auf galvan. Wege XV. 477.

Naill, Zerstreuung e. Wolke durch d. Blitz XV. 584.

Napier, J. Beobacht. üb. Zersetzung d. Metallsalze durch d. elektr. Strom I. 470. 475 — Anwendung der Elektricität auf d. Ausbringung der Metalle I. 470. 477 — Medaillen und andere Gegenstände aus Silber auf galvan. Wege zu erzeugen I. 482. 488 — Ueber elektr. Endosmose II. 24. 26 — Phosphorescenz v. Kreidestrichen VI. 517. 526 — Leitungsfähigkeit d. Erde für Elektricität VI. 700. 706 — Reduction des Kupfers aus gerösteten Erzen durch galvan. Wirkung VI. 722* — Ueber die Dynamik d. galvanischen Batterie XIX. 416.

Napier u. **Deleuil**, Registrirender Schiffscompass VIII. 610.

Napier, J. R. u. W. J. M. **Rankine**, Verbesserung an d. Maschinen, welche Arbeitskraft aus der Wirkung der Wärme auf Luft oder andere elast. Fluida entwickeln X. 396.

Napiersky, A. W. Bestimmung der mittleren Temperatur VI. 1053* — Ueb. d. Elasticität d. Metalle VIII. 140.

Napoléon, Prinz, Notiz in einem auf seiner Reise nach dem Norden enthaltenen Holzblock XII. 736 — Meeresströmungen XIII. 571.

Napoli, R. de, Allotropie d. Phosphors III. 3. 8 — Prioritätsanspruch auf d. Entdeckung d. rothen Phosphors XIII. 24 — Ueb. d. Wechselwirkung der Naturkräfte XIII. 279; XV. 36 — Abänderung d. Daniellschen Kette XV. 402 — Allotropie, status nascens u. katalyt. Kraft in den Körpern XVIII. 16* — Ueb. d. Bildung d. Salmiaks in d. Fumarolen d. Vesuvs XIX. 707

Nardi, F. Geographisches u. Meteorolog. aus d. Hospiz d. grossen St. Bernhard XI. 717 — Ueb. d. klimatischen Verhältnisse von Jerusalem XIV. 635.

Nardo, Ueb. farbige Schatten durch alleinige Benutzung v. weissem Licht XV. 298.

Nasse, F. Verbrennung und Athmen II. 259.

Nasse, O. s. Bilharz.

Nasmyth, J. Ansichten über Entstehung des Lichts VI. 318. 376 — Neue Anordnung für Spiegelteleskope VI. 546. 549 — Ueb. Blitzableiter X. 656. 658 — Ueb. d. Form d. Blitzes XII. 586 — Erscheinungen bei geschmolzenen Substanzen XIII. 81 — Ueber d. Bau d. Lichthülle d. Sonne XVIII. 503*; XX. 576.

Nasmyth u. May, Verbesserungen im Betriebe d. atmosphär. Eisenbahn I. 593, 605.

Natani, L. Materie, Aether und lebendige Kraft XVI. 48*.

Natanson, J. Anwendung einer Modification d. Gay-Lussacschen Dampfdichtenbestimmungsmethode bei Substanzen mit hohem Siedepunkte XII. 63.

Natterer, (jun.) Verfahren Lichtbilder auf jodirten Silberplatten ohne Quecksilber darzustellen VIII. 348.

Natterer, J. Ueb. die Verdichtung einiger Gase I. 116. 131 — Gasverdichtungsversuche VI. 258. 274; X. 186.

Naudet, Ueb. e. Metall- od. Holosterik-barometer XIX. 618*.

Navez, Einrichtung seiner elektroballist. Vorrichtung zur Messung der Flugzeiten VIII. 46 — Beobachtung eines Hofs mit Nebensonnen IX. 609*.

Nawrocki, F. Ueber die Methoden den Sauerstoff im Blute zu bestimmen XIX. 89.

Nedden, H. M. C. zur, Die elektr. Bilder u. d. Lichtbilder XV. 386; XVI. 267.

Neef, Verhältniss der elektr. Polarität zu Licht u. Wärme I. 463; II. 395.

Neese, N. Die mittlere Temperatur v. Riga X. 694 — Klima von Fellin nach d. Beobachtungen d. Dr. Dumpf berechnet. Ein Blick auf d. physikalisch-geographischen Verhältnisse Livlands X. 765* — s. v. Qualen.

Negretti und Zambra, Verbesserungen an Thermometern, Barometern u. s. w. VIII. 665; XVIII. 594 — Maximumthermometer XI. 631 — Quecksilberminimumthermometer XII. 613 — Verbessertes Minimumthermometer XIX. 606.

v. Neimans, Ueb. d. Erdbeben zu Cairo am 12. Oct. 1856, XII. 773.

Neimke, H. Erfahrung bei d. Sprengarbeit in d. Oberharzer Gruben XIII. 135.

Nerenburger, Feuerkugel im Febr. 1856, XII. 556*.

Nervander, J. J. Magnet. u. meteorolog. Beobachtungen zu Helsingfors 1850 u. 1851, VI. 1048. 1061.

Netter, Erzeugung v. Originalgravirungen, Galvanotypen X. 540*.

Neuenburger, Ueber die Messung eines europäischen Parallelkreisbogens v. grösserer Ausdehnung XVII. 728*.

Neuhaus, M. Das Nordlicht vom 4. Dec. 1858 zu Gaesdonck. Ueber d. Nordlichter v. 21. u. 22. April XV. 563*.

Neumann, Formeln zur Ausführung ballistischer Berechnungen VI. 67* — Ueb. d. Versuch d. k. preuss. Artillerie zur Messung der Kraft, mit welcher die Pulverladung eines Geschützrohrs in jedem Augenblick ihrer Wirksamkeit dasselbe angreift IX. 59 — Ueb. die bis jetzt aufgestellten Erklärungen d. Einflusses der Rotation d. Geschosse auf ihre Bahn X. 64.

Neumann, C. Ueb. e. Problem der Mechanik, welches auf hyperelliptische Integrale zurückkommt XIV. 78 — Versuch zu einer theoretischen Erklärung d. Drehung d. Polarisationsebne durch elektr. und magnet. Kräfte XIV. 211 — Geometr. Methode um d. Potential der v. einer Kugel auf innere od. äussere Punkte ausgeübten Wirkung zu bestimmen XVI. 36 — Zur Theorie d. Elasticität XVI. 78 — Ueb. d. stationären Temperaturzustand einer homogenen Kugel ohne Hülfe v. Reihenentwicklung nebst Sätzen zur Theorie d. Anziehung XVII. 30 — Darstellung der Hamiltonschen partiellen Differentialgleichung mit Hülfe einer Deter-

minante XVII. 39 — Ueb. die Intensität des Sonnenlichts in grösster Nähe XVII. 261 — Ueb. die thermischen Axen d. Krystalle d. ein- und zweigliedr. Systems XVII. 372 — Einfaches Gesetz für d. Vertheilung d. Elektricität auf einem Ellipsoid XVII. 423 — Ueb. d. möglichen Ursachen d. Corona u. d. Protuberanzen während einer totalen Sonnenfinsterniss XVII. 550* — Ueber den stationären Temperaturzustand eines Körpers, welcher von zwei nicht concentr. Kugelflächen begränzt wird XVIII. 356 — Die magnet. Drehung d. Polarisationsebne des Lichts XIX. 168 — Theorie d. Elektricitäts- u. Wärmevertheilung in e. Ringe XX. 391. 432.

Neumann, C. v. Bestimmung der Dichtigkeit des Meerwassers. Dichtigkeitsmaximum des Meerwassers XVII. 371.

Neumann, E. Eine Versuchsreihe betreffend das Absterben der Erregbarkeit in Nerven u. Muskeln. Ueb. das verschiedene Verhalten der Nerven u. Muskeln gegen d. constanten und inducirten Strom während ihres Absterbens XX. 551.

Neumann, F. Ueb. d. Ozongehalt d. Atmosphäre XV. 572. 579.

Neumann, F. E. Allgemeine Gesetze der inducirten Ströme II. 475 — Allgemeines Princip d. mathemat. Theorie inducirter elektr. Ströme III. 450. 452 — Bestimmung d. magnet. Zustandes eines Rotationsellipsoids, welcher durch vertheilende Kräfte erregt ist IV. 329. 330 — Ueb. das Wärmeleitungsvermögen fester Körper XVIII. 364.

Neumayer, G. Das Südlicht in Australien u. d. gleichzeitige Nordlicht in Münster den 9. und 10. April 1858, XV. 563* — Südlichter zu Melbourne in Australien XV. 564*; XVI. 611. 743 — Ueb. d. Meteor v. 4. März 1861 zu Melbourne, XVII. 552*; XVIII. 506* — Zwei Meteorsteinmassen in d. Nähe von Melbourne aufgefunden XVII. 555* — Beobachtung d. Zodiakallichts zu Melbourne XIX. 546* — Correspondenznachrichten aus Melbourne, magnetische Störungen, Südlichter u. s. w. betreffend XIX. 546* — Ueb. Dove's Drehungsgesetz des Windes XX. 740* — Resultate der magnet., nautischen und meteorolog. Beobacht. zu Melbourne u. verschiedenen Stationen d. Colonie Victoria März 1858 bis Febr. 1859; desgl. in d. Colonie Victoria 1859 bis 1862, XX. 818.

Neustadt, Pyrometer XVI. 339.

Nevesel, J. Fragen hinsichtlich des Teleskops v. Foucault. Antwort d. Hrn. Porro XV. 303.

Nevins, Ueber die in England und Irland 1852 bis 1854 stattgehabten Stürme X. 758.

Newcomb, S. Ueber einige Täuschungen u. andere Erscheinungen beim Sehen durch gefärbte Medien XVII. 327.

Newman, F. W. Ueb. Hängebrücken XII. 176.

Newman, J. Beschreibung e. neuen Verdampfungsmessers VIII. 667.

Newton, A. V. Verbesserungen an Pumpen zum Heben u. Treiben von Flüssigkeiten XI. 103* — Verbesserungen an Luftmaschinen XI. 374*.

Newton, H. A. Erklärung d. Bewegung d. Gyroskops XIII. 123 — Ueb. d. Meteor v. 15. Nov. 1859, XVI. 605* — Ueb. zwei Feuerkugeln beob. in d. Verein. Staaten mit Berechnung ihrer Bahnen XVIII. 492 — Nachweis d. kosmischen Ursprungs der Sternschnuppen aus d. Daten älterer Sternschnuppenschwärme XIX. 530 — Vorrücken u. Periodicität d. Novembersternschnuppenschwarms XIX. 531* — Ueb. d. Sternschnupp. d. 10. Aug. 1863 und ihre Natur XIX. 542* — Höhe d. Sternschnuppen XX. 586 — Originalberichte üb. d. Erscheinung des Novemberschwarms in früheren Zeiten mit einer Bestimm. d. Bahnlänge, d. jährl. Periode u. des wahrscheinlichen Umlaufs um die Sonne. Sternschnuppen in d. Nacht vom 13. bis 14. Nov. 1863, XX. 594* — Beobacht. d. Sternschnuppen d. Augustperiode in d. Verein. Staaten 1864, XX. 595*.

Newton H. A. u. A. Quetelet, Ueb. d. Natur d. Sternschnupp. XIX. 540*.

Newton, H. A. u. A. C. Twining, Beob. d. Augustmeteore 1863, XIX. 541*.

Newton J. Briefe an Oldenburg u. Boyle betr. seine Theorie d. Lichts u. d. Farben II. 158*.

Newton, W. E. Verbesserungen im Fällen v. Metallen und Legirungen; desgl. im Ueberziehen v. Gusseisen mit andern Metallen u. Legirungen X. 540* — Verbesserungen an d. Groveschen Batterie XVI. 451.

Nicati, C. Meteorolog. Bemerk. aus d. Provinz Oran in Algier XIX. 657*.

Nicklès, J. Krystallographische Untersuchungen; krystallisirte Hydrate v. Zink- u. Cadmiumoxyd; Krystallform d. Zinks; desgl. zweier v. Lefort beschriebenen Vitriole IV. 3. 11 — Ueb. d. dimorphen Körper VI. 4. 9 — Anwendung d. dynam. Elektricität in d. Telegraphie und Zeitmessung VI. 840* — Ueb. d. amalgamirte Zink d. Säulen mit constantem Strom VIII. 492 — Neues System v. Elektromagneten VIII. 547 — Neues System v. Elektromagneten für Eisenbahnen VIII. 552* Durchdringung der Metalle von Quecksilber IX. 20 — Calorische Maschinen IX. 432* — Ueb. d. passiven Zustand d. Nickels u. Kobalts IX. 487 — Ueb. d. amalgamirte Zink IX. 519 — Einfluss d. Verlängerung der Magnetstäbe auf ihre Anziehungskraft IX. 573 Circuläre und paracirculäre Elektromagnete IX. 575 — Untersuchungen üb. die Magnetisirung X. 583; XI. 503; XX. 496 — Beziehungen zwischen Reibung u. Druck. Ueb. magnet. Adhärenz X. 584 — Ueb. d. Ursache des Erdmagnetismus X. 672*; XIX. 601* — Erinnerung an Versuche über die Reibung XVI. 45 — Die Elektromagnete u. d. elektromagnet. Anziehung. Classification d. Elektromagnete XVI. 523 — Ueber die Spectrallinie des Thalliums XX. 191.

Nicolas, Excursion nach d. Demavend XVII. 780.

Nicolet, C. Meteorologie d. Thales v. La chaux-de-fonds XI. 758*.

Niel, Wasserrad I. 587. 590.

Nielsen, C. Elektrische Wirkungen des Nordlichts an den norwegischen Telegraphenlinien XV. 565* — Ungewöhnlich geringe Leitungsfähigkeit d. Schneewassers XVI. 483.

Nièpce, J. N. Ueber Heliographie III. 197. 208.

Nièpce de Saint-Victor, A. Neue Ausdehnung des Daguerreschen Processes II. 229. 239 — Eigenthüml. Eigenschaften des Jods, Phosphors, d. Salpetersäure u. s. w. III. 3. 9 — Photographie auf Glas IV. 192. 197 — Photographische Bilder v. Sonne u. Mond auf Glas VI. 517. 527 — Beziehung zwischen d. Farbe gewisser Flammen und d. Farbe heliographischer Bilder VI. 518. 530. Becquerel dazu 532 — Neues Verfahren für photographische Bilder auf Silberplatten. Photographien in natürlichen Farben VI. 519. 536. 537; VIII. 346 — Ueber Photographie auf Glas und über einige neue Thatsachen VI. 521. 543 — Reproduction v. Gravirungen u. Zeichnungen durch Joddampf IX. 309* — Heliographische Gravirungen auf Glas IX. 314* — Ueber eine neue Wirkung des Lichts XIII. 268; XIV. 282; XV. 256 — Ueb. d. Activität, welche d. Licht dem v. ihm getroffenen Körper ertheilt XV. 256 — Vermögen d. Lichts gewisse Substanzen zur Reduction v. Gold- u. Silbersalzen zu befähigen XV. 258 — Zwei neue photochemische Versuche XV. 260 — Reduction durch Wärme als Mittel zur Erzeugung v. Bildern auf empfindl. Papier XV. 272* — Dauernde Wirkung d. Lichts XVI. 268* — Wirkung d. Elektricität u. d. Lichtes Substanzen zu befähigen Gold und Silber aus ihren Lösungen zu reduciren XVI. 514 — Ueb. e. bisher unbekannte Wirkung d. Lichts XVII. 294 — Ueb. Heliochromie XVIII. 259; XIX. 261.

Nièpce de St. Victor und Corvisart, Ueber vegetabilische und thierische Stärke, Rohrzucker und Oxalsäure hinsichtlich ihrer Veränderung durch d. Sonnenlicht, sowie üb. einige Substanzen, welche diese Wirkung vernichten od. verstärken XV. 257.

Nilson, Ueb. die allmälige Bodenerhebung Scandinaviens VI. 909. 924 — Ueb. Eisbildung XX. 846*.

Nimier, Wiederholung des Versuchs v. Hrn. Gore XIV. 481.

Nivelet, Ueb. den Unterschied der physiolog. Wirkung des posit. und negat. Poles bei galvanischen u. Inductionsströmen XVII. 538*.

Noad, Kolossale Elektrisirmaschine XI. 404.

Noath, Beschaffenheit der Gewitterwolke XI. 594.

Nobel, A. und W. D. Campbell, Ueb. Foucault's Pendelversuche X. 76.

Nobert, Kreistheilung I. 579* — Prüfung u. Vollkommenheit unserer jetzigen Mikroskope II. 242 — Interferenzspectrumplatte. Glasplatte mit Theilungen zur Bestimmung d. Wellenlänge u. relativen Geschwindigkeit

d. Lichts in Luft u. Glas VI. 399. 408 — Ocularmikrometer mit leuchtenden farbigen Linien im dunkeln Gesichtsfeld VIII. 216.

Nobile, A. Ueb. d. elektrostatische Induction XI. 397; XII. 389; XIII 325 — Fundamentaltheorem der elektrostatischen Induction XIII. 423*.

Noble, W. Ueb. d. Bestimmung des Thaupunkts mittelst des trocknen u. benetzten Thermometers XI. 637 — Ueb. das Verhältniss zw. den Fortbewegung und Drehung bewirkenden Kräften bei gezogenen Geschützen XIX. 25 — Beobachtung einer Sonnenfackel XIX. 539*.

Nöggerath, E. Ueber d. geometrischen Zusammenhang d. Maschinen XV. 59* — Ueb. die Gleichgewichtscurve einer proport. dem Wege ihres Angriffspunktes sich verändernden Kraft XVII. 38.

Nöggerath, J. Blitzschläge an der Leitung des elektr. Telegraphen der Bonn-Kölner Eisenbahn VIII. 601* — Meteoreisenmassen mit Widmannstädtschen Figuren IX. 610* — Die Erdbeben in der Rheingegend 1853, IX. 671 — Ueb. Erdbeben im Allgemeinen namentlich üb. d. Verschiedenheit der Bewegung IX. 672 — Ueber d. sogenannten Samenregen im März u. April 1852, X. 752 — Ueb. einige ganz ausgezeichnete Eisenmassen XI. 588* — Die Erdbeben im Visptbal 1855, XI. 808 — Ueber Hagelkugeln d. J. 1822, XII. 685 — Das Erdbeben im Siebengebirge den 6. Dec. 1856, XIII. 610 — Der grosse intermittirende Wassersprudel zu Bad Neuenahr XVIII. 747 — Ueb. das Erdbeben auf dem Liedberge am 18. März 1862, XVIII. 812* — Die Erdbeben in der vulkan. Gebirgsgruppe am Laacher See XX. 928*.

Noel, C. Ueber die physische Beschaffenheit der Sonne XIV. 574. 578 — Neues Registrirsystem der Beobachtungen aller meteorolog. Instrumente XVI. 673*.

Nörremberg, AkustischeInterferenzröhre XII. 241.

Nöschel, A. Ueb. d. Leidenfrostschen Versuch VI. 259. 288 — Ueb. e. interessanten Hagelfall im KaukasusXX.773.

Nollet, F. Elektromagnet. Maschine zum Schmelzen, Beleuchten u. Bewegen VI. 841*.

Nordenskiöld, A. E. Versuch die Dichtigkeit chemischer Verbindungen theoretisch zu berechnen XIII. 40 — Zur Lehre v. d. Isomorphie und Dimorphie XIV. 31; XVI. 20* — Wärmeentwicklung beim Verbrennen flüchtiger organischer Verbindungen XIV. 355; XVI. 374 — Hebung des Festlandes bei Stockholm XIV. 680.

Normand, J. A. Ueber den Widerstand d. Stoffe gegen den Stoss in geometr. Beziehung XIX. 32*.

Normandy, A. Ueb. d. sphäroidal. Zustand d. Wassers in Dampfkesseln X. 153.

Norris, R. Ueber die verschiedenen Attractions- u. Adhäsionserscheinungen an festen Körpern, flüss. Häuten, Blasen, Tropfen u. Blutkörperchen XIX. 78 — s. Blackwell.

North, E. D. Ueb. Mikroskope mit grosser Oeffnung X. 339 — Ueb. die sogenannte Blutquelle in Honduras XI. 778.

Northcote, A. B. Die Soolquellen in Worcestershire XI. 779 — Ueber d. Salzquellen v. Cheshire XIII. 577*.

Norton, W. A. Ueber Erdmagnetismus III. 520. 553 — Tägl. Variation d. magnet. Declination V. 351. 362 — Tägl. u. jährl. Variation d. magnet. Declination u. Intensität VI. 889* — Ueb. die periodischen Aenderungen d. magnet. Declination u. Intensität XI. 608 — Ueb. Molecularphysik XX. 19*.

Nothomb, EinelichtempfindlSubstanz II. 229. 237.

Nott, J. Einfluss d. Elektricität auf die Vegetation in Irland III. 393* — Elektr. Telegraph durchs Meer III. 477*.

Novi, G. Bewegung d. Geschosse in d. Seele d. Feuergewehre X. 61.

Nowak, Ueb. Petrina's elektr. Harmonika XII. 240 — Ueber gewisse Schlammstellen in grossen Höhen XVII. 664 — Kritischer Commentar zu zwei Capiteln aus Arago's nachgelass. Werk üb. das Gewitter XVIII. 528 — Ueb. die Gewitter XVIII. 549* — Ueb. d. Caspische Meer und die Verdunstung XIX. 681.

Nyström, C. A. Ueb. die Verbreitung elektrischer Ströme in festen Leitern XVIII. 444* — Einige praktisch telegraphische Rechenaufgaben XIX. 427.

Obbard, J. Fortpflanzung der Wasserwellen mit Bezug auf die Ueberschwemmung des Indus 1858, XVI. 826*.

Oberhäuser, Reclamation in Betreff einer Stelle in der Notiz von Strauss I. 298* — Ueb. d. Mikroskope mit schiefer Beleuchtung III. 210. 211.

Obermüller, J. Ueb. die Mondfinsterniss vom 13. Oct. 1856, XII. 559*.

Obernier, F. Ueb. das Ausbleiben der Oeffnungszuckung bei absteigendem Strom XVII. 537.

O'Brien, Gesetz des Widerstandes eines Mediums gegen kleine Schwingungen; Mischung der prismatischen Farben und Anblick des Spectrums durch e. blaue Glasplatte I. 164. II. 590 — Reflexion und Refraction auf d. Oberfläche stark brechender und absorbirender Substanzen wie Metalle I. 164. II. 580. 593 — Symbolische Gleichung der Vibrationsbewegung eines krystall. oder unkrystallisirten elastischen Mediums III. 679. 685.

Odell, B. F. Ein glänzendes Meteor in Minnesota im April 1857, XIII 457*.

Odstrcil, J. und F. Studnicka, Ueb. elektr. Entladung u. Induction XVI. 441.

Oechsle, Ch. S. Breguet's Metallthermometer zu Versuchen über Wärmeentwicklung durch Galvanismus eingerichtet XVI. 505.

Oersted, Veränderung d. Quecksilbers in dicht verschloss. Gefässen II. 3. 13 — Ueb. d. Abweichung fallender dem Einfluss d. Schwere unterworf. Körper von d. Lothrechten II. 48*; III. 31. 33 — Ueber Diamagnetismus IV. 358. 375; V. 334.

Oertling, Prüfung von Planparallelgläsern I. 305 — Kreistheilung I. 579*.

Oettingen, A. v. Der Rückstand d. Leydener Batterie als Prüfungsmittel für d. Art der Entladung XVIII. 395; XX. 445 — Ueb. d. Laden der Leydener Batterie durch Induction und üb. die Entladung d. Batterie durch d. Inductorium XIX. 403.

Ofsiannikof, Ph. Ueb. d. Leuchten d. Larven d. Lampyris noctiluca XIX. 236.

Ogrincz, W. Feuermeteor beob. zu Neustadel XVIII. 506* — Sternschn. beob. zu Neustadel XVIII. 508* — Polarbandenbeobacht. zu Neustadel XVIII. 512*.

Ohler, H. Ergebnisse aus den im Jahr 1855 zu Frankfurt a. M. angestellten Beobachtungen XI. 758*.

Ohlert, B. Zur Theorie d. Strömungen d. Meeres u. d. Atmosphäre XV. 739; XVI. 661.

Ohm, G. S. Erklärung aller in einaxigen Krystallplatten zw. gradlinig polarisirtemLicht wahrnehmbaren Interferenzerscheinungen, in mathemat. Form dargestellt IX. 224; XI. 287.

Okatow, M. Ueb. d. Verhältniss d. Quercontraction zur Längendilatation bei Stahlstäben XIX. 56.

Okely, W. S. Beweis des Continuitätsgesetzes XII. 140.

Olbers, Ueber die Temperatur von Bremen VI. 1053*.

Oldham, J. Grubentemperatur in Irland VI. 1054* — Grosser Regenfall in Indien VIII. 779* — Physikalische Verhältnisse d. Humbers IX. 649 — Bericht üb. Fluthbeobacht. am Humber XIX. 670*.

d'Olincourt, Verwandlung d. Ueberschwemmungen in befruchtende Berieselungen XVII. 756*.

Oliva, G. u. H. Missaghi, Aerolithenfall bei Alessandria 3. Febr. 1860, XVII. 554*.

d'Oliveira, C. Pendelversuche in Rio de Janeiro VI. 70. 149 — Berichtigung einer Angabe über die Schwingungsebne des Pendels IX. 64.

Olivier, E. Geschwindigkeit u. Wassermenge d. Flüsse während d. Ebbe u. Fluth XVI. 814*.

Olmsted, D. Neue Versuche über das Sonnenspectrum I. 164. II. 581. 611 — Wirkung des magnetischen Telegraphen III. 344. 347 — Gesetze d. Nordlichts. Ueb. d. Zodiakallicht VI. 873* (Dazu de la Rive 873) — Letzte period. Erscheinung d. Nordlichts in Nord-Amerika VI. 877. 879 — Wirbelwind durch d. Brand von Schilfgebüsch VI. 1056* — Grosses Nordlicht v. 19. Febr. 1852, VIII. 598* — Ueb. d. Pulverexplosion zu Wilmington in den Verein. Staaten XI. 697* — Ueb. die neue seculäre Periode d. Nordlichts XII. 558* — Ueb. d. elektr. Hypothese des Nordlichts XIII. 459* — Biographie v. Redfield XIII. 548* — Ueb. d. Secularperiode d. Nordlichts XVII. 556*.

Omboni, G. Ueber die aushöhlende Wirkung d. alten Gletscher auf den Boden d. Alpenthäler XIX. 677.
Omeganck, Kette mit schwefelsaur. Quecksilberoxyd XVI. 449.
O'Neill, Ch. Ueber d. Dichtigkeitsänderungen des gewalzten Kupfers durch Hämmern u. Glühen XVIII. 10.
Onnen, P. L. Meteorologische Beobachtungen zu Buitenzorg auf Java III. 590. 610.
Opelt, F. W. Allgemeine Theorie d. Musik VIII. 154.
Oppel, J. J. Aenderung d. Tonhöhe bei d. Reflexion d. Schalles X. 229 — Neue Entstehungsweise d. Tones u. Versuch einer Theorie derselben XI. 200 — Bemerkungen zur Stereoskopie insbesondere zur Erklärung des Glanzes zweifarbiger Bilder XI. 331 — Ueb. geometrisch-optische Täuschungen XI. 332 — Ueb. d. optische Analogon d. musikalischen Tonarten XI. 333 — Ueb. ein Anaglyptoskop, (Vorrichtung vertiefte Formen erhaben zu sehen) XI. 333 — Ueber Stereoskopie, insbesondere üb. eine einfache vergrössernde Modification des Stereoskops ohne Spiegel und Gläser XII. 301 — Neue Beobacht. u. Versuche üb. e. eigenthüml. noch wenig bekannte Reactionsthätigkeit d. menschl. Auges XII. 312 — Ueb. eine zweite Gattung von Reflexionstönen nebst Andeutung über die Theorie derselben XIII. 186 — Ueb. d. Wirkung der durch Flammen erregten permanenten Luftströmungen auf d. Richtung d. ersteren XIV. 101 — Ueb. d. Sehen durch kleine Oeffnungen u. das Gorhamsche Diaskop XIV. 310* — Geometrisch-optische Täuschungen. Ueb. d. Glitzern und d. stereoskopische Nachahmung desselben XIV. 311 — Ueber eine auf Schallreflex beruhende Erscheinung XV. 169 — Resonirende Schuhe XV. 170 — Grund d. Schwierigkeit mittelst Farbenspindeln u. s. w. ein reines Weiss zusammenzusetzen XV. 213 — Fundamentalversuch üb. Lichtpolarisation XV. 253 — Ueber das Einfachsehn doppelter Bilder bei gekreuzten Augenaxen. Kleinere physikal. Notizen XV. 288 — Ueb. farbige Schatten bewirkt durch weisses Licht XVI. 278* — Eigenthümliche Reactionsthätigkeit d. menschl. Auges in Bezug auf bewegte Netzhautbilder XVI. 279 — Ueber partielle Farbenblindheit XVI. 293; XVII. 332 — Akustische Schätzung d. wachsenden Fluggeschwindigkeit von Insekten XVII. 169 — Benutzung d. Reflexionstöne zur Schätzung v. Dimensionen XVII. 170 — Ueber Accommodation beim stereoskop. Sehen XVII. 313 — Ueb. geometrisch-opt. Täuschungen (Nachlese) XVII. 336 — Eigenthüml. Wirkung d. verstärkten elektr. Funkens auf Glasflächen XVII. 435 — Der Reflexionston zweiter Art e. Accord XVIII. 142 — Ueber e. eigenthümliche Augentäuschung in Bezug auf Rotationsrichtungen XVIII. 276 — Zur Veranschaulichung der Achromatopsie für nicht damit Behaftete XVIII. 277 — Ueb. d. Reflexton einer dritten Gattung u. ein sehr einfaches Surrogat für Stimmgabeln XIX. 99 — Ueb. d. möglichen Lagen opt. Bilder in Bezug auf d. Object XIX. 171 — Ueb. subjective Lichterscheinungen XIX. 295 — Neue praktische Anwendung eines aerodynam. Versuchs XX. 52 — Eine akust. Beobachtung bei Eisenbahnen. Die harmon. Obertöne des durch parallele Wände erregten Reflexionstones XX. 130 — Ein dioptr. Fernrohr, welches die Objecte aufrecht od. verkehrt zeigt, je nachdem man es um seine Axe dreht XX. 165 — Ueb. e. schon bei gewöhnlichem Lampen- od. Gaslicht sichtbar werdende Fluorescenzerscheinung XX. 217 — Ueb. eine einfache Polarisationsvorrichtung XX. 225 Ueber das Nestlesche Ringelektroskop XX. 435.
Oppenheim, Ueb. d. Verbrennungswärme d. Ameisensäure XX. 355.
Oppolzer, Th. Feuerkugel beobachtet zu Wien am 4. Decbr. 1862, XIX. 543*.
Orlebar, Ueb. d. magnet. u. meteorolog. Observatorium zu Bombay III. 520*; V. 350*.
Ormancey, P. Die Mineralwasser Frankreichs VI. 914. 1039.
Ormerod, G. W. Ueb. e. Erdbeben an d. Granitgränze des Dartmoor-Districts d. 28. Sept. 1858, XV. 782*.
Osann, G. Aus d. Gebiet d. Hydroelektrik II. 405. 408 — Guajakharz als Reagens auf elektr. Ströme II. 410* — Platin im oxydirten Zustand

II. 410* — Bestimmung d. specif. Gewichts fester Körper IV. 36. 43 — Ist d. Steigerung d. Elektr. nach d. Enden e. Leitungs- od. Vertheilungserscheinung? VI. 677. 686 — Ueb. Gassäulen. Wirkung einer Gaskette, bei welcher nur in einem Element Gas vorhanden ist VI. 700. 708. 709 — Ueb. d. Neefsche Lichtphänomen VI. 714. 718 — Constante Kette aus zwei Metallen u. einer Flüssigkeit. Voltasche Säule, mittelst welcher beliebig Quantität od. Intensität zur Wirkung gebracht werden kann VI. 723. 725 — Ozonreaction in d. atmosphär. Luft VI. 1051. 1099 — Zur mathemat. Begründung d. Erscheinungen d. voltaschen Säule VIII. 465 — Das Zinkagometer, Messinstrument für elektr. Ströme. Versuche damit VIII. 475 — Ueb. d. Neefsche Lichtphänomen u. üb. Zersetzung nicht leitender Flüssigkeiten durch d. elektr. Funken IX. 493 — Wirkung secundärer Ketten, welche sich auf d. Oberfläche leicht oxydirbarer Metalle bilden, u. eine allotropische Modification d. Wasserstoffs IX. 505 — Kreuzung zweier fortschreitenden Bewegungen mit auf einander folgenden Verdichtungen u. Verdünnungen d. Theile, durch welche d. Bewegung statt findet X. 129 — Polarisationsphänomene X. 509 — Das Neefsche Lichtphänomen X. 521 — Ueb. active Modificationen d. Sauerstoffs u. Wasserstoffs X. 540* — Ueb. d. blaue Farbe d. Gletschereises X. 786 — Ueb. Fluorescenz XI. 262* — Ueb. d. Erscheinungen d. Fluorescenz in Hinblick auf die d. Phosphorescenz u. d. elektr. Lichts XI. 277 — Reducirende Wirkung d. elektrolytisch ausgeschiedenen Wasserstoffgases. Neue Thatsachen in Betreff d. Eigenthümlichkeit des auf galvan. Wege dargestellten Wasserstoffs. Bemerkenswerthe chemische Eigenschaften d. galvanisch ausgeschiedenen Sauerstoff- u. Wasserstoffgases XI. 455 — Verfahren galvanische Kupfer-Abdrücke auf Gyps hervorzubringen XI. 460* — Beschreibung eines galvan. Inductionsapparates hauptsächlich zum medicin. Gebrauch XI. 465* — Der Foucaultsche Versuch XII 129 — Beitrag zur Fluorescenz XII. 257 — Versuche, welche d. Verschiedenheit d. galvanisch ausgeschiedenen Wasserstoffgases gegen das gewöhnlich dargestellte darthun. Neue Thatsachen, den Ozonwasserstoff betreffend. Ueb. d. verschied. Zustände d. Wasserstoffs XII. 479 — Die Kohlenbatterie in verbesserter Form XII. 483 — Ueb. d. Ozonwasserstoff XIII. 14. 368 — Einige zur Elektrolyse gehörige Thatsachen XIII. 364 — Ueb. e. Daniellsche Säule, welche zu Spannungswirkungen gebraucht werden kann XIII. 375 — Ueb. d. Ozonwasserstoff u. Ozonsauerstoff XIV. 24; XVI. 516; XIX. 442; XX. 481 — Ueb. Capillarität XIV. 49 — Ueb. d. sphäroidalen Zustand d. Füssigkeiten u. d. Möglichkeit eines vierten Aggregatzustandes XIV. 96* — Ueb. Elektrolyse XIV. 461 — Ueb. Ozonwasserstoff; Erwiderung gegen Hrn. Magnus. Reaction d. Ozonsauerstoffs u. Ozonwasserstoffs als Collegienversuch XIV. 466; XV. 469 — Einfaches Verfahren d. specif. Gewicht fester Körper zu bestimmen XV. 9 — Elliptische Bahn einer Kugel, die auf einer kreisförmigen Ebene bewegt wird, die in ihrer Mitte vertieft ist XV. 51 — Erklärung d. Absorption d. Lichts nach d. Undulationstheorie XV. 203 — Beweiss, dass Schwarz keine Farbe ist XV. 213 — Farbenringe einer mit Lycopodium bestreuten Glastafel XV. 252 — Ueb. d. activen u. passiven Zustand d. Sauerstoffs u. Wasserstoffs. Numerische Bestimmungen hinsichtlich d. Ozonwasserstoffs u. Ozonsauerstoffs XV. 469 — Anwendung d. elektr. Stromes zur Ermittelung kleiner Mengen v. Körpern in Flüssigkeiten XV. 477 — Erscheinungen, welche freie Axen in rotirenden Körpern zeigen XVI. 47* — Ueb. Ergänzungsfarben XVI. 277. Fechner dazu 277 — Ueb. d. mannichfaltigen Streifen, welche bei d. Verlängerung d. prismat. Farbenspectrums hervortreten XX. 176.

Osann, H. Ein sehr einfaches Spectroskop u. einige damit angestellte Beobacht. XIX. 187.

Osler, F. Ueb. e. vervollkommnetes Anemometer u. fünfjähr. Beobachtungen zu Edinburg u. a. a. O. VI. 1054* — Ueb. die im Herbst 1851 auf d. Observatorium zu Liverpool aufgestellten selbstregistrirenden Anemo-

meter u. Regenmesser nebst Uebersicht d. Aufzeichnungen v. 1852 bis 1855 XII. 616. 673 — Construction eines tragbaren selbstregistrirenden Anemometers um Richtung u. Stärke d. horizontalen Luftbewegung aufzuzeichnen XV. 657*.

Ostrogradsky, Integration d. allgemein. dynam. Gleichungen VI. 67. 81 — Allgemeine Theorie d. Stosses XII. 87. 88 — Anwendung d. Linearpolynome in d. Mechanik XIII. 96 — Ueb. d. Princip d. kleinsten Wirkung XIII. 99.

Oth, Ueb. d. Rauchringe XVI. 58.

Otter, H. Die Fluthen im Harris-Sund XIV. 683. Dazu Stark 683.

Otto, Ueb. d. Luftwiderstand IX. 112 — Offenes Sendschreiben üb. Ballistik an Hrn. Didion X. 67 — Ueb. e. Versuch 1851 zu Neisse angestellt zur Ermittlung d. Verhaltens d. ballistischen Gewehrpendels je nach Maassgabe d. materiellen Beschaffenheit seiner Trefffläche X. 69 — Hülfsmittel für ballistische Rechnungen XI. 80; XV. 59.

Otto, F. J. Spiegelmetall XIII. 271.

Oudemans, Methode d. Krümmungshalbmesser sphär. spiegelnder Flächen zu bestimmen XVII. 340.

Oueilhe, Der trockne Nebel v. 1783, XV. 726*.

Overduyn u. Droinet, Geschwindigkeitsmesser X. 172.

Overweg u. Vogel, Hypsometrische Bestimmungen in Afrika X. 789*.

Paalzow, A. Ueb. subjective Farben u. d. Entstehung d. Glanzes XIII. 258 — Ueb. einige Bewegungserscheinungen innerhalb d. Schliessungsbogens d. galvan. Kette XIV. 479; XV. 441 — Ueb. d. verschied. Arten d. Entladung d. Leydener Batterie u. d. Richtung d. Haupt- u. Nebenstromes XVI. 445; XX. 445 — Richtung u. Art d. Entladung d. Leydener Batterie XVII. 431; XVIII. 399 — Ueb. d. Magnetisirung v. Stahlnadeln durch d. Strom d. Leydener Batterie XVIII. 400 — Ueb. d. Lichterscheinungen bei d. Entladung d. Leydener Batterie, wenn sie in einem rotirenden Spiegel betrachtet werden XIX. 405* — Ueb. d. Glüherscheinungen am posit. od. negativen Pol bei d. Entladung einer Leydener Batterie XIX. 405.

Paci, G. M. Ueb. d. Instrumente zur Anzeige d. Erdbeben u. e. neuen Seismometrographen XV. 785 — Ueb. die durch d. Gegenwart magnet. Körper in Bussolen veranlassten Fehler u. Beschreibung einer nur durch d. Erdmagnetismus afficirten Bussole XVI. 557 — Beobacht. mit d. Quecksilber- u. Aneroidbarometer, Anwendung u. Verbesserung d. letzteren XVI. 673* — s. Miranda.

Pacini, Structur d. elektr. Organs des Gymnotus u. anderer elektr. Fische IX. 530.

Pacinotti, A. Elektr. Ströme durch d. Wirkung d. Wärme u. d. Lichts XX. 459.

Pacinotti, L. und C. Desideri, Ueb. d. relativen Widerstand d. Körper v. complicirtem Querschnitt XX. 60.

Packe, Ch. Elektr. Induction in d. Pyrenäen XIX. 570 — Ueb. d. Unterschied zw. d. engl. u. französ. Barometerskalen u. die bei Reducirung auf d. Gefrierpunkt nothwendigen Correctionen XX. 663*.

Paddington, P. (auch Piddington) Wirbelsturm III. 645. 654.

Pagani, Ueb. d. Eulerschen Satz v. d. Zerlegung d. Drehung VIII. 80 — Bewegung eines materiellen Punktes bezogen auf drei feste Axen in einem um e. Punkt bewegl. Körper VIII. 106.

Page, C. G. Färben v. Daguerreotyp-Bildern I. 275 — Leitung d. galvan. Elektricität durch feuchte Luft II. 373. 385 — Axial-Galvanometer II. 405 — Gesetze d. elektromagnet. Induction II. 475. 514 — Neue magnetelektr. u. elektromagnet. Maschine II. 524. 526. 531 — Sonderbare Eigenschaft d. Kautschucks III. 249. 254 — Drehung eines Magnets um seine Axe ohne Anwendung v. Quecksilber III. 471. 475 — Polarisation d. galvan. Lichts V. 286* — Schwingungen d. Trevelyan-Instruments durch d. elektr. Strom VI. 294. 311 — Neue Farbenfigur beim Glimmer u. andere Polarisationserscheinungen VI. 428. 452 — Leitung u. Vertheilung d. galvan. Stromes in Flüssigkeiten VI. 677. 681 — Eigenthümlichkeit u. ausserordentliche Grösse d. secundären Funkens

VI. 793 — Ueb. d. Zeit, welche e. galvan. Strom in gewundenen Leitern bis zur Erreichung des Maximums gebraucht VI. 793. 794 — Richtung d. Funkens unter d. Einfluss v. Spiralen od. Magneten VI. 793. 795 — Ueb. Elektromagnetismus als bewegende Kraft. Elektromagnet. Locomotive. Die Aussichten d. Elektromagnetismus VI. 840*. 841* — Oekonomische constante Batterie VIII. 494 — Beschreibung d. elektromagnet. Maschine VIII. 552* — Neuer Rheostat IX. 513.

Paget, J. Ueb. d. Gefrieren d. Eiweisses in d. Eiern VI. 257. 265.

Paine, Magnetoelektr. Maschine u. Licht VI. 840*.

Palacky, J. Von d. Gletschern XV. 755*.

Palagi, A. Elektr. Wechselwirkungen d. Körper. Neue Versuche üb. d. elektr. Aenderungen d. Körper, wenn sie sich vom Boden entfernen od. demselben nähern. (Dazu Volpicelli, Soret, Grillenzoni, Secchi, de la Rive, Laborde) IX. 616; X. 646 — Entstehung v. Strömen beim Eintauchen v. Kohlen- u. Zinkstücken in Wasser XIII. 348 — Wirkung d. Erde als Theil eines elektr. Schliessungsbogens XV. 493* — Ueb. d. Inductionsströme XV. 496 — Elektr. Erscheinungen beim Annähern u. Entfernen d. Körper XVII. 428 — Uebereinstimmung d. Ursprungs d. voltaschen u. magnet. Inductionsströme XVII. 523*.

Pallas, E. Einfluss d. atmosphär. Electricität auf d. Organismus III. 393*.

Pallu, Blitzableiter XX. 620.

Palmieri, L. Erregung elektr. Funken durch d. Erdmagnetismus I. 523. 533 — Ueb. d. Elektrisirmaschine V. 257 — Eine ganz metall. Säule. Entwicklung d. Elektricität bei Verbindung d. einfachen Körper VI. 678. 687 — Ueb. Influenzelektricität X. 442 — Erforschung d. Luftelektricität am Vesuv X. 643. 644 — Ueb. d. Ausbruch d. Vesuvs 1857, XIII. 591. 592 — Temperatur d. Fumarolen auf d. Lava d. Vesuvs XIII. 595 — Meteorolog. u. physikalische Beobachtungen während d. Ausbruchs d. Vesuvs im Mai 1855, XIII. 596 — Ueb. e. elektromagnetischen Seismographen XIII. 604 — Ueb. d. gegenwärtigen Ausbruch d. Vesuvs XIV. 707 — Elektromagnetisch. Seismograph. Chronik d. Vesuvs. Temperatur d. Laven. Fumarolen. Eruptionskegel XVI. 910* — Elektricität durch Verdampfung XVII. 421 — Ausbruch d. Vesuvs XVII. 778 — Ueb. d. atmosphär. Elektricität XVIII. 515. 535 — Ueb. e. Blitzschlag XVIII. 543* — Ueb. d. elektr. Erscheinungen im Dampf d. Vesuvs beim Ausbruch am 8. Dec. 1861, XVIII. 760 — Ueb. die vom elektromagnet. Seismographen seit dem Ausbruch des Vesuvs am 8. Dec. 1861 angezeigten Erdbebenstösse XVIII. 814 — Ub. d. angeblich negative Electricität d. heiteren Himmels XIX. 556; XX. 602 — Ueb. d. Ursprung d. atmosphär. Elektricität XIX. 559 — Bestimmung d. absoluten Werthes d. Declinat. u. Inclination zu Neapel XIX. 601* — Ueb. e. neuen selbstregistr. Regenmesser XIX. 618* — Annalen d. meteorolog. Observatoriums auf d. Vesuv XIX. 706 — Ueb. d. am 8. Dec. 1861 begonnenen Ausbruch d. Vesuvs XIX. 707 — Erdstösse beobacht. am Vesuv beim letzten Ausbruch d. Aetna XIX. 708 — Erdbeben auf Ischia am 30. Jan. 1863, XIX. 724 — Neues bifilares Influenzelektrometer XX. 435 — Ueb. e. Methode d. Beobachtungen d. Luftelektricität frei vom Einfluss d. Luftfeuchtigkeit zu erhalten XX. 602 — Studien u. Versuche üb. Luftelektricität XX. 612 — Ueb. d. atmosphär. Ozon XX. 619 — Neues autographisches Udometer XX. 662 — Ueb. die im meteorolog. Observatorium d. Vesuvs 1863 v. d. elektromagnet. Seismographen registrirten Erdstösse XX. 928 — s. Guarini, Linari.

Palmieri, L. u. A. Scacchi, Ueb. d. vulkan. Gegend d. Vultur u. d. dortige Erdbeben v. 14. Aug. 1851, IX. 669.

Palmstedt, Ueb. d. sphäroidalen Zustand VI. 260*.

Paltrinieri, Anwendung d. Elektromagnetismus zur Bewegung v. Maschinen III. 471. 474 — Erfindung an elektr. Telegraphen III. 476*.

de Pambour, Ueb. einige streitige Punkte in d. Berechnung d. Dampfmaschinen I. 90*.

Panisetti, Elliptische Oscillationen d. ruhenden Pendels XI. 80; XII. 118.

Panum, L. Die scheinbare Grösse

d. gesehenen Objecte XV. 281 — Ueb. d. Sehen mit zwei Augen XV. 300* — Ueb. d. einheitliche Verschmelzung verschiedenart. Netzhauteindrücke beim Sehen mit zwei Augen XVII. 311.

Pape, C. Chemische Theorie des Schiesspulvers XVII. 403* — Ueber die specifische Wärme wasserfreier und wasserhaltiger schwefelsaurer Salze XIX. 369 — Zur Kritik d. Regnaultschen Versuche zur Bestimm. d. specif. Wärmen fester Körper XX. 373 — Ueb. d. specif. Wärme unterschwefligsaurer Salze XX. 377.

Pape, C. F. u. Winnecke, Beobacht. d. Sternschnuppen d. Juliperiode in Göttingen X. 641*.

Pappadakis, Die Erdbeben in Griechenland im J. 1853, X. 796.

Pappenheim, S. Brechungsindices d. Glaskörpers III. 181. 183 — Ueb. e. Mittheilung d. Hrn. Kühne in Betreff motor. Nerven XVIII. 278 — s. Dujardin.

Paquerée, Erdbeben in mehreren Departements d. Südens VIII. 643. 644 — Erdbeben v. 20. Juli 1854, X. 793 — Lichtmeteor beob. zu Castillon d. 14. Mai 1864, XX. 596*.

de Paravey, Stellen aus chinesischen Schriftstellern, welche wie Plinius an d. Einfluss d. Donners auf d. Gedeihen d. Trüffeln glauben III. 392* — Ueb. die in Holland gegen Ueberschwemmungen angewandten Mittel XII. 748*.

Parès, Ueb. d. totale Sonnenfinsterniss v. 8. Juli 1842, VI. 874*. (Dazu Faye 874*) — Ueb. Luftspiegelung XI. 585*.

Parinsetti, Ueb. d. meteorolog. Zustand in Alessandria 1863, XX. 835*.

Pariset, Ueb. d. Erdmagnetismus XIV. 601; XV. 625.

Parish, A. Entstehung u. Bahnen d. Wirbelstürme XII. 681*.

Parker, J. P. Die grössten Meerestiefen XI. 762.

Parkes, Phosphorauflös. u. Wachscomposition für galvan. Copien I. 482. 488 — Galvan. Versilberung auf trockenem Wege I. 483. 497.

Parolini, A. Erscheinungen an Quellen im Brentathal XIV. 690.

Parran, Ueb. d. elektr. Lampe v. Dunas u. Benoit XIX. 450*.

Parrot, Zur Geschichte d. Endosmose I. 25. 26; III. 14. 16 — Ausfluss d. tropfbaren Flüssigkeiten durch kleine Oeffnungen im Boden d. Gefässe I. 78.

Parsey, Patentirte Luftmaschine XI. 374*.

Parthey, Ueb. d. Oberlauf d. Nils nach Ptolemäus XX. 868*.

Partiot, Ueb. d. Vorfluth (mascaret) XVII. 756*.

Partsch, P. Ueb. d. Vorkommen u. d. physikal. Eigenschaften d. Meteoreisens v. Rasgata in Neugranada VIII. 597* — Meteorsteinfall unweit Mezö-Madaras in Siebenbürgen IX. 611*.

de Parville, Caselli's Pantelegraph XIX. 466.

Parvin, T. S. Tabelle üb. d. Aufgehen u. Zufrieren d. Missisippi XII. 746 — Ueb. d. Klima v. Jowa XIII. 532.

Pascal, J. B. Maschinen mit gemischten Dämpfen XII. 361* — Elektr. Lampe XVI. 512.

Pascal u. Mathieu, Elektr. Webestuhl X. 586*.

Paschen, Schreiben an Prof. Peters XIX. 296.

Pasley, C. Vereinfachung u. Verbesserung d. Maasse, Gewichte u. Münzen III. 30*.

Pasquier, Elektrostatisches Phänomen XVII. 428.

Passot, Theorie d. Centralkräfte II. 47. 51 — Einige hydraulische Versuche II. 82*.

Passy, A. Erdbeben v. 20. Juli 1854, X. 793.

Pasteur, L. Krystallisation d. Schwefels IV. 3. 7 — Ueb. Dimorphie IV. 3. 8 — Beziehung zw. Krystallform, chemischer Zusammensetzung u. d. Drehungsvermögen für polarisirtes Licht IV. 3. 8; V. 161. 174; VI. 457. 458 — Ungleiche Gruppirung im schwefelsauren Kali IV. 4. 12 — Eigenschaften d. beiden Säuren, welche die Traubensäure ausmachen V. 161. 174; VI. 457. 465 — Ueb. Asparaginsäure u. Apfelsäure VI. 457. 471; Biot dazu 473 — Beziehungen, welche zwischen d. Krystallform, d. chemischen Zusammensetzung u. d. Drehungsvermögen statt finden können VIII. 290 — Ueb. d. Ursprung d. Traubensäure IX. 276 — Ueb. d. Chinidin IX. 279 — Ueb. d. Alkaloide d. Chinarinden 280 — Umwand-

lung d. Weinsäure in Traubensäure. Entdeckung einer inactiven Weinsäure. Neue Methode d. Traubensäure in Rechts- u. Linksweinsäure zu spalten IX. 282 — Ueb. d. Beziehungen zw. Krystallform, chemischer Zusammensetzung u. molecularem Drehvermögen IX. 285. 286 — Dimorphie der d. Polarisationsebne d. Lichts drehenden Substanzen X. 303 — Ueb. d. Amylalkohol XI. 314 — Ueb. d. Wachsen d. Krystalle u. d. Ursachen d. Aenderung ihrer secundären Gestalten XII. 19 — Ueb. d. Milchzucker XII. 277 — Isomorphie v. Körpern, die d. Polarisationsebne d. Lichts drehen mit andern isomeren nicht drehenden Körpern XII. 291 — Ueb. d. Gährung d. Weinsteinsäure XIV. 282* — Ueb. d. moleculare Dissymmetrie XVI. 264 — Ueb. d. phosphorescirende Licht d. Cucujos XX. 216 — s. Biot.

Patera, A. Feuermeteor III. 157. 169.

Patrelli, M. Hydraulische Räder nach gemischtem System V. 43* — Ueb. d. Nordlicht v. 12. Oct. 1859 beobacht. zu Neapel XV. 564*.

Paucker, M. G. v. Das astronomische Längenmaass VIII. 42 — Ausdehnung v. Eisen, Messing u. Platin durch d. Wärme IX. 24* — Gestalt d. Erde X. 52; XI. 78.

Pauker, Der Himmelsstrich v. Mitau X. 765*.

Pauli, A. Ueb. e. Gaspipette VIII. 136.

Paumard, Ueb. d. Feuerkugel v. 29. Oct. 1857 zu Paris XIII. 458*.

Paura, Auffindung u. Messung elektr. Ströme in verschied. organ. Flüssigkeiten u. Geweben VI. 731. 766.

Pauwels, O. Gewitter am 19. Febr. 1860 in Belgien XVI. 625.

Pawlowicz, Ueb. e. Pantograph I. 579. 583.

Payen, Ueb. d. Löslichkeit d. kohlensauren Natrons XI. 163.

Payerne, Existenz d. latenten Wärme I. 359. 364 — Natur d. imponderabelen Fluida u. d. Sonnenstrahlen II. 317. 319 — Ueb. Poumarede's Apparat zur Analyse d. gasförmigen Respirationsproducte III. 87. 88 — Löslichkeit d. Luft im Meerwasser XI. 186 — Beobachtung einer Feuerkugel XV. 559*.

Peacock, R. A. Neue Formel zur Berechnung d. anfänglichen Dampfdrucks XX. 367.

Peal, F. Ueb. Waagen III. 30*.

Pearie, Verbesserung am elektrisch. Licht V. 291*.

Pearsall, Ueb. Elektrocultur II. 436. 440.

Pearson, W. Ueb. e. ungewöhnliches Gewitter u. eine zerstörende Localfluth XIII. 465*.

Pebal, L. Directer Beweis für d. Zerfallen d. Salmiaks in Ammoniak u. Chlorwasserstoff beim Uebergang in d. gasförm. Zustand XVIII. 94.

Peclet, Schreiben wegen einer Stelle im Lehrbuch d. Physik v. Pouillet I. 442.

Pecqueur, Versuche üb. d. Widerstand comprimirter Luft bei ihrer Bewegung in Röhren I. 82.

Pedersen, Resultate meteorologisch. Beobachtungen in Grönland XIV. 657.

Pekarek, F. Ueb. elektr. Lampen X. 527 — s. Grailich.

Peker, A. Schwefelquellen im Gouvernement Orenburg XV. 765.

Peligot, E. Ueb. d. Zusammensetzung d. Gewässer XI. 186; XIII. 164.

Pelikan, E. u. A. Saweljew, Wie erklärt sich d. Einführung verschiedener Medicamente in d. Organismus durch d. galvan. Strom? XV. 476.

Pelletier, Sohn, Erscheinungen, welche Bäume unter d. Einfluss stark elektr. Wolken zeigen II. 436. 438.

Pellis u. Henry, Neuer elektr. Motor XIII. 434*.

Pelouze, J. Neue Zuckerart aus d. Vogelbeeren VIII. 287.

Peltier, Veränderung d. Drähte, welche lange als Elektricitätsleiter gedient haben I. 14. 24 — Ursache d. Schwankungen d. Luftblase in d. Libelle II. 48. 52 — Cyanometrie u. Polarimetrie d. Atmosphäre u. Aenderungen an Arago's Cyanopolariskop II. 177. 189 — Schwefelwasserstoff im Hagel II. 364. 368 — Ueb. atmosphär. Elektricität VI. 878. 885.

Penn, Elektr. Uhr VI. 839*.

Penning, G. de, Ueb. d. Schraubenpropeller IX. 103*.

Penny, F. Phosphorescenz u. Zusammensetzung d. geschmolz. schwefelsauren Kalis XI. 262*.

Pentland, Erdbeben d. 29. Dec. 1854 XI. 804.

Pepper, Schallfortpflanzung durch Holzstangen XI. 215.

Perey u. **Traxler**, Wassermenge d. Rhone zu Genf XV. 753*.

Perger, A. R. v. Ueb. d. Lichtempfindlichkeit d. Asphalts XV. 255.

Pernot, Verfahren d. Dichte d. Gase zu messen VI. 44. 48 — Photometrisches Verfahren VI. 418. 426.

Perreaux, Kathetometer. Maschinen zur Theilung v. Linien u. Kreisen. Sphärometer V. 32* — Comparateur zur Berichtigung d. Metermaassstäbe XIII. 93* — Hebelsphärometer XX. 3.

Perrey, A. Ueb. zwei zu Dijon beobacht. Meteore II. 179. 204 — Sternschnuppenbeobacht. II. 206 — Beitrag zu Boutigny's Versuchen V. 85. 87 — Ueb. e. zu Dijon wahrgenommene Detonation in d. Luft VI. 872* — Erdbeben im J. 1850, VI. 910. 953 — Aenderung d. Luftdrucks u. d. Temperatur im Jan. u. Febr. 1850, VI. 1054* — Ueb. e. meteorolog. Phänomen, Juni 1850, zu Dijon VI. 1056* — Ueb. d. Erdbeben im Norden v. Europa u. Asien. Die Erdbeben im J. 1851, VIII. 647 — Die Erdbeben im J. 1852, IX. 673 — Verschiedene Häufigkeit d. Erdbeben nach d. Mondphasen IX. 674 — Ueb. d. Erdbeben im J. 1853, X. 796. Dazu E. de Beaumont X. 795 — Ueb. d. Erdbeben im J. 1854 nebst Nachträgen für d. früheren Jahre XI. 796 — Ueb. d. Vulkane u. Solfataren auf d. Insel Java XII. 766 — Ueb. d. Erdbeben im J. 1855 mit Nachträgen zu früheren Verzeichnissen XII. 769; XIII. 605 — Ueb. d. Bibiluto, Vulkan auf d. Insel Timor XIV. 706 — Ueb. d. Erdbeben in Peru, Columbien u. im Gebiet d. Amazonenstroms XIV. 709; XVI. 907 — Erdbeben d. J. 1856 u. 1857 nebst Nachträgen für d. vorhergehenden Jahre XVI. 885. 886 — Ueb. d. Erdbeben u. vulkan. Erscheinungen im Archipel d. Philippinen XVI. 908 — — Ueb. d. Häufigkeit d. Erdbeben hinsichtlich d. Alters d. Mondes während d. zweiten Hälfte d. XVIII. Jahrhunderts, u. üb. d. Häufigkeit d. Erscheinung in Bezug auf d. Monddurchgang durch d. Meridian XVII. 786 — Seismische Bibliographie XVII. 786; XIX. 718* — Ueb. d. Erdbeben in d. J. 1858 bis 1860 nebst Nachträgen XVIII. 811 — Ueb. e. leichtes Erdbeben zu Dijon u. in d. benachbarten Departements am 17. Apr. 1862, XVIII. 813 — Sätze üb. d. Erdbeben u. Vulkane XIX. 718 — Ueb. d. Erdbeben im J. 1861 nebst Nachträgen XIX. 721*. — Desgl. im J. 1862, XX. 925* — Ueb. d. Erdbeben u. vulkan. Erscheinungen auf d. Kurilen und Kamtschatka; desgl. in Japan XIX. 727*.

Perrot, A. Prioritätsansprüche auf galvan. Vergoldung III. 378. 390 — Princip einer Waffe mit comprimirter Luft V. 63* — Wirkung d. elektr. Funkens auf Wasser- u. Alkoholdampf XIV. 472 — Elektr. Entladung in Wasserdampf XIV. 472 — Neuer Versuch die Erdumdrehung sichtbar zu machen XV. 60 — Ungleichartigkeit d. Inductionsfunkens XV. 455. 456 — Natur d. chemischen Wirkung d. Inductionsfunkens XV. 459 — Einfluss d. Elektroden in d. Voltametern mit Kupfervitriol XV. 468 — Ueb. d. Inductionsfunken XVI. 507 — Ueb. d. Natur d. Inductionsfunkens d. Ruhmkorff'schen Apparats XVII. 497 — Chemische Wirkung d. Inductionsfunkens v. Ruhmkorff'schen App. XVII. 515 — Apparate zur Beobachtung u. Messung d. Veränderungen in d. Grösse u. Richtung d. Schwere in Folge d. verschied. Bewegungen unserer Erde u. der Anziehung d. Himmelskörper XVIII. 30 — Methode um d. Fernewirkung elektrisirter Körper auf einander sichtbar zu machen XVIII. 390 — Versuche üb. Elektricität XVIII. 450 — Versuche zum Erweise, dass e. vom Blitz getroff. gewöhnlicher Blitzableiter für d. benachbarten Gegenstände gefährlich wird XIX. 584 — Verhältniss d. Entfernungen, bis zu welchen gewöhnliche u. sehr fein zugespitzte Blitzableiter schützen XX. 620.

Perrot u. **Gavaret**, Mittel d. Wirkung der Blitzableiter zu erhöhen XVIII. 550.

Person, Specif. Wärme d. Eises I. 363 — Latente Wärme bei d. Verdampfung u. Schmelzung, absoluter Nullpunkt u. Gesammtwärme d. Körper II. 261. 263 — Ueb. d. Schmelzung v. Legirungen II. 261. 270; III. 249. 254 — Beobachtungen an einem chinesischen magischen Spiegel III. 117. 120 — Latente Schmelzwärme

d. Quecksilbers III. 249. 250 — Ueb. d. Heber IV. 79 — Ueb. d. lat. Schmelzwärme IV. 226. 229; V. 228. 283 — Gefrieren d. Quecksilbers u. seine latente Schmelzwärme IV. 226. 230 — Beziehung zw. d. Elasticitätscoefficienten d. Metalle u. ihrer lat. Schmelzwärme; latente Schmelzwärme v. Cadmium u. Silber IV. 226. 231 — Regenmengen in verschiedenen Höhen V. 374. 379 — Ueb. d. Kraft, welche Flüssigkeiten oberhalb erhitzter Oberflächen hält VI. 259. 285 — Latente Schmelzwärme d. Eises VI. 610. 612 — Specif. Wärme d. Salzlösungen u. d. latente Lösungswärme VI. 613 — Erdbeben zu Besançon 1851, VI 910. 962 — Regenmenge in verschied Höhen VI. 1057* — Beweis für d. Drehung d. Erde mittelst d. Bohnenbergerschen Apparates Aufstellung d. Bohnenbergerschen Apparates für d. verschied. Breiten VIII. 98 — Zusätze zu früheren Bemerkungen d. Hrn. Quet betreffend Foucault's Gyroskop IX. 73 — Ueb. d. mechanische Aequivalent d. Wärme X. 367.

Perth, J. L. Ueb. d. Chromaskop XVI. 240.

Perty, Optisch-meteorolog. Erscheinungen d. 20. August 1853, X. 640* — Erdbeben d. 29. März 1854, X. 795 — Bemerk. üb. Fernröhre XII. 340* — Ueb. Mikroskopie u. Teleskopie XIX. 301 — Ueb. d. neuesten Mikroskope von Sigism. Merz XX. 306.

Pertz, Lateinischer Codex d. Ptolemäischen Optik VI. 394.

Pestalozzi, H. Höhenveränderungen d. Zürchersees XI. 700.

Peter, R. Ueb. d. Quelle d. blauen Thons am Lickingfluss VI. 913. 1030.

Peterin s. Blaserna.

Peterin u. Weiss, Ueb. d. Tönen flüssiger u. fester Körper XIV. 168.

Petermann, A. Temperatur d. britt. Inseln u. ihr Einfluss auf d. Vertheilung d. Gewächse VI. 1054* — Zur physikal. Geographie d. australischen Provinz Victoria. Meteorolog. Beobachtungen aus Melbourne XI. 730 — Die projectirte Canalisirung des Isthmus v. Suez nebst Andeutungen üb. d. Höhenverhältnisse d. angränzenden Regionen, besonders Palästinas XI. 763* — Ueb. d. Gletscherwelt, ins Besondere d. Gletscher d. Montblanc XI. 783 — Die Tiefenmessungen im Atlant. Ocean zur Anlage eines submarinen Telegraphen zwischen Europa u. Amerika XII. 734 — Der grosse Ocean XIII. 566 — Die sogenannten König Max-Inseln, Kerguelen, St. Paul u. s. w. XIV. 660 — Bemerk. zu Oberst-Lieut. Julius' Karte v. e. Theil d. Euphratthales XVIII. 731* — Neue Karte v. d. britt. Inseln u. d. umliegenden Meere XX. 850* — s. v. Hochstetter.

Peters, Meteorologisches aus Wustrow XV. 555*.

Peters, C. A. F. Ueb. d. Sonnenflecke XI. 588* — Luftspiegelung XIII. 456* — Beschreib. eines auf d. Altonaer Sternwarte aufgestellten Registrirapparats zu Durchgangsbeobachtungen XV. 492* — Schreiben an Hrn. Carrington XVI. 608* — Ueb. ein nach Gauss'scher Theorie construirtes Steinheilsches Fernrohr XVII. 342 — s. Schumacher.

Petersen, A. C. Beobacht. d. Nordlichts v. 19. Febr. 1852 zu Altona VIII. 598* — Beobachtung eines sehr hohen Barometerstandes auf d. Altonaer Sternwarte VIII. 759.

Petit, L. F. Ueb. d. Feuerkugel v. 21. März 1846, II. 179. 205; v. 19. Aug. 1847, III. 157. 170; V. 452* — Ueb. die v. d. Drehung d. Erde herrührende Abweichung fallender Körper VI. 70. 151 — Zwei Feuerkugeln beobachtet zu Toulouse VI. 872* — Bahn u. Parallaxe d. Feuerkugeln VI. 872* — Regen bei heiterem Himmel VI. 1051. 1099 — Ueb. d. Feuerkugel v. 5. Juni 1850, IX. 610* — Parallaxe u. Bewegung einer neuen Feuerkugel XII. 556* — Länge d. Secundenpendels u. Intensität d. Schwere zu Toulouse XIV. 82 — Feuerkugel, die e. Haus soll angezündet haben. Ueb. d. Meteorstein v. 9. Dec. 1858, XIV. 591* — Ueb. d. Feuerkugel v. 29. Oct. 1857, XV. 558* — Dämmerungstafeln XVI. 569; XVII. 548 — Beobacht. d. totalen Sonnenfinsterniss d. 18. Juli 1860, XVI. 572. 573 — Ueber zwei Feuerkugeln XVII. 551* — Parallaxen u. Geschwindigkeiten zweier neuen Feuerkugeln XVIII. 506* — Ueb. d. magnet. Inclination u. jährliche Variation d. magnet. Declination zu Toulouse XVIII. 563 — Ueb. d. Klima v. Toulouse XIX. 647 — Ueb. d. phy-

sische Beschaffenheit d. Sonne. Bestimmung der Tiefe d. Centralkerns unter d. Photosphäre nach Herschel's Theorie XX. 576.

Petitjean, J. Verbessertes Verfahren zur Versilberung, Vergoldung u. Verplatinirung d. Glases XII. 333.

Petiton, Ueb. Nordlichter X. 643*.

Pétrequin, Heilung d. Schlagadergeschwülste mittelst Galvanopunctur I. 499. 506; II. 437. 463; V. 298.

Petrie, W. Magnet. Untersuchungen d. meisten bekannten Stahlsorten II. 542. 574 — Gesichtsschärfe rücksichtlich kleiner Gegenstände VI. 488. 493 — Phosphorescenz d. Kaliums VI. 517. 526 — Anwendung d. Elektricität u. d. Wärme als bewegende Kräfte VI. 562. 590. 840* — Beziehungen zw. d. Temperaturänderung u. d. Volumen d. Gase. Ueb. die freiwillige Wiedererwärm. durch Ausströmen abgekühlter Luft VI. 563. 594 — Relative u. absolute Stärke galvan. Combinationen VI. 723. 726 — Ueb. d. dynamische Aequivalent d. elektr. Stroms u. e Skala für d. elektromotor. Kraft VI. 840* — Ueb. d. Beweg. d. Flüssigkeiten; merkwürdige Abweichung v. d. Grundgesetz üb. d. Verhältniss zwischen Druck u. Geschwindigkeit X. 172.

Petrina, F. A. Beschaffenheit des Widerstandes in einem in d. galvan. Strom eingeschalteten Voltameter I. 442. 449 — Construction magnetoelektr. Maschinen I. 523. 524 — Neue Theorie d. Elektrophors u. ein neues Harzkuchen-Elektroskop II. 322. 335 — Neues musikal. Instrument VIII. 160 — Beiträge zur Physik IX. 562 — Ueb. d. Magnetisiren hohler Eisencylinder durch galvanische Spiralen X. 580 — Elektromagnetischer Rotationsapparat mit dreierlei Bewegung bei derselben Stromrichtung X. 585 — Ueb. elektr. Ströme v. veränderlicher Richtung sowie üb. einige andere Erscheinungen, welche beim Eintauchen homogener Metalle in dieselbe Flüssigkeit entstehen XI. 420 — Neue Versuche üb. d. Frage, ob d. Widerstand eines galvan. Leiters d. Function seiner Oberfläche sei oder nicht XI. 436 — Einrichtung u. Wirksamkeit d. Ruhmkorffschen Inductionsmaschine XI. 500.

Petrow s. Iwaschinzow.

Petruschefsky, F. Ueb. d. Eigenschaften d. galvan. Elements IX. 470; XIII. 343 — Beschreib. eines neuen Mikrometers XV. 4.

Pettenkofer, M. Chemische Untersuchung d. Adelheidsquelle zu Heilbrunn in Oberbayern VI. 913. 1036 — Die Bewegung d. Grundwassers in München v. 1856 bis 1862, XVIII 743*.

Pettit s. Bogget.

v. Pettko, Ueb. e. bei Schemnitz gesehenes Feuermeteor VI. 871*.

Petzval, J. Ueber e. allgemeines Princip d. Undulationslehre: Gesetz d. Erhaltung d. Schwingungsdauer. Unzukömmlichkeiten gewisser populärer Anschauungsweisen in d. Undulationstheorie VIII 167. (Doppler u. v. Ettingshausen dazu 170) — Ueb. optische Untersuchungen XIII. 214 — Ueb. d. Schwingungen gespannter Saiten XIV. 118; XV. 99 — Ueber dioptrische Untersuchungen XIV. 254 — Ueb. d. neue Landschafts- als Fernrohrobjectiv XIV. 294* — Angström's Untersuch. üb. d. Spectrum d. elektr. Funkens in Beziehung auf d. Farbe d. Doppelsterne XVI. 225.

Peudefer, Beobachtungen im Nov. u. Dec. 1859 auf einer Ueberfahrt v. Central-Amerika nach Southampton XVI. 690.

Peyré, Höhe einer Wolkenschicht bei gleichförmig bedecktem Himmel VI. 1057*.

de Peyrony, Neue Darstellungsweise d. Glases für d. Linsen d. astronomischen Fernröhre X. 341.

Peytal, Erklärung d. Wasserhosen IV. 275. 277 — Instrument für Kurzsichtige VI. 546 549 — Thermomotrograph aus Metall VI. 1059*.

Peytier, Ungewöhnliche Formen d. Sonne bei ihrem Untergang am Meereshorizont XIII. 456*.

Pfaff, C. H. Parallele d. chemischen u. d. voltaschen Contakttheorie d. galvan. Kette II. 372. 373.

Pfaff, F. Ueb. d. Löslichkeitsverhältnisse v. Salzgemengen XII. 181 — Messung d. ebnen Krystallwinkel u. deren Verwerthung für d. Ableitung d. Flächen XIII. 91 — Ausdehnung d. Krystalle durch d. Wärme XIV. 58; XV. 336 — Einfluss d. Drucks auf d. optischen Eigenschaften doppelt brechender Krystalle XV. 244 — Ueb. d. thermischen Verhältnisse d.

Krystalle; Wärmeleitung XVI. 388 — Zur Theorie d. Erdbeben XVI. 886 — Gesetze d. Polarisation durch einfache Brechung XVII. 276 — Ueb. d. Einfluss d. Temperatur auf d. Doppelbrechung XX. 245.

Pfaunleder, Ueber Irrlichter XVI. 603*.

Pfeiffer, E. Procentische Zusammensetz. d. Meteorsteins v. Parnallee XIX. 545*.

Pfeiffer, F. Neues Barometer IV. 79. 83.

Pflanzeder, G. Die Libellendecimalwaage XI. 50 — Multiplumsbrückenwaage XIII. 119.

Pflüger, E. Ueber die durch constante elektr. Ströme erzeugte Veränderung d. motorischen Nerven XII. 492; XIV. 553 — Ueb. d. Physiologie d. Elektrotonus XIV. 553. 562 — Ueb. d. tetanisirende Wirkung d. constanten galvan. Stromes u. d. allgemeine Gesetz d. Reizung XIV. 569 — Ursache d. Oeffnungstetanus XV. 517 — Gesetz d. elektr. Empfindungen XV. 528 — Ueb. d. Kohlensäure d. Blutes XX. 102.

Phear, J. B. Ueb. d. inneren Druck an jedem Punkt eines ruhenden Körpers X. 54.

Philipp, Galvan. Vergoldung I. 483. 496 — Wiedergewinnung d. Goldes aus Cyankalium III. 378. 390; V. 298* — Galvan. Vergold. u. Versilberung V. 298* — Anwend. d. Bremerblau in d. Galvanoplastik VI. 722*.

Philippi, R. A. Besteigung d. Vulkans Pi-sé, auch Vulkan v. Osorno od. v. Clanquihua genannt VIII. 634 — Vorkommen d. Meteoreisens in d. Wüste Atakama XI. 588* — Ueb. d. Vulkan v. Chillan XVIII. 793 — Excursion nach d. Bädern u. d. neuen Vulkan v. Chillan in Chile 1862, XIX. 698*. 710.

Philipps, Zerstörung d. Blasensteine durch Galvanismus III. 393. 429.

Phillips, E. Ueb. d. Stahlfedern d. Eisenbahnwagen VIII. 141 — Ueb. d. Stoss fester Körper mit Berücksichtig. d. Reibung IX. 121 — Berechn. d. Widerstandes grader elast. Balken bei bewegter Belastung XI. 117 — Ueb. d. Princip d. kleinsten Wirkung u. d. d'Alembert'sche Princip in d. relativen Bewegung XIII. 97 — Ueb. Parachocs u. Heurtoirs bei Eisenbahnen XIII. 148 — Theorie d. Coulisse v. Stephenson zur Erzeugung einer veränderlichen Dampfspannung bei Locomotiven u. andern Maschinen XIII. 296* — Lösung verschied. Probleme üb. d. Widerstand d. Balken unter d. Wirkung einer sich bewegenden Last XIV. 104 — Ueb. d. Arbeit d. elastischen Kräfte im Inneren eines Körpers namentlich d. Federn XIV. 110 — Ueb. d. regulirende Spirale d. Chronometer u. Uhren XV. 58; XVI. 29 — Ueber ein neues aus d. Theorie d. Spiralfedern in Uhren entnommenes Verfahren zur Bestimmung d. Elasticitätscoefficienten verschied. Körper u. ihrer Elasticitätsgränze XIX. 51 — Ueb. d. Regulirung d. Chronometer u. d. Uhren in verticaler u. geneigter Lage XX. 33 — Ueb. verschied. mechanische Probleme, bei welchen die den Enden d. Körper auferlegten Bedingungen gegebene Functionen d. Zeit sind unter Berücksichtigung d. Trägheit aller Theile d. Systems XX. 35 — Vollständige u. strenge Berechnung d. Widerstandes eines graden Balkens unter einer beweglichen Last XX. 64.

Phillips, J. Ueb. Anemometrie III. 575. 582 — Regenmenge in verschiedenen Höhen über d. Boden III. 620. 641 — Gleichzeitige Barometer-Registrirung im Norden v. England III. 645. 661 — Versuche üb. d. Ablenkung d. Schwingungsebne d. Pendels zu New York VI. 69. 138 — Ueb. d. Inclinationscurven in Yorkshire VI. 889. 906 — Neue Beiträge zur Geschichte d. Anemometrie VI. 1054 — Ueb. magnet. Erschein. in Yorkshire IX. 628 — Neue Verfertigungsweise selbstregistrirender Maximumthermometer XII. 614 — s. Gray.

Phillips, R. Passivität d. Eisens IV. 290. 293; V. 276 — Versuche üb. voltaelektr. Induction IV. 340. 350 — Ueb. Elektricität u. Dampf V. 333. 334; VI. 649 — Verhalten v. Stahlplatten gegen Druck VI. 14* — Verfahren Silber auf andere Metalle glänzend niederzuschlagen VI. 722* — Zusammenhang der Condensationselektricität mit d. Blitz u. d. Nordlicht VI. 877. 879 — Wirkungen d. Blitzes auf e. Baum b. Edinburg VI. 877. 880 — Magnetismus d. Dampfes

VI. 1127. 1143 — Magnetismus v. Zinnspiralen VI. 1127. 1144 — Ueb. Reibungselektricität VIII. 446* — Farben eines Dampfstrahles VIII. 590 — Ueb. d. elektr. Zustand d. Atmosphäre. — Elektr. Minima u. Maxima d. Atmosphäre VIII. 601* — Ueb. d. Farben eines Dampfstrahls u. d. Atmosphäre IX. 606 — Ueb. d. Nordlicht XII. 558* — Ueb. d. physische Aussehn d. Sonne XX. 576.

Phipson, T. L. Anwendung d. elektrochemischen Theorie auf d. Erklärung d. katalytischen Kraft XII. 480; XV. 27 — Beobacht. einiger meteorolog. Erscheinungen an d. flandrischen Küste XIII. 456*. 555* — Blitze ohne Donner XIII. 463 — Regen ohne Wolken zu Paris XIII. 555* — Phosphorescenz bei Mineralien, Pflanzen u. Thieren XIV. 237* — Neue Fälle d. Phosphorescenz durch Wärme XV. 239; XVI. 246 — Wirkung d. Santonins auf d. Sehen XV. 295 — Ueb. d. phosphorescirende Substanz des Rochens XVI. 247 — Trockner Nebel zu London XVII. 667* — Methode zur Bestimmung d. specif. Gewichts XVIII. 8 — Phosphorescenz od. Lichtausstrahlung aus Mineralien, Pflanzen u. Thieren XVIII. 244* — Bemerk. zu einer Mittheilung v. Morellet (die Phosphorescenz d. Meerwassers betreff.) XIX. 235 — Neue Methode d. chemische Wirkung d. Sonnenstrahlen zu messen XIX. 264 — Ueb. d. Dichtigkeitsänderungen in Mineralsubstanzen durch Hitze XX. 11 — Erzeugung musikal. Töne durch Kohle XX. 133 — Ueb. d. Vorhersagung d. Wetters auf d. meteorolog. Büreau v. London XX. 642 — Ueb. d. schwarzen aus d. Atmosphäre zu Birmingham gefallenen Steine XX. 769.

Piaget u. Dubois, Verzierte Flächen aus Kupfer, Silber u. Gold auf galvanoplast. Wege III. 376. 380.

Piallat, Elektromagnetische Spiralen XII. 488. Brix dazu 488.

Piazzi, Erscheinungen d. Zodiakallichts V. 451.

Pichon, G. A. Anwendung d. elektr. Lichts zum Schmelzen der Erze X. 526.

Pichet, A. Anfertigung hygrometr. Tafeln XIV. 626. 679.

Pichot, J. Messung d. Brechungsindices XV. 204. 208 — Experimentelle Bestätigung d. Gesetze d. Doppelbrechung XVII. 277.

Pick, A. J. Ueb. d. Sicherheit barometr. Höhenmessungen XI. 678. Haidinger dazu 686.

Pickford, Ueb. d. Wege, welche die v. aussen mitgetheilte Elektricität im Thierkörper einschlägt IV. 301. 305.

Pictets, Nordlichtbeobacht. in Russland XVI. 610*.

Pidcock, J. H. Patentirter Schwalbenapparat zur Bewegung u. Steuerung v. Schiffen, Blasebälgen u. s. w. XI. 101.

Piddington s. Paddington.

Pierce, Bewegung eines Pendels in d. Verticalebene, wenn d. Aufhängepunkt sich gleichförmig auf d. Peripherie eines Kreises bewegt XVI. 47*.

Pierre, J. Ueb. d. Ausdehnung d. Flüssigkeiten I. 32. 37; II. 29. 36; VI. 44. 56 — Ausdehnung u. andere physikal. Eigenschaften d. schwefligen Säure u. d. Schwefeläthers III. 20. 26 — Ueb. Thermometrie u. Vergleich d. Luftthermometers mit den Thermometern mit Flüssigkeiten IV. 248. 249 — Lichtmeteor zu Caen VI. 870* — Gewitterbeobachtungen zu Caen. Dazu E. de Beaumont XII. 716*.

Pierre, P. Ueb. e. Apparat (Tetrachord) zur Demonstration d. Gesetze d. Transversalschwingungen gespannter Saiten XVIII. 143*.

Pierre, V. Maximum d. Spannkraft d. Dämpfe in d. Luft V. 80. 81 — Ueb. magnet. u. diamagnetische Erscheinungen VI. 1128. 1172 — Ueb. zweckmässige Construction v. Reisebarometern VI. 1059* — Zur Theorie d. Gaugainschen Tangentenbussole X. 567 — Princip eines Rheostaten XII. 487 — Ueb. d. neue Nörrembergsche Polarisationsinstrument XV. 307 — Ueb. d. Leidenfrostschen Versuch XVI. 366 — Zur Theorie d. Sinusbussole XVI. 475 — Ueb. e. Longitudinalwellenmaschine XVII. 173 — Ueb. d. sogenannte unsichtbare Licht XVII. 271* — Ueb. d. Leitungswiderstand tropfbar flüss. Leiter XVII. 477 — Ueb. d. Bourdonsche Metallthermometer XVII. 595 — Einfluss d. Biegung d. Waagebalkens auf d. Richtigkeit d. Waage XVIII. 4 — Ueb. d. Anwendung d. Fluorescenz zur Erkennung v. fluorescirenden Stoffen in Mischungen mit andern fluoresc. u.

nichtfluorescir. Stoffen XVIII. 243* — Ergebnisse einiger Untersuch. mit Aesculin u. Fraxin nebst d. Fluorescenzerscheinungen bei Purpurin XX. 219 — s. Pless.
Pieschel, C. Die Vulkane v. Mexiko XI. 794.
Pietra Santa de, Physikal. u. meteorolog. Beobacht. zu Eaux-Bonnes XVIII. 746.
Pjeturson, Neuer Ausbruch eines isländ. Vulkans XVI. 859.
Piil, C. Die Chemitypie II. 421* — Anwendung d. Chemitypie zur Herstellung unnachahml. Werthpapiere IV. 300*.
Pilaar, Vergleichende Beobachtungen mit einem Aneroïd- u. einem See-Barometer III. 575. 580.
Pilbrow, Verbessertes atmosphär. Eisenbahnsystem I. 593. 600.
Pillichody, G. s. Bolley.
Pinel, Blitzschlag IX. 617.
Piobert, Bewegung d. Pulvergase in d. Geschützröhren XV. 82 — Ueb. Lagrange's Formeln für d. Bewegung d. Kugel im Innern d. Laufs XVI. 58.
Piotrowsky, G. v. Bestimmung d. specif. Gewichts frisch gefällter Niederschläge XVII. 9 — s. Helmholtz.
Piper, F. Das St. Elmsfeuer VI. 877. 884.
Pirel, Ueb. d. Biegung gusseiserner Bögen u. Balken während d. Ueberfahrens eines Zuges XI. 156.
Pisani, Analyse des zu Tourinnes la Grosse d. 7. Dec. 1863 gefall. Aerolithen XX. 599*.
Pisko, F. J. Die Fluorescenz des Lichts XVII. 271* — Zur Fluoresc. d. Lichts XX. 217 — Zur Frage üb. d. Pulshammer XX. 367.
Pissis, Höhen in Bolivia V. 459. 462 — Fortpflanzung d. Erdbebens, welches d. 20. März 1861 d. Stadt Mendoza zerstörte XVII. 793 — Vulkan. Erscheinungen in verschied. geolog. Epochen. Beobachtungen in d. Alpen XVIII. 793 — Ueb. Regen u. Erdbeben XVIII. 803 — Ueb. d. schrittweise Hebung d. Küste v. Chili u. üb. e. neues System sehr alter Schichtung daselbst XX. 914 — Bericht üb. mehrere Abhandlungen betreff. d. orograph. u. geolog. Beschaffenheit von Südamerika, besonders d. Anden v Chili XX. 918.
Pistolesi, F. Ueb. Erdbeben IX. 674 — Wirkung d. Elektricität auf das Wasser d. Meere, Seen u. s. w., od. die Lehre v. d. Elektricität d. Wassers XI. 796.
Pistor u. Martins, Patentirte Reflexionsinstrumente I. 298.
Piton-Bressant, Ueb. d. Widerstand d. Luft gegen Geschosse. Formel für die Tragweite in der Luft XVIII. 57.
Pitschner, Der Montblanc XVI. 54*.
Pitter, J. Beschreibung d. archimed. Ballons III. 56* — Verbessertes Photometer III. 156 — Wärmeerzeugung durch Reibung III. 219. 231 — Entstehung d. inneren Erdwärme u. des Lichts d. Sonne, d. Planeten und Sterne XII. 346.
Placo, Schreiben ein Photometer seiner Erfindung betreffend XIX. 224.
Place, F. Ursache d. Kupferniederschlags auf d. Thonzelle d. Daniell-schen Kette u. dessen Verhütung XIII. 375 — Ueb. d. seitliche Verschiebung bei schiefer Beleuchung XV. 304 — Ueb. d. Vergrösserung d. Mikroskope u. d. optischen Einfluss der zwischen Object u. Objectiv enthaltenen Substanzen XV. 306 — Prüfung d. Glasmikrometer XVI. 6 — Newton's Ringe durchs Prisma betrachtet XVII. 272 — Ueb. Foucault's Bestimmung d. Parallaxe d. Sonne. Bemerk. zu Foucault's Messung d. Lichtgeschwindigkeit XIX. 170 — Einfache Winkelmessung bei annähernd gleichseitig. Glasprismen XX 155.
Plana, J. Beweis der Gleichung 1—n—2k=0 v. Ampère IV. 330. 334 — Neue Versuche üb. d. bewegende Kraft zw. zwei voltaschen Strömen in derselben Ebne, beide kreisförmig, od. einer kreisförm. u. d. andere elliptisch IV. 330. 336 — Mittlere Dichte d. äusseren Erdrinde VIII 69 — Ueb. Newton's mathemat. Theorie d. Gestalt d. Erde u. den Gleichgewichtszustand d. flüssigen Ellipsoids mit drei ungleichen Axen IX. 55 — Unregelmässigkeiten in d. Bewegung d. Pendels IX. 61 — Ueb. d. Foucault-schen Versuch IX. 62 — Temperaturbeobachtungen d. Bodens IX. 67* — Theorie d. Molecularwirkung, ihre Anwendung auf d. Gleichgewicht d. Flüssigkeiten u. ihren Druck gegen ebene u. krumme Flächen X. 11 —

Gesetz d. Schwere an d. Oberfläche d. Meeres im Gleichgewichtszustand X. 48 — Ueb. d. Theorie d. Magnetismus X. 600; XI. 518 — Vertheilung d. Elektricität an d. Oberfläche einer Hohlkugel aus Metall und an der Oberfläche einer andern in ihrem Innern isolirt befindlichen elektrischen Kugel XVI. 431. 558 — Anwendung d. Princips d. magnetisch. Gleichgewichts auf d. Bewegung einer durch e. Magnetnadel rotirenden horizontalen Kupferscheibe XVIII. 467 — Ueb. d. konische Bewegung v. doppelter Krümmung eines einfachen Pendels im leeren Raum, abgesehen v. d. tägl. Drehung d. Erde XIX. 31* — Neue Annäherung d. modernen Theorie über d. Fortpflanzung des Schalles in einer cylindr., horizontalen, unendl. langen Röhre an d. v. Newton gegebne Theorie. Ueb. d. Bewegung der in e. rechteck. unendl. langen Canal erregten Wellen, wenn d. Tiefe u. Breite d Flüssigkeit sehr klein u. constant sind. Beweis der Gleichung (7/2k² — 9) tgk + 9k = 0; Reduction des v. Poisson p. 156 seiner Abhandl. üb. d. Theorie d. Wellen erhaltenen vierfachen Integrals; Fortpflanz. d. Wellen durch beschleunigte Bewegung XIX. 37* — Ueb. d. Theorie d. polarisirten Lichts XIX. 170* — Ueb. Newton's berühmten Versuch gegen d. Möglichkeit d. Achromasie durch d. Refraction d. Lichts in zwei Substanzen XIX. 218* — Ausdruck für d. Verhältniss zw. d. Abkühlung d. gesammten Erdmasse u. derjenigen ihrer Oberfläche. Ueb. d. Erkaltung sphärischer Körper u. den Ausdruck für d. Sonnenwärme in d. Polarregionen d. Erde XIX. 374*; XX. 395 — Ueb. d. Bewegung d. Schwerpunkts eines zw. d. Centren d. Mondes u. d. Erde geschleuderten Körpers XX. 28 — Ueb. die v. Arago gemachten Einwürfe gegen Galilei's Priorität in d. doppelten Entdeckung d. Sonnenflecke u. d. Rotation der Sonnenkugel XX. 594*.

Planck, R. Ch. Grundlinien einer Wissenschaft d. Natur als Wiederherstellung d. reinen Erscheinungsformen XX. 19*.

Planta, A. v. Untersuch. d. Heilquellen v. Schuls u. Tarasp XV. 750. 765.

Plantamour, E. Magnet. u. meteorolog. Beobachtungen zu Genf u. auf d. grossen St. Bernhard III. 517. 522; V. 350. 376; VI. 1058* — Hof um d. Sonne V. 452* — Hypsometrische Tafeln berechnet nach d. Formel v. Bessel VII. 134 — Thermometer- u. Barometerbeobacht. v. 1841 bis 1850 zu Genf u. auf d. gr. St. Bernhard VIII. 779* — Meteorolog. Uebersicht d. Jahres 1851 für Genf u. d. gr. St. Bernhard VIII. 744; desgl. 1852, IX. 736; desgl. 1853, X. 741; desgl. 1854, XI. 717; desgl. 1855, XII. 716; desgl. 1856, XIII. 538*; desgl. 1858, XV. 706*; desgl. 1859, XVI. 762*; desgl. 1860, XVII. 691; desgl. 1861, XVIII. 683; desgl. 1862, XIX. 657; desgl. 1863, XX. 832* — Ueb. barometrische Höhenmessung XI. 687; XVII. 639 — Ueb. d. Temperatur v. Genf nach den v. 1836 bis 1855 auf d. Observatorium angestellten zwanzigjährigen Beobachtungen XII. 649 Epoche d. ersten u. letzten Frostes zu Genf XIII. 487 — Resultate der 20jähr. Temperaturbeobachtungen zu Genf XIV. 611 — Ueb. d. Anomalie d. Temperatur im Nov. 1858, XV. 711 — Höhe d. Mont Vilan u. d. Mont Combin in Wallis nach d. barometr. Nivellement 1859, XV. 720* — Ueb. d. period. Schwankungen d. Temperatur u. d. Luftdrucks auf d. gr. St. Bernhard XVIII. 683 — Ueb. d. tägl. Schwankung d. Barometers XIX. 636 — Ueb. d. Klima v. Genf XIX. 656*; XX. 825 — Ueb. d. Vertheilung der Temperatur in d. Schweiz während d. Winters 1863 u. 1864, XX. 682 — Ueb. d. Decemberstürme 1863, XX. 742* — Höhe d. Genfersees üb. d. Mittelmeer u. Ocean XX. 860. 862 — s. Burnier.

Plantamour, E. und A. **Hirsch**, Telegraphische Bestimm. d. Längenunterschiedes zw. d. Observatorien v. Genf u. Neuchatel XX. 542*.

Plantamour, P. Wasserbadtrichter II. 118.

Planté, G. Ueb. galvan. Polarisation XV. 428 — Neue secundäre Säule v. grosser Wirksamkeit XVI. 463 — Ueb. e. Erscheinung an Voltametern mit Kupferdrähten u angesäuertem Wasser XVI. 518 — Elektrochemische Zuspitzung d. Nadeln XX. 483.

Plarr, G. Berechnung d. Sonnen-

wärme, welche e. Punkt d. Erdoberfläche empfängt mit Berücksichtigung d. Absorption in d. Atmosphäre XII. 358.
Plateau, E. F. Ueb. e. besondere Art d. Erzeugung von Seifenblasen XVIII. 70; XX. 87*.
Plateau, J. Erscheinungen bei einer freien der Schwere entzogenen flüssigen Masse II. 54. 75; X. 154 — Gleichgewichtsfiguren einer flüssigen Masse ohne Schwere V. 42. 49; XV. 79*; XVII. 113; XX. 86* — Gränze d. Stabilität eines flüss. Cylinders V. 52 — Neue Anwendungen d. Verweilens d. Eindrücke auf d. Netzhaut V. 187. 194; XIV. 91 — Reclamation betreffend ein v. Doppler angegebenes Instrument V. 211* — Ueb. d. Stelle bei Lucrez, in welcher d. Phantaskop beschrieben sein soll VIII. 337 — Merkwürdige Erzeugung von Farbenringen IX. 234 — Reclamation wegen einer Stelle im Aufsatz üb. d. Theorie zusammengesetzter Farben v. Helmholtz IX. 249 — Berichtigung einer Stelle im Aufsatz v. Unger üb. d. Theorie d. Farbenharmonie IX. 306 — Theorie d. Einflusses vibratorischer Bewegungen auf Flüssigkeitsstrahlen, die sich aus kreisrunden Oeffnungen ergiessen XII. 142 — Ueb. d. neueren Theorieen der aus kreisrunden Oeffnungen sich ergiessenden Flüssigkeitsstrahlen XII. 143 — Erscheinungen bei d. Nebeneinanderstellung d. Farben XIX. 292 — Antwort auf d. Bemerk. v. Chevreul XIX. 292 — Ueb. e. merkwürd. Problem d. Magnetismus XX. 497.
Platt, W. Stromkarte d. Elbe und Moldau v. Prag bis Hamburg XIX. 684*.
Plaut, Camera obscura für d. Photographie VIII. 345.
Playfair, L. Numerische Beziehungen zwischen d. specif. Gewichten d. Diamants, Graphits u. d. Kohle mit d. Atomgewicht d. Kohlenstoffs XVI. 15 — Ueb. d. Ausbruch eines Vulkans bei Edd an d. afrikan. Küste d. Rothen Meeres XVII. 780.
Playfair u. Joule, Ueb. Atomvolumen u. specif. Gewicht I. 3. 13; II. 3. 7; Bemerk. v. Marignac dazu 10 — Ausdehnung d. Salze II. 29. 35 — Maximum d. Dichte d. Wassers III. 20. 25.
Playfair u. G. v. Liebig, Barren-Island im bengal. Meerbusen XVI. 882.
Playfair, L. u J. A. Wanklyn, Bestimmung d. Dampfdichte flüchtiger Flüssigkeiten unterhalb ihres Siedepunkts XVII. 19.
Pless, J. u. V. Pierre, Beiträge zur Kenntniss d. Ozons u. d. Ozongehalts d. atmosphär. Luft XII. 582*.
Plettner, F. Entlader für Reibungselektricität XVIII. 405.
Plieninger, T. Ueb. d. Witterungsverhältnisse in Würtemberg XI. 749; XIX. 660* — Ergebnisse 30jähriger Beobachtungen zu Stuttgart sowie der v. andern Beobachtern aus verschiedenen Stationen d. Landes mitgetheilten Beobacht. XI. 759* — Ueb. d. Witterungsverhältnisse in Würtemberg 1857 bis 1860, XX. 787.
Plössl, Mikroskope desselben u. d. Nobertschen Proben VI. 546. 547.
Ploix s. Delamarche, Gaussin.
Plücker, J. Ueb. d. Ohmsche Gesetz III. 352. 355 — Verhältniss zw. Magnetismus u. Diamagnetismus III. 492. 498 — Abstossung d. optischen Axen durch d. Magnetpole III. 491. 508 — Reflexion d. Lichts v. Flächen zweiten Grades IV. 129. 136 — Neue diamagnetische Erscheinungen IV. 358. 379 — Wirkung d. Magnete auf gasförmige u. tropfbare Flüssigkeiten IV. 358. 379 — Mittel den Diamagnetismus schwingender Körper zu verstärken IV. 358. 381 — Intensitätsbestimmung d. magnet. u. diamagnetischen Kräfte IV. 358. 382 — Verschiedene Zunahme d. magnet. Anziehung u. diamagnet. Abstossung bei zunehmender Kraft d. Elektromagnets IV. 358. 385. 388 — Verhalten d. abgekühlten Glases zw. den Magnetpolen IV. 358. 386 — Gesetz, nach welchem d. Magnetismus und Diamagn. v. d. Temperatur abhängig ist IV. 358. 387 — Ueb. d. Boutignysche Phänomen V. 85. 87 — Fessel's Wellenmaschine V. 211. 213 — Wirkung d. Magnete auf Krystalle, die e. vorherrschende Spaltungsfläche besitzen. Einfluss d. Magnetismus auf d. Krystallisirung V. 333. 341 — Magnetische Beziehungen d. positiven u. negativen optischen Axen d. Krystalle V. 333. 343 — Einfluss d. Umgebung e. Körpers auf d. Abstossung, die er durch e. Magneten erfährt V. 333.

346 — Grosse Zahl neuer Thatsachen üb. Magnetismus u. Diamagnetismus V. 333. 349 — Ueb. Boutigny's Versuch VI. 260* — Ueb. Magnetismus u. Diamagnetismus VI. 1127. 1147 — Magnetisches Verhalten d. Gase VI. 1127. 1159 — Numerische Vergleichung d. Magnetismus d. Sauerstoffs u. d. Eisens VI. 1127. 1163 — Magnetische Polarität u. Coercitivkraft d. Gase VI. 1127. 1164 — Reciprocität d. elektromagnet. u. magnetoelektrischen Erscheinungen VII. 526 — Theorie d. Diamagnetismus. Erklärung d. Ueberganges magnet. Verhaltens in diamagnetisches u. mathemat. Begründung d. Erscheinungen bei Krystallen VIII. 570 — Ueb. die Fesselsche Rotationsmaschine IX. 74 — Gesetz d. Induction bei paramagnetischen und diamagnetischen Substanzen IX. 598 — Ueb. Dämpfe u. Dampfgemenge X. 382 — Zur näheren Kenntniss d. Wesens d. Coercitivkraft XI. 519 — Wirkung des Magnetismus auf d. Axen d. Krystalle XI. 542 — Ueb. d. elektr. Entladung durch gasverdünnte Räume XIV. 407. 412; XV. 445; XVI. 513 — Ueb. die magnet. Induction d. Krystalle XIV. 511 — Constitution d. elektr. Spectra d. verschied. Gase u. Dämpfe XV. 446 — Ueb. Fluorescenz XVI. 247 — Das magnet. Verhalten d. verschiedenen Glimmer u. seine Beziehung zum optischen Verhalten derselben XVI. 555 — Einwirkung d. Magnets auf d. elektr. Entladung XVII. 498 — Ueb. Spectralanalyse XVIII. 217; XIX. 193 — Ueb. recurrente Ströme u. ihre Anwendung zur Darstellung d. Gasspectra XVIII. 458.

Plücker u. Beer, Ueb. d. magnetischen Axen d. Krystalle u. ihre Beziehung zur Krystallform u. den optischen Axen VI. 1126. 1131.

Plücker u. Geissler, Studien üb. Thermometrie u. verwandte Gegenstände VIII. 34.

Plücker, J. und S. W. Hittorf, Neue Untersuchungen üb. d. Spectralanalyse XIX. 193 — Ueb. d. Spectra glühender Gase u. Dämpfe mit besonderer Rücksicht auf d. verschied. Spectra desselben gasförm. Grundstoffs XX. 195.

Plüss, J. Uebersicht d. Beobachtungen d. Lufttemperatur in Riehen VIII. 749.

Pochhammer, L. Ueb. d. optischen Axen d. allgemeinen Wellenfläche v. Cauchy u. Neumann XX. 153.

Poessnecker, W. Die einheitliche Ursache d. Kräfteerscheinungen im Universum XIX. 33.

Poey, A. Wahrscheinliche Zunahme d. Hagels auf Cuba, besonders v. 1844 bis 1854, X. 751 — Ueber die auf Havanna 1850 u. 1851 in frei schwebenden Cumolostratus beobachteten Blitze ohne Donner XI. 596 — Ueb. d. Gewitter u. d. Anzahl der vom Blitz Erschlagenen in d. Vereinigt. Staaten u. auf d. Insel Cuba XI. 598 — Physikalische Charaktere d. Kugelblitze u. ihre Verwandtschaft mit d. sphäroidalen Zustand d. Materie XI. 599 — Chronologische Tabelle v. 364 Fällen cyclonischer Stürme, welche in einer Zeit v. 362 Jahren in Westindien u. im Norden d. Atlantischen Oceans statt gefunden haben XI. 694 — Quantität des vom 15. Juli 1850 bis 15. Juli 1851 auf Havanna gefallenen Regens XI. 699 — Ueber die Hagelfälle von 1784 bis 1854, d. Temperaturminima, d. Eis u. d. Reif auf d. Insel Cuba XI. 712* — Ueb. d. hebende Kraft, welche d. Orkane auf d. Oberfläche d. Bodens ausüben, als Grund für d. Entstehung d. Erdbeben XI. 797 — Chronologische Uebersicht d. Erdbeben auf Cuba v. 1551 bis 1855, XI. 798 — Farbe der in 24 Jahrhunderten in China beobachteten Sternschnuppen u. Feuerkugeln XII. 554* — Desgl. der v. 1841 bis 1855 in England beobachteten XII. 555* — Fälle v. Donner ohne Blitz beobachtet in Havanna bei mehr od. weniger wolkigem Himmel XII. 585 — Ursprung u. Natur d. Blitze ohne Donner u. der Donner ohne Blitze u. Bemerk. üb. e. Notiz v. Raillard XII. 590 — — Farbe der v. 1841 bis 1853 zu Paris beobachteten Feuerkugeln XIII. 457* — Bemerk. zu einer Mittheilung v. Phipson üb. Flächenblitze ohne Donner u. Zickzackblitze mit Donner XIII. 463 — Photographische Wirkungen d. Blitzes XIII. 465* — Wärme d. Sonnenscheibe XIV. 585. 587 — Gesetz d. Färbung u. Entfärbung d. Gestirne bei ihrem Auf- u. Absteigen vom Horizont zum Zenith und umgekehrt XV. 545 — Beschreibung

d. prismatischen östl. u. westl. Morgen- u. Abenddämmerung XV. 547 — Beschaffenheit d. Höfe zu Havanna u. ihre Beziehung zu d. Mondphasen XV. 555* — Ueb. d. farbigen Schatten auf Havanna u. ihre Beziehung zur Sonnenhöhe u. dem Zustand d. Atmosphäre XV. 555* — Physikal. Beobachtungen am Donatischen Cometen zu Havanna XV. 556* — Beschreibung zweier in der Havanna beobacht. Nordlichter XV. 564* — Parallele zwischen d. Charakter d. Nordlichter am 28. Aug. u. 2. Sept. in Europa u. in Havanna. Zusammentreffen d. Nordlichts v. 1. bis 2. Sept. mit einem in Chili beobachteten Südlicht XV. 565* — Anzahl der in Grossbrittannien v. 1852 bis 1856 durch d. Blitz getödteten Personen im Vergleich zu d. Todesfällen durch Blitzschlag in Frankreich u. andern Theilen d. Erde XV. 571. 573 — Farbe der zu Paris v. 1853 bis 1859 beobacht. Feuerkugeln XVI. 603* — Farbe u. Polarisation des Mondlichts während der partiellen Finsterniss d. 6. Febr. 1860, XVI. 607* — Magnet. u. elektr. Einfluss d. Nordlichter XVI. 610* — Nordlicht in d. Havanna XVI. 611* — Ueb. Blitze ohne Donner XVI. 623 — Neutralität d. elektromagnet. Kraft d. Erde u. d. Atmosphäre in d. Havanna während d. Nordlichter 1859, XVII. 556* — Instrument zur Vorausverkündigung v. Stürmen XVII. 607* — Ueb. zwei doppelte u. farbige Mondregenbogen XVIII. 489 — Ueb. d. Sternschnuppen v. 24. Juli bis 11. Aug. in d. Havanna, u. d. Nichtexistenz d. period. Wiederkehr v. 10. zum 11. Aug. daselbst XVIII. 507* — Maximum d. Sternschnuppen d. 28. Juli in d. Havanna XVIII. 507* — Vergleich d. Temperatur d. Atlantisch. Oceans mit der d. Luft v. Southampton bis Havanna XVIII. 608. 714 — Beobacht. d. chemischen Wirkung des diffusen Lichts in d. Havanna mittelst eines chem. Actinographen XIX. 265 — Ueb. d. Vorübergang einer grossen Zahl leuchtender Kügelchen bei d. Sonnenfinsterniss am 15. Mai 1836 zu Havanna XIX. 523 — Ueb. d. Vorhandensein überzähliger Regenbogen in d. Havanna u. üb. d. Regenbogen 1862, XIX. 537* — Ueb. d. Sternschnuppen u. d. Ort ihres Erscheinens XIX. 540* — Sternschnupp. in Havanna im Aug. 1863, XIX. 542* — Ueb. d. Ozon od. d. activen Sauerstoff, seine Ausathmung durch die Pflanzen u. Verbreitung in d. Luft v. Stadt u. Land XIX. 581 — Ueb. zwei neue in d. Havanna beobachtete Wolkenformen, Pallium u. Fractocumulus XIX. 639* — Aufzählung d. stündl. Beobachtungen im phys. Observatorium 1862 zu Havanna. Ueb. d. Beobachtungsmethode auf d. phys. Observat. zu Havanna nebst Folgerungen daraus XIX. 650 — Sternschnuppenbeobacht. in d. Havanna v. 24. Juli bis 12. Aug. 1863, XX. 595* — Ueb. d. azimutale Drehung d. Wolken u. deren Einfluss auf d. eigene Drehung d. unteren Winde u. d. Gesammtheit d. atmosphär. Erscheinungen XX. 736 — s. Vergnes.

Pogacnik, Ueb. d. Bora d. Wippacher Thales XVII. 716.

Poggendorff, J. C. Leitung galvanischer Ströme durch Flüssigkeiten I. 442. 447 — Elektromotorische Kräfte d. galvan. Ströme II. 372. 377 — Ueb. ein bei d. galvan. Polarisation vorkommendes Gesetz II. 387. 391 — Galvan. Wasserzersetzung II. 388. 391 — Problem bei linearer Verzweigung elektr. Ströme II. 475. 506 — Faraday's neueste Entdeckung u. ihr Zusammenhang mit Seebeck's Transversalmagnetismus II. 542. 565 — Elektromotorische Zersetzungen und neue eudiometr. Methoden III. 296. 307. 373 — Vorgänge im galvan. Strom. III. 351. 352 — Mittel zur Beförderung d. galvan. Wasserzersetzung III. 352. 360 — Diamagnetische Polarität III. 492. 496 — Stelle d. Aluminiums in d. galvan. Reihe IV. 280. 282 — Verhalten d. Quecksilbers bei seiner elektromagnetischen Rotation IV. 340. 348 — Eine magnetische Beobachtung IV. 340. 349 — Ein Mosersches Lichtbild VI. 522. 545 — Erscheinungen bei geschlossenen Elekromagneten VI. 811. 831 — Kräftige Stahlmagnete v. Logeman VI. 841. 843 — Ungewöhnlich tiefer Barometerstand Febr. 1850, VI. 1055* — Ueb. e. Abänderung d. Fallmaschine IX. 33 — Ueb. d. Fesselsche Rotationsmaschine IX. 76 — Bemerk. zu Regnauld's Methode d. elektro-

motorische Kraft galvan. Ketten zu bestimmen X. 490 — Zur Kenntniss d. Inductionsapparate u. deren Wirkungen XI. 475 — Wärmewirkung d. Inductionsfunken XI. 482 — Neue Verstärkungsweise des Inductionsstroms XI. 483 — Elektroskopische Benutzung d. elektr. Eies XII. 409 — Elektricitätsleitung des Aluminiums XII. 452 — Neue Anwendung d. Inductionslichts XII. 523 — Neue Art v. Tonerregung durch d. elektr. Strom XII. 524 — Angebliche Ersteigung d. Chimborasso XIII. 561* — Ueb. den Gebrauch d. Galvanometers als Messinstrument XVI. 477* Ueb. d. Wärmewirkung d. elektr. Funken XVII. 495 — Ueb. d. Extrastrom d. Inductionsstroms XIX. 480 — Ueb. e. neue Klasse v. Inductionserscheinungen XX. 527.

Poggendorff u. Weber, Hervorrufung des Diamagnetismus allein durch d. galvan. Strom IV. 358. 377.

Poggiale s. Doyère.

Poggiale u. Lambert, Chemische Analyse d. artes. Brunnens v. Passy XVIII. 743*.

Pogson, N. Ueb. d. Ocularkrystallmikrometer mit Beobachtung v. zwölf Doppelsternen XV. 310.

Pohl, G. F. Grundlegung der drei Keplerschen Gesetze I. 523. 544.

Pohl, J. J. Neue Methode zur Bestimmung v. Schmelzpunkten VI. 257. 267 — Löslichkeit verschied. Substanzen in Wasser u. Alkohol VI. 258. 273 — Siedepunkte mehrerer alkoholhalt. Flüssigkeiten u. Verfahren d. Alkoholgehalt derselben dadurch zu bestimmen VI. 258. 279 — Anwendung d. Schwefelammoniums in d. Photographie. Einfluss d. Temperatur auf d. Schwärzung d. Chlorsilbers VI. 520. 541 — Zur thermoaräometr. Bierprobe VIII. 147 — Bestimmung v. Quellentemperaturen in Steiermark u. Oberösterreich VIII. 615 — Beobachtungen während d. Sonnenfinsterniss v. 28. Juli 1851, VIII. 689 — Ueb. Saccharimeter IX. 25* — Beiträge zur Prüfung d. Mikroskope IX. 315 — Beobachtung zufällig entstandener Moserscher Bilder X. 327* — Verwendbarkeit d. Mitscherlichschen Polarisationssaccharimeters zu chemisch-technischen Proben XII. 297 — Ein neues Sonnenocular XIII. 248 — Ueb. den Gebrauch des Thermohypsometers zu chemischen u. physikal. Untersuchungen XIV. 618 — Ueb. mikroskop. Probeobjecte insbesondere Nobert's Testobjectplatte XVI. 305 — Photometrische Bestimmungen XVII. 266 — Analyse eines dem Anlaufen unterworfenen Flintglases XVII. 339 — Vorrichtung um trotz ungünstiger Atmosphäre mittelst d. terrestr. Fernrohrs Gegenstände deutlich wahrzunehmen XVII. 342 — Veränderlichkeit d. Stromstärke beim Gebrauch v. mit verschied. Flüssigkeiten erregten Kohlen-Zink- u. Eisen-Zink-Elementen XVII. 439 — Modification d. Aragoschen Polariskops XVIII. 288.

Pohl, J. J. u. Schabus, Tafeln zur Reduction der in Millimetern abgelesenen Barometerstände auf 0° C., VIII. 674 — Tafeln zur Vergleichung u. Reduction der in verschied. Längenmaassen abgelesenen Barometerstände VIII. 674. 678 — Tafeln zur Bestimmung d. Capillardepression in Barometern VIII. 674. 679.

Pohrt, Ausdehnung d. Eises durch d. Wärme V. 28; VI. 51.

Poinsot, Neue Theorie d. Drehung d. Körper VI. 67. 85 — Bemerk. zu Foucault's sinnreichem Versuch die Drehung d. Erde sichtbar zu machen VI. 68. 112 — Theorie der rollenden Kreiskegel IX. 45 — Ueb. d. Stoss d. Körper XIII. 99 — Ueb. d. Quantität d. Bewegung, welche durch d. Stoss eines materiellen Punktes in gegebener Richtung an e. Körper übertragen wird XV. 45 — Methode die Dynamik der durch feste Hindernisse in ihrer Bewegung gehemmten Körper auf die d. freien zurückzuführen XV. 47 — Stoss eines durch belieb. Kräfte bewegt. Körpers XV. 49.

Poiseuille, Bewegung verschiedenartiger Flüssigkeiten in sehr engen Röhren III. 43. 44.

Poitevin, A. Neues photographisches Verfahren IV. 192. 197 — Neue Gravirungsart auf Silber u. vergoldetem od. versilb. Kupfer IV. 300* — Photographie auf Gelatine VI. 521. 543 — Wirkungen d. Kugelblitzes XV. 621* — Wirkung d. Lichts auf organ. Substanzen; Anwendungen auf d. photograph. Druck XVII. 290.

Pole, W. Ueb. Farbenblindheit XII. 314; XV. 294; XVII. 339.

Poleck, Verhalten v. Flüssigkeiten

gegen stark erhitzte Körper VIII. 148*.

Politzer, A. Experimentaluntersuch. üb. d. Gehörorgan XVII. 178.

Pollacci, E. Ueb. d. Aufsteigen löslicher Substanzen im Boden XVII. 141*.

Poncelet, Ueb. d. Mittel zur Messung sehr kleiner Zeiträume I. 46* — Pecqueur's Versuche üb. d. Ausfluss d. Luft aus Röhren u. andere Versuche mit dünnwandigen Oeffnungen I. 82* — Ueb. d. Problem d. Stosses XII. 88 — Ueb. d. drehenden Schwingungen d. Pendels mit Rücksicht auf d. Rotation d. Erde XVI. 48*; dazu Dehaut 49.

Ponton, M. Ueb. das Sonnenlicht nebst Beschreibung eines einfachen Photometers XII. 264 — Ueb. einige Gesetze d. Farbenzerstreuung XV. 223 — Gesetz der gewissen Punkten d. Sonnenspectrums entsprechenden Wellenlängen XV. 225 — Ueb. die chromatische Dispersion XVI. 241.

Ponzi, G. Ueber einen im Val di Cona aufgefund. neuen vulkan. Kegel IX. 675* — Ueb. d. Erdbeben in Frascati 1855, XI. 806 — Ueb. die verschied. Eruptionsperioden im mittleren Italien XX. 915*.

Pool, H. Klima v. Neuschottland X. 724.

Poole, H. Beobachtungen mit dem Aneroidbarometer u. d. Thermometer auf einer Reise durch Palästina u. längs d. Küsten d. Todten Meeres im J. 1855, XII. 669.

Poole, M. Verbesserungen an Pumpen I. 587 — Elektr. Telegraphen V. 314* — Verbesserungen in d. Isolirung d. Telegraphendrähte VIII. 553* — Verbesserungen in d. Krafterzeugung durch Luft X. 406*.

Pope, B. A. Beiträge zur Optik d. Auges XIX. 287.

Popoff, A. Integration d. Gleichungen, welche sich auf d. Gleichgewicht elastischer Körper u. d. Bewegung d. Flüssigkeiten beziehen X. 129 — Einwürfe gegen d. bestehende Theorie d. Bewegung d. Elektricität im Innern d. Leiter X. 546 — Ueb. die Theorie d. Capillarität XII. 27; dazu Davidoff 27 — Gesetze d. Schwingungen v. Flüssigkeiten in cylindrischen Gefässen XII. 150 — Lösung eines Problems üb. d. permanenten Wellen XIV. 90 — Theoretische Darstellung d. Wellenbewegung XVI. 53.

Poppe, A. Mittel Schreibpapier stark elektrisch zu machen III. 341 — Die Telegraphie in ihrem Ursprung bis zur neuesten Zeit IV. 356* — Das Interferenzoskop zur Beobacht. der Interferenzerscheinungen bei Wasserwellen VI. 156. 209 — Das verbesserte Interferenzoskop u. die Darstellung d. Interferenzfiguren u. stehenden Gebilde feiner Wellensysteme tropfbarer Flüssigkeiten IX. 98 — Anwendung d. elektromagnetischen Chronoskops zur Ermittelung d. Geschwindigkeit d. Geschosse, u. Einfluss d. Trägheitsmoments d. Fangscheibe u. der Lage d. Stosspunkts auf d. Genauigkeit X. 60 — Beobachtung eines schönen Interferenz- und Farbenphänomens beim Durchgang eines Sonnenstrahls durch eine feine mit Oel oder Wasser gefüllte Oeffnung X. 277 — Ueb. d. Reibungscurve u. d. Conoid v. constantem Reibungsmoment XIV. 79 — Photometer zur Controlle d. öffentlichen Gasbeleuchtung XV. 227.

Porro, J. Photograph. Aufnahme d. Sonnenfinsterniss v. 28. Juli 1851, VI. 518. 527 — Das Phozometer zur genauen Bestimmung d. Focus d. photograph. Objective VI. 519. 535 — Mikrometer mit gespiegelten Fäden VI. 546. 551 — Ersatz d. gewöhnl. Metallstange beim Blitzableiter durch e. Bleiröhre VI. 878* — Beweis für d. Drehung d. Erde durch d. Unveränderlichkeit d. Schwingungsebne d. Pendels VIII. 86 — Allgemeine Theorie d. hydraul. Motoren VIII. 121 — Longitudinallinien im Spectrum VIII. 246 — Das Polyoptometer VIII. 356 — Anwendung eines reciproken Fernrohrs mit parallelem Mikrometer u. d. Meroskop planfocal VIII. 360 — Ueb. d. vollständige Elimination d. Biegung d. Fernröhre IX. 197; X. 246 — Taschenfernrohr od. Telemeter IX. 326 — Ueb. d. Zenithfernrohr IX. 328 — Parallelmerometer zur Bestimmung sehr kleiner Längen X. 335 — Ueb. Sichtbarkeit d. Mikrometerfäden X. 336 — Biegung d. Fernröhre u. Beleuchtung d. Fäden X. 337 — Beschreibung u. Anwendung d. Minentacheometers zu Aufnahmen über u. unter Tag XI. 354 — Ueb. d. unab-

hängige Parallelmikrometer XI. 355 — Tägliche Oscillationen d. Pendels XII. 119 — Fernrohr Napoleon III., XII. 336 — Vervollkommnung d. photograph. Objective. Discussion des einfachen Objectivs für homogenes Licht. Theorie d. Objective XIII. 218* — Anwendung d. paufocalen Linse als Ophthalmoskop XIII. 260* — Helioskop XIII. 274 — Regenmesser XIII. 504* — Photodynamische Betrachtungen XIV. 219 — Ueb. e. neues Helioskop XIV. 290 — Neues Mikrometer mit erleuchteten Linien für astronom. Instrumente XIV. 293* — Chromaskop od. tragbarer Apparat zur Untersuchung d. Flammenspectra XV. 222 — Phanoskop XV. 229.

de Portal, Ueb. d. Vorhersagen d. Wetters aus d. Funkeln. Ueb. das Funkeln XVII. 548.

Porter s. Silliman.

Portlock, Ueb. Seismometer X. 797.

Posch, L. Geschichte u. System d. Breitengradmessungen XVII. 727*.

Post, Eigenthümliche Störung der Galvanometer d. Telegraphenstationen XIV. 715.

Potter, Höhe d. Nordlichter II. 178. 201 — Erinnerung an frühere Beiträge zur Optik II. 580. 598 — Ueb. d. Abkühl. beim Guss d. Spiegel für Teleskope V. 210. 212 — Angebliche Umkehrung d. hydrostatischen Gesetze beim Guss der Spiegel für Teleskope VI. 153. 160 — Zur Hydrodynamik VI. 153. 165 — Die aerometr. Waage zur Messung d. Dichte der Luft VI. 213. 218 — Lösung d. Problems v. Schall gegründet auf den atomistischen Bau d. Flüssigkeiten. Erwiderung auf die Einwürfe dagegen VI. 293. 295 — Ueb. die vierte Gesetz d. gegenseitigen Abhängigkeit v. Druck, Dichtigkeit u. Temperatur eines Gases IX. 420; XVIII. 314 — Interferenz d. Lichts in d. Nähe einer Kaustika u. üb. d. Erscheinungen d. Regenbogens XI. 263 — Ueb. d. Princip d. Nicolschen Prismas u. einige neue Prismenformen zur Erzeugung v. linear polarisirtem Licht XIII. 247 — Ueb. d. Nicolsche Prisma XIV. 278 — Ueb. d. Definition der Temperatur d. Körper u. ihre Messung durch Thermometer XVIII. 327 — Mathemat. Discussion d. Luftthermometers hinsichtlich seines Gebrauchs zur Bestimm. augenblickl. Temperaturveränderungen der Luft XVIII. 328* — Bemerk. zu einer Abhandl. v. de la Rive üb. d. Nordlicht XVIII. 464 — Gesetz d. Ausdehnung durchsichtiger Flüssigkeiten bei wachsender Temperatur XIX. 356 — Erwiderung auf d. Bemerk. v. Leconte üb. Laplace's Theorie d. Schallgeschwindigkeit XX. 118 — Ueb. d. Gesetz d. Ausdehnung d. Gase durch Wärme XX. 342.

Potzeys, Leuchtendes Meteor V. 452*.

Pouillet, Ueb. e. Mittel sehr kleine Zeiträume zu messen I. 46. 49 — Ueb. d. Meteor v. Malaunay I. 439* — Seine Ansprüche auf d. Ohmsche Gesetz I. 443 — Bemerk. üb. Elektrochemie I. 470* — Ueb. Faraday's neue Versuche II. 541. 563 — Ueb. d. Theorie d. elast. Flüssigkeiten u. die latente Wärme d. Dämpfe III. 64 — Ueb. verschiedene Erscheinungen d. Attraction, Repulsion u. s. w., die sich aus bisher nicht wahrgenommenen Luftströmungen erklären V. 315. 329; Antwort v. Despretz darauf 329 — Ueb. d. Locomotive v. Cugnot VI. 563. 596 — Bericht üb. die v. Du Bois-Reymond beschrieb. elektrophysiolog. Erscheinungen VI. 730. 757 — Bericht üb. d. elektr. Telegraphen v. Siemens u. Froment VI. 838* — Ueb. Höhe, Geschwindigkeit u. Richtung d. Wolken VI. 1057* — Photometrische Eigenschaft d. Daguerreschen Platten VIII. 261 — Zur Instruction üb. d. Blitzableiter X. 656 — Ueb. d. Blitzableiter für d. Neubauten d. Louvre XI. 600 — Ueb. d. Blitzableiterspitzen von Deleuil XI. 601 — Photographisches Mittel zur Bestimmung d. Höhe d. Wolken XI. 697 — Der Actinograph, e. Instrument zur Bestimmung d. Zeitpunkte, wo d. Sonne erscheint u. verschwindet sowie d. Dauer ihres Scheinens XII. 376 — Ueb. d. Dichtigkeit des absoluten Alkohols u. alkohol. Mischungen u. üb. e. neue Methode Aräometer zu graduiren XV. 10; s. auch XVI. 9 — Bericht d. Commission üb. Alkoholometer XVII. 10; XVIII. 12 — Ueb. e. Blitzschlag in d. Pulvermagazin d. Bastion 5 zu Bethune XVIII. 541 — Neue Methode zur Graduirung d. Aräometer mit gleichen Graden für schwerere Flüssigkeiten

als Wasser XIX. 7* — Bericht üb. e. Apparat v. Carré zur künstl. Eiserzeugung XIX. 373*.

Poulsen, Die Contactelektricität vertheidigt gegen Faraday's neueste Abhandlung II. 372. 373.

Poumarede, Fällung v. Eisen, Mangan u. Nickel im metall. Zustand II. 409. 412 — Apparat zur Bestimmung d. Menge v. Wasser u. Kohlensäure, die beim Athmen in e. gegeb. Zeit entstehen; Reclamation v. Payerne III. 87. 88.

Pouriau, A. Beziehungen d. Ozons zu d. verschiedenen meteorolog. Erscheinungen XII. 580 — Vergleich d. Ganges d. Temperatur d. Luft mit der d. Bodens in 2 Meter Tiefe XIV. 609; XVII. 615 - Einfluss d. Kälteperiode im Dec. 1859 auf d. Bodentemperatur in verschied. Tiefen XVI. 701 — Einfluss d. Abkühlung d. atmosphär. Luft auf die Bodentemperatur XVII. 617*.

Powell-Baden, Ueb. d. elliptische Polarisation d. Lichts durch Reflexion an metall. Oberflächen I. 163 — Ueb. d. Versuche die Projection eines Sternes auf d. dunklen Mond zu erklären II. 177. 184 — Neues Mikrometer II. 242. 244 — Ueb. die bei theilweiser Auffangung d. Spectrums entstehenden Streifen II. 580. 606 — Brechungsverhältnisse fester Linien in dem v. verschied. Medien gebildeten Spectrum II. 580. 607 — Elliptische Polarisation d. Lichts durch Reflexion II. 581. 613 — Leuchtende Ringe um Schatten III. 156. 163 — Ueb. periodische Meteore III. 157. 168. 646. 673 — Neuer Fall v. Interferenz d. Lichts IV. 150. 157 — Ueb. d. ringförmige Sonnenfinsterniss d. 9. Octbr. 1847, IV. 171. 180 — Zur Theorie d. Aberration d. Lichts V. 119. 120 — Ueb. Irradiation V. 187. 200 — Neue Aufstellung für Teleskope V. 211* — Leuchtende Meteore V. 452 — Nachweis d. Drehung der Erde mittelst d. Pendels VI. 69. 141 — Ueb. Guyot's Versuch VI. 69. 141 — Brechungsexponenten verschied. Körper VI. 394. 396 - Ueb. Irradiation VI. 488. 501 — Beobacht. von Feuermeteoren VI. 872* — Ueb. Lichtbeugung VIII. 230 — Analogien von Licht u. Wärme VIII. 441 — Ueb. e. Eigenthümlichkeit beim Sehen IX. 307 — Convergirende Sonnenstrahlen IX. 609* — Berichte üb. Feuermeteore IX. 610*; XIV. 592* — Ueb. einige Erscheinungen bei Rotationsbewegungen X. 83 — Bericht üb. d. gegenwärtigen (1854) Stand unserer Kenntnisse üb. d. strahlende Wärme X. 424 — Bericht üb. d. 1853 u. 1854 beobachteten Lichtmeteore X. 641* — Theorie d. gyroskopischen Versuche d. Hrn. Foucault XI. 89 — Ueb. d. Beweis d. Fresnelschen Formeln für d. Spiegelung u. Brechung d. Lichts u. üb. deren Anwendung XII. 789 — Bericht üb. Feuermeteore 1855 und 1856, XII. 556*; desgl. 1857, XIII. 458*; desgl. 1858 u. 1859, XV. 558* — Vergleich einiger kürzlich bestimmten Brechungsindices mit der Theorie XVI. 241 — Berichte üb. d. Zustand d. Kenntnisse üb. strahlende Wärme 1832, 1840 u. 1854, XVI. 410*.

Power, J. Theorie d. gegenseitigen Einwirkung d. Sonnenstrahlen u. der dieselben spiegelnden, brechenden od. absorbirenden Mittel; Erklärung verschiedener opt. Gesetze u. Erscheinungen daraus IX. 172 — Versilberung aller Arten Metall u. Glas IX. 512* — Theorie d. Haidinger-schen Polarisationsbüschel XIV. 209.

Praetorius, Ueb. d. Bewegung eines v. zwei festen Punkten angezogenen Körpers XIX. 32*.

Prange, W. Die Gletscher u. die Naturwissenschaft XV. 755*.

Prater, Ueb. Mitscherlich's Abhandl. v. d. chem. Wirkung d. Contacts. Bemerk. zu Majocchi's Aufsatz üb. die durch Dämpfe erzeugten Bilder. Ueb. Karsten's elektr. Theorie der Moserschen Bilder. Die katalytische Kraft II. 14. 24.

Pratt, J. H. Anziehung d. Himalayagebirges u. des jenseit desselben gelegenen Hochlandes auf d. Bleiloth in Ostindien X. 52 — Ueb. d. Krümmung d. indischen Meridians u. das grosse geologische Gesetz, dass d. verschied. Theile d. Erdkruste einer fortwährenden Niveau-Veränderung unterliegen XI. 77 — Ablenkung d. Bleilothes durch locale Anziehung auf d. Stationen d. englischen Meridianbogens zwischen Dunnose und Burleigh-Moor u. d. Methode dieselbe zu berechnen XI. 78 — Ueb. d. Ablenkung d. Bleilothes in Indien

durch d. Anziehung d. Himalaya-Gebirges XIV. 83; XV. 55 — Einfluss d. Oceans auf d. Bleiloth in Indien XV. 54 — Ueb. d. Dicke d. Erdrinde XV. 732. 733; XVI. 768 — Ist d. Dicke d. Erdrinde e. kleiner oder grosser Bruchtheil d. Erdradius? XV 733 — Krümmung d. indischen Meridians XVI. 38 — Ist d. Problem „Wie weit ist d. Masse d. Erde fest u. wie weit flüssig" v. d. Bereich d. positiven Wissenschaft ausgeschlossen? XVI. 765 — Fortschreiten d. Wellen und Fluth d. Indus XVI. 826* — Ueb. Anziehung, Laplacesche Functionen u. Gestalt d. Erde XVII. 727 — Berechnung d. Schwankung einer Hängebrücke beim Uebergang eines schweren Zuges, u. üb. d. Wirkung einer eisernen Bekleidung zur Verhütung d. Schwankens XVIII. 35* — Ueb. d indischen Meridianbogen XVIII. 35 691 — Beweise für d. Richtigkeit d. Flüssigkeitstheorie d. Erdgestalt XVIII. 696 — Die Erdmasse ist in nahezu sphär. Schichten um d. Mittelpunkt geordnet u. wenn d. äussere Oberfläche e. Gleichgewichtssphäroid ist, so sind es auch alle Schichten, mochten dieselben einst flüssig sein oder nicht XIX. 29. 661 — Ueb. d. Grad d. Unsicherheit, welchen d. Localattraction bei ihrer Nichtbeachtung in d. Karte eines Landes u. in d. Gestalt d. Erde erzeugt XX. 838*.

Prazmowsky, Ueb. d. persönlichen Fehler bei Beobachtung d. Durchgangs d. Sterne, d. Zenithdistanzen u. bei mikrometr. Messungen; Beseitigung desselben X. 37*.

Préaux, Ueb. d. Lichtmeteor vom 5. Juni 1850, VI. 870*.

Prechtl, J. J. Ueb. d. Flug d. Vögel II. 83; V. 63. 69.

Predieri, P. Hat sich d. Klima v. Bologna in diesem Jahrhundert geändert? XV. 707* — Ueb. d. anscheinende Veränderung d. Klimas v. Bologna XVII. 726*; XVIII. 678* — Ueb. einige neuaufgefundene Autographien v. L. Galvani XVIII. 830*.

Prediger, C. Verzeichniss einiger dem nordwestl. Harz angehörigen Höhen mit d. Barometer gemessen X. 788* — Zur hypsometrischen Kenntniss d. Harzgebirges XIII. 561*.

Preissier, Hagelfall zu Rouen am 9. Juli 1853, IX. 737* — Meteorolog. Beobachtungen zu Rouen v. 1845 bis 1861, XVIII 675.

Prescott, J. E. Ueb. die Wellenoberfläche XIII. 206.

Prestel, M. A. F. Thermometer als Hülfswerkzeug für Seefahrer II. 118. 119 — Ueb. d. krystallinische Structur d. Meteoreisens als Kriterium desselben X. 642* — Ueb. d. Moorrauch d. Jahres 1857, XIV. 677 — Geographische Verbreitung d. Gewitter in Mitteleuropa im Jahre 1856 u. s. w. XV. 580 — Beobacht. üb. die mit d. Höhe zunehmende Temperatur in d. unmittelbar auf d. Erdoberfläche ruhenden Schicht d. Atmosphäre XV. 714 — Jährliche Veränderung d. Temperatur d. Atmosphäre in Ostfriesland aus d. in Emden angestellten Beobachtungen XVI. 704 — Der Höhenrauch im J. 1860, XVI. 736* — Die mit d. Höhe zunehmende Temperatur als Function d. Windrichtung XVII. 610 — Thermische Windrose für Nordwest-Deutschland XVII 612 — Ueb. d Werth der nach d. Lambertschen Formel berechneten mittl. Windrichtung für d. Meteorologie XVII. 647 — Uebersicht d. Verlaufs d. Witterung im Königr. Hannover 1860, XVII. 726* — Ergebnisse d. Ozonometerbeobacht. in Emden XVIII. 544 — Ergebnisse d. neuesten auf d. Gesetz d. Stürme gerichteten Untersuchungen XVIII. 640 — Ueb. d. meteorolog. Beobachtungssysteme zu maritimen Zwecken, vorzugsweise zur Vorherbestimm. stürmischen Wetters, sowie über deren Bedeut. für d. Seeplätze XVIII. 647 — Ueb. d. Aenderung der Lage d. Axe d. thermischen Windrose in d. jährl. Periode XIX. 630 — Resultate aus d. Beobachtungen üb. Temperaturdifferenzen in geringen Entfernungen v. d. Erdoberfläche XIX. 635*; XX. 685* — Das geograph. System d. Winde üb d. Atlant. Ocean u. s. w. XIX. 637* — Die in d. Zone d. veränderl. Winde auf d. nördl. Hemisphäre sich ergebenden acht Windgebiete. Neue Formel zur übersichtl. Darstellung d. Strömungen im Luftmeer XIX. 638* — Einfaches Verfahren d. Höhe d. Haufenwolken zu bestimmen XIX. 639* — Beobacht. d. Ozongehalts d. Luft zu Emden XX. 619 — Neuer Verdunstungsmesser XX. 649 — Die Wit-

terungskunde d. neuesten Zeit u. ihre Beziehung zu den volkswirthschaftlichen Interessen XX. 709 — Das geograph. System d. Winde üb. dem Atlantischen Ocean in der v. Aequator nach d. Angelpunkten d. Erde gehenden Richtung u. s. w. XX. 712 — Die jährl. u. tägl. Periode in der Aenderung d. Windrichtung üb. der deutschen Nordseeküste sowie der Winde an d. Küsten d. rigaischen u. finnischen Meerbusens u. d. Weissen Meeres XX. 734 — Einfaches Verfahren d. Höhe d. Haufenwolken zu bestimmen XX. 749 — Die Regenverhältnisse d. Königreichs Hannover XX. 752 — Die nordwestdeutsche Niederung als Glied d. Regengebiets üb. d. nordatlant. Ocean XX. 753 — Ergebnisse der Witterungsbeobacht. zu Emden 1862 u. 1863, XX. 776.

Pretsch, Kupferne Stereotypplatten auf galvanoplast. Wege III. 376. 380; IV. 299.

Prettner, J. Meteorologische Beobachtungen in Klagenfurt V. 375* — Witterungserscheinungen in Kärnthen, Jan. 1850, VI. 1055* — Höhenbestimmungen in Kärnthen VIII. 633* — Zur Klimatologie d. Alpen IX. 736*; X. 744. 765* — Klimatische Extreme zu Klagenfurt 1856, 1857 u. 1858, XV. 694 — Meteorolog. Beobachtungen zu Klagenfurt im J. 1860 XVII. 726*; XIX. 659*.

Prévost, A. P. Ueb. Binocularsehen XV. 280 — Mathemat. Theorie der Musik XVIII. 143*.

Prévost, C. Wirkungen d. Blitzes zu Enghien-les-bains VI. 878* — Ueb. die gleichzeitig an verschiedenen Punkten Frankreichs beobachteten Witterungszustände XI 712. 714 — Ueb. d. vulkanischen Erscheinungen am Vesuv u. Aetna XI. 793.

Preyer, W. Ueb. d. Bindung u. Ausscheidung d. Blutkohlensäure bei d. Lungen- u. Gewebeathmung XX. 100.

Preyer, W. u. F. Zirkel, Reise nach Island im Sommer 1860, XVIII. 785.

Price, Neues Photometer IX. 254 — Scheinbare Bahn eines Geschosses unter dem Einfluss d. Erddrehung XVII. 44.

Pring, Fortschritte im galvanischen Aetzen III. 378. 389.

Pringle, W. Nordlichtbeobachtung IV. 171. 174 — Dauer eines Sonnenfleckes IV. 171. 180.

Prisse, E. Einzelheiten üb. e. Gewitter XVIII. 536.

Pritchard, C. Verfahren um d. Zittern d. Quecksilberspiegels bei astronomischen Beobacht. zu verhindern IX. 329 — Ueb. e. Meteor zu Cheltenham d. 8. August 1856, XII. 556* — Bemerk. zu d. Mittheilung von Herschel üb. Meteorkunde XX. 586.

Proctor, B. S. Ueb. d. Accommodation d. Auges XIX. 289.

Prosser, Th. Eigenschaften d. Dampfes V. 80. 82.

Prost, O. Erdbeben d. 29. Dec. 1854 zu Nizza XI. 804 — d. 25. Juli 1855, XI. 813 — Leichte Schwankungen d. Bodens in Nizza nach Pendelbeobacht. XII. 771 — Erdbeben am 21. u. 22. August 1856, XII. 772 — Erdbeben zu Nizza v. Oct. 1856 bis Sept. 1857, XIII. 610; XIV. 711 — Erdb. in Nizza 1860 u. 1861, XVI. 896; XVII. 790 — Erdb. zu Nizza, währ. d. Ausbruchs d. Vesuvs XVIII. 815*

Prouhet, Verschiedene Wärmetheorien XX. 333*.

Provenzali, F. S. Elektrisirmaschine VIII. 456 — Einfluss d. Wärme auf d. Leitungsfähigkeit d. Metalldrähte für elektr. Ströme IX. 476.

Provostaye, F. de la, Ueb. den Thermomultiplicator XIV. 403 — Theoretische Betracht. üb. strahl. Wärme XVIII. 384; XIX. 192 — Gleichheit d. Ausstrahlungs- und Absorptionsvermögens XIX. 193 — Werden verschied. Körper bei derselben Temperatur leuchtend? XIX. 229.

Provostaye, F. de la, u. P. Desains, Ueb. strahlende Wärme I. 364. 370; II. 273. 275; III. 255. 261 — Abkühlung durch d. Gase II. 273. 275 — Wärmeausstrahlungsvermögen II. 273. 277 — Aenderung d. Ausstrahlung mit d. Neigung III. 255. 257; IV. 239; V. 238 — Reflexionsvermögen III. 255. 258 — Ueb. die Newtonschen Farbenringe V. 149. 154; VI. 399. 405 — Reflexion verschied. Wärmearten durch d. Metalle V. 237. 238 — Polarisation d. Wärme. Drehung d. Polarisationsebne d. Wärme durch Magnetismus V. 237. 238. 239. 240 — Polarisation d. Wärme durch einfache Brechung VI. 618. 619 — Ueb. Reflexion d. Wärme VI. 618. 624

— Vermögen d. Terpenthinöls u. d. Zuckerlösungen d. Wärmestrahlen zu drehen VI. 619. 625 — Polarisation d. Wärme u. Polarimetrie VI. 619. 626 — Diffusion d. Wärme VI. 619. 629 — Bestimmung d. Absorptionsvermögens d. Körper für d. strahlende Wärme VI. 619. 632 — Qualität der v. verschiedenen Körpern bei derselben Temperatur ausgestrahlten Wärme VIII. 430 — Temperaturgleichgewicht in geschlossenen Räumen. Ueb. d. Ausstrahlung d. Steinsalzes IX. 398 — Ueb. d. diathermanen Substanzen IX. 400 — Reflexion d. dunklen Wärme an Glas u. Steinsalz IX. 401 — Ueb. e. Versuch betreffend d. Erhitzung eines Metalldrahts durch mehrere galvan. Ströme IX. 473 — Bestimmung d. Lichtausstrahlungsvermögens X. 287 — Bestimmung des Wärmeausstrahlungsvermögens bei hohen Temperaturen X. 422 — Durchgang d. Wärme durch Flüssigkeiten; Beziehungen zwischen ihrer Durchsichtigkeit u. Diathermanität XII. 374.

Prozell, Meteorolog. Beobachtungen zu Hinrichshagen 1853, X. 766* — Höhenmessungen in Mecklenburg-Strelitz X. 788* — Uebersicht der aus den meteorolog. Beobachtungen zu Hinrichshagen im J. 1854 u. 1855 gefundenen Mittel u. Summen XI. 721; XII. 717*; desgl. im J. 1856, XIII. 539*; desgl. 1858, XV. 708*; desgl. 1859, XVI. 762*; desgl. 1861, XVII. 726*; desgl. 1862, XVIII. 686*.

Pucher, J. Photographische Bilder auf Glas VI. 521. 522. 543. 545.

Pucheran, Erzeugung d. Stimme bei d. langhalsigen Vögeln XVII. 180.

Pugh, E. Analysen v. Meteoreisen aus Mexiko XII. 557*.

Pujo, Erdbeben in Majorka 1851, VI. 910. 960.

Puiseux, V. Lösung einiger Aufgaben üb. d. Bewegung eines festen schweren Körpers auf einer horizontalen Ebne VIII. 57 — Ueb. d. Veränderungen d. Schwere an Punkten d. Erdoberfläche, die wenig v. einander entfernt sind, u. einige Folgerungen daraus XII. 120.

Pullen, V. J. S. Meerestemperatur XVI. 706* — Meerestemper. in grossen Tiefen XVI. 784 — Sondirungen im Atlant. Ocean XVIII. 713*.

Puller, C. Geometrische Methode d. Construction der katakaust. Linien XVI. 226.

Puls, F. Patentirte galvan. Batterie XI. 464*.

Pulvermacher, Verbesserung an galvan. Batterien VI. 723. 725 — Elektromagnet. Maschine VI. 840* — Constante Säule mit einer Flüssigkeit XIII. 375.

Purgold, Von d. Krystallen u. ihrer Entstehung XIII. 5.

Purkyne, Ueb. d. Coincidenz gleicher Gehörempfindungen im Hinterhaupt XVI. 180 — Ueb. e. subjective Lichterscheinung XVII. 325.

Purser, J. Anwendung d. Gleichungen v. Coriolis üb. relative Bewegung auf d. Problem d. Gyroskops XIX. 32; XX. 32.

Puschl, K. Entstehen progressiver Bewegungen durch Verbrauch lebendiger Kraft oscillator. Bewegungen VIII. 383 — Einwirkung v. Licht- u. Wärmewellen auf bewegliche Massentheilchen XI. 371 — Ueb. d. Ursprung u. d. Gesetze d. Molecularkräfte nach dem Princip d. Krafterhaltung XVII. 366* — Ueb. d. Wärmezustand der Gase XVIII. 320 — Ueb. d. Molecularbewegungen in Gasen XIX. 345*.

Pyle, J. C. Meteorolog. Beobachtungen zu Futtugurh, Bengalen, 1850, VI. 1050. 1086.

Quaillard, Ch. du, s. Favre.

Qualen, W. v., Säculäre Fortbewegung d. erratischen Blöcke aus der Tiefe d. baltischen Meeres aufwärts zur Küste durch Eisschollen u. Grundeis X. 787.

Qualen, W. v. u. Neese, Die schwimmende Insel auf Festen in Livland VI. 914*.

Quatrefages, A. de, Phosphorescenz d. Hafens v. Boulogne VI. 517. 526.

Querini, Elektr. Beleuchtung durch mehrere Lampen zugleich XI. 441*.

Quet, Analytische Lösung d. Aufgabe die Drehung eines festen Körpers um e. seiner Punkte zu bestimmen, wenn dieser auf d. Erde fest ist u. an ihrer Drehung Theil nimmt. Mathematische Untersuchungen über Foucault's Experimente die Drehung d. Erde sichtbar zu machen VIII. 102 — Anwend. d. allgemeinen Theorie

d. Drehung auf d. horizontale Gyroskop v. Foucault. Dazu Person 104 — Neue Methode zur Bestimmung der Rotationsbewegung eines Körpers, dessen Schwerpunkt auf d. Erde fest ist VIII. 104. 105 — Wirkung der Elektromagnete auf d. volt. Bogen VIII. 481 — Ueb. d. Magnetismus d. weichen Eisens VIII. 550 — Ueb. d. relativen Bewegungen insbesondere üb. die auf d. Erde IX. 69 — Ueb. verschiedene elektr. Erscheinungen IX. 491 — Neue Theorie d. tönenden Röhren X. 197 — Schichtung d. elektr. Lichts X. 518 — Ueb. den Magnetismus d. Flüssigkeiten X. 618 — Neue Beugungserscheinung u. üb einige Gesetze d. gewöhnlichen Beugung XI. 227 — Ueb. d. relativen Bewegungen XII. 133 — Beugung d. Lichts bei einer sehr engen Spalte u. einem undurchsichtigen Faden XII 810* — Ueb. e. Phänomen d. Polarität bei d. Zerlegung d. Gase durch d. elektr. Funken XIV. 472.

Quet u. Seguin, Ueb. d. Schichtung d. elektr. Lichtes XIV. 406. 411; XV. 451 — Theorie d. geschicht. elektr. Lichts XVIII. 461.

Quetelet, A. Ueb. Höfe II. 178. 196 — Sternschnuppen II. 179. 206 — Annalen d. königl. Observatoriums zu Brüssel; Magnet. u. meteorolog. Beobachtungen daselbst III. 517. 523; IV. 393. 397 — Magnetische Inclination zu Brüssel III. 518. 522. 540 — Klima v. Belgien IV. 429. 447; XIII. 504 — Elektricität d. Luft in Brüssel V. 258. 259 — Annalen d. Observatoriums zu Brüssel V. 350* — Plötzliche Temperaturveränderung im Jan. 1849 in Belgien V. 374. 446 — Ueb. d. Luftelektricität der ersten neun Monate d. J. 1849, V. 374* — Aenderungen d. Thermometers u. Barometers d. 18. Jan. 1849 in Belgien u. Frankr. V. 375. 446 — Nordlicht v. 21. Nov. 1848, V. 451* — Sternschnuppen V. 453. 456 — Ueb. elektr. Telegraphen VI. 838* — Ueb d. Sternschnuppen d. Augustperiode VI. 871. 872* — Ueb. d. Gewitter v. 15. Aug 1850. Nordlicht v. 2. Oct. 1851, VI. 877. 882 — Einfluss d. Electricität auf d. Barometerstand VI. 877. 883 — Ueb. d. Elektric. d. Luft VI. 878. 883. 884 — Jährl. Variationen des Erdmagnetismus zu Brüssel VI. 889. 890* — Aenderungen d. Luftdrucks u. d. Temperatur, Jan. u. Febr. 1850, VI. 1052. 1113 — Klima v. Belgien. Atmosphärische Wellen VI. 1053. 1122 — Ueb. d. Temperatur dieses Winters (1851), VI. 1056* — Jährliche Schwankungen in d. oberen Schichten d. Atmosphäre VI. 1058* — Ueb. Luftelektricität nach d. Beobachtungen zu München u. Brüssel VIII. 600*. 601* — Aenderungen d. magnet. Declination u. Inclination zu Brüssel VIII. 605 — Merkwürdige Eigenschaften d. Resultate v. Beobachtungen zur Bestimmung einer Constanten für d. Fall, dass d. Wahrscheinlichkeiten d. positiven u. d. negativen Fehler gleich gross u. von einander unabhängig sind VIII. 682 — Einfluss d. Mondphasen auf d. Regen VIII. 700 — Beobachtungen üb. d. Regen in Belgien VIII. 778* — Ueber Regen, Hagel u. Schnee in Belgien VIII. 780* — Mittel den Pflanzen im Voraus bestimmter Zeit Blätter, Blüthen u. Früchte zu geben. Einfluss der Temperatur auf d. Aufblühen VIII. 780* — Unterschied d. Länge zw. Brüssel u. Greenwich nach d. Bestimmung durch d. elektr. Telegraphen IX. 580* — Mondringe IX. 608* — Die period. Sternschnuppen vom Aug. u. Nov. 1853, IX 610* — Ueb. d. Nordlicht v. 31. Octob. 1853, IX. 611* — Ueb. d. magnetische Declination u. Inclination IX. 629 — Ueb. d. Temperatur u. den Stand d. Vegetation während Febr. u. März 1853. Ueb. d. periodischen u. nichtperiod. Variationen d. Temperatur nach den in d. letzten 20 Jahren zu Brüssel angestellten Beobachtungen IX. 697 — Ueb. d. Winter v. 1852 auf 1853, IX. 735* — Meteorolog. u. magnetische Beobachtungen IX. 737* — Ueb. d. Sturm v. 28. Juni 1853, IX. 738* — Ueb. d. Wärme im Juli 1853 u. ihre schädlichen Wirkungen IX. 739* — Längenunterschied v. Brüssel u. Greenwich bestimmt durch den elektr. Telegraphen X. 592* — Die period. Sternschnuppen im Monat August X. 641*; XI. 586* — Feuerkugel beobachtet zu Brüssel X. 641* — Ueb. d. Elektricität d. Gewitterwolken X. 643* — Magnetische Declination, Inclination u. Intensität zu Brüssel, u. die Aenderungen dieser

drei Elemente seit einigen Jahren X. 660 — Ausserordentliche Kälte in Belgien Ende Dec. 1853, X. 696 — Klima v. Belgien, Abtheilung Hygrometrie X. 737 — Beobachtungen periodischer Erscheinungen X. 742; XI. 755 — Tafel d. tägl. Beobachtungen 1851 u. 1852, X. 765* — Absoluter Werth d. magnetischen Declination u. Inclination XI. 624 — Ueb. d. Temperatur d. Winters von 1854 auf 1855, XI. 648 — Einfluss d. Temperatur auf d. Entwicklung der Vegetation. Beziehung zwischen d. Temperatur u. d. Dauer d. Vegetation XI. 652 — Zustand d. Vegetation in Belgien XI. 668 — Feuerkugel im Febr. 1856, XII. 556* — Die Elektricität d. Luft auf d. Meere XII. 577 — Sternschnuppenbeobacht. im Aug. 1857 zu Brüssel u. Genf XIII. 457* — Ueb. absolute magnetische Messungen XIII. 469 — Plan u. Beschreibung d. Instrumente d. k. Observatoriums zu Brüssel XIII. 504* — Tafel d. tägl. Beobachtungen v. 1853 bis 1855, XIII. 504 — Jährliche Variationen d. meteorol. Instrumente zu Brüssel XIII. 505 — Beobacht. während d. Sonnenfinsterniss v. 15. März 1858 in Belgien XIV. 585. 587 — Magnetische Störungen XIV. 597 — Regenmenge zu Brüssel 1857, XIV. 659 — Längenunterschied d. Sternwarten v. Brüssel u. Berlin 1857 durch galvan. Ströme bestimmt XV. 492* — Ueb. e. merkwürd. Regenbogen XV. 555* — Die Sternschnuppen d. Augustperiode 1858 zu Brüssel XV. 559* — Nordlicht u. magnet. Störungen auf d. Observatorium u. d. Telegraphen XV. 566* — Tägl. meteorolog. Beobachtungen 1856 zu Brüssel. Beobachtung der period. Erscheinungen 1856 u. 1857 zu Brüssel, Genf u. s. w. XV. 707. 718* — Ausserordentl. Barometerhöhe am 9. Jan. 1859 in Belgien XV. 719* — Ungewöhnl. Hagel zu Brüssel XV. 730* — Mondhof. Ueb. d. wahrscheinl. Theorie d. Sternschnuppen XVI. 603* — Ueb. d. Sternschnuppen v. 7. bis 11. Aug. 1860, XVI. 604* — Nordlichtbeobacht. zu Brüssel d. 9. Apr. 1860, XVI. 611* — Gewitter in Belgien d. 19. Febr. 1860, XVI. 625 — Ueb. d. hauptsächlichsten magnet. Störungen 1860, XVI. 657* — Die period. Erscheinungen 1858, XVI. 763* — Sternschnuppenbeobacht. im Aug. 1861, XVII. 552* — Nordlichtbeobacht. 1861 d. 9. März XVII. 557* — Magnet. Beobachtungen XVII. 572 — Minimum d. Temperatur zu Brüssel XVII. 608 — Beobacht. der period. Phänomene 1858 u. 1859, XVII. 689 — Aenderungen d. meteorolog. Instrumente während d. Stürme v. 20. u. 21. Juni 1861, XVII. 725* — Ueb. d. Ursprung d. Sternschnuppen XVIII. 499 — Sternschnuppen der Augustperiode 1862, XVIII. 507* — Ueb. d. Gewitter v. 28. März 1861, XVIII. 533* — Luftelektricität XVIII. 534* — Ueb. d. Gewitter im Aug. u. Sept. 1862, XVIII. 538* — Jährliche Variation d. magnet. Inclination u. Declination zu Brüssel seit 1827 bis jetzt, XVIII. 569* — Beobacht. d. period. Erscheinungen in Belgien 1860, XVIII. 687*; desgl. 1861 u. 1862, XX. 833* — Ueb. d. Sternschnuppen u. d. Ort ihres Erscheinens XIX. 540* — Sternschn. d. Nov. 1862, d. Aug. 1863, XIX. 541* — Ueb. d. Sternschn. v. Aug. 1863 in d. südl. Halbkugel XIX. 542* — Feuerkugel beob. am Abend d. 4. März 1863, XIX. 543* — Nordlicht v. 14. Dec. 1862, XIX. 546* Ueb. d. Brief d. Hrn. Zantedeschi (tellurisch atmosphär. Ströme betreff.) XIX. 599 — Stürme zu Anfang Dec. 1863, XIX. 639* — Ueb. d. Natur d. Sternschn. XX. 587 — Ueb. d. Periodicität der Sternschnuppen d. Nov. Sternschn. im Aug. 1864. Beobacht. eines Meteors zu Brüssel d. 5. April 1864, XX. 595* — Ueb. d. period. Erscheinungen im Allgem. XX. 649* — Beobacht. d. period. Erscheinungen bei Pflanzen u. Thieren XX. 833* — s. Airy, Newton, Stas.

Quetelet, E. Sternschnuppenbeob. XII. 555* — Ueb. Magnetismus der Erde im nördl. Deutschland u. in Holland XII. 603 — Inclination und Declinat. d. Magnetnadel XII. 606* — Bestimmung d. magnet. Declination u. Inclination zu Brüssel 1857, XIII. 469 — Beobacht. d. Sonnenfinsterniss v. 15. März 1858 in Belgien XIV. 585. 587 — Erdmagnetismus XIV. 597 — Ueb. d. Nordlicht v. 21. April 1859, XV. 563* — Magnet. Declination zu Brüssel XV. 638. 644 — Inclination und Declination zu Brüssel 1860 u. 1861, XVII. 585 —

Ueb. d. Gewitter v. 25. Juni 1863, XIX. 571 — Gewitter d. 10. Septbr. 1863 zu Brüssel XIX. 572* — Absoluter Werth des Erdmagnetismus, magnet. Declination u. Inclinat. zu Brüssel XX. 635*.

Quincke, G. Ueb. d. Verbreitung eines elektr. Stromes in Metallplatten XII. 493 — Ueb. d. Capillaritätsconstanten d. Quecksilbers XIV. 41 — Neue Art elektr. Ströme XIV. 432; XV. 410; XVI. 464 — Verdichtung v. Gasen u. Dämpfen auf d. Oberfläche fester Körper XV. 111 — Ueb. elektr. Diaphragmenapparate XV. 410 — Ueb. d. Fortführung materieller Theilchen durch strömende Electricität XVII. 458 — Ueb. d. Lage d. Schwingungen d. Aethertheilchen in e. gradlinig polarisirten Lichtstrahl XVIII. 191 — Experimentelle Untersuchung d. opt. Strahlenbündel XVIII. 196 — Ueb. d. opt. Eigenschaften d. Metalle. Ueb. d. Brechungsexponenten d. Metalle XIX. 248.

v. Quintus-Icilius, Ueber die period. Aenderungen d. relativen Feuchtigkeitgehaltes der Atmosphäre im nördl. Europa VI. 1053. 1117 — Temperaturveränderungen, welche e. galvan. Strom beim Durchgang durch d. Berührungsfläche zweier heterogenen Metalle hervorbringt IX. 449 — Ueb. d. Polarität d. diamagnetischen Wismuths XI. 535 — Ueb. d. numerischen Werth d. Constanten in d. Formel für d. elektrodynamische Erwärmung XIII. 395 — Hervorrufung einer bleibenden magnet. Polarität im Wismuth XVI. 556 — Ueb. d. Abhängigkeit d. Stärke temporärer Magnete v. d. Grösse d. magnet. Kraft XX. 500.

Raabe, Anwendung d. imaginären Zahl zur Darstellung d. Satzes des Parallelogramms u. d. Parallelepipedons d. Kräfte XII. 84.

Rachmaninoff, Theorie d. unterschlächtigen Wasserrades XIV. 96; XV. 79.

Radau, R. Metrisches System XVIII. 3 — Der Klang d. Töne XVIII. 134 — Stimmung d. musikal. Instrumente. Tonometer v. Scheibler XVIII. 135 — Schwingungen d. Membranen XVIII. 136 — Die Wetterverkündigungen XVIII. 591* — Bemerk. üb. Prismen XIX. 188 — Gleichungen d. Klangfiguren XX. 126 — Ueb. d. Theorie d. Heliostaten XX. 301 — Luftbarometer XX. 654 — Ueb. d. Barometerformel. Neue Barometertafeln XX. 708*.

Radcliffe, Ueb. d. Meteorologie v. Sinope XIII. 531 — Ueb. d. Muskelbewegung in Folge d. Wirkung des galvan. Stroms auf e. Nerven XVI. 551*.

Rae, J. Bildung v. Eisbergen u. Wirkung d. Eises nach d. Beobachtungen in d. Hudsonsbay u. Hudsonsstrasse XVI. 848.

Raffenel, Meteorolog. Erscheinungen in Ober-Senegal XI. 758*.

Ragona-Scina, D. Neue Rotationsart d. Magnetnadel I. 385. 400 — Ueb. d. transversalen u. longitudinalen Streifen im Spectrum III. 118. 126; IV. 150. 164; VI. 399. 411 — Erscheinungen in farbigen Krystallen III. 182. 189 — Neue Erscheinungen subjectiver Färbung XV. 299 — Astronom. u. meteorolog. Journal d. Observatoriums zu Palermo. Meteorolog. Uebersicht d. Jahres 1858, XV. 695 — Ueb. d. tägl. Temperaturschwankungen u. d. Kämtzschen Coefficienten zu Palermo XV. 716* — Ueb. d. tägl. Schwankungen des Barometers XX. 701.

Ragsky, Priorität eines Thermometers für niedrige Temperaturen III. 297. 309 — Die Herkulesbäder im Banat VI. 913. 1035.

Raillard, F. Dampfbläschen u. Wolkenbildung VIII. 585 — Theorie des Regenbogens VIII. 585. 587 — Die Erscheinung allmäliger Entladungen in ziemlich gleichen Intervallen VIII. 602* — Ursache der Hagelbildung VIII. 778* — Ueb. d. Schweben der Wolken u. Dampfbläschen XII. 553* — Beschreibung einiger vor Kurzem statt gefund. Gewitter XII. 586 — Ueb. Blitze ohne Donner u. Donner ohne Blitze XII. 589. Poey dazu 590 — Neue u. vollständige Theorie d. Regenbogens XIII. 454 — Geschwindigkeit u. Intensität d. Donners XVI. 167. 172 — Theorie d. Hagels XVI. 740* — Beschaffenheit u. Schweben d. Wolken XX. 742.

Raimondi, A. Neues Verfahren zur Bestimmung d. specif. Gewichts fester Körper vermittelst d. gewöhnlichen Waage XII. 64.

Rainfy, G. Ursache d. Endosmose u. Exosmose II. 24. 25.
de **Ram**, Dreifacher Regenbogen VIII. 595*.
Rambosson, Vulkan d. Insel Réunion XVIII. 790 — Die Stürme, ihre Gesetze u. deren prakt. Verwerthung XX. 732.
Rammelsberg, C. Ueb. d. Meteoreisen v. Schwetz VI. 873* — Zur näheren Kenntniss d. Form d. rechts- u. linksweinsteinsauren Doppelsalze u. d. Traubensäure XI. 320 — Ueb. d. Bianchetto d. Solfatara v. Pozzuoli XV. 764 — Natur d. gegenwärtigen Eruptionen d. Vulkans v. Stromboli XV. 773 — Ueb. einige nordamerik. Meteoriten XVII. 554* — Ueb. den letzten Ausbruch d. Vesuvs v. 8. Dec. 1861, XVIII 781 — Ueb. d. Schwefelungsstufen d. Eisens u. das Schwefeleisen d. Meteoriten XIX. 544*; XX. 598* — Ueb. d. specif. Gewicht d. Verbindungen d. Schwefels mit d. Eisen XX. 11.
Ramsay, A. C. Gletscherphänomene in Canada u. d. nordöstl. Provinzen d. Verein. Staaten während d. Driftperiode XV. 754. 763 — Die alten Gletscher in d. Schweiz u. Nordwales XVI. 851 — Ueb. d. Gletscherursprung gewisser Seen in der Schweiz, im Schwarzwald, Grossbrittanien u. s. w. XVIII. 721 — Ueb. d. Auswaschen d. Thäler u. Seen XX. 891.
Ramsay, C. Verbesserungen an Schiffs- u. anderen Pumpen X. 177.
Ramsbottom, J. Die calorische Maschine XII. 361*.
Ranke, G. J. Ueb. positive Schwankung d. Nervenstroms beim Tetanisiren mit d. Magnetelektromotor XVII. 524; XVIII. 830 — Der galvan. Leitungswiderstand d. lebenden Muskels XVIII. 837.
Rankin, T. Ueb. das magnetische Messing VI. 842. 862 — Meteorolog. Erscheinungen zu Huggate, Yorkshire, VI. 1049. 1082; X. 725 — Meteorolog. Beobachtungen zu Huggate im J. 1855, XII. 716*; desgl. 1857, XV. 706* — Ueb. d. verschied. Bewegungen d. elektr. Fluidums XVI. 625*.
Rankine, W. J. M. Gesetz d. Zusammendrückbarkeit d. Wassers bei verschied. Temperaturen VI. 44. 60 — Instrument zur graphischen Darstellung d. Orts eines in ellipt. Bahn sich bewegenden Körpers VI. 67. 77 — Gesetze d. Elasticität fester Körper VI. 228. 244; VIII. 137 — Geschwindigkeit d. Schalles in flüss. u. festen Körpern v. begränzter Ausdehnung VI. 228. 249 — Ueb. Laplace's Theorie v. Schall VI. 293. 295 — Ueb. Poisson's Untersuchung d. Theorie d. Schalls VI. 293. 295 — Ueb. d. Vibrationen d. linear polarisirten Lichts VI. 318. 365 — Mechanische Theorie d. Wärme VI. 561. 565 — Wärmeersparniss bei d. Expansionsmaschinen VI. 561. 580 — Beziehungen zw. Temperatur u. Compression d. Luft VI. 563. 595 — Erklärung d. Elasticität aus Centrifugalkräften u. ihre Verbindung mit d. Theorie d. Wärme VIII. 371 — Berechnung d. specif. Wärme d. Wassers bei verschied. Temperatur VIII. 371 — Ueb. d. Vereinigung d. Arbeitskraft d. Universums VIII. 380 — Das Nordlicht nicht polarisirt VIII. 598* — Erklärung d. Beobachtung Renou's, dass d. Temperatur d. Flüsse im Mittel höher ist als die d. Atmosphäre VIII. 616. 618 — Grundzüge einer Wellentheorie d. Lichts IX. 169 — Ueb. d. mechanische Wirkung d. Wärme u. d. chemischen Kräfte. Ueb. d. allgemeine Gesetz d. Umformung d. Kraft IX. 406 — Uebersicht der Fundamentalsätze d. mechanischen Wärmetheorie u. Anwendung derselben auf d. Wärmeerscheinungen von Luftströmen IX. 409 — Mechanische Wärmetheorie. Specif. Wärme d. Luft IX. 417 — Geschwindigkeit d. Schalles in Gasen IX. 418 — Ueb. d. absoluten Nullpunkt d. vollkommenen Gasthermometers IX. 419 — Ueb. den von C. P. Smyth vorgeschlagenen mechanischen Process in tropischen Klimaten die Luft abzukühlen IX. 421 — Ueber die Mittel zur Abkühlung d. Luft in trop. Klimaten IX. 421 — Anwendung d. Gesetzes v. d. Erhaltung d. Kraft zur Bestimmung d. magnetischen Meridians auf d. Meere IX. 634 — Ueb. e. barometrisches Pendel zum Registriren d. mittleren Atmosphärendrucks während langer Zeitperioden IX. 680 — Ueb. d. mechanische Wirkung der Wärme X 361* — Geometrische Darstellung d. ausdehnenden Wirkung

d. Wärme u. d. Theorie d. thermodynamischen Maschinen X. 366 — Wärmeerscheinung bei Strömen von elastischen Flüssigkeiten. Correction zu d. früheren Berechnung d. Versuche v. Thomson u. Joule X. 374 — Ausdehnung gewisser Substanzen beim Erkalten X. 382 — Formeln für d Maximum d. Drucks u. die latente Wärme v. Dämpfen X. 394 — Mechanische Wirkung d. Wärme X. 396 — Mittel d. Vortheile d. Luftmaschine zu realisiren X. 396 — Gleichzeitige Beobachtungen d. Regenfalles an verschiedenen Punkten derselben Gebirgskette X. 747 — Ueb. d. Princip d. isorrhopischen Axen in d. Statik XI. 53 — Ueb. d. allgemeinen Integrale d. Differentialgleichungen, welche d. innere elastische Gleichgewicht fester Körper darstellen. Ueb. d. Elasticitätsaxen d. krystallinischen Formen XI. 116 — Ueb. d. Hypothese d. Molecularwirbel XI. 361* — Umrisse d. Lehre v. d. Energie XI. 365 — Ueb. den Druck gesättigter Dämpfe XI. 369 — Tafeln für d. Druck u. d. latente Wärme d. Dämpfe. Ueb. mechanische Wirkung d. Wärme XI. 369 — — Ueb. d. Stabilität d. lockeren Erde XII. 101 — Mathematische Theorie d. Stabilität d. Erde u. d. Bauwerke XII. 106 — Ueb. Wärme als Aequivalent v. Arbeit XII. 348 — Elasticität d. gasförmigen Kohlensäure XIV. 327 — Dichtigkeit d. Dampfes XV. 11 — Ueb. d. Erhaltung d. Energie XV. 37* — Erste Reihe v. Versuchen d. Hrn. Napier üb. d. Festigkeit v. gewalztem Eisen u. Stahl XV. 100 — Ueb. d. thermodynam. Theorie der Dampfmaschinen mit trocknem gesättigten Dampf u. ihre Anwendung auf d. Praxis XV. 326 — Ueber die Dichtigkeit d. Wasserdampfs XVII. 359; XVIII. 315 — Ueb. d. genaue Form u. Bewegung d. Wellen an u. nahe d. Oberfläche tiefen Wassers XVIII. 52* — Widerstand quadrat. Stäbe gegen Torsion XVIII. 63 — Leitungswiderstand für Wärme XVIII. 371 — Ueb. e. Thaubogen auf der Oberfläche eines Schlammes XVIII. 502* — Ueb. d. Anwendung d. barycentr. Perspective auf d. Transformation d. Constructionen XIX. 15 — Genaue Form u. Bewegung d. Wellen an u. nahe d. Oberfläche in tiefem Wasser XIX. 36 — Ueb. ebne Wasserlinien XIX. 36 — Ueb. d. ausdehnende Kraft d. erhitzten Wassers XIX. 345* — Ueb. ebne Wasserlinien nach zwei Dimensionen XX. 46* — Eigenschaften gewisser Stromlinien XX. 47* — Gleichgewichtsprincip polyedrischer Stabgitter XX. 57 — Ueb. die mechanische Wärmetheorie XX. 329 — Ueb. d. Geschichte d. Energetik XX. 331 — Ueb. d. Hypothese v. d. Molecularwirbeln XX. 333* — Ueb. d. Expansivkraft d. zu einer hohen Temperatur gebrachten Wassers XX. 367 — s. Napier.

Ransome, J. A. Vorschläge zur Verbesserung d. Luftpumpen XVI. 59*.

Ranzi, Ueb. d. Zitterwels aus d. Nil XIV. 542.

Raoult, F. Ueb. d. Ursachen d. elektr. Endosmose IX. 509 — Messung der bei d. Verbindung von Kupfer mit Chlor, Jod u. Brom entwickelten Wärme XX. 354.

Raoult, J. M. Neues Verfahren zur Untersuchung elektromotor. Kräfte XV. 435 — Ueb. d. chemische u. galvan. Wärme XIX. 417 — Ueb. d. Einheit d. elektromot. Kraft in d. Einheit d. Widerstandes XX. 463 — Ueb. d. elektromotor. Kräfte u. die bei chem. Verbindungen erzeugten Wärmemengen XX. 464. 467 — Thermische Untersuchungen üb. d. Voltameter u. Messung der bei chem. Zersetzungen absorbirten Wärmemengen XX. 467.

Rascher, J. M. v., Die Mineralquellen u. Kuranstalten zu Peiden im bündner. Alpenthale Lugnez XVIII. 745*.

Rathlef, K. Orograph. u. hydrograph. Verhältnisse v. Liv-, Esth- u. Curland IX. 663*.

Rati-Menton, Zeichen für d. Herannahen eines Erdbebens VIII. 645.

Ratti, F. Ueb. d. elektrostatische Polarität, welche Hr. Volpicelli an isolirenden Stäben u. an Metallstäben beobachtet hat, deren Enden mit einer nicht leitenden Substanz überzogen sind XI. 396. Dazu Fabri 396.

Raulin, V. Ueb. Dimorphie VI. 4. 9.

Rauscher, F. Die Erdbeben- und Schallerscheinungen d. Umgebung v. Litschau XVII. 787.

Ravenstein, E. G. Die canadische Red-River-Expedition 1857 bis 1859, XVI. 829.
Ravenstein, L. Höhenschichtenkarte v. Deutschland XX. 840*.
Ravizzari, D. L. Tiefenkarte d. Luganersees XV. 745.
Rawson, R. Ueb. d. Reibung des Wassers. Schwankungen schwimmender Körper V. 42. 60 — Ueb. den Schraubenpropeller VI. 156. 206.
Ray, J. Vergleich zweier verschied. Methoden zur Berechnung v. Mitteltemperaturen, u. Mitteltemperatur v. Cincinnati VI. 1049. 1072.
Raymond-Thomassy s. Thomassy.
Raynold, Ueb. d. Erdbeben in Griechenland im J. 1853, X. 796.
Reade, J. B. Thermoelektricität II. 371 — Neues Ocular VI. 546. 549 — Einige ältere photographische Versuche X. 327*.
Reader (Constant, anonym), Einfluss einer rotirend. Bewegung auf schwimmende Körper VIII. 115.
Rebmann, Schneeberge im östlichen Afrika V. 374. 378.
Recamier, Ueb. Anziehung u. Abstossung d. Lichts VI. 318. 347.
Reckley, R. Beschreib. eines selbstregistrirenden Anemometers XV. 656.
Recklinghausen, F. v., Netzhautfunctionen XV. 274 — Zum körperlichen Sehen XVII. 309.
Recknagel, G. Thermometrische Versuche XX. 339.
Reclus, E. Studien üb. d. Flüsse XV. 751*.
Recordon, C. J. Construction eines perpetuellen Thermometers. Ueber Thermographen X. 683.
Reder, Der Suezkanal u. seine Gefällverhältnisse XIX. 676.
Redfield, W. C. Wirkung d. Erddrehung auf fallende Körper III. 31. 33 — Treibeis u. Strömungen im nordatlant. Ocean V. 459. 475 — Ueb. d. ersten Sturm Sept. 1853 im Atlant. Meer mit Karte u. Nachrichten v. andern Stürmen X. 764* — Theorie d. Wirbelwinde u. Wirbelstürme XIII. 543 — Ueb. Cyclonen im nördl. Stillen Ocean XIII. 544.
Redtenbacher, F. Das Dynamidensystem XIII. 31 — Die anfängl. u. d. gegenwärtigen Erwärmungszustände d. Weltkörper XVII. 362.
Redtenbacher, J. Untersuch. einiger Mineralwässer u. Soolen mittelst Spectralanalyse XVII. 254. 761.
Redwood, Mittel zur Vermeidung d. stossenden Kochens in Glasgefässen VI. 259. 284.
Reech, F. Ueb. d. Theorie d. bewegenden Kraft d. Wärme VI. 562. 590 — Allgemeine Theorie d. dynamischen Wirkungen der Wärme IX. 404 — Luftmaschine nach einem neuen System XI. 374 — Kurze Recapitulation d. algebraischen Untersuchungen verschied. Schriftsteller üb. die Theorie der mechanischen Wärmewirkungen XII. 345 — Ueb. d. Gleichung d. Wattschen Curve u. die daraus abgeleitete Theorie der Stephensonschen Coulisse XIII. 297* — Theorie u. Elasticität gasförm. Flüssigkeiten XIV. 326 — Ueber die Wärme u. Expansivkraft d. elast. Flüssigkeiten XIX. 318. 319.
Rees, R. van, Elektr. Eigenschaften d. Flamme III. 314. 316; IV. 259. 261 — Vertheilung d. Magnetismus in Stahl- u. Elektromagneten III. 478; IV 357. 359 — Resultate d. meteorol. Beobachtungen zu Utrecht von 1839 bis 1843, III. 590. 604 — Meteorol. Beobachtungen v. Hasskarl auf drei Reisen von u. nach Ostindien III. 590. 610 — Ueb. d. Faradaysche Theorie d. magnetisch. Kraftlinien IX. 584 — Ueb. d. Analogie d. Theorie d. elektr. Influenz, d. galvan. Stroms u. der Wärmeleitung XX. 431.
Regnani, Ueb. Melloni's neue Theorie d. elektrostatischen Induction XII. 392.
Regnard, E. Einfacher Rheostat XIV. 441 — Ueb. Elektromagnete mit zwei Drähten u. ihre Anwendung in der elektr. Telegraphie XIV. 498.
Regnauld, J. Ueb. d. elektromotorischen Kräfte, u. e. neue Methode sie zu bestimmen X. 490 — Ueb. d. Muskelströme. Neue Art d. Cauterisation X. 545* — Bestimmung der elektromotorischen Kraft der Doatschen u. einiger ähnlichen Ketten XII. 484 — Ueber die sogenannte Brownsche Bewegung XIV. 9 — Fluorescenz d. durchsicht. Augenmedien XIV. 313; XVI. 297 — Ueb. d. elektrochemische Rolle d. Magnesiums XIV. 439 — Ueb. d. Muskelströme XIV. 531 — Ueb. d. Erscheinungen, welche durch d. Amalgamirung des Zinks,

Cadmiums u. Eisens hervorgebracht werden XVI. 467 — Ueb. d. metallischen Amalgame u. d. Ursprung ihrer chem. Eigenschaften XVII. 458 — Ueb. einige opt. Erscheinungen beim Vermischen v. Salzlösungen XIX. 175 — Ueb. d. Verdünnung d. Salzlösungen XX. 347.

Regnault, V. Ueb. e. Volumenometer I. 32. 35 — Versuche zur Aufstellung d. theoret. Berechnung der Dampfmaschinen I. 90* — Bestimmung d. Dichtigkeit d. Gase I. 90. 104 — Siedepunkt des Wassers in verschied. Höhen I. 115. 116; VI. 258. 277 — Studien üb. Hygrometrie I. 132; III. 620. 642; VIII. 671 — Ausdehn. d. Quecksilbers II. 29* — Gesetz der Compression elastischer Flüssigkeiten II. 102. 104; Entgegnung auf d. Beobachtungen v. Despretz II. 102. 105 — Elasticität d. Wasserdampfs bei verschied. Temperatur u. Pression II. 102. 106; VIII. 387 — Bemerk. zu der bei chemischen Verbindungen entwickelten Wärme II 249· — Temperaturmessung II. 312; III. 80 — Bericht üb. d. Versuche zur Bestimmung d. Hauptgesetze u. Zahlenwerthe für d. Berechnung d. Dampfmaschinen III. 64. 77; V. 80 — Neues Hygrometer III. 94 575. 578 — Zusammensetzung d. atmosphär. Luft IV. 97* — Siedetemperatur d. Kohlensäure u. d. Stickstoffoxyduls unter gewöhnl. Druck d. Atmosphäre V. 85. 228 — Specif. Wärme d Kaliums V. 228. 229 — Ueb. d. specif. u. latente Schmelzwärme d. Broms, u üb. d. specif. Wärme d. fest. Quecksilbers V. 228. 231 — Anwendung d. Pyrogallussäure zu Lichtbildern auf Papier VI. 520. 542 — Temperaturmessung durch thermoelektr. Ströme VI. 661* — Specif. Wärme des rothen Phosphors IX 387 — Specif. Wärme elastischer Flüssigkeiten IX. 414 — Ueb. d. specif. Wärme d. Gase bei constantem Volumen; üb. die durch Compression der Gase entwickelte Wärme u. d. Wärmewirkungen, welche durch d. Ausdehnung u. Bewegung d. Gase hervorgebracht werden X. 382 — Spannkraft d. Dämpfe bei verschiedenen Temperaturen im Vacuum u. in Gasen, u. Spannung d. Dämpfe aus gemengten od. über einander geschichteten Flüssigkeiten X. 387 — Ueb. atmosphär. Strahlenbrechung X. 635. 637 — Specif. Wärme einiger einfachen Körper u. d. isomerischen Modificationen d. Selens XI. 383 — Ueb. d. Spannkraft d. Dämpfe XVI. 355 — Apparate zur Bestimmung d. Dichte v. Gasen u. Dämpfen XVII. 17 — Ueb. e. Gasthermometer zur Messung hoher Temperaturen XVII. 373 — Ueb. d. specif. Wärme einiger einfachen Körper XVII. 391 — Construction d. Waage v. Deleuil XVII. 4; XVIII. 5 — Ueb. d. specif. Wärme d. Thalliums XVIII. 342 — Bericht üb. d. Versuche zur Bestimmung d. Hauptgesetze u. numerischen Grundlagen für d. Berechnung d. Dampfmaschinen. Enthaltend: üb. d. specifische Wärme d. Gase. Ueb. d. Spannkraft d. Dämpfe. Ueb. d. latente Wärme d. Dämpfe unter verschied. Druck XVIII. 345 — Bestimmung d. Temperatur u. d. Luftdrucks bei Luftfahrten XVIII. 598 — Ueb. die zur Bestimmung d. specif. Wärme fester Körper angewendeten Verfahren XX. 373 — Bemerk. zu einer Abhandlung v. Faye (d. persönliche Gleichung betreff.) XX. 541 — s. Foucault.

Regnault und Reiset, Zusammensetzung d. atmosphär. Luft III. 87. 88 — Respirationserscheinungen in den verschied. Thierklassen IV. 97.

Regnault, Morin u. Brix, Vergleichung mehrerer Kilogramme mit d. Urkilogramm d. kaiserl. Archivs zu Paris XVII. 3.

Regnier, Todesfall durch e. elektr. Entladung ohne Donner I. 439*.

Reich, F. Wirkungen einiger Blitzschläge in Freiberger Gruben I. 439* — Wirkung d Luft bei d. Anziehung u. Abstossung elektr. Körper II. 322 — Elektr. Versuche II. 363 — Abstossende Wirkung eines Magnetpols auf unmagnetische Körper III. 492; IV. 358. 378 — Magnetische Polarität d. Pöhlberges V. 315. 318. 351. 366 — Neue Versuche mit d. Drehwaage VI. 43. 44 — Ein diamagnetischer Versuch VI. 1126. 1143 — Regenmenge in Freiberg IX. 729 — Ueb. d. Elektricität, welche bei der Verdampfung d. Salzwassers entsteht X. 433 — Ueb. d. diamagnetische Wirkung XII. 544 — Ueb. e. Erdstoss XIV. 710 — Ueb. photograph. Registrirung d. magnet. Declination

XV. 645 — Ueb. d. specif. Gewicht d. Bleies XVI. 8.

Reich, F. u. Th. **Richter**. Ueb. e. neues Metall, Indium XIX. 197.

Reichardt, E. Untersuch. v. Hagel auf Ammoniak, Salpetersäure u. dgl. XX. 776*.

Reiche, M. Th. Ueb. Erdbeben und andere Naturerscheinungen im indischen Archipel XIX. 727*.

v. **Reichenbach**, Ueb. Magnetismus u. damit verwandte Gegenstände I. 500. 522; VI. 730. 767 — Ueb. den Meteoriten v. Hainholz. Ueb. die Meteoriten aus d. Toluccathal in Mexiko XIII. 458* — Ueb. d. Rinde d. meteorischen Eisenmassen. Ueb. d. Rinde d. Meteorsteine. Die Meteoriten u. d. Kometen nach ihren gegenseitigen Beziehungen. Ueb. d. Anzahl d. Meteoriten u. ihre Rolle im Weltgebäude XIV. 591* — Die meteor. Kügelchen d. Capitain Callum. Anordnung u. Eintheil. d. Meteoriten. Ueb. d. Met. v. Clarak. Ueb. d. chemische Beschaffenheit d. Meteoriten. Gefüge d. Steinmeteoriten. Zeitfolge u. Bildungsweise d. näheren Bestandtheile d. Meteoriten XV. 560* — Meteoriten in Meteoriten. Meteoriten u. Sternschnuppen XVI. 605* — Zur Intensität d. Lichterscheinungen XVII 268 — Ueb. das innere Gefüge der näheren Bestandtheile des Meteoreisens XVII. 553* — Ueb. d. näheren Bestandtheile d. Meteoreisens: die Nadeln, d. Eisenkügelchen, d. Mohr, d. Schwefeleisen, d. Graphit u. d. Eisenglas XVIII. 508* — Die Sternschnuppen in ihrer Beziehung zur Erdoberfläche XX. 590.

Reichenbach, R. v. Ueb. Erzeugung v. Wärme u. Licht durch Meteoriten XIX. 527.

Reid, Elektrotelegraphische Verbesserungen IV. 356* — Fortschritt in Entwicklung d. Gesetzes d. Stürme V. 374. 389 — Gesetz d. Stürme VI. 1057*.

Reineke, Hydrograph. Beschreibung d. Nordküsten v. Russland XVI. 792*.

Reinhardt, J. Beobachtung v. phosphorischem Leuchten bei einem Fisch u. einer Insectenlarve XI. 262*.

Reinsch, H. Einfachste Anwendung d. Kohle zu galvan. Apparaten IV. 295. 296 — Einfache u. sehr stark wirkende elektr. Zellen V. 292; VI. 723 — Einfluss tönender Saiten auf d. Magnetnadel u. eine darauf gegründete Erklärung d. elektr. u. magnet. Erscheinungen XI. 393 — Ueb. die chemische Harmonica XV. 171 — Ueb. Ozonbildung u. Natur d. Ozons XVII. 28* — Ueb. d. Tönen d. Lampenflammen XVII. 169 — Ueb. d. Spectralanalyse namentlich d. Spectra einiger Metalle XVII. 261*.

Reinwarth, Verhältnisse d. Soolquellen u. Steinsalzablagerungen im Magdeburg-Halberstädtisch. Becken VIII. 619.

Reis, P. Neue Ideen üb. Luftschifffahrt XV. 86 — Ueb. Telephonie durch d. galvan. Strom XVII. 171 — Ueb. das verbesserte Telephon XIX. 96; XX. 134.

Reischauer, C. S. Ueb. Deliquescenz d. wasserfreien essigsauren Natrons u. seine sogenannten übersättigten Lösungen XVI. 110 — Abhängigkeit d. Verdunstung v. d. Grösse d. exponirten Oberfläche XVII. 386 — s. Vogel.

Reiset s. Regnault.

Reishaus, Th. Ueb. d. hydraulischen Druck v. Wasser, welches zwischen zwei Platten unter Wasser ausströmt XIV. 93.

Reissacher, Der rothe Schnee in Salzburg am 5. u. 6. Febr. 1862, XVIII. 666.

Reissenberger, L. Ueb. d. Regenverhältnisse Siebenbürgens XVII. 671*.

Reissig, Bestimmung d. Temperatur, welche eiserne zur Holzgasbeleuchtung dienende Retorten zeigen, mittelst eines neuen Pyrometers XIX. 427.

Reitlinger, E. Ueb. flüssige Isolatoren d. Elektricität XV. 382 — Beobachtung bei Elektrisirmaschinen mit zwei Glasscheiben XV. 386 — Einwirkung d. Elektricität auf Springbrunnen XVI. 429 — Zur Erklärung d. Lichtenbergschen Figuren XVI. 430 — Zur Erklärung d. Lullinschen Versuchs u. einiger anderen Unterschiede d. posit. u. negat. Elektricität XVI. 438 — Ueb. Lichtenbergsche Figuren in verschied. Gasen. Erläuterungen üb. Lichtenberg. Figuren XVII. 436 — Ueb. d. Schichtung d. elektr. Lichts XVII. 503 — Anwendung der Geisslerschen Röhren zur Grubenbeleuchtung XVIII. 460* — Ueb. Töne

u. einige Bewegungserscheinungen im Schliessungsbogen d. galvanisch. Stroms XVIII. 483 — Ueb. d. ungleiche Erwärmung d. Elektroden beim Inductionsfunken XIX. 405.

Reitlinger u. Kraus, Ueb. Brande's elektrochemische Untersuchungen XIX. 437.

Reitlinger, E. u. L. Zerjau, Ueb. Schichtung durch Entladungsschläge d. Leydener Batterie XIX. 406.

Remak, R. Structur d. Netzhaut IX. 306 — Ueb. tonische Muskelcontractionen bei d. Elektrisirung d. antagonistischen Nerven XI. 465* — Physiolog. u. therapeutische Wirkung d. constanten galvan. Stroms auf die Nerven u. Muskeln d. Menschen XII. 491* — Tragbare galvan. Kette XVIII. 410.

Renard, Vertheilung d. Elektricität auf d. Oberfläche d. Leiter nach d. Hypothese v. einem Fluidum XIV. 371 — Theorie d. Induction nach d. Hypothese v. einem Fluidum. XVI. 536 — Vertheilung d. Elektricität in krystallisirten Leitern XVII. 475; XVIII. 486 — Theorie d. Erdmagnetismus nach d. Hypothese eines einzigen elektr. Fluidums XIX. 600*; XX. 635*.

Renesse de Breidbach, Feuersbrunst durch e. Feuerkugel VI. 871*.

Renevier, Leistungen d. Hrn. Goll zur Anfertigung gravirter Platten für Landkarten VIII. 492*.

Rennie, G. Wirkung der Schiffsschraube bei verschiedener Geschwindigkeit u. Tiefe XI. 104* — Bestimmung d. Widerstandes einer Schraube, die sich in verschied. Tiefen u. mit verschied. Geschwindigkeit in Wasser bewegt XIII. 128 — Wärmemenge, die im Wasser durch heftige Bewegung erzeugt wird XIII. 293.

Renny, H. L. Neue Barometerformel für Berghöhen, in welcher d. hygrometr. Zustand d. Atmosphäre systematisch berechnet wird. Ueb. d. Constanten d. Barometerformel, welche d. hygrometr. Zustand d. Atmosphäre in Betracht zieht XV. 720.

Renou, E. Regenbogen am Boden III. 157. 166 — Ueb. einige zu Vendôme gesehene Höfe u. Nebensonnen VI. 869* — Anomalien d. Temperatur im Jan. 1850, VI. 1054* — Vergleich d. Temperatur d. Luft u. d. Loire zu Vendôme 1851, VIII. 616. Babinet dazu 617 — Unterschied d. Temperaturen im Innern d. Städte u. auf d. Lande VIII. 731 — Ueb. d. Bestimmungsweise der Lufttemperatur XI. 632 — Periodicität d. strengen Winter XVI. 686; XVII. 607 — Thermometerbeobacht. während d. Kälteperiode im Dec. 1859 bei Paris XVI. 705* — Richtung des kältesten u. wärmsten Windes für jeden Punkt d. Erde XVII. 696 — Nebenmonde u. Halo's am 21. Febr. 1864, XX. 593* — Die Schneegränze XX. 680 — Ueb. e. Erdbeben zu Vendôme XX. 930.

Renou, E. u. Delaporte, Ueb. e. ausserordentliche Temperaturerniedrigung in Aegypten XI. 650.

Renoux, P. Neues Verfahren zur Bestimmung d. Wasserdampfes in d. Atmosphäre XIV. 139 — Neues Hygrometer XIV. 679*.

Renoux, P. u. J. Salleron, Neue Anordnung d. constanten Kette XV. 402.

Renz, T. u. A. Wolf, Unterscheidung differenter Schallstärken XII. 238.

Résal, H. Ueb. d. scheinbaren Kräfte bei den relativen Bewegungen u. d. Anwendung derselben zur Erklärung einiger Erscheinungen auf d. Erde IX. 70 — Ueb. d. Reduction d. zusammengesetzten Centrifugalkräfte bei d. relativen Winkelbewegungen fester Revolutionskörper. Einige Eigenschaften d. zusammengesetzten Centrifugalkräfte u. ihre Anwendungen. Bemerk. dazu v. Quet IX. 71 — Berechnung d. Nutzeffects u. Construction d. Centrifugalventilators X. 191 — Ueb. d. hydraulischen Fallhammer mit comprimirter Luft von Guillemin u. Minary XI. 99 — Geometrische Eigenschaften d. Bewegung eines festen Systems v. Punkten XII. 87 — Ueb. d. Oscillationen der an elast. Platten aufgehängten Pendel fester Chronometer XII. 97 — Ueb. d. vibratorische Bewegung d. Treibstangen XII. 180* — Ueb. d. relative Bewegung eines festen Körpers in Bezug auf e. unveränderliches System XIII. 97 — Ueb. d. geometrischen Eigenschaften der Bewegung eines festen Körpers XIV. 66 — Ueb. die Suraccélération XIV. 68 — Einfluss d. Aufhängung an elast. Platten auf d. Oscillationen d. konischen Pendels

XVI. 29 — Ueb. d. mechanischen Wirkungen d. Wärme in d. Körpern XVI. 332* — Commentar zu d. Arbeiten üb. d. mechan. Theorie der Wärme XVII. 361 — Ueb. d. Wirkungen des selbstthätigen Injectors v. Giffard XVII. 369* — Ueb. d. Bewegung der Projectile d. Feuerwaffen XX. 38* — Ueb. d. Bewegung d. Geschosse im Geschützrohr nach d. mechan. Wärmetheorie XX. 328 — s. Minary.

Reslhuber, P. A. Beobachtungen während d. Polarlichts am 18. Oct. 1848 zu Kremsmünster V. 351* — Ueb. die v. Dr. Lamont beobachtete zehnjährige Periode in d. Grösse d. tägl. Bewegung d. Declinationsnadel VIII. 602. 603 — Die Constanten v. Kremsmünster IX. 739* — Ozongehalt d. atmosphär. Luft X. 647 — Ueb. d. magnetische Observatorium zu Kremsmünster u. die bis 1850 gewonnenen Resultate X. 672* — Temperatur d. Quellen v. Kremsmünster X. 779 — Ueb. Stampfer's Lichtpunktmikrometer im Fernrohr d. Meridiankreises d. Sternwarte zu Kremsmünster XII. 338 — Ueb. d. atmosphär. Ozon XII. 581* — Ueb. d. Druck d. Luft XIV. 679*; XVIII. 632 Correspondenznachricht d. Nordlicht v. 4. Dec. betreffend XV. 563* — Ueb. d. am 21. u. 23. April 1859 zu Kremsmünster beobacht. Nordlichter XV. 563* — Ueb. d. Wetterleuchten XV. 571. 573 — Magnet. Beobachtungen zu Kremsmünster 1854, XV. 652; im J. 1855, XVI. 650; im J. 1859, XVI. 656*; im J. 1856, XVII. 577 — Leistungen eines nach d. Erfindung d. Hrn. Kreil construirten Kupferdraht-Thermometrographen XV. 654 — Ueb. d. Bewölkungsverhältnisse d. Himmels XVI 736; XVII. 663; XX. 751 — Resultate aus d. in d. Jahren 1860 u. 1861 zu Kremsmünster angestellten meteorol. Beobachtungen XVIII. 686*.

Respighi, L. Ueb. d Bewegung d. Pendels X. 73 — Ueb. d. Accommodation d. menschl. Auges XV. 300 — Ueb. d. Sonnenfinsterniss v. 15. März 1858, XV. 557* — Ueb. die magnet. Declination zu Bologna XV. 652*; XVII. 574 — Eigenthümliche Erscheinungen bei Ein- u. Austritt d. Sterne hinter d. Mondscheibe XVI. 603* — Ueb. d. Aberration d. Lichts XVII. 232* — Anwendung d. Quecksilberhorizonts um d. Convexität d. Erdoberfläche sichtbar zu machen XVII. 351* — Ueb. d. Klima v. Bologna XVII. 726*; XVIII. 677; XIX. 656* — Einfluss d. Bewegung d. lichtbrechenden Mittel auf d. Richtung d. Lichtstrahlen XIX. 183*; XX. 169 — Ueb. einige besondere Erscheinungen bei Sternbedeckungen durch den Mond XIX. 522 — Ueb. d. tägl. Schwankungen d. Barometers zu Bologna XIX. 637*; XX. 697.

Restel, R. Ueb. Böttger's Verfahren zur Wiedergewinn. d. Goldes aus d. fast erschöpften Goldlösung II. 422*.

Retzius, Ueber die vermeintlichen elektr. Organe d. nicht elektr. Rochen IV. 302. 309.

Reuben, L. Ueb. Sichtbarkeit d. bewegten Blutkörperchen in d. Netzhaut d. menschl. Auges XVII. 326.

Reuleaux, T. Unbestimmtheit des Ausdrucks Pferdekraft XIII. 119 — Eigenthümliche Gehörerscheinung XV. 178.

Reusch, E. Erscheinungen an Flüssigkeiten, die um e. verticale Axe rotiren IX. 94 — Ueb. d. Brechung d. Lichts in Prismen mit Rücksicht auf mehrere innere Reflexionen X. 276 — Ueb. d. viergliedrige schwefelsaure Nickeloxydul. Abgeänderter Polarisationsapparat X. 290 — Der Stromwender X. 543 — Ueb. Ringbildung in Flüssigkeiten XVI. 53 — Die Lehre v. d. Brechung u. Farbenzerstreuung d. Lichts in synthetischer Form dargestellt XVIII. 163 — Ueb. d. Schillern gewisser Krystalle XVIII. 246; XIX. 238 — Ueb. einige Eigenschaften d. Eises XX. 65 — Ueb. d. Agat XX. 224 — Die zwei Hauptbrechungscoefficienten d. Eises XX. 239 — Die scheinbare Plasticität u. d. Sprödigkeit d. Eises XX. 365.

Reuss, C. Niederschlag in Ramholz bei Schlüchtern XVIII. 667*.

Reveil, Anwendung d. Dialyse zur Aufsuchung vegetabil. Gifte XX. 90.

Reventlow, A. zu, Ueb. Marschbildung an d. Westküste v. Schleswig u d. Mittel zur Beförderung derselben XIX. 677*.

Rey, E. G. Reise in Haouran u. nach d. Ufern d. Todten Meeres XVI. 861*.

Reye, T. Die mechanische Wärmetheorie u. das Spannungsgesetz der Gase XVII. 355 — Ueber verticale

Luftströmung in der Atmosphäre XX. 716.
Reynard, Ueb. d. Wirkungsweise d. elektrodynamischen u. magnet. Kräfte XX. 427.
Reynaud, Bericht üb. d. Anwendung d. elektr. Lichts zur Erleuchtung d. Leuchtthürme XIX. 450*.
Reynaud u. Degrand, Tragweite d. rothen u. weissen Lichts XIV. 255.
Reynolds, E. J. Ueb. d. Theilung d. Spectrums u. d. Bezeichnung der Linien XIX. 184 — Ueb. Spectralanalyse XX. 173.
Rheinauer, Grundzüge d. Photometrie XVIII. 239*.
Rhind, W. Ueb. d. Gesetze d. Vertheilung d. Flüsse u. hauptsächlichsten Wasserscheiden IX. 652 — Zur Hydrologie d. britt. Inseln XI. 706.
Riatti, V. Neuer Barometrograph XX. 657.
Ricardo, Isolirung u. Aufhängung d. Drähte elektr. Telegraphen V. 314*.
Rice, H. Wirkung d. Blitzes bei einem Sturm VI. 877. 880 — Ergebniss d. meteorolog. Beobachtungen zu Attleboro' 1851, VIII. 734.
Richardson, J. Aerolithenregen in Tunis VI. 872* — Klimatologie des arktischen Amerika VI. 1058* — Structur des Eises VIII. 631 — Schnelle Verdampfung v. Schnee u. Eis. Trockenheit d. arktischen Luft VIII. 779* — Magnet. u. meteorolog. Beobachtungen im Fort Confidence im grossen Bärensee XI. 628* — Ueb. elektr. Fische XIII. 380*.
Riche, A. Wirkung d. elektr. Stromes auf Chlor, Brom u. Jod in Gegenwart v. Wasser XIV. 467 — Ueb. d. Metalllegirungen XVIII. 9.
Richelmy, P. Ueb. e. Stelle zum Aufsatz von Bidone über den Stoss d. Wasseradern XIX. 37*.
Richelot, F. J. Ueb. e. Fall d. Bewegung eines Systems v. festen Punkten VI. 67. 80 — Neue Lösung des Problems der Rotation eines festen Körpers um e. Punkt VIII. 57 — Zur Theorie d. Raumpendels IX. 65.
Richter, O. Ueb. d. chemischen u. physikal. Principien in Verbind. mit d. specif. Gewicht d. flüss. u. festen Körper XX. 20*.
Richter, Th. s. Reich.
Richthofen, F. v. Ueb. d. Gebirgsbau an d. Nordküste v. Formosa XVI. 862.
Riddell, J. L. Neue Methode um dunkle Gegenstände bei bedeutender Vergrösserung unter d. Mikroskop zu erleuchten, u. üb. e. neuen achromatischen Condensator IX. 316 — Ueb. e. binoculares Mikroskop IX. 317 — Eine neue Waage XIV. 61*.
Riddell, W. P. Ueb. d. Saccharimeter v. Soleil IX. 293.
Riecke, Directer Beweis d. Undulationstheorie d. Lichts aus d. Aberration d. Fixsterne VIII. 177.
Rieder, J. J. Meteorolog. Beobacht. in Klosters XVII. 690.
Riemann, B. Zur Theorie d. Nobilischen Farbenringe XI. 453 — Fortpflanzung ebner Luftwellen v. endlicher Schwingungsweite XV. 123; XVI. 178* — Ueb. d. Bewegung eines flüss. gleichartigen Ellipsoids XVII. 50.
v. Riese, Reductionen d. Magnetometerbeobachtungen behufs d. Declinationsbestimmung XI. 617.
Riess, P. Zur Phosphorescenz des Diamants I. 275. 283 — Elektr. Leitvermögen einiger Stoffe I. 385. 386 — Glühen u. Schmelzen v. Metalldrähten durch Elektricität I. 385. 409 — Merkwürd. Eigenschaft d. Glimmers II. 14. 22 — Elektr. Figuren u. Bilder II. 338 — Elektrolytische Bilder II. 338. 341 — Ablenkung d. Magnetnadel durch d. elektr. Batterie II. 338. 351 — Vergleichung d. Reibungselektricität mit d. galvanischen II. 338. 352. 354 — Entladungszeit d. elektr. Batterie II. 338. 356 — Die Ursache d. Luftelektricität noch unerwiesen II. 363. 365. 464 — Elektr. Eigenschaften d. Flamme III. 314. 316 — Bestimmung elektr. Dichtigkeiten in d. Torsionswaage III. 314. 319 — Ueb. Influenzelektricität u. Theorie d. Condensators III. 315. 324 — Aluminium Elektricitätsleiter u. magnetisch IV. 259. 260 — Elektrische Flammen- u. Spitzenwirkung IV. 261 — Seitenentladung d. elektr. Batterie V. 251; VI. 651 — Mechanismus d. elektr. Entladung V. 251. 256 — Ueb. den elektr. Entladungsstrom in e. dauernd unterbrochenen Schliessungsbogen VI. 652. 655 — Entladung d. Franklinschen Batterie VI. 652. 658 — Wirkung d. einfachen Schliessungsdrahts d. Batterie auf sich selbst VI. 659 — Elektr. Ströme höherer Ordnung VI.

659. 660 — Der goldene Fisch IX. 439 — Ueb. d. Unterbrechung des Schliessungsbogens d. elektr. Batterie durch einen Condensator IX. 440 — Oberflächenänderung d. Gutta percha X. 432 — Ueb. d. gebundene Elektricität. Ueb. Influenzelektricität u. d. Theorie d. Condensators X. 442 — Wirkung nichtleitender Körper bei d. elektr. Influenz X. 446 — Ueb. e. Schrift elektr. Inhalts X. 450 — Ueb. d. Neefsche Lichterscheinung X. 517 — Ueb. die Erzeugung der Wärme durch Elektricität X. 566 — Ein Sinuselektrometer XI. 409 — Ueb. d. Durchgang elektr. Ströme durch verdünnte Luft XI. 493 — Ueb. d. Gesetz d. elektr. Entladung. Ein Gesetz für d. elektrische Wärme XII. 398 — Einfluss der Leitung eines elektr. Stromes auf d. Art seiner Entladung XII. 401 — Ueb. d. elektr. Pausen XII. 406 — Bemerk. in Betreff einer Notiz d. Hrn. Gaugain. Pausenerscheinung am Inductionsapparat XII. 522 — Ueb. d. elektr. Funkenentladung XIII. 331 — Die elektr. Wärmeformel betreffend XIII. 335 — Ueb. e. elektr. Influenzversuch XIV. 375 — Elektroskopische Wirkungen d. Geisslerschen Röhren. Beschaffenheit d. elektr. Funkenentladung in Flüssigkeiten XIV. 406. 416 — Das Anblasen offener Röhren durch eine Flamme XV. 165 — Ueb. e. Erscheinung d. elektr. Influenz XV. 382 — Der Nebenstrom im Zweige einer elektr. Schliessung XV. 391 — Die Schlagweite proportional d. mittleren elektr. Dichtigkeit XV. 395 — Gesetz d. elektr. Schlagweite XV. 396 — Anhaltendes Tönen einer Röhre durch e. Flamme XVI. 132 — Ueb. d. Prüfungsmittel d. Stroms d. Leydener Batterie XVI. 431 — Die elektrische Schlagweite betreffend XVI. 439 — Ueb. d. elektr. Ringfiguren XVI. 442 — Geissler's nachleuchtende Röhren XVI. 505 — Ueb. elektr. Partialentladungen XVII. 433 — Abhängigkeit elektr. Ströme von der Form ihrer Schliessungen XVIII. 391 — Ueb. d. Einfluss v. Metallhüllen auf d. Magnetisirung durch d. elektr. Entladungsstrom XIX. 399 — Ueb. d. Ablenkung d. Magnetnadel durch den Nebenstrom d. Leydener Batterie XIX. 400 — Der Nebenstrom im Schliessungsdraht d. Leydener Batterie XX. 441 — s. Faraday.

Rieth, Trigonometrische Höhenbestimmung in Württemberg IX. 663*.

Rieussec, Chronograph I. 579. 581.

Rigault, Nordlichtbeobachtung III. 158. 180.

Rigg, R. Ueb. die Temperatur der Thiere II. 259*.

Rijke, P. L. Erklärung d. Verstärkung, welche das durch e. galvan. Funken verursachte Geräusch erleidet, wenn d. Strom unter gewissen Umständen unterbrochen wird IX. 564

Electricitätserregung, welche man beobachtet, wenn e. Flüssigkeit den sphäroidalen Zustand verlässt XII. 384 — Ueb. d. Schlagweite d. Ruhmkorffschen Apparats XII. 511 — Ueb. d. Extraströme XIII. 389 — Neue Art die in einer an beiden Enden offenen Röhre enthaltene Luft in Schwingungen zu versetzen XV. 165 — Ueb. d. Schlagweite d. elektr. Batterie XV. 394. 395; XVI. 439 — Ueb. d. Inductionsfunken XVI. 506 — Ueb. d. Dauer d. Entladungsfunkens eines elektr. Leiters XVII. 432 — Ueber einige Eigenschaften d. Inductionsstromes XVIII. 480.

Rimmer, R. Photographie auf Holz VI. 520. 538.

Rindfleisch, E. Ein Fall v. Blitzschlag XIX. 516*.

Ringer, S. Aenderung d. Tonhöhe bei Leitung v. Tönen durch verschied. Medien XVI. 174; XIX. 95.

Rink, H. Geographische Beschreibung v. Nordgrönland X. 782 — Physische Beschaffenheit Süd-Grönlands XIII. 573 — Ueb. d. Abfluss d. Wassers v. d. Küsten Grönlands unter d. Eise XIX. 692.

Rion, Gang d. Gewitter in Wallis VIII. 778* — Erdbeben in Wallis XI. 808.

Ritchie, E. S. Gewinnung d. Kupfers aus d. Erzen auf galvan. Wege I. 470* — Abgeänderte Form d. Ruhmkorffschen Inductionsapparats XIII. 413.

Ritter, C. Ueb. die durch d. amerikan. Dampfschiff Arctic ausgeführte Sondirung d. Atlant. Oceans zwisch. Neu-Fundland u. Irland im Sommer 1855, XII. 734 — Ueb. d. Gestalt d. Erde XVI. 775. 776 — Ueb. d. Bedeutung d. gelben Flecks XX. 298.

Ritter, E. Constitution d. elastisch.

Flüssigkeiten II. 83. 88 — Berechnung d. Ausdehnung d. Wassers IV. 36. 50 — Ueb. barometrische Höhenmessung X. 764*. 790.
Ritter, J. Ein Regenbogen vor Sonnenaufgang XV. 555*.
Rittinger, P. Saugpumpe ohne Kolben III. 54* — Quecksilber-Saug- u. Druckpumpe IV. 79* — Bewegung d. Wassers in Kanälen VI. 154. 189 — Einaxige Mönchskolben-, Hub- und Druckpumpe VI. 154. 191.
de Rivaz, Stoss eines successor. Erdbebens VIII. 643. 644.
Rive, A. de la, Ueb. schwingende Bewegungen durch elektr. Ströme I. 143. 145 — Bemerk. zu d. Versuchen v. Erman u. Sullivan I. 440. 441 — Tonerzeugung durch d. galvan. Strom in einem Eisenstab II. 142. 149 — Fortschritte d. Elektricität II. 317. 321* — Bemerk zu Becquerel's Mittheilung üb. d. Contactwirk. d. Gase II. 372. 378 — Molecularvorgänge in d. volt. Lichtbogen zwischen d Polspitzen II. 395 — Wirkung d. Magnetismus auf d. Lichtbogen II. 395. 399 — Ueb. Grubenbeleuchtung II. 395. 402 — Vereinte Wirkung inducirter u. hydroelektr. Ströme Wartmann's Bemerk. dazu II. 515. 517. 521 — Schwingende Bewegungen in magnetischen u. nicht magnetischen Körpern durch elektr. Ströme V. 110. 114 — Ueb. Nordlichter V. 258. 264 — Ueb. d. täglichen Variationen der Magnetnadel u. das Nordlicht V. 351. 356; IX. 622 — Aehnlichkeit d. Zerschlitzung der v. Blitz u. v. elektr. Tromben getroffenen Bäume VI. 728. 735 — Ueb. Olmstedt's Nordlichtgesetze VI. 873* — Allmäliches Entstehen u. Verschwinden der grossen Gletscher auf d. Erdoberfläche VI. 911. 986 — Wirkung d. Magnets auf alle Körper VI. 1127. 1165 — Handbuch d. Elektricitätslehre VIII. 445* — Ueb. d. Ursache d. Elektricitätsentwicklung durch Erhöhung d. Temperatur IX. 457 — Bemerk. zu d. Versuchen d. Hrn. Foucault die eigenthümliche Leitungsfähigkeit d. Flüssigkeiten betreffend IX. 483 — Ueb. d. Ursache d. Nordlichter IX. 611* — Einfluss d. Erdmagnetismus auf das Eisen u. Wirkung desselben auf die Richtung d. Schiffscompasse IX. 632 — Ueb. d. Induction X. 497 — Bemerkung zu einer Notiz v. Jamin üb. d. Zersetzung d. Wassers durch die Säule X. 505 — Bemerk. zu d. Untersuchungen d. Hrn. van der Willigen X. 526 — Allgemeine Theorie d. magnetischen Erscheinungen X. 609 — Ueb. d. Versuche d. Hrn. Volpicelli üb. d. elektrostatische Polarität XI. 395 — Ueb. d. elektrostatische Induction XI. 397 — Ueb. d. Beziehungen zw. Elektricität und Wärme XI. 415* — Gleichzeitigkeit d. Entsteh. v. Spannungselektricität u. v. chemischer Wirkung in d. galv. Kette XI. 418; XII. 438 — Beziehungen zw. Eelektricität u. chemischen Wirkungen XI. 430* — Bemerkungen zu einigen Versuchen v. Despretz betreffend den Durchgang d. elektr. Stroms durch Wasser XII. 455 — Ueb. physiologische Elektricität u. ihre Anwendung in d. Therapie XIII. 380* — Ueb. d. Entdeckung d. Gyroskops XIV. 84 — Rotation d. elektr. Lichts um d. Pole eines Elektromagnets. Einfluss d. Magnetismus auf d. elektr. Entladungen XIV. 406 — Ueb. d. neuen Untersuchungen v. Favre u. Matteucci betreff. d. Beziehungen zwischen elektr. Kraft und Wärme XIV. 426; XV. 434 — Fortpflanzung d. Elektricität in sehr verdünnten elast. Flüssigkeiten XV. 454 — Elektromagnet. Rotation d. Flüssigkeiten in hohlen Magneten XV. 497 — Ueb. d. elektr. Strömungen in d. schweizerischen Telegraphenlinien während d. Nordlichts v. 2. Nov. 1859, XV. 564* Nordlicht v. 29. Aug. 1859, XV. 565* — Erscheinungen, welche d. Nordlichter v. Sept. u. Oct. 1859 begleitet haben XV. 565* — Theorie d. Nordlichts XVI. 610* — Anwend. d. Elektricität auf Erleuchtung u. Bewegung XVII. 514* — Ueb. d. Nord- u. Südlichter u. Beschreib. eines Apparats, welcher dieselben u. die sie begleitenden Erscheinungen wiedergiebt XVIII. 462. 502. 510 — Schreiben in Betreff d. Aufsatzes v. Marsh üb. d. Nordlicht als elektr. Entladung XVIII. 464 — Elektr. Leitungsvermögen d. Thalliums XIX. 420 — Bemerk. zu Thomson's Methode d. elektr. Leitfähigkeit zu messen XIX. 425 — Ueb. d. Fortpflanzung der Elektricität durch sehr verdünnte Gase XIX. 444 — Ueb. d. Wärmeleitungsvermögen d. Eises XX. 397 —

Vorschlag zu regelmäss. Beobacht. d. Erdströme mittelst d. Telegraphendrähte XX. 635* — Ueb. d. physische Ursache d. Eiszeit v. E. Frankland XX. 888.
Rive, L. de la, Ueb. d. specif. Gewicht d. Thalliums XIX. 6 — M. W. Thomson's Methode zur Messung d. elektr. Leitungsfähigkeit. Anwendung auf geschmolzene Metalle XIX. 425.
Riz a Porta, Meteorol. Beobacht. in Hinterrhein XVII. 690.
Robert, Verbesser. d. elektr. Signale IV. 356*.
Robert, E. Lichtbogen beobachtet am 29. Sept. 1852, VIII. 595* — Erdbeben XIII. 606 — s. Le Molt.
Robert-Houdin, Mechanische Vorrichtung um e. stetig wachsende Kraft wie d. Anziehung künstlicher od. natürlicher Magnete vollständig zu benutzen od. constant zu machen XI. 510.
Roberts, J. Ueb. d. Construction neuer Instrumente zur Beseitigung d. Einflusses d. Eisens auf d. Schiffen u. üb. d. Anziehung d. Eisens u. d. Magnetpole IX. 632.
Roberts, M. Neue voltasche Batterie VIII. 493 — Patentirte elektr. Lampe IX. 497 — Neues Mittel zur Vermehrung d. Wirkung galvan. Ketten für d. Technik XIX. 411.
Roberts, R. Ausdehnung fester Körper durch die Wärme VI. 44. 54 — Vorrichtung zur Erklärung d. Pendelversuchs VI. 70. 150.
Robertson, Ausbringung d. Metalle aus d. Erzen durch Elektricität IV. 301*.
Robertson, A. J. Ueb. d. positive u. negative fortschreitende Welle VI. 156. 207 — Theorie d. Wellen IX. 97 — Mathematische Untersuchung der Centrifugalpumpe X. 179.
Robida, Die Vibrationstheorie der Elektr. u. d. Magnetismus XV. 373 — Grundzüge einer naturgemässen Atomistik mit den daraus abgeleiteten Schwingungsgleichungen XVII. 49* — Erklärung d. Lichterscheinungen aus den Grundzügen einer naturgemässen Atomistik XVII. 232*; XVIII. 194* — Zur Theorie d. Gase XX. 328.
Robin, Ch. Ueb. ein mehreren Rochen eigenthüml. Organ II. 437. 469; III. 395*.
Robin, E. Beziehungen zwischen d. Aequivalenten d. Körper u. ihren physikal. u. chemischen Eigenschaften XV. 35* — Ursachen d. Schmelzung u. Gesetze d. Schmelzbarkeit der Verbindungen im Vergleich zu der d. Bestandtheile XVI. 354* — Latente Wärme u. Verbindungswärme XVI. 382*.
Robinet, Ueb. e. Ergebniss d. Gefrierens v. Trinkwasser XVIII. 339 — Thatsachen für d. Studium d. Regenwassers XIX. 640* — Ueb. d. Bestimmung d. Gasgehaltes süsser Gewässer XX. 95 — Hydrotimetrische Untersuch. d. Meereises XX. 850 — Hydrographisches Wörterbuch von Frankreich XX. 874*.
Robinson, G. Zerkleinerung d. Blasensteine durch d. Gewalt d. elektr. Entladung X. 545* — Ueb. Mondblindheit XV. 298.
Robinson, J. s. Wanklyn.
Robinson, T. R. Einfluss d. feinvertheilten Platins auf d. Elektroden eines Voltameters; Wasserzersetzung III. 365. 370 — Abänderung v. Whewell's Anemometer III. 575. 584 — Verminderung d. Affinität d. Wasserelemente durch d. Wärme IV. 284. 286 — Lord Rosse's Reflector V. 210* — Verbessertes Anemometer um d. Windrichtung u. den in bestimmten Zeiten durchlaufenen Raum zu registriren VIII. 780* — Verhältniss zwischen der Temperatur metallischer Leiter u. ihrem galvan. Leitungswiderstand X. 515 — Ueb. d. Tragkraft d. Elektromagnete XI. 503; XV. 490 — Fluorescenz durch d. Nordlicht XIV. 238 — Ueber die Schichtung d. elektr. Lichts XV. 453 — Die elektr. Natur d. Nordlichts XV. 562* — Ueb. d. Abhängigkeit d. Spectra d. elektr. Lichts v. d. Beschaffenheit d. Elektroden u. d. umgebenden Mittels XIX. 202 — Neues Quecksilbergasometer u. Luftpumpe XX. 51 — Ueb. Nebelsignale XX. 748 — s. Loomis.
Robiquet, E. Ueb. d. Diabetometer zur Bestimmung d. Zuckers im diabetischen Harn XII. 293 — Ueb. d. Linien d. Sonnenspectrums u. verschiedener elektr. Spectra XV. 214.
Roch, G. Ueb. e. Umgestaltung der Ampèreschen Formel. Ueb. magnetische Momente u. Magnetismus XV. 539 — Bemerk. zur Theorie d. elektr. Ströme XVI. 528 — Ueb. Magnetismus XVII. 523 — Anwendung d. Potentialausdrücke auf d. Theorie der

molecularphysikal. Fernewirkung u. d. Bewegung d. Elektricität in Leitern XIX. 468.
Rochard, Ueb. d. Entziehung von Elektricität durch e. Nichtleiter in geringer Entfernung vom Conductor d. Elektrisirmaschine XI. 400.
Roche, Das Nordlicht v. 22. Febr., desgl. v. 17. Nov. zu Montpellier V. 451* — Uebersicht der meteorolog. Beobacht. zu Montpellier im J. 1858, XV. 706*; desgl. im J. 1859, XVI. 762*.
Roche, E. Ueb. d. Gestalt d. Erde IV. 61. 62 — Schwere an d. Oberfläche eines dreiaxigen Ellipsoids V. 28. 31 — Ellipsoidische Figuren, die dem Gleichgewicht einer Attraction eines entfernten Punktes unterworfenen Flüssigkeit zukommen V. 42. 52; VI. 153. 161 — Gestalt einer Flüssigkeit, welche sich um sich sowie um einen in ihrer Aequatorebne gelegenen sehr fernen Punkt dreht VI. 153. 162 — Anordnung d. Elektricität auf zwei einander genäherten Kugeln VI. 641. 643 — Theorie der Atmosphären VIII. 70 — Ueb. d. Gesetz der Dichtigkeit im Innern d. Erde X. 51.
Roche Poncié, J. de la, Veränderung d. magnet. Declination und Inclination in Reikiavik XII. 606*.
Rochet d'Héricourt, Magnet. Inclinationsbestimmungen auf e. Reise nach Schoa III. 519. 543 — Fortwährende Hebung d. arabischen u. abyssin. Meerbusens VI. 909. 927 — Dritte Reise nach Abyssinien enthaltend d. Geographie, d. Magnetismus u. d. Meteorologie VI. 1055*.
Rochleder, F. Ueb. d. Vorkommen d. Fraxins in d. Rinde v. Aesculus Hippocastanum XVI. 247.
Rodgers, Sondirungen im Arktisch. Ocean XIII. 569.
Rodgers, J. und A. Schönborn, Ein Wirbelsturm an den Bonininseln XIII. 548*.
Rodier, Neues Mittel d. Zeit eines Ortes auf Entfernungen genau zu übertragen XVI. 28.
Rodriguez, Beobacht. während der Sonnenfinsterniss den 18. Juli 1860, XVIII. 505*.
Rodwell, G. F. Geschichte d. mechan. Wärmetheorie XVIII. 323 — Ueber einige Wirkungen bewegter Flüssigkeiten XX. 42.
Röber, J. A. W. Zur Theorie des Dellmannschen Elektrometers IX. 437 — Brechung u. Reflexion d. Lichts durch e. Kugel X. 625.
Röder, G. W. Ueb. d. Föhnwind XVI. 726 — Der Föhnwind in seinen physikal. u. meteorolog. Erscheinungen u. Wirkungen XX. 720.
Röhrs, J. H. Ueb. d. Schwankungen v. Hängebrücken VIII. 61*.
Römer, Meteorische Eisenmasse von Atacama XI. 587*.
Römer, F. Zeitbestimmung an norwegischen Gletschern. Dauerhaftigkeit der Eisschrammen XV. 762 — Zeitbestimmung d. Eisschrammen bei Christiania XV. 763.
Röntgen, R. Zwei neue Expansionsformeln XX. 366.
Röthig, O. Potential eines homogenen rechtwinkl. Parallelepipedums XVI. 36 — Potential u. Anziehung eines homogenen Cylinders XVII. 30.
Roger, E. Versuch einer mathematischen Theorie d. Farben XI. 230.
Rogers, H. D. Meteorstein v. Jowa III. 158. 176 — Ursprung d. Salzes u. d. Salzseen VI. 912. 1010 — Ueb. d. Erdbeben in Manila VIII. 643. 645.
Rogers, J. Erdbeb. in Kent XVI. 896*.
Rogers, R. E. Ueb. d. Petroleumquellen im westl. Pensylvanien XVII. 764*.
Rogers, S. B. Neue unbegränzte bewegende Kraft XVI. 337.
Rogers, W. B. Beobacht. üb. binoculares Sehen XI. 334; XII. 300 — Ueb. Ozon in der Atmosphäre XII. 581*; XIII. 469 — Ritchie's elektrodynamische Inductionsmaschine XIII. 434* — Beobachtungen über Ozon XIV. 22 — Bildung von wirbelnden Ringen in d. Luft u. im Wasser XIV. 96 — Ueber tönende Flammen XIV. 144 — Ursprung d. tönenden Schwingungen, welche unter gewissen Bedingungen durch Flammen mit Docht od. Drahtgaze entstehen XIV. 150 — Ueb. binoculares Sehen XVI. 282 — Unsere Unfähigkeit aus d. Netzhautempfindung allein d. gereizte Auge zu erkennen XVI. 290 — Ueb. das Nordlicht v. 28. Aug. u. d. folgend. Nächten XVI. 610* — Ueb. d. selbstregistrirende Thermometer v. J. Lewis XVI. 667 — Versuche u. Schlüsse über binocular. Sehen XVII. 309 — Ueb. d. Erscheinungen d. elektrisch.

Vacuumröhren XVII. 501 — Leuchtkraft d. elektr. Lichts XIX. 450* — s. Westbrook.

Rogg, J. Die trigonometr. u. barometr. Höhenmessungen XVII. 643 — Das Becken d. Bodensees XIX. 683*.

v. Rogister, Ueb. die Anwendung ebener Spiegel zum Telegraphiren XII. 333.

Rohatsch s. Walter.

Rohrer, Ueb. Regentropfen u. Schneeflocken XV. 729; XVII. 671.

Rokeby, L. Wirbelstürme XVII. 649

Rollet, A. Versuche üb. binoculares Sehen angestellt mit Hülfe planparalleler Glasplatten XVI. 283 — Ueb. die Wirkung d. Entladungsstromes auf d. Blut XIX. 512 — Ueb. d. successiven Veränderungen, welche elektrische Schläge an d. rothen Blutkörperchen hervorrufen XX. 553.

Rollmann, W. Galvan. Verhalten d. Eisens zur Salpetersäure IV. 290 — Stellung v. Legirungen in d. thermoelektr. Reihe VI. 661. 668 — Polarisation d. Lichts bei Brechung desselben durch Metall IX. 264 — Zur Stereoskopie; zwei neue stereoskop. Methoden IX. 300 — Neue Anwendung d. stroboskopischen Scheiben IX. 305 — Stellung verschied. Legirungen u. Amalgame in d. thermoelektr. Spannungsreihe IX. 453 — Polarisation d. Lichts durch Brechung in Metall X. 295* — Farben gekühlter Gläser u. Gypsblättchen ohne Polarisationsapparat X. 295 — Neue stereoskopische Methoden. Zusammenstellung d. bekannten stereoskop. Methoden X. 323 — Ueb. d. Farben gekühlter Gläser ohne Polarisationsapparat XI. 312 — Ergebnisse optischer Untersuchungen an Belemniten XII. 273 — Ueb. e. neue thermoelektr. Säule XII. 419 — Das Trevelyan-Instrument bewegt durch d. galvan. Strom XIV. 479.

Romershausen, E. Das Telephon, ein akust. Communicationsmittel bei Eisenbahnen II. 153. 154 — Antagonismus d. Elektricität u. d. Magnetismus II. 317. 320 — Apparat zur Beobachtung d. atmosphär. Elektricität II. 361. 362; III. 575. 577 — Instrument zur Distancemessung V. 32. 33; VI. 61 — Der galvanoelektr. Bogen als Heilmittel VI. 728. 739 — Neues Galvanometer nebst Bemerk. üb. elektromagnet. Richtungsverhältnisse VI. 767. 792 — Der verstärkte Elektromagnet VI. 811. 837 — Der verstärkte Multiplicator VIII. 517 — Stagnirende Elektricität in ihren elektromagnet. Wirkungen VIII. 518 — Berichtigung das Dellmannsche Elektrometer betreffend IX. 437 — Magnetismus u. Elektricität in Beziehung auf Ampère's Theorie IX. 562 — Verbesserter Apparat zur Beobachtung d. atmosphär. Elektricität IX. 612 — Spiegeldiopter zur Feldmessung X. 335 — Die Elektricität in Beziehung auf d. Salubrität unseres Wohnortes u. d. therapeut. Anwendung derselben X. 544* — Verbesserungen der Elektroskope zur Beobachtung d. atmosphär. Elektricität XII. 577 — Der verstärkte cylinderförmige Elektromagnet XIII. 434* — Reclamation XIII. 434*.

Ronalds, M. F. Photographischer Registrirapparat II. 230. 240; III. 197. 209. 575. 586 — Meteorologische u. magnetische Selbstregistrirapparate III. 519. 548; IV. 394. 408 — Verfahren d. Licht in d. camera obscura zu leiten V. 204. 209 — Bericht üb. d. Kew-Observatorium V. 375*; VI. 522. 543. 888. 896. 1053*. 1057* — Photographischer Barograph u. Thermograph. Apparate zur photograph. Registrirung d. Barometer- u. Thermometerstandes XII. 611.

Rondel, Neue Kette mit einer Flüssigkeit XVI. 449.

Ronmy, Ueb. d. Lichtmeteor vom 5. Juni VI. 871*.

Rood, O. N. Hervorbringung d. Beugungserscheinungen durch d. zusammengesetzte Mikroskop IX. 238 — Beobachtung d. festen Linien des Spectrums durch gewöhnliche Flintglasprismen X. 279 — Optische Eigenschaften d. fulminarsauren Ammoniaks u. Kalis XI. 310 — Ueb. gewisse Anwendungen d. zusammengesetzten Mikroskops XII. 339 — Stauroskopische und andere optische Untersuchungen XV. 253 — Ueb. d. Formen länglicher Geschosse XVI. 59* — Ueb. e. neue Theorie d. Lichts v. J. Smith XVI. 203 — Mittel den Kreislauf d. Blutes im Auge sichtbar zu machen XVI. 298 — Versuche in Bezug auf Dove's Theorie d. Glanzes XVII. 315 — Zusammenhang zw.

Tiefen- u. Farbenwahrnehmung XVII. 337 — Anwendung d. Photographie auf d. Mikroskop XVII. 347 — Verfahren Stereoskopien mit d. Hand zu erhalten XVII. 348 — Ueb. Kohlenstoffprismen für optische Zwecke XVIII. 211 — Ueb. d. Spectrum einer Didymlösung XVIII. 222 — Ueb. einige stereoskop. Versuche XVIII. 269 — Untersuchung mikroskop. Formen mittelst d. Bilder, welche sie von äussern Objecten liefern, nebst prakt Bemerkungen XVIII. 288 — Studium d. elektr. Funkens mit Hülfe der Photographie XVIII. 459 — Ueb. d. Gebrauch v. Flintglas- u. Schwefelkohlenstoffprismen zur Spectralanalyse XIX. 186 — Beschreib. eines Photometers XIX. 223 — Ueb. gewisse Erscheinungen rotirender Scheiben XIX. 291 — Ueb. d. Wirkung sehr schwachen elektr. Lichts auf d. jodirte Platte XX. 257 — Untersuch. d. elektr. Funkens mittelst Photographie XX. 494.

Rosa, G. Beobacht. d. Sonnenfinsterniss v. 31. Dec. 1861, XVIII. 506*.

Roscoe, H. E. Ueb. d. Absorption d. Chlors durch Wasser XI. 184 — Einfluss d. Lichts auf Chlor XIII. 267 — Ueb. d. Sonnenspectrum u. die Spectra d. chemischen Elemente XVIII. 218 — Ueb. d. Spectrum d. Flamme bei d. Gussstahlfabrication durch d. Bessemerprocess XIX. 200 — Ueb. d. Messung d. chemischen Helligkeit verschied. Theile d. Sonnenscheibe. Wichtigkeit d. chemischen Wirkung d. Sonnenlichts XIX. 263 — Vorkommen einer krystallisirbaren Kohlenverbindung u. freien Schwefels im Meteorstein v. Alais XIX. 545* — Ueb. das Magnesiumlicht XX. 256 — s. Bunsen.

Roscoe u. Clifton, Einfluss erhöhter Temperatur auf d. Licht, welches d. Dämpfe gewisser Metalle u. metallischer Verbindungen aussenden XVIII. 218.

Roscoe, H. E. u. W. Dittmar, Absorption d. Chlorwasserstoffs u. Ammoniaks in Wasser XV. 112.

Rose, E. Wirkung d. wesentlichen Bestandtheile d. Wurmblüthen XV. 295 — Ueb. d. Farbenblindheit durch Genuss d. Santonsäure XVI. 295 — Ueber stehende Farbentäuschungen XVII. 339* — Ueb. d. Hallucinationen im Santonrausch XIX. 297* — Die Gesichtstäuschung. im Icterus XX. 296.

Rose, G. Verminderung d. specif. Gewichts der Porcellanmasse beim Brennen II. 28 — Fehler, welche bei d. Bestimmung d. specif. Gewichts fein zertheilter Körper entstehen IV. 36. 37 — Specif. Gewicht d. pulverförmigen Platins IV. 36. 41 — Ueb. d. bei Schwetz gefundene Meteoreisenmasse VI. 872* — Ueb. d. bei Gütersloh gefallenen Meteorstein VI. 873* — Auffindung eines zweiten Meteorsteins bei Gütersloh VIII. 597* — Ueb. d. bei Linum unweit Fehrbellin niedergefallenen Meteorstein X. 642* — Dimorphie des Zinks XV. 36 — Umstände, unter welchen d. kohlensaure Kalk sich als Kalkspath, Arragonit u. Kreide abscheidet XVI. 21* — Vorkommen von krystallisirtem Quarz im Meteoreisen v. Xiquipulco in Mexiko XVII. 553* — Ueb. Asterismus d. Krystalle, insbesondere des Glimmers u. d. Meteoreisens XVIII. 247 — Systemat. Verzeichniss der Meteoriten in d. mineralog. Museum zu Berlin XVIII. 509* — Ueb. d. Meteorit v. Sierra de Chaco in Chile. Ueb. zwei Meteoritenfälle (Buschhof in Kurland u. Pillistfer in Livland) XIX. 544* — Beschreib. u. Eintheilung d. Meteoriten auf Grund der Samml. im mineralog. Museum zu Berlin XX. 598* — Ueb. d. angebliche Meteoreisen v. Pompeji in d. Chladnischen Meteoritensamml. XX. 601*.

Rose, H. Ueb. d. Spratzen d. Silbers II. 109 — Specif. Gewicht des Samarskits III. 20* — Einfluss der Temperatur auf d. specif. Gewicht d. Niobsäure III. 20. 23; IV. 37. 51 — Specif. Gewicht d. Pelopsäure, Tantalsäure, Thonerde, Beryllerde, Magnesia u. d. Eisenoxyds IV. 37. 54 — Ueb. d. Lichterscheinung, welche gewisse Substanzen beim Erhitzen zeigen XIV. 10. 223.

Rose, Th. Neue Farbenerzeugung u. ihre muthmaassl. Beziehung zu der gangbaren Theorie d. Lichts u. der Farben XVIII. 272.

Roseleur u. Boucher, Verfahrungsarten zum Verzinnen d. Metalle X. 540* — s. Lanaux.

Roselli, Theorie der Capillarröhren IV. 17. 23.

Rosenthal, J. Modification d. Erregbarkeit durch geschlossene Ketten u. d. volt. Abwechselungen XIII. 380; XIV. 551 — Ueb. d. elektr. Geschmack XVI. 551 — s. A. v. Bezold.
Ross, J. Ueb. d. Nordlicht VIII. 598*; XI. 588* — Ablenkung der Magnetnadel in Liverpool X. 663 — Einfluss v. künstlichem u. v. Sonnenlicht auf d. Magnete u. die dadurch veranlassten Fehler X. 673* — Wirkung d. Drucks d. Atmosphäre auf d. mittlere Höhe d. Meeres X. 767.
Rosse, Earl of, Silberspiegel für Spiegelteleskope VI. 546. 551 — Construction v. Spiegeln v. sechs Fuss Oeffnung u. Auswahl der mit denselben angestellten Beobachtungen v. Nebelflecken XVIII. 282.
Rosser, W. H. Der Führer im Atlant. Meer XX. 853*.
Rossignon, J. Ueb. d. Zusammensetzung der in einer Höhle bei dem Dorfe la Virtud sich bildenden gefärbten Flüssigkeit, bekannt unter d. Namen Blutquelle XII. 743.
Rossin s. Barbotte.
Roth, A. Finsteraarhornfahrt XIX. 698*.
Roth, J. Der Vesuv u. d. Umgebung v. Neapel XIII. 597* — Barometr. Höhenmessungen im östl. u. nördl. Jordangebiet berechnet v. C. Kuhn XV. 720. 790*.
Rothe, K. Meteorolog. Beobachtungen zu Oberschützen 1857, XIV. 662* — Höhenmessungen in d. Umgegend v. Oberschützen XVIII. 640*. 712*.
de Rothermund, Instrument zur Messung v. Entfernungen u. Niveauverschiedenheiten X. 37*.
Rothlauf, Bestimmung d. magnet. Vertheilung in cylindr. Stahlstäben mittelst Magneto-Induction XVIII. 468.
Rothstein, E. E. v., Gewichtszunahme d. Holzes durch Einsaugung v. Wasser XVI. 120*.
Rotter s. Murman.
Rotureau, Ueb. d. Thermen v. Nauheim; Ursprung d. Kochsalzes u. d. Kohlensäure derselben XII. 742.
Rouché, Ueb. die mehreren Problemen d. Mechanik gemeinsamen Integrale, die sich auf d. Bewegung eines Punktes auf einer Oberfläche beziehen XIV. 72.
Roucher, C. Excursion zu d. heissen Quellen v. Hammam Bou-Taleb XVI. 843*.
Roudel, Neue elektrophysiolog. Erscheinungen XVII. 538*.
Rouget, C. Anatomische u. physiolog. Untersuch. üb. d. kreisförm. Muskel. Accommodationsapparat d. Auges bei d. Vögeln, d. wichtigsten Säugethieren u. d. Menschen XII. 317 — Erwiderung auf die v. Müller aus Anlass d. Abhandl. üb. d. Accomodationsapparat des Auges erhobene Prioritätsreclamation XII. 317.
Rousseau, E. Apparat zur Erleichterung d. Studiums d. Licht- oder Tonwellen XVII. 352*.
Rousseau, Lesure und Martin-Magron, Wirkung d. elektr. Ströme auf d. gemischten Nerven XIV. 562*.
Roussieu, Ueb. d. photograph. Jodblei XII. 327.
Roussin, J. Wirkung d. Lichts auf d. Nitroprussidnatrium. Anwendung d. Aräometers auf d. Photometrie XIX. 265.
Routh, E. J. Ueb. e. Satz d. Attraction XIII. 111 — Ueb. d. Trägheitsmomente eines Dreiecks XX. 29.
Rouvroy, W. H. v., Ueber einige Gegenstände d. Ballistik XII. 115 — Ueb. die zweckmässigste Form der Spitzgeschosse XVII. 101 — Einfluss d. Rotationen kugelförm. Geschosse auf d. Flugbahn derselben XVIII. 32 — Ueb. d. Drehung eines Körpers, dessen ursprüngliche Rotationsaxe keine seiner freien Axen war XX. 30.
Roux, Zusammensetz. d. Wassers d. Todten Meeres XIX. 681 — Ueb. d. Salzgehalt d. Oceans XX. 850.
Rowell, A. Ursache d. Nordlichts III. 158. 178 — Richtung elektrischer Ströme auf d. Erde und Ursache d. Erdmagnetismus; Ursache d. Nordlichts u. d. Ablenkung d. Nadel III. 520* — Ueb. d. Aenderung d. Temperatur in Europa u. d. Variation d. Magnetnadel IX. 625 — Ueb. d. Einwendungen gegen d. Theorie d. Wirbelstürme XVIII. 578.
Rowland, O. Neues Verfahren die Geschwindigkeit von Geschossen zu ermitteln III. 31*.
Roxburgh, W. Ueb. d. Descartessche Barometer X. 677.
Royer, E. Ueb. d. Krystallisation d. Schwefels aus seinen Lösungsmitteln XV. 28.
Royle, Hebung in den Südseeinseln XI. 798.

Rozet, Abkühlung d. Luft beim Aufsteigen V. 374. 378; Babinet dazu 374 — Meteorolog. Beobachtungen auf den Pyrenäen im Sommer 1848. 1849. Höhe des ewigen Schnees in d. östl. Pyrenäen VI. 1049. 1078 — Ueb. d. Bildung d. Regens VI. 1051. 1099 — Meteorolog. Beobachtungen im Sommer 1850 auf d. Bergen von Vaucluse VI. 1055* — Geschwindigkeit d. Regens VI. 1056* — Meteorolog. Beobacht. auf den Pyrenäen und d. französ. Alpen VI. 1056* — Fortschritte d. Tiberdeltas im Kanal v. Fiumicino VIII. 629 — Unterschied der Boden- und Lufttemperatur VIII. 656; X. 781 — Meteorolog. Beobachtungen zu Rom u. dessen Umgebung im Sommer 1852, IX. 695 — Schneegränze in den französ. Alpen X. 790 — Ueb. d. Differenzen d. Temperatur d. Luft, d. Bodens unter d. Schnee u. des v. Schnee entblössten Bodens XI. 651 — Bestimmung d. Höhe u. Ausdehnung gewisser Wolkenschichten mit Hülfe von Eisenbahnfahrten XI. 697 — Ueb. d. Unregelmässigkeiten d. Structur d. Erdkörpers XII. 726 — Artesischer Brunnen in Tamerna, Algier, XII. 743 — Mittel d. Wildbäche zur Zurückgabe e. Theils v. ihrem Raube an d. Ackerbau zu zwingen XII. 748* — Ueber die in Schottland beobachtete Ablenkung d. Verticalen XIII. 118.

Ruau, L. Ueb. e. Aräometer XIII. 91 — Specif. Gewicht d. Mischungen v. Alkohol u. Wasser nach d. Tafeln v. Gay-Lussac XVII. 10.

Rubenson, R. Ueb. d. Polarisation d. atmosphär. Lichts XX. 592*.

Rudberg, Ueb. d. Wärmemengen in Metallgemischen III. 249. 253.

Rue, Warren de la, Structur d. galvanisch gefällten Metalle I. 470. 477 — Anwendung d. Galvanoplastik II. 421. 423 — Bericht üb. d. Zustand d. Photographie d. Himmels in England. Stereoskop. Abbildung d. Mondes u. d. grösseren Planeten XV. 271. 278. 556; XVII. 352* — Photographien d. Mondes, d. Sonne, Planeten, Finsternisse u. s. w. XVIII. 260* — Ueb. Heliotypographie XVIII. 503* — Ueb. d. totale Sonnenfinsterniss v. 18. Juli 1860, beob. zu Rivabellosa in Spanien XVIII. 504* — Mondphotographien XIX. 266* — Vergleich d. Photographien d. Sonnenfinsterniss v. W. de la Rue u. Secchi XX. 594*.

Rue, W. de la, u. H. Müller, Versilberung d. Glasspiegel XVI. 309.

Rüdorff, F. Ueb. d. Gefrieren des Wassers aus Salzlösungen XVII. 381; XVIII. 338 — Ueb. Kältemischungen XX. 363.

Rühlmann, Der Anemograph v. P. Adie XIX. 613.

Rümker, G. Ueb. d. Lichterscheinungen nach d. Untergang d. Klinkerfuess'schen Cometen d. 2. Sept. 1853, X. 642* — Zur Gewitterkunde XIII. 464* — Die totale Sonnenfinsterniss v. 18. Juli 1860 beobachtet zu Castellon de la Plana XVII. 550*.

Ruete, C. G. Der Ophthalmotrop, sein Bau u. Gebrauch I. 199. 220.

Ruhmkorff, Beziehung zw. Wärme, Elektricität u. Magnetismus II. 273. 280 — Apparat zu Faraday's Versuchen üb. d. Einfluss d. Magnetismus auf d. Licht II. 542. 568 — Erzeugung statischer Elektricität durch Induction VIII. 519. 523 — Elektromagnet. Apparat XI. 500 — Grosser Inductionsapparat XVI. 536 — Eine Beobachtung bei Anfertigung künstl. Magnete XVI. 553.

Rump, C. Ueb. d. Moorrauch oder sogen. Höhenrauch XI. 699.

Rundell, W. Abweichung eines fallenden Körpers IV. 61. 62.

de Ruolz, Galvan. Vergoldung III. 377. 383.

Ruprecht, F. J. Barometr. Höhenbestimmungen im Kaukasus 1860 u. 1861, nebst Beobacht. üb. d. obere Gränze d. Culturpflanzen XIX. 637*.

Rush, Barometer- u. Thermometerbeobachtungen bei verschied. Aufsteigungen mit d. Luftballon VI. 1049. 1077.

v. Russegger, Ueb. d. Erdstösse in Schemnitz im April u. Sept. 1854, XI. 798 — Erdbeben in Schemnitz 31. Jan. 1855, XI. 799 — Ueber das Erdbeben v. 30. Sept. 1855, XI. 799.

Russel s. Williamson.

Russel, J. C. Fluthbeobachtung am Humber XIX. 670*.

Russel, R. Natur d. Schallwellen I. 143. 159 — Wirkung der schnellen Bewegung des Beobachters auf d. Schall IV. 101. 121. 124 — Bahn d. Stürme üb. d. brittischen Inseln VI. 1052. 1105 — Wirkung der Winde,

welche sich v. Südwest nach West u. v. Nordwest nach Nord drehen IX. 739* — Meteorologie d. Vereinigten Staaten u. Canadas XI. 695 — Vorlesungen üb. Meteorologie. Nachtrag v. J. Henry XI. 761* — Ueb. d. Sturm v. 6. u. 7. Febr. 1856, XII. 681* — Ueb. d. Golfstrom XIV. 688.

Russel u. Woolrich, Eisen auf galvanisch. Wege mit Cadmium u. Kupferlegirungen zu überziehen VI. 722*.

Rust, J. Ueb. d. schwarzen Regen in Schottland am 14. Jan. 1862, XX. 769.

Rutherford, L. M. Astron. Beobachtungen mit d. Spectroskop. Sternspectra, d. Spectroskop. Analyse d. Natriumlinie XIX. 210.

Ruthner, A. v. Berg- u. Gletscherreisen in d. österreich. Hochalpen XIX. 697*; XX. 900*.

Rutter, Elektr. Uhr u. Indicator VI. 839*.

Ryhiner, H. Ueb. e. constant wirkende galvan. Batterie aus Gusseisen u. Kupfer IV. 295. 296 — Ueb. d. sogenannte Gelbbrennen d. Messings auf galvan. Wege. Eisenreduction auf galv. Wege. Vorzügl. Vergoldungsflüssigkeit IV. 300*.

Saalschütz, L. Ueb. d. Wärmeveränderungen in d. höheren Erdschichten unter d. Einfluss d. nichtperiod. Temperaturwechsels an d. Oberfläche XVII. 617*; XVIII. 368.

Sabine, E. Magnet. u. meteorolog. Beobachtungen zu Toronto u. St. Helena III. 517. 522; IV. 393. 401 — Beiträge zum Erdmagnetismus III. 518. 519. 543; IV. 411. 418; V. 351. 368 — Tägl. Variation d. magnet. Declination zu St. Helena III. 520. 558; IV. 411. 416 — Ueb. einige Punkte in d. Meteorologie v. Bombay III. 590. 600 — Mondfluth d. Atmosphäre zu St. Helena IV. 411. 421 — Ueb. d. Theorie d. tägl. Variation d. magnet. Declination von de la Rive V. 351. 358 — Ueb. d. Magnetographen in Kew VI. 887. 896 — Periodicität d. mittleren Wirkungen grösserer magnet. Störungen VI. 888. 898; VIII. 604. 699; XII. 592; XVI. 653 — Jährl. Variation d. magnet. Declination zu verschiedenen Tageszeiten VI. 888. 898 — Ueb. die in d. magnet. Observatorien der britt. Colonien angenommenen Methoden zur Bestimmung d. absoluten Werthe d. säcularen u. jährl. Aenderungen des Erdmagnetismus. Veränderung d. Erdmagnetismus in d. jährl. Periode VI. 888. 889. 903 — Magnetische u. meteorolog. Beobachtungen zu Hobarton u. am Cap d. guten Hoffnung VI. 889* — Einfluss d. Mondes auf d. magnet. Declination in Toronto, St. Helena u. Hobarton IX. 624 — Ueb. d. periodischen und nichtperiod. Variationen d. Temperatur zu Toronto in Canada v. 1841 bis 1852 einschliessl. IX. 714 — Einige Folgerungen aus d. Beobachtungen der magnet. Declination zu St. Helena X. 672*; XI. 603 — Ueb. einige Resultate d. magnet. Observatorien d. britt. Colonieen XI. 603. — Magnet. Variation in der Nähe d. Caps d. guten Hoffn. XI. 628* — Ueb. meteorolog. Beobachtungen zur See XI. 755 — Einfluss d. Mondes auf d. tägl. Variation d. Magnetismus in Toronto XII. 594 — Abriss d. Geschichte u. Theorie d. Erdmagnetismus XII. 606* — Ueb. d. zehnjähr. Periode d. magn. Declination zu Hobarton XIII. 470 — Leistungen d. magnetischen Colonialobservatorien XIII. 474 — Grösse u. Häufigkeit d. magnet. Störungen u. Nordlichter zu Point Barrow XIII. 477 — Stündl. Beobachtungen d. magnet. Declination in d. J. 1852, 53 u. 54 zu Point Barrow XIII. 477 — Magnet. Beobachtungen in York Fort, Hudsonsbay XIV. 596 — Ueb. d. tägliche Sonnenperiode d. magnet. Declination zu Peking XVI. 648 — Meteorolog. u. magnet. Beobachtungen zu St. Helena XVI. 650. 762 — Ueb. d. tägl. Variation d. magn. Declination durch d. Mond nach d. photograph. Beobachtungen zu Kew XVII. 557 — Bericht üb. d. Wiederholung d. magnet. Ortsbestimmungen in England XVII. 559; XVIII. 566 — Säculare Aenderung der magnet. Inclination zu London XVII. 563 — Ueber d. Bemerk. d. Hrn. Airy XVII. 575 — Fortschritte unserer Kenntnisse hinsichtlich d. magnet. Störungen XVII. 587* — Bemerk. zu d. Abhandl. v. Matthiessen u. Vogt üb. d. Einfluss von Spuren fremder Metalle auf d. elektr. Leitungsvermögen d. Quecksilbers XVIII. 435 — Ueb. d. kosmischen Beziehungen d. Erdmagnetismus XVIII. 554 —

Folgerungen aus d. photograph. Aufzeichnungen d. Declinometers zu Kew v. 1858 bis 1861, XVIII. 564 — Resultate d. magnet. Beobachtungen zu Kew v. 1858 bis 1862, XIX. 591 — Resultate stündlicher Beobachtungen d. magnet. Declination zu Port Kennedy durch M'Clintock, Winter 1858 u. 1859, u. Vergleich mit d. Beobachtungen v. Maguire zu Point Barrow 1852 bis 1854, XX. 623 — Vergleich d. bedeutendsten Störungen d. magnet. Declination 1858 und 1859 zu Kew u. Nertschinsk XX. 624.

Sabine, R. Neue Bestimmung der Quecksilbereinheit d. elektr. Widerstandes in Dr. Siemens Laboratorium XIX. 413.

Sabler, G. Bestimm. d. Brechungsverhältnisses durchsicht. Körper ohne Prisma I. 163. 175.

Sacc, Ueb. d. Erdbeben v. 25. Juli 1855, XI. 813 — Ueb. e. Blitzschlag in d. elektr. Telegraphen zw. Montélimart u. Lyon XVIII. 521.

Sachs, J. Versuche üb. Verdunstungsphänomene in Pflanzen XII. 195 — Krystallbildung beim Gefrieren und Veränderungen d. Zellhaut beim Aufthauen saftiger Pflanzentheile XVI. 354* — Ueb. d. Durchleuchtung der Pflanzentheile XVII. 240 — Ueb. d. Ort d. Kohlensäurebildung im Organismus XX. 101 — Wirkungen farbigen Lichts auf Pflanzen XX. 258.

Sacré, E. Ueb. e. Präcisionswaage II. 45* — Construction d. Blitzableiter XVI. 641; XVIII. 552 — Chemisch-physikal. Waagen XX. 10.

Sadebeck, M. Ueb. den v. Rauch aufgestellten Beweis für d. Axendrehung d. Erde VIII. 91 — Ueb. die in Schlesien den 15. Jan. 1858 wahrgenommene Erschütterung XIV. 717 — Hypsometrische Mittheilungen üb. d. Eulengebirge u. d. Schneekoppe. Seehöhe von Görlitz u. d. Landeskrone XVIII. 640*. 711*.

Saemann, L. Ueb. den zu Tourinnes la Grosse d. 7. Dec. 1863 gefallenen Meteorstein XX. 599*.

Safarik, Ein älterer Sternschnuppenfall XIX. 540*.

Saintard, s. Gillet.

Saint-Demain, Ueb. d. Tropfenbildung gewisser Flüssigkeiten auf ihrer eignen Oberfläche XX. 80.

Saint-Edme, E. Ueb. d. Passivität d. Eisens XVI. 457 — Ueb. d. Passivität d. Stahls XVII. 488 — Fähigkeit d. galvanisch glühenden Platins gasförm. Verbindungen hervorzubringen XVII. 517 — Selbstbewegung in d. Luft XIX. 42 — Bemerkung in Betreff d. spectroskop. Methode XIX. 184 — Das atlantische Kabel XIX. 432 — Versuche üb. d. passiven Zustand d. Eisens, Stahls u. Gusseisens XX. 475 — Ueb. elektrolytisch dargestellten Sauerstoff XX. 480 — s. Terreil.

Saint-Gilles, L. P. de, Ueb. e. Reaction d. amorphen Schwefels XIV. 26.

Saint-Guilhem, P. Theorie d. Kräfte VI. 67. 85 — Neue synthetische Bestimm. d. Bewegung eines festen Körpers um e. festen Punkt X. 43.

Saint-Léon, Fortschritte d. Ballistik XVII. 49 — Physik d. Erde. Circulation d. Atmosphäre XIX. 638*; XX. 732.

Saint-Pierre, C. de, Ueb. d. Darstellung v. ozonisirtem Sauerstoff durch Ventilationsapparate XX. 18. 618 — Veränderlichkeit d. Eigenschaften d. atmosphär. Luft XX. 618 — s. Béchamp.

Sainte-Preuve, Wirkung der Elektricität beim Vergolden u. Verzinken III. 378. 390 — Telegraphische Mittheilung durch Schallleitung V. 114.

Saint-Quentin, V. de, Erdbeben an d. untern Loire XVIII. 813.

Saint-Robert, P. de, Ueb. d. mechanische Wärmetheorie XIX. 315 — Theorie d. Compressionsapparates mit Wassersäulen v. Sommeiller, Grattoni und Grandis u. Anwend. auf d. Apparat zur Durchbohrung d. Cottischen Alpen XIX. 341 — Ueb. d. barometr. Höhenmessung u. d. atmosphär. Refraction mit Rücksicht auf Glaisher's Beobacht. üb. d. Constitution d. Atmosphäre XX. 559 — Barometerformel aus den von Glaisher in acht Luftfahrten gemachten Beobachtungen. Ueb. barometr. Höhenmessung XX. 708*.

Saint-Venant, Barré de, Ueb. d. Widerstand d. Flüssigkeiten II. 53. 67 — Reibung u. Seitenwirk. d. Flüssigkeiten II. 54. 72 — Verlust an lebendiger Kraft bei Flüssigkeiten II. 73 — Thatsache hinsichtlich d. Sehens II. 213. 222 — Gleichgewicht fester Körper innerhalb d. Elasticitätsgränze u. Bedingungen ihres Widerstandes, wenn d. Verschiebungen, welche ihre

Theilchen erleiden, nicht sehr gross sind III. 32. 38 — Ueb. Torsion d. Prismen III. 32* — Torsionsschwingungen elast. Stäbe V. 73. 76 — Neue Formeln in Betreff fliessender Wasser VI. 154. 182 — Neue Untersuchung üb. d. Torsion d. Prismen IX. 122 — Ueb. d. Durchbiegung u. d. Widerstand elastischer Stangen gegen d. transversalen Stoss X. 85 — Ueb. Biegung elastischer Prismen u. die durch ungleichförmige Biegung hervorgebrachten Gleitungen u. Krümmungen d. ebenen Querschnitte X. 94; XII. 165 — Ueb. Biegung d. Prismen in Ebnen, welche gegen d. Trägheitsaxen d. Querschnitte geneigt sind, u. den daraus hervorgehenden Widerstand, sowie üb. d. Torsion im Allgemeinen X. 101 — Ueb. d. Widerstand fester Körper X. 105; XII. 156; XIV. 102 — Einfluss d. in fliessenden Gewässern wachsenden Pflanzen auf d. Geschwindigkeit d. Fliessens. Berechnung dieses Einflusses X. 171 — Widerstand fest. Körper gegen Torsion XI. 110 — Ueber Elasticität, Molecularkräfte, Atomschwingungen u. Ausdehnung d. Körper durch die Wärme XI. 113 — Ueber d. Fortpflanzungsgeschwindigkeit d. Schalles XII. 159 — Folgerungen für d. Theorie d. Lichts aus d. Elasticitätslehre XII. 164 — Ueb. d. Torsion d. Prismen nebst Betrachtungen üb. d. Biegung sowie d. innere Gleichgewicht elastischer Körper im Allgemeinen, u. praktische Formeln zur Berechnung d. Widerstandes gegen verschied. gleichzeitige Wirkungen XII. 165 — Ueb. d. transversalen Stoss u. d. lebendigen Widerstand bei Balken, die an ihren Enden unterstützt sind XIII. 145 — Elementare Ableitung der Formeln für die Torsion elastischer Prismen XIV. 102 — Construction d. Fläche, welche eine schwingende Saite beschreibt, die senkrecht gegen ihre Schwingungsebne bewegt wird XIV. 165 — Elasticität d. festen Körper XVI. 67 — Ueb. d. verschied. Arten d. Homogenität d. elast. Körper XVI. 69 — Gypsmodelle für d. Biegung u. Torsion elast. Prismen u. d. Schwingungen eines Stabes u. einer elast. Saite XVI. 72 — Anzahl d. ungleichen Coefficienten in d. Formeln für d. Druckcomponenten im Innern elast. Körper XVII. 105 — Ueb d. hemmenden Einfluss d. Krümmung in Wasserläufen XVIII. 39 — Ueb. d. Geschwindigkeit d. Schalles in d. Luft XVIII. 114 — Vertheilung d. elast. Kräfte um jeden Punkt eines festen Körpers od. eines Mittels v. belieb. Struktur, besonders wenn es amorph ist ohne isotrop zu sein XIX. 51 — Ueb. d. Biegungen und Torsionen krummer Stäbe ohne Formänderung ihrer Axe XIX. 53 — Bestimmung d. Gleichgewichtszustandes elast. Stäbe von doppelter Krümmung XIX. 55 — Ueb. d. Theorie der Doppelbrechung XIX. 145 — Ueb. die Contractionen eines Stabes, dessen eines Ende e. gezwungene Bewegung hat. Anwendung auf d. rollende Reibung auf e. gleichmäss. elast. Boden XX. 54 — Theorie d. Elasticität d. Körper od. Cinematik ihrer Deformation XX. 59 — Arbeit od. Potential d. Torsion. Neue Ableitung d. Gleichungen für d. Torsion elast. Prismen XX. 60.

de Saint-Venant u. Wantzel Ueb. d. Ausfluss d. Luft I. 82; II. 83.

Salis, F. v. Meteorolog. Beobacht. in Splügen u. auf St. Bernhardin XVII. 690.

Salis-Marschlins, U. A. v. Barometer- u. Thermometerbeobacht. zu Marschlins 1859. Desgl. im J. 1860, XVII. 690 — Sommer-, Herbst- und Jahrestemperatur von Chur in d. J. 1808 bis 1816. Erscheinungen aus d. Pflanzen- u. Thierreich beobachtet zu Marschlins XVII. 690.

Salleron, J. Elektrischer Anemometrograph zur Registrirung v. Richtung u. Geschwindigkeit d. Windes XII. 619 — s. Renoux.

Salm-Horstmar, Fürst zu, Verhalten einiger Krystalle gegen polarisirtes Licht VI. 427. 441 — Optisches Verhalten eines aus Bergkrystall geschnitt. Prismas, dessen eine Fläche rechtwinklig zur Krystallaxe ist VIII. 277 — Opt. Verhalten v. Prismen aus Doppelspath u. Beryll, so geschnitten, dass e. Fläche rechtwinklig zur opt. Axe ist VIII. 278 — Ueb. epipolarisirtes Licht IX. 246 — Optisches Verhalten v. Prismen aus Doppelspath, Beryll, Quarz u. Arragonit IX. 257 — Ueb. d. dispergirte rothe Licht in d. Auflösung d. Chlorophylls XI. 279 — Untersuchung d. grünen

Stoffes wahr. Infusorien. Fluorescenz eines Stoffes in d. Rinde v. Fraxinus excelsior. Fluorescenz d. Aesculetins XII. 255 — Beobacht. üb. Fluorescenz XII. 256 — Ueber e. krystallinische Substanz aus d. Rinde v. Fraxinus excelsior, die e. blaue Fluorescenz erregt XIII. 236 — Ueber die unter Umständen gelb erscheinende Fluorescenz einer Auflösung von Fraxin XIV. 237 — Ueb. das krystallisirende Spaltungsproduct d. Fraxins XV. 237 — Darstellung e. Glasmasse, welche im elektr. Licht frei v. Fluorescenz ist XV. 238 — Merkwürdige blaue Lichterscheinung im Gletschereise XV. 755 — Ueb. d. Brechbarkeit d. ultravioletten Strahlen beobacht. mit Prismen v. Quarz XVI. 231 — Fluorescirende Flüssigkeit aus d. Wurzelrinde v. Rhamnus Frangula XVI. 246 — Ueb. Fluorescenz d. Wärme XVII. 271 — Ueb. gute u schlechte Prismen v. Quarz XVII. 340 — Nordlicht v. 24. Jan. 1861, XVII. 556* — Ueb. d. Verhalten d. Quarzes beim Aetzen u. beim Schleifen XIX. 11 — Ueb. d. erhöhte Wärmestrahlung einer mit kohlensaur. Natron überzogenen Platinplatte XX. 416 — Ueber d. Schmelzung d. Eises mittelst concentr. Sonnenstrahlen XX. 417.

Salmon, W. R. D. Darstell v. Papier für posit. photogr. Bilder VI. 520. 540.

Salvétat, Erdstösse in Sèvres 1853, IX. 672.

Salvin, O. Der Vulkan v. Fuego in Guatemala XVII. 781*.

de Salzedo, Bronziren v. Eisenblech, Zink, Blei u. Zinn IV. 300*.

Salzmann, Lichtbild auf Papier I. 276*.

Samuda, J. u. A. Verbesserungen an atmosphär. Eisenbahnen I. 593. 602.

Samuel, Frühere Form d. Linsenstereoskops zum Schulgebrauch XV. 298.

Sand, Mittlere Temperatur u. Barometerhöhe v. Riga X. 694.

Sandberger, G. Messinstrument für directe Vertikalmessung von Vertiefungen u. Erhöhungen kleinerer besonders naturhistor. Gegenstände VIII. 42 — Geolog. Alter d. Thermen von Wiesbaden XVI. 839 — Wiesbaden u. seine Thermen XVII. 762*.

Sandeman, Ueb. Regentafeln aufgezeichnet zu Georgetown u. Demerara XV. 729*.

Sandison, D. Ueb. d. Erdbeben in Brussa XI. 806.

Sands, J. Verbesserungen an Seecompassen XI. 628*.

Sang, E. Zunahme d. Genauigkeit d. Messungen mit d. Anzahl d. Beobachtungen XI. 51 — Normalgewicht XII. 76 — Ueb. d. türkischen Maasse u. Gewichte XII. 77 — Mittel zur Beobachtung kleiner Theile d. Secunde XII. 81 — Theorie d. freien Vibrationen einer linearen Reihe elastischer Körper XII. 177 — Theorie d. Linearvibrationen XIII. 191; XV. 104 — Grösste Spannweite einer Kette von gegebenem Material. Schwingungen biegsamer Pendel XVI. 27 — Neue Methode zur Berechnung d. Fallzeit auf e. Kreisbogen XVII. 40 — Ueb. d. Ablenkung d. Lothes durch Sonne u. Mond XVIII. 35*.

Sanna Solaro, P. J. M. Elektr. Wirkung d. Sonnenstrahlen XIX. 389 — Nachahmung d. Hagels u. neue Theorie desselben XIX. 640*.

San Roberto, P. di, Ueb. d. Aehnlichkeit d. Trajectorien in widerstehenden Mitteln XVII. 49.

Sans, Abbé, Feuerkugel beobachtet d. 11. Nov. 1864 zu Pamiers u. Rodez XX. 596*.

Santi, A. Anwend. d. Glycerins zu Schiffscompassen XVI. 651.

Santini, B. Sätze üb. d. Anziehung, welche gewisse Oberflächen u. Körper auf e. Punkt ihrer Axe ausüben XII. 87 — Ueb. d. Centrifugalkraft d. Erde, insofern sie d. Richtung d. Schwere modificirt. Formeln u. Versuche XII. 116.

Santini, G. Ueb. das Mikrometer im dunklen Felde eines Fernrohrs mit klaren Linsen u. leuchtenden Punkten XIII. 274* — Gesetze u. Ursprung d. Nordlichter XVII. 556*; XVIII. 510* — Ueb. d. neuen Untersuchungen um d. wahre Gestalt d. Erde aus d. Meridianmessungen zu bestimmen XIX. 661*.

Sarmento, Meteorolog. Beobachtungen zu Fernambuc 1842 u. 1844, VI. 1050. 1089.

Saroubine, Magnet. Declination im Weissen Meer XVII. 580.

Sarrut, Neue Art d. Umwandlung v. alternirenden gradlinigen Bewegungen in kreisförmige IX. 53; dazu Poncelet 54.

Sartori, Mittel d. Quecksilber fest zu erhalten I. 116.
Sartorius v. Waltershausen, W. Ueb. d. Meteorstein v. Bishopville VI. 873* — Atlas d. Aetna XVII. 780 — Kurze Beschreib. d. geodät. u. topograph. Vermessungen, welche d. Ausarbeitung d. Karte d. Aetna voraufgegangen sind XX. 915*.
Sass, A. v. Farbiger Mondhof beob. auf d. Insel Oesell XIX. 538* — Ueb. d. Niveauveränderungen d. Wasserspiegels d. Ostsee XIX. 669; XX. 842.
Sauber, W. Ueb Umbildung d. Krystalle XVIII. 16 — Ueb. d. Brechungs- u. Zerstreuungsverhältnisse einiger organ. u. unorgan. Substanzen XVIII. 200 — Stauroskopische Messungen XVIII. 252.
Saunders, T. Veränderungen d. Klimas in d. Tropen rücksichtlich d. Sonnenwirkung u. Erdbewegung, namentlich in Bezug auf d. Klima d. Golfs v. Carpentaria X. 764*.
Saussure, H. de, Beschreibung eines noch unbekannten erloschenen Vulkans in Mexiko XIV. 700; XV. 749 — Ueb. d. Bildung d. Vulkans v. Jorullo XV. 772 — Ueb. d. Erdbeben zu Mexiko XVIII. 822.
Sauteyron, Eine opt. Erscheinung IV. 171. 183 — Kleine voltasche Kette VIII. 493 — Prioritätsansprüche in Betreff d. Versuche am Telegraphen v. Douvres VIII. 553*.
Sava, R. Ueb. d. ursprüngliche Bildung d. Meerwassers u. seinen Salzgehalt XIX. 664.
Savare, Ueb. verschiedene Arten d. elektr. Minenzündung besonders durch d. Ruhmkorff'schen Inductionsapparat X. 523.
Savart, F. Vibrationserscheinungen d. Flüssigkeiten bei ihrem Ausfluss aus kurzen Ansatzröhren IX. 142.
Savart, N. Ueb. d. Beschaffenheit stehender Wellen I. 143. 150 — Ueb. d. Constitution tönender Wellen IX. 141.
Savby, S. M, vielleicht Saxby, siehe diesen XVII. 745*.
Saweljew, A. Polarisationserscheinung beim Durchgang magnetoelektr. Ströme durch Flüssigkeiten III. 364. 369; IV. 340. 349 — Magnet. Beobachtungen u. geograph. Ortsbestimmungen auf einer Reise von Kasan nach Astrachan VI. 887. 892. Desgl. auf einer Reise an den Küsten des Weissen u. Eis-Meeres VIII. 610* — Ueb. d. galvan. Leitungswiderstand d. Flüssigkeiten in einigen besonderen Fällen IX. 478 — Ueb. e. Erscheinung im Gebiet d. galvan. Leitungswiderstandes X. 509 — Ueb. d. galvan. Leitungsfähigkeit d. Flüssigkeiten XII. 449 — s. Lenz, Pelikan.
Sawitch, Ueb. d. numerischen Werthe d. Constanten in d. Formeln v. Laplace u. Bessel für d. astronomische Strahlenbrechung u. Bestimmung d. Coefficienten d irdischen Refraction X. 636*.
Sawkins, J. G. Hebung in d. Südseeinseln XII. 768.
Saxby, S. M. Aenderungen d. Küstenlinien XX. 844*; ebenso auch Savby XVII. 745*.
Scacchi, A. Ueb. d. Ausbruch d. Vesuvs im Februar 1850, VI. 910. 964; XI. 790 — Gegenwärtiger Zustand d. Vesuvs VI. 910. 964 — s. Guarini.
Scarpellini, C. Die Erdbeben in Rom 1858 in Beziehung auf d. Mondphasen XIV. 716 — Erdbeben in Rom 1858 u. 1859, XVI. 894* — Sternschnuppenbeobacht. im Aug. 1861, XVII. 552*; desgl. 1862, XVIII. 507*; desgl. 1863, XIX. 542*; desgl. 1864, XX. 595*.
Schaack, Ueb. d. Construction v. Inductionsapparaten XIX. 482.
Schaar, Bewegung d. Pendels mit Rücksicht auf d. Drehung d. Erde VI. 68. 126 — Bericht üb. e. Aufsatz v. Montigny betreffend d. Versuche zur Bestimmung d. Dichte d.Erde VIII. 92.
Schabus, J. Krystallologische Untersuchungen XIV. 274 — Ueb. d. Pulshammer XX. 367 — s. Pohl.
Schacht u. Link, Specif. Gewicht d. officinellen Flüssigkeiten VI. 44. 48.
Schafarik, Beiträge zur Kenntniss d. specif. Volume fester Verbindungen XIX. 7*.
Schaffgotsch, F. G. Graf, Specif. Gewicht d. Kieselerde II. 29. 35; d. Selens III. 20. 23; IX. 22 — Ueb. e. Erscheinung bei plötzlich ab. schwach geändertem Luftdruck XIII. 129 — Zwei ausgezeichnete Beispiele der Schmelzpunktveränderung XIII. 160 — Eine akustische Beobachtung bei d. chemischen Harmonica XIII. 176. 180 — Ueb. akustische Versuche XIII. 183 — Der Tonflammenapparat XIII. 191 — Tabelle zur Zurückführung d.

Eigenschwere fest. Körper auf 17½" C., XVI. 13* — Dichtigkeit d. Meerwassers XVI. 784 — Ermittel. d. Eigengewichts fester Körper durch Schweben XVIII. 7.
Schafhäutl, E. Meteorsteinfall III. 158. 174 — Der aräometrische Heber IV. 36. 46 — Veränderungen d. Messingdrahtseile bei Blitzableitern VI. 877. 881 — Jodquellen v. Krankenheil u. Heilbronn; brennende Gasquelle bei Heilbronn; Erscheinungen am Kochelsee VIII. 626 — Ueb. Phonometrie, nebst Beschreibung eines zur Messung d. Intensität d. Schalles erfundenen Instruments XI. 214 — Abbildung u. Beschreibung d. Universalphotometers XI. 285 — Beschreibung eines tragbaren Phonometers XVI. 156 — Das St. Elmsfeuer zu Reit im Winkel XVI. 626.
Schall, Anwendung d. Photographie zur Messung d. Intensität d. Sonnenlichts IX. 254.
Scharff, F. Ueb. d. Ausdehnung verstümmelter od. im Wachsen behindert gewesener Krystalle mit vorzugsweiser Berücksichtigung d. Quarzes XVI. 21*.
Scharling. Anwend. d. Alkoholometers zur Bestimmung d. spec. Gewichts v. Oelen II. 29. 32.
Schatzler, Wahrscheinliche Ursache d. Wimperbewegung V. 299*.
Schaub, F. Elementarer Beweis d. Wirkung d. Umdreh. d. Erde auf d. Schwingungsebene d. Pendels VIII. 87 — Magnetische Beobachtungen im östlichen Theile d Mittelmeeres XIV. 597 — Magnet. Beobachtungen d. österreich. Marine im J. 1857, XIV. 597 — Ebbe u. Fluth in d. Rhede v. Triest XVI. 788 — Die period. Quelle bei Straczena unweit Dobschau XVII. 758* — Ueb. d. Deviationen d. Compasses, welche durch d. Eisen eines Schiffes verursacht werden XX. 500*.
Schaw s. Lampray.
Scheerer, Th. Bestimmung d. spec. Gewichts v. Mineralien II. 29. 34 — Zur Kenntniss d. polymeren Isomorphismus VI. 4* Beobachtungen üb. d. Absetzen aufgeschlämmter Körper in Flüssigkeiten VI. 15. 17 — Ueb. d. Temperatur, welche in d. Siemens-schen Schmelzöfen erreicht werden kann XVII. 400 — Ueb. d. atomistische Constitution d. Kieselsäure hergeleitet aus d. specif. Wärme d. Siliciums XVIII. 343.
Schefczik, A. Ueb. d. Bewegung schwimmender Krystalle einiger organ. Säuren XI. 15; XII. 25. — Ueb. d. Vorkommen fetter Oele auf d. Oberfläche d. Flüsse XII. 25 — Eine abgeänderte Form temporärer Magnete XIII. 424.
Scheffler, H. Zur Reform d. deutschen Maasssysteme IV. 55. 59 — Die Bewegungserscheinungen d. Kreisels, d. rollenden Rades u. der aus gezogenen Gewehren geworfenen Geschosse XI. 90 — Ueb. d. Gauss'sche Grundgesetz d. Mechanik od. d. Princip d. kleinsten Zwanges sowie üb. e. anderes neues Grundgesetz d. Mechanik XIV. 63 — Die physiolog. Optik, e. Darstellung d. Gesetze d. Auges XX. 300*.
Scheibler, C. Ueb. d. Einwirkung d. Lichts auf e. intervertirte Rohrzuckerlösung XIX. 265.
Scheibner, W. Flächenpotential XIII. 115.
Schell, W. Ueb. d. Reduction d. Attractionskräfte zweier Massen XIV. 69.
Schellbach, K. H. Mittel d. Schwierigkeiten d. Studiums d. Katoptrik u. Dioptrik zu erleichtern V. 148. 151 — Eine Wirkung d. Schwungkraft IX. 40 — Ueb. d. Bewegung e. Punktes, der v. einem festen Punkt angezogen wird. Ueb. d. Schwerpunkt sphärischer Figuren IX. 84* — Gesetze d. Stosses u. Ausflussgeschwindigkeit d. Wassers aus kleinen Oeffnungen IX. 121 — Ueb. d. Bewegung eines Punktes auf d. Oberfläche eines Ellipsoids XIII. 108 — Neue Elemente d. Mechanik XVI. 22 — s. Engel.
Schellen, H. Ueb. d. Stöhrer'schen telegraph. Apparate VI. 839 — Die Tiefen d. Meeres u. das untermeer. atlant. Telegraphenplateau XVI. 792*
Schelske, R. Ueb. d. Einfluss constanter elektr. Ströme auf d. Farbenempfindung des Auges XIX. 503 — Ueb. Farbenblindheit d. normalen Auges XX. 295.
Schering, E. Zur mathematischen Theorie elektr. Ströme XIV. 483.
Scheunemann, Ueb. eine Störung d. in Berlin einmündenden Leitungen durch permanente Ströme XVIII. 559.
Schiaparelli, G. V. Ueber die 1857

bis 1864 vorgenommenen Vergleiche d. Wiener Normalklafter, d. franz. Meter u. der 1788 zur Ticinobasis angewendeten Messstangen XX. 3 — Theoreme üb. d. Bewegung mehrerer sich gegenseitig anziehenden Körper im Raum XX. 28 — Bericht über zwei meteorologische Werke von F. de Bosis XX. 824 — Meteorolog. Beobachtungen am Observatorium v. Brera 1864, XX. 834*.

Schickedantz, F. Absorptionscoefficient des Aethylwasserstoffs XV. 111.

Schiefferdecker, W. Ueb. d. Ozongehalt d. atmosphär. Luft u. sein Verhältniss zu d. herrschenden Krankheiten XI. 592 — Ueb. d. Wirkung d. Blitzes auf d. Menschen u. statistische Uebersicht üb. d. Häufigkeit d. Todes durch Blitz XVIII. 520.

Schiel, J. Ueb. Ozon IX. 505 — Zur Geschichte d. Homologie u. üb. d. physikal. Eigenschaften homologer Substanzen XV. 33 — Spec. Gewicht d. chlorigen Säure XVI. 11.

Schiele, Antifrictionscurve V. 37. 41.

Schiff, H. Die gesetzmässigen Beziehungen zw. spec. Wärme, Dampfdichte u. Zusammensetzung d. Gase XIII. 79 — Methode zur Bestimmung d. spec. Gewichts XIV. 54 — Berechnung d. spec. Gewichts von in d. flüssigen Zustand übergeführten Gasen u. starren Körpern. Desgl. von starren u. gasförmigen Substanzen für d. flüssigen Zustand XIV. 55; XVI. 13 — Krystallisation übersättigter Lösungen XIV. 127 — Ueb. spec. Gewichte v. Salzlösungen. Ueb. Mischungen v. Aether mit Weingeist u. Wasser XV. 17 — Ueb. Volumenänderung bei Lösung v. Salzen XV. 18*; XVI. 13* — Ueb. d. spec. Volumen anorganischer Verbindungen XV. 31 — Zur Theorie d. übersättigten Salzlösungen XV. 357* — Specif. Gewicht v. Chlormagnesiumlösungen XVII. 10* — Lösungsvermögen d. wässrigen Weingeistes XVII. 133 — Bestimmung d. specif. Gewichts mittelst des Manometers XVIII. 6 — Zur Bestimmung d. Dampfdichten XVIII. 12*.

Schiff, M. Lehrbuch d. Physiologie d. Menschen XIV. 534. 562. 568.

Schill, J. Oetzthaler Gletscher IX. 660.

Schilling, N. H. Apparat zur Bestimmung d. specif. Gewichts d. Leuchtgases XVI. 13*.

Schintling, H. v. Photometrischer Satz X. 288*.

Schinz, C. Pyrometrischer Apparat XVIII. 372.

Schinz, E. Ueb. d. Veränderungen d. Rotationsgeschwindigkeit d. Himmelskörper X. 70 — Die durch Blasen erzeugten Aspirationserscheinungen XVI. 59* — Einfluss d. Windes auf d. Richtung d. Signalscheiben XX. 53 — Ueb. d. Niveaudifferenz d. Mitteländ. u. Atlant. Meeres längs d. französ. Küsten XX. 843.

Schischkoff, L. s. Bunsen.

Schläfli, A. Ueb. die Erdbeben in Epirus im Herbst 1858, XV. 783 — Versuch einer Klimatologie d. Thales v. Janina XVIII. 672 — Zur physikal. Geographie v. Unter-Mesopotamien XX. 780.

Schläfli, L. Ueb. eine durch zerstreutes Licht bewirkte Interferenzerscheinung V. 150. 156 — Elementare Bestimmung d. Beschleunigung d. ellipt. Planetenbewegung XIX. 32*.

Schlagdenhauffen, Ueber einige chemische Zersetzungen mittelst d. elektr. Stromes XIII. 374.

Schlagdenhauffen u. Freyss, Versuche üb. d. Säule XIII. 345 — Ueb. d. allgemeinen Gang d. Fransen in dünnen Platten v. Quarz u. Kalkspath, die in beliebiger Richtung zur opt. Axe geschnitten sind XIV. 276; XVII. 277.

Schlagintweit, A. v. Ueb. d. Thalbildung u. d. Formen d. Gebirgszüge in d. Alpen VI. 909. 931 — Höhenbestimmungen in d. Umgebungen d. Gross-Glockner VI. 911. 974 — Die Isogeothermen d. Alpen VI. 913. 1023. Sendtner's Berichtigung dazu VI. 913. 1025 — Temperatur d. Bodens u. d. Quellen in d. Alpen X. 780.

Schlagintweit, H. v. Messinstrumente mit constanten Winkeln V. 32*. — Kohlensäuregehalt d. Atmosphäre V. 84* — Untersuchungen über die Vertheilung d. mittleren Jahrestemperatur in d. Alpen V. 373*; VI. 1049. 1073 — Die Regenverhältnisse in d. Alpen V. 375*; VI. 913. 1022 — Durchsichtigkeit der Atmosphäre u. Farbe des Himmels in grösseren Höhen der Alpen VI. 870* — Ueb. d. Gletscher VI. 911. 987 —

Ueb. v. Bibra's Beobacht. d. Meerestemperatur im Stillen u. Atlant. Ocean VI. 912. 1009 — Bemerkungen in Beziehung auf d. Temperaturverhältnisse d. Peissenbergs IX. 692 — — Ueb. die Bestimmung d. Tagesmittels aus d. Temperaturextremen u. d. Wärme um 9 Uhr Morgens X. 685 — Reise nach Sikkim u. Assam, April bis Dec. 1855, XII. 704 — Gletscherbeobachtungen in d. Schweiz XV. 759 — Ueb. d. Salzseen d. Himalaya XVI. 800 — Das Skalenrädchen XIX. 4 — Ueb. d. Temperaturverhältnisse d. Jahres u. d. Monate in Indien. Meteorolog. Resultate aus Indien u. Hochasien. Ueb. d. mittlere Temperatur d. Jahres und d. Jahreszeiten und d. allgem. Character d. Isothermen in Indien u. Hochasien XIX. 620 — Ueb. d. Einfluss d. Feuchtigkeit auf d. Insolation in Indien u. Hochasien XX. 670 — Berechnung d. Tagesmittels d. Temperatur aus d. Minimum u. 4h p. m. XX. 685*.

Schlagintweit, R. v. Die meteorol. Verhältnisse v. Leh XII. 646 — Erosionsformen d. indischen Flüsse XIII. 578 — Vergleich v. Thermobarometern mit Barometern in grossen Höhen XVII. 606 — Ueb. d. Höhenverhältnisse Indiens u. Hochasiens XVIII. 712* — Verzeichniss d. heissen Quellen in Indien u. Hochasien XVIII. 746; XX. 877.

Schlagintweit, Herm. u. Adolph v. Physikal. Geographie d. Alpen V. 373. 398; VI. 908. 987 — Einige Höhenbestimmungen in d. westlichen Alpen VIII. 633* — Barometrische Höhenmessung d. Gipfel d. Monte Rosa VIII. 634 — Ueb. d. atmosphär. Feuchtigkeit der Alpen X. 743 — Neue Untersuchung üb. d. physikalische Geographie und Geologie der Alpen X. 789.

Schlagintweit, H. u. R. Zusammenstell. einiger wissenschaftlichen Resultate auf einer Reise v. Ladak nach d. östl. Turkestan XII. 703.

Schlagintweit, A., H. u R. Magnetische Beobachtungen in Indien XI. 628* — Temperatur u. Dichtigkeit d. Meere auf d. Wege v. Southampton nach Bombay durch d. Mittelländ. u Rothe Meer XI. 764 — Resultate d. wissenschaftl. Reise in Indien und Hochasien XIII. 530 — Magnetische Beobachtungen in Hochasien 1854 bis 1858, XV. 630; XVI. 652 — Allgem. Höhenverhältnisse Indiens u. Hochasiens XVII. 736; XVIII. 712*.

Schleiden, M. J. Zur Theorie d. Erkennens durch d. Gesichtssinn XVII. 298.

Schleiermacher, Serpentin mit magnetischer Polarität XIII. 481.

Schliphake, W. Ueb. Hubgeschwindigkeit d. Dampfhämmer XIII. 297*.

Schlömilch, O. Bestimmung d. Massen u. Trägheitsmomente symmetrischer Rotationskörper v. ungleichförmiger Dichtigkeit X. 43 — Die Oberfläche d. dreiaxigen Ellipsoids u. deren Schwerpunkt XII. 86 — Die gleichgespannte Kettenbrückenlinie XII. 171 — Ueber d. analytischen Beweise d. Satzes v. Parallelogramm d. Kräfte XIII. 93 — Ueb. d. Bewegung eines schweren Körpers auf e. Schraubenlinie XIV. 79 — Bewegung eines schweren Punktes auf e. vertical stehenden Plancurve XV. 51 — Neuer statischer Beweis für d. Kräfteparallelogramm XVI. 23 — Ueb. d. Potential einer Kugelschale XVIII. 18.

Schlösing s. Mondésir.

Schmalenberger, Den Hohlspiegel als Stereoskop zu gebrauchen XVII. 349.

Schmeisser, H. Beschreib. d. hemisphär. Sonnenuhr XVI. 310.

Schmid, E. E. Gewicht u. Gewichtsverhältnisse d. Atmosphäre V. 63. 64. 373. 444, VI. 214. 221 — Ueb. d. Interferenz polaris. Lichts IX. 225 — Lehrbuch d. Meteorologie XVI. 664*.

Schmidl, Unterird. Lauf d. Recca VI. 914. 1044 — Chronik d. Erdbeben in d. österreich. Monarchie VIII. 647.

Schmidt, C. Berechnung d. specif. Gewichts v. Gemengen III. 16. 17.

Schmidt, C. H. Anwend. d. Elektromagnetismus in d. Weberei XI. 517* — Ueb. Arbeitsstärke u. Brennstoffverbrauch d. calorischen Maschine XVII. 369*.

Schmidt, G. Zur Turbinentheorie XVI. 54 — Beitrag zur Mechanik d. Gase XVI. 318 — Die Gesetze u. Kräfte d. relativen Bewegung in d. Ebne XVII. 50* — Ueb. d. Dichte d. Wasserdampfes XVII. 360 — Theorie d. Dampfmaschinen XVII. 367 — Theorie d. geschlossenen calor. Maschinen v. Laubroy u. Schwarzkopf. Theorie d.

Lenoir'schen Gasmaschine XVII. 369* — Ueb. d. mechan. Wärmetheorie XIX. 345* — Ueb. d. Berechnung d. spec. Wärme gasförm. u. fester Verbindungen aus ihrer chem. Formel XX. 391 — Graphische Darstellung d. Ohm'schen Gesetzes XX. 457.

Schmidt, J. F. J. Sternschnuppenbeobacht. II. 179. 207; VI. 870* — Feuermeteor im Jan. 1850, VI. 872* — Entstehung einer neuen Torfinsel im Cleveezer See VIII. 653; XII. 741 — Berechn. d. Durchmesser v. Mondhöfen X. 632 — Beobacht. v. Nordlichtern v. 1840 bis 1852, XII. 558* — Das Zodiakallicht XII. 558* — Ueb. Quellentemperaturen bei Gräfenberg XII. 743 — Die Eruption d. Vesuvs im Mai 1855, XII. 754 — Ueb. Metallbarometer XIV. 620; XVII. 607 — Untersuchung üb. d. Erdbeb. am 15. Jan. 1858, XIV. 717 — Ueb. Feuermeteore mit Bemerkung. v. W. Haidinger XV. 559* — Ueb. d. erloschenen Vulkane Mährens XV. 766* — Neueste Höhenmessungen in d. Sudeten XV. 788* — Mondregenbogen z. Athen XVI. 603* — Sonnenbeobacht. XVI. 608* — Nordlichter beobachtet in Griechenland. Südpolarlicht zu Athen XVI. 611* — Sommertemperatur zu Athen 1860, XVI. 687 — Erdbeben zu Athen XVI. 900 — Sonnenfleckenbeobacht. zu Athen 1860, XVII. 549*; XVIII. 504* — Ueb. d. totale Sonnenfinsterniss d. 31. Dec. 1861, XVII. 551*; XVIII. 505* — Neuere Beobacht. v. Sternschnuppenschweifen XVII. 551* — Nordlicht zu Athen XVII. 556*; XVIII. 511* — Mitteltemperaturen zu Athen XVII 617* — Das Klima von Athen XVII. 724* — Zur physikal. Geographie v. Griechenland XVII. 790 — Meteore zu Athen XVIII. 506* — Ueb. teleskop. Sternschnuppen XVIII. 508* — Temperatur zu Athen XVIII. 616* — Seehöhen in Griechenland XVIII. 712* — Wassertemperatur in Attika, Böotien, Megaris u. Euböa XVIII. 743* — Reisestudien in Griechenland XVIII. 811 — Das Erdbeben v. Aigion XVIII. 815. 816 — Meteore im Aug. u. Sept. 1863. Sternschnuppenbeobacht. zu Athen Oct. u. Nov. 1861, XIX. 542* — Feuermeteor zu Athen d. 18. Oct. 1863, XIX. 543*; XX. 588. 589 — Nordlicht zu Athen am 13. Nov. 1863, XIX. 547* — Ueb. d. Polarisation d. Kometenlichtes XX. 231 — Ueb. d. Dämmerung XX. 568 — Beobacht. v. Sonnenflecken 1862, XX. 593* — Ueb. d. Aerolithen besonders die zu Athen beobachteten XX. 596* — Niedrige Temperaturen im Mai 1864 in Griechenland XX. 685* — Meteorologie von Attica, topograph. u. phänolog. Studien XX. 802.

Schmidt, L. Ueb. d. elektr. Ströme u. d. Spannungsgesetze bei d. Elektrolyten XVI. 461.

Schmidt, R. Ueb. d. Regenmenge v. Gera XVII. 671*.

Schmidt, W. Versuche üb. d. Filtrationsgeschwindigkeit verschieden. Flüssigkeiten durch thierische Membranen XII. 47 — Ueb. d. Endosmose d. Glaubersalzes XIII. 65 — Ueb. d. Brechungsexponenten d. Kochsalz- u. Salpeterlösungen XV. 211 — Ueb. d. Ausdehnung durch d. Temperatur, d. spec. Gewicht, d. Brechungsexponenten, d. galvan. Leitungswiderstand u. d. galvan. Polarisationsvermögen d. Kochsalz- u. Salpeterlösungen XV. 339. 425 — Beschaffenheit d. Filtrats bei Filtration v. Gummi-, Eiweiss-, Kochsalz-, Harnstoff- u. Salpeterlösungen durch thierische Membranen XVII. 134.

Schmitt, A. Hrn. Markus neue Methode grade Stahlstäbe durch d. Strich zu magnetisiren XV. 533 — Magnesium als Leuchtmaterial XVI. 243*.

Schmollik, Ausdehnung d. Gusseisens durch Erhitzung u. die davon zu machende Anwendung zur Volumcorrection d. Kugeln XI. 46.

Schnauss, J. Neue Versuche mit d. Leidenfrost'schen Phänomen VI. 259. 289 — Ueb. d. chemisch. Vorgänge bei d. Photographie auf Papier u. Glas IX. 309* — Leichte Darstellungsweise kleiner Hohlspiegel mittelst photograph. Lösungen XVI. 309.

Schneeberger, Temperatur d. Meerwassers bei Zara 1855, XVI. 706*.

Schneider, Das Ungenügende d. jetzigen Methode d. Tiefenmessung und Vervollkommnung derselben mit Hülfe der Elektricität XIX. 666*.

Schneider u. T. E. Heller, Resultate meteorolog. Beobachtungen zu Fulda v. einem halben Jahrhundert IX. 706.

Schneider, F. C. Ueb. d. chemische und elektrolyt. Verhalten d. Queck-

silbers XVI. 520* — Chemische Analyse einiger Mineralquellen Oesterreichs XVIII. 745*.
Schneider, J. Phosphorescenz durch mechanische Mittel XI. 262* — Ueb. einige elektr. Meteore XII. 582 — Ueb. d. elektr. Erscheinungen in d. Vereinigten Staaten XIII. 315 — Ueb. die bei Berührung v. Körpern v. verschied. Temperatur entstehend. Tonschwingungen XVI. 176 — Ueb. ein Elektrometeor XVI. 623 — Ueb. d. Erzeugung v. Tönen durch Wärme XVIII. 109 — Blitze ohne Donner XVIII. 518 — Einige merkwürd. Erscheinung. bei d. Gewitter v. 26. April 1862, XVIII. 536 — Ueb. d. Tönen durch Wärme XIX. 96 — Leuchtende Wolken XIX. 568.
Schneider, R. Eigenthümliches Verhalten d. geschmolzenen Wismuths XI. 46.
Schneitler, C. F. Die Instrumente d. höheren u. niederen Messkunst IV. 55. 60 — Theilung d. Kreisränder u. Nonien mittelst Daguerreotypie IV. 192. 197.
Schnepf, B. Neues Spirometer XII. 154*.
Schnepp, B. Beobacht. zu Alexandria 1858 bis 1860, XVII. 675 — Ueb. d. Klima v. Aegypten XIX. 643.
Schnetzler, J. B. Wahrscheinl. Ursache d. Wimperbewegung VI. 731. 766 — Mangel an Farbensinn in Folge theilweiser Lähmung d. Retina VIII. 336 — Entstehung d. Lichts bei d. Leuchtkäfern XI. 262*; XII. 245* — Ueber e. Hagel v. eigenthüml. Form XX. 776*.
Schnidaritsch, A. Specif. Wärme d. Alkohols v. verschiedenen Concentrationsgraden XV. 362.
Schnyder, Das Sehvermögen bei einigen Leuten für gewisse Linien mangelhaft V. 187. 188.
Schöbl, Beseitigung d. schädlichen Raumes bei Luftpumpen VI. 214. 226 — Verbreitung u. Wirkung d. Elektricität auf Leitern, nebst Spuren v. strahlender Elektricität VI. 642. 646 — Vielfache Brechung eines Lichtstrahls in Kalkspathkrystallen VIII. 275.
Schöffer, A. Die Kohlensäure d. Bluts u. ihre Ausscheidung mittelst d. Lunge XVI. 118.
Schöler, Platten aus einer Composition für die Galvanoplastik I. 182. 486.
Schönbein, C. F. Erzeugung u. Natur d. Ozons I. 480; II. 409. 410* — Wirkung d. Lichts auf Blutlaugensalz II. 228. 231. 410 — Einfluss d. Lichts, d. Wärme u. d. Voltaschen Stroms auf das erste Salpetersäurehydrat II. 228. 231 — Elektr. Papier II. 360 — Ueb. Guajakharz; Nitrification; Oxydationsstufen d. Stickstoffs; galvan. Bleichmethode; Chemische Wirkungen d. Platins; erstes Salpetersäurehydrat II. 410* — Wirkung d. Lichts auf Jodbleistärke IV. 192. 195 — Rolle, welche d. Sauerstoff in d. Grove'schen Gassäule spielt IV. 284. 288 — Chemische Theorie d. Voltaschen Säule V. 265. 269 — Einfluss d. Sonnenlichts auf d. chemische Thätigkeit d. Sauerstoffs VI. 517. 522 — Mittelbare physiolog. Wirkungen d. atmosphär. Elektricität VI. 727. 734 — Ueb. d. Natur u. d. Namen d. Ozons VIII. 488. 490 — Ueb. d. Anwesenheit freier Salpetersäure u. das Ozon in d. Atmosphäre VIII. 708 — Ueb. d. chemischen Wirkungen d. Elektricität, d. Wärme u. d. Lichts X. 528 — Ueb. d. indifferente Verhalten einer Platineisenlegirung gegen gewöhnliche Salpetersäure X. 541 — Zusammenhang d. katalytischen Erscheinungen mit d. Allotropie XIII. 9 — Untersuchungen üb. d. Sauerstoff XIV. 15. 19. 20 — Gegenseitige Katalyse einer Reihe v. Oxyden, Superoxyden und Sauerstoffsäuren u. d. chemisch gegensätzlichen Zustände d. in ihnen enthaltenen Sauerstoffs XV. 23* — Ueb. d. allotrop. Modificationen d. Sauerstoffs u. d. zusammengesetzte Natur v. Chlor, Brom u. s w. XV. 23* — Zur näheren Kenntniss d. Sauerstoffs XV. 24. 25; XVI. 16; XVII. 24 — Ueb. d. chemische Polarisation d. Sauerstoffs XV. 25 — Ueb. einige durch d. Haarröhrchenanziehung d. Papiers hervorgebrachte Trennungswirkungen XVII. 117 — Vorkommen v. Nitriten in d. Natur XVII. 668 — Ueb. d. Bildung einer fluorescirenden Materie beim Faulen d. menschl. Harns XX. 217.
Schönborn, s. Rodgers.
Schönemann, Th. Empfindlichkeit d. Brückenwaagen u. d. einfachen u. zusammengesetzt. Hebelkettensysteme

VIII. 64 — Theorie u. Beschreibung einer neuen Brückenwaage X. 54 — Gebrauch empfindl. kleiner Brückenwaagen für physikal. Zwecke XI. 67 — Benutzung d. Brückenwaage zur Ermittlung d. Geschwindigkeit geschossener u. fallender Körper XIII. 120 — Ueb. d. Druck, welchen d. fliessende Wasser auf seine eigenen Theile ausübt an d. Stelle, an welcher es aus einem Gefäss v. constantem Niveau in eine Heberröhre eintritt XIV. 92; XVII. 67 — Das Horizontaldynamometer u. seine Anwendung auf d. Mechanik, nebst Ableitung eines neuen Princips für d. Ausfluss tropfbarer u. luftförm. Flüssigkeiten XIX. 26.

Schönfeld, Beobacht. v. veränderlichen Sternen XVI. 243*.

Schönfeld, F. Ueb. d. Absorptionscoefficienten d. schwefligen Säure, d. Chlors u. d. Schwefelwasserstoffs XI. 182.

Schofka, Wohlfeilste und genaueste Waage v. beliebiger Tragkraft IV. 55. 59 — Ueb. einige Lichtmeteore VIII. 588.

Scholle, L. W. u. E. Stöhrer, Galvanische Uhren XI. 517*.

Scholz, R. Ueb. die zur Erregung d. Magnetismus im Stahl erforderliche Zeit XIX. 468*.

Schomburgh, R. H. Der Magnetberg auf St. Domingo XI. 628* — Orkan auf St. Domingo XI. 697*.

Schoof, Zur Klimatologie d. Harzes XVII. 726*.

Schott, Ein neues Spiegelinstrument zum Winkelmessen XVIII. 279.

Schott, C. A. Säcularveränderungen d. magnet. Declination in d. Verein. Staaten. Desgl. d. Inclination. Magnetische Beobachtungen zu Delaware, Maryland u. Virginia XIII. 471 — Discussion u. Nachweis einer secundären Periode in d. säculären Aenderung d. magnet. Declination zu Hatboro, Pensylvanien. Discussion d. säculären Aenderung d. magnet. Declination u. Inclination zu Washington XV. 650 — Säculäre Aenderungen d. magnet. Declination mit Tafeln für 26 Stationen an d. Küsten d. Verein. Staaten XVI. 657*.

Schrader, W. Die Axiome d. theoretischen Mechanik IX. 30.

Schrauf, A. Ueb. d. Identität d. Wolnyn mit d. Schwerspath. Bestimmung d. optischen Constanten krystallisirter Körper XVI. 258 — Erklärung d. Vorkommens optisch zweiaxiger Substanzen im rhomboedr. System XVII. 285 — Abhängigkeit d. Fortpflanzung d. Lichts v. d. Körperdichte XVIII. 204 — Ueb. d. Einfluss d. chemischen Zusammensetzung auf d. Fortpflanzung d. Lichts XIX. 176 — s. Weiss.

Schrenk, L. v. Bericht üb. e. Reise v. Portsmouth bis Rio de Janeiro X. 726 — Nachrichten vom Ussurifluss XVI. 745.

Schröder van d. Kolk, H. W. Ueb. d. Messung d. galvan. Leitungswiderstandes besonders d. Metalle XVI. 494 — Ueb. die Abweichungen der wirklichen Gase vom Mariotte'schen Gesetz XVIII. 60. 314 — Ueb. d. magnet. Störungen im Sept. 1859, XVIII. 558 — Ueb. d. mechanische Energie d. chemischen Wirkungen XX. 345.

Schröder, G. Sonnenfleckenbeobachtungen im Jan. 1861, XVIII. 504*.

Schröder, H. Verzeichniss seiner Arbeiten bis 1845 üb. d. Volumentheorie u. spec. Wärme I. 10 — Ueb. d. Siedhitze chemischer Verbindungen I. 3. 11 — Einfluss d. Elemente auf d. Siedhitze I. 3. 11; II. 3; VI. 258 — Gegensatz v. Matt u. Glanz V. 149. 153 — Optische Inversion mit freiem Auge VIII. 325 — Opt. Inversion bei Betrachtung verkehrter durch optische Vorrichtung entworf. physischer Bilder XIV. 310 — Neue Beiträge zur Volumentheorie XV. 29 — Ueb. Filtration d. Luft in Beziehung auf Fäulniss, Gährung u. Krystallisation XV. 356; XVII. 27 — Methode d. sphär. Aberration mit Hülfe d. Interferenz zu untersuchen XVII. 341.

Schrön, Tafel zur Reduction d. Wägungen auf d. luftleeren Raum VI. 61. 64 — s. Wackenroder.

Schröpfer, A. Einwirkung d. Kanonendonners auf d. Regenbildung XVIII. 666*.

Schrötter, A. Aenderungen, welche gewisse chemische Reactionen durch eine sehr niedrige Temperatur erfahren I. 115. 131 — Anfertigung von Leuchtsteinen III. 194. 199 — Kapeller's Quecksilber- u. Schwefelalkohol-Thermometer III. 297. 309 — Neues Barometer IV. 79. 84 — Verhältniss d. chemischen Anziehung zur Wärme

VI. 599. 602 — Ursache d. Leuchtens gewisser Körper beim Erwärmen VIII. 343 — Gefrieren d. Wassers im luftverdünnten Raum u. die dabei durch d. Verdampfen d. Eises erzeugte Kälte IX. 392 — Ursache d. Tones d. chemischen Harmonica XIII. 180 — Vorkommen d. Ozons im Mineralreich XVI. 17 — Zwei Vorkommen d. Cäsiums u. Rubidiums XVII. 253. 762 — Ueb. d. Thallium XVIII. 222*.

Schtschukin, S. Reise v. Irkutzk nach d. heissen Quellen v. Turansk XV. 750 — Resultate 10jähr. Temperaturbeobacht. zu Irkutzk XIX. 658*.

Schubert, Berichtigung d. Theorie d. Segner'schen Kreisels V. 43. 61.

Schubert, F. v. Bestimmung d. wahren Gestalt d. Erde XV. 730 — Einfluss localer Attractionen auf geodätische Messungen XVI. 39 — Ueb. d. Figur d. Erde XVII. 728.

Schütz, J. Wiederholte Erdstösse aus Sillein XIV. 717.

Schultz-Schultzenstein, C. H. Die Nahrungsstoffe, aus denen die Pflanzen im Licht Sauerstoff ausscheiden I. 275. 283 — Neue Versuche zur Lehre v. d. thier. Elektricität XV. 512; XVII. 524.

Schultz, W. Aufnahme u. Erforschung d. Stromlaufs d. San Francisco in Brasilien XVII. 756*.

Schultze, Ueb. einen besonderen Fall d. Rotationsproblems XIX. 32*.

Schultze, G. A. Beschreibung eines sich selbst registrirenden Barometers. Verbesserung an Barometern V. 376*.

Schultze, M. Zur Kenntniss d. elektr. Organs d. Fische. Malapterurus. Gymnotus XIV. 539. 541; XV. 515 — Ueb. e. neues v. Hartnack construirtes Mikroskopobjectiv XVI. 312* — Ueb. d. Erscheinungen d. Doppelbrechung an nicht krystallisirten Substanzen XVII. 287 — Ueb. d. elektr. Organe d. Fische XVIII. 832 — Die Structur d. Diatomeenschaale verglichen mit gewissen aus Fluorkiesel künstl. darstellbaren Kieselhäuten XIX. 261*; XX. 223 — Berichtigung betreff. d. Aufsatz v. Reusch üb. d. Agat XX. 224.

Schulze, s. Fresenius.

Schulze, O. Akustischer Wellenapparat XIII. 179.

Schumacher, Ausdehnung d. Eises durch d. Wärme V. 28.

Schumacher u. C. A. F. Peters, Länge d. einfachen Secundenpendels auf d. Schlosse Güldenstein XI. 75.

Schumacher, C. D. v. Instrument zur Bestimmung d. relativen Lichtstärke d. Sterne VIII. 272.

Schumacher, W. Ueb. Membrandiffusion XVI. 111 — Die Diffusion in ihren Beziehungen zur Pflanze XVII. 141* — Ueb. d. Verdunstung durch poröse Membranen, insbesond. durch vegetabil. Zellmembran XX. 91.

Schumann, J. Temperaturverhältnisse v. Elbing III. 591. 616.

Schurig, R. Sternschwanken X. 640*.

Schwaab, Ueb. Breithaupt's Luftpumpe I. 579. 586.

Schwabe, S. H. Sonnenbeobachtungen im J. 1855, XII. 559*; desgl. im J. 1856, XIII. 460*; desgl. 1859, XVI. 608* — Ueb. Sonnenflecke XIII. 460* — Sonnenfleckenbeob. im J. 1857, XIV. 574. 580. 582; desgl. 1859, XVI. 609*; desgl. 1860, XVII. 549*; desgl. 1861, XVIII. 504*; desgl. 1862, XIX. 534*; desgl. 1863 und 1864, XX. 593*. — Die Strahlensysteme d. Mondes XV. 556* — Ueb. eine merkwürdige Sonnenfleckengruppe XVIII. 503* — Ueb. zwei Gewitter XVIII. 542.

Schwann, Ueb. die in Rheinpreussen aus d. Luft gefallenen Saamenkörner VIII. 707 — Ein Phänomen d. Erdtemperatur XIII. 589.

Schwarz, Neue meteorolog. Beobacht. in Sibirien XIV. 637.

Schwarz, H. Apparat zur Erleichterung d. Zeitbestimmung bei magnet. Beobachtungen VI. 889* — Die Lenoir'sche Gasmaschine ein Humbug XVI. 333 — Ueb. Lenoir's Gasmasch. XVII. 369* — Ueb. d. Amalgamiren d. galvan. Zinkelemente XVIII. 411 — — Eine neue Art elektromagnet. Kraftmaschinen XIX. 467 — Ueb. d. Wahl d. oxydirenden Substanz für d. galvan. Batterien XX. 448.

Schwarz, W. v. Ueb. Lenoir's Gasmaschine XVI. 333.

Schwarzenbach, Zur Bestimmung der bei chem. Processen entwickelten Wärmemengen XVII. 402.

Schweder, G. Fall eines Meteoriten zu Buschhof, Kurland XIX. 544*.

Schweigger, J. S. C. Optische Bedeutsamkeit des am elektromagnet. Multiplicator sich darstellenden Princips zur Verstärkung des magnet.

Umschwungs XI. 261* — Ueb. Magnetismus in akustischer Beziehung XII. 240.

Schweins, Theorie d. Dreh- u. Fliehmomente d. parallelen Seitenkräfte, in welche Kräfte im Raume zerlegt werden können IX. 50 — Theorie d. Mittelpunkte der parallelen Seitenkräfte IX. 51.

Schweizer, G. Wahrscheinliche Identität d. Protuberanzen mit d. Sonnenfackeln. Sonnenfackeln um die Zeit d. total. Sonnenfinsterniss Dec. 1852, IX. 611* — Ueb. d. Sternschwanken XV. 553 — Ueb. die in d. Nähe von Moskau stattfindende Localattraction XVIII. 35. 692; XX. 838 — Ueber eine merkwürdige opt. Täuschung, die bei Betrachtung d. Mondes durch Fernröhre vorkommen kann XVIII. 277 — Zeichnungen der Sonnenflecke und Fackeln vor u. nach d. tolalen Sonnenfinsterniss d. 18. Juli 1860, XVIII. 504*.

Schwendener, s. Nägeli.

Scoppewer, G. Ueb. d. Pulshammer XVIII. 340.

Scoresby u. Joule, Mechan. Kraft d. Elektromagnetismus, d. Dampfs u. Pferdes II. 524. 526.

Scoresby-Jackson, R. E. Temperatur einiger heissen Quellen in den Pyrenäen XX. 876.

Scoresby, W. Magnet. Maschinen I. 523. 525 — Zweckmässiges Verfahren d. Magnetisirung II. 542. 575 — Prismatische Farben in Thautropfen VI. 394. 398 — Luftspiegelung VI. 476. 477 — Magnet. Untersuchungen IX. 633 — Ueb. Messung v. Meerestiefen u. deren Unsicherheit in Folge v. Schichtenströmungen IX. 639 — Ueb. Temperatur u. Strömungen d. nordatlant. Oceans IX. 644 — Ueb. einige Umstände u. Principien, welche d. Entstehung v. Bildern auf d. Netzhaut d. menschl. Auges reguliren, ihre Messung, Dauer, Farbe u. Veränderung X. 311 — Veränderungen in d. Verhalten d. Compasse auf eisernen Schiffen, Principien u. Maassregeln, welche beim Fahren auf eisernen Schiffen zu berücksichtigen sind X. 663 — Correction d. Compasses auf eisernen Schiffen durch Magnete X. 673* — Ueb. d. Möglichkeit einer raschen oder plötzlichen Aenderung d. Magnetismus auf eisernen Schiffen. Magnetismus eiserner Schiffe u. dessen Uebereinstimmung mit d. Theorie XI. 609 — Tagebuch e. Reise um die Welt behufs magnet. Untersuchungen XV. 652*.

Scott, Ueb. d. Schraubenpropeller IX. 103*.

Scott Alison, S. Ueb. d. Differential-Stetophon u. einige neue dadurch beobachtete Erscheinungen XIV. 157 — Ueb. d. Verstärkung d. Schalls durch feste Körper mittelst Einschiebung v. Wasser zwischen dieselben u. d. Ende d. Hörrohrs XV. 170.

Scott, E. L. Phonautograph u. graphische Fixirung d. Stimme XV. 167.

Scoutetten, H. Ueb. d. atmosphär. Elektricität u. d. Bildung d. wässrigen Meteore XII. 580 — Ueb. d. Entdeckung der Quellen des atmosphär. Ozons XII. 580* — Ueb. d. Ozon; Bemerk. v. Cloez dazu u. Erwiderung XII. 581 — Neue Versuche d. Elektricität d. Blutes nachzuweisen und seine elektromotor. Kraft zu messen XIX. 497 — Ueb. d. Mineralwässer u. besonders üb. d. Ursache ihrer Wirksamkeit XX. 463.

Scrope, G. P. Ueb. d. Bildung d. Kratere u. d. Ursache d. Fliessens d. Lava XII. 750 — Bildungsweise vulkan. Kegel u. Krater XV. 767 — Die Vulkane, d. Charakter ihrer Erscheinungen, ihr Antheil an d. Bildung und Zusammensetzung d. Erdoberfläche nebst Katalog aller bekannten Vulkane u. vulkan. Bildungen XVIII. 749*.

Sczelkow, Beiträge zur vergleichenden Pneumatologie d. Blutes XX. 97.

Secchi, A. Photographie d. Sonnenfinsterniss v. 28. Juli VI. 518. 527 — Abweichung d. Schwingungsebne d. Pendels zu Rom VIII. 71; IX. 61 — Helligkeit einiger Sterne VIII. 272 — Ueb. d. Vertheilung d. Wärme auf d. Sonnenoberfläche u. üb. Sonnenflecke VIII. 432. 434. 436; IX. 397 — Gesetz d. Ströme VIII. 477 — Ueb. elektr. Strommessung VIII. 513 — Ueb. Maury's Arbeiten in Betreff d. Winde u. Meeresströmungen IX. 739* — Biegung d. Fernröhre; Beseitigung des Collimationsfehlers X. 246 — Nordlicht X. 642* — Ueb. d. neue magnet. Observatorium in Rom X. 661 — Sichere Methode zur Bestimmung der Farbe der Sterne. Ueb. das elektr.

Spectrum u. Beobacht. üb. d. Licht u. d. Flecken d. Sonne XI. 280; XII. 250* — Neues Mikrometersystem für astronom. Fernröhre XI. 355 — Ueb d. Zusammenhang d. Bewegung der Sonne mit den Variationen d. Erdmagnetismus XI. 603. 604 — Ueb. d. Erdmagnetismus XI. 627*; XV. 652* — Ueb. d. Meteorologie v. Rom XI. 758* — Ueb. die durch elektr. Licht erregte Fluorescenz XII. 257 — Ueb. Photographieen d. Mondes XII. 331*; XIII. 271* — Ueb. d. elektr. Licht. Einige Lichterscheinungen an d. galvan. Säule. Ueb. elektr. Leuchtthürme XII. 462 — Ueb. d. Funkeln d. Sterne XII. 554; XIII. 455* — Meteorologische Beobachtungen XII. 717; XIII. 538* — Ueb. d. Flecken u. Temperatur der Sonne XIII. 312. 460* — Ungewöhnliche Schwankung der Magnetnadel XIII. 473 — Magnet. Beobachtungen. Period. Aenderung d. Erdmagnetismus XIII. 481* — Neues Waagebarometer. Barometrograph u. d. Princip d. Waagebarometers XIII. 497 — Anwendungen d. rotatorisch. Bewegungen auf d. Imponderabilien XIV. 220* — Verschiedene Mikrometer XIV. 293* — Photograph. Abbildung d. Mondes u. Saturns. Beobachtung eines Sonnenfleckes mit d. Fernrohr v. Merz XIV. 573. 576 — Resultate d. meteorolog. Telegraphie XIV. 663* — Gang d. atmosphär. Wellen in Europa XIV. 678 — Modification d. Daniell'schen Kette XV. 399 — Ueb. d. Polarisation d. Lichts d. Himmelskörper XV. 556* — Lichtintensität d. verschied. Theile d. Sonnenscheibe XV. 556* — Ueb. d. Sonnenflecken u. d. Methode ihre Tiefe zu bestimmen XV. 557* — Nordlicht in d. Nacht v. 28. zum 29. Aug. XV. 564* — Ueb. d. magnet. Störungen zu Rom d. 2. Sept 1859, XV. 565* — Variationen der magnet. Elemente zu Rom XV. 627 — Registrirapparate für d. wichtigsten meteorolog. Erscheinungen. Einrichtung d. meteorolog. Observatoriums XV. 655 — Anemometrograph od. Apparat um d. Richtung u. Geschwindigkeit d. Windes zu registriren XV. 657; XVI. 674 — Wahrnehmung d. Erdbeben v. Norcia zu Rom XV. 782 — Beobachtungen d. totalen Sonnenfinsterniss des 18. Juli 1860, XVI. 569. 573 — Sternschnuppen d. August 1860, XVI. 604* — Ueb. die Sonnenatmosphäre XVI. 607* — Sturm zu Rom XVI. 735* — Gleichzeitige Sternschnuppenbeobacht. zu Rom u. Civita-Vecchia mittelst d. elektr. Telegraphen XVII. 551* — Zusammenhang der meteorolog. Erscheinungen mit d. Variationen der Intensität d. Erdmagnetismus XVII. 585 — Auszug aus den Beobacht. d. magnetischen Observatoriums zu Rom 1859 u. 1860, XVII. 588* — Auflösung eines physisch-kosmischen Problems XVIII. 35* — Ueb. atmosphär. Elektricität XVIII. 512 — Zusammenhang zw. d. Variationen d. Erdmagnetismus u. d. Witterungserscheinungen. Ueb. d. Magnetismus, d. statische u. dynamische Elektricität währ. d. Gewitter XVIII. 553 — Meteorolog. Bericht d. Observatoriums d. Collegio romano XVIII. 675 — Farben d. Sterne. Ueb. die prismatischen Spectra d. Himmelskörper XIX. 205 — Ueb. d. Einfluss d. Sonne auf d. Erdatmosphäre XIX. 382 — Ueb. d. photograph. Bilder d. Sonnenfinsterniss v. 18. Juli 1860, XIX. 539* — Ueb. d. Sternschnuppenbeobacht. zu Rom im Aug. 1861, XIX. 541* — Bemerk. zu einer Notiz von Broun XIX. 600* — Die meteorolog. Apparate d. Observatoriums d. Coll. romano XIX. 606 — Directe Sonnenstrahlung XIX. 635* — Ueb. d. atmosphär. Linien der Planeten XX. 206 — Spectrum d. Jupiters XX. 207 — Einheit d. physischen Kräfte XX. 332* — Ueb. d. Ketten mit Sand XX. 446 — Einige Analogien zwischen d. Bewegungserscheinungen d. Flüssigkeiten u. d. elektr. Strömen XX. 458 — Ueb. die Theorie der Sonnenflecke. Structur d. Photosphäre d. Sonne XX. 575 — Correspond. Sternschnuppenbeob. zu Rom u. Civita-Vecchia Aug. 1864. Ueb. d. Höhe u. d. Ursprung der Sternschnuppen XX. 587 — Bemerk. zu einer Mittheil. v. Volpicelli elektr. Beobacht. betreffend XX. 603. Dessen Antwort 606 — Ueb. d. Erdströme u. ihre Beziehung zu d. elektr. u. magnet. Erscheinungen XX. 629 — Zusammenhang zw. den magnet. und meteorolog. Variationen XX. 634* — Ueb. d. Intensität d. Insolation in d. verschied. Jahreszeiten XX. 675 — Geschichtl. Bemerk. üb. d. täglichen Veränder. d. Barometers XX. 701 —

Die Decemberstürme 1863, Winke üb. ihre Fortpflanzung XX. 738. 742 — Ueb. d. atmosphär. Wellen im Nov. und Dec. 1862. Ueb. d. Stürme im Oct. 1864, XX. 740* — Ueb. einige neue Fortschritte in d. Meteorologie XX. 742* — Sandregen zu Rom XX. 770. 775 — Der grosse Sturm am 2. Dec. (1864) XX. 832*.

v. Seckendorff, Zur Frage ob Hebung oder Senkung bei dem Entwicklungsgang unsrer Erde vorwaltend thätig gewesen sei XIX. 661.

Secretan, Verbesserung d. Oculars an achromat. Fernröhren VIII. 358 — s. Lerebours, Limencey.

Sedgewick, J. Die richtigen Principien d. Gesetze d. Stürme angewandt auf beide Hemisphären X. 757.

Sédillot, Schnelle Heilung einer vollständigen zwölfjähr. Stummheit und Taubheit durch Anwendung v. Inductionselektricität XI. 465*.

Sedlaczek, J. Beschreibung eines einfachen Handmikroskops mit Flüssigkeitslinse XII. 339.

Seebeck, A. Zu N. Savart's Aufsatz üb. stehende Wellen II. 123 — Zur Physiologie des Gesichts- u. Gehörsinnes II. 123. 213. 223 — Ueb. Schwingungen der Saiten II. 123. 130 — Schwingungen gespannter und nicht gespannter Stäbe; Töne steifer Saiten IV. 102. 115 — Interferenz der Wärmestrahlen IV. 239 241.

Seegen, Ueber momentane Unverbrennlichkeit VI. 260*.

Seelheim, F. s. Baumhauer.

Seelheim F. u. Gergens, Untersuchung eines bei Mainz gefundenen Meteorsteins XIV. 591*.

Seezen, E. L. Ueber Meteor- oder Passatstaub XX. 776*.

Segnitz, E. Ueb. Torsionswiderstand u. Torsionsfestigkeit VIII. 66 — Einfluss d. Bewegung auf d. Intensität d. Schalles VIII. 157 — Zur Mechanik d. Pfluges XII. 107 — Ausfluss d. Gase aus kleinen Oeffnungen in dünner Wand XVI. 55 — Zur Lehre v. der Erhaltung der lebendigen Kraft XVIII. 17.

Segond, Abänderungen d. menschl. Stimme III. 101. 103 — Stimmerzeugung beim Einathmen IV. 118. 119 — Gesammtbewegung d. Kehlkopfs IV. 118. 120 — Functionen d. Kehlkopfs V. 116.

Séguier, Ueb. d. magischen Spiegel d. Chinesen III. 117. 119 — Elektr. Telegraphen V. 313* — Merkwürdiger Blitzschlag VIII. 600* — Meteorsteinfall im J. 1857, XIII. 458* — s. Delamorinière.

Séguin, A. Verschiedene Dichtigkeit bei derselben Flüssigkeit XX. 12.

Séguin, J. M. Identität v. Beweg. u. Wärme III. 219. 230; XIV. 350 — Streben d. Molecüle Gruppen zu bilden, aus denen d. Körper bestehen IV. 12. 13 — Ueb. d. Gesetz, welches d. Molecüle auseinander hält V. 3. 16 — Ueb. subjective Farben VI. 488. 496; VIII. 333; XII. 311; XIV. 312 — Betrachtungen über d. Bestimmung d. Verhältnisse, in welchen die den Erdkörper bildenden Molecüle sich befinden müssen, damit d. Cohäsionserscheinungen d. krystallisirten Körper durch d. Newton'schen Attractionsgesetze erklärbar sind VIII. 3 — Mittel d. Bewegung d. Quecksilberoberfläche aufzuheben zur Erleichterung d. astron. Beobachtungen VIII 362 — Ueb. d. Ursache, welche d. Molecüle d. Körper auseinander hält; Theorie d. Distension umfassend d. Abstossung, Ausdehnung, Verdampfung u. s. w.; Wesen d. Materie IX. 3 — Die Anwendung comprimirter Luft zur Ansammlung der verlorenen Kraft von Wasserläufen betrachtet v. ökonomischen Standpunkt IX. 108 — Bestätigung d. Joule'schen Ansicht üb. d. Identität v. Wärme u. Bewegung IX. 405 — Fall und Zusammensetzung d. Hagelkörner IX. 737* — Neue Anwendungsart d. Dampfes durch Wiederherstellung d. in Arbeit verwandelten Dampfes nach jeder periodischen Ausdehnung u. e neue Dampfmaschine XI. 373*; W. Siemens dazu 374 — Wirkungen d. elektr. Influenz unter Umständen, welche denen der Induction analog sind XI. 403 — Erdbeben d. 25. Juli 1855, XI. 813 — Lehrsatz v. Sturm üb. d. Verlust an lebendigen Kräften XII. 87 — Antwort an R. de Napoli auf dessen Schreiben betreff. d. Wechselwirkung d. Naturkräfte XIII. 279; XV. 36* — Neues Bewegungssystem, bei welchem d. Dampf die durch d. mechanische Wirkung erzeugte Wärme wieder erhält XIII. 296* — Ueb. d. Wirkungen d. elektr. Influenz in Bezug

auf die d. Induction XIII. 330 — Ueb. d. Ursprung u. d. Fortpflanzung d. Kraft XIV. 62 — Schichtung d. elektrischen Lichts XV. 457* — Die Gesetze in d. Naturerscheinungen in Bezug auf d. Newton'sche Gravitation XVII. 50* — Ueb. d. Spectra d. Phosphors u. Schwefels XVII. 245 — Ueb. d. Ursachen d. Cohäsion XVIII. 16* — Zersetzung mehrerer Gase durch d. elektr. Funken XVIII. 450 — Spectrum d. elektr. Funkens in den zusammengesetzten Gasen, besonders in Fluorsilicium XVIII. 459 — Wirkung eines Blitzschlags auf e. Telegraphendraht u. d. benachbarten Gegenstände XVIII. 521 — Analogie d. Inductionsfunkens mit jeder andern elektr. Entladung XIX. 448 — s. Montgolfier, Quet.

Séguin u. Quet, Erklärung d. Schichtung d. elektr. Lichts XVII. 505.

Seidel, L. Photometr. Messungen am Sternhimmel II. 179. 210 — Zur Theorie der Fernrohrobjective VIII. 190 — Gegenseitige Helligkeiten d. Fixsterne erster Grösse u. über die Extinction des Lichts in der Atmosphäre. Nebst einem Anhang üb. d. Helligkeit d. Sonne verglichen mit d. Sternen, u. die Licht reflectirende Kraft d. Planeten VIII. 262 — Ueb. einige dioptrische Untersuchungen IX. 193 — Relative Weisse d. Planeten Venus, Mars u. Jupiter IX. 255 — Neuere dioptrische Untersuchung betreffend d. Entwicklung d. Glieder v. d. Ordnung d. Kugelabweichung für Strahlen ausserhalb d. Axenebne u. die Fraunhofer'sche Construction d. Fernrohrobjectivs XI. 251 — Ueb. d. Entwicklung d. Glieder dritter Ordnung, welche den Weg e. ausserhalb d. Ebene d. Axe gelegenen Lichtstrahls durch e. System brechender Medien bestimmen XII. 810* — Theorie d. kaustischen Flächen, welche in Folge d. Spiegelung od. Brechung v. Strahlenbüscheln an d. Flächen eines optischen Apparats erzeugt werden XIII. 212 — Lichtstärke d. Planeten Venus, Mars, Jupiter u. Saturn verglichen mit Sternen u. üb. d. relative Weisse ihrer Oberfläche XV. 229 — Ueb. d. Möglichkeit mit Hülfe d. Photographie d. Leistungen optisch. Apparate in d. Vergrösserung zu verstärken XVII. 347 — Ueb. d. Brennfläche e. Strahlenbündels, das durch ein System v. centrirten sphär. Gläsern hindurchgegangen ist XVIII. 188 — Resultate photometr. Messungen an 208 der vorzüglichsten Fixsterne XIX. 232 — Ueb. e. Anwendung d. Wahrscheinlichkeitsrechnung auf die Schwankungen in den Durchsichtigkeitsverhältnissen d. Luft XIX. 234 — s. Steinheil.

Seidl, Meteorolog. Beobachtungen zu Bodenbach in Böhmen 1849. Zusammenstellung d. meteorolog. Beobacht. v. 1829 bis 1849, VI. 1054*.

Seidlitz, C. v. Der Narowastrom u. d. Peipusbecken XV. 755*.

Seiler, Aerohydrostatische Waage XX. 43.

Selby, W. Sondirungen auf d. Anspülungen v. Bombay XVIII. 713*.

Seliwanow, P. Ueb. vulkan. Erschütterungen am Aequator XIX. 728.

Sella, Ueb. d. Reibung XVII. 45.

Sellmeyer, Vorschlag zu Versuchen die absolute Bewegung des Beobachtungsortes zu bestimmen VIII. 259.

Selmi, F. Goldauflösung zur galvan. Vergoldung I. 483. 496 — Neue Erscheinung in Glaubersalzlösungen II. 28. 32 — Krystallisation des Glaubersalzes VI. 257. 272 — Kette mit dreifachem Contact XII. 483.

Selwyn, Ueber Sonnenautographen XVIII. 503*.

Selys-Longchamps, E. de, Periodische Erscheinungen d. Thier- und Pflanzenreichs, besonders d. Wanderungen d. Vögel in Belgien IV. 429. 457 — Meteorolog. Erscheinungen V. 452; VI. 870* — Meteorolog. optische Erscheinung VI. 869* — Feuerkugel im Febr. 1856, XII. 556* — Stand d. Vegetation d. 21. Oct. 1857, XIV. 618 — Ueb. e. am 7. Dec. 1863 in Belgien wahrgenomm. Aerolithen XIX. 544* — Ueb. d. Gewitter v. 25. Juni 1863, XIX. 571.

Semenow, P. Ueb. vulkan. Erscheinungen in Centralasien XIII. 597 — Meteorolog. Beobacht. zu Kursk 1849 bis 1852, XVII. 677*. Desgl. 1853 bis 1859, XVIII. 681.

Semetkowski, J. v. Gasexhalation nächst Kezdi-Vasarhely XX. 914.

Semmola, E. Neues graphisches Thermometer XX. 661.

Semper, Von d. Form d. Körper, die mit geringster Resistenz in wi-

derstehenden Mitteln sich bewegen X. 62.
Semper, C. Reise durch d. nördl. Provinzen d. Insel Luzon. XVIII. 792.
Senarmont, H. de, Modificationen, welche d. polarisirte Licht bei d. Reflexion v. metallischen Oberflächen erleidet III. 137. 141 — Wärmeleitung in krystallin. Substanzen III. 245; IV. 223 — Modificationen d. Wärmeleitung in homogenen Körpern durch mechanische Einflüsse IV. 223 — Leitung d. Oberfläche krystallisirt. Körper für Spannungselektricität V. 246. 249; VI. 648 — Neues Polariskop VI. 427. 428 — Optische doppeltbrechende Eigenschaften d. isomorphen Körper VI. 427. 443 — Opt. Eigenschaften d. Glimmerarten u. ihre Krystallform VI. 427. 447 — Thermische Eigenschaften d. Turmalins VI. 604 — Commentar zu Fresnel's Abhandl. über d. Doppelbrechung IX. 225 — Bericht üb. d. Abhandlung v. Pasteur: Neue Untersuchungen üb. d. Beziehungen zw. Krystallform, chemischer Zusammensetzung und molecularem Rotationsvermögen IX. 286 — Künstliche Erzeugung d. Polychroismus in krystallisirten Körpern X. 288 — Ueb. d. optisch. Eigenschaften einiger Krystalle X. 292 — Versuche üb. d. Entstehung d. secundären Krystallgestalten XII. 21 — Ueb. d. Doppelbrechung XII. 779 — Ueb. ein v. H. Soleil vorgeschlagenes Mittel zu erkennen ob eine Bergkrystallplatte d. Axe parall. od. dagegen geneigt ist XII. 810* — Ueb. d. totale Reflexion an d. Aussenfläche doppeltbrechender Krystalle XII. 810* — Construction eines dopp.-brechenden Polarisationsprismas XIII. 246 — Erdbeben in Algier v. 22. Aug. bis 15. Oct. 1856, XIII. 609 — Bericht üb. einen Aufsatz v. Engelhardt üb. Grundeis XVIII. 340*.
Sendtner, O. Berichtigung einig. Angaben Schlagintweit's in Betreff der Isogeothermen d. Alpen VI. 913. 1025.
Senft, F. die Humus-, Marsch-, Torf- und Limonitbildung als Erzeugungsmittel neuer Erdrindelagen XVIII. 725*.
v. Senftenberg, Die am Observatorium v. Senftenberg benutzten selbstregistr. Instrumente III. 575. 587.
Senoner, A. Zusammenstellung d. bisher gemacht. Höhenbestimmungen in d. Kronländern Oesterreichs u. im Lombardisch-Venetian. Königreich VI. 911. 973; VIII. 633*; IX. 662* — Desgl. im Grossfürstenthum Siebenbürgen X. 788*.
Séquard, E. B. Wirkung einiger Theile d. Sonnenspectrums auf die Iris XII. 319.
Serf, W. Bewegung eines materiellen Punktes auf d. Oberfläche eines Rotationsellipsoids in Folge der v. d. Masse d. letzteren nach d. Newtonschen Gesetz auf ihn ausgeübten Anziehung XVI. 47*.
Serge de Birkine, Eigenthümliches Aussehen d. Schattens eines v. einer in Richtung d. Sonne gehenden Person quer bewegt. Stabes XII. 249.
Sergent, E. Ueber d. Dichte d. Erdinnern u. d. Dicke d. Erdrinde XVI. 772.
Serpieri, A. Sternschnuppenbeobachtungen zu Urbino XII. 555*. — Feuerkugel üb. Urbino d. 4. Juni 1862, XVIII. 506* — Ueb. d. regelmäss. tägl. Schwankung. d. Barometers XVIII. 639*.
Serpieri P. Ueb. d. Nordlicht vom 14. Dec. 1862, XIX. 546*.
Serre d'Uzès, Ueb. Lichtempfindung beim Druck d. Auges VI. 490. 514 — Toxonographie d. Retina XIX. 297*.
Serres, M. de, s. Marcel de Serres.
Serres d'Alais Erkennung d. Amaurose VI. 489. 514.
Serret, M. J. A. Ueb. eine Stelle d. mécanique céleste betreffend die astronomische Strahlenbrechung XIII. 451 — Anwendung d. Methode d. Variation d. Constanten auf d. Theorie d. Rotationsbewegung XIX. 24.
Serrin, Selbstthätiger Regulator für elektr. Licht XVI. 512; XVIII. 462.
Serval, O. A. Beschreibung d. Flusses Rhamboe, seiner Nebenflüsse und d. Bäche Assango u. s. w. XVII. 755* — Der Ogowai, d. Hauptstrom in der Westhälfte des äquatorialen Afrikas XIX. 690*.
Sestini, Ueb. d. Wirkung d. Lichts auf Santonin u. üb. d. Photosantonsäure XX. 257.
Setschenoff, Zur Pneumatologie d. Blutes XV. 118; XVI. 118 — Fluorescenz der durchsichtigen Augenmedien XV. 293 — Neuer Apparat zur Gewinnung d. Gase aus d. Blut XX. 103.
Sevin Taleve, L. de, Ueb. d. Hagelbildung u. d. Gestalt der Hagelkörner XVI. 740*.
Sewell, Elektr. Kraftmaschine X. 586*.

Seydell, A. Anwendung d. rückwirkenden hydraul. Kraft zur Führung und Bewegung v. Schiffen VIII. 126.
v. Seydlitz, Relation zwischen der Wärmecapacität, Temperatur u. Dichtigkeit d. Gase, soweit sie d. Mariott. Gesetz unterworfen sind; Anwendung dieser Relation auf d. atmosphär. Luft und auf barometr. Höhenmessung sowie Bestimmung d. mittleren Höhe d. Atmosphäre. Temperaturabnahme in d. Luftschichten. Theorie d. Aequivalenz v. Wärme u. Arbeit XII. 357.
Seyffer, O. Einfacher Apparat zur Anstellung d. Plateauschen Versuche mit einer d. Erdschwere entzogenen Oelmasse IX. 95 — Ueb. d. Figuren d. sphäroidalen Flüssigkeitstropfens u. ihren Zusammenhang mit d. Klangfiguren IX. 138 — Ueb. Lichtpolarisation IX. 269 — Ueb. Dampfelektricität IX. 448.
Sgarzi, G. Ueb. d. Trinkwasser von Bologna. Ueb. das Gas zu Poretta, d. Temperatur u. Absätze d. Mineralquellen daselbst XX. 874.
Shaffner, Ueber den Spitzbergen Strom u. d. Gletscher in Süd-Grönland XVIII. 718*.
Share, J. M. Compass mit Decimaleintheilung XI. 613.
Sharswood, W. Bemerk. zu Leconte's Abhandl. üb. d. Einfluss musikal. Töne auf Gasflammen nebst e. Versuch v. Sondhauss XVII. 168.
Shaw, Amerik. Luftmaschine X. 406*.
Shaw, W. T. Beschreib. eines neuen opt. Instruments, d. Stereotrops XVII. 334.
Shea, Beobacht. einer neuen Erscheinung bei d. totalen Sonnenfinsterniss d. 30. Nov. 1853, XI. 589*.
Sheepshanks, Normalthermometer VI. 1059* — Wiederherstellung von Gewichts- u. Maassetalons XII. 83*.
Shepard, C. U. Ueber Meteorsteine III. 158. 175; VI. 872. — Neue Localitäten von Meteoreisen X. 641* — Ueb. drei schwere Massen v. Meteoreisen zu Tucson, Sonora X. 642* — Neuer Fundort v. Meteoreisen in Süd-Afrika, und e. muthmaassl. neuer in Mexiko XII. 557* — Ueb. d. zu Petersburg in Tenessee 1855 gefallenen Meteorstein XIII. 458* — Ueber den Fall eines Feuermeteors zu Charleston d. 16. Nov. 1857, sowie über andere muthmaassliche Feuermeteore XV. 559* — Untersuchung eines muthmaasslichen meteor. Eisens gefunden bei Rutherfordton, Nord-Carolina XV. 561* — Ueb. mehrere amerikan. Meteoriten XVI. 606*.
Shepard, E. C. Elektromagnetische patentirte Maschinen VI. 840* — Elektrisches Gas IX. 568; X. 574 — Verbesserungen an Magneten u. elektr. Apparaten zur Erzeugung v. Bewegung, Wärme u. Licht X. 574*.
Shepherd, C. Verbesserung der Smeeschen Batterie VI. 723. 724 — Die elektr. Uhr d. grossen Ausstellung VI. 840* — Verbesserungen an elektr. Glocken IX. 577* — Ein elektro-magnet. Regulator XI. 517*.
Shepherd, F. Ueber d. Geyser im Plutonthal in Californien VI. 914. 1042.
Shepherd, G. Das Klima v. England, sein meteorolog. Charakter u. Darlegung der Aenderungen in Zukunft XVII. 723*.
Shortland, P. F. Bestimmung der Längendifferenz zwisch. Halifax und Harvard 1851 mittelst d. elektrisch. Telegraphen XI. 511*.
Shortrede, Formel für d. Spannkraft d. Wasserdämpfe bei verschied. Temperaturen IV. 95. 96.
Shumard, R. T. Meteoreisen von Texas XVI. 606*.
Siard, Eigenthümliche Einwirkungen auf eine Zimmerdecke XV. 111.
Sichel, Weitsicht. und Kurzsichtigkeit. Klinische Vorlesungen über d. Brillen IX. 308*.
Sidebotham, Gränze d. Leistung des Mikroskops XX. 305 — Wirkung d. Blitzes auf verschied. Arten von Bäumen XX. 616.
Sidler s. Wild.
v. Siebold, Kenntniss d. Polarität d. Magnets u. Gebrauch d. Magnetnadel bei d. Chinesen in ältester Zeit XI. 627*.
Siedhof, C. Anfertigung galvanoplast. Copien v. Maassstäben I. 482. 489.
Siegfried, J. J. Chronik der in d. Schweiz im Jahre 1859 beobachteten Naturerscheinungen XV. 706*; desgl. Oct. bis Dec. 1860, XVII. 724*; desgl. Oct. 1861 bis März 1862, XVIII. 687*. 813*; desgl. bis Dec. 1862, XIX. 658. 723* — Erdbeben in d. Schweiz 1859 u. 1860, XVI. 892* — Schnee- u. Eisbewegung XIX. 698*.

Siemen, Verbesserte Luftpumpe XII. 154*.

Siemens, E. W. Anwendung d. elektrischen Funkens zu Geschwindigkeitsmessungen I. 46. 62 — Isolirung d. Drähte elektr. Telegraphen IV. 355* — Ueb. telegraphische Leitungen u. Apparate. Ueber die elektr. Telegraphen VI. 838* — Kurze Darstellung der an d. preuss. Telegraphenlinien mit unterird. Leitungen gemachten Erfahrungen VI. 839* — Ueb. d. Vorschlag d. Hrn. Bonelli d. übersponnenen Kupferdrähte für Elektromagnete durch Papierbänder mit metallischen Linien zu ersetzen XII. 488 — Elektromagnetrollen aus Kupferblech u. Seidenband XII. 490 — Ueb. d. elektrostatische Induction u. die Verzögerung d. Stroms in Flaschendrähten XIII. 316 — Neue Construct. magnetoelektr. Maschinen XIII. 422 — Galvan. Batterie v. anhaltend constanter Wirkung XV. 399 — Aeltere Wahrnehmungen v. Störungen d. Telegraphen während eines Nordlichts XV. 566* — Vorschlag eines reproducirbaren Widerstandsmaasses XVI. 488 — Ungewöhnlich starke elektr. Erscheinungen auf der Cheopspyramide bei Cairo während d. Wehens d. Chamsin XVI. 617 — Ueb. Widerstandsmaasse u. d. Abhängigkeit d. Leitungswiderstandes d. Metalle v. d. Wärme XVII. 465 — Ueb. d. Erwärmung d. Glaswand d. Leydener Flasche durch d. Ladung XX. 442.

Siemens u. Halske, Elektromagnet. Zeiger- u. Drucktelegraph IX. 578* — Apparate für d. Betrieb langer Unterseelinien XV. 493* — Der magneto-elektr. Inductionszeigerapparat XV. 493* — Widerstandsetalon XIX. 413.

Siemens, E. W. und K. W. Untersuchung d. elektr. Zustandes submariner Telegraphenleitungen XVI. 525*.

Siemens, K. W. Ueb. d. Expansion d. isolirten (trocknen) Dampfes u. d. Gesammtwärme d. Dampfes IX. 426 — Prioritätsanspruch aus Anlass einer Mittheilung v. Séguin üb. eine neue Anwendungsweise d. Dampfes XI. 374* — Maschine mit regenerirtem Dampf XI. 374*; XII. 361* — Verbess. Verfahren Wasser abzukühlen u. gefrieren zu lassen XII. 365 — Neues Widerstandsthermometer XVII. 474 — Ueb. d. Bathometer, ein Instrument um Meerestiefen ohne Einsenkung einer Leine zu bestimmen XVII. 747 — Regenerativ-Gasmaschine XVIII. 325* — Ueb. d. Widerstand u. d. Elektrisirung von Guttapercha u. Kautschuck bei verschied. bis 300 Atmosph. steigendem Druck XIX. 432.

Siemens, K. W. u. F. Regenerative Gasöfen XVIII. 334*.

Silbermann, J. J. Anwendung eines neuen Hahnsystems bei Verdünnungs- und Verdichtungsluftpumpen XII. 152 — Gewitter v. 18. u. 19. Juni 1857, XIII. 463 — Ballons aus Kautschuck XIII. 504* — Ueb. d. Umstände, welche die Bildung v. Gewitterwolken begleiten oder ihr folgen XX. 613.

Silbermann, J. Th. Ueb. d. Orientirung seines Heliostaten I. 298. 310. — Erklärung der mit blossem Auge sichtbaren Lichtbüschel im polarisirten Licht II. 213. 223 — Dilatometer IV. 36. 45 — Verfahren zur Verification der v. Frankreich den Vereinigt. Staaten zugesandten Maasse u. Gewichte IX. 29* — Neues Verfahren zur Bestimmung der Ausdehnungen. Gaspyrometer IX. 30* — Messung d. Längenveränderung v. Stäben unter d. Einwirkung ihres eigenen Gewichts und Berücksichtigung derselben bei genauen Messungen X. 35 — Ueber d. Ursprung d. Längenmaasse XV. 5 — Ueb. den Hydrostat v. Köppelin XV. 78. — s. Favre, Jacquelain.

Siljeström, F. A. Beobachtung d. Nordlichts in Finnmark IV. 173, (mitgetheilt v. Hansteen 171) — Bedingungen d. Gleichgewichts für ein rotirendes Sphäroid XV. 73 — Magnet. Inclination zu Stockholm XV. 630 — Ueber Temperaturbeobachtungen XV. 716*.

Silliman, B. Meteorstein v. Concord III. 158. 176 — Daguerreotypen durch elektr. Licht VI. 519. 538 — Schwefelsee in der Campagna bei Tivoli. Steigen u. Fallen d. Eriesees VI. 913. 1011. — Besteigung d. Aetna VIII. 656 — Meteorsteinfall v. Parnallee in Hindostan XVII. 555* — s. Johnston.

Silliman, B. u. C. H. Porter, Ueber ein Photometer u. Versuche mit demselben üb. d. relative Intensität mehrerer künstlichen Beleuchtungsmittel XIII. 244.

Silliman, G. S. Ueb. den Ursprung d. Aerolithe XVIII. 509*.
de Silveira, Tabelle der mittleren magnet. Declination für jede 10 Tage v. 1858 bis 1863 nach den auf dem magnet. Observatorium zu Lissabon gemachten Beobacht., woraus d. jährl. Variation oder die halbjährige Ungleichheit, denen dieses Element unterworfen ist, ersichtlich wird XX. 633*.
Silver, S. W. Kautschuck in Vergleich mit Guttapercha als Isolator für unterseeische Telegraphenkabel XV. 417; XVI. 482.
Silvester, E. Apparat, welcher d. Verhältniss d. Winkelgeschwindigkeit d. Erde und der Drehung eines beliebigen Horizonts um die Verticale anzeigt VI. 70. 146.
Silvester, J. Ueber Federwaagen XII. 83*.
Silvestri, Ozonometr. Untersuchungen zu Pisa XVIII. 526.
Simmler, R. Th. Physikalisch-chemische Untersuchung d. alkalischen Schwefelwassers v. Stachelberg XIII. 577* — Versuch zur Interpretation der von Brewster im Jahre 1826 in krystallisirten Mineralien entdeckten sehr expansibeln Flüssigkeiten XIV. 14 — Problem der Diamantbildung XIV. 14; XV. 29 — Beiträge zur chemischen Analyse durch Spectralbeobachtungen XVII. 254. — Ueber Fluorescenz XVIII. 241 — Ueb. eine aus Rohrzucker erhaltene Flüssigkeit v. ausserordentl. Fluorescenzvermögen XVIII. 242 — Beobacht. d. Zodiakallichts bei Chur XVIII. 510* — Zur Statistik d. Wärmeverhältnisse d. Luft u. d. Gewässer in d. Schweizeralpen XVIII. 616*; XIX. 619 — Ein Hand- u. Reisespectroskop XIX. 188 — Der Tödi-Rusein u. d. Excursion nach Obersandalp XIX. 697*.
Simmler, Th. u. H. Wild, Ueb. einige Methoden zur Bestimmung der bei d. Diffusion einer Salzlösung in d. reine Lösungsmittel auftretenden Constanten XIII. 68.
Simmon, Tragbares Hygrometer III. 93. 94.
Simonds, P. L. Die Entdeckungen in den Polarregionen im 19. Jahrh. XVI. 792*.
Simon, Ueber Capillarität VI. 19. 25.
Simon, G. Neues Nivellirungsinstrument XIV. 61*.
Simon, G. und A. Greve, Ueber Verdunstung III. 590. 611.
Simonett, Meteorolog. Beobacht. in Splügen XVIII. 687*.
Simonin, Optische meteorolog. Erscheinung III. 156. 166 — Uebersicht d. meteorolog. u. medicin. Beobacht. zu Nancy 1860, XVII. 725*; desgl. 1861, XVIII. 687* — Meteorologie u. Klima d. Depart. de la Meurthe XIX. 658* — Einfluss d. Mondphasen auf d. Anzahl d. Regen- u. Schneetage XX. 775*.
Simony, F. Temperatur d. Quellen im Salzkammergut V. 460. 486 — Gletscherspuren am Radstadter Tauern VI. 912. 995 — Die Seen d. Salzkammerguts VI. 913. 1013 — Ueb. d. Alluvialgebilde des Etschthales. Die Ueberschwemmung d. Vintsch-Gau im Sommer 1855, XIII. 581 — Resultate mehrjähr. meteorolog. Beobachtungen zu Wien XVII. 724* — Uebersicht d. tägl. Ganges d. Temperatur zu Wien XVIII. 612 — Verbreitung d. Gletscher in Oesterreich. Zur Kunde d. Oetzthaler Alpen XIX. 697* — Die Seen d. Traungebietes XX. 858 — Die Seen der Alpen XX. 859*.
Simpson, Verbesserte Pumpe VI. 154. 191.
Simpson, J. Y. Einfluss des Galvanismus auf d. Action d. Uterus bei d. Entbindung III. 393. 429.
Simpson, J. Temperatur der Luft nach d. Aufzeichnungen in d. Winterquartier zu Point-Barrow aus den Jahren 1852 bis 1854, XIII. 485.
Sinclair, J. Wasserdruckmaschine IX. 102.
Singer, H. Bestimmung d. elektromotor. Kraft einer galvan. Kette VI. 712. 713.
Sinsteden, Elektr. Spannungserscheinungen, selbst Funken an offenen Inductionsspiralen u. d. inducirenden Magneten II. 475. 508 — Vervollkommnung d. magneto-elektr. Rotationsapparate V. 300. 309 — Neuer Kreisel zur Darstellung subjectiver Farben u. Eigenthümlichkeit d. Orangefarbe dabei VI. 488. 496 — Optische Stelle aus d. Alten VI. 488. 496 — Wesentliche Verstärkung d. magneto-elektr. Rotationsapparates VI. 793. 806 — Zur Kenntniss d. Natur d. Spannungselektricität an ungeschlossenen Inductionsspiralen, u. Angabe einer

bequemen Ladungstafel für dieselbe VIII. 519 — Ueber d. Grad d. Continuität u. d. Stärke d. Stroms eines grösseren magneto-elektr. Rotationsapparates u. d. eigenthümliche Wirkung d. Eisendrahtbündel in d. Inductionsrollen dieser Apparate X. 571 — Einrichtung u. Wirkung eines verbesserten Inductionsapparates XI. 486 — Ueber die magnetisirende und elektrolytische Wirkung des elektro-magnetischen Inductionsstromes XIII. 418 — Neues pseudoskop. Bewegungsphänomen XVI. 291.

Sire, G. Ueb. d. Wasser in Gestalt v. Tropfen VI. 154. 181 — Apparat zum Beweise der Drehung d. Erde VIII. 101 — Ueb. d. Festigkeit d. Rotationsebne VIII. 105 — Einfacher Apparat um zu zeigen, wovon d. Druck einer Flüssigkeit auf d. Boden d. Gefässes abhängig ist VIII. 110 — Erschein. beim Auftröpfeln gewisser Flüssigkeiten auf d. Oberfläche von Aether IX. 137 — Bestreben d. Drehungsaxen einander parallel zu werden u. seine Anwendung auf d. Drehung d. Erde XI. 81; XIV. 84 — Ueb. ein Instrument d. Zusammensetzung der Drehungen nachzuweisen XV. 66 — s. Minary.

Siret, Reinigung d. Fernrohrobjective durch sublimirten Schwefel u. Thierkohle III. 210. 213.

Sirks, H. A. Sonnenhof beobacht. zu Soerabaja XIX. 538*.

Sismonda, E. Tafeln der an d. königl. Akad. d. Wissensch. zu Turin 1860 u. 1861 angestellten meteorolog. Beobacht. XX. 834*.

Sivering, H. J. Höhen einiger Punkte üb. d. Meer XVIII. 712* — Barometer mit bewegl. Gefäss XIX. 617*.

Skanke, Meteorolog. Beobachtungen zu Wardö in Finnmarken 1856-1860 XVII. 678*; desgl. 1861, XVIII. 681.

Slater, J. A. Merkwürdige Wirbelwinde X. 758.

Slater, J. W. Ueber die chemische Wirkung d. Lichts VIII. 341.

Slatter, J. Feuerkugel III. 157. 169 — Nordlicht v. Febr. 1849, V. 451. 453.

Slesser, G. M. Ueber d. Bewegung eines Körpers in Bezug auf bewegliche Axen XIV. 73 — Bemerk. zur Mechanik fester Körper XVI. 34.

Sloggett, Constitution d. Materie II. 317.

Sludskji, Th. Ueb. d. Ablenkung d. Bleiloths XX. 38*.

Smaasen, W. Dynamisches Gleichgewicht d. Elektricität in einer Ebene od. einem Körper II. 475. 483; desgl. in einem Körper und im unbegränzten Raum III. 450 — Ueb. d. dynamische Gleichgewicht d. Elektricität X. 546*.

Small, A. Apparat zur Aufhebung localer Störungen bei Seecompassen XI. 628*.

Smallwood, C. Resultate d. meteorolog. Beobachtungen zu St. Martin, Ostcanada 1852, IX. 736*. X. 723; desgl. für 1853, X. 763*; desgl. für 1854, XI. 751; desgl. für 1855, XII. 716. 717* — Meteorolog. Bericht für 1852, X. 722 — Eigenthümliche atmosphär. Erscheinung d. 23. Mai 1856 zu St. Martin XIII. 456* — Selbstregistrirendes Anemometer XIII. 503 — Photograph. Darstellungen verschied. in Canada beobachteter Schneeformen XV. 729* — Eigenthüml. Witterungsperiode in Canada im Jan. 1859, XVI. 705*.

Smee, A. Ursache d. Metallreduction durch d. elektr. Strom; Zusatz von Poggendorff I. 470. 475 — Elektrobiologie V. 298* — Grundzüge der Elektrobiologie VI. 727. 732 — Ueb. d. binoculare Perspective X. 323 — Methode Platin- od. Silberplatten mit Platinschwarz zu überziehen XII. 481.

Smith, Ueb. d. Nordlicht v. 17. Nov. 1848, V. 451. 453.

Smith, A. Berechnung d. Entfernung einer im Erdschatten verfinsterten Sternschnuppe V. 176. 186 — Ueber d. Compassabweichung in hölzernen u. eisernen Schiffen XI. 609 — Ueb. d. Absorption v. Gasen durch Kohle XIX. 85.

Smith, A. u. F. J. Evans, Einfluss der Länge u. Einrichtung d. Compassnadeln auf d. Ablenkung d. Compasses u. neue Methode zur Correction d. Quadrantenabweichung XVII. 581 — Ueb. d. drei Berichte d. Liverpooler Compass-Comités u. andere neuere Publicationen üb. denselben Gegenstand XVIII. 567.

Smith, H. L. Verbesserung in der Construction d. achromat. Fernrohrs XIII. 273*

Smith, J. Verbesserte Wasserhebevorrichtung IX. 102 — Ueb. d. Ursache d. Farben u. d. Theorie des

Lichts XV. 296; XVIII. 194* — Ueb. d. Chromaskop XVII. 332; XVIII. 272.

Smith, J. A. Bemerkungen zur Stütze d. Franklin'schen Theorie üb. Elektricität II. 317. 318 — Ueb. eine zu Newstead, Roxburgshire, gefundene Meteoreisenmasse nebst allgem. Bemerkungen üb. Meteoriten XVIII. 509*; XIX. 544*.

Smith, J. L. Gefrieren d. Wassers unter der Luftpumpe ohne Schwefelsäure II. 112. 115 — Vergleich der Objectivgläser für Mikroskope von Ross, Spencer und Nachez VI. 546. 550 — Einige Thermen Kleinasiens VI. 913. 1031 — Das umgekehrte Mikroskop mit neuem Ocularmikrometer u. mikroskop. Goniometer VIII. 357 — Beschreibung v. fünf neuen Meteoreisen mit Betrachtungen über d. Ursprung d. Meteoriten XI. 587* — Ueb. Meteorsteine XII. 558* — Ueb. mehrere Meteorsteine, d. am 28. März 1859 in Harrison gefallen sind XV. 561* — Ueber Dupont's artesisch. Brunnen zu Louisville in Kentucky XV. 749 — Beschreib. v. drei neuen Meteoreisen aus Nord-Carolina XVI. 607* — Die Guernsey- (Ohio-) Meteoriten XVII. 553* — Drei neue Meteoriten XVII. 554* — Neues Meteoreisen v. Wayne Cty, Ohio. Bemerkungen üb. d. Meteorstein v. Atakama. Chladnit in d. Meteorstein v. Bishopville ein Magnesiapyroxen XX 600*.

Smith, N. D. Meteorolog. Beobacht. zu Washington v. 1840 bis 1859, XVII. 723*; XVIII. 667.

Smith, R. A. Beschreib. eines zu Allport, Derbyshire, gefall. Meteoriten VI. 872*.

Smith u. Beck, Verbesserungen am Stereoskop XIV. 305.

Smits, H. D. A. Methode durch Winkelmess. am Meere d. Höhe d. Gebirge aus d. Abständen u. umgekehrt die Abstände zu berechnen V. 374. 441 — s. Crochewit.

Smyth, B. B. Meteorolog. Bericht an die Colonialregierung v. Victoria XV. 707.

Smyth, C. P. Wärmewirkung d. Compression und Expansion d. Luft VI. 563. 594 — Lichtmeteore u. Nordlichter VI. 871* — Beobachtungsstunden für mittlere Temperatur VI. 1058* — Meteorolog. Bemerk. für Decbr. 1851, VI. 1058* — Bestimmung der wahren Kraft u. Richtung d. Windes. Ueber Seeanemometer VI. 1059* — Verbesserungen an katoptrischen Instrumenten VIII. 361* — Lage d. Pole d. Atmosphäre VIII. 772 — Verbesserte Form v. reflectirenden Instrumenten zum Gebrauch auf d. Meere IX. 314* — Ueber Brechung in der Sonnenatmosphäre XI. 368; XII. 343 — Mittheilung v. Zeitsignalen XI. 510 — Intensität d. Wärmestrahlung d. Himmelskörper XII. 376 — Astronomische Expedition nach Teneriffa XII. 554; XIII. 456* — Ueb. d. Constanz der Bestrahlung durch d. Sonne XII. 749 — Seitliche Strahlenbrechung auf Teneriffa XIII. 456* — Vergleichungspunkte zw. Erd- u. Mondvulkanen XIV. 701 — Astronom. Versuche auf d. Pik v. Teneriffa XV. 734 — Fossilien v. Teneriffa und d. Notiz von Sir Ch. Lyell XV. 767 — Ueb. das v. Carrington u. Hodgson am 1. Sept. 1859 beobachtete Sonnenphänomen XVI. 374 — Erklär. der v. Carrington und Hodgson kürzlich beobachteten Erscheinung auf d. Sonne XVI. 608* — Ueb. d. grossen Refractor zu Elchies, Morayshire, und seine Kraft bei Sternbeobachtungen XIX. 308* — Beweis für d. Durchsichtigkeit und Durchstrahlbarkeit d. Atmosphäre in grosser Höhe XIX. 519 — Bemerk. zu Bleistücken v. dem durch d. Blitz am 4. Febr. 1863 beschädigten Dach d. unteren Stockwerks des Nelsondenkmals XIX. 576 — Interessante elektr. Erscheinungen XX. 613.

Smyth, J. A. Beobachtungen einer Feuerkugel bei Auchterarder XIX. 543*.

Smyth, R. A. Ueb. Regen u. Luft bei Manchester VIII. 706.

Smyth, W. H. Ueb. d. Mittelländische Meer X. 771.

Smythe, W. J. Bestimmung d. magnetischen Declination, Inclination u. Intensität auf d. Fiji-Inseln 1860 u. 1861, XVII. 581.

Smythies, J. Theorie d. Anziehung VI. 15*.

Snell, E. S. Ueb. einen durch Reflexion d. Lichts an einer Wasserfläche gebildeten Regenbogen X. 633 — Ueb. die Planetenstörungen XII. 130 — Ueb. d. Vibrationen d. Wassers am Fall bei Halyoke, Massachusetts XIII. 580; XV. 754 — In-

strument zur Erläuterung gewisser im polarisirten Licht entstehender Schwingungen XVII. 351.

Snellen, H. Schriftproben zur Beurtheilung der Gesichtsschärfe XVIII. 278*.

Snow-Harris, W. Ueb. elektrische Kraft XVII. 419* — Ueb. neue Erscheinungen d. Rückstandes und das Gesetz der Schlagweite d. elektrisch. Batterien XVII. 435 — Richtige Auslegung d. elektr. Ausdrücke: Intensität u. Spannung XIX. 397 — Ueb. d. Gesetze u. Wirkungen d. elektr. Kraft XX. 434.

Snow, W. Parker, Erfahrungen über d. Gesetz d. Stürme in jedem Quadranten d. Erdkugel XVII. 654*.

Söchting, E. Ueb. einen verbesserten Apparat zur Darstellung d. elektr. Lichts XVI. 511 — Islands Vulkane nach d. neuesten Untersuchungen v. Forbes XVII. 780.

Sömmering, Erfinder d. Telegraphie VI. 840 — Der Sömmeringsche Versuch X. 25.

Sofka, F. O. Die kosmischen Abkühlungen, ein meteorolog. Princip XIX. 657*.

Sokolow, J. Mittel der meteorolog. Beobachtungen zu Kostroma 1850 bis 1859, XVII. 677 — Ueb. d. Princip d. kleinsten Wirkung XVIII. 18.

Sokolowski, Zeit d. Gefrierens und Aufgehens d. Wolga XVI. 821*.

Soldner, J. v. u. J. Lamont, Meteorolog. Beobachtungen zu München in d. Jahren 1825 bis 1837 XV. 671.

Soleil, H. Instrument zur Erleichterung d. Versuche üb. Circular-Polarisation. Apparat die Drehung zu messen I. 180. 191 — Structur und Drehvermögen d. Bergkrystalls I. 180. 191 — Neuer optischer Apparat II. 242. 245 — Vervollkommnung des Saccharimeters III. 210. 215; IV. 198. 201 — Ermittlung d. optischen Axe d. Bergkrystalls durch e. kleine Anzahl künstlicher Flächen X. 293 — Ueb. einige Erscheinungen d. Circularpolarisation, e. neuen Circularpolarisationsapparat u. einen neuen Compensator XI. 297 — Neues Mittel um zu erkennen, ob die einander parallelen Flächen einer Bergkrystallplatte der Axe parallel od. dagegen geneigt sind XI. 299 — Neues doppelt-brechendes Prisma mit vier Bildern XI. 312 — Neues doppelt-brechendes Decimaltelemeter XI. 354 — Numerische Anordnung der Brillengläser XIII. 273 — Drehung d. Polarisationsebne der in einer zur Axe senkrechten Quarzplatte entstehenden Farben bei Einfall v. weissem Licht XVII. 289 — s. Duboscq, Moigno.

Sollitt, Chemische Zusammensetzung u. Herstellung d. Spiegel für reflektirende Fernröhre IX. 329.

Solly, T. Neues Instrument zur Messung kleiner Höhen auf Reisen X. 791.

Solowiew, M. W. Beobachtungen im Dorfe Witenowo 1858, XV. 708*.

Sommerville, Miss, Wirkung des Sonnenspectrums auf vegetabil. Flüssigkeiten II. 228. 230.

Somov, J. Ueber d. Hauptaxen und Hauptmomente homogener Körper X. 41 — Strenge Lösung d. Problems d. Drehung eines schweren festen Körpers um einen festen Punkt, wenn zwei Hauptträgheitsmomente d. Körpers gleich sind und d. feste Punkt auf derjenigen Axe liegt, welcher d. dritte Moment entspricht XI. 65.

Sondhauss, C. Apparat zur Darstellung verschiedener Reactionserscheinungen VI. 155. 199 — Ueb. d. Brummkreisel u. d. Schwingungsgesetz d. kubischen Pfeifen VI. 294. 303 — Schallschwingungen der Luft in erhitzten Glasröhren u. gedeckten Pfeifen von ungleicher Weite VI. 294. 306 — Form v. aus runden Oeffnungen tretenden Luftströmen VIII. 130 — Ueb. d. Refraction des Schalles VIII. 156 — Ueb. die beim Ausströmen d. Luft entstehenden Töne X. 216 — Form der aus runden Oeffnungen tretenden Luftströme XII. 152* — Ueb. d. chemische Harmonika XVI. 123 — Ueb. die durch Temperaturunterschied sich berührender Körper verursachten Töne XVIII. 99.

Sonklar, K. v., Ein Condensationshygrometer XII. 614 — Ausbruch d. Suldnergletschers in Tyrol XIII, 587 — Zusammenhang d. Gletscherschwankungen mit d. meteorolog. Verhältnissen XIV. 693 — Ueb. einige Höhenmessungen d. Gebrüder A. und H. Schlagintweit XV. 789* — Ueber die Aenderungen d. Temperatur mit d. Höhe XVI. 703; XIX. 630 — Die Oetzthaler Gebirgsgruppe mit besonderer Rücksicht auf Orographie und Glet-

scherkunde XVII. 764 — Von d. Gletschern d. Diluvialzeit XVIII. 699 — Die Gebirgsgruppe d. Hohen-Tauern XVIII. 712* — Die Val Redena und Val Genova in Südtyrol. Das Eisgebiet d. Hohen-Tauern XX. 900*.

Sonnet, Ueb. d. gradlinige u. gleichförmige Bewegung d. Wassers mit Rücksicht auf d. verschied. Geschwindigkeit d. Schichten I. 78* — Geometrische Gesetze d. Bewegung eines Körpers V. 37. 41.

Sorby, H. C. Ueb. d. Ausdehnung d. Wassers u. d. Salzlösungen bei hohen Temperaturen XV. 341 — Gefrierpunkt d. Wassers in Capillarröhren XV. 356 — Ueb. d. Wechselwirkung mechan. u. chemischer Kräfte XIX. 11 — Mikroskop. Untersuchung d. Aerolithe XIX. 544* — Ueber die mikroskop. Structur d. Meteorite XX. 598*.

Sorel, Prioritätsanspruch üb. d. Anwendung d. trocknen Dampfes in d. Maschinen XIII. 297*.

Soret, L. Ueber neue Versuche Regnault's betreffend d. Spannkraft d. Dämpfe VI. 563. 592 — Ueb. Elasticität u. Cohäsion d. festen Körper. Auszug aus den Arbeiten d. Herren Kupffer u. Wertheim X. 115 — Ueb. Aequivalenz d. mechanischen Arbeit u. d. Wärme X. 380* — Erzeugung d. Ozons durch d. Zersetzung des Wassers bei niederen Temperaturen X. 505. 507 — Zersetzung d. Kupfersalze durch die Säule u. d. Gesetz d. elektro-chemischen Aequivalente X. 535 — Ein Phänomen des Binocularsehens XI. 341* — Ueb. d. Gesetz d. elektro-chemischen Aequivalente XI. 445 — Ueber d. thermobarometrische Höhenmessen XI. 690 — Electro-chemische Zersetzung d. Wassers, wenn es bei den Erscheinungen d. elektrostatischen Vertheilung als Leiter dient XII. 456 — Intensitätsänderungen d. elektr. Stroms, wenn er mechanische Arbeit verrichtet XIII. 406 — Wärmeerzeugung in dem Theil d. Leitung, welcher eine äussere Arbeit verrichtet XIII. 406 — Ueber d. Wärme, welche der Strom in einem Theil d. Schliessungsbogens entwickelt, der eine äussere Arbeit leistet, u. d. Beziehung zwischen d. Stromstärke u. d. Grösse d. äusseren Arbeit XV. 439 — Wechselwirkung d. Elektricität u. d. anderen Naturkräfte XVI. 474* — Ueb. d. Erzeugung d. Ozons durch Elektrolyse u. d. Natur dieses Körpers. Volumetrische Verhältnisse des Ozons XIX. 440 — Bestätigung d. elektrolytisch. Gesetzes, wenn d. Strom eine äussere Arbeit leistet XX. 479.

Soubeiran, Ueber d. Fruchtzucker II. 177* — Elektromotor. Vorrichtungen zu ärztl. Gebrauch VI. 728. 739.

Souchay, A. Analyse eines altröm. Metallspiegels XVII. 339.

Soulier, A. Brennender Brunnen im Canton Buis-les-Baronnies XVI. 841.

Southern, J. Dichte, latente Wärme u. Elasticität d. Dampfes III. 63. 64.

Sowerby, W. Sondirung schnell fliessender Ströme XI. 773.

Spängler, Ueb. rothen Schnee XIX. 641*.

Spakowsky, Darstellung v. Flüssigkeiten v. gegebenem specifisch. Gewicht XIV. 52.

Spassky, Ueb. d. jährlichen Gang d. Temperatur in Moskau XI. 652* — Meteorolog. Beobachtungen zu Moskau 1855, XI. 758*; desgl. vom Januar bis August 1856, XII. 717*.

Speke, Ch. T. Vulkan. Ausbruch an d. Küste v. Abessynien XVIII. 790*.

Speke, J. H. Das obere Nilthal XIX. 688*.

Spencer, Niveau d. Ontariosees u. Niagaraflusses VI. 913. 1021 — Kraterförmige Seen v. Manlius VI. 913. 1022.

Spencer, C. A. Verbesserungen d. Objective an Mikroskopen VIII. 357.

Spiller, Ph. Neue Theorie d. Elektricität und d. Magnetismus XVII. 418.

Spillman, W. Das Meteor v. 8. Juli 1856, XII. 557*.

Splitgerber, D. C. Ueb. Entglasung V. 161. 170 — Erscheinung d. schwarzen Kreuzes, welches nicht durch schnelles Erkalten im Glase hervorgerufen ist VI. 427. 435 — Ueb. im Glas befindliche entglaste Körper u. die dadurch hervorgerufenen opt. Erscheinungen VIII. 279 — Färbung d. Glases durch d. alkalischen Schwefelmetalle und deren dem Schwefel analogen Farbenveränderungen beim Erhitzen XI. 5 — Mittel zu bestimmen, ob ein Glas dem Blindwerden ausgesetzt ist XVI. 311.

Spörer, Beobachtungen v. Sonnen-

flecken und daraus abgeleitete Elemente d. Rotation d. Sonne XVII. 549*; XVIII. 503*; XX. 593* — Resultate aus Beobachtungen d. Sonnenflecke XVIII. 504* — Ueb. Sonnenflecke XIX. 538*; XX. 593* — Heliographische Vertheilung d. Sonnenflecke XX. 593*.
Sponholz, Zodiakallicht XII. 559*.
Spottiswood, W. Ueb. Gleichgewichtsaxen. Statischer Lehrsatz XI. 53 — Ueber typische Bergreihen; Anwendung der Wahrscheinlichkeitsrechnung auf physische Geographie XVII. 735 — Ueb. d. Gleichungen d. Drehung eines festen Körpers um einen festen Punkt XIX 19; XX. 30.
Spratt, T. Meerestiefenmesser XII. 736 — Ueb. d. Tiefenmessungen zwischen Malta u. d. Archipel 1856 u. 1857, und d. besten Methoden der Tiefenmessung XIII. 570.
Springfellow, Patentirte Taschenbatterie IX. 515.
Sproule, W. Franklin's Ansichten üb. Elektricität II. 317. 319.
Squire, E. G. Die Blutquelle in Honduras X. 778 — Der See Yojou od. Taulebé in Honduras XV. 747. 748.
Srtsczek, J. Ueb. eine auffallende elektr. Erscheinung IX. 439.
Stabrowsky, Das Phänomen der Seiches am Onega-See XIII. 575.
Stach, F. Wollheim's verbesserter Thermograph XII. 500.
Stader, J. F. Bahnen u. Bewegungen eines körperlichen Punktes unter andern Anziehungsgesetzen als dem Newton'schen IX. 35.
Stähelin, C. Die Lehre d. Messung v. Kräften mittelst d. Bifilarsuspension IX. 54; XII. 84*.
Staite, W. E. Verbesserung am elektrischen Licht V. 291; VI. 714* — Verbesser. an Apparaten zur Erzeugung u. Anwendung elektr. Ströme XI. 442* — s. Greener.
Stamkart, F. J. Geschwindigkeit d. Windes V. 374. 381 — Bewegung eines Kreisels um seine Spitze X. 45 — Gebrauch d. Intensitätscompass am Bord eines Schiffes XVII. 588*; XVIII. 570*.
Stammer, C. Ueber d. Zuckergehalt d. Runkelrübensaftes u. d. Zuckerbestimmung durch Polarisation XVI. 265 — Einfluss d. Kalkgehalts in Zuckerlösungen auf deren specifisch. Gewicht u. Polarisation XVI. 265 — Ueb. das auf galvan. Wege niedergeschlagene Eisen XVII. 489.
Stampfer, S. Gebrauch d. Nivellirinstrumente aus d. Werkstatt d. k. k. polytechn. Instituts V. 211* — Barometer, welches d. mittleren Barometerstand für beliebige Zeiten angiebt V. 376* — Verfertigung u. Gebrauch d. Alkoholometer VI. 43. 47 — Farbenzerstreuende Kraft d. Atmosphäre VI. 476. 870* — Methode d. Durchmesser d. Pupille bei Tag und bei Nacht am eigenen Auge zu messen VIII. 338 — Ueb. d. scheinbaren Durchmesser d. Fixsterne IX. 256 — Zusatz zu einer Abhandl. v. Reslhuber XII. 338.
Stanley, Länge u. Schnelligkeit d. Wellen V. 459. 470 — Bericht über die v. d. hydrometrischen Commission gesammelten Beobachtungen V. 459. 472.
Stanley, J. Verbesserungen an Waagen XII. 83*.
Stark, J. Vertheilung d. Regens in Schottland XIII. 552 — Zu Capitain Otter's Aufsatz üb. d. Fluthen im Harris-Sund XIV. 683* — Regenmenge auf 60 Stationen in Schottland während jedes Monats im Jahre 1858, XV. 730* — Temperatur des Meeres an d. Küsten v. Schottland 1857 u. 1858, u Verhältniss d. Thatsachen zur Golfstrom-Theorie XV. 737; XVI. 706 — Trüglichkeit d. gegenwärtig. Methode zur Bestimmung d. mittleren Temperatur in England XVI. 706*.
Stas, J. Ueber d. gegenseitigen Verhältnisse d. Atomgewichte XVI. 14.
Stas u. Quetelet, Meteorologie d. Meeres IX. 739*.
Steczkowski, K. Ueb. Höhenmessung mit d. Barometer XI. 686.
Steeg, Polarisationserscheinungen in organischen Substanzen XVI. 255.
Steele, Bäder um Metalle auf elektrischem Wege zu verzinnen, verkupfern, vergolden u. versilbern VI. 722*.
Steele, W. Unterschied zwischen Regenfall u. Verdunstung zu Ennis-killen XVIII. 661.
Stefan, J. Allgemeine Gleichungen üb. oscillatorische Bewegungen XIII. 197 — Ueb. d. Transversalschwingungen eines elastischen Stabes XIV. 117 — Ueb. d. Absorption d. Gase XIV. 134 — Neues Gesetz d. lebendigen Kräfte in bewegten Flüssig-

keiten XV. 66 — Ueber das Dulong-Petitsche Gesetz XV. 332 — Ueber d. specif. Wärme d. Wasserdampfes XVI. 332* — Ueb. d. Bewegung flüssiger Körper XVIII. 38 — Ueber die Vereinigungsweite der v. einem Hohlspiegel reflectirten Strahlen XVIII. 195 — Ueber d. Fortpflanzungsgeschwindigkeit d. Schalles in gasförm. Körpern XIX. 93 — Zur Theorie d. Gase. Ueb. d. Fortpflanzung d. Wärme XIX. 334 — Ueb. Nebenringe am Newton'schen Farbenglas XX. 220 — Ueb. Interferenzerscheinungen im prismat. u. im Beugungsspectrum XX. 221 — Ueb. d. Natur d. unpolarisirt. Lichts u. d. Doppelbrechung d. Quarzes in d. Richtung seiner opt. Axe XX. 234 — Ueb. d. Dispersion d. Lichts durch Drehung der Polarisationsebne im Quarz XX. 248 — s. C. Ludwig.

Stegmann, J. Bestimmung d. Drehungswinkels an Messinstrumenten mit einem beweglichen Spiegel, welcher das Bild einer feststehenden Skala in einem Fernrohr erscheinen lässt XI. 614.

Steichen, Mathematische Theorie d. Dampfmaschinen V. 80* — Ueb. die Drehung u. Anfangsbewegung fester Körper VIII. 56 — Ueb. d. Momente u. andere Gegenstände d. Statik VIII. 56 — Grundeigenschaft d. cykloidischen Bewegung u. ihr Zusammenhang mit d. Zusammensetzung von Drehungen um parallele und sich schneidende Axen IX. 51. — Ueber d. physische Gleichgewicht d. Maschinen IX. 52 — Die umgekehrte Frage d. Percussionscentrums X. 45 — Ueb. d. Gleichgewicht d. Seilpolygons XI. 54 — Ueb. einige Schwierigkeiten d. physischen Mechanik XII. 95 — Identität d. Natur d. Gleichgewichtscurve v. einem auf einer gegebenen Fläche ausgespannten Faden u. v. d. Bahnlinie eines auf d. Fläche geworf. Körpers. Princip d. kleinsten Wirkung; Anwendung auf die ellipt. u. parabol. Bewegung XIX. 32*.

Stein, Neue klangvolle Orgel; Bericht darüb. v. Kerris III. 104.

Steiner, F. Meteorolog. Beobachtungen zu Gratz 1848 u. 1850, VI. 1054*. 1055*.

Steinert, Ueber Voltasche Batterien XVII. 438.

Steinhauser, A. Neue Berechnung d. Dimensionen d. Erdsphäroids XIV. 679 — Höhenschichtenkarten XIX. 663.

Steinheil, C. A. v., Passage-Prisma; Mittel zur Erkennung des Ganges d. Uhren I. 298; II. 242. 244 — Parallaktische Aufstellung von Teleskopspiegeln mittelst eines Heliostaten neuer Construction I. 299* — Optisch aräometrische Bierprobe II. 242. 245 — Fabrication genauer nicht oxydirbarer Metallspiegel II. 421. 423 — Galvan. Telegraph II. 531. 535 — Abhaltung d. Blitzes v. den Stationszimmern bei Telegraphenleitungen IV. 355* — Geschwindigkeit d. galvan. Stromes nach Walker V. 266. 273 — Galvan. Telegraphen Deutschlands V. 314* — Neue Brückenwaage VI. 60. 63 — Beschreibung u. Vergleich d. galvan. Telegraphen Deutschlands VI. 838* — Rectification d. Gehaltmessers d. opt. Bierprobe VIII. 215 — Ueber Reichenbach's Distanzmesser IX. 322 — Ueb. d. Silberspiegel d. Teleskops XIII. 273 — Zur Photometrie d. Himmels XIV. 255 — Verbesserung d. Objective XIV. 293 — Ueb. ein Fernrohr nach Gauss' Construction aus seiner Werkstatt XVI. 306 — Ueber Reflexbilder in Fernröhren XVII. 351* — Ueb. Maasse à bout u. deren Vergleichung nach einem neuen Princip XIX. 3 — Verbesserungen in d. Construction der Spectralapparate XIX. 185 — Schreiben an Prof. Peters (betreff. Spectralapparate) XIX. 208 — Neues Marinefernrohr v. grösserer Helligkeit als d. bisherigen XIX. 304 — Wie vollständige Uebereinstimmung in d. Angaben d. Spectralapparate leicht zu erreichen sei XX. 175 — s. v. Heintz.

Steinheil u. Albert, Die Rolle d. chemisch wirkenden Lichtstrahlen in d. Photographie XVIII. 258.

Steinheil u. Seidel, Reduction d. Wägungen IV. 36. 37 — Bestimmung d. Brechungs- u. Zerstreuungsverhältnisses verschied. Medien VI. 394. 398.

Steinheim, Beobachtung ein. Kugelblitzes zu Altona IX. 617. 619.

Stellwag von Carion, K. Ueber doppelte Brechung und davon abhängende Polarisation des Lichts im menschl. Auge VIII. 318 — Die Accommodationsfehler d. Auges XI. 328.

Stenhouse, J. Ueb. einige v. d. Sub-

stanzen, welche Silberoxyd reduciren u. d. Metall als Spiegel auf Glas fällen I. 298* — Ueb. platinirte Holzkohle XI. 187 — Ueb. entfärbende Kohle u. ihr Vermögen einige Gase zu absorbiren XIII. 42 — Einfaches Verfahren unreines Wasserstoffgas u. kohlensaures Gas geruchlos zu machen XIV. 32.

Stephan, Erzherzog, Meteor v. 11. Mai 1852, VIII. 596*.

Stephenson, Versuche üb. d. relative Festigkeit verschied. Roheisensorten VI. 14*.

Sterry-Hunt, P. Ueb. d. Atomvolume XI. 4.

Steudner, Die deutsche Expedition bei d. Mosesquellen im peträischen Arabien 1861, XVII. 762.

Stevelly, J Erklärung d. momentanen Deutlichkeit schnell rotirender Farbensectoren VI. 488. 500 — Ueb. d. Gewicht, mit welchem ein in d. Erde gerammter Pfahl höchstens belastet werden darf X. 39 — Nordlicht X. 642* — Erscheinungen d. Sehens XV. 292 — Ueb. eine Methode zur Bestimmung d. Schallgeschwindigkeit XX. 121.

Stevelly u. Brewster, Erscheinung eines Sternes auf d. dunklen Mondrande unmittelbar vor d. Bedeckung I. 179. 189.

Stevenson, J. F. Ein Besuch bei d. heissen Quellen v. Pai im District Tavoy XX. 877*.

Stevenson, S. Selbstregistrirendes Minimum- und Maximum-Heberbarometer XIII. 503.

Stevenson, T. Metallene Holophotalreflectoren für Leuchtthürme VI. 546. 552 — Bezieh. zwischen d. Höhe d. Meereswellen u. ihrem Abstand v. d. windwärts gelegenen Küste VIII. 123 — Abnahme d. Höhe d. Wellen nach ihrem Eintritt in d. Hafen IX. 99 — Einfache Art divergirende Lichtstrahlen über einen beliebigen Azimuthalwinkel auszubreiten, nebst Vorschlägen zu sphärisch-cylindrischen und doppelt cylindr. Linsen für Leuchtthürme XI. 257 — Ueber eine sichere und leicht anwendbare Methode d. Windrichtung durch Beobachtung d. reflectirten Bilder der Wolken zu bestimmen XI. 640 — Ueb. d. zerstörenden Wirkungen der See an d. Nordostküsten v. Schottland XV. 743 — Azimuthal-condensirender Apparat von ungleicher Kraft für feste oder drehende Leuchtthürme auf Inseln in d. Nähe d. Küste XVII. 352* — Beschreibung einiger neuen Formen d. Photometers XIX. 234.

Stevenson, W. F. Das elektr. Fluidum. Ueb. Phlogiston u. Wasserzersetzung II. 317. 318 — Abkühlende Wirkung d. Wasserstoffs und seiner Verbindungen auf d. volt. Glühen V. 285. 289.

Stewart, B. Gesetze d. gegenseitigen Einwirkung v. Schwefelsäure u. Wasser XII. 57 — Instrument zur Registrirung v. Temperaturveränderungen XII. 611 — Ueber strahlende Wärme XIV. 358 — Ueb. Versuche mit strahlender Wärme XV. 369 — Zusammenhang zwischen Temperatur u. elektr. Widerstand XV. 416 — Resultate der magnet. Untersuchung v. Schottland 1857 u. 1858 durch d. verstorb. J. Welsh XV. 633 — Construction d. selbstregistrirenden Magnetographen im Kew-Observatorium XV. 636 — Ausstrahlungsvermögen der Körper mit Beziehung auf d. dunklen u. wärmeerzeugenden Strahlen des Spectrums XVI. 237 — Ueber das v. erhitzten Körpern ausgestrahlte Licht. Ueb. das v. erhitztem Turmalin ausgestrahlte Licht XVI. 238 — Anhang zu d. magnet. Beobachtungen von Makerstown XVI. 650 — Meteorolog. Beobachtungen zu Makerstown von 1847 bis 1855, XVI. 753 — Ueb. innere Strahlung in einaxigen Krystallen XVII. 414*; XVIII. 173 — Ueb. d. grosse magnetische Störung d. 28. August und 7. September 1859 nach d. photograph. Aufzeichnung auf dem Observatorium zu Kew XVII. 565 — Ueber die Theorie der wechselseitigen Strahlung und ihre jüngste Erweiterung XVIII. 224 — Ueber die Natur der rothen Protuberanzen am Sonnenrand während einer totalen Finsterniss XVIII. 506* — Neues Minimum-Quecksilberthermometer v. Casella XVIII. 598 — Erwiderung auf eine Bemerk. v. Kirchhoff in seiner Abhandl. „Ueb. d. Geschichte d. Spectralanalyse“ XIX. 192 — Ueb. d. Zunahme d. Drucks d. Luft bei constantem Volumen zw. 32° F. u. 212° F u. üb. d. Schmelzpunkt d. Quecksilbers XIX. 348 — Ueb. Strahlung u.

Absorption d. Gase XIX. 382 — Ueb. Sonnenflecke u. ihren Zusammenhang mit d. Planetengestalt XIX. 539; XX. 594* — Ueber die Natur d. Kräfte, welche d. grösseren magnet. Störungen verursachen XIX. 587 — Ueb. d. magnet. Störungen am 14. Dec. 1862, XIX. 589 — Vergleichung d. Curvenaufzeichnungen d. selbstregistrirend. Magnetographen zu Kew u. Lissabon XIX. 590 — Ueb. d. Erdströme während magnet. Ruhe u. ihren Zusammenhang mit d. magnet. Variationen XIX. 598 — Ueber Licht u. Wärmestrahlen XX. 177 — Ueber Sonnenflecke XX. 575 — Ueb. d. Ursprung d. Lichts d. Sonne u. d. Sterne XX. 594* — Ueb. d. Stürme v. 30. Oct. u. 21. Nov. 1863, XX. 741*.

Stewart, J. Uebertragung d. photograph. Bilder auf Papier VIII. 350. 354.

Stieber, Ueber Feuerkugeln, Sternschnuppen u. s. w. zu Bautzen XVIII. 506* — Zusammenhang zwischen Erdbeben u. Feuerkugeln XVIII. 802 — Erderschütterungen in Sachsen und Böhmen im Jan. u. Febr. 1862, XVIII. 812.

Stieren, E. Ueber d. Salzwasser d. Alleghany- u. Keskeminetas-Thäler XVIII. 745*.

Stiffe, A. W. Besuch der heissen Quellen v. Bosher bei Muscat XVI. 842.

v. Stockalper, Gletschersturz in Randa 1819, XVI. 848.

Stoddart, Neue Art Zink zu amalgamiren V. 292* — Magneto-elektr. Tangentialmaschine V. 300. 313 — Durchsichtigkeit d. Luft in Persien u. Sichtbarkeit d. Jupitermonde mit unbewaffnetem Auge IX. 609*.

Stoddart, D. T. Klarheit d. Atmosphäre zu Oroomiah XI. 585* — Meteorologie v. Oroomiah XI. 758*.

Stoddart, O. N. Der Sturm z. Brandon, den 20. Jan. 1854, X. 764*.

Stodder s. Storer.

Stöhr, E. Der Vulkan Idjen in Ost-Java XVIII. 786 — Der Krater des Vulkans Bromo in Ost-Java XIX. 709* — Der erloschene Vulkan Ringgit in Ost-Java und sein angeblicher Ausbruch 1586, XX. 916.

Stöhrer, E. Galvan. Versilberung u. Vergoldung I. 483 — Anwendung d. Kraft, welche eine elektr. Spirale auf einen in ihr befindlichen Magneten ausübt, zu Rotationen II. 524 — Anwendung der magneto-elektrischen Maschine zum Versilbern u. Vergolden III. 378. 392 — Vervollkommnung d. magneto-elektr. Rotationsapparate V. 300. 312 — Anwendung der magneto-elektr. Maschine zur elektrisch. Telegraphie V. 314* — Ueb. einen verbesserten Inductionsapparat XII. 513 — s. Mothes, Scholle.

Stohlmann, Ueber den zu Gütersloh herabgefall. Meteorstein VI. 873*.

Stokes, G. G. Ueber d. Aberration d. Lichts I. 164; II. 583. 587 — Die neueren Fortschritte in d. Hydrodynamik II. 54. 74 — Ueb. Fresnel's Theorie d. Aberration d. Lichts II. 579. 589 — Wellentheorie III. 95. 96 — Eine Schwierigkeit in d. Theorie d. Schalls IV. 101. 107 — Abweichung d. Schwerkraft an d. Erdoberfläche V. 28. 31 — Ueb. einige Punkte in d. Theorie d. Schalles V. 93. 95 — Bestimmung d. Wellenlänge aus den Spectrallinien V. 149. 154 — Entstehung d. centralen Flecks in d. Newton'schen Ringen V. 150. 156 — Erklärung gewisser Streifen im Spectrum V. 150. 157 — Einfluss d. inneren Reibung d. Flüssigkeiten auf d. Bewegung d. Pendel VI. 67. 94 — Ueb. d. Principien d. Hydrodynamik (gegen Challis) VI. 153. 164 — Ueb. d. mögliche Wirkung d. Wärmestrahlung auf d. Fortpflanzung d. Schalles VI. 293. 295 — Dynamische Theorie d. Diffraction VI. 318. 349 — Ueb. Metallreflexion VI. 383. 385 — Scheinbare Verschiebung v. Interferenzstreifen VI. 394. 397 — Erscheinung d. Newton'schen Ringe bei d. Winkel der totalen innern Reflexion VI. 399. 404 — Farben dicker Platten VI. 399. 407 — Neuer Zerleger für ellipt. polarisirtes Licht VI. 428. 456 — Ueber Haidinger's Büschel VI. 488. 495 — Wärmeleitung in Krystallen VI. 604. 605 — Zusammensetzung u. Zerlegung polarisirter Lichtstrahlen von verschied. Quellen VIII. 206 — Totalintensität d. interferirenden Lichts VIII. 207 — Ueber d. Aenderung d. Brechbarkeit d. Lichts VIII. 231; IX. 244; X. 279; XII 250* — Anwendung gewisser optisch. Erscheinungen auf d. Chemie VIII. 245 — Optische Eigenschaften eines neuentdeckten Chininsalzes VIII. 283 — Neuere Ver-

suche üb. d. innere Dispersion des Lichts IX. 243* — Ueb. d. metallische Reflexion bei einigen nichtmetall. Substanzen IX. 627; XII. 267* — Ursache d. Unregelmässigkeiten in d. photographischen Bildern von Polarisationsfarbenringen IX. 273 — Ueb. d. optische Schachbrettmuster X. 321 — Ueb. achromatische Objectivdoppellinsen XI. 256 — Ueb. d. angebliche Fluorescenz einer Lösung v. Kaliumplatincyanür XI. 278 — Zusatz zur Berechnung d. Pendelversuche von Airy im Hartonkohlenbergwerk XII. 114 — Ueb. d. Aufsatz von Challis „Theorie d. Mischfarben" XII. 779 — Ueber die Wirkung des Windes auf d. Intensität d. Schalles XIII. 181 — Polarisation d. gebeugten Lichts XIII. 216 — Existenz einer zweiten krystallisirbaren fluorescirend. Substanz (Paviin) in der Rinde d. Rosskastanie XIV. 238; XVI. 246* — Verhalten d. Beugungserscheinungen zur Schwingungsrichtung d. polarisirten Lichts; Bemerkungen zur Abhandl. v. Eisenlohr XV. 189 — Optische Charaktere d. Purpurins u. Alizarins XV. 225 — Ueber gleichzeitige Emission u. Absorption v. Strahlen derselben Brechbarkeit XVI. 235 — Ueber innere Strahlung. (Ergänzung zu den Abhandlungen von B. Stewart „Ueber innere Strahlung in einaxigen Krystallen") XVIII. 173 — Ueber die Intensität des von einem Satz paralleler Platten reflect. od. durchgelassenen Lichtes XVIII. 176 — Ueb. d. lange Spectrum d. elektr. Lichts XVIII. 212; XX. 214* — Ueber Fluorescenz XVIII. 242 — Bericht üb. d. Doppelbrechung XIX. 127 — Ueb. d. Reduction u. Oxydation d. Farbstoffs im Blute XX. 210 — Ueb. d. Unterscheidung organ. Körper durch ihre opt. Eigenschaften XX. 213 — Optische Untersuchung des Chlorophylls u. Biliverdins XX. 214.

Stokes u. W. Haidinger, Richtung der Schwingungen d. Lichtäthers im polarisirten Licht X. 250.

Stokes, J. Ueber die untere Donau XVI. 819

Stolba, F. Ueber Bleikrystallisation XVIII. 337.

Stoltz, Künstliche od. mechanische Accommodation des Auges für alle Entfernungen XIII. 258.

Stone, Ueber d. Weidenblätter des Hrn. Nasmyth XX. 576.

Stoney, B. B. Ueber d. Stärke langer Pfeiler XIX. 59* — Ueber die relative Biegung d. Stab- u. Blechgitter XX. 59.

Stoney, G. J. Ueb. einen Collimator zur vollkommneren Einstellung von Spiegelteleskopen XII. 340* — Verbesserung der Grove'schen Batterie XIII. 378 Ueb. d. Ajustirung der Nadel einer Tangentenbussole XIV. 442 — Ueb. die Fortpflanzung der Wellen XV. 185 — Ueb. Ringe beim Ansehen eines Lichtes durch fasrigen Kalkspath XVII. 275 — Betrag der directen magnet. Wirkung d. Sonne od. d. Mondes auf Instrumente an d. Erdoberfläche XVII. 582 — Ueb. den Grad d. Genauigkeit, der mit Lloyd's Inclinatorium zu erhalten ist XVII. 588*.

Storer, F. Erste Grundzüge eines Wörterbuchs d. Löslichkeit chemischer Substanzen XIX. 85* — s. W. King.

Storer, H. R. u. C. Stodder, Ueber Guttaperchaföhren XII. 180.

Stoukalsky, N. u. Krinitzky, Meteorolog. Beobachtungen zu Tobolsk 1847 bis 1861, XVIII. 681.

Strache, Modification des Daniell-schen Elements XVIII. 411.

Strachey, R. Geographie v. Kumaon u. Garwhal im Himalaya VI. 911. 981 — Gränze des ewigen Schnees im Himalaya VI. 911. 982 — Ueber die Psychrometerformel VIII. 673 — Vertheilung d. Wasserdampfs in d. oberen Theilen d. Atmosphäre XVII 658.

Strahl, J. C. Zu den Pacinischen Körperchen IV. 302. 327 — Ueb. d. Feuerkugel v. 4. August 1858, XV. 559*.

Strangways, F. Phosphorescenz einer Grotte III. 194. 200.

v. Strantz, Wahrnehmung u. Verbreitung des Schalls in freier Luft VIII. 159.

Stratingh, Ueber die mehrfachen Bilder in ebnen Glasspiegeln XX. 155.

Straton, J. Der Regenmesser, seine zweckmässigste Form, Grösse u. Aufstellung nach Versuchen mit verschiedenen Regenmessern während mehrerer Jahre IX. 682.

Strauch, Das umgekehrte Problem d. Brennlinien XV. 204*.

Strauss, Apparat zur Construction

der Linsen I. 298* — Bemerkungen zur Reclamation von Oberhäuser I. 298*.

Strauss-Dürkheim, Der Elektromagnet verglichen mit den Muskelfasern V. 299*; VI. 731. 765 — Erleichterung d. Fortpflanzung d. Töne bei mehr oder minder tauben Personen. Prioritätsanspruch X. 231 — Modell zu einer Maschine um optische Gläser v. beliebiger Krümmung zu schneiden XIV. 292 — Ueber den artesisch. Brunnen v. Passy XVII. 759.

Streffleur, Ebbe und Fluth unter d. Einfluss d. Rotation III. 31. 34 — Ueb. Wasserstands- (Pegel-) Beobachtungen und deren Aufzeichnung VI. 914. 1046 — Natur u. Wirkungen der Wildbäche VIII. 623 — Orographisch-hydrograph. Studien über d. Gebiet des österreich. Kaiserstaats VIII. 635.

Strehlke, F. Zur Frage über Luft- u. Wasserdruck IV. 67. 76 — Knotenlinien einer schwingenden elastisch. Kreisscheibe VI. 228. 233 — Foucault's Pendelversuch zur Bestätigung der tägl. Umdrehung d. Erde um ihre Axe VIII. 73 — Zum Leidenfrostschen Versuch VIII. 147 — Zerlegung durch d. galvan. Strom VIII. 490 — Ueber die Schwingungen homogener elastischer Scheiben XI. 142 — Ueb. eine Aufgabe vom Schwerpunkt XV. 38.

Streng, A. Ueber d. specif. Gewicht d. Bleies XVI. 8 — Der Bauerngraben oder Hungersee XX. 856.

Stricker, W. Anwendung des Galvanismus zur Prüfung d. Blitzableiter II. 363. 366 — Wirkung des Blitzes auf den menschl. Körper XVI. 632*; XIX. 516* — Eine akustische Beobachtung XX. 122.

Strickland, H. C. Planetarische Natur d. Sternschnuppen u. Meteorsteine II. 179. 207.

Stroumbo, D. S. Erklärung d. Hagels XVI. 740*.

Struve, H. Ueber d. Salzgehalt der Ostsee XX. 849 — Ueber eine Reise auf d. Ladogasee XX. 862.

Struve, O. Beobachtung d. totalen Sonnenfinsterniss d. 18. Juli 1860 zu Pobes XVII. 550* — Ueb. einen vom General v. Schubert an d. Akademie gerichteten Antrag betreffend d. russisch-skandinav. Gradmessung XVII. 731 — Ueber das von W. Lassel in Malta aufgestellte Spiegelteleskop XIX. 303.

Struve, W. Ueber d. Ausdehnung d. Eises I. 32. 34; VI. 44. 48 — Vergleich d. Wiener Maasse mit mehreren auf d. Hauptsternwarte zu Pulkowa befindl. Maasseinheiten XVII. 6* (dazu v. Littrow 7).

Stuart, L. Cohen, Ueber d. gegenseitige Verhältniss d. Gay-Lussacschen Gesetzes zu d. Mariotte'schen u. Mayer'schen Gesetze XIX. 332.

Studer, B. Veränderungen d. Erdwärme III. 590. 591 — Langsame Hebungen u. Senkungen d. Bodens in der Schweiz VI. 908. 922 — Geschichte d. physischen Geographie der Schweiz bis 1815, XIX. 730* — Ueber d. Ursprung d. Schweizer Seen XX. 894.

Studer, G. Berg- u. Gletscherfahrten in den Hochalpen d. Schweiz XIX. 698*.

Studer, S. Ueber Gewitter u. Wetterleuchten XI. 598.

Studnicka, F. T. Ueber d. Identität d. Licht- und Wärmestrahlen v. gleicher Brechbarkeit XVII 406 — s. Odstrcil.

Stumpf, G. Beschreibung ein. Pumpe mit Kautschuckventilen XI. 104*.

Stur, D. Die intermittirende Quelle v. Stracena in Ober-Ungarn XIX. 696*.

Sturgeon, W. Ueber Elektrocultur II. 436. 440 — Magnet. Charakter v. Metallen, Legirungen u. Metallsalzen II. 542. 573 — Theorie d. Nordlichts, ungewöhnliche Entwickelungen desselben V. 451* — Ueber Blitze und Blitzableiter VI. 878*; XIII. 465 — Einzelheiten während eines Gewittersturms bei Manchester XIII. 466.

Sturm, Die Theorie d Sehens I. 199. 207.

Subic, S. Ueber die Zusammensetz. fortschreitender u. drehender Bewegungen u. ihre Anwendung XVII. 50* — Grundzüge einer Molecularphysik und einer mechanischen Theorie d. Elektricität u. d. Magnetismus XVIII. 12. 388 — Ueber d. absolute Grösse d. innern Arbeit, d. Aequivalents d. Temperatur u. üb. den molecularen Sinn d. specif. Wärme XIX. 332 — Ueb. die innere Arbeit und specif. Wärme XX. 323.

Suckow, G. Aufhebung complementärer Farben zu Weiss auf chemi-

schem Wege XI. 281* — Erörterung d. Frage, ob die Intensität d. Erdwärme vom Mittelpunkt d. Erde aus mit d. Quadrat d. Entfernung abnimmt XI. 788 — Zur Optik d. Mineralien XIII. 250 — Ueb. problematische Hagelsteine XV. 727.

Sudre, J. Elektr. Telegraphen III. 476* — Temperatur d. Wassers im sphäroidalen Zustand XVI. 367. 368.

Süss, E. Ueber den Lauf d. Donau XIX. 684.

Sullivan, W. K. Elektricitätserregung durch d. Schwingung v. Drähten u. Metallstäben I. 440. 441 — Löslichkeit d. Salze bei Temperaturen über 100° C. u. gegenseitige Einwirkung gelöster Salze XV. 110.

Sullivant, W. S. u. T. G. Wormley, Ueber Nobert's Probeplatte u. d. Streifen d. Diatomeen XVII. 346.

Sulpice, St. u. A. Charrière, Apparat zur Aufbewahrung eines luftverdünnten Raumes XVI. 57.

Sulzer, Witterungsbeobachtungen zu Ittendorf XV. 667; XVII. 724*.

Susewind, Uebersicht d. höchsten u. niedersten Temperaturen in Braunfels XVI. 706*.

Sutcliffe, Th. Fall von merkwürdigen Hagelsteinen zu Headingley am 7. Mai 1862, XIX. 640*.

Sutherland, P. C. Ueb. Strömungen in den Polarmeeren IX 642 Ueb. d. geolog. u. Eis-Erscheinungen in der Davisstrasse u. Baffinsbay IX. 660.

Sutton, Th. Ueber d. Theorie des Stereoskops XII. 304 — Neue photographische Linse, welche Bilder ohne Verzerrung giebt XV. 310* — Ueber eine panoramische Linse XVII. 341 — Neue augenblickl. Portrait-Camera XVIII. 281.

Svanberg, A. F. Instrument zur Verstärkung d. Contact-Elektricität III. 341. 342 — Bestimmung d. Widerstandes eines Galvanometerdrahts III. 352. 360 — Elektromotor. Kraft einer Daniell'schen Kette III. 352. 362. 364. 367 — Einfluss der Ankerform auf die Tragfähigkeit v. Hufeisenmagneten III. 478. 487 — Verschiedene Magnetisirungsmethoden IV. 357. 365 — Die absolute Anzahl d. Schwingungen gegebener Töne zu finden V. 97. 110; VI. 293* — Messung des Leitungswiderstandes und ein galvan. Differentialthermometer V. 276. 281.; VI. 711 — Thermo-elektr. Kraft d. krystallisirten Wismuths u. Antimons VI. 661. 663 — Versuch einer Erklärung d. Thermoelektricität VI. 661. 675.

Swaim, Elektricitätserregung durch Reibung v. Treibriemen IX. 447.

Swan, H. Ueber eine neue Art Miniaturen v. scheinbarer Körperlichkeit durch eine Prismencombination XIX. 305.

Swan, J. Ueber eine Quecksilberluftpumpe XX. 50.

Swan, W. Verbesserung d. Grove-schen Kette für die Telegraphie III. 370. 371 — Capillarerscheinungen bei Chloroform, fetten Oelen u. anderen Flüssigkeiten IV. 16. 21 — Ueber die gewöhnliche Brechung d. isländ. Doppelspaths V. 148. 150. — Formeln zur Construction d. Stevenson'schen total reflectirenden Kugelspiegel VI. 318. 368 — Entstehung d. Lichteindrücke im Auge VI. 488. 499 — Ueb. die Fehler durch d. unvollkommene Umlegung d Magnets bei Beobachtung d. magnet. Declination XI. 611 — Einfacher Variationscompass XI. 628* — Neue Methode zur Beobachtung d. Sternspectra XII. 259 — Ueber d. Spectrum d. Flammen der Kohlenwasserstoff-Verbindungen XII. 260; XV. 222 — Ueber d. Constitution d. Flamme XV. 222* — Ueb. d. stufenweise Erzeugung v. Lichteindrücken im Auge. Instrument zur Hervorrufung isolirter Lichteindrücke von sehr kurzer Dauer XV. 295 — Ueb. d. Abhandl. v. Bunsen u. Kirchhoff, „über chemische Analyse durch Spectralbeobacht." XVI. 235 — Temperaturcorrection für Heberbarometer XVII. 605.

Swan, W. u. D. Wallace, Ueber ein merkwürd. am 30. Sept. 1853 gesehenes Meteor X. 641*.

Swinhoe, R. Besuch auf der Insel Formosa XVI. 863.

Swoboda, K. Fragen aus d. prakt. Dioptrik XVI. 307.

Sydney, E. Die Elektricität d. Pflanzen in ihren verschied. Entwicklungsstufen I. 499. 501.

Sykes, W. H. Regenmenge an der Küste v. Travancore u. Tableland of Uttree III. 591. 613 — Discussion d. meteorolog. Beobachtungen in verschiedenen Höhen in Indien VI. 1050.

1085 — Hagelstürme in Indien VI. 1051. 1095 — Erniedrigung d. feuchten Thermometers in d. heissen Jahreszeit zu Ahmednuggur VI. 1056* — Tägliche Mitteltemperatur u. Regenmenge 1850 in Bengalen VIII. 777 — Mittlere tägliche Temperatur u. monatlicher Regenfall auf 127 Stationen in Bengalen im Jahr 1851, IX. 728 — Klima v. Zanzibar X. 763* — Klima von Nizza X. 764* — Wünsche bei neuen Luftfahrten in England für meteorolog. Zwecke XV. 697 — Bericht über die Verhandlungen des Ballon-Comité's XVIII. 572.

Sylvester, J. J. Rotation ein. festen Körpers um einen festen Punkt VI. 67. 79 — Ueb. d. Drehung d. Erde VI. 68. 120 — Ueber d. Wurfbewegung XII. 99 — Ueb. Galbraith's Construction der Wurfweite XII. 101 — Druck d. Erde gegen Futtermauern XVI. 45 — Ueber Involution d. Graden im Raum als Rotationsaxen betrachtet XVII. 32 — Ueb. Involution v. sechs Graden im Raum XVII. 34 — Ueb. d. 27 Graden auf ein. Fläche dritten Grades XVII. 35 — Ueber d. Schwerpunkt eines dreiseit. Pyramidenstumpfs und die Principien der barycentr. Perspective XIX. 14.

Symons, G. J. Regenmenge in England XVII. 671* — Ueb. d. Gewittererscheinungen in England 1857 bis 1859, XVIII. 528 — Leistung eines sehr kleinen Aneroidbarometers unter ungünstigen Umständen XVIII. 597 — Regenmenge auf d. brittisch. Inseln 1859 u. 1861, XVIII. 653 — Beschreib. d. Regenmessungsversuche zu Calne XIX. 618* — Regenmenge auf den britt. Inseln im Jahre 1862 u. 1863, XX. 756.

Symons, W. Vortheilhafte galvan. Batterie V. 275. 280 — Neue Form d. Gasbatterie XII. 487; XX. 472 — Vereinigtes Min.- u. Maximum-Quecksilber-Thermometer XVIII. 597 — Neues See- u. Bergbarometer. Maximumthermometer mit neuem Index XIX. 617.

Symonds, S. Ueb. einige Erscheinungen, welche mit den Strömungen d. Severn, Avon, Wye u. Usk zusammenhängen XVII. 754*.

Szabo, J. Ueber d. Einfluss d. mechanischen Kraft auf d. Molecularzustand d. Körper VI. 4. 11.

Szokalski, Das Anpassungsvermögen d. Auges v. patholog. Gesichtspunkt IV. 184 — Ueber d. patholog. Modificationen d. Drehung der Augäpfel um ihre Axen IX. 300.

Sztoczek, J. Die Constanten d. Jedlik'schen Kette verglichen mit denen der gebräuchlicheren Ketten XIX. 412.

Taborić, Alkoholometer V. 28. 30.

Tachau, J. u. A. Fick, Ueber die Abhängigkeit d. Muskelarbeit v. d. Stärke d. Nervenreizes XVIII. 836.

Tait, P. G. Darstellung v. weissem Licht mittelst gewöhnlich. künstlich. Lichts II. 176. 183 — Ueb. d. Cartesische Gleichung d. Wellenfläche XV. 188 — Untersuchungen in Betreff d. Fresnel'schen Wellenfläche XV. 204* — Ueber Elektrodynamik u. Magnetismus. Ueber d. Potential des geschlossenen Stromes XVI. 528* — Modification d. Apparats für einen v. Ampère's Fundamentalversuchen in d. Elektrodynamik XVII. 522 — Anordnung d. Molecüle in Krystallen XVIII. 16* — Ueber eine Quaternion-Transformation XIX. 31* — Erwiderung auf Tyndall's Bemerk. zu der Abhandl. üb. Energie. Ueber d. Erhaltung d. Energie XIX. 333. 345* — Elementar-physikal. Anwendung des Quaternions XX. 23* — Ueb. d. Geschichte d. Thermodynamik XX. 330 — s. Andrews.

Talbot, W. H. F. Neues Krystallisationsprincip III. 4* — Wissenschaftliche Räuberei III. 196. 207 (gegen Blanquard). — Photographische Augenblicksbilder VI. 522* — Camera obscura für Reisende VIII. 345 — Verbesserungen in Erzeugung bewegender Kraft X. 586*.

Talbot u. Malone, Verbesserungen in der Photographie VI. 521*.

Talmage, C. G. Ueber d. Aussehen d. Sonnenscheibe XX. 576.

Talysin, M. Ueber Fluth u. Ebbe im Weissen Meere V. 459. 468; IX. 647.

Tanchou, Ueber d. Echtheit d. elektrischen Erscheinungen d. Angelique Cottin II. 438. 473.

Tardieu, J. E. Einige neue Experimente d. Dynamik XI. 74 — Unbeweglichkeit einer Billardkugel auf einer rotirenden Scheibe XVIII. 31.

Tardy, P. Bemerk. zu einer neuen Gleichung in d. Hydrodynamik (gegen Challis) VI. 153. 164.
Tarelli, R. Ueb. Elektrisirmaschinen mit Glasscheiben XIV. 377.
Tasche, H. Vortheilhafte Einrichtung d. Bunsenschen Batterie I. 467. 468 — Temperaturverhältnisse in Braunkohlenbergwerken IX. 675. — Meteorolog. Beobachtungen zu Salzhausen im J. 1854, XI. 725; desgl. 1856 bis 1859, XVI. 764* — Magnetismus einfacher Gesteine u. Felsarten XIII. 480.
Tate, Th. Festigkeit d. Körper VI. 15* — Bewegung eines Körpers auf einer geneigten Ebene mit Rücksicht auf die Reibung VIII. 51 — Neue doppelt wirkende Luftpumpe mit einem Cylinder XII. 152 — Bestimmung d. specif. Gewichts v. Flüssigkeiten XV. 8 — Ueber gewisse bemerkenswerthe Gesetze d. Cohäsien d. Flüssigkeiten XV. 106 — Gesetze d. Absorption v. Flüssigkeiten durch poröse Körper XVI. 90; XVII. 132 — Construction eines neuen Luftthermometers XVI. 338 — Neues selbstregistrirendes Quecksilberbarometer XVI.671 — Neue Formen v. Thermobarometern XVI. 673* — Eigenthümliche Formen der Capillarwirkung XVII. 132* — Ueber gewisse Gesetze d. Siedepunkts der Flüssigkeiten unter d. Druck d. Atmosphäre XVII. 380 — Neues Elektrometer, Heberelektrometer, zur Messung d. Conductorladung bei einer Maschine u. üb. d. Zerstreuung verschied. Flüssigkeiten durch elektr. Abstoss. XVII. 429 — Ueb. die Gesetze d. Verdampfung u. Absorption nebst Beschreib. eines neuen Verdunstungs- u. Absorptionsmessers XVIII. 96*; XIX. 366 — Ueb. d. Elasticität d. Schwefelsäuredampfes XIX. 368 — Ueb. d. Grösse eines Tropfens unter verschied. Umständen XX. 65 — s. Fairbairn.
Tate u. Wanklyn, Ueber Elektricitätsentwicklung durch Verdampfung u. Aufschäumen bei chem. Prozessen XVIII. 408.
Taylor, Altes Maass d. engl. Zolles XVI. 6*.
Taylor, A. Artesischer Brunnen bei Wester Whitburn XVI. 837*.
Taylor, G. C. Reise an d. Yojoasee in Honduras XVII. 751*.
Taylor, H. Scheinbare Bewegung d. Figuren in blau u. roth gewebten Mustern IV. 184. 191.
Taylor, J. Ueb. d. Orkane d. Tropen VIII. 771 — Untersuchung d. Meteoreisens v. Xiquipilko in Mexiko XII. 557* — Ueb. Wasserhosen XII. 673 — Ueb. e. nickelhaltigen Meteoriten aus Oktibbcha Cty XIII. 458*.
Taylor, T. Daguerreotypzange IV. 192. 196.
Taupenot, Ueb. d. Anfertigung v. Barometern u. d. Auskochen d. Quecksilbers im Vacuum XII. 610 — Anemometer od. Instrumente zur Erkennung u. Registrirung d. Geschwindigkeit u. Richtung d. Windes XII. 618.
Taupinard, Neues Verfahren Entfernungen mittelst d. Geschwindigkeit des Schalles zu messen XII. 83*.
Tchébychew, M. P. Theorie der unter d. Namen d. Parallelogramme bekannten Mechanismen XII. 97.
Tchichatcheff, P. v. Ueber das obere Becken d. Oxus u. Jaxartes V. 460. 477 — Ueb. d. Klima v. Trebisonde u. Kaisaria. Meteorolog. Beobachtungen zu Constantinopel VI. 1049 1082. — Höhenbestimmungen in Kleinasien X. 789* — Ueb. d. Zufrieren d. Schwarzen Meeres XI. 786 — Ausbruch d. Vesuvs XI. 793 — Erdbeben d. 29. Dec. 1854, XI. 804 — Klimatologische Studien üb. Kleinasien XII. 693 — Ueber d. neuesten Ausbruch d. Vesuvs XVII. 778 — Ueb. e. Erdbeben in Florenz u. dessen Umgebung am 11. Dec. 1864, XX. 929.
Tebay, S. Einfluss d. Drehung d. Erde auf d. Bewegung d. Pendels VI. 68. 122 — Aufgabe üb. d. Steuereinnehmerstab VIII. 111.
Teichmann, A. v. Physik d. Erde X. 799.
Tellier, Eisfabrication mit Aethylamin u. Methylamin XVIII. 342.
Tellier, Ch., Budin, Hausmann, Apparat zur Eiserzeugung durch flüss. Ammoniak. Prioritätsanspruch gegen Hrn. Carré. XVII. 396.
Tellkampf, H. Begründung einer möglichst einfachen Theorie u. Erklärung d. Kreiselbewegung XII. 131 — Theorie d. Hängebrücken mit besonderer Rücksicht auf deren Anwendung XII. 170.
Tempel, Nordlicht v. 14. Dec. 1862 beobachtet zu Marseille XVIII. 511*; XIX. 546*.

Temple, R. Ueb. d. sogenannten Sodaseen in Ungarn XX. 859.
Tennent s. Buist.
Terquem, A. Erinnerung an e. Aufsatz v. Dubuat üb. die Bewegung d. Pendels u. d. Einfluss d. Drehung d. Erde darauf VI. 70. 152 — Ueb. d. Longitudiualvibrationen prismatisch. Stäbe XIV. 151. 154; XV. 148 — Coexistenz der Schwingungen in e. Körper u. Anwendung dieses Princips auf die Schwingungen d. Platten XX. 126.
Terreil, A. Ueb. d. übersättigten Salzlösungen XVI. 109 — s. Glénisson.
Terreil u. St. Edme, Ueb. d. Condensation d. Gase durch poröse Körper u. ihre Absorption durch Flüssigkeiten XVI. 461; XVIII. 409.
Terrero, Lichterscheinung zu Turin Febr. 1854, X. 641.
Terssen, E. Neue Methode den Schwerpunkt d. Körper zu bestimmen XIX. 16.
de Tessan, Abänderung des Verfahrens v. Foucault d. Drehung der Erde sichtbar zu machen VI. 71 — Ueb. Wolken u. Nebel XII. 553* — Notiz in Betreff einer Mittheilung d. Hrn. Faye XV. 193 — Ueb. d. Kugelblitz XV. 622 — Ueb. d. physische Constitution d. Wolken XV. 725* — Ueb. d. Verlegung d. Kräftepaare. Ueb. d. Sätze der Statik XVI. 23 — Ueb. e. unerklärten Umstand beim Fall der Körper XVI. 42 — Ueb. d. Gesetz d. Ausdehnung d. Körper XVI. 315.
Testelin, Ueb. Elektricität u. Magnetismus mit Rücksicht auf die volt. Säule, d. Magnete u. d. elektr. Motoren XVI. 417.
Texier, Ueb. die Anschwemmungen d. Flüsse im Mittelmeerbecken, besonders d. Rhone XII. 746.
Thacker, A. Bewegung eines freien Pendels VI. 68. 121 — Pendelversuche; Formeln für d. Bewegung d. Apsidenlinie u. eines freien Pendels VI. 69. 128.
Thalén, T. R. Bestimmung d. geograph. Länge. Correspondirende Beobachtungen zu Stockholm u. Upsala XII. 530* — Versuch die verschiedene Dauer d. Inductionsströme zu bestimmen XVI. 530 — Ueb. d. magnet. Eigenschaften d. Eisens XVII. 506 — Ueb. e. neues v. Rubenson construirtes Polarimeter u. d. damit angestellten Beobachtungen üb. d. Polarisation d. Atmosphäre XVIII. 290* — Ueb. d. Verlauf u. d. Stärke d. Inductionsströme XIX. 475 — Ueb. d. Bestimmung der Elasticitätsgränze der Metalle XX. 62.
Than, C. Der Absorptionscoefficient für Propylengas XVIII. 94 — Ueb. d. anomalen Dampf d. Salmiaks XX. 12.
Thénard, Identität d. photographischen Wirkung ozonisirten u. insolirten Papiers XV. 260.
Theyer, Galvanographie. Glyphograph. Verfahren zur Nachahmung von Holzschnitten II. 421*.
Thiele, T. N. Ueb. einige ältere Sonnenfleckenbeobachtungen XV. 557*.
Thielens, A. Beiträge zu d. Aerolithenfall d. 7. Dec. 1863 in Brabant XX. 600*.
Thiers s. Lacassagne.
Thirion, Ergebniss ozonometr. Beobachtungen zu verschiedenen Zeiten XVIII. 526.
Thiry s. Meyerstein.
Thom, A. Natur u. Lauf d. Stürme im Indischen Ocean südlich vom Aequator III. 645. 648.
Thomas, Mikroskopische Lichtbilder II. 230. 241 — Erscheinungen an d. Krystalllinsen verschied. Thiere VI. 489. 509 — Verbesserungen an elektr. Telegraphen VI. 838* — Abänderung d. Bunsenschen Kette XV. 402.
Thomas u. Tilley, Ueberziehung v. Metallen mit Zinn, Nickel u. Aluminium XI. 460*.
Thomas, E. u. V. Dellisse, Ueb. galvan. Versilberung VIII. 491*.
Thomas, G. Meteorolog. Beobacht. in Cranz 1852 bis 1863, XIX. 657*; desgl. 1864, XX. 832*.
Thomas, R. Ueb. dünne bei Oxford gefundene Blättchen v. verwittertem Glas XVII. 272.
Thomassy, R. Ueb. die Hydrologie d. Meeres u. d. Linien gleichen Salzgehalts im Atlant. Ocean XVI. 782 — Ueb. d. allmäligen Anschwemmungen d. Missisippimündungen. Hydrologie d. Missisippi XVI. 826. 909 — Physikalisch-geographische Studien üb. d. Bahama-Inseln, Salzgehalt u. Temperatur d. Atlant. Meeres u. d. Golfs v. Mexiko XX. 847.
Thomé, Mlle. Drosometer od. Thaumesser X. 681.

Thompson, Mechanische Theorie u. Anwendung d. Gesetze der magnet. Induction u. Elektricität XX. 529.
Thompson, Th. Bemerkungen u. Beobachtungen üb. d. Humber IX. 649 — Bericht über Fluthbeobacht. am Humber XIX. 670*.
Thompson, Z. Ueb. d. plötzliche Verschwinden d. Eises auf d. Champlainsee VI. 913. 1012 — Ergebniss der meteorolog. Beobachtungen zu Burlington 1851, VIII. 730; desgl. 1852, IX. 735*; desgl. 1853, X. 763*; desgl. 1854, XI. 751.
Thomsen, J. Grundzüge eines thermochemischen Systems IX. 355; X. 406 — Die constante Kupferkohlenkette XVI. 451.
Thomson, G. Ueb. Elektrostatik, e. Schreiben an Volpicelli XIV. 379.
Thomson, J. Elasticität u. Kraft v. Spiralfedern u. Stäben, welche tordirt werden V. 73. 78 — Kastenwasserräder u. Saugeräder VI. 156. 206 — Einige Eigenschaften der Strudelbewegung in Flüssigkeiten VIII. 122 — Apparat zum Wasserheben mittelst eines Wasserstrahles VIII. 123 — Apparat zur Bestimmung d Wirksamkeit d. Strahlpumpe IX. 100 — Ueb. d. Wirbelwasserrad IX. 103 — Ueb. die Reibung bei Scheiben, welche im Wasser rotiren XI. 97 — Merkwürdige Bewegungen auf der Oberfläche d. Weins u. anderer alkoholischer Flüssigkeiten XI. 102 — Ueb. d. Plasticität des Eises in d. Gletschern XIII. 295 — Ueb. d. grossen Ströme d. atmosphär Circulation XIII. 548* — Ueb. neue Theorien u. Versuche hinsichtlich d. Eises bei oder nahe an seinem Schmelzpunkt XV. 353 — Ueb. Krystallisation u. Liquefaction unter Einfluss v. Spannungen, welche die Gestalt der Krystalle zu ändern streben XVII. 363 — Bemerk. zu Faraday's neuen Versuchen üb. Regelation XVII. 387* — Ueb. die oft wahrnehmbaren ruhigen Streifen auf gekräuselter See XVIII. 52 — Ueb. Grundeis XVIII. 340 — Ueb. Faraday's neue Versuche üb. Regelation XVIII. 749* — Ueb. d. Verwitterung der in Gebäuden oder sonst der Atmosphäre ausgesetzten Gesteine XIX. 364.
Thomson, M. Analyse des v. J. A. Smith beschrieb. Meteoriten XVIII. 509*; XIX. 544*.
Thomson, R. D. Klima u. Sterblichkeit in Glasgow 1851, VIII. 749.
Thomson, T. Klima u. Vegetation d. Himalaya VIII. 779*.
Thomson, Th. St. Ueb. Diffusion d. Gase I. 25. 29.
Thomson, W. Gesetze d. statischen Elektricität I. 385. 400 — Elektr. Bilder III. 314. 324 — Elektr. Ströme als Ursache d. Erdmagnetismus III. 520* — Absolute Thermometerskale IV. 249 — Theorie d. elektromagnet. Induction IV. 330. 340 — Gleichgewicht magnet. od. diamagnet. Körper unter d. Einfluss d. Erdmagnetismus IV. 357 371 — Theorie d. magnetoelektr. Induction V. 300. 308 — Mathematische Theorie d. Magnetismus V. 315. 322; VI. 842. 857 — Experimenteller Beweis v. d. Erniedrigung d. Gefrierpunkts beim Wasser durch Druck VI. 257. 260. 562. 587 — Ueb. Carnot's Theorie v. d. bewegenden Kraft der Wärme. Mechanische Wärmetheorie VI 561. 567 — Merkwürd. Eigenschaft d. Dampfes verbunden mit d. Theorie d. Luftmaschinen VI. 561. 581 — Reibung d. trocknen Dampfes beim Ausströmen aus einem Hochdruckkessel VI. 562. 581 — Verfahren die Beziehung zw. Arbeit u. Wärme bei der Compression der Gase zu ermitteln VI. 562. 589; XVIII. 325 — Mechanische Theorie d. Elektrolyse VI. 562. 590. 718. 719 — Anwendung d. Princips vom mechanischen Effect zur Bestimmung v. elektromotor. Kräften u. galvan. Widerständen nach absolutem Maass VI. 767. 785 — Theorie d. magnet. Induction VI. 1128. 1174. 1175 — Magnekrystallische Eigenschaft d. Kalkspaths VI. 1128. 1176 — Ueb. die Kräfte in unkrystallin. durch Induction magnetisirten Körpern VI. 1128. 1177 — Dynamische Theorie d. Wärme. Menge v. mechanischer Energie in einer Flüssigkeit unter verschied. Temperatur- u. Druckverhältnissen VIII. 372; XI. 361 — Ueb. d. mechanische Wirkung der Wärme u. d. specif. Wärme d. Luft. Zusatz zur Beschreibung v. Joule's Luftmaschine VIII 377 — Mechanische Wirkung v. strahlender Wärme und Licht. Ueb. d. Kraft d. belebten Wesen u. d. Quellen nutzbarer Arbeitskraft für d. Menschen VIII. 378 — Allgemeine Tendenz in d. Natur Ar-

beitskraft zu verlieren VIII. 380 — Mechanische Theorie d. thermoelektr. Ströme VIII. 460 — Ueb. gewisse magnetische Curven mit Anwendung auf Probleme aus der Theorie der Wärme, Elektricität u. Bewegung v. Flüssigkeiten VIII. 561. 566 — Ueb. d. Gleichgewicht verlängerter Massen v. eisenmagnet. Substanzen in gleichmässigen u. veränderlichen Kraftfeldern VIII. 567 — Gewinnung v. mechanischer Arbeit aus einem ungleich erwärmten Raum IX. 410 — Vortheilhafte Erwärmung u. Abkühlung von Gebäuden durch Luftströme IX. 422 — Gegenseitige Anziehung u. Abstossung zw. zwei elektrisirten kugelförmigen Leitern IX. 435 — Ueb. vorübergehende elektr. Ströme IX. 444 — Ueb. die Quellen d. Wärmeentwicklung durch d. galvan. Strom IX. 490 — Mechan. Energie d. Sonnensystems X. 375; XIII. 279* — Mögliche Dichtigkeit d. Lichtäthers u. mechan. Werth einer Kubikmeile Sonnenlicht X. 378 — Ueb. d. gleichförmige Bewegung d. Wärme in homogenen festen Körpern u. den Zusammenhang derselben mit der mathematischen Theorie d. Elektricität X. 418 — Ueb. d. mathematische Theorie der statischen Elektricität X. 438 — Untersuchungen üb. Thermoelektricität X. 465. 466 — Einfluss d. Drucks u. d. Spannung auf d. thermoelektr. Eigenschaften nicht krystallinischer Metalle X. 465 — Mechanische Theorie der thermoelektr. Ströme in krystallinischen Körpern X. 466 — Mechanisches Aequivalent d. Vertheilung d. Elektricität, des Magnetismus u. des Galvanismus X. 555 — Ueb. die durch e. elektr. Entladung erzeugte Wärme X. 566 — Ueb d. Oscillationen nicht krystallisirter Nadeln v. schwachem paramagnet. od. diamagnet. Inductionsvermögen u. andere magnet. Erscheinungen bei krystall. u. nicht krystallisirten Körpern X. 615 — Ueb. die thermoelastischen u. thermomagnetischen Eigenschaften d. Materie XI. 365 — Ueb. d. mechanischen Urformen d. Bewegung, d. Wärme u. des Lichts XI. 367 — Ueb. d. elektr. Capacität einer Leydener Flasche und eines Telegraphendrahtes, der in d. Axe einer cylindrischen leitenden Schicht isolirt ist XI. 400 — Neue Instrumente zur Messung elektr. Potentiale u. Capacitäten XI. 408 — Einfluss d. Compression auf d. thermoelektr. Verhalten d. Metalle XI. 413 — Theorie d. elektr. Telegraphen XI. 466 — Peristaltische Induction elektr. Ströme in unterseeischen Telegraphendrähten XI. 468 — Ueb. d. magnetische Medium u. d. Wirkungen d. Compression XI. 531 — Elementare Beweise v. Sätzen aus d. Theorie d. Magnetismus XI. 541 — Elemente einer mathemat. Theorie d. Elasticität XII. 177 — Mechanische Erläuterung d. magnet. Wirkung in durchsichtig. Körpern das polarisirte Licht zu drehen XII. 810* — Ueb. d. Entdeckung d. wahren Form v. Carnot's Function XII. 349 — Stellung d. Aluminiums in d. thermoelektr. Reihe XII. 418 — Ueb. die elektrodynamischen Eigenschaften d. Metalle. Ueb. die elektr. Eigenschaften d. magnetisirten Eisens XII. 423 — Der amerikan. Telegraph XII. 503 — Ueb. d. Wechselwirkung diamagnetischer Theilchen. Ueb. die krystallmagnetischen Erscheinungen XII. 545 — Ueb. Dellmann's Methode zur Beobachtung d. atmosphär. Elektricität XII. 575 — Anwendung v. Beobachtungen der Bodentemperatur zu geolog. Altersbestimmungen XII. 749; XV. 764 — Ueb. d. Temperaturänder. bei d. Aenderungen d. Drucks in Flüssigkeiten XIII. 290 — Elektr. Leitungsfähigkeit verschiedener käuflicher Kupfersorten XIII. 355 — Ueber die elektrodynamischen Eigenschaften d. Metalle. Einfluss d. Magnetisirung auf die elektrische Leitungsfähigkeit von Nickel u. Eisen XIII. 356 — Ueb. d. innere Schmelzen d. Eises. Ueb. d. Schichtung d. Blaseneises durch Druck XIV. 125 — Wärmeentwicklung durch d. Ausdehnung einer flüssigen Haut XIV. 342 — Entladung eines aufgerollten elektr. Kabels XV. 387 — Einfacher Apparat zur Beobachtung d. atmosphär. Elektricität. Nothwendigkeit fortwährender Aufzeichnung u. gleichzeit. Beobachtungen der atmosphär. Elektricität an verschied. Orten XV. 585. 588 — Ueb. die Reduction period. Veränderungen d. Bodentemperatur mit Anwendung auf die Edinburger Beobachtungen XV. 764 — Messung d. elektrostatischen Span-

nung einer Daniellschen Kette XVI. 425 — Messung der elektromotor. Kraft zur Erzeugung eines Funkens in d. Luft zwischen parallelen Metallplatten in verschied. Entfernungen XVI. 426 — Analytische u. synthetische Versuche zur Ermittlung der Ursache d. verschied. elektr. Leitungsfähigkeit v. Drähten aus fast reinem Kupfer XVI. 492 — Wichtigkeit der Beobachtungen üb. Wärmestrahlung bei der Sonnenfinsterniss XVI. 569; XVII. 551. — Ueb. atmosphär. Elektricität XVI 612. 618; XVIII. 534 — Bericht d. Comité's für Construct. eines selbstregistrirenden Elektrometers für Kew u. tragbarer Apparate für atmosphär. Elektricität XVI. 614 — Ueb. elektr. Frequenz XVI. 615 — Reduction d. Beobachtungen d. Bodentemperatur mit Anwendung auf die Beobachtung v. Forbes zu Edinburg XVI 698 — Ueb. d. mögliche Alter der Sonnenwärme XVII. 361 — Ueb. die Messung d. elektr. Widerstandes XVII. 470 — Ueb. d. Gleichgewicht d. Temperatur in d. Atmosphäre XVIII. 315 — Ueb. d. säculare Abkühlung d. Erde XVIII. 374* — Schreiben an Hrn. Joule (eine elektr. Erscheinung betreffend) XVIII. 390 — Ueb. die Starrheit der Erde XIX. 30 — Ueb. Schwere u. Cohäsion XIX. 31 — Ueb. einige kinemat. u. dynam. Probleme XIX. 31* — Dynamische Probleme üb. elast. sphäroidische Schalen u. Sphäroide aus incompressiblen Flüssigkeiten. Allgemeine Theorie d. Gleichgewichts elast. Körper XIX. 50*; XX. 54 — Note zu Tyndall's Bemerk. üb. d. mechan. Wärmetheorie XIX. 333 — Tonerzeugung durch Elektricität XIX. 409 — Ueb. die durch Variationen d. Erdmagnetismus in d. Erdrinde inducirte elektromotor. Kraft XIX. 598 — Ueb. d. säculäre Erkaltung der Erde XIX. 663* — Ueb. centrobarische Körper XX. 24 — Antwort auf d. zwei Noten des Hrn. Dupré üb. Thermodynamik XX. 323. Dazu Combes, desgl. d. Erwiderung v. Dupré darauf 324 — Resultat d. Reduction der Curven des selbstregistrirenden Elektrometers zu Kew XX. 602 — Ueber den Schutz d. Pflanzen vor schädlicher Kälte in d. Nacht. Ueb. d. Temperaturerhöhung d. Erdoberfläche durch die innere Hitze XX. 685* — s. Joule, Leitch.

Thomson, W. u. Jenkin, Ueb. d. wahre u. falsche Entladung eines aufgerollten elektr. Kabels XVII. 482.

Thomson, W. u. P. G. Tait, Grundriss der elementaren Dynamik XIX. 31*.

Thomson, W. C. Beobacht. über elektr. Fische XI. 465*.

Thore, J. Neue Elektrisirmaschine XII. 415.

Thornthwaite s. Gorne.

Thornton, A. Expedition nach d. Kilimanjaro XVIII. 789.

Thurmann, J. Vergleich der Quellentemperaturen im Jura, d. Vogesen u. am Kaiserstuhl VIII. 615.

Thury, Versuche zu entscheiden, ob e. Körper im Wasser aufgelöst oder nur suspendirt ist X. 148 — Ueber elektr. Erleuchtung XIII. 361* — Ueb. d. Mikroskope XVI. 304 — Ueb. d. natürl. Eishöhlen XVII. 722 — Ueb. e. Haarhygrometer XVIII. 595 — Ueb. Feuerkugeln XX. 596* — Ueb. e. zu St. Cloud beobachteten Wirbelwind XX. 741*.

Tichanowitsch s. Lapschine.

Tilling, Meteorologische Beobachtungen aus Ajan X. 765*.

Tipp, J. J. Auflöslichkeit d. wasserhaltigen u. d. wasserfreien schwefelsauren Kalks in reinem Wasser X. 146.

Tirtoff, Ueb. d. galvan. Polarisation XV. 427.

Tissier, Ch. Ueb. d. Dichtigkeit gemischter Lösungen v. Säuren, Alkalien u. Salzen XV. 19 — Ueb. die Volumänderung, welche d. Salze bei d. Uebergang in d. Lösungszustand erfahren XVI. 9 — Ueb. Amalgamation d. Aluminiums XVI. 467.

Tissot, A. Bewegung eines schweren Punktes auf einer Kugel. Bewegung einer schweren Linie um einen ihrer Punkte VIII. 55 — Neue Maschine mit Aetherdampf XIII. 296* — Ueb. e. mit blossem Auge sichtbaren Sonnenfleck XVII. 550* — Ausdehnung der zu geodät. Instrumenten angewandten Metalle XX. 338 — Beob. einer Feuerkugel zu Paris am 29. Nov.; desgl. am Abend des 9. Dec. XX. 596*.

Tizenhauz, Ueb. e. aus d. Atmosphäre gefallene Substanz II. 179. 209.

Tobler, E. Löslichkeit einiger schwe-

felsauren Salze d. Magnesiareihe in Wasser XI. 168.
Töpler, A. Ueb. e. einfache Barometerluftpumpe ohne Hähne, Ventile u. schädlichen Raum XVIII. 59 — Beobachtungen nach einer neuen opt. Methode XX. 166.
Török, J. v. Ueb. d. Kaba-Debreczin Meteorit XIV. 592*.
Toldervy, J. B. u. W. B. Jack, Bericht üb. d. Längenbestimmung v. Fredericton, New-Brunswick, mittelst galvan. Signale XI. 511*.
Tomaschek, A. Mitteltemperaturen als klimatische Temperaturnormalen für d. Blüthenentwicklung d. Bäume XX. 685*.
Tomaschek, J. Litteraturquellen üb. Erdbeben in Kärnthen XIX. 723*.
Tomlinson, Ch. Ein Winter in d. Polarregion XVI. 792* — Ueb. d. Cohäsionsfiguren d. Flüssigkeiten XVII. 132; XVIII. 72 — Wirkung gewisser Dämpfe auf Membranen. Bewegungen v. Kreosot an d. Oberfläche v. Wasser XVII. 132* — Ueb. d. Ansprüche d. Dr. Wells als Urheber d. Theorie d. Thaus zu gelten XVII. 667 — Ueb. d. Bewegung d. Kamphers an d. Oberfläche d. Wassers XVIII. 73 — Ueb. d. Bewegung d. Kamphers zum Licht XVIII. 341* — Ueb. d. Formen des Blitzes XVIII. 534. 538* — Ueb. die Wirkung d. Oele die Bewegung des Kamphers auf Wasser zu hemmen XIX. 79 — Ueb. d. Bewegung d. Kamphers zum Licht. Ueb. die Bewegung der Dämpfe nach d. Kalten XIX. 369* — Experimentaluntersuch. d. sogenannten Sturmglases XIX. 614 — Neue Art v. Cohäsionsfiguren. Ueb. d. Bewegungen d. eugenigen Säure auf Wasser. Ueb. d. Cohäsionsfiguren d. Flüssigkeiten XX. 66 — Ueb. d. sphäroidalen Zustand der Flüssigkeiten bei gewöhnlicher Temperatur XX. 81 — Ueb. d. elektr. Flugrad XX. 434.
Tommeleyn, A. Ungewöhnlicher Hagel beob. zu Thourout VIII. 778*.
Torchon, Ch. Anwendung des Brechungsindices zur Analyse flüchtiger Oele XIX. 176.
Torell, Ueb. d. physikalische Geographie d. arktischen Regionen XVII. 737. 772.
Tortolini, Anziehung einer ebenen Linie auf einen in ihrer Ebne liegenden Punkt, ins Besondere d. Anziehung eines Ellipsenquadranten auf d. Mittelpunkt XV. 44.
Toscani, C. Merkwürd. meteorolog. Erscheinungen zu Siena XVI. 893; XVII. 724* — Feuerkugel, beob. zu Siena 1860, XVII. 552* — Ueb. d. wahre Ursache d. beträchtlichen Widerstandes discontinuirl. Flüssigkeitssäulen in Capillarröhren u. üb. d. Steigen des Saftes in d. Pflanzen XIX. 80 — Ueb. d. Widerstand d. Quecksilberindices gegen Fortbewegung in Capillarröhren XX. 81. — s. G. Campani.
Totten, F. G. Ueb. das plötzliche Verschwinden d. Eises auf d. nördlichen Seen im Frühjahr XV. 747.
Toumacheff, Tägl. u. monatl. Mittel der Beobachtungen zu Hammerfest, Archangel, Helsingfors u. s. w. XVII. 677*.
Tourasse, Ersetzung d. Zinns durch Silber in d. Spiegelfabrication I. 298. 308.
Tournaire, Ueb. Apparate mit vielfachen Turbinen, welche die sonst durch elast. Flüssigkeiten geleistete Arbeit liefern IX. 432* — Ueber die Drehung schwerer Körper XVI. 34.
Tourtual, Beobachtungen an einem Auge mit seltener Deformität d. Pupille II. 213. 225.
Towler, G. Ursache d. Magnetismus II. 542*.
Townsend, R. W. Instrument zur Beobachtung d. Farben im durchgelassenen Licht VIII. 257.
Towson, J. T. Ueb. d. Unzulänglichkeit d. gegenwärtigen Hülfsmittel d. Wissenschaft in Bezug auf d. Compasse eiserner Schiffe X. 663. 664 — Ueb. Aenderungen d. Ablenkung d. Compasses auf eisernen Schiffen durch Neigen zur Seite XV. 537 — Eisberge im südlichen Ocean XVI. 850.
Toynbee, H. Ueb. d. westliche Route zur Durchschneidung der Linie XVI. 792*.
Toynbee, J. Ueb. die Leitung der Schallschwingungen vom Trommelfell zum Labyrinth im menschl. Ohr XV. 177.
Tracy, C. M. Höfe u. Nebensonnen. Mondregenbogen VIII. 595*.
Transon, A. Ueb. d. Principien d. Mechanik u. beiläufig üb. diejenigen d. posit. Philosophie XX. 21.
Trask, J. B. Ueb. Erdbeben in Californien XII. 766; XIII. 599; XV. 785

Richtung u. Geschwindigkeit d. Erdbebens in Californien d. 9. Jan. 1857, XIV. 709.
Traube, M. Ueb. d. Verbrennungswärme d. Nahrungsstoffe XVII. 403*.
Traxler s. Perey.
Trechel, Meteorologische Beobachtungen V. 376*.
Tremblais, de la, Feuerkugel bei Neuilly XIV. 592*.
Tremblay, Feuermeteor zu l'Aigle VI. 871*.
du Trembley, Dampfmaschinen mit gekuppelt. Cylindern. Dampfgemenge aus Wasser u. Aether, Wasser und Chloroform IX. 432*.
Tresca, H. Versuche mit einer Luftmaschine v. Ericson; desgl. mit einer Gasmaschine v. Lenoir XVII. 369* — Ueb. d. Ausfluss fester Körper unter starkem Druck XX. 39 — s. Morin.
Tresca u. Laboulaye, Experimentaluntersuch. üb. d. mechan. Aequivalent d. Wärme XX. 325.
Treuding, Vergleich d. Meilenmaasse in d. Ländern Europas mit d. französ. Längenmaass u. mit d. geographischen Meile XI. 51*.
Trevelyan, A. Theorie d. Wärme VI. 619. 636 — Glas als Nichtleiter verwendet VI. 648. 649.
Treviranus, G. Vereinfachung der Construction u. d. Gebrauchs d. stationären Barometer VIII. 665* — Ueb. d. Füllung der Barometerröhren mit Quecksilber, d. Reinigung d. Quecksilbers u. e. zum Auskochen desselben im Rohr dienlichen Apparat X. 675 — Ueb. Ballistik XIII. 121.
Trientl, A. Gletscherbeobacht. in Gurgl XVII. 716* — Ein Gang nach Gurgl XX. 900*.
Trinchinetti, Erste Gesichtseindrücke zweier Blindgeborenen nach d. Operation des grauen Staars III. 182. 193.
Trivett, J. F. Ueb. d. Magellanstrasse XVI. 793*.
Tromboldt, Das Geräusch bei Nordlichtern XVI. 610*.
Troost s. Deville, Marié-Davy.
Trouessart, Theorie des Sehens. Ueber d. Lichtstrahlen um Flammen VIII. 310; IX. 296 — Neues Heberbarometer XIII. 504* — Mangelhafte Achromasie d. Auges XVIII. 274 — Ueb. d. Erscheinungen des Farbencontrastes XIX. 292.
Troupeau, Himmelslichtreflectoren XI. 356.
Trowbridge, W. P. Ueb. Tiefsee-Messungen XIV. 683 — Neuer Apparat zur Messung von Meerestiefen XV. 735 — Wichtigkeit häufigerer u. genauerer Messungen d. Meerestiefen in Bezug auf e. erfolgreiche Legung eines Telegraphenkabels durch den Atlant. Ocean XV. 735*.
Troyon, F. Ueberschwemmung der Thäler d. Orbe u. Broye XVI. 815.
Trublet de Bois-Thibaud, Beobacht. einer Sternschnuppe VI. 870*.
Tscheinen, M. Die Erdbeben des Visperthales 1855 u. 1856, XIII. 605 — Felssturz bei Grächen XIII. 608 — Naturerscheinungen im Canton Wallis auf dem Simplon XV. 760 — Ueb. d. Erdbeben des Visperthales 1857, XV. 782 — Erdbeben v. 1755 im Brieger- u. Mörjerzehnen XVI. 892 — Meteor beobacht. im Canton Wallis XVII. 552* — Ueb. Erdbeben u. andere Naturerscheinungen im Visperthal 1860, XVII. 788*; desgl. 1861, XVIII. 687*. 813*; desgl. 1862, XIX. 723* — s. Venetz.
Tschermak, G. Ueb. d. Volumgesetz flüssiger chemischer Verbindungen XV. 32; XVI. 20 — Die specif. Wärme bei constantem Volumen. Wärmeentwicklung durch Compression XVII. 365 — Beziehungen zw. d. Verbrennungswärme u. d. Volumen d. chemischen Verbindungen XVII. 401 — Feuermeteor beob. zu Littau bei Olmütz XVII. 552* — Die Dichte im Verhältniss zur Form u. chemischen Beschaffenheit d. Krystalle XVIII. 12* — Einfaches Instrument zur Bestimmung d. Dichte der Mineralien XIX. 7.
Tschetschorke, Leicht transportabele Elektrisirmaschine IX. 448 — Instrumente zur Beobachtung d. Luftelektricität IX. 613.
Tschichatscheff s. Tchichatcheff.
Tschudi, J. J. v. Beobachtungen üb. Irrlichter XIV. 698 — Ueb. e. meteorisches Phänomen XV. 559* — Einige elektr. Erscheinungen in d. Cordilleren der Westküste Südamerikas XV. 616.
Tuch, Ueb. d. Ursprung des Todten Meeres nach d. Alten Testament XIX. 725.
Turazza, E. D. Ueb. Rankine's Formel zur numerischen Darstellung d.

Zusammenhanges zwischen Druck, Temperatur u. Volumen des kohlensauren Gases XVI. 326 — Dynamische Theorie d. Wärme XVI. 332* — Verfahren d. Ebbe u. Fluth d. Meeres zu anhaltender Arbeit zu verwenden XVIII. 53*.

Twining, A. C. Beziehung zwischen Helligkeit u. Vergrösserung d. Bildes bei Festhaltung d. Deutlichkeit XIV. 308 — Ueb. d. Erscheinung d. Meteorringe unter d. Einfluss der Erde XVIII. 501 — Bericht über die November-Meteore 1861, XVIII. 507*; desgl. 1862, XIX. 541*.

Twining, H. Eigenthümliche Wahrnehmung an Sonnenstrahlen VI. 870.

Twining u. Newton, Beobacht. üb. d. period. Augustmeteore XVII. 552* — s. Newton.

Tyler, A. Veränderungen d. Meeresbodens durch noch thätige Ursachen IX. 651.

Tyndall, J. Ueb. d. Ablenk. d. Schwingungsebne d. Pendels VI. 71. 152 — Erscheinungen an einem Wasserstrahl VI. 154. 176 — Gesetze d. Magnetismus VI. 811. 828 — Ueb. d. Polarität d. Wismuths u. Untersuchung des magnet. Feldes VI. 1126. 1138 — Ueb. Diamagnetismus u. Magnekrystallkraft VI. 1126. 1140 — Neues Thermometer u. die durch dasselbe erhaltenen Resultate VIII. 422 — Erklärung mehrerer v. Regnault beobachteten Erscheinungen durch d. Versuche v. Magnus VIII. 456 — Bemerk. zu Goodman's Untersuchung üb. d. Identität v. Licht, Wärme, Elektric. u. Magnetismus VIII. 457 — Abkühlung durch d. galvan. Strom VIII. 463 — Ueb. Poisson's theoretische Vorhersagung d. magnekrystall. Wirkung VIII. 576 — Wärmeleitung durch organische Körper IX. 383 — Temperatur d. Leiter galvanischer Ströme IX. 452 — Einfluss d. Molecularanordnung auf d. Wirkung einer Kraft IX. 596 — Ueb. d. Eruptionserscheinungen auf Island IX. 669* — Ueb. Bewegung d. Flüssigkeiten u. einige verwandte Gegenstände X. 172* — Entstehung von Tönen und Schwingungen bei d. Berührung von Körpern verschiedener Temperatur X. 223 — Ueb. einige Eigenthümlichkeiten d. magnetischen Feldes X. 615 — Ueb. d. diamagnetische Kraft X. 616 — Ueb. d. Leidenfrostschen Versuch XI. 189 — Vergleich d. magnetischen Induction u. Wärmeleitung in Krystallen XI. 379 — Ueber die Ströme d. Leydener Batterie XI. 403 — Natur d. Kraft, durch welche die Körper v. d. Polen eines Magnets abgestossen werden, nebst Versuchen üb. Moleculareinflüsse XI. 526 — Ueb. d. Existenz eines magnet. Mediums im Raum XI. 531 — Ueb. wechselseitige magnet. Influenz. Theorie des Diamagnetismus XI. 531 — Ueb. die Polarität d. diamagnet. Kraft XI. 537 — Merkwürdiges Beispiel v. Farbenblindheit, XII. 315 — Ueb. d. Stereoskop XII. 319* — Anordnung d. Kraft in paramagnetischen u. diamagnet. Körpern XII. 541* — Ueb. das Verhältniss d. diamagnetischen Polarität zu d. krystallmagnetischen Wirkung XII. 545 — Einige physikalische Eigenschaften d. Eises XIII. 158; XIV. 123 — Ueb. d. chemische Harmonika XIII. 176 — Ueb. Schaum u. Hagel XIII. 294 — Ueb. d. physikalischen Erscheinungen d. Gletscher XIV. 694; XV. 758 — Ueb. d. Durchgang d. strahlenden Wärme XV. 368 — Ueb. Schwingungen durch d. elektr. Strom XV. 442 — Ueb. die Errichtung thermometr. Stationen am Mont-Blanc XV. 716*; XVI. 706* — Ueb. Eis u. Gletscher XV. 757 — Ueb. d. Absorption und Ausstrahlung d. Wärme durch Gase u. Dämpfe u. d. physikal. Zusammenhang v. Strahlung, Absorption u. Leitung XVI. 396 — Ueb. elektr. Entladungen XVI. 513 — Expedition in d. Alpen im Dec. 1859, XVI. 845 — Die Gletscher d. Alpen XVI. 846 — Physikal. Grundlage der Sonnenchemie XVII. 257 — Ueb. Strahlung u. Absorption. Ueb. Strahlung d. Mondes XVII. 409 — Ueb. Kraft. Mayer u. d. mechan. Wärmetheorie XVIII. 323 — Ueb. d. Regelation v. Schneekörnern XVIII. 340* — Eigenschaften d. flüssigen Kohlensäure XVIII. 341* — Ueb. neuere Untersuchungen üb. strahlende Wärme XVIII. 374 — Ueb. die Absorption u. Strahlung d. Wärme durch Gase XVIII. 377; XIX. 375* — Bemerk. zu einem Artikel, betitelt Energie, in d. „good words". Bemerk. üb. die mechanische Wärmetheorie. Ueb. d. Schreiben d. Hrn. Tait an Sir Brewster XIX. 333 — Ueb. d. Correction für d. Schallgeschwindigkeit v. La-

place XIX. 337 — Die Wärme betrachtet als e. Art v. Bewegung XIX. 344* — Ueber Strahlung durch die Erdatmosphäre. Ueb. d. Verhalten d. Wärmestrahlung zum Wasserdampf. Ueb. d. Durchgang d. Wärmestrahlung durch trockne u. feuchte Luft XIX. 375 — Ueb. Absorption u. Strahlung d. Wärme durch gasförm. und flüssige Körper XIX. 378 — Ueb. Laplace's Correction für die Schallgeschwindigkeit XX. 114 — Zur Geschichte d. Wissenschaft XX. 330 — Beiträge zur Molecularphysik XX. 403 — Ueb. leuchtende u. dunkle Strahlung XX. 406 — Versuche über den Magnetismus XX. 506 — s. Knoblauch.

Tyndall, J. u. T. H. Huxley, Structur u. Bewegung der Gletscher XIII. 583.

Tyrtow, N. Schreiben an Lenz, betreffend e. Glüherscheinung an der volt. Säule II. 395. 401 — Veränderungen, welche in der Daniellschen Batterie vorgehen, während sie geschlossen bleibt VIII. 497.

Uchatius, F. Apparat zur Darstellung beweglicher Bilder an d. Wand IX. 305.

Ueberweg, Zur Theorie d. Richtung d. Sehens XV. 274.

Ule, O. Meerestiefe u. Meeresboden XVI. 791*.

Ulffers, Ueber schlagende Wetter XIV. 699*.

Ulrich, R. Beschreibung eines neuen Augenspiegels X. 317.

Underwood, Tonveränderung einer Glocke II. 143. 152.

Unferdinger, F. Ueb. d. Bestimmung d. Abplattung d. Erde aus d. gleichzeit. Anzeigen ein. Quecksilber- u. eines Aneroidbarometers XX. 27 — Aufstellung einer genauen Pendelformel u. Darlegung einer Methode aus d. Länge d. Secundenpendels d. Fliehkraft u. d. Form u. Grösse der Erde zu bestimmen XX. 37*.

Unger, F. W. Theorie der Farbenharmonie VIII. 335; Plateau dazu IX. 306.

Ungerer, A. Die Farben dünner Blättchen in einem einfachen Experiment IX. 234.

Upham, J. B. Betrachtung einiger Erscheinungen u. Gesetze der Töne u. ihre Anwendung auf d. Construction v. Gebäuden für musikal. Zwecke IX. 166.

Urbanski, A. Theorie d. Potentials u. dessen Anwendung auf elektrische Kräfte XX. 428*.

Ure, A. Das Siedealkoholometer zur Bestimmung des Spiritusgehalts III. 16. 18.

Uricöchea, E. Analyse d. Meteoreisens v. Toluca u. d. Cap der guten Hoffnung X. 642*.

Usiglio, Analyse d. Wassers d. Mittelmeeres an d. Küsten Frankreichs V. 460. 481. 482.

Valentin, G. Ueb. d. Möglichkeit die Stimmungsrichtung eines galvan. Froschpräparats willkührlich umzukehren IX. 520 — Polarisationserscheinungen der Krystalllinse XV. 296 — Aenderung d. Characters d. Doppelbrechung in Krystalllinsen XVII. 286; XVIII. 278 — Untersuchung der Pflanzen- u. Thiergewebe im polarisirt. Licht XVII. 286 — Ueb. d. physiolog. Erscheinungen XVIII. 374* — Einige neue Beobachtungen üb. das Erkennen d. Bluts durch das Spectroskop XIX. 216 — Gebrauch des Spectroskops zu physiolog. u. ärztlichen Zwecken XIX. 218* — Ueber Wärmeentwicklung während d. Nerventhätigkeit XIX. 360.

Vaillant, Erdbeben v. 20. Juli 1854, X. 793 — Feuerkugel zu Paris d. 29. Oct. 1857, XIII. 458* — Schreiben an Hrn. Moigno üb. Luftspiegelung XVI. 567 — Ueb den Sturm am 2. u. 3. Dec. 1863, XIX. 658*; XX. 723 — Ueb. d. stündlichen Variationen d. Barometers XX. 691 — Erklärung verschied. meteorolog. Erscheinungen. Schreiben an d. Director d. kaiserl. Observatoriums XX. 730 — Schweben der Wolken in d. Atmosphäre XX. 743.

Valerius, H. Neue Methode zur Bestimmung d. Hauptbrennweite v. Convexspiegeln u. Zerstreuungslinsen XIX. 174 — Neues elektr. Chronoskop mit rotirendem Cylinder auf d. Gebrauch d. Stimmgabel gegründet XX. 8 — Ueb. d. Vibration d. Glasfäden, die mit ihrem einen Ende an e. vibrirenden Körper befestigt sind XX. 134.

de Valicourt, Lichtbilder auf Papier III. 196. 206.
Vallée, L. L. Theorie d. Auges I. 199. 219; II. 213. 221; III. 181. 184; (Faye dazu III. 182. 185;) VI. 488. 490; VIII. 308; XIV. 294; XVII. 299 — Ueb. d. ladières, seiches u. raz-de-marées d. Genfer See's VI. 913. 1020; XIII. 574 — Ueb. d. Achromatismus d. Auges IX. 294 — Lehrsätze üb. grade Linien im Raum u. üb. d. beiden opt. Abhandlungen v. Malus X. 358* — Mathematische Gestalt der brechenden Flächen d. Auges u. ihre gegenseitige Stellung zu einander. Functionen d. Hornhaut X. 326* — Ueb. d. Funkeln der Sterne XII. 553* — Ueb. Ueberschwemmungen u. üb. d. Genfer See XII. 748* — Ueb. d. Augen d. am Staar Erblindeten XIV. 294 — Geschichtl. u. kritische Bemerkungen über d. möglichen Systeme von Graden; neue Gesetze d. Reflexion u. Refraction an Oberflächen; Ergänzung d. Theorie d. Sehens XVI. 269 — Ueb. d. Gewässer der Rhone zu Genf XVI. 815.
Valler s. Budge.
Vallon, A. Einfluss d. Strömung auf d. Schifffahrt an d. Ostküste v. Afrika XVI. 792*.
Valson, C. A. Theorie d. Capillarerscheinungen XIII. 57; XIV. 37.
Valtin, J. H. Beobacht. v. e. Nebenmond VI. 869*
Valz, B. Neues reciprokes Fernrohr VI. 546. 548 — Neues einfaches und billiges Spectrometer zum Gradeaussehen (à vision directe) XIX. 188.
Varenna, Die elektr. Telegraphie II. 530*.
Varley, C. F. Beschreibung eines graphischen Teleskops IX. 321 — Aeussere Zufälligkeiten, wodurch d. Deutlichkeit guter Fernröhre beeinträchtigt wird X. 341* — Verbesserungen in der Erzeugung u. Anwendung dynamischer Elektricität XI. 461 — Ueb. einige Methoden zur Ermittl. d. Stelle u. Natur d. Fehler in Telegraphenleitungen XV. 493* — Ueber d. relative Geschwindigkeit d. elektr. Welle in submarinen Kabeln v. verschied. Länge u. e. Geschwindigkeitseinheit, um elektr. Kabel durch Halbirung d. elektr. Welle zu vergleichen XIX. 428.
Varrentrapp, Ueber Bernhardt's Elektrisirmaschine zu Sprengungen XIX. 397.
Vasserot, C. F. Verfahren d. Glas für Reflectoren mit einem spiegelnden Ueberzug v. Platin od. Palladium zu versehen XV. 310*.
Vaughan, D. Astronomische Untersuchungen üb. Meteorsteine XI. 587* — Säcularveränderung d. Mond- u. Erdbewegung durch d. Einfluss der Fluth XIII. 119 — Ueb. d. Leuchten d. Sonne, d. Meteore u. Sternschnuppen XIII. 220 — Ueb. d. Sonnenflecke u. veränderlichen Sterne XIV. 574. 581 — Ueb. Feuermeteore u. Sternschnuppen XV. 558* — Einfluss d. Erddrehung auf die Bewegungen in der Atmosphäre XVI. 736* — Ueb. unterird. Bewegungen XVIII. 698.
Vaussin-Chardaune, Mittel zur Lenkung d. Luftballons V. 64*.
Vauvert de Méan, Schlammvulkane v. Turbaco IX. 655; X. 798.
de Vaux s. Devaux.
Veitch, J. G. Ueb. ein zu Manila beobacht. vulkan. Phänomen XVIII. 821.
Venerio, J. Meteorologische Beobachtungen in Udine während der 40 Jahre v. 1803 bis 1842, VIII. 696. 749 — Zusammenhang zw. d. Temperaturerniedrigung d. Luft u. d. Vermehrung der Sonnenflecke u. umgekehrt IX. 738*.
Venetz, Ueb. d. Diluvialgletscher d. Rhonethals XV. 761.
Venetz u. Tscheinen, Jahrgänge in Wallis v. 1803 bis 1834, XIV. 661*.
Ventris, Beschreib. e. in England beobacht. Feuerkugel II. 179. 204.
Ventzke, Absorptionsfähigkeit der Knochenkohle für Zucker u. Wasser VIII. 145.
Vercruysse, F. Ueb. d. trocknen Nebel XV. 726*.
Verdam, J. A. Beitrag zur Theorie d. Hauptaxen XIX. 32*.
Verdet, E. Inductionserscheinungen durch elektr. Entladungen IV. 269. 272; V. 257 — Inductionsströme höherer Ordnung V. 300. 308; VI. 793 — Interferenz d. polarisirten Lichts VI. 318. 347 — Intensität d. im Brennpunkt v. Spiegeln u. Linsen erzeugten Bilder VI. 318. 361 — Inductionserscheinungen durch die Bewegung magnet. od. unmagnetischer Metalle VI. 793. 796 — Erklärung d. kleineren

Höfe VIII. 591 — Ueb. d. optischen Eigenschaften durchsichtiger Körper unter d. Einfluss d. Magnetismus X. 619; XII. 547; XIX. 254 — Optische Eigenschaften d. magnetischen Körper XIII. 447 — Ueb. eine Stelle in Thomson's Abhandl. üb. d. elektrodynam. Eigenschaften d. Metalle XIV. 403 — Ueb. e. Stelle in d. Abhandlung d. Hrn. Wiedemann üb. d. Bewegung d. Flüssigkeiten in d. Kette XIV. 432 — Ueb. d. Abhandlung v. Masson in Betreff d. Inductionsströme verschied. Ordnung XIV. 485* — Ueb. Wertheim's wissenschaftliche Arbeiten XVII. 103 — Ueb. d. Dispersion der Polarisationsebnen der farbigen Strahlen durch Magnetismus XVII. 289 — Ueber die mechanische Wärmetheorie XVIII. 325*; XIX. 345* — Histor. Bemerk. zur mechan. Wärmetheorie XIX. 345*.

Verdu, G. Neue Versuche z. Sprengen der Minen durch Elektricität IX. 568; X. 524.

Verga, A. Jodhaltige Salzquelle v. Miradolo XVI. 840*.

Vergnès, M. u. A. Poey, Neue Anwendung der Elektrochemie zur Ausziehung der im Organismus befindlich. Metalle XI. 465*.

Verité, Beschreibung der elektromagnet. Uhr IX. 577*; XI. 517* — Ueb. ein Mittel vollkommenen Synchronismus beliebig vieler durch einen elektr. Leitungsdraht verbundener Uhren zu erhalten XIX. 466.

Verme, R. del, Ueber atmosphär. Elektricität VIII. 602* — Ueber die Elektricität d. Pflanzen IX. 529.

Verneuil, E. de, Ueb. d. gegenwärtigen Zustand d. Vesuvs u. die seit 1854 auf d. Plateau desselben erfolgten Veränderungen XIV. 707.

de Verneuil u. Collomb, Geolog. Constitution einiger Provinzen Spaniens IX. 663*; XI. 789*.

de Verneuil u. de Lorière, Uebersicht der im Sommer 1853 in Spanien gemessenen Höhen X. 788*; XI. 789*.

Vernon, G. V. Ueb. d. unregelmäss. Schwankungen d. Barometers zu Manchester XVIII. 636 — Ueb. d. unregelmäss. Schwankungen d. Barometers zu Genf u. auf d. St. Bernhard und ihren Zusammenhang mit d. mittlern Temperatur u. d. Regenfall XVIII. 638 — Windrichtung zu Manchester 1849 bis 1861 um 8 Uhr Vorm. XVIII. 649 — Tafel über die Regenmenge 1861 zu Old Trafford u. s. w. XVIII. 667*.

Verollot, P. Zusammenstellung der in Constantinopel v. 1841 bis 1855 bemerkten Erdbeben XII. 766 — Verzeichniss d. Erdbeben im türkischen Reiche im J. 1855, XII. 770.

Veron, Ueb. Sichtbarkeit V. 187. 192.

Verteuil, L. A. de, Temperatur d. Insel Trinidad XIV. 606 — Regenmenge auf d. Insel Trinidad XIV. 673.

Vervaet, J. Ueb. d. Kälte im nordöstl. Theile v. Ungarn XX. 686*.

Verver s. King.

Vesselowsky, C. Ungewöhnliches Klima v. Sitka XIII. 494* — Klima v. Ikogmut XV. 692 — Stündliche Variationen d mittleren Lufttemperatur zu St. Petersburg nach d. Beobachtungen v. 1841 bis 1857, XV. 714* — Mitteltemperatur v. Sitka XVI. 676.

Vettin, F. Meteorolog. Untersuchungen XII. 718 — Ueb. d. aufsteigenden Luftstrom, d. Entstehung d. Hagels u. üb. Wirbelstürme XIII. 545; Dove dagegen 546 — Ueb. d. Barometerstand in verschiedenen Breiten XIII. 559 — Ueb. die Wogen d. Luft XIII. 561.

Vézian, A. Ueb. d. allgemeinen Bewegungen d. Erdrinde XVI. 854.

Vialète d'Aigneau s. Aigneau.

Viard, Elektrochemische Rolle des Sauerstoffs VIII 472; X. 512 — Ueb. d. Wärmeentwicklung beim Durchgang der Elektricität durch Metalldrähte X. 515 — Gesetze d. Ausflusses v. Gasen durch porösen Cäment u. d. Anwendung v. Cämentröhren zur Leitung des Leuchtgases XI. 105 — Ueb. e. Fall v. Wärmeerzeugung XI. 364 — Ueber d. Mittel zur Bestimmung d Lufttemperatur XI. 632 — Ueb. d. Reduction d. Barometerhöhen auf 0, XIII. 503*.

Vibe, A. Küste u. Meer Norwegens XVI. 790 — Höhenmessungen in Norwegen v. 1774 bis 1860, XVII. 736.

Vibrans, Ueb. d. vielverbreitete Ansicht, dass jedem Nebeltag im März am 100ten Tage nachher e. Gewitter folge XI. 597.

Vicat, Erdbeben zu Grenoble XIV. 720.

Vidal, Der Rockall im nordatlant. Ocean XVII. 745.

Vidi, Barometer nach neuem Princip

Aneroid-Barometer III. 98. 575. 579; IV. 79. 81.
Viechelmann, C. Ueb. elektr. Strömung in den Leitungen während des Nordlichts v. 12. Oct. 1859, XVI. 610*.
Vierordt, K. Physik d. organischen Stoffwechsels III. 14; IV. 24. 33 — Verbessertes Endosmometer IV. 24* — Ueb. d. Messung der Sehschärfe XIX. 285; XX. 271.
Vignotti, A. Ueb. elektroballistische Chronoskope XV 58
Ville, L. Salzquellen, Springquellen, Mineralwässer in Algier XIII. 577* — Ueb. d. artesischen Brunnen im Hondabassin u. in d. Sahara d. Provinzen Algier u. Constantine XX. 871 — Ueb. d. Thermen v. Hammam-Melouan XX. 876.
Villeneuve-Flayosc, H. de, Die Drainirung in Frankreich in Bezug auf Meteorologie u. Geologie X. 765*; XI. 761* — Ueb. d. atmosphärischen u. magnetischen Strömungen d. Erdballs XI. 608 — Erdbeben d. 29. Dec. 1854, XI. 804 — Ueb. d. unterirdischen Wasser d. Provence XII. 744* — Ueb. den Bau d. Erdballs XVIII. 708.
de Villiers de l'Ile-Adam, Meteorolog. Beobacht. zu Le Mans 1859 u. 1860, XVI. 762*.
Vincent, Ueb. d. Seewasser d. Atlant. u. Stillen Oceans XVIII. 715.
Vincent, A. J. H. Theorie d. Stösse u. ihre Anwendung auf das Stimmen der Orgel u. anderer Instrumente V. 97. 101 — Theorie d. Tonleiter u. d Accorde XI. 205.
Vinchent, Ueb. d. Störungen auf d. Telegraphenlinien zu Brüssel vom 8. bis 12. Aug. 1860, XVI. 611* — Wirkungen d. Gewitters v. 15. Mai 1860 in d. Umgegend von Tirlemont XVI 625.
Vintschgau, M. di, Ueb. d. Wirkung einiger Gase auf das Blut XV. 119.
Viollet, Ueb. d. Mittel galvan. Ströme u. elektromot. Kräfte auf metrische Gewichts- u. Längeneinheiten zurückzuführen u. die Angaben verschied. galvanometr. Instrumente vergleichbar zu machen XVIII. 431 — Ueb d. Punkte d. Quadranten, welche dem kleinsten Fehler bei Beobacht. der Galvanometer, Tangenten- u. Sinusbussolen entsprechen XVIII. 432* — Ueb. d. Mittel zur Verminderung d. innern Widerstandes d. Ketten u. üb. d. Erfolg dieser Verminderung bei Apparaten v. grosser Intensität XIX. 410.
Vionnois, Berechnung der Entfernung eines Punktes vom wahren Horizont mit Rücksicht auf die atmosphär. Strahlenbrechung, wenn die Höhe d. Punktes üb. d. Horizont gegeben ist XI. 585*.
Viquesnel, A. Ueber einige sehr merkwürdige Eigenthümlichkeiten in d. geograph. Studium von Thracien XI. 789*.
Virchow, Ueb. einige an d. Leiche eines Enthaupteten angestellte Beobachtungen X. 545*.
Virdouvet, Apparat zum Ersatz d. Schraube bei d. Dampfbooten V. 43*.
Virgin, C. A. Reise um d. Erde auf der schwedischen Fregatte Eugenie 1851 bis 53, XIV. 663*; XVIII. 680.
Vittadini, A. Ueb. d. Mechanismus d. Sehens XVIII. 278*.
Vivenot, R. v. Ueb. e. neuen Verdunstungsmesser XIX. 615 — Ueb. d. Messung d. Luftfeuchtigkeit zur richtigen Würdigung d. Klimate XX. 742*.
Vivian, E. Ueb. d. Klima v. Torquay u. South Devon XII. 712 — Ueb. Meteorologie mit Beobachtungen während einer Luftfahrt XIII. 534 — Resultate v. selbstregistrirend. Hygrometern XVII. 607*.
Vlacovich, N. Ueb. d. plötzliche Entladung d. Leydener Flasche XIX. 407 — Ueb. d. Dauer d. elektr. Funkens XX. 445.
Vogel u. Delitsch, Höhenschichten-Wandkarte v. Mittel-Europa XVIII. 711*.
Vogel, A. Neues Gasometer VI. 214. 227 — Ein Aspirator neuer Construction XI. 105 — Ueb. d. chemischen Einfluss d. Lichts auf d. Vegetation XI. 347* — Eine Lichterscheinung durch Reibung XIII. 221 — Entmischung d. Weingeistes in Folge spontaner Verdunstung XIV. 138 — Zur Beurtheilung hygrometr. Methoden XIV. 679* — Zur Theorie d. Glasthränen XV. 100 — Zusammensetzung eines Gletscherschlammes v. Dachstein am Hallstädter See XVI. 846* — Zur Kenntniss d. Gletscher XVI. 854* — Ueb. d. chemische Wirkung einiger Lichtausstrahlungen XIX. 264.

Vogel, A. u. C. Reischauer, Ueb. e. Atmidometer neuer Construction XII. 615 — Ueb. d. specif. Gewichtsbestimmungen v. Flüssigkeiten XIII. 83 — Durchdringung einer Oelschicht durch atmosphär. Sauerstoff XV. 117 — Ueb. d. Trübwerden gewisser Gläser beim Erwärmen XV. 301.

Vogel, E. Meteorologie v. Murzuk IX. 737* — Beobachtung des Sternschwankens X. 640* — Magnetische Beobachtungen in Nordafrika u. Kuka XI. 627.

Vogel, F. Lichtbilder auf Zeugen III. 197. 208 — Kupferne Copien v. Stahl- u. Kupferplatten für d. Kupferdruckpresse IV. 299*; IX. 511*.

Vogel, H. Abhängigkeit d. Elasticitätsmodul v. d. Atomgewicht XVI. 72 — Einfaches Verfahren mikroskopische Ansichten photographisch aufzunehmen XVIII. 285 — Ueb. d. Verhalten d. Chlor-, Jod- u. Bromsilbers im Licht u. d. Theorie d. Photographie XIX. 262 — Ueber Mikrophotographie XIX. 266.

Vogelsang, H. Die Vulkane d. Eifel in ihrer Bildungsweise erläutert XX. 903.

Vogt s. Matthiessen.

Vogt, C. Nordfahrt entlang d. norweg. Küste nach d. Nordcap u. s. w. XIX. 730*.

Vogt, G. Flächeninhalt d. wichtigeren Seen d. Schweiz XVII. 750.

Vogtländer, Objective, deren optischer u. chemischer Focus zusammenfallen XV. 310*.

Voisin, Ein weisser Regenbogen II. 178. 195.

Voit, C. Ueb. d. Zustandekommen d. thierischen Bewegung XVII. 528.

Volckmann, H. Die Mondfinsterniss v. 13. Oct. 1856 zu Santiago XIII. 460*.

Volger, G. H. O. Ueb. d. Erscheinungen der Aggregatpolarisation im Boracit X. 301* — Verhalten d. Boracits gegen Magnetismus X. 617 — Ueb. d. letztjährige Erdbeben in Centraleuropa XI. 808 — Der Asterismus XII. 269 — Neue Theorie d. Erdbeben u. Vulkane XV. 766* — Zur Theorie d. Erdbeben XVII. 783.

Volkmann, A. W. Lehre v. Sehen II. 213 — Ueb. einige Gesichtsphänomene, welche mit d. Vorhandensein eines unempfindl. Fleckes im Auge zusammenhängen IX. 301 — Erläuterung u. Rechtfertigung der hydraulischen Grundsätze in seinem Werk üb. Hämodynamik X. 185* — Ueber Muskelreizbarkeit XII. 180* — Einfluss der Uebung auf das Erkennen räumlicher Distanzen XIV. 295 — Ueb. d. Vermögen Grössenverhältnisse zu schätzen XIV. 295 — Ueb. Irradiation XIV. 300 — Ueb. d. Elasticität d. organ. Gewebe XV. 104 — Das Tachistoskop, welches bei Untersuch d. momentanen Sehens den elektr. Funken ersetzt XV. 283 — Die stereoskop. Erscheinungen in Bezieh. zur Lehre v. den identischen Netzhautpunkten XV. 284 — Ueb. atmosphär. Elektricität XVI. 614 — Ueb. d. Irradiation, welche auch bei vollständiger Accommodation d. Auges statt hat XVII. 320 — Einfluss d. Extension eines Lichtreizes auf dessen Erkennbarkeit XVII. 333 — Physiolog. Untersuchungen im Gebiet d. Optik XIX. 266; XX. 271 — Ueb. identische Netzhautstellen XIX. 283.

Volpicelli, P. Bestimmung d. Elasticitätscoefficienten VIII. 142 — Ueb. die Wärmestrahlung der Sonne VIII. 438 — Eine neue elektrostatische Erscheinung. Ueb. elektrostat. Polarität X. 430; XIV. 372 — Elektrostatische Versuche. Elektricitätsentwicklung bei d. Ortsveränderung d. Körper X. 646 — Ueb. die elektrostatische Induction XI. 398; XII. 397; XIII. 324; XIV. 373 — Ueber d. Verbindungen mehrerer Condensatoren untereinander zur Vermehrung d. elektrostatischen Spannung XI. 409 — Allgem. Formel für d. Manometer mit comprimirter Luft u. für d. Stereometer XIII. 129* — Elektrographische Bilder mittelst d. elektrostat. Induction XIII. 336 — Ueb. d. Mariottesche Gesetz XIV. 101* — Elektrometrische u. elektrostatische Beobachtungen XIV. 373; XV. 380. 382; XVII. 430 — Beschreibung u. Theorie eines neuen Anemometrographen XV. 656; XVI. 672 — Diaphragmatisches Stereoskop XVI. 280. 308 — Ueb. d. elektrostatische Phänomen v. Libes XVI. 429 — Ueb. d. Erdmagnetismus in Beziehung zur Sonne XVII. 588* — Ueb. elektrostatische Polarität. Bestimmung eines d. Elektrostatik betreffenden bestimmten Integrals u. Formeln daraus für

d. Theorie der Zahlen XVIII. 389 — — Ueb. atmosphär. Elektricität XVIII. 512 — Untersuch. üb. die Spectralanalyse XIX. 197 — Ueb. d. elektr. Vertheilung auf zwei leitenden Kugeln von bekannten allgem. bestimmten Radien XIX. 394 — Elektro-atmosphär. u. elektro-tellurische Beobachtungen XIX. 558; Bemerk. v. Secchi dazu XX. 603; Entgegnung v. Volpicelli XX. 606 — Neue Thatsachen üb. d. elektrostat. Polarität XX. 433 — Ueb. die gebundene Elektricität XX. 434.

Volpicelli u. Binet, Geschichte d. magnet. Telegraphie XV. 493*.

Volta, A. Nicht veröffentlichte Manuscripte üb. d. Wärme, Ausdehnung d. Gase, Druck d. Dämpfe, Verbrennung u. brennbare Gase XVII. 386; desgl. üb. gewöhnl. Elektricität und Galvanismus XVII. 419 — Schreiben an den Prof. Vassalli Eaudi XVIII. 409*.

Vonwiller, Neue Rotationsmaschine XVI. 56

Vretos, A. P. Das Zufrieren d. unteren Donau XII. 746.

Vroesom de Haan, J. Einfluss d. Alters auf die Gesichtsschärfe XVIII. 278*.

Vrolik, Wachsthum d. Pflanzen u. Früchte e. Art Kalabas V. 374. 450.

Vry u. Alluard, Ueb. d. Drehvermögen d. Chinins XX. 254.

Wabner, Der Inductionsmagnetismus d. Eisens u. sein Verhältniss zur Bussole XVIII. 468.

Wace, F. C. Ueber die Coincidenz zweier Strahlen in einem doppelt brechenden Medium XIV. 270.

Wackenroder, H. Ueb. d. Ausmittelung der sicheren 4- u. 5-ziffrigen specif. Gewichte der Flüssigkeiten IX. 25*.

Wackenroder, H. u. Schrön, Wahrscheinliches Gewicht d. Atmosphäre VI. 214. 221.

Wackerbarth, M. Resultate d. meteorolog. Beobacht. zu Upsala 1861, XX. 834*.

Waddell, H. M. Untersuch. üb. d. elektr. Fisch Malapterurus beninensis XII. 492; XIV 538.

Wael, E. de, Temperaturbeobachtung XIII. 494*.

Wagner, F. Aus den 1854 angestellten meteorolog. Beobachtungen zu Frankfurt a. M. gewonnene Ergebnisse X. 718.

Wagner, M. Zerstörung v. San Salvador durch Erdbeben X. 794 — Reise in d. Innere d. Landenge v. San Blas u. d. Cordillere v. Chepo in d. Prov. Panama XVIII. 712* — Ueber einige wenig bekannte Vulkane im trop. Amerika XVIII. 795 — Beiträge zur Meteorologie u. Klimatologie v. Mittel-Amerika XX. 824 — Ueb. einige hypsometr. Arbeiten in d. südamerikan. Anden v. Ecuador XX. 841*.

Wagner, R. Bau d. elektr. Organs im Zitterrochen III. 395. 436 — Ueb. Maumené's Versuch die Zusammensetzung complementarer Farben zu Weiss betreffend X. 280 — Ueb. d. Endigungen der Nerven im Allgem. XIII. 380*.

Waitz v. Eschen, B. Temperaturbeobacht. auf d. untern Nil XX. 685. 868*.

Wakley, Sonometer V. 116.

Walemi, Neue Form galvan. Batterien V. 292.

Walenn, W. H. Construction d. Pulvermacherschen Batterie VI. 723. 725.

Walferdin, H. Messung grosser Meerestiefen u. ihrer Temperatur. Neues Hydrobarometer VI. 912. 999 — Neues Psychrometer VI. 1059* — Temperatur d. Erde in grossen Tiefen. Beobachtungen üb. d. artesischen Brunnen zu Mondorf im Grossherz. Luxemburg IX. 654 — Anwendung des metastatischen Quecksilberthermometers als Maximumthermometer X. 673 — Hypsothermometer X. 790 — Abänderungen an d. horizontal liegenden Rutherfordschen Minimumthermometer. Maximumthermometer mit Luftblase XI. 630 — Ueb. d. gegenwärtig gebräuchlichen Thermometerskalen; Erniedrigung d. Nullpunkts d. hunderttheiligen Skale; vierhunderttheilige Skale XI. 633 — Temperatur der Erde in grossen Tiefen XIII. 590 — Neues metastat. Maximumthermometer XIV. 621.

Walker, Ch. V. Galvanische Reduction d. Legirungen I. 470. 476 — Anwend. d. Elektricität beim Feldbau I. 499. 503 — Ueb. Graphitbatterien VIII. 495 — Platinirte Graphitbatterien XV. 403 — Ueb. magnet. Stö-

rungen und Erdströme XVII. 565 — Regulirung d. Uhren durch Elektricität XVIII. 474* — Ueb. magnet. Calmen u. Erdströme XVIII. 558.

Walker, D. Eisbeobachtungen XV. 348.

Walker, J. J. Ueb. d. Regenbogen im Wasser IX. 606 — Ein Regenbogen im Wasser bei Sonnenuntergang XVII. 549* — Neue Beschreib. eines Regenbogens im Lucerner See XX. 593*.

Walker, J. T. Tafel der Höhen in Sind, Punjab, d. Nordwestprovinzen u. Central-Indien XX. 841*.

Walker, S. C. Geschwindigkeit des galvan. Stromes V. 266. 272; VI. 692 694 (s. Steinheil) — Anwendung des galvan. Stroms zu Längenbestimmungen u. astronom. Beobachtungen V. 314*.

Walker, W. Neue Art künstliche Magnete zu machen IV. 357. 364 — Ueber Foucault's Pendelversuch VI. 69. 139 — Patentirter Schiffscompass VIII. 610* — Der Magnetismus der Schiffe u. der Compass IX. 635* — Neues Verfahren zur Anfertigung permanenter Magnete X. 608.

Wall, Anwend. d. Galvanismus zur Cämentstahlfabrication I. 483.

Wall u. Black, Ausbringung d. Erze u. Verwandlung d. Eisens in Stahl mit Hülfe d. Elektricität IX. 512*.

Wall, G. P. Geologie eines Theils v. Venezuela u. Trinidad XVI. 879.

Wallace, A. R. Der Piroroco od. d. Bore im Guama zur Fluthzeit X. 775 — Ueb. d. physische Geographie d. Malayischen Archipels XIX. 676 — s. Swan.

Waller, A. Molecularwirkung krystallinischer Theilchen u. Ursache d. Niederschlags d. Dämpfe v. Quecksilber auf Daguerreotypen II. 14. 23 — Mikroskopische Untersuchung d. sogenannten Bläschendampfs d. Wolken u. s. w. III. 157. 167; IV. 411. 414 — Fall, wo d. Gegenstände unter natürl. Grösse erschienen V. 187. 190 — Ueb. die durch Druck auf d. Netzhaut erzeugten Bilder V. 187. 191 — Versuche über d. nervus vagus XII. 491*.

Wallich, G. C. Das nordatlantische Meeresbecken. Uebersicht d. physikal. Verhältnisse d. Atlant. Meeresbeckens mit Bezug auf d. telegraph. Verbindung zw. Europa u. Amerika XIX. 675*.

Wallmark, Neues Goniometer III. 30* — Ursache d. Farbenringe, welche gewisse kranke Augen um leuchtende Gegenstände sehen VI. 489. 512 — Nobert's Mikroskop VI. 547* — Polarisation d. Lichts der corona der Sonnenfinsternisse XVI. 607*.

Waltenhofen, A. v. Entwurf einer Construction der Luftpumpe XI. 107 — Ueb. d. Stromrichtung in Nebenschliessungen zusammengesetzt. Ketten XVI. 499 — Ueber Kravogl's Quecksilberluftpumpe XVII. 100; XVIII. 60 — Ueb. d. Kohlenzinkkette bei Anwendung verschied. Ladungsflüssigkeiten XVIII. 410 — Ueb. d. magnet. Rückstand im Eisen XIX. 464 — Ueb. e. neues Verfahren die Härtegrade verschied. Stahlsorten zu untersuchen. Apparat zu elektromagnet. Stahlproben XIX. 465 — Ueber eine praktische Vereinfachung d. Vergleichung galvan. Ketten nach d. Compensationsmethode XX. 456 — Ueb. d. Polarisation constanter Ketten u. deren Einfluss bei Spannungsbestimmungen nach der Compensationsmethode XX. 471 — Ueb. das elektromagnet. Verhalten d. Stahls XX. 501.

Walter, Die Temperaturverhältnisse d. östlichen Asiens bedingt durch die daselbst herrschenden Winde X. 687.

Walter, A. u. K. und Rohatsch, Verfahren auf Metallen Farbentöne auf elektrochemischem Wege zu erzeugen III. 378. 390.

Walter, P. A. F. Das Grossherzogthum Hessen X. 788*.

Walther, A. Beiträge zur Lehre v. d. thier. Wärme XIX. 361*.

Walton, W. Ueb. die Familie der Wellenfläche VIII. 178 — Eine physikalische Eigenschaft d. Erzeugungscurven d. Wellenfläche IX. 184 — Geometrische Eigenschaft der Wellenfläche XVI. 201 — Ueb. d. Schiefe d. Strahls in einem zweiax. Krystall XVI. 258 — Eine Eigenschaft d. conjugirten Polarisationsebne in zweiax. Krystallen XVII. 210 — Ueb. Ostrogradsky's hydrostat. Schale XVIII. 36 — Ueb. gewisse analyt. Beziehungen zwischen conjugirt. Wellengeschwindigkeiten, Strahlengeschwindigkeiten u. Polarisationsebnen XVIII. 169 —

Theoreme üb. Wellen- u. Strahlengeschwindigkeit in zweiax. Krystallen XVIII. 170 — Neigung d. opt. Axen zu d. Strahlenaxen in zweiax. Krystallen XVIII. 171 — Ueb. einige Zeichen des Witterungswechsels XVIII. 579 — Ueb. d. äquiradialen Wellenkegel der Wellenfläche XIX. 163 — Ueb. d. äquiradiale Curve d. Wellenfläche XIX. 166*.

Wandsleben, Reduction d. Chlorsilbers auf elektrochem. Wege VIII. 491*.

Wangenheim v. Qualm, Ursache der Versandungen im Wolgabecken XVI. 822.

Wanklyn, J. A. Ueb. d. Bewegung d. Gase XVII. 140 — Ueb. d. Destillation v. Gemischen XIX. 362; XX. 372 — s. Playfair, Tate.

Wanklyn, J. A. u. J. Robinson, Ueb. d. Diffusion d. Dämpfe als Mittel zur Unterscheidung der scheinbaren und wahren Dampfdichte XIX. 9 — Ueb. d. Dampfdichte gewisser Körper XIX 9.

Wantzel s. Saint-Venant.

Warberg, J. E. Resultate d. Beobachtungen üb. d. magnetische Declination an d. schwedischen Küste u. am Wenersee XII. 606*.

Ward, F. O. Das Pseudo-Dioskop XVI. 298.

Ward, W. S. Krystallisationsversuche unter hohem Druck III. 3. 5 — Neues Galvanometer III. 371. 372 — Vergleich verschied. voltascher Combinationen V. 291. 293; VI. 723 — Bewegungen unter d. Einfluss magnetischer u. diamagnet. Kräfte. Theorie der durch Diamagnetismus inducirten Ströme V. 334. 350 — Ueb. Kälteerzeugung durch mechanische Mittel IX. 421 — Der Gebel Nakus oder Glockenberg XIII. 591.

Ware, H. Ueb. eine atmosphärisch-elektr. Erscheinung XI. 597.

Warington, R. Entstehung v. Borsäure u. Ammoniak durch vulkanische Thätigkeit X. 792 — Wirkung gefärbter Gläser auf das Wachsthum der Pflanzen im Meerwasser XI. 347*.

Warlemont, Sturm mit ungewöhnl. Hagel V. 375*.

Warren de la Rue s. Rue.

Warren, J. W. Ueb. einige Sätze in der Attractionstheorie XVI. 36 — Transformation im Raum von Poinsot's Momenten-Ellipsoid XVI. 47* — Ueb. d. innern Druck in einem elast. festen Körper XVIII. 63 — Orthometrische Relationen zw. d. Spannungen eines gestörten Systems XX. 53.

Wartmann, E. Die Methode in d. Elektricität u. d. Magnetismus I. 381. 384 — Ueb. Induction I. 523. 536 — Versuche zu Gunsten d. Ansicht v. de la Rive üb. d. Töne in Eisenstäben durch d. galvan. Strom II. 142. 152 — Zwei ungewöhnliche meteorolog. Erscheinungen zu Lausanne II. 178. 193 — Neue Beziehungen zwischen Wärme, Elektricität u. Magnetismus II. 273. 280 — Ueb. die Methode in d. Wärmelehre II. 313* — Ueb. d. Fehlen elektr. Ströme in d. Nerven II. 437. 471 — Neue Versuche üb. Elektromagnetismus II. 515. 516 — Ueb. zwei Waagen mit Reflexion III. 30* — Ueb. neue Linien im Sonnenspectrum III. 118. 127 — Anwendung d. Inductionsströme d. Bewusstsein wieder herzustellen III. 394. 430 — Wirkung d. Inductionsströme auf Eiweiss III. 394. 431 — Ueber verschied. Inductionserscheinungen III. 461. 464 — Meteorologische Phänomene III. 667 — Verfahren d. Entfernung eines hohen Punktes zu messen IV. 198. 199 — Einfluss d. Induction auf d. akustischen Eigenschaften d. Körper u. Beziehung d. Elektricität zu d. Körpern im sphäroidalen Zustand IV. 340. 351 — Nichtstrahlung d. dynamischen Elektr. IV. 340. 353 — Wirkung d. Magnetismus auf verschied. Körper IV. 358. 375 — Ueb. d. Longitudinallinien des Spectrums V. 149. 154 — Eine Erscheinung d. Dyschromatopsie V. 187. 191 — Schatten in der Atmosphäre V. 452. 455; VI. 870* — Ueber einige meteorologische Erscheinungen V. 452* — Ueber die Ablenkung der Schwingungsebne d. Pendels VI. 71. 152 — Besonderer Fall v. Daltonismus VI 489. 513 — Polarisation d. chemisch. Strahlen d. Sonnenlichts VI. 518. 527 — Polarisation d. atmosph. Wärme VI. 619. 631 — Ueb. d. elektr. Ströme in d. Pflanzen VI. 729. 740 — Ueber Induction VI. 793. 795 Leitungsfähigkeit d. Mineralien für d. galvan. Elektricität VIII. 469 — Ueb. elektr. Erleuchtung XIII. 361* — Ueber die Sternschnuppen im Aug. 1857, XIII. 457* — Beschreibung ein. voltaschen

Compensators, um die Stromstärke einer beliebigen Säule constant zu erhalten XIV. 438 — Einfluss d. Drucks auf d. elektr. Leitungsfähigkeit von Metalldrähten XV. 415 — Elektr. Erscheinungen in der Atmosphäre der Schweiz im Sommer 1857; ihr Zusammenhang mit d. Sternschnuppen d. August XV. 584* — Ueb. d. gleichzeitige Telegraphiren zwischen zwei Stationen, die nur durch einen Draht verbunden sind XVI. 526* — Ein registrirender Apparat XVII. 607*.

Wartmann, L. F. Ueb. e. zu Genf v. 18. bis 26. Nov. 1859 beobachteten leuchtenden Nebel XV. 726*; XVI. 736*.

Wastler, J. Ueb. d. Leistungsfähigkeit der Bourdonschen Metallbarometer XVIII. 593.

Waterson, Ueb. d. Bewegung der aus freien u. vollkommen elastischen Molecülen bestehenden Mittel II. 158 175.

Waterston, G. Eine dritte Form desselben Instruments (Stereoskop) XIII. 260*.

Waterston, J. J. Allgemeines Gesetz der Dichte gesättigter Dämpfe. Theorie d. Gase VI. 563. 593 — Gang der Dichte bei gesättigten Dämpfen VIII. 382 — Dichtigkeit eines Körpers bei seinem Uebergang aus ein. Flüssigkeit in gesättigten Dampf IX. 424 — Gesetz d. gegenseitigen Abhängigkeit zw. Temperatur u. mechanischer Kraft IX. 425 — Beweis einer merklichen Abweichung des Quecksilberthermometers vom Luftthermometer zw. 0° u. 100° C., IX 427 — Methode zur Berechnung d. Volums der Flüssigkeitsatome XI. 15 — Chemische Wirkung d. Sonne XIII. 268 — Ueb. die Abweichungen von den Grundgesetzen d. elastischen Flüssigkeiten aus d. Versuchen v. Regnault, Thomson u. Joule XIII. 288 — Ueb. Capillarität u. ihre Beziehungen zur latenten Wärme XIV. 37 — Ueber die Summe d. Gravitation u. das Maass u. d. Uebertragung d. Kraft XIV. 317 — Abweichung d. Quecksilberthermometers vom Luftthermometer unter 100° C. nach Regnault's Beobachtungen d. Spannkraft d. Dämpfe XIV. 327 — Theorie d. Schalles XV. 163 — Verhältniss d. gewöhnlichen und voltaschen Elektricität XV. 374 — Ueb. die durch d. Fall v. Meteoriten auf d. Sonne möglicherweise erzeugte Wärme u. üb. d. Bestimmung d. absoluten Temperatur d. Sonnenoberfläche durch thermometrische Beobachtungen XVI. 374 — Gesetz d. Ausdehnung d. Flüssigkeiten, welches d. Volumen mit d. Temperatur und d. Dichte d. gesättigten Dampfes verbindet XVII. 374* — Beobacht. über Wärmestrahlung d. Sonne XVIII. 384*; XIX. 635*; XX. 674 — Ueb. d. chemische Beziehung im Einklang mit d. dynam. Theorie d. Wärme u. Gase XIX. 314 — Ueb. d. Ausdehnung d. Wassers in hohen Temperaturen XIX. 355 — Ueb. Ausdehnung der Flüssigkeiten XX. 341.

Waterston, W. J. M. Folgerungen aus der dynamischen Wärmetheorie für kosmische Processe IX. 410.

Watson, J. J. W. Neue galvanische Batterie IX. 473 — Elektrische Lampe IX. 497 — Verbesserungen an galvan. Batterien u. in der Erzeugung chemischer Producte durch dieselben IX. 515 — Ausserordentl. elektr. Erscheinungen XIX. 569.

Watt, A. Elektrochemische Abscheidung v. Metallen XI. 460*.

Watt, C. Verbesserungen in d. Zersetzung salzart. u. anderer Substanzen; Darstellung gewisser Verbindungen; Trennung u. Reinigung d. Metalle VIII. 492* — Verbesserungen in der Gewinnung elektrischer Ströme X. 482*.

Watts, J. K. Mondregenbogen VI. 869* — Nordlichtbeobachtungen zu St. Jves VI. 873; VIII. 598*; X. 643* — Ueb. e. Schneesturm VI. 1051. 1096 — Beobachtung v. Nebensonnen zu St. Jves IX. 609*.

Watts, W. M. Ueb. d. Absorption gemischter Gase in Wasser XX. 96.

Wawnikiewicz, R. Ueb. d. Heidelberger Meteoreisen XVIII. 509*.

Way, Elektr. Licht mit Quecksilber erzeugt XVI. 509.

Weare, R. Verbesserung an elektromagnet. Uhren IV. 357*.

Webb, T. W. Einfache Methode d. Focallänge kleiner Convexlinsen zu finden XIII. 276 — Spuren ein. eruptiven Thätigkeit auf dem Mond XV. 556*.

Weber, Meteorfälle im Juli, Aug. u. Oct. 1861, XVII. 552* — Witterungs-

verhältnisse in Mannheim 1860, XVII. 726*.
Weber, A. Ueb. d. scheinbare Umkehrung d. Erhabenen u. Vertieften XII. 306.
Weber, C. W. Die Entstehung des Grundeises XII. 746.
Weber, Ed. Ueb. Muskelbewegung II. 436. 454.
Weber, Ed. u. E. H. Wirkung der magnetoelektr. Reizung der Blutgefässe bei lebenden Thieren III. 393. 426.
Weber, E. H. Anwendung d. Wellenlehre auf d. Lehre v. Kreislauf des Blutes VI. 156. 210; Widerlegung d. v. Volkmann dagegen gemachten Einwendungen IX. 103* — Ueb. Grösse, Lage u. Gestalt d. sogenannten Mariotteschen oder blinden Fleckes im Auge IX. 301 — Mikroskop. Beobachtung gesetzmässiger Bewegungen, welche d. Bildung v. Niederschlägen harziger Körper aus Weingeist begleiten X. 7.
Weber, G. Cohäsions- u. Torsionskraft d. Kruppschen Gussstahls XI. 145.
Weber, H. Sonnenfleckenbeobachtungen zu Peckeloh. Nachtrag zu d. Secchischen Sonnenfleck XVI. 609*; XVII. 549*; XIX. 538* — Nordlicht u. Polarbanden, beob. 1861, XVII. 556. 557*; XVIII. 511* — Meteore, beob. 1862 zu Peckeloh, XVIII. 506* — Lichtprocesse im Jan., März u. Juli 1862, XVIII. 511* — Nordlicht v. 5. März u. 2. April 1862, XVIII. 511* — Bestimmung d. galvan. Widerstandes d. Metalldrähte aus ihrer Erwärmung durch d. galvan. Strom nach absolutem Maass XIX. 417 — Zusammenstellung d. Nordlichter u. Lichtprocesse d. Jahres 1862, beob. zu Peckeloh; desgl. 1863, XIX. 546*.
Weber, R. Ueb. d. Wärmeentwicklung bei Molecularveränderungen d. Schwefels u. des Quecksilberjodids XIII. 23 — Ueb. d. Beschlagen und Blindwerden d. Glases u. üb. d. Methode zur Vorherbestimmung dieser Erscheinung XIX. 301.
Weber, T. Physikalische u. physiologische Experimente üb. d. Entstehung d. Geräusche in d. Blutgefässen XI. 218*.
Weber, V. Jahresbericht d. meteorolog. Station in Halle X. 763*; XI. 720; XIII. 534 — Intensität d. Erdmagnetismus in Halle nach absolut. Maass XI. 626.
Weber, W. Elektrodynam. Maassbestimmungen, insbesondere Widerstandsmessungen II. 475. 486; VI. 767. 768 — Erregung u. Wirkung d. Diamagnetismus nach den Gesetzen inducirter Ströme III. 492. 493 — Bemerk. zu Neumann's Theorie inducirter Ströme V. 300. 309 — Elektrodynam. Maassbestimmungen, insbesondere üb. Diamagnetismus VIII. 502 — Anwendung d. magnetischen Induction zur Messung d. Inclination mit d. Magnetometer IX. 622 — Bestimmung d. rechtwinkligen Componenten d. erdmagnetischen Kraft in Göttingen v. 1834 bis 1853, X. 673* — Ueb. d. Theorie d. Diamagnetismus XI. 531 — Ueb. d. beabsichtigte Einführung ein. galvan. Widerstandsetalons XVII. 473 — Zur Galvanometrie XVIII. 417 — Elektrodynam. Maassbestimmungen, insbesond. üb. elektr. Schwingungen XX. 509 — s. Kohlrausch, Poggendorff.
Webster, W. H. B. Ueb. Steigen u. Fallen d. Barometers VI. 1057* — Mechanisches Anemometer X. 681.
Weekes, Elektr. Beleucht. II. 396. 403.
Wehrli, Meteorolog. Beobachtungen zu Chur. Zusammenstellung d. monatl. Witterungsverhältnisse zu Chur im J. 1860, XVII. 690.
Weierstrass, Ueb. e. geometrische Construction, wodurch man d. Weg eines Lichtstrahls durch ein System v. brechenden sphär. Flächen in aller Strenge verfolgen kann XII. 775.
Weikart, H. Atomvolumen u. specif. Wärme d. Elemente XVIII. 344.
Weil, Neues Verfahren Metalle mit einer adhärirenden Schicht anderer Metalle zu überziehen XX. 483.
Weinberg, J. Meteorolog. Beobacht. von Jan. bis Juni 1861 zu Moskau, XVII. 725*; XIX. 659* — Meteorolog. Beobacht. für d. J. 1863, XX. 800.
Weingarten, J. Zur Theorie des Potentials XI. 61 — Elementare Herleitung d. Schwingungsdauer d. mathematischen Pendels XI. 61 — Ueb. d. Bewegung d. Elektricität in Leitern mit Bezug auf d. Abhandl. von G. Roch XIX. 468; XX. 532*.
Weisbach, J. Ausfluss d. Wassers unter hohem Druck. Hydraulischer

Apparat zu d. Versuchen bei Vorträgen üb. Hydraulik IV. 67. 76. 77 — Ausfluss d. Luft durch verschied. Mündungen IV. 79. 86 — Partielle u. unvollkommene Contraction der Wasserstrahlen im Grossen VI. 154. 185 — Vergleich d. Ausflusses v. Wasser, Quecksilber und Oel VI. 154. 187 — Widerstand des Wassers beim Ein- u. Austritt aus d. Cylindern d. Wassersäulenmaschinen VI. 155. 192 — Leistungen eines einfachenReactionsrades VI. 155. 201 — Widerstand, welchen d. Wasser beim Durchgang durch die Turbinenkanäle erleidet VI. 156. 200 — Neue Methode den Stoss des isolirten Wasserstrahls gegen ruhende u. bewegte Flächen zu bestimmen IX. 92 — Der hydrometrische Becher X. 173 — Vergleichende Versuche üb. d. Ausfluss der Luft u. d. Wassers unter hohem Druck XIV. 94 — Ausfluss d. Wassers unter sehr hohem Druck XV. 79 — Neue Bestimmung d. Verhältnisses d. specif. Wärme d. Luft bei constantem Druck zur specif. Wärme bei gleichem Volumen sowie des mechan. Aequivalents d. Wärme XV. 325 — Versuche üb. d. Steighöhe springender Wasserstrahlen bei verschied. Mundstücken XVII. 64 — Näherungsformel zur Berechnung der einem gegebnen Manometerstand entsprechenden Windmenge eines Gebläses XVII. 99.

Weiske, A. Die Ueberführung des Chlors bei d. Elektrolyse seiner Verbindungen mit d. Metallen d. Alkalien u. alkalischen Erden XIV. 459.

Weiss, A. Theorie d. Condensators V. 246. 249 — Das Problem d. Winkelspiegels VI. 383. 385 — Die galvan. Grundversuche mathemat. erklärt VI. 677. 681 — Mathematische Erklärung einiger Erscheinungen bei sphär. Linsen ohne Rücksicht auf Kugel- und Farbenabweichung VIII. 363 — Entwicklung d. Phasengleichung bei einaxigen Krystallen X. 251 — Aenderungen, welche d. Lage d. Linien im Spectrum d. Salpetergases erfahren, wenn man d. Dichte desselb. ändert XVII. 245 — Fluorescenz d. Pflanzenfarbstoffe XVII. 271* — Einige Beobachtungen d. Sonnenspectrums XVIII. 225 — Beobacht. einer Feuerkugel am 27. Nov. 1862 in England XIX. 543* — s. Grailich, Handl.

Weiss, E. Berechnung der totalen Sonnenfinsterniss v. 31. Dec. 1861, XVII. 551* — Gegenseit. Bedeckung zweier Sonnenflecke XX. 593* — s. v. Littrow.

Weiss, A. u. E. Zusammenhang in d. Aenderungen der Dichten u. Brechungsexponenten in Gemengen von Flüssigkeiten XIV. 242 — Die totale Sonnenfinsterniss v. 31. Dec. 1861 in Griechenland XVIII. 505*.

Weiss, A. u. A. Schrauf, Revision der vorhandenen Beobachtungen an krystallis. Körpern XVI. 21*.

Weiss, Th. Ein neues empirisches Gesetz d. Wärmetransmission XIX. 374.

Weisse, J. F. Notiz in Betreff eines aus Sharepte erhalt. Staubes XX. 776*.

Weisse, M. Meteorol. Beobachtung. an d. Krakauer Sternwarte VI. 1055*; IX. 737* — Resultate aus den in Krakau 1853 u. 1854 gemachten meteorolog. Beobachtungen XI. 720 — Resultate d. meteorolog. Beobachtungen d. J. 1855, XII. 717* — Declination d. Magnetnadel zu Krakau während 17 Jahre XIII. 480 — Variation der Declination d. Magnetnadel zu Krakau XVI. 657*.

Weitzel, W. Das prismatisch zerlegte Sonnenlicht XVII. 261*.

Welcker, H. Zahlenmikrometer, e. neue Form der auf Glas getheilten Gitter IX. 26 — Unterscheidung von Erhöhungen u. Vertiefungen unter d. Mikroskop XV. 305.

Weld, F. A. Nordlichtbeobachtung IV. 171. 174 — Der vulkan. Ausbruch auf Hawaii 1855 u. 1856, XII. 759 — Ergebniss zehnjähr. meteorolog. Beobacht. zu Stoney hurst XVI. 764*; XVII. 724*.

Welker, H. Ueber Irradiation und einige andere Erscheinungen d. Sehens VIII. 313 — Untersuch. d. Retinazapfen u. des Riechhautepithels bei einem Hingerichteten XX. 299.

Wellawin, G. Witterungsverhältnisse v. Cholm, Gouvernem. Pleskow XIX. 659*.

Weller, Molecularwirkung d. krystallinischen Theilchen XV. 35.

Wells, T. S. Klima d. Nilthales VI. 1050. 1083.

Welsh, J. Ueb. die mit seinen Magnetographen zu Kew angestellten Beobachtungen VI. 887. 896 — Leichte Umwandlung der beobachteten hori-

zontalen u. verticalen Magnetkraft in Gesammtkraft VI. 890* — Beschreibung einer verschiebbaren Theilung für hygrometr. Rechnungen VI. 1059* — Anfertigung u. Vergleichung der meteorologischen Normalinstrumente d. Observatoriums zu Kew VIII. 664 — Ergebnisse d. Beobachtungen auf zwei Luftfahrten VIII. 759 — Graduirung d. Normalthermometer am Observatorium zu Kew IX. 681 — Ueb. meteorolog. Beobachtungen während vier Luftfahrten unternommen von einer Commission d. Observatoriums zu Kew IX. 699 — Construction eines Normalbarometers nebst Beschreib. d. Apparats u. Verfahrens zur Berichtigung d. Barometer auf d. Observatorium zu Kew XII. 607 — Anweisung zur Graduirung v. Thermobarometern XII. 612 — Die engl. wissenschaftlichen Luftfahrten im J. 1852, XII. 716* — Construction ein. Normalbarometers XVI. 674*.

Weltzien, C. Ueb. d. Polarisation d. Sauerstoffs, d. Ozonide u. Antozonide XVI. 20*.

Wenckebach, W. Meteorolog. Beobachtungen zu Breda III. 590. 604 — Richtung u. mittlere Intensität d Windes in d. Niederlanden III. 620. 638.

Wenham, F. G. Gegen d. Brauchbarkeit d. binocularen Mikroskops X. 341* — Ueb. d. Oeffnung d. Objectivlinsen XII. 339 — Binocularmikroskop XVIII. 284.

Wenjukow, A. Ueb. d. See Issyk-Kul u. d. Fluss Koschkar XVI. 800; XVII. 750*.

Wentrup, F. Der Vesuv u. d. vulkan. Umgebung Neapels XVI. 859*.

Werdmüller von Elgg, P. O. Ueb. Luftspiegelung VI. 476. 477; XVIII. 502.

Werne, Ueb. d. Quellen d. weissen Nils V. 460. 477.

Werner, C. Ueb. d. Spectraluntersuchung farbiger Lösungen XX. 208.

Wernicke, W. Ueb. d. Systeme isothermer Curven XX. 394.

Wertheim, G. Einfluss niedriger Temperaturen auf d. Elasticität der Metalle I. 84 — Elasticität u. Cohäsion d. Metalle u. Legirungen I. 84 — Einfluss d. galvan. Stroms u. des Elektromagnetismus auf d. Elasticität d. Metalle I. 84* — Elasticität u. Cohäsion d. vorzüglichsten Gewebe d. menschlichen Körpers II. 95; III. 60. 61 — Ueb. d. Tonerzeugung in weichem Eisen durch d. galvan. Strom II. 142. 149 — Schallschwingungen d. Wassers III. 101. 102 — Gleichgewicht d. festen homogenen Körper; Torsion homogener Drähte IV. 87. 88 — Schallgeschwindigkeit in Flüssigkeiten IV. 101. 110 — Ueb. die v. d. elektr. Strom erzeugten Töne IV. 121 — Vibrationen kreisrunder Scheiben V. 73. 76. 97. 100; VI. 228. 236 — Torsionsschwingungen quadratischer Stäbe V. 73. 77 — Fortpflanzung d. Bewegung in festen u. flüssigen Körpern V. 97. 98; VI. 228 — Schallgeschwindigkeit in elast. Stäben V. 97. 99; VI. 228 — Cauchy's Bericht üb. verschied. Abhandlung. v. Wertheim (Hauptresultate seiner Untersuch. in d. Wien. Ber.) VI. 228. 236 — Ueb. d. Schallschwingungen d. Luft VI. 294. 300 — Apparat zur Bestimmung d. Schallgeschwindigkeit in den Gasen VI. 294. 300 — Optische Erscheinungen bei d. Compression des Glases. Chromatische Polarisation des comprimirten Glases VI. 428. 448. 449 — Künstlich erzeugte Doppelbrechung in Krystallen des regulären Systems VI. 428. 451; VIII. 280 — Ueber die durch Torsion des Eisens erzeugten Inductionsströme VIII. 534 — Zusammenhang zwischen d. chemischen Zusammensetzung u. d. Elasticität der Mineralien X. 9 — Ueb. die in isotropen Körpern zeitweilig erzeugte Doppelbrechung u. d. Zusammenhang zwischen mechanischer u. opt. Elasticität X. 123 — Ueber Torsion XI. 107; XIII. 145; XIV. 102 — Ueb. d. magnet. Wirkungen d. Torsion XI. 522 — Bemerkung. hinsichtlich einer Notiz v. Zamminer üb. d. Schwingungsbewegung d. Luft in Pfeifen XII. 217 — Ueber die Capillarität XIII. 53; XVII. 122 — Ueber die cubische Compressibilität einiger homogenen festen Körper XVI. 75 — Bemerk. zu der Abhandl. v. Cavaillé-Coll üb. Orgelpfeifen XVI. 158 — Ueb. e. am zusammengesetzten Mikroskop angebrachte Vorrichtung zur Messung in d. Tiefenrichtung u. hierauf gegründete neue Methode d. Krystallbestimmung XVIII. 284 — s. Chevandier.

Wertheim u. Breguet, Ueber die

Geschwindigkeit d. Schalles im Eisen VI. 294. 300.
Werther, G. Ueb. d specif. Gewicht einiger Holzkohlen X. 27 — Zur Kenntniss fluorescirender Körper XI. 278 — Thallium im Tellur; Spectra des Bleies, Selens u. Tellurs XIX. 198 - Elektrolyse d. Glycerins XIX. 439 — Ueb. d. Erkennen d. Bluts in Flüssigkeiten mittelst des Spectroskops XX. 213.
Wesche, Nebensonnen u. farbige Bogen d. 5. März 1855, XI. 585*.
Wessel, P. Beobachtung einer Wasserhose zu Schwedt VI. 1050. 1094.
Wesselowsky, Regen- u. Schneemenge in Russland XII. 684.
West, C. Ueb. e. Erdbeben im westl. New-York XIV. 712.
Westbrook u. Rogers, Elektrochemische Telegraphen VI. 838*.
Westhoff, K. Apparat zum Graduiren cylindrischer Glasgefässe IX.28.
Westley s. Carpenter.
Westphal s. Klinkerfues.
Wetzlar, G. Passivität des Eisens u. elektromotor. Veränderungen dieses Metalles IV. 290. 291.
Wetzstein, J. G. Reise in d. beiden Trachonen u. um d. Haurangebirge XV. 775 — s. Dörgens.
Weyer, Meteorologische Beobachtungen zu Nischnei-Tagilsk 1857, XVI. 764*.
Wheatstone, C. Ueb. d. elektromagnetische Chronoskop I. 46. 58 — Messung kleiner Zeitabschnitte I. 62 — Eigenthüml. Wirkung d. Juxtaposition gewisser Farben unter Umständen I. 199. 223 — Zeitbestimmung aus d. täglichen Aenderung d. Polarisationsebne v. Nordpol ab V. 452*; Soleil u. Arago dazu 452* — Ueber Foucault's neuen mechanischen Beweis v. d. Drehung der Erde VI. 70. 144 — Merkwürd. u. bisher nicht beobachtete Erscheinungen d. Sehens mit beiden Augen VIII. 322 — Ueb. d. binoculare Mikroskop u. üb. stereoskop. Bilder mikroskopischer Gegenstände IX. 318 — Ueb. d Fesselsche Rotationsmaschine X. 82 — Stellung d. Aluminiums in d. Spannungsreihe XI. 415 — Versuche mit dem unterseeischen Telegraphentau für d. Mittelmeer XI. 426 — Erwiderung auf e. Behauptung v. Brewster (die Erfindung des Stereoskops betreffend) XII. 306 — Inductionszeigertelegraph XX. 542* — s. Abel.
Wheatstone u. Abel, Zündung d. Pulvers durch Elektricität XVII. 497.
Wheeler, G. W. Nordlicht zu Parryville 1853, IX. 611*.
Wheeler, J. L. u. L. Ueb. e. voltasche Säule mit Gaskohle u. Salpetersäure XII. 486.
Whewell, W. Messung d. Höhe d. Wolken III. 575. 585 — Neue Art v. Farbenstreifen VI. 399. 406 — Unsere Unkenntniss üb. d. Fluth. Ueb. Ebbe u. Fluth VI. 912. 1002. 1003 — Ueb. d. Fluthuntersuchungen d. Hrn. Bache X. 773.
Whinshaw, Ueb. das Telakuphanon IV. 126.
Whipple u. Jones, Daguerreotypie d. Mondes VI. 518. 527.
Whitaker, F. B. Glasröhren für Quecksilber X. 7.
White, M. C. Anwendung v. polarisirtem Licht bei Mikroskopen XIV. 290 — Tolles' verbesserte Mikroskopobjective XVI. 305 — Wenham's verbessert. binoculares Mikroskop XVII. 348 — Einfluss d. Beugung auf mikroskop. Sehen XVIII. 283.
Whitehouse, E. O. W. Ist d. Gesetz d. Quadrate auf d. Fortpflanzung der Signale in untermeerischen Leitungen anwendbar od. nicht? Der atlantische Telegraph XII. 503.
Whitelaw, J. Centrifugalpumpe VI. 155. 196 — Horizontales Wasserrad X. 185.
Whiteworth, Instrument zur Körpermessung I. 579. 580.
Whiting u. R. Howson, Ein Paar neue Barometer XVIII. 592.
Whitney, J. D. Meteoreisen v. Tucson XIX. 544* — Ueber d. höchsten Berge der Verein. Staaten u. Nordamerikas XX. 842.
Whittlesey, C. Ueb. d. natürlichen Terrassen u. Hügelreihen am Erie-See VI. 910. 972 — Veränderungen des Niveaus der grossen nordamerikan. Seen XIII. 574; XVI. 802; XVII. 751 — Schwankungen d. Wasserspiegels zu Green Bay, Wisconsin XV. 746 — Ueb. d. Auflösung der Eisfelder XVI. 805.
Wichelhaus, H. Analyse d. Meteoreisens v. d. Hacienda St. Rosa in Mexiko XIX. 545*.
Wichert, Wärmeerscheinungen der

meteorologischen Station Konitz XVI. 706*.
Wichmann, H. Ueb. d. Bau d. einfachen Körper. Eine Hypothese zur Erklärung der wichtigsten Naturerscheinungen XX. 19*.
Wichmann, M. Benutzung d. Telegraphen zu geodätischen Messungen. Ueb. einige zwischen Königsberg u. Pillau angestellte Versuche betreffend d. Anwendung d. Telegraphen zu astronomischen Längenbestimmungen XII. 532* — Bestimmung d. Längendifferenz d. Sternwarten v. Berlin u. Königsberg mit Hülfe der Telegraphen XIII. 435*.
Wicke, W. Directe Beobachtung üb. d. Entstehung v. Blitzröhren XV. 571. 575.
Wicke, W. u. F. Wöhler, Ueb. ein neu aufgefundenes Meteoreisen bei Obernkirchen XIX. 545*.
Wiedemann, G. Elektrisches Verhalten krystallisirter Körper V. 246. 247. 333. 344; VI. 648 — Drehung d. Polarisationsebne d. Lichts durch d. galvan. Strom VI. 457. 467 — Bewegung v. Flüssigkeiten im Kreise d. geschlossenen galvan. Säule VIII. 466 — Ueb. Fortpflanzung d. Wärme in d. Metallen XI. 376 — Ueb. die Bewegung d. Flüssigkeiten im Kreise d. geschlossenen galvan. Säule u. ihre Beziehungen zur Elektrolyse XII. 441; XIV. 457 — Magnetismus d. Stahlstäbe XIII. 436 — Beziehungen zwischen Magnetismus, Wärme u. Torsion XIV. 503 — Ueber d. Biegung XV. 91 — Ueb. d. Leitungsfähigkeit einiger Legirungen für Wärme u. Elektricität XV. 364. 411 — Ueb. d. Torsion u. d. Beziehungen derselben zum Magnetismus XV. 483 — Ueb. d. Magnetisirung d. Eisens u. Stahls XVI. 521 — Die Lehre vom Galvanismus und Elektromagnetismus XVII. 451. 523*; XVIII. 475* — Ueb. die v. Hrn. Dub aufgestellten Gesetze d. Elektromagnete XVIII. 470 — Magnetische Untersuchungen XVIII. 471 — Ueber d. Einfluss d. Temperaturveränderungen auf d. Magnetismus des Eisens und Stahls XX. 504.
Wiedemann, G. u. R. Franz, Ueb. d. Wärmeleitungsfähigkeit d. Metalle IX. 378.
Wiener, Ch. Die Grundzüge d. Weltordnung. Erklärung d. atomist. Wesens d. tropfbarflüssigen Körperzustandes u. Bestätig. desselben durch d. sogenannten Molecularbewegungen XIX. 12*.
Wiesen, Artesische Brunnen im Königreich Hannover XVI. 832*.
Wiesener, Ueb. das magnet. Verhalten einiger Cyanverbindungen des Eisens, Nickels u. Kobalts XIX. 457.
Wilbraham, H. Ueb. einen auf die Umdrehung d. Erde bezüglichen Versuch VI. 69. 132 — Ueb. d. Mariottesche Gesetz VI. 213. 216.
Wild, A. Die Ueberschwemmungen in Holland XVIII. 719.
Wild, H. Ueb. e. neues Photometer u. Polarimeter nebst einigen damit angestellten Beobachtungen XII. 264; XIV. 255 — Die Neumannsche Methode zur Bestimmung d. Polarisation und des Leitungswiderstandes, nebst e. Modification derselben XIII. 357 — Thermoelektr. Ströme und Spannungsgesetze bei d. Elektrolyten XIV. 391 — Ableitung d. Gesetzes d. Farben dünner Blättchen zw. Luft u. Metall, wenn der Brechungsindex derselben zwischen denen beider Substanzen liegt XV. 200 — Beschreibung eines neuen Photometers u. Polarimeters XV. 227; XVIII. 239 — Zur Theorie d. Nobilischen Farbenringe XV. 470 — Ueb. d. Barometer XV. 656*; XVI. 670 — Erklärung d. unipolaren Erwärmung beim galvan. Flammenbogen XVI. 503 — Ueb. d. Nachleuchten im elektr. Ei XVI. 506 — Ueb. d. Bestimmung d. Lufttemperatur XVI. 681 — Bericht über die Einrichtung der meteorologischen Stationen in den Cantonen Bern u. Solothurn XVI. 744 — Magnet. Beobacht. auf der Sternwarte zu Bern XVII. 574; XIX. 601* — Ueb. d. meteorolog. Arbeiten im Canton Bern 1861. Resultate d. meteorolog. Beobacht. v. 1. Dec. 1860 bis 30. Nov. 1861, XVIII. 687*; XIX. 608. 644 — Photometr. Untersuchungen XIX. 219 — Die selbstregistr. Apparate XIX. 608 — Bericht d. meteorolog. Centralstation in Bern v. J. 1862, XIX. 608. 644; desgl. 1863, XX. 650. 832 — Ueb. ein neues Saccharimeter XX. 309 — Ueb. die Identität v. Lichtäther und elektr. Fluidum XX. 427 — Ueb. die Veränderung d. elektromotor. Kräfte zw. Metallen u. Flüssigkeiten durch d. Druck XX. 462 — s. Simmler.

Wild, H. u. G. Sidler, Bestimmung d. Elemente d. erdmagnet. Kraft in Bern XV. 652*.

Wilde, E. Zur Theorie d. Beugungserscheinungen VI. 398. 400 — Unhaltbarkeit d. bisherigen Theorie d. Newtonschen Farbenringe. Das Gyreidometer zur genauen Messung d. Farbenringe. Theorie d. Farben dünner Blättchen VI. 399. 401 — Ueb. d. Interferenzfarben, die zw. zwei Glasprismen oder einem Prisma u. einer Glasplatte sich bilden können VI. 399 405 — Berichtigung der v. Rudberg berechneten Axenwinkel d. zweiaxig. Krystalle VI. 427. 431 — Anwendung d. camera lucida zu einem Stereoskop VIII. 322 — Ueb. d. epoptischen Farben d. einaxigen Krystallplatten u. der dünnen Krystallblättchen im linear polarisirten Licht IX. 260 — Ueb. d. epopt. Farben d. einaxigen Krystalle im circular polarisirt. Licht IX. 261 — Berechnung d. Axenwinkel d. zweiaxigen Krystalle IX. 263.

Wilderstein, R. Ueb. e. Abänderung d. gebräuchlichen Aräometer u. Alkoholometer, sowie d. Spindeln zur Bestimmung d. specif. Gewichts der Flüssigkeiten XVIII. 8.

Wilhelmy, L. Die Wärme als Maass d. Cohäsion II. 313 — Gesetz, nach welchem d. Einwirkung der Säuren auf d. Rohrzucker stattfindet VI. 458. 474 — Ueb. d. moleculare Drehvermögen d. Substanzen VI. 458. 475 — Versuch einer mathematisch-physikal. Wärmetheorie VI. 561. 564 — Gesetz d. Wärmeabgabe VI. 619. 637 — Diathermansie d. Glases bei verschied. Temperatur VIII. 428; XII. 374 — Ueb. d. Abhängigkeit d. Capillaritätsconstanten d. Alkohols v. Substanz u. Gestalt d. benetzten festen Körpers. Ueb. d. Abhängigk. d. Capillaritätscoefficienten d. Flüssigkeiten v. ihrer chem. Beschaffenheit u. Gestalt der festen Wand XIX. 60; XX. 87.

Wilkes, C. Ueber d. Zodiakallicht XIII. 459* — Theorie d. Winde XVII. 654*.

Wilkins, J. W. Verbesserungen in d. Krafterzeugung durch Elektromagnetismus X. 586*.

Willat, Zusammenlegbare Camera obscura VIII. 345.

Willet, J. E. Beschreibung des Meteoreisens v. Putnam X. 641*.

Williams, C. G. Elektr. Licht II. 396. 403 — Methode zur raschen Einstellung beim Wollastonschen Goniometer X. 335 — Die Beziehungen d. Wärme zu Wasser u. Dampf XVII. 387*.

Williams, W. G. Eigenthümliche Wolkenformen in Georgien d. 13. Juni 1855, XI. 698.

Williamson, A. W. Ueb. Ozon I. 481; II. 409* — Ueb. d. magnetische Medium XI. 531 — Ueb. d. Dynamik der galvanischen Batterie XIX. 416; XX. 487.

Williamson, A. W. u. W. J. Russell, Ueb. d. Messen v. Gasmengen bei d. Analyse XIV. 98.

Willigen, V. S. M. van der, Pendelversuche zu Deventer VIII. 73 — Licht- u. Wärmeerscheinungen bei einer kräftigen galvan. Batterie; Bildung d. Lichtbogens zwischen Metall u. Flüssigkeit, u. Auftreten v. Licht an einer der in der Flüssigkeit gebrauchten Elektroden X. 524; de la Rive dazu 526 — Ueb. d. geschichtete Licht im elektr. Ei XII. 408 — Ozonbildung XII. 478 — Constitution der Seifenblasen XIII. 229 — Eine Lichterscheinung im Auge XIII. 257 — Ueb. d. elektr. Spectrum XV. 443. 444 — Die Reflexionsconstanten XVIII. 250 — Ueb. elektr. Ringe XVIII. 405*; XX. 445 — Brechungscoefficient. d. destill. Wassers XX. 177 — Ueb. e. System v. gradlinigen Fransen, welche gleichzeitig mit d. Newtonschen Ringen zu beobachten sind XX. 222 — Ueb. d. elektr. Entladung im luftleeren Raum. Zur Erklärung d. Schichtungen XX. 495.

Willkomm, M. Ueb. d. Calina oder d. Höhenrauch in Spanien V. 374* — Die Gewässer d. iberischen Halbinsel X. 775.

Willm s. Méhédin.

Wills, A. Ueb. Gletscherthätigkeit u. Gletschertheorien XV. 760.

Wills, W. Ueb. d. Meteorologie v. Birmingham VIII. 749.

Willward, W. Verbesserungen an elektromagnet. u. magnetoelektr. Apparaten VI. 793. 810.

Wilson, G. Zersetzung d. Wassers durch Platin und Eisenoxyd in der Weissgluth III. 296. 305 — Capillarerscheinungen bei Chloroform, Schwefelkohlenstoff u. andern Flüssigkeiten

IV. 16. 20 — Einfluss d. Sonnenlichts bei d. Wirkung d. Gase auf organische Farben VI. 517. 524 — Vollkommene Unsichtbarkeit d. Roth für gewisse farbenblinde Augen X. 324 — Inwiefern d. Theorie d. Sehens uns nöthigt d. Auge als e. camera obscura anzusehen XI. 341* — Ueb. Farbenblindheit u. d. Gefahren d. Anwendung v. farbigen Signalen auf Eisenbahnen u. zur See XII. 314 — Ueb. d. Durchgang d. chemischen Strahlen durch d. Auge u. Verhalten derselben gegen d. gelben Fleck der Netzhaut XII. 316 — Anwendung lebender elektr. Fische in der Heilkunde XIII. 380* — Statistik d. Farbenblindheit XIV. 314* — Elektr. Fische d. erste vom Menschen benutzte Elektrisirmaschine XIV. 547* — Ueb. einige Vorläufer d. Luftpumpe XV. 86.

Wilson, J. Neue Art hohe Temperaturen zu messen VIII. 425 — Ueb. d. Ablesung d. Gradtheilung bei der Spectralanalyse u. die Drehung des Spectrums XVII. 244.

Winchell, A. Ueb. d. Nordlicht v. 29. Sept. 1851, VIII. 598* — Ueb. d. Kälte zu Eutah, Alabama im Jan. 1851, VIII. 732 — Ueb. d. salzhalt. Felsen u. Salzquellen v. Michigan XVIII. 745*.

Winckler, A. Ueb. e. elementaren Satz d. Statik IX. 31.

Window, F. R. Ueb. elektr. Telegraphen VIII. 553*.

Winkler, Elektrolyse d. flüss. Roheisens XVII. 492; XVIII. 446.

Winkler, A. Ursache d. Schwindens, welches nasser Thon beim Trocknen erleidet XV. 108*.

Winkler, F. Klimatische Verhältnisse d. Umgegend v. Nürnberg VIII. 779*.

Winkler, G. G. Island, seine Bewohner, Landesbildung und vulkan. Natur XVII. 780*.

Winnecke, A. Ueb. teleskop. Sternschnuppen XVII. 551* — s. Pape.

Winslow, C. T. Ueber d. vulkan. Phänomene d. Kilauea u. Mauna Loa XIII. 599*.

Winter, K. Neue Construction von Elektrisirmaschinen III. 341.

Wippermann, Wesen d. Imponderabilien V. 3*.

Wiser s. Kenngott.

Wishaw, Gegenwärtiger Zustand d. elektr. Telegraphie V. 314* — Schutz d. Mittheilungen d. elektr. Telegraphen V. 314*.

Wislicenus, A. Atmosphär. Elektricität XIX. 551 — Meteorolog. Beobacht. zu St. Louis 1861, XIX. 654 — s. Engelmann.

Wisse, Siedepunkt d. Wassers in verschied. Höhen d. Atmosphäre VI. 258. 277 — Untersuchung d. Vulkans Sangaï IX. 667.

Wisse u. G. Moreno, Untersuchung d. Vulkans Sangaï VI. 910. 968.

Wist, J. Elektricitätsentladung bei Gewittern IX. 619.

Wite, Eine Luftfahrt VIII. 759. 762.

Witt, H. M. Ueb. d. Fähigkeit poröser Stoffe (Sand od. Kohle) Körper aus ihrer Lösung in Wasser abzuscheiden XII. 26 — Temperatur d. Schaums XIII. 294.

Witte, L. Graphische Darstellung d. mittleren Windesrichtung im mittl. u. nördl. Europa IX. 738* — Ueb. die Vertheilung d. Wärme auf der Erdoberfläche X. 763*; XV. 717*; XIX. 630; XX. 684* — Ueber die Witterungsverhältnisse v. Magdeburg X. 764* — Gewitter mit Hagel am 12. Mai 1856 in Aschersleben XII. 691.

Witter, Ueb. d. Grund d. accommodatorischen Formveränderung d. Linse XX. 291.

v. Wittich, Ueber Eiweissdiffusion XII. 45 — Einfluss des galvanischen Stromes auf Eiweisslösungen u. Eiweissdiffusion XIV. 471 — Ueber den blinden Fleck in unserm Auge XIX. 297*; XX. 291.

Wittmann, Die Eisverhältnisse d. Rheins insbesondere bei Mainz im Jan. u. Febr. 1864, XX. 866*.

Wittstein, Eine Formel v. Gauss für d. Schwingungsdauer d. Pendels XVIII. 18.

Wittstein, G. C. Sicheres Mittel d. Stossen beim Kochen v. Flüssigkeiten in Glasgefässen zu verhindern XV. 359 — Ueb. d. Farbe d. Wassers XVI. 240; XVII. 239.

Wittwer, W. C. Ueb. d. Kraft der chemischen Wirkungen X. 3 — Einwirkung des Lichts auf Chlorwasser XI. 341; XII. 326; XV. 256 — Einfluss d. Gebirge auf d. Winde d. angränzenden Flachlandes XVIII. 649 — Beitrag zur Erklärung d. irdischen Eisperiode XX. 888*.

Witzschel, B. Die neueren hydraulischen Untersuchungen XII. 151 — Die Erscheinungen der Fluorescenz od. innern Dispersion XII. 258.
Wöhler, F. Passiver Zustand des Meteoreisens VIII. 475 — Analyse eines Meteoreisens. Analyse d. Meteoreisens von Rasgata VIII. 597* — Meteorsteinfall zu Bremervörde XI. 586* — Ueber das Meteoreisen von Toluca XII. 557* — Ueber die Bestandtheile des Meteorsteins von Kaba in Ungarn XIV. 592*; XV. 560* — Ueber ein magnetisches Chromoxyd XV. 539 — Die organische Substanz im Meteorstein von Kaba XV. 560* — Ueb. d. Bestandtheile d. Meteorsteins v. Kakowa im Temeser Banate. Ueb. d. Bestandtheile d. Meteorsteins v. Capland XV. 561; XVI. 606* — Ueb. d. Meteoreisen v. Bahia. Analyse eines mexikan. Meteoreisens XVI. 606* — Lithion in Meteoriten XVII. 553* — Blei von kupferrother Farbe XVIII. 445 — Ueb. d. Bestandtheile d. Meteoreisens v. Bachmut in Russland XVIII. 508* — Die Meteoriten d. Universitätssamml. zu Göttingen XX. 598* — s. Mühlenpfordt, Wicke.
Wöhler u. Atkinson, Analyse d. Meteorsteine v. Mezö-Madaras in Siebenbürgen XI. 587*.
Wöhler u. Buff, Neue Verbindungen d. Siliciums XIII. 373.
Wöhler, F. u. H. S. C. Deville, Ueb. d. Bor XII. 24; XIII. 25; XV. 29.
Woestyn, A. C. Ueb. specif. Wärme IV. 226. 228 — Erscheinungen an e. Magnetstab. Ueb. Magnete V. 316. 323.
Woillez, Typographische Elektroglyphie, ein Mittel durch Galvanismus Typen zu erhalten, welche den Holzschnitt ersetzen II. 421*.
Woldrich, J. N. Die Mineralquellen im Saroser Comitat in chem., physikal. u. topograph. Beziehung XVIII. 745 — Verlauf d. Witterung in den letzten 21 Jahren (1842 — 1862) in Salzburg XIX. 657*.
Woldstedt, F. Die Höhen d. Dreieckspunkte d. finnländ. Gradmessung üb. d. Meeresfläche VIII. 634*.
Wolf, A. s. Renz.
Wolf, C. Temperatur, bei welcher d. Flüssigkeiten aufhören die Gefässwände zu benetzen XII. 29 — Einfluss d. Temperatur auf d. Erscheinungen in Capillarröhren XIII. 48 — Ueb. d. Ton d. freien Zungen u. ihre Anwendung zu Versuchen über Zusammensetzung schwingender Bewegungen XVIII. 140 — Ueb. den Verdampfungspunkt d. Flüssigkeiten XX. 372*.
Wolf, H. Barometr. Höhenmessungen in Ungarn u. Steiermark IX. 662* — Hypsometrische Arbeiten 1856 und 1857, XIII. 561* — Höhenmessungen d. k. k. geolog. Reichsanstalt 1857, XV. 788*; desgl. 1858 bis 1860, XIX. 637* — Barometr. Höhenbestimm. im nördlichen Ungarn. Nivellements im Honther u. Neugrader Comitate XV. 789*.
Wolf, R. Elektrisirmaschinen aus Papier II. 361. 362 — Beobachtung v. Nebensonnen VI. 869* — Der Juli-August- u. November-Sternschnuppenschwarm VI. 871* — Beobachtung d. Zodiakallichts VI. 873* — Sonnenflecke 1849 u. 1850, VI. 1051. 1103 — Ueb. d. Alpenglühen VIII. 596* — Vertheilung d. Gewitter in Zürich v. 1683 bis 1718, VIII. 602* — Periodicität d. Sonnenflecke u. Uebereinstimmung derselben mit den Variationen der magnet. Declination VIII. 603 — Meteorolog. Beobachtungen im J. 1851, VIII. 699. 748 — Ueb. einige Erscheinungen bei Sonnenaufgang IX. 609* — Beobachtung d. Sternschnuppen 1852 u. 1853, IX. 611* — Ueb. d. jährlichen Gang d. magnet. Declinationsvariation IX. 625 — Beobacht. der Sternschnuppen 1853 u. 1854, X. 641* — Sonnenfleckenbeobachtungen 1853 u. 1854, X. 643* — Beobachtungen mit d. Schönbeinschen Ozonometer X. 647 — Meteorolog. Beobachtungen im Oct. Nov. u. Dec. 1853, und Untersuchung d. Angaben eines Ozonometers. Meteorolog. Beobacht. im J. 1853 u. 1854, X. 765* — Windverhältnisse in Bern nach Benoit's Beobachtungen von 1838 bis 1852. Vergleich zw. d. mittleren Temperaturen in Bern u. Burgdorf. Beobachtungen d. Bodentemperatur X. 766* — Beobachtungen an einer Erdbatterie XI. 425 — Sternschnuppenbeobacht. im Winter 1854 bis 1855, XI. 586* — Sonnenflecken- und Sternschnuppenbeobacht. 1854 u. 1855, XI. 588. 589* — Ueb. d. Ozongehalt d.

Luft u. seinen Zusammenhang mit d. Mortalität XI. 589 — Jährlicher Gang der Temperatur in Bern XI. 645 — Klimatologische Beobachtungen von Sprüngli in d. Jahren 1759 bis 1802, XI. 723 — Meteorolog. Beobacht. im Winter 1854 u. 1855, XI. 724 — Ergebniss d. meteorolog. Beobacht. aus Guttannen XI. 725 — Beobacht. der Sternschnuppen 1851 bis 1856, XII. 555* — Supplement zu Kämtz's Verzeichniss d. Feuerkugeln u. Meteorsteinfälle sammt Uebersicht über d. jährliche Vertheilung dieser Phänomene XII. 557* — Ergänzung zu Mairan's Liste der Erscheinungen des Nordlichts XII. 558* — Ueb. d. Sonnenflecke: Beobachtung d. Sonnenfl. 1849 bis 1855. Ueb. eine dem Erdjahre entsprechende Periode in den Sonnenflecken XII. 559; XVI. 608* — Neue Beobachtungen und Bemerkungen über den Ozongehalt der Luft XII. 580* — Ozonbeobachtungen im Jahre 1855, XII. 581* — Die Erfindung d. Röhrenlibelle XIII. 92 — Ergänzungen zu d. Catalog d. Nordlichter v. A. Boué XIII. 458. 459* — Beobacht. üb. d. Sonnenflecke im J. 1856; zur Geschichte d. Sonnenfleckenperiode u. s. w. XIII. 459. 460* — Nordlichtkataloge u. Vergleichung d. jährl. Ganges dieser Erscheinung mit dem d. Sonnenflecke XIII. 460* — Ueber Sonnenflecke XIV. 574. 583; XV. 557*; XVII. 549*; XVIII. 503*; XIX. 538*; XX. 593* — Aeltere Beobachtungen üb. d. Abweichung d. Magnetnadel in Zürich XIV. 601* — Ueb. d. mittleren jährl. Verlauf d. Sternschnuppenphänomens. Sternschnuppenbeobachtungen zu Zürich 1858, XV. 558* — Ueber d. Geräusch bei Nordlichterscheinungen XV. 562* — Basler's Beschreib. des Nordlichts v. (2.) 12. Sept. 1621, XV. 563* — Ueb. d. magnet. Einfluss d. Sonnenflecke XV. 640 — Beobacht. der partiellen Sonnenfinsterniss zu Zürich XVI. 577 — Brief an Herrn Carrington XVI. 608* — Nordlichtbeobachtungen v. Placidus Heinrich u. Basler XVI. 610* — Ueber d. Witterung in Zürich in d. Jahren 1856 bis 1859, XVI. 764* — Ueber die Feuerkugel v. 1861, XVII. 553* — Ueb. d. Witterung in Zürich 1856 bis 1860, XVII. 724*; XVIII. 687* — Das Erdbeben v. 1861, XVII. 788* — Flaugergues u. Hubers Beobacht. üb. d. Zodiakallicht XVIII. 510* — Ueb. d. elfjährige Periode in d. Sonnenflecken u. erdmagnet. Variationen XVIII. 557, XIX. 538*. 601* — Zürcher Beobacht. d. Sonnenflecke 1862, XIX. 538* — Ueb. d. Witterung in d. J. 1856 bis 1862, XIX. 657*; desgl. 1856 bis 1863, XX. 833* — Beziehung zw. d. Entwicklung d. Sonnenflecke u. d. Radiusvector d. grossen Planeten XX. 593* — Ueber die magnet. Variationen zu Greenwich XX. 627.

Wolf u. Diacon, Ueb. d. Spectra d. Alkalimetalle XVIII. 219.

Wolfers, J. P. Die letzten 15 Winter in Berlin VIII. 779* — Der Winter 1853 in Berlin im Vergleich mit d. 16 vorhergehenden Wintern IX. 705 — Betrachtungen über d. letzten 18 Winter in Berlin X. 697 — Vergleich der drei Sommer v. 1842, 1846 und 1857 in Berlin XIV. 660 — Ueb. die Gestalt d. Erde XVII. 733 — Ueber die Grösse d. Erdoberfläche XVIII. 689 — Einige Bemerk. üb. d. letzten Winter (1864) XX. 669.

Wolff, Ursache d. Abweichung rotirender Geschosse VIII. 70.

Wolff, F. A. Ueb. d. Anfressen d zinnernen Kühlröhren in kupfernen Kühltonnen VIII. 491*.

Wollbrett, Apparat zum Messen d. Ausströmungsgeschwindigkeit der Gase in den leeren Raum unter verschiedenen thermometrischen, hygrometr. u. s. w. Bedingungen II. 94*.

Wolley, J. Ueb. e. vom Eise fortführten Block in Borgholm, XIII. 573.

Wood, Neues photograph. Verfahren I. 275. 295.

Wood, B. Ueb. leichtflüssige Legirungen u. d. Bestimm. ihres Schmelzpunktes XVIII. 336.

Woodall, Barometr. u. thermometr. Beobachtungen in Scarborough XII. 733.

Woodbridge, W. E. Ueb. d. Messung d. Pulverdrucks zu practischen Zwecken XII. 153.

Woodburg, D. P. Der Pendelversuch VIII. 79.

Woods, Th. Ueber d. Wärme bei chemisch. Verbindungen VI. 599. 602; VIII. 389 — Ueb. chemische Verbindung u. die bei d. Oxydation einiger Metalle erzeugte Wärmemenge VIII. 391. Andrews dagegen 393 — Ueb.

die chemiche Verbindungswärme IX. 333 — Vahrscheinliche Natur des Sonnenkcpers u. ein neues Verfahren Collclium sensibler zu machen X. 327* — Existenz multipler Wärmemengen der äquivalenter Volumenänderungen in Folge chemischer od. sonstiger Zustandsänderungen XII. 362 — Wärmeabsorption bei d. Zersetzung XII. 363 - Ueb. die zur Zersetzung chemischer Verbindungen nöthigeZeit XIII. 363 - Beschreib. eines neuen Actinomeers XVI. 267 — Photographisches Iikrometer XVII. 5 — Ueb. d. Bewegng d. Dämpfe nach d. Kalten XIX. 3.9* — Ueb. d. Messung d. chemisch. Helligkeit verschied. Theile d. Sonnenscheibe XX. 256 — Ueber die durcl d. chemische Verbindung v. gewöhn. u. ozonisirtem Sauerstoff erzeugte Värme XX. 355.

Woolhouse, W. S. B. Ueb. d. Legung unteseeischer Telegraphentaue XVI. 28.

Woolricl s. Russel.

Worlée, I. H. Ueb. Kohlenzinkelemente für galvan. Batterien XVII. 437 — Ueb. Becquerels galvan. Batterie aus Zink, Blei u. schwefelsaur. Bleioxyd XVII 409.

Wormley T. E. Artes. Brunnen zu Columbia, Ohio; Temperaturzunahme mit d. Tiee XVI. 837 — s. Sullivant.

Woronow, Ueb. d. Klima d. Stadt Wjelsk u. l. Eisgang d. Waga XVI. 821.

Wouvermans, E. Ueb. d. meteorolog. Varisionen d. letzten 40 Tage d. J. 1862 XIX. 656.

Wrede, F Verbesserungen an Gas- u. Luftmachinen X. 405*.

Wright, Ch. Verbesserung in der Erzeugung u. Ausbreitung d. elektr. Lichts III 372. 373.

Wright, T. St. Verhalten d. Quecksilbers als Elektrode XV. 477.

Wüllerstorf-Urbair, B. v., Zur Vertheilung d. Winde auf d. Oberfläche d. Erde XV. 722; XVI. 730 — Ueb. die physikal. Verhältnisse des Adriatischen Meeres XIX. 673.

Wüllner, A. Einfluss d. Procentgehalts auf die Spannkraft d. Dämpfe aus wässrigen Salzlösungen XII. 360 — Spannkraft d. Wasserdampfs aus wässrigen Salzlösungen. Spannkraft d. Dämpfe aus Lösungen v. Salzgemischen XV. 336 — Zum Aufsatz d. Hrn. Kirchhoff üb. d. Spannung des Dampfes v. Mischungen aus Wasser u. Schwefelsäure XIV. 339 — Elektricitätsentwicklung beim Lösen von Salzen XV. 408 — Ueb. d. Wechsel u. d. Erhaltung d. Kraft XVI. 48* — Einfache Bestimmung d. Fraunhoferschen Beugungserscheinungen XVI. 251 — Spannkraft d. Dampfes aus Lösungen wasserhalt. Salze. Temperatur d. Dämpfe, welche aus siedenden Salzlösungen aufsteigen XVI. 365 — Ueb. Elektricitätsentwicklung durch d. chemischen Process XVI. 458 — Die Absorption d. Lichts in isotropen Mitteln XVIII. 228 — Zur Absorption d. Lichts XIX. 215.

Wunderlich, C. A. Ueb. d. Eigenwärme am Schluss tödtlicher Neurosen XX. 361*.

Wundt, W. Ueb. d. Gesetz d. Zuckungen u. d. Modification d. Erregbarkeit durch geschlossene Ketten XIV. 551. 562. 566 — Ueb. d. Elasticität feuchter organ. Gewebe XV. 104; XVI. 79 — Die Lehre v. d. Muskelbewegung XV. 104 — Ueb. d. Sehen mit einem Auge XV. 272 — Ueb. secundäre Modification d. Nerven XV. 517. 521 — Ueb. d. Sehen mit zwei Augen XVII. 300; XVIII. 260 — Zur Theorie d. Sinneswahrnehmung. Ueber d. Bewegung der Augen XVIII. 266 — Beschreib. ein. künstl. Augenmuskelsystems zur Untersuch. d. Bewegungsgesetze d. menschl. Auges im gesunden u. kranken Zustand XVIII. 265 — Ueb. d. Entstehung d. Glanzes XVIII. 270 — Bemerk. zu d. Aufsatz von Munk „üb. die Leitung d. Erregung im Nerven" XVIII. 835 — Zur „secundären Modification" XVIII. 836 — Ueb. Dr. Hering's Kritik meiner Theorie d. Binocularsehens XIX. 290 — Ueb. einige besondere Erscheinungen des Sehens mit zwei Augen XIX. 297*.

Wurdemann s. Green.

Wurtz, A. Ueb. d. Capronsäure XIII. 253.

Wurzer, Die Erdbeben in Brussa XIII. 606.

Wyngaarden, H. van, Ueber die Anwendung der v. Donders erfundenen stenopäischen Brillen zur Verbesserung d. Sehvermögens bei Trübungen d. Hornhaut X. 316.

Wynne, Einfluss d. Golfstroms auf d. Klima d. Küste d. Verein. Staaten XIII. 571*.

Yates, J. Ueb. e. Normalmaass d. Länge XVI. 6* — Ueb. d. Vorherrschen d. Wassers in d. Gegend um Neuseeland; seine Ursachen u. Wirkungen XVIII. 703.
Yersin, A. Ueb. d. Seichen d. Genfer Sees XII. 740.
Young, Anfertigung d. Kohlenelemente für Bunsensche Batterien XVI. 451.
Young, J. R. Ueb. d. Drehung der Erde VI. 68. 120 — Oersted's Fallversuche VI. 70. 151.
Young, O. Optometer I. 298*.
Younghusband, Ueb. d. Periodicität d. grösseren magnet. Störungen IX. 622.
Yvon-Villarceau, Ueber die Bewegung u. Compensation d. Chronometer XIX. 32*.

Zacchini, P. Erdbeben in Modena XVI. 893.
Zaddach, G. Ueb. natürliche Magnete VIII 567.
Zamboni, Zu Buff's Abhandlung üb. d. Elektrophor u. eine bessere Construction desselben II. 322. 336 — Neue Art d. Centrifugalkraft zu messen III. 31. 32.
Zambra, B. Ueb. d. Analyse d. Lichts XV. 225 — s. Negretti.
Zamminer, F. Ueb. d. Winkel d. optischen Axen zweiax. Krystalle VI. 427. 432 — Ueb. d. Berechnung des Axenwinkels zweiaxiger Krystalle X. 301* — Ueber d. Schwingungsbewegung d. Luft XI 193 — s. Buff.
Zantedeschi, F. Ueb. d. Elektricität eines Dampfstrahls I. 386* — Elektromagnetische Maschine I. 523 — Neue dunkle u. helle Linien im Sonnenspectrum II. 176. 181 — Gesetze d. Polarisation d Sonnenlichts in d. Atmosphäre II. 177. 191 — Ungewöhnliche Farbenvertheilung in e. Regenbogen II. 178 193 — Ueb. d. Lichtwirkung des negativen und die Wärmewirkung d. positiven Pols d. volt. Säule II. 395. 401 — Physikal., chemische u. physiolog. Wirkungen alternirender Inductionsströme II. 515* — Darstellung v. Bildern ähnlich d. Moserschen III. 3. 10 — Neue Analyse d. Sonnenlichts III. 118. 126 — Farbenänderung in organ. u. unorganischen Körpern durch d. Licht III. 194. 197 — Einfluss d. Sonnenlichts auf d. Keimen III. 194. 200 — Uebergang d. wägbaren Materie in d. Strahlungszustand III. 195. 202 — Ueber Wärmefarben III. 255. 261 — Durchgang der strahlenden Wärme durch Steinsalz III. 255. 262 — Diathermanes u. adiatherm. Vermögen d. Körper III 255. 262 — Well's Hypothese v Ursprung d. Thaus III. 256. 296; IV. 242. 243 — E. Elektrisirmaschine III. 341. 342 — Thermo-Elektricität der Schiessbaumwolle III. 350 — Einfluss d. Magnetismus u. d. Elektricität auf d. Körper u. pulsator. Character des galvan. Stroms III. 373. 375 — Wirkung d. Elektromagnetismus auf die Körper III. 492. 499 — Erzeugung v. Bildern durch Ablagerung v. Metalloxyden in hoher Temperatur und üb. e. vierten Zustand d. Materie IV. 3. 4 — Einfluss des Luftdrucks auf d. Thermometerangaben IV. 79. 84 — Ueb. d blaue Licht, welches undurchsicht. Körper in dünnen Schichten od. als feine Pulver in einer Flüssigkeit durchlassen IV. 150. 156 — Ueb. d. magnet. u. diamagnet. Zustand d. Körper IV. 358 375 — Ursachen der Longitudinallinien des Sonnenspectrums V 149. 154 — Neue statische u. dynamische Moleculartheorie VI. 3. 4 — Reclamation in Betreff d. Versuche v. Boutigny üb. d. sphäroidal. Zustand. Boutigny's Entgegn. VI. 260* — Elektricitätsentwicklung bei der Muskelcontraction VI. 730. 753 — Physikalisch-mathemat. Untersuchungen üb. d. Ablenkung d. Pendels v. seiner Bahn VIII. 72 — Physiologie des Sehens VIII. 327 — Verschied. Zerstreuungsvermögen d. beid. Elektricitäten VIII. 448 — Beweis, dass Melloni's Thermochrose unrichtig u. d. Verfasser mit sich im Widerspruch ist IX. 403 — Neue Versuche über thierische Elektricität IX. 531 — Existenz u. Natur der elektr. Ströme, welche in den Telegraphenleitungen beobachtet werden IX. 615 — Ueber d. elektrostatische Princip v. Palagi u. seine Versuche X. 646 — Einfluss d. Mondes auf d. Erdbeben und die Folgerungen daraus für d. ellipsoidische Gestalt d. Erde u. die Pendelschwingungen X. 796 — Neues Elektroskop für die beiden Influenzelek-

tricitäten XI. 408 — Ueb. d. Lichtinterferenz in einem gleichzeitig zu zwei Schliessungsbogen gehörenden Metalldraht u. d. Glühen der nicht zu beiden Leitungen gehörend. Drähte sowie üb. d. Wesen d. Elektricität, d. Wärme u. des Lichts u. ihre gegenseitige Abhängigkeit XI. 424 — Ueb. d. Gesetze d. Capillarität XII. 28 — Differentialdichtigkeitsmesser für einige Flüssigkeiten XII. 66 — Versuche mit einem Gyroskop XII. 130 — Beschreibung eines Spectrometers u. der damit angestellten Versuche üb. d. Veränderungen d. Sonnenspectrums XII. 259 — Ueb. d. Drehungsbewegung d. voltaschen Lichtbogens XII. 460 — Apparat zur Mittheilung d. Bewegung XIII. 121 — Ueber die Erzeugung eines dritten Tones durch zwei andere; Analogie dieser Erscheinung mit denen im Sonnenspectrum XIII. 192 — Beziehung zwischen zwei zugleich tönenden Körpern. Ueb. d. Maasseinheit d. musikalisch. Töne u. d. Erhöhung d. Grundtons d. Stimmgabel durch die Molecularveränderung d. Metalles XIII. 192 — Veränderungen im festen Sonnenspectrum XIII. 239* — Ueb. strahlende Wärme XIII. 303 — Von d. Gränzen d. Töne freier Zungen in Mundröhren. Grundgesetz der harmonischen Töne d. Saite. Von d. Verdoppelung der den harmon. Tönen entsprechenden Wellen. Von d. Länge d. Luftwellen. Ueb. d. Methode zur Bestimmung d. Knoten u. Bäuche d. Luftwellen. Grundgesetz der vibrirenden Stäbe XIV. 157* — Beziehungen zwischen d. chemischen Kräften u. der Brechbarkeit d. Strahlen XIV. 359 — Einfluss d. Magnetismus auf d. elektr. Entladungen u. d. Drehung d. Lichtbogens XIV. 416 — Ueb. die gleichzeitige Existenz zweier entgegengesetzten elektr. Ströme in demselben Leitungsdraht XIV. 450 — Ueb. Accommodation XV. 300 — Ueb. d. Entdeck. d. gegenseit. Einwirkung d. galvan. Stroms u. d. Magnetismus XV. 479 — Caselli's Pantelegraph. Gewitter in Chioggia XV. 616. 619 — Ueb. d. Sonnenfinsterniss v. 18. Juli 1860, XVI. 575. 577 — Ueb. d. Lichtschein, welcher bei totalen Sonnenfinsternissen d. Mondscheibe umgiebt XVI. 607* — Vertheilung d. Regens in Italien in d. verschiedenen Jahreszeiten XVI. 740; XVII. 672*; XX. 774 — Ueb. e. Mittheilung d. Hrn. Jamin XVII. 117 — Ueb. die bei d. Sonnenfinsterniss v. 7. Febr., desgl. v. 18. Juli 1860 beobacht. Erscheinungen XVII. 550* — Beschreib. eines Spectrometers u. der damit angestellten Versuche üb. die Aenderungen im Sonnenspectrum XVIII. 214 — Anwend. d. Spectrums zur Analyse d. atmosphär. Gase in Bezug auf medicin. Untersuchungen XVIII. 223 — Wärmewirkung der Mondstrahlen XVIII. 383 — Ueb. d. Richtung d. elektr. Stroms im lebenden u. todten Körper XVIII. 832 — Ueb. d. Elektricität d. Reifes XIX. 568 — Ueb d. tellurisch-atmosphär. elektr. Ströme und ihren Zusammenhang mit d. magnet. Störungen XIX. 599 — Briefe üb. Erdmagnetismus XIX. 602* — Ueb. d. stündl., tägl., monatl. u. jährl. Perioden des Max. u. Minimums d. Temperatur u. üb. d. Compensation der v. d. Erde absorbirten u. ausgestrahlten Wärmemengen in einer langen Reihe v. Jahren XIX. 626 — Meteorologie Italiens XIX. 649 — Schreiben an die philosoph. Gesellschaft zu Philadelphia. Prioritätsanspruch XX. 214* — Ueb. d. Thermographie d. Minima u. Maxima XX. 663* — Ueb. die doppelte Ebbe u. Fluth in der Atmosphäre nach d. Beobacht. d. Hauptstationen Italiens XX. 708*.

Zantedeschi u. Borlinetto, Ueb. d. Verschiedenheit d. Wirkungen v. Licht u. Wärme auf Chlorsilber und Jodsilber XII. 328 — Ueb. d. chemischen Strahlen u. d. Nothwendigkeit den Brennpunkt derselben mit dem Brennpunkt d. wärmenden u. leuchtenden Strahlen nicht zusammenfallen zu lassen XII. 329 — Gränzen d. Empfindlichkeit d. photographischen Substanzen; Einfluss d. Oberflächen bei den heliograph. Erscheinungen; deren chemische Beschaffenheit; Verbesserungen in d. Heliographie XII. 330 — Wirkung d. Lichts auf Jodsilber XIII. 268.

Zech, P. Ueb. die Formel für das Höhenmessen mit d. Barometer XI. 676 — Ueb. d. Ringsysteme d. zweiaxigen Krystalle XII. 783; XIII. 217 — Eigenschaften der Wellenflächen d. zweiax. Krystalle mittelst d. hö-

heren Geometrie abgeleitet XII. 810* — Die Krümmungslinien d. Wellenfläche zweiaxiger Krystalle XIII. 202; XIV. 177 — Ueb. d. innere konische Refraction XIV. 275 — Brechung u. Zurückwerfung d. Lichts unter der Voraussetzung, dass d. Licht in der Polarisationsebne schwinge XVI. 209 — Neue Interferenzerscheinung dicker Platten XVI. 248.

Zehender, W. Ueb. d. Beleuchtung d. innern Auges mit Berücksichtigung eines nach eigener Angabe construirten Augenspiegels X. 315; XII. 319* — Historische Notiz zur Lehre vom blinden Fleck XX. 294.

Zehfuss, G. Theorie d. Beugungserscheinungen XV. 245 — Festigkeit einer am Rande aufgelötheten Scheibe XVI. 62 — Ueb. e. mechanische Wirkung des elektr. Funkens XVIII. 404 — Ueb. gleichzeit. Dilatationen eines isotropen Körpers nach verschiedenen Richtungen XIX. 55.

Zehme, Elementare Bestimmung der Trägheitsmomente XV. 42.

Zeiss, C. Ueb. eine Erscheinung in Mikroskopen bei schiefer Beleuchtung d. Objecte XIV. 289.

Zeithammer, A. O. Zur physikal. Geographie Croatiens u. Slavoniens XV. 748*.

Zenger, W. Ueb. die Messung der Stromintensität mit der Tangentenbussole XI. 475 — Indirecte Methode d. Inclination zu bestimmen. Theorie d. Aequatorialbussole u. ihrer Anwendung zur Bestimmung d. Inclination XI. 611 — Ueb. d. Anwendung von Multiplicatoren als Messinstrumente continuirlich. Ströme in einer abgeänderten Construction XII. 496 — Neue Bestimmungsmethode d. Ozon-Sauerstoffs XIII. 468 — Wirk. d. Molecularkräfte d. chem. Elemente. Ueb. d. Geschwindigkeit d. Lichts in Bezug zu d. Molecularkräften XV. 34 — Bewegung d. Lichts XVI. 226* — Krystallisation u. Magnetismus der gedieg. Metalle XVII. 510 — Universal-Rheometer. Ueb. d. Messung d. Intensität elektr. Ströme durch d. Tangentenbussole od. den Multiplicator XVIII. 432.

Zeno, T. Ueber d. Aenderung der scheinbaren Grösse d. Mondes XVIII. 276*.

Zepharovich, V. v. Zur Geologie d. Pilsener Kreises in Böhmen X. 788* — Barometrische Höhenmessungen XII. 671*.

Zerjan s. Reitlinger.

Zernikow, Der Satz vom Parallelogramm d. Kräfte aus d. Grundprincipien d. Statik abgeleitet XI. 52 — Grundzüge d. atomist. Wärmetheorie mit besonderer Rücksicht auf d. specif. Wärme der Körper XVII. 366*; XVIII. 324*.

Zerrenner, C. Ueb. Gewässertemperaturen IX. 654.

Zetzsche, E. Die Elektricitätslehre v. Standpunkt d. Undulationstheorie XIV. 369; XV. 373 — Bestimmung d. Querschnitts eines Körpers, dessen absolute Festigkeit in Anspruch genommen wird XV. 103 — Der Distanzmesser d. Oberlieut. B. de Benedictis in Neapel XVI. 3 — Trägheitsmomente XVI. 33 — Zur Geschichte d. Fortschritte der elektr. Telegraphie XVI. 526* — Einige Formeln üb. d. Trägheitsmoment ebener Vielecke XVIII. 17.

Zeuner, G. Neue Versuche üb. die Bewegung des Wassers in Röhrenleitungen bei kleinen Druckhöhen X. 166 — Ueb. e. eisernes Wasserrad mit Coulissenschütze XI. 103* — Reactionsturbine mit äusserer Beaufschlagung XI. 103* — Erzeugung e. luftverdünnten Raumes durch ausströmenden Dampf XIV. 101; XV. 87 — Grundzüge der mechan. Wärmetheorie mit besonderer Rücksicht auf d. Verhalten des Wasserdampfs XV. 313 — Zur Theorie d. Dämpfe XVI. 329 — Das Locomotiven-Blasrohr. Experimentelle u. theoret. Untersuch. üb. d. Zugerzeugung durch Dampfstrahlen u. d. saugende Wirkung d. Flüssigkeitsstrahlen überhaupt XIX. 42. 329 — Ueb. d. Ausfluss v. Dämpfen u. hocherhitzten Flüssigkeiten aus Gefässmündungen XIX. 45. 331 — Verhalten verschied. Dämpfe bei der Expansion u. Compression XIX. 320 — Neue Tabelle für gesättigte Wasserdämpfe. Tabelle für gesättigte Aetherdämpfe XIX. 321.

Ziegler, A. Zur Meteorologie von Coburg XX. 833*.

Ziegler, J. M. Sammlung absoluter Höhen d. Schweiz u. d. Nachbarländer IX. 663* — Die Mineralquelle Pfäffers XVII. 762*.

Zimmermann, K. G. Bestätigung des v. Fritsch gelieferten Nachweises einer säculären Aenderung d. Lufttemperatur XII. 634.
Zincken, Ueber Quellenbildung V. 460. 483.
Zindler, Ueb. d. Dichte d. Alkohols bei verschieden. Temperaturen XIX. 7*.
Zinelli, Neue Methode d. Bilder im Relief zu sehen XII. 302.
Zinine s. Jacobi.
Zinken gen. Sommer, H. Zur Bestimmung der Brechungsverhältnisse XV. 206 — Berechnung d. Bildkrümmung bei opt. Apparaten XX. 164.
Zirkel, F. Ueber d. Geräusch bei Nordlichterscheinungen XVI. 610* — Das Thermometer als Hypsometer XVII. 644* — s. Preyer.
Zöllner, F. Photometrische Untersuchungen XIII. 239; XV. 231 — Ueb. ein neues Princip zur Construction elektromagnet. Kraftmaschinen XIII. 434* — Zur Kenntniss d. chromatischen u. monochromat. Abweichung d. menschl. Auges XVI. 270 — Neue Beziehung d. Retina zu d. Bewegungen d. Iris XVI. 290 — Neue Art v. Pseudoskopie u. ihre Beziehung zu den v. Plateau u. Oppel beschrieb. Bewegungsphänomenen XVI. 291 — Grundzüge einer allgemeinen Photometrie d. Himmels XVII. 263 — Abhängigkeit d. pseudoskop. Ablenkung paralleler Linien v. d. Neigungswinkel der sie durchschneidenden Querlinien XVII. 323 — Neue Art anorthoskopischer Zerrbilder XVIII. 275.
Zollikofer, Ueb. d. Gletscher von Macugnaga XIII. 587.
Zollikofer, R. v. u. D. Gobanz, Hypsometrische Karte v. Steiermark. Höhenbestimmungen in Steiermark XX. 841.
Zollinger, Ueb. d. Gewitter u. andere verwandte meteorolog. Erscheinungen im indischen Archipel XV. 568.
Zschokke, T. Das Grundeis auf d. Aare XI. 781 — Die Ueberschwemmungen in d. Schweiz im Sept. 1852, XI. 788.
Zürcher, F. Einheit d. Thermometerskalen XVIII. 326 — Die Erscheinungen der Atmosphäre XVIII. 591* — — Neue barometr. Arbeiten XVIII. 630 — Telegraph. Anzeige d. Stürme XVIII. 647 — Ueber d. Meteorologie d. Provence XVIII. 675.
Zulauf, Ueb. e. zu Saaz beob. Lichtphänomen XVII. 556*.
Zumstein, J. de F. Meteorolog. Beobachtungen auf einem d. Gipfel d. Monte Rosa 32 Toisen unter d. höchsten unzugänglichen Spitze X. 742 — Barometrische Höhendifferenz zw. Turin u. Genua X. 743.
Zuppinger, Wasserrad XI. 103*.
Zurhelle, A. Ueb. d. Reizbarkeit d. sensiblen Nerven im Elektrotonus XX. 548.
Zuszbiewicz, S. Beschreibung ein. Wasseruhr V. 43*.

Sachregister

zu

den Fortschritten der Physik.

Band I. bis XX.

Die am Schluss vieler Artikel befindlichen Namen bezeichnen Diejenigen, welche über den betreffenden Gegenstand Abhandlungen veröffentlicht haben, von denen aber in den Fortschritten der Physik nur die Titel und Quellen angegeben sind; diese lassen sich dann mit Hülfe des Namenregisters ermitteln.

Abbildung e. Gegend auf ein. gefrorenen Fensterscheibe II. 241 — Abb. d. Zeichnung einer Thonplatte auf einer gegenüberstehenden beim Erhitzen IV. 4 — s. Elektrische, Mosersche Bilder, Licht-Bilder.

Abbildungsprincip v. W. Thomson, Anwendung desselben auf die Theorie d. elektr. Vertheilung XVIII. 21; desgl. auf d. Gravitation 23.

Abendröthe s. Morgenröthe.

Aberration, sphärische, Aufhebung d. sphär. Ab. in d. opt. Instrumenten X. 240; XII. 806 — Bestimm. d. Ab. v. Linsen für Strahlen von Punkten ausserhalb der Axe XI. 254 — Bestimm. derselben durch Interferenz XVII. 341 — s. Licht-Aberration.

Abessinien, Lufttrockenheit in Ab. III. 615 — Beschaffenheit d. Landes zw. Massuah u. d. See Tsana VI. 927 — Drei Regionen in Bezug auf Temperatur u. Vegetation in A. XI. 729 — s. Rochet.

Absonderung, Entstehung d. stängligen A. bei Mineralien XIII. 28.

Absorption, Abs. verschied. Gase durch Glaspulver u. Zinkweiss IX. 134 — Wärmeerreg. bei der Absorption d. Gase V. 221; IX. 347; X. 416; XIX. 367 — Bunsen's Gesetz d. Gasabs. XI. 172 — Einfache mathemat. Form für d. Gesetz d. Gasabs. XIV. 134 — Theorie d. Abs. d. Gase u. Dämpfe an der Oberfläche fester Körper XV. 111 — Grösse d. Gasabs. durch Stein-, Lawendel-, Terpentinöl u. Benzin XX. 96 — Auch bei Gemischen v. Gasen mit Luft weicht d. Absorpt. v. dem Dalton-Henryschen Gesetze ab XX. 96 — Abs. v. schwefliger Säure durch Glas u. Platinschwamm IX. 136 — Abs. verschied. Gase durch Alkohol XI. 180 — Abs. d. schweflig. Säure, d. Chlors u. Schwefelwasserstoffs in Wasser XI. 182; XVII. 142 — Löslichkeit d. Luftbestandtheile in d. Lösungen der im Blut befindl. Salze XI. 188 — Nachweis d. Absorptionsgesetzes am Ammoniakgas XII. 190 — Abs. des Ammoniaks in Wasser bei verschied. Temperatur u. Druck XV. 116; XVII. 143 — Abs. d. Aethylwasserstoffs in Wasser XV. 111 — Abs. d. Salzsäure in Wasser bei verschied. Druck u. Temperatur XV. 112; XIX. 87 — Abs. des Wasserdampfs durch Ackererde XIII. 165; durch poröse Körper XIX. 366. 367 — Eisenoxyd unter den pulverförm. Körpern sehr hygroskopisch, noch mehr als Kupferoxyd XVI. 117 — Abs. v. Propylengas XVIII. 94 — Abs. v. Kohlensäure in einer Lösung von phosphorsaurem Natron bei verschiedener Temperatur und Concentration XIX. 89.

Geschwindigkeit d. Aufsaugung d. Flüssigkeiten durch Löschpapier, Calico, Leinen u. andere poröse Körper XVI. 90; dabei kann ein grosser Druck überwunden werden XVI. 92.

(vergl. 83); XIX. 366 — s. Blut, Condensation, Kohlenstoff — Rothstein, St. Edme, Tate u. Terreil.

Accommodation, Bisher. Theorien üb. deutliches Sehen in verschieden. Weiten I. 200 — Theorie der Acc. v. Sturm I. 207; Crahay dagegen II. 222 — Nach Forbes erleidet d. Linse e. Formänderung bei d. Acc. I. 212 — Besio's Einwände gegen die Accommodationsänderung ungenügend II. 220 — Theorie der Acc. v. Szokalski IV. 184; v. Haldat VI. 491; v. Archer XV. 276; v. Respighi XV. 300; von Happe XVII. 321 — Veränderungen d. verschied. Theile d. Auges bei der Acc. IX. 298; X. 313; XI. 324; XII. 307 — Das Auge ist immer für e. Linie accommodirt X. 305 — Bei Hunden erweitert sich d. Pupille bei d. Acc. für die Nähe X. 325 — Accommodationsfehler XI. 328 — Die scheinbare Umkehrung d. Vertieften u. Erhabenen beruht auf unvollkommener Acc. XII. 306 — Einfluss d. Acc. auf die Tiefenwahrnehmung XV. 272 — Die Acc. hauptsächlich v. Krümmungsänderungen d. Cornea herrührend XII. 307 — Der Grund d. Myopie in d. Acc. gelegen XII. 312 — Mitwirkung d. kreisförm. Muskels d. Iris bei d. Acc. XII. 317 — Accommodationsapparat d. Insecten XII. 318 — Künstliche Acc. XIII. 258 — Abhängigkeit der Acc. v. Willen XV. 273; v. d. Convergenzbewegungen d. Sehlinien XV. 275 — Die Accommodationsmuskel XV. 275 — Einfluss d. peripher. Netzhautparthien auf die Acc. XVI. 269 — Bestimm. d. Accommodationsanomalien XVI. 271 — Numerische Berechnung der Accommodationsbreite XVI. 274 — Mechanismus d. Acc. XVI. 275 — Geschwindigkeit d. Acc. XVII. 318 — Dem aphakisch. Auge fehlt d. Acc. XVII. 335 — Messung d. Acc. durch d. Farbenspectrum XIX. 287 — s. Sehen unter Auge — Magni.

Accommodationsphosphen, eine subjective Lichterscheinung XIV. 301; XVII. 319.

Achat, Opt. Eigenschaften XX. 224.

Achromasie, Bedingungen d. vollständigen Achr. VI. 492 — Achr. bei circular polarisirenden Flüssigkeiten; Kampherlösung u. Terpentinöl VIII. 298. 301 — s. Auge.

Achromatopsie s. Farbenblindheit unter Auge.

Aceton, Specif. Gewicht, Siedepunkt u. Wärmeausdehnung III. 28 — Specif. Wärme u. Dampfdichte IV. 228; IX. 417; XVIII. 347 — Elektrolyse einer Mischung v. Ac. u. Wasser XV. 469 — Spannkraft der Dämpfe XVI. 359 — Brechungsexponent XX. 158.

Acetylen, Directe Darstellung aus Kohlenstoff u. Wasserstoff durch elektrische Funken XVIII. 448.

Ackererde, Absorption d. Wasserdampfs durch A. XIII. 165.

Aconcagua, Höhe dess. XX. 918.

Actinien sollen elektrisch sein XIV. 547.

Actinograph, Actinometer, Bestimm. d. Wärmestrahlung d. Sonne während ihrer Verfinster. durch Herschel's Act. VIII. 431 — Act. von Pouillet zur Ermittel. wann und wie lange die Sonne schien XII. 377 — Geschichtl. zu Becquerel's elektrochem. Act. XV. 434 — s. Lichtmessung — Burnett.

Adaption s. Accommodation.

Aden, Thermometerbeobacht. daselbst III. 603.

Adhäsion (Synaphie), Gewichte, durch welche Adhäsionsplatten sich von Wasser, Kupfervitriol- u. Glaubersalzlösungen losreissen III. 11. 690 — Adh. die Ursache d. ungleich. Höhe d. Schwefelsäure in e. Manometer im Vacuum IV. 14; desgl. der Verspätung d. Siedens IV. 15 — Adh. zweier durch eine Wasserschicht getrennter Scheiben VI. 29; zw. e. Scheibe und e. Flüssigkeit VI. 30 — Depression d. Wassers durch e. Scheibe VI. 32 — Gewichtsbestimm. zum Losreissen e. Glasplatte v. Wasser XIV. 37 — s. Capillarität.

Adriatisches Meer, Ebbe u. Fluth bei Triest XVI. 788 — Physikal. Verhältnisse d. Adr. XIX. 673 — s. Goracuchi, Lorenz, Wüllerstorf.

Adular s. Feldspath.

Aegypten, Kenntniss d. alt. Aegypter v. d. Richtkraft der Magnetpole V. 323 — Niedrige Temperatur in Aeg. 1855, XI. 650 — Gewitter in Cairo XI. 651 — Klima v. Aeg. XIX. 643.

Aequivalent, calorisches, für binäre Verbindungen IX. 350; für Auflösungen u. Salze IX. 352 — s. Atomgewicht.

Aerodensimeter, VI. 1093.
Aerodynamik, Ausströmungsgeschwindigkeit v. Sauerstoff, Kohlensäure, Kohlenwasserstoff u. Wasserstoff in d. leeren Raum I. 30 — Geschwindigk. d. Gase beim Durchgang durch poröse Körper u. Capillarröhren, Transpiration I. 30; V. 67 — Gase verhalten sich beim Strömen durch Oeffnungen u. Röhren wie Flüssigkeiten I. 82 — Bestimm. d. Contractionscoefficienten I. 83 — Formel für d. Ausflussmenge bei unveränderl. Druck II. 83 — Ausflusscoeffic. bei verschied. Mündung IV. 87 — Blake's Theorie u. Versuche üb. d. Ausfluss der Luft VI. 224; Einwürfe dagegen IX. 105 — Eigenthüml. Erscheinungen beim Ausströmen d. Luft aus Vertheilungsröhren VI. 225 — Gasströme aus runden Oeffnungen gleichen den Wasserstrahlen VIII. 130; XII. 152 — Ausflusscoeffic. beim Ausströmen unter hohem Druck XIV. 94 — Druckänderung d. Luft beim Strömen durch lange Röhren, wie bei d. Durchbohr. des Mont Cenis XIV. 99; XV. 81 — Ausströmen der Luft aus verschied. Oeffnungen u. unter verschied. Druck XV. 82 — Umänderung d. Formel für d. Ausströmen in den leeren Raum XVI. 55 — Geschwindigkeitscoeffic. bei 1,44 Zoll Wasserdruck XVI. 56 — Ausfluss d. Luft aus Röhren und Oeffnungen in dünner Wand XVIII. 53 — Ausströmung e. Gemenges v. zwei Gasen XVIII. 322 — Formel für d. Ausflussgeschwindigk. unter Annahme d. Gesetzes v. Poisson über Expansion XIX. 41 — Theorie der Ausströmung eines Gases u. d. Einströmens in e. Gefäss XIX. 45 — Ermittelung d. Drucks ausströmender Luft in d. Nähe der Mündungsebne XX. 48.
Richtung eines durch kreisförmig gestellte Flammen erregten Luftstroms XIV. 101 — Beweguug d. Pulvergase im Geschützrohr XV. 82 — Näherungsformel für die Windmenge eines Gebläses bei gegebenem Manometerstand XVII. 99 — Formel für d. Bewegung erwärmt. Luft in Schornsteinen u. dgl. XVIII. 55 — Beweg. der Luft um e. rotirenden Cylinder XVIII. 57 — Rafraîchisseur (Nervenstärker) v. Oppel XX. 52.
Ausflussgeschwindigk. v. gesättigt. Wasserdampf XVII. 97 — Ausfluss gesätt. Dämpfe u. hocherhitzter Flüssigkeiten aus Gefässmündungen nach Zeuner XIX. 45. 331; Dupré dazu XX. 324 — Theorie d. Ausströmens u. Einströmens d. Wasserdampfs XIX. 48.
Aerographie s. Friedmann.
Aerolith s. Meteorstein.
Aerostat s. Luftballon.
Aerostatik s. Gase.
Aesculin s. Fluorescenz.
Aethal, Verbrennungswärme II. 251 — Specif. u. latente Wärme II. 258 — Verdampfungswärme II. 262.
Aethalsäure, Verbrennungswärme II. 251.
Aether, Der Erdmagnetismus e. Folge d. Bewegung der Erde im Ae. XVI. 651 — Ae. d. Ursache d. Barometerschwankungen; Dichte u. Elasticitätsmodul dess. XVI. 663 — Im Ae. können keine longitudinalen Schwingungen entstehen XVIII. 68 — Erklär. v. Wärme u. Elektricität durch Schwingungen d. Ae. XIX. 33 — s. Aethyloxyd, Lichtäther — Birks.
Aethyl-Alkohol s. Alkohol.
Aethylen-Diamin, Dampfdichte XVI. 11 — Brechungsexponent von Aethylen-Alkohol u. zweifach essigsaur. Aethylen XX. 158.
Aethyloxyd (Aether, Schwefeläther), Specif. Gew., Siedepunkt u. Wärmeausdehnung I. 39; III. 26. 27; X. 151 — Aether wird bei — 166° F nicht fest I. 130 — Verdampfungswärme II. 262. 270; III. 254; IV. 237 — Verbrennungswärme II. 251 — Specif. u. latente Wärme II. 258,
Zusammendrückbarkeit IV. 95; VI. 56 — Schallgeschwindigk. IV. 112 — Brechungsexponent X. 151; XX. 158 — Aenderung des Brechungsexp. mit d. Temperatur XIV. 241 — Ausdehnung beim Erhitzen über den Siedepunkt XVII. 371 — Absolute Siedetemperatur XIII. 52. 53; XVII. 371 — Specif. Wärme u. Dichte des Dampfs XIII. 416; XVII. 22; XVIII. 347 — Spannkraft d. Dampfes X. 388; XVI. 357 — In verschlossener Glasröhre nimmt Aether bei 190° C. e. convexe Oberfläche an XII. 30.
Specif. Gew., Siedepunkt u. Wärmeausdehnung v. ameisensaur., buttersaur., essigsaur. u. valeriansaurem Aethylox. (Ameisenäther, Essigäther u. s. w.) I. 40; II. 37; III. 28. 30; X.

151; XI. 42; desgl. v. oxalsaur. Aeth. XI. 42; v. benzoesaur. Aeth. XI. 43; v. propionsaur., zimmtsaur., kohlensaur. u. bernsteinsaur. Aeth. XI. 44; v. salpetersaur. Aeth. XII. 53.

Specif. Wärme v. essigs. Aeth. (Essigäther) II. 258; IV. 228; IX. 416; XVIII. 347; v. ameisensaur. Aeth. IV. 228 — Verbrennungswärme v. ameisensaur., buttersaur., essigsaur., valeriansaur. Aeth. II. 252 — Latente Verdampfungswärme v. essigsaur., ameisensaur. u. oxalsaur. Aeth. IV. 237 — Dampfdichte d. Salpeteräthers (salpetrigsaur. Ae.) XVII. 23 — Wärmeausdehn. v. ameisensaur. Aeth VI. 58.

Brechungsexponent v. ameisensaur., essigs., butters., baldrians. Aeth. VI. 395; desgl. v. ameisens., buttersaur., essigs. önanths, laurostearins., oxalsaur., benzoes. u. valerians. Aeth. X. 151; XX. 158; v. ameisens. u. salpeters. Aeth. XVIII. 200. 201.

Aethyloxydhydrat s. Alkohol.

Aethylwasserstoff, Absorptionscoeffic. in Wasser XV. 111.

Aetna, Ausbruch dess. 1852, VIII. 637; IX. 666; XIV. 704; spätere Beschaffenheit der Ausbruchsstelle XII. 757 — Bau u. Atlas d. Ae. XV. 774; XVII. 780 — Erschütterung d. Vesuvs beim Ausbruch d. Ae. XIX. 708 — Anzeichen eines Ausbruchs XIX. 708 — s. Arconati, Gemellaro, Gravina, Sartorius.

Affinität (Verwandtschaft), Durch Wärme wird d. Aff. der Wasserelemente vermindert IV. 287 — Messung d. Aff. durch elektr. Erregung IV. 286; VI. 690 — Reihenfolge d. Elemente nach d. Energie ihrer Verw. IX. 352 — Druck ändert d. Verw. XIX. 12 — Martin's Ansichten üb. Aff. XX. 459.

Afrika, Schneegebirge im tropischen Afr. V. 378; IX. 664 — Klima v. Südafrika XIV. 631.

Agat s. Achat.

Aggregatzustand, Die Strahlung d. Materie e. vierter Aggr. IV. 3 — Volumänderung v. Phosphor, Schwefel, Wachs, Stearin, Stearinsäure, Eis, Salzen und Rose's Metall beim Schmelzen XI. 30; bei Metallen u. Jod XI. 36 — s. Groshans, Kremers, Wiener.

Agometer s. Voltameter.

Akumeter zur Messung d. Taubheit III. 106.

Akustik, Verbesser. an akust. u. musikal. Instrumenten. Das Panorguepiano und Telakuphanon IV. 126 — Flöte v. Messing VI. 309 — Zungenharmonika v. Petrina VIII. 160 — Instrument zur Mess. der Schallintensität XI. 214 — Akust. Wellenapparat XIII. 179; XVII. 173 — König's Telephon zur Stimmung akust. Instrumente XVIII. 135 — s. Phonoskop, Schall, Schwingung, Sirene, Stimme, Ton, Trevelyan-Instrument — Donavan.

Alaun, Löslichkeit des Ammoniakalauns in Wasser VI. 273 — Uebersättigung v. Kali- u. Chromalaun XI. 165 — Umbildung d. Oktaeder des Al. XVIII. 16 — Brechungsexpon. v. Kalialaun XVIII. 200.

Albedo d. Planeten VIII. 269; IX. 255; XV. 230; XVIII. 236.

Albumin s. Eiweiss.

Aldehyd, Wärmeausdehnung III. 28; VI. 57 — Brechungsexponent XX. 158.

Algier, Meereshöhe u. Barometerstand IV. 423 — Regenmenge IV. 424 — Artesische Brunnen zu Tamerna in Alg. XII. 743.

Alizarin, Opt. Eigenschaften XV. 225.

Alkogel u. Alkosol XX. 89.

Alkohol (Aethyloxydhydrat, Aethylalkohol), Specif. Gew., Siedepunkt u. Wärmeausdehnung I. 39; III. 27 — wird bei — 166° F dickflüssig I. 130 — Verbrennungswärme II. 251 — Specif. und latente Wärme II. 258. 262. 270; III. 254; IV. 228. 237; XV. 33 — Stossweises Aufkochen III. 91 — Zusammendrückbark. IV. 95; VI. 56 — Schallgeschwindigk. IV. 112 — Gefrieren d. Alk. V. 85 — Dampfspannung X. 388; XVI. 357 — Dampfdichte XVII. 22 — Auflösungsvermögen für viele Substanzen XI. 171 — Aenderung der Lichtbrech. mit der Temperatur XIV. 241. 242 — Brechungsexp. XX. 158 — Zersetz. durch d. Inductionsfunken XIV. 472. 473 — Ausdehn. b. Erhitzen üb. d. Siedepunkt XVII. 370 — Absoluter Siedepunkt XIII. 53; XVII. 371.

Specif. Gew. der Mischungen von Alk. u. Wasser III. 19 — Bestimm. d. Alkoholgehalts in Flüssigkeit. durch d. Ebullioskop s. Alkoholometer; durch d. Dilatometer IV. 45, schon 1833 v. Taborié construirt V. 30 — Bestimm. d. Alkoholgehalts d. Weine aus dem Siedepunkt VI. 278 — Bestimm. des

Gehalts alkohol. Flüssigkeiten durch d. Vaporimeter X. 385 — Vorgang bei d. Sömmeringschen Versuch X. 25 — Dampfspannung d. Gemische v. Alkohol u. Wasser X. 383 — Aenderung d. Mischung des wasserhalt. Weingeistes bei freiwill. Verdunstung XIV. 138 — Specif. Gew. des absol. Alk. u. seiner Mischungen mit Wasser u. Aether XV. 10. 18; XVI. 9; XVII. 10. 11 — Specif. Wärme d. Alk. in verschied. Concentrationsgraden XV. 362 — Wärmeausdehnung der Mischungen v. Alk. u. Wasser XVI. 340 — Lösungsvermögen des wässrigen Alk. für verschied. Alkali- u. Metallsalze XVII. 133.

Alkoholometer, Anwend. dess. zur Bestimm. d. specif Gewichts d. Oele II. 32 — Alk. von Brossard-Vidal, Ebullioskop, II. 29. 34; III. 16. 18; IV. 44; XIX. 363; ähnlich d. Dilatometer IV. 45; V. 30 — Alk. v. Stampfer VI. 47; v. Kupffer X. 34.

Alkoholometrie s. Alkohol, Alkoholometer — Kupffer, Pouillet, Zindler.

Allanit, Opt. Eigenschaften XVI. 257.

Allotropie d. Selens VI 6 — All. d. Ursache d katalyt. Erscheinungen XIII. 9 — s. Napoli, Schönbein.

Alloxan, Brechungsexponent d. gesätt. Lösung XVIII. 200.

Alloxantin, Brechungsexp. der gesätt. Lösung XVIII. 200.

Alpen, Physikal. Geographie u Geologie d. A. V. 398, X. 789 — Höchste Punkte d. östl. Centralalpen IX. 663 — Schneegränze in d. franz. A. X. 790 — Verfahren bei d. Bohrarbeiten im Tunnel durch d. Mont Cenis XIV. 99; XV. 81; XVII. 100; der Luftcompressionsapparat dazu XIX. 341. 343; Caligny's Ansprüche darauf XIX. 344 — Meteorolog. Verhältnisse d. Hochalpen XIX. 641 — Einfluss d. A. auf d. Klima d. Umgebung XIX. 641 — Entstehung d. Thäler u. Seen in d. A. XIX. 677. 678 — Neue litter. Arbeiten üb. d. A. XIX. 697; XX. 899 — Höchste Spitzen d. Alpenlandes des Himalaya V. 461 — s. Barometerstand, Gletscher, Quellen, Schnee, Temperatur, Thäler — Ball, Banck, Dolfuss, Prettner, Ruthner, v. Schlagintweit, Simmler, v. Sonklar.

Alpenglühen s. R. Wolf.

Aluminium, in Pulverform e. Nichtleiter d. Elektr. I. 388; in dichtem Zustand Leiter, magnetisch, Stellung in d. magnet. Reihe IV. 260. 282; XI. 415; XII. 418. 452; XIII. 341. 342 — Al. nach Zantedeschi diamagnetisch IV. 375 — Gewinn. auf galvan. Wege X. 526. 536. 537. 538 — Darstell. u. Fällung auf andere Metalle mittelst Galvanism. XVIII. 446 — Amalgamirtes Al. stark positiv elektr. XVI. 467 — Specif. Wärme XI. 384 — Ausdehnung durch die Wärme XVI. 339 — Festigkeit XV. 101 Elasticität XVI. 62. 78; XIX. 59 — Dehnbarkeit XVI. 67 — Elektroden aus Alum. in Geisslerschen Röhren setzen keinen Metallstaub ab XVIII. 483 — Eigenschaften d. eisenhalt. Al. XII. 24.

Aluminiumbronze, Festigkeit XV. 101 — Darstell. auf galvan. Wege XVIII. 446 — Elasticitätscoefficient XIX. 51.

Aluminiumchlorür s. Chloraluminium.

Amalgamation v. Eisen II. 394 — A. wird durch Wasserstoff veranlasst od. befördert XIII. 368 — Vortheilhafte Darstell. d. Kienmayerschen A. XVIII. 406 — A. der Zinkelemente XVIII. 411.

Amaurose, Erkennung VI. 514.

Amazonenstrom, Veränderungen seines Wasserstandes, Pororoca XVII. 756.

Amblygonit, Opt. Eigenschaften XIX. 253.

Ameisenäther s. Aethyloxyd ameisensaur.

Ameisenholzäther s. Methyloxyd ameisensaur.

Ameisensäure, Anomales Verhalten ihres Dampfes II. 108 — Verbrennungswärme II. 251 — Specif. u. latente Wärme II. 258. 262; IV. 228 — Specif. Gew., Siedepunkt, Wärmeausdehnung III. 28. 30 — Brechungsexponent XVIII. 200. 203 — Darstell. aus Kohlenoxyd u. Wasser; Wärmeverbrauch dabei XX. 356.

Amethyst, Pleochroismus dess. III. 151; X. 296. 298 — Eine Amethystplatte statt d. Doppelquarzplatte bei polaris. Licht wandte zuerst Brewster an XIV. 275.

Ammoniak, Spannkraft d. Gases u. Verdicht. in d. festen u. flüss. Zustand I. 129; XVI. 361. 363 — Specif. Gew. des gasförm. u. condensirten flüss. Amm. XVI. 12 — Absorption d.

A. durch verschied. Kohlensorten VI. 277 — Wärmeentwicklung bei Bildung d. Amm. IX. 345 — Bild. des Amm. durch vulkan. Thätigkeit X. 792 — Nachweis d. Absorptionsgesetzes beim Ammoniakgas XII. 190 — Absorption d. Amm. in Wasser bei verschied. Temperatur u. Druck XV. 117; XVII. 143. 144 — Beziehung zw. dem Ammoniakgehalt ein. Lösung u. ihrem specif. Gew. XII. 193 — Opt. Constanten des Amm. XVI. 259 — Wärmeausdehnung des flüssigen condensirten Amm. XV. 347 — Specif. Wärme u. Dichte d. A. IX. 416; XVIII. 347.

Schwefelsaur. A., Löslichkeit in Alkohol VI. 273; in Wasser XX. 95 — Salpetersaur. A., Wärmeentwicklung bei d. Auflösung I. 330; Löslichkeit in Alkohol VI. 273 — Salpetersaures u. salpetrigsaur. A. in Regenwasser u. in d. Luft XVII. 669. 670 — Ausscheidung v. krystallin. phosphorsaur. A.-Magnesia bei Berührung mit ein. Glasstab XV. 35 — Platinsaur. A., Flächenschiller IV. 170.

Apfelsaur. A., zweifach, ändert d. Krystallwinkel bei Ausscheidung aus Lösungen v. ungleicher Reinheit IV. 11; ist vollflächig u. hemiedrisch darstellbar VIII. 290; optisches Drehvermögen IX. 286. 287 — Weinsteinsaur. A. vollflächig u. hemiedrisch darstellbar VIII. 290; ist dimorph u. dreht d. Polarisationsebne IX. 287; X. 303 — Fulminursaur. A., starke Doppelbrechung XI. 310 — Oxalsaur. A. Brechungsexponent d. gesätt. Lösung XVIII. 200.

Amorphie, Unterschied zw. d. amorphen u. krystallin. Zustand VI. 7.

Amphibol s. Hornblende.

Amur s. Lanoye.

Amyläther s. Amyloxyd.

Amylalkohol (Amyloxydhydrat, Fuselalkohol), Specif. Gew., Siedepunkt u. Wärmeausdehnung II. 87; III. 27; XI. 41 — Specif. Wärme IV. 228 — Siedepunkt u. latente Wärme X. 151; XV. 33 — Gesammtwärme d. Dampfs XVIII. 356 — Opt. Eigenschaften XI. 315 — Aenderung d. Lichtbrechung mit d. Temperatur XIV. 242 — Brechungsexponent X. 151; XX. 158.

Amylen, Verbrennungswärme II. 251.

Amylmercaptan, Siedepunkt, specif. Gewicht und Wärmeausdehnung XI. 45.

Amyloxyd (Amyläther), Verbrennungswärme II. 251 — Specif. u latente Wärme II. 258. 262 — Verbrennungswärme v. essigsaur. u. valeriansaur. Am. II. 252 — Siedepunkt, specif. Gew. u. Brechungsexponent v. ameisensaur., butters., essigsaur., oxalsaur., valeriansaur. Am. VI. 395; X. 151; XX. 158 — Siedepunkt, specif. Gew. u. Wärmeausdehnung von essigsaur., valeriansaur. u. benzoes. Am. XI. 42. 43.

Anaglyptoskop, um Vertiefungen erhaben zu zeigen XI. 333.

Analcim, Wärmeausdehnung XV. 337.

Analyse, Gasmessung bei der An. XIV. 98 — Trennung d. Kieselsäure, arsenigen Säure u. a. m. durch Dialyse XVII. 139.

Anamorphosen für Kegelspiegel V. 152. 212; VIII. 214.

Anatas, Opt. Constanten dess. XVI. 259.

Andersonit, Opt. Eigenschaften V. 169.

Anemograph v. Adie XIX. 613.

Anemometer v. Whewell, Osler, Lind III. 582 — Bestimm. d. Windgeschwindigk. durch e. feuchtes Thermometer III. 583 — A. v. Banks, Robinson III. 584 — Reflexionsanemometer III. 585 — A. v. Morin VIII. 131; v. Liais VIII. 668; Elektr. A. v. Du Moncel VIII. 669; IX. 683. 684 — Uhranem. v. Montigny X. 191 — Selbstregistr. A. v. Webster X. 681; v. Osler XII. 616; v. Beckley XII. 617; XV. 656; vier Arten v. Taupenot XII. 618; v. Salleron XII. 619; v. Wild XX. 650 — An. v. Volpicelli XVI. 672; v. Cator XX. 661 — Verbind. des An. mit elektromagnet. Registrirapparat. XVIII. 596 — An. für Schiessversuche XVIII. 598 — Instrument v. Hennessy zur Beobacht. vertical. u. geneigt. Luftströme XII. 615; XVI. 726; XVIII. 650 — s. Abria, Braun, Du Moncel, Follet, Holmberg, Legeler, Osler, Phillips, Robinson, Secchi, Smyth.

Aneroidbarometer v. Vidi III. 579; IV. 81 — Vergleich mit e. Seebarometer III. 580 — Sein Gang nicht übereinstimmend mit e. Quecksilberbar. VI. 218 — Genauigk. d. An. VIII. 661 — Einfluss des Windes darauf VIII. 770 — Höhenmess. damit XII. 669 — Vorsichtsmaassregeln beim Gebrauch XIV. 620 — Selbstregistr. An.

XVII. 590 — An. v. Becker u. Goldschmidt XVII. 593 — Verbess. d. Gehäuse XVII. 594 — Metallbar. v. Bourdon u. v. Kohlmann IX. 676 — Theorie d. Bourdonschen Metallbar. XVII. 595 — Leistung der Bourdonschen Metallbar. XVIII. 594 — Kleines An. XVIII. 597 — s. Lee, Naudet.
Anglesit, Beschreib. XVI. 258.
Anilin, Specif. Gew., Siedepunkt u. Wärmeausdehnung XII. 54 — Elektrolyse des schwefelsaur. An. XVIII. 450.
Anorthoskop, Theorie dess. V. 195 — Verbindung mit dem Phantaskop V. 198.
Antigorit, Optische Eigenschaften V. 170.
Antimon, Ausdehn. durch d. Wärme VIII. 33; XVI. 339 — Specif. Wärme XI. 381. 382 — Schmelzpunkt XIX. 351 — Specif. Gew. XV. 12; XVI. 10 — Elektrolytisches Ant. explodirt beim Reiben XI. 452; XII. 479; XIII. 373 — Explosives Ant. wird nur aus stark gesäuerter Chlorantimonlösung erhalten XIV. 470; auch aus Brom- u. Jodlösung XIX. 439.
Antimonsuboxyd entsteht nicht bei d. Elektrolyse v. Brechweinstein XI. 452.
Antimonwasserstoff, Auf galvan. Wege nicht darstellbar XI. 452.
Antirrheoskop v. Oppel XII. 312.
Antuco, Vulkan, Beschreib. XII. 762.
Anziehung entsteht durch transversale, Abstossung durch longitudinale Wellen VIII. 384; XI. 371 — Bahn e. Punktes, wenn d. Anz. einer höheren als der zweiten Potenz umgekehrt proport. ist IX. 35 — Anzieh. einer Kugelzone od. Kegelfläche auf e. Punkt d. Axe XII. 87 — Sätze v. Hirst üb. d. Anz. XIII. 111; XIV. 70 — Anz. ellipt. Paraboloide XIII. 112. 114; XIV. 72 — Anzieh. eines ellipt. Quadranten auf seinen Mittelpunkt XV. 44 — Anz. d. Ellipse XVI. 36 — Reduction d. Attractionskräfte zweier Massen XIV. 69 — Beweis der Gleichung für e. Punkt innerhalb d. anziehenden Masse v. Clausius XIV. 69 — Cayley's Theorie d. Anz. XIV. 69 — Anz. einer mit Masse belegten abwickelbaren Fläche auf e. Punkt XVI. 35 — Richtung und Grösse d. Anz. einer Masse auf e. entfernten Punkt XVI. 36 — Ermittel. d. Function der Entfernung aus d. Totalanz. ein. unendl. Graden XVI. 37 — Bemerk. zu einer Stelle in d. mécanique céleste betreff. d. Anzieh. einer Kugelschale XVI. 37 — Anz. einer v. zwei ähnl. Flächen zweiten Grades begränzten Schale XVIII. 19 — Berechnung der Anziehungscomponente eines Kreiskegels senkr. zur Axe XX. 26 — s. Gravitation, Potential — Chelini, Donkin, Grube.
Apatit, Brechungsexponent VIII. 285 — Opt. Constanten XVI. 259 — Wärmeausdehnung XV. 337.
Apfelsäure s. Licht-Polarisation circulare.
Apparat zur Anfertigung v. Plan- u. Planparallelgläsern u. deren Prüfung I. 301. 305 — App. zur Graduirung v. Glasröhren u. Glasgefässen II. 119; IX. 28 — Vorrichtung zum Zeichnen v. Ovalen u. Hyperbeln II. 120 — App. sehr schnelle period. Bewegungen beobachtbar zu machen II. 167 — App. zur Veranschaulich. d. Centrifugalkraft III. 32 — Perpetuum mobile III. 37 — Ballons zur Hebung v. Gegenständen v. Boden d. Gewässer IX. 85 — Kühlapp. von Siemens XII. 365 — s. Bohnenberger's App. — Fabri, Martin de Brettes, Peters.
Araeometer, Einrichtung derselben auf österreich. Salinen X. 29 — Vorzüge d. Ar. v. Twaddle X. 29 — Gebrauch des Fahrenheitschen Ar. zur Bestimm. des Salzgehalts im Meerwasser XIII. 82 — Gewichtsar. von Ruau XIII. 91 — Einfluss d. Capillarität auf d. Messung mit d. Ar. XIV. 49; XVII. 14 — Normalar. v. Baumhauer XVII. 13 — Die Richtersche Skala fehlerhaft XVII. 14 — Wildenstein's Abänderung d. Ar. für specif. Gewichte XVIII. 8 — s. Autenrieth, Fellenberg.
Aralsee, Sinken d. Wasserspiegels XVIII. 723.
Argostoli, Merkwürd Mühle daselbst XV. 754; XIX. 674.
Arno, Schlamm darin nach d. Frühjahrsregen XVI. 818.
Arragonit s. Kalkerde kohlensaure.
Arsenige Säure, d. glasartige wird durch Joddampf angegriffen IX. 19.
Arsenik, Wärmeentwicklung bei Bildung d. verschied. Verbindungen mit Sauerstoff u. Chlor IX. 371. 372 —

Dampfdichte XV. 22 — Brechungsexponent d. Dampfes XVII. 235 — A. in Quellen u. Flussbetten XVI. 829.

Arsenikwasserstoff, Spannkraft d. Dämpfe d. flüss. Ars. I. 130.

Artesische Brunnen s. Bohrloch.

Arzneistoffe, örtliche, Einführung ders. durch Elektrolyse III. 429.

Asien, Windverhältnisse in Nordas. VIII. 765 — Im östl. As. herrschen im Winter Land-, im Sommer Seewinde X. 688.

Asowsches Meer, Veränderungen dess. seit Herodot XVIII. 719.

Asparagin, Opt. Constanten XVI. 259 — s. Lichtpolarisat. circulare.

Asparaginsäure s. Lichtpolarisat. circulare.

Asphalt, Lichtempfindlichk. d. Asph. XV. 255 — Asphaltsee auf Trinidad XI. 817; XVI. 879.

Aspiration s. Schinz.

Aspirator v. Bloch u. Johnson VI. 226; v. Andrews VIII. 135; von v. Baumhauer X. 189; v. A. Vogel XI. 105.

Asterismus bei Sapphir, Kalkspath, Pennin XII. 269 — Verzeichniss d Krystalle mit Ast. XVIII. 247 — Ast. an Glimmer u. Meteoreisen XVIII. 247 — Künstl. Ast. auf einer Glastafel XIX. 238 — Verschied. Ursachen d. Ast. XIX. 246.

Astrolabium aus d. Jahr 1568, IX. 631.

Astronomische Beobachtungen auf hohen Bergen liefern besond. scharfe Bilder in d. Fernröhren XV. 734 — Berücksichtig. der Contactdauer der Registrirapparate bei astron. Beobachtungen XX. 541.

Atakama, Regenlosigk. der Küsten IX. 731.

Athmung, Der eingeathmete Sauerstoff wird v. Blut in der Lunge absorbirt, nicht chemisch gebunden I. 112 — Wärmeerzeugung durch d. A. IV. 222 — Spannung d. Kohlensäure in den Lungen bei d. A. XX. 98 — Durch die Ausathm. v. Kohlensäure wächst d. Absorption der v. e. Kohlenoxydflamme ausgestrahlt. Wärme XX. 409 — s. Blut, Wärme thierische — Harless.

Atlantisches Meer, Wind- und Meeresströmungen darin V. 444; IX. 641. 643. 644; XIII. 549; XVII. 748 — Treibeis u. Strömungen im nordatl. Ocean V. 475; XVII. 741 — Dasein d. nordwestl. Durchfahrt VI. 1000; IX. 636 — Tiefenkarte IX. 636 — Tiefenmessungen auf dem Telegraphenplateau XII. 735 — Karte üb. Regen-, Wind- u. Nebelverhältnisse im Atl. M. XII. 693 — Salzgehalt des Wassers XIII. 85; XVI. 783; XX. 850 — Der Rockall Felsen im nordatl. M. XVII. 745 — Grosse Tiefe d. Bai v. Biscaya XVII. 746 — s. Temperatur — Andrau, Holmes, Kerhallet, Rosser.

Atmidometer v. Vogel u. Reischauer XII. 615.

Atmidoskop v. Babinet IV. 98.

Atmometer v. Newman VIII. 667; v. Mühry XVII. 591; v. Vivenot XIX. 615; v. Prestel XX. 649.

Atmosphäre, Neuer neutraler Punkt in d. Polarisation der Atm. I. 189 — Secundärer neutraler Punkt I. 190 — Brewster's Karte d. Linien gleicher Polaris. (isochromat. Curven), darin drei neutrale Punkte II. 187; III. 159; VI. 478; XIX. 520 — Messung d. Polarisat. II. 189; X. 295 — Zantedeschi's Beobacht. üb. d. Polarisat. II. 191 — Polarisat. d. Mondlichts II. 192 — Intensität des v. d. Atm. reflectirten Sonnenlichts IV. 142 — Die Lichtreflexion in d. Atm. geschieht an dünnen parallelflächigen Platten V. 185 — Farbenzerstreuung durch d. Atm. VI. 477 — Schwächung des Lichts durch d. Atm. VI. 478 — Vom Winter bis Aug. wird d. Atm. für d. brechbarsten Strahlen durchsichtiger IX. 244 — Helligkeit d. ganzen Himmels IV. 145; an d. verschied. Punkten IV. 147 — Grosse Durchsichtigk. d. Atm. in der Höhe für chemische Strahlen XIX. 519 — Grosse Durchsichtigk. d. Atm. in Mittelasien XII. 703; in d. Nähe d. Golfstroms XIX. 656 — Helligkeitsunterschiede in d. Atm. XX. 563 — Grad d. Durchsichtigkeit d. Atm. für d. Licht d. Himmelskörper XX. 564 — Ausdehnung ist d. Ursache d. Abkühlung d. Luft bei ihrem Aufsteigen V. 378 — Die v. d. Atm. ausgestrahlte Wärme ist polarisirt VI. 631 — Wärmeabsorption durch d. Atm. XVII. 589.

Gewicht d. Atm. III. 55; V. 64. 444; VI. 221 — Beweg. d. atmosphär. Welle III. 654. 661; VI. 1122; XIV. 678; XVII. 635 — Grösse d. mechan. Kraft um d. Atm. ein Jahr lang mit Wasser-

dampf zu versorgen III. 249 — Höhe der Atm. XV. 544; XX. 644. 648 — Nothwendigk. einer Gränze für die Atm. XVIII. 490 — Niveauflächen in d. Atm. eines Satelliten VIII. 70 — Ursachen d. Störungen d. Gleichgewichts in d. Atm. XX. 647 — s. Barometerstand, Eudiometrie, Himmel, Luft, Strahlenbrechung — Antonelli, Challis, Delcros, Ennis, Houzeau, Rubenson, Schlagintweit, Smallwood, Stampfer, Stoddard, Wartmann.

Atom s. Molecüle.

Atomgewicht, Kritik d. Arbeiten üb. d. Zusammenhang zw. At., Krystallform u. Dichte d. Körper III. 4 — Nach Dumas sind d. Aequivalentgewichte d. einfachen Körper, nach Cannizaro d. Atomgew. mit d. Wasserstoff zu vergleichen XIV. 6 — Die At. d. Elemente nicht Multipla v. d. At. d. Wasserstoffs XVI. 14 — Beziehung zw. At. u. specif. Gew. verschied. Elemente XVI. 15 — Einfluss d. At. auf d. Elasticitätsmodul XVI. 72 — Producte aus d. At. und der specif. Wärme nach Regnault XVII. 392 — s. Isomorphie — Coleman, Robin.

Atomvolumen (specif. Volumen, Molecular-, Aequivalentvolumen), Bezieh. zur chem. Zusammensetzung u. Krystallform I. 5 — At. isomorpher Körper VI. 10 — Alle festen Species derselben Krystallform haben dasselbe At. IX. 5 — Zusammenhang zw. Atomgewicht u. At. X. 3; XI. 3. 7 — Zusammenhang zw. At. u. Zusammensetzung flüss. organ. Verbindungen X. 5; XI. 12 — Volumgesetz flüssig. chem. Verbindungen XV. 32 — Zuverlässigk. d. At. nach Kopp I. 12; II. 6. 11 — Bestimm. d. At. fester u. flüss. Verbindungen nach Playfair u. Joule I. 13; II. 7. 10 — Die Ermittlung des At. erfolgt am zweckmässigsten beim Wechsel d. Aggregatzustandes I. 13 — Die Abhängigkeit d. At. der Elemente v. ihrer elektrochem. Stellung fraglich I. 13; auch d. Ableitung d. At. zusammengesetzter Körper bedenklich II. 11; VI. 6 — Berechnung d. At. nach Berthelot XII. 8; nach Kremers XII. 188 — Aenderung d. mittleren Volumens durch d. Temperatur XIII. 80; XIV. 131; XV. 347; XVI. 13; XVII. 26 — Nach Fleck ist das At. veränderlich XVIII. 11 — Uebereinstimm. d. At. bei Oxyden d. regulären Systems III. 5 — At. d. Turmaline VI. 11 — At. v. Chlorkalium, Chlornatrium, Alaun XI. 5 — At. stickstoffhalt. Verbindungen XII. 3; XIII. 8 — At. v. Salzen XV. 31.

Begriff v. Isoster u. paralleloster XV. 30; v. reducirtem Volumen XVI. 15 — s. Coleman, Hermann, Kremers, Schafarik, Tschermak.

Atomwärme von Brom IV. 227 — Formel für d. At. IV. 228 — Geschichtliches XX. 378 — At. d. unzerlegten Körper, Oxyde u. Salze XX. 381 — s. Wärme specif.

Atropin, Löslichkeit in Wasser, Alkohol u. Glycerin XI. 172.

Attraction s. Anziehung.

Atwoodsche Fallmaschine, Verbesser. IV. 62.

Auflösung, Nach Hunt jede A. ein chemischer Process XI. 168 — Auflösungsvermögen v. Glycerin, Alkohol, Wasser und Oel für viele Substanzen XI. 171 — Bedingungen d. Unlöslichkeit d. Körper XII. 181 — Gewisse Lösungen erscheinen v. wechselnder Farbe in Folge ungleicher Absorption verschied. Farben XII. 258 — Aufl. v. Salzen u. Gasen sind in allen Schichten v. gleicher Zusammensetz. XIII. 64 — Ursache d Krystallbildung in übersättigten Aufl. XIV. 127 — Gang d. Aufl. eines Krystalls XVI. 108 — Einfluss äusserer Kräfte auf einen v. e. Lösungsmittel berührten Körper XVII. 363 — Löslichkeit eines Körpers in e. Gemenge seiner Lösungsmittel XVIII. 88 — Einfluss d. Druckes auf d. Löslichkeit III. 6; XVIII. 88; XIX. 11 — s. Absorption, Salze —. Abacheff, Storer.

Aufthauen, Zeit d. A. einiger Gewässer im nördl. Europa III. 615.

Auge, Theorie d. A. v. Vallée I. 219; VI. 490; VIII. 308; XIV. 294 — Physiolog. Optik v. Helmholtz XVII. 338 — Leuchtende A. bei Wirbelthieren I. 225; bei Menschen II. 225 — Lichtproduction im A. XVII. 298 — Wahrnehmung v. Haidinger's Polarisationsbüscheln mit blossem A. II. 185; Dauer ihres Eindrucks im A. X. 320 — Eindrücke Blindgeborener nach der Staaroperation III. 193: andere ähnliche Fälle IV. 186 — Anzahl der dem A. möglichen Wahrnehmungen

IV. 187 — Der ungleiche Eindruck e. Landschaft bei verschied. Augenstellung v. d. Accommodationszustand herrührend VIII. 317 — Erblinden nach d. Schlafen im Mondenschein XV. 298 — Veränderung des A. mit zunehmendem Alter XVI. 273 — Der Lichteindruck in dem einen A. kann auf d. andere übertragen werden XVI. 290 — Verschiedenheit d. A. in wagerechter u. senkrecht. Richtung XVI. 293; XIX. 289; in verschied. Meridianebnen XVIII. 272 — Santonin e. Stärkungsmittel für d. A. XVI. 296 — Beobacht. d. Circulation im A. XVI. 298; d. eigenen Augenhintergrundes XIX. 296 — Sehapparat bei d. Insecten XII. 318.

Sehen: Bisherige Theorie üb. d. deutliche Sehen I. 200 — Theorie v. Volkmann II. 213, v. Fliedner VIII. 311; v. Rogers XII. 300. 301; v. Cornelius XVII. 338; Wundt's Theorie d. Binocularsehens XVII. 300, Hering dagegen XIX. 290; XX. 280; binoculares u. stereoskop. Sehen nach Aubert XX. 269. 270 — Volkmann gegen die Projectionslehre beim Binocularsehen XX. 271 — Vertheidigung d. Identitätslehre beider Netzhäute X. 307; XV. 279. 280. 281 — Verknüpfung stereoskop. Erscheinungen mit d. Identitätslehre XV. 284 — Hering's Gesetz d. identischen Sehrichtungen XX. 280 — Thatsachen gegen die ident. Netzhautstellen XVI. 283; XVII. 307; XVIII. 271.

Binoculare Betracht. zweier entgegengesetzter Spectra VI. 502 — Combination v. Farben beim binocul. Sehen IX. 299. 300; X. 308 — Farbenerschein. beim binocul. Sehen durch farbige Gläser XIII. 253; XVII. 310 — Nur beim binocul. Sehen erscheint d. Bild eines Hohlspiegels vor demselben VIII. 330 — Herstellung einer binocul. Perspective X. 323 — Fechner's Versuche über binocul. Sehen XVI. 284 — Stereoskop. Sehen ohne Stereoskop XVII. 306. 307 — Einfluss d. Erfahrung auf d. Raumanschauung XIX. 275 — Entstehung der binocul. Tiefenwahrnehmung nach Wundt XVII. 304, Hering dagegen XIX. 290 — Binocular. Tiefensehen nach Hering XX. 285; Tiefen lassen sich nur aus der Farbe d. Objects beurtheilen XX. 289 — Das Verschmelzen beider Augenbilder erfolgt nur bei Uebereinstimmung des Glanzes beider XX. 286.

Erkennung von Gegenständen im Auge, entommatisches Sehen I. 217. 218; XIX. 287 — Ursache des Aufrechtsehens VI. 491; X. 304; XV. 274 — Nach Boens nimmt d. Auge die Strahlenrichtung u. nicht d. Netzhautbild wahr VIII. 309 — Auf d. Sensorium soll d. Sehen mit einem oder beiden Augen denselben Eindruck machen XI. 336 — Erscheinungen b. Sehen jenseits d. Gränzen d. Accommodation XII. 313 — Einfluss d. Willens beim Wettstreit beider Augen beim Sehen XIV. 304 — Schlussverfahren beim Sehact XIX. 283.

Doppeltsehen mit einem Auge I. 220; X. 311 — Mehrfachsehen mit einem Auge X. 312; XVIII. 274 — Doppelbilder beim Sehen mit beiden A. X. 306; XI. 322 — Principien des Doppelt- u. Vielfachsehens VIII. 318; XI. 334 — Vorübergehendes Dreifach- u. Halbsehen IV. 190 — Doppeltsehen nach Schieloperationen X. 315 — Versuch, wonach correspondirende Netzhautpunkte doppelt sehen XVII. 305 — Nach Schleiden ist Einfachsehen Angewöhnung XVII. 298.

Entfernung u. Grösse d. Gegenstände: Die Entfernung wird nach d. Convergenz d. Sehaxen beurtheilt III. 187; XII. 303; XVII. 300; Kundt schätzt sie nach d. Sehne d. Gesichtswinkels XIX. 276; dagegen Aubert XX. 295 — Gränze d. deutlichen Sehweite V. 193 — Verschied. Sehweiten für horizontal u. vertical divergirende Strahlen V. 188 — Einfluss d. Uebung auf d. Erkennen der Entfernungen XIV. 295 — Beurtheilung d. Entfern. der durch Spiegelung oder Brech. gesehenen Gegenstände XIV. 301 — Ungleiche Entfern. von Doppelbildern in verschiedener Höhe XVIII. 272 — Kleinste erkennbare Entfern. XIX. 273 — Genauigkeit d. A. in d. Beurtheilung v. Winkeldistanzen XIII. 92.

Verschiedenheit in d. scheinbaren Grösse d. Himmelskörper II. 222 — Unrichtige Grössenschätz. mancher Patienten V. 190 — Ungleichheiten in d. scheinb. Grösse nach horizontaler u. verticaler Richtung VIII. 314; XI. 332 — Einfluss d. Grösse d. Retinabildes u. d. Convergenz d. Augen-

axen auf d. scheinb. Grösse VIII. 322. 324; XIV. 308; XVI. 283 — Genauigkeit d. Grössenschätzung XIV. 295 — Einflüsse auf die scheinbare Grösse XV. 281.

Gesichtsfeld umfasst wegen der Lichtbrech. im Auge mehr als eine Halbkugel XIX. 288; XX. 289 — Messung u. Ausdehnung d. Gesichtsfeldes XIX. 289; XX. 289.

Deutlichkeit: Undeutlichkeit bei zwei Stecknadeln in gewisser Stellung V. 188 — Durch e. rothes Glas erscheinen im Nebel entfernte Gegenstände deutlicher als dem bloss. Auge V. 189 — Das rechte Auge sieht durch e. Lorgnette deutlicher, wenn d. linke offen, als wenn es geschlossen ist V. 192 — Messung der Gesichtsschärfe nach Petrie VI. 493; nach Vierordt XIX. 285; XX 271 — Erklär. d. deutlichen Erkennens ein. schnell rotirenden Scheibe bei momentanem Sehen VI. 500 — Ungleiche Deutlichkeit in horizontaler u. verticaler Richtung VIII. 314; XI. 332; XVI. 270.

Empfindlichkeit: Verhältniss d. Intensität der Lichteindrücke zu ihrer Dauer VI. 500 — Blaues Licht bleibt beim Dunkelwerden länger hell als rothes VIII. 329; X. 308 — Empfindlichk. u. Gränze im Unterscheiden v. Farben XI. 282; XII. 259; XIII. 232; XIV. 298; XV. 275; XVII. 297 — Grad d. Empfindl. für Licht XVII. 295 — Grosse Empfindl. d. Auges für Doppelbilder XVII. 312 — Einfluss d. Ausbreitung eines Lichtreizes auf d. Helligkeit desselben XVII. 333 — Einfluss d. Grösse d. Netzhautbildes auf d. Stärke d. Empfindung XIX. 271 — Die Helligkeit ein. rotirenden schwarzen Scheibe mit weissem Sector nicht d. Breite dess. proportional XIX. 294.

Bewegung: Gesetz d. Augenbewegung XV. 289; XVII. 302 — Das Sehen v. Lagen u. Winkeln durch d. Augenbeweg. XVII. 322 — Apparat zur Darstellung der Augenbewegungen XVIII. 265 — Princip d. normalen Beweg. des Auges XIX. 278; XX. 275 — Listing's Gesetz bestätigt XIX. 280. 282 — Wichtigkeit d. Bewegungsgefühle für d. Orientirung XIX. 285 — Lage d. Drehpunkts im Auge XIX. 286 — Bedeutung d. sogen. Raddrehung d. Auges bei ruhendem Blick XX. 281 — Nach Hering drei Principien für d. Modus d. Augenbewegungen XX. 283.

Ungewöhnliche Erscheinungen: Fall, wo ein Punkt als Linie erscheint III. 187; wo e. schwarze Linie auf weissem Grund dreifach erscheint IX. 307 — Erscheinung e. hellen Ringes u. Kreuzes beim Sehen durch ein dunkles Glas III. 188 — Die Strahlen um ein. leuchtenden Punkt v. d. Structur d. Auges herrührend VI. 493; v. Reflexion VIII. 310; IX. 296; von Beugung XII. 310 — Farbenringe um e. hellen Punkt bei e. kranken Auge VI. 512 — Hof um Kerzenflammen VI. 513; IX. 303; X. 311 — Eigenthüml. Fehlerhaftigk. d. Sehens VI. 511 — Wirk. punktförm. Oeffnungen auf das Sehen X. 305; XI. 321 — Beugungserschein. im Auge XI. 338; XII. 310 — Erscheinung zweier Ringe od. ellipt. Lichtstreifen beim Sehen durch e. engen Schlitz XIII. 257; XV. 293 — Erscheinungen aus der Contrastempfindung XVI. 275; bei verschied. Convergenz d. Sehaxen u. ungleich verdunkelten Augen XVI. 284 — Der seitliche Fensterversuch XVI. 289; XVIII. 268 — Bei ungleicher Beleuchtung beider Augen erscheinen d. Bilder in ihnen ungleichfarbig XVI. 290 — Entsteh. e. schachbrettart. Zeichnung im Auge XVI. 296; XVII. 325. 327 — Wahrnehmung bewegter Körperchen im A. beim Sehen durch blaues Glas auf e. hellen Grund XVI. 298; XVII. 326 — Feurige Kreise beim schnellen Wenden d. Auges im Finstern XVII. 325 — Reflexbild im A. XVII. 328 - Subjective Lichterschein. in e. vollkommen finstern Zimmer XVIII. 267; XIX. 295 — Farbenempfindung im A. beim Durchgang elektr. Ströme XIX. 503.

Augenmedien: Erläuterung der dioptr. Verhältnisse I. 214 — Gang der Lichtstrahlen im Auge XI. 330; XII. 311 — Lage d. optischen Mittelpunkts im A. XX. 289 — Dimensionen u. Brechungsvermögen d. durchsicht. Augentheile VI. 492; XI. 329 — Bestimm. der Refractionsanomalien XVI. 271 — Der Brechungsindex des Glaskörpers nimmt nach der Retina hin zu II. 221; III. 183 — Ungleiche Absorption d. Farben u. d. Wärme-

strahlen in d. verschied. Augenmed. I. 224; II. 227; XVI. 407. 409 — Durch Abblenden d. hellen Theils d. Spectrums lässt sich ultraroth und ultraviolett sichtbar machen II. 227; auch d. Braun im Sonnenspectrum IV. 159; auch d. chemischen Strahlen dringen durch d. Augenmed. XII. 316 — Alle Strahlen v. grösserer Brechbark. als d. äussersten rothen sind sichtbar XI. 335; XIV. 313 — Fluorescenz d. durchsicht. Augenmed. XI. 335; XIV. 313; XV. 293; XVI. 297 — Diathermansie d. Augenmed. XVIII. 383; XX. 409.

Dispersion: Messung d. Disp. des Auges III. 184. 187; Wahrnehm. derselben XVII. 321; XVIII. 274 — Das Farbenspectrum ein Mittel zur Messung d. chromat. Abweichung d. A. XIX. 287 — Nach Vallée ist das A. achromatisch III. 184; IX. 294.

Retina: Die Vereinigung verschied. Farbeneindrücke beider Netzhäute im Bewusstsein zeigte schon 1806 Haldat V. 188 — Dauer d. Farbeneindrücke auf d. Netzhaut VI. 515; X. 319 — Gewisse Punkte d. Ret. bewahren d. Lichteindruck länger als andere XIV. 309 — Raumsinn d. Netzhaut XII. 318 — Einfluss der Erregung nicht ident. Netzhautpunkte XV. 290 — Druckbilder e. Mittel d. Reizbarkeit d. Retina zu prüfen V. 191; jeder Druck wirkt wie ein Licht VI. 514 — Nach Donders ist d. Ret. unempfindl. für ultraviolette Strahlen IX. 305 — Unempfindlichk. d. foramen ovale für blau XII. 315 — Schwächste Lichtempfind. d. Netzhaut XX. 262 — Empfindlichk. für Lichtunterschiede XX. 263; für Farbenunterschiede XX. 263 — Kleinste v. Licht getroffene u. wahrgenommene Fläche d. Netzhaut XX. 267 — Lichtempfind. im Finstern XX. 270 — Erschein. bei intermittirender Netzhautreizung XX. 287.

Anatomie d. Retina VIII. 338; IX. 306. 307; XII. 317 — Incongruenz d. Netzhäute X. 315 — Entstehung d. Purkinjeschen Aderfigur XI. 337; XII. 317 — Anordn. der Netzhautpunkte XV. 274 — Eintrittsstelle d. Sehnerven XVI. 269 — Anatomie der Stäbchenschicht XVI. 297 — Messung der Zapfen in der Stäbchenschicht XX. 299 — Identische Netzhautstellen liegen nicht in e. verticalen Meridian in beiden Augen XIX. 283 — Sehen ohne Retina VIII. 336 — Vorübergehende Lähmung d. Retina XIV. 310 — Trübung d. Netzhaut in Folge v. Apoplexie XX. 299.

Blinder u. gelber Fleck: Lage u. Eigenthümlichkeit d. blinden Fl. IX. 302 — Ansichten und Versuche üb. d. Ausfüllung d. bl. Fl. XX. 291. 293 — Geschichtliches üb. d. bl. Fl. XX. 294 — Beobacht. d. gelben Fl. im eigenen Auge X. 325; Stabschicht darin X. 325 — Zapfendicke im gelben Fl. XVII. 333 — Muthmaassl. Bedeutung d. gelben Fl. XX. 298.

Cornea: Bau d. Hornhaut IX. 307 — Stenopäische Brillen bei Trübungen d. Hornhaut X. 316 — Lauf der Nerven in d. Cornea XVIII. 278.

Pupille: Seltene Deformität derselben II. 225 — Messung d. P. am Tage und in der Nacht VIII. 338 — Beim Hund erweitert sich d. P. beim Sehen in d. Nähe X. 325.

Iris: Umstände, die auf ihre Zusammenziehung wirken III. 183; VIII. 340 — Einfluss d. Lichts auf d. Bewegung der Iris X. 324 — Die Iris soll keine willkührl. Bewegung haben XI. 336 — Mitwirk. d. kreisförmigen Muskels d. Ir. bei d. Accommodation XII. 317 — Contractionen der Iris werden fast nur v. gelb erzeugt XII. 319 — Lange Reizbark. d. Ir. beim Aal XII. 319.

Krystalllinse im frischen Zustand ohne merkliche Doppelbrech. II. 224 — Doppelbrech. u. Polarisation d. Linse XV. 297 — Nach d. Tode ändert sich die polarisirende Structur d. Kr. VIII. 335 — Unterschiede d. polaris. Lichts beim Durchgang durch ungleich trockne Kr. XVII. 286 — Aenderung d. Doppelbrech. in Präparaten d. Kr. XVIII. 278 — Excentrische Beweg. d. Kr. VI. 509; seitliche Decentralisationsbeweg. XVII. 321 — Formänderung bei der Accommodation I. 212; XVI. 274; XX. 291 — Gestalt d. Kr. XVI. 273. 275; XVII. 335 — Bedenken gegen Sturm's Theorie der Brennstrecken XVI. 269 — Eigenschaften d. linsenlosen, aphakischen Auges XVII. 335 — Ringsysteme an den Linsen der Fisch- u. Krokodilaugen im polaris. Licht VI. 509 — Muthmassl. Bahn d. Lichtstrahlen in d. Kr. d. Fische X. 237.

Augenmuskeln: Wirkung des

musculus cramptonianus u. d. Spannmusk. d. Chorioidea II. 226 — Antheil d. Augenm. am Sehen VI. 508 — Functionen d. muscul. obliqui VI. 508 — Synergie d. Augenmusk. VIII.325 — Muskelmechanik d. Augapfels X. 318 — Wirkungsweise der Augenm. bei d. verschied. Bewegungen XVIII. 261.

Augenfehler: Seltene Deformität d. Pupille II. 225 — Beschreib. der muscae volitantes IV. 187 (auch I. 217) — Unregelmäss. Strahlenbrechung IV. 190; XIX. 288 — Heilung des Schielens durch das Stereoskop VIII. 325 — Sehen ohne Retina VIII. 336 — Art d. Doppelbilder bei Verletz. eines musculi recti od. obliqui IX. 300 — Heilung d. Kurzsichtigk. XI. 340 — Eigenschaften d. aphakischen, linsenlosen Auges XVII. 335.

Farbenblindheit, Daltonismus, zeitweise namentlich Nachts V. 191. 192 — Farbenbl. an einem Auge VI. 513 — Erblichkeit d. Farbenbl. VI. 513 — Wie die Gegenstände dem Farbenblinden erscheinen VIII. 329; XII. 314; wie d. Spectrum XVII. 331 — Vorrichtung zur Veranschaulichung der Achromatopsie für normale Augen XVIII. 277 — Beobacht. u. Untersuch. vielerlei Fälle v. Farbenblindh.; am häufigsten zeigt sich die Rothblindheit od. d. Daltonismus VI. 513; VIII. 336; X. 324; XI. 284; XVI. 293; XVII. 332 — Künstliche Rothblindheit XX. 297 — Unter 20 Personen eine farbenblinde; Vorsicht bei Benutzung derselben zum Signalisiren durch Farben XII. 314 — Eintritt d. Farbenbl. in späteren Jahren XII. 315 — Abhängigk. d. Farbenbl. v. d. Lichtintensität XV. 294 — Gladstone glaubt im Farbenunterscheiden fortzuschreiten XVI. 295 — Farbenbl. d. normalen Auges XX. 295 — Fall, wo nach vorübergehender Blindheit d. Farben ungleichzeitig wiederkamen XIV. 314 — Wahrnehmung d. Glanzes durch Farbenblinde XX. 297 — Nach Genuss v. Santonin erscheinen d. Gegenstände in veränderter hauptsächlich gelber Farbe XIV. 313; XVI. 295 — Farbentäuschung bei der Gelbsucht XX. 296.

s. Accommodation, Amaurose, Irradiation, Nachbilder, Stereoskop, Tachistoskop, Täuschung — Aubert, Bergmann, Brewster, Budge, Cavalleri, Claudet, Cooley, Dingle, Donders, Dor, Emsmann, Eschricht, Frestel, Graefe, Haldat, Hayden, Henle, Jago, Kessler, Laurence, Lewes, Meyer, Mohn, H. Müller, E. Rose, Scheffler, Serre d'Uzès, Sichel, Soret, Vallée, Vittadini, Wilson, Wittich, Wundt.

Augenspiegel v. Helmholtz VI. 514; v. Zehender X. 315; v. Ulrich von Meyerstein X. 317 — Beobachtungsweise damit XI. 339 — Ophthalmoskop XII. 306 — s. Zehender.

Augit, Magnet. Polarität d. Aug. V. 343 — Pleochroismus d. A. X. 297 — Dispersion d. opt. Axen X. 300 — Konische Refraction des Diopsids XI. 302; XIV. 275 — Vergleich d. krystallograph. u. optischen Eigenschaften v. A. u. Hornblende XI. 306 — Wärmeausdehnung des Diopsids XV. 338.

Austern, Anlage v. Austerbänken an d. russ. Ostseeküste XVII. 739.

Axenton, Entstehung desselben VI. 310.

Azoren, Vulkan. Erscheinungen das. XVII. 790.

Backsteine, magnetische XIX. 459. 460; XX. 499 — s. Bausteine.

Bahama-Inseln, Heben u. Senken d. Brunnenwassers daselbst XX. 847 — Der Golfstrom an d. B. XX. 848.

Baikalsee, Acclimatisirungen darin XVII. 738.

Baldriansäure, Lichtbrechungsexponent XVIII. 200.

Balken, Theorie des transversalen Stosses gegen elast. an den Enden unterstützte B. X. 85; XIII. 145 — Widerstand grader B. unter ein. bewegten Last XI. 117; XIV. 104; XX. 64 — Tragkraft gesprengter B. XI. 126 — Mittel d. Widerstand bei Belastung bedeutend zu erhöhen XI. 129 — Druckvertheilung in e. elast. auf ungleich vertheilten Stützen frei ruhenden B. XIII. 140 — Grösse des Horizontalschubes eines horizontalen B. gegen die Stützen XIII. 144 — Gleichgewicht eines an d. Enden unterstützten horizontalen elast. B., der v. zwei Kräften angegriffen wird XX. 64 — s. Biegung, Gitter, Stab — Derote.

Ballistik s. Pendel ballist., Wurf.
Ballon zum Heben v. Gegenständen v. Meeresboden IX. 85 — s. Luftballon.
Barometer, Verfahren d. B. luftleer zu erhalten III. 581; IV. 80 — Selbstregistrir. B. III. 588. 589; XII. 611; XIII. 503; XVI. 671; XVII. 591; XIX. 611 — Anfertig. d. B. zu Kew XII. 607 — Auskochungsverfahren v. Treviranus X. 675; v. Taupenot XII. 610 — Berichtigung d. unvollkomm. Vacuums u. der Capillardepression XVI. 670; XVII. 116 — Temperaturcorrection am Heberbar. XVII. 605 — Fehler d. B. in Folge der Veränderung d. Capillarität u. Adhäsion d. Quecksilbers XX. 653.
Verbesserungen am B. v. Pfeiffer IV. 83; v. Kapeller IV. 84; v. Schrötter IV. 84; von Treviranus VIII. 665; v. Zambra u. Negretti VIII. 665; XVIII. 594; v. Du Moncel XI. 636; von de Celles XIV. 526; v. Blondeau XIV. 625; v. Adie XVI. 666; v. Whiting XVIII. 592; v. Howson XVIII. 593; v. Joule XIX. 612; v. Hicks XX. 659 — Verbess. d. B. v. Descartes X. 677.
Differentialbarometer v. Gurney VI. 220 — Taschenbar. von Brunner IX. 678 — Reisebar. v. Kreil X. 675; v. Mondino XIX. 613 — Blutegelbar. X. 678 — Normalbar. v. Darlu XI. 635; v. Green XII. 611 — Bar. mit zwei Flüssigkeiten XI. 637 — Waagebar. v. Secchi XIII. 497. 499 — Repetitionsbar. v. Davout XIII. 501 — Wasserbar. v. Henry XIII. 503 — Maximum- u. Minimumbar. XIV. 626; XX. 659 — Bar. für d. Rettungsstationen an der engl. Küste XVII. 651 — Barom. für Luftfahrten XVIII. 591 — Marinebar. v. Symons XIX. 617 — Luftthermobar. v. Jeannon XX. 654 — s. Aneroidbarometer — Capelli, Gorne, Mathews, Packe.
Barometerstand, Correction dess. rücksichtlich d. Aenderung d. Schwere IV. 96 — Einfluss d. Luftelektric. auf d. Bar. V. 426; VI. 883 — Einfluss d. Windes auf das Bar. VI. 1123; VIII. 712. 769; XVII. 637 — Jährl. Schwankungen d. B. nach Temperatur und Luftströmung X. 760 — Uebereinstimm. d. Veränderungen d. B. mit d. Temperatur XX. 701 — Tafeln zur Reduction d. B. auf 0°, zur Reduction d. in verschied. Längenmaassen abgeles. Barometerstände und zur Bestimm. d. Capillardepression VIII. 674 — Vertheilung d. B. um d. arithmetische Mittel VIII. 688 — Rankine's Bestimm. d. mittleren B. IX. 680 — Bestimm. des wahren mittl. Luftdrucks aus gleichzeit. Beobacht. an verschied. Orten XX. 707 — Beobachtung der Mondfluth in St. Helena IV. 421 — Einfluss des Mondes auf barometr. Minima u. Max. VIII. 702; XIII. 558 — Der Aether im Weltenraum d. Ursache d. Variationen d. Luftdrucks XVI. 663 — Die tägl. Schwankungen nach Lamont u. Broun grösstentheils v. ein. kosmischen Kraft (Ebbe und Fluth) veranlasst XV. 675; XVI. 707; XVII. 630. 633; XVIII. 584. 617. 619; XIX. 636: nach Kreil sind sie nur Folge verticaler durch d. Wärme veranlasster Ströme XVII. 621 — Einfluss von Sonne u. Mond XVII. 634 — Nach Chase rühren d. Schwankungen d. B. v. d. Bewegung der Erde u. Sonne her XX. 704. 706 — Ursache d. Variat. d. B. nach Hopkins XIV. 623. 625 — Ableitung der tägl. period. Schwankungen XV. 718; XX. 691 — Veränder. d. B. an Gewittertagen XVI. 659 — Antheil d. Wasserdämpfe an dem B. XVI. 708 — Auch d. Schwankungen d. B. in langen Zeiträumen scheinen periodisch XVIII. 629 — Ursache der irregulären Bewegungen d. B. XVIII. 637 — Barometr. Minima und Maxima sind gleichzeitig u. compensiren sich XI. 674 — Ursache d. Min. u. Maxima XVI. 712 — Min. u. Max. d. B. auf d. Atlant. Meer XVI. 742; in Europa u. d. nördl. Asien XVIII. 635 — Störungen d. B. erfordern Berücksichtigung d. Erscheinungen vor- u. nachher XI. 753. 754.
Einfluss d. unregelmäss. Schwankungen d. B. auf die Vegetation XI. 667; XIII. 556 — Druckänderung der Luft bei Bewegung einer Thür XIII. 129 — Grösse d. Luftdrucks auf d. Quadratzoll in neuem preuss. Gew. XV. 8 — Einfluss d. Glockenläutens auf d. B. XV. 166 — Ausbleiben v. Mineralquellen bei sehr hohem B. XVI. 840 — Einfluss d. Gebirge auf den Luftdruck XVII. 626 — Wetterregeln aus d. B. XVIII. 579; XIX. 603.
Mittlerer B. auf d. Meeresoberfläche zw. 0° bis 50° Breite VIII. 712; zw. 40 bis 55° südl. Br. XVI. 721;

unter veschiedenen Breiten an der Meeresfläche XVIII. 631 — Minimum u. Max. auf d. Atlant. Meer XVI. 742 — Luftdrnck in verschiedenen Theilen des Atlat. u. Stillen Oceans XVII. 684. 688. 720 — B. unter 42° südl. Br. auf d Reise nach Australien XV. 723 — Enfluss d. Luftdrucks auf d. Höhe d. Meeresspiegels XVII. 717.

Schwarkungen d. B. in d. heissen Zone III. 631; in d. kalten Zone XX. 686; in erschied. Breiten X. 760; XIII. 560 - Gang d. jährl. Periode d. B. vom Aequator zu den Polen XX. 688 — Höher B. d. 9. Jan. 1859 in Europa XV. 718 — B. zu München VIII. 750; XIII. 524; XV. 671 — Karlsruhe VIII. 758 — Altona VIII. 759 — Breslau X 711 — Tiefer B. zu Königsberg XI. 675 — B. zu Lübeck XIII. 538 — Itteudorf XV. 668 — Frankfurt a. M. XVI. 748 — Gotha XVI. 753 — Köln XI. 756 Krefeld XVII. 673 — Hana XVII. 676 — Kreuznach XVII. 695 — in d. Alpen V. 410 — zu Genf u. auf d. gr. St. Bernhard VIII. 745; XI. 718; XVIII. 638; XX. 827 — Basel VIII. 749; X. 701; XV. 658; XX. 800 - Bern VIII. 750 — auf d. Monte Rosa X. 742 — zu Udine VIII. 751 — Kakau X. 715; XI. 687. 720 — Pressburg XV. 670 — Prag XVII. 628. 715. 16 — Kremsmünster XVIII. 632 — Gosse Aenderung des B. im Jan. 1850 in Belgien VI. 1113 — B. zu Löwen V. 456 — Brüssel XIII. 506 508; XVI. 712 — Utrecht XVII. 689 — Huggate, Yorkshire VI. 1082 — Glasgow VIII. 52 — in Irland XI. 745 — Manchestr XVIII. 636 — London XIX. 636 — Cherbourg VIII. 751 — Lissabon XVIII. 636 — Madrid XIII. 556 — Niedriger B. zu Parma 1853, IX. 725 — B. in Mailand XV. 687 — Bologna XX. 698 - Athen XX. 803 — Helsingfors V. 1062 — Riga X. 695 — Warschau XI. 687; XVII. 722 — Orel XV. 691 - Dorpat XVI. 715; XVIII. 638 — Kostroma XVII. 679 — Petersburg XX. 701 — in verschied. russ. Stationen XVII. 709.

Baromeerst. in den transkaukas. Stationen IV. 433 — in Sibirien X. 717 — zu Peking X. 717; XV. 660. 666 — Clacodate, Japan XVI. 760 — in verschbden. Höhen in Indien VI. 1085. 108' — zu Futtugurh in Bengalen VI. 086 — zu Algier IV. 423 — Chartum XIII. 520; XV. 685; XVI. 749 — Gondokoro XIII. 522 — Port Natal XI. 726 — Cap der guten Hoffn. XIV. 629 — St. Helena IV. 421 — Hobarton in Van Diemensland V. 393 — Melbourne XI. 731; XVI. 743; XX. 821 — zu St. Michael VI. 1090 — Schwankungen d. B. in den Antillen XVI. 719 — B. am Cap Horn X. 702 — Anomalien im B. zw. Lima u. d. Amazonenthal XI. 691 — Bar. zu Cayenne u. Georgetown XIV. 640 — Mendoza XIV. 643; XV. 719 — am Nicaraguasee XVI. 721 — B. in Sitka III. 630 — Beloit VIII. 733 — Attleboro' VIII. 734 — St. John, Neufundland XVII. 674 — Toronto XVII. 694 — in Grönland XIV. 658; XV. 705.

S. Atmosphäre, Höhenmessung — Andrews, Baxendell, J. A. Broun, Buys-Ballot, Chapelas, Davies, Decharmes, Dove, Ellner, Erman, Friesach, Fryer, Gautier Harris, Henry, Kreil, Lamont, Liais, Maas, Maury, Perrey, Pierre, Poggendorff, Respighi, Serpieri, Stampfer, Webster.

Barometrograph v. Riatti XX. 657; v. Morin XX. 658.

Barothermometer zur Höhenmess. II. 86.

Barren-Island, Beschreibung XVI. 882.

Baryterde, Löslichk. in Wasser XI. 170 — Wärmeerreg. bei d. Zersetz. der Barytsalze V. 223 — Schwefelsaure B. (Schwerspath), specif. Gew. im krystallis. u. pulverförm. Zustand IV. 40 — Wärmeausdehn. d. Schwerspaths VIII. 33; XV. 338 — Wärmeleitung nach verschied. Richtung im Schwersp. XVI. 389 — Brechungsexpon. u. Winkel der opt. Axen bei Schwersp. VIII. 284; IX. 272 — Schwerspath u. Wolnyn identisch XVI. 258 — Löslichk. der kohlensauren B. in Wasser XI. 170; XIII. 161 — Specif. Wärme der unterschwefligsauren B. XX. 377 — Ameisensaure B., opt. Constanten XVI. 259.

Baryum in cohärentem Zustand auf elektrolyt. Wege zu erhalten gelang nicht XII. 477.

Baryumplatincyanür s. Cyanplatinbaryum.

Basalt, Wärmeleitung XIII. 301 — Magnetismus XIII 442.

Bathometer v. Fischer VIII. 133; v. Siemens XVII. 747 — s. Meer.

Bathorheometer, (elektr. Sphärometer) v. Giordano XIX. 4.
Bauchreden, ein Sprechen mit der Einathmungsstimme IV. 119.
Bauerngraben XX. 856.
Bausteine, ihre Festigkeit X. 119; XI. 146 — s. Backsteine.
Belemnit, Opt. Eigenschaften XII. 273.
Belt, Ebbe u. Fluth im kleinen B. XIII. 568.
Benzin, (Benzol), Specif. Gewicht, Siedepunkt u. Wärmeausdehnung III. 28 — Specif. Wärme u. Dichte IV. 228; IX. 417; XVIII. 347 — Brechungsexpon. VI. 396; XVIII. 201 — Spannkraft d. Dämpfe XVI. 358.
Benzoealkohol, Siedepunkt, specif. Gew., Wärmeausdehn. XI. 43.
Benzoesäure, Kreisende Bewegung d. Krystalle auf Wasser XI. 15; tritt auf Wasser mit einer Fetthaut nicht ein XII. 25 — Siedepunkt, specif. Gew., Wärmeausdehnung XI. 42.
Benzol s. Benzin.
Berg s. Gebel-Nakus, Gebirge, Höhenmessung — Boll.
Bergwerk s. Explosion.
Berlin s. Sommer, Winter.
Berlinerblau s. Eisencyanürcyanid.
Bernsteinsäure, Kreisende Beweg. der Krystalle auf Wasser XI. 15 — Elektrolyse d. B. XX. 482.
Beroë leuchten am Tage nicht XVIII. 240.
Beryll, Leuchtende Ringe darin von feinen Röhren herrührend IV. 167 — B. ist circular polarisirend VI. 442 — Brechungsexpon. VIII. 285 — Opt. Constanten XVI. 259 — Wärmeausdehn. nach d. verschied. Axen XIV. 60; XV. 337.
Beryllerde, Specif. Gew. IV. 54.
Beryllium, Elektr. Leitvermögen I. 388.
Bewegung, Verfahren um e. period. und schnelle B. wahrnehmbar u. bestimmbar zu machen II. 167 — Erzeugung v. B., Licht, Wärme, Elektricität u. s. w. durch einander IV. 66 — Die B. d. Himmelskörper e. Folge der der Materie inwohnenden Eigenschaften V. 18 — Gesetzmäss. B. in harzigen Niederschlägen aus Weingeist X. 7; in Gemischen v. Wasser u. flüchtig. Flüssigkeiten XII. 149 — Kreisende B. v. Krystallen d. Bernsteins., Citronens. und Benzoesäure auf Wasser XI. 15; XII. 25 — Die Brownsche Bewegung entsteht durch Strömungen in d. Flüssigk. XIV. 9.
Bew. durch d. elektr. Strom nach Art des Trevelyan-Instruments XIV. 480. 482; XV. 441. 442; XVI. 519 — B. von Quecksilber XIV. 480; XV. 477 — Tonbildung dabei XVII. 517; XVIII. 451. 483.
S. Centralbewegung, Drehung, Dynamik, Fall, Geschoss, Mechanik, Molecül, Schwingung, Widerstand, Wurf.
Bianchetto, Entstehung u. Zusammensetz. XV. 764.
Biegung, Sätze üb. B. von Metallstäben nach d. Versuchen v. Kupffer VI. 237; VIII. 138 — Theorie d. ungleichförm. B., bei welcher d. Querschnitte nicht eben bleiben X. 94; XII. 165 — B. d. Prismen in Ebnen, die zu den Trägheitsaxen der Querschnitte geneigt sind X. 101 — Erhöhung d. Widerstandsfähigk. gleichmässig belasteter Prismen gegen B. XI. 128 — Versuche üb. Durchbieg. d. Axen bei Eisenbahnfahrzeugen XI. 140 — Neues Element bei der Bestimm. d. Biegungsfestigk. XI. 148 — B gusseiserner Balken und Bögen unter e. darüber fahrenden Zug XI. 156 - Biegungswiderstand gusseisern. Balken XIII 152; schmiedeeiserner 156 — Versuche zur Bestätigung der Gültigkeit der gewöhnlichen Biegungsgesetze XII. 169. 170 — Hoppe's Theorie d. B. prismatischer Stäbe XIII. 138 — Biegungsverhältnisse bei verschied. Holzarten XIV. 13 — Formänder. e. unendlichen Stabes bei d. B. XV. 87 — Einfluss entgegengesetzter B. auf Stäbe XV. 91; Einfluss d. Wärme dabei 93 — B. grader auf mehreren Stützen ruhender Balken XVIII. 66 — Theorie d. Balkenbieg. v. Airy XIX. 57 — Biegung e. elast. Ringes bei gleichmässig. Druck von aussen XX. 56 — B. v. Gittern XX. 58. 59 — Biegsamkeit des Eises XX. 65.
Bierprobe, Optisch aräometrische B. II. 245; VIII. 215 — Thermoaräometr. B. VIII. 147.
Bilder, Lage der opt. B. bei Spiegeln u. Linsen XIX. 171 — Einfaches Mittel den Ort e. opt. B. zu bestimmen XX. 156 — Berechnung d. Bildkrümmung bei opt. Apparaten XIII

215; XX. 164 — s. Abbildung, Elektr. Bilder, Lichtbilder, Spiegel.
Biliverdin s. Gallengrün.
Biometer, Beschreib. XVIII. 160.
Bittermandelöl, Specif. Gewicht, Siedepunkt, Wärmeausdehn. XI. 43 — Lichtbrechungsexpon. XVII. 236; XX. 158.
Bitterspath s. Talkerde kohlensaure.
Blätter, Ursache d. Unbenetzbark. d. Lotusblätter XIII. 46 — Entsteh. d. Braun auf d. Bl. v. Geranium zonale XIII. 271 — Das Grün der Bl. entsteht auch unter d. Einwirk. des elektr. Lichts XVII. 293 — Einfluss d. Frostes auf d. Bl. d. Rosskastanie u. and. Bäume im Frühjahr XVII. 618 — s. Pflanzen.
Blasebalg zu akustischen Versuchen XIX. 94.
Blasen aus Quecksilber I. 183 — Erklär. d. Erscheinungen auf d. Oberfläche der Seifenbl. XIII. 229 — Beziehung zw. Arbeit u. Wärmeänderung beim Aufblasen XIV. 342 — Erzeugung grosser Seifenbl. XVIII. 69 — Blasenbild. aus einer flüss. Haut XVIII. 70; XX. 71; beim Mischen von Olivenöl u. Schwefelsäure XVIII. 70 — s. Plateau.
Blasensteine durch elektr. Ströme nicht zerstörbar III. 429; Beseitigung ders. dadurch IV. 307 — Auflösung d. Bl. durch Elektrolyse IX. 529.
Blasrohr s. Locomotive.
Blattgrün s. Chlorophyll.
Blaue Grotte, Ursache ihrer Farbe III. 135; IV. 156.
Blausäure s. Cyanwasserstoff.
Blech s. Eisenblech, Gitter.
Blei, Specif. und latente Wärme II. 264; IV. 232; V. 231; XI. 381. 382 — Wärmeerregung bei d. Zersetzung v. Bleisalzen V. 223 — Wärmeausdehn. VIII. 33; XVI. 339 — Schmelzpunkt XIX. 350 — Specif. Gew. XV. 12; XVI. 8 — Künstliche Bleikrystalle XVIII. 337 — Auflös. v. Bl. durch galvan. Wirkung VIII. 488 — Kupferrothes Blei auf galvan. Wege XVIII. 445.
Bleiglanz s. Schwefelblei.
Bleioxyd, Darstellung in Octaedern auf elektr. Wege VIII. 486 — Löslichkeit in Wasser XI. 170 — Salpetersaur. Bl., Löslichk. in Wasser VI. 273; opt. Eigenschaften dess. XI. 294 — Kohlensaures Bl., Weissbleierz, Winkel d. opt. Axen VIII. 276; Darstell. auf galvan. Wege VIII. 487 — Unterschwefligsaur. Bl., specif. Wärme XX. 377.
Blendgläser mit Silber belegt XV. 301.
Blinde, Erfahrungen an operirten Blindgeborenen III. 193; IV. 186 — Erblinden nach d. Schlafen im Mondenschein XV. 298.
Blitz, Wahrnehmung v. Schwefelgeruch u. Schwefelabscheidung beim Bl. II. 367 — Telegraphendrähte sollen d. Bl. schwächen III. 347 — Kugelblitze III. 348; IX. 618. 619; X. 651; XI. 599; XVI. 624. 625; Nachahmung derselben mit d. Inductorium X. 522; Theorie der Kugelbl. XV. 622 — Bl. ohne Donner III. 666. 667; IV. 275; XI. 596. 597; XVI. 624; XVIII. 518; nach Raillard giebt es keine Blitze ohne Donner XII. 589; Poey dagegen 590 — Discontinuität d. Bl. III. 668 — Dem Bl. gehen die Regengüsse voran V. 259 — Ursache d. Theilung der Bl. VI. 882; mehrtheilige Blitze XV. 612; XIX. 569 — Theorie d. Bl. v. Du Moncel X. 654 — Regelmässig wiederkehrende Bl. bei Quillota im Dec. u. Jan. XII. 485 — Nach Nasmyth d. Bl. nicht zickzackförmig XII. 586 — Bl. ohne Wolken und merkwürd. Formen dess. XII. 587 — Ursache d. Zickzackbl. u. geräuschlos. Flächenbl. XIII. 463. 464 — Bl. von sehr langer Dauer XIII. 462; XV. 615; erklärt durch Phosphorescenz d. Wolken XV. 238 — Arten, Geschwindigkeit u. Wirkungen d. Blitze XV. 607 — Funkenstrom zum Erdboden aus e. Leitung beim Gewitter XIII. 466.
Zerstörungen durch d. Blitz trotz Blitzableiter II. 367; X. 651; XVIII. 520 — Wirkungsloser Blitzschlag in d. Blitzableiter des Pulvermagazins zu Bethune XVIII. 541 — Merkwürd. Bl. in e. Säbelklinge u. e. Person mit Goldstücken II. 368; in e. Brunnen u. das Gefängniss v. La Châtre III. 348; in ein. Schornstein IV. 277; in verschied. Gebäude VI. 880; XVI. 624. 626; in Spinnfabriken XIII. 466; in d. Kirche v. Argenteuil XV. 614; in d. Wetterfahne d. Freiburger Münsters XVI. 630; in eine Kaserne zu Paris XVIII. 540 — Blitzschlag in Bäume II. 368; VI. 735; X. 653; XVIII. 519. 523. 539. 543; XIX. 578; XX. 616

— Das Zerreissen d. Bäume durch den Blitz e. Folge d. Verdampfung des Saftes VI. 880 — Am häufigsten schlägt d. Bl. in Catalpa ein, in d. Lorbeer nach Plinius nie XII. 588 — Abbildungen durch d. Bl. namentl. auf d. menschl. Körper II. 368. 462; III. 427. 428; XV. 619; XVI. 628 — Brandwunden durch d. Bl. IX. 620 — Anzahl d. in verschied. Jahren durch d. Bl. Getödteten X. 652; XI. 598; XV. 573; XVIII. 521; Lähmung und Tödtung durch d. Bl. XVIII. 520. 526. 542; XX. 616 — Verzeichniss der an Kriegs- u. anderen Schiffen durch d. Bl. verursachten Schäden XII. 591; XIII. 464; XVI. 626; XVIII. 537. 538 — Zerreissen einer Wolke durch d. Blitz XV. 584 — Wirkung d. Bl. auf d. Magnetnadel XVII. 587 — Blitzschlag in e. Eisenbahnzug XVIII. 536; in das Nelsondenkmal zu Edinburg XIX. 576.

S. Gewitter, Wetterleuchten — Babinet, Bessard, Brewster, Butti, Casaseca, Coffin, Cohn, Cornuel, Dufour, Duprez, de l'Espée, Fargeaud, Göppert, Grebel, Hagenbach, Jomard, Leitch, Liais, Magrini, Marguet, Mariani, Meriam, Meunier, Minckwitz, Nöggerath, Palmieri, Poey, Poitevin, Prevost, Rankine, Reich, Rindfleisch, Stricker, Sturgeon, Tomlinson.

Blitzableiter, Prüfung d. Leitungsfähigkeit durch d. galvan. Strom II. 366 — Dachrinnen v. Metalldächern als Bl. II. 366 — Verbesser. an Bl. III. 346; IX. 620; XVI. 646; XVIII. 551; XIX. 585 s. dazu XIX. 584; XX. 620 — Bl. aus Messingdrahtstricken IV. 275; VI. 881 — Zweckmässigste Höhe d. Bl. VI. 883 — Regeln zur Construction d. Bl. IX. 621 — Vorschriften für d. Einricht. d. Bl in Frankreich X. 656; Geschichtliches über Bl. in Frankreich u. Einrichtung derselben am Louvre XI. 600 — System d. Bl. v. Harris für Schiffe IX. 621; X. 658. 659; XII. 590, XIII. 465; Anwendung dess. am Westminsterpalast XI. 602 — Bl. für Schiffe v. Sturgeon XIII. 465 — Spitzenabl. v. Deleuil XI. 601 — Ein Gebäude erfordert desto mehr Bl. je mehr Metalle es enthält XII. 592 — Bl. von Mothes XV. 623; von Kuhn XVI. 641; XVIII. 533; v. Sacré XVI. 644; v. Mohr XVIII. 549 — Beschützung von Pulvermagazinen XVI. 646 — Gas- u. Wasserleitungsröhren ungeeignet als Bl. XVI. 646 — Bl. für Telegraphendrähte XVIII. 550 — Dicke der Kupferdrähte für Bl. XIX. 408; aus anderen Metallen XIX. 409 — Wirkung einfacher u. verzweigter Spitzen XX. 620 — Zweckmässigkeit vertheilter Leiter XX. 621.

Glas soll schon 477 auf Ceylon als Schutz gegen d. Blitz gedient haben VI. 649 — Blitzabl. gegen d. Hagelschlag XI. 602 — s. Blitz — Duprez, Jasper, Marchal, Mossotti, Sacré.

Blitzröhren, Entstehung XV. 575.

Blut absorbirt d. Sauerstoff in den Lungen, bindet ihn aber nicht chemisch I. 112; Sauerstoff wird nicht bloss absorbirt VI. 276; XIV. 132 — Veränderung d. Luft bei d. Absorption durch d. Bl. XII. 193 — Starke Absorption v. Stickstoff durch gasfreies Bl. XV. 118; XVI. 118 — Absorption v. Kohlenoxydgas durch d. Bl. XV. 120 — Rhodanverbindungen d. Ursache d. Verwandtschaft d. Bl. zum Sauerstoff VIII. 146 — Löslichk. d. Gase d. Luft in d. Auflösungen der Blutsalze XI. 188 — Gasmenge im Blut XIII. 162 — Gasbestimm. im Bl. erstickter Thiere XV. 119 — Gewisse Gase zerstören d. Dichroismus des Bl. XV. 119 — Kohlensäuregehalt im Bl. XVI 118 — Einfluss d. Sauerstoffs auf d. Kohlensäure im Bl. XX. 100 — Ort d. Kohlensäurebildung XX. 101; der Unterschied v. freier u. gebund. Kohlensäure im Bl. unhaltbar XX. 102 — Bestimm. d. Sauerstoffs im Blut XIX. 89 — Die Gase im Hammelblut XX. 97 — Apparat v. Setschenow zur Gewinn. d. Blutgase XX. 103 — Benutz. d. Elektricität für d. Gerinnen d. Bl. zu Heilzwecken I. 506 — Anwend. d. Wellenlehre auf d. Kreislauf d. Bl. VI. 210 — Verhalten des Bl. im Spectroskop XIX. 216; XX. 213 — Elektromotor. Kraft des elektr. Stroms im Bl. XIX. 497 — Veränder. d. Bl. durch elektr. Funken XIX. 512; XX. 553 — Elektrolyse d. Bluts XIX. 515 — Reactionen d. Krebsbluts XIX. 510 — s. Athmung — Guettet, v. Liebig, Volkmann.

Blutfarbstoff, Rhodanverbindungen die Ursache der Blutfarbe VIII. 146 — Hämatin existirt in e. dichroit. u. nicht dichroitischen Zustand IX.

250; X. 282 — Es giebt mehrere Bl. XX. 210 — Opt. u. chemische Eigenschaften d. Bl. XX. 211. 212.
Blutkörperchen erhöhen d. chem. Thätigkeit d. Sauerstoffs XIV. 21 — Die Bl. die wahren Regulatoren der Absorption im Blut XIV. 134 — Diffusion d. Bl. ausserhalb d. Organismus XVI. 111 — Bewegungsart d. Bl. XIX. 78.
Blutlaugensalz s. Cyaneisenkalium.
Blutstein, Reflexionsconstanten XVIII. 250.
Bodensee, Ausdehn., Tiefe, Zufrieren u. s w. XI. 772 — Höhe über d. Meer XVII. 643 — s. Greth.
Bodensenkung an d. Küste v. New-Yersey XIII. 591.
Bohnenberger's Apparat zum Erweise d. Axendrehung d. Erde brauchbar VIII. 98.
Bohren in Metall od. Holz, Versuche üb. d. dazu erforderl. Kraft IX. 36 — s. Alpen.
Bohrloch bei Silsoe VIII. 628 — Artes. Brunnen zu Tamerna in Algier XII. 743; in Algier u. d. Sahara XIII. 577; XVIII. 744; XX. 871 — Analyse d. Wassers d. B. von Grenelle XIII. 164; XIV. 690 — Artes. Br. zu Neapel XIV. 689; zu Louisville in Kentucky XV. 749 — Tiefe und Wassermenge d. B. von Passy u. Grenelle XVII. 758 bis 761 — Wasserreichthum d. Grünsandes unter d. Kreide XVIII. 743 — Einfluss d. Erdbeben auf d. B. in Constantine XIX. 729 — Artes. Brunnen in Petersburg XX. 870 — s. Minen, Temperatur — Batemann, Bruckmann, Burmeister, Deville, J. F. J. Schmidt, Wiesen.
Bolivia, Höhen daselbst V. 462.
Bombay, Temperatur, Luftdruck u. Feuchtigkeit III. 600.
Bomerang s. Bumerang.
Bor, Schmelzung durch den galvan. Strom V. 287 — Darstell. d. diamant-, graphitartigen u. amorphen B. XII. 24; XIII. 25 — Eigenschaften d. amorph. u. diamantart. B. XIII. 25 — Beziehung zw. Atomgew. und specif. Gew. XVI. 15 — Specif. Wärme XVII. 393 — s. Wöhler und Deville.
Bora, Bedeutung u. Entstehung XVII. 716.
Boracit, Pyroelektricität III. 344; IV. 274; XIII. 338 — Opt. Eigenschaften III. 344; X. 293 — Magnet. Verhalten X. 617 — s. Volger.
Bore im Guamá X. 775.
Borsäure, Entsteh. durch vulkan. Thätigkeit X. 792 — Gas der Borsäurefumarolen in Toskana XIII. 604; XIV. 699.
Brechweinstein, Löslichkeit in Wasser, Alkohol und Glycerin XI. 172.
Brennfläche eines aus e. System v. centrirten sphär. Flächen kommenden Strahlenbündels XIII. 212; XVIII. 188 — s. Brennlinie.
Brennglas v. drei Fuss Durchmesser XVI. 306 — s. Linsen.
Brennlinie, Diakaustika d. Kreises IX. 185 — Gleichung u. Eigenschaft d. Katakaustica einer sphär. Oberfläche XI. 222 — Ebene Kaustiken bei d. Brech. od. Spiegel. an e. Graden od. e. Kreise XII. 177 — Eigenschaften der nten kaust. Curve XIV. 215 — Einfache Construction d. Katakaustica XVI. 226 — Allgem. Bestimm. d. Katakaustica XVII. 208 — Eigenschaft. der Antikaustica XVI. 227 — s. Brennfläche — Strauch.
Brennpunkt bei Convexspiegeln u. Concavlinsen XIX. 174.
Breslau, Witterungsverhältnisse daselbst IX. 707; X. 711.
Brille, polarisirende um unter Wasser zu sehen VI. 435 — Instrument zur Untersuch. d. Brennweite d. Br. VI. 548 — Br. für Kurzsichtige VI. 549 — Stenopäische Brille bei Trübungen d. Hornhaut X. 316 — Zweckmäss. Nummerirung d. Br. XIII. 273 — Dissectionsbr. v. Brücke XV. 297; XVI. 273 — Achtsamk. bei Auswahl d. Br. XVI. 272.
Brochantit, Darstellung auf elektr. Wege VIII. 487.
Brom, Specif. Wärme u. Dichte IV. 226; V. 232; IX. 416; XVIII. 347 — Verdampfungswärme IV. 237 — Br. e. zusammengesetzter Körper X. 149 — Bezieh. zw. Atomgew. u. specif. Gew. XVI. 15.
Bromäthyl (Aethylbromür, Bromwasserstoffäther), Ausdehn. durch d. Wärme I. 40; II. 37 — Specif. Wärme u. Dichte IX. 416; XVIII. 347 — Spannkraft d. Dämpfe XVI. 358 — Brechungsexpon. XVIII. 201.
Bromaluminium, Dampfdichte XV. 22.
Bromamyl, Wärmeausdehnung VI. 59.

Bromantimon, Siedepunkt, specif. Gew., Wärmeausdehn. XI. 45.
Bromkalium, Brechungsexponent XVIII. 201.
Brommaleinsäure, Elektrolyse XX. 482.
Bromnatrium, Specif. Gewicht XII. 189.
Bromtitan, Siedepunkt XII. 194.
Bromwasserstoffäther s. Bromäthyl.
Bronze, Festigkeit d. Aluminiumbr. XV. 101.
Brownsche Bewegung s. Bewegung.
Brucin, Löslichkeit in Wasser, Alkohol u. Glycerin XI. 172.
Brücke, Senkung einer Gitterbrücke XX. 59.
Brückenbögen, Wirk. d. Temperatur auf metallene Br. XI. 138. 152. 156 — Biegung gusseiserner Br. unter e. darüber fahrenden Zug XI. 156 — s. Kettenbrücke.
Brückenwaage, Bedingungen ihrer Empfindlichkeit VIII. 64 — Br. von Steinheil VI. 63 — Br. von Schönemann X. 54; Gebrauch derselben für physikal. Zwecke XI. 67; XIII. 120 — Multiplumsbrückenw. XIII. 119.
Brummkreisel, Tonbildung VI. 304; XIV. 171.
Brunnen, Gefrorene Br. XVI. 845 — Br. nicht geeignet zur Ermittlung d. unterirdisch. Temperatur XVIII. 611 — Einwirk. des Meeres auf d. Br. auf Sylt XIX. 695 — Auf den Bahamainseln steigen u. fallen d. Br. mit d. Fluth XX. 847.
Artesische Br. s. Bohrloch.
Bumerang (Bomerang), Beweg. dess. VIII. 61. 62.
Bunkerhill-Monument, Einfluss der Sonnenwärme auf seine Stellung IX. 23.
Bussole s. Magnete.
Butteräther s. Aethyloxyd buttersaures.
Butterholzäther s. Methyloxyd buttersaures.
Buttersäure zeigt erst bei 260° e. unveränderl. Dampfdichte I. 110 — Verbrennungswärme II. 251 — Specifische und latente Wärme II. 258. 262; IV. 228 — Specif. Gew., Siedepunkt, Wärmeausdehnung III. 28; VI. 57; X. 151 — Brechungsexponent XVIII. 200. 203 — Refractions- und Dispersionscoeffic. d. B. XVIII. 203.
Butyl, Siedepunkt, specif. Gewicht, Wärmeausdehnung XI. 44.
Butylalkohol, Brechungsexponent XX. 158.

Cadmium, Wärmeausdehnung VIII. 33; XVI. 339 — Dampfdichte XV. 21 — Schmelzpunkt XIX. 350 — Siedepunkt XIX. 350. 352 — Specif. Gew. XV. 12 — Elektr. Stellung d. amalgamirten C. zum reinen XVI. 467.
Kaliumcadmiumchlorid XI. 508.
Cadmiumoxyd, Opt. Eigenschaften d. essigsaur. C. XI. 305.
Caesium, entdeckt durch die Spectralanalyse XVI. 235; XVII. 246; XVIII. 221 — Vorkommen in Mineralwassern XVII. 253. 254. 761. 762; in Lepidolith u. d. Rückständen der Salpeterfabrication XVII. 254 — Spectrum d. C. XIX. 194. 195.
Calcescenz d. Umwandlung brechbarer Strahlen in noch brechbarere XX. 423.
Calcium, Darstellung durch Elektrolyse XI. 450 — Elektr. Leitvermögen XII. 453 — s. Chlorcalc.
Calibriren d. Quetschhahnbüretten XII. 80.
Californien, Physikal. Geographie v. Ober-Cal. V. 465 — Regenreichthum d. Küste XIV. 671.
Calina s. Willkomm.
Calmenzone, Temperatur VIII. 774; Bewölk. u. Regen 774. 775.
Calorie, Bedeut. I. 338.
Calorimeter mit leicht schmelzbarem Metall statt Eis schon 1796 benutzt VI. 618 — Quecksilbercal. von Favre u. Silbermann II. 256; IX. 334 — Luftcal. XVII. 402 — Calorim. für strahlende Wärme XVII. 412 — s. Hopkins.
Calorische Maschine s. Luftmaschine.
Camera lucida, Verbesser. XVIII. 281.
Camera obscura, bei welcher die chem. u. leuchtenden Strahlen gleichen Focus haben II. 234 — Mittel zur richtigen Einstellung d. Platte in d. Brennpunkt d. Objectivs bei d. photograph. Cam. VI. 535 — Verbesser. an d. Cam. VIII. 346 — Voigtländer trennt d. Brennpunkt beider Strahlenarten XII. 329 — Vortheilhafteste

Form der Objectivlinse XII. 802 — Petzval's Untersuch. üb. d. cam. obsc. XIV. 254 — Solarcamera v. Woodward zur Vergrösserung kleiner Negative XVI. 307; XVII. 341 — Augenblicks-Portrait-Camera XVIII. 281 — Cam. zum Zeichnen nach der Natur XIX. 300.

Camerun-Gebirge in Westafrika, vulkanisch XIX. 709.

Campher, Unterschied d. künstlich. vom natürl. VI. 455 — Löslichk. in Wasser, Alkohol u. Glycerin XI. 172 — C. wird bei langsamer Krystallisation schneeähnlich XII. 21 — Opt. Eigenschaften XIV. 281; XV. 240 — Ursache d. Bewegung d. C. auf Wasser XVIII. 73; äther. Oele hemmen d. Bewegung wenig od. gar nicht XIX. 80 — Der C. aus d. Matricaria dreht d. Polarisationsebne links IX. 285 — Existenz zweier Reihen isomerer C. v. entgegengesetztem Drehvermögen XII. 289 — s. Draper, Tomlinson.

Camphersäure, Drehung d. Polarisationsebne V. 165.

Canalwaage, Einrichtung daran um sie als Neigungsmesser zu gebrauchen XII. 77.

Capacität, inductive, Bedeut. XIX. 394 — s. elektr. Influenz.

Capillarimeter XX. 73.

Capillarität, entdeckt v. Leonardo da Vinci XIII. 48 — Theorie der C. v. Roselli IV. 23; v. Davidoff V. 21; XI. 20; v. Popoff XI. 20, Einwürfe dagegen v. Davidoff XII. 27 — Beer für die Ansicht v. Poisson XI. 95 — Bède gegen Poisson's Theorie XVIII. 76 — Die Theorien v. Gauss u. Laplace geben verschiedene Resultate XIII. 62 — Theorie d. C. v. Fortone XIII. 63; v. Osann XIV. 49; v. Holtzmann XVII. 118 — Wertheim's Arbeiten über Cap. XVII. 103. 123. 124 — Ungleiche Annahmen über die Dichte d. Oberfläche führten dennoch zu gleichen Resultaten I. 16; XI. 20. 95; Ursache davon XII. 30.

Einfluss der Temperatur auf die Steighöhe der Flüssigkeiten II. 14; III. 12; V. 19. 21; VI. 28; XIII. 49; wenn d. Temperatur üb. dem Siedepunkt der Flüssigkeit liegt XIII. 52; XV. 107 — Magnetismus ändert die Steighöhen nicht VI. 19 — Einfluss der Wanddicke auf d. Cap. VIII. 26. 27 — Einfluss von Luftblasen in d. gehobenen Flüssigkeit XIII. 57; XVI. 83; XVII. 116; XVIII. 86; analoge Vorgänge in porösen Substanzen XVI. 86. 87 (s. auch 92); Verhalten der benetzenden Flüssigkeiten hierbei XIX. 80; d. nicht benetzenden XX. 81 — Einfluss v. Beimisch. auf d. Steighöhen XIII. 60; XX. 73; v. Aenderungen in d. Zusammensetzung XIV. 37 — Bestimm. der Steighöhe des Wassers II. 16; III. 12; in sehr engen Röhren VI. 26. 28; XII. 35; XIV. 39 — Erhebung d. Wassers in Röhren u. zw. Glasplatten nach Desains XII. 34. 37 — Steighöhe verschieden. Flüssigkeiten zwisch. parall. Wänden u. in Röhren nach Wertheim XIII. 54; d. Versuche v. Desains weichen davon ab XIII. 61 — Steighöhen verschieden. Flüssigk. nach Waterston XIV. 39; nach Bède XVIII. 84 — Aufsaugung verschied. Flüssigk. v. ungeleimt. Papier XVII. 117; v. porösen besonders organisch. Körpern XVII. 130; XX. 82. 83. 86 — Aehnliche Erscheinungen bei Metallen II. 27.

Krümmung d. Oberfläche d. Flüssigkeiten in capill. Röhren und zw. Planscheiben I. 16. 19 — Spannung in d. Oberfläche V. 44 — Die concave Oberfläche d. Chloroform wird durch gewisse Flüssigkeiten convex IV. 20 — Zwei Flüssigkeit. in einer Röhre haben e. krumme Berührungsfläche VI. 20 — Aether nimmt bei 190° in e. zugeschmolzen. Glasröhre e. convexe Oberfläche an XII. 30.

Höhe des Quecksilbermeniskus in Glasröhren IV. 17 — Einfluss d. Temperatur auf d. Depression d. Quecksilbers IV. 18; XII. 40 — Bestimmung d. Depression d. Quecksilb. VIII. 25; XVIII. 77 — Berichtig. der ungleichen Capillardepress. d. Quecks. in beiden Schenkeln d. Heberbarometers XVII. 116 — Aufsteigen d. Quecks. in anderen v. ihm benetzten Metallen VIII. 29; IX. 20 — Verhalten des Quecks. zu Glas XII. 38 — Die Constanten d. Quecks. XII. 40; XIV. 41 — Vergleich d. Beziehungen zw. den Elementen e. Quecksilbertropfens nach Bertrand mit der Beobacht. XIII. 57 — Schnelle Veränderlichkeit d. Contingenzwinkels d. Quecksilbers XIV. 42. 48; XIX. 79 — Ausbreitung verschied. Flüssigkeiten auf Quecksilb. XIX. 79 — Ausbreit. ein. Flüssigkeit

auf d. Oberfläche einer anderen X. 162; XI. 102.

Capillare und elektr. Kräfte nicht gleicher Natur I. 31; II. 16 — Geschichtliches üb. d. Capillaritätsgesetz u. Prüfung dess. durch Zantedeschi XII. 28 — Beziehung zw. C. und latenter Wärme XIV. 37 — Capillaritätscoeffic. verschied. organ. Flüssigkeiten XVI. 81; XIX. 70. 71 — Untersuch. d. kleinen Bewegungen in Capillarröhren XIII. 58 — Dauer der Durchströmung (Transpiration) verschied. Flüssigkeiten durch Capillarröhren XVII. 95 — Die Kraft, mit der Flüssigkeiten durch poröse Körper dringen, sehr gross XVII. 116. 777.

Verdichtung d. Flüssigkeiten an d. Wand fester Körper bei d. Benetzung XIV. 40; XIX. 73 — Einfluss d. chem. Beschaffenheit u. Krümmung d. Wand hierbei XIX. 62; Versuche mit Buttersäure, Aethyl- u. Amylalkohol XIX. 68. 76; Eigenthüml. Verhalten d. Glycerins XIX. 76.

Aus einer weiten Glasröhre fliesst d. Wasser leichter aus als aus einer engen, beide oben verschlossen, VI. 20; IX. 20 — Hängenbleiben v. Flüssigkeiten in oben verschloss. unten offenen Röhren X. 11 — Correction d. Capill. d. Sperrflüssigkeiten beim Messen v. Gasen VIII. 28 — Depression d. Wassers durch eine Scheibe VI. 32 — Capillarer Widerstand beim Eingiessen e. Flüssigk. in e. engen Gefässhals XIX. 81 — Entstehung v. Scheiben b. Zusammentreffen zweier Wasserstrahlen V. 47 — Bewegung v. Campher u. anderen Substanzen auf Wasser XVIII. 74 — Bewegungen wie bei schwimmenden Körpern an d. Oberfläche bei ganz untergetauchten, z. B. Blutkörper XIX. 78 — s. Adhäsion, Flüssigkeit, Tropfen — Bède, Davidoff, Graham, Wilhelmy.

Capronsäure, Brechungsexponent XVIII. 200. 203.

Caprylalkohol, Aender. d. Lichtbrech. mit d. Temperatur XIV. 242.

Carthamin, Opt. Eigenschaften XX 171.

Caspisches Meer, Niveauänderungen IX. 638 — Salzgehalt XI. 765 — Vergleich mit d. Wasser d. Van- u. Urmiasees XII. 738 — Geograph. und geolog. Verhältnisse d. Casp. M. u. der Umgebungen XI. 766; XII. 737; XVI. 799. 825 — Verbindung mit dem Schwarzen Meer XV. 746; XVI. 799. 824. 825; XVII. 750 — Hydrograph. Verhältnisse XVIII. 723 — Entstehen u. Verschwinden e. Inse im Casp. M. XVIII. 801; XIX. 712. 717 — Verhältniss d. Wasserzuflusses und der Verdunstung XIX. 681 — Die Schlammvulkane bei Baku XIX. 714 — s. Manytsch.

Cassiaöl, Aenderung d. Lichtbrech. mit d. Temperatur XIV. 241.

Castor v. Elba, Optische Axen XIX. 252.

Cellulose, Opt. Drehvermögen ihrer Zersetzungsprodukte durch Säuren XII. 291.

Centralbewegung, Elementare Ableitung d. Newtonschen Gesetzes II. 50 — Bahn eines Punktes, wenn d. anziehende Kraft einer höhern Potenz als d. zweiten umgekehrt proportion. ist IX. 35 — Ableitung des Clairaultschen Satzes IX. 35 — Theorie d. ellipt. Planetenbeweg. XII. 94 — Fehler in Passot's Theorie der Centralkräfte II. 51 — Instrument zur graph. Darstellung des Orts auf d. ellipt. Bahn e. Körpers VI. 77 — s. Gravitation, Himmelskörper.

Centrifugalgebläse zum Glasblasen VI. 227.

Centrifugalkraft, Apparat zur Veranschaulich. d. Centr. III 32 — Benutz. d. C. zur Trennung d. Niederschläge v. d. Flüssigkeit VIII. 62; IX. 40 — Ablenk. einer gradei beschwerten Linie durch d. Centr. IX. 40.

Centrifugalpendel, Bedingungen seines Isochronismus XIX 29.

Centrifugalpumpe, Geschichtl. u. verschied. Einrichtungen VI. 196 — Theorie d. C. v. Robertson X. 179 — Benutzung für d. Bewegung d. Schiffe VIII. 126; X. 182 — s. Appold.

Centrifugalventilator, Einricht. u. Nutzeffect X. 191.

Centrobarische Körper XX. 24.

Ceten, Verbrennungswärme II. 251.

Cetylalkohol, Siedepunkt u. latente Dampfwärme XV. 33.

Chamaeleon, Farbenwechsel dess. VI. 510.

Chara, Magnetismus auf d Saftbeweg. ohne Einfluss II. 440.

Chartum, Meereshöhe XVI. 749 — Feuchtigk., Temperatur u. Luftdruck XIII. 520; XV. 685; XVI. 749. 752.

Chemie, Die Bezieh. zwisch. chem. Action u.d. Erzeug. v. Licht, Wärme u. Elektr. dadurch, wie sie Matteucci gefunden ungenau III. 226 — Magnetismus auf d. chem. Wirkung ohne Einfluss V. 367 — Bei sehr niedriger Temperatur hört alle chem. Wirkung auf VI. 602 — Wood's Ansichten üb. d Entstehung chem. Verbindungen u d. Wärmeproduction dabei VIII. 391 — Thomsen's thermochem. System IX 355; X. 406 — Wärme ohne Einfluss auf d. Gewicht e. Verbindung IV. 428 — Licht- und Wärmeeffecte bei chem Verbindungen e. Maass d. chem. Kraft X. 3 — Hitze zersetzt schliesslich alle Verbindungen XVI. 379 — De chem. Thätigkeit mit ein. vibrator. Bewegung verbunden IV. 153 — Kraftäquivalent d. Oxydation v. Kupfer Zink u. Wasserstoff VIII. 398 — Graphische Darstellung des Zusammenhangs zw. chem. Zusammensetzung u. physikal. Eigenschaften X. 3 — Nach Hunt jede Auflösung ein chem. Process XI. 168 — Maass- Zahlen- u. Gewichtsverhältniss d. Verbindungen schon Salomon bekannt XII. 346 — Bezieh. zw. den organ. Radicalen u. d. anorgan. Elementen XV. 6 — Aenderung v. Volum, Siedepunkt u. Wärmecapacität durch d. chem. Vorgang XIV. 8; XV. 35 — Bezieh. zw. Atomgewicht und specif. Gewicht verschied. Elemente XVI. 15 — Nach dem Product aus Atomgewcht u. specif. Wärme zerfallen die Elemente in drei Gruppen XVIII. 344 — Alle Molecularformeln müssen auf gleiche Volumina in Gasform bezogen werden XIX. 314 — Anwend. d. Polarisationsmikroskops auf d. Untersuch. organ. Elementartheile XVII. 255; XX. 308 — Unterscheid. organ. Körper durch d. opt. Eigenschaften XX. 213 — Erklärung d. Kreuzes mancher organischen Körper im polarisirten Licht XX. 233 — s. Affinität, Atomvolumen, Niederschläge, Triaden, Zersetzung — Cook, Fechner, Hofmann, Lohage, Mendelejeff, Macvicar, Richter.

Chiapas Beschreib. V. 467.

Chimaera, e. beständige Flamme in Lycien X 798.

Chimborasso s. Poggendorff.

Chinicin s. Chinin.

Chinidin, Auffindung im Urin IX. 265 — Ch. enthält zwei Alkaloide v. verschied. opt. Drehvermögen, Chinidin u. Cinchonidin IX. 279. 280 — Drehvermögen d. Ch. und schwefelsauren Ch. IX. 289 — Unterscheidung von d. Chininalkaloiden XIII. 248.

Chinin, Nachweis im Urin IX. 265 — Umwandlung in Chinicin IX. 280 — Ch. mit Chinicin u. Chinidin isomer; opt. Eigenschaften ders. IX. 281 — Löslichkeit d. Ch. und schwefelsauren Ch. in Wasser, Alkohol und Glycerin XI. 172 — Unterscheid. d. Ch. v. ähnlichen Alkaloiden XIII. 248 — Schwefelsaur. Ch. phosphorescirt beim Erwärmen, valeriansaur. Ch. beim Zerstossen XIV. 236 — Grösse des Drehvermögens d. Lösungen d. Ch. in Alkohol, Essigsäure u. Schwefelsäure XX. 254 — s. Herapathit.

Chinoidin, e. Umwandlungsproduct der Alkaloide der Chinarinden IX. 282.

Chiswick s. Saint Helier.

Chlor wurde bei — 166° F nicht fest I. 130 — Eigenschaften des flüssigen Chl. I. 131 — Allotropie des Chlors I. 276; XIII. 267 — Wirk. d. Lichts auf Chlorwasser I. 277 — Entwickl. aus Salzsäure durch Licht V. 207 — Wärmeentwicklung bei Bildung der verschiedenen Oxydationsstufen IX. 372 — Chl. kein Element X. 149 — Absorptionscoeffic. für Wasser XI. 182. 184 — Specif. Wärme u. Dichte IX. 416; XVIII. 347.

Chloracetyl, Siedepunkt, specif. Gew., Wärmeausdehnung XI. 45.

Chloraethyl (Aethylchlorür, Chlorwasserstoffäther), Specif. Gewicht u. Wärmeausdehnung I. 39; II. 37; XIV. 53; XV. 343; XVII. 371 — Spannkraft d. Dämpfe XVI. 358 — Specif. Wärme u. Dichte d. Dampfs IX. 416; XVIII. 347 — Gesammtwärme des Dampfs XVIII. 356 — Ausdehn. d. einfach u. zweifach gechlort. Chloräth. VI. 57. 58.

Chloral, Siedepunkt, specif. Gew., Wärmeausdehnung XI. 45.

Chloraluminium, Dampfdichte XV. 21.

Chlorammonium (Salmiak), Lichtbrech. in Gemischen v. Wasser und Salmiak XIV. 244 — Chloramm. zerfällt beim Verdampfen in Ammoniak und Chlorwasserstoff XVIII. 94; XIX. 10; Deville dagegen XIX. 10; Kritik der Versuche Deville's XX. 13; dessen Entgegn. XX. 14 — Löslichkeit d. Chloramm. XX. 95 — Dampfdichte XV. 21.

Chloramyl, Siedepunkt, specifisch. Gewicht, Wärmeausdehnung VI. 59; XI. 45.
Chlorantimon, Siedepunkt, specif. Gew., Wärmeausdehn. XI. 45.
Chlorarsenik, Specif. Wärme und Dichte IX. 417; XVIII. 347.
Chlorbenzoyl, Siedepunkt, specif. Gew., Wärmeausdehn. XI. 45.
Chlorbor, Spannkraft der Dämpfe XVIII. 352.
Chlorbutylen, Siedepunkt, specif. Gew., Wärmeausdehn. XI. 45.
Chlorcadmium, Opt. Constanten XVI. 259.
Chlorcalcium, Latente u. specif. Wärme II. 264; V. 233 — Volumänderung beim Schmelzen XI. 33.
Chlorcyan, Spannkraft d. Dampfes bei verschiedener Temperatur XVIII. 352.
Chloreisen, Elektrolyse d. Chlorids X. 541; XI. 444 — Dampfdichte des Chlorids XV. 22.
Chlorelayl, Wärmeausdehnung VI. 57. 59.
Chlorige Säure, Specif. Gewicht XVI. 11.
Chlorkalium, Specif. Wärme der Lösung I. 360 — Wärmeausdehnung verschied. Lösungen in hoher Temperatur XV. 341 — Brechungsexpon. d. Lös. XVIII. 200.
Chlorkohlenstoff, Wärmeausdehn. VI. 58. 59 — Dampfspannung XVI. 358.
Chlorlithium, Specif. Gewicht XII. 189.
Chlormethyl, Spannkraft d. Dämpfe bei verschiedener Temperatur XVIII. 352.
Chlornatrium (Kochsalz, Steinsalz), Specif. Gew., Gefrier- u. Siedepunkt bei Aenderung des Salzgehalts und der Temperatur der Lösungen I. 43 — Die Löslichkeit wächst mit der Temperatur I. 45; VI. 272 — Schallgeschwindigk. in d. Lös. IV. 112 — Specif. Wärme der Lös. V. 222 — Einrichtung der Aräometer auf den österreich. Salzbergwerken zur Bestimm. d. Gehalts d. Soole X. 29 — Brechungsexpon. der Lösungen XV. 213; XVIII. 200 — Wärmeausdehnung d. Kochsalzlösungen XV. 340. 342 — Elektr. Leitvermögen d. Lös. XV. 426 — Reines Salzwasser soll die Magnetnadel ablenken XV. 512 — Doppelbrechung d. Steinsalzes XI. 302 — s. Wärme strahlende.
Chloroform, Brechungsindex V. 153 — Zusammendrückbarkeit VI. 56 — Wärmeausdehnung VI. 58 — Dampfspannung X. 388; XVI. 357 — Dichte u. specif. Wärme IX. 416; XVIII. 347.
Chlorophyll (Blattgrün) der Algen u. d. grüne Farbstoff der Infusorien haben ein gleiches Spectrum IX. 250 — Reines Chl. d. Phanerogamen u. der Algen nicht verschieden XI. 279 — Roth. disperg. Licht d. Blattgrünlös. XI. 279 — Chl fluorescirt nicht beim Inductionsfunken XI. 277; es fluorescirt bei Kerzen u. Lampenlicht XVI. 247; XX. 217; Fluorescenzfarben des Blattgr. XVIII. 241 — Die Entwicklung d. Bl. hat im gelben Licht ihr Maximum XIII. 271; sie wird durch Wärme gefördert XV. 256; findet auch bei elektr. Licht statt XVII. 293 — Nach d. Spectraluntersuch. v. Stokes ist Chl. v. Biliverdin verschieden u. enthält vier färbende Substanzen XX. 214.
Chlorphosphor, Specif. Wärme u. Dampfdichte IX. 417; XVIII. 347 — Spannkraft d. Dampfes bei verschied. Temperatur XVIII. 351.
Chlorquecksilber, Löslichkeit d. Chlorürs u. Chlorids in Wasser, Alkohol und Glycerin XI. 171. 172 — Dampfdichte d. Chlorürs XV. 22.
Chlorschwefel, Siedepunkt, specif. Gew.. Wärmeausdehnung XI. 46.
Chlorsilber, Lichtwirkung darauf I. 281; VI. 541; XIII. 267.
Chlorsilicium, Siedetemperat. XVII. 371 — Specif. Wärme u. Dampfdichte IX. 417; XVIII. 347 — Dampfspannung bei verschiedener Temperatur XVIII. 351.
Chlortitan, Dichte u. specif. Wärme IX. 417; XVIII. 347.
Chlorwasserstoff (Salzsäure). Spannkraft d. Dämpfe d. flüss. Chl, I. 124 — Wärmeerreg. bei der Absorption durch Kohle V. 221 — Absorption in Wasser bei Aenderung von Druck u. Temperatur XV. 114; Absorptionscoeffic. für Wasser XIX. 87 — Specif. Wärme und Dichte d. Gases IX. 416; XVIII. 347 — Brechungsexponent bei verschiedenem Wassergehalt d. Salzsäure XIV. 243 — Der Salzsäurebach Sungi Paït in Ost-Java XVIII. 786.

Chlorwasserstoffäther s. Chloräthyl.
Chlorzink, Specif. Gewicht und Wärmeausdehnung d. Lösung III. 30.
Chlorzinn, Verdampfungswärme d. Chlorids IV. 237 — Specif. Wärme IX. 417; XVIII. 347.
Chlorzirkonium, Dampfdichte des Chlorürs XV. 22.
Chorismometer s. Entfernungsmesser.
Chrom, Specif. Magnetismus I. 575.
Chromaskop v. Porro XV. 222; v. Perth XVI. 240; v. Smith XVII. 332; XVIII. 272 (s. XVI. 203).
Chromoxyd, magnetisches XV. 539.
Chromsäure, Elektrolyse XIII. 364.
Chronograph, Chronoskop s. Zeitmesser.
Chronometer, Dent's Princip zur Compensation d. Chr. I. 584 — Einfluss d. Wärme auf e. Chr. ohne Compensation XV. 57 — Theorie der Beweg. d. Spiralfeder von Phillips XV. 58; XVI. 29. 33 — Regulirung d. Chr. in verticaler u. geneigter Lage XX. 33 — s. Uhren, Zeitmesser — Bianchi, Fléchet, Gaunery, Yvon.
Chrysamminsaur. Kali s. Kali.
Chrysoberyll, Pleochroismus III. 150.
Cinchonicin s. Cinchonin.
Cinchonidin isomer mit Cinchonin u. links drehend IX. 280.
Cinchonin, Umwandlung in Cinchonicin IX. 280 — C. isomer mit Cinchonicin u. Cinchonidin, opt. Eigenschaften IX. 281. 282 — Unterscheid. v. d. Chininalkaloiden XIII. 248 — s. Herapath.
Cinematik s. Dynamik.
Citronenöl, Verbrennungswärme II. 252 — Specif. u. latente Wärme II. 258. 262 — Specif. Gew. u. Wärmeausdehnung III. 29 — Destillationsproducte d. käuflichen Citr. IX. 292 — Spannkraft der Dämpfe XVI. 360; Gesammtwärme des Dampfs XVIII. 356 — Lichtbrechungsindex XVII. 236.
Citronensäure, Kreisende Beweg. der Krystalle auf Wasser XI. 15 — Opt. Constanten XVI. 259.
Clairaultscher Satz, Ableitung desselben IX. 35; X. 47; XI. 61.
Codein, Optisch. Drehvermögen IX. 289.
Coelestin s. Strontianerde schwefelsaure.
Coercitivkraft s. Magnetismus.
Cohäsion, Kupferdrähte werden vom Durchströmen d. Elektricität brüchig I. 24 — C. d. Sehnen, Muskeln, Venen u. Knochen d. Menschen II. 95 — Wärme als Maass d. Coh. II. 313 — C. u. Magnetismus haben gleichen Ursprung IV. 370 — Ableitung d. C. aus dem Gravitationsgesetz VIII. 3; XIX. 31.
Coh. der Flüssigkeiten, Bestimm. derselben nach Coulomb II. 17 — Bei luftfreien Flüssigkeiten (Wasser, Schwefelsäure) d. Coh. beträchtlich II. 18 — Bestimm. d. Coh. d. Wassers aus d. Capillarität u. d. Arbeit seiner Dämpfe III. 11 — Durch Säuren u. Salze wird d. Coh. d. Wassers vermindert u. d. Absetzung aufgeschlämmter Theile dadurch befördert VI. 16 — Magnetismus ändert die Coh. d. Wassers u. d. Eisenvitriollösung nicht VI. 19 — Die Depression d. Wassers durch eine Scheibe und schwere darauf schwimmende Körper eine Folge d. Coh. VI. 32. 33 — Nach Hunt d. Coh. in der Oberfläche geringer als im Innern (entgegen Poisson) X. 13 — Coh. d. Wassers u. der Seifenlösung XIII. 30 — Coh. des Quecksilbers IV. 20 — Bestimm. der Coh. d. Flüssigk. aus der Ausflusszeit aus Röhren XV. 106 — Cohäsionsfiguren XVIII. 72; XX. 67 — s. Capillarität, Flüssigkeit — Dana, Seguin.
Colloide, Definition XVII. 137 — Darstellung durch Dialyse XVII. 138; XX. 89. 90.
Colorimeter v. A. Müller IX. 249; XI. 280; XIX. 218.
Combinationston s. Stösse.
Comet s. Komet.
Commutator v. Fauconpret VIII. 538; v. Du Moncel IX. 514.
Comparateur v. Froment VI. 65.
Compass, Pflanzen in Texas, deren Blätter u. Blüthen nach Norden gerichtet sind III. 433 — s. Magnete.
Compensator v. Soleil XI. 298.
Compensationspendel s. Pendel.
Complementarcolorimeter ist d. Colorimeter s. dies.
Compressionsmaschine zur Verdichtung v. Gasen, von Natterer VI. 274; X. 186; v. Berthelot VI. 275; v. Vonwiller XVI. 56 — Hydraulische Compr. XIX. 341. 343; XX. 343 — s. Caligny.

Condensation, Apparat zur C. der Gase v. Natterer I. 132; VI. 274; v. Drion u. Loir XVI. 364; XVII. 374 — Verdichtung von ölbild. Gas I. 122, II. 107 — v. Phosphor-, Jod- u. Bromwasserstoff, Fluorkiesel I. 123. 132 — Fluorbor, Chlorwasserstoff I. 124 — Schweflige Säure, Schwefelwasserst. I. 125 — Kohlensäure I. 126 — Chloroxyd, Stickoxydul I. 127 — Cyan, Ammoniak I. 129 — Arsenikwasserstoff I. 130; Chlor I. 131 — Kohlenoxyd, Stickstoffoxyd u. atmosph. Luft nicht condensirbar I. 130; XVII. 383 — Condensation d. Kohlensäure auf Glasflächen VIII. 146; verschiedener Gase auf Glaspulver u. Zinkweiss IX. 134; von schwefliger Säure auf Glas und Platinschwamm IX. 136 — Wärmeentwicklung bei der Cond. der Gase IX. 347 — Condensirter Wasserdampf besteht aus Tropfen, nicht Bläschen III. 167; IV. 414 — Erklärung d. ungewöhnlichen Cond. bei Verbindungen im Dampfzustand XIV. 50. 51 — Bestimm. der auf einer Röhrenwand condensirten Dampfmenge XVI. 364 — Regelmässigk. d. Cond. d. Wasserdampfs in porösen Körpern XVIII. 95 — Theorie d. Verdichtung v. Gasen u. Dämpfen auf festen Körpern XV. 111 — s. Absorption, Oberfläche — Magnus, Terreil u. St. Edme.

Condensator, Theorie v. Riess III. 324; v. A. Weiss V. 249; von v. Bezold XVI. 418; XIX. 396; v. Gaugain XVII. 424. 425. 426; v. Knochenhauer XIX. 398 — Doppelcondensator von Svanberg III. 342; VIII. 446 — Der Duplicator e. Art Luftcondens. III. 343 — Der Cond. in Verbindung mit d. Dellmannschen Elektrometer IV. 265 — Cond. von Fleury X. 463 — Verstärk. des Cond. durch Vereinigung mehrerer XI. 410 — Die Ladungsintensität proport. d. Cubus d. Dicke des Isolators IV. 268 — Die Verstärk. hauptsächlich von der Ableitung d. nicht isolirten Platte abhängig X. 442 — Ansichten über die Rückstandsbildung XVI. 421; XVII. 427 — Töne beim Entladen eines Cond. XIX. 409 — Formel für die variable Ladung XX. 444.

Conductor, Theorie d. Entladung e. Cond. durch e. mit dem Erdboden verbund. Draht IX. 444 — Ein Nichtleiter gegenüber einer am Cond. befindl. Spitze ladet sich mit d. Elektricität des Cond. XI. 400 — Ladungsfähigkeit d. Cond. in Form von Kugeln, Platten, Cylindern XII. 387 — Cond. aus innen belegten Glaskugeln XIII. 337 — Vermehrung d. Funkenlänge durch d. Cond. XIII. 337.

Continente, ihre mittlere Höhe IX. 664 — Ursache ihrer Gestalt X. 71 — s. Afrika.

Copahubalsam, Brechungsexpon. XVII. 237.

Corallen-Riffe u. Inseln, Structur u. Entstehung VI. 970; VIII. 654.

Cordierit, Bestimmung d. Absorption des rothen Lichts durch ihn VI. 439.

Costarica, Verzeichniss der dortig. Vulkane XVII. 781.

Cotopaxi, Die Windricht. auf der Spitze nur SO. u. NO. XV. 724.

Cottin, Angélique, Angeblich elektr. Erscheinungen an ihr II. 473.

Covolumen, Bedeut. XX. 315. 319.

Crustaceen, Gehörorgan XIX. 100.

Cuminol, Siedepunkt, specif. Gew., Wärmeausdehnung XI. 43.

Curare (Urari, Pfeilgift), Wirkung auf die Nerven XV. 509; XVI. 548 — Einfluss auf d. Muskelstrom XV. 511 — C. hebt d. Thätigkeit des elektr. Organs beim Zitterrochen nicht auf XVIII. 831.

Cyan, Darstellung fest u. flüssig I. 129.

Cyanäthyl, Brechungsexponent XVIII. 201.

Cyaneisenkalium, Constitution seiner Verbindungen nach d. Ergebniss d. Elektrolyse I. 473 — Lichtwirk. auf d. gelbe u. rothe Blutlaugensalz II. 231.

Cyanit, Magnet. Polarität desselben V. 343.

Cyanmethyl, Specif. Gew., Siedepunkt, Wärmeausdehnung XII. 54.

Cyanometer, Verbesser. desselben II. 189 — Messungen damit in den Alpen V. 415 — s. Bernard.

Cyanphenyl, Specif. Gew., Siedepunkt, Wärmeausdehnung XII. 54.

Cyanplatinbaryum, Zerlegung des v. den Krystallen reflectirten Lichts durch d. dichroskop. Lupe III. 149 — Krystallform XI. 305 — s. Fluorescenz.

Cyanplatinkalium, Untersuchung mit d. dichroskop. Lupe III. 149 —

Fluorescirt in sehr concentr. Lösung XII. 256 s. XI. 278 — Einfachste Darstellung XII. 256.
Cyanplatinmagnesium, Zerlegung d. reflect. Lichts mittelst d. dichroskop. Lupe II. 186; III. 149; V. 170 — Optische Eigenschaften VI. 436 — Krystallform XI. 305 — Fluorescenz XV. 237.
Cyanquecksilber, Wirk. d. Chlors darauf unter Einfluss des Lichts III. 198.
Cyanwasserstoffsäure(Blausäure) Ausdehnungscoeffic. d. Gases III. 78 — Wasser u. Salze verringern die Dampfspannung d. wasserfreien Cyanwasserstoffsäure XX. 347; desgl. ein Zusatz v. Salzen XX. 370; Temperaturerniedrigung dabei XX. 348. 369 —
Cyclonen s. Stürme.
Cymol, Siedepunkt, specif. Gewicht, Wärmeausdehnung XI. 43.

Dämmerung, Beschreib. d. D. in d Tropen XV. 543; d. östl. u. westlich. prismatischen Morgen- und Abend-Dämm. XV. 547 — Beschreib. d. D. von v. Bezold XX. 565; von J. F. J. Schmidt XX. 568 — Dauer d. D. in d. verschied. Breiten XVI. 569; XVII. 548 — Nachweis e. Wärmedämmer. in der Winternacht der Polarländer XX. 663.
Dänemark, Die wasserführenden Schichten daselbst XVI. 833.
Daghestan, Höhenbestimm. daselbst V. 463.
Daltonismus s. Farbenblindheit unter Auge.
Daltonsches Gesetz schon von Volta aufgestellt XVII. 386 — Das D. G. stimmt nicht mit d. Messung d. Dampfspannung in verschiedenen Höhen überein XVII. 660 — Lamont's Einwürfe u. Versuche gegen d. Daltonsche Theorie d. Dampfspannung XIII. 526; XVIII. 585. 586; XX. 639.
Dampf, Zusammenstellung aller bis 1845 aufgestellten Formeln über die Spannkraft d. Wasserdampfs bei verschiedener Temperatur I. 91 — Formel v. Holtzmann I. 98; III. 71; Regnault's Bedenken dazu I. 102; II. 104 — Formel v. Shortrede IV. 96; von Alexander IV. 96; V. 80; v. Bruckner V. 80; v. Curr VI. 593; v. Waterston VI. 593; VIII. 382; v. Rankine X. 394; XI. 369; v. Lubbock XI. 368; v. Coste XII. 356; v. Groshans XIV. 326; von Zeuner XVI. 329, Tafel dazu XIX. 323; von Kessler XVII. 385; von Regnault XVIII 353, Bemerk. v. Dupré dazu XX. 326; Formel v. Röntgen XX. 366; v. Peacock XX. 367.
Spannkraft des Wasserdampfs auf dem Montblanc u. in d. Pyrenäen I. 116 — Siedepunkt des Wassers in verschiedenen Höhen in Amerika VI. 278 — Die Abnahme der Dampfspannung mit der Höhe folgt der Temperaturabnahme XVII. 661 — Spannkr. d. Wasserdampfs in niedrigen Temperat. II. 102; XIV. 334 — Die Dampfspann. in Luft geringer als im Vacuum III. 642; X. 391 — Tafel für d. Spannkr. des Wasserd. nach Regnault VIII. 388; Berichtig. X. 386 — Ermittelung d. Spannung des Wasserdampfs im lufterfüllten Raum XII. 359 — Bestimmung der Dampfspannung mittelst der Sirene V. 83.
Spannkraft der Dämpfe aus Salzlösungen III. 75; XII. 359; XIII. 165; XIV. 336; XVI. 365; aus Salzgemengen XIV. 338; aus Mischungen v. Schwefelsäure u. Wasser XIV. 339; XIX. 368 — Temperatur der aus siedenden Salzlösungen aufsteigenden Dämpfe XVI. 365 — Die Temperatur d. Dämpfe aus Salzlösungen ist der d. Lösung gleich XVII. 379; aus gemischten Flüssigkeiten niedriger XVII. 380 — Spannung d. Dampfmischungen aus Wasser u. Alkohol X. 383; XVIII. 340; aus gemischten oder geschichteten Flüssigkeiten VI. 592; X. 391; XVIII. 354; Reclamation von Magnus X. 393.
Spannkraft d. D. v. condensirtem ölbild. Gas I. 122 — von Fluorbor u. Chlorwasserstoff I. 124 — Schwefliger Säure u. Schwefelwasserstoff I. 125; XVI. 361 — Kohlensäure I. 126; XVIII. 352 — Stickstoffoxydul I. 128; XVIII. 353 — Ammoniak I. 129; XVI. 361 — Spannung d. Dämpfe v. Quecksilber bei verschiedener Temperatur X. 384; XVI. 360 — v. Alkohol, Aether, Schwefelkohlenstoff X. 388; XVI. 357 — Terpentinöl X. 389; XVI. 360 — v. Chloroform XVI. 357 — v. Benzin, Chlorkohlenstoff, Chlor- und Bromwasserstoffäther XVI. 358 — v. Jodwasserstoff-

äther, Methylalkohol, Aceton XVI. 359 — v. Citronenöl, Methyloxaläther XVI. 360 — v. Elaylbromid, Chlorkiesel, Chlorphosphor XVIII. 351 — v. Chlorbor, Chlorcyan, Schwefel, Methyläther, Chlormethyl XVIII. 352 — Die Dampfspannungen flüchtiger fester Körper gehen continuirlich in die des flüss. Zustandes derselben über X. 392.

Die Dampfdichte d. Essigsäure in hoher Temperatur nicht anomal I. 110; ihr ähnlich verhalten sich Butter- u. Valeriansäure, Anis- und Fenchelöl I. 110; anomal sind die Dämpfe der Essigsäure u. Ameisensäure unter d. Siedepunkt II. 108 — Die zuweilen vorkommend. Unterschiede d. Dampfdichte nach d. Versuch u. d. Theorie eine Folge v. Zersetzung XVI. 11 — Vergleich d. Dichte d. Flüssigkeiten mit d. Dichte ihrer Dämpfe VI. 282 — Theoretische Bestimmungen der Dampfdichte VI. 578; XI. 371 — Modification d. Methode v. Gay-Lussac zur Bestimm. d. Dampfdichte XII. 63 — Berechnung d. Dampfdichte von Verbindungen XIII. 72 — Dampfdichte verschied. Chlorverbindungen XIII. 73 — Bezieh. zw. Dampfdichte u. Atomgewicht XIII. 74 — Dichte d. gesätt. Wasserdampfs üb. 212° F hinaus nach Fairbairn und Tate XV. 10. 11; XVI. 343; Vergleich mit der Formel von Clausius XVII. 358; v. Rankine XVII. 359; XVIII. 315; mit anderen Formeln XVII. 360 — Dampfdichte verschied. Körper bei 350° C. nach Deville u. Troost XV. 21 — Bestimm. d. Dampfdichte im gesätt. u. überhitzten Zustand nach Regnault XVII. 17; nach Hirn XVIII. 307; Bestimm. d. Dampfdichte unter d. Siedepunkt XVII. 19 — Bestimm. d. Temperatur, bei welcher e. Flüssigkeit in Dampf v. derselben Dichte übergeht IX. 424.

Gesammtwärme im Dampf nach Pouillet III. 64; nach Joule XVI. 372; nach Regnault XVIII. 355. 356 — Ausströmender Hochdruckdampf ist überhitzt u. trocken V. 82 — Wärmeausdehnung d. überhitzten Dampfes IX. 426; XVI. 345; XVIII. 328 — Die Dämpfe weichen v. Mariotteschen Gesetz ab VI. 578 — Die Dämpfe v. Aether u. Kohlenstoff, nicht ab. die v. Wasser und Alkohol sind als vollkommene Gase zu betrachten XI. 371 — Dampf aus einer engen Oeffnung strömend hat e. höhere Temperatur als seinem Druck entspricht IX. 426 — Ausfluss v. gesätt. Dampf u. hoch erhitzten Flüssigkeiten XVII. 97; XIX. 45. 331 — Condensation v. Dampf bei seiner Ausdehnung VI. 581; XIX. 317. 319. 320; Aether verhält sich entgegengesetzt XIX. 318 — Theorie d. Dämpfe von Résal XVII. 361 — Magnet. und elektr. Wirkungen d. Dampfs III. 343; V. 334; d. Wirkung von d. Metallen herrührend VI. 1144 — Dampfbild. durch d. Centrifugalkraft VI. 283; beim Ausfliessen unter hohem Druck VI. 284.

s. Condensation, Hygrometrie, Wasserdampf — Bauschinger, Beauregard, Beghin, Buff, Buignet, Cantoni, Carvallo, Joule, Lamont, Lubbock, Meidinger, Moritz, Regnault, Schiff, Tomlinson, Williams, Woods.

Dampfkessel, Explosion desselben durch Dampfbildung aus luftfreiem Wasser II. 21; III. 93; X. 13 — Elektricitätserreg. durch Dampf soll Ursache der Explosionen sein XI. 395 — Arbeitsleistung bei d. Expl. eines Dampfk. verglichen mit d. Wirkung d. Schiesspulvers XIX. 338; XX. 328 — Herleitung d. Eintritts d. Expl. aus Rankine's Formeln für d. Expansivkraft XX. 367 — Zweckmässigste Dicke und Gestalt der Dampfk. VI. 256 — Messung d. Dampfspann. im Kessel mittelst d. Sirene VI. 313 — Magnetischer Wasserstandszeiger X. 36 — Widerstand e. schwach ellipt. Kessels XIII. 142 — Speiseapparat v. Giffard XV. 327. 329 — s. Codazza.

Dampfmaschine, Theorie v. Crelle IV. 64; v. Rankine XV. 326; von G. Schmidt XVII. 367 — Bewegung einer D. durch d. Dampf v. sphäroidalem Wasser IV. 254 — Verhältniss von Wärmemenge u. Brennmaterial bei Anwendung v. flüchtigeren Flüssigkeiten als Wasser VIII. 382 — Arbeitsleistung bei gegeb. Kohlenverbrauch VIII. 383; Arbeitsleistung und Wärmeverbrauch proportional XVIII. 305 — Anwend. d. mechan. Wärmetheorie auf d. Dampfm. XII. 355. 356 — Dampfm. mit überhitztem Dampf XVI. 337 — Zweckmässige Ventile u. Cylinder, die frei v. Wasser sind VI. 596 — Steuerung von Hirn XVIII. 310 — Zugerzeugung durch Dampf-

strahlen XIX. 42. 329 — Vergleich d. Dampfm. mit d. Effect d. Schiesspulvers XIX. 338; XX. 327 — s. Locomotive — Arago, Beghin, Belleville, Bertram, Dyer, Giffard, Hirn, Joule, Kohlmann, Mahistre, Mangin, Pambour, Phillips, Reech, Regnault, Résal, Schliphake, Seguin, Siemens, Sorel, Steichen, Tissot, Trembley.
Dampforgel, Kalliope XIII. 193.
Dampfwagen für gewöhnliche Wege aus d. J. 1770 zu Paris VI. 596 — s. Locomotive.
Debuskop XVI. 311.
Dekapoden, Gehörorgan XIX. 100.
Delta d. Tiber, Wachsthum desselb. VIII. 629.
Demavend, Besteigung XVI. 880 — s. Czarnotta, Kotschy.
Destillation, barometrische II. 109 — Mengenverhältniss der aus Mischungen v. ungleich siedenden Substanzen überdestillirten Bestandtheile XIX. 362 — Gemische zweier Flüssigkeiten, deren Siedepunkte um 30° verschieden sind, können durch Dest. nicht getrennt werden XIX. 363 — s. Wanklyn.
Diabetes, Zuckerbestimm. im Harn XI. 317.
Diabetometer von Robiquet XII. 293.
Diakaustica s. Brennlinie.
Dialyse, nach Graham d. Trennung verschiedener Substanzen durch Diffusion XVII. 137 — Die Trennung gelöster Stoffe durch Diffusion schon früher v. Dubrunfaut beobachtet u. angewandt XI. 27 — Darstell. v. Colloidsubstanzen durch D. XVII. 138 — Reinigung d. Kieselsäure, d. Gummis, Eiweiss, d. arsenigen Säure, Metallsalze u. a. m. durch Dialyse XVII. 139 — Anwend. poröser Thonzellen für d. Dial., namentl. für d. Dial. einer Lös. von Baumwolle in Kupferoxydammoniak XVIII. 93 — Darstell. von flüss. Zinn-, Wolfram- u. Molybdänsäure durch D. XX. 89 — Abscheid. d. Salze aus Zuckersäften XX. 89; v. Morphin, Brucin u. Digitalin XX. 90 — s. Diffusion.
Diamagnetismus, Definition II. 543. 550 — Ansprüche v. Becquerel u. Seebeck auf die Entdeckung des Diam. II. 566 — Verzeichniss diamagnet. Substanzen II. 552 — Diamagn. Metalle II. 553. 559; alle rhomboedrisch krystallisirenden Metalle diamagn. XVII. 510 — Ein lebendiger Frosch diam. III. 447 — Dämpfe von Wasser u. Alkohol, d. Flammen und Rauch werden v. d. Magnetpolen abgestossen III. 499. 500; IV. 380 — Verzeichniss d. diam. Gase III. 503; VI. 1153. 1156; magnet. u. indifferente Gase III. 503. 505; VI. 1156 — Jod, Brom, Chlor, salpetrige Säure, Wasser- u. Quecksilberdampf diam. IV. 379 — Aluminium und alle organ. Körper diam. IV. 375 — Der Diam. vieler organ. Körper nur von ihrem Wassergehalt herrührend XIX. 457 — Lösungen v. Cyankalium u. beiden Blutlaugensalzen, die Blutkörper u. d. Fettkörper der Milch diam. IV. 380 — Eis ist diam. VI. 1143 — Prüf. d. Diam. d. Flüssigkeiten X. 618 — Verhalten v. Olivenöl, Sauerstoff u. Wasserstoff in e. Lösung v. Eisenchlorür IX. 597 — Diamagnet. Cyanverbindungen v. Eisen, Kobalt, Nickel XIX. 457 — Viele Körper stellen sich bei geringem Abstand v. d. Polen äquatorial, bei grösserem axial III. 498 — Magnet. Kohle wird durch Verstärkung des Magnets diam. IV. 382; ähnlich verhalten sich gemischte Körper IV. 386. 388; Müller's Erklär. dazu VI. 1178 — Langsam gekühltes Glas ist magnetisch, schnell gekühltes diam. IV. 386 — Einfluss der Temperatur auf d. Diam. III. 505; IV. 385. 387; VIII. 574; IX. 598 — Einfluss starker Compression VIII. 575 — Einfluss d. Masse und Structur auf d. Stellung zw. d. Magnetpolen VI. 645; IX. 597. 598; X. 615: Versuche mit Krystallen VIII. 574; XI. 527; mit Holz XI. 528; Vorrichtung d. Erscheinung Vielen sichtbar zu machen XI. 530.
Faraday's Ansicht, dass Diam. auf inducirten Strömen beruhe, durch Weber begründet III. 493 — Theorie d. Diam. v. Hankel IV. 389; von v. Feilitzsch VI. 1166; Ergänzung der Ampèreschen Theorie dazu VI. 1171; VIII. 577; X. 582. 611 — Theorie v. Weber VIII. 505 — von de la Rive X. 609; Einwürfe dagegen X. 611 — Ansichten v. Tyndall u. Anderen XI. 531; XII. 545 — Theorie von Felici XV. 493. 495 — Diam. beruht auf Induction VI. 796; VIII. 570; Gesetz der Induction bei diam. Substanzen IX. 598 — Magnetismus u. Diam. e.

identische Erregung der Materie IV. 385 — Zurückführung d. Diam. auf e. allgemeines Gesetz aus der Anziehung der Massen VIII. 567.

Die Abstossung nimmt ab proport. d. dritten Potenz d. Entfernung vom Magnetpol III. 492; IV. 378; VI. 1143; X. 616 — Nachweis d. Polarität des Diam. durch Poggendorff III. 496; Faraday's Versuche darüber negativ VI. 1134; Bestätigung der Polarität VI. 1138; XI. 535. 537 — Die diam. Abstossung wächst mit d. Kraft des Elektromagnets IV. 385; d. diam. Abstossung folgt d. Gesetz üb. d. Anziehung e. magnet. Masse VI. 1140 — Die Abstoss. wächst im quadrat. Verhältniss d. erregenden Magnetismus XII. 544 — Gesetze der diam. Abstoss. v. Matteucci XIII. 444; XIV. 510 — Zwei diamagn. Körper wirken im magnet. Felde nicht auf einander IV. 374; VI. 1146 — Die Abstossung, welche Stäbe aus Glas od. anderen Substanzen in verschiedenen Flüssigkeiten erleiden, sind den Differenzen proport. IX. 595 — Verstärkung des Diam. schwingender Körper IV. 381 — Messung d. diam. Kraft IV. 382; VI. 1142 — Nach Oersted giebt es zwei Arten v. diam. Körpern IV. 376 — Nachweis v. Elektrodiamagnetismus und Diamagnetoelektricität VIII. 503.

Diamagnet. Erscheinungen an Wismuth II. 553; an Kupfer 554; an anderen Metallen II. 557 — Verhältniss d. Diam. des Wismuths zur magnet. Kraft d. Stahls IV. 377 — Stärke d. Diam. nach absolutem Maass VIII. 512 — Wismuth gebraucht Zeit zur Aenderung seiner Polarität VIII. 572 — Bedingungen, unter denen ein Wismuthstab dieselbe Polarität annimmt wie ein Eisenstab X. 612 — Der Diam. d. Wismuths der Stromstärke proport. XIV. 506. 508 — Eine Wismuthnadel ändert in verschiedenen Gasen und im Vacuum ihre Schwingungen nicht IV. 374 — Die Schwingungsdauer e. magnet. od. diamagn. Nadel von ihrer Länge unabhängig, wenn sie zur Entfernung der Pole klein ist X. 615 — s. Magnekrystallkraft, Magnetismus — Feilitzsch, Kahl, Ward.

Diamant, Lichtstern auf zwei gegenüberstehenden Octaederflächen I. 195 — Blaues Licht regt beim D. Phosphorescenz an, rothes schwächt sie I. 283 — Phosphorescenz und Fluorescenz beim D. XV. 239 — Veränder. durch d. galvan. Lichtbogen VI. 717 — Eine Convexlinse aus D. mit drei Bildern VIII. 214 — Optische Constanten XVI. 259 — Entstehung d. Diam. XIV. 14 — Versuche Diam. mittelst Elektricität darzustellen IX. 496 — s. Simmler.

Diastemometer, Diastimeter s. Entfernungsmesser.

Diatomeens. Kieselsäure — Schultze.

Dichroismus d. Cyanplatinmagnesium, -kalium, -baryum II. 186; III. 149; V, 170 — d. Blutfarbstoffs (Hämatin) IX. 250 — d. Mausit IX. 266 — d. Verbindungen v. Jod u. Strychnin XI. 310 — d. chrysamminsauren Kali II. 186; XV. 252 — Nachbildung des Dichr. XVI. 259. 261 — s. Pleochroismus.

Dichrooskop v. Dove für Versuche über Interferenz u. Dichroismus XVI. 259 — Darstell. d. ungleichen Wellenlängen für die verschied. Farben mit d. Dichr. XVI. 251.

Dichrophan zur Zerlegung des von durchsicht. Körpern durchgelassenen farb. Lichts III. 153.

Dichroskopische Lupe I. 196.

Didymium, Spectrum desselben XIII. 230.

Didymoxyd, salpetersaur., Spectrum dess. XVIII. 222.

Differentialbarometer VI. 220.

Differentialgalvanometer von Hankel II. 407 — Prüf. d. Diff. für d. Messung X. 492.

Diffusion, Der erste Versuch darüber v. Nollet, nicht v. Parrot I. 26; III. 16 — Diff. v. Zucker-, Eiweiss-, Gummilösung und Alkohol I. 26 — — Versuche mit Zuckerwasser und Kochsalzlösung bestätigen d. Gesetz v. Dutrochet III. 14 — Einfluss der Concentration d. Lös. auf d. Stärke d. Diff. IV. 33; XII. 41 — Diff. durch Alkohol VI. 34 — Diff. verschieden. Salzlösungen durch Herzbeutel vom Rind VI. 34; XII. 48; XVI. 114. 115 — Die Verbindungen der Alkalien mit d. vegetabil. Säuren zeigen d. stärkste Diff. VIII. 31 — Der Sömmeringsche Versuch X. 25 — Diff. gleicher Lösungen zw. ungleich erwärmten Orten XII. 44 — Diff. v. Eiweiss durch die

Schalenhaut XII. 45; Endosmose eiweisshalt. Flüssigkeiten XIII. 69; des **Eiweisses** XVI. 112. 116 — Diff. von **Kupfervitriollös.** in Wasser u. Formel für d. Concentration in verschiedenen Höhen XV. 108. 110 — Diff. durch Collodium XVI. 111 — Diff. d. rothen Blutkörper ausserhalb d. Organismus XVI. 111 — Diff. d. Gallenpigments XVI. 112 — Diff. durch vegetabilisch. Pergament, Thonplatten u. d. Cornea d. Ochsen XVI. 115 — Verdampfung v. Flüssigkeiten durch poröse Scheidewände XVI. 87; XVIII. 71; XX. 75. 91 — Bewegung e. endosmot. Apparats vermehrt d. Steighöhe d. Flüssigkeit XVII. 117 — Diff. eines Gemisches v. wässriger Salzsäure u. Kochsalz XVIII. 91 — Diff. v. Säuren u. Salzen ohne Scheidewand VI. 36; desgl. von Salzsäure, Chlornatrium, Bittersalz, Zucker, Eiweiss, Caramel XVII. 136 — Diff. v. Metallen durch Ueberzüge darauf II. 27 — Wärme begünstigt d. Diff. XVII. 137.

Einfluss d. Diff. auf d. Säftebewegung im thier. Organismus IV. 35 — Aufschwellen v. Rosinen in Alkohol durch Diff. VI. 34 — Sätze v. Béclard üb. Aufsaugung u. Ernährung VI. 42 — Durchgang von Nahrungsstoffen durch frische u. getrocknete Membranen X. 26 — Weshalb frische Scheiben v. Runkelrüben sich nicht maceriren lassen XI. 27 — Wasserthiere sterben in zuckerhalt. Wasser in Folge d. Diff. XVI. 117 — Nachahmung d. Erscheinung d. blutenden Rebstockes XVIII. 92 — Verdunstung durch die vegetabil. Zellmembran XX. 91.

Ursache d. Endosmose nach Rainey II. 25 — Erklär. der Diff. von Jolly IV. 31; v. Ludwig V. 24 — Die Endosm. nicht auf Capillarität zurückführbar X. 15 — Nach Graham chemische Thätigkeit d. Ursache d. osmotischen Vorgänge X. 21; XVII. 139. 140; Lhermite dagegen X. 22 — Mechanismus der Diff. nach Fick XI. 22; XIII. 65 — Vervollständigung d. Brückeschen Porentheorie XI. 25.

Endosmotisches Aequivalent nach Jolly IV. 25 — Einfluss der Concentration auf d. end. Aequiv. IV. 27 — Ludwig gegen d. endosm. Aequival.; seine Vorstellung üb. Diff. V. 24 — Einfluss d. Schwere auf d. endosm. Aeq. X. 14 — Endosm. Aeq. verschied. Salze XII. 51 — Einfluss der Temperatur u. Concentration auf d. end. Aeq. d. Glaubersalzes XIII. 65 — End. Aeq. d. Kochsalzes XVI. 113 — End. Aeq. verschieden. Salze u. organ. Stoffe bei Herzbeutel d. Kuh XVI. 115 — Diffusionsäquiv. bei getrockneten Membranen XVI. 116 — Theoretische Bestimm. d. Constanten bei d. Diffusion e. Salzlösung in d. Lösungsmittel XIII. 68 — Theoret. Ableit. d. Diffusionsgesetzes XVIII. 92 — s. Dialyse, Filtriren — Graham, Gunning, Krug, Marcus.

Diff. der Gase. Durchgang von Wasserstoff durch Blattgold u. Blattsilber V. 27 — Diff. v. Kohlensäure in Wasser IX. 21 — Einfaches Verfahren die Diff. d. G. sichtbar zu machen XII. 46 — Sauerstoff dringt durch Oel XV. 117 — Mischungsgeschwindigkeit v. Kohlensäure u. Luft XVII. 140; v. Wasserstoff oder Leuchtgas u. atmosph. Luft oder Kohlensäure XVII. 140 — Diff. v. Sauerstoff, Wasserstoff u. Kohlensäure durch e. Graphitplatte XIX. 83 — Durchdringbarkeit v. thier. Membranen, Gyps, glühendem Platin u. Eisen durch Gase XIX. 84 — Vergleichung der Diff. freier und gelöster Gase XX. 90 — Theorie der Diff. der Gase XVI. 322.

Dilatometer v. Kopp III. 26 — v. Silbermann zur Bestimm. d. Alkoholgehalts in Flüssigkeiten IV. 45.

Dimorphie, Die Formen dimorpher Substanzen stehen sehr nahe IV. 8 — Bedenken gegen Raulin's Sätze üb. Dim. VI. 9 — s. Eisen, Schwefel — Nordenskiöld.

Diopsid s. Augit.

Dioptrik s. Lichtbrechung.

Disgregation, Bedeutung XVIII. 294. 297.

Dissociation, Bedeut. XVI. 379; XIX. 8 — Unter welchen Umständen sie eintritt XX. 345 — s. H. S. C. Deville.

Distanzmesser s. Entfernungsmesser.

Disthen, Ausscheidung v. Aluminium bei d. Schmelzung durch d. galvan. Lichtbogen X. 526.

Donau, Tage der Eisbedeckung bei Galacz X. 788 — Zufrieren d. unteren D. XII. 746 — Wasserstand bei Wien XI. 772; zu Pressburg XII. 745; bei

Linz XV. 752 — Gefälle der D. VIII. 635; XII. 745 — Arme d. untern D. u. ihre Wassermenge XVI. 819 — Auch d. D. folgt d. Gesetz d. Flüsse nach rechts abzuweichen XIX. 684 — s. Fritsch, Haidinger, Klun.

Donner ohne Blitze VI. 1097; XII. 585 — Nach Raillard giebt es keinen D. ohne Blitz XII. 589; Poey dagegen 590 — Erklärung des anhaltenden Rollens X. 655; XVII. 149 — Stärke u. Dauer d. D. XII. 587 — Zeit zw. D. u. Blitz XII. 587 — D. ohne Wolken XII. 587 — D. entsteht durch Explosion von Knallgas XIII. 464 — Der Schall d. D. soll eine besonders grosse Geschwindigk. haben XVI. 165. 167. 171; Montigny's Erklärung dav. XVII. 148 — Schnelle Abnahme der Intensität d. D. XVI. 166. 169. 170 — Ursache d. grossen Intensität XVI. 172 — Vergleich d. Intensität d. D. mit der v. Kanonenschüssen XVI. 166. 171 — s. Blitz — d'Abbadie.

Draht, Kupferdr. verliert, Eisendr. gewinnt an Zähigkeit beim Durchleiten des elektr. Stroms XI. 159 — Festigkeit d. Dr. v. verschied. Metallen XV. 101 — Aenderung d. Structur eines in der Luft ausgespannten Messingdr. XV. 103.

Drehung, Theorie d. Rotation von Jacobi V. 41; v. Sonnet V. 41; von Poinsot VI. 85; v. Steichen VIII. 56; v. Richelot VIII. 56; v. Person VIII. 98; IX. 73 — Elementarer Beweis d. Eulerschen Satzes v. der Zerlegung d. Dr. VIII. 80; Modification d. Eulerschen Differentialgleichungen für d. Dr. um e. Punkt X. 43; Kurze Ableitung d. Eulerschen Differentialgl für d. Rotation XVI. 34; Entwicklung der Eulerschen Gleichungen, wenn keine Kräftepaare wirken XX. 30 — Dreh. der Körper um ihren Schwerpunkt VIII. 56; XI. 84; XVI. 50; XVII. 42 — Sätze üb. d. Dr. e. Körpers um e. festen Punkt VI. 79 — Anwendung d. Hamilton-Jacobischen Theorie auf d. Drehung e. Körpers um e. Punkt X. 38; XI. 60 — Beweg. eines um e. Punkt d. Axe rotirenden Körpers in Functionen, welche d. Zeit explicite enthalten X. 44 — Reduction d. Bewegung eines schweren um ein. festen Punkt rotirenden Revolutionskörpers auf d. ellipt. Transcendenten XI. 64 — Drehung e. Körpers um e. festen Punkt auf d. Axe e. Hauptträgheitsmoments, wenn die beiden andern gleich sind XI. 65 — Dr. um e. festen Punkt bei beliebig. Coordinatenaxen XIX. 19 — Dr. um e. Punkt ohne Kräftepaar XX. 29 — Ableit. d. Dr. um e. festen Punkt XX. 30; desgl. aber ohne äussere Kräfte XX. 31 — Dr. e Körpers um e. seiner Punkte, der sich mit d. Erde dreht VIII. 102; IX. 69 — Dr. um e. an d. Erdoberfläche feste Axe VIII. 95. 102; IX. 69; XII. 133 — Sire's Ansprüche auf d. Entdeck. der Unbeweglichkeit der Drehungsebne VIII. 101. 105 — Einfluss d. Erddrehung auf d. Bewegung ein. fallenden od. rotirenden Körpers IX. 71 — Bestreben der Drehungen parallel zu werden XI. 81 — Theorie d. Mittelpunkte u. augenblickl. Drehungsaxen XIV. 65 — Variation der Constanten durch störende Kräfte bei d. Dr. XVII. 42 — Anwend. der Methode d. Variation d. Constanten auf d. Rotation XIX. 24 — Ergänzung d. Capitels üb. d. Rotation in Poisson's Mechanik XIV. 76.

Rotationsmaschine v. Fessel IX. 74. 76 — Erläuterung der Drehungserschein. bei frei bewegl. Körpern durch die Apparate v. Bohnenberger, Fessel u. Magnus IX. 83 — Powell's Apparat ähnl. d. Polytrop X. 84 — Rotaskop v. Johnson XI. 82 — Theorie d. gyroskop. Versuche XI. 89 — Apparat v. Sire zum Nachweis der Zusammensetz. d. Dr. XV. 66 — s. Fessel's Maschine, Gyroskop, Kreisel, Pendel, Polytrop — Lamarle, Osann, Schultze.

Drehwaage zur Bestimm. der elektr. Dichte III. 319 — Die Bestimm. der Dichte d. Erde durch d. Dr. wird v. d. Rotation d. Erde nur unmerklich beeinflusst VIII. 92.

Drosometer, Thaumesser v. Thomé X. 681.

Druck v. Erde u. dergl. auf Futtermauern VI. 81; XVI. 45. 46 — Druck fliessender Gewässer in Folge der Erddrehung XVI. 50 — s. Festigkeit — Dorna, Fagnoli.

Drummondsches Kalklicht mit Weingeistflamme u. Sauerstoff ungenügend III. 211 — mit elektrolyt. Knallgas X. 531. 532.

Dulcin giebt mit Salpetersäure Traubensäure XVI. 266.

Duplicator v. Munck af Rosenschöld III. 343.
Dynaktinometer zur Messung der chem. Lichtstrahlen VI. 532. 534.
Dynamidensystem von Redtenbacher XIII. 31.
Dynamik, Integration d. allgem. dynamischen Gleichungen VI. 80. 81; XI. 54. 58 — Integrale, welche mehreren Problemen d. Mechanik gemein sind VIII. 51. 54; IX. 32; XII. 92. 93; XIV. 72 — Formen der Gleichungen, welche dynam. Integrale sein können XIII. 107 — Ableit. d. Lagrangeschen Form für d. dynam. Differentialgleichungen VIII. 51 — Theorie d. linearen Momente verschied. Ordnung v. Cauchy IX. 50 — Theorie d. Dreh- u. Fliehmomente IX. 50 — Neue Darstellung der Hamilton - Jacobischen Theorie X. 38; XI. 59. 60 — Neue Eigenschaft der Integrale e. dynam. Problems XI. 60 — Problem d. Mechanik, welches auf hyperellipt. Integrale zurückkommt XIV. 78 — Darstell. d. Hamiltonschen Differentialgleichungen mit Hülfe einer Determinante XVII. 39 — Geometrische Eigenschaften ein. unveränderlichen Systems XII. 87; desgl. der Bewegung e. festen Körpers XIV. 66; XVII. 37 — Merkwürd. Ausdruck für d. Grösse, welche bei d. Beweg. e. Systems ein Minimum wird XII. 90 — Erklärung d. Suraccélération XIV. 68.
Theorie d. relativen Bewegung IV. 61; XII. 132. 133 — Relative Beweg. unter d. Einfluss d. rotirenden Erde nach Quet u. Résal IX. 70. 71 — Directe Lösung d. Probleme d. relat. Beweg. XIII. 97 — Sätze über die Zusammensetz. d. relat. Beschleunigung XIII. 97 — Entwicklung d. Gleichungen für d. relat. Beweg. XIX. 19; XX. 31.
Beweg. e. Körpers auf e. geneigten Ebne unter Berücksichtig. der Reibung VIII. 51; auf einer horizontalen Ebne VIII. 57; auf e. schiefen Ebne unter Einfluss der Erddrehung XVIII. 26 — Beweg. e. schweren Punktes auf e. Kugel, desgl. einer schweren Linie um einen ihrer Punkte VIII. 55 — Beweg. e. Punktes auf d. Oberfläche e. Ellipsoids XIII. 108 — Bew. e. schweren Punktes auf e. Schraubenlinie XIV. 79 — Beweg. e. schweren Punktes auf e. verticalen Plancurve XV. 51 — Bew. e. Punktes unter d. Einfluss d. Schwere u. e. constanten stets tangential wirkenden Kraft XVI. 26 — Bedingung d. Gleitens e. Stabes auf e. Kegelschnitt mit verticaler Axe XIII. 117 — Beweg. einer schweren Kugel auf ein. Ebne X. 39 — Elliptische Bahn e. Kugel in ein. rotirenden Hohlkegel XV. 51 — Unbeweglichkeit einer Kugel auf einer rotirend. Scheibe XVIII. 31, s. XI. 74. — Zeitbestimm. für e. rollenden u. e. oscillirenden Cylinder VI. 89 — Theorie der Wagenräder, deren Schwerpunkt wie bei Locomotiven nicht in der Mitte liegt VI. 93 — Bewegung e. Körpers in Bezug auf bewegliche Axen; rollende Kugel XIV. 73. 74; XVII. 43 — Theorie rollender Kreiskegel IX. 45 — Beweg. ein. Doppelkegels auf zwei convergirenden graden Linien XII. 99 — Die cycloidale Beweg. u. ihr Zusammenhang mit d. Drehung IX. 51.
Bewegung eines von zwei festen Centren angezog. Punktes XIII. 110; XVI. 26 — Problem d. drei Körper, wenn d. eine unbeweglich ist XI. 66 — Ein Fall d. drei Körper, bei welchem die Erde stets Vollmond hat XII. 94 — Genäherte Lösung d. Problems d. drei K. XII. 95 — Neue Methoden d. Lös. d. Problems XIII. 110; XIV. 78 — Beweg. dreier in e. Ebne sich anziehenden Massen, wenn eine stets dieselbe Entfernung v. d. beiden andern behält XIV. 78 — Beweg. v. drei anziehenden Centren bei unveränderter relativer Lage XIX. 13 — Beweg. mehrerer sich gegenseitig anzieh. Körper XX. 28.
Wann beginnt d. untere Ende ein. umfallenden Leiter zu gleiten IX. 32 — Verwandlung v. alternirend gradlinigen Beweg. in krummlinige IX. 53 — Reduction d. Beweg. v. Körpern mit festen Hindernissen auf die Beweg. freier Körper XV. 47 — Sätze üb. die endliche Verschiebung einer unveränderl. Figur im Raum XVI. 24 — Kraft zur Bewegung eines Hahnschlüssels XIV. 79 — Probleme über d. Beweg. d. Kopfes d. Lenkstange an e. Kurbel, sowie der Lenk- und Kolbenstange XX. 36 — Gleichungen für d. Beweg. e. biegsamen Fadens XVI. 27 — Gleichung für d. Anfangsspannung e. Fadens XX. 27 — s. An-

ziehung, Drehung, Kraft, Mechanik, Schwingung.
Dynamometer v. Colladon I. 71 — v. Weber II. 487 — v. Bourdon XVI. 42 — Horizontal-Dyn. v. Schönemann XIX. 26.

Ebbe u. Fluth e. Ursache d. Senkung d. Meerniveaus III. 34 — Einfluss d. E. u. Fl. auf geolog. Erscheinungen V. 469; VI. 925 — Unsere Kenntniss v. E. u. Fl. in vielen Gegenden noch mangelhaft VI. 1002 — Fluthhöhe u. ihre Wechsel VI. 1003 — Einfluss d. E. u. Fl. auf d. Umdrehungszeit v. Erde u. Mond X. 70. 72; XIII. 119; Einwürfe dagegen XIX. 667; Abnahme d. Entfernung zw. Erde u. Mond in Folge d. Fluthbeweg. XX. 32 — Fluthperioden u. ihre Messung X. 774 — Tafeln üb. Hafenzeit und Grösse d. Fluth XII. 726 — Theorie d. E. u. Fl. von Barnard XV. 741; v. Carrick XIX. 668; v. Galilei XX. 704 — Einfluss des Erdinnern auf E. u. Fl. XIX. 30 — Fluthbewegung d. heissflüss. Erdinnern XX. 839 — Vorschlag zur Benutzung d. Fluthwelle für Mühlenbetrieb XIX. 334.

E. u. Fl. im Weissen Meer V. 468; IX. 647 — Der v. d. Fl. an der irischen u. skandinav. Küste abgelöste Schutt wird von ihr in der Nordsee abgesetzt VIII. 611 — E. u. Fl. in d. Meerenge v. Negroponte IX. 648 — Fluthercheinungen an d. Küsten d. Verein. Staaten X. 772. 773; XII. 729; XIII. 569; XIV. 682 — Sonnenfluth bei Brest X. 774 — Fluth in hohen nördl. Breiten X. 774 — Fl. im südl. Stillen Meer X. 774 — E. u. Fl. in der Ostsee XII. 727; XIII. 567; XIV. 681; XVI. 786 — im Jahdebusen XII. 727 — an d. irländ. Küste XII. 728 — Gestalt d. Fluthlinien an d. amerikan. u. europäischen Küsten XII. 730 — Fl. in Neu-Schottland XII. 731 — in d. Navybay u. Panamabay XII. 732 — zu Ponape od. Ascension im Stillen Meer XII. 732 — im kleinen Belt XIII. 568 — im Golf v. Mexiko XIII. 568; XVIII. 739 — im Harrissund XIV. 683 — bei Triest XVI. 788 — E. u. Fl. in Flüssen VIII. 612; XII. 726; auf dem Humber IX. 649 — Mondfluth im Michigansee XVI. 801; bei Chicago XVI. 802 — s. Andriveau Bache, Ballo, Bateman, Beaufort, Burdwood, Burgess, Buys-Ballot, Carrick, Chase, Chasseloup, Chazallon, Croll, Dennis, Fraser, Galbraith, Gaussin, Germar, Haughton, Hills, Hirsch, Kane, Keller, J. R. Meyer, Oldham, Russel, Thompson, Turazza, Zantedeschi.
Ebullioskop zur Bestimm. des Alkoholgehalts in Flüssigkeiten II. 34; III. 18; IV. 44; XIX. 363.
Echappement s. Uhr.
Echo v. 21 Sylben II. 153 — s. Schallreflexion — Geigel.
Edelsteine, Darstell. v. künstl. E. IV. 199 — Unterscheid. d. E. durch d. Lithoskop XX. 168.
Ei, In frischen Eiern hemmt die Structur des Albumins d. Gefrieren VI. 266; nach J. Davy hierin kein Unterschied zw. frischen und lange aufbewahrten E. XX. 366 — Elektr. Unterschied zw. Eiweiss u. Dotter im Ei XV. 410.
Eis soll sich nach Muschenbroek u. Petzholdt durch Kälte ausdehnen I. 32. 35; alle genauen Versuche dagegen I. 34 — Ausdehnungscoeffic. V. 28; VI. 48; VIII. 37 — Specif. Wärme I. 562. 563; II. 265; V. 230; VI. 611. 613 — Grosse Temperaturerniedrig. durch d. Verdampfen des Eises IX. 392 — Wärmeleitung XVIII. 365; XX. 397 — Eis e. Isolator I. 550; Eis e. Leiter der Elektr. IV. 282; XIX. 571; XX. 478 — Krystallform, Lichtbrechungsverhältniss u. Dispersion III. 687; XX. 574; die beiden Hauptbrechungsexpon. d. E. XX. 240; d. Ringsystem im E. v. Brewster zuerst gesehn XX. 239 — E. ist diamagnetisch VI. 1143 — Specif. Gewicht XVI. 10; XVIII. 10. 11.

Mikroskop. Beobachtung des Gefrierens I. 117 — Hervortreib. v. E. an Pflanzenstengeln u. gewissen Bodenarten VI. 264 — Wachsthum und Beschaffenheit d. E. in d. Polargegenden VIII. 630. 631 — Erklär. der Eisformen d. Gletscher XIV. 126 — Zusammenfrieren zweier Eisstücke üb. 0° XIV. 126 — Faraday's Erklär. d. Wiedergefrierens, Regelation, XV. 350; Thomson dagegen XV. 353 — In Capillarröhren gefriert Wasser erst weit unter 0° XV. 356 — Eisbildung im Meer XIX. 671. 672; XX. 846

847 — Auf ruhendem Wasser wächst d. Decke d. Eises erst proportional, später wie d. Quadratwurzel d. Zeit XX. 399 — Bildung d. E. auf Seen u. Entstehung d. Schründe u. Spalten in ihm XX. 854 — Apparate zur künstl. Eisbereitung VI. 263; IX. 366; XI. 373; XII. 365; XV. 362; XVI. 370. 372 — Volumenänderung d. E. beim Schmelzen XI. 32 — Unter grossem Druck schmilzt d. E. XIV. 124; s. auch Thomson 125 — Geschmolzen. Meereis giebt nie süsses Wasser XV. 348 — Beschreib. d. Eisschmelzens auf d. nordamerikan. Seen XV. 747; XVI. 806; XIX. 680 — Einfluss der dunklen Wärmestrahlen auf d. Schmelzen d. E. XX. 417.

Lichtbild auf ein. gefrorenen Fensterscheibe II. 241 — Verhalten des E. unter d. Einfluss v. Sonnenlicht u. Druck XIII. 158. 159; XIV. 125 — Plasticität d. E. XIII. 295; Biegung v. Eisplatten unter Druck XX. 65. 365 — Fortführung e. Granitblocks durch E. bei Borgholm XIII. 573 — Regelmässige Sprünge im E. d. Baikalsees XV. 354 — Analogie zw. E. u. Glas XV. 355 — Eisregen XX. 759 — s. Gefrieren, Gletscher, Regelation — Abich, Böttger, della Casa, Forbes, Gardiner, Richardson, Thomson, Tyndall.

Grundeis entsteht nur in fliessendem Wasser I. 119 — Gr. schon 1781 künstlich erzeugt I. 120 — Bildung des Gr. nach Adie III. 89. 90; X. 787; XVII. 756; Frankland dagegen 757 — nach Maschke XI. 782; nach Fuchs u. Weber XII. 746; nach Engelhardt XVI. 349; XX. 864; nach Berger XVIII. 337 — Gr. in d. Saale X. 786 — in der Aare XI. 781 — Das Gr. in d. Ostsee führt d. errat. Blöcke an d. Küste X. 787 — Im Meer bildet sich selten Eis an d. Oberfläche XIX. 671. 672 — Bedingungen d. Bildung v. Gr. XIX. 671 — s. Adie, Falkowsky, Senarmont, J. Thomson.

Eisberge, Die schwimmenden Eisberge d. Polarsee sollen aus Firn bestehen X. 784 — Bildung d. E. in der Hudsonsbay u. Hudsonsstrasse XVI. 848 — Höhe u. Ausbreitung d. E. im südl. Ocean XVI. 850.

Eisen, Elasticitätscoefficient IV. 92; XIX. 59 — Elasticitätsgränze XX. 62 — Latente Schmelzwärme IV. 231 — Magnetisirung d. E. macht d. Wärmeleitung ungleich nach verschiedenen Richtungen VI. 605; sie bleibt nach allen Richtungen gleich XVIII. 373; XX. 399. 400 — Wärmeleitung nach Despretz VIII. 418; nach Forbes VIII. 421; XVIII. 365; nach Gouillaud VIII. 422; nach Angström XVII. 405; XVIII. 363; nach Neumann XVIII. 364 — Wärmeausdehnung VIII. 33; XVI. 339 — Specif. Wärme XI. 380. 382; XVI. 370 — Prüfung d. E. auf seine magnetische Capacität XI. 502 — Grosse Coercitivkraft d. galvanisch niedergeschlagenen E. XIV. 502 — Coercitivkraft d. Eis. u. seiner Legirungen XV. 535 — Verbrennlichkeit v. Eisenpulver unter Einfluss e. Magnets XV. 536 — Weiches E. wird durch Anpressen an e. Magnet hart XVI. 553 — Durch Amalgamation verliert das E. seinen Magnetismus XIX. 456 — Drehspähne sind magnetisch XX. 498 — Galvan. Verhalten d. amalgamirten E. II. 394 — Elektr. Stellung d. amalgamirten E. zum reinen XVI. 467 — Einfluss d. Magnetisirung auf d. elektrische Leitvermögen XII. 435 — Aenderung d. elektr. Leitverm. durch Wärme XIX. 422 — Entstehung ein. krystallin. Gefüges im E. durch Erschütterungen V. 18; VI. 7 — Verhinderung d. Bildung ein. krystallin. Structur XVI. 20; XVIII. 62 — E. ist dimorph u. sollen d. ungleichen Krystallformen die Verschiedenheit der Eisensorten verursachen VIII. 10 — Aenderung d. Festigkeit im E. mit der Temperatur VI. 16; XIII. 146 — Festigkeit verschied. Eisensorten XIII. 143; XIV. 111; XV. 100; XVI. 64 — Explosion v. schwammförm. E. unter hohem Druck XI. 3 — Eigenthüml. Zeichnung auf Eisenstäben in Folge v. Biegungen XVI. 59 — Eigenschaften des galvanisch gefällten E. XIV. 502; XVII. 489; dasselbe soll Ammoniumeisen enthalten XVIII. 447 — Galvan. Fällung v. E auf Kupfer XVIII. 446; auf Quecksilber u. Bildung von Eisenamalgam XVIII. 447 — Porosität d. glühenden E. XIX. 84; XX. 92. 93 — Blasen auf Schmiedeeisen v. eingedrungenen Gasen herrührend XX. 93 — Bei plötzlicher Abkühlung des glühenden Endes e. Eisenstange wird das andere Ende heiss XX. 400 — Zwei glühende Eisendrähte schweis-

sen im Vacuum zusammen XX. 487 — Ermittelung d. Spannung in Eisenconstructionen durch d. Ton XIX. 98 — s. Fairbairn.

Meteoreisen, Passivität dess. VIII. 475 — s. Auerbach, Bergemann, Böcking, Boussingault, Burkart, Chouteau, Clark, Eberhard, Forchhammer, Genth, Greg, Guery, Haidinger, Heddle, Jackson, Jordan, Kenngott, Krantz, Leconte, H. Müller, Nöggerath, Partsch, Philippi, Prestel, Pugh, v. Reichenbach, Römer, G. Rose, Shepard, Shumard, J. Smith, Taylor, Uricöchea, Whitney, Wichelhaus, Wicke, Willet, Wöhler.

Eisenbahn, Geschichtliches üb. atmosphär. E. I. 594; Apparat v. Clegg und Samuda 595; Verbesserungen I. 598 — Röhrenleitungen an Eisenbahnen zum Ersatz der Telegraphen II. 154 — Opt. Täuschung beim Fahren auf d. E. III. 191 — Reibungsschlitten zum Anhalten der Züge VIII. 68 — Betrieb d. E. durch Wasser statt Dampf VIII. 127 — Zweckmässigste Construction d. Federn für die Wagen VIII. 141; XIV. 108. 110 — Erhöhung d. Reibung bei starker Steigung durch Elektromagnetismus IX. 575 — Durchbiegung u. Elasticitätsgränze d. Axen d. Fahrzeuge für E. XI. 140 — Versuche mit Mac Connelschen Hohlaxen XII. 178 — Axendimensionen für Eisenbahnwagen XII. 179 — Wie weit d. Erschütterungen d. Züge wahrnehmbar sind XIII. 121 — Gränze für die Geschwindigkeit eines Zuges ohne Durchbiegung d. Schienen XIII. 136 — Einrichtung d. Parachocs u. Heurtoirs bei Eisenbahnzügen XIII. 148 — s. Barlow, Bursill, Crelle, Jobard.

Eisenblech, Festigkeit X. 118; XII. 178.

Eisenchlorid s. Chloreisen.

Eisencyanürcyanid, Berlinerblau, wird durch Licht zersetzt, durch Sauerstoff wieder hergestellt V. 206.

Eisenerze, Magnetismus derselben XII. 539 — s. Dellwick.

Eisenkies s. Schwefeleisen.

Eisenoxyd, Specif. Gew. IV. 55 — Ausdehnung d. Eisenglanzes durch d. Wärme VIII. 33 — E. noch hygroskopischer als Kupferoxyd XVI. 117 — Unterschied zw. magnet. u. unmagnet. E. XIX. 458 — Die Rostbildung auf d. Eisen in Wasser wird nur durch Kohlensäure vermittelt XX. 475.

Eishöhlen, Eisgrotten, in d. Saalbergen VI. 995 — in der Schweiz u. Frankreich XX. 878 — Entstehung u. Verbreitung d. E. XVI. 844; XVII. 722 — s. Boll.

Eismaschine v. Master IX. 366 — v. Gorrie XI. 373 — v. Siemens XII. 365 — v. Harrison XIII. 303 — von Carré XV. 362; XVI. 370; XVII. 396; XVIII. 342 — v. Tellier, Budin und Hausmann XVII. 396 — v. Kirk XIX. 373 — Eisfabricat. in Liverpool XVI. 372 — Eiserzeug. mittelst Aethylamin u. Methylamin XVIII. 342 — s. d'Auriac, Pouillet.

Eismeer, Ausbreitung d. Eisbildung in d. europäischen Polarmeer XI. 785 — Kane's Forschungen im E. XIII. 574 — Das Polarmeer offen XIV. 687 — Gränzen d. E. XVII. 737 — Ursache des geringeren Salzgehalts XVII. 738 — Reise in d. E. XX. 853 — s. Meer — Lanoye, Mühry.

Eismulden im östl. Sibirien, Entstehung IX. 656.

Eiweiss, Wirkung alternirend. elektr. Ströme auf Hühnereiweiss III. 431 — Zerlegung d. Lösungen v. Albumin durch d. galvan. Strom XIV. 471 — Opt. Eigenschaften des Albumins V. 176 — Alb. dreht die Polarisationsebne links IX. 290; Einfluss hiervon auf den rechtsdrehenden Milchzucker IX. 290 — Diffusion d. Eiw. durch d. Schalenhäutchen d. Hühnereies XII. 45; XIII. 69 — s. Diffusion, Ei.

Elasticität, Formeln für merkliche Verrückungen d. Molecule elast. Körper III. 38; VIII. 138 — Nothwendige Aenderung an d. Poissonschen Theorie d. Gleichgewichts u. d. Beweg. e. elast. Platte IV. 93; Versuche dazu an kreisförm. Platten V. 100 — Ableit. d. Gleichungen für d. Gleichgew. u. d. Beweg. elast. Körper IV. 94; VIII. 136; X. 88; XVI. 78 — Aenderung d. älteren Formeln für d. Gleichgew. u. d. Beweg. elast. Körper V. 74; Fall wo d. Beobachtung der älteren Theorie besser entspricht V. 76 — Gleichungen für d. Gleichgew. u. d. Beweg. eines nach verschied. Richtungen ungleich elast. Körpers VI. 244; VIII. 137 — Anwend. d. Gleichungen üb. d. Gleichgew. elast. Körper v. Cauchy auf besondere Fälle

VI. 255 — Bedingungen d. Gleichgewichts elast. Kugelschalen IX. 128 — Integration d. Gleichungen für d. Gleichgew. e. cylindr. elast. Körpers X. 129 — Neues Princip für d. Spannungen in elast. Systemen v. Menabrea XIV. 105 — Arbeit d. elast. Kräfte im Innern e. Körpers XIV. 108. 110 — Bewegungsgesetze e. Systems vollkommen elast. Kugeln XV. 314 — Verschied. Arten d. Homogenität elast. Körper XVI. 69. 70. 71 — Versuche zur Verminderung d. 36 Coefficienten d. 6 elast. Druckcomponenten XVII. 105 — Theorie d. innern Drucks bei elast. Körpern XVIII. 63 — Vertheil. d. elast. Kräfte um e. Punkt in e. amorphen ab. nicht isotropen Medium XIX. 51 — Bestimm. d. Verschiebungen in e. isotropen Körper nach verschied. Richtungen XIX. 55 — Innere Verschiebungen in e. v. zwei concentr. Schalen begränzten elast. Körper bei Verrückungen an d. Oberfläche XX. 55. 56.

Theorie d. El. v. Dienger X. 115; v. Saint-Venant XI. 113; XX. 59; v. Rankine XI. 116; v. Bancalari XII. 154; v. Thomson XII. 177; v. Redtenbacher XIII. 35; v. Koosen XIII. 139; v. Lorenz XVII. 106; v. Clebsch XVIII. 61.

Bei Metallen e. wahre Elasticitätsgränze nicht vorhanden I. 86 — auch innerhalb d. Elasticitätsgränze d. El. nicht constant IX. 120 — Elasticitätsgr. d. Axen bei Eisenbahnfahrzeugen XI. 140 — Bestimmung d. Elasticitätsgr. bei Metallen XX. 62 — Elasticität d. Gewebe d. menschl. Körpers II. 95; verschied. Holzarten II. 99; d. organ. Gewebe XV. 104; XVI. 79 — Verhältniss d. Quercontraction zur Längenausdehnung nach Wertheim IV. 89; nach Kirchhoff XV. 88; nach Okatow XIX. 56 — Bedenken v. Clausius gegen Wertheim's Betrachtungsweise V. 73; dessen Entgegnung XVI. 75 — Durch Wärme wird d. Elast. bleibend geändert IX. 119; XII. 167 — Eigenthüml. Zerspringen gefüllter capillarer Glasröhren beim Erwärmen XVII. 102. 103 — Bei Mineralien d. El. e. Function v. Dichte, Zusammensetzung u. Krystallgestalt X. 9 — Die permanente Verlängerung bei d. Belastung elast. Körper ist äusseren Umständen zuzuschreiben XVIII. 64 — Rollende Reibung eines Rades auf elast. Boden XX. 54 — Bedingungen d. Gleichgewichts elast. Stabsysteme, Gitter, XX. 58 — s. Balken, Biegung, Schwingung, Spiralfeder, Stäbe, Stoss — Hodgkinson, Kirchhoff, Laurent, Lespauri, Mainardi, Thomson.

Elasticitätscoefficient, E-modul, ist nicht constant für dasselbe Metall I. 88 — Bestimm. d. El. bei Legirungen I. 89 — Ableitung d. El. aus Wertheim's Formeln IV. 90 s. dazu V. 73; XVI, 75 — El. b. Eisen, Stahl, Gusseisen, Messing, Platin, Gold, Silber, Aluminium nach Kupffer IV. 92; VI. 237; VIII. 138. 140; IX. 114. 117; X. 110; XI. 146; XIII. 156; XVI. 62; XIX. 59 — Bestimm. d. El. aus d. Doppelbrechung VI. 450 — Bestimm. d. El. v. Volpicelli VIII. 142 — Elasticitätscoeff. v. Eisen, Stahl, Messing, Eichen- u. Teakholz XVIII. 69 — Methode v. Phillips zur Bestimm. des El. XIX 51; El. v. Kobalt, Nickel, Aluminiumbronze XIX. 51 — Bestimm. d. El. aus d. Theorie d. Chronometerspirale XX. 63 — Abhängigkeit d. El. vom Atomgewicht XVI. 72.

Elaylbromid, Dampfspannung bei verschied. Temperaturen XVIII. 351.

Elektricität, Ansichten üb. d. Wesen d. El. v. Henrici I. 381; v. Faraday, v. Laming I. 384; v. Sloggett II. 317; v. Stevenson, Smith, II. 318; Doppler IV. 257; Testelin XVI. 417. 418; Challis XVI. 413; Maxwell XVII. 418; XVIII. 387; Spiller XVII. 418; Guyot XVII. 419; Subic XVIII. 14 — Zusammenhang zw. El., Licht, Wärme, Magnetismus II. 319; IV. 257; XVII. 418 — El. u. Magnetism. nicht identisch II. 321 s. dazu VI. 792 — Nach Laming d. El. d. Gravitirende in d. Materie III. 316 — Die Ursache d. El. besteht in Vibrationen III. 313. 358; IV. 258; V. 245; XIV. 370; XV. 373 — Nach Buys-Ballot besteht d. El. in longitudinalen Schwingungen V. 14; XIV, 321 — Die El. e. schweres Gas IV. 258 — Ein Zusammenhang zw. El. u. Schwerkraft nicht nachweisbar VI. 678 — El. nach Grove e. Affection d. Materie VIII. 501 — El. soll e. rotirende Beweg. d. Atome sein X. 429 — Nach Reinsch El. e. Richtungsthätigkeit d. Mole-

cule XI. 393; d. Versuch nicht dafür XII. 382 — Annahme e. elektr. Aethers neben d. Lichtäther XI. 393 — Theorie d. elektr. Bewegung unter Annahme e. Fluidums XIV. 371 — Muthmaassl. Dichte d. elektr. Fluidums XVII. 457 — El. e. wirbelartige Beweg. d. Aethers XX. 427 — Die Identität v. Lichtäther u. elektr. Fluidum nicht nachweisbar XX. 427 — El. eine Störung d. molecularen Gleichgewichts XVI. 414. 416.

Interferenzerscheinungen bei d. El. nicht beobachtet I. 536; III. 468 — Interferenz elektr. Ströme XI. 425 — El. zeigt keine Strahlung IV. 353; Spuren davon VI. 646 — Umwandlung v. Wärme in El. XII. 343; XIV. 431 — Umwandl. v. El. in mechan. Arbeit XII. 347 — Einfluss d. El. auf d. Dimensionen e. Körpers III. 375 — Anwendung d. Satzes v. d. Erhaltung d. Kraft auf El. III. 239 — Mathemat. Theorie d. El. v. Green VIII. 453 — Mängel d. Ampèreschen Theorie IX. 562 — Harris gegen d. Coulomb-Poissonsche Theorie XII. 381 — Analogie in d. analyt. Behandlung d. elektr. Phänomene u. d. Wärmebeweg. XII. 382 — Verdienste d. Franzosen um d. Elektricitätslehre X. 576 — s. Donavan, Phillipps, de la Rive.

Elektricität, animalische, Ort d. Entwicklung d. Elektricität in d. elektr. Fischen II. 466 — Eigenthüml. Organ bei verschied. Fischen ähnlich d. elektr. Organ d. Zitterrochen II. 469; IV. 309 — Bau d. elektr. Organe d. el. Fische IX. 530 — Weshalb d. el. Fische sich durch ihre Schläge nicht gegenseitig tödten XIV. 546 — Geschichte d. Physik d. el. Fische XV. 517 — Räumliche Ausbreitung d. Schlags d. Zitterfische XX. 544 — Die Pacinischen, richtiger Vaterschen, Körperchen d. Katzen ohne freie Elektricität IV. 327 — Bei d. Säugethieren kein elektr. Organ IV. 328 — Angebliche elektrische Kräfte in den Actinien XIV. 547.

Versuche an d. Zitterrochen v. Matteucci I. 508; seine Theorie schon v. Andern gegeben I. 509; III. 433. 435 — Nervenendigung im el. Organ d. Zitterrochen III. 436 — Das eigenthüml. Organ zu beiden Seiten d. Schwanzes d. Rochen ohne elektr. Wirkung III. 440. 441 — Stromrichtung, Dauer u. Stärke d. Schlags beim Zitterr. XIV. 542. 543 — Bau d. elektr. Organs d. Zitterrochen XV. 515; XVI. 548; XVII. 533; XVIII. 832 — Ansammlung der Elektricität v. d. Entladung d. Zitterrochen XVII. 532 — Die El. entwickelt sich beim Zitterr. nicht im Gehirn XVIII. 830 — Einfl. v. elektr. Strömen, Curare und Wärme auf d. elektr. Organ d. Zitterr. XVIII. 831 — Umkehr. d. Schlags beim Tod des Zitterr. XVIII. 832 — Versuche am Zitteraal I. 510 — Der Gymnotus elektrisirt seine Beute u. verschlingt sie dann IV. 308 — Bau d. elektr. Organs des Gymnotus XIV. 541 — Beschaffenheit d. el. Nerven d. Zitterwels IX. 530 — Malapterurus beninensis e. neue Art Zitterwels XIV. 538 — Bau des el. Organs von Malapt. electricus XIV. 539; XVII. 533; XVIII. 832 — Stromrichtung im Zitterwels XIV. 541. 542. 544 — Versuche v. Du Bois mit dem Zitterwels XIV. 544; XV. 516 — Elektrolyse und Polarisation durch d. Schlag d. Zitterwels XVII. 529. 531 — S. Arago, Baxter, Bilharz, Du Bois, Ecker, Kölliker, Marcusen, Matteucci, Moreau, Richardson, W. C. Thomson, Waddell, Wilson.

Elektricität, atmosphärische, Apparat zur Beobacht. d. atm. El. von Romershausen II. 362; III. 577; XII. 577 — Apparat v. Thomson XV. 585; XVI. 614; Anwend. desselben XVI. 612. 622 — Einrichtung der bisher gebrauchten Apparate XV. 590 — Vorrichtungen in Mailand XVI. 647; XIX. 572 — Lamont's Elektrometer zur Beobacht. d. Luftelektricität VI. 885 — Messung d. Luftelektr. v. Romershausen IX. 612; v. Hankel IX. 612; XII. 560. 570; v. Beeck IX. 613; v. Dellmann IX. 614; XII. 575; v. Palmieri XX. 435. 602 — Beobachtungsweise v. Volpicelli XIX. 558; Secchi dagegen XX. 603; Entgegn. v. Volpicelli XX. 606; Ausgleich beider Ansichten 608 — Beobacht. üb. Luftelektr. in Belgien V. 259; Holland XIX. 574; zu Kew V. 262; XX. 602; Brüssel VI. 884; Kreuznach X. 645; München XV. 567; Windsor in Neu-Schottland XIX. 547; St. Louis XIX. 551 — Auf d. Meer d. El. positiv XI. 577.

Einfluss der atm. El. auf Telegraphendrähte II. 538; III. 668; V. 262 — Einfluss auf d. Barometerstand V. 426 — Beziehung zw. Nordlicht und atm. El. VI. 879; XVI. 616 — Elektricität nicht in vulkan. Dämpfen, wohl aber in d. Hundsgrotte III. 346 — Rauch erhöht d. positiven el. Zustand in d. Atmosphäre, daher auch Höhenrauch IX. 615 — Elektr. Erscheinungen im Rauch bei e. Ausbruch des Vesuvs XVIII. 761 — Strahlenartige Lichterscheinungen zur Nachtzeit in Chili v. Dec. bis Februar XII. 584 — Elektr. Erscheinungen in d. Wohnungen v. Nordamerika XIII. 315; rühren v. Reibung d. Gehenden her XIV. 389 — Elektr. Lichterschein. am Himmel XV. 572 — Lichtausströmungen aus verschied. Gegenständen bei stürm. Wetter XI. 597 — Leuchten d. Zweige e. Espe XVIII. 521 — Elektr. Ausströmungen auf Schneeflächen XIX. 569. 570. 571 — Lebhafte el. Erscheinungen in der Wüste Atakama XV. 618; in Algier XVI. 616; auf der Cheopspyramide bei Cairo XVI. 617 — Photographie e. elektr. bei Tage nicht wahrgenomm. Lichterscheinung XVII. 293; XX. 613.

Verdampfung d. Wassers erzeugt El. nur bei Reibung d. Dampfes II. 364. 365 — Die atm. El. rührt nicht v. d. Verdampfung d. Meerwassers her X. 434 — Erklärung d. atm. El. durch Temperaturverschiedenheiten IV. 278 — Erklär. d. atm. El. v. Phillips V. 339; VI. 879; v. Peltier VI. 886; von Dellmann XV. 597; XVIII. 517; v. W. Thomson XVI. 619; v. Florimond XVIII. 517; v. Wislicenus XIX 555; v. Palmieri XIX. 559 — Quellen der atm. El. XII. 577. 580; XVI. 618; XV. 595 — Die atm. El. hauptsächlich v. Regen u. Nebel ausgehend XX. 611; aus d. Verdampfung u. Verdicht. d. Wassers XX. 612 — Abhängigkeit d. Luftelektr. v. d. Feuchtigkeit d. Luft XVI. 615; XVIII. 512. 515 — Tägliche Periode der atm. El. XVIII. 514 — Starke posit. Elektr. nach Regen ein Vorbote v. schönem Wetter XVI. 622 — Beziehung der atm. El. zum Wetter XIX. 558 — Negat. El. bei heiterem Himmel XIX. 557 — Ursprung d. posit. El. bei heiterem Wetter XIX. 562 — Erklär. d. elektr. Verhaltens v. Reif u. Schneeflocken XIX. 568 — Im Zimmer d. El. fast immer negativ XVIII. 534.

Täuschungen veranlasst durch Flammen bei d. Beobacht. der atm. El. XVI. 615 Ursache d. ungleich schnellen Ladung e. Conductors in d. Luft XVI. 615 — Die Mitwirkung d. Luft bei d. Influenz nicht erwiesen XVIII. 518 — Von zwei sich berührenden Metallen wird nur das negat elektr. im Freien bethaut XIX. 568 — Natur der Ströme in e. Draht v. e. erhöhten Spitze zur Erde XIX. 599 — s. Blitz, Erdströme, Gewitter, Ozon, Trombe, Wetterleuchten — Cornay, Desboeuf, Highton, Hugeny, John, Kämtz, Lamont, Leclerc, Liais, Loomis, Matteucci, Mène, Nott, Pallas, Palmieri, Phillips, Pouillet, Quetelet, Raillard, Regnier, Seguier, del Verme, Wartmann.

Elektricität, Contact-El., (Galvanismus), Erscheinungen an d. Gaskette zu Gunsten d. Contacttheorie I. 478 — Vertheidigung d. Contacttheorie v. Pfaff II. 373; Versuche für d. elektrochem. Theorie II. 374. 375; Vermittelung zwischen beiden II. 376 — In e. Kette sind Contact u. chem. Wirkung zu unterscheiden III. 356 — Stromerreg. durch Flüssigkeiten III. 359 — Versuche v. de la Rive zur Stütze d. elektrochem. Theorie XI. 419 — Die Erscheinungen beim Eintauchen v. Drähten desselben Metalls in dieselbe Flüssigkeit der Contacthypothese nicht günstig XI. 420 — Nach Martens nur d. Contact d. Metalle d. Ursache d. El. in d. Säule XVIII. 406 — Doppler's Erklär. der galvan. Polarität nach mechan. Principien VI. 679 — Erklär. d. galvan. Grundversuche von Weiss VI. 681 — Bezieh. d. elektrochem. Theorie zum Substitutionsgesetz VI. 688 — Anordnung d. volt. Grundversuchs für Vorlesungen VIII. 465 — Die Spannung an d. Polen e. geöffneten Säule v. d. Witterung abhängig VIII. 448 — Zwei Bleche desselben Metalls erzeugen El., wenn d. eine in einer leitenden Flüssigkeit bewegt wird, XI. 416; d. Gegenwart pulverförm. Körper in d. Flüssigkeit erhöht d. Wirkung XI. 417 — Vergleich d. galvan. El. mit der Reibungselektricität II. 352. 354; X. 427. 428; beide haben einerlei Ursprung XVI. 453 — Die Entdeck. d.

Galvanism. mit Unrecht Duverney zugeschrieben IV. 303 — s. El-Erregung — Wiedemann.

Elektricität, Entladung, Ladungs- und Entladungsstrom zeigen gleiche Wirkungen I. 402; II. 358 — Stromstärke im getheilten Schliessungsdraht I. 424; XIII. 335; in verschiedenart. Zweigen I. 425 bis 432 — Uebereinstimm. d. Formeln für d. Verzweigung galvan. u. elektr. Ströme II. 359 — Vertheilung d. freien Spannung auf d. Schliessungsdraht II. 337 — Spannungsverhältnisse bei Aenderung d. Flaschenzahl III. 339 — Die Entladungszeit der Batterie proport. d. Länge d. Schliessungsdrahtes II. 356 — Entstehung u Gesetze d Seitenentladung V. 251. 255 — Vorgänge bei d. Entlad. V. 256 — Widerstand e. Luftschicht im Schliessungsbogen V. 256 — Entl. in einem dauernd unterbroch. Schliessungsbogen VI. 655 — Entl. bei Einschaltung e. Condensators IX. 440 — Entl. e. mit dem Erdboden verbund. Conductors IX. 444 — Unterbrechung d. Entl. in e. Vacuumröhre durch einen starken Magnet XVI 509 — Die Entl. erfordert mehr Zeit als die Durchströmung des angewandten Leiters XVII. 432. 433 — Prüfung der Richtung d. Entl. durch einen rotirenden Spiegel XVIII. 399 — Theorie d. Entl. e. Leydener Flasche v. Kirchhoff XX. 437.

Erglühen, Schmelzen u. Zersplitterung d. Drähte bei steigender Entlad. I. 410. 412. 415 — Die Formeln für d. Erwärm. durch d. galvan. Strom e. besonderer Fall v. denen für die Reibungsel. I. 432 — Riess der Entdecker d. Gesetzes für die Erwärm. d. Schliessungsbogen X. 566; seine Formel XIII. 335; Ansprüche v. Harris auf d. Wärmegesetz XII. 399; XIII. 335 — Wärmeerreg. in e. verzweigten Schliessungsdraht I. 433. 434 — Mechan. Aequivalent d. elektr. Entl. u. die dabei stattfindende Erwärmung VIII. 452 — Unterschied in der Erwärm. bei d. verschied. Körpern und Entladungsarten XII. 402 — Wirk. zweier gleichzeitig durch ein Luftthermometer gehenden Ströme XII. 410; zweier sich gleichzeitig entlad. Flaschen XIII. 336 — Werth d. verschied. Prüfungsmittel d. Entladungsstromes d. Batt. XVI. 431 — Licht- u. Wärmeerschein. bei d. Entl. der Batterie zw. Drahtspitzen XVII. 432.

Unterschied d. continuirl. und discontin. Entl. I. 417 — Erklär. des elektr. Ventils v. Gaugain durch d. verschied. Entladungsart XI. 492. 494 — Aenderung e. Entl. beim Einschalten v. Kochsalzlösungen XIII. 331; XIV. 416 — Unterscheidung d. verschied. Arten der Entl. durch Geisslersche Röhren XVI. 445 — Prüfung d. Entladungsart durch d. Rückstand in d. Batterie XVIII. 395 — Entladungsdauer bei d. Partial- u. Totalentlad. XIII. 334 — Umkehrung des elektr. Zeichens unmittelbar nach d. Entl. der Flasche IV. 267 — Analogie d. alternirenden Entl. mit der Wellenbeweg. XV. 396; XVII. 431 — Gränze d. Uebergangs d. oscillator. Entl. in d. continuirliche XVII. 430. 431; XVIII. 394 — Stromtheilung bei d. Entl. d. Batterie nur durch Oscillation erklärlich XVIII. 393 — Die Entl. e. Batt. erfolgt alternirend, nicht momentan XIX. 407 — Verhältniss des Widerstandes e. Schliessungsbogens, der e. Spirale mit einem Eisendrahtbündel enthält, zur Oscillationsdauer XX. 442.

Erscheinungen bei d. Entl. e. Flaschensäule od. Franklinschen Batterie III. 332; V. 257; VI. 658 — Bestimm. d. compensirten Drahtlängen II. 359 — Geräusch in d. Nebenbatterie bei d. Entl. IX. 444 — Vorgang bei der Annäherung zweier sphär. gleichartig elektr. Conductoren XII. 387 — Entladungsströme in e. isolirt. volt. Säule mit eingeschaltetem Condensator V. 271 — Ursache d. Erwärm. d. posit. Pols beim galvan. Strom u. d. negat. Pols beim Inductionsstrom während d. Entl. XI. 496 — Entl. e. Leyd. Batterie durch d. Inductorium XIX. 403 — s. Elektrische Figuren, El. Licht, El. Schlagweite, Elektro-Magnetismus, Flasche — Henry.

Elektricität-Erregung bei d. Entladung e. Schiessgewehres I. 438 — beim Zerreissen e. Thierblase u. d. Fallen v. Quecksilber im Vacuum II. 360 — Verdampfung erregt nur El., wenn Reibung dabei stattfindet II. 364. 365; III. 343; X. 434. 437; Ansicht v. Phillips darüber V. 337 — Nach Palmieri erzeugen d. Verdampfung d. Wassers u. die Condensation der

Dämpfe El. XX. 612 — Vorrichtung am Papinschen Topf zur Erreg. v. El. durch d. ausströmenden Dampf IX. 448 — Die El. d. Flüssigkeiten, welche d. sphäroidalen Zustand verlassen, ist Reibungselektr. II. 364; X. 433; XII. 384; XVIII. 408 — Der beim Wasserkochen in e. Platintiegel aufsteigende Dampf ist positiv elektr. XVII. 421 — Condensation v. Wasserdampf erregt keine El. II. 364 — auch nicht das Wachsen d. Pflanzen II. 464 — El.-erreg. durch Erwärmen v. Schiessbaumwolle III. 351 — durch chemische Processe V. 269; VI. 686. 687; X. 484; XVI. 458 — Wachsen d. elektr. Spannung nach der elektrochem. Theorie V. 270 — Die El-erreg. e. Maass der chem. Verwandtschaft VI. 690 — El-erreg. bei der Zersetz. verschied. Ammoniak- und Silbersalze X. 438 — bei d. Verbrennung v. Kohle X. 478 — in d. Flamme X. 479. 481 — Bei chem. Processen wird El. nur in Gegenwart e. Elektrolyten erregt X. 485 — Condensation u. Absorption von Gasen erregt El., wenn eine chemische Verbindung dabei stattfindet XVI. 461 — El-erreg. bei Gasentwicklungen in chem. Processen XVIII. 408 — El-erreg. durch Ablöschen erhitzter Metalle VI. 691 — In Becquerel's Versuch, bei welchem Wärmebeweg. El. erzeugen soll, ist e. Gaskette d. Erreger IX. 457. 459 — Nach Palagi soll die Annäherung zweier Körper posit., d. Entfernung derselben negat. El. erregen IX. 616; X. 646; XVII. 428 — El-erreg. bei Zusammendrückung und Ausdehn. der Luft XIII. 316 — beim Durchfliessen v. Wasser durch poröse Körper XIV. 432; XV. 410; XVI. 464 — Beim Eintauchen gleichart. Metalle in ungleich. erwärmte Flüssigkeiten entsteht Thermoelektr. XIII. 347; XV. 407 — El-erreg. durch Auflösen v. Salzen XV. 408 — durch Sonnenstrahlen XIX. 390. 391; XX. 459 — durch Bewegung gleichart. Drähte in e. Flüssigkeit XX. 473 — s. Du Bois, Matteucci, Zantedeschi.

Elektricität, Geschwindigkeit, d. galvan. Stroms nach Walker V. 272; VI. 694. 696 — nach Fizeau u. Gounelle VI. 692 — nach Mitchell VI. 694. 696 — nach Gould VI. 696 — nach Guillemin u. Burnouf X. 495 — nach Felici XVIII. 403; XIX. 408 — Einfluss d. Extrastroms auf d. Geschw. d. Elektr. VI. 806 — Einfluss d. Influenz bei Kabeln X. 499; XI. 400. 466. 468; XII 503; XIII. 322; XV. 419 — Ein Einfluss d. Spannung auf die Geschwindigk. nicht bemerkbar X. 500; XI. 428 — Die Fortpflanzung d. Elektr. in linearen Leitern ähnlich d. Wärmeleitung XIII. 389; XVI. 479 — Die Zeit zur Aufnahme einer bestimmten Elektricitätsmenge ist proport. d. Quadrat d. Länge d. Leiters XIV. 382; XVI. 484 — Dauer d. veränderl. Zustandes in d. Leitung XVI. 479. 480. 483 — Grösse u. Art der verschied. Einflüsse auf d. Fortpflanzungsdauer XVI. 484; XVII 456; XX. 477 — s. Kabel — Crosland, Gaugain.

Elektricität, Induction, Geschichtl. üb. Induct. durch Maschinen-El. I. 422 — Stärke und Richtung d. Nebenstroms nach Knochenhauer I. 423. 435; III. 340; XVII. 434; XVIII. 400 — Nebenstrom bei e. getheilten Schliessungsbogen I. 424. 436; XV. 391. 392 — Richtung d. Nebenstr. nach Verdet IV. 272; Riess VI. 660; Buff IX. 442; Paalzow XVI. 445 — Einschalt. e. Batterie in den Nebenstrom VIII. 455 — Uebereinstimm. d. Gesetze für d. elektr. u. galvan. Induction VIII. 532; IX. 443; XII. 413 — Töne in der Nebenbatterie beim Laden derselben IX. 444; XI. 403 — Unterbrechung e. tertiären Inductionsstromes durch e. Nebenbatterie XII. 411 — Wirk. v. Eisenstäben u. Drahtbündeln auf d. Nebenstrom XII. 412. 413 — Vergleich der Versuche von Knochenhauer mit d. Formel v. Blaserna XV. 387. 389 — Erwärmung im Haupt- und Nebendraht XV. 390 — Einfluss d. Form d. Stromschliessung auf d. Erwärm. d. Nebenstroms XVIII. 391 — Ablenk. d. Magnetnadel durch d. Nebenstr. XIX. 404; XX. 441 — Knochenhauer's Ansicht v. dem Nebenstr. I. 431; XII. 41; XIV. 382. 387 — Wirk. d. Ladungsstromes auf sich selbst VI. 659.

Induction durch galvan. Ströme, (Volta-Induction), Gesetze der Ind. in linearen Leitern nach Neumann II. 475; III. 452; Vergleich mit d. Weberschen Grundgesetz III. 458; Erörterung d. Gleitstellen III. 459: VI. 784; XII. 507 — Ableitung des

Neumannschen Princips aus d. Weberschen Gesetz XIV. 483 — Berechnung d. Intensität u. Dauer momentaner Ströme nach Weber II. 493 — Verhältniss d. Intensität d. inducirten u. inducirenden Ströme VI. 799; XIX. 475; XX. 523 — Dauer u. Verlauf d. durch Stromesschwankungen inducirten Ströme VI. 801 — Theorie d. Inductionsstr. v. Felici X. 550; XI. 474; XII. 506; v. Beer XII. 385 — Ansichten über Ind. von Matteucci X. 568; XII. 527; v. Du Moncel XI. 472 — Gesetze d. Ind. nach Gaugain X. 569; nach Masson XII. 525; nach Renard XVI. 536; nach Du Bois XVIII. 476 — Induct. e. veränderlichen Leiters auf e. constanten III. 461 — Wirkung d. inducirten Stromes auf sich und auf den inducirenden IV. 345 — Nach Phillips bewegt der Oeffnungsstrom mehr El. als der Schliessungsstrom IV. 350 — Schwächung d. Ind. durch zwischengesetzte Metallplatten IV. 350 — Verfahren die unterbroch. Ströme zu verstärken u. zu schwächen XVIII. 482 — Auf die Tonhöhe tönender Körper ist d. Ind. ohne Einfluss IV. 351 — Bestimm. der auf d. Intensität inducirter Ströme bezügl. Constanten von Kirchhoff V. 300 — Quantitative Bestimm. d. Oeffnungs- und Schliessungsströme V. 303; Ursache ihrer Verschiedenheit XI. 478. 479 — Dauer d. Entstehens e. Oeffnungs- u. Schliessungsstr. XV. 501 — Zusammenhang zw. d. Dauer d. Inductionsstr. u. d. Schnelligkeit d. Intensitätsänderung im Hauptstrom XVI. 530; XIX. 476; Einfluss d. Extrastromes dabei XIX. 477; der Art d. Unterbrechung 478 — Stärke des Inductionsstr. in verschied. Zeit nach seiner Entstehung XVI. 533 — Zersetzung v. Wasser u. and. Substanzen durch d. Inductionsstr. IX. 492. 503; XIV. 472. 473; XVII. 515 — Jeder Inductionsstr. zweiter Ordnung aus zwei Strömen bestehend V. 308 — Ein starker Inductionsstr. geht durch d. Vacuum IX. 494; Berichtigung dazu XI. 482. 497 — Geschwindigkeit der durch d. Ind. bewirkten elektr. Strahlung X. 621 — Wärmewirk. d. Inductionsstr. XII. 520 — Wärmeentwickl. u. Arbeit bei d. auf verschied. Weise entstand. Inductionsströmen proport. XX. 523 — Wirk. eines durch e. Luftstrecke unterbroch. Inductionsstr. auf die Magnetnadel XV. 504.

Extrastrom, die Wirkung eines Stromes auf sich selbst d. inducirenden Strome proport. V. 307 — Induction e. unendlich langen graden Stromes auf sich selbst VI. 789 — Dauer u. Intensität der Extraströme VI. 794. 795; XIII. 389 — Einfluss d. Geschwindigk. d. Stromunterbrech. u. der Stärke d. Extrastroms auf d. Wirkungen d. discontinuirl. Stromes XIV. 430; XVI. 529 — Extrastrom d. Inductionsstroms am Inductorium XIX. 480 — Wirkung d. Schliessungsstroms der Leyd. Batterie auf sich selbst VI. 659 — Nach Carl existirt d. Extrastrom nicht XVII. 518.

Die ersten Arbeiten üb. Induction rühren v. Italienern her XVI. 535 — s. Elektricität Magneto — Croll, Forbes, Knochenhauer, Masson, Nobile, Palagi, Verdet.

Inductionsapparat, (Inductorium), Prüfung und zweckmässigste Einrichtung aller Theile XI. 475 — Ladung e. Leydener Flasche XI. 481. 485; XII. 518; XIX. 403 — Verstärkung d. Stroms durch e. im Vacuum vibrir. Hammer XI. 484 — Erscheinungen, wenn d. Unterbrech. in Luft od. in e. nicht leitenden Flüssigkeit stattfindet XI. 481. 489; XIX. 478 — Auch bei demselben Hammer sind entgegengesetzte discontinuirl. Ströme nicht immer gleichzeitig XI. 491 — Unterbrecher von Neef I. 463; III. 472; v. Du Moncel IX. 514; von Laborde XII. 509; XX. 529; v. Rijke XII. 511; v. Halske XII. 512; v. Callan XIV. 488; v. Bertin XVIII. 482 — Quecksilberunterbrecher v. Foucault XII. 517; dessen doppelt wirkender Unterbrecher XIII. 414 — Unter den Metallen ist statt d. Platins am Hammer Palladium am besten XII. 512. 520 — Verbesserung d. Inductionsapp. durch Sinsteden XI. 486; XIII. 418 — App. v. Ruhmkorff XI. 500; Verbesserung desselb. XIV. 486; Verhalten d. Galvanometernadel in d. Schliessung des Ruhmkorffschen App. XVI. 535; Grosser Ruhmk. App. XVI. 536; Durchbohrung e. Glasplatte v. 6 cm. Dicke damit XVII. 521; Belohnung für Ruhmkorff XX. 526 — Inductionsapparat v. Stöhrer XII. 513; von Hearder XII. 515; XIII. 417; von

Bentley, v. Heidenreich XII. 515; von Callan XIII. 414; XV. 507; v. Ritchie XIV. 486; v. Schaack XIX. 482 — Verbindung mehrerer Apparate XII. 517 — Wirkung d. Condensators IX. 563; XI. 477. 488. 501 — Verbesser. in d. Aufwickeln d. Rolle XIII. 413 — Inductionsrollen v. Baggs XV. 507; von Callan XIX. 481 — Am Inductorium ist d. negative Pol d. wärmere, beim Hauptstrom d. positive X. 520; XIX. 405; s. VI. 714 — Inductionsapparat für Galvanoplastik, Telegraphie und dergl. XX. 529 — Physiolog. Wirkungen e. grossen Induct. XX. 553 — s. Elektricität Magneto, — Faraday, Meursinge.

Inductionsfunken, Grosse Funken aus e. Spirale VI. 793. 795 — Funken auf schlecht leitenden Körpern IX. 494 — Lichterschein. beim Durchgang e. starken Inductionsstromes durch d. Vacuum IX. 494 — Sprengung v. Minen durch d. Inductionsf. IX. 568; XI. 498 — Benutzung desselben zu stroboskop. Scheiben XII. 523; zur Zeitnotirung XVIII. 486 — Inductionsf. aus Oel u. Alkohol gezogen X. 522; aus einer isolirten Platte X. 523 — Der Ind. ist von e. leuchtenden Atmosphäre umgeben XI. 497; XVI. 506; chemische u. magnet. Wirkungen d. Aureole XV. 455. 456; XVII. 499; sie wird in e. rotirenden Spiegel verbreitert XV. 453. 457; nur durch sie wird d. Galvanometer abgelenkt XV. 457; Ursprung d. Lichthülle u. d. Funkengeräusches XV. 458; Trennung d. Lichtstreifens v. d. Hülle XVII. 497; was im Funkenstrich u. was in d. Aureole leuchtet XIX. 448 — Die Wärme d. Funkenstroms ist an d. Unterbrechungsstelle grösser als in der Metallbahn XI. 479. 482 — Messung d. Erwärmung durch d. Funken an d. Polen d. Inductoriums XVII. 495 — Mikroskop. Beobacht. d. Inductionsf. XV. 454. 456 — Am posit. Pol. soll die Spannung grösser sein als am negat. XV. 458 — Bildung v. Wasser, Ammoniak, Salpetersäure u. s. w. durch d. Inductionsf. XV. 459 — Uebergang d. Funken zw. zwei Flüssigkeiten od. rotirenden Drähten XVI. 507 — Länge u. Farbe d. Funken in verschied. Gasen XVIII. 459; XIX. 443 — Bei Unterbrechung d. Hauptstroms in e. Flamme wird d. Funke bedeutend verlängert XVIII. 480 — Erscheinungen auf e. rotirenden und regelmässig beschrieb. Scheibe bei veränderlicher Drehgeschwindigkeit XIX. 444 — Funkenverstärk. durch zwei isolirte Drähte um d. Inductionsrolle XX. 526; durch Annäherung e. abgeleiteten Platindrahts an d. Pole des Inductoriums XX. 527 — Eigenthümlichk. d. Funken zw. aufrechten divergenten Drähten u. Drähten über saur. Wasser XX. 530 — s. Geschichtetes Licht unter Elektrisch. Licht, Elektrotherm. Zersetz. — Clibborn.

Elektricität, Influenz, (Vertheilungs-El.), Eigenschaften d. gebundenen El. nach den Versuchen von Knochenhauer I. 389; v. Matteucci II. 324; v. Munck af Rosenschöld II. 325; v. Armellini, Harris, Seguin XIII. 330 — Theorie d. elektr. Vertheil. v. Mossotti III. 323; v. Thomson III. 324; X. 438; v. Romershausen VIII. 518; v. Siemens XIII. 322 — Gebundene El. ist ihrer anziehenden u. abstossenden Kräfte nicht beraubt X 442; nach Melloni u. Anderen ist sie latent, ohne Spannung X. 443; XI. 397. 398; XII. 389; XIII. 324. 325. 329; XIV. 374. 375; XV. 382; XX. 434; Widerleg. dies. Ansicht XII. 392. 393; XIII. 327; XIV. 376; XV. 386; XVII. 428; XX. 433 — Einfluss d. dielektr. Körpers auf d. Vertheil. X. 447. 449. 450; XII. 392. 394; XVIII. 518; XX. 432 — Influenz in krummen Linien XII. 397; XIV. 374; XX. 432. 437 — Infl. durch Inductionsströme X. 522 — Infl. e. Spitze am Conductor auf einen Isolator XI. 400 — Aehnlichkeit d. Infl. mit d. Induction XI. 403 — Arbeitsmenge d. elektr. Vertheil. X. 555 — Vertheilungscoefficient e. isolirten elektr. Metallscheibe XIV. 380 — Verhalten d. Isolatoren gegen elektr. Körper XV. 383 — Inductive Capacität von Stearin und Schwefel XIX. 394. 395 — Analogie zw. Infl. u. Wärmeleitung XX. 431 — s. El. Ladung.

Elektricität, Interferenz, nicht nachweisbar I. 536; III 468 — Angebl. Interf. bei galvan. Strömen XI. 425.

Elektricität, Ladung, Formel für d. Ladung I. 396. 423; XIII. 320 — Die Intensität d. Lad. ist proport. d

Cubus d. Dicke d. Isolators, den sie zu durchbrechen vermag IV. 268 — Einfluss d. Dicke u. d. Stoffes der isolirenden Schicht XIII. 318 — Anordnung d. El. auf d. Belegen einer Franklinschen Tafel VIII. 450; XVII. 423 — Die Ladungs- u. Entladungsströme sind gleich stark XIII. 316 — Ladungserscheinungen an e. Geisslerschen Röhre XV. 385 — Condensirende Kraft v. Kautschuck u. Gutta percha XVI. 481 — Ladungscoeffic. für Telegraphendrähte XVI. 485 — Elektrolyse durch d. Ladung an Glas XVI 501 — Draht mit Schellack überzogen ladet sich schneller als ein mit Gutta percha überzogener XVII. 429 — Dauer d. Maximums d. Ladung XVIII. 388 — Formel für die Ladung e. Conductors XX. 434 — s. Condensator, El-Inductionsapparat, El-Influenz, Flasche, Kabel.

Elektricität, Leitung, In einem Elektrolyten findet d. Strom dreierlei Hemmnisse I. 449 — Ansichten üb. d. Vorgang bei d. Leit. II. 317; X. 429; XIV. 385 — Versuche zur Bestätigung der Leitungsgesetze II. 379; VI. 704 mit Berichtigung VIII. 478; XI. 437; XIV. 381 — Beim Durchgang eines Stromes durch einen in einem Elektrolyten befindlichen Draht findet eine Stromverzweigung statt II. 379 — Erklärung der Leitung der Flammen III. 316; X. 460 — Unipolare Leitung e. Weingeistflamme XV. 377. 379 — Einfluss isolirender Körper auf elektr. Leiter bei d. Berührung III. 318; V. 246; XV. 383 — Auf amorphen u. regulär krystall. Körper breitet sich d. El. kreisförmig, auf irregulär krystallisirten elliptisch aus V. 247. 249; XVII. 475 — Bedeut. d. specif. Widerstandes VI. 781; Grösse dess. bei Silber u. Quecksilber VI. 786 — Magnetische oder diamagnet. Erregung ändert nicht d. Leitungsfähigkeit VI. 796; IX. 477 — Verfahren d. Widerstand hörbar zu machen VIII. 476 — Kupferdraht verliert, Eisendraht gewinnt an Zähigkeit, wenn sie als Stromleiter dienen XI. 159 — Einfluss d. Spannung, Härte, Magnetisir. u. s. w. auf d. Leit. d. Drähte XI. 430 — Einfluss d. Spannung u. Magnetisirung auf Eisen XII. 435; auf Nickel XIII. 356 — Der Widerstand e. Leiters v. d. Stromstärke nicht unabhängig XIII. 353 — Die Leit. e. Glascylinders unabhängig v. seiner Länge XV. 413 — Druck vermindert d. Leitfähigkeit d. Drähte XV. 416 — Die Wirk. d. Entladungsstromes d. Leyd. Flasche auf d. Magnetnadel ist v. d. Grösse des Leitungswiderstandes unabhängig XV. 504 — Erreg. eines Widerstandes in porösen feuchten Körpern durch den Strom selbst XVI. 470 — Chem. u. physische Beschaffenheit ändern d Leitvermögen XVI. 495 — Die Metalle sind dielektrisch, d. Isolatoren anelektr. XVII. 456. 457 — Uebereinstimm. d. Wärme- und Elektricitätsleitung XV. 364.

Silber als Widerstandseinheit vorgeschlagen v. Langsdorff IX. 474; e. Quecksilberprisma v. 1m. Länge und 1□mm. Querschnitt v. Siemens XVI. 489; XVII. 454; e. Legirung aus Gold u. Silber von Matthiessen XVII. 465. 469; XVIII. 416; Siemens dagegen XVII. 467 — Erfordernisse d. Normaleinheit XVIII. 412. 413. 431 — Vergleich d. bisher angewandten Einheiten XVIII. 417 — Versuche zur Bestimm. d. absoluten Einheit XX. 450 — Grösse d. Ohmad XX. 456 — Arbeitsgrösse d. Widerstandseinheit XVII. 455 — Prüfung d. Etalons von Siemens u. Halske XIX. 414.

Bestimm. des Widerstandes nach Svanberg III. 360; V. 281; nach Cook III. 362; mittelst d. Quecksilbervoltagometers V. 283; nach Thomson XVII. 470; nach absolutem Maass XVII. 473; XVIII. 418 — Bei Widerstandsmessungen ist die durch d. Strom erregte Wärme zu berücksichtigen IX. 476 — Widerstandsmesser für grössere Widerstände XV. 407 — Bestimm. d. Leitungsvermögens aus d. Erwärmung XVI. 499; XIX. 417 — Copirungsmethoden u. Principien d. Widerstandsmesser XVIII. 428 429 — Leitungsvermögen v. Selen, Jod, Retinasphalt, Aluminium und Beryllium I. 387 — Leit. d. Erdbodens II. 523. 537; V. 284; VI. 705. 706; X. 501; XI. 435; XII. 457; XIII. 348; XV. 418; XVII. 480 — Die Erde kein einfacher Leiter I. 567; XI. 427 — Die frische Oberfläche d. Glimmers leitet d. El., d. ältere nicht II. 22 — Leit. künstlicher Schwefelmetalle III. 319 —

Trockener Marekanit e. Nichtleiter VI. 648 — Glas diente schon 477 auf Ceylon gegen d. Blitz VI. 649 — Das Leitvermögen e. Kennzeichen d. Mineralien VI. 707 — Unter 330 Mineralien 252 Isolatoren VIII. 469 — Leitungswiderstand in Platin, Neusilber u. Eisen IX. 435 — Ungleiches Leitvermögen zweier Wismuthstäbe von verschied. Structur XI. 413; XII. 454 — Leit. d. Metalle in d. Alkalien u. Erden XII. 453; d. Kupfers XIII. 355; XVI. 491. 493; XVII. 470; d. Nickels XIV. 445; d. Goldes XVI. 491; d. Metalle XIV. 444; XIX. 423; d. Legirungen XV. 364; XVI. 496; XVII. 470; XX. 15 — Einfluss e. Beimischung von Sauerstoff u. fremden Metallen auf d. Leit. d. Quecksilbers XVIII. 435 — Vergleich d. Wärme- u. Elektricitätsleitung d. Metalle XV. 364; XVIII. 364 — Leitungsvermögen schlechter Leiter XV. 412; XIX. 431; XX. 475; v. Gutta percha u. Kautschuck XV. 417; d. Muskeln u. Pflanzengewebe XVIII. 837; d. Rückenmarks vom Kaninchen XVIII. 839.

Einfluss d. Temperatur auf d. Leit. d. Metalle II. 381; IV. 282; XIV. 446. 448; XVII. 444; XVIII. 434; XIX. 421. 423 — Abnahme d. Leit. bei d. Metallen zw. 0 u. 100° XX. 453 — Widerstandszunahme für 1° C in Quecksilber XVI. 489. 495; XVII. 454. 468; in Kupfer XVII. 454. 468; in Platin XVII. 454 — Einfluss d. Temperatur auf d. Legirungen XIX. 423 — In d. Glühhitze wächst d. Widerstand bedeutend bei Eisen, Kupfer, Platin XIV. 449 — Leit. geschmolzener Metalle XIX. 426 — Schwefelsilber u. Schwefelkupfer werden beim Erwärmen gute Leiter VI. 707; Schwefelcadmium u. Schwefelmangan in d. Glühhitze VI. 708 — Körper, die beim Erhitzen bessere Leiter werden wie Glas, Fluorblei, sind Elektrolyte X. 488. 489 — Kohlen u. Graphit nehmen in d. Wärme an Leitungsvermögen zu XIV. 445; weil durch d. Hitze d. Berührung vollständiger wird XVI. 498 — Ursache der Proportionalität zw. Temperatur und Leitungswiderstand XV. 416 — Temperaturbestimm. aus d. Leitungswiderstand e. erhitzten Platindrahts, Widerstandsthermometer, XVII. 474; XIX. 427 — s. Eis — Nyström.

Leitung in Flüssigkeiten, wird durch Wärme erhöht I. 448 — Ein Elektrolyt bietet drei verschied. Widerstände I. 449 — Uebergangswiderstand II. 386 — Vergleich d. Leit. der Körper im geschmolzenen u. aufgelösten Zustand I. 457 — Vertheilung d. Stromes in e. Flüssigk., wenn sie einen grösseren Querschnitt hat als d. eintauchenden Elektroden III. 450; VIII. 470; IX. 477 — Widerstand in e. prismatischen Säule der Flüssigkeit IX. 478; in e. trapezförm. Schicht Kupfervitriol X. 509 — Nach Faraday u. Anderen besitzen Flüss. e. eigene Leitfähigkeit wie die Metalle neben der elektrolytischen IX. 482; X. 501. 503; XI. 434. 440; Andere dagegen IX. 483. 484; X. 505. 509; XI. 443 — Bestimm. der Leit. in Flüss. nach Saweljew XII. 449 — Nach Despretz kann ein schwacher Strom durch Wasser gehen ohne dasselbe zu zersetzen XII. 455; nach Andern ist d. Leit. stets eine elektrolytische XII. 455. 456; XIII. 364 — Vorgänge beim Durchgang e. elektr. Stroms durch e. Elektrolyten nach Clausius XIII. 409; nach Buys-Ballot XIV. 321 — Leitungswiderstand der verdünnten Schwefelsäure u. vieler Salzlösungen III. 365 — Concentrationsgrad für das Maximum d. Leitfähigk. bei Schwefel-, Salpeter- und Salzsäure V. 281 — Leit. d. Schwefel- u. Salpetersäure, der Zink- und Kupfervitriollösungen bei verschied. Temperatur VI. 701; XVII. 477 — Leit. durch e. Kupferdraht in Wasser VI. 706 — Einfluss d. Zähigkeit auf d. Leit. d. Salzlösungen XII. 446; Einfl. d. Salzgehaltes XVIII. 438. 440 — Leit. in Salpeter- u. Kochsalzlösungen XV. 426; in d. bei d. Hydroketten gebräuchl. Flüssigkeiten XVII. 444; d. Nitraten d. Alkalien u. Erden u. d. schwefelsauren Kali XVII. 477 — Verhalten flüssiger Isolatoren XV. 382 — Geringe Leit. d. Schneewassers XVI 483; des reinen Wassers XVII. 478 — Widerstand capillarer Flüssigkeitssäulen XVII. 479 — Die Leitungsfähigk. flüss. Legirungen ist die d. Einzelmetalle im flüss. Zustand XVII. 467; XVIII. 436 — Leit. geschmolz. Metalle XIX. 426 — Bestimm. d. Leit. in Flüssigk. durch d. Leyd. Batterie XIX. 398.

Leitung in Gasen nicht d. elektr. Dichte proportional V. 246 — Grösse d. Leit. in d. Gasen IX. 479; Bedenken dagegen 481 — Leit. d. verdünnten Luft XI. 492. 493. 496; der verdünnten Gase XVIII. 443; XX. 478 — Einfluss d. Luft auf die unvollkommene Isolirung e. Leitung XVI. 486; XVII. 465 — Stromverluste an d. feuchte Luft bei Telegraphenanlagen II. 385; XVI. 487 — Verlust elektr. Leiter in isolirenden Gasen III. 317.

Der luftleere Raum e. Nichtleiter VI. 654 — Nach Masson geht e. Inductionsstrom durch IX. 494; nach Gaugain nicht XI. 497; s. XV. 449.

Electricität, Magneto-El., (Magnetinduction), Geschichtliches üb. die durch d. Erdmagnetismus inducirten Ströme I. 532; Funken dadurch I. 533; Erreg. v. Strömen XI. 473; XIII. 423 — Gesetze d. Magnetinduction nach Neumann II. 479; V. 308 — Ableit. d. Intensität e. magnetoelektr. Stromes III. 244; IV. 340 — Anwend. der durch Elektromagnete erregten Ströme III. 468; Richtung derselben je nachdem d. inducirte od. inducirende Kreis früher geschlossen wird III. 469 — Ob e. schwingendes Pendel magnetoel. Ströme inducirt VI. 152 — Erreg. magnetoel. Ströme in Flüssigkeiten X. 502; XIII. 395 — Arbeitsmenge zur Erhaltung e. magnetoel. Stromes X. 556 — Vergleich d. Theorien v. Neumann u. Plücker üb. Magneto-El. XI. 471 — Matteucci's Ansichten über Magnetinduction X. 568; XII. 527 — Umstände, welche auf d. Stromintensität, Wärme und chem. Wirkung v. Einfluss sind XII. 528 — Stromunterschiede bei verschied. Erregung d. Magnetinduction XV. 502. 503 — Spannungserscheinungen und Funken an der offenen magnetoel. Inductionsspirale II. 509; VIII. 519; Tafeln zur Ladung dazu VIII. 520; s. auch XI. 481.

Verbesser. d. magnetoelektr. Maschinen v. Stöhrer u. Petrina I. 524; v. Scoresby, Dujardin, Breguet I. 525; II. 524. 534. 566; von Page II. 531 — Vergleich d. magnetoel. und hydroelektr. Apparate II. 512. 528; XV. 496 — Erzeugung e. continuirl. Stromes mittelst e. magnetoel. Maschine III. 369; IV. 347 — Vergleich mit d. Ruhmkorffschen Apparat VIII. 523 — Einfluss d. Drehgeschwindigkeit d. Maschine auf d. Stromstärke IV. 341; VIII. 534; IX. 565; X. 570; XIII. 419 — Einrichtung u. Wirkung d. Maschine v. Sinsteden V. 309; VI. 806; Stöhrer dazu V. 312; Benutzung dieser Maschine zum Telegraphiren X. 571; Wirkung d. Eisenbündel darin X. 573 — Magnetoel. Tangentialmaschine V. 313 — Maschine v. Willward VI. 810; von Siemens und Halske XIII. 422; der Gesellschaft Alliance XIX. 449 — Anwend. d. magnetoel. Maschine zur Galvanoplastik III. 391. 392; auf Leuchtthürmen in Frankreich XIX. 450 — s. El. Induction, Elektrodynamik — Du Moncel, Elias, Reynaud.

Elektricität, Pyro-El., beim Struvit II. 362 — Boracit III. 344; IV. 274; XIII. 338 — Turmalin XII. 415; XIII. 339; XV. 381 — Schwefelkies XVI. 448.

Elektricität, Reibungs-El., Vergleich d. Reibungs-El. mit d. galvan. II. 352. 356; X. 427. 428; beide haben einerlei Ursprung XVI. 453 — Starke Erreg. v. El. durch Reiben v. elektr. Papier u. Schiessbaumwolle II. 360. 362; III. 340. 341. 351; VI. 650; XX. 428 — durch d. Reibung d. Treibriemen in Fabriken III. 341; VI. 650; IX. 447; XIX. 393 — Reibung d. Ursache der Dampfelektricität II. 364. 365; III. 343; X. 434; s. jedoch V. 337; Verdampfung allein erregt keine El. X. 437 — Vorrichtung am Papinschen Topf zur Erzeugung von El. durch d. Dampfausströmung IX. 448 — Darstellung e. beim Reiben stark negat. elektr. Zeuges IV. 259 — Gutta percha stark negativ IV. 260 — Rotation durch Reibungsel. VI. 647 — Erreg. v. Reibungselektr. durch d. Gehen in d. Wohnzimmern zu New-York u. a. a. O. VI. 650; X. 482; XIV. 389 — El. beim Reiben e. nassen Glasstöpsels im Hals d. Flasche VI. 651 — Erhitzte od. in concentr. Schwefelsäure getauchte Glasstäbe werden durch Reiben negat. el. VIII. 448 — Durch Reiben zweier Metalle werden thermoelektr. Ströme erregt IX. 461 — Ein nicht leitender Stab durch belieb. Ringe geschoben wird an den Enden entgegengesetzt elektrisch, elektrostasche Polarität

nach Volpicelli X. 430; XI. 396. Reibung d. Ursache davon XI. 396; andere ähnliche Versuche XV. 380 — Wenn Flüssigkeiten d. sphäroidalen Zustand verlassen, entsteht El. durch Reibung II. 364; XII. 384 — Wasserzersetz. durch Reibungsel. XI. 447. 448 — Harze werden, mit d. Finger gerieben, erst positiv nachher negativ el. XIV. 372 — Die El. beim Druck d. Kalkspaths ist Reibungselektr. XIV. 373 — Schwaches u. starkes Reiben rufen entgegengesetzte El. hervor XVI. 429 — Reibungsel. beim Fliessen e. Flüssigkeit durch e. Capillarrohr XVIII. 407 — Stellung der Metalle in der Spannungsreihe für Reibungsel. XX. 429.

Elektricität, Thermo-El., durch Reibung der Löthstelle zweier verbund. Metallstäbe I. 440 — Die bei d. Reibung zweier Metalle entstehenden Ströme sind thermoelektr. IX. 461; XII. 419 — Thermostrom durch das Tönen e. Saite aus zwei Metallen I. 441 — Molecularänderung ohne Temperaturverschiedenheit giebt keinen Strom II. 370; sie wirkt aber auf d. Richtung des durch Temperaturverschied. hervorgebrachten II. 371 — Eine v. Reade beobachtete Rotation rührt nach Faraday nicht v. Thermo-, sondern v. Luftströmen her II. 371 — Die elektromotor. Kraft v. 1° Wärmedifferenz in hohen und niederen Temperaturen ungleich III. 82; VIII. 456 — Thermoströme in demselben Draht bei ungleicher Härte desselben III. 351; VI. 665 — Thermostr. zw. weichem u. hartem Antimon od. Stahl VIII. 458 — Thermostr. sind in demselben Metall, wenn es krystallin. ist, leicht zu erregen IV. 279 — Thermostr. an gleichart. Metallen VI. 662; IX. 454 — Bedingung der Strombildung in demselben Draht XVIII. 453. 457 — Thermostr. bei gleichartigen in ungleich erwärmte Flüssigkeiten getauchten Metallen und umgekehrt XIII. 346; XV. 407 — Bei Wismuth u. Antimon ändert sich die elektromotor. Kraft mit d. Spaltungsrichtung und Glätte d. Berührungsflächen VI. 663; XI. 411; XIII. 340 — Einfluss d. krystallin. Structur auf Richtung u. Intensität d. Ströme, namentlich bei Wismuth VI. 670; VIII. 458; X. 474; XI. 411; XII. 421 — Nach Becquerel soll d. Strom in Richtung d. besseren Wärmeabflusses gehen III. 351; VI. 662 — Ursache der Thermoel. nach Magnus VI. 668; nach Svanberg VI. 675; nach Frankenheim X. 478; nach Adie XI. 414 — Thomson's Theorie d. Thermoströme VIII. 460; X. 465 — Anwend. d. mechan. Wärmetheorie auf d. Thermoelektr. IX. 461 — Abkühlung unter 0° beim Uebergang e. Stromes von Wismuth in Antimon nach Lenz VIII. 462; Adie dagegen VIII. 462. 463; IX. 452; X. 482; Bestätigung d. Abkühlung VIII. 463; die Stromstärke u. die dadurch bewirkte Temperaturdifferenz an d. Löthstelle sind proport. IX. 451; X. 476 — Schwächung und Umkehrung d. Stromes bei wachsender Temperatur d. Löthstelle X. 471; XII. 427; im Kupfer führt dabei die posit., im Eisen die negat. El. Wärme fort X. 473; XII. 423. 426; XIV. 403 — Aenderung der Stromrichtung bei loser od. fester Berührung der Drähte IX. 455 — Einfluss d. Compression auf d. thermoel. Eigenschaften d. Metalle XI. 413 — Einfluss d. mechan. Spannung und Magnetisirung XII. 430 — Thermostr. bei Berührung ungleich erwärmter Metalle mit e. geschmolzenen Salz XIV. 389 — bei Berührung von Metallen mit Elektrolyten XIV. 391. 398; XVI. 461 — Thermoelektr. Stellung d. Legirungen zw. Zinn, Zink, Blei, Wismuth, Antimon VI. 669; IX. 453; verschied. Eisensorten XIII. 291; v. Schwefelkies u. Kobaltglanz XIII. 340 — Thermoel. Reihen XII. 418; XV. 397; XX. 490 — Thermoelektr. Kraft d. Metalle XIV. 399 — Stromstärke zw. Luft und Kohle XVI. 504 — Allgem. Ausdruck für d. elektromotor. Kraft e. Thermoelements XVIII. 453 — Bestimm. d. Constanten in d. Ausdruck für d. elektromotor. Kraft XIX. 451; XX. 488.

Leichte Art Thermosäulen herzustellen II. 371 — Kraft e. Thermokette v. 769 Paaren v. Eisen-Neusilber VI. 664 — Thermosäule aus Weissblech u. Wismuth XI. 415; aus Legirungen v. Wismuth u. Antimon XII. 419 — Thermosäule aus gleichartigen Metallen XII. 420 — Theorie d. Thermomultiplicators XIV. 403 — Anwend. eines Thermoelements zur Messung d. Boden- u. Lufttempera-

tur XIV. 627 — Wirk. d. Condensation d. Wasserdampfs auf d. Thermosäule XIX. 453 — Grosse Kraft d. Thermokette v. Kupferkies u. Kupfer XX. 491 — s. Aluminium, Flamme, Thermomultiplicator — de la Rive.

Elektricität, Vertheilung, s. El.-Influenz.

Elektrische Abbildungen, El. Bilder, s. Elektrische Figuren.

Elektrische Apparate, Elektr. Waage v. Harris zur Mess. d. elektr. Anziehung III. 315 — App. zur Umsetzung der Stromrichtung III. 372. 465 — Das Quecksilbervoltagometer zu Widerstandsmess. V. 283 — Funkenmikrometer von Riess VI. 652 — Commutator v. Fauconpret VIII. 538 — Beweg. e. Maschine durch elektrolyt. Knallgas IX. 511 — Stromregulator XII. 487; Stromcompensator XIV. 438 — Vorschläge die Umspinnung der Kupferdrähte bei elektr. Spiralen zu umgehen XII. 488. 490 — Vergleich. d. verschied. Messapparate für galvan. Elektr. XIII. 349 — Einfluss des Glasgefässes und Drahtes auf die Empfindlichkeit des elektr. Luftthermometers XVI. 440 — Anwend. d. Luftthermo. zur Prüfung d. Methoden d. Widerstandsmess. XVII. 433 — Der goldene Fisch IX. 439 — Elektr. Flugrad XX. 434 — s. Condensator, El. Induction, El. Ketten, Elektrisirmaschine, Elektrometer, Elektrophor, Elektroskop, Flasche, Galvanometer, Gyrotrop, Lampe, Rheostat, Tangentenbussole, Uhr, Voltameter.

Elektrische Endosmose siehe Jonen.

Elektrische Figuren und Bilder, Literatur über elektr. Abbildungen bis 1845, I. 271 — Abbild. auf dem menschl. Körper durch den Blitz II. 368. 462; III. 427; XV. 619 — Darstell. aller Arten Staubfiguren, namentlich d. Lichtenbergschen II. 339 — Staubfig. auf Fensterscheiben nach d. Putzen derselben VI. 642 — Darstell. d. Staubfig. in grösster Vollkommenheit u. in verschied. Farben XI. 407 — Lichtenbergsche Figuren im luftverdünnten Raum u. in verschied. Gasen auf verschieden präparirten Platten XVI. 430; XVII. 436 — Priestleysche Ringe, feste und elektrolyt. Bilder II. 341 — Ringe u. Flecke auf Metallplatten bei d. Entladung e. Inductoriums in verschied. Gasen VIII. 483 — Entstehung u. Beschaffenheit der elektr. Ringfiguren XVI. 442 — El. Figuren auf Franklinschen Tafeln III. 340 — El. Abbild. von Medaillen auf Metall und Glasplatten XIII. 336; auf Papier XIII. 337 — Elektr. Hauchbilder XIII. 360; XVII. 435 — Analogie zw. photograph. u. elektr. Bildererzeugung XVI. 267 — Elektr. Jodfiguren XVIII. 404 — Bildung v. Streifen und Schichtung bei d. Entladung nach Morren XV. 451. 452. 454; XIX. 406; XX. 496. 529 — s. van d. Willigen.

Elektrische Intensität nach Harris XIX. 397.

Elektrische Ketten u. Säulen, (galvanische, voltasche K., S. u. Batterien), Wirkung d. Dämpfe von Phosphor, Jod, Campher u. s. w. in d. Gasbatterie I. 461 — Sehr constante Gasbatt. I. 462 — Benutzung e. Gassäule zur Gewinnung e. continuirl. Stroms v. e. magnetoelektr. Maschine III. 369 — Wirk. d. Sauerstoffs in d. Gasbatt. IV. 289 — Elektromotor. Kraft verschied. Gasketten V. 278 — Gasbatterie v. Symons V. 280; XX. 472 — Gassäulen mit elektrolytischen Gasen sollen stärker sein als die mit chemisch dargestellten Gasen VI. 708 — Gaskette, worin nur ein Element Gas enthält VI. 709 — Gassäule zw. Luft und Alkoholdampf IX. 458. 459 — Gassäule aus 240 Elementen XI. 463 — Neue Form d. Gasbatt. XII. 487 — Wasserstoff wird mit allen Metallen positiv XVIII. 407 — Eine Gasbatt. mit blanken Platinplatten gab keinen Strom XX. 473.

Modificationen u. Verbesserungen d. Bunsenschen Kette I. 468; IV. 296; V. 292; VIII. 495; IX. 517. 518; X. 542; XII. 482. 483. 485; XV. 402; XIX. 412 — Zersetzungen in d. Bunsenschen Element XIII. 374 — Bunsensche Säule v. 1000 Elementen XV. 404 — Beseitigung d. Entwickl. von Schwefelwasserstoff in d. Bunsensch. Kohle XIV. 440 — Anfertigung der Kohle für d. Buns. Batterie X. 541; XVI. 451 — Anwendung v. schwefelsaur. Eisenoxyd statt Salpetersäure XVII. 437 — Benutz. der in d. Buns. Säule gebrauchten Lösungen XVII. 437

— Elektroskop. Eigenschaften der Danielschen Kette V. 266; X. 483; Osann dazu VI. 686 — Vorgänge in d. geschlossenen Dan. Kette VIII. 497 — Verhinderung des Kupferniederschlags auf Zink u. Thon in d. Dan. Batt. II. 461 — Ursache dieses Niederschlags XIII. 375. 376; Wirk. dieser Incrustationen XVI. 452 — Dan. Säule zu Spannungswirk. XIII. 375 — Verbesser. d. Dan. Kette v. Kuhn XIII. 377; v. Secchi XV. 399; v. Meidinger XV. 400; XIX. 411; v. Siemens XV. 401; noch andere Modificationen XV. 402; XVII. 438; XVIII. 411; XIX. 412 — Dan. Säule v. 1000 Elementen XVI. 426 — Funken aus e. Säule v. 5500 Elementen XVI. 427 — Verbesser. d. Groveschen Kette I. 467; II. 408; XIII. 378.

Ketten für d. Galvanoplastik I. 469 — Fehler der für technische Zwecke gebräuchlichsten Säulen II. 407 — Ketten zu telegraph. Zwecken III. 371; IV. 296; V. 293; XI. 462; XVI. 451 — Stromstärke einer in d. Erde eingegrab. Kupfer- u. Zinkplatte VI. 706 — Erdbatterie v. mehr als vierjähr. ungeschwächter Wirksamkeit VIII. 495 — Intensität d. Erdbatterie in verschied. Jahreszeiten XI. 426 — Sandbatterie XX. 446 — Kette für Galvanoplastik IV. 296 — Batterie zum Minenzünden IX. 515 — Batterie mit verwerthbaren Nebenproducten IX. 515 — Materialverbrauch in verschied. galvan. Combinationen I. 383 — Preis des in verschied. constanten Ketten erforderlichen Sauerstoffs XX. 448 — Vorrichtung zur Amalgamirung d. Zinks IX. 517; XIV. 441; s. VIII. 492 — Die Gasentwickl. am amalgamirten Zink häufig v. Kohlensäure herrührend IX. 519 — Wirkung der Amalgamation d. Zinks XVI. 417 — Einrichtung um Batterien schnell auseinander zu nehmen IX. 518; zur schnellen Aenderung d. Verbindungsweise d. Elemente X. 543; XVI. 453; — Apparat um d. Lösungen in gleichmässiger Concentration zu erhalten X. 542 — Poröse Scheidewände aus Papier XI. 463; aus Pergamentpapier XVII. 439 — Verfahren Platin- oder Silberplatten mit Platinschwarz zu überziehen XII. 481 — Anfertigung sehr poröser Zellen zur Verminderung d. Widerstandes in der Kette XIX. 410 — Zeiodelit, für säuredichte Zellen XIX. 410 — Ursache d. Aenderung d. Stromstärke in d. Ketten XIII. 345.

Chemische Zersetz. u. Erschütterungen durch trockne Säulen I. 450 — Trockne Säule mit geschmolz. Salzen statt nasser Leiter XII. 485 — Krümmungen d. zusammengelötheten Platten e. volt. Batt. in Folge d. Erwärmung I. 466; II. 404 — Kette mit amalgamirtem Eisen statt amalg. Zink II. 394 — Kette aus Platin u. Kalium III. 371 — Braunsteinkette III. 371 — K. aus Blut und Fleisch III. 441 — aus Eisen u. amalg. Zink IV. 296; XI. 462; XVII. 439; K. mit Gusseisen als posit. u. negat. Metall XVII. 445 — Ganz metallische Säule VI. 687 — Graphitbatterie VIII. 495; K. mit platinirtem Graphit XV. 403 — Schwefelkaliumkette IX. 470 — Batt. mit sehr negativen Metallen wie Tellur, Antimon u. s. w. IX. 516 — Zinn als negat. Metall X. 532 — K. mit Eisenchlorid X. 541 — K. aus Aluminium u. Zink XI. 460 — K. mit Kohle und Quecksilber als positivem Metall XII. 484. 485 — K. mit Gaskohle und salpetersaur. Kupferoxyd XII. 486 — K. aus Blei u. Kohle XV. 401 — Constante Säule mit Salzsäure allein XVI. 449 — K. mit schwefelsaur. Quecksilberoxyd XVI. 449 — Constante Kupferkohlenkette XVI. 451 — Zinkkupferkette von Callaud XVII. 445; XVIII. 411 — Hermetische Säule ohne poröse Scheidewand XIX. 410 — Sehr kleine Ketten VIII. 493; Taschenbatterie IX. 515 — Elemente in Form v. Döbereiner's Feuerzeug XIX. 411 — Neue galvan. Combinationen v. Jacobi II. 408 — Batterie v. Roberts VIII. 493; IX. 472; v. Page VIII. 494; v. Lagrange VIII. 494; v. Becquerel III. 359; X. 483; XVI. 450; XVIII. 409; K. v. Mathiot XII. 480; v. Dering XII. 481; v. Selmi XII. 483; v. Du Moncel XII. 486; v. Crusell XII. 486; v. Pulvermacher XIII. 375; v. Marié-Davy XV. 404; XVII. 441; v. Magrini XV. 405; v. Denys XVII. 442; Ladungssäule v. Planté XVI. 463; Verbesser. d. Smeeschen Säule XVII. 440. 441 — Säule v. Maistre XX. 447; von Maiche XX. 448 — Ketten aus Metallen u. geschmolz. Substanzen XX. 462 s. auch X. 486.

Spannung an d. Polen e. geöffneten volt. Säule VIII. 448; XIX. 391 — Einfluss d. Sauerstoffs auf d. Elektricitätserreg. in d. Kette II. 378; V. 272; VIII. 472; X. 512 — Schwank. d. constanten Ketten und Maximum ihrer Wirk. VIII. 496 Ursache der Schwankungen d. Stromes IX. 470 — Zweckmässigste Combination e. gegebenen Anzahl v. Elementen XIII. 350 — Theorie d. galvan. Kette v. Marié-Davy XV. 410 — Bestimm. d. Constanten d. Säule v. Du Moncel XVII. 451 — Versinnlichung d. elektr. Zustandes e. galvan. K. XIX. 415 — Sonnenlicht erhöht d. Kraft d. Kette XIX. 411 — s. Elektromotorische Kraft — Allan, Berjot, Callan, Dering, Fuller, Gassiot, Lenz, Meinig, Puls.

Elektrisches Licht, (Funken, Glühen, Büschel), Die Intensität d. el. Lichts $^2/_5$ von der d. Sonnenlichts II. 246 — Beschaffenheit des Lichtbogens zw. Polen v. verschied. Substanz II. 396; IX. 491; in verschied. Medien II. 398; in Terpenthinöl XI. 455 — Wirk. d. Magnetismus auf d. Lichtbogen II. 399; VIII. 481 — Der Bogen entsteht auch ohne vorhergehende Berührung d. Pole II. 400 — Fall, wo d. Fortführung senkrecht zum Bogen stattfand IV. 295 — Schmelzung u. Verflüchtigung v. Kohle, Kalk, Magnesia, Silicium, Bor, Titan, Rubin u. a. m. V. 286. 287; VI. 716 — Schmelzung v. Disthen u. Reduction v. Aluminium dabei X. 526 — Temperatur d. Pole am Lichtbogen V. 290; VI. 715; XIX. 353 — Das glänzende Kohlenlicht zuerst erwähnt 1802 v. Curtet VI. 714 — Die Natur d. el. L. unabhängig v. d. Anzahl d. Elemente VI. 716 — Veränderung d. Diamants durch den Lichtbogen VI. 717 — Reichthum des elektr. L. an ultravioletten Strahlen VIII. 244; X. 281; XII. 465 — Lichtbogen zw. Metall u. e. Flüssigkeit X. 525 — Rotation d. Lichtbogens ohne e. Magnet XII. 461 — Wirk. d. elektr. L. auf d. Auge XVI. 297 — Die unipolare Erwärmung d. Lichtbogens v. e. Thermostrom zw. Luft und Kohle herrührend XVI. 503 — Quecksilberlicht XVI. 509 — Beobacht. e. dunklen Raumes an d. einen Elektrode d. Lichtbogens XVI. 513 — Welche Metalle dem Schmelzen am längsten im Lichtbogen widerstehen XIX. 409 — Benutz. d. elektr. Lichts zur Grubenbeleuchtung II. 402 — Geschichtliches üb. elektr. Beleuchtung II. 402. 403. 404 — Darstell. d. Kohlenspitzen für d. elektr. Licht II. 404 — Darstell. d. el. Lichts v. Wright III. 373 — Regulatoren für d. el. L. V. 289; VI. 717; XII. 461; XVI. 511. 512; XVII. 505; XVIII. 461. 462; XX. 493 — Anwend. d. elektr. Lichts zum Schmelzen der Erze X. 526 — Kosten der Beleuchtung mit el. L. VI. 718 — Elektr. Licht für Leuchtthürme XII. 462, XVI. 513; XIX. 449. 450; XX. 540 — Glasglocken für d. el. L. XVIII. 462 — s. Lampe, Spectrum — Allman, Becquerel, Dumas, Gaigneau, Great Gun, Laccassagne u. Thiers, Le Molt, Pearie, Reynaud, Rogers, Staite, Thury, Wartmann.

Der elektr. Funke u. d. Licht d. glühenden Kalks verhalten sich ungleich beim Durchgang durch Glas u. Quarz I. 282 — Gesetze über d. Intensität d. el. Funken I. 421; VI. 653 — Mikroskop. Untersuchung d. el. F. am Neefschen Hammer I. 463; II. 401; VI. 718; X. 526; zw. verschied. Elektroden XI. 404; XIV. 416 — Erklär. d. Neefschen Lichterscheinung v. Riess X. 517; v. Osann X. 521 — Eigenschaften u. Bestandtheile der Funken XI. 440 — Funkenlänge bei e. Groveschen Säule v. 100 Elementen II. 400; v. 400 Elem. XVII. 496 — Licht- u. Wärmeunterschiede an e. Daniellschen Säule v. 40 Elementen II. 401 — Funken e. Säule von 5500 Daniellschen Elem. XVI. 427; e. Wasserbatterie v. 4000 Elem. XVII. 496 — Funkenentladungen in Kochsalzlösungen XIII. 331; XIV. 417 — Erscheinung d. Funken in e. rotirenden Spiegel XIII. 333 — Photographie d. Funken d. alternirenden Entladung XV. 396; aus d. Elektrisirmaschine XVIII. 459; aus der Leydener Batterie XX. 494 — Dauer d. elektr. Funken XVIII. 402; XX. 445 — Durchbrechen dicker Glasplatten durch d. el. F. XVIII. 403 — Erscheinung bei Duchbohrung v. Stanniol durch d. el. F. XVIII. 404 — s. El. Induction, Spectrum.

Grubenbeleuchtung durch glühenden Draht II. 403 — Entzündung v. Bomben dadurch II. 404 — In ver-

schied. Gasen glüht e. Draht ungleich, Wasserstoff kühlt ihn am meisten ab III. 301; IV. 293; V. 288; d. Erscheinung v. Andrews zuerst beobachtet V. 289; Erklärung derselben VIII. 479; X. 516 — Zersetzungen v. Alkohol, Aether, Mandelöl, verschied. Gasen u. Dämpfen durch galvan. Glühen III. 303 307. 373; IX. 493; XVI. 501 — Anwendung el. glühender Drähte zu Heilzwecken IV. 307 — Das Erglühen d. Platinschwamms rührt v. e. Strom durch die sich berührenden Gase her V. 289 — Leuchten einer Platinelektrode in gut leitender Schwefelsäure od. Kalilösung IX. 491 — Gesetz der Lichtentwicklung in galvanisch glühenden Drähten XV. 233 — Grösseste Hitze in e. galvanisch glühenden Draht XIX. 228 — Bei d. Entladung d. Leydener Batterie glüht nur der negat. Pol XIX. 405.

Der elektr. Büschel besteht aus zweierlei Lichtmassen XIII. 238 — Photographie d. Büschels XX. 257.

Geschichtetes Licht, Beobacht d. Schichtung im luftverdünnten Raum VIII. 482; X. 518; bei Anwendung continuirlicher Ströme sehr kräftiger Säulen IX. 491; XV. 450; XVI. 508; XVII. 496; XIX. 447; bei Entladung e. Leydener Flasche od. Elektrisirmaschine XII. 408; XIV. 410 — Im elektr. Ei hat die Kugel mit violettem Licht d. höhere Temperatur IX. 496; X. 520 — Einfluss des Phosphors auf d. gesch. Licht X. 519; XII. 523 — Lichterscheinungen an beiden Polen unter der Glocke der Luftpumpe X. 520 — Einfluss der Verdünnung der Substanz u. d. Temperatur auf d. Schichtung XI. 499; XV. 449. 451. 454 — Schichtenbildung im Torricellischen Vacuum XII. 409 — Benutz. d. el. Eies als Elektroskop XII. 409 — Erklär. d. Schichtung v. Riess XIV. 408; von Reitlinger XVII. 503; von Seguin u. Quet XVII. 505; XVIII. 461; v. della Casa und v. d. Willigen XX. 495 — Anfertigung d. luftverdünnten Röhren XIV. 409 — Veränderung der Schichtung durch Annäherung v. Leitern in Folge d. Influenz XIV. 410; XV. 452 — Einwirk. d. Magnets XIV. 411; XV. 445; des Diamagnetismus XIV. 416 — Der Magnet macht d. Masse dichter und minder leitend XIX. 446 — Unterbrech. d. Stromes durch d. Magnet XVI. 509 — Elektr. u. magnet. Licht XIV. 412 — Ladungserscheinungen an d. Geisslerschen Röhren XV. 385 — Untersuch. d. Doppelströme XV. 445. 453 — Widerstände, bei denen alternirende Ströme auftreten XVII. 501. 502 — Recurrente Ströme in Röhren mit Glasscheidewänden XVIII. 458 — In d. absoluten Leere entsteht keine Lichterscheinung; Herstellung derselben mittelst Kohlensäure XV. 449 — Einwirk. d. Ströme zweier Apparate XV. 454 — Nachleuchten gewisser Gase in den Geisslerschen Röhren u. d. el. Ei XV. 234. 450; XVI. 505. 506; XVII. 504 — Anwendung spiraliger Röhren zur Erleuchtung v. Höhlungen im Menschen XVI. 512; zur Grubenbeleuchtung XVIII. 460 — Photograph. Abbildung des gesch. Lichts XVII. 501 — Lichterscheinungen d. Dämpfe v. Zinnchlorid, Schwefelsäure u. Selenwasserstoff XVII. 500 — Färbung d. Lichtschichten durch Metalldämpfe XVII. 503 — Bei der Schichtenbildung findet stets Elektrolyse statt, daher fehlt sie bei einfachen Gasen XVII. 503 — Die meisten Metalle geben am negat. Pol Metallstaub, Aluminium aber nicht XVII. 505; XVIII. 482 — Schichtenbild. in Wasserstoff u. Stickstoff bei verschied. Druck XIX. 445 — An d. negat. Elektrode ist d. Widerstand geringer als an d. posit., welche d. wärmere ist XIX. 446 — Zwischen Drahtspitzen giebt d. Entladung d. Leyd. Batterie ähnliche Erscheinungen wie d. Geissl. Röhre XVII. 432 — Bildung von Lichtschichten zw. zwei Glastafeln XX. 493 — Schichten u. Streifenbild. bei d. Entladung in staubförm. Körpern XV. 451. 452; XIX. 406; XX. 496. 529 — s. Spectrum — — Contedini, Duboscq, Du Moncel, Gassiot, Plücker, Querini.

Elektrische Pausen, Erklär. von Riess XII. 406. 522; XV. 387; v. della Casa XVI. 427

Elektrische Polarisation, Dasein e. besonderen Zersetzungswiderstandes I. 449; II. 386; III. 370; X. 511; XVIII. 443; Beetz und Buff dagegen X. 511; XI. 437. 438 — Die Polarisation durch die Entladung e. Leydener Batterie zuerst v.

Henrici beobachtet II. 355 — Polaris. verschied. Metalle in Sauerstoff, Wasserstoff, Chlor II. 388 — Bei platinirten Platinplatten d. Polaris. geringer als bei blanken, daher d. Wasserzersetzung stärker II. 392; III. 370 — Bei platinirten Platten verschwindet d. Knallgas II. 394 — Einfluss d. Stromstärke auf d. Polaris. II. 389; IV. 285; XI. 439; XV. 427 — Pol. durch magnetoelektr. Ströme III. 369; IV. 349 — Polarisirende Kraft d. Wasserstoffs III. 369; VIII. 474; XVII. 443 — Analogie einer durch Wasserstoff polarisirten Metallplatte mit e. Amalgam XX. 480 — Wirkung d. Sauerstoffs VIII. 473; X. 512; XIV. 468 — Erhitzen vermindert d. Widerstand III. 370 — Sonnenlicht verstärkt d. Pol. XIV. 469; XV. 434 — Einfluss v. Temperatur u. Druck XIX. 434 — Einfluss d. Breite d. Elektroden u. Concentration d. Lösung auf d. Pol. IV. 285 — Pol. v. Kupfer- u. Zinkplatten in Kupfer- u. Zinkvitriol IV. 286 — Elektroden geben anfangs keine Gasentwicklung, wenn sie zuvor von d. entgegengesetzten Strom durchlaufen waren V. 276 — Stärke d. Pol. v. zwei Platinelektroden in verdünnter Schwefelsäure V. 277 — Die Pol. eines Metalles in e. Gase ist seiner elektromotor. Kraft darin gleich IX. 486 — Galvan. Ketten durch Pol. entstanden X. 509 — Pol. durch Ströme v. kurzer Dauer VI. 709 — Pol. an d. Gränze ungleichart. Elektrolyte XII. 458 — Pol. poröser feuchter Leiter XII. 459. 551 — Bestimmung d. Polaris. nach Wild XIII. 357; durch d. physiolog. Rheoskop XVII. 484; nach Crova XIX. 433; XX. 469 — Depolarisator für thier. Elektricität XIV. 537 — Amalgamirte Zinkelektroden in Zinkvitriol sind ohne Pol. XV. 431 — Luftdruck u. Dauer der Gasabscheidung ohne Einfluss auf d. Pol. XV. 428 — Abhängigkeit d. secundär elektromotor. Wirkung innerlich polarisirbarer Körper von deren Dimensionen XV. 432 — Polaris. bei eingegrabenen Zinkplatten XVI. 466, s. auch XVII. 480 — Polaris. durch d. Schlag d Zitterwelses XVII. 531 — Pol. bei constanten Ketten u. deren Einfluss bei Anwend. d. Compensationsmethode XX. 471 — s. Du Bois, Harless.

Elektrischer Rückstand, siehe Flasche Leydener.

Elektrische Schlagweite, nach Riess V. 254; nach Rijke d. Schl. nicht d. Dichte proportional XV. 394; XVI. 439; ähnliches beobachtet von Thomson XVI. 426; Riess dagegen XV. 395. 396; XVI. 439. — Bei hohen Ladungen nimmt d. Schl. schneller zu als d. Elektricitätsmenge XVII. 436 — Die Schl. proport. dem Luftdruck VI. 652 — Aenderung d. Schl. e. Inductoriums durch Einschaltung von Leyd. Flaschen XIX. 408 — Durchbrechen sehr dicker Glasplatten durch d. elektr. Funken XVIII. 403 — Erscheinungen an Drähten bei d. Entladung mit wachsender Schlagweite XIX. 406.

Elektrische Spannung, Erklär. d. Wachsens d. el. Sp. in d. galvan. Säule v. Schönbein V. 270 — Grösse d. el. Sp. an d. offenen Säule VIII. 448; XIX. 391 — Einheit d. el. Sp. XVIII. 412 — Definition XIX. 397; XX. 433. 437.

Elektrische Spannungsreihe, verschied. Gase u. Dämpfe in der Gasbatterie I. 462 — Wasserstoff wird mit allen Metallen positiv XVIII. 407 — Stellung v. Aluminium IV. 282; XI. 415 — Stellung v. Eisen, Blei, Kupfer, Gold, Silber, Platin nach Kohlrausch VI. 685; IX. 468 — Stellung v. Eisen, Nickel, Kobalt im activen u. passiven Zustand IX. 487 — v. Schwefeleisen XIV. 440 — Stellung d. Amalgame v. Zink, Cadmium, Eisen u. Aluminium zu d. reinen Metallen XVI. 467 — Verhalten der Metallamalgame im Allgemeinen XVII. 458 — Stellung v. Eisenamalgam XVIII. 447 — Bestätigung der Sp. durch Poggendorff II. 377 — Reihe d. Metalle in Cyankaliumlösung I. 469 — Spannungsr. d. Metalle nach Hankel XVII. 420 — El. Sp. d. Metalle für Reibungselektr. XX. 429 — Spann. d. Metalle in geschmolz. Substanzen, namentlich Salzen XX. 462 — Die meisten Metalle werden durch Salzsäure posit., durch Salpetersäure negativ XII. 441 — Erde wird durch fallendes od. fliessendes Wasser negativ XI. 422 — s. Elektromotor. Kraft.

Elektrische Ströme, Methode zur Bestimmung d. Stromstärke I. 449

— Messung galvan. Str. durch die Ausdehnung d. Leitungsdrähte IV. 296 — Mess. nach absolutem Maass V. 274 — Die Mess. durch d. Kupferniederschlag unzuverlässig VI. 712 — Ursache der Stromschwankungen in verschied. Ketten IX. 471 — Messung mittelst d. Multiplicators XII. 496 — nach absolutem Maass XII. 496 — Intensität in verzweigten Strömen I. 454; II. 506; III. 363; XII. 452 — Stromricht. in Nebenschliessungen zusammengesetzter Ketten XVI. 499 — Bestimm. d. Intensität u. Dauer momentaner Ströme II. 493 — Ein Strom, der durch einen in e. Elektrolyten befindlichen Draht geht, breitet sich im Elektrolyten aus II. 379; s. VI. 706 — Gesetze d. magnet., chemischen u. Wärmewirkungen d. Stroms III. 352. 472 — Strömende Elektr. zeigt keine Strahlung IV. 353 — El. Strom in e. isolirten Säule bei Einschaltung e. Condensators V. 271 — Bewegung von Quecksilberkügelchen in Flüssigkeiten durch d. Strom VI. 681 — Fortführung v. suspendirten Körpern XVI. 470; XVII. 458. 463 — El. Strom zw. zwei in die Erde gegrabenen Metallplatten VI. 706 — Einfluss d. Erschütterung und Erwärmung d. Elektroden auf d. Strom VI. 710 — Zwei gleiche u. entgegengesetzte Ströme sollen sich nicht aufheben IX. 473. 495; X. 513; XI. 441 — Angebliche Interferenz elektr. Str. XI. 424 — Entgegengesetzte discontinuirl. Ströme sind selbst bei demselben Unterbrecher nicht nothwendig gleichzeitig XI. 491 — Gleichzeitige entgegengesetzte Ströme in demselben Drahte nicht möglich XIII. 352; XIV. 450 — Beweg. d. Flüssigkeit u. Gasbläschen in e. Voltameter durch d. Einwirkung e. Magnets auf d. Strom XI. 474 — Ströme beim Einschalten geschmolz. Substanzen zw. d. Metalle X. 486; XX. 462 — beim Eintauchen v. Cokes u. Kupfer od. Zink in Wasser XIII. 348; XV 418 — bei eingegrabenen Metallplatten XVI. 466; XVII. 480 — Arbeitsleistung eines elektr. Stroms X. 556; XV. 436 — Ansichten über das Wesen e. elektr. Str. III. 375; XIII. 408; XIV. 371; XVI. 418 — Veranschaulichung d. galvan. Stroms XIX. 415 — Analogie zw. el. Str. u. bewegten Flüssigkeiten XX, 458 — Schwingende und kreisende Bewegungen durch d. el. Str. XIV. 480. 482; XV. 441. 442. 477; XVI. 519.

Gesetz d. Wärmeerregung durch el. Str. I. 464; III. 352; XV. 437; XIX. 417 — Das Gesetz d. Erwärm. im Schliessungsdraht v. Riess gefunden X. 566 — Numerischer Werth d. Constanten in d. Wärmeformel für Drähte XIII. 395 — Die Wärmeerreg. der chem. Wirkung zuzuschreiben IX. 354. 488; X. 513. 514 — Grösse d. Wärmeentwickl. e. Stromes, der e. Arbeit verrichtet IX. 490; XIII. 399. 407; XIV. 427; XV. 439. 440 — Wärmeerreg. an d. Polen d. galvan. Batterie IX. 490 — Ein spiralförmiger Draht soll sich mehr erwärmen als ein grader bei gleichem Widerstand IX. 562 — Höchste Temperatur in e. Draht durch d. galvan. Str. XIX. 228 — Weshalb sich beim galvan. Str. d. positive Pol, beim Inductionsstr. d. negative mehr erwärmt XI. 496 — Aus den Wärmewirkungen folgert Favre zwei Arten v. Widerständen in e. Flüssigkeit XIV. 429; XV. 434 — Die elektromotor. Kräfte der Wärmeerreg. nicht proport. XV. 435 — Gesetz d. Wärmeentwickl. in Elektrolyten XV. 437 — Bestimm. des mechan. Wärmeäquivalents durch d. el. Strom XV. 436 — Bestimm. des Leitungswiderstandes aus d. Erwärm. d. Leiters XIX. 417 — Anwend. d. Breguetschen Metallthermometers zur Bestimm. d. Wärme durch d. Strom XVI. 505 — Erwärmung einer v. e. intermittirenden Strom umflossenen Eisenröhre I. 441 — s. El. Entladung, Induction, Erdströme, Ohmsches Gesetz — Gassiot, Jürgensen, Watt.

Elektrischer Uebergangswiderstand I. 449; II. 386; III. 370; X. 511; XVIII. 443 — Beetz u. Buff gegen e. besonderen Ueb. X. 511; XI. 437. 438.

Elektrisches Ventil v. Gaugain XI. 492. 496 — Nach Riess auf Verwandlung d. Entladungsart beruhend XI. 494.

Elektrische Waage v. Harris III. 315 — Anwend. der Drehwaage zur Bestimm. d. el. Dichte III. 319 — Elektromagnet. Waage von Mène IV. 355.

Elektrisirmaschine, Ablenkung

d. Magnetnadel durch d. Strom d. Dampfelektrisirmaschine I. 438 — Cylindermasch. von Grüel II. 362 — Vergleich d. Cylinder- u. Scheibenmasch. bei gleicher Reibungsfläche XIV. 576 — Maschine mit e. Scheibe aus Papier II. 362; aus Guttapercha VI. 650; aus Kammmasse XIX. 397 — Maschine v. Winter III. 342; von Zantedeschi III. 342; von Thore XII. 415; Riesenmaschine von Noad XI. 404 — Verbesser. d. Elektrisirm. V. 257; VIII. 455. 456 — Leichte transportable El., elektr. Spritze, IX. 448 — Maschine nach d. Princip d. Elektrophors X. 463 — Gute Amalgame für d. El. IX. 448; XIV. 377; XIX 393 — Prüfung verschied. pulverförm. Körper an Stelle d. Amalgams XII. 383 — Beobacht. an e. Elektrisirm. mit zwei Scheiben XV. 386 — Die Umhüllung d. Scheibe mit Seide verhindert d. Zerstreuung d. Elektricität XIII. 337 — Bei Scheibenmaschinen mit Einsaugern auf einer Seite ist d. Scheibe auf beiden Seiten entgegengesetzt elektr. XIV. 378 — Entlader von Plettner XVIII. 405 — — Reibkissen v. Steiner XIX. 393 — Mittel die El. bei jedem Wetter brauchbar zu machen VI. 651 — s. Conductor, Elektr. Inductionsapparat, Elektric. Magneto.

Elektrochemie, (Elektrolyse), Das elektrolyt. Gesetz bestätigt sich an Ketten mit zwei Flüssigkeiten VI. 687 — desgleichen auch für sehr schwache Ströme IX. 484. 498 — ebenso an Kupfervitriol in verschied. Zuständen d. Sättigung u. Verdünnung X. 535; XI. 445 — Das Gesetz besteht auch, wenn d. Strom Inductionsströme erregt XX. 479 — Gesetz für d. Elektrolyse durch unterbrochene Ströme XX. 522 — Theorie d. Elektrolyse v. W. Thomson VI. 719 — von Buff XI. 443; XIV. 452. 456 — v. Wiedemann XII. 445 — v. Magnus XII. 472; XIV. 465; Hittorf dagegen u. Begründung seiner Ansicht XV. 459 — v. Kohlrausch XII. 502 — v. Bosscha XIII. 400; XIV. 418 — v. Clausius XIII. 409 — v. Osann XIV. 461 — v. Williamson XIX. 416; XX. 487 — Die galvan. Zersetzung e. Maass für d. Affinität d. Jonen IV. 286 — Einfluss der Temperatur auf d. elektrolytischen Zersetzungsproducte V. 295 — Die Elektrolyse des Wassers fand noch unter 86, selbst 447 Atmosphären Druck statt X. 533; XVI. 517 — Jede Verbindung erfordert e. ihr eigenthümliche Zeit zur Zersetzung XIII. 363 — Elektrolyse höherer Verbindungsstufen XV. 465 — Verhalten geschmolzener Elektrolyte XV. 467.

Die Wasserzersetzung ist an platinirten Platinplatten bedeutender als an blanken II. 392 — Die Gase verbinden sich wieder bei platinirten Platten II. 394; auch bei noch anderen Metallen XIII. 362 — Elektroden aus Platindraht liefern mehr Gas als Platten V. 295 — Im Voltameter entsprechen die Gasmengen nicht immer d. elektrolyt. Gesetz IX. 500 — Die Entwickl. d. einen Gases lässt sich nach Belieben vermindern, selbst unterdrücken X. 505 — Wasserzersetz. unter sehr hohem Druck X. 533, XVI. 517 — Elektrolyse des Wassers durch d. Inductionsapparat IX. 492; dabei entsteht häufig das eine d. Gase in Ueberschuss IX. 503 — Erscheinungen bei d. Wasserzersetz. nach Einschaltung e. Inductoriums in d. Strom XIII. 369 — Elektrolyse d. Wassers durch atmosphär. u. Reibungselektricität XI. 447. 448; XV. 374 — Wärmeentwickl. bei der Elektrolyse d. Wassers XIV. 420 — Osann's Theorie d. Wasserzersetz. IX. 506 — Anwendung d. elektrolyt. Knallgases zum Maschinenbetrieb IX. 511; zur Gasbeleuchtung IX. 568; zu Kalklicht X. 532 — Wasserzersetzungsapparat für Chemiker XI. 446 — Wasserzersetzung durch unterbrochene Ströme XX. 522.

Die Metallreduction bei d. Elektrolyse e. Folge d. Wasserstoffentwicklung I. 474. 475; nach Magnus ist sie direct XIV. 463 — Ausbringung d. Kupfers auf galvan. Wege I. 476 — Galvan. Reduction d. Silbers II. 411; X. 539; XVIII. 444; d. Eisens II. 412; Fällung d. Eisens auf Kupfer u. Quecksilber XVIII. 446. 447; Elektrolyse d. Roheisens XVII. 492 — Reduction von Gold II. 412; XVIII. 444 — Die bei d. Elektrolyse erhaltenen Niederschläge v. Silber u. anderen Metallen sind nicht Hydrüre, sondern fein vertheilte Metalle IV. 298; Kupfer aber bildet e. starres

Hydrür IV. 299 — Elektrolytische Darstell. v. Magnesium VIII. 487 — v. Chrom X. 535 — v. Aluminium X. 536. 537. 538; XVIII. 445 — v. Natrium X. 537; XI. 449 — v. Kalium XI. 449 — v. Calcium XI. 450 — v. Strontium u. Lithium XI. 450. 451 — v. explosivem Antimon XI. 452; XII. 479; XIII. 373; XIV. 470 — v. Kobalt, Nickel, Platin XVIII. 444 — Die Darstell. v. cohärentem Baryum auf elektr. Wege gelang nicht XII. 477 — Gewisse Substanzen erhalten unter Mitwirk. d. galvan. Stroms die Fähigkeit Gold u. Silber zu reduciren XVI. 514 — Galvan. Fällung v. Legirungen I. 476 — Elektrolyse geschmolzener Legirungen XVII. 492 — Färbung v. Wismuth durch Elektrolyse IV. 298; v. Eisen-, Stahl- und Kupferplatten XVII. 493 — Elektrolyse in Armstronggeschossen XIX. 440 — Beschützung der Metallbeschläge d. Seeschiffe durch Galvanismus XX. 486 — Durch kleine Zusätze v. bestimmten Metallsalzen wird die Auflösung d. Metalle bald befördert, bald verzögert I. 477; II. 413 — Ablösung v. Theilchen e. Goldelektrode durch d. el. Strom X. 539 — Zuspitzung v. Stecknadeln durch Elektrolyse XX. 483.

Darstell. v. Kohlenstoff durch Elektrolyse IX. 497; v. Silicium X. 538 — Bedingungen für d. Ozonbildung bei d. Elektr. XX. 480 — Elektrolyse d. Chromsäure XII. 475; XIII. 364; d. Jodsäure XV. 462. 465; d. Schwefelsäure XV. 467; v. Kieselsäure, Eisenoxyd u. Thonerde XIX. 439 — Vorgang bei d. Elektr. von Cyaneisenkalium I. 473; v. Cyankalium I. 475; v. einer Goldlösung I. 475 — Elektrolyse v. Quecksilberjodid u. Fluorblei X. 489; v. Eisenchlorid X. 541; XI. 444; XV. 462; v. Kalium- u. Natriumfluorid XI. 453; v. Metallsulfureten XIII. 374; v. zusammengesetzten Gasen XVI. 516; v. Kohlenwasserstoffen XVIII. 450 — Wasserfreie Schwefelsäure wird nicht zersetzt XV. 467; desgl. Schwefelkohlenstoff XVII. 494 — Elektrolyse d. Salzlösungen nach Daniell I. 472; einer durch Kohl blau gefärbten Lösung von schwefelsaurem Natron VIII. 490 — El. d. Glases X. 488. 489; XVI. 501 — Vorgang bei d. Zersetz. d. Kupfervitriols u. anderer Salze nach Magnus XII. 470. 473; XIV. 465; Störungen in Folge v. Bewegungen in d. Flüssigkeit XII. 474 — Elektrolyse d. zweifach chromsauren Kalis XII. 476 — Verhältniss des bei d. Kupfersalzen an d. Polen abgeschiedenen u. aufgelösten Kupfers XIII. 370 — Elektrolyse v. salpetersaur. Silber und Kupfervitriol nach Hittorf XV. 460; d. phosphorsaur. Natrons XV. 462; d. Doppelsalze XV. 463 — Verbindungen, welche nach Hittorf als Elektrolyte auftreten XV. 464 — Elektrol. v. kieselsaur. Kali XVII. 490 — v. geschmolzenen Kali- und Natronsalzen XVII. 491.

Elektrolyse d. Valerian- u. Essigsäure V. 296; d. Oxalsäure XII. 480 — In Salzen mit organ. Säuren werden diese bei d. Elektr. wie durch Verbrennung verändert VIII. 490; XIII. 372 — Elektr. v. ätherschwefelsaur. Kali XII. 477; v. essigsaur. Kupfer u. Blei XIII. 372; v. bernsteinsaur. Natron u. milchsaur. Kali XVI. 515; v. schwefelsaur. Anilin XVIII. 450 — El. einer Eiweisslösung XIV. 471; e. Mischung v. Aceton und Wasser XV. 469; e. Mischung v. Alkohol u. Salpetersäure XVI. 514; von Salicin XVII. 494; von Lackmustinctur XVIII. 450; v. Glycerin XIX. 439; v. Bernsteinsäure, Fumarsäure, Maleinsäure, Alkohol XX. 482 — Darstellung von Acetylen mit d. Säule XVIII. 448.

Nutzanwend. d. Elektrolyse in d. Geologie I. 479; II. 411 — Darstell. unlöslicher Verbindungen durch galvan. Processe VIII. 486. 487; IX. 510 — Erscheinungen beim Durchgang e. el. Stroms durch e. Lösung von Chlor, Brom u. Jod in Wasser XIV. 467 — Die Fortführung von Jod, Quecksilber u. s. w. durch d. Thierkörper mittelst des galvan. Stroms unwahrscheinlich XV. 476 — Erkennung v. Arsenik u. Jodkalium durch Elektrolyse XV. 477 — Elektrolyse durch d. Schlag d. Zitterwelses XVII. 529 — Die Summe d. verschiedenen Wärmeeffecte d. Voltameters gleich der durch d. chem. Zersetzung absorbirten Wärme XX. 468 — Langsame Elektrolyse vieler unlösl. Verbindungen XX. 484 — s. Bewegung, El. Polarisation, Elektrotherm. Zersetz., Farbenringe, Galvanoplastik,

Jonen, Mineralien, Ozon — Bloxam, Bosscha, v. d. Broek, Brunner, Joule, Wandsleben, Watt, Wolff.

Elektrodynamik, Ampère's Theorie d. El. I. 525; Mängel derselben IX. 562 — Theorie v. Grassmann I. 527. 530; v. Cellérier VI. 791 — Zurückführung d. Induction u. d. elektrodynam. Erscheinungen auf dasselbe Princip v. Fechner I. 530 — Weber's Grundgesetz umfasst das Ampèresche elektrodynam. Gesetz u. d. Elektrostatik II. 496 — Beweis d. Ampèreschen Formel 1 — n — 2k = 0, IV. 334 — Berechnung d. Kräfte aus d. Amp. Formel, die in speciellen Fällen endliche Ströme aufeinander ausüben IV. 335. 336 — Ableitung d. Faradayschen Kraftlinien u. ihrer Eigenschaften aus Weber's Gesetzen d. Magnetinduction IX. 584 — Popow's Einwürfe gegen d. Theorie v. d. Bewegung der Elektr. im Innern d. Leiter X. 546 — Arbeit u. Wärme, die e. stationärer Strom in e. Leiter erzeugt VIII. 499 — Grösse d. mechanischen Arbeit zur Erhaltung e. elektr. Stromes X. 556 — Ampère's Theorie d. Magnetismus u. das Laplace-Biotsche elektrodynam. Gesetz ergeben dasselbe XI. 470 — Fundamentalversuch zu d. Theorie d. elektrodyn. Induction XV. 498 — Weber's Ausdruck für d. Anziehung d. Stromelemente der wahrscheinlichste XVI. 528 — Nachweis der Abstossung zweier sich folgenden Stromtheile XVII. 522; XVIII. 485 — Anwendung d. Potentialausdrücke auf d. Bewegung d. Elektricität XIX. 468; XX. 532 — Mathemat. Theorie d. Gleitstellen XX. 531 — Weber's elektrodynam. Maassbestimmungen II. 486; VI. 769; VIII. 502 — Bestimm. von Jacobi's Widerstandsetalon nach absolutem Maass VI. 780 — Zurückführung d. Stromintensität auf mechan. Maass XII. 496 — Auswerthung d. elektrodyn. Wirkungen in Gewichtseinheiten XIX. 474.

Vertheilung d. Elektricität in einer vom Strom durchfloss. Ebne I. 451; II. 483; in e. quadrat. u. kreisförm. Platte XII. 493 — Wirkung einer v. Strömen durchfloss. Scheibe auf die Magnetnadel II. 507 — Vertheilung d. Strömungen in einem Körper mit zwei unendlich kleinen Elektroden III. 450. 451; Versuche dazu VIII. 470 — Ableitung der Ohmschen Formel bei Schliessungen aus theilweise nicht linearen Leitern IV. 337 — Vertheilung elektr. Ströme in körperlichen Leitern nach Helmholtz VIII. 498; IX. 544. 553; Anwend. auf thierisch-elektr. Versuche IX. 554 — Elektr. Zustand einer horizontalen Scheibe unter d. Einfluss e. momentan magnetisirten verticalen Nadel IX. 560 — Strömung d. El. in einer homogenen Kugel, wenn d. Elektroden an ihrer Oberfläche liegen X. 548 — Bewegung d. Flüssigkeit in e. Voltameter durch d. Einwirk. e. Magnets auf d. elektr. Ströme darin XI. 474 — Verbreitung des el. Stromes in Körpern v. gegeb. Gestalt XIII. 351 — Beweg. d. Elektricität in Leitern bei nicht constanten Strömen XIII. 381. 387; XX. 509. 520. 532: Aehnlichkeit mit d. Wärmeleitung XI. 466; XIII. 389 — Theoreme üb. d. lineare Verzweigung galvan. Ströme XIV. 451 — siehe Cazin, Frisiani, Jürgensen, Kirchhoff, Renard, Smaasen.

Elektrodynamische Rotationen, (Rotationsmagnetismus), Inducirende Kraft verschied. Metalle bei Rotation vor e. Magnet II. 516; VI. 796 — Versuch v. Lamont, wonach d. gewöhnliche Theorie d. Rotationsmagn. unzureichend ist VIII. 539 — Ermittlung d. Linien gleicher Spannung auf einer vor e. Magnet rotirenden Kupferscheibe IX. 569 — Mathemat. Theorie d. Inductionsströme in einem unter d. Einfluss e. Magnets rotirenden Leiter von Felici X. 550; XI. 474; v. Jochmann XX. 533 — Vereinfachte Herleitung d. Poissonschen Resultate üb. Rotationsm. v. Plana XVIII. 467 — Gesetze d. Rotationsmagn. v. Abria X. 553; XI. 474; XVII. 520 — Erscheinungen, wenn e. hohle od. massive Kupferkugel, ein Wismuthwürfel od. e. aus isolirten Platten bestehender Würfel üb. e. rotirenden Magnet aufgehängt sind IX. 570 — Die Rotationsgeschwindigkeit e. Wismuthwürfels unter d. Einwirk. e. rotirenden Magnets ändert sich mit d. Lage d. Spaltungsrichtungen XIII. 412 — Verhalten von Eisenverbindungen gegen e. rotirenden Magnet XIII. 412 — Die durch d. Induction e. Magnets auf e. roti-

renden Leiter entstehende Kraft wirkt je nach der Drehrichtung abstossend od. anziehend, d. Abstoss. ist ab. grösser XV. 495 — Berichtigung einiger Einwürfe v. Feilitzsch gegen Ampère üb. magnet. Rotation unter Einfluss e. Stromleiters XIV. 476 — Ursache d. Ströme in einem Schliessungsbogen, dessen unbewegliche Enden auf einem um e. cylindr. Magneten kreisenden Leiter schleifen XV. 499 — Widerstand u. Erwärmung in einer zw. d. Polen e. Elektromagnets rotirenden Metallscheibe (axiale Induction) XV. 500 — Beweg. eines v. e. Strom durchfloss. Platindrahts zw. Magnetpolen XVI. 528 — Rotationsapparate v. Magrini XVI. 529.

Rotation von Flüssigkeiten unter Einwirk. v. Magneten u. Stromspiralen XIV. 474; XV. 498 — Hohle Magnete wirken wie Spiralen XV. 497 — Rotation d. Quecksilbers in e. hohlen Stahlmagneten XVI. 526.

Elektrodynamometer, Zweck u. Einrichtung II. 487. 496 — Bestimm. d. Dauer u. Intensität momentaner Ströme dadurch II. 493. 495.

Elektrometer, Dellmannsches von Kohlrausch verbessert III.342; IV. 264; VIII. 447; XVII. 424; Theorie dess. IX. 437; das El. in Verbindung mit d. Condensator gestattet d. Spannung an d. Polen d. einfachen Ketten zu messen IV. 265; eine Fehlerquelle am Dellm. El. XV. 385 — El. von Hankel VI. 644; v. Lamont VI. 885; v. Matheson VIII. 456; v. W. Thomson XI. 408; XIV. 379; XV. 586; XVI. 425. 426. 427 — Sinuselektrometer v. Kohlrausch IX. 438; v. Riess XI. 409 — Heberelektrometer von Tate XVII. 429 — El. v. Palmieri für Luftelektricität XX. 435.

Elektromotorische Kraft, Die Bestimm. d. el. Kr. nach Cito della Rocca unrichtig I. 450; II. 375 — Bestimm. d. el. Kr. ohne Kenntniss d. wesentlichen Widerstandes VI. 713 — Methode v. Regnauld X. 490; besser die Compensationsmethode von Poggendorff X. 490 — Verfahren v. Bosscha XI. 423; von Becquerel XII. 438; v. Hankel XVII. 419; v. Raoult XX. 464; seine Methode für d. elektr. Kr. d. Polarisation schon v. Crova angegeben XX. 469 — Messung der el. Kr. in constanten Ketten v. Crova XX. 470 — Umstände, welche d. el. Kr. d. Ketten ändern X. 491 — Einfluss d. Erwärmung auf d. el. Kr. d. Ketten XX. 460; Einfluss d. Druckes XX. 462 — Durch d. Amalgamation wird d. el. Kr. erhöht od. geschwächt; auch unverändert gelassen XII. 440 — Versuche zur Bestätigung d. volt. Theorie üb. d. el. Kraft XVI. 456; XVII. 465 — Einheit d. el. Kr. XVIII. 413; XX. 463 — Die el. Kraft einer Säule gleich d. Summe der bei den chemischen Wirkungen frei werdenden specif. Wärmemengen XVIII. 437 — Bestimm. der Verbindungswärme v. Säuren und Alkalien durch d. el. Kr. XIV. 424.

Einfluss der Flüssigkeiten in der Daniellschen Kette auf d. el. Kraft III. 362 — El. Kr. zwischen d. einzelnen Bestandtheilen d. Dan. Kette V. 266; VI. 682; IX. 470 — Ableitung d. el. Kr. d. Dan. Kette aus d. mechan. Aequivalent d. Wärmeeinheit VI. 788 — El. Kr. d. Daniellschen, Bunsenschen, Eisenlohrschen u. Wollastonschen Kette XIII. 344; s. V. 293 — El. Kr. d. Ketten aus e. Metalle u. zwei Flüssigkeiten III. 360; d. Schwefelkaliumkette IX. 470; der Becquerelschen Säurekalikette XIV. 422. 423; d. Magnesiumzinkkette XIV. 439; d. Ladungssäule v. Planté XVI. 463; d. Eisenzink- u. Kohlenzinkkette XVII. 439; d. Kohlenzink- u. Kohlenplatinkette XVIII. 410 — Formel für d. el. Kr. e. Thermoelements XVIII. 453 — Vereinfachung d. Vergleichs d. el. Kr. galvan. Ketten XX. 456. 471 — El. Kraft verschied. Salzlösungen in Berührung mit Kupfer u. Zink I. 450 — El. Kr. d. gewöhnl. Metalle und Graphit mit Sauerstoff, Wasserstoff u. Chlor II. 389; mit Säuren, Kali- u. Kupfervitriollösung II. 390 — Elektromotor. Verhalten d. Wasserstoffs III. 367 — Die elektr. Kr. ist der Spannung an d. Polen d. geöffneten Kette proport. IV. 280; X. 483 — Elektr. Kr. d. Polarisation bei Elektroden aus verschied. Metallen IV. 285; IX. 486 — El. Kr. d. Gasbatterien V. 278 — Triebkraft der Kette aus Platin, Salpetersäure und Kali VI. 684 — Elektromotor. Verhalten d. Muskelgewebes u. Froschherzens XIV. 531. 532; XV. 508 — s. Elektr. Spannungsreihe.

Elektrophor, Theorie desselben II. 331. 335. 336 — Benutz. d. elektr. Eies zur Erklärung d. El. XII. 409 — Verwend. d. El. als Elektroskop II. 336 — Der El. behält d. negat. Ladung länger als d. posit. VIII. 448 — Elektrophormasse X. 433 — Verwendung d. El. zu e. Maschine, welche durch die Elektricitätsentwickl. Arbeit leistet X. 463.

Elektrophysiologie, Matteucci's Untersuchungen d. Frosch- u. Muskelstroms meist den Arbeiten von Du Bois darüber entnommen I. 512. 516; II. 468. 470; IX. 531 — Untersuch. d. Frosch- u. Muskelstroms v. Cima IV. 309. 311. 320; XV. 512. 513 — Kälte schwächt d. Muskelstrom weniger als d. Froschstrom IV. 323 — Nach Liebig könnten die thierisch-elektr. Ströme v. d. Wirk. zw. Blut u. Muskeln wie die e. Säule v. Blut u. Fleisch herrühren III. 441 — Vergleich d. Muskels mit d. volt. Kette IV. 325; mit Elektromagneten VI. 765 — Nachweis d. Muskelstroms am lebenden unversehrten Frosch VI. 763; IX. 531. 533; XVI. 537 — Secundäre elektromotor. Erscheinungen am Muskel IX. 535 — Elektromotor. Kraft d. Muskelgewebes XIV. 531; XV. 508; des Froschherzens XIV. 532; XVIII. 825 — Ableitung d. Erscheinungen am Gastrocnemius aus d. Gesetz d. Muskelstroms XIX. 485 — Richtung der Neigungsströme im Muskel XIX. 488. 491. 494 — Budge gegen d. Gesetz d. Muskelstroms v. Du Bois XVII. 528; XVIII. 829 — Dauer d. Muskelstroms nach dem Tode XIV. 534 — Aenderung d. Muskelstroms bei Compression u. Dehnung XVII. 526; XVIII. 824 — Wirkung d. Elektricität auf Muskeln und Nerven XIV. 548. 550. 551 — Reizapparat für Nerv und Muskel XVIII. 836 — Depolarisator für thierischelektr. Versuche XIV. 537 — Zweckmässigste Einrichtung der Apparate für elektrophysiolog. Zwecke XIX. 498 — Physiolog. Wirkung der Inductionsströme XV. 529. 531; XVI. 552; XVII. 538; XX. 551. 553 — Galvan. Versuche au Hingerichteten III. 426.

Tetanisiren d. Muskeln auf elektr. Wege I. 505 — Geschichtliches darüber II 454. 459 — Regeln für d. tetanisirenden Strömungsvorgang II. 460 — Versuche üb. d. Ritterschen Tetanus III. 404. 412; IV. 303 — Verengerung d. Blutgefässe durch d. Tetanisiren mittelst d. Saxtonschen Maschine III. 426 — Tetanisirung e. Froschmuskels durch einen tönenden Magnetstab XIV. 569 — Verhalten d. Oeffnungstetanus XV. 517 — Positive Schwankung d. Nervenstroms beim Tetanisiren XVII. 524 — Zuckungen entstehen nur bei Veränderung der Stromdichte I. 504 — Einfluss der Aetherisirung d. Thiere auf d. Zuckungen III. 411 — Beziehung zwischen Zuckungen u. Stromdichte III. 412; XVIII. 836; XIX. 505; XX. 548 — Matteucci's inducirte Zuckung III. 442 — Zuckungen durch eine angeblich magnetische, in Wahrheit elektr. Kette III. 450 — Galvanische Zuck. ohne Metalle IV. 315 — Willkührliche Umkehrung d. Stimmungsrichtung eines Froschpräparats IX. 520 — Der galvan. Strom hindert die Muskelzuck. durch einen anderen Reiz IX. 527 — Gesetz d. Zuckungen IX. 527; XIV. 561. 563. 565. 567; XV. 528 — Aenderung d. Gesetzes beim Absterben XIV. 568; XX. 551 — Zeitlicher Verlauf d. Muskelzuck. XIV. 522. 526; XV. 520; XVII. 534. 539 — Modification d. Erregbarkeit durch kurz dauernde Ströme, secundäre Modification XV. 521; Einwürfe dagegen XV. 523; XVIII. 836 — Erscheinungen bei Reizung mit ganz schwachen Strömen während d. Absterbens der Nerven XV. 525 — Verhalten d. sensiblen Nerven XV. 528 — Ausbleiben d. Oeffnungszuck. XVII. 537 — Untersuch. d. Zuck. d. Schliessmuskels bei Muscheln XIX. 506. 508. 511; bei Froschmuskeln u. Krebsmusk. XIX. 507. 510 — Vorrichtung zur Demonstration d. Muskelzuck. XIX. 500 — Verhältniss d. Stromstärke zur Hubhöhe e. Muskels XIV. 569; XX. 549 — Negative Schwankung des Muskelstroms bei d. Zusammenziehung am unversehrten menschl. Körper IV. 303; VI. 750. 760; IX. 532; XV. 513; XVI. 542; XVII. 529; XVIII. 823; am nervenfreien Muskel XX. 543; nach Matteucci kehrt der Strom dabei seine Richtung um XIV. 536; XVI. 536 — Positive Schwankung bei e. einzelnen Contraction XVIII. 829.

Nach Wartmann ist im Nerven kein el. Strom II. 471 — Ursprung

d. Nervenstroms XIV. 536; XIX. 483 — Geschichtliches üb. d. Erregbarkeit d. Nerven durch d. galvanischen Strom II. 442; Matteucci's Beobachtungen u. Schlüsse theils schon bekannt, theils unrichtig II. 445; VI. 742. 744. 748 — Wirk. magnetoelektrischer Ströme auf d. Centraltheile d. Nervensystems IX. 526 — Aenderung d. Erregbarkeit durch constante Ströme XIV. 552. 553. 570; XV. 519; XVII. 534. 539 — Wirk. kurz dauernder Ströme XV. 521 — Von e. quer durchgeleiteten Strom wird d. Nerv nicht erregt XV. 529 — Elektrotonischer Zustand d. Nerven IV. 303; XIV. 567; XV. 517; XVII. 534 — Einwürfe gegen d. Lehre v. Elektrotonus XIX. 504 — Abhängigkeit d. Elektrotonus von d. Zeit XIX. 502 — Reizbarkeit d. sensiblen Nerven im Elektrotonus XX. 548 — Vorrichtung zum Nachweis d. Nervenerreg. durch d. Strom XIX. 499.

Unter welchen Umständen d. Hautelektricität bei exanthemen Krankheiten posit. od. negat. ist IV. 305 — Elektromotor. Eigenschaften der Froschhaut und anderer Amphibien XVI. 538. 539. 544 — Unter d. Haut befindet sich freie posit. Elektricität XVII. 527 — Die von Baxter in verschied. thier. Organen beobachteten el. Ströme ohne Sachkenntniss erhalten u. beurtheilt IV. 329; IX. 536 — Angebl. el. Ströme in vielen organ. Flüssigkeiten VI. 766 — Die el. Ströme im Thierkörper rühren nach Schulz v. Salzwasser her XV. 512 — El. Strom im Blut XIX. 497 — Polarisation in Nerven u. anderen organ. vom el. Strom durchflossenen Geweben XVI. 549; XVII. 533; XIX. 504 — Die Wimperbewegung e. el. Vorgang VI. 766 — Ursache d. elektr. Geschmacks XVI. 551 — Beim Arbeiten e. Thiers nehmen d. elektr. Ströme in ihm ab XVII. 528 — Einfluss d. el. Ströme auf die Tastempfindung XIX. 501 — Farbenempfindung beim Durchgang elektr. Ströme durch d. Auge XIX. 503 — Inhalt d. Elektrobiologie v. Smee VI. 732 — Ungenauigkeiten in d. Studien über Galvani's elektrophysiol. Untersuch. v. Gavarret VI. 732 — s. Elektrotherapie, Muskeln, Nerven — Boeck, Brunner, Büttner, Czermak, Duchenne, Du Moncel, Ecker, Eckhard, Fernet, Gavarret, Grossmann, Hall, Harless, Helmholtz, Kölliker, Kunde, Landur, Laurentius, Leroy, Linati, Maggiorani, Magron, Matteucci, Middeldorff, H. Müller, Nivelet, Osann, Pflüger, Predieri, Remak, de la Rive, Rondel, Rosenthal, Sedillot, Smee, Vergnès, Virchow, Waller.

Elektrophysiologie d. Pflanzen, Der Einfluss d. Elektr. auf d. Entwickl. d. Pflanzen fraglich I. 501 — Versuche zur Förderung des Pflanzenwachsthums durch El. II. 439 — Einfluss d Gewitterwolken auf d. Bäume II. 438 — Elektr. Ströme in Pflanzen VI. 740; IX. 529 — Ursache der el. Ströme in d. Pflanzen XIV. 520; XVII. 464 — s. Baxter, Billiard, Buff, Leclerc.

Elektroskop, Verwendung d. Elektrophors als Elektroskop II. 336 — Trüglichkeit d. Bohnenbergerschen El. IV. 283 — El. mit doppelter Condensation IX. 512; XII. 414 — Ein Wassertropfen auf d. Knopf d. El. entzieht einem Isolator Elektricität XI. 400 — El. zum gleichzeit. Nachweis beider Influenzelektricitäten XI. 408 — Das el. Ei als Elektroskop XII. 409 — Benutz. d. El. zur Bestimm. d. Luftfeuchtigkeit XIV. 373 — El. v. Melloni X. 462; v. Belli XIV. 375; v. Lion XVII. 426 — Gemsbart El. v. Kobell XIX. 389 — Nestle's Ringelektroskop XX. 435 — s. Elektrometer.

Elektrostatik, Vertheilung der Elektricität auf zwei leitenden Kugeln VI. 643; XVII. 421; XIX. 394 — auf kreisförm. u. ellipt. Platten VIII. 449 — auf der innern und äusseren Oberfläche e. Conductors IX. 439 — auf e. ellipsoid. Conductor XI. 397 — auf Kugeln u. unendlichen Ebenen XII. 563. 572 — auf sphär. Oberflächen XV. 383 — auf e. hohlen Metallkugel, u. einer ebensolchen isolirt in dieselbe gebrachten XVI. 558 — auf e. Ellipsoid XVII. 423 — auf e. Würfel, Cylinder, e. Pyramide u. Kreisscheibe XVII. 423 — in e. Ringe XX. 391 — Vertheil. d. El. auf e. beliebigen Anzahl leitender in derselben Linie befindl. Kugeln XIV. 372 — Bestimm. eines bei d. Vertheilung d. El. auf Kugeln vorkommenden Integrals XVIII. 389 — Mechanischer Werth, Spannkraft, d. Vertheilung X. 555 —

Gesetz d. Vertheil. d. El. in leitenden Körpern XVI. 559 — Anordnung d. Elektr. auf u. in Nichtleitern XI. 400; XVII. 426. 427 — Neutrale Schicht zw. d. posit. u. negat. El. bei d. Elektricitätserreg. durch Reiben XVIII. 389 — Vertheilung d. freien Spannung auf d. Schliessungsdraht der Leyd. Batterie II. 337 — Spannung an d. Polen d. offenen galvan. Säule VIII. 448; XIX. 391 — Der Einfluss d. Luft auf d. el. Anziehung und Abstoss. noch unentschieden II. 322 — Verbreit. d. El. in feuchter Luft V. 246; Gesetzmässigkeit d. Elektricitätsverlustes VIII. 448; XVI. 428; XX. 436 — In Folge der Abstoss. wird durch Elektrisiren Tabacksrauch schnell niedergeschlagen u. e. leitende Flüssigkeit specif. leichter VI. 642 — Anziehung u. Abstossung zw. zwei isolirten elektr. Kugeln VI 643; IX. 435 — Nach Palagi wird e. Körper durch d. Annäherung an e. anderen positiv, durch d. Entfernung v. diesem negat. elektr. IX. 616; X. 646; XVII. 428 — Anwend. d. Abbildungsprincips auf d. Theorie d. el. Vertheilung XVIII. 21 — Veranschaulichung d. Wirk. elektr. Körper in d. Ferne XVIII. 390 — Bewegung e. drehbaren el. Stabes gegen e. Ring aus Kupfer u. Zink XVIII. 390 — Anwend. d. Theorie d. Potentialfunctionen auf d. Elektrostatik XX. 430 — Nach Schöbl zwei Sätze d. Elektrost. unrichtig VI. 646 — s. v. Bezold, Lipschitz, Plana, Renard, Urbanski, Volpicelli.

Elektrotherapie, Heilung d. Schlagadergeschwulst durch Galvanopunctur I. 506; II. 463 — Auffindung von Stahlstückchen (Nähnadeln), die in d. menschl. Körper gedrungen sind, mittelst Elektromagnetismus I. 507 — Heilung d. Rheumatismus durch d. Schläge d. Gymnotus I. 507 — Zerstör. v. Blasensteinen durch den galv. Strom III. 429; IV. 307; IX. 529 — Die Erzeug. v. Wehen durch den Strom gelang nicht III. 429 — Versuche örtlich Arzneistoffe durch Elektrolyse einzuführen III. 429 — Wege d. Elektric. durch d. Thierkörper IV. 305 — Die Einführung v. Jod, Quecksilber u. dgl. in d. Körper mittelst d. galvan. Stroms unwahrscheinl. XV. 476 — Erreg. v. Schlaf- u. Gefühllosigkeit durch d. Ströme d. Saxtonschen Maschine III. 430 — Wiederbelebung ätherisirter Patienten durch el. Schläge III. 430. 431 — Wirk. alternirender Ströme auf Hühnereiweiss III. 431 — Anwendung galvanisch glühender Drähte zu Heilzwecken IV. 307; IX. 528 — Heilung v. Lähmungen VI. 736 — Wirk. des Stroms auf Haut u. Muskeln VI. 737 — Die Heilkraft d. Mineralwasser soll auf ihrem elektr. Zustand beruhen XX. 463 — s. Alexander, Amussat, Boulu, Breton, Burq, Crusell, Duchenne, Du Moncel, Duval, Petrequin, Remak, Robinson, Romershausen, Soubeiran.

Elektrothermische Zersetzung d. Wassers III. 303; verschiedener schlecht leitender Flüssigkeiten III. 307. 373; IX. 493 — El. Zers. gasförm. Verbindungen XVI. 501 — El. Zers. durch d. Inductionsfunken XIV. 472. 473; XVII. 515 — Bildung von Ammoniak, Wasser, Salpeter- und Kohlensäure durch den Inductionsfunken XV. 459.

Element s. Chemie.

Elle, Länge der ägyptischen, römischen u. griechischen XVIII. 4.

Elmsfeuer, (Sanct Elmsfeuer) an d. menschl. Körper u. vielerlei Gegenständen in den Strassen zu Boston während e. Schneegewitters XI. 597 — auf e. Menschen zu Reit im Winkel XVI. 631 — an d. Zweigspitzen e. Espe XVIII. 521 — s. Elektric. atmosphärische — Göldlin.

Endosmometer s. Vierordt.

Endosmose s. Diffusion — Elektr. Endosmose s. Jonen.

Energetik, d. h. Theorie d. mechan. Kräfte XVII. 29 — Geschichtliches XX. 331.

Energie actuelle u. potentielle nach Rankine IX. 407; XI. 365 — Die Summe aller E. im Universum unveränderlich IX. 408 — Einfluss d. E. auf d. Verbindung u. Zersetzung d. Körper XX. 345 — s. Rankine, Tait.

Entfärbungsvermögen s. Kohlenstoff.

Entfernungsmesser (Diastimeter) v. Martins II. 46; VIII. 179 — Diastemometer v. Doppler II. 166 — Entf. v. Romershausen V. 33; VI. 64 — v. Reichenbach VI. 64; IX. 322 — von Groetars VI. 550 — Das Chorismo-

meter u. die Stadia IX. 323; X. 334 — Telemeter od. Taschenfernrohr IX. 326 — Distanzmesser v. Imray XII. 334 — v. Emsmann XV. 3 — v. Benedictis XVI. 3 — Messung v. Entfernungen mittelst d. Stadia IX. 323 — Schätzung d. Breite von Gängen aus Reflexionstönen XVII. 170 — Linsen- u. Prismenporrhometer V. 35 — s. Fernrohr — Taupinard.

Epidot s. Hermann.

Epipolische Dispersion s. Fluorescenz.

Erdbeben, Bestimmung ihrer Richtung IV. 445 — Wirkungen d. E. V. 489; VI. 944. 947; IX. 672 — Geschwindigkeit ihres Fortschreitens V. 492; VI. 946. 949; XVI. 887; XVII. 784 — Ringförm. Bahn d. E. XIII. 605 — Bezieh. d. E. zu den meteorolog. Erscheinungen V. 492 — Ursache d. E. VI. 948; XI. 797; XVII. 773; XVIII. 699 — Allgemeine die E. begleitenden Erscheinungen VI. 1100 — Einfluss d. E. auf d. Thiere XIV. 711; XVI. 900; auf d. Gewässer XVII. 788; auf artesische Brunnen XIX. 729 — Vorboten d. E. VIII. 645 — Verhalten d. Wasserwaage während d. Bodenschwankungen VIII. 646; XI. 806 — Verhältniss d. E. im Winter u. Sommer IX. 674 — Beziehung d. E. zu d. Mondphasen III. 674; IX. 674; X. 795. 796; XIV 716; XVII. 786 — In Südamerika sind zur Regenzeit die E. am häufigsten XVIII. 803 — E. nach Hoefer e. Gewitter. Vorschlag zu e. Erdbebenableiter XI. 796 — Beziehung zw. E. u. Ueberschwemmungen XI. 797 — Zusammenhang zw. E. u. magnet. Störungen XVIII. 552. 802; zw. E. u. Feuerkugeln XVIII. 802 — Theorie d. E. v. Beker XIV. 702; v. Pfaff XVI. 886; v. Volger XVII 783; XIX. 718; XX. 926 — Fortpflanzungsweise d. Erschütterung in verschied. Gebirgsarten XVII. 784; XVIII. 809 — In Griechenland leiden die Städte auf lockerem Boden am meisten durch E. XVIII. 811.

Verzeichniss d. E. im J. 1850, VI. 953 — d. E. im J. 1851, VIII. 647 — im J. 1852, IX. 673 — im J. 1853, X. 796 — im J. 1854, XI. 796 — im J. 1855, XII. 769; XIII. 605 — im J. 1856 u. 1857, XVI. 885. 886 — im J. 1858 bis 1860, XVIII. 811 — d. E. v. 1606 ante Chr. bis 1755 post Chr. VIII. 645 — d. E. v. 1755 bis 1784, X. 792; XI. 795 — d. E. in Südamerika v. 1844 bis 1847; VI. 956 — E. in Peru, Columbien u. im Becken d. Amazonenstroms v. 1530 bis 1857, XIV. 709; XVI. 907 — auf Cuba von 1551 bis 1855, XI. 798 — Chronik d. E. in der österreich. Monarchie VIII. 647; in d. Karpathen u. Sudetenländern XVI. 889 — in Constantinopel v. 1841 bis 1855, XII. 766 — im Archipel d. Philippinen v. 1601 bis 1855, XVI. 908 — Die Erdb. 1855 u. 1856, XIV. 705 — Vervollständigung früherer Verzeichnisse v. Perrey XIX. 718 — Anzahl aller E. bis 1850, XVI. 886.

Einfluss d. E. auf d. Meer, Seebeben, XI. 803; XII. 734. 773; XVII. 776. 788; XVIII. 803 — Hebungen u. Senkungen in d. Südsee durch E. XII. 768 — Seebeben nahe d. Azoren XIV. 713 — in d. Ostsee XIV. 717 — an d. Westküste Englands XVI. 897 — auf d. Atlant. Ocean XVII. 792; XIX. 728 — auf d. Fahrt nach Sumatra XVIII. 820 — Ursache d. Erschütterungen d. Meeres XVIII. 805; XIX. 722.

Beschreib. d. E. zu Brest V. 493 — im Depart. d. Vogesen VI. 960 — bei Pau VI. 961 — zu Besançon VI. 962 — im südl. Frankreich VIII. 644; X. 793; XI. 804. 815 — zu Sèvres IX. 672 — Avraunches IX. 673 — Montbeliard u. Clermont-Ferrand XIII. 612 — Grenoble XIV. 720 — Biarritz XIV. 721 — Nizza XI. 805; XII. 771; XIII. 610; XIV. 711; XVI. 896 — Dijon XVIII. 813 — Nantes XVIII. 813 — Vendôme XX. 930 — Majorka VI. 960; VIII. 643 — Lissabon XVII. 789 — in Calabrien VI. 961 — Ischia VIII. 644; XIX. 724 — Umgegend am Vultur IX. 669 — zu Pavia XI. 804 — im Albanergebirge XI. 806 — im Königreich beider Sicilien, Neapel, XII. 755; XVI. 895; XVIII. 814; XX. 928 — Venedig XIII. 610 — Parma XIII. 612 — in d. Basilicata XIV. 714 — Norica XV. 782 — Modena und Siena XVI. 893 — Malta XVII. 790 — Bra XVIII. 815 — Florenz XX. 929 — Albanien VI. 962 — in d. Türkei XI. 806; XII. 766. 770 — Epirus XV. 783 — zu Aigion XVIII. 815. 816 — in Griechenland X. 796; XI. 807; XVII. 790; Zerstörung d. Stadt Theben da-

bei XII. 768 — Athen XVI. 900 — Zante XIX. 724 — zu Adderley VIII. 645 — in England XI. 797; XX. 925. 927 — zu Penzance XII. 770 — Mountsbay XV. 782 — zu River-Hell XVI. 896 — in Cornwall XVI. 897. 899 — Greenwich XIX 723 — in d. Rheingegend IX. 671 — im Siebengeb. XIII. 610 — in Sachsen u. Thüringen XIII. 613 — zu Freiberg XIV. 710 — in Sachsen u. Böhmen XVIII. 812 — zu Gera XIX. 722 — in Oesterreich VIII. 647 — in Illyrien u. Kärnthen XIV. 713 — zu Litschau u. Arys XVII. 787 — in Ungarn namentl. zu Sillein XI. 798. 799; XIV. 718; XVI. 888; XVII. 787 — in Siebenbürgen XVIII. 812; XIX. 723 — zu Hermannstadt XVIII. 813 — in Bern X. 795 — in Wallis im Visperthal XI. 808. 813; XIII. 605. 608; XIV. 709; XIX. 723; Einfluss auf d. heissen Quellen daselbst XI. 812; Entstehung v. Quellen dadurch XIII. 608 — E. in d. Schweiz XII. 774 — in St. Gallen XIII. 607 — Felssturz durch E. bei Grächen XIII. 608 — E. 1755 im Briger u. Mörjerzehnen XVI. 892 — zu Neuchatel XVI. 893 — E. im Norden v. Europa u. Asien VIII. 647.

Erdb. in Chili VI. 958; XII. 767; XVII. 794 — zu San Salvador X. 794; XIV. 712 — zu Guatemala XV. 785 — Quito XV. 785 — in d. Antillen XVI. 905 — zu St. Domingo XVI. 903. 909 — in d. nördl. Laplata Staaten XVI. 906 — zu Mendoza XVII. 793; XVIII. 820. 821; XX. 931 — zu Lima XVI. 908 — in Neu-England IX. 671 — in New-York IX. 673; XIV. 712 — in Californien X. 793; XI. 798; XII. 766; XIII. 599; XIV. 709 — in Missuri, Ohio u. Südcarolina XIV. 711 — zu Neu Madrid XV. 784 — in Mexiko XIV. 720; XVIII. 822 — in Canada XVII. 792 — in Oran VIII. 644 — in d. Provinz Algier VIII. 644; XII. 772; XIII. 609; XIV. 716 — auf d. Azoren IX. 670 — in Cairo XII. 773 — in d. Capstadt XIV. 710 — in Tunis XIX. 729 — zu Tebris u. im nördl. Persien XI. 800 — in Japan XI. 802; XIX. 727 — in Selenginsk XII. 771; XVI. 900 — in Semipalatinsk XIV. 714 — zu Rhodos XII. 774; XIX. 724 — zu Brussa XIII. 606; XVI. 902 — Erzerum XV. 783; XVIII. 820; XIX. 725 — im südl. Kaukasus XV. 784; XVI. 901. 902 — im südl. Indien XVI. 902 — in Bombay XX. 927 — zu Singapore XVII. 790 — zu Manila XVIII. 821; XIX. 727 — auf Penang u. Simo XVI. 791 — auf Neu-Seeland XIII. 606 — s. Seismometer, Vulkane — Arago, Bielz, Birnbaum, Bouvy, Campani u. Toscani, Casiano, Jeitteles, Macgowan, Mallet, Nöggerath, Ormerod, Palmieri, Perrey, Prost, Rogers, Scarpellini, Siegfried, Tomaschek, Trask, Tscheinen.

Erdbebenableiter XI. 796.

Erdbebenmesser s. Seismometer.

Erde, Grösse ihrer Abplattung III. 35; VIII. 652; XII. 109 — Bestimm. d. Abplattung aus dem Vergleich e. Aneroid- u. Quecksilberbarometers XX. 27 — Ursache d. Abplatt. nach Mohr XX. 837 — Gestalt d. Erde IV. 62; VI. 921; IX. 55; X. 52; XI. 78 — Die E. ähnlich e. Oktaeder IX. 664 — Dimensionen d. E. XIV. 679; XV. 731; XVI. 775. 776; XVII. 730. 731. 733. 734; XVIII. 34; XX. 836 — Die Erdaxe e. Normalmaass XVI. 5 — Grösse d. Erdoberfläche XVIII. 689 — Die Ellipticität d. Erdkruste im Innern grösser als an d. Oberfläche XV. 73 — Dicke d. Erdrinde VI. 921; XV. 732 733; XVI. 765. 767. 768 — Dicke u. Bildungszeit der Erdrinde XVI. 770 — Dicke u. Dichte d. Erdrinde in verschied. Theilen ungleich XVI. 771. 780 — Verschied. Arten d. Bewegung d. Erdrinde XVI. 854 — Bestimm. d. mittleren Dichte d. E. nach Reich mittelst d. Drehwaage VI. 45; durch d. Schwingungszeiten VI. 46; durch Pendelbeobacht. in d. Kohlengrube v. Harton nach Airy X. 48; XII. 111. 113. 114; mögliche Ursache der Differenzen XIII. 118; Formel zur Berechnung derart. Versuche XIII. 118 — Mittlere Dichte d. E. nach Bailly XV. 734; nach d. Versuchen v. Cavendish XX. 33 — Bestimm. d. Dichte d. Erdcentrums aus dem Gesetz d. Dichteänderung der Schichten nach d. Erdinnern hin IV. 62; VIII. 70; X. 51; XVIII. 32 — Vorschläge zur Bestimm. d. Erddichte v. Faye XIX. 30 — Die Erdmasse besteht aus Schichten von nahezu sphäroidalen Gleichgewichtsfiguren, wenn d. Oberfläche eine solche ist XIX. 29 — Einfluss der innern Beschaffenheit d. E. auf Ebbe u. Fluth,

Präcession u. Nutation XIX. 30 — Vorschläge für d. Beweis d. Beweg. d. Erde im Raum VIII. 259. 260. Beweis für d. Axendrehung durch d. Pendel von Foucault VI. 105 — Vorschlag v. Poinsot zum Nachweis d. Axendreh. d. Erde VI. 112 — Anwend. e. rotirenden Elektromagnets dazu VI. 149 — Andere Vorschläge dafür VI. 152 — Apparat von Porro VIII. 86 — Gyroskop von Foucault VIII. 93. 106; IX. 73 — Anwendung d. Bohnenbergerschen Apparats dazu VIII. 98 — Apparat v. Sire VIII. 101. 105 — v. Hamann VIII. 105 — von Lamarle VIII. 107. 110 — Erklär. d. Erddrehung durch den Leidenfrostschen Versuch XII. 196 — Zerlegung der Erddrehung auf zwei andere Drehungen VI. 120 — Einfluss der Erddrehung auf die Ablenkung der Wurflinie VI. 107 — auf d. Gestalt einer um e. verticale Axe rotirenden Flüssigkeit VI. 150 — Die Umdreh. d. Erde d. Ursache d. südl. Abweichung fallender Körper VI. 151 — Einfluss d. Drehung d. Erde auf d. Dauer v. See- u. Landreisen VIII. 88; auf Eisenbahnzüge VIII. 90; XVII. 44; auf d. Richtung d. Flüsse XV. 60. 64. 751; XVI. 50. 808; XVII. 44. 752; XVIII. 726; XIX. 684; XX. 862; auf d. Bewegung d. Körper an d. Erdoberfläche XV. 61. 65 — Die Ablenkung d. Geschosse durch d. Erddrehung nicht sicher beobachtbar VIII. 91 — Der Einfluss d. Dreh. d. Erde auf d. Drehwaage bei Bestimm d. Erddichte unmerklich VIII. 92 — Einfluss von Ebbe u. Fluth auf d. Tageslänge X. 70; XIII. 119 — Spiralförm. Bewegungen in ausfliessendem Wasser nach Perrot v. d. Erddrehung herrührend XV. 60; XVI. 50; Einwendungen dagegen XVII. 68. 69 — Inhalt v. Teichmann's Physik d. Erde X. 799 — s. Fall, Geographie, Geologie, Gradmessung, Schwerkraft, Temperatur — Bertrand, Boucheporn, Cones, Dieterici, Dittmann, Lespiault, Merino, Pratt, Sang, Santini, Schweizer.

Erde, Erdboden, Wärmeleitung d. gefrornen Erde XVIII. 365 — s. Elektricität Leitung.

Erdfälle erzeugen Inseln u. unterird. Detonationen IX. 655 — E. bei Tula XI. 787.

Erdlöcher, denen tödtliches Gas entströmt IX. 674.

Erdöl, (Naphtha, Petroleum, Steinöl), Specif. Gew. und Wärmeausdehnung d. Petroleums III. 29 — Gesammtwärme d. Dampfs XVIII. 356 — Vorkommen in Pensylvanien u. Ohio XVI. 843 — Thätigkeit u. Tiefe d. Erdölquellen XX. 877 — s. Andrews, Béchamp u. Saintpierre, Gregory, Hunt, Maurice, Rogers.

Erdregen s. Staubmeteore.

Erdschüttung, Druck derselben gegen d. Futtermauer XV. 58.

Erdströme, Nachweis ihres Daseins III. 555; IV. 412; V. 264. 357; XIV. 450 — Die Ströme gehen v. d. kälteren nach den wärmeren Gegenden IX. 615 — Aenderung d. Erdmagnetismus durch sie XVII. 566. 568; XVIII. 562 — Ursprung d. E. XVIII. 559; XIX. 598. 599; s. auch 587. 589 — Erfahrungen üb. E. XVIII. 561 — Verhalten d. Ströme in den mit Erdplatten verbund. Telegraphendrähten XX 630. 632 — s. Telegraphenströme — de la Rive.

Erglühen s. Glühen.

Eriesee, Die Hügelketten daselbst untermeerische Absätze VI. 972 — Das period. Steigen u. Fallen d. E. bestätigt sich nicht VI. 1011 — Ursache d. Niveauveränderungen XIII. 574.

Erstarrungspunkt s. Gefrierpunkt.

Erze s. Elektrolyse — Black.

Essigäther, siehe Aethyloxyd essigsaures.

Essigholzäther s. Methyloxyd essigsaures.

Essigsäure zeigt in hoher Temperatur keine Anomalie d. Dampfdichte I. 110 — Anomales Verhalten des Dampfes unter d. Kochpunkt II. 108 — Verbrennungswärme II. 251 — Specif. Wärme II. 258; IV. 228 — Latente Wärme II. 258. 262 — Specif. Gewicht, Siedepunkt u. Wärmeausdehnung III. 28. 30; X. 151; XI. 42 — Elektrolyse d. Essigs. V. 296 — Dampfdichte XVII. 22 — Lichtbrechungsexponent XVIII. 200. 203.

Etalons, Beschreib. der für Modena bestimmten französ. Et. VI. 66 — s. Maass — Airy, Sheepshanks.

Etsch, Gefälle u. Alluvialbildungen derselben XIII. 581.

Eucalyn e. Zuckerart, Eigenschaften XI. 316.
Eudiometrie, Die eudiometr. Anwendung e. ammoniakal. Kupferlösung in Contact mit Kupfer ungenau I. 115 — Eudiometr. Verfahren von Goldmann II. 110; v. Graham II. 111 — Zusammensetz. d. Luft in verschied. Höhen e. schlecht ventilirten Saales II. 112 — Vorrichtung zur Analyse d. Respirationsproducte III. 87 — Prioritätsansprüche hinsichtlich der Gasanalyse nach Doyère III. 88 — Die Gaskette als Eudiometer benutzt III. 308. 375 — Gehalt d. Atmosphäre an Sauerstoff u. Kohlensäure in verschied. Höhen d. Alpen V. 415. 416 — Durch Magnetismus lässt sich d. Luft nicht in ihre Bestandtheile zerlegen III. 505; IX. 600 — Bestimm. d. Kohlensäuregehalts d. Luft XIX. 605 — Ozon soll d. Atmosphäre v. Miasmen befreien VI. 734 — s. Brunner, Doyère, Regnault, Schlagintweit.
Eugenige Säure s. Tropfen.
Euphrat, Veränderungen seines Bettes XVII. 755.
Euxenit, Opt. Eigenschaften XVI. 257.
Exosmose s. Diffusion.
Explosion bei fein zertheilten Metallen unter Druck XI. 4 — in Kohlenbergwerken bei niedrigem Barometerstand u. hoher Temperatur am häufigsten XI. 675 — Temperatur d. Expl. e. Gemisches v. Schwefelkohlenstoff u. Sauerstoff XIX. 358. 359 — Expl. bei d. Verbrenn. in comprimirtem Sauerstoff XX. 359 — s. Dampfkessel, Schiesspulver — Mallet, Olmsted.

Faden, Schwingungen eines frei hängenden F., welcher in ungleichen Entfernungen beliebige Gewichte trägt IX. 41 — Gleichgewichtsfigur e. biegsamen Fadens XV. 38 — Gleichung für d. Beweg. u. Spannung e. biegsamen Fadens XVI. 27; XX. 27 — Bildung stehender Wellen in e. gespannten Faden XVI. 137 — Schwingungen eines elast. an beiden Enden befestigten Fadens in einem von e. constanten Strom durchfloss. Raum XIX. 57.
Fässer, Formel für d. Inhalt derselben IX. 27.
Fäulniss wird durch Filtration der Luft verhindert XV. 356; XVII. 27.
Fall, Ursache d. Abweichung nach Süden beim freien F. III. 33; VI. 151; XVI. 42 — Bestimm. der Grösse der südl. Abweichung IV. 62; VIII. 84; XIX. 23 — Abweichung d. Körper v. d. Verticalen beim freien Fall XVIII. 29; s. auch XII. 121 — Erscheinungen bei e. fallenden Stück Papier X. 61 — Berechnung d. F. auf e. Kreisbogen XVII. 40 — Ablenkung eines im Schwerpunkt aufgehängten Stabes XVIII. 30 — s. Oersted.
Fallmaschine, Vervollständigung d. Atwoodschen Maschine IV. 62 — Fallm. v. Poggendorff IX. 33 — von Monte XVI. 42 — von Bourbouze XVIII. 30.
Farben, Alle Körper lassen in dünnen Blättchen oder fein zertheilt blaues Licht durch I. 181. 183; Bedenken dagegen IV. 156 — Quecksilberbläschen sind bläulich violett durchscheinend I. 183 — Das v. farbigen Körpern reflectirte Licht kommt aus d. Innern derselben II. 180. 186 — Aenderung d. Metallfarben mit d. Zahl der Reflexionen des Lichts am Metall III. 688 — Verhältniss d. Farbe glühender Körper zu ihrer Temperatur III. 132 — Mit d. Temperatur nimmt die Farbe e. glühenden Körpers an brechbaren Strahlen zu III. 298 — Entstehung d. braunen Farbe u. Anwesenheit derselben im Sonnenspectrum IV. 158 — Die natürl. Farben d. Körper entstehen durch Interferenz VI. 415; X. 262; nach Smith aus Licht u. Schatten XV. 296 — Fixirung d. Spectralfarben auf Papier VI. 542 — Beziehung zw. Farben u. Tonintervallen, Farbenharmonie, VIII. 153 335; IX. 306; XI. 275. 333. 340; XX. 171 — Brücke's Erklärung der Farben trüber Medien VIII. 217 — Instrument zur Untersuchung d. F. v. Flüssigkeiten im durchgelass. Licht VIII. 257 — Blaue Strahlen bleiben Abends länger wahrnehmbar als rothe. Einfluss d. Helligkeit auf d. Intensität d. F. VIII. 329; X. 308 — Beweis, dass schwarz keine Farbe ist XV. 213 — Grävell gegen Newton's Farbenlehre XV. 220 — Wie dem Farbenblinden d. Spectrum erscheint XVII. 331 — Benutz. d. F. zur Unterscheidung verschied. Körper XX. 214 —

Theorie d. Farben v. Rogers XI. 230; v. Challis XII. 777 — Eintheilung d. F. nach Doppler IV. 188; V. 159; nach Chevreul III. 135; XVI. 241; XVII. 237; nach Hay V. 158; nach Forbes V. 158; VI. 416 — Nach Maxwell sind d. F. nicht auf e. Kreis sondern auf e. Dreieck für d. Beziehungen d. Mischfarben aufzutragen XVII. 329 — s. Dichroismus.

Mischfarben, Vereinigung der Farben zur Mischfarbe durch d. Stereoskop II. 223 — Weshalb durch Mischung prism. Farben wieder eine einfache prismat. F. entsteht II. 591 — Farbenmischung durch rotirende Scheiben nach Harless IV. 189 — Verfahren v. Helmholtz F. zu combiniren VIII. 247; XI. 267; Einwendungen dagegen von Grassmann IX. 248; XI. 268 — Verfahren von Foucault IX. 248 — Alle Farben d. Spectrums sind aus fünf einfachen zusammen zu setzen VIII. 249 — Alle Mischfarben e. Wirkung d. Interferenz ungleicher Wellen X. 262 — Maxwell's Versuche der Farbenmischung e. Bestätigung d. Youngschen Theorie d. Farbensehens XI. 281; XII. 259; XIII. 232 — Verfahren Interferenz- u. Absorptionsfarben in belieb. Verhältniss zu mischen XIII. 231 — Unterschied d. Mischfarben auf d. Palette u. d. Farbenkreisel XIX. 212 — Gelbliche od. röthliche Flammen erscheinen hinter blauem Glas weiss II. 183 — Darstell. von weiss durch Complementar- namentlich Polarisationsfarben III. 145; durch Drehung farbiger Gläser IV. 189 — Entstehung v. weiss durch Mischen e. Kobalt- u. Nickellösung VI. 415; X. 280; auch Kupfer in e. Kupfervitriollösung erscheint weiss VI. 416; ähnlich ist d. Entfärbung d. Glases durch Braunstein X. 280; andere derart. Fälle XVII. 240 — Die Bildung v. grau aus gelb u. blau schon 1829 v. Plateau beobachtet IX. 249 — Combinationen, die sich zu weiss ergänzen XI. 267 — Weshalb der Farbenkreisel kein reines weiss giebt XV. 213 — Weiss durch Mischung von Spectralfarben XV. 223 — Field's Mischungsverhältniss d. F. für weiss ungenügend XIX. 183.

Complementarfarben, Contrastfarben, Erzeugung v. Compl. mittelst farbiger Gläser u. Doppelspath III. 189 — Dove's Scheiben zur Wahrnehmung d. Ergänzungsf. IV. 189 — Leichte Wahrnehm. von Compl. XI. 339 — Das Trocheidoskop für Contrastf. XVI. 299 — Verfahren Contrastf. Vielen zugleich zu zeigen XIX. 294 — Nach Brücke ist braun complementar zu lavendelgrau IV. 158; Müller dagegen VI. 414 — Das v. Krystallen reflectirte Licht ist complem. zu d. durchgelassenen VIII. 273; IX. 262. 268; mit d. Reflexionswinkel ändert sich bei manchen Körpern d. Farbe VIII. 275 — Complementare Farben werden beim binocularen Sehen combinirt IX. 299. 300 — Contrasterscheinungen, wenn man mit jedem Auge durch e. anders gefärbtes Glas sieht XVII. 327; XIX. 293 — Nach Osann sind d. Complementarf. objectiver, nach Fechner subjectiver Natur XVI. 277 — Contrasterschein. bei Farbenmischung nach Plateau XIX. 292 — Wellenlänge d. Complementarfarben XI. 269 — s. Mischfarben, Schatten.

Subjective Farben, Dove's Scheiben für subject. F. IV. 189 — Farbenkreisel zur Darstellung der subj. F. VI. 496 — Reihe d. abklingenden subj. F. VI. 496 — Brücke's Untersuch. üb. subj. Farben VI. 497 — Seguin's Beobacht. üb. subj. F. VIII. 333 — Subj. F. bei rascher Bewegung vor e. Gitter XII. 311 — bei Anwendung eines Silberspiegels mit farbigem Glas XVII. 311 — Die Grösse d. Nachbilder abhängig v. der in d. Vorstellung angenommenen Entfernung XIV. 312 — Nachbilder nach Erregung d. Netzhaut durch d. elektr. Funken XV. 291 — siehe Täuschung optische.

Epoptische Farben, Theorie d. chromat. Polarisation v. Cauchy II. 165; III. 680; VI. 319 — Intensität der durch ellipt. Licht modificirten Kalkspathringe II. 614 — Theorie d. epopt. F. in einax. Krystallen in linear polarisirtem Licht IX. 260; in circular polaris. Licht IX. 261 — Erklär. d. Eigenthümlichkeiten, welche d. photograph. Abbildungen d. Ringsysteme d. Kalkspaths u. Salpeters zeigen IX. 273 — Gekühlte Gläser u. Gypsblättchen zeigen auch ohne Polarisationsapparat Farben im re-

flect. Licht IX. 269; X. 295; XI. 312 — Ausbreitung d. Circularpolarisationsfarben XI. 304 — In zweiax. Krystallen sind d. isochromat. Curven nur annähernd Lemniscaten. Gleichung d. isochromat. Strahlenkegels XII. 783 — Allgemeine Gleichung der isochromat. Curven in e. Platte eines zweiax. Krystalls XIII. 217 — Bestimm. d. isochromat. Curven mittelst isochromat. Flächen XVII. 197 — Uebergang d. kreisförm. isochromat. Curven in d. hyperbolischen bei einax. unter verschied. Winkeln gegen die Axe geschnitt. Krystallplatten XIV. 276; XVII. 277 — Die Figuren in doppeltbrech. Krystallen v. Brewster entdeckt XVI. 262 — s. Licht-Interferenz, Lichtpolarisation.

Farben dicker Platten, Erklärung derselben VI. 407; XVI. 214 — Neue Interferenzerscheinungen an dicken Pl. XVI. 248. 250.

Farben dünner Blättchen, Bestimm. d. Amplitude u. Phase d. Lichtstrahlen in dünnen Platten nach Cauchy V. 128 — Wilde's Theorie d. F. dünner Bl. VI. 404 — Darstell. d. chlorsaur. Kalis in dünnen die Farben zeigenden Blättchen IX. 234 — Gesetz d. F. dünner Bl. zw. Luft u. Metall, wenn ihr Brechungsindex zw. dem dieser beiden liegt XV. 200 — Erklär. d. F. dünn. Bl. unter d. Annahme, dass d. Lichtschwingungen in d. Polarisationsebne statt finden XVI 214. 250 — Farben dünn. Bl. an verwittertem Glas XVII. 272 — s. Brücke, Calvert, Chevreul, Czermak, Dove, Maxwell, Moigno, Suckow.

Farbenbüschel, Haidingersche, s. Polarisationsbüschel.

Farbenkreisel, Mittel d. Drehungsgeschwindigk. d. F. zu bestimmen III. 190 — Eigenthümliche Erscheinungen d. Orange am F. v. Sinsteden VI. 496 — Weshalb d. Farben des F. kein reines Weiss geben XV. 213 — F. v. Lohmeier XVI. 298 — Unterschied d. Mischfarben auf der Palette u. d. Farbenkr. XIX. 212.

Farbenringe mittelst d. Readeschen Iriskops V. 140 — F. auf e. gewöhnl. Spiegel V. 156.

Newtonsche Farbenringe vor d. Sonnenscheibe II. 195 — Farbenfolge in d. Ringen IV. 159 — Die Dicke d. Luftschichten für jeden Ring entspricht d. Forderungen d. Undulationstheorie V. 155 — Erklärung d. dunklen Flecks nach Stokes V. 156 — Nach Wilde ist d. bisherige Erklär. d. dunklen Flecks unhaltbar VI. 402 — Das Gyreidometer zur Messung d. Ringe VI. 402 — Darstell. schöner Newt. Farbenr. VI. 406 — Gute Uebereinstimm. d. Erscheinungen an d. Newt. F. mit d. Formeln v. Cauchy VIII. 223 — Farbenr. bei Ausbreitung e. Alkoholtropfens auf e. Oelschicht IX. 234 — Eisenlohr's Apparat zur Erzeugung d. Newt. F. XII. 249 — Farbenstreifen an Newt. Ringen bei ihrer Betrachtung durch e. Prisma XVII. 272 — Wahrnehmung v. Ringen bei e. Gangunterschied v. 50000 Wellenlängen XVIII. 207 — Ringsysteme d. beiden Natronlinien XVIII. 207 — Secundäre od. Nebenringe XX. 220 — Erklär. der v. Knox beobachteten gradlin. Fransen in d. Newt. Ringen XX. 222 — s. Licht-Interferenz.

Nobili'sche Farbenringe, Untersuchung derselben durch Becquerel I. 476; II. 414 — Die Dicke der Ringe nahe umgekehrt d. Würfel d. Halbmesser proport. II. 418. 419; Riemann's Einwürfe dagegen XI. 453; Vergleich d. Versuche mit Riemann's Formel XII. 478 — Theorie d. Nob. Farbenr. v. Wild XV. 470.

Löwesche Farbenringe beim Durchsehen durch gewisse farbige Flüssigkeiten III. 152 — Die L. Ringe e. Beugungserscheinung VIII. 332.

Farbenstreifen s. Licht-Interferenz.

Farbstoffe, Durch d. Spectrum ist d. thierische od. pflanzl. Ursprung e. grünen Farbstoffs nicht zu ermitteln IX. 250 — Erkennung d. F. in ihren Mischungen XVIII. 93 — Verhalten verschied. Farbstofflösungen im Sonnenspectrum XIX. 217.

Feder, Ursache d. schweren Benetzbarkeit d. Federn d. Wasservögel XIII. 46 — s. Elasticität, Spiralfeder.

Feldspath, Lage d. verschiedenart. Axen, d. opt., akust., elektr. u. s. w. im F. VI. 241 — Ausdehnung durch die Wärme VIII. 33; Wärmeausdehnung d. Adulars XV. 338 — Wärmeleitung des Adulars nach verschied. Richtungen XVI. 389 — Dispersion d. opt. Axen X. 300 — Aenderung

der opt. Axen mit der Temperatur XVII. 282.

Fergusonit, Opt. Eigenschaften XVI. 257.

Fernrohr, Mittel zur Beleuchtung d. Fäden im F. III. 212. 373 — Erhöhung d. Vergrösserung e. F. ohne Verlängerung desselben durch eine Concavlinse IV. 199 — F. zur Distanzmessung, Telemeter, V. 33; IX. 326 — Erörterung d. Falles, wo die ein- und austretenden Strahlen parallel sind VI. 377 — Riesenfernrohr v. 85 Fuss Länge VIII. 359 — Reciprokes F. mit parallelem Mikrometer VIII. 360 — Beseitigung der durch die Biegung d. F. entstehenden Fehler IX. 197; X. 246. 337 — Vorrichtung am F. zum Abzeichnen d. Bildes IX. 321 — Beseitigung d. sphär. Aberration IX. 327; XII. 807 — Befreiung d. Zenithfernr. vom Collimator IX. 328 — Vorricht. am F. zur Beobacht. d. Sonne XI. 356; XIX. 303; durch e. Polarisationsapparat XIII. 248 — Grosse Vervollkommn. d. F. durch Achromasie, Helligkeit und Schärfe d. Bilder XII. 806 — Fernr. Napoleons III, XII. 336 — F. nach Gauss v. Steinheil XVI. 306; XVII. 342 — Vermeidung der durch reflect. Licht entstehenden Undeutlichkeit mittelst e. Nicol's XVII. 342 — F. zu photograph. Bildern v. kosmischen Gegenständen XVII. 343 — Binoculares F. XVII. 348 — Optische Kraft der Fernröhre zur Zeit XIX. 302 — Marinefernr. v. Steinheil XIX. 304 — F. welches die Objecte beim Drehen um d. Axe umgekehrt zeigt XX. 165.

Putzpulver für die Objective der Fernröhre III. 213 — Seidel's Theorie d. Fernrohrobjective VIII. 190; IX. 193; XI. 251 — Vermehrung der auf das Objectiv fallenden Lichtmenge durch d. konischen Condensator IX 328 — Herstellung d. Glases für Objectivlinsen X. 341 — Krümmung d. Focalflächen bei einem aus beliebig vielen sich berührenden Linsen bestehenden Objectiv XII. 804 — Verkürzung der Brennweite durch mehrere Objectivlinsen nicht rathsam XV. 304 — Ocularmikrometer v. Nobert zur Bestimm. lichtschwacher Sterne u. ihrer Farbe VIII. 216 — Passende Linsenform für d. Huyghenssche Ocular XIX. 302 — Berechnung des gewöhnl. terrestr. Oculars XX. 304 — Kreuze u. Netze für Fernröhre XX. 304 — Beseitigung der Schwankung d. Quecksilbers bei astronom. Beobacht. VIII. 362 — s. Linsen, Teleskop — Bravais, Chevallier, Grunert, Lawson, Liagre, Perty, Petzval, Santini, Steinheil, Stoney.

Fessel's Scheibe, Rotationsmaschine, IX. 74. 76; X. 82; XII. 130 — Erklärung der Erscheinungen daran XIII. 123.

Festigkeit, Aenderung d. Festigk. mit d. Temperatur bei Kupfer, Eisen, Gold, Silber, Platin u. Palladium VI. 15 — Ermittelung der Bruchfestigk. d. Metalle X. 114 — Kraftbedarf zum Lochen der Kesselbleche X. 117 — Fest. d. Eisenbleche X. 118 — verschiedener Eisen- u. Stahlsorten XIII. 143; XIV. 111; XV. 100; XVI. 64 — d. Eisens bei verschied. Temperatur XIII. 146 — Bei Rauchröhren steht d. Fest. im umgekehrten Verhältniss zur Länge XIV. 113 — Festigkeit d. Stahlbleche von Leoben XV. 97 — Fest. eiserner Balken XVII. 104 — Durch wiederholtes Schmelzen ändert sich d. F. d. Gusseisens X. 120 — Fest. gusseiserner Säulen XIII. 150. 152 — F. d. Gusseisens XVI. 64 — F. verschied. Mischungen aus Gusseisen u. Nickel XIV. 414 — Festigk. d. Aluminiums u. d. Aluminiumbronze XV. 100 — F. d. Drähte v. verschied. Metallen XV. 101 — F. d. Bausteine gegen Zerdrückung X. 119; XI. 141. 146; XIII. 157 — Festigk. der unter hohem Druck erstarrten Körper X. 120 — Neues Element bei der Berechnung der Biegungsfestigkeit XI. 148 — Fest. verschied. Glassorten gegen Druck XV. 94 — Bestimmung d. Querschnitts e. Körpers bei Forderung e. absoluten Festigkeit dess. XV. 103 — F. v. Platten gegen einseitigen Druck XVI. 62 — Beziehungen zw. d. Spannungen eines festen Körpers beim gestörten Gleichgewicht XX. 53 — Festigk. e. Stabgitters XX. 58. 59 — s. Balken, Locomotive, Rad — Bornemann, Brix, Fairbairn, Johnson, Stoney, Tate.

Fett, Bestimmung d. Schmelzpunkts XI. 160 — s. Säuren fette, Stearin.

Feuerkugeln, 1846 in Frankreich II. 203; in England II. 204 — Eine in Frankreich beob. F. muthmaasslich

e. Satellit d. Erde II. 205 — Feuerkugeln aus d. Jahr 1846 u. 1847, III. 169 — Nach Joule der Luftwiderstand d. Ursache d. Erglühens IV. 177 — F. in England u. Frankreich 1848, IV. 178; V. 455 — F. am 2. u. 6. Aug. 1860 bei Pittsburg XVIII. 492. 493 — in Deutschland 3. Dec. 1861, XVIII. 494 — d. 18. Octobr. 1863 zu Athen XX. 588. 589 — s. Meteor, Sternschnuppen — André, Arago, Berthoud, Bertrand, Besse - Bergier, Bianconi, Boisse, Bond, Borck, Bourdin, Brorsen, Brouard, Capocci, Carl, Chacornac, Coffin, Coulvier, Curioni, Dawes, Deslongchamps, Dieu, C. Dufour, Faye, Forbes, Fritsch, Galle, Gladstone, Glaisher, de la Haye, Heis, Herrick, A. Herschel, Hirn, Jutier, Karsten, Klopsch, Kuhn, Lais, Lambotte, Lange, Larrey, Lartigue, Laussedat, Lecadre, Lecot, Legrip, Lespiault, Leverres, Le Verrier, Liais, Liandier, Mac Donald, Main, Marenholtz, Masch, Mazzarella, Nerenburger, Payerne, Paumard, Perrey, Peters, Petit, Pettko, Pierre, Poey, Powell, Préaux, Quetelet, Renesse, Ronmy, Sans, J. Schmidt, Serpieri, Shepard, Smith, Smyth, Stieber, Strahl, Tissot, de la Tremblais, Tremblay, Tschermak, Vaillant, Vaugham, Wolf.

Filtriren, Filtrirgeschwindigk. verschied. Salzlösungen durch Herzbeutel v. Rind XII. 48 — Einfluss der Temperatur u. d. Drucks auf d. Geschwindigk. d. Filtrirens XVI. 93 — Einfluss d. Zeit XVI. 113 — Veränderungen der Lösungen v. Eiweiss, Harnstoff, Kochsalz u. Salpeter beim Filtriren durch Herzbeutel v. Rind XVII. 135.

Firn s. Gletscher.

Fische, Muthmaassl. Gang d. Lichtstrahlen in d. Krystalllinse d. Fische X. 237 — Einfluss d. Lichts auf d. Farbe d. Forellen XIV. 289 — Bis zu welcher Tiefe d. F. unter Wasser sichtbar sind XVIII. 238 — Elektr. F. s. Elektricität animalische — Müller, Giraud-Teulon.

Der goldene Fisch (elektr. Apparat) schon Franklin bekannt IX. 439

Fischleberthran, Lichtbrechungsexponent XVII. 237.

Fixsterne s. Sterne.

Flamme, Die elektr. Wirkung d. Fl. ist die von Spitzen III. 316; IV. 261 — Elektr. Leitungsvermögen d. Fl. X. 460. 480 — In d. Fl. sind thermoelektr. Ströme VI. 671. 674 — Richtung d. Ströme in d. Fl. X. 479. 481 — Elektr. Ströme u. Spannungen in e. Weingeist- u. Wasserstoffflamme XV. 374; XVII. 487 — Bei Annäherung d. Knopfes einer gelad. Leydener Flasche wird e. Flamme kleiner XVII. 428 — Zu einer negativ elektr. Kugel neigt sich e. Fl. hin XIX. 437 — Eine Fl. ist diamagnetisch III. 499. 500 — In jeder Fl. sind alle Farben d. Spectrums, in d. farbigen prädominirt eine IV. 151 — Mit steigender Temperatur treten immer brechbarere Strahlen auf IV. 151 — Die Brechbarkeit d. Strahlen nimmt mit d. Temp. von innen nach aussen zu XIV. 220 — Fluorescenz erregende Strahlen in d. Fl. d. Schwefels IX. 243; d. Schwefelkohlenstoffs XII. 257 — Färbung d. Fl. durch Säuren und Metalloxyde XVI. 240; durch Schiessbaumwolle u. Metalloxyde für Vorlesungsversuche XVI. 240 — Ursache d. leuchtenden Strahlen um e. Fl. im Auge VIII. 310 — Richtung des durch mehrere im Kreise stehende Flammen erregten Luftstroms XIV. 101 — Zucken d. Gasflammen durch musikal. Töne XIV. 143. 174; XVII. 168 — Mit d. Luftdruck nimmt d. Helligkeit d. Fl. ab XVII. 262 — Ursache der Ausscheidung v. Kohlenstoff in d. Fl. XVII. 265 — Absorptions- u. Emissionsvermögen verschied. Flammen XVIII. 229 — s Harmonika, Spectrum.

Flasche, Leydener, (Flaschendraht, Leyd. Batterie) Die Ladung e. Flasche proport. dem Cubus d. Dicke d. Isolators IV. 268 — Correction d. Beobachtung bei Anwendung ungleicher Flaschen VI. 654 — Anord. d. Elektr. auf d. Belegen e. Franklinschen Tafel VIII. 449 — Ladungserscheinungen an Kabeln X. 498; XI. 401. 426; XIII. 320 — Berechnung d. Capacität e. Leyd. Fl. und der Flaschendrähte XI. 401. 466 — Messung d. Elektricitätsmenge in d. Batterie nach Harris XII. 400 — Ladung der Leyd. Fl. durch d. Inductionsapparat XI. 481. 485; XII. 518; XIX. 403 — Ladung frei aufgehängter Telegraphendrähte XIII. 322 — Erschei-

nungen, wenn Terpentinöl als Isolator e. Leyd. Flasche dient XV. 382 — Verkleinerung e. Flamme bei Annäherung e. gelad. Fl. XVII. 428 — — Theorie der Flaschenentladung XX. 437 — Erwärmung des Glases in d. Leyd. Batterie durch d. Laden XX. 442.

Theorie d. elektr. Rückstandes in d. Leyd. Fl. v. Kohlrausch X. 451. 456 — Der verborgene Rückstand ist d. anfänglichen Ladung proport. X. 454; er nimmt mit d. Glasdicke zu X. 455 — Ansichten über d. Bildung d. Rückstandes XVI. 421 — Beziehung der Ladungsdauer zum Rückstand XX. 443 — s. Feddersen, Oettingen, Paalzow, v. d. Willigen.

Flatternde Herzen, Verschied. Formen d. Erscheinung I. 223; IV. 191; VIII. 330; X. 309 — Erklärung XVI. 278.

Flintglas s. Glas.

Flöte v. Messing VI. 309.

Flüsse, Fall d. Alleghany, Ohio u. Missisippi VIII. 622 — Gefälle der Flüsse in Salzburg X. 776 — Selbst bei geringem Fall ist d. Geschwindigkeit der Flüsse gross IX. 650 — Fall u. Geschwindigkeit von Theiss, Donau, Rhone, Mosel, Oder, Saone, XII. 745 — Fall der Arve XIII. 581 — Zusammenhang zw. d. Austreten d. Flüsse in Frankreich u. d. Wehen d. Sirocco VIII. 763 — Menge des v. verschied. Flüssen ins Meer geführten Schlammes IX. 651 — Die Alluvionen d. Fl. in d. Manche rühren grösstentheils aus d. Meere her X. 778 — Anschwemmungen d. Fl. im Mittelmeerbecken, besonders d. Rhone XII. 746 — Versandung d. Fl. in d. Niederlanden XVIII. 729 — Die Vertheilung grosser Flüsse abhängig v. d. Vertheil. des Regens IX. 652 — Flusssystem in Hindostan X. 779 — Höhenbestimm. d. Fl. im nordöstl. Kärnthen XI. 780 — Areal d. Flussgebiete in d. Verein. Staaten XI. 780 — Erosionsformen d. indischen Fl. XIII. 578 — Einschneidende Kraft d. Fl. bei verschied. Geschwindigkeit XIII. 582 — Ursache d. Niveauänderungen d. Fl. XIV. 691 — Einfluss d. Drehung der Erde auf d. Gestaltung d. Flussbetten u. Ufer XV. 60. 64. 751; XVI. 50. 808; XVII. 752; XVIII. 726; XIX. 684; XX. 862 — Einfluss d. Windrichtung auf die ins Adriat. Meer mündenden Fl. XV. 740 — Aufthauen u. Gefrieren d. Kennebec XV. 752 — Eisgang d. Waja XVI. 821 — Bestimm. d. Wassermenge e. Flusses XV. 753 — Farbe d. Fl. im Gouvernem. Nishne-Nowgorod XVI. 808 — Ergebnisse d. canadischen Red-River Expedition XVI. 829 — Arsenik im Sand d. Flussbetten XVI. 829 — Bewegung d. Flusswassers nahe d. Mündung ins Meer XVIII. 729 — Unterird. Lauf d. Recca bei Triest VI. 1044; XVIII. 741 — Unterirdischer Wasserlauf im Thal d. Revest bei Toulon XVIII. 741 — Unterird. Wasseransammlung, See, in Obercanada XVIII. 742 — Abfluss d. Küstengewässer Grönlands unter d. Eise XIX. 692 — Quellen u. Lauf d. Manytsch XX. 867.

s. Amazonenstrom, Amur, Arno, Donau, Euphrat, Ganges, Gewässer, Indus, Irrawaddi, Missisippi, Niagara, Nil, Oder, Orbe, Paraguay, Quellen, Rhein, Rhone, Saone, Seine, Senegal, Temperatur, Theiss, Wellen, Wolga — Bandeira, Bastian, Beke, Bertocchi, Blakiston, Boué, Brighenti, Bühler, Challeton, Cuyper, Dausse, Des Moulins, d'Escayrac, Fabre, Feldt, Gräff, Guggenberger, Guillemin, Hauer, Hübbe, Ives, Juckes, Lamarle, Lavallée, Lawson, Leslie, Lombardini, Lorenz, Olivier, Partiot, Perey u. Traxler, Petermann, Platt, Reclus, Saussure, W. Schultz, Seidlitz, Serval, Symonds, Wittmann.

Flüssigkeit, Nach Poisson ist d. Oberfläche e. Fl. dichter als d. Innere derselben I. 14. 16; XI. 20. 95; nach Hunt findet das Umgekehrte statt X. 13 — Die Zusammendrückbarkeit e. Fl. nimmt nach Despretz mit steigendem Druck ab II. 100; nach Aimé ist bis zu 220 Atmosph. d. Zusammendrückb. dem Druck proportional II. 101 — Physikal. Erklärung d. globulären Zustandes flüss. organ. Körper III. 6 — Wann aus einer mit Wasser gefüllten Röhre beim Umkehren d. Wasser ausfliesst VI. 20 — Bei welcher Temperatur e. Fl. in Dampf v. gleicher Dichte übergeht IX. 424 — Erscheinungen bei Ausbreitung e. Fl. auf d. Oberfläche einer andern X. 162; XI. 102; XIV. 32 — Bestimm. d. Zähigkeit e. Fl. durch

Ausfluss aus Röhren XVI. 93. 101 — Bewegungen, welche e. schwingender Stab in e. Fl. erregt XVI. 146 — Ursache d. Widerstandes gegen e. Fl., die in e. engen Gefässhals gegossen wird XIX. 81 — Temperatur- u. Volumenänderung beim Mischen zweier Flüssigkeiten XX. 350. 352 — s. Adhäsion, Bewegung, Capillarität, Cohäsion, Diffusion, Hydraulik, Hydrostatik, Sphäroidaler Zustand, Tropfen — Caligny, Moon.

Gleichgewichtsfiguren einer flüss. Masse ohne Schwere: Kugel II. 77; Ring II. 80; Cylinder V. 49 — Verhältniss d. Länge zum Durchmesser e. Cylinders an d. Gränze d. Stabilität V. 52 — Einfacher Apparat für d. Plateauschen Versuche IX. 95 — Oberfläche rotirender dem Einfluss der Schwere entzogener Flüssigkeiten XI. 94; XIII. 126 — Form e. rotirenden Ellipsoids mit drei ungleichen Axen IX. 56 — Gleichgewichtsfiguren freier rotirender Flüssigkeiten XIII. 125; XVI. 51 - Classification d. Umdrehungskörper, in welchen eine Flüssigkeit ohne Schwere existiren kann XIV. 91 — Verfahren die flüss. Häutchen haltbarer zu machen XVII. 114 — Ueberführung e. Häutchens aus e. Seifenlösung in e. über dieser befindl. Oelschicht XVII. 115 — Dicke solcher Flüssigkeitshäutchen XVII. 115; XVIII. 74 — Die Eigenschaften der Oberfläche der Gleichgewichtsfig. schon 1804 v. Th. Young angegeben XX. 75 — s. Kaul, Plateau, Tomlinson.

Flugrad, elektr. XX. 434.

Fluorborgas, Spannkraft d. Dämpfe d. flüss. Fl. I. 124.

Fluorescenz, (innere Dispersion, epipolische Disp.) Farbenzerlegung an d. Oberfläche der Körper I. 183 — Brewster's Versuche mit grünem Flussspath III. 120; mit verschied. Flüssigkeiten III. 121; seine Erklärung III. 123 — Geschichtliches üb. Fl. VIII. 231; Becquerel beobachtete schon 1842 derart. Erschein. X. 281 — Hypothese v. Stokes üb. Fl. VIII. 232; seine Versuchsweise VIII. 233. 234; IX. 244 — Zusammensetz. des bei d. Fl. erzeugten Lichts VIII. 236 — Feste Linien im Spectrum desselben VIII. 238 — Zusammenhang zw. Fl. u. Absorption VIII. 241 — Anwend. der innern Dispers. als chem. Prüfmittel VIII. 244. 245; zur Unterscheid. organ. Körper XX. 214 — Fl. bei elektr. Funken VIII. 214; Benutzung d. Ruhmkorffschen Apparats dazu X. 281; Fl. bei elektr. Licht zw. Kohlenspitzen XII. 257; Fl. durch das Nordlicht XIV. 238 — Darstellung eines im elektr. Licht nicht fluorescirenden Glases XV. 238 — Das durch schwefelsaures Chinin gegangene Licht wirkt noch auf andere Substanzen IX. 246 — Die Fl. hört mit d. Einwirkung d. auffallenden Lichts zugleich auf IX. 246; Nachweis der Dauer d. Fl. XIX. 235; die Fl. eine Phosphorescenz v. sehr kurzer Dauer XVII. 241 — Ein galvanisch glühender Platindraht hat keine wirksamen Strahlen XI. 277 — Wirksamkeit d. Flamme d. Schwefels IX. 243; besonders Schwefelkohlenstoffs XII. 257 — Fl. durch d. Licht d. explodirenden Knallgases XV. 238 — Apparat von Grailich für d. Untersuchung d. Fl. XIII. 235 — Photographie einer mit fluorescirenden Substanzen (Chininlösung) ausgeführten unsichtbaren Zeichnung XV. 260 — Das durch e. fluorescirende Schicht gegangene Licht erwärmt mehr als zuvor XVII. 407 — Die Fl. entsteht im Innern d. Körper u. können d. durchgegangenen Strahlen d. Erscheinung wieder hervorbringen XIII. 237 — Lommel's Theorie der Fl. XVIII. 242 — Unterschied d. posit. v. einer negat. Fl. od. Calcescenz XVII. 270; XX. 423 — Fluorescenz d. Wärme XIV. 365; XVII. 271; XVIII. 243; XX. 422.

Fluorescirende Substanzen: d. Lösung v. Berlinerblau in Oxalsäure X. 282 — Blattgrün fluorescirt im Licht d. Inductionsapparates nicht XI. 277 — Fluorescenz d. grünen Farbstoffs aus Infusorien XII. 255 — Chlorophylllös. fluorescirt schon bei Kerzenlicht XVI. 247; desgl. bei Gaslicht XX. 217 — Fluorescenzfarben beim Blattgrün XVIII. 241 — Die Lös. v. Kaliumplatincyanür fluorescirt, wenn sie sehr concentrirt ist XI. 278; XII. 256 — Dichromatische Fluorescenz vieler Platincyanüre XII. 257 — Intermittirende Fl. bei Baryum-Platincyanür XIV. 237 — Fl. v. Magnesium-Platincyanür XV. 237 — Fluorescirender Stoff aus d. Rinde v. Fraxinus XII.

255; XIII. 236; XIV. 237; XV. 237; XVI. 247; XX. 219 — desgl. aus der Rinde d. Rosskastanien d. Aesculin oder Aesculetin XII. 255; XX. 219; Paviin XIV. 238; XVI. 246 — Fl. von Uranglas XII. 256 — v. Diamant XIII. 235 — v. Adular u. Flussspath XVIII. 212 — aus d. Wurzelrinde v. Rhamnus Frangula XVI. 246 — Fluoresc. e. Aufgusses v. Alkohol auf Kienruss XII. 257 — desgl. auf Leuchtkäfer XVI. 247 — Fl. v. Chinidin u. Cinchonidin XIII. 235 — v. Ammonium thionuretum XIII. 235 — v. e. Auflösung d. Schieferöls XIV. 238 — v. Orangenblüthenöl XIV. 238 — von wässrigen u. äther. Auszügen vieler Pflanzentheile XVII. 271; XX. 218 — v. Steinkohlentheer XX. 217 — von Purpurin XX. 219 — Fl. d. Augenmedien XI. 336; XIV. 313; XV. 293; XVI. 297 — Zusammenstell. verschiedenartiger fluorescir. Flüssigkeiten XVIII. 242 — Fl. v. gefaultem Harn XX. 217 — v. Eiweiss XX. 218 — s. Phosphorescenz — Pierre, Pisco, Stokes, Weiss.

Fluorkieselgas lässt sich durch Verdichtung flüssig u. fest erhalten I. 123. 132; II. 107.

Flussspath, Wärmeausdehn. dess. VIII. 33; XIV. 60; XV. 337 — Wärmeleitung XVI. 389 — Ozon im Fl. v. Wölsendorf XVI. 18; XVII. 25 — s. Brewster.

Fluth s. Ebbe.

Föhn, Ursprung d. Namens XVI. 726; XX. 722 — Charakter d. F. XX. 720 — s. Deicke.

Forellen, Einfluss d. Lichts auf ihre Farbe XIV. 289.

Foucault's Versuch, s. Erde, Pendel.

Frankreich, Aenderung d. Klimas III. 598 — Das Austreten d. Flüsse in Fr. durch d. Sirocco veranlasst VIII. 763 — s. Chandon.

Fraunhofersche Linien, s. Spectrum.

Fraxin XIII. 236; XV. 237 — Fr. u. Paviin identisch XVI. 247.

Fulda, Temperaturbeobacht. daselbst v. e. halben Jahrhundert IX. 706.

Fumarolen s. Gasausströmungen, Vulkane.

Fumarsäure, Elektrolyse derselb. XX. 482.

Funkeln d. Sterne, Erklärung von Moigno VIII. 587 — Das F. rührt v. Luftströmungen her IX. 294; XVII. 548; XVIII. 491 — F. v. Sirius u. Aldebaran XIII. 455 — Anweisung zur Beobacht. d. Sternef. XVI. 568 — Das Sternchromatoskop zur Ermittelung d. Dauer u. Farbe des F. XIX. 305 — Das F. erscheint verschieden gestellten Beobachtern ungleich XX. 571 — s. Scintillometer — Dufour, Montigny, Secchi, Vallée.

Fuselalkohol s. Amylalkohol.

Fuselöl, Specif. u. latente Wärme II. 258. 262.

Gadolinit erglüht beim Erhitzen u. ändert dabei Dichte u. specif. Wärme XIV. 11. 223 — Die Dichtevermehrung nicht dauernd XX. 11 — Chemische Veränderungen in Folge d. Glühens XX. 12 — Opt. Eigenschaften d. G. XVI. 257.

Gährung, Wärmeentwicklung bei d. Gähr. XII. 364; XX. 353 — Die Gähr. wird durch Filtration d. Luft verhindert XV. 356; XVII. 27.

Gänge, Bildung derselben XV. 750.

Gallengrün (Biliverdin), Spectraluntersuch. XX. 214.

Gallenpigment, Diffusion desselben XVI. 112.

Gallensäure, Drehung d. Polarisationsebne d. G. u. ihrer Zersetzungsproducte XIX. 260.

Gallensubstanzen, Alle untersuchten zeigen Circularpolarisation XV. 254.

Galmey, Hauptlichtbrechungsexponenten XV. 251.

Galvanismus s. Elektricität, Contact-El.

Galvanometer (Multiplicator) von Page II. 405 — Differential-Galvan. v. Hankel II. 407; X. 492 — Galv. v. Ward III. 372 — Hebel- u. Rad-Galv. V. 294 — Der Multiplicator v. Gaietta e. Franklinsche Tafel VI. 643 — Galv. von Romershausen VI. 792; VIII. 517 — Verbesser. d. Galv. v. Donovan VIII. 512 — Galv. von Lamont IX. 541 — G. v. Weber IX. 622; XVI. 476; XVIII. 423 — Galvan. mit langem Multiplicatordraht v. Buff X. 458 — Galv. mit Spiegel um feine Versuche vor Vielen zu zeigen XI. 463 — Galv. mit Metalllinien auf

Papierbändern od. Drahtwindungen auf Seidenzeug statt der umsponn. Kupferdrähte XII. 488; andere Vorschläge zum Ersatz d. letzteren XII. 490 — Galv. v. Mohr XII. 495 — v. Joule für d. Telegraphie XIV. 443 — Combinirter Multiplicator v. Gallois XV. 405 — Reautometer v. Lo Cicero XVI. 477 — Das Elektrogalvanometer XVII. 449 — Waage-Galv. von Blair XVII. 511 — Die am Galv. beobacht. Erscheinungen für d. Identität von Licht, Wärme, Elektr. u. Magnetism. beruhen auf Luftströmungen VI. 671; VIII. 457 — Benutzung d. Galv. als Messinstrument XII. 496; XVIII. 432 — Theorie d. astat. Nadelpaare v. Du Bois XVII. 446 — siehe Bonelli, Schweigger, Viollet.

Galvanoplastik, Zweckmäss. Ketten für d. Galv. I 469 — Herstellung gut leitender Formen für Kupfer- und Silberniederschläge I. 484 — Elastische Formen für d. Galvanopl. III. 381 — Galvanische Versilberung I. 490; II. 427; III. 387; auf Stahl u. Eisen I. 497 — Galv. Vergoldung I. 492; II. 428. 432. 434; III. 383. 384. 385. 387 — Unterschied zw. Feuer- u. galvan. Vergold. III. 382 — Vergold. von Stahl u. Eisen III. 387 — Verfahren Gold u. Silber aus den fast erschöpften Rückständen wieder zu gewinnen II. 429. 430; III. 390 — Darstell. von Copieen in Gold, Silber und Kupfer III. 380 — Grosser Verbrauch an Gold, Silber u. Kupfer für d. Galvanopl. in Petersburg III. 385 — Darstell. d. Cyangoldkaliums nach Kemp III. 387 — Galvan. Verkupferung I. 492 — Zweckmäss. Concentrat. d. Kupfervitriollösung II. 422; X. 542 — Zusammensetz. des aus derselben sich abscheidenden schwarzen Niederschlags III. 379 — Irisirendes Kupfer auf galvanopl. Wege III. 379 — Verkupferung v. Stahl u. Eisen II. 433; XX. 483 — v. Glas u. Porcellan III. 381 — von Typen III. 383 — Von galvan. Kupferplatten kann nicht mit Zinnober gedruckt werden II. 425 — Fällung v. cohärentem Eisen II. 425. 426 — Galvan. Ueberzug v. Eisen auf gravirten Kupferplatten XV. 477 — Galvan. Gravirung in Stahl III. 389 — Platinschälchen auf galvan. Wege III. 381 — Galv. Verplatiniren u. Vernickeln III. 388 — Verzinken v. Eisen III. 389 — Elektr. Zustand d. Metalle u. Flüssigkeiten beim Vergolden u. Verzinken III. 390 — Ungleichmässigk. im Gefüge galvanopl. Fällungen I. 477; II. 423 — Verfahren um gleichmässige Niederschläge zu erhalten II. 423; besonders für d. Metallochromie II. 435 — Verfahren in d. Metallochromie III. 390 — Bei schwachen Strömen haben d. Niederschläge mehr Cohärenz III. 379 — Löthen auf galvan. Wege III. 382 — Löslichk. d. Metalle in Cyankalium III. 388 — Darstell. v. Haut- u. Basreliefs auf Metallen III. 389 — Geschichtl. Entwicklung d. Galvanopl. III. 390 — Anwendung magnetoelektr. Maschinen zur Galv. III; 391. 392 — Rathschläge für Techniker in d. Galvanoplastik XV. 477.

s. Baer, Barse, Bergeat, Bisson, Blackwell, Boettger, Bolley, Bouilhet, Brandely, Brauns, Briant, Brunel, Büttner, Christofle, Corvin, Delamotte, Dellisse, Demirmont, Dering, Desbordeaux, Devincenzi, Du Moncel, Elsner, Gaugin, Goubel, v. Hackewitz, Heeren, Herzog, Hossauer, Hulot, Jewreinoff, Johnson, Jones, Junot, Karmarsch, Knoblauch, v. Kobell, Krüger, Lanaux, v. Leuchtenberg, Löwe, Louyet, Lyons, Mathieu, Mathiot, Michaelis, Moigno, Morris, Mourey, Muchuy, Napier, Netter, Newton, Osann, Perrot, Philipp, Phillips, Piil, Poitevin, Power, Pretsch, Renevier, Roseleur, Russel, Ryhiner, Staite, Steele, Stöhrer, Theyer, Thomas, Vogel, Wall, Watt, Woillez.

Galvanopunctur, Heilung durch G. I. 506; II. 463.

Galvanoskop v. Page II. 386 — v. Buff X. 458.

Ganges, Veränderungen seines Bettes IX. 650; seines Deltas XIX. 684 — Menge des vom G. ins Meer geführten Schlammes IX. 651.

Garhwal s. Himalaya.

Gasausströmungen, Die Dampf-Ausström. bei Agnano sind unelektr., die d. Hundsgrotte u. andere sind elektr. III. 346 — Erklärung d. Kohlensäureexhalationen VI. 944 — Zusammensetz. d. vulkan. Exhalationen VIII. 642 — Erdlöcher mit Ausströmungen von tödtlichem Gas IX. 674 —

Gase d. Schlammvulkane XI. 801. 816. 818; XII. 765 — Verschiedenheit d. Fumarolen nach Ort u. Zeit XII. 752. 763 — Temp. d. Fumarolen auf d. Lava d. Vesuvs XIII. 595 — Veränderungen in der Zusammensetz. und Temperatur d. Gasausstr. im südl. Italien XIII. 601. 602. 603; XVIII. 776. 783; XIX. 707 — Bestandtheile der toskan. Borsäurefumarolen XIII. 604 — Reichthum an brennbarem Gas in d. Mofetten v. Torre del Greco XVII. 778 — Zusammensetz. d. Fumarolen des Vesuvs nach dessen Ausbruch 1861, XVIII. 765. 767. 781 — Salmiakbildung in d. Fumar. d. Vesuvs XIX. 707 — Gasausstr. bei Bielefeld XIII. 590 — Scheinbar vulkanische Gasausstr. aus zersetzten Pflanzen XIV. 700 — Ausstr. von brennbarem Gas in Pegu XVIII. 802 — Gasausstr. bei Kezdi-Vasarhely XX. 914 — s. Vulkane.

Gasbatterie s. Elektrische Ketten.

Gasbeleuchtung, Gaserzeug. mittelst Elektricität IX. 568 — Cämentröhren für Gas durchdringlich, Ausflussgeschwindigk. d. Gases daraus XI. 105 — Heizkraft des Holzgases XIII. 297 — Temperatur d. eisernen Retorten für d. Holzgasbeleucht. XIX. 427 — Das Gas strömt während d. Brennens langsamer aus, als wenn es nicht brennt XV. 80 — Brenner zur zweckmässigsten Gasverbrennung XVIII. 236 — s. Foucault, Frankland, Karmarsch, Marx.

Gase, Bestimmung d. Dichtigkeit d. Gase nach Regnault I. 104; III. 78; XVII. 17. 389 — nach Marchand bei leicht absorbirbaren Gasen IV. 48 — Vorschlag d. Gasdichte durch d Nicholsonsche Waage zu bestimmen VI. 48; durch d. aërometrische Waage VI. 218 — Die specif. Gewichte d. Gase sind Multipla v. dem d. Wasserstoffs XV. 23 — Moleculare Bewegung eines im unendl. Raum verbreiteten Gases II. 92 — Gleiche Gasvolume enthalten bei einerlei Druck u. Temperatur gleich viel Atome IX. 388 — Theorie d. G. v. Krönig XII. 352; v. Dan. Bernoulli XV. 314; von Maxwell XV. 314; XVI, 322, s. Herapath XVI. 322; v. Jochmann XV. 320; v. Puschl XVIII. 320 — Mittlere Weglänge der Gasatome nach Clausius XIV. 324; nach Maxwell XV. 318; XVIII. 318. 319 — Anzahl d. Zusammenstösse XV. 319; XVI. 321. 323 — Einfluss d. Schwere auf d. Bewegungen d. Gasmolecüle XX. 328 — Verhalten d. G. zum Magnetismus II. 560 — Die meisten G. sind diamagnet., Sauerstoff ist magnetisch III. 503. 505; V. 345 — Tafeln zur Reduction der Gasvolume auf 0° u. 760mm. VI. 220 — Berichtigung beim Gasmessen wegen der Capillarwirk. d. Sperrflüssigkeit VIII. 28 — Brunner's Gasmessungsverfahren VIII. 44 — Gasmessung bei d. Analyse XIV. 98 — Das Maassverhältniss d. G. bei chem. Verbindungen schon Salomon bekannt XII. 346 — Wärmeänderungen bei Compress. u. Dilatation d. G. VI. 594; IX. 419 — Absoluter Nullpunkt d. G. nach Rankine IX. 419; X. 374 — Beziehungen zw. Temperatur, Dichte u. Wärmecapacität d. Gase XII. 357 — Bezieh. zw. Dichte, specif. Wärme u. Zusammensetz. d. Gase XIII. 75. 79 — Druck d. Pulvergase beim Abfeuern e. Geschützes XII. 153 — Druckgrösse bewegter Gase XIX. 40 — Luftverdünnung durch Dampfstrahlen XIX. 42 — Der Druck e. Gasgemenges ist d. Summe d. Concentrationen der Bestandtheile XX. 48 — Lichtbrechungsexponent d. G. XIII. 226 — Lichtdispersion in Gasen XX. 179.

Das Mariottesche Gesetz auch für Luft, Stickstoff- u. Wasserstoffgas nicht streng richtig II. 104; III. 84; Abweisung d. Ansprüche v. Despretz hierauf II. 105 — Unter hohem Druck weichen d. permanenten Gase v. d. Mar. Gesetz ab II. 107; VI. 275; XVIII. 314. 350; Berichtigung v. Regnault's Berechnung dieser Abweichung XIX. 38 — Ausdruck für diese Abweichung durch das Covolumen XX. 315. 319 — Avogadro's Formeln aus Regnault's Versuchen üb. Druck u. Dichte d. Gase VIII. 128 — Folgerungen aus d. Mar. Gesetz für d. innere Beschaffenheit d. Gase VI. 215. 216 — Bei starker Compression d. Gase wächst d. Dichte langsamer als d. Druck X. 187 — Gränze des Drucks bis zu welchem d. Mar. Gesetz gültig ist X. 188 — Ursache d. Abweichung d. Gase v. d. Mariott. u. Gay-Lussacschen Gesetz II. 88 — Beziehungen zw. Dichte, Spannkraft u. Temperatur d. Gase nach Potter

IX. 420; XVIII. 314; nach Waterston IX. 425; nach Dupré XX. 317 — Bezieh. zw. d. Mariotteschen, Gay-Lussacschen u. Mayerschen Gesetz XIX. 332 — s. Aërodynamik, Condensation, Diffusion, Elektr. Licht, Wärme specif., Wärmetheorie. — Bauschinger, Cazin, Chenot, Croll, Macvicar, Puschl, Schröder v. d. Kolk, Volpicelli, Wollbrett.

Gaslampe für grössere Tiegel XIII. 298.

Gasmaschine v. Lenoir XVI. 333. 335; XIX. 346 — Aehnlich e. früherer Gedanke v. Brown XVI. 337 — Leuchtgas zweckmässiger als Wasserstoff XVII. 367 — s. Barranti, Combes, Degrand, Jacobi, Menabrea, G. Schmidt, Schwarz, Siemens, Tresca, Zenine.

Gasometer, neue VI. 227.

Gaspipette VIII. 136.

Gebel-Nakus oder Glockenberg, Tonerregung daselbst XIII. 591; vergl. XIV. 681.

Gebirge u. Berge, Erfordernisse für e. klares Bild von e. Geb. VIII. 636 — Der Cerro de Mulahacen d. höchste Berg in Spanien IX. 663 — Unterird. Detonationen am Monte Tomatico bei Feltre IX. 665 — Grösse d. nächtlichen Ausstrahlung auf hohen Bergen XV. 709 — Ursache d. niedrigen Lufttemperatur auf hohen Bergen XVI. 674 — Längenverhältniss verschied. Gebirge XVI. 778 — Schlammstellen auf hohen Geb. XVII. 664 — Mittlere Richtung der asiat. Bergsysteme XVII. 735 — Grosse erwärmende Kraft d. Sonne auf Bergen XX. 681 — Grösseste Höhe in den Verein. Staaten XX. 842 — s. Alpen, Camerungebirge, Himalaya, Höhenmessung, Vogesen — Abich, Billings, Boué, Coaz, Gümbel, Jokély, Pitschner, v. Sonklar.

Gebirgsarten, Die krystallinischen erhalten durch Schmelzen e. geringeres specif. Gewicht II. 31; III. 24 — Einfluss d. Drucks auf d. chemische Natur d. pluton. Gesteine VI. 930 — Wasservorrath in d. Kalkschichten bei London VI. 1042 — Magnetismus d. verschied. Gesteine V. 316; IX. 582 — Entstehung und Lage d. Spaltungsflächen in Sedimentärgesteinen XI. 123 — s. Mineralien — d'Archiac.

Gebläse, Berechnung d. Windmenge bei bekanntem Druck XVII. 99.

Gefrierpunkt, Schnelles Gefrieren d. Wassers unter d. Luftpumpe auf e. berussten Fläche II. 115 — Druck erniedrigt d. Gefrierp. des Wassers VI. 260. 261. 587 — Ausdehnung d. Wassers beim Gefrieren VIII. 37; XVIII. 10. 11 — Bei Luftverdünnung bleibt Wasser weit unter 0° flüssig IX. 393 — Beim Gefrieren wässriger Lösungen v. Salzen, Säuren u. Alkalien findet nie vollständige Trennung d. Wassers v. d. gelösten Substanz statt XVI. 350 — Aus e. Salzlösung scheidet sich nur anfangs salzfreies Eis ab XVIII. 338 — Salze erniedrigen d. Gefrierp. d. Wassers, die wasserfreien proport. dem Salzgehalt XVII. 381; XVIII. 338 — Beschaffenheit d. Eises aus Trinkwasser XVIII. 339 — Aus gefärbten Lösungen scheidet sich farbloses Eis beim Gefrier. aus XIX. 364.

Berechnung d. Gefrierp. d. Körper nach Groshans V. 88; VI. 280 — Erhöhung des Erstarrungspunktes bei Wallrath und Paraffin durch Druck VI. 262. 931; desgl. bei Wachs IX. 428 — Das Gefrieren der Eier wird durch d. Structur d. Eiweisses gehemmt VI. 266: J. Davy dagegen XX. 366 — Gefrierp. verschied. Hydrate d. Schwefelsäure VI. 266 — Erscheinungen, wenn Flüssigkeiten plötzlich u. unterhalb ihres Erstarrungspunktes gefrieren XIII. 157; XVIII. 338 — Gefrieren v. Quecksilber in e. glühenden Tiegel XIII. 158; XIV. 127 — Umstände, welche d. Gefrieren verzögern XVI. 351 — Kleine Wassertropfen haben e. sehr tiefen Gefrierp. XVII. 375; auch Schwefel, Phosphor und Naphthalin erstarren im fein vertheilten Zustand gleichfalls unter ihrem Schmelzpunkt nicht XVII. 377 — s. Bigelow, Sachs.

Gehör s. Ohr.

Geisslersche Röhren, Anfertigung derselb. XIV. 409 — s. Elektr. Licht geschichtetes.

Genf, Zeit d. ersten Frostes daselbst XIII. 487 — Klima v. G. XX. 825.

Genfersee, Strömungen u. Schwankungen darin (ladières, seiches, raz-de-marées) VI. 1020; XII. 740; XIII. 574 — Zufrieren d. G. X. 786 — Luftspiegelung daselbst XVI. 791 —

Einwürfe gegen d. Dasein unterseeischer Quellen im Becken d. G. XVI. 793. 815 — Höhe des G. über dem Meere XX. 860. 861. 862.

Geographie, physikalische. Die Angabe d. Ländergrösse nach Quadratgraden ist der nach Quadratmeilen vorzuziehen VIII. 44 — Folgen für d. Klima v. Afrika u. Südamerika, wenn beide ihre Ausdehnung nach Süden vertauschten IX. 646 — Mittlere Höhe d. Continente IX. 664 — Regelmässigkeiten auf d. Erdoberfläche XVI. 777 — Ursache und Wirkungen des Wasserüberschusses der Erdhälfte, welcher Neuseeland angehört XVIII. 704 — Die Längsverhältnisse der Thalhöhen u. Thalwege folgen bestimmten einfachen Typen XVIII. 708 — Oceanität um d. Nordpol XX. 636 — Grösseste Höhe in den Verein. Staaten XX. 842 — s. Erde, Flüsse, Gebirge, Geologie, Gewässer, Gletscher, Hebungen, Länge geograph., Maass, Meer — Burgatz, Chodzko, Collomb, Dove, Dubois, Ficker, Figuier, Fils, Heine, Jokély, Landgrebe, Lorière, Maury, Rathlef, Ravenstein, Sadebeck, Schlagintweit, Studer, Verneuil, Viquesnel, C. Vogt, Wagner.

Geologie, Vortheile, welche der G. aus der Elektrochemie erwachsen I. 479; Metallreductionen II. 411 — Langsame Abnahme d. Erdwärme III. 591 — Eine stetige Zunahme der Temperatur nach d. Mittelpunkt d. Erde hin nicht nachweisbar VI. 1111 — Ursachen d. Temperaturänderungen d. Erdoberfläche VIII. 657; IX. 661 — Die Erdwärme stammt nicht allein aus d. Innern, auch in den oberen Schichten sind wärmeerzeugende Ursachen XIII. 302 — Die Erdzustände früherer Epochen durch Zufuhr der Hitze von aussen entstanden XX. 839 — Einfluss d. Fluth auf geolog. Erscheinungen V. 469 — Fluthercheinungen d. heissflüss. Erdinnern XX. 839 — Erratische Erscheinungen am Oberen See VI. 915 — Die erratisch. Blöcke d. Ostsee v. Grundeis an d. Küsten gebracht X. 787 — Fortführung e. grossen Granitblocks durch d. Eis bei Borgholm XIII. 573 — Driftlager u. Wanderblöcke im nördl. Schottland XV. 763 — Die erratisch. Blöcke sind Moränenbestandtheile d. Gletscher aus der Diluvialzeit XVIII. 699 — Gestreifte u. polirte Felsen im Seedistrict v. Westmoreland VI. 918 — Entstehung d. Streifen in d. Felsen nach Daubrée XIII. 565 — Die Asar u. Riesentöpfe in Skandinavien stammen v. Gletschern XV. 761 — Alter d. Eisschrammen XV. 762. 763; XVI. 852 — Ansicht üb. d. Innere d. Erde v. Macadam VI. 935; v. Hennessy XII. 725 — Unregelmässigkeiten im Bau d. Erde XII. 726 — Aus d. Erstarrung d. flüss. Gesteinmassen folgt eine Volumenzunahme derselben XIII. 81 — Erklärung des flüssigen Zustandes d. Erdinnern aus d. Erhöhung d. Schmelzpunkte durch Druck XIII. 295 — Innere Structur d. Erde XVI. 768 — Beweise für d. Bildung d. Erde aus dem Flüssigen XVIII. 696 — Die feste Erdkruste schwimmt auf d. flüss. Erdinnern VIII. 651 — Belli's Ansicht über die Beschaffenheit d. Erdkruste u. Bildung v. Vulkanen XII. 723 — Zwischen d. flüss. Erdinnern u. d. Rinde befindet sich ein mit Dämpfen u. Gasen erfüllter Raum XVI. 772 — Nicht alle alten Seeränder durch Senkung des Meeres entstanden V. 467 — Terrassen u. alte Seeufer in Neu-England VI. 938 — Die Hügelreihen am Eriesee sind untermeer. Absätze VI. 972 — Wirkungen d. Wildbäche VIII. 623 — Die Anschwemmungen d. Flüsse in d. Manche sehr gering gegen das v. d. Meer zur Deltabildung gelieferte Material X. 778 — Die Geologie e. Hülfsmittel beim Aufsuchen unterird. Wasser VI. 1023 — Period. Bodenschwankungen in verschied. Ländern VIII. 646 — Erkennungsmittel d. Bodenbewegungen VIII. 651; Arten d. Bodenbeweg. XVI. 854 — Aus d. Veränderungen der Erdoberfläche e. Aenderung d. Erdaxe nicht wahrnehmbar IX. 58 — Bildung und Richtung d. Spaltungsoberflächen in d. Secundärgesteinen XI. 123 — Löslichkeitsverhältnisse v. Salzgemengen mit Rücksicht auf Geologie XII. 181 — Die Verwitterung der Gesteine hauptsächlich v. salzart. Substanzen veranlasst XIX. 364 — Ursprung des Salzgehalts der Meere XIX. 664 — Hebungs- u. Senkungsfelder d. europäischen Meere XVI. 780 — Der Dampfdruck im Erdinnern hemmt nicht d. Durchgang d. Wassers durch

d. porösen Erdschichten XVII. 116. 777 — Verminderung des Wassers auf der Erdoberfläche XVIII. 695 — Einfluss v. Hebung u. Senkung bei d. Entwicklung d. Erde XIX. 661 — Klima d. Erde in früheren Epochen XIX. 662.

s. Bodensenkung, Erde, Gebirgsarten, Geographie, Gletscher, Hebung, Thäler, Vulkane — Croll, Cuvier, Gümbel, Marenzi, Ramsay, Senft, Steinhauser, W. Thomson, Verneuil.

Geotropeskop zur Veranschaulichung des Foucaultschen Princips VI. 148.

Geothermometer, Verbesserung desselben III. 310.

Geräusch entsteht aus nicht period. Erschütterungen XVIII. 144.

Geranium s. Blätter.

Geschmack, Ursache des elektr. Geschm. XVI. 551.

Geschoss, Messung d. Geschwindigkeit durch Elektromagnetismus I. 53; d. Apparat schon 1840 v. Wheatstone erfunden I. 58 — Mess. d. Geschwindigk. mittelst d. elektr. Funkens v. Siemens I. 62; v. Martin de Brettes XV. 58; mittelst d. elektromagnet. Chronoskops v. Poppe X. 60; mittelst der Brückenwaage XIII. 120; durch e. Inductionspendel XVI. 6 — Geschwindigkeit bei verschied. Pulverladung III. 36 — Messung d. Zeit für d. Beweg. eines Gesch. durch e. bestimmte Strecke VIII. 46 — Ermittl. d. Anfangsgeschwindigkeit IX. 61 — Geschwindigk. verschieden gestalteter Geschosse aus verschied. Büchsen X. 60 — Zusammenstellung d. bisher gebrauchten elektr. Chronographen zur Bestimm. d. Flugzeit d. Gesch. XVIII. 6 — Ablenkung d. Wurflinie in Folge d. Axendrehung d. Erde VI. 107. 149; XVII. 44; d. Ablenk. nicht sicher zu beobachten VIII. 91 — Ursache d. Abweichung eines rotirenden Geschosses VIII. 80; IX. 78; X. 62 — Neumann gegen d. bisherigen Erklärungen v. d. Einfluss d. Rotation d. Gesch. auf die Bahn X. 64 — Einfluss der Rotation des Gesch. auf ihre Bahn X. 67; XI. 80; XVIII. 32 — Erklär. d. Abweichung länglicher Geschosse XVI. 58 — Tafeln zur Berechnung d. Beweg. eines Gesch. I. 77 — Bisherige Versuche üb. die Bewegung d. Gesch. in der Seele d. Feuerwaffen X. 61 — Erklärung d. Beweg. d. Geschosse XI. 90 — Ermittelung d. Flugzeit, Geschwindigk. u. Abweichung d. Gesch. XVII. 46 — Bedingungen, unter denen zwei Geschosse ähnliche Bahnen beschreiben XVII. 49 — Beweg. eines Gesch. im Innern d. Rohrs e. gezogenen Kanone XVIII. 31 — Messung d. Kraft d. Pulverladung für jeden Augenblick im Geschützrohr IX. 59 — Erfahrungen üb. d. Schiessen mit excentr. Geschossen X. 65 — Zweckmässigste Form der Spitzgeschosse XVII. 101 — Einfluss des Luftwiderstandes auf d. Bahn u. Geschwindigk. d. Gesch. IV. 62; XII. 115; XVIII. 57 — Blasen voll Wasserstoff auf einem Armstronggeschoss XIX. 440 — s. Geschütz, Pendel ballistisches, Zeitmessung — Haughton, Kohlrausch, Kuhn, Mayefsky, Résal, Rood, Rowland.

Geschütz, Kraft der Pulverladung für jeden Augenblick im Geschützrohr IX. 59 — Bewegung d. Pulvergase im Geschützrohr XV. 82; XVI. 58 — Rauchringe aus Geschützen XVI. 58 — Verhältniss zw. d. fortschreitenden u. drehenden Beweg. bei gezogenen Geschützen XIX. 25 — s. Geschoss, Schiesspulver — Mallet.

Geschwindigkeit, Vorschläge zur Messung grosser Geschw. I. 47 — Verfahren v. Pouillet I. 49; Anspruch Jacobis darauf I. 51 — Apparat v. Massey zur Mess. d. Geschw. von Schiffen u. fliessendem Wasser I. 51; d. Woltmannsche Mühle II. 63 — Ermittlung d. Geschw. e. schnell rotirenden Scheibe III. 190 — Benutz. d. Pendels zur Mess. v. Geschw. IX. 53 — Methode zur Schätzung von Geschw. u. Beschleunigung im Raum XII. 85 — Begriff d. Geschw. in der Mechanik XIII. 95 — s. Zeitmesser.

Gewässer, Mechanische Kraft der fliessenden Gew. in Europa III. 250. 662 — Zeit d. Aufthauens u. Zufrierens einiger Gew. im nördl. Europa III. 615 — Stetige Erhöhung d. Flussbetten VI. 924 — Analyse verschied. süss. Gew. in Frankreich VI. 1040 — Wasservorrath d. Kalkschichten bei London VI. 1042 — Die Gew. d. iberischen Halbinsel X. 775 — Wirkungen d. strömenden Wassers in einem Elbarm X. 776 — Einfluss d. Wälder

auf d. Ablauf d. Regenwassers X. 776 — Abfluss d. Gewässer in Grönland unter d. Eise XIX. 692 — s. Flüsse, Meer, Seen, Wasserstand, Wildbäche.

Gewehr, Structuränderung im Lauf V. 18.

Gewicht, Vorschläge zu e. gemeinsamen deutschen Gew. IV. 57 — Anfertigung d. Normalgew. in England XII. 70 — Vorschlag zu e. Normalgewicht XII. 76 — Bequemstes Gewichtssystem XII. 76 — Türkisches Gew. XII. 77 — Kleine Gewichte aus Palladiumdraht für genaue Wägungen XV. 5 — Grösse d. Luftdrucks u. d. Pferdekraft nach dem neuen preuss. Gew. XV. 8 — Vergleich d. preuss. Platinkilogramms mit d. Pariser Urkilogr. XVII. 3; XIX. 5 — Unsicherheit d. Volumbestimmung des Normalgewichts aus Messungen XVII. 5 Zweckmässigste Reihenfolge d. Gewichtstücke XX. 9 — s. Delamoriniêre, Hamilton, Sheepshanks, Stanley.

Gewicht, specifisches, Bestimm. bei kleinkörnigen u. pulverförm. Substanzen, besonders Mineralien II. 34 — In Pulverform ergeben Gold, Silber, Platin, Schwerspath e. höheres sp. G. als in grossen Stücken IV. 38 — Bestimm. d. sp. Gew. v. suspendirten Niederschlägen nach Mohr XVII. 7. 8. 9; nach von Schaffgotsch XVIII. 7 — Bestimm. d. sp. G. mit Regnault's Volumenometer III. 17 — Verfahren von Fox IV. 47; v. Mohr IX. 21; v. Jenzsch XII. 63; v. Raimondi, eigentlich v. Aubertin XII. 64; von Eckfeldt u. Dubois XII. 65; von Kohlrausch XIII. 87; v. Meyer XIV. 53; v. Schiff XIV. 54; v. Osann XV. 9; von Abul-Rihan im 11 Jahrhundert XV. 9; v. Gadolin XV. 19 u. Tschermak XIX. 7 für Mineralien; v. Phipson XVIII. 8 — Berechnung d. spec. Gew. v. Gemengen III. 17; v. chemischen Verbindungen XIII. 40 — Beziehungen zw. specif. Gew. u. Atomgew. verschied. Elemente u. einfach. Verbindungen III. 4; XVI. 15; XVIII. 11 — Beim Uebergang der Mineralien aus d. krystallin. Zustand in d. glasigen wird d. sp. G. kleiner II. 31; III. 24 — Dichtezunahme fester Körper unter hohem Druck X. 30 — Bei schnellem Erstarren wird d. sp. G. vieler Körper geringer, Blei dagegen verdichtet sich dabei XI. 35 — Dichteänderung beim Schmelzen d. Körper XI. 28. 36 — Iridium hat d. höchste sp. Gew. II. 114 — Specif. Gew. d. Kartoffeln im Grossen VI. 48 — Sp. G. u. Zusammensetz. verschiedener Holzkohlen X. 28 — Bestimm. d. sp. Gew. v. festen Körpern, die leichter als Wasser sind X. 33.

Flüssigkeiten, Bestimm. des specif. Gew. v. Oelen mittelst d. Alkoholometers II. 32 — Ableitung d. sp. Gew. der Flüssigkeiten aus der Höhe derselben in communicirenden Röhren II. 33 — Bädeker's Rechenschieber zur Ermittel. d. Procentgehalts, Handelswerths u. dgl. v. Flüssigkeiten aus d. spec. Gew. VIII. 41 — Differentialdichtigkeitsmesser für Flüssigk. XII. 66 — Bestimm. d. sp. Gew. d. Flüssigkeiten von Vogel u. Reischauer XIII. 83; v. Tate, Alexander, Bertin XV. 8. 9 — Die Bestimm. d. sp. Gew. aus d. Ausflussgeschwindigkeit unbrauchbar XVII. 9 — Benutz. d. Manometers für d. Dichtebestimmung d. Flüss. XVIII. 6 — Umänderung d. gewöhnl Aräometers XVIII. 8 — Durch Magnetismus wird die Dichte von Flüssigk. nicht geändert II. 549 — In e. leitenden Flüssigk. hebt sich e. Aräometer, wenn sie elektr. wird VI. 642 — Volumenänderung bei der Lösung wasserfreier Salze u. d. Verdünnung wässr. Salzlösungen XI. 37 — Temperatur für d. Maximum d. Dichte d. Wassers III. 25 — Dichte d. Krystallwassers XVII. 17 — Tabelle für d. specif. Gew. v. officinellen Flüssigkeiten VI. 48 — Darstell. v. Flüssigk. v. gegebenem spec. Gew. XIV. 52 — Berechnung d. sp. Gew. aus d. Procentgehalt e. Auflösung XIV. 55.

Gase u. Dämpfe, Specif. Gew. derselben III. 78; IV. 48; XV. 21; XVII. 17. 389 — Die sp. Gewichte d. Gase Multipla v. dem d. Wasserstoffs XV. 23.

s. Alkohol, Eis, Kieselsäure, Legirungen, Niobsäure, Porcellan, Schwefelsäure, Selen — Bertin, Brix, Brunner, Kahl, Kremers, Marcel de Serres, Schiff, Tschermak.

Gewitter, Tonveränderung e. Glocke durch e. Gew. II. 152; III. 348 — Verwüstungen durch e. Gewittersturm II. 369 — Schwächung d. Gew. durch

Telegraphendrähte III. 347 — Wirkung d. G. auf d. Telegraphen III. 668 — Telegraphendrähte gefährlich beim Gew. XVIII. 522. 523 — Entstehung d. Gew. nach Ladame IV. 278; nach Baumgartner XIII. 461; nach Zollinger XV. 570; nach Nowak XVIII. 533; nach Joule XVIII. 547 — Gew. mit Hagel VI. 1097 — Beobacht. e. Gew. in d. Nähe in e. Luftballon VIII. 762 — Auf e. verticale Entladung kommen bei e. Gew. etwa 50 horizontale IX. 619 — Tagesperiode d. Gew. X. 650 — Verlauf d. Gewitterperioden im mittleren Europa mit d. Gang d. Wärme, Windrichtung u. s. w. XV. 580. 581 — Vertheilung der Gew. nach Monaten u. Stunden XVIII. 529 — Zusammenfallen d. Gew. mit Neu- u. Vollmond XIX. 572 — Höhe der Gewitterwolken X. 651 — Verhalten u. Form d. Gewitterwolken XI. 595; XV. 568; XX. 613 — Beziehung zw. Gew. u. Sonnenflecken X. 651 — Auf jeden Nebeltag im März folgt nicht 100 Tage später e. Gew. XI. 597 — Beschreib. dreier merkwürd. Gew. XII. 586 — Zeit zw. Donner u. Blitz XII. 587 — Schwefelsäure in d. Luft nach e. Gew. XV. 620 — Gang des Luftdrucks, d. Feuchtigkeit u. Temperatur an Gewittertagen XVI. 659 — Einfluss d. Gew. auf d. Magnetnadel XVII. 587 — Verhalten der Quellen bei e. Gew. XVIII. 531 — Nordlichtart. Wolken nach e. Gew. XVIII. 536 — Ursprung d. Gew. bei vulkan. Ausbrüchen XVIII. 546 — Elektr. Ausströmungen bei Schneegewittern XIX. 570.

Jahrescurve d. Gew. in Bern XI. 598 — Anzahl d. Gew. in Cherbourg innerhalb 29 Jahre XII. 588 — Gew. zu München 1856, XV. 571 — Vertheilung d. Gewitter in Europa XVI. 633 — Gew. in d. Niederlanden 1859 u. 1860, XVI. 638 — Verth. d. Gew. in Utrecht XIX. 574 — Vertheil. d. G. in d. Provinz Preussen XVI. 641 — in England XVIII. 531 — Grosse Regenmenge bei e. Gew. zu Montpellier XVIII. 537 — Ungewöhnliches Gew. in Hermannstadt 1863, XX. 614 — Gew. in Cairo XI. 651 — Geringe Ausdehnung der Gew. im indischen Archipel XV. 568 — s. Blitz, Donner — d' Abbadie, Boll, Boué, Cohn, Cresson, Denzler, Fritsch, Haidinger, Hare, Henrici, Krecke, Lalande, Liais, Loomis, Magrini, Nowak, Pearson, Pierre, Poey, Quetelet, Rion, Rümker, Wolf.

Geyser, Temperatur d. Wassers III. 92 — Nachbildung d. Erscheinung v. J. Müller nach Bunsen's Theorie VI. 279; Nachbildung v. Bromeis XIII. 576 — Theorie der G. v. Macadam VI. 290; X. 799 — Beschreibung der Haukedalr-G. in Island XII. 742 — G. im Plutonthal in Californien VI. 1043.

Gitter, Gleichgewicht im Stabgitter XX. 58 — Biegung d. Stab- u. Blechgitter XX. 59 — Einfluss v. Erschütterungen u. Wechsel der Belastung auf schmiedeeiserne G. XX. 61.

Glanz, Zusammenhang mit d. Brechbarkeit IV. 157 — Entstehung d. Gl. nach Dove VI. 505; XVII. 317 — nach Brewster VIII. 331; XI. 340; XVII. 315 — nach Oppel X. 309; XI. 331, Burckhardt dagegen X. 310 — nach Wundt XVIII. 270 — Entstehung v. farbigem Gl. VIII. 330 — Erklärung d. stereoskop. Erscheinung d. Glanzes XII. 304 — Nachbildung d. Gl. für ein Auge XIII. 258 — Entstehung u. Nachahmung d. Glitzerns XIV. 311 — Eigenthümlichk. d. Metallglanzes XVII. 313 — Nachbildung d. Glanzes namentlich desjenigen verschied. Metalle XVII. 316 — Entstehung e. schwarzglänzenden Körpers aus farblosen durchsichtigen Körpern XIX. 290 — Gl. bei e. rotirenden halb schwarzen halb weissen Scheibe XIX. 291 — Erschein. d. Glanzes bei Farbenblinden XX. 297.

Glanzkobalt s. Kobaltglanz.

Glas, Cohäsion u. Elasticität III. 61 — Specif. Gewicht IV. 43 — Langsam gekühltes Glas ist magnetisch, schnell gekühltes diamagnet. IV. 386 — Brechungsindex v. 18 Glassorten V. 153 — Rasch gekühltes Gl. erleidet durch d. Magnet keine Aenderung d. opt. Eigenschaften V. 348 — Schwarzes Kreuz in langsam gekühltem Glas rings um e. eingeschlossenen Körper im polarisirt. Licht VI. 435; VIII. 279 — Beim Erwärmen verschwindet d. Farbenerschein., kehrt aber beim Erkalten zurück VIII. 280 — Chromat. Polarisation in comprimirtem Gl. VI. 449 — Doppelbrechung d. comprimirten Gl. XI. 302 —

Beobacht. v. Polarisationsfarben bei gekühltem Glas ohne Polarisationsapparat IX. 269; X. 295; XI. 312 — Zersetztes irisirendes Gl. aus Ninive VIII. 356 — Verhalten v. zersetzten dünnen Glasblättchen gegen Licht XVI. 256 — Aenderung d. Brechungsexponenten verschiedener Glassorten durch Erwärmen XVIII. 209 — Ursache d. Trübung mancher Glassorten beim Erwärmen XV. 301; XVI. 311 — Prüfung d. Gläser auf d. Bestand ihrer Klarheit XIX. 301 — Glas schon ums Jahr 477 auf Ceylon ein Schutzmittel gegen d. Blitz VI. 649 — Erhitzte od. in Schwefelsäure getauchte Glasstäbe werden beim Reiben negat. elektr. VIII. 448 — Erhitztes Gl. e. Elektrolyt X. 488. 489 — Darstellung einer im elektr. Licht nicht fluorescirenden Glasmasse XV. 238 — Wärmeausdehnung verschied. Glassorten VIII. 33; XX. 341 — Schmelzpunkt v. Mond- u. Krystallglas VIII. 426 — Die Diathermansie nimmt mit der Temperatur d. Glases zu VIII. 429 — Veränderung d. Gl. bei d. Entglasung V. 171 — Gl. nimmt durch Erhitzen Krystallstructur an XX. 18 — Condensation v. Kohlensäure auf einer Glasfläche VIII. 146 — Wirkung des Braunsteins beim Entfärben d. Gl. X. 280 — Darstellung d. Glases für astronom. Objectivlinsen X. 341 — Versilberung u. Vergoldung d. Gl. XII. 332. 333 — Verplatinirung XII. 333 — Das Aneinanderhaften v. Spiegelplatten e. Fall v. Regelation XVI. 347 — Flintglas v. grosser Reinheit V. 212 — Analyse eines anlaufenden Flintglases XVII. 339 — Flintglas v. grosser Zerstreuungskraft von Merz XIX. 184 — s. Blendgläser — Brewster, Chevandier.

Glasartige Körper bestehen aus Krystallen eingebettet in krystallin. Massen IX. 17.

Glasröhren, Apparat zum Graduiren v. Glasröhren II. 119; v. cylindrischen Glasgefässen IX. 28 — Das Springen d. Röhren beim Reiben von mangelhafter Kühlung herrührend III. 8 — Umstände, unter denen e. Glasr. in Stücke zerfällt X. 7 — Längsspaltung e. dickwandigen mit e. Flüssigkeit angefüllten Glasr. beim Erwärmen XVII. 102; ähnliche Spaltung bei verrosteten Eisenröhren XVII. 103.

Glasthränen zerfallen nicht bei Fortnahme d. äusseren Hülle XV. 100.

Glaubersalz s. Natron schwefelsaur.

Gleichgewicht s. Statik.

Gletscher, Farbe derselben und d. Gletscherwassers III. 136 — Die blaue Farbe d. Gl. wird durch das Blau d. Luft erhöht X. 786 — Blaue Lichterscheinung im Gletschereise in bestimmter Richtung XV. 755 — Geschwindigkeit d. Fortrückens d. Gl. V. 399 — Grösse d. tägl. Beweg. d. Gl. VI. 985 — Structur u. Bewegung d. Gl. VI. 990; XI. 783. 784. 785; XIII. 583. 585; XV. 759 — Aenderung der Beweg. mit d. Temperatur XVI. 845 — Beweg. d. mer de glace im December XVI. 845 — Andere Beweise für d. Beweg. im Winter XVI. 846 — Ursache d. Gletscherbewegung VIII. 632; XIV. 691; XVIII. 748. 749 — Schwankungen in d. Grösse d. Gl. V. 400; XIV. 693 — Substanzverlust d. Gl. VI. 993 — Einfluss d. Gl. auf d. Bildung d. Seen XVIII. 721; XX. 899 — Die Thal- und Seebildung durch Gl. e. vereinzelte Erscheinung nach Murchison XX. 889; Ramsay dagegen XX. 891 — Wirkung vormaliger Gl. an d. Felsen bei Edinburg VI. 916. 994; am Radtstadter Tauern VI. 995 — Das alpine Diluvium v. Lyon ist Moränenmaterial XV. 761 — Gl. in Skandinavien d. Ursache d. Asar u. Riesentöpfe XV. 761 — Alter d. Eisschrammen bei Christiania XV. 762. 763 — Spuren alter Gl. in d. Schweiz u. in Nordwales XVI. 851 — Die Furchen in d. Felsen Skandinaviens e. Gletscherwirkung XVI. 852 — Nach de la Rive ist d. grosse Ausdehnung d. Gl. in e. früheren Zeit aus noch thätigen Ursachen zu erklären VI. 986; XX. 888; Versuche zur Stütze dieser Ansicht IX. 392 — Ausdehnung der Gl. in d. Diluvialzeit XVIII. 699 — Physische Ursachen ehemaliger grosser Gletschermassen XX. 879 — Anzeichen e. früheren Eiszeit auf dem Mond XX. 886 — Physikal. Beschaffenheit d. Gletschereises VI. 988; XIV. 694; XV. 756. 758. 759; XVII. 765 — Das Gletschereis entsteht durch Schmelzen d. Schnees u. Wiedergefrieren d. Masse XVII. 771 — Erklärung d. Gletscherspalten XVII. 770 — Die zunehmende Vergletscherung mit d. mittleren Temperatur d. Erde nicht

im Einklang XI. 785 — Sandbildung durch Gl. XIII. 565 — Gletschertheorien XV. 760.

Beschaffenheit d. Gl. in Norwegen IX. 659; X. 785 — Ausdehnung der Gl. in d. Polarregion IX. 659 — Die Oetzthaler Gl. IX. 660 — Ausdehnung d. Gl. an den Küsten der Davisstrasse und Baffinsbay IX. 660 — Die Gl. d. Schweiz X. 786; XVI. 846 — Der Macugnaga-Gletscher XIII. 587 — Ausbruch d. Suldnergletschers in Tyrol XIII. 587 — Gletschersturz bei Randa im Visperthal XIII. 588; XVI. 848 — Period. Abbrechen des Homatteugletschers XV. 760 — Beschaffenheit d. Gl. in Spitzbergen XVI. 846; XVII. 772 — Gl. in Südamerika unter 30' südl. Breite XIX. 698 — Riesengl. in Tibet XIX. 698 — Abnahme d. Gl. in Graubündten XIX. 698 — s. Agassiz, Ball, Bauer, Baup, Collomb, Dolfuss-Ausset, Dräger, Falconer, Forbes, Godwin-Austen, Greenwood, v. Hochstetter, Hogard, Hopkins, Hull, Mortillet, Palacky, Prange, Roth, Ruthner, Studer, Trentl, Vogel, Wittwer.

Glimmer, Nur frische Oberflächen condensiren d. Hauch völlig u. leiten d. Elektricität II. 22 — Farbenringe auf angehauchtem Glimm. erscheinen nur auf frischen u. unberührten Spaltflächen VIII. 222 — Form d. Interferenzstreifen auf Glimmerblättchen V. 162; X. 277 — Krystallform u. opt. Eigenschaften d. Gl. VI. 447. 453 — Farbenerschein. d. Gl. im polarisirten Licht VI. 452. 453 — Unterschied zw. einax. u. zweiax. Gl. IX. 259 — Verschiedenheit d. Winkel d. opt. Axen bei Gl. v. verschied. Fundorten IX. 270; XI. 309 — Lichtbrechungsexponent X. 291 — Beziehung zw. d. opt. u. magnetischen Axen XVI. 555.

Glimmerschiefer, Wärmeleitung VIII. 420.

Glitzern, Entstehung u. stereoskop. Nachahmung XIV. 311.

Glocke, Tonveränderung durch ein Gewitter II. 152; III. 348 — Bei schneller Drehung e. Gl. um d. Axe wird d. Ton höher VI. 314 — Einfluss d. Läutens auf das Barometer XV. 166 — Veranschaulichung der Schwingungsvorgänge auf d. Gl. nach Melde XVI. 133 — Silber verschlechtert d. Klang d. Gl. XVI. 164.

Glühen, Alle Körper erglühen bei derselben Temperatur, und mit der Temp. nehmen d. brechbaren Strahlen zu III. 132. 298; IV. 152 — Die Lichtintensität wächst mit d. Temperatur III. 300 — Wasserzersetzung durch glühendes Platin u. andere glühende Körper III. 303. 304 306 — Verhältniss d. Lichtmengen, welche glühende Körper v. verschied. Oberfläche unter sonst gleichen Umständen aussenden X. 287 — Erglühen verschied. Oxyde beim Erhitzen unter Aenderung von specif. Gew. u. specif. Wärme XIV. 10. 223 — Zersetzung gasförm. Körper durch elektr. Glühen XVI. 501 — Abstossende Kraft glühender Flächen XVI. 510 — s. Elektr. Licht, Sphäroidaler Zustand.

Glycerin, Auflösende Kraft auf verschied. Substanzen XI. 171 — Elektrolyse d. Gl. XIX. 439 — Brechungsexponent XX. 158.

Gold, Specif. Gew. in verschied. Zuständen IV. 38; XV. 12 — Elasticitätscoefficient IV. 92 — Aenderung d. Festigkeit mit d. Temperatur VI. 16 — Linear polarisirtes Licht wird bei Brech. u. Spiegelung durch Blattgold elliptisch polarisirt IX. 264 — Wirkung d. feinvertheilten G. auf Licht XIII. 233 — Lichtbrechungsexponent d. G. XIX. 250 — Blattgold ist diatherman XI. 390 — Wärmeleitung d. G. XIV. 356 — Wärmeausdehnung XVI. 339 — Schmelzpunkt XIX. 351. 352 — Die galvan. Vergoldung oft unzweckmässiger als die Feuervergold. z. B. für Uhrräder III. 388 — Methode zur schnellen Ermittlung d. Goldgehalts in d. Galvanoplastik III. 390 — Elektr. Leitvermögen d. G. XVI. 491 — Goldreduction durch Elektrolyse XVIII. 444 — Flüssigkeiten, welche d. G. aus Lösungen reduciren XVI. 514 — s. Galvanoplastik.

Golf s. Meerbusen.

Golfstrom, Seine Breite wird zu gross gesetzt V. 476 — Einfluss auf d. Handel v. Charleston VI. 1108 — Beschaffenheit in verschied. Gegenden X. 772; XII. 733; zw. Havanna u. Cap Florida XVI. 789; bei d. Bahamainseln XX. 848 — Sandbank im G. X. 773 — Einfluss des G. auf d. Gestalt d. Isothermen VIII. 613 — Anschwemmungen durch d. G. an d

Südküste von Florida XIII. 571 — Einfluss d. G. auf d. Temperatur d. engl. Küsten XIV. 612. 656; XV. 740; s. auch 737 — Entstehung d. G. XIV. 698 — Der G. wird östlich von der Newfoundlandbank nach Süden abgelenkt XV. 737 — Fortrücken d. G. an d. norweg. Küsten XVI. 790 — Geschichtliches üb. d. G. XVII. 740 — Lauf u. Temperatur d. G. XVIII. 717 — Grosse Reinheit d. Atmosphäre in d. Nähe d. G. XIX. 656 — siehe Bache, Fonvielle, Hunt, Julien.

Gong, Anfertigung III. 105.

Goniometer v. Earl II. 45. 47 — Anlege- u. Reflexionsgoniom. zugleich v. Matthiessen III. 213 — Optisch-mineralog. Aufschraubegon. v. Haidinger XII. 267 — Verfahren zur raschen Einstellung des Wollastonschen Gon. X. 335 — Reduction der Messungen mit d. Reflexionsgon. XVI. 301 — Spiegelinstrument zur Winkelmess. v. Schott XVIII. 279 — Winkelmess. ohne Goniometer mittelst Glasprismen XX. 155 — s. Krystallographie — Adie, Lagny, Leeson, Liais, Wallmark.

Gradmessung, Baeyer's Vorschläge zu e. mitteleuropäischen Gr. XVII. 735; XVIII. 689 — Mess. d. Parallelkreises v. 52° durch Europa XVII. 735 — s. Schwerkraft — Neuenburger, Posch.

Granat, Wärmeausdehnung XV. 337 — Dichteänderung beim Erhitzen XX. 12.

Granit, Wärmeleitung VIII. 421; XIII. 301; XVIII. 365.

Gravitation, Elementare Ableit. d. Newtonschen Gesetzes II. 48 — Magnetismus ist polarisirte Schwere II. 51 — Aufgaben aus d. Attractionscalcül VIII. 51 — Wegen d. Gravitationsgesetzes muss die Dichte der Masseneinheit constant sein XIV. 4 — Die Gr. ein an d. Molecüle gebund. Fluidum XV. 490 — Anwend. eines Abbildungsprincips auf d. Theorie d. Gr. XVIII. 23 — Herleitung d. Gr. aus der Longitudinalwellen des Lichtäthers XIX. 31 — Bahn e. Punktes, wenn d. Anziehung einer höheren Potenz d. umgekehrten Entfern. als der zweiten proport. ist IX. 35 — s. Cohäsion, Schwerkraft — Challis.

Grönland, Physikal. Beschreib. von Nord- u. Südgrönland X. 782; XIII. 573 — Milde Winter in Gr. XI. 646; XX. 669 — Abfluss d. Gewässer an d. Küsten unter d. Eise XIX. 692.

Grubenbeleuchtung s. Elektr. Licht.

Grubengas s. Kohlenwasserstoff.

Grubenventilator X. 191.

Grundeis s. Eis.

Grundwasser s. Flüsse, Quellen — Möller, Pettenkofer.

Guadeloupe, Schwefelgrube und warme Quellen daselbst XVI. 743.

Guajakharz s. Osann, Schönbein.

Guatemala, Meteorolog. u. hypsometr. Beobachtungen dort III. 617.

Guldinsche Regel, Elementare Begründung derselb. XV. 37.

Gummi arabicum ändert nicht d. Siedepunkt d. Wassers, ist also darin nur eingemengt, nicht gelöst, X. 148.

Gusseisen, Aendert seinen Magnetismus mit d. Temperatur I. 574 — Magnete aus G. XIII. 440 — Wärmeleitung VIII. 418; XIV. 356 — Schmelzpunkt d. grauen G. VIII. 426 — Dem G. fehlt e. bestimmter Schmelzpunkt u. eine feste latente Schmelzwärme XVII. 395 — G. dehnt sich beim Erhitzen bleibend aus X. 30; Volumencorrection d. Kugeln danach XI. 46 — Ausdehnungscoefficient X. 34; XVI. 339 — Messung d. permanenten Ausdehnung durch d. Glühen XII. 59 — Specif. Wärme bei verschied. Temperatur XVI. 370 — Elasticitätcoeffic. X. 113; XI. 154. 156 — Aenderung der Festigkeit durch wiederholtes Schmelzen X. 120 — Festigk. d. G. XI. 154. 155; XVI. 64 — Biegung gusseiserner Balken unter e. darüber fahrenden Eisenbahnzug XI. 156 — Festigk. gusseis. Säulen XIII. 150. 152 — Festigk. verschied. Mischungen v. G. u. Nickel XIV. 114 — Reinigung d. G. durch Elektrolyse XVII. 492; XVIII. 446 — Festes G. specif. schwerer als flüssiges, u. schwimmt nur in kleinen Stücken auf diesem XIX. 6 — s. Couche, Stephenson.

Gussstahl s. Stahl.

Gutta percha isolirt gut u. wird durch Reiben stark negat. elektr. IV. 260 — An d. Luft verändert sich G. p. u. wird dann beim Reiben fast immer positiv X. 432 — Aenderung d. Isolirvermögens mit d. Temperatur XV. 417 — Durch Nässe und Kälte

geht d. Isolirfähigkeit verloren XV. 567; durch Druck wächst dieselbe XIX. 432 — Verhalten v. Röhren aus G. p. XII. 180 — Wärmeänderung bei Ausdehnung u. Compression XIII. 291 — Unterschied zw. G. p. u. Kautschuck VI. 452 — Verhältniss d. Isolationsvermögens u. d. condensirenden Kraft beider XVI. 481. 482. 483.
Gyps s. Kalkerde schwefelsaure.
Gyreidometer v. Wilde VI. 402.
Gyroskop v. Foucault zum Beweise d. Axendrehung d. Erde VIII. 94. 97. 104, s. auch IX. 73; X. 84 — Verwend. desselben zu e. künstl. Horizont X. 76 — Erklär. der Versuche mit d. Gyr. XI. 89; XII. 133; XIII. 123. 124; XVI. 50 — Einfluss d. Reibung u. d. Luftwiderstandes XIV. 85 — Widerstand gegen d. Aenderung der Drehungsaxe XV. 66 — Anwend. d. Gleichungen v. Coriolis für d. relative Bewegung auf d. Gyr. XX. 32 — s. Fesselsche Scheibe.
Gyrotrop, Tastengyrotrop v. Knorr zur Aenderung d. Stromrichtung IX. 513 — Stromwender von Reusch X. 543; v. Grüel XX. 479.

Hämatin s. Blutfarbstoff.
Hämodynamik s. Volkmann.
Hängebrücke s. Kettenbrücke — Röhrs.
Härte bei d. Mineralien in verschied. Richtungen ungleich VI. 17 — Verhältniss zw. Härte, Atomgewicht u. specif. Gew. bei isomorphen Mineralien VIII. 12 — Messung d. Härte durch d. Sklerometer X. 121 — Bestimm. d. H. bei Metallen u. Legirungen XIV. 115 — s. de Serres.
Hagel, Schwefelwasserstoff darin II. 368 — Schwefelkies im H. XV. 727 — Hagelstürme in Indien VI. 1095; XII. 690 — Hagelfälle auf Cuba X. 751 — auf Java XII. 689 — in Russland XIII. 513 — Gewitter mit H. zu Kew VI. 1097 — Verwüstungen durch H. bei Luzern XVIII. 526. 663 — bei Salzburg XX. 767 — Maxima d. Fallgeschwindigkeit d. Hagelkörner X. 61 — Anfangs werden d. Körner fast wagerecht getrieben XVIII. 663 — H. v. ungewöhnlicher Grösse XII. 686. 690 — Gestalt u. Structur d. Hagelkörner XII. 687. 688. 691 — Die meist konische Gestalt d. Körner entsteht durch d. Erwärmung beim Fallen durch d. Luft XIII. 294 — H. in Gestalt v. sechsseit. Pyramiden XIII. 555 — Eigenthümlich geformte Körner bei e. H. zu Paris XX. 766 — Grosse u. merkwürd. gestaltete Hagelstücke im Kaukasus XX. 773 — Hagelableiter XI. 602 — Hagelwetter sind Gewitter XIII. 462 — Dem Hagelwetter geht e. grosse Abkühlung voraus XVIII. 663 — Entstehung des H. nach J. Löwe VI. 1119 — nach Harting XII. 689 — nach Dove XIV. 675 — nach Dufour XVII. 376 — nach Mohr XVIII. 548. 664; XX. 759; Reye dagegen XX. 716; desgl. Krönig XX. 760 — s. Blakiston, Blanchet, Bowditch, Buist, Carus, Depigny, Deville, Faivre d'Esnans, Garner, Gonin, Guyon, Kaufmann, Kopp, Laborde, Laisné, Laroque, Laussedat, Lecoq, Liais, van Meesche, Mohr, Poey, Preisser, Quetelet, Raillard, Reichardt, Sanna Solaro, Schnetzler, Seguin, de Sevin, Stroumbo, Sutcliffe, Tommeleyn.
Haidingersche Lichtbüschel s. Polarisationsbüschel.
Halo s. Hof.
Hamburg, Klima XII. 634.
Hammer, Neefscher, s. Inductionsapparat unter Elektricität-Induction.
Harmonika, chemische, Anwendung d. Leuchtgases u. e. Gemenges v. Luft u. Wasserstoff dazu XI. 216 — Töne v. Flammen mit Docht XIV. 144 — wenn die Flamme über einem Drahtgewebe sich befindet XIV. 150 — Tönende Flammen v. flüss. u. festen Körpern XIV. 169 — Durch die Flamme e. Argandschen Lampe XVII. 169 — Anblasen u. Auslöschen einer Flamme durch e. bestimmten Ton XIII. 176. 180. 183 — Geschichtliches üb. d. chem. H. XIII. 177 — Tyndall's Versuche XIII. 178 — Apparat v. Schaffgotsch XIII. 191 — Interferenzen werden durch d. Zuckungen d. Flamme auch sichtbar XIII. 176 — Mittel d. Vibrationen d. Flamme sichtbar zu machen XIV. 148. 149 — Gestaltänderung d. singenden Flamme XIV. 166 — Obertöne bei der chem. H. XV. 171 — Erklärung d. Schwingungen XIII. 180. 193; XIV. 149 — Einfluss d. Dimensionen der Klangröhre sowie d. Stopfung d. Aus-

flussrohres XVI. 124. 129; der Stellung d. Flamme 127 — Versuche mit verschied. Gasen XVI. 129 — Analogie d. chem. H. mit Zungenpfeifen XVI. 130.
Harmonika, elektrische, v. Petrina XII. 240.
Harn, Zuckerbestimm. im diabetischen H. XI. 317.
Harze, Gesetzmäss. Bewegungen in Niederschlägen v. H. aus Weingeist X. 7.
Hauchbilder s. Oberfläche.
Haurangebirge, Vulkan. Erscheinungen daselbst XV. 777; XVI. 861.
Hawaii s. Vulkane.
Hebel, Empfindlichkeit d. Hebelkettensysteme VIII. 65.
Heber, Aräometrischer H. um gleiche Gewichtsmengen verschied. Flüssigk. auszuheben IV. 46 — Berichtig. in d. Erklärung d. H. IV. 80 — H. mit intermittir. Ausfluss zum Waschen v. Niederschlägen V. 69 — s. Andraud, Dienger.
Hebungen u. Senkungen d. Bodens in d. Schweiz VI. 922 — in Indien VI. 923 — Heb. in Skandinavien VI. 924. 934; zu Stockholm VIII. 648; XIV. 680 — Heb. d. arab. u. abyssin. Meerbusens VI. 927 — d. östl. Siciliens XIV. 679 — d. südl. Neuhollands XIV. 680 — bei Torre del Greco XVII. 778 — des unteren St. Lawrence u. Labrador XX. 914 — Heb. d. Küste v. Chili XX. 914 — Period. Schwankungen d. Bodens in Brasilien, Aethiopien u. Frankreich VI. 646 — Mittel d. Bewegungen d. Bodens zu erkennen VIII. 651 — Ursache örtlicher Hebungen XVIII. 755 — Sinken d. atlant. Küste d. Verein. Staaten XX. 914.
Hefe s. Ehrenberg.
Heizung, Möglichst vortheilhafte Einrichtungen Luft zu erwärmen od. abzukühlen IX. 422 — Vergleich d. Heizkraft d. Holzgases u. d. Weingeistes XIII. 297 — Gaslampe von Babo XIII. 298 — Einfluss d. Ofenmaterials XIII. 303 — Gesetz für d. Wärmetransmission durch d. Heizröhren e. Dampfgenerators XIX. 374 — Heiz. durch Sonnenwärme XX. 418 — s. Morin.
Hekla, Verzeichniss seiner Ausbrüche X. 792.
Helgoland, Windstille zur Zeit d. Sturmes am Rand d. Insel XVII. 647 — Interferenzerscheinung am Dünenstrand bei H. XVII. 740.
Heliochromie s. Lichtbilder.
Heliographie, Verdienste v. J. N. Niépce darum III. 208 — s. Lichtbilder.
Heliometer, Anwend. desselb. zur Photometrie d. Sterne IX. 254.
Helioskop v. Porro XIII. 274; XIV. 290 — v. Cavalleri XV. 309.
Heliostat, Erleichterung der Aufstellung d. H. v. Silbermann I. 310 — Vereinfachung d. H. v. August III. 213; Theorie dess. XX. 303 — H. v. Foucault XVIII. 280 — v. von Littrow XIX. 299 — Einspiegeliger H. v. Klinkerfues XX. 301; v. Steinheil XX. 302 — Theorie d. verschied. Hel. XX. 301.
Hemiedrie d. weinsaur. Salze IV. 9 — Paraweinsaur. Natron-Ammoniak zerfällt bei langsamer Verdunstung in rechts u. links hemiedr. Krystalle IV. 9 — Aehnl. Verhalten d. Natronsalzes sowie der daraus gewonnenen Weins. u. Traubensäure IV. 10 — Erklärung d. Hem. v. Leymerie XII. 11. 12 — Künstliche Erzeugung hemiedr. Flächen XII. 273 — Bedeutung der Hem. für d. krystallograph. Klassification XIII. 3 — Zwei Hauptformen d. Hemiedrie XIII. 4.
Herapathit (schwefelsaur. Jodchinin), Darstell. VIII. 282 — Opt. Eigenschaften VIII. 281. 283; IX. 267 — Die Oberflächenfarbe u. Körperfarbe complementär IX. 262, s. auch 267 — Darstell. grosser Krystalle IX. 264; X. 294 — Krystallform XI. 304 — Herapathitzangen XI. 305.
Heronsball durch Sonnenwärme in Thätigkeit gesetzt XX. 418.
Herzen flatternde, Erklär. XVI. 278, s. auch I. 223; IV. 191; VIII. 330; X. 309.
Herzgeräusch, Veränder. u. Nachahmung desselb. XVI. 174.
Himalaya, Höchste Spitzen V. 461 — Klima d. Hym. V. 465 — Beschreibung v. Kumaon u. Garhwal im Him. VI. 981 — Gränze d. ewigen Schnees im Him. VI. 982 — Die Ablenkung d. Lothes in Indien nicht erklärbar durch d. Anziehung d. Massen des Him. X. 52 — s. Indien, Schwerkraft — Thomson.
Himmel, Messung d. Himmelsbläue

II. 189; V. 415 — Das Blau d. H. rührt v. d. Reflexion d. Lichts an dünnen parallelen Plättchen u. v. Interferenz her V. 185; VI. 481; VIII. 591 — v. totaler Reflexion d. blauen Farbe VIII. 588 — Nach Brücke entstehen d. Farben d. Himmels durch fein vertheilte farblose Stoffe in e. durchsicht. Medium VIII. 221; Clausius gegen d. trübe Medium IX. 605 — Himmelsbläue in verschied. Höhe d. Alpen V. 415 — Lichtmenge vom ganzen Himmel IV. 145; v. d. verschied. Punkten IV. 147 — Bestimm. d. Himmelsfärbung nach d. Schattenfarbe des v. verschied. Theilen des Himmels kommenden Lichts XV. 550 — s. Atmosphäre, Wolken.

Himmelsgewölbe, Bestimm. seiner scheinbaren Gestalt XI. 581.

Himmelskörper bewegen sich in Folge der der Materie angehörigen Eigenschaften V. 18 — s. Planeten, Sterne.

Hippursäure, Lichtbrechungsexponent XVIII. 200.

Hodograph, Beweis v. d. Isochronismus d. Circularhodographen XIII. 109.

Höhenmessung vermittelst d. Thermometers II. 86; VI. 972; XI. 690; XIV. 618 — Hypsothermometer von Walferdin X. 790 — Anweisung zur Anfertig. d. Thermometer für Höhenmess. XII. 612 — Theorie d. barometr. H. v. Crelle VI. 222 — Modification d. Laplaceschen Formel für barometr. H. v. Babinet VI. 224; XVII. 641 — Formel v. Zech XI. 676; Berichtigung dazu XVI. 723 — Formel v. Baeyer XII. 657 — Formel v. Renny mit Berücksichtig. der Luftfeuchtigkeit XV. 720 — Formel von Babinet für geringe Höhen XVII. 640; desgl. v. Lamont XVII. 640. 641 — Einfluss d. Tagesstunden auf d. barometr. Höhenm. VI. 1121 — Hypsometr. Tafeln nach Bessel's Formel VIII. 134; XI. 687 — Tafeln v. Koristka XI. 689 — Dippe's Tafeln zur Bestimm. v. Höhenunterschieden XII. 667 — Ursachen d. Ungenauigkeit barometr. u. trigonometr. Höhenmess. VIII. 636 — Umstände, welche Correctionen bei d. barom. Höhenm. erfordern IX. 717; X. 790; XVI. 724 — Prüfung der Sicherheit der barom. Höhenm. XI. 678. 686 — Bestimm. d. Seehöhe aus Barometermess. nach Kreil XII. 651 — Höhenmess. mit d. Aneroidbarometer XI. 693; XII. 669; XIV. 622 — Höhenbestimm. durch d. Secundenpendel X. 54 — Instrument zur Messung kleiner Höhen auf Reisen X. 791.

Höhe des Montblanc V. 424 — Höhenmess. am Monte Rosa VIII. 634 — Höhe d. St. Bernhardt XI. 688. 719; XVII. 639 — Höhenm. in Oestreich, Salzburg, Tyrol, Steiermark u. im Lombardisch-venetian. Königreich VI. 973; XX. 841 — Tieflinien und Sattelhöhen in Böhmen, Mähren und Oestreich VIII. 635 — Höhenm. im Wiener Becken VIII. 635 — in Bayern, in der Umgebung des Grossglockner; im Canton Waadt, Freiburg und Wallis VI. 974 — in Frankreich VI. 973 — zw. Turin u. Genua X. 743 — Höhen in d. Umgegend v. Pawlowsk VI. 979 — Höhendifferenz zw. Warschau u. Krakau nach barometr. Mess. XI. 686 — Meereshöhe d. Bodensees XVII. 643 — Höhenmess. in Norwegen XVII. 736 — Höchste Spitzen d. Himalaya V. 461 — Höhe d. Plateaus v. Thibet V. 461 — Höhen in Daghestan u. einigen transkaukas. Provinzen V. 463 — v. Jerusalem u. a. Orten in Palästina XI. 693; XII. 669 — Höhen in Indien XVII. 606 — in Bolivia V. 462 — Höhe d. Pi-sé oder d. Vulkans v. Osorno VIII. 634 — Grosse Differenz in d. Höhenmess. nach d. Barometer u. d. Siedepunkt zw. Lima u. d. Amazonenthal XI. 691 — Mittlere Höhe d. Continente IX. 664.

siehe Allt, v. Alth, Baeyer, Ball, Bauernfeind, Bender, Bergsträsser, Böhm, Bogg, Boll, Burgartz, Burgess, Burnier und Gouin, Chodzko, Coaz, v. Dechen, Delaharpe, Denzler, C. S. C. Deville, Dippe, Dörgens, Ellis, Feuerstein, Fils, Guldberg, Guyot, Hauer, Hoffmann, Koristka, Kornhuber, Lachmann, Lamont, Liais, Luynes, Martins, Mersch, Michel, Overweg, Plantamour, Prediger, Prettner, Prozell, Radau, Ravenstein, Rieth, Ritter, Roth, Ruprecht, Sadebeck, St. Robert, Schlagintweit, J. Schmidt, Senoner, Sivering, v. Sonklar, Tchichatcheff, Verneuil, Wagner, Walker, Walter, Woldstedt, Wolf, Ziegler.

Höhenrauch ist Rauch IX. 615 — Vorschläge zur gleichzeit. Beobachtung dess. XI. 699 — Grösse d. brennenden Moore u. Ausbreitung des Rauchs XIV. 677 — H. kein Regentilger XVIII. 653 — s. Nebel — Deicke, Heis, A. Müller, Kämtz, Prestel, Willkomm.
Höhle, Die Indianahöhle VI. 942.
Hof (Halo) um d. Sonne II. 196 — Mondhöfe II. 196; III. 166; V. 454 — Stephanoskop zur Darstell. von Höfen III. 212 — H. gleichzeitig mit Nebensonnen V. 454 — Das Licht d. H. mehr in verticaler als horizontaler Ebne polarisirt VI. 479 — Richtung d. Polarisationsebne XVI. 568 — Polarisationszustand d. Atmosphäre in d. Nähe d. Sonne während e. Halos VI. 479 — Erscheinungen, welche d. Höfe darbieten u. ihre Erklär. VI. 482 — H. um Kerzenflammen VI. 512; IX. 303; X. 311; XI. 337 — Erklärung d. kleineren Höfe VIII. 591 — Berechnung d. Durchmesser v. Mondhöfen X. 632 — s. Nebelringe, Regenbogen, Sonnenringe — Bravais, Bucquet, Claubry, Daguin, C. Dufour, E. B. Hunt, Klopsch, Korsakoff, Lowe, Plantamour, Poey, Quetelet, Renou, Sass, Sirks.
Hohenpeissenberg, Temperaturbeobacht. daselbst VIII. 728.
Holländische Flüssigkeit, Dichte u. specif. Wärme IX. 416; XVIII. 347.
Holophotalapparat für Leuchtthürme VI. 368. 552.
Holz, Elasticität u. Härte verschied. Holzarten II. 99; III. 62 — Wärmeleitung in Tannenholz VIII. 419 — Wärmeleit. vieler Holzarten in den drei thermischen Hauptaxen, die mit d. Elasticitätsaxen zusammen fallen IX. 383 — Wärmeleit., Biegung u. Schallleit. verschied. Hölzer nach verschied. Richtung XIV. 13 — Wärmeausdehnung v. Tannenholz VI. 49; v. Lorbeer- u. Tannenholz XIII. 293 — s. Hartig, Mader, Rothstein.
Holzäthercamphersäure, Opt. Drehvermögen IX. 288.
Holzgeist s. Methylalkohol.
Holzkohlen s. Kohlenstoff.
Homologie, Physikal. Eigenschaften homolog. Substanzen XV. 33.
Honigstein (Mellit), Opt. Constanten XVI. 259.
Horizont, Mittel bei e. künstl. Hor. das Quecksilber vor Erschütterungen zu bewahren VIII. 362; IX. 329 — Fehler astronom. Messungen durch Wellen d. Quecksilberspiegels X. 340; XX. 125 — Künstl. Hor. mittelst e. rotirenden Metallspiegels X. 76.
Horizontal-Dynamometer von Schönemann XIX. 26.
Hornblende, Pleochroismus bei mancher H. X. 297 — Vergleich der opt. u. krystallograph. Eigenschaften zw. Hornblende u. Augit XI. 306 — Wärmeausdehn. XV. 338.
Horopter, Bestimm. v. Claparède XIV. 303 — v. Wundt XVII. 303 — v. Helmholtz XX. 275. 277 — v. Hering XX. 282 — v. W. v. Bezold XX. 286 — Bedeutung d. H. beim Sehen XX. 279 — s. Hering.
Humber, Fluthersheinung darin IX. 649.
Hundsgrotte, Die Gasausström. darin elektr. III. 346.
Hungersee XX. 856.
Hyalith doppeltbrechend XVII. 287; XX. 223.
Hydraulik (Hydrodynamik), Nach Parrot sind d. Gesetze d. Hydr. nur aus d. Elasticität d. Flüssigkeiten erklärbar I. 79 — Die Hypothese v. Lagrange üb. d. Flüssigkeit an der Gefässwand besteht nur mit d Continuitätsgleichung bei d. Beweg. II. 54 — Fortschritte d. Hydr. bis 1846 II. 74 — Die allgem. Gleichungen d. Hydrodyn. nach Destocquois V. 53 — nach Challis VI. 162; VIII. 112; IX. 86; Einwürfe dagegen VI. 164 — nach Potter VI. 165 — nach Okely XII. 140 — nach Clebsch XIII. 124; XIV. 89 — nach Helmholtz XIV. 85 — nach Hankel XVII. 57 — nach Stephan XVIII. 38 — Integration d. Gleichungen für die permanente Beweg. einer Flüssigkeit in e. cylindr. Röhre X. 129 — Bedeutung d. üblichen Gleich. für d. Theilchen der Oberfläche XII. 137 — Neues Gesetz d. lebend. Kräfte in e. bewegten Flüssigkeit XV. 66 — Dirichlet's Problem XV. 67. 72; XVII. 61 — Verlust an lebend. Kraft bei Aenderung der Kanalweite II. 73; XII. 138 — Gesetze d. Beweg. d. Wassers in Röhren u. Kanälen VI. 181. 182; XVIII. 40; in Flüssen u. Kanälen VI. 189 — Grösse d. Wasserstosses in Leitungs-

röhren XIV. 95 — Beweg. d. Wassers in e. geneigten mit Sand erfüllten Kanal XVII. 70 — Dauer d. Mittheilung d. Beweg. einer Flüssigkeit in communicirenden Röhren XVIII. 38 — Verzögerung d. Beweg. durch Krümmungen in den Wasserwegen XVIII. 39 — Wasserwellen u. Wasserschwellen in e. Kanal XVIII. 43. 44 — Schwierigkeiten in d. Theorie d. Wasserbeweg. in Kanälen XX. 41 — Beweg. d. Wassers bei Ueberfällen VI. 185; IX. 87.

Figur einer um ihre Axe rotirenden Flüssigkeit, die v. einem fernen Punkt angezogen wird V. 52; VI. 161. 162 — Figur einer um e. verticale Axe rotirenden Flüssigk. unter dem Einfluss d. Erddrehung VI. 150 — Erscheinungen bei verschied. Flüssigkeiten in rotirenden Gefässen IX. 94 — Einfluss kleiner Bewegungen auf d. Gleichgewichtszustand e. rotir. Flüssigkeit XI. 96 — Gleichgewichtsbedingungen in e. rotirenden Ellipsoid VI. 160; XIII. 125; XV. 73; XVI. 51; XVII. 50 — Gestalt einer unvollkommen elastischen rotirenden Flüssigk. XV. 73 — Wahre Werthe der Axen d. Jacobischen Ellipsoids XVII 62 — Gleichgewicht einer in e. hohlen Sphäroid rotirenden Flüssigkeit XVII. 63 — Gestalt einer mit constanter Winkelgeschwindigk. rotirenden Flüssigk. XX. 44 — Gleichgewicht eines nicht homogenen flüss. rotirenden Sphäroids XX. 44.

Ausflussmenge des Wassers aus Schutzöffnungen u. üb. Wehre II. 60; V. 55. 57 — Modification d. Ausflusses aus engen Röhren durch d. Gegenwart verschied. Substanzen im Wasser III. 44 — Ausfluss aus verticalen rechteckigen Oeffnungen VI. 181; VIII. 115; IX. 90; aus Röhren mit rechteck. Querschnitt IX. 92 — Ausflusscoefficient bei Wasser, Quecksilber, Oel aus verschied. Oeffnungen VI. 188 — Eigenschaften d. trichterförm. Einsenkung üb. d. Oeffnung im Boden VIII. 122 — Nach Perrot übt d. Drehung der Erde einen Einfluss auf d. Beweg. d. Wassertheile an d. Oberfläche e. cylindr. Gefässes, in dessen Boden e. centraler Ausfluss ist XV. 60; XVI. 50 — Ursache dieser Beweg. nach Laroque XVI. 52; XVII. 68; XIX. 34; XX. 42; nach Magnus XVII. 69 — Beweg. d. Wassers bei grossen Ausflussöffnungen IX. 86 — Formel für d. Ausfluss aus Röhren bei geringem Druck X. 166 — Einfluss d. Oberfläche u. d. Durchmessers d. Leitungen auf d. Ausfl. X. 168 — Meissel's Rechnung über den Ausfluss in verticaler Wand irrig XI. 94 — Dejean's Theorie d. Ausflusses XI. 95 — Ausflusscoeffic. beim Ausfluss unter hohem Druck IV. 76; XIV. 94; XV. 79 — In elast. Röhren wird d. Ausfluss nur bei intermittirendem Zufluss vermehrt XIV. 95 — Weisbach's Apparat zum Nachweis der Ausflussgesetze IV. 77 — Ausfluss, wenn nur auf einer Seite Contraction statt findet IV. 67; VI. 182 — Baeyer's Theorie der Contraction IV. 69 — Coefficient d. Contraction bei Ausfluss unter hohem Druck IV. 76 — Contractionscoeffic. beim Ausfluss aus e. rechteck. Oeffnung in horizontaler Wand VIII. 120.

Bestimm. d. Geschwindigkeit des fliessenden Wassers I. 51; II. 64. 65; V. 59 — Formel v. Craufurt für die Ausflussgeschwindigk. VI. 184 — Einfluss d. Gewächse auf d. Geschwindigk. fliessender Gewässer X. 171 — Bei wiederholten Verengungen des Wasserlaufs ist d. Geschwindigkeit d. Druckhöhe proport. X. 172 — Geschwindigk. d. Wassers in Röhren XI. 97; in Kanälen XI. 99 — Einfluss d. Temperatur auf d. Geschwindigk. d. Wassers in Röhren XII. 145.

Beschaffenheit des trüben Theiles e. Wasserstrahls bei Beleuchtung durch elektr. Funken II. 74 — Einwirk. eines flüss. Strahls auf eine ruhende Wassermasse VI. 167 — Einwirk. zweier Strahlen aufeinander VI. 168 — Fortführung v. Luft durch e. Wasserstrahl VI. 171. 176 — Wassertrommelgebläse VI. 175 — Verschied. Weisen die Auflösung des Strahls in Tropfen sichtbar zu machen VI. 177. 179 — Bestimm. des Stosses e. Wasserstrahls gegen ruhende und bewegte Flächen nach Weisbach IX. 92 — Erklär. d. Gestalten eines senkrecht aus verschied. Oeffnungen herabfliessenden Strahles v. Magnus XI. 92; XII. 151; v. Buff XIII. 127 — Erklär. d. Anschwellungen in e. fallenden Strahl nach Plateau XII. 143; nach Maus XII. 144; nach

Magnus XV. 76 — Berichtigung der von Navier angegebenen Höhe des Strahles bei e. Ueberfall XVII. 63 — Steighöhe springender Strahlen bei verschied. Mundstücken und Druckhöhen XVII. 64 — Beschaffenheit d. Strahlen erdiger u. weicher Körper, die aus d. centralen Oeffnung eines cylindr. Gefässes gedrückt werden XX. 39; Folgerungen daraus für flüssige Strahlen XX. 40. 41.

Fortpflanzung d. Drucks in bewegten Flüssigkeiten III. 50 — Druck d. fliessenden Wassers auf d. eigenen Theile XIV. 92; XVII. 67; senkrecht zur Stromrichtung XIV. 92 — Druck d. Wassers, welches zw. zwei Platten unter Wasser ausströmt XIV. 93 — Druck d. fliessend. Wassers bei plötzlicher Aenderung d. Röhrenweite XIX. 35 — Widerstand einer ruhenden Flüssigk. gegen e. bewegten Körper II. 68 — Widerstand e. ruhenden Flüssigk. gegen d. Beweg. e. Kugel od. e. Ellipsoids VIII. 113; XII. 140; XIII. 125; gegen Rotationskörper überhaupt X. 174; XII. 139 — Vorkehrung zur Verringerung d. Widerstands in d. Krümmungen d. Röhren VIII. 120; XI. 97 — Zusammenhang d. innern Reibung mit d. beschleunigenden Kraft e. bewegten Flüssigk. II. 72 — Reibung d. Wassers an e. Fahrzeug V. 60 — Strömungen in e. Flüssigkeit wesentlich durch d. innere Reibung bedingt X. 156 — Einfluss d. Oberfläche u. d. Durchmessers d. Leitungen auf den Reibungswiderstand X. 168 — Beweg. e. Kugel mit veränderl. Radius in e. unbegränzten Flüssigkeit XX. 46.

Oscillirende Beweg. v. Schiffskörpern VI. 157 — Bewegungen in einer in e. Glasrohr herabfliessenden dünnen Flüssigkeitsschicht IX. 96 — Ausbreitung e. Flüssigkeit auf der Oberfläche e. anderen X. 162. 163; XI. 102 — Beweg. d. Wassers durch poröse Erdschichten XIII. 127 — Oscillationen eines etwas verschobenen schwimmenden Körpers XIV. 91 — Strömungen im Wasser durch einen schwingenden Stab XVI. 146 — Zeit der Durchströmung (Transpiration) verschied. Flüssigkeiten durch Capillarröhren XVII. 95 — Beschaffenheit d. Wasserlinien hinter e. schwimmenden Körper XIX. 36 — s. Capillarität, Reibung, Tropfen, Wellen — Brighenti, Caligny, Challis, Darcy, Dejean, Delaurier, Dirichlet, d'Estocquois, Girard, Guldberg, Hoche, Lafont, Lombardini, Mainardi, Passot, Plana, Richelmy, Sire, Sonnet.

Hydraulische Maschinen u. Apparate, App. zum Messen der Geschwindigk. d. Schiffe in fliessendem Wasser I. 51; X. 172 — Die Woltmannsche Mühle zum Messen der Geschwindigk. d. Wassers II. 63; ebendazu d. Hydrodynamometer von Boileau II. 65; V. 59 — App. von Weisbach für d. Ausfluss d. Wassers IV. 77 — Theorie d. hydraul. Motoren v. Porro VIII. 121 — Vorrichtung zum Wasserheben mittelst e. Wasserstrahls VIII. 123 — Apparat zur Regulirung d. Wasserzuflusses XI. 98 — Maschine zum Ausschöpfen e. Wasserbehälters XI. 98 — Druckregulirung bei e. hydraul. Krahn XI. 99 — Hydraul. Fallhammer XI. 99 — Apparat zur Beweg. v. Flüssigkeiten od. eines darauf schwimmenden Körpers XI. 101 — Abänderungen an d. Pitotschen Röhre XIII. 128 — Regulator an hydr. Maschinen XIII. 128 — s. Centrifugalpumpe, Pumpen, Turbine, Ventil, Wassermesser, Wasserrad, Wasseruhr — Caligny, Rachmaninoff.

Hydrobarometer v. Walferdin VI. 999.

Hydrodynamik s. Hydraulik.

Hydrodynamometer v. Boileau zur Messung d. Geschwindigk. fliessenden Wassers II. 65; V. 59.

Hydrogel u. Hydrosol XX. 88.

Hydrometer, Zur Bestimm. des specif. Gewichts der Flüssigkeiten XV. 8. 9 — s. Wassermesser.

Hydrostat v. Köppelin XV. 78.

Hydrostatik, Die Gesetze d. Hydr. nach Parrot nur aus d. Elasticität d. Flüssigkeiten erklärbar I. 78 — Gleichgewichtsbedingung e. Flüssigkeit in e. umgekehrten vollen Glasröhre VI. 20 — Anzahl d. Gleichgewichtslagen e. schwimmenden dreiseit. Prismas VI. 156; X. 154; eines Prismas mit trapezförm. Querschnitt X. 155 — Apparat zur Veranschaulichung d. Drucks gegen d. Gefässboden VIII. 110 — Lösung d. Aufgabe v. d. Steuereinnehmerstab VIII. 111—Bestimm. d. Gleichgewichtslagen

schwimmender Körper XII. 150; XX. 38 — Berücksichtigung d. hydrodynam. Drucks bei schwimmenden Körpern XV. 75 — Der v. Ostrogradsky angenommene Zustand e. flüssigen Schale unrichtig XVIII. 36 — Eigenschaften d. Wasserlinien hinter einem schwimmenden Körper XIX. 36 — Aërohydrostat. Waage XX. 43 — s. Flüssigkeit — Arnott, Lahure, Rankine.

Hydrüre entstehen durch Elektrolyse nur bei Kupfer IV. 299.

Hygrometer, Condensationshygr. v. Regnault I. 136; III. 578; V. 89 — Condensationsh. v. Sonklar XII. 614 — Verbesser. d. Daniellschen Hygr. v. Belli I. 139; III. 578 — Neue Skala für d. Psychrometer II. 116 — August's Psychrom. für d. Technik d. beste III. 95 — Hygr. v. Majocchi III 93 — v. Simmon III. 94 — Selbstregistr. H. v. Brooke III. 588. 589 — Apparat zur Bestimm. der Luftfeuchtigk. v. Andrews VI. 1092 — H. v. Baumhauer X. 678 — v. Connel X. 680; XI. 639 — Graduirung der Haarhygr. XIV. 626 — Haarhygrometer von Thury XVIII. 595 — Elektr. Psychrometer v. Becquerel XVII. 592 — Hülfstafeln bei Psychrometerbeobacht. II. 116 — Tabelle zur Bestimm. d. Thaupunktes aus der Beobacht. am Hygr. XI. 637 — Psychrometertafeln v. Kämtz XIX. 639 — Thaumesser oder Drosometer X. 681 — s. Becquerel, Drian, Midre u. Charière, Pichot, Renoux, Vogel, Walferdin.

Hygrometrie, Die Spannung d. gesättigten Dampfs in d. Luft geringer als im Vacuum I. 133; III. 642 — Prüfung d. verschied. Methoden zur Bestimm. d. Wassergehalts d. Luft I. 134; XVII. 600 — Bestimmung d. Dampfspann. in d. Atmosphäre von Renoux XIV. 139 — Einfluss d. Luftbewegung auf d. Psychrometer I. 138 — Regnault's Bestimmung d. Thaupunkts VIII. 672 — Werth der Constanten in d. Psychrometerformel VIII. 673 — Psychrometerformel v. Kämtz XVII. 604 — Mechan. Kraft d. Wärme, welche jährlich zur Verdampfung d. Wassers auf d. Erdoberfläche verbraucht wird III. 249. 662 — Verdunstungsmesser, Atmidoskop, v. Babinet IV, 98 — Auf Flächen mit e. Pflanzendecke ist d. Verdunstung stärker als auf entblössten XVII. 658 — In mittleren Temperaturen d. Daltonsche Gesetz für Gemenge v. Luft u. Wasserdampf zulässig V. 82 — Lamont's Ansicht u. Versuche üb. d. Feuchtigkeitszustand d. Luft gegen die Daltonsche Theorie XIII. 526; XVIII. 584. 586; XX. 639 — Die Berechnung d. Dampfmenge in einer verticalen Luftsäule aus der Spannung an der Erdoberfläche unsicher V. 90; VI. 1116 — Abweich. der in verschied. Höhen beobacht. Dampfspann. v. der nach d. Daltonschen Gesetz berechneten XVII. 660 — Nach Strachey folgt d. Abnahme d. Dampfspann. u. d. Temperatur demselben Gesetz XVII. 661 — Feuchtigkeit in verschied. Höhen bei Luftfahrten XVIII. 574 — Wassergehalt d. Atmosphäre in d. verschied. Zonen V. 448 — Periodische Aenderungen d. Feuchtigk. d. Atmosphäre VI. 1117 — Luftfeuchtigk. an Gewittertagen XVI. 659 — In Zimmern wächst d. Strömung d. Luft in senkrechten Röhren mit d. Wassergehalt XI. 106, XII. 153; XVI. 57.
Feuchtigkeitszustand in Prag IV. 437; XVII. 715. 716 — in d. Alpen V. 411; X. 744 — zu Brüssel XIII. 509 — zu Gorki XIII. 512 — in München XIII. 529 — zu Cöln XVI. 756 — zu Crefeld XVII. 673 — zu Kreuznach XVII. 695 — in d. russ. Steppen XVII. 703 — in Warschau XVII. 722 — in Bombay III. 600. 603 — zu Aden III. 603 — zu Hobarton V. 393 — Trockenheit d. Luft in Abessinien III. 615 — Luftfeuchtigk. zu Madeira IV. 429; grosse Trockenheit daselbst bei Ostwind od. Leste XVII. 655 — Dunstdruck zu Chartum XVI. 752 — zu Alexandrien XVII. 676 — auf d. Atlant. u. Stillen Ocean XVII. 685 — s. Regen — Astrand, Dalmahoy, Fuchs, Gentili, Kämtz, Lamont, Miller, Sykes, Vivenot, Welsh.

Hygroskopische Körper s. Absorption.

Hypersthen, Flächenschiller desselben IV. 170.

Hypsometer v. Fischer VIII. 133 — H. zum Messen v. Höhenwinkeln v. Koristka XII. 335 — s. Höhenmessung — Baudin.

Hypsothermometer von Walferdin X. 790.

Idjen, Vulkan auf Java XVIII. 786.
Imponderabilien sind verschied. Bewegungsformen d. Materie, keine besonderen Fluida VIII. 502; XIV. 3 — Aehnlichkeit aller Imp. unter einander XIV. 370 — Ansichten über d. Imp. v. Testelin XVI. 417; v. Martin u. Landur XIX. 33 — siehe Kraft — Secchi.
Inclinatorium s. Inclination unter Magnetism. tellur.
Indianahöhle VI. 942.
Indien, Vorschlag d. Zimmerluft in Ind. abzukühlen IX. 421 — Ablenk. d. Bleiloths in Ind., Erklär. derselben X. 52; XI. 76. 77; XIV. 83; XV. 55; XVI. 38; XVII. 728 — Höhenverhältnisse in Ind. XVII. 736 — Anwachsen v. Land an d. Coromandelküste XVII. 745 — Erhöhung d. Insolation in Indien bei vermehrtem Dunstgehalt d. Luft XX. 670 — s. Himalaya — Oldham.
Indigo, Untersuch. mit d. Dichroskop III. 149 — Reflexionsconstanten XVIII. 250.
Indium, Spectrum desselben XIX. 197.
Indus s. Andrew, Henderson, Obbard, Pratt.
Insecten, Bau u. opt. Wirk. d. Insectenaugen III. 192; XIX. 297 — Accommodationsapparat bei d. Ins. XII. 318 — Aenderung d. Tonhöhe beim Auffliegen u. Niedersetzen der Ins. XVII. 169 — Erwärmung d. Körpers durch die Flugbewegung XVIII. 334.
Insel, Entstehung e. Torfinsel im Cleveezer See in Holstein VIII. 653; XII. 741; desgl. im Ilsingsee in Livland IX. 656 — Entstehung u. Structur d. Coralleninseln VI. 970; VIII. 654 — Entstehen u. Verschwinden e. Ins. im Caspischen Meer XVIII. 801 — Verhältnisse d. Dimensionen verschied. Inseln u. Halbinseln XVI. 778 — Beschaffenheit d. Malayischen Archipels XIX. 676 — Geolog. Beschaffenheit von Madeira u. Porto santo XX. 900 — s. Bahamainseln, Vulkane — v. Qualen.
Instrumente, Zur Copirung v. Zeichnungen in belieb. Maassstab, Pantograph, I. 582. 583 — Zur Bestimm. absoluter u. specif. Gewichte IV. 47 — Instr. u. Werkzeuge d. höheren u. niederen Messkunst IV. 60 — Instrumente zur graphischen Darstellung des Orts eines in ellipt. Bahn sich bewegenden Körpers VI. 77 — Instr. zum Messen der Erhöhungen u. Vertiefungen kleiner naturhistor. Gegenstände VIII. 42 — Bestimm. d. Drehungswinkels bei Messinstrumenten mit Spiegel für e. feste Skala XI. 614. 617 — Instr. zur Beobacht. verticaler Luftströme XII. 615 — Instr. zur Registrirung d. Dauer des Sonnenscheins u. seiner Vertheilung am Tage XVII. 606 — s. Akustik, Apparate, elektr., meteorolog. und optische Instr., Hydraul. Maschinen u. Apparate — Poey, Wartmann.
Intensitäts-accommodator von Gallois XV. 405.
Interferenz s. Licht-Interf., Schallwellen.
Interferenzoskop, Zur Erzeug. u. Beobacht. d. Interf. bei Wasserwellen VI. 209; IX. 98.
Interferenzrefractor, Zur Bestimm. der Lichtbrech. v. Arago X. 274 — v. Jamin XII. 247; XIII. 227; Anwend. desselben auf Wasser unter verschied. Druck XIV. 247; auf Wasserdampf XIV. 251.
Interferenzschachbrettmuster VI. 493.
Inulin besteht in zwei Zuständen XII. 286.
Involution, Definition v. Sylvester; Inv. d. Graden im Raum als Rotationsaxen betrachtet XVII. 32. 34. 35 — Bemerk. v. Cayley u. Chasles zu dieser Theorie XVII. 35. 36.
Iridium hat geschmolzen d. höchste specif. Gewicht II. 114 — Specif. Wärme XI. 384; XVII. 392.
Iris s. Auge.
Irisiren, Ursache d. Ir. bei Mineralien IV. 168 — Ir. auf natürl. Ueberzügen v. Metallen V. 145 — Erzeug. d. Ir. auf belieb. Körpern V. 146.
Iriskop v. Reade V. 140.
Irland, Abnahme d. mittl. Temperatur mit d. Entfernung v. d. Küste u. nach Norden hin VIII. 729 — Meteorolog. Beobacht. in Irl. XI. 738; XII. 647 — Einfluss des Golfstroms auf d. Klima v. Irl. XIII. 486.
Irradiation entsteht aus der Zerstreuung d. Strahlen durch d. Augenmedien, nicht durch Ausbreitung d. Lichtempfindung V. 200; VI. 501; VIII. 314; IX. 297; XI. 338; Brücke da-

gegen V. 203 — Erklär. d. Irr. aus e. chromat. Abweichung VI. 505; VIII. 330; XII. 308 — Erklär. d. Irr. von Valée VIII. 309, s. auch IX. 294 — v. Trouessart VIII. 310 — v. Fliedner VIII. 312; IX. 295 — v. Burckhardt X. 310 — v. Cramer XI. 334 — von Pope XIX. 288 — Widerleg. verschied. Sätze v. Plateau üb. Irr. u. Herleitung derselben aus Fliedner's Theorie IX. 295 — Irr. fehlt auch bei richtiger Accommodation nicht XIV 300; XVII. 320 — Grösse d. Irr. XIX. 267 — Einfluss d. Irr. auf die kleinsten erkennbaren Entfernungen XIX. 273.

Irrawaddy, Wassermasse und Geschwindigk. desselben XIII. 582.

Irrlichter in Brasilien beobachtet XIV. 698 — s. Baer, Boeck, Bolsmann, Galle, Knorr, Lechner, Pfaunleder.

Isametralen, Bedeut. XX. 677 — Gestalt d. Isametralen in Nord-Amerika XX. 678.

Isanomalen, Bedeut. VIII. 725; XX. 677.

Island, Meeresströmungen u. Eistreiben bei Isl. XVII. 741 — Geschichtl. über d. vulkan. Ausbrüche auf Isl. XVIII. 785 — s. Kötlugja — Forbes, Söchting, Winkler.

Isochronismus s. Pendel, Uhren, Zeitmesser.

Isogeothermen d. Alpen VI. 1023. 1025.

Isokrymen, Bedeut. u. Karte derselben IX. 646.

Isomerie s. Isomorphie.

Isomorphie u. Isomerie bei verschied. Körpern zugleich II. 12 — Isomorphie d. Oxyde RO. u. R_2O_3 IV. 11 — Bedingungen d. Isom. unter nahe gleich geformten Körpern IV. 11 — Aenderung d. Krystallwinkel d. apfelsaur. Ammoniaks bei der Ausscheidung aus Lösungen v. ungleicher Reinheit IV. 11 — Isom. gewisser Chlorüre, Bromüre u. zweier Vitriole IV. 12 — Isom. zwischen Formen verschied. Krystallsysteme (Plesiomorphie) VI. 8 — Optisches Verhalten isomorpher ein- u. zweiax. Krystalle VI. 443 — Verhältniss zw. Atomgewicht, Härte u. specif. Gew. bei isomorphen Mineralien u. Elementen VIII. 12 — Optisch zweiax. isomorphe Substanzen können durch Zusammenkrystallisiren einax., selbst einfach brechend werden XVII. 283 — siehe Hausmann, Nordenskiöld, Scheerer.

Isothermen, Form d. Is. in Amerika u. Europa III. 622 — Veränder. der Monatsisotherm. IV. 465; IX. 686 — Die Is. in d. Alpen V. 408 — Karte für d. Gestaltänder. u. d. Fortrücken d. Isoth. v. 4 u. 20° in d. jährl. Periode VI. 1108 — Ursache d. Erhebung d. Isoth. im Winter d. nördl. Erdhälfte VI. 1115 — Is. d. Meeres zw. 10 u. 40° nördl. Br. u. 55 bis 100° westl. Länge VIII. 613 — Lauf d. Is. in Nord-Amerika VIII. 731 — Gestalt d. Is. auf Inseln XII. 646 — Allgem. Theorie der Isoth. XV. 44; XVII. 30. 32 — Zusammenhang der Isoth. mit d. Windrichtung XVII. 696 — Beziehung d. Synthermalen zu d. Isoth. XIX. 633 — Systeme isothermer Curven in isotropen Körpern XX. 394 — Monats- u. Jahresisothermen d. nördl. Erdhälfte XX. 677 — s. Adie, Dove, Hennessy, Moesta.

Java, Beschaffenheit der verschied. Lavaströme daselbst XVI. 872 — Der Salzsäurebach Sungi Paït u. d. Vulkan Idjen in Ost-Java XVIII. 786 — s. Vulkane.

Jaxartes, Physikal. Geographie des oberen Beckens V. 477.

Jod, Elektr. Leitvermögen I. 388; X. 489 — Specif. Wärme d. flüss. Jod, latente Schmelz- u. Verdampfungswärme V. 221 — Volumenänderung beim Schmelzen XI. 36 — Erstarrungstemperatur XI. 385 — Diathermansie einer undurchsicht. Lösung v. Jod in Schwefelkohlenstoff XX. 404. 407 — Die angebl. allgem. Verbreitung des J. in d. Luft u. im Regenwasser nicht bestätigt VIII. 705 — Jod e. zusammengesetzter Körper X. 149 — Krystallform XI. 17 — Löslichk. des J. in Wasser, Alkohol, Glycerin, XI. 171 — Beziehung zw. Atomgew. u. specif. Gew. XVI. 15 — Dispersion d. Jods XVIII 211. 212.

Jodaethyl (Aethyljodür, Jodäther, Jodwasserstoffäther), Specif. Gew. u. Wärmeausdehnung I. 40; II. 37 — Verdampfungswärme IV.237 — Dampfspannung XVI. 359 — Gesammtwärme

d. Dampfs XVIII. 356 — Oberflächenfarben d. Jodäthylverbindungen XIV. 274 — Brechungsexponent XVIII. 201.
Jodaluminium, Dampfdichte XV. 22.
Jodamyl, Siedepunkt, specif. Gewicht, Wärmeausdehnung XI. 45.
Jodblei wird durch Licht schnell verändert XII. 327.
Jodchinin s. Herapathit.
Jodkalium, Löslichkeit in Wasser, Alkohol u. Glycerin XI. 171 — Brechungsexponent XVIII. 201.
Jodquecksilber e. Elektrolyt X. 489 — Löslichkeit in Wasser, Alkohol u. Glycerin XI. 171 — Wärmeentwicklung beim Uebergang d. gelben Jodq. in das rothe XIII. 24.
Jodsäure s. Elektrochemie.
Jodschwefel, Löslichkeit in Alkohol, Wasser u. Glycerin XI. 171.
Jodsilber, Verhalten zum Licht XII. 328; XIII. 268.
Jodtellurmethyl, Oberflächen- und Körperfarben XI. 309.
Jonen, Ueberführung v. Basen und Säuren, elektr. Endosmose, nach d. Versuchen v. Daniell I. 473 — von Napier II. 26 — Nach Becquerel d. Ueberführung e. Diffusionserscheinung III. 367 — Gesetze d. Ueberführung v. Wiedemann VIII. 466; XII. 441; XIV. 432 — Der Strom übt e. elektrolyt. u. e. mechan. Wirkung aus XII. 445. 446 — Theorie d. elektr. Endosmose v. Raoult IX. 509 — von Clausius XIII. 411 — Hittorf's Vorstell. v. d. Wanderung d. Jonen IX. 507 — Dessen Versuche mit Kupfervitriol u. verschied. Silbersalzen IX. 508; XII. 467; XV. 460 — Abwehr d. Einwürfe v. Clausius u. Wiedemann gegen Hittorf XIV. 458 — Dessen Versuche hinsichtl. d. Ueberführ. v. Kalium u. Natrium sowie d. Elektrolyse mehrerer Chloride, d. Jodsäurehydrats u. phosphorsaur. Salze XV. 462 — der Doppelsalze u. Haloidsalze v. Cadmium u. Zink XV. 463 — Wanderung d. Jonen nach d'Almeida X. 533; XII. 466 — Mechan. Fortführung d. Theilchen einer Goldelektrode X. 539 — Ueberführ. d. Chlors bei der Elektrolyse d. Chloride v. d. Alkalien u. alkal. Erden XIV. 459 — Erklär. d. Vorganges von Weiske XIV. 460 — Versuche v. Breda u. Logeman, bei denen sich keine Fortführ. zeigte XII. 447 — Die galvan. Fortführ. von Jod, Quecksilber u. s. w. durch d. Organismus unwahrscheinlich XV. 476 — Nach Matteucci ist d. elektr. Endosmose e. Wirkung d. Elektrolyse, nicht unmittelbar des Stroms XVI. 457 — Bewegungen in e. Muskel in Folge d. fortführenden Kraft d. Stromes XVI. 469.
Jorullo, Entstehung desselben XV. 772.
Jupiter, Grosse Lichtstärke seiner Atmosphäre XIV. 576; XVIII. 236; XIX. 232 — Photographie vom J. XIV. 576; XV. 278 — Spectrum d. Jupiterlichts XIX. 207; XX. 204. 207 — s. Stoddart.

Kabel, Vertheilungserscheinungen in Kabeln u. Flaschendrähten X. 498; XI. 401. 426. 468; XIII. 320 — Bestimm. d. Capacität eines K. XI. 400. 466 — Gesetz d. Elektricitätsfortpflanz. in submarinen Kabeln XII. 503 — Verschied. Ursachen d. Stromverzögerung in Kabeln XVII. 481 — Menge der zum Laden eines K. erforderl. Elektricität XIX. 397 — Ankunftscurve auf d. Rothenmeer-Kabel XIX. 428 — Geschwindigk. d. Elektr. in Kabeln v. verschied. Länge und Verzögerung durch d. Eisenhülle XIX. 429. 431; XX. 475 — Entladungserscheinungen in e. gerollten K. XV. 387; XVII. 482 — Mittel zur Verminderung d. Induction XIV 421 — Vergleich d. Isolirung v. Kautschuck u. Gutta percha u. Einfluss d. Dicke d. Umhüllung XV. 417; XVI. 481. 482. 483 — Ein Ueberzug v. Gutta percha verlangsamt d. elektr. Fortpflanzung XVII. 429 — Verbesser. d. Isolirung durch Gutta percha XVII. 483 — Form u. Spannung des in die See sinkenden Kabels XIV. 81; XVI. 28 — Leichte Kabel wurden schon 1851 empfohlen XVI. 28 — s. Elektricität-Geschwindigkeit, Telegraphie elektr.
Kältemischung, Zur Temperaturerniedrigung durch Auflösen v. Salzen in Wasser XX. 362. 363.
Kali, Specif. Gew. u. Wärmeausdehnung d. Lösung III. 30 — Löslichkeit d. K. XI. 170 — Schwefelsaur. K., specif. Wärme I. 360 — Eigenthüml. Zusammensetz. d. Krystalle d. schwefels. K. IV. 12 — Unter-

schwefligs. K., specif. Wärme XX. 377 — Salpeters. K. (Salpeter), Wärmeentwickl. bei d. Auflösung in Wasser I. 329 — Specif. u. latente Wärme d. Salpeterlösung I. 360; II. 264. 266; V. 222 — Wärmeausdehnung derselben XV. 340 — Brechungsexponent d. Salpeterlös. XV. 213; XVIII. 201 — Elektr. Leitvermögen derselben XV. 426 — Innere konische Refraction im Salpeter XIV. 275 — Opt. Constanten d. Salpeterkrystalle XVI. 259 — Kohlensaur. K., Wärmeentwickl. beim Auflösen in Wasser I. 330 — Broms. K., Löslichkeit in Wasser VI. 273 — Specif. Gew. des broms. K. XII. 189 — Löslichkeit d. chlorsaur. K. in Alkohol VI. 273 — Specif. Gewicht d. chlorsaur. u. jodsaur. K. XII. 189 — Uebermangansaur. Kali (Chamäleon minerale), Farbe des durchgelass. und reflectirten Lichts IX. 268 — Löslichkeit d. einfach u. doppelt chromsaur. K. XX. 95.

Wärmeentwickl. bei d. Auflösung d. oxalsaur. K. I. 330 — Pleochroismus d. oxalsaur. Chromoxydkalis IV. 170 — Löslichk. d. oxals. Kalis in Wasser VI. 273; XX. 95 — Wärmeentwickl. bei d. Auflösung v. essigs. K. I. 330 — Specif. Wärme d. Lösungen des essigsaur. K. I. 360 — Chrysamminsaur. K., Zerleg. des v. d. Krystallen reflectirten Lichts II. 186; III. 150, s. Brewster — Dichroismus d. chrysamminsaur. K. XV. 252 — Flächenschiller d. chrysolepinsaur. und aloëtins. Kalis IV. 169 — Opt. Drehvermögen d. weinsaur. K. IX. 287 — Löslichk. d. saur. weinsteinsaur. K. XX. 95 — Krystallform d. weinsaur. u. traubensaur. Kalinatrons XI. 320 — Brechungsexponent u. Aenderung d. Winkels der opt. Axen mit d. Temperatur beim weinsteins. Kali-Natron od. Seignettesalz XX. 241 — Elektrolyse d. milchsaur. K. XVI. 515.

Kalium, Specif. Wärme V. 229 — Erstarrungstemperatur XI. 385 — Elektrolytische Darstellung XI. 449; XIV. 470 — Elektr. Leitvermögen XII. 453. 544 — K. schwach magnetisch XII. 542 — Phosphorescenz d. K. VI. 526; XIV. 236; XV. 239 — s. Linnemann.

Kaliumplatincyanür s. Cyanplatinkalium.

Kalkerde, Verflüchtigung durch d. elektr. Strom V. 286 — Löslichkeit d. K. in Wasser XI. 170.

Schwefelsaure K. (Gyps), Töne u. entsprechende Knotenlinien in kreisförm. Gypsplatten VI. 238 — Lage d. verschiedenart. Axen im Gyps VI. 240 — Opt. Constanten, Wärmeleitung u. Ausdehnung d. Gypses VI. 241. 243 — Löslichk. d. Gypses u. Anhydrits in reinem Wasser X. 146 — Die Richtung d. stärksten Wärmeleitung u. schwächsten magnet. Induction fallen beim Gyps zusammen XI. 379 — Im Gyps sind drei rechtwinkl. thermische Axen XIV. 263 — Innere konische Refraction im Gyps XIV. 275 — Wärmeausdehnung im Gyps XV. 338 — Gang d. Auflösung e. Gypskrystalls XVI. 108 — Kohlensaure K. (Kalkspath, Arragonit), Bild. weisser Ringe durch dünne Röhren im Kalkspath I. 195; IV. 167 — Die durch polarisirtes Licht im Arragonit erscheinenden Farbenringe gehen beim Erhitzen in die d. Kalkspaths über III. 220; VIII. 413 — Die bezweifelte Constanz d. Brechungsindex für d. gewöhnl. Strahl im Kalksp. bestätigt sich V. 150 — Kalkspathkrystalle, welche d. Licht in mehr als zwei Strahlen zerlegen VIII. 275 — Bestimm. d. Winkels d. wahren opt. Axen im Arragonit IX. 272 — Konische Refraction im Arragonit XI. 302. 303; XIV. 275 — Gang der ausserordentl. Strahlen im Kalksp. XI. 310 — Asterismus beim Kalksp. XII. 269 — Winkel d. opt. Axen im Arragonit für d. verschied. Fraunhoferschen Linien XV. 241 — Aenderung d. Brechungsindex beim Kalkspath durch Erwärmung XVIII. 210 — Aenderung d. Farbe, Intensität u. Polarisat. d. Lichts bei d. Reflexion v. d. verschieden zur Axe geneigten Flächen des Kalkspaths XX. 234 — Brechungsexponent d. Arragonits bei verschied. Temperatur XX. 243 — Ausdehnungscoefficient von Kalksp. u. Arragonit VIII. 33; XIV. 60; XV. 337. 338 — Wärmeleitung u. magnet. Induction am stärksten in Richtung d. krystallograph. Axen XI. 379 — Wärmeleit. v. Kalkstein Kreide u. Marmor VIII. 418. 421; XIII. 301 — v. Kalkspath nach den verschied. Axen XVI. 389 — Aenderung

d. Krystallaxen im Arragonit durch d. Wärme XIV. 266 – Arragonit u. Kalkspath erfordern zur Zersetzung gleiche Wärmemengen III. 219, s. van Calker, G. Rose — Geringer Gehalt d. Meerwassers an kohlensaur. Kalkerde V. 479 — Darstell. v. krystall. kohlensaur. K. auf elektr. Wege VIII. 487 — Löslichkeit d. kohlensaur. K. XI. 170; XIII. 161.

Apfelsaure K. vollflächig u. hemiedrisch darstellbar VIII. 290 — Opt. Drehvermögen d. apfelsaur. K. IX. 286 — Opt. Constanten d. apfelsaur. K. XVI. 259 — Hippursaure K. krystallisirt 2 u. 1 gliedrig XVIII. 252.

Kalklicht s. Drummondsches K.

Kalkspath s. Kalkerde kohlensaure.

Kaloskop v. Heys XVIII. 285.

Kamtschatka, Vulkane u. heisse Quellen daselbst XVI. 878.

Karst, Höhlen u. unterird. Lauf d. Recca im K. VI. 1044.

Karstenit s. Hausmann.

Kartoffeln, Specif. Gew. im Grossen VI. 48.

Kastenwasserräder VI. 206; IX 103.

Katakaustika, Katakaustische Curve s. Brennlinie.

Katalytische Kraft, Bedeutung V. 8 — Erklärt durch elektr. Polarität XII. 480; XV. 27; durch d. Entstehung allotroper Modificationen XIII. 9 — s. Schönbein.

Kathetometer zuerst v. Gray beschrieben XIII. 500 — s. Perreaux.

Kautschuck verliert bei schneller Abkühlung d. Elasticität u. erhält sie beim Erwärmen wieder III. 254 — Unterschied in der Structur von Gutta percha VI. 452 — Akustische Röhre v. K. X. 230; XI. 217 — Zusammendrückbarkeit XII. 179 — Elasticität XIII. 143 — K. erwärmt sich beim Ausdehnen u. kühlt sich beim Zusammenziehen ab XIII. 291; XV. 331, s. W. Thomson XI. 366.

Kegelspiegel, Anamorphosen für K. V. 212; VIII. 214.

Kehlkopf, Photographie desselben XVIII. 286 — s. Stimme.

Keil, Uebertragung drehender Bewegungen durch d. Keil IX. 52; XI. 74.

Kettenbrücke, Theorie d. Hängebrücken XII. 170 — Berechnung der gleichgespannten Kettenbrückenlinie XII. 171. 176 — s. Pratt.

Kettenlinie, Zwei Aufgaben üb. d. K. v. Sang XVI. 27 — Bestimm. d. Constanten d. K. XVII. 38.

Kienmayersches Amalgam XIX. 393 — s. Elektrisirmaschine.

Kieselsäure (Bergkrystall, Quarz), Künstliche K. zeigt keine Polarisation d. Lichts I. 194 — Specif. Gew. d. künstl. K., des Quarzes u. Opals II. 35 — Schmelzung der K. durch Kohlenfeuer VIII. 414 — Verringerung d. specif. Gew. beim schnellen Erstarren d. Quarzes nach d. Schmelzen XI. 35 — Gewinnung d. löslichen K. durch Dialyse XVII. 138 — Abscheidung d. K. durch Elektrolyse XVII. 490 — Atomistische Zusammensetz. d. K. abgeleitet aus d. specif. Wärme d. Siliciums XVIII. 343 — Eigenschaften der gelatinirenden K. XX. 87 — Graham's Hydrosol und Hydrogel, desgl. Alkosol u. Alkogel d. K. XX. 88.

Bestimmung d. elliptischen Polarisation des schief gegen die Axe durch d. Quarz gehenden Lichts V. 168; VI. 430 — Leichte Auffindung d. opt. Axen in e. Stück Quarz X. 293 — Zusammenhang zw. Krystallform u. opt. Eigenschaften d. Quarzes XI. 296 — Optische Constanten d. Quarzes XVI. 259 — Hyalith, amorphe Kieselsäure u. Diatomeenschalen sind doppeltbrechend, letztere schwach, Opal gar nicht XVII. 287; XX. 223. 224 — Der Brechungsindex im Quarz u. in d. Diatomeenschalen verschieden XVIII. 288 — Optische Eigenschaften d. Achats XX. 224 — Doppelbrech. d. Quarzes in Richtung d. Axen XX. 236 — Der Quarz von Euba durch Zwillingsbildung zweiaxig XX. 240 — Aenderung d. Lichtgeschwindigkeit im Bergkrystall für 1° C. Erwärmung XX. 247 — Dispersion durch Drehung d. Polarisationsebne in e. Quarzplatte XX. 248 — Pleochroismus d. Amethystes X. 296. 298 — Kubische Wärmeausdehnung d. Quarzes VIII. 33 — Wärmeausdehnung nach d. verschied. Axen XIV. 60; XV. 337; XX. 247 — Wärmeleitung von Quarzfels VIII. 420 — Grosse Leitungsfähigk. des Quarzes VIII. 422; IX. 386 — Wärmeleit. im Quarz nach verschied. Richtungen XVI. 389 — Quarzlinse aus Ninive VIII. 355 — Mittel zu erkennen, ob

d. parallelen Flächen e. Krystallplatte auch der Axe parallel sind XI. 299 — Bedingungen d. Entwicklung hemiedr. Flächen beim Quarz XII. 20 — Flusssäure greift die Quarzflächen senkrecht zur Axe am leichtesten an XIX. 11 — s. Haidinger, Descloiseaux, Senarmont.

Kilauea, Zustand desselben v. 1850 an VI. 963; IX. 668; X. 791; XII. 759. 762; XIII. 598. 599; XIV. 707; XX. 919.

Kilimanjaro, Vulkan. Berg, Höhe desselben XVIII. 789.

Kimm s. Grunert.

Klang hat seinen Grund in mitklingenden Nebentönen VI. 299 — Die Klangfarbe nach Brandt durch die Beitöne bedingt XVII. 152 — Klangfarbe d. Vocale nach Helmholtz XV. 172; XVIII. 134. 151; nach Donders XX. 134 — Nach Helmholtz entsteht d. Kl. durch jede period. Bewegung, durch e. einfache pendelart. Beweg. ein Ton XVIII. 144 — Zerlegung der Klänge durch Resonatoren XVIII. 145 — Kl. ohne Obertöne XVIII. 147 — Begriff d. Klangfarbe XVIII. 147 — Kl. d. Saiten- u. Streichinstrumente XVIII. 148. 152; der Pfeifen und der Stimme XVIII. 149 — Verwandtschaft d. Klänge XVIII. 158 — s. Ohr, Ton.

Klangfiguren s. Platten, Stäbe.

Klima, Klimatolog. Karte der Erde IV. 460 — Erfordernisse für d. Bestimmung des thermischen Kl. VIII. 718 — Mittel zur Abkühlung d. Luft in e. tropischen Kl. IX. 421 — Meteorolog. Beobacht. sowie Erscheinungen aus dem Thier- u. Pflanzenreich, die v. Bedeutung für das Kl. sind X. 742 — Ein Einfluss künstl. Wärmequellen auf die Atmosphäre nicht nachweisbar XII. 648 — Der Aequator in klimat. Beziehung nicht d. Scheidelinie zw. d. nördl. u. südl. Erdhälfte XIV. 641 — Einfluss der heissen Zone auf d. Kl. d. ganzen Erde XVIII. 613 — Verschiedenheit d. Kl. in d. antarkt. Gegenden u. d. nördl. Polarkreis XVIII. 671.

Klima v. Frankreich III. 598; VI. 1084; XVI. 755 — Kl. v. Boulogne XVIII. 677; v. Toulouse XIX. 647 — v. Belgien IV. 447; XI. 755; XIII. 504 — Klima v. München X. 727; XIII. 523. 556 — Klima im preuss. Staat (nördl. Deutschland) XI. 641; XII. 642 — Kl. v. Hamburg XII. 634; v. Kreuznach XVII. 695; v. d. mittelrhein. Ebene XX. 787 — Kl. v. Southampton X. 724; v. Westmoreland XI. 732; v. Devonshire XII. 712; XIII. 534 — Kl. v. Spanien XI. 732 — v. Griechenland XII. 707; v. Athen XVI. 687; d. Thales v. Janina XVIII. 672 — von Italien XIX. 649 — Klima d. westl. Europa XV. 694; XVI. 755 — Kl. v. Pressburg XV. 670; v. Klagenfurt XV. 694; v. Böhmen VI. 1079; XIX. 652 Kl. d. Hochalpen XIX. 641 — Einfluss d. Alpen auf d. Kl. d. Nachbarländer XIX. 642 — Kl. v. Genf XX. 825 — Kl. d. südruss. Steppen XVI. 741; XVII. 697; v. Warschau XVII. 721.

Kl. v. Madeira IV. 429 — Kl. des Nilthales VI. 1083; XIX. 643; von Abessinien XI. 729; v. Algerien XI. 736; v. Südafrika XIV. 631; XX. 776; am Ukerewe-See XIX. 649 — Kl. v. Westindien VI. 1084; v. Nordamerika XI. 695; XII. 636; XIII. 483. 541; v. Californien XII. 708; v. San Francisco XII. 710; v. Jowa XIII. 532; v. Cayenne XIV. 638; v. Mendoza XIV. 642; v. Nicaragua XVI. 686; in d. Argentin. Republik XVII. 687; v. Mittelamerika XX. 824; Klima von Neu-Schottland X. 724; v. Ikogmut XV. 692; v. Neu-Fundland XVII. 674 — Kl. v. Tobolsk IX. 732; v. Kleinasien XII. 693; am Ussurifluss XVI. 745; in d. Stadt Wjelsk XVI. 821; in d. südl. Mandjurien XVIII. 611 — In Palästina hat sich d. Kl. in histor. Zeiten nicht geändert XVIII. 673 — Kl. v. Unter-Mesopotamien XX. 780 — s. Meteorologie, Temperatur — Babinet, Becquerel, Blodget, Burmeister, Christison, Clouston, Daubeny, Dellmann, Desor, Dove, Drew, A. Dumas, Durocher, Everett, Forshay, Fournet, Galle, Gibbons, Gould, Grimaud, Gulick, Hartmann, Hennessy, Henry, Hoffmann, Holböll, Hoskins, Houzeau, James, Kämtz, Krecke, Lachmann, Lamont, Liais, Luther, Maury, Mühry, Neese, Pauker, Plantamour, Predieri, Prettner, Quetelet, Respighi, Richardson, Saunders, J. Schmidt, Shepherd, Simonin, Sykes, Thomson, Vesselowski, Winkler, Witte, Wolfers.

Klisimeter, Neigungsmesser IX. 29.

Knall s. Schall.

Knallgas, Benutzung d. elektrolyt. Knallgases zum Maschinenbetrieb IX.

511 — Zur Erzeugung v. Kalklicht X. 531 — Kn. erzeugt bei d. Verbrennung mehr Wärme als d. Zersetzung d. Wassers erfordert XVI. 380.

Knallgasgebläse, Ersetz. desselben durch Kohlenfeuer VIII. 414.

Knochen s. Mensch.

Knochenkohle s. Kohlenstoff.

Knotenlinien s. Platten, Schwingung.

Kobalt, Magnet. Eigenschaften dess. I. 572. 574 — Specif. Wärme XI. 384; XVII. 393 — Reduction durch elektr. Ströme XVIII. 444 — Elektr. Leitvermögen XIX. 422. 423 — Elasticitätscoefficient XIX. 51.

Kobaltglanz, Stellung in d. thermoelektr. Reihe XIII. 340.

Kobaltoxydul, Pleochroismus des schwefelsaur. K.-Ammoniak XI. 309 — Bromsaur. K., optische Eigenschaften XI. 294.

Kochelsee, Bewegungen desselben VIII. 627.

Kochsalz s. Chlornatrium.

Kötlugja auf Island, Ausbrüche desselben XVI. 859. 860.

Kohlenoxydgas liess sich nicht condensir. I. 130; XVII. 383 — Folgt unter hohem Druck nicht mehr d. Mariotteschen Gesetz II. 107; VI. 275 — Ausdehnungscoefficient III. 78 — Dichte u. specif. Wärme IV. 49; IX. 416; XVIII. 347 — Absorptionscoeffic. in Alkohol XI. 180.

Kohlensäure, Eigenschaften d. festen K.; Spannkraft ihrer Dämpfe I. 126 — Temperatur bei d. Verdunstung d. festen K. V. 85 — Darstell. d. festen K. XVII. 374 — Gefahrlose Art K. flüssig zu machen VI. 275 — Flüss. K. in Mineralien eingeschlossen XIV. 14 — Ausdehnung d. flüss. K. durch d. Wärme XV. 346 — Eigenschaften d. flüss. K. XVII. 383 — Spannkraft d. Dampfes bei verschiedener Temperatur XVIII. 352 — Specif. Gewicht u. Ausdehnungscoeffic. d. gasförm. K. III. 78; IV. 49 — Dichte u. specif. Wärme d. K. IX. 416; XVIII. 347 — Wärmeentwickl. bei d. Absorption d. K. durch Kohle V. 221 — Erklärung d. Kohlensäureexhalationen d. Erde VI. 944 — Bestimmung der v. e. Glasfläche condensirten K. VIII. 146 — Absorptionscoeffic. für Alkohol XI. 180 — Abkühlung beim Ausströmen d. K. aus engen Oeffnungen X. 362; XI. 370; XIV. 328; XVI. 326 — Kohlensäuregehalt fliessender Gewässer XI. 186; d. Regen- u. Brunnenwassers XIII. 164 — Unreine K. wird durch Holzkohle geruchlos XIV. 32 — Zersetzung d. K. durch Hitze XIX, 8 — Bestimm. d. Kohlensäuregehalts d. Luft XIX. 605 — K. vermindert die Diathermansie d. Luft XX. 409.

Kohlenstoff, Verflüchtigung d. K. durch d. galvan. Strom V. 286; grosse Härte des dabei entstehenden Pulvers IX. 496 — Abscheidung d. K. durch Elektrolyse IX. 497 — Versuch K. in Schwefelkohlenstoff zu lösen VI. 274 — Schmelzung durch d. galvan. Lichtbogen VI. 716 — Beziehung zw. Atomgewicht u. specif. Gewicht beim K. XVI. 15 — Magnetisches Verhalten verschied. Formen des K. VI. 1145. 1146 — Wärmeentwickl. bei d. Bildung v. Sauerstoffverbindungen IX. 375 — Specif. Gew. u. Zusammensetz. d. Kohle v. verschied. Hölzern X. 28 — Glühende Kohlen fällen Metalle aus ihren Lösungen IV. 299 — Zersetz. von Verbindungen durch Kohle VIII. 24 — Wärmeentwickl. bei d. Absorption v. Gasen durch K. V. 221; IX. 347 — Absorption d. Ammoniaks durch verschied. Kohlenarten VI. 277 — Knochenkohle absorbirt Zucker aus seiner Lösung u. erhitzt sich unter Umständen dabei so, dass eine Explosion erfolgt VIII. 145 — Grosse Dichte der in poröser Kohle absorbirten schwefligen Säure IX. 348 — Starke Absorptionskraft d. platinirten Kohle XI. 187 — Absorbirende Wirk. d. K. in Gasgemengen besonders von Sauerstoff, Wasserstoff u. Stickstoff XIX. 85 — Absorptionsvermögen verschied. Arten v. Holzkohlen XIX. 86 — Vergleich d. Kohle mit anderen Körpern hinsichtlich ihrer entfärbenden Kraft v. Lackmustinctur VIII. 17; v. Rothwein 20; v. Brasilienholzdecoct 21; v. Melasse u. indigschwefelsaur. Natron VIII. 22 — Fähigkeit verschied. Kohlenarten rohe Alkaloide zu entfärben VIII. 24 — Darstellung einer wohlfeilen entfärbenden Kohle XIII. 43 — Kohle reinigt Wasser besser als Sand XII. 26 — Unreines Wasserstoffgas u. kohlensaur. Gas wer-

den durch Holzkohle geruchlos XIV. 32 — Oberflächenwirkung d. Kohle auf Wasser u. Quecksilber XIX. 85 — s. Diamant — Tyndall.

Kohlenwasserstoff, Spannkraft d. Dämpfe d. flüss. ölbildenden Gases I. 122 - Condensation desselben II. 107 — Verdampfungswärme II. 262 — Dichte u. specif. Wärme IX. 416; XVIII. 347 — Absorptionscoeffic. in Alkohol XI. 180.

Grubengas liess sich nicht condensiren I. 130 — Dichte u. specifische Wärme d. Sumpf- od. Grubengases IX. 416; XVIII. 347 — Absorptionscoeffic. in Alkohol beim Grubengas XI. 180 — Leuchtgas folgt unter hohem Druck nicht d. Marriotteschen Gesetz VI. 275 — Ausflussgeschwindigk. aus d. Leitungsröhren X. 190; XI. 105 — Spectrum d. Flammen d. Leuchtgases XII. 260 — Expansion d. Leuchtgases bei d. Verbrennung XVII. 366 — Leuchtkraft d. im Leuchtgas enthaltenen verschied. Kohlenwasserstoffe XIX. 234 — Entzündungstemperatur d. verschied. K. XIX. 358 — Ausströmung v. brennbarem Gas zu Heilbronn VIII. 627; im Arvethal XI. 817 — Explosionen durch K. in Bergwerken am häufigsten bei niedrigem Barometer u. hoher Temperatur XI. 675.

Bildung einer Art v. Kohlenwasserstoff aus Wasserstoff u. Kohle durch d. Inductionsfunken XV. 459 — Bildung v. Acetylen daraus durch den galvan. Lichtbogen XVIII. 448 — Elektrolyse d. Kohlenwasserstoff XVIII 450 — s. Heeren, Lipowitz, Schilling, Ulffers.

Komet, Hypothese v. Faye über d. Schweifbildung u. Beweg. d. Kometen XVI. 39. 41 — Einwürfe gegen die Ansicht vom widerstehenden Mittel bei d. Beweg. d. K. XVI. 40 — Spectrum d. Kometen II. 1864, XX. 207 — Bestimm. d. Menge d. polarisirten Lichts im Kometenlicht XX. 230. 231 — s. Brewster, Chacornac, Liais, Poey.

Korallenriffe im Süden v. Florida XIX. 675 — s. Inseln.

Korund (Sapphir), Künstliche Rubine V. 287 — Drei Systeme v. Höhlungen d. Ursache d. Strahlen im Sternkorund IV. 167 — Asterismus d. Sapphirs XII. 269 — Wärmeausdehnung nach d. verschied. Axen XIV. 60; XV. 337.

Kräftepaare, Bedenken gegen den üblichen Beweis v. d. Verlegung d. Kr. XVI. 23 — Sätze v. Horner üb. Kr. XIX. 13.

Kraft, Allgemeine Gültigkeit des Satzes v. d. Erhaltung d. lebendigen Kr. III. 233; V. 16 — Anwendung desselben auf Wärme III. 237; auf Elektricität III. 239; auf Magnetismus III. 243; Bemerk. von Clausius dazu IX. 446; X. 367 — Erzeugung v. Wärme, Licht, Chemismus u. s. w. durch einander IV. 66; XII. 345. 347 — Ansichten von Buys-Ballot über Wärme, Licht u. Elektr. V. 12. 13. 14 — Identität von Wärme, Licht, Elektr., Magnetismus u. Gravitation VI. 671 — Folgerungen aus d. Gesetz v. d. Erhaltung d. Kr. für das Weltganze X. 377; XI. 367 — Wechselwirkung d. Naturkräfte XIII. 98. 99. 279 — Eigenschaften u. Theorie d. Naturkräfte XIV. 62; XV. 56 — Alle Erscheinungen die Wirkung zweier Kräfte XVI. 22 — Entstehung d. physikal. Kräfte XVI. 413 — Theorie d. mechan. Kräfte od. Energetik XVII. 29 — Bemerk. v. Segnitz zur Lehre v. d. Erhaltung d. lebendigen Kr. XVIII. 17 — Geschichtliches üb. d. Erhaltung d. Kr. XX. 23. 331.

Ursprung u. Wirkungsweise d. Kr. nach Seguin XIV. 62 — Neues Gesetz d. lebendigen Kr. in bewegten Flüssigkeiten XV. 66 — Abstossende Kr. glühender Flächen XVI. 510 — Wirkungsweise d. ausdehnenden Kr. in d. Körpern XVIII. 17 — Weg zum Princip d. Natur XIX. 33 — Zugkraft d. Pferde bei verschied. Neigungswinkel d. Stränge VI. 104 — Beziehungen zw. d. physischen u. Lebenskräften VI. 749 — Grösse d. Kr. zum Bohren u. Sägen in Metall u. Holz IX. 36 — Kraft d. Pulverladung in e. Geschützrohr IX. 59 — Ermittelung d. Kraft zum Schreiben eines Werkes XI. 52 — Messung v. Kräften durch Bifilarsuspension IX. 54 — s. Energetik, Katalyt. Kraft, Mechanik, Molecüle, Parallelogramm d. Kräfte — Boase, Carpentier, Challis, Codazza, Coyteux, Essen, Faraday, Gether, Glennie, Grellois, Guyot, Henry, Hinton, Kireewsky, Kuhlmann, Le Conte, Love, Lyman,

Moigno, Napoli, Natani, Pössnecker, Puschl, Secchi, Seguin, Wüllner.
Kraftlinien, Magnetische nach Faraday II. 623 — Ableitung derselben aus d. Weberschen Gesetz d. Magnetinduction IX 584 — Fälle, wo d. Kraftl. ebene Curven sind XII. 383.
Krappweingeist, Bestandtheile u. Eigenschaften XII. 288.
Krebs, Eigenschaften d. Muskeln desselben XIX. 509.
Kreide, Wärmeleitung XIII. 301.
Kreisel, Die Beweg. d. Kr. nach Stamkart X. 45; nach Hoppe XI. 66; nach Scheffler XI. 90; nach Tellkampf XII. 131 — Kr. von Maxwell zur Erläuterung d. Gesetze d. Rotation fester Körper XII. 134.
Segnerscher Kreisel v. grosser Einfachheit und Leichtigkeit VI. 199 — Benutz. d. Prinzips zur Bewegung v. Schiffen VIII. 126.
Kreistheilung s. Gambey, Gerard, Nobert, Oertling, Perreaux.
Kreosot s. Phenylhydrat.
Kropfrad s. Wasserrad.
Kryometer e. mit Schwefelkohlenstoff (Schwefelalkohol) gefülltes Thermometer zur Kältemessung III. 309.
Krystallbildung, Magnetismus beschleunigt d. Krystallisation II. 578 — Einfluss d. Drucks auf die Krystallb. III. 6; XVII. 364 — Beobacht. üb. d. Wachsen d. Krystalle III. 6 — Darstell. künstl. Krystalle aus e. Lösung in Borsäure IV. 5 — Entstehung der Krystallgestalten nach Bravais V, 17; VI. 11; nach Gaudin VIII. 5; nach Forster XI. 7. 9 — Gewinnung d. Primärform durch unvollständige aber willkührl. Auflösung d. Krystalle VIII. 145 — Einfluss d. Dauer, Verdünnung u. Stellung des Krystalls während seiner Bildung auf d. Form IX. 6 — Nach Brame entstehen die Krystalle von Schwefel, Phosphor u. a. aus schlauchförm. Gebilden IX. 8. 12 — Uebergang aus d. Schlauchzustand in d. krystallisirten IX. 12 — Darstell. mikroskop. kreisförm. Krystalle, u. ihr Verhalten im polarisirten Licht IX. 275 — Nach Pasteur rührt d. Bildung secundärer u. hemiedr. Flächen v. der Einmengung fremder Substanzen her XII. 19; nach Senarmont wirken darauf mehrere Ursachen ein XII. 21 — Ursache d. plötzlichen Krystallisirens übersätt. Lösungen XIV. 127 — Mikroskop. Beobachtung d. Entstehens u. Wachsens der Krystalle XVI. 19 — Fortwachsen d. Kr. auf künstlich angebrachten Flächen XII. 273; XVI. 20; bewährt sich nicht XVII. 26. 27 — s. Mineralien — Baudrimont, Davies, Gaudin, Kuhlmann, Morin, Scharff, Tait, Weiss u. Schrauf.
Krystalle, Beziehung zw. Krystallform u. chem. Zusammensetzung IV. 6; VI. 7. 8; zw. d. Krystallf. u. d. Molecularkräften XV. 34 — Auf Krystallen d. gleichgliedr. Systems breitet sich d. Elektr. kreisförmig, auf d. übrigen elliptisch aus V. 247. 249 — Unterschied zw. d. krystallin. u. amorphen Zustand VI. 5 — Glasartige Körper bestehen aus Krystallen in krystallin. Massen IX. 17 — Theorie d. Wärmeleitung in Kr. VI. 605 — Formänderung d. Kr. durch die Temperatur XIV. 261 — Lage d. thermischen Axen in d. Kr. XIV. 263; XVII. 372 — Anordnung der Molecüle in in d. Krystallen nach Delafosse XII. 10; nach Frankenheim XII. 12; Einfluss dieser Anordnung auf d. Krystallsysteme u. physikal. Eigenschaften XII. 16. 17 — Atomgruppirung in d. Kr. nach Gaudin XIII. 4; XIV. 3 — Ausdehnung vieler Substanzen durch d. Krystallisation X. 32 — Bestimm. d. Elasticitätsaxen in krystallisirten Körpern XI. 116 — Aenderung d. Cohäsion mit d. Richtung in e. Krystall XIV. 218 — Opt. u. krystallographische Eigenschaften vieler künstl. Kr. XIV. 272 — Gang d. Auflösung bei e. Krystall XVI. 108 — Physikal. Eigenschaften aller bekannten krystallisirten Verbindungen XX. 237 — s. Licht-Brechung, L.-Doppelbrechung, Magnekrystallkraft.
Krystallisationskraft als Analogon d. Lebenskraft XIII. 6.
Krystallographie, Methode von Möbius Krystallformen darzustellen XII. 246 — Messung d. Krystallwinkel mittelst d. Mikroskops XII. 339 — Winkelmessung an Krystallen nach Kobell XIII. 91 — Messung d. ebnen Krystallwinkel u. Ableitung d. Flächen daraus XIII. 91 — Mess. d. Krystallwinkel ohne Goniometer XIII. 274; XIV. 293 — Benutzung d. Doppelbrechung d. Lichts zur Classification d. Krystalle XIII. 249; XIV.

274; XV. 240 — Nach Breithaupt bestehen 13 Krystallsysteme XVI. 257 — s. Hemiedrie, Krystalle — Forster, H. Karsten, Marignac.

Krystallwasser, Dichte desselben XVII. 17.

Kumaon im Himalaya VI. 981.

Kupfer, Drähte v. K. als Elektricitätsleiter werden brüchig I. 24 — Ausbringung d. K. auf elektr. Wege I. 476 — Elektr. Leitvermögen des reinen u. vermischten K. XVI. 491. 493; XIX. 423 — Wärmeausdehnung VIII. 33 — Schmelzpunkt VIII. 425; XIX. 351 — Specif. Wärme XI. 380. 382 — Wärmeleitung XIV. 356; XV. 364; XVI. 389; XVII. 405; XVIII. 363. 364 — Alkohol lässt sich durch die Poren d. K. pressen aber nicht Wasser IX. 6 — Elasticität d. K. XVI. 62; XIX. 59 — Phosphorescenz des geschmolzenen K. XV. 239 — Gewalztes K. verliert durch Hämmern an Dichte, und gewinnt sie wieder durch Ausglühen XVIII. 10 — siehe Ritchie.

Kupferhydrür, Bildung durch Elektrolyse IV. 299.

Kupferoxyd, Elektr. Leitungsvermögen d. Kupfervitriols in verschied. Lösung u. verschied. Temperatur VI. 703 — Kohlensaur. K., Bildung von Malachit auf elektr. Wege VIII. 487 — Flächenschiller des krokonsaur. K. IV. 170.

Kupferschlacke, Schmelzpunkt VIII. 426.

Kupferstiche, Neue Vervielfältigungsweise derselben XIII. 47.

Laacher See s. v. Dechen, Nöggerath.

Lactose aus d. Milchzucker XII. 278.

Länge, geographische, s. Airy, Blondel, Bruhns u. Förster, Challis, Encke, Faure, Plantamour u. Hirsch, Quetelet, Shortland, Smyth, Toldervy.

Längentheilmaschine v. Breithaupt XI. 48.

Lagunen v. Toskana VI. 920. 942.

Lampe, Der Lampenrauch setzt sich besonders an d. besser wärmeleitenden Stellen d. Decke XV. 111 — Einrichtung v. Theaterlampen XVII. 339. Elektrische Lampe X. 527; XIII. 379; XVI. 512; XX. 539 — Glocken für d. elektr. Lampen XVIII. 462 — s. Elektr. Licht — Duboscq, Dumas u. Benoit, Harrison, Parran.

Lampyris s. Leuchtkäfer.

Landhosen in den asiat. Steppen XV. 659.

Lava, Magnetismus derselben IX. 582; XIII. 442 — Die Structur d. L. gegen d. Theorie d. Erhebungskrater XIV. 703 — Die geschmolzene L. im Erdinnern dichter als d. Erdrinde XVI. 770; Einwürfe dagegen 772 — Geschwindigkeit der Vesuvlava von 1861, XVIII. 772 — s. Vulkane.

Lavendelöl, Lichtbrechung VI. 396; XVII. 236.

Leberthran, Lichtbrechungsexpon. XVII. 237.

Legirung, Ermittel. d. Elasticitätsgränze u. d. Elasticitätscoeffic. aus d. Bestandtheilen I. 89 — Specif. Gewicht d. krystallisirten Leg. von Zink u. Antimon XI. 47; desgl. der Leg. zw. Antimon, Zinn, Wismuth, Blei, Cadmium, Quecksilber, Silber u. Gold XV. 13. 14. 15; desgl. zw. Zinn, Kupfer, Zink, Wismuth, Antimon, Quecksilber, Blei XV. 17 — Die meisten Leg. zeigen e. Verdichtung, einige auch Ausdehnung XVIII. 9 — Härte verschied. Leg. XIV. 117 — Leg. sind erstarrte Lösungen e. Metalles im anderen, nicht chemische Verbindungen XX. 16 — Fällung v. Leg. auf elektr. Wege I. 476 — Stellung d. Leg. zw. Zinn, Zink, Blei, Wismuth, Antimon in d. thermoelektr. Reihe VI. 668; IX. 453 — Elektr. Leitvermögen d. Leg. XV. 364; XVI. 496; XVII. 470; XIX. 423; XX. 15 — Leg. aus neutralen Stoffen können magnetisch sein, wie Silber mit Kupfer II. 574 — Latente und specif. Wärme d. d'Arcetschen Metallgemisches II. 264. 270; In hoher Temperatur ist d. specif. Wärme desselben grösser als in niederer III. 251; Bei seiner Abkühlung bleibt unter Volumvergrösserung zweimal d. Temperatur stationär III. 252; IV. 233; Zersetzung d. Ursache davon IV. 234 — Eigenthüml. Erschein. d. Newtonschen Gemisches bei d. Abkühlung III. 252 — Wärmemengen in d. Leg. III. 253 — Volumenänderung d. Roseschen Metalles beim Schmelzen XI. 33 — Leichtflüssige Legirung von Wood XVI. 346; XVIII. 336; v. Lipo-

witz XVI. 347 — Gesetze für den Schmelzpunkt d. Leg. XVI. 353 — Schmelzpunkt u. specif. Gew. d. Leg. v. Zinn u. Blei XVII. 15; XVIII. 9 — Wärmeleitung in Roseschem Metall u. in Leg. v. Kupfer, Zinn, Zink, Wismuth XV. 364.

Leidenfrostscher Versuch siehe Sphäroidaler Zustand.

Lenoirsche Gasmaschine s. Gasmaschine.

Leuchtgas s. Gasbeleuchtung, Kohlenwasserstoffgas.

Leuchtkäfer, Leuchtorgane von Lampyris XIII. 220. 221; XIX. 236 — desgl. d. Cucuyos XX. 216 — siehe Blanchet.

Leuchtstein s. Phosphorescenz.

Leuchtthurm, Formel zur Construction d. Stevensonschen total reflectirenden Leuchtspiegel VI. 368. 552 — Theorie d. Fresnelschen Polygonallinsen VIII. 181 — Vorschläge zu Apparaten bei einem besonders grossen od. kleinen zu beleuchtenden Theil d. Horizonts XI. 257 — Elektr. Licht für Leuchtthürme XII. 462; XIX. 449. 450; XX. 540 — Anwend. von magnetoelektr. Maschinen dazu XVI. 513 — Opt. u. mechan. Erfordernisse für Leuchtthürme XVI. 310 — siehe Reynaud, Stevenson.

Libelle, Die Luftblase darin bewegt sich d. wärmeren Ende zu II. 51 — Period. Bewegungen d. Luftblase v. Bodenschwankungen herrührend VIII. 646 — Kleine Wasserwaage zu technischem Gebrauch IX. 26 — Zeit d. Erfindung der Röhrenlibelle XIII. 92 s. Quecksilber — Benoit, Breton.

Libellendecimalwaage XI. 50.

Licht, Litteratur üb. d. chemischen Wirkungen d. Lichts bis zum J. 1845, I. 228. 238. 251; desgl. üb. d. elektr. Wirk. u. d. Einfluss des L. auf d. Krystallisation I. 238; desgl. üb. d. Erregung d. Magnetismus I. 241; desgl. üb. d. Einwirk. auf d. Vegetationsprocess I. 247 — Alle Körper lassen bei feiner Zertheilung blaues Licht durch I. 181; Bedenken dagegen IV. 156; Quecksilber lässt bläuliches Licht durch I. 183 — Elektr. L. u. Licht v. glühendem Kalk verhalten sich ungleich beim Durchgang durch Glas u. Quarz I. 282 — Licht und Wärme identisch II. 274. 402; III. 267; IV. 154; VI. 636. 671; XIII. 307; XVII. 407 — Im L. glühender Körper nehmen mit d. Temperatur d. brechbareren Strahlen zu III. 132. 297; IV. 152; VIII. 441 — L. e. Strahlungszustand d. Materie III. 202 — Wesen d. Lichts nach Buys-Ballot V. 13 — Licht u. magnetische Materie derselbe Stoff XVIII. 387 — Die Identität v. L. u. elektr. Fluidum nicht nachweisbar XX. 427 — Entstehung d. Lichts im Weltenraum VI. 376 — Licht soll Anziehung u. Abstossung zeigen VI. 347; VIII. 384; XI. 371 — Nach Babinet hat d. L. fünf Arten d. Fortpflanzung XIX. 237 — s. Licht-Aether, L-Theorie.

Chemische Wirkungen des Lichtes: Wirk. auf Chlorwasser I. 276 — Entstehung ätherart. Verbindungen durch d. Einwirk. d. Chlors auf Oxalsäure od. Ameisensäure u. Methylen im Sonnenlicht II. 232 — Entwicklung v. Chlor aus Salzsäure durch Licht V. 207 — Einfluss d. L. auf Chlor IV. 207. 208; XIII. 267 — Wirk. d. L. auf Silberoxyd I. 279 — auf salpetersaur. Silberoxyd I. 279 — auf Salpetersäure II. 231 — auf Chlorsilber I. 281; VI. 541; XIII. 267 — auf Chlor-, Jod- u. Bromsilber XIX. 262 — auf d. gelbe u. rothe Blutlaugensalz II. 231 — auf Berlinerblau V. 206 — auf Nitroprussidnatrium XIX. 265 — auf doppelt chromsaur. Kali u. schwefelsaur. Kupferoxyd VIII. 342 — auf Jodmetalle XII. 328; XIII. 268 — auf Sauerstoff XIV. 288 — Belichtung erhöht die Fähigkeit mancher Substanzen Gold- u. Silberlösungen zu reduciren XV. 258 — Lichtwirk. auf vegetabil. Flüssigkeiten II. 230; auf organ. Farbstoffe III. 198; VI. 524 — Farbige Substanzen werden durch complementar gefärbtes Licht am meisten angegriffen VIII. 341. 342 — Beobacht. v. Niépce üb. d. Veränderung vieler Körper durch Insolation XIII. 268; XIV. 283 — Lichtempfindlichkeit d. Asphalts XV. 255 — Wirk. d. Lichts auf Stärke, Rohrzucker u. Oxalsäure u. Substanzen, welche diese Wirk. hemmen od. befördern XV. 257 — Identität von ozonisirtem u. insolirtem Papier XV. 260 — Im elektr. Licht entsteht d. Grün d. Blätter wie im Sonnenlicht XVII. 293 — Zersetzung d. Schiessbaumwolle durch Licht XVII. 293 —

desgl. d. Santonins XX. 257 — Die Ausscheidung v. Traubenzucker aus Honig e. Lichtwirkung XIX. 265 — s. Lichtäther, Lichttheorie.

Die chemische Wirk. des Lichts beruht auf seiner Absorption in den Körpern I. 288 — Metalle sollen sich im Tageslicht in Säuren u. s. w. leichter auflösen als im Dunkeln II. 232 — L. beschleunigt den Niederschlag aus Metalllösungen III. 198 — Sonnenlicht befördert d. Oxydation d. Metalle u. ihrer Verbindungen VI. 522 — Einfluss der Intensität, Farbe u. Polarisation d. L. auf d. chem. Wirkung VI. 528 — Der opt. und photograph. Brennpunkt fallen nicht zusammen VI. 533 — Gelbe Gläser schneiden d. chem. Wirkung nicht ganz ab VIII. 343 — Das L. v. brennendem Schwefel u. Phosphor reich an chem. Strahlen XI. 278 — Chem. Wirk. durch leuchtenden Phosphor XIX. 264 — Vergleich d. chem. Wirk. d. Sonnen- u. Lampenlichts XI. 346 — Die chem. Strahlen durchdringen auch die Augenmedien XII. 316 — Alle Theile d. Sonnenspectrums enthalten chemisch wirksame Strahlen XVII. 294 — Absorption d. chem. Strahlen d. Sonnenlichts durch Bergkrystall, Glas, Wasser u. Chininlösung XVIII. 231. 232; Verhalten d. Gase dabei 234 — Aenderung d. chem. Strahlen durch d. Reflexion XVIII. 234 — Das Dynaktometer zur Messung d. chem. Strahlen VI. 532. 534 — s. Lichtbilder, L-messung, Pflanzen — Baudrimont, Becquerel, Daubeny, Gladstone, Hunt, Landerer, Magnes-Lahens, v. Martius, Niépce, Vogel, Warington.

Licht-Aberration nach Doppler unvereinbar mit d. Undulationstheorie II. 581 — Mathemat. Behandlung d. Aberr. v. Stokes II. 583 — Weshalb d. Aberr. d. Planeten nicht merklich von der d. Fixsterne abweicht II. 585 — Erklär. d. Aberr. von Challis II. 587; V. 121; VIII. 259; XI. 231; Bemerk. v. Powell dazu V. 120 — Aberr. für den Fall longitudinaler Schwingungen V. 124 — Die Aberr. d. Fixsterne e. Beweis für d. Undulationstheorie VIII. 177 — Untersuch. d. Aberr. unter d. Annahme einer theilweisen Fortführung d. Aethers durch des bewegte Mittel, e. Correptionscoefficienten X. 254. 256; XI 221 — Theorie d. Ab. v. Hoek XVII. 216 — Aenderung d. Aberrationsconstante mit d. Zenithdistanz XVII. 218 — Durch die Aberrationsconstante lässt sich zw. d. Emanations- u. Undulationstheorie entscheiden XX. 169 — Verschiebung d. Gitterspectrums in Folge d. Erdbewegung XVIII. 199; XIX. 237; XX. 152 — s. Lichtäther — Respighi.

Licht-Absorption in 12 farbigen durchsichtigen Körpern III. 124 — Abs. d. rothen Lichts im Cordierit VI. 439 — in farbigen Flüssigkeiten VIII. 257 — Wegen ungleicher Abs. verschied. Farben erscheinen manche Auflösungen im durchgelassenen Licht v. wechselnder Farbe XII. 258 — Absorptionscoeffic. d. Wassers XII. 266 — Abs. in verschied. Glassorten XVI. 242 — Lichtabs. in verschied. Pflanzentheilen XVII. 240 — in Chlorophylllösung XVIII. 241 — in alkoholischen und anderen Auflösungen vielerlei Substanzen XVIII. 227 — Absorption der chemischen Strahlen d. Sonnenlichts durch Bergkrystall, Glas, Wasser u. Chinin XVIII 231. 232 — Mit d. Aggregatzustand der Körper wird d. Absorption d. chem. Strahlen nicht geändert XVIII. 233 — Verhalten d. Gase dazu XVIII. 234 — Prüfung des Absorptionsgesetzes durch d. Photometer v. Bernard VIII. 254 — Instrument zur Beobacht. d. Farben v. Flüssigkeiten im durchgelass. Licht VIII. 257 — Unterscheid. ein- u. zweiax. Krystalle durch die Lichtabs. IX. 258. 259 — Aenderung d. Abs. in Krystallen mit d. Wellenlänge XV. 242 — Eintheilung d. doppelt brechenden Körper nach ihrer Lichtabs. XVI. 261 — Gesetz d. innern Strahlung in einax. Krystallen XVIII. 174 — Theorie d. Abs. von Power IX. 172; v. Osann XV. 203 — Bei allen Körpern ist d. Verhältniss d. Abs. zum Emissionsvermögen für dieselben Strahlen u. dieselbe Temperatur d. nämliche XV. 216; XVI. 238; Fälle v. Verschiedenheit hierin XVII. 259 — Absorptionsvermögen verschied. Flammen XVIII. 229 — Absorptionskraft d. Aethers im Weltenraum XVIII. 172 — s. Spectrum.

Licht-Aether, Fresnel's Ansicht v. d. Verhältniss zw. d. ruhenden u.

bewegten Aether nicht gegen d. Erfahrung II. 589 — Einfluss d. Bewegung d. Aethers auf d. Fortpflanzung d. Aetherwellen V. 123 — Einfluss d. Bewegung e. Körpers auf d. Geschwindigkeit des ihn durchdringenden Lichts VI. 426 — Nach Fizeau hat d. Erdbewegung Einfluss auf d. Geschwindigkeit d. Lichts (Lichtbrechung) XV. 193; Faye dagegen XV. 195 — Briot's Bedenken gegen die v. Cauchy netzförmig gedachte Anordnung d. Aethermolecüle XVII. 212 — Nach Rankine haben d. Aethermolecüle Polarität IX. 170 — Nach Power schwingen d. Körpermolecüle mit d. Aetheratomen nach Art d. Resonanz IX. 173 — Einwirk. d. Beweg. d. Aethers auf d. Körper XI. 371 — Gesetz der Einwirk. der Aethertheile auf einander, sowie d. Körperatome auf sie XIX. 163 — Bestimm. d. Dichte des Aethers X. 378; XI. 114. 368; XV. 313 — Transversale Wellen d. Aethers bringen Anziehung, longitudinale Abstossung hervor VIII. 384; XI. 371 — Herleitung d. allgemeinen Anziehung aus den Longitudinalwellen des Aethers XIX. 31 — Weshalb d. Aether den Himmelskörpern keinen merkl. Widerstand leistet XV. 183 — Absorption d. Lichts durch d. Aether im Weltenraum XVIII. 172 — Beweis für d. Existenz d. freien Aethers in durchsicht. Körpern XIX. 126 — Versuche gegen d. Identität v. Lichtäther u. elektr. Fluidum XX. 427 — s. Licht-Doppelbrechung, L-theorie, L-wellen, — Gerling, Landur, F. Meyer, Robida, J. Smith, Tait.

Licht-Ausstrahlung, Verhältniss der Lichtmengen v. verschied. Körpern, welche unter denselben Umständen zum Glühen gebracht sind X. 287 — Bei gleicher Temperatur senden verschied. Körper ungleich viel Licht aus XIX. 228. 229. 230 — s. Licht-Absorption.

Licht-Beugung (Diffraction), Einwürfe gegen Fresnel's Beugungstheorie I. 164; dieselbe datirt vom J. 1818, XVIII. 163 — Theorie der Beugung v. Moon I. 171; v. Stokes VI. 349; Einfluss d. Substanz d. Mittels XIII. 216 — Ableitung d. Beugungsformeln v. F. Eisenlohr XIV. 191. 198, s. auch 178 — Theorie d. Beug. v. Bridge XIV. 202 — v. Zehfuss XV. 245 — Ableitung d. Formeln für die Fraunhoferschen Beugungserscheinungen v. Wüllner XVI. 251 — Bacaloglo's Bestimmung d. Maxima u. Intensität d. gebeugten Lichts XVI. 252; XX. 151 — Sätze für d. Fall, dass d. beugende Oeffnung e. Curve mit e. Mittelpunkt darstellt XVI. 254 — Theorie d. B. v. Lommel XVII. 273; XVIII. 183 — Bequeme numerische Berechnung der Beugungserschein. XX. 148.

Die Erscheinung e. Sterns vor der dunklen Mondscheibe e. Beugungserschein. I. 189 — Andere Erklärung u. Nachbildung d. Phänomens II. 184 — Erzeug. d. Farbenspiels d. Perlmutter auf Silber II. 184 — Die Diffraction im luftleeren u. lufterfüllten Raum nicht verschieden III. 134 — Erzeugung d. braunen Farbe durch Beug. IV. 158 — Polarisationserschein. bei d. Beug. durch geritzte Flächen VI. 409 — Kreuzung d. äusseren Fransen bei d. Beug. an einem spitzen Körper VIII. 229 — Mikroskop. Beobacht. d. Beugungerschein. IX. 238 — Erklär. d. Erschein. an zwei hintereinander stehenden Beugungsschirmen XI. 227 — Beugungserschein. im menschl. Auge XI. 338 — B. durch einen getragenen Stock XII. 249 — Die Beug. durch e. Draht wird durch Glühen desselben nicht geändert XV. 209 — Lord Brougham's Versuche über Beug. VI. 345. 400; VIII. 230; IX. 239; XVI. 248 — Erklär. d. Morgen- u. Abendröthe aus d. B. XVII. 274 — Ablenkung des Gitterspectrums durch d. Beweg. d. Erde XVIII. 199, XIX. 237; XX. 152 — Nach Babinet sind Gittererscheinungen u. Beugungserschein. zu unterscheiden XIX. 237 — Beugungsstreifen auf doppelt geritzten Flächen XX. 225 — s. Interferenz — Brougham, Fizeau, Geubel, Powell, Quet, Robida.

Licht-Bilder (Photographie), Litteratur über d. Wirkung u. Theorie d. chemischen Lichtstrahlen bis zum J. 1845; I. 228. 251; desgl. üb. Daguerreotypie I. 257; üb. Bilder auf Papier I. 266 — Litteratur d. Phot. im J. 1852, VIII. 349; im J. 1853, IX. 309; im J. 1854, X. 328; im J. 1855, XI. 347.

Anfertigung d. Lichtb. auf Silberplatten (Daguerreotypie) I. 290; VI. 536 — Ursache d. Condensation d. Quecksilberdämpfe II. 23 — Verhütung d. Bildung e. schädlichen Oxydhaut auf Quecksilber V. 207 — Abwendung d. Gefahren durch Quecksilberdämpfe VI. 536 — Lichtb. auf Silberplatten ohne Quecks. VIII. 348 — Verschied. Farben d. Spectrums auf e. Daguerreschen Platte I. 286; III. 204; d. Wirk. d. rothen u. gelben Strahlen nach d. Jahreszeit verschieden IV. 194 — Wirk. posit. u. negativer Strahlen auf eine jodirte Platte II. 235; III. 203 — Erhöhung d. Empfindlichkeit durch Ammoniak II. 236 — Darstell. d. flüss. Chlorjod für d. Silberplatten II. 237 — Beseitigung d. Bromschleiers darauf II. 238 — Copirung v. Daguerreotypen II. 239 — Welcher Grad d. Jodirung die Platten besonders empfindl. macht III. 205 — Daguerresche Platten für künstliches Licht III. 206 — Vorzüge der galvan. versilberten Platten IV. 196 — Daguerreotypzange IV. 196 — Vorschlag Kreistheilungen mittelst Daguerrotypie zu copiren IV. 197 — Uebertragung v. Daguerreotypen auf photograph. Papier IV. 197 — Claudet's Erklär. d. Daguerreschen Processes V. 207 — Bilder ohne Spiegelung. Emaillirte u. Crayondaguerreotype VI. 537 — Schwierigkeiten in d. Darstellung grosser Portraits durch d. Daguerreotypie X. 241.

Verfahren Lichtbilder auf Papier (Talbotypie) zu erzeugen I. 294; III. 206; IV. 196; VIII. 351 — Herstellung v. lichtempfindl. Papier II. 239. 240; IV. 196; V. 208; VI. 540 — Gelbes Licht wirkt auf photograph. Papier gar nicht od. sehr schwach IV. 195; VIII. 343 — Verbesser. in d. Talbotypie VI. 539. 541; XX. 255 — Lichtwirk. auf ein mit Weinsteinsäure getränktes Papier XV. 256. 259 — Ozonisirtes u. insolirtes Papier verhalten sich photographisch gleich XV. 260 — Wirk. d. Lichts auf Silberoxyd, salpetersaur. Silber u. Chlorsilber I. 279. 281; auf Jodsilber XII. 328 — Anwend. v. Jodblei IV. 195; XII. 327 — Claudet d. Entdecker d. Beschleunigung durch Bromjod IV. 195 — Brom nicht immer dem Jod vorzuziehen XV. 258 — Geschichtliches üb. d. Anwend. v. Eiweiss, Gelatine, Collodium u. dgl. V. 208; VI. 544 — Geschichte u. Beschreib. des Collodiumverfahrens VIII. 351 — Verwandlung d. negat. Bilder auf Glas in posit. VIII. 354 — Vergleich v. Collodium u. Eiweiss XII. 330 — Anwend. v. Schwefelammonium VI. 541; v. Pyrogallussäure VI. 542.

Photographien auf Glas III. 208; IV. 197; VI. 543. 545 — auf Stein, Zeugen u. andern festen Substanzen III. 208; IV. 197 — auf Holz VI. 538 — Vorschlag zur Vervielfältigung von Lichtbildern durch Kupfer- od. Steindruck VIII. 355 — Anwend. d. doppelt chromsaur. Kalis für photolithograph. Methoden XVII. 290 — Erzeug. v. Lichtbildern durch elektr. Licht VI. 538 — Bestimm. d. Lichtintensität VI. 536 — Verschied. Lage d. opt. u. photograph. Focus VI. 533 — Zweckmäss. Linsen für Lichtbild. III. 205; VIII. 345 — Achromat. Doppellinse für photograph. Zwecke XIX. 300 — Wirk. d. verschied. Spectralfarben auf d. lichtempfindl. Substanz III. 204; XII. 330; nur d. chemischen Strahlen erzeugen Lichtbilder XVIII. 258 — Einrichtung von Fernröhren zur Herstell. v. Lichtbildern astronom. Gegenstände XVII. 343.

Verdienste v. Nièpce um d. Heliographie III. 208 — Daguerreotype in d. Farben d. auffallenden Lichts (Photochromie) IV. 193; V. 204; VI. 530. 537; VIII. 346; XVIII. 259; XIX. 261. 262 — Photograph. Beugungsgitter XI. 265 — Photographie mikroskop. Gegenstände XIII. 270; XVIII. 285 — Mikroskop. Photographien in Bijouterien XVIII. 282 — Mikroskop. Photographien ein Hülfsmittel für mikroskop. Forschung XVIII. 286. 287 — Vergrösserung mikroskop. Photographien XIX. 266 — Darstell. mikroskopischer Photogr. v. Injections- u. Imbibitionspräparaten in ihren natürl. Farben XX. 260 — Photographie v. unsichtbaren mit fluorescirenden Substanzen angefertigten Bildern XV. 260 — Phot. einer nicht wahrgenommenen muthmaasslich elektr. Lichterscheinung XVII. 293; XX. 613 — Photographie d. elektr. geschichteten Lichts XVII. 293; d. elektr. Büschels XX. 257 — Phot. d. Kehlkopfes XVIII. 286 — Lichtbilder v. Sonne u. Mond

VI. 527; XX. 260. 304 — Analogie zw. elektr. u. photograph. Abbildung sowie zw. Daguerreotypen u. Hauchbildern XVI. 267 — Erläuterung opt. Begriffe für Photographen XVI. 307 — Anwend. d. Photographie zur Erhöhung d. Leistungen opt. Apparate XVII. 347 — s. Camera obscura, Licht, Meteorolog. Instrumente, — Bertsch, Bingham, Bond, Brachet, Brewster, Briegleb, Ceselli, Civiale, Claubry, Crookes, Edwards, Faye, Forti, Gerlach, Groll, Herschel, Humbert, Laugier, Lee, Le Gros, Lerebours u. Secretan, Maskelyne, Niépce, Poitevin, Reade, de la Rue, Secchi, Talbot, Woods.

Lichtbogen s. Birt, Mädler, Robert.

Licht-Brechung, Bestimmung d. Brechungsverhältnisses durch Platten mit planparallelen Flächen v. Sabler I. 175; nach Bernard X. 275; XI. 262. 310 — mittelst d. Mikroskops V. 152; XII. 339 — durch Verschiebung der Interferenzstreifen VI. 397; X. 274; XII. 247; XIII. 227; s. Interferenzrefractor — Methode von Steinheil u. Seidel VI. 398 — v. Meyerstein XII. 246; XVII. 232; sein Spectrometer XVII. 234 — v. Pichot XV. 204. 208 — v. Zinken XV. 206 — v. Krusper XIX. 183 — für Flüssigkeiten v. Forthomme XV. 209; XVI. 227; desgl. v. Montigny XX. 156.

Neuer Ausdruck für d. Brechungsgesetz v. Minding II. 609 — Theorie d. Brechung v. Cauchy IV. 136; V. 125. 128. 133; VI. 327 — v. Power IX. 172. 176 — Beleuchtung d. Fresnelschen Formeln XII. 789; d. Cauchyschen u. modificirten Greenschen Formeln für d. Lichtbrech. XII. 793; Erweiterung der Formeln v. Green XIII. 197 — Elementare Ableitung der Formeln von Cauchy XVI. 204 — Bei stark brechenden Körpern die Formeln mit d. Beobacht. nicht in Uebereinstimm. XVI. 241 — Darstellung d. Brechungserscheinungen durch Zeichnungen v. Engel u. Schellbach V. 151; v. Reusch XVIII. 163; XIX. 188 — Die cartesischen Ovale XII. 776. 777 — Beziehung zw. Brechungsexpon., Moleculardistanz und specif. Wärme XV. 34 — Brech. des Lichts unter d. Annahme, dass das Licht in d. Polarisationsebne schwingt XVI. 209 — Die Beweg. d. Erde nach Arago ohne Einfluss auf d. Lichtbrech. IX. 252 — Einfluss d. Bewegung d. brechenden Mittels XX. 169 — Berechnung d. Brechungsexponenten verschiedenart. flüss. Verbindungen XII. 9; XVII. 235; XX. 160 — Zusammenhang zw. d. Dichte gemengter Flüssigkeiten u. d. Brechungsexponenten XIII. 222 — zw. Dichte und Lichtbrech. überhaupt XVIII. 204 — Einfluss d. Temperatur auf d. Brechungsexpon. II. 607; III. 132. 298; IV. 152; XIV. 241; XV. 211; XVIII. 209; XX. 161 — Brechungsexp. der Verbind. v. Chlor, Jod u. Brom mit d. Metallen XIII. 228; XV. 205 — Einfluss d. chem. Zusammensetz. nach Schrauf XIX. 176; bei organisch. Flüssigkeiten nach Landolt XVIII. 202; XX. 157 — Bahn eines schief in der Atmosphäre aufsteigenden Lichtstrahls IX. 186 — Muthmasslicher Gang e. Lichtstrahls in d. Krystalllinse d. Fische X. 237 — Theorem v. Malus üb. d. Brechung der von e. Punkt ausgehenden Strahlen XIX. 106 — Intensität des an der Oberfläche zweier isotropen Mittel gebrochenen Lichts XIV. 180 — Durch Elektrisirung wird d. Lichtbrech. nicht geändert XX. 428.

Brechungsverhältniss in d. Cassiöl bei verschied. Temperatur II. 607 — in Chloroform V. 153 — Wasser hat bei 0° u. nicht bei 4° den grössesten Brechungsindex XII. 263 — Scheinbare Lage u. Gestalt der unter Wasser befindl. Objecte XIX. 181 — Brechungsexpon. d. organ. Kohlenwasserstoffverbindungen XIV. 242 — Aenderung d. Brechungsexp. in Schwefelsäure, Salpetersäure u. Salzsäure mit dem Wassergehalt XIV. 243 — Brechungsindex verschied. fetter u. flüchtiger Oele XVII. 236 — Prüfung ihrer Reinheit danach XIX. 176 — Brechungsexp. vieler organ. Körper u. Salzlösungen XVIII. 200. 203; XIX. 174 — v. 79 organ. Verbindungen nach Gladstone u. Dale XX. 161 — Aenderung d. Brechungsexp. beim Mischen verschied. Salzlösungen XIX. 175 — Brechungsexp. d. Eises III. 687 — v. 18 Glassorten V. 153 — Bei d. Metallen nehmen d. Brechungsexponenten mit d. Wellenlänge ab XIV. 202 — Brechungsindex einiger

Metalle nach Quincke XIX. 250 — Bestimm. d. Lichtbrech. d. ausserordentl. Strahls im Kalkspath XV. 246; XVII. 277 — Brechungsexpon. d. Gase XIII. 223. 226 — für Wasserdampf XIV. 253 — für d. Dämpfe v. Quecksilber, Schwefel, Phosphor u. Arsen XVII. 235 — v. Sauerstoff u. Stickstoff XVII. 235 — Refractionsäquivalente v. Kohlen-, Wasser- u. Sauerstoff XX. 159 — Brechungsexp. in Luft, Kohlensäure, Wasserstoff, Cyan, Schwefliger Säure XX. 184 — s. Linsen, Strahlenbrechung — Bravais, Calandrelli, Forti, Gauss, Gladstone u. Dale, Matzka, Mitscherlich, Mohn, Respighi, Seidel.

Licht-Brechung, konische, Die Schwingungsrichtung d. Strahlen in dem durch d. innere kon. Brechung entstehenden Kegel VI. 453 — Intensitäts- u. Polarisationsverhältnisse d. innern kon. Refraction VIII. 199 — Theorie d. kon. Refr. v. Senarmont IX. 225 — Erscheinungen bei d. kon. Refr. am Diopsid u. Arragonit XI. 302. 303 — Messung d. innern kon. Refr. bei Weinsäure, Zucker, Diopsid, Arragonit, Gyps, Salpeter XIV. 275 — Kon. Refraction e. graden Lichtlinie XVI. 202.

Lichtbüschel, Haidingersche, s. Polarisationsbüschel.

Licht-Dispersion, Theorie der Disp. v. Hunt V. 148 — v. Cauchy VI. 343; Briot's Bedenken dagegen XV. 197 — Theorie v. Ponton XV. 223; XVI. 241 — v. F. Eisenlohr XVI. 197 — v. Christoffel XVII. 220 — v. Lamé XIX. 126 — v. Briot XIX. 161 — v. Matthieu XX. 144 — v. Challis XX. 146 — Disp. d. Eises III. 687 — Farbenzerstreuung durch d. Atmosphäre X. 634; Einfluss derselben auf d. Aussehn d. Gestirne XV. 546. 547 — Disp. der Gase XX. 179 — Chromatische Disp. d. Auges XVII. 321 — Synthetische Darstellung d. Farbenzerstr. v. Reusch XVIII. 163. 166 — Joddampf kehrt d. gewöhnliche Farbenfolge bei d. Disp. um XVIII. 211; dieselbe nimmt mit der Temp. d. Dampfes ab XVIII. 212 — Disp. in e. Quarzplatte durch die Drehung der Polarisationsebne XX. 248 — s. Mitscherlich, Newton.

Epipolische Dispersion s. Fluorescenz.

Licht-Doppelbrechung, Einwürfe gegen Fresnel's Theorie der Doppelbrech. v. Moon I. 172; II. 596; Abwehr derselben II. 598 — Commentar zu Fresnel's Theorie v. Senarmont IX. 225 — Nach Potter d. Formeln v. Green u. Hamilton unzureichend II. 598 — Theorie d. Doppelbr. v. Challis V. 122; XIX. 166 — Differentialgleichungen für d. Aetherbewegung in ein- u. zweiax. Krystallen v. Cauchy VI. 339 — Stokes Kritik d. Theorie d. Doppelbr. von Cauchy XIX. 127; v. Green 131; v. Mac Cullagh XIX. 136; Verhältniss dieser Theorien zu einander XIX. 139 — Ergänzungen zu Cauchy's Theorie XIX. 146 — Theorie v. d'Estocquois XVI. 203 — v. Lang XVII. 183 — Unterschied zw. posit. u. negat. einax. Krystallen VI. 436. 453 — Beweg. d. ebnen Wellen in zweiax. Krystallen nach Beer VI. 456 — Eigenschaften der Wellenfläche zweiax. Krystalle VIII. 178; IX. 184; XIII. 197. 203; XIV. 217; XV. 186 — Winkel d. Strahlen mit d. Senkrechten auf d. Wellenfläche zweiax. Krystalle XVI. 258 — Unterscheidung ein- u. zweiax. Krystalle durch d. Absorption d. polarisirten Lichts in Turmalin u. m. a. IX. 258 — Experimenteller Beweis für d. Richtigkeit d. Gesetze d. Doppelbr. XII. 780; XVII. 277 — Bewegungsweise d. Aethers in Krystallen nach Briot XV. 196; XIX. 163 — Einfacher Ausdruck für d. Gangunterschied zweier durch eine parallelflächige doppeltbrech. Platte gegangenen Strahlen VI. 324 — Phasenunterschied der durch e. einax. Platte gegangenen Strahlen X. 251 — Abhängigkeit d. ausserordentl. Strahles in einax. Krystallen v. d. Azimuth d. Einfallsebne u. v. d. Einfallswinkel IX. 205 — Ausbreitung eines durch e. einax. Mittel gebrochenen Strahlenbüschels IX. 210 — Brechung u. Reflexion an d. Zwillingsfläche einax. Zwillingskrystalle IX. 216; X. 257; XI. 235; XII. 787 — Bedingung d. Zusammenfallens zweier Strahlen in e. einax. Medium X. 242. 245; XIV. 270; XX. 154 — Eintheilung d. doppelbr. Körper nach ihrer Lichtabsorption XVI. 261 — Eigenschaft der conjugirten Polarisationsebnen in zweiax. Kryst. XVII. 210 — Wellen- u. Strahlenge-

schwindigk. in zweiax. Kryst. XVIII. 169. 170 — Zweiaxige isomorphe Substanzen können durch Zusammenkrystallisiren einaxig, selbst einfach brechend werden VI. 446; XVII. 283 — Erklär. d. Vorkommens zweiaxiger Krystalle im rhomboedr. System XVII. 285 — Verfahren die Erscheinungen d. Doppelbrech. Vielen zugleich zu zeigen XVIII. 251 — Einfluss d. Temperatur auf d. Doppelbrech. XX. 245. 246.

Einfluss d. Materie auf d. Doppelbrech. III. 113 — Doppelbr. in gebogenen Glasstreifen III. 113 — in comprimirtem Glas VI. 449; XI. 302 — in tönenden Glasstäben XX. 232 — in circularpolarisirenden Flüssigkeiten III. 113. 115 — in organ. Gebilden, Krystalllinsen, Horn u. s. w. III. 139; IV. 166; XVI. 255 — Entstehung d. Kreuzes darin im polarisirten Licht XX. 233 — Spuren von Doppelbrech. im Boracit III. 344 — Künstliche Doppelbr. in Krystallen d. regulären Systems VI. 451; VIII. 280 — in comprimirtem Steinsalz XI. 302 — Wahrnehmung e. schwachen Doppelbrech. durch d. Polariskop v. Bravais VI. 454 — Belastung, durch welche in isotropen Mitteln e. Gangunterschied v. e. halben Welle für d. mittl. gelben Strahlen erzeugt wird X. 124 — Das Brechungsverhältniss d. gewöhnl. Strahles im Kalkspath durchaus constant V. 150 — Kalkspathkrystalle, welche das Licht in viele Strahlen zerlegen VIII. 275 — Bestimm. d. Brech. für den ausserordentl. Strahl in Kalkspath XV. 246; XVII. 277 — Kalkspathzwillinge geben dieselbe Figur wie gepresster Kalkspath XVI. 257 — Photographie d. Erscheinungen durch d. Kegelmantel aus den eine Kalkspathplatte durchdringenden Lichtstrahlen XVII. 286 — Elliptische Doppelbrech. im Quarz VI. 346. 430 — Einfluss d. Druckes auf d. opt. Eigenschaften doppeltbrech. Krystalle XV. 244.

Berichtigung der v. Rudberg berechneten Axenwinkel der zweiax. Krystalle VI. 431; Zamminer dagegen VI. 432; Wilde's Erwiderung IX. 263 — Winkel d. opt. Axen beim Weissbleierz VIII. 276 — Brechungsexpon. u. Winkel d. opt. Axen v. Schwerspath, Topas, Apatit, Beryll, Turmalin VIII. 284 — Berechnung des Winkels d. wahren opt. Axen aus d. scheinbaren bei Schwerspath u. Arragonit IX. 272 — Bestimm. der opt. Axen in zweiax. Krystallen aus den Hauptschnitten nach Beer X. 248 — nach Grailich u. v. Lang XIV. 258. 264; XV. 244; XVIII. 253 — Bestimm. d. opt. Axen u. d. mittleren Brechungsindex bei verschied. Mineralien nach Descloiseaux XVII. 281 — Aenderung d. Winkels d. opt. Axen mit d. Temperatur bei Feldspath XVII. 282; bei anderen Mineralien XVIII. 254 — Maximum d. Winkels zw. d. opt. u. Strahlenaxen XVIII. 171 — Apparat zur Messung d. Winkels d. opt. Axen v. Lang XVIII. 251 — Winkel d. opt. Ax. bei Castor v. Elba XIX. 252; bei Amblygonit XIX. 253 — Bestimmung d. Richtung d. opt. Axen im rhomb. System aus d. krystallograph. Elementen XX. 238 — Dispersion d. opt. Axen bei Diopsid, Feldspath aus d. Eifel, Adular, schwefelsaur. Ammoniakmagnesia X. 300 — Dispersion d. optischen Hauptaxen in klinoedr. Krystallen XIV. 264 — Grosse Dispersion d. Axen im chroms. Magnesia-Ammoniak XIV. 274 — Verschiedenheit in d. Dispersion d. Axen XVIII. 252 — s. Lichttheorie, L-wellen — Babinet, Brewster, Robida, Zamminer, Zech.

Licht-Entwicklung an Sonne u. Meteoren durch Verdichtung d. Aethers XIII. 220 — durch Reibung XIII. 221 — nach Reichenbach durch Schmelzen, Krystallisiren, Verdampfen u. dgl. XVII. 268.

Licht-Erscheinungen zu Parma im magnet Meridian in klaren Nächten II. 199 — Anhaltend leuchtender Punkt im Sternbild d. Cassiopeja II. 205 — Lichtersch. beim Erhitzen gewisser Oxyde XIV. 10 — Schwache Lichtersch. beim Verdampfen, Condensiren u. dgl. nach Reichenbach XVII. 268 — s. Feuerkugeln, Lichtbogen, Meteore — Fleury, Gilbert, Powell, Rümker, Terrero.

Licht-Flexion, Bedeutung nach Lord Brougham VI. 345. 346.

Licht-Geschwindigkeit v. irdischen Lichtquellen nach Fizeau V. 209 — Vergleich der Lichtgeschw. in Luft u. Wasser nach Foucault VI. 421; X. 283; nach Fizeau u. Bre-

guet VI. 422 — Einfluss d. Beweg. e. Körpers auf d. Geschwindigkeit des ihn durchdringenden Lichts VI. 426 — Nach Arago hat d. Beweg. d. Erde keinen Einfluss auf d. Geschwindigk. d. Sternenlichts IX. 252 — Nachweis eines solchen Einflusses v. Fizeau XV. 194; Bedenken dagegen v. Faye XV. 195 — Berichtigung eines v. Delambre hinsichtl. d. Lichtgeschw. begangenen Irrthums IX. 252 — Lichtgeschw. nach Foucault's Bestimm. innerhalb e. Zimmers XVIII. 199; Einwürfe dagegen XIX. 170. 171.

Licht-Interferenz, Bei welchen Wegdifferenzen d. Lichtinterf. aufhört sichtbar zu sein I. 187; II. 183; IV. 157; V. 137. 156; VI. 411; Fizeau nahm sie noch bei e. Unterschied v. 50000 Wellenlängen wahr XVIII. 207 — Apparat für d. Interferenzstreifen an e. gebog. Glimmerlamelle II. 245 — Unterschied d. Streifen bei Glas- u. Glimmerblättchen V. 162; X. 277 — Interfer. beim Eintauchen e. Glasplatte in e. Flüssigkeitsprisma IV. 158. Anwend. davon V. 157 — Farbenbogen zw. zwei Glasprismen od. einem Prisma u. e. Glasplatte VI. 405 — Entstehung u. Erklär. d. Whewellschen od. Queteletschen Streifen VI. 406; IX. 235 — Intensität d. interferirten Lichtes VIII. 207; XVIII. 254 — Nach Potter sollen Strahlen v. gleicher Phase sich nicht verstärken XI. 263 — Alle Mischfarben e. Wirkung d. Interferenz ungleicher Wellen X. 262 — Schöne Interferenzerschein. beim Durchgang d. Lichts durch e. feine mit Oel od. Wasser gefüllte Oeffnung X. 277; XII. 248 — Grosse Intensität d. Ringe auf dünnen Harzblättchen u. dgl. XI. 264; XII. 248 — Osann's Erklär. d. Farbenringe auf einer mit Lycopodium bestreuten Glastafel vor e. Licht XV. 252 — Interferenzerschein. und Spectra in farbiger Beleuchtung XVI. 259 — Farbenstreifen bei Betrachtung Newtonscher Ringe durch ein Prisma XVII. 272 — Neue Art Ringe u. Streifen am Newtonschen Farbenglase XX. 220. 222 — Schöne Interferenzerschein. an verwittertem Glas XVII. 272 — Ringe bei Betracht. e. Lichts durch fasrigen Kalkspath XVII. 275 — Interfer. bei gleich dicken unter 45° gegen d. Axe geschnittenen Platten einaxiger Krystalle IX. 224; X. 248 — Mathemat. Darstellung aller in einax. Krystallplatten im polaris. Licht wahrnehmbaren Interferenzerscheinungen XI. 287 — Streifen bei einem senkr. zur Axe geschnittenen Kalkspath zw. zwei Glimmerblättchen v. 1/4 Wellenlänge in d. Turmalinzange XV. 248 — Interferenzerschein. in Zwillingen doppeltbrech. Krystalle XVII. 281 — Darstell. d. Interferenzersch. in zweiax. senkr. zur ersten Mittellinie geschnitt. Krystallplatten im polaris. Licht v. Lommel XIX. 149.

Leichtes Verfahren v. Müller die Zusammensetzung d. Interferenzfarben darzustellen II. 607; III. 686 — Interferenzspectrumplatte v. Nobert VI. 408 — Photographien v. Gittern u. anderen Figuren auf Collodium ohne Fernrohr verwendbar XI. 265 — Jamin's Interferenzapparat v. grosser Einfachheit und Empfindlichkeit XII. 247; XIII. 227 — Anwendung desselben auf Wasser und Wasserdampf XIV. 247. 251 — Apparat zur Erzeugung u. Untersuch. d. Fransen von Billet XVII. 350; XVIII. 244 — Breton's Verfahren zur Veranschaulichung d. Interferenz XX. 220 — s. Farben epipol., Iriskop, Ringe, Talbotsche Linien — Chautard.

Lichtmesser (Photometer), elektr. v. Masson I. 419 — Lichtm. v. Albert II. 210 — v. Pitter III. 156 — v. Bernard VIII. 252; IX. 253 — von Price IX. 254 — v. Babinet IX. 255 — v. Wild XII. 265; XIV. 255; XV. 227; XVIII. 239; XIX. 219 — v. Zöllner XIII. 239; XV. 231; XVII. 264 — v. Silliman u. Porter XIII. 244 — v. Jamin XIII. 245 — v. Poppe XV. 227 — v. Govi XVI. 242 — v. Dove XVII. 266 — v. Rood XIX. 223 — v. Stevenson XIX. 234 — Photometer zu Messungen an Sternen v. Steinheil II. 211; VIII. 263; XVIII. 238; v. Schumacher VIII. 272; v. Pohl XIII. 248; v. Schwerd XV. 231; v. Zöllner XVII. 263; v. Kayser XVIII. 239 — Universalphotometer v. Schafhäutl XI. 285 — Lucimeter v. Limencey u. Serétan XII. 264 — Bemerk. zu Bunsen's Phot. v. Bohn XV. 226 — Phanoskop v. Porro XV. 229 — Bestimmung d. Lichtstärke glühender Körper aus d. Temperatur nach Becquerel XIX. 223

— Verbindung der Waage mit dem Photometer XX. 215 — s. Cavalleri, Langberg, Magrini.

Lichtmessung (Photometrie, Actinometrie), Litteratur bis zum J. 1845, I. 255 — Verbesser. d. Actinometer zur Messung d. chemischen Strahlen I. 289 — Actinograph v. Hunt zur Registrirung d. chem. Intensität des Tageslichts I. 297; II. 241; III. 576 — Einfacher Actinograph v. Poey XIX. 265 — Actinometer (Dynactinom.) v. Claudet IV. 195; VI. 533 — Anwend. v. Chlorwasser zur Lichtmess. v. Wittwer XI. 341; XII. 326; XV. 256; Bunsen u. Roscoe dagegen XI. 344 — Bestimm. d. chemischen Wirkung d. Lichts durch Chlorknallgas XII. 320 — Herstellung einer constanten Lichtquelle XII. 323 — Die chem. Strahlen hauptsächlich v. d. glühenden Kohlentheilchen ausgehend XII 326 — Photochem. Induction XIII. 260 — Exstinction d. chem. Strahlen XIII. 263 — Maass d. chem. Strahlen XV. 261 — Chem. Wirkung der atmosphär. Lichtzerstreuung XV. 264 — Chem. Helligkeit d. Sonnenlichts IX. 254; XV. 267. 270; XIX. 263 — Anwend. v. oxalsaur. Eisenoxyd zu photochem. Messungen XIII. 267 — desgl. v. Goldchloridlösung XV. 259 — Chem. Photometer v. Nièpce XV. 260 — v. Burnett, v. Woods XVI 267 — Vergleich d. chem. Wirkungen d. Sonnen- u. Magnesiumlichts XV. 269; XX. 256 — Bestimm. d. photochemischen Klimas bei bewölktem Himmel XVIII. 256; XIX. 263 — Messung d. chem. Wirkung d. Sonnenstrahlen mittelst molybdänsaur. Ammoniak XIX. 264; mittelst Nitroprussidnatrium XIX. 265.

Photometrische Messungen verschied. Fixsterne II. 212; VIII. 267. 270. 272 — d. Planeten Mars, Jupiter, Venus, Saturn II. 212; IX. 255; XV. 229 — Verfahren zur Mess. d. Helligkeit d. Sterne v. Doppler II. 602; v. Johnson IX. 254; v. Steinheil XIV. 255; v. Zöllner XVII. 263 — Vergleich d. Helligkeit v. Rand u. Mitte d. Sonne VI. 419 — Vergleich d. Helligk. d. Sonne, d. Mondes u. d. Planeten VIII. 269; XVIII 236 — d. Sonne u. d. Fixsterne IX. 256; XIX. 231 — der Fixsterne, des Mondes, d. Jupiters u. d. Venus XIX. 232 — Einfluss der schwankenden Durchsichtigkeit d. Luft auf d. Photometrie d. Himmels XIX. 234.

Lichtstärke d. elektr. Lichts u. d. Gasgebläses II. 246 — Experimenteller Beweis d. Cosinusquadrat-Gesetzes VI. 418 — Ermittelung der Gleichheit zweier Schatten VI. 426 — Verhältniss des v. durchsichtigen Körpern durchgelass. u. reflectirten Lichts VI. 419; X. 286 — Lichtvertheilung auf einer v. mehreren Bündeln paralleler Strahlen beleuchteten Fläche VIII. 210 — Beleuchtung eines v. mehreren leuchtenden Punkten beschienenen Flächenelements IX. 230 — Vergleich verschiedenfarbiger Lichtquellen VIII. 262; IX. 253 — Beer's Bestimm. d. Erleuchtung e. Flächenelements durch d. Vollmond IX. 226; durch d. Phasen e. Sonnenfinsterniss IX 227; durch e. glühendes Ellipsoid IX. 228; durch e. leuchtende Gasmasse IX. 229 — Photometr. Calcül v. Beer X. 251 — Rothes Licht weiter sichtbar als weisses XIV. 255 — Lichtstärke in galvan. glühenden Drähten XV. 233; XIX. 225 — Messung kurzer Lichteindrücke XV. 295 — Lichtschwächung durch Gläser XVI. 242; XVII. 266 — Bei Verminderung d. Luftdrucks nimmt d. Helligk. d. Flammen ab XVII. 262 — Normalkerzen nach Heeren XVII. 266 — Vergleich d. Kalklichts mit d. Licht verschied. Lampen XVII. 266 — Curven gleicher Helligkeit auf krummen Flächen XVIII. 238 — Flächen v. gleicher Beleucht. bei zwei ungleichen Lichtquellen XX. 215 — Bei gleicher Temperatur senden verschied. Körper ungleich viel Licht aus XIX 228. 229. 230 — s. Sonne, Sterne — Chacornac, Foucault, Karmarsch, Marx, Rheinauer, Schintling.

Licht-Polarisation, Theorie d. chromat. Polarisation v. Cauchy III. 680; VI. 319. Laurent's Bedenken dagegen II. 165 — Theorie d. Pol. v. Challis III. 684. 685 — Depolarisation d. Lichts durch Drehung e. polarisirten Strahls III. 146; durch rauhe Oberflächen III. 147; durch longitudinale Schwingungen VI. 448; durch Reflexion u. Brechung XX. 228; durch Doppelbrechung XX. 229 — Die Hypothesen üb. d. Schwingungsweise d. unpolarisirten Lichts XX

234 — Nach Stefan besteht e. unpolaris. Strahl aus linear pol. Stücken v. wechselnder Polarisationsrichtung XX. 236. 237 — Zerlegung d. linear pol. Strahlen in zwei entgegengesetzt circulare nach Cauchy VI. 327 — Ursache d. Aenderungen d. Phasenunterschiedes bei zwei aus einem natürl. Strahl hervorgegangenen polarisirten Strahlen VIII. 196 — Zusammenwirkung beliebig polarisirter Strahlen aus verschied. Quellen VIII. 206 — Polarisationserschein. bei d. Beugung durch geritzte Platten VI. 409 — desgl. bei d. Reflexion von geritzten Flächen XVII. 275; v. rauhen Flächen XIX. 217 — Anwend. d. pol. Lichts auf d. Untersuch. mikroskop. Organismen V. 212 — Polarisationserschein. in Horn, Federn, Krystalllinsen verschied. Thiere u. a. organ. Gebilden XVI. 255; XVII. 286 — Polarisation d. chem. Strahlen VI. 528 — Im reflectirten u. gebroch. Strahl sind gleiche Mengen polaris. Lichts VI. 622 — Einfacher Nachweis, dass d. gespiegelte u. gebrochene Licht senkrecht auf einander polarisirt sind XV. 253 — Grad d. Polarisation des durch e. Satz v. parallelen Platten gegangenen Lichts bei verschied. Plattenzahl XVIII. 176 — Beziehung zw. d. Lage d. Polarisationsebne d. einfallenden, reflect. u. gebrochenen Strahls bei isotropen Mitteln XIX 125 — Polarisationserschein. in langsam gekühltem Glas VI. 435; VIII. 279 — Wahrnehmung d. Polarisationsfarben in gekühltem Glas und Gypsblättchen ohne Polarisationsapparat IX. 269; X. 295; XI. 312 — Polarisation durch eine mit Rauch erfüllte Luftsäule XVI. 255 — Gesetze d. Polaris. bei einfacher Brechung XVII. 276; Einwürfe dagegen XVIII. 248.

Nach Babinet finden d. Schwingungen in d. Polarisationsebne statt V. 162 — desgl. nach Holtzmann XII. 791, u. Quincke XVIII. 192 — Brechung u. Spiegelung d. Lichts unter d. Annahme, dass d. Schwingungen in d. Polarisationsebne geschehen XVI. 209 — Nach Beer ist d. Schwingungsrichtung unentschieden XI. 232 — Nach Verdet ist sie in Uebereinstimm. mit d. Ansicht v. Fresnel senkrecht gegen d. Polarisationsebne, desgl. nach Rankine VI. 365, ebenso nach Haidinger VIII. 205; X. 250; XI. 234; nach Angström IX. 199; nach Stokes XIII. 216; nach Eisenlohr XIV. 177. 198; XV. 189; nach Challis XV. 190; nach Lorenz XVI. 223; XVII. 225; nach Briot XVII. 212. 213 — Ermittelung d. Schwingungsrichtung nach Bartlett XVI. 208 — Apparat zur Versinnlichung d. Schwingungsrichtungen, die aus zwei senkr. auf einander polarisirten Strahlen hervorgehen XVII. 351 — Erzeugung der verschied. Arten d. Polarisation durch e. Turmalinplatte zw. zwei Glimmerblättchen v. 1/4 Wellenlänge XV. 248 — Combination d. verschiedenartig polaris. Lichts XVI. 259 — Wie Turmalin ist zu gebrauchen Herapathit VIII. 281. 283; desgl. Rauchtopas IX. 258 — Auch glühender Turmalin polarisirt d. Licht XV. 219; XVI. 239 — Krystallin. Pulver auf Glasplatten polarisiren wie grosse Krystalle IX. 267 — s. Fizeau, Haughton, Landur, Lloyd, Plana, Robida, Rollmann.

Circulare Polarisation, Nachbildung d. natürl. rechts- u. links drehenden Bergkrystalle I. 193 — Grösse d. Drehung d. verschiedenen Farben in einer senkr. zur Axe geschnittenen Quarzplatte v. 1mm. Dicke XVII. 289 — Veranschaulichung der Dispersion durch e. drehende Quarzplatte XX. 248 — Rechts- u. linksdrehende Krystalle aus paraweinsaur. Natron IV. 9; ähnlich verhalten sich d. beiden daraus dargestellten Säuren IV. 10 — Alle weinsaur. Salze drehen rechts IV. 9 — Weinsäure u. rechts drehende Traubensäure identisch IV. 10; V. 174; VI. 465 — Drehvermögen d. Verbind. v. Rechts- u. Linksweinsäure mit Asparagin, Cinchonin u. a. m. VIII. 291 — Drehverm. d. weinsteinsaur. Ammoniaks X. 303 — Für verschied. Concentration fällt bei d. Weinsteinsäure d. Maximum d. Drehung stets auf e. andere Farbe XIV. 281. Einfluss d. Borsäure darauf VI. 462. 473; XII. 273; XV. 255 — Künstliche Asparaginsäure u. künstl. Apfelsäure drehen nicht VI. 471. 472. 473 — Aenderung d. Drehvermögens im Rohrzucker durch d. Einwirk. v. Säuren VI. 474 — Einfluss v. Chlorzink u. Chlorcalciumlösung auf das Drehverm. d. Rohrzuckers XI. 312 — Drehvermögen d. Umwandlungspro-

ducte d. Rohrzuckers durch Säuren XII. 294 — Messung d. Drehkraft d. Rohrz. XIV. 280 — Verminderung d. Drehvermögens in dem von Säuren od. Fermenten umgewandelten Rohrzucker durch Wärme, Alkohol und Kalk XX. 253 — Das Drehvermögen einer frisch bereiteten Lösung von Stärkezucker grösser als bald nachher XII. 275; desgl. v. Milchzucker 276; Ursache dieser Aenderungen XII. 278. 281 — Aenderung d. Drehvermögens bei Milchzucker durch Salpetersäure XII. 277 — Sorbin e. Zuckerart aus d. Vogelbeeren dreht links VIII. 287 — Grosses Drehvermögen d. Mykose, d. Zuckers aus d. Mutterkorn XIII. 253 — Trehalose soll v. allen Zuckerarten d. stärkste Drehungsvermögen haben XIV. 282 — Aenderung d. Drehverm. im Senegalgummi durch Salpetersäure XII. 277 — Drehverm. d. Inulins XII. 287 — Drehverm. d. Umwandlungsproducte aus Stärke u. Cellulose XII. 290. 291 — Drehverm. v. Salicin VIII. 286. 288 — v. Populin VIII. 288 — v. Methylcamphersäure IX. 288 — v. Chinidin, Codeïn, Narceïn, Papaverin, Pikrotoxin IX. 289 — Die Krystalle d. chlorsaur. Natrons drehen theils rechts, theils links X. 301 — Circulare Pol. in d. regulären Krystallen d. bromsaur. Natrons u. essigsaur. Uranoxydnatrons XI. 294; d. Natriumsulfantimoniats XII. 271 — Drehvermögen d. Amylalkohols XI. 315 — Amylschwefelsaurer Baryt existirt nebst einigen anderen Salzen in rechts u. links drehenden isomorphen u. nicht hemiedr. Krystallen XII. 292 — Zwei Reihen v. Campher mit gleichem aber entgegengesetztem Drehverm. XII. 289 — Grösse d. Drehung im Campher XIV. 281 — Circulare Pol. d. Zinnobers XIII. 251 — des schwefelsaur. Strychnins XIII. 252 — d. Gallensubstanzen XV. 254; XIX. 259 — d. flüchtigen Oele XVI. 266; XVII. 288 — d. amerikan. Terpentinöls XVII. 289 — Abnahme d. Drehvermögens bei Pomeranzen-, Terpentin- und Bigaradenöl durch die Wärme XX. 253 — Magensaft ist links drehend XVIII. 256 — Drehvermögen d. Lösungen d. Chinins in Alkohol, Essigsäure u. Schwefelsäure XX. 254.

Erklärung d. Drehung d. Polarisationsebne v. Power IX. 181; v. Neumann XIV. 211; XIX. 168; v. Clebsch XVI. 185; v. Eisenlohr XVI. 200; v. Briot XVI. 201; nach v. Lang XIX. 154 — Mittel kleine Drehungen in Flüssigkeiten zu vergrössern III. 155 — Beziehung zw. Atomgewicht u. Drehungsvermögen d. Substanzen VI. 475 — Einfluss d. Art d. Hemiedrie auf d. Drehung VI. 458. 459 — Vollflächige Krystalle mit Drehungsvermögen nehmen bei Aenderung des Lösungsmittels hemiedrische Formen an VIII. 290; Angabe der Krystalle, bei denen die vorausgesetzte Hemiedrie erhalten wurde IX. 286 — Amylschwefelsaur. Baryt u. einige andere Salze besitzen circulare Polarisation ohne hemiedrisch zu sein XII. 292 — Die Drehung der Polarisationsebne unabhängig v. d. Hemiedrie XIX. 253 — Einfluss d. inactiven Substanzen, wie der Lösungsmittel, auf d. optisch wirksamen Stoffe V. 163. 165; VI. 461. 466; VIII. 294; XII. 274 — Active Substanzen nehmen ihr Drehvermögen in d. Verbindung mit inactiven hinüber IX. 287 — Herstell. d. Achromasie aus drehenden Flüssigkeiten, namentlich aus Campherlösung u. Terpentinöl VIII. 295. 298 — Farbenerscheinungen an Krystallplatten zwischen Glimmerblättchen v. $^1/_4$ Welle XI. 297 — Zerlegung d. Circularpolarisationsfarben XI. 304 — In circularpolarisirenden Flüssigkeiten die Fortpflanzung zweier ungleich schneller Strahlen nicht nachweisbar XVI. 264 — Drehung in Glas durch Compression desselben V. 349 — Circularpolarisat. mittelst d. Reversionsprismas VI. 436 — Leistungen auf d. Gebiet d. Circularpolarisation v. Biot XVI. 265; v. Seebeck XVI. 266 — s. Berthelot, Michaelis, Pasteur, W. Thomson.

Drehung d. Polarisationsebne durch Magnetismus in Boraxglas I. 573 — in vielen anderen durchsicht. Substanzen, nur nicht in luftförmigen II. 544 — in Zuckerlösung II. 567 — Unmagnet. Körper zur Seite angebracht ohne Einfluss II. 548 — Abänderung der Versuche v. Böttger II. 562; v. Pouillet II. 563 — Verstärkung der Drehung nach Becquerel II. 566; nach Faraday II.

570 — Apparat für diese Versuche v. Dujardin II. 566; v. Ruhmkorff II. 568 — Bestimm. d. Grösse d. Drehung III. 507 — Umstände, v. denen d. Grösse d. Drehung abhängt IV. 371. 373; V. 345 — Einfluss d. Compression u. Temperatur auf d. Drehung IV. 374; VI. 450. 1146; VIII. 581 — Auf rasch gekühlte Gläser wirkt Magnetismus nicht, auf das Fresnelsche Parallelepiped nur in gewissen Fällen V. 348 — Nach Verdet die Grösse d. Drehung proport. d. Cosinus d. Winkels zw. d. Richtung d. Lichtstrahls u. d. magnet. Axe X. 619. 621 — Die Drehung ist unabhängig v. d. Brechungsindex XII. 547 — Gewisse Substanzen, namentlich aufgelöste Eisensalze, verringern die Drehkraft d. Wassers u. anderer transparenter Körper XII. 548; XIII. 447 — Zw. d. Magnetismus d. Metalle und d. Drehungsrichtung keine Beziehung XIII. 448 — Drehung der verschied. Farben durch d. Magnetismus XVII. 289; XIX. 254. 256 — Drehung der Polarisationsebne durch d. galvan. Strom VI. 469. 470 — Airy's Formeln für die Circularpolarisation durch Magnetismus II. 624; dieselben sind nur specielle Formen der v. O' Brien gegebenen Gleichungen III. 680 — Erklär. d. Drehung d. Polarisationsebne durch elektr. od. magnet. Kräfte v. C. Neumann XIV. 211; XIX. 168.

Elliptische Polarisation, Erscheinungen bei d. Reflexion d. polar. Lichts v. Metallplatten, die mit einer dünnen Oxydschicht überzogen sind II. 158. 613; an d. Nobilischen Farben II. 614 — Phasenunterschied der in verschied. Azimuth polarisirten Strahlen nach d. Reflexion v. Silber II. 160 — Modification, welche d. polar. Licht an metallischen Oberflächen erleidet III. 141 — Ellipt. Pol. bei d. Reflexion an Glimmer, Graphit, angelauf. Metallplatten u. anderen Körpern II. 613. 619 — Reflectirtes Licht stets elliptisch polarisirt IV. 132. 133; V. 136; VI. 386 — Verhältniss d. Ellipsenaxen beim Quarz V. 168 — Bestimm. d. Axenverhältnisses d. Ellipse bei d. Reflexion d. polar. Lichts v. durchsicht. Körpern unter verschied. Incidenzen u. Azimuthen X. 273 — Die beiderlei Strahlen in e. einax. Krystall sind elliptisch polarisirt, wenn sie nahe parallel od. senkr. zur Axe sind VI. 327 — Erkennung d. ellipt. Polaris. bei d. Spiegelung an metall. Oberflächen VI. 385 — Constanten d. ellipt. Pol. für feste u. flüss. Körper VI. 391. 392 — Erzeugung d. ellipt. Pol. mittelst d. Reversionsprismas VI. 436 — Zerleger für ellipt. polaris. Licht VI. 456 — Linear polar. Licht wird bei d. Brechung durch Blattgold elliptisch IX. 264 — Vergleich d. empirischen Formeln v. Jamin mit denen v. Cauchy II. 590; XI. 386. 390 — Formeln v. O' Brien für d. Reflexion an Metallen u. stark brechenden Flächen II. 593 — Reflexions- u. Refractionscoefficienten bei d. Reflexion d. polarisirten Lichts v. durchsicht. Körpern und Metallen XX. 226 — s. Dove.

Polarisation lamellaire von Biot, an bromsaur. Nickel- u. Kobaltoxydul, salpetersaur. Strontian, salpeters. Bleioxyd XI. 294; chlors. Natron XI. 295; Jodstibäthyl, oktaedr. Borax, bromsaur. Talkerde, broms. Zinkoxyd XII. 272.

Polarisationsapparate von Amici I. 310 — v. Reusch X. 290 — v. Desains XII. 268 — v. Pohl zur Schwächung d. Sonnenlichts XIII. 248 — Polarimeter v. Arago VI. 419. 420 — Polarimeter v. Wild XV. 228 — Polarim. zur Beobacht. d. Polarisation d. Atmosphäre X. 295 — Herapathitzangen XI. 305 — Polarisator v. Foucault XIII. 245; Potter's Anspruch darauf XIII. 247 — Polarisationsprisma v. Senarmont XIII. 246 — Theorie d. Prismen v. Nicol u. Foucault XIII. 247; XIV. 278 — Verbesserte Prismenconstruction v. Hasert XVII. 350 — Prismen v. Arragonit XVII. 350 — Polarisirendes Prisma von Dove XX. 307 — Polarisationsapparat (Pol-mikroskop) von Nörremberg XV. 307; XIX. 306 — Einfacher Polapp. v. Oppel XX. 225 — Polarimikroskop v. Hoffmann XX. 307 — Anwend. d. Pol-Apparate auf die Untersuch. vegetabil. Elementargebilde XVIII. 255; XX. 308 — Herapathit ähnl. wie Turmalin zu verwenden VIII. 281. 283; desgl. Rauchtopas IX. 258 — Turmalin polarisirt auch im glühenden Zustand XV. 219; XVI. 239 — Apparat zur genauen Be-

stimm. d. Polarisationsebne XVII. 351 — s. Polariskop — Gerling.

Apparat zur Messung d. Drehung d. Polarisationsebne v. Soleil I. 191; XI. 298 — Mitscherlich's Apparat zur Untersuch. v. zuckerhalt. Flüssigkeiten I. 311; VI. 460 — Zur Messung d. Drehung in Flüssigkeiten v. Bianchi III. 155 — Amethystplatten statt Doppelquarzplatten v. Brewster zuerst angewandt XIV. 275.

Licht-Reflexion, Das v. d. Körpern reflectirte farbige Licht kommt aus deren Innern II. 180. 186 — Bestimm. d. Farben, welche d. Metalle in Folge d. Reflex. annehmen, nach Jamin III. 688; IV. 138. 141 — Das v. Krystallen reflectirte Licht ist complementar gefärbt zum durchgelassenen VIII. 273; IX. 262. 268 — Farbige Reflexion v. mattgeschliffenen Glasflächen XIII. 221; XVI. 261 — Ungleiche Helligkeit matter undurchsicht. Flächen bei verschied. Augenstellung V. 153 — Regelmäss. Figuren bei d. Reflexion v. rauhen Krystallflächen IX. 232 — Green's Formel für d. Intensität d. reflect. Lichts nach Potter mit der Erfahrung in Widerspruch II. 598 — Nach d. Modification durch Haughton werden Green's Formeln mit d. Versuchen v. Jamin übereinstimmend IX. 204 — Einfluss d. Körpertheilchen auf die Reflex. nach Fresnel III. 110. 113 — Prüfung d. Fresnelschen Intensitätsformeln durch d. Reflexion v. Glas VI. 432 — Herleit. d. Fresnelschen Reflexionsformeln v. Beer X. 358 — Cauchy's Formeln für d. Reflex. des Lichts IV. 134; V. 133; VI. 327 — Bewegungsverhältnisse an d. Gränze zweier Körper nach Cauchy IV. 136 — Reflex. an e. dünnen Schicht eines durchsicht. Mittels V. 128 — Reflex. d. polarisirten Lichts an ein- und zweiax. Krystallflächen nach Cauchy VI. 341. 342. 343 — Ableitung der Cauchyschen Reflexionsformeln von Beer X. 342. 356 — Begründung der Ausdrücke für d. Extinction d. verschwindenden Strahlen an d. Gränze d. Mittel X. 357 — Elementare Ableitung d. Cauchyschen Reflexionsformeln v. Jamin XVI. 204 — Theorie d. Reflexion v. Power IX. 172 — Erörterung d. Formeln von Fresnel, Mac Cullagh u. Power XII. 790 — desgl. d. Formeln v. Cauchy u. Green XII. 793 — Ableitung d. Formeln für d. Reflex. an d. Gränze zweier isotroper Mittel v. F. Eisenlohr XIV. 182 — für die Metallreflexion XIV. 198 — Reflex. d. polarisirten Lichts an d. Oberfläche unkrystall. durchsicht. Körper nach Kurz XV. 198 — Reflex. unter d. Annahme, dass das Licht in d. Polarisationsebne schwingt XVI. 209 — Vorgang bei d. Reflex. an d. Gränze zweier isotroper durchsicht. Medien nach Lorenz XVI. 214; XVII. 225 — Gesetze d. Reflex. von Flächen zweiten Grades IV. 136; v. e. Kugelfläche XVIII. 185 — Tafeln v. Schellbach u. Engel zur Veranschaulich. d. Reflex. V. 151 — Geometr. Beweise für Mac Cullaghs Theorem v. der für d. Krystallreflex. benutzten Polarebne XI. 226 — Graphische Darstell. d. Amplituden u. Phasenverhältnisse bei d. Reflex. d. linear polaris. Lichts XII. 786 — Jamin's Untersuch. d. Reflex. an d. Oberfläche durchsicht. fester Körper V. 136; VI. 386; flüss. Körper VI. 390 — Intensität des v. e. Satz paralleler Platten reflect. u. durchgelass. Lichts bei verschied. Zahl derselben XVIII. 176 — Die v. e. Punkt ausgehenden u. an einer Fläche reflect. Strahlen sind Normalen e. bestimmten Fläche XIX. 106 — Bestimm. d. Reflexions- u. Refractionscoefficienten bei d. Reflex. d. polaris. Lichts v. durchsicht. Körpern u. Metallen XX. 226 — Veränderung d. Lichts durch die Reflex. v. Kalkspath bei verschied. Incidenzen XX. 234 — Durch Elektrisirung d. spiegelnden Fläche wird d. Intensität d. reflect. Lichts nicht geändert XX. 428.

Totale Reflexion, Versuche v. Jamin zur Stütze d. Cauchyschen Theorie VI. 390 — Ableitung d. Formeln für d. Totalreflex. v. Beer X. 355 — Ableit. d. Formeln für die totale Refl. für d. Fall, dass die Schwingungen in d. Polarisationsebne erfolgen XVI. 214 — Erklärung des rothen Saums im Farbenbogen an d. Gränze d. totalen Reflex. v. d. Hypotenuse eines rechtwinkl. Prismas VIII. 334 — s. Fresnel, Senarmont.

Licht-Strahlen, Analyt. Ausdrücke für d. verschwindenden Lichtstr. v. Cauchy IV. 131; V. 131; X. 357 —

Analyt. Darstellung d. Eigenschaften unendl. dünner gradliniger Strahlenbüschel v. Kummer XVI. 190; Geometr. Entwickl. derselben XIX. 105; experimentelle Bestätigung XVIII. 196 — Begriff d. Oberfläche reflect. Strahlen nach Childe u. ihre Theorie XIV. 208 — Bestimmung d. Richtung e. Strahles an d. Gränze zweier Medien unter d. Princip d. Brachystochronismus XX. 148.

Licht-Theorie, Angriffe gegen Fresnel's Lichtth. I. 164; II. 596; XV. 181; Vertheidigung derselben II 598 — Mathemat. Theorie v. Moon I. 171 — v. Laurent II. 164. 168 — v. Cauchy III. 681 (s. 686; V. 125 bis 136; XII. 164; XVII. 214 — von Challis III. 683; V. 122; XV. 182; XVIII. 167 — v. O'Brien III. 685 — v. Power IX. 173 — v. Porro XIV. 219 — v. Smith XVI. 203 — v. Lorenz XIX. 106; XX. 144 — v. Briot XX. 139 — Nach Doppler d. Undulationstheorie mit d. Aberration des Lichts unvereinbar II. 581; dessen Vorschlag zu e. entscheidenden Versuch für diese Theorie II. 599 — Versuche v. Foucault für d. Wellentheorie VI. 421; desgl. v. Fizeau u. Breguet VI. 422 — Die Aberration d. Fixsterne e. Beweis für d. Undulationstheorie VIII. 177 — Entscheidung zw. Emanations- u. Undulationstheorie durch d. Aberrationsconstante XX. 169 — Prüfung d. Hypothesen üb. d. Schwingungsweise im unpolarisirten Licht XIX. 109. 112; XX. 234. 236. 237 — Lippich's Vorstellung darüber u. Erklärung einiger seither unerklärten Erschein. dadurch XIX. 115. 123 — s. Licht-Aether, L-wellen — Abria, Barnard, Lessing, Lindelöf, Meibauer, Robida, Zenger.

Licht-Wellen, Vergleich der Lichtwellen mit d. Flüssigkeitswellen II. 163 — Geometrische Bedeutung der Fresnelschen Elasticitätsfläche V. 39 — Herleitung d. Fresnelschen Construction d. Wellenbewegung aus d. Cauchyschen Formeln VI. 372 — Gleichung u. Eigenschaften d. Wellenfläche XIII. 208; XV. 188; XVI. 201; XX. 153 — Einfacher Nachweis des Elasticitätsellipsoides XVII. 218 — Fortpflanzung d. Wellen nach Haughton IX. 185; X. 235; nach Stoney XV. 185 — Erklärung d. Wirkungslosigkeit der longitudinalen Wellen auf d. Gesichtssinn X. 236 — Nothwendigkeit der v. Cauchy eingeführten dritten nicht sichtbaren Welle XII. 164 — Erklärung des Verlustes einer halben Schwingung v. Challis XV. 184 — Wellenmaschine v. Fessel V. 213 — Apparat v. Gerling zur Darstellung d. Wellenbewegung XII. 775.

Wellenlänge, Bestimm. derselben aus den Spectrallinien V. 154 — mittelst Nobert's Interferenzplatte VI. 408 — Die v. Fresnel und Herschel angegebenen Wellenlängen sind aus Newton's Angaben abgeleitet IX. 240 — Die ersten Messungen nach festen Linien führte Fraunhofer aus IX. 241 — Verhältniss d. Wellenlängen d. complementaren Farben XI. 269 — Messung d. Wellenl. im ultravioletten Licht v. Esselbach XI. 270; von W. Eisenlohr XII. 251 — Wellenl. der auf Jodsilber chemisch wirkenden Strahlen XII. 254 — Muthmassl. Gesetz der Wellenlängen für die 7 Fraunhof. Linien XV. 225 — Wellenl. d. Linie A, XIX. 190 — desgl. der Lithium-, Natrium-, Thallium- und Strontiumlinien XIX. 191; XX. 180 — Wellenl. d. Fraunhof. Linien nach Ditscheiner XX. 186; nach Bernard XX. 187; nach Mascart XX. 188; nach Angström XX. 189 — Beziehungen zw. d. Wellenlängen d. Lichts u. d. Tonintervallen VIII. 153. 335; IX. 306; XI. 275. 333. 340.

Lichtenbergsche Figuren s. Elektr. Figuren.

Linsen, Apparat zur Messung ihrer Brennweite I. 299 — Bestimm. der Brennweite v. kleinen Convexlinsen XIII. 276 — v. Concavlinsen XIX. 174 — d. Objectivs e. Camera obscura VI. 535 — Linsencombination mit gleichem Focus für d. chem. u. leuchtenden Strahlen II. 234 — Verschiedenheit d. Lage des opt. u. chem. Focus III. 205; VI. 533 — In d. Photographie sind einfache Linsen den achromat. vorzuziehen III. 205 — Einrichtung achromat. Doppellinsen besonders für die Photographie XI. 256; XIX, 300 — L. mit hyperbolischer Krümmung herzustellen gelang nicht IV. 198 — Vergleich d. Objectivlinsen verschied. Optiker VI. 550. 551 — Vortheilhafteste Form d. ein-

fachen Objectivlinsen für d. camera obscura XII. 802 — Verbesser. der Objective von Steinheil XIV. 293 — Convexe Diamantlinse mit drei Bildern VIII. 214 — Convexe Quarzlinse aus d. Trümmern v. Ninive VIII. 355 — Darstell. v. flüss. Linsen XII. 336 — Wirkung lufterfüllter L. unter Wasser XV. 207 — Wirk. e. Brennglases v. 3 Fuss Durchmesser XVI. 306 — Panoramische Linse XVII. 341 — Maschine zur Herstellung belieb. Rotationsflächen in Glas XIV. 292.

Intensität der durch Linsen erzeugten Bilder VI. 361 — Bestimm. der Grösse, Entfern. u. Stellung d. Bilder von Linsen bei gegeb. Stellung d. Objects VIII. 363; XIX. 172 — Bestimm. d. Lage u. Grösse d. Bilder in Systemen v. Linsen u. Spiegeln mit gemeinsamer Axe IX. 187; XIV. 216 — Geometr. Construction d. Ganges e. Lichtstrahls XII. 775 — Krümmung d. Focalflächen bei einem aus beliebig vielen sich berührenden Linsen zusammengesetzten Objectiv XII. 804; XVI. 303 — Gesetz d. Krümmung eines durch Linsen erzeugten Bildes XIII. 215; XIV. 254 — Beziehung zw. d. Entfern. d. Objects u. d. Bildes vom Brennpunkt XV. 304 — Gang d. Strahlen durch e. Reihe v. L., wenn d. einfallenden Strahlen d. austretenden parallel sein sollen VI. 376 — Haupteigenschaften e. Linsensystems nach d. Theorie d. Collineationsverwandtschaft, u. ihre Anwend. auf Fernröhre XI. 238. 247 — Aufhebung d. sphär. Aberration v. Apparaten aus e. belieb. Anzahl sphärischer brech. od. spiegelnder Flächen auf derselben Axe X. 240; zweckmässigste Stellung d. Diaphragmen dabei XI. 253 — Aberrat. d. Strahlen v. ausserhalb d. Linsenaxe XI. 254 — Ermittel. d. sphär. Aberration durch Interferenz XVII. 341 — s. Brennfläche, Fernrohr — Claudet, Forti, Laborde, Lawson, Nachet, Sutton, Voigtländer.

Linsenporrhometer, Entfernungsmesser v. Romershausen V. 35.

Linsenprisma um das Studium d. Spectrums zu erleichtern IX. 243.

Liquefaction d. Gase s. Condensation.

Lithion, Schwefelsaur. L., Löslichk. in Wasser XI. 169; specif. Gewicht XII. 189 — Salpetersaur. L., Krystallform u. Löslichk. X. 145; specif. Gew. XII. 189 — Kohlensaur. L., spec. Gew. XII. 189.

Lithium, Darstell. durch Elektrolyse XI. 451 — Elektr. Leitvermögen XII. 453 — Specif. Wärme XVII. 392.

Lithoskop zur Unterscheid. v. Edelsteinen XX. 168.

Locomotive, Zuerst erbaut zu Paris 1770, in England 1811, VI. 596 — Bestimm. d. Dampfspannung in der Loc. mittelst d. Sirene VI. 313 — Das Tachometer zur Ermittl. d. Geschwindigkeit der Loc. VIII. 45 — Welche Geschwindigkeit e. Loc. ohne Durchbiegung d. Schienen annehmen kann XIII. 136 — Theorie der Loc. IX. 54 — Die Formel v. Harding u. Pambour giebt d. Luftwiderstand zu gering an XI. 75 — Neue Art Federn für Loc. XIII. 149 — Elektromagnet. Loc. XX. 541 — s. Lechatelier.

Locomotiven-Blasrohr, Theorie desselben XIX. 42. 329.

Log, Selbstthätiges VI. 190.

London, Einfluss d. künstl. Wärmequellen auf d. Atmosphäre v. London XII. 648.

Lucimeter s. Lichtmesser.

Luft, atmosphärische, Ausdehnungscoefficient III. 78 — Wärmeleitung XVI. 324 — Die Zerlegung d. L. in ihre Bestandtheile durch d. Magnet gelang nicht III. 505; IX. 600 — Gewicht v. 1 Liter Luft III. 80 — Absolutes Gewicht d. atmosph. L. in Berlin VIII. 43; XII. 61 — Atm. L. folgt bei hohem Druck nicht mehr d. Mariott. Gesetz VI. 275 — Die grosse Trockenheit d. L. in d. Polargegenden d. Ursache d. quälenden Durstes daselbst VIII. 630 — Comprimirte Luft als Triebkraft nicht praktisch IX. 107. 108 — Schwierigkeit d. Anwend. compr. L. auf grosse Entfernungen hin XIII. 129 — Arbeitsleistung compr. Luft XVII. 100 — Mittel die L. in tropischen Klimaten abzukühlen IX. 421 — Maschinen zur Lieferung erwärmter od. abgekühlter Luft IX. 422 — In senkrechten Röhren steigt d. Strömung d. Luft mit d. Wassergehalt XI. 106; XII. 153 — Löslichkeit d. L. im Meerwasser u. Seinewasser XI. 186 — Umrechnung d. Lichtbrechungsexp. d. L. v. Biot

u. Arago nach d. verbesserten Ausdehnungscoeffic. XI. 547 — Nachweis d. Druckänderung d. L. bei Bewegung e. Thür XIII. 129 — Bildung ringförm. Wirbel in d. L. durch Salmiakdämpfe XIV. 96 — Erzeug. v. Salpetersäure und Untersalpetersäure aus d. Luft durch Inductionsströme XIV. 469 — Einfluss d. Filtration d. L. auf d. Zersetzung organ. Körper u. d. Krystallisation v. Salzlösungen XV. 356; XVII. 27 — Salpetersaur. u. salpetrigsaur. Ammoniak in d. Luft XVII. 669 — Der Staub in d. L. v. verschied. Ursprung XVII. 669 — s. Atmosphäre, Eudiometrie, Luftcompressionsmaschine, Ozon, Widerstand — Bahr, Chenot, Crena, Frankland, Friedmann, Hopkins.

Luftballon, Bau u. Lenkung des Luftb. III. 56; XV. 86; XIX. 42 — Vermehrung d. Tragfähigkeit X. 38 — Verfahren den Ballon steigen u. sinken zu lassen X. 186.

Luftfahrt v. Barral u. Bixio V. 428; XII. 688 — Meteorolog Beobacht. auf d. Luftfahrten v. Rush VI. 1077 — v. Welsh VIII. 759 — v. Launoy VIII. 760; IX. 699; XV. 697 — v. Wite, der e. Gewitter dabei beobachtete VIII. 762 — auf 4 vom Observatorium zu Kew veranlassten Fahrten IX. 700 — auf d. Luftfahrt v. Burkhardt XV. 683 — auf d. Luftfahrten v. Glaisher XVIII. 572; XX. 790 — Barometer für Luftfahrten XVIII. 591 — Bestimm. d. Temperatur u. d. Luftdrucks auf Luftfahrten nach Regnault XVIII. 599 — Luftfahrt ohne Ballon XIX. 42 — s. Barral, Devaux, Dupuis, Ferdinand, Gabussi, Galvagno, Gaudin, Hare, van Hecke, Jenneson, Lebihan, Mac Gregor, Marey-Monge, Morey, Pitter, Stoddart, Welsh.

Luftcalorimeter v. Schwarzenbach XVII. 402.

Luftcompressionsapparat von Vonwiller XVI. 56 — Luftc. bei den Bohrarbeiten am Mont Cenis XIX. 341. 343; Caligny's Anspruch darauf 344.

Luftdruck auf d. Quadratzoll nach altem u. neuem preuss. Gewicht XV. 7.

Luftfahrt s. Luftballon.

Luftmaschine (Calorische Maschine) v. Joule VI. 585; VIII. 383 — v. Dunn VI. 596 — v. Ericson VIII. 385; XVI. 337; zur Litteratur üb. d. Ericsonsche Maschine IX. 429 — Cal. Maschine v. Galy-Cazalat VIII. 387 — v. Bourget XV. 324 — v. Burdin XX. 333 — v. Moulin XX. 334 — Theorie d. Luftm. IX. 419. 430. 431; X. 397; XV. 324; XX. 334 — Nutzeffect d. Luftm. u. Vergleich ihres Verbrauchs an Brennmaterial mit d. Dampfmaschine X. 395. 397; XX. 333 — siehe Belou, Blum, Burdin und Bourget, Cheverton, Ericson, Ewbank, Franchot, Hirn, Newton, Nicklès, Parsey, Pascal, Poole, Ramsbottom, Reech, C. H. Schmidt, G. Schmidt, Siemens, Tresca.

Luftpumpe v. Breithaupt I. 586 — v. de Baran VI. 226 — v. Hills X. 189 — v. Waltenhofen XI. 107 — v. Tate XII. 152 — v. Silbermann XII. 152 — Quecksilberluftpumpe von Gairaud XIV. 97 — desgl. v. Kravogl XVII. 100; XVIII. 60 — v. Swan XX. 50 — v. Robinson XX. 51 — Quecksilberluftp. ohne Hahn v. Jean XX. 51 — Erzeugung e. luftleeren Raumes durch chemische Mittel v. Andrews VIII. 135 — desgl. v. Brunner X. 188 — durch Dampfausströmung XIV. 101; XV. 87 — durch d. Toricellische Vacuum XVI. 56 — Barometerluftp. ohne Hahn u. Ventil XVIII. 59 — Verdichtungs- u. Verdünnungspumpe v. Horne I. 588 — Beseitigung d. schädl. Raumes VI. 226; IX. 104 — Verfahren einen luftleeren Raum zu bewahren XVI. 57; XVIII. 59 -- Vorläufer d. Luftp. XV. 86 — s. Chevalier, Hossard, Ladd, Ransome, Siemen.

Luftspiegelung, Beschreib. mehrerer II. 197; VI. 477 — auf d. Genfersee V. 455; XVI. 791 — auf Isle de France XVI. 567 — auf d. Meer bei Sicilien XVI. 791 — Theorie der Luftsp. V. 181 — s. Andraud, Baur, Blondat, Bigourdan, Bonnafond, Bravais, Brewster, Desor, Dufour, Emsmann, Galton, Gaudin, Hopkins, Legrip, Mac Farland, Parès, Peters, Phipson.

Luftthermometer s. Elektr. Apparate, Thermometer.

Lullinscher Versuch, Erklärung XVI. 438; XVIII. 404.

Lunge s. Athmen, Blut.

Lupe, Neue Arbeitslupe v. Brücke VI. 552 — Vergrösser. durch d. L.

mit Rücksicht auf d. Entfernung d. deutlichen Sehens XV. 306.

Maass, Vorschläge zu gemeinsamem Maass-, Gewichts- u. Münzsystem IV. 57 — Bequemstes Maasssystem XII. 76 — Die mittlere menschl. Grösse e. gemeinschaftl. Längengrundmaass XV. 5 — Ausgang v. d. Rotationsaxe d Erde für e. Normalmaass XVI. 5 — Vergleich d. Yard u. d. preuss. Fusses mit d. Meter VIII. 43 — des österreich. Maasses mit dem Pariser IX. 27 — Türkisches M. u. Gewicht XII. 77 — Verbreitung d. metrischen M. in Portugal u. England XVIII. 3 — Länge der verschied. Stadien u. Ellen im Alterthum XVIII. 4 — Vergleich d. gesetzl. Meters mit den für d. Ticinobasis gebrauchten Messstangen XX. 3 — Ausdehnungscoeffic. d. Metalle an dem zur Basismessung d. ägypt. Triangulation gebrauchten Apparat XX. 338 — Metallmaassstäbe werden beim Hängen länger, beim Stehen kürzer X. 35 — Beschreib. der für Modena gelieferten französ. Etalons VI. 66 — Beschaffenheit des engl. Normalmaassstabes XIII. 90 — Steinheil's Verfahren die Endmaassstäbe aus Glas zu vergleichen XIX. 3 — Längentheilmaschine v. Breithaupt XI. 48 — Das Skalenrädchen v. H. v. Schlagintweit zur Messung krummer Linien XIX. 4.

Messung d. Papierdicke XI. 49 — Genauigkeit beim Messen nicht aus d. Mittel vieler Beobacht. zu gewinnen XI. 51 — Fehler beim Messen in Folge der Personalgleichung XII. 75 — Genauigkeit des Auges beim Messen v. Winkeldistanzen XIII. 92 — s. Metra — d'Abbadie, Adie, Airy, Baeyer, Bremiker, Canina, Gerling, Grant, Hagen, Hullmann, Hunäus, James, Lasius, Lindhagen, Lingon, v. Littrow, Pasley, Perreaux, Prazmowsky, Rothermund, Silbermann, Struve, Taylor, Treuding, Yates.

Madeira, Grosse Trockenheit d. Luft bei Ostwind (Leste) XVII. 655 — Geolog. Beschreib. v. M. XX. 900.

Mälarsee, Wasserstände darin zu verschied. Zeiten VIII. 649; IX. 638; X. 768; XI.770 — s. Erdmann.

Magensaft dreht d. Polarisationsebne links XVIII. 256.

Magnekrystallkraft, Einstellung d. optisch ein- u. zweiax. Krystalle zw. Magnetpolen III. 508. 510. 513; VI. 1132; XI. 542 — Verhalten des Wismuths u. anderer Krystalle dabei V. 340 — Lage der zw. den Polflächen entstehenden Krystalle V. 342. 344 — Optisch negat. Krystalle werden nach Plücker v. d. Magnetpolen abgestossen, positive angezogen V. 343; Knoblauch u. Tyndall dagegen VI. 1128. 1131 — Nach Poisson rührt d. Verhalten d. Krystalle zw. Magnetpolen v. d. ellipsoid. Gestalt der Molecüle her. Tyndall's Versuche dagegen VIII. 576 — Wechselndes Verhalten d. Körper bei verschied. Anordnung der kleinsten Theile IX. 597. 598 — Magnet. Verhalten der Krystalle in verschied. Medien, Differentialmagnekrystallkraft, XI. 539; Einfluss d. Wärme darauf XI. 540 — Theorie d. Einflusses e. constanten magnet. Kraft auf d. Krystalle von Plücker XIV. 511; Ableitung d. benutzten Formeln XVIII. 466 — Erläuterung d. paradoxen Erscheinungen, welche krystallisirte Körper im Magnetfelde zeigen XII. 545.

Magnesia s. Talkerde.

Magnesium, Darstell. auf elektr. Wege VIII. 487; XI. 449. 450 — Elektr. Leitvermögen XII. 453 — Elektrochem. Stellung XIV. 439 — Vergleich d. photochem. Wirk. des Magnesiumlichtes mit d. Sonnenlicht XV. 269 — Specif. Wärme XVII. 392 — s. Schmitt.

Magnesiumplatincyanür s. Cyanplatinmagnesium.

Magnete, Magnetnadel, Die Ablenkungen der Magnetnadel durch den Kiel in einem eisernen Schiffe sehr merklich IV. 365 — Abweichung der Compassnadel durch den Röhrenschornstein d. Dampfschiffe VI. 847 — Registrirung d. Bewegung d. Compassnadel VI. 895; VIII. 609. 610 — Zweckmäss. Aufstellung d. Compassnadel auf e. Schiff VIII. 555 — Beseitigung d. Einwirkung des Schiffseisens auf d. Compass IX. 632. 633. 635; X. 664; XI. 610; XVIII. 567. 568 — Das Princip v. d. Erhaltung der Kraft angewandt auf d. Ablenk. der Compassnadel durch d. Schiffseisen

IX. 634 — Eigenthüml. Ablenk. der Compassnadel zu Liverpool X. 663 — Vorschlag zu e. Decimalcompass XI. 613 — Einfluss der seitwärts gerichteten Neigung eiserner Schiffe auf d. Compass XV. 537 — Bewahrung d. Compasses vor d. zitternden Bewegungen d. Schiffes durch Glycerin XVI. 651 — Correction d. Schiffscompasses XVII. 581 — Einfluss von Grubenschienen u. dgl. auf d. Compassnadel XVIII. 468 — Gleichgewichtslage e. Nadel unter d. Einfluss e. Magnets V. 324 — Die Abweich d. Nadel in d. Nähe erwärmter Körper rührt v. Luftströmungen her V. 329. 330. 332 — Nadelablenk. durch e. tönende Saite XI. 394 — Aenderung d. magnet. Zustandes e. Nadel durch elektr. Ladung XIII. 441 — Angebl. Einwirk. v. reinem Salzwasser auf d. Nadel XV. 512 — Reduction der Schwingungszeit der Nadel auf unendl. kleine Bogen XV. 644 — Zweckmäss. Einrichtung d. Bussolennadeln XVI. 554 — Beseitigung des störenden Einflusses v. Eisenmassen auf d. Bussolennad. XVI. 557 — Wirk. d. Blitzes auf d. Magnetnadel XVII. 587 — Theorie astat. Nadelpaare v. Du Bois XVII. 446 — Anfertigung v. astat. Nadeln XX. 457 — Stabile Gleichgewichtslage e. Magnetnadel in d. Luft durch passend gestellte Magnete XX. 497.

Behandlung d. Stahls für gute Magnete II. 574; IV. 364 — Verfahren zur Darstellung starker M. v. Scoresby u. Böttger II. 575; v. Elias II. 575; V. 328; VIII. 554; v. Walker X. 608; v. Cameron XII. 536; v. Markus XV. 533 — Unter welchen Umständen d. Doppelstrich vortheilhaft ist IV. 365 — Der Kreisstrich besonders bei schwachen magnetisirenden Kräften anwendbar XII. 535 — Grosse Wirkung d. Magnetesirung d. Stahls im glühenden Zustand VIII. 554 — Magnetisirung v. Eisenblech durch Lochen u. Lufterschütterung IX. 581 — M. aus Gusseisen VI. 844; IX. 591; XIII. 440; XV. 534 — Leistungen d. Magnete v. Logeman VI. 843; XVIII. 468 — Zweckmässigste Form aufzuhängender Magnete XVII. 509 — Wirkung abwechselnd entgegengesetzter elektr. Ströme auf Stahlstäbe XIII. 436 — Einfluss d. Torsion auf die Magnetisirung d. Stäbe nach Wertheim VIII. 534; XI. 522; nach Matteucci XIV. 484. 499; nach Wiedemann XIV. 504.

Beziehung zw. Tragkraft u. Gewicht d. Stahlmagnete (auch d. hufeisenförm.) sowie der Schwingungsdauer d. Stäbe nach Häcker III. 483; IV. 363; VIII. 557; Schwing. magnetisirter Platten IV. 362; Aenderung d. Schwingungsdauer, wenn sich d. Schwere ändert VIII. 559 — Einfluss d. Ankerform auf d. Tragkraft bei Hufeisenmagneten III. 487 — Gränze d. Schwächung d. Magnete durch Abreissen d. Ankers VI. 845 — Vermehrung d. Tragkraft magnet. Magazine XII. 533 — Magnet. Verhalten beim Hämmern u. Walzen ungleich behandelter Eisenstäbe XIX. 454.

Wirkung e. Magnets auf hohle u. massive Eisenstäbe I. 573. 574 — Der Magnetism. hauptsächl. an der Oberfläche d. Magnete I. 575 — Vertheilung d. Magnetismus in d. Magneten nach van Rees III. 478; IV. 359. 361 — nach Lamont VI. 852 — Stärke des in d. Stabe durch Vertheil. hervorgeruf. Magn. VI. 863. 866 — Vertheil. d. Magnetism. auf d. Polflächen u. d. Anker VI. 849 — Stärke des Magnetism. an d. einzelnen Stellen d. Magnets VI. 851 — Vertheil. des Magn. in cylindrischen Stahlstäben XVIII. 469 — s. Magnetismus, Elektro-M. — Airy, Cameron, Friend, Gowland, Gray, Kleinsorgen, Liais, Lilley, Ross, Sands, Schaub, Scoresby, Siebold, Small, Swan, Walker.

Magneteisenstein, Wärmeausdehnung VIII. 33; XV. 337.

Magnetische Curven, Theoret. Bestimm. derselben II. 576; V. 324 — s. Magnetismus tellur.

Magnetische Expeditionen III. 543.

Magnetische Figuren d. Eisenfeile, Fixirung derselben VIII. 556; XV. 536.

Magnetische Kraftlinien, Bedeutung u. Eigenschaften VIII. 561. 565. 566 — Ableitung ihrer Eigenschaften aus Weber's Gesetzen der Magneto-Induction IX. 584.

Magnetisches Pendel, XIII. 442.

Magnetismus, Litteratur bis zum J. 1845 üb. d. Erreg. d. Magn. durch Licht I. 241 — von Reichenbach's

Verirrungen auf d. Gebiet d. Magn. I. 522 — Kenntniss d. alten Aegypter v. Magn. V. 323 — Theorie des M. v. Doppler IV. 297; VI. 679 — v. W. Thomson V. 322; VI. 857; VI. 1174. 1175; 1177; XI. 541 — v. von Feilitzsch VI. 1166; nothwend. Zusatz zur Ampèreschen Theorie VI. 1171 — Theorie v. Du Moncel VIII. 517 — Einwürfe gegen Ampère's Theorie IX. 562 — Theorie v. Lamont X. 574; XV. 489; XVIII. 464 — von Plana X. 600; XI. 518 — Magn. u. Cohäsion haben nach Haughton e. gemeinsame Ursache IV. 369 — Magn. u. Diamagnetismus e. identische Erreg. d. Materie IV. 385; VIII. 570 — Vier Annahmen üb. d. Wesen d. Magn. VIII. 506 — Erklär. d. magnet. Erschein. durch zwei Fluida VIII. 510 — Die diamagnet. Erscheinungen gegen d. Fluida X. 568 — Eigenschaften e. muthmassl. magnet. Mediums im Raum XII. 549 — Die Versuche von Wiedemann u. Beetz für d. Zusammensetz. der Magnete aus Molecularmagneten XVI. 522; XVIII. 471 — Ansichten üb. d. Wesen des Magn. v. Maxwell XVII. 417; XVIII. 387 — v. Challis XVII. 418 — Anwend. d. Satzes v. d. Erhaltung der Kraft auf Magn. III. 243 — Magnetischer Zustand e. Rotationsellipsoids v. Eisen unter d. Einfluss magnet. Kräfte IV. 330 — Zusammenhang zw. d. magnet. Moment e. Rotationsellipsoides u. d. magnetisirenden Kraft nach Quintus Icilius XX. 500 — Eigenschaften der in jedem magnet. Körper befindl. drei magnet. Hauptaxen für d. Fall d. Gleichgewichts IV. 371 — Wirkungsweise d. Magnete auf einander IX. 580; XX. 496 — Gesetz der Induction bei para- und diamagnet. Substanzen nach Plücker IX. 598; XI. 520 — Mechan. Aequivalent d. Vertheilung des Magn. X. 555 — Auflösung d. Gleichungen aus d. Theorie des im weichen Eisen inducirten Magn. für e. unbegränzten Eisencylinder X. 592 — Allgem. Bestimm. d. magnet. Vertheilung von Beer XII. 385 — Herleitung d. Gesetze d. magnet. Vertheilung aus d. Ampèreschen Hypothese XV. 539; XVII. 523.

Magnetismus ohne Einfluss auf d. Saftbewegung d. Charen II. 440 — desgl. auf d. Sonnenspectrum II. 516 — Vergebliche Versuche eine Spiegelung, Brech. od. Beugung d. Magn. zu bewirken II. 573 — In rasch gekühlten Gläsern ändert Magn. nichts an d. Erschein. im polaris. Licht V. 348 — Auf chemische Vorgänge ist Magn. ohne Einfluss II. 516; IV. 366 — Das Volumen flüss. Körper wird durch Magn. nicht verändert II. 549 — Magn. beschleunigt d. Krystallisation u. richtet d. Molecüle II. 578 — Die Knotenlinien e. tönenden Eisenplatte werden durch Magn. nicht verändert IV. 374 — Aenderung d. Gewichts e. Körpers durch Eintauchen in e. magnet. od. diamagn. Flüssigkeit V. 346 — Wärmeerregung durch Magnetisiren V. 327; VIII, 502 — Tonerreg. dadurch I. 144; II. 149; III. 490; XX. 507.

Messung d. Magnetkraft II. 573; IV. 382 — Gebundener Magn. u. Erscheinungen durch ihn III. 488 — Dampf von grosser Spannung wirkt magnetisch analog d. elektr. Strom V. 334 — Einfluss d. Farbe d. Substanzen auf ihre magnet. Eigenschaften VI. 1145; VIII. 580 — Magnet. Leitungsvermögen VI. 1157. 1158 — Wirk. d. Torsion auf d. Magn. VIII. 534; XI. 522; XIV. 484. 499. 504 — Wirkung abwechselnd entgegengesetzt gerichteter elektr. Ströme auf Magnetstäbe XIII. 436 — Abkühlung macht unmagnet. Metalle nach Faraday nicht magnetisch I. 572; II. 558; bei Magneten erfolgt e. Schwächung d. Magn. XI. 521 — Eine Beziehung zw. d. Kraftverlust e. Magnets u. d. statthabenden Temperatur nicht zu ermitteln VI. 846 — Hitze vermindert d. Magnetism. der Metalle und macht mehrere selbst diamagnet. IX. 598 — Eisen behält auch im Knallgasgebläse noch Spuren von Magn. IX. 598 — Permanente Kraftverminderung d. Stahlmagnete durch Erhitzen bis 100°, XII. 536 — Veränderung d. Magn. d. Stahlstäbe in hohen Temperaturen u. bei d. Abkühlung XIII. 439 — Magnetisirung durch d. Erdmagnetism. XIII. 439 — Correction der zum Messen gebrauchten Magnete wegen d. Temperatur XII. 538 — Permanenter Magn. v. Stäben bei plötzl. Temperatursprüngen XIX. 455 — Temporä-

rer Magn. heisser Eisenstäbe bei d. Abkühlung XIX. 456.

Verhalten d. Magn. zu Kobalt I. 572; zu Eisen, Kobalt, Nickel und verschied. Verbindungen derselben I. 574 — Zusammenstell. aller bisher magnetisch befund. Körper II. 550. 559; IV. 375 — Aus d. magnet. Verhalten d. Metallverbindungen das d. Metalle ableitbar II. 558 — Alle Körper der Magnetisirung fähig II. 574; III. 491; V. 345 — Dauer der Polarität in d. magnet. Substanzen u. Anzahl ihrer Polpaare IV. 370 — Eintheilung aller magnet. Körper in paramagn. u. diamagnetische VI. 1156 — Prüfung der Körper in anderen Medien als Luft: Eisenvitriollös. u. verschied. Gase II. 560. 562 — Nach Becquerel wird e. Körper in einem schwächer magnet. Mittel angezogen, in e. mehr magnet. abgestossen V. 344; VI. 1147 — Verfahren zur Beobacht. d. magnet. Verhaltens von Flüssigkeiten X. 618 — Specif. Magnetismus vieler Substanzen I. 574; VI. 1148; XI. 544 — Aluminium stark magnetisch IV. 260 — Kalium u. Natrium schwach magnet. XII. 542 — Grösse d. Coercitivkraft in Stahl XI. 521 — Coercitivkraft d. reinen Eisens u. seiner Legirungen XIV. 502; XV. 535 — Magnet. Eigenschaften verschied. schwedischer Eisensorten XVII. 506 — Durch Amalgamation verliert Eisen seine magnet. Eigenschaften XIX. 456 — Drehspäne von Stahl u. Eisen magnet. XX. 498 — Magnet. Moment des Wismuths XIV. 507 — Die Lösung v. Eisenchlorür u. salpetersaur. Nickel magnetisch IV. 380 — Vergleich des Magn. von Nickel, Eisen u. der Lösungen von Eisenchlorid, Eisenvitriol, gelbem Blutlaugensalz XIV. 509 — Magnet. Cyanverbindungen v. Eisen, Nickel u. Kobalt XIX. 457 — Magnet. Chromoxyd XV. 539 — Unterschied zw. d. magnet. u. unmagnet. künstl. Eisenoxyd XIX. 458 — Die äquatoriale Stellung d. magnet. Eisenoxyds erklärt aus d. Disaggregation d. Theile II. 571 — Eine mit Magnetstäbchen unregelmässig erfüllte Glasröhre stellt sich senkr. zu e. Magnet II. 572 — Holzkohle u. gemischte Körper verhalten sich zu schwachen Magnetkräften magnetisch, zu stärkeren diamagn. IV. 382. 386. 388 — Rasch gekühltes Glas ist diamagnetisch, langsam gekühltes magnet. IV. 386.

Magnetismus v. Mineralien u. Felsen V. 316; Litteratur darüber V. 320 — Magnet. Polarität d. Pöhlberges V. 318 — desgl. v. Cyanit, Augit, Zinnstein V. 343 — Einfluss der Schmelzung auf d. magnet. Kraft d. Steine u. Erze VI. 843 — Ursache d. Magn. in d. Mineralien VIII. 568; XV. 537 — Magnetismus d. Lava u. and. Gesteine IX. 582; XIII. 442. 480. 481 — Magn. d. Eisenerze XII. 539 — Die Coercitivkraft vieler Gesteine nicht gross XV. 538 — Magn. Felsen bei Trevandrum XVII. 580 — Peridot wird durch Erhitzen magnetisch XX. 499 — Die magnet. Eigenschaften mancher Gebäude von den Backsteinen herrührend XIX. 459. 460; XX. 499.

Sauerstoff magnetisch III. 503. 505 — Magnet. Kraft v. Sauerstoff und Luft VI. 1151. 1153; XI. 543 — Verhältniss d. Magn. v. Sauerstoff und Eisen VI. 1164 — Polarität u. Coercitivkraft d. Sauerstoffs VI. 1165 — Luft dehnt sich zw. d. Polen e. Magnets aus VI. 1147 — Atmosphär. Luft kann durch d. Magnet nicht zerlegt werden III. 505; IX. 600 — Nach Melloni alle Gase magnet. V. 349 — Nach Faraday vermehrt sich zw. Magnetpolen d. Volumen diamagnet. Gase u. das d. magnet. vermindert sich VI. 1153 — Die indifferenten, magnet. u. diamagnet. Gase VI. 1156. 1159 — Starke Anziehung d. Stickoxydgases VI. 1161 — Specif. Magn. verschied. Gase XI. 544 — s. Magnete — Choron, Dufour, Kahl, Lamont.

Magnetismus, Elektro-M., Theorie v. Cornelius IX. 561 — Mängel d. Ampèreschen Theorie IX. 562 — Theorie v. Lamont X. 574; XV. 489; XVIII. 464 — Verdienste d. Franzosen um d. Elektro-M. X. 576 — Nach Zantedeschi ist Romagnosi der Entdecker d. Elektro-M. XV. 479.

Erklärung der anomalen Polarität d. Stahlnadeln durch d. Entladungsstrom d. Batterie v. Hankel I. 404; II. 342 — Magnetisirung von Eisenstäben durch d. Entladungsstrom d. Batt. II. 347 — Bei vollständiger

Entladung ist d. Ablenkung d. Nadel v. d. Batterieoberfläche unabhängig II. 351 — Neue Drehungsweise d. Nadel bei d. Entladung II. 522 — Einfluss v. Widerständen ausserhalb d. Magnetisirungsspirale auf die Magnetisirung durch die Leyd. Flasche III. 330 — Magnetisir. von Stahlnadeln unter Flüssigkeiten III. 331 — Die Magnetisir. v. Stahlnadeln durch d. Leyd. Batterie folgt derselben Regel wie die durch den galvan. Strom XVIII. 397 — Herstellung d. normalen Magnetism. in anomal magnetisirten Nadeln XVIII. 400 — Einfluss v. Metallhüllen um Stahlnadeln auf ihre Magnetisirung durch d. Leyd. Batt. XIX. 399 — Magnetisir. v. Stahlnadeln durch d. Nebenstrom d. Leyd. Batt. XIX. 400. 401. 402 — Verschiedenheit d. magnet. Wirkung e. continuirl. Stroms, d. Entladungsstroms d. Flasche u. d. Inductionsstroms XV. 504.

Vortheilhafteste Art der Umwicklung mit Kupferdraht zur Darstellung starker Elektromagnete III. 355 — Ersatz d. umsponnenen Kupferdrähte bei Elektromagneten durch Metalllinien od. Fäden auf Papier od. Seidenzeug XII. 488; noch andere Vorschläge dazu XII. 490 — Verstärkung d. Kraft d. elektromagn. Spirale durch Umhüllung mit einer Eisenröhre VIII. 551; XII. 531 — Anwendung v. Kupferstreifen statt d. Drähte zur Umhüllung XIII. 424 — Bedeutende Verstärk. durch Benutzung d. Innen- u. Aussenseite d. Spirale VI. 837; XI. 506 — Regeln zur vortheilhaften Construction v. Elektromagneten X. 577 — Einfluss d. Torsion d. Stäbe auf d. Magnetisirung III. 471; VIII. 534; XI. 522; XIV. 484. 499. 504 — Verhalten v. Eisenfeile beim Schütteln in e. Röhre III. 471 — Einfluss d. Compression d. Eisens XIII. 424 — Einfluss d. Erschütterung XIII. 433 — Wirkung abwechselnd entgegengesetzter Ströme XIII. 436; der Temperaturänderungen XIV. 503; XX. 504 — Verstärk. d. Elektromagnete durch Eisen u. andere Elektromagnete XVI. 525 — Verstärk. durch Einführung e. verschied. Anzahl gleicher Eisendrähte in die Magnetisirungsspirale XX. 501 — Magnetisir. hohler Eisencylinder durch Einführung e. Spirale in dieselben X. 580. 581 — Bei gleicher Stromstärke magnetisirt e. vielpaarige Säule schneller als d. einpaarige XI. 506; XIII. 430 — Ursachen d. Zeitdauer zur Magnetisirung VIII. 550 — Zeit d. Entstehens u. Verschwindens des Magnetism. im Eisenkern XIV. 489; XV. 489 — Einfluss d. Dauer d. Magnetisir. XX. 503 — Eintheilung der Elektromagnete XVI. 523.

Wirkung e. Spirale auf ein in ihrer Axe liegendes magnet. Theilchen V. 302; VIII. 550 — Anziehung zw. e. elektr. Spirale u. einem in ihrer Axe befindl. Eisenkern VI. 835 — Magnet. Wirkung elektr. Spiralen v. verschied. Durchmesser VI. 818 — Wirk. d. Spiralen bei verschiedener Stellung u. Länge zum Kern XI. 503; XIV. 496 — Versuche üb. d. Reciprocität d. elektromagnet. u. magnetoelektr. Erscheinungen VIII. 526 — Stärke des in Stahl u. verschied. Eisensorten durch denselben Strom erregten u. bleibenden Magnetismus VIII. 540 — Elektromagnet. Wirk. d. Ströme v. sehr kurzer Dauer mit Anwendung auf Chronoskope VIII. 541. 544 — Schwächung d. Magnetkraft durch abwechselnd starke u. schwache Ströme IX. 572 — Die magnet. Erreg. nicht d. Strom proport. sondern nach Müller auch v. d. Durchmesser d. Stabes abhängig VI. 820; X. 577; Versuche dagegen VI. 821. 823 — Verfahren die Abweich. der Magnetisirung v. d. Proportionalität mit der Stromstärke zu beobachten VIII. 541 — Einfluss d. Stromstärke u. d. Widerstandes auf die magnet. Erreg. IX. 571 — Bei geringen Stromstärken wächst d. Magnetismus schneller als d. Stromstärke XII. 530 — Empirischer Ausdruck für d. Beziehung zwischen temporärem Magnetismus im Stahl u. d. magnetisirenden Kraft XX. 501 — Nach Page der Magn. proport. d. Masse des Eisenkerns II. 514 — Beziehung zw. Durchmesser u. Kraft d. Elektromagnete III. 473; VI. 817; XI. 504 — Der Magn. in Eisencylindern der Wurzel d. Durchmesser proport. XIV. 491 — Einfluss d. Querschnitts d. Stäbe XV. 489 — Einfluss d. Länge IX. 573; XI. 504 — Einfluss d. Gewichts u. der Entfernung d. Ankers auf d. Trag-

kraft d. Elektromagnete III. 467; der Form d. Anker IV. 353; der Grösse u. Berührungsfläche der Anker XIV. 494 — Verhältniss der Stromstärke zur Tragkraft VI. 831; XI. 503 — Gesetze üb. Anziehung u. Tragkraft v. Dub VI. 833; VIII. 546; IX. 573; XIII. 432; XIV. 494; bei hufeisenförmigen Elektromagneten VIII. 546; IX. 573. Vertheidigung dieser Sätze gegen Wiedemann XVIII. 470; XIX. 461 — Gesetze d. Anziehung u. Tragkraft v. Joule VI. 835; XI. 504. 506 — Verhältniss zw. Tragkraft u. Anziehung nach Fleury XII. 531 — Anzieh. u. Tragkraft nach Du Moncel XIII. 426. 427. 429 — Ursache d. grossen Tragkraft der nur auf einem Schenkel umwickelten (hinkenden) Elektromagnete XIII. 425; Reclamation dazu v. Nicklès 425 — Tragkraft d. Hufeisenmagnete nach Nicklès VIII. 548; IX. 573; X. 583; XX. 496 — Tragkraft starker Elektromagn. v. Joule VIII. 549; d. Flintenlaufelektromagnets XI. 505 — Abhängigkeit d. Tragkraft v. d. Länge d. magnet. Kreises, v. d. Temperatur u. Form d. Magnets XV. 490 — Der in e. hohlen Eisencylinder eingeschobene Kern ohne Einfluss auf d. Tragkraft XVIII. 474 — Gesetz d. Anziehung e. Kugel von weichem Eisen durch d. Elektromagn. VI. 828; Dub dagegen VIII. 545 — Der Elektromagnetismus dringt in d. weiche Eisen ein VI. 827 — Vertheilung d. Magnetismus in der Längsrichtung XIV. 497; XV. 482; dasselbe schon früher Dove XV. 483 — Verhinderung d. schädlichen Rückstandes in d. Elektromagneten XV. 481 — Der magnet. Rückstand im weichen Eisen v. d. Art d. Unterbrechung abhängig XIX. 464.

Elektromagnet. Maschine v. Dujardin, Stöhrer II. 524 — von Page II. 526; III. 475 — v. Scoresby, Joule II. 526 — v. Botto, Paltrinieri III. 474 — v. Barclay XV. 489 — v. Marcus, Grüel, Schwarz XIX. 467 — von de Molin XX. 541 — von Ladd XX. 542 — Theorie d. elektrom. Maschine v. Jacobi VI. 812; Soret's Versuche dagegen XIII. 406 — Theorie v. Koosen X. 558 — v. Marié-Davy XI. 508 — Arbeitsleistung e. elektrom. Maschine VI. 590; bei gegebenem Zinkverbrauch VIII. 383 — Verhältniss d. Stromschwächung zur Drehungsgeschwindigk. VIII. 524 — Kosten e. elektrom. Masch. nach d. System v. Page XI. 508 — Elektrom. Masch. kostspieliger als Dampfmaschinen XVII. 512 — Verbesser. an elektrom. Masch. von Foucault XVII. 512 — Elektromagn. Waage v. Mène IV. 355 — Elektrom. Tangentialmaschine V. 313 — Anwend. d. Elektromagnetismus zur Vermehr. d. Reibung auf d. Eisenbahn bei starker Steigung IX. 575; X. 584 — Elektrom. Rotationsapparat mit dreierlei Beweg. bei derselben Stromrichtung X. 585 — Elektromagn. Auslösungswerk XI. 509 — Vorrichtung zur gleichmässig. Vertheilung der bei d. Ankeranziehung schnell wachsenden Magnetkraft XI. 510 — Elektromagn. Locomotive XX. 541.

Tonerreg. durch d. Magnetisirung in Stahl- u. Eisenstäben in Folge d. Ausdehnung I. 144; II. 149; III. 490; XVII. 518; XX. 506. 507 — Analogie d. rotator. Bewegungen d. Elektromagn. mit denen d. Himmelskörper I. 544 — Uebereinstimm. d. Gesetze d. Elektromagnetismus mit d. Gefässbildung bei d. Entwickl. d. Hühnchens II. 472 — Der menschl. Arm in e. elektr. Spirale soll elektromagnet. werden III. 448 — Bei d. elektrom. Rotation d. Quecksilbers bildet sich auf d. Oberfläche desselben e. Haut IV. 348 — Ausstossung eines massiven Eisenkerns aus e. hohlen beim Schluss d. elektr. Spirale IV. 349 — Wirkung v. Kreisströmen auf eine kleine Magnetnadel VIII. 513 — Richtung zweier auf d. Pol eines Elektrom. aufgelegten Eisenstangen XVI. 554 — s. Telegraphie, Uhren — Achard, Airy, Allan, Amberger, Avery, Bache, Bergeys, Berlioz, Bonelli, Bright, Callan, Croll, Cumine, Dering, Dub, Dujardin, Du Moncel, Dubré, Fessel, Froment, Greenough, Grüel, Hansen, Harrison, Hart, Hjorth, Hunt, Jacobi, Johnson, Kemp, Lallemand, Le Verrier, Liais, Maistre, Marié-Davy, Martin, Melsens, J. Müller, Nicklès, Nollet, Page, Paine, Paskal, Pellis u. Henry, Petrie, Pulvermacher, Rogers, Romershausen, Sewell, Shepard, Talbot, Wilkins.

Magnetismus, gebundener, III. 488.

Magnetismus, Rotations-M. s. Elektrodynamik.
Magnetismus, specifischer von vielen Substanzen I. 574; VI. 1148; XI. 544.
Magnetismus, tellurischer, Leistungen d. festen Observatorien für tellur. Magn. III. 522; IV. 394. 396 — Reiseapparate u. Beschaffenheit d. Instrumente namentlich d. registrirenden auf verschied. Observatorien III. 547. 548; IV. 404; VI. 893. 900; VIII. 607; XII. 601; XV. 645 — Correction d. Magnetnadel hinsichtlich d. Temperatur XII. 537 — Bisherige Leistungen d. Colonialobservatorien XIII. 474 — Vereinigung magnet. u. meteorolog. Observatorien XV. 642 — Beschreib. d. magnet. Observatoriums zu Keywest, (früher in Washington) XVI. 655 — Werthbestimmung d. Skalentheile in magnet. Observatorien XVII. 584 — Historisches üb. magnet. Beobachtungen XV. 639 — Nach welcher Richtung d. magnet. Beobacht. zu verfolgen sind XV. 648 — Magnet. Beobacht. d. Novaraexpedition XIX. 594 — Magnet. Beobacht. auf e. Reise nach d. östl. Sibirien XIX. 595 — desgl. längs d. norweg. Küste XIX. 596 — Magnet. Bestimmungen in Oesterreich III. 545; V. 364; VI. 894; zu Prag X. 665; XVII. 585 — Kremsmünster XVI. 650 — Einfluss d. Alpen auf d. Erdmagn. V. 366. 367; VI. 906 — Registrirmethode zu München VI. 895. 896 — Magn. Ortsbestimm. in Bayern und angränzenden Stationen VI. 907; X. 668. 669 — Tägl. Beobacht. in München IX. 631 — Magnet. Constanten für Münster XV. 639 — Beobachtungsweise zu Kew VI. 896; XV. 636; XIX. 591 — Jährl. Variationen auf d. britt. Observatorien VI. 904 — Magnet. Beob. zu Makerstown in Schottland IV. 396; VI. 907; XVI. 650 — zu Greenwich IX. 631; XV. 647. XVI. 650; XVII. 578; XX. 622. 627 — Neue magnet. Ortsbestimm. in England XVII. 559; XVIII. 566 — Magnet. Bestimmungen in Frankreich u. Spanien X. 670; XI. 625 — Magnet. Constanten an d. Küsten d. Adriat. Meeres XI. 608 — desgl. im südwestl. Europa XIV. 595 — desgl. im südöstl. Europa XV. 625; XVIII. 565 — in Norddeutschland, Belgien, Holland, Dänemark XV. 645 — Magnet. Ortsbestimmung in Frankreich, Spanien, Deutschland u. d. europ. Türkei XV. 626 — Magn. Beob. in Belgien XVII. 572 — zu Philadelphia V. 351; XVII. 584 — in Nord- u. Südamerika XIV. 599 — im östl. Archipel VI. 901 — in Trevandrum XIV. 598; XV. 624 — an einigen Küstenpunkten Asiens XV. 625; XVIII. 565 — in Hochasien XV. 630; XVI. 652 — an d. Westküste v. Indien XVII. 583 — am Cap der guten Hoffnung VI. 907 — zu St. Helena XVI. 650 — im Polarmeer XV. 640.

Theorie d. Erdmagnet. v. Lamont III. 552; v. Norton III. 553; V. 362; v. Drummond XIV. 601 — Ableitung d. erdmagn. Erscheinungen aus elektr. Strömen III. 555; V. 356; IX. 622; XI. 609; XVIII. 562; Sabine dagegen V. 358 — Nach Maury d. Erdmagnetismus v. Strömungen d. Atmosphäre herrührend VI. 890 — Herleitung d. Erdm. aus d. Verhalten v. Sauerstoff u. Stickstoff zum Magnetismus VI. 897 — Zusammenhang d. Temperaturänderungen mit d. erdmagn. Erscheinungen IX. 626 — Annahme e. magn. Erdkerns X. 670 — Wirkung eines den magnet Erdäquator umkreisenden galvan. Stroms auf e. Solenoid an d. Erdoberfläche XV. 625 — Erklärung d. Erdmagn. durch die Elektricität d. Erde XV. 626 — Der Erdmagn. e. Folge d. Bewegung der Erde im Aether XVI. 651 — Vergleich d. bisherigen Beobachtungsdata mit d. Theorie v. Gauss XIX. 586.

Ursache d. Variationen nach Lamont V. 359; VIII. 603 — nach Frisiani XVII. 562 — dieselben werden durch elektr. Erdströme erzeugt XVII. 566. 568; XVIII. 562 — nach Hennessy u. Faraday durch d. Sauerstoff XVII. 576 — Einfluss d. Höhe auf d. magnet. Variat. VI. 902 — Einfluss d. Witterung X. 666; XVII. 586; XVIII. 553 — Nach Lamont haben d. magnet. Variat. e. zehnjähr. Periode VI. 903; VIII. 603; XVII. 571; XVIII. 557; XX. 627 — nach Wolf e. elfjährige wie d. Sonnenflecke VIII. 603. 605; XV. 640; XVIII. 557. 558 — Einfluss des Mondes auf d. Gang d. magn. Variat. III. 559; VIII. 606; IX. 624; XII. 594; XIII. 470; XV. 639; XVI. 649; XVII. 558. 573. 576. 584; XVIII. 557 — Die

Variationen rühren direct v. d. Sonne, nicht v. ihrer Wärme her X. 662; XI. 604; XIV. 599; XV. 624. 627; XVIII. 555. 556 — Nach Lloyd üben Sonne und Mond keinen directen Einfluss XIV. 593; XIX. 588 — Wirkung von Sonne u. Mond XVII. 582 — Verhältniss d. Einflusses d. Mondes zu dem d. Sonne XX. 626 — Periodicität d. magnet. Störungen VI. 898; VIII. 605; IX. 622; XII. 593 — Zusammenhang d. Aenderungen in Declination, Inclination u. Intensität bei den Störungen XIII. 473 — Magnet. Störung zu Prag XVII. 585; zu Lissabon XIX. 590 — Zusammenhang zw. Erdbeben u. magnet. Störung XVIII. 552 — Nach Stewart d. Störung nicht dem Erdstrom zuzuschreiben XIX. 587 — Hypothese über d. magn. Stör. am 14. Dcbr. 1862 in England XIX. 589 — Erklärung d. Stör. durch e. magnet. Aether XX. 622 — Störung d. Variationsbussole durch Spinnen XII. 600.

Grundsätze für d. Berechnung der Beobachtungen III. 556 — Berechn. d. Constanten d. Gaussschen Theorie IX. 627 — Neue Constantenbestimm. v. Phillips IX. 628 — Arago's Bestimm. d. Variationen d. magnet. Constanten unvollkommen X. 671; XI. 612 — Erklär. eigenthümlicher Krümmungen d. magnet. Linien von Phillips IX. 628 — Nachweis zweier Nord- u. Südpole aus d. magn. Curven XI. 607 — Messungen zur Festsetz. d. isoklin. u. isodynam. Linien XII. 604; XIV. 600; XV. 644 — Darstellung d. magnet. Curven auf einer Kugelfläche XVII. 577 — s. Aimé, Airy, Angström, Bache, Baxendell, Belli, Berton, Brayley, Brooke, Brown, Buys-Ballot, Buzzetti, Charault, Chase, Davies, Dent, Desains, Drummond, Erman, Friesach, Frisiani, Fyers, Gaimard, Glaisher, Goldschmidt, Haig, Haudl, Hansteen, Hauerbeke, Haughton, Hinrichs, Hooreman, Kingston, Kleinsorgen, Kreil, Kupffer, Lamont, Lefroy, Lion, Locke, Loomis, Maas, Monte, Nicklès, Orlebar, Plantamour, Quetelet, Renard, Reslhuber, Richardson, Rochet, Ronalds, Rowell, Sabine, Saweljew, Schlagintweit, Schomburgh, Schwarz, Scoresby, Secchi, Stamkart, Stoney, Thomson, Volpicelli, Walker, Welsh Wild, Wolf, Zantedeschi.

Magnet. Declination, Störende Einflüsse auf d. absolute Bestimm. d. Decl. III. 524 — Grad d. Zuverlässigkeit d. tägl. Aenderungen III. 530 — Säcularbewegung d. Declin. nach alten u. neuen Markscheider-Messungen V. 367 — Declinationsbestimm. seit 1782 zu Bleiberg-Kreuth VI. 895 — seit Anfang d. 17. Jahrh. zu Berchtesgaden VIII. 609 — Beobacht. d. Decl. 1568 zu Löwen IX. 631 — Variation d. Decl. zu verschied. Tageszeiten VI. 898 — Der Gang d. Decl. der Feuchtigkeit parallel, nicht der Temperatur VIII. 603 — Die Abweich. im Sommer u. Winter gleich aber entgegengesetzt XI. 603 — Vermeidung von Fehlern bei Bestimm. d. Decl. XI. 611 — Reduction d. Magnetometerbeobachtung für d. Bestimm. d. Decl. XI. 617 — Bestimmung der Schwankungen aus stündl. Beobachtungen XVI. 653.

Einfluss d. Pöhlberges auf d. Decl. V. 366 — Decl. zu Wien XII. 596 — zu Berlin XIII. 476; XX. 629 — zu Utrecht IV. 409 — zu Brüssel VIII. 605; IX. 629; X. 660; XI. 624; XIII. 469; anomale Decl. im Garten der Sternwarte zu Brüssel XV. 638. 639. 644 — Decl. zu Dublin V. 360 — in Schottland XV. 635 — Declinationskarte v. England XVII. 560 — Decl. in Greenwich XVII. 575. 578 — zu Kew XVIII. 564; XIX. 592 — an der engl. Küste XVIII. 566 — zu Paris VIII. 608; Localeinfluss im Garten d. Sternwarte daselbst XII. 598 — zu Toulouse XVIII. 563 — an verschied. Orten in Frankreich u. Spanien X. 671; XI. 625; XIV. 595 — zu Rom X. 661; XV. 628 — zu Bologna XVII. 574 — zu Bern XVII. 574 — zu Christiania XV. 628 — zu Kopenhagen XV. 648 — zu Krakau XIII. 480 — am Eingang in d. finnischen Meerbusen XVI. 654; XIX. 594 — zu Petersburg u. auf verschied. Stationen in Sibirien XVII. 578 — im Atlant. Ocean IV. 418 — Säcularänderung d. Decl. am Adriat. Meer XI. 608 — Decl. im östl. Theil d. Mittelmeeres XIV. 597 — Decl. am Weissen Meer XVII. 581 — zu Port Kennedy am Eismeer XX. 623 — Variationen d. Decl. am Aequator III. 559 — Tägl.

Schwankungen zu St. Helena IV. 416 — Decl. auf d. Fiji-Inseln XVII. 582 — im Nilthal IX. 629 — in Peking XVI. 648 — in Ostindien XVI. 652 — in Trevandrum XVII. 573 — Säculäre Aenderungen d. Decl. in Nord-Amerika XIII. 472; XV. 650 — Stündl. Beobacht. zu Point Barrow u. Beziehung d. Decl. zu d. Nordlichtern daselbst XIII. 477. 478 — Decl. im Fort York an d. Hudsonsbay XIV. 596 — zu Philadelphia V. 351; XV. 641 — zu Mexiko u. Vera Cruz XV. 642 — in Pensylvanien XV. 650; XIX. 597 — zu Washington XV. 651 — Störungen d. Declination zu Greenwich V. 364; in Nertschinsk u. Kew XX. 624 — s. d'Arrest, Barlow, Beswich, Doppler, Encke, Karlinsky, Klinkerfues, Kreil, Liais, Matthiessen, Mauritius, Norton, Palmieri, E. Quetelet, Respighi, Roche, Schott, Silveira, Warberg, Weiss.

Magnet. Inclination, Vorsichtsmaassregeln bei ihrer Bestimmung III. 540 — Inclinatorium v. Meyerstein III 547; v. Lamont VI. 899; v. Broun XVII. 578 — Messung d. Incl. mit d. Magnetometer IX. 622 — Indirecte Bestimm. d. Incl. nach Zenger XI. 611 — Bestimm. d. Incl. mittelst e. galvan. Stroms XII. 597; durch Inductionsströme XIX. 593 — Messung d. tägl. Variationen der Incl. durch Induction weicher Eisenstäbe XVI. 647 — Verminderung d. Incl. durch d. Nordlicht IV. 173 — Abnahme d. Incl. in Europa IX. 630 — Incl. im südl. Norwegen V. 369 — in Christiania XI. 612; XIII. 475. 479; XX. 625. 626 — in Finnland VI. 891 — auf d. britt. Observatorien VI. 905; XVIII. 566 — in Yorkshire VI. 906 — in Schottland XV. 633 — in London XVII. 563 — Dublin XVII. 571 — Kew XIX. 592 — Brüssel VIII. 605; IX. 629; X. 660; XI. 624; XIII. 469; XV. 644 — Paris VIII. 608; XII. 601 — zu Audaux u. Urrugue im südwestl. Frankreich X. 662; XI. 625; XII. 603 — Toulouse XVIII. 563 — in Frankreich u. Spanien namentlich zu Carthagena X. 671; XI. 625 — in Rom XV. 628 — in Genf XI. 607 — Freiburg XIX. 593 — Berlin XX. 629 — im Nilthal IX. 629 — in Nordafrika u. Kuka XI. 627 — im östl. Mittelmeer XIV. 597 — in Ostindien XVI. 652 — Centralasien XVII. 581 — bei SpitzbergenX IX. 597 — auf d. Fiji-Inseln XVII. 582 — Säcularänder. der Incl. in Nordamerika XIII. 473 — Incl. in Mexiko u. Vera Cruz XV. 642 — zu Washington XV. 651 — in Pensylvanien XIX. 597 — zu Hobarton XIX. 592 — s. Erman, Hansteen, Kreil, Kupffer, Lamont, Palmieri, Quetelet, Rochet.

Magnet. Intensität, Einflüsse auf ihre Bestimm. III. 533 — Einfluss d. Höhe auf d. Int. V. 365 — Intensitätsbeobacht. während d. Sonnenfinsterniss v. 28. Juli 1851, VI. 900; d. Nadel soll dabei schneller schwingen VI. 900; VIII. 607; IX. 626 — Fall, wo bei d. Bestimm. d. Int. die Reduction auf unendl. kleine Bögen nicht anwendbar ist XI. 613 — Methode d. Messung v. Lloyd XIV. 594; XV. 629 — Bei Störungen das Verhältniss d. horizontalen u. verticalen Intensität e. constantes XVII. 561. 577; XVIII. 562; XIX. 588 — Steigen u. Fallen d. Int. d. gesammten Erdmagnetismus XVII. 583 — Variation d. Int. während 25 Jahre in Mitteleuropa X. 668 — In Mitteleuropa nimmt d. Horizontalintensität unregelmässig zu XVI. 655 — Int. im südl. Norwegen V. 369 — zu Christiania XII. 595; XX 625. 626 — Stockholm XII. 595; XV. 630 — in Finnland VI. 891 — Moskau XII. 595 — Kopenhagen XII. 595 — Halle XI. 626 — Göttingen XII. 595; XIV. 599 — Altona, Gotha XIV. 599 — Wien XII. 596 — Berlin XX. 629 — Paris XI. 627; XII. 595. 601; XIV. 599 — an vielen Orten in Frankreich und Spanien X. 670; XI. 625; XIV. 595 — in Brüssel IX. 629; X. 660; XI. 627; XII. 595; XIV. 599 — Rom XV. 628 — London XV. 631 — Schottland XV. 634 — in England XVIII. 566 — Kew XIX. 592 — Bern XVII. 574 — im östl. Theil d. Mittelmeeres XIV. 597 — im Nilthal IX. 629 — am Ural XIV. 600 — in Ostindien XVI. 652 — zu Toronto V. 354 — Philadelphia V. 354; XVIII. 565 — im Fort York, Hudsonsbay XIV. 596 — in Mexiko u. Vera Cruz XV. 642 — Pensylvanien XIX. 597 — auf d. Fiji-Inseln XVII. 582 — zu Hobarton XIX. 592 — s. Brown, Hansteen, Hetzer,

Kämtz, Langberg, Lloyd, Lottin, Nortin, Weber.
Magnetismus, Rotations-M., siehe Elektrodynamik.
Magnetkraftlinien s. Magnetische Kraftlinien.
Magnetograph, selbstregistrirender zu Kew v. Stewart XV. 636.
Magnetometer, Compensation der Wärme für Magn. VI. 893 – Messung d. Inclination mit d. M. IX. 622 – Zusammenhang zw. d. Drehungswinkel u. d. entsprechenden Skalenabtheilung XI. 614 — Reduction der Magnetometerbeobacht. zur Bestimm. d. Declination XI. 617 — Anwend. d. Bifilarmagnetometers nach Broun III. 538; XVII. 562.
Magnetoskop, Anwend. XV. 538.
Malachit s. Kupferoxyd.
Maleinsäure, Elektrolyse XX. 482.
Mangan, Specif. Magnetismus I. 575 — Specif. Wärme XVII. 392.
Manganoxyd, Unterscheid. d. schwefelsaur. u. phosphorsaur. M. v. den Uebermangansäureverbindung. durch d. Absorptionsspectrum XIX. 217.
Manganoxydul, Opt. Eigenschaften d. pikrinsaur. M. XVI. 263.
Mannaregen II. 209; XX. 771.
Manometer, Metallman. v. Bourdon VI. 62 – s. Dumont, Volpicelli.
Manytsch, Name v. zwei Flüssen; Lauf derselben XX. 867.
Marekanit, Trockner M. e. Nichtleiter VI. 648.
Mariottesches Gesetz s. Gase.
Marmor, Prüfung d. Festigkeit dess. XII. 170 — Wärmeleitung XIII. 301.
Mars, Spectrum seines Lichts XIX. 207; XX. 204.
Mascaret, Erklärung desselben XVIII. 45.
Maschinen, Gleichgewicht der M. IX. 52 — Neue Art alternirende gradlinige Bewegungen in kreisförm. zu verwandeln IX. 53 — Theorie d. Bewegung von Räderfuhrwerken einschliessl. d. Dampfwagen IX. 54 — Zweckmässige Bezeichnungsweise d. Theile e. gezeichneten Maschine XI. 80 — Beweg. d. Lenk- u. Kolbenstange sowie des Kopfes der Lenkstange XX. 36 — s. Dampfmaschine, Keil, Luftmaschine, Wattsches Parallelogramm — Nöggerath.
Masse s. Materie.
Materie, Die M. soll e. Strahlungsvermögen besitzen IV. 4 — Die Imponderabilien e. verschiedene Affection d. Mat. VIII. 501; XIV. 3 – Nach Seguin d. Materie nicht unendlich theilbar, sondern aus Elementen, Kraftcentren, bestehend IX. 3 — Wegen d. Gravitationsgesetzes die Dichte d. Masseneinheit constant XIV. 4 — Urbestandtheile d. Mat. XVI. 21 — s. Molecüle — Birks, Graham, Hullmann.
Mathematik, Misslungene Versuche durch Math. a priori Gesetze zu deduciren XVII. 25.
Mauna-Loa, Ausbrüche desselben VI. 963; VIII. 638; XV. 780. 781 — Aussehn im J. 1852 u. später IX. 668; XII. 761. 762; XIII. 599; XVI. 864. 866.
Mausit zeigt Dichroismus IX. 266.
Mechanik, Zerlegung u. Zusammensetz. d. Kräfte II. 48 — Bedingungen, denen Modelle in d. Mechanik genügen müssen III. 35 — Nothwendigkeit die Zeit in d. Mechan. zu berücksichtigen III. 42 — Verwandlung d. Princips d. Momente in das d. virtuellen Geschwindigkeit V. 37 — Theorie d. Kräfte u. Beweg. von Saint-Guilhem VI. 85 — Axiome d. theoret. Mechanik v. Schrader IX. 30 — Theorie d. Dreh- u. Fliehmomente IX. 50 — Theorie d. Mittelpunkte d. parallelen Seitenkräfte IX. 51 — Fortschritte d. analyt. Mech. nach Cayley XIII. 110; XIX. 18 — Erläuterung d. Gaussschen Princips v. kleinsten Zwange XIV. 63 — Begriff der suraccélération XIV. 68 — Darstellung d. Mechanik v. Schellbach XVI. 22 — Verbesser. zu d. Bertrandschen Ausgabe d. Mech. v. Lagrange XVI. 25 — Ergänzung zum Princip der kleinsten Wirk. XVIII. 18 — Geringe Bedeutung d. Princips d. kleinsten Wirkung XX. 23 — Anwend. d. imaginären Grössen in d. Mechanik XIX. 18 — Unmöglichkeit das Princip d. Trägheit u. Superposition d Kräfte darzuthun XX. 21 — Reciproke Figuren u. Kräftediagramme XX. 21 — Allgem. Kräftecentrum XX. 24 — Maass- u. Zahlenverhältnisse schon Salomon bekannt XII. 346 — s. Dynamik, Kraft, Parallelogramm, Statik, Stoss, Trägheitsmoment — Bacaloglo, Boole, Braschmann, Brioschi, Brunet, Cayley, Collins, Daug, Durège, d'Estocquois, Fiedler, Gru-

nert, Hearn, Kösters, Lamarle, Landur, Normann, Ostrogradsky, Schläfli, Secchi, Steichen, Tate, Thomson.

Meer, Die Fluth e. Ursache v. dem Sinken d. Meeresniveaus III. 34 — Einfluss d. Luftdrucks auf d. Niveau d. Meeres X. 767; XVII. 717 — Niveauunterschiede d. verschied. Meere IX. 637 — Das Niveau d. Rothen u. Mittelländ. M. nahe gleich XI. 763; vergl. VI. 1000 — Die Niveaudifferenz zw. d. Atlant. u. Mittelmeer nur scheinbar XX. 843 — Weshalb die festen ins Meer geführten Stoffe dessen Oberfläche nicht erhöhen XI. 762 — Einfluss d. Unebenheiten d. Erdoberfläche u. d. Meeresbodens auf d. Meeresspiegel XVIII. 37. 713 — Apparate zur Sondirung in grossen Tiefen VI. 996. 998 — Verfahren der Tiefen-Messung v. Walferdin VI. 999; v. Scoresby IX. 639; v. Denham IX. 639; v. Cocks IX. 640; v. Lyte IX. 641; v. Brooke X. 768; v. Spratt XII. 736; v. Trowbridge XIV. 683; XV. 735; v. Dayman XIV. 688 — Bathometer v. Siemens XVII. 747; von Jolly XIX. 666; XX. 846 — Muthmaasslich grösste Meerestiefe XI. 762; XVIII. 713 — Tiefenmess. im arkt. Ocean nördlich der Behringsstrasse XIII. 569; zw. Malta u. d. Archipelagus XIII. 570; im ind. Ocean XV. 735 — Linien d. tiefsten Wassers um d. britt. Inseln XVIII. 713 — Grosse Tiefe d. Bai v. Biscaya XVII. 746 — Ausdehnung d. Untiefen im ind. Meer (asiat. Bank) VIII. 649 — Aehnliche Bank an d. Nordküste Australiens VIII. 650 — Ballons um Gegenstände v. Meeresboden zu heben IX. 85 — Entdeckung d. nordwestl. Durchfahrt IX. 636 — Natur des Seeweges um Cap Horn nach Australien XII. 679 — Das Polarmeer offen XIV. 687 — Zerstörungen an d. Küsten durch d. M. XV. 743 — Druckmesser in der Meerestiefe XV. 79; XVI. 781; XVII. 96 — Einfluss d. M. auf d. Ablenkung d. Bleiloths in Indien XV. 54 — s. Adhemar, Babinet, Bache, Bennigsen, Dareste, Desmoulins, Du Celliée, Erdmann, Fleuriot, Forbes, Glaisher, Grunert, Hément, Hoskyn, Hutchinson, Jolly, Julien, Kerhallet, Le Hon, Liais, Littrow, Mac Clintock, Maury, Petermann, Reventlow, Saxby, Schellen, Selby, Shaffner, Toynbee, Ule, Vallon.

Meerbusen s. Bourgeois, Combier, Kohl, Lorenz.

Meeresströmung, Theorie d. Meeresstr. v. Babinet V. 488; VI. 1004 — Nach Hopkins d. Wind die Ursache d. Meeresstr. VIII. 612. 717 — nach Anderen die Ungleichheit des Salzgehaltes IX. 642. 645 — Ursache d. M. nach Hunt XV. 738 — Treibproducte d. Strömungen X. 770 — Ermittelung d. Richtung d. Ström. XIII. 572 — Elliptische Beweg. der Gesammtwassermasse in d. Meeren XIV. 688 — Strömungen d. Ursache ruhiger Streifen im Meere XVIII. 52 — Wirkung d. Meeresstr. an Inseln XX. 845 — Strömung in d. Strasse v. Gibraltar V. 489 — im Atlant. Ocean VIII. 715; IX. 641; X. 768; XII. 736 — Geschichte d. Ström. im Atlant. Meer XVII. 740 — Ström. vom Atlant. ins Mittelländ. Meer IX. 642; XI. 764 — Str. in d. Meerenge von Negroponte IX. 648 — Str. im grossen Ocean VIII. 715; XII. 674 — im Rothen u. Indischen Meer IX 645 — im arct. u. antarctischen Meer X. 770 — zwischen Island u. Grönland XII. 736; XIII. 571 — Fortführung eines grossen Granitblocks bei Borgholm, Oeland, XIII. 573 — Strömung an d. norweg. Küste XVI. 790 — bei Island XVII. 741 — an d. Westküste v. Schottland XX. 851 — Der Guianastrom an d. Nordostküste v. Südamerika XIX. 675 — Strömung an d. Südspitze v. Afrika XX. 845 — s. Golfstrom — Andriveau, Brighenti, Capello, Cialdi, Combier, Everest, Heathcote, Hirst, Hopkins, Keller, Kiddle, Liais, Mac Donald, Maury, Saxby.

Meereswellen, Geschwindigkeit u. Höhe d. Meeresw. V. 470; VI. 209 — Kraft d. Meeresw. VI. 1005 — Verhältniss d. Abnahme der Wellenhöhe v. d. windwärts gelegenen Küste VIII. 123 — Abnahme d. Wellenhöhe nach d. Eintritt in d. Hafen IX. 99 — Oel glättet d. gekräuselte Oberfläche d. Wassers XII. 25; XIV. 34 — Interferenz der Meeresw. bei Helgoland XVII. 740 — Beweg. des Schaumes auf d. Meeresw. XVIII. 52 — Ursache d. ruhigen Streifen zw. d. Meereswellen XVIII. 52 — s. Wellen.

Meermilch s. Meerwasser.

Meerwasser enthält bei Tage mehr Sauerstoff als bei Nacht; Kohlensäure verhält sich umgekehrt II. 232 — Löslichkeit d. Luft im M. XI. 186 — Ursache der blaugrünen Farbe III. 135 — Ursache der Färbungen d. Meerw., besonders der weissen, Meermilch, X. 770; XI. 769 — Schallgeschwindigkeit im M. IV. 112 — Geringer Kalkgehalt d. Meerw. V. 479 — Chemische Beschaffenheit d. M. am Boden u. auf d. Oberfläche VI. 1006 — Bestandtheile d. M. im Stillen u. Atlant. Ocean in verschied. Breiten VI. 1007; Vergleich mit anderen Meeren XVIII. 714 — Ursprung d. Salzgehaltes im M. VI. 1010; XIX. 664 — Temperatur d. M. südlich v. Cap d. guten Hoffn. XII. 680 — Der Schaum d. Brandung wärmer u. salziger als d. Meerwasser XIII. 294 — Nach Sturm hat d. Meerw. e. höhere Temperatur als zuvor XX. 343 — Bestimm. d. Temperatur in grossen Tiefen nach Walferdin VI. 999; nach Lorenz XVIII. 714 — Meereis stets salzhaltig XV. 348; XVII. 738 — Eisbildung im M. nach Edlund XIX. 670 — Nach Martins kühlt sich M. nicht unter 0° ab ohne zu gefrieren XX. 846. Edlund dagegen 847 — Gebrauch d. Fahrenheitschen Aräometers zur Bestimm. d. Salzgehalts im Meerw. XIII. 82 — Specif. Gewicht d. M. XIII. 85. 572; XVI. 784 — Einfluss d. steigenden Salzgehalts d. M. auf d. organ. Leben XVI. 782 — Acclimatisirungen im Baikalsee XVII. 738 — Specif. Gew., Gefrierpunkt u. Dichtemax. d. M. XVII. 372 — Salzgehalt, Temperatur u. Dichte in verschied. Breiten XVII. 738; XVIII. 716 — s. Atlant., Todtes Meer.

Megameter zur Messung der Vergrösserung opt. Instrumente XIX. 305.

Melitose eine Zuckerart, Eigenschaften XI. 316.

Mellit s. Honigstein.

Melodie, Begriff XVIII, 158.

Membran s. Platten.

Mensch, Temperatur der menschl. Zunge I. 347 — Elasticität u. Cohäsion d. Sehnen, Muskeln, Venen, Knochen II. 95; III. 61 — Der menschl. Arm soll elektromagnetisch werden III. 448 — Menge der im Körper erzeugten u. ausgegebenen Wärme IV. 222 — Eintauchen v. Körpertheilen d. M. in geschmolzenes Eisen V. 87 — Bestimm. d. Wärmeerzeug. im menschl. Körper XIV. 344.

Merometer s. Meroskop.

Meroskop e. Abänderung d. Mikroskops VIII. 361 — Parallelmerometer zur Mess. sehr kleiner Längen X. 335.

Mesopotamien, Klima XX. 780.

Messen s. Maass.

Messing wird magnetisch VI. 862 — Wärmeausdehnungscoefficient X. 34; XX. 339 — Elasticitätscoeffic. X. 110; XIX. 59 — Vereinig. v. M. u. Platin durch d. volt. Batterie XIII. 352 — Structuränderung der in d. Luft ausgespannten Messingdrähte XV. 103 — Wärme- u. Elektricitätsleitung XV. 364; XVIII. 364 — s. Heeren.

Metallbarometer s. Barometer.

Metalle, Durch Ausziehen werden manche M. verdichtet, andere ausgedehnt I. 85 — Eine Elasticitätsgränze bei d. M. nicht vorhanden I. 86 — Der Elasticitätscoeffic. nicht constant I. 88 — Beziehung zw. der latenten Schmelzwärme d. M. u. ihrem Elasticitätscoefficienten IV. 230 — Structuränderungen, welche dem Brechen vorangehn X. 10 — Feinzertheilte M. explodiren unter Druck XI. 4 — Drähte kühlen sich beim Spannen ab u. erwärmen sich beim Comprimiren XIII. 291 — Härte der gebräuchlichsten Metalle XIV. 115 — Festigkeit d. M. XVI. 64 — Lichtbrechung d. M. XIX. 248.

Durch Beimischung mancher Metallsalze wird d. Auflösung d. Met. in Säuren bald verzögert, bald beschleunigt. Tageslicht befördert d. Wirkung I. 477; II. 232; beruht auf e. volt. Process II. 413 — Metallreduction auf elektr. Wege II. 411 — Structurverschiedenheit galvanoplast. Fällungen II. 423 — Löslichkeit der Met. in Cyankalium III. 388 — Die bei d. Elektrolyse entstehenden angebl. Hydrüre sind fein vertheilte Metalle, ausgenommen Kupfer IV. 298 — Glühende Kohle fällt aus d. Lösungen d. Metallsalze d. Metalle IV. 299 — Die Met. sind zusammengesetzte Körper X. 149 — Leichtmetalle sind specif leichter als ihre Oxyde XI. 47 — Zusammenschmelzen verschied. Met. durch d. galvan. Batterie XIII. 352 — siehe Elasticität,

Elektr. Leitung — Calvert u. Johnson, Fairbairn, Robertson.
Metallochromie s. Galvanoplastik.
Metalloxyde, Löslichkeit in Wasser XI. 170.
Metallthermometer v. Hess IX. 25 — Benutzung des Breguetschen M. zu galvan. Versuchen XVI. 505.
Metamylen, Verbrennungswärme desselben II. 251.
Meteor s. Feuerkugel, Lichterscheinungen, Mannaregen, Meteorit, Nordlicht — Baehr, Beeck, Belli, von Boguslawski, Bourrières, Brogniart, Corbett, Davis, Ehrenberg, Fritsch, Gardner, Gautier, Glaisher, Grey, Güldenapfel, Haidinger, Heineken, Heis, Inglis, Jonquière, Köningk, Landré, Loomis, Malcolm, Mann, Marsh, Masch, Mathieu, Murphy, Murray, Neumayer, H. A. Newton, Odell, Ogrincz, Paquerée, Perty, Potzeys, Pouillet, Powell, Pritchard, Quetelet, J. Schmidt, Selys, Spillmann, Stephan Erzherzog, Swan, Tscheinen, Tschudi, Terrero, Wartmann, Weber.
Meteoreisen s. Eisen.
Meteorit s. Meteorstein.
Meteorologie, Correction für die Monatsmittel meteorolog. Beobacht. um sie in mittlere Monatswerthe zu verwandeln IV. 426 — Erzielung mittlerer meteorolog. Resultate nach Drew X. 724 — Bemerk. zu d. Interpolationsformeln für period. Erscheinungen VIII. 681 — Anwend. der Wahrscheinlichkeitsrechnung auf die Meteorologie VIII. 682 — Bestimm. d. Mittelwerthe aus meteorolog. Beobacht. u. d. Ganges e. period. Erschein. nach Kämtz XV. 653 — Bestimm. d. Fehler meteorolog. Einzelwerthe u. d. Schwankungen um ihren Mittelwerth XVIII. 579 — Graphische Darstellung aller gleichzeit. Witterungserscheinungen v. Buys-Ballot X. 726 — Karten für d. gleichzeit. Witterungszustand in Frankreich XI. 713; XIII. 539 — Meteorolog. Karten nach Galton XVII. 714; XIX. 650 — Verwerthung gleichzeitiger meteor. Beobacht. XIII. 536 — Erklärung d. meteorolog. Vorgänge nach Hopkins XI. 759 — desgl. nach Vettin XII. 718 — Anweisung für d. meteorolog. Observatorium in Algier XI. 760 — für d. Smithsonian-Institut zur Anstellung met. Beobacht. XII. 620 — Volta's Vorschläge zur Errichtung meteorolog. Observatorien in Italien XVIII. 678 — Möglichkeit d. Vorherbestimm. d. Witterung XI. 714; XVII. 644. 646; XX. 639 — Nutzen telegraphischer Mittheilung d. Witterung XVIII. 648; XIX. 602. 603. 604 — Leistungen d. Beobachtungssysteme für d. engl. u. andere Küsten XVIII. 670; XX. 709 — Londoner Einrichtungen für d. Wetterprognose XX. 642 — Vorherverkündig. d. Stürme an den russischen Küsten XX. 711 — Die Kälteperiode Mitte Mai noch fraglich V. 441 — Die Ursache d. Temperaturerniedrigung im Februar und Mai keine kosmische VI. 1111 — Periodische Erscheinungen d. Thier- u. Pflanzenreichs in Belgien IV. 457 — Vorschriften für d. Registrirung period. Erscheinungen bei Thieren u. Pflanzen VI. 1091 — Meteorolog. Preisfrage III. 565 — Bericht über d. Lehrbücher d. Met. v. J. F. Daniell, Bravais, Grunert, P. Thomson, Lowe, Eisenlohr III. 643; v. Kunzek VI. 1060 — Inhalt d. Unterhaltungen für Dilettanten u. Freunde d. Meteorologie v. Jahn IV. 438; des meteorolog. Jahrbuchs v. Frankreich IV. 439; V. 419 — Zweck u. Einrichtung des Repertoriums für Meteorologie von Kämtz XV. 687; der Wiener meteorolog. Jahrbücher XVI. 760; XVII. 714.
s. Hygrometrie, Klima, Temperatur — Abramow, Airy, Alexander, Argelander, Aubry, Aucour, Ausfeld, Ball, Barnabita, Barral, Barthe, Beck, Becker, Béron, Bianchi, Bloxam, Bouris, Brooke, Brown, Buhse, Burnier, Buys-Ballot, Candolle, Capelli, Casoni, Caswell, Chalette, Chautard, Chavagneux, Clausius, Clos, Coffin, Colla, Columbus, Conzen, Cornelius, Coulvier-Gravier, Demidoff, Deville, Dilke, Dove, Drach, Drian, Dufour, Duprez, Edlund, Ellner, Encke, Engelmann, Fayrer, Fitz-Roy, Flammarion, Fonvielle, Foot, Fournet, Fraysse, Fritsch, Galle, Gautier, Gillis, Glaisher, Glock, Grimaud, Grouven, Günther, Guist, Hallier, Hansteen, Hatch, Haymart, Heis, Hennessy, Henry, Heraud, F. W. Herschel, Hertel, Hildreth, Hoffmann, Hofmeister, Holtermann, Hornstein, Hügel, James, Jelinek, Johnson, Jouan, Julien, Kämtz, Kha-

nikoff, Khoudakoff, Kirkpatrick, Kittel, Kittlinger, Klein, Koch, Koller, Kornhuber, Kreil, Kuhn, Kupffer, Ladame, Lamont, Lathrop, Lawton, Leboeuf, Lefroy, Leverrier, Liandier, G. v. Liebig, Listing, Littrow, Logan, Loof, Lowe, de Luca, Lucas, Lütke, Macario, Mac Clintock, Magrini, Maillard', Main, Marcet, Marguet, Martin, Mathieu, Mendel, Merian, Meurein, Miller, Moffat, Moritz, Morris, Mosquera, Mühry, Nicati, Nicolet, Ohler, Parinsetti, Perrey, Plantamour, Plieninger, Prestel, Prettner, Prozell, Quetelet, Radau, Raffenel, Rankin, Reslhuber, Roche, Ronalds, Rothe, Rozet, Russel, Sabine, Schiaparelli, Schoof, Schtschukin, Secchi, Seidl, Selys, Semenoff, Siegfried, Simonett, Simony, Sismonda, Skanke, Smallwood, Smyth, Sofka, Solowiew, Spassky, Stas, Steiner, Stoddard, Sulzer, Sztoczek, Tasche, Thomas, Thompson, Tilling, Toscani, Toumacheff, Trechel, Twining, Villeneuve, Villiers, E. Vogel, Wackerbarth, Weber, Weinberg, Weisse, Weld, Wellawin, Weyer, Wild, Witte, Woldrich, R. Wolf, Woods, Ziegler, Zurcher.

Meteorologische Beobachtungen auf d. Stationen d. meteorolog. Instituts in Preussen VI. 1063; XIV. 649; XVII. 717; XX. 805 — Witterungsberichte üb. d. Zeitraum von 1729 bis 1849 v. Dove VI. 1115 — Met. Beob. zu Senftenberg III. 587 — Frankfurt am M. IV. 403; X. 718; XV. 669 — Karlsruh V. 388 — auf d. hohen Peissenberg VI. 1068; XIV. 657 — Breslau IX. 707; X. 711; XI. 721; XIII. 516 — München X. 703. 727; XV. 669. 671 — Hanau X. 713 — Braunschweig XI. 659; XIII. 491 — Halle XI. 720; XIII. 534 — Hinrichshagen XI. 721 — Bayreuth XI. 721 — Aschaffenburg XI. 722 — Giessen XI. 725 — in Württemberg XI. 750; XX. 787 — Schnepfenthal XIII. 535 — Crefeld XVII. 672 — Emden XX. 776 — Prag IV. 400. 436; X. 707 — Lemberg VI. 1080 — Krakau XI. 720 — Wien X. 707; XII. 697; XV. 683 — Pressburg XII. 712 — Basel X. 713; XV. 657; XX. 799 — Genf u. auf d. gr. St. Bernhard X. 741; XI. 717; XX. 825 — zu Bern u. an andern Orten d. Cantons XI. 723. 724. 725; XIX. 644 — Lausanne XV. 696 — Einrichtung d. meteorolog. Stationen d. Schweiz XVI. 744; XVII. 693; XIX. 644. 653; XX. 782 — zu Utrecht III. 605; IV. 409 — Breda III. 606 — Löwen IV. 454 — in d. Niederlanden VI. 1066; XII. 712; XIII. 535 — Brüssel IV. 397 — Belgien XI. 755; XIX. 656; XX. 800 — im Saonebecken V. 473 — zu Damas X. 719 — in Deutschland und Frankreich XV. 669 — zu Rouen XVIII. 676 — in d. Provence XVIII. 676 — Toulouse XIX. 647 — Meteorolog. Vorgänge bei dem Sturm im Aug. 1862 zu Paris XIX. 651; XX. 723 — Meteorol. Beobacht. in d. Pyrenäen VI. 1078 — Alessandria XV. 658 — Palermo XV. 695 — Rom XVIII. 675; XX. 824 — Athen XX. 803 — zu Makerstown III. 529. 587; IV. 396; XVI. 753 — zu Saint Helier, Jersey III. 604 — Greenwich IV. 394 — Meteorolog. Forschungen in England VI. 1070; X. 723. 725 — Met. Beob. zu Southampton X. 724 — Huggate, Yorkshire X. 725 — in Irland XI. 738 — Edinburg XVI. 754 — Upsala XIII. 530 — in Schweden XVIII. 680 — Kaafjord, Finmarken VI. 1089 — Petersburg IV. 398 — auf den russ. Stationen IV. 434; VI. 1065; X. 714; XI. 757; XII. 701; XIV. 645. 649; XVI. 758; s. unten Transkaukasien — Nowgorod XV. 690 — Orel XV. 691 Dorpat XV. 694 — Wetterwende in Europa Mitte Januar 1861, XVII. 674 — Gang der Witterung in Europa Jan. u. Juli 1864, XX. 778.

Meteorolog. Beob. in Transkaukasien u. Sibirien IV. 433; VI. 1071; X. 714 — am Ussuri XVI. 745 — zu Jakuzk u. a. m. XVI. 758 — Sinope XIII. 531 — Tiflis XIV. 648 — Chacodate in Japan XVI. 759 — Kanagawa in Japan XVIII. 674 — auf d. Rhede d. Peiho XX. 777 — Aden III. 603 — Bombay III. 600 — in Indien VI. 1085. 1090 — zu Buitenzorg auf Java III. 610 — Trockenheit d. Luft in Abessinien III. 615 — Meteorolog. Beob. zu Madeira IV. 429 — Port Natal u. Picter Maritzburg XI. 726 — Chartum u. Gondokoro XIII. 520; XV. 685 — Laghuat in Algerien XVIII. 676; s. XI. 760 — auf Guatemala III. 617 — zu Gongo Soco in Brasilien III. 618 — Fernambuk VI. 1089 — Havanna XIX.

651 — Toronto IV. 401 — auf verschied. Stationen in Nordamerika VI. 1069. 1070; XVII. 713 — in Canada X. 722. 723 — zu Arbroath XI. 716 — New-York XIII. 510 — Providence XVIII. 667 — Washington XVIII. 668 — St. Louis XIX. 654 — Mellevilleinsel XI. 727 — in Grönland XIV. 658 — in d. Rensselaer Bucht, Westküste v. Grönland XV. 697 — zu Hobarton in Van Diemensland V. 391 — in der Colonie Victoria, Australien XX. 818 — an d. König Maxinseln im südind. Ocean XIV. 660 — auf d. Lu-tschu-Inseln XV. 689 — auf drei Reisen nach Ostindien III. 610 — auf e. Reise v. d Niederlanden nach Java IV. 425; V. 417 — auf d. Reise üb. den grossen u. atlant. Ocean VIII. 709; X. 741 — auf d. Reise v. Portsmouth nach Rio de Janeiro X. 726 — auf d. Weltumsegelung durch d. schwed. Fregatte Eugenie XVIII. 680 — bei d. Luftfahrten v. Glaisher XX. 790

Meteorologische Instrumente, Selbstregistrirende auf verschied. Observatorien I. 296; II. 241; III. 209. 550. 586 bis 588; IV. 404. 406; V. 209; VI. 1124; XV. 655; XVII. 595; XIX. 606. 608. 644; XX. 650 — Hall's meteorolog. Uhr VIII. 658 — Bestimm. d. wahrscheinl. Fehler der in Oesterreich gebrauchten met. Instr. VIII. 660 — Erörterung d. täglichen Ganges d. met. Instr. XIV. 623 — Registrirapparate v. Dahlander XVII. 590; v. Fastré XX. 654 — Dauer d. Contacts bei d. Registrirapparaten XX. 541 — Recept für d. Inhalt d. Wetterparoskops, Wetter- oder Sturmglases XIX. 614 — s. Anemometer, Barometer, Hygrometer, Thermometer — della Casa, Casella, Noel.

Meteorsteine (Aerolithe, Meteorite), Zusammenhang d. Met. mit d. leuchtenden Meteoren III. 168; mit den Sternschnuppen XX. 590 — Die Feuererschein. vom Widerstand der Luft herrührend IV. 177 — Grösse d. Wärmeerzeugung beim Durchgang d. Aerolithen durch d. Atmosphäre IX. 411; XIX. 525. 527 — Die Sonnenwärme muthmaassl. durch fallende kosmische Massen unterhalten X. 376 — Vorgang beim Erglühen u. Zerspringen d. Meteorst. XVIII. 496. 498 — Meteorst. sind Conglomerate XX. 590 — Grosse Verbreitung d. Met. auf d. Erdoberfläche XX. 591.

Meteorsteinfall zu Fayetteville, auf Honolulu u. am Don II. 209 — zu Braunau III. 176; IV. 179 — zu Towa u. in Concord III. 176 — zu Utrecht III. 674 — bei Menow in Mecklenburg XVIII. 500 — Beschreib. d. Met. in d. Münchener Sammlung III. 174 — der in Nordamerika gefallenen III. 175 — s. Feuerkugel — Abich, Andrews, Auerbach, v. Babo, Baumhauer, van Beneden, Blum, v. Boguslawski, Bradley, Buchner, Cavaroz, Chancel, Cloez, Damour, Daubrée, Descloiseaux, Dewalque, Ditten, Domeyko, Duprez, Eichwald, Engelbach, Evans, Favart, Faye, Field, Filhol, Genth, Giacchetti, Gibbon, Gleuns, Goebel, Greg, Grewingk, Haidinger, Harris, Haughton, Hörnes, Jackson, Joy, Karsten, Kenngott, Kesselmeyer, Krantz, Lang-Cassels, Laroque u. Bianchi, Leverrier, Leydolt, Leymerie, Maskelyne, Melov, Merian, Miller, Missaghi, Moitessier, Mühlenpfordt, Murchison, Neumayer, Nöggerath, Partsch, Petit, Pfeiffer, Pisani, Powell, Rammelsberg, v. Reichenbach, Richardson, Roscoe, G. Rose, Saemann, Sartorius, J. Schmidt, Schweder, Seelheim, Seguier, Selys, Shepard, Silliman, Smith, Sorby, Stohlmann, Taylor, Thielens, M. Thomson, Török, Wawnikiewicz, H. Weber, Wöhler, Wolf.

Methylalkohol (Holzgeist, Methyloxydhydrat), Siedepunkt I. 39; III. 27; X. 151; XI. 41; XV. 33 — Wärmeausdehnung I. 39; II. 37; III. 27; XI. 41 — Verbrennungswärme II. 251 — Specif. Wärme II. 258; IV. 228; XVIII. 347 — Latente Wärme II. 258. 262. 270; III. 254; IV. 237; XV. 33 — Spannkraft d. Dämpfe XVI. 359 — Specif. Gew. I. 39; III. 27; X. 151; XI. 41; XVIII. 347 — Zusammendrückbarkeit VI. 56 — Lichtbrechungsexpon. Aender. desselb. mit d. Temperatur X. 151; XIV. 241. 242; XX. 158.

Methylbromür, Specif. Gew. und Wärmeausdehnung I. 40.

Methylcamphersäure, Opt. Eigenschaften IX. 288.

Methyljodür, Specif. Gewicht u. Wärmeausdehnung I. 40 — Verdampfungswärme IV. 237.

Methyloxyd (Holzäther, Methyläther), Spannkraft d. Dämpfe XVIII. 352 – Ameisensaur. Meth. (Ameisenholzäther), specif. Gew., Siedepunkt III. 28; Ausdehnung durch d. Wärme II. 37; Verbrennungswärme II. 252; Verdampfungswärme IV. 237 — Buttersaur. Meth. (Butterholzäther), specif. Gew., Siedepunkt, Wärmeausdehnung II. 37; III. 28; X. 151; XI. 44; Verbrennungswärme II. 252; specif. u. latente Wärme II. 258. 262; Brechungsexpon. X. 151; XX. 158 — Essigsaur. Meth. (Essigholzäther), specif. Gew., Siedepunkt, Wärmeausdehnung I. 40; II. 37; III. 28; VI. 58; X. 151; Verbrennungswärme II. 252; specif. Wärme IV. 228; Brechungsexpon. VI. 395; X. 151; XVIII. 200; XX. 158 — Valeriansaur. Meth. (Valerianholzäther), Verbrennungswärme II. 252; specif. Wärme IV. 228; Lichtbrechungsexpon. XX 158 — Oxalsaur. Meth., Siedepunkt, specif. Gew., Wärmeausdehn. X. 151; XI. 44; Brechungsexpon. X. 151 — Spirsaures Meth., Siedepunkt, specif. Gew., Brechungsexpon. X. 151 — Benzoesaures Meth., Siedepunkt, spec. Gew. Wärmeausdehn. XI. 42; Brechungsexpon XX. 158 — Salicylsaur. Meth., Siedepunkt, spec. Gew., Wärmeausdehn. XI. 42.

Methyloxydhydrat s. Methylalkoh.

Methylsalicylsäure, Brechungsexpon. XX. 158.

Metra, Zweck u. Einricht. XII. 77.

Metronom, Construction XI. 74.

Michigan-See, Mondfluthen darin XVI. 801.

Mikrometer von Whiteworth zum Messen d. Dicke d. Körper I. 580 — Mikr. v. Powell II. 244 — Verbesser. d. Rochonschen Mikr. v. Arago III. 214; Leistungen v. Rochon's Mikr. XV. 310; Theorie desselben XVIII. 289 — Zahlenmikr. e. neue Form getheilter Gitter auf Glas IX. 26 — Mikr. von Secchi schon früher v. Porro ausgeführt XI. 355 — Mikr. von Petruschewsky XV. 4; XVI. 3 — v. Coulier XV. 310 — v. Casella XVIII. 283 — v. Soleil XIX. 304 — Erleuchtung d. Mikrometerfäden nach Porro VI. 551; X. 336. 337 — Ocularmikr. mit hellen farb. Linien auf dunklem Gesichtsfeld v. Nobert VIII. 216; von Littrow XII. 337 — Stampfer's Lichtpunktmikr. XII. 338 — Prüfung der Glasmikr. nach Place XVI. 6 — Photographische Mikr. XVII. 5; die Idee v. Brewster angegeben XVIII. 4 — Passagenmikr. v. Braun XX. 4 — s. Arago, Froment, Morfit, Porro, Secchi.

Mikroskop, achromatisches v. Amici I. 300 — Zusammengesetzt. M. nach Barfuss II. 243 — Photoelektr. Mikr. II. 246 — Verbesser. des katoptr. Mikr. II. 610; III. 211 — Mikr. mit Linsen aus Kronglas u. Bergkrystall VI. 548 — Umgekehrtes Mikr. von Smith mit neuem Ocularmikrometer u. mikroskop. Goniometer VIII. 357 — Méroscope panfocal ein für beliebige Entfernungen einstellbares Mikrosk. VIII. 361 — Beleuchtung opaker Gegenstände IX. 316 — Concentration d. Lampenlichts durch prismatische Glasringe IX. 317 — Mikr. zur gleichzeit. Benutzung von zwei Personen X. 338 — Bestimm. des Oeffnungswinkels d. Objective X. 338 — Objectträger aus Canarienglas XII. 338 — Zweckmäss. Oeffnung d. Objectivlinsen XII. 339 — Krümmung d. Focalflächen bei Objectiven aus beliebig vielen sich berührenden Linsen XII. 804 — Centrirung d. Objectivlinsen XIII. 275 — Immersionsobjectiv v. Amici XX. 306 — Einfluss d. Wassers u. Deckglases üb. d. Object auf d. Vergrösserung XV. 306 — Mängel d. üblichen Construction d. Mikr. u. Vorschläge zu ihrer Verbesser. XVI. 302. 303 — Orthoskop. Ocular für ein Mikr. XVII. 345 — Mikr. v. Grubb XVII. 345 – v. Merz XX. 306 — Einrichtung um mit beiden Augen stereoskopisch in d. Mikr. zu sehen IX. 317 — Ein binoculares Mikr. schon 1677 verfertigt IX. 319 — Wenham's binoculares Mikr. XVII. 348; XVIII. 284 — Mikroskopocular für beide Augen XX. 287.

Prüfung d. Mikr. nach Nobert II. 242 — Gränze d. Sichtbarkeit in Nobert's Probetafeln XVII. 346 — Prüfung d. Mikr. nach Harting IX. 314 — nach Pohl IX. 315 — Zusammenstellung d. bisherigen Probeobjecte XVI. 305 — Vergleich amerikan., engl. u. franz. Objective VI. 550; XVI. 304 — Vergleich d. Linsensysteme v. Hartnack u. Merz XVII. 343; mit engl. Systemen 345 — Leistung der Mikr. v. Plössl VI. 547 — Aeusserste

Leistungen d. Mikr. XVI. 304; XIX. 302; XX. 305 — Nachet's schiefe Beleuchtungsweise schon v. andern angewandt III. 211 — Bedingungen für die Erhöhung der Deutlichkeit bei schiefer Beleuchtung X. 339; XII. 340 — Ursache d. Verschiebung d. Bildes bei schiefer Beleuchtung XIV. 289. 290; XV. 304 — Mikroskop. Lichtbilder II. 241; III. 209; IX. 319; XVII. 346. 347; XVIII. 285; XIX. 266; XX. 303 — Anwend. d. polarisirt. Lichts auf die Untersuch. mikroskop. nameutl. organ. Körper V. 212; VI. 434; XIV. 290; XV. 308 — Anwend. d. Mikr. zur Bestimm. v. Krystallwinkeln und Brechungsexponenten XII. 339 — Erkennung convexer u. concaver Gestaltungen im Mikr. XV. 305; XVIII. 288 — Einfluss d. Diffraction auf mikroskop. Beobachtungen XVIII. 283 — Darstellung mikroskop. Injectionspräparate in natürl. Farben XX. 260 — Vergrösserungsglas aus Pompeji X. 341 — Einfaches Mikr. mit flüss. Linse XII. 339 — Theorie d. zusammengesetzten Mikr. X. 339; XX. 305 — s. Brewster, Listing, Wallmark, Wenham.

Milch s. Milchzucker.

Milchsäure, Lichtbrechungsexponent XVIII. 200; XX. 158.

Milchzucker, Durch das linksdrehende Eiweiss in d. Milch wird die quantitative opt. Bestimm. d. Milchz. darin unrichtig IX. 290 — In e. frischen Lösung ist d. Drehvermögen grösser als später XII. 276 — Zusammensetz. d. Milchz. u. Einwirk. d. Salpetersäure darauf XII 277 — Entstehung d. Lactose durch Einwirk. von verdünnter Schwefelsäure auf Milchz. XII. 278.

Milo in histor. Zeit aus d. Meer gehoben VI. 923.

Minen, Billige Batterie zum Entzünden v. M. IX. 515 — Zündung d. M. durch d. Inductionsfunken IX. 568; X. 523. 524; XI. 498 — Zündung v. Sprengladungen durch Reibungselektr. IX. 447; XI. 405; XII. 410; XIX. 397 — Minenzündung durch elektromagnet. u. magnetoelektr. Apparate XVII. 497; XX. 539 — Ersatz d. Stathamschen Zünders XI. 407 — Vortheilhafteste Verwendung e. gegebenen Pulvermenge nach den Sprengarbeiten in den Oberharzer Gruben XIII. 135 — s. Abel, Du Moncel, Kuhn, Morin.

Mineralien werden beim Uebergang aus d. krystallin. Zustand in d. glasigen specifisch leichter II. 31; III. 24 — Verhältniss zw. Atomgewicht, Härte u. specif. Gewicht isomorpher Min. VIII. 12 — Gadolin's Methode zur Bestimm. d. specif. Gewichts d. Min. XV. 19 — Gadolinit, Zirkon u. Obsidian erleiden durch Erhitzen nur vorübergehend e. Volumverminderung XX. 11 — Dauernde Dichteänderung verschied. Min. durch Erhitzen XX. 12 — Bildung künstl. Min. aus Lösungen in Borsäure IV. 5 — Darstellung künstlicher Edelsteine IV. 199; V. 287 — Mineralbild. durch langsame elektr. Processe VIII. 486. 487; IX. 510; XIII 367; vergl. I. 479; II. 411. 412 — Feine Höhlungen die Ursache v. Ringen u. Strahlen in Kalkspath, Beryll u Sapphir I. 195; IV. 167 — Ursache d. Irisirens d. Min. IV. 168 — Die Einschlüsse v. Turmalin, Rutil u. Quarz in Glimmer u. a. m. oft regelmässig d. Krystallgestalten entsprechend gruppirt IX. 267 — Die in manchen Min. eingeschlossene Flüssigkeit nach Simmler flüssige Kohlensäure XIV. 14 — Magnetische Min. u. Felsen V. 316. 318. 320. 343; IX. 582; XII. 539; XIII. 442. 480. 481; XV. 538; XVII. 580 — Einfluss der Schmelzung auf d. Magnetismus der Min. VI. 843 — Der Erdmagnetismus die Ursache d. magnet. Verhaltens d. Min. VIII. 568; XV. 537 — Die Härte in verschied. Richtungen bei d. Min. ungleich VI. 17 — Die Elasticität der Min. eine Function der Dichte, chem. Zusammensetz. u. Krystallgestalt X. 9 — Entstehung der stängligen Absonderung XIII. 28 — Das elektr. Leitungsvermögen als Kennzeichen für Min. VI. 707 — Prüfung d. elektr. Leitungsvermögens v. 330 Mineralien, darunter 252 Isolatoren VIII. 469 — Klassification von Apophyllit, Eudyalit, Pennin, Chlorit, u. a. nach ihren opt. Eigenschaften XIII. 249; XIV. 274 — Gruppirung d. Min. nach d. Farbe XIII. 250 — Unterscheidung d. Edelsteine durch d. Lithoskop XX. 168 — s. Antigorit, Brochantit, Gadolinit, Samarskit.

Mineralquellen, Mineralwasser s. Quellen.

Missisippi, Fall desselben VIII. 622 — Menge des v. ihm in d. Meer geführten Schlammes IX. 651 — Anschwemmungen und Deltabildung X 776; XVI. 826. 828 — Zeit d. Zufrierens u. Aufgehens in Muscatine, Jowa XII. 746 — Einfluss d. höhlenreichen Kalkbodens unter d. Miss. XVI. 909 — Beschreib. des Beckens des Miss. u. seiner Nebenflüsse XVIII. 732 — Die Mündungen des Miss. XVIII. 733.

Mittel, widerstehendes im Raum, Bekämpfung desselben XVI. 40; XVII. 45 — s. Boase.

Mittelländisches Meer, Gehalt d. Wassers an Salzen V. 481. 482; XIII. 85 — Relatives Niveau d. Rothen u. Mittell. Meers VI. 1000; IX. 637; XI. 763 — Die Niveaudifferenz zw. den Atlant. und Mittelmeer nur scheinbar XX. 843 — Temperatur in d. Tiefe u. an d. Oberfläche X. 771 — Luftspiegelung bei Sicilien XVI. 791 — s. Banville, Barth, C. Böttger, Forchhammer.

Modelle, Bedingungen, denen Mod. in d. Mechanik genügen müssen III. 35 — Mod. zur Erläuterung der Präcession u. d. rückläufigen Bewegung d. Mondknoten XI. 79.

Mofetten s. Gasausströmungen.

Moldau, Wasserstand u. Beeisung derselben bei Prag VI. 1045.

Molecüle (u. Atome) sollen in den Körpern Fäden u. Fachwerke bilden IV. 13 — Wesen u. Wirkung d. Atome nach Buys-Ballot V. 4; Erklär. d. Aggregatzustände danach 6; der chem. Verbindungen 10; d. Zusammenhangs zw. Licht, Wärme, Elektr. u. s. w., u. deren Uebergänge in einander V. 12 — Moleculartheorie von Zantedeschi VI. 4 — nach Seguin VIII. 3; IX. 3. 4 — nach Gaudin VIII. 5 — nach d'Estocquois VIII. 9 — nach Woods VIII. 389 — nach Brame d. Körpertheilchen v. Atmosphären umgeben IX. 11 — Redtenbacher's Dynamidensystem XIII. 31 — Molecularphysik v. Subic XVIII. 12 — Anzahl d Mol. in 1 Kubikzoll Wasser XI. 15 — Die Atome d. Flüssigkeiten sollen rund sein XIII. 5 — Die Dichte d. Masseneinheit constant XIV. 4 — Abstand d. Luftmolecüle XV. 164 — Moleculare Dissymmetrie v. Pasteur XVI. 364 — Anwendung d. Methode v. Lagrange auf d. Bewegung eines Systems v. Mol. IV. 72 — Molecularänderung in e. gebrauchten Gewehrlauf V. 18 — Aender. d. Molecularzustandes durch mechanische Kräfte VI. 11 — durch Magnetismus od. d. elektr. Strom X. 568 — Bewegung d. Mol. in e. sich abkühlenden Stange X. 127; XII. 177 — Molecularbewegungen in festen Körpern XI. 18. 113; XIII. 28 — Wirkung d. Mol. auf einander bei d. Auflösung XIII. 70; XVIII. 15 — Wirk. d. Lichts u. d. Elektr. auf d. Molecüle XIV. 3 — s. Chemie, Krystallbildung, Materie, Structur — Bayma, Gaudin, Graham, Hofmann, Lohage, Martin, Norton, Wichmann.

Molybdän, Verflüchtigung durch d. galvan. Strom V 287.

Molybdänsäure, Darstell. im flüss. Zustand XX. 89.

Mond, Wärme der Mondstrahlen II. 274; III. 629; VIII. 431; XII. 376; XVIII. 383 — Fall, wo die Mondstrahlung e. Abkühlung in d. Thermosäule bewirkte XVII. 409 — Nach Howard besteht e. meteorolog. Mondcyclus III. 674 — Einfluss d. Mondes auf d. Barometerstand, Mondfluth IV. 421; VIII. 702; XIII. 558 — Einfluss der Mondphasen auf d. Windrichtung VI. 1110 — Nach d. ersten Mondviertel findet eine Wärmeerhöhung statt VI. 1110; XIV. 610 — Einfluss des Mondes auf d. Regenmenge VIII. 701; XIII. 554 — Beziehung d. Mondphasen zu d. Erdbeben III. 674; IX. 674; X. 795. 796; XIV. 716; XVII. 786 — Ursprung d. Mondlichts bei totaler Verfinsterung IV. 179 — Vergleich d. Helligkeit v. Vollmond u. Sonne VIII. 269; XIX. 231. 232 — Bestimm. d. Lichtstärke d. verschied. Mondphasen nach Photographien XIV. 575 — Grüne, blaue u. andere Färbungen d. M. XIV. 584; XV. 548 — Färbungen d. Mondränder beim Auf- u. Absteigen d. Mondes in Folge der Dispersion XV. 546 — Spectrum des Mondlichts XVI. 230; XIX. 211; XX. 204 207 — Nach d. Mondspectrum e. Mondatmosphäre nicht vorhanden XIX. 207 — Eine Beobachtung für d. Dasein e. Mondatmosphäre XVIII. 491 — Grösse d. Erleuchtung e. Flächenelements d. Erde durch d. Vollmond IX. 226 — Erblinden nach d. Schla-

fen im Mondlicht XV. 298 — Photographie d. M. XIV. 574; XX. 260; mittelst e. Spiegelteleskops XX. 304 — Stereoskop. Photographien d. M. XV. 277. 278 — Bestimm. d. Monddurchmesser aus Mondphotographien XVI. 268 — Ursache d. Uebereinstimmung zw. Rotationszeit u. Umlaufszeit beim M. X. 71 — Modell zur Erläuterung d. rückläufigen Bewegung d. Mondknoten XI. 79 — Einfluss v. Ebbe u. Fluth auf die Revolutionsdauer des Mondes XIII. 119 — Scheinbares Anhaften e. Sternes an d. Mondrand bei Sternbedeckungen XIX. 522. 523 — Anzeichen e. früheren Eiszeit auf d. Mond XX. 886 — Theorie d. weissen Ringe v. 1 u. 2° um d. Mond VI. 479 — s. Airy, Bulard, Buys-Ballot, Cavalleri, Chacornac, Faye, Forster, Harrison, Hart, Laussédat, Marcet, Martins, Obermüller, Quetelet, Renou, J. Schmidt, Schwabe, Webb.

Mondfinsterniss, Einfluss d. atmosphär. Strahlenbrechung auf die totale Mondf. v. 1. Juni 1863, XIX. 521 — s. Moesta, Volckmann.

Monochord v. Barberini XV. 167 — s. Cabillot.

Monsoon (Mousson) im nordatlant. Ocean VI. 1107 — Theorie d. Mons. XV. 723.

Montblanc, Höhe desselben V. 24.

Mont Cenis s. Alpen.

Moorrauch s. Höhenrauch.

Moränen s. Geologie.

Morgenröthe u. Abendröthe, entstehen nicht durch Farbenabsorption III. 181 — entstehen nach Clausius durch Interferenz V. 185; VI. 481; VIII. 590 — nach Schofka durch Totalreflexion VIII. 588 — sind nach Brücke durch d. Verhalten e. trüben Mediums zu erklären VIII. 221; Clausius dagegen IX. 605 — Erklärung durch Beugung v. Lommel XVII. 274 — Beschreib. d. Abend- u. Morgenr. in d. Tropen XV. 543 — s. Dämmerung.

Mosersche Bilder, Litteratur darüber I. 271 — Bestätig. d. Erklär. v. Waidele II. 22 — Entstehung ähnl. Bilder auf bemaltem Porcellan beim Brennen desselben III. 10; vergl. IV. 4 — Mos. B. auf Spiegelglas VI. 545 — Anwend. auf d. Reproduction v. Zeichnungen u. dgl. XIII. 47 — Wiedererscheinen e. photograph. Abbild. auf e. gereinigten Glasplatte nach d. Behauchen XVIII. 259 — s. Pohl.

Moskau, Localattraction in d. Nähe v. M. XVIII. 692; XX. 838.

Mouches volantes s. Muscae.

Mousson s. Monsoon.

Mühle zu Argostoli XV. 754.

München, Witterungsverhältnisse daselbst X. 703. 727; XV. 669. 671.

Münze, Vorschläge zu e. allgem. deutschen Münzsystem IV. 58 — s. Gerling.

Multiplicator s. Galvanometer.

Murexid, Oberflächenfarben III. 149; IX. 271.

Murtener See, Karte seines Bodens V. 474.

Muscae volitantes, Beschreib. IV. 187; s. auch I. 217.

Muschel, Eigenschaften d. Schliessmuskels u. sein Verhalten zum elektr. Strom XIX. 506. 508. 510.

Musik s. Prevost.

Musikalische Instrumente der Chinesen III. 105 — Apparat von König zum Stimmen musik. Instrumente XVIII. 135.

Muskel, Ed. Weber's Untersuch. üb. Muskelzusammenziehung II. 454 — Ursache d. Wärmeerregung bei der Muskelcontraction III. 232 — Grösse dieser Wärmeerzeugung XVI. 382 — Dauer d. Reizbarkeit d. M. nach d. Tode bei Hingerichteten III. 326 — Entstehung und Wesen des Tetanus XIV. 522 — Elektr. Verhalten d. thätigen Muskels. Versuche mit dem Froschherz XVIII. 825 — Durch Kochen nimmt d. elektr. Leitungswiderstand d. M. ab XVIII. 837 — Beschaffenheit d. M. d. Krebses u. der Muscheln XIX. 510 — s. Elektrophysiologie — Volkmann.

Muskelgeräusch XX. 136.

Mykose, Opt. Drehvermögen XIII. 253.

Nachbilder, Wiederaufleben e. erloschenen Nachbildes bei Beweg. e. hellen Gegenstandes vor dem Auge VIII. 334 — Dauer d. Nachb. XIII. 258 — Lange Dauer e. Nachbildes XV. 292 — Einflüsse auf d. Art u. Dauer d. Nachb. XVIII. 266 — Erzeug. von Nachb. durch elektr. Funken XV. 291.

Naphthalin, Siedepunkt, specif.

Gew. u. Wärmeausdehnung XI. 44 — Specif. Wärme im festen u. flüss. Zustand u. latente Schmelzwärme XV. 361 — Feine Tropfen v. geschmolz. N. können ohne zu erstarren unter d. Schmelzpunkt abgekühlt werden XVII. 377.

Narceïn, Opt. Drehvermögen IX. 289.

Natrium, Entdeckung sehr kleiner Mengen durch polarisirtes Licht VIII. 285 — Gewinnung durch Elektrolyse X. 537; XI. 449 — Specif. Wärme XI. 384 — Erstarrungstemperatur XI. 385 — Elektr. Leitvermögen XII. 453. 544 — N. schwach magnetisch XII. 542 — Phosphorescenz XIV. 236; XV. 239.

Natriumsulfantimoniat (Schwefelnatrium-Antimonsulfid) giebt reguläre circularpolarisirende Krystalle XII. 271.

Natron, Entdeck. kleiner Mengen durch polarisirtes Licht VIII. 285 — Beziehung zw. Gehalt u. Dichtigkeit d. wässrigen Natronlösungen X. 35 — Löslichkeit d. N. in Wasser XI. 170.

Schwefelsaur. Natron, Glaubersalz, erleidet bei d. Auflösung in Wasser e. Raumverminderung II. 32 — Bereitung d. Glaubersalzes für Kältemischungen VI. 263 — Eigenschaften übersättigter Lösungen v. schwefelsaur. Natron VI. 268. 272; Einwürfe dagegen VIII. 144. 449 — Mässig feuchte Luft veranlasst d. Krystallisation e. übersättigten Glaubersalzlösung IX. 133 — Umstände, unter denen e. übersättigte Lösung von Glaubers. erstarrt u. nicht erstarrt X. 146 — Anhaltendes Sieden einer übersättigten Glaubersalzlös. nach Aufhören d. Erwärmung XI. 189 — Löslichk. d. schwefelsaur. N. in seinen verschied. Modificationen XII. 183 — Endosmose d. schwefelsaur. N. XIII. 65 — Ausdehn. d. Lösung d. schwefels. N. durch die Wärme XV. 342 — Dichte d. Krystallwassers im schwefels. N. XVII. 17 — Unterschwefelsaur. N., Krystallform u. Lage d. opt. Axen X. 293 — Hauptbrechungsexponenten im unterschwefels. N. XV. 251 — Unterschwefligsaur. N., Volumänderung beim Schmelzen XI. 33 — Specif. Wärme d. unterschwefligs. N. XX. 377.

Salpetersaur. N., specif. u. latente Wärme II. 266; V. 222 — Löslichk. in Alkohol VI. 273 — Optische Constanten d. krystallisirten salpeters. N. oder Chilisalpeters XVI. 259 — Löslichkeit d. salpeters. N. XX. 94 — Phosphorsaur. N., specif. u. latente Wärme II. 266; V. 233 — Volumänderung d. phosphors. N. beim Schmelzen XI. 33 — Specif. Wärme d. phosphorsaur. Kali-Natrons V. 235 — Kohlensaur. N, Eigenschaften d. übersättigten Lösung VI. 271 — Lage d. opt. Axen im kohlensaur. N. X. 293 — Löslichkeit d. kohlensaur. N. bei verschied. Temperatur XI. 163. 167 — Dichte d. Krystallwassers im kohlens. N. XVII. 17 — Die Krystalle d. chlorsaur. N. drehen d. Polarisationsebne theils nach rechts theils nach links X. 301; XI. 294 — Geschmolz. chlors. N. u. aufgelöstes zeigen keine Circularpolarisation XII. 272 — Die künstl. Bildung hemiedr. Flächen am chlorsaur. N. v. Verunreinigungen herrührend XVII. 27 — Bromsaur. N., Drehungsvermögen XI. 294 — Broms. u. jodsaur N., specif. Gewicht XII. 189.

Paraweinsaur. N. giebt theils rechts theils links drehende Krystalle IV. 9 — Das Drehvermögen d. rechtstraubensaur. u. weins. N. nahe gleich IV. 10 — Drehverm. des traubensaur. Natron-Ammoniaks XI. 320 — d. essigsaur. Uranoxydnatrons XI. 294 — Zerfliesslichkeit d. essigs. N. u. Darstellung übersättigter Lösungen XVI. 110 — Elektrolyse d. bernsteinsaur. N. XVI. 515.

Natronseen in Aegypten XVIII. 724 — Sodaseen in Ungarn XX. 859.

Nauheim, Beschreib. d. Thermen daselbst VIII. 625; XI. 774; XII. 742.

Nebel besteht aus Tropfen, nicht aus Bläschen III. 167; IV. 414; VIII. 222 — nach Clausius aus Bläschen IX. 603 — Entstehung d. N. nach Butler XII. 681; nach Berger XX. 747 — Ursache d. starken N. in d. mittleren Schweiz zur Winterzeit VIII. 755 — Dass jedem Nebeltage im März 100 Tage später e. Gewitter folgt bestätigt sich nicht XI. 597 — Nachweis bestimmter Nebelflecke auf grossen Höhen XVII. 664 — Ursache u. Verbreitung d. N. auf den britt. Küsten u. Inseln XVII. 666; XX.

749 — Nebelsignale für Schiffe XX. 748.
Trockne N., Art und Ursprung derselben V. 422; VI. 1098 — Beobacht. üb. d. Quobar od. d. trocknen N. in Aethiopien VI. 1098 — Tr. N. in d. asiat. Steppen XV. 659 — Merkwürd. tr. N. zu Cognac im Mai 1864, XX. 751.
Planetarische N., Spectra von mehreren XX. 206.
s. Berger, Boll, Coulon, Cruickschrank, Daguin, Ehrenberg, Favre, Fournet, Gladstone, Goldschmidt, Heis, Kupffer, Ladame, Lenglet, Moigno, Oueilhe, Phipson, Raillard, de Tessan, Vercruysse, Wartmann.
Nebelflecke u. Nebelsterne, Vorschlag zur Bestimm. ihrer Rotationszeit II. 163 — Spectra verschied. planetarischer Nebel XX. 206.
Nebelringe beobachtet in Virginien II. 195 — Weisse Regenbogen vielleicht Nebelstreifen IV. 183; vergl. Regenbogen.
Nebenmond s. Buys-Ballot, Fritsch, Liais, Peters, Valtin.
Nebensonne, Nachbildung u. Erklärung d. verschied. Nebensonnen III. 161 — Weisse N. auf d. Horizontalkreis durch d. Sonne III. 165. 673 — N. bei Sonnenaufgang III. 165 — Höfe mit mehreren Nebensonnen V. 454 — Polariskopische Untersuch. d. N. XVI. 568 — Künstliche N. XVIII. 210 — s. Sonnenringe — Berkeley, Buys-Ballot, Dufourmault, Kuhse, Launay, Masterman, Navez, Peters, Tracy, Watts, Wesche.
Nepheleskop s. Bagot.
Nerven, Analogie d. Nervenfluidums mit d. Elektricität III. 445 — Bekämpfung d. Lehre v. d. specif. Energieen der Sinnesnerven IV. 305 — Fortpflanzungsgeschwindigkeit der Nervenerregung XIV. 527. 529 — Einfluss d. Lichts auf d. Reizbarkeit d. N. XIV. 533 — Dauer d. Erregbarkeit d. N. nach d. Tode XIV. 535 — Wirkungsweise d. Urari u. anderer Gifte auf d. N. XV. 510; XVI. 548 — Tetanus durch e. vibrirende Stimmgabel XVIII. 832 — Mechanischer Tetanomotor v. Du Bois XVIII. 832 — Einwürfe gegen d. Lehre v. d. Elektrotonus XIX. 504 — s. Elektrophysiologie — Baxter, Budge, Ranke.
Neuchateler See, Karte seines Bodens V. 474 — Temperatur in verschied. Tiefe XI. 772; XVII. 749; XX. 860 — s. Kopp.
Neugranada, Die sogen. Vulkane v. Turbaco u. Zamba sind Gasquellen VIII. 652 — Mittlere Temperatur in verschied. Höhe VIII. 655.
Neuseeland, Geolog. Verhältnisse daselbst XVI. 868. 869 — Der Roto mahana od. warme See XVIII. 799 — Vulkan. Natur d. Isthmus v. Auckland in Neuseel. XVIII. 800 — s. von Hochstetter.
Neusilber, Wärme- u. Elektricitätsleitung XVIII. 364.
Newtonsche Ringe s. Farbenringe.
Niagara, Niveau im J. 1848, VI. 1021 — Der Niagarafall schreitet langsamer zurück als man gewöhnlich annimmt X. 777 — Grosse Gewalt d. Sturzes XI. 773 — Entstehungszeit d. Niagarafälle XV. 754.
Nicaraguasee, Lage, Temperatur u. Schwankungen d. Wasserspiegels XVI. 803.
Nickel, Magnet. Eigenschaften I. 572. 574 — Specif. Wärme XI. 384; XVII. 393 — Einfluss d. Magnetisirung auf d. elektr. Leitvermögen XIII. 356 — Elektrochemische Reduction des N. XVIII. 444 — Elasticitätscoeffic. XIX. 51.
Nickeloxydul, Schwefelsaur. N., Brechungsexponent X. 290 — Bromsaur. N., optische Eigenschaften XI. 294.
Nicolsches Prisma s. Licht-Polarisationsapparate.
Niederschlag erfolgt aus Metalllösungen im Licht schneller als im Dunkeln III. 198 — Trennung d. Nied. v. d. Mutterlauge durch Centrifugalkraft VIII. 62 — Gesetzmässige Bewegungen in d. Nied. e. Harzes aus Weingeist X. 7.
Niello s. Elsner.
Niger, Lauf u. Fall desselben XIX. 690 — Vergleich mit d. Nil XIX. 691.
Nil, Nach Werne d. Quellen d. weissen N. nicht festgestellt V. 477 — Nilquellen nach Beke V. 478 — Wasserstände d. blauen N. XV. 687. 752; d. weissen Nils 753 — Gefälle d. N. XVI. 750 — Schlammbildung im Nil XVIII. 731 — Ursache d. jährl. Ueberschwemmungen XIX. 688 — Gang d. period. Nilschwellungen XIX. 689; XX. 868 — Analyse des Nilwassers XIX. 689 — Der Nil früher e. reis-

sender Fluss XX. 868 — s. Barth, Cammas, Lombardini, Parthey, Speke, Waitz.
Niobsäure, Specif. Gewicht III. 23; IV. 51.
Nitrobenzol, Specif. Gew., Siedepunkt, Wärmeausdehnung XII. 54 — Brechungsexponent XVIII. 201.
Nitroprussidnatrium wird in Lösung v. Licht zersetzt XIX. 265.
Niveau s. Quecksilber.
Nivellirinstrument v. Breithaupt VI. 61 — s. Simon, Stampfer.
Nobilische Ringe s. Farbenringe.
Nordlicht, Beobacht. d. N. in Lappland II. 199 — in England II. 200; III. 179. 180; IV. 174; V. 453 — in Holland II. 201; XIX. 576 — in Belgien VI. 882 — Frankreich III. 180; IV. 175 — Deutschland III. 180 — in Christiania IV. 172 — in Finnmark IV. 173 — Höhe d. N. II. 201; III. 179. 180 — Bewegung d. Nordlichtbogens III. 177 — Erkläruug d. N. aus der durch d. Verdampfung entwickelten Elektricität III. 178 — aus Temperaturunterschieden in d. Atmosphäre III. 670; IV. 279 — Erklär. u. Nachbildung d. N. v. de la Rive V. 264. 265; XVIII. 463 — Erklär. d. N. aus d. Erscheinungen in d. Geisslerschen Röhren XVII. 504; XVIII. 464 — Erklär. d. N. v. Fonvielle XVIII. 463; v. Potter XVIII. 464 — Gründe für d. elektr. Natur d. N. XVIII. 517 — Aenderung d. Intensität d. Inclination während d. N. IV. 173 — Der Lichtschein beim N. v. atmosphär. Elektricität herrührend V. 263 — N. u. atmosphär. Elektr. nach Olmstedt ohne Zusammenhang VI. 879 — Die Häufigkeit d. N. proport. d. Grösse d. Barometerschwankung XI. 609 — Fluorescenz durch d. N. XIV. 238 — Einfluss d. N. auf d. atmosphär. Elektricität XVI. 616 — Zusammenhang zw. N. u. Erdmagnetismus XVII. 579 — s. André, Arago, d'Arrest, Bergon, Berigny, Bertrand, Bienaymé, Bornitz, Boué, Boye, Brix, Brorsen, Broun, Browne, Clays, Clement, Colla, Colombier, Coulvier, Decharmes, Dien, Duperrey, Fonvielle, Fournet, Fritsch, Gibbes, Giraud, Goldschmidt, Graf, Groth, Gunlogsen, Hansteen, Haughton, Heis, Herrick, Highton, Hipp, Jobard, Jouan, Kirkwood, Klein, Klinkerfues, Klopsch, Kowalski, Krecke, Lartigue, Laurent, Laussédat, Le Conte, Lefroy, Lesley, Liais, Loomis, Maas, Mac Ginn, Marcou, Masch, Matteucci, Montigny, Morren, Mousson, Neuhaus, Neumayer, Nielsen, Ogrincz, Olmstedt, Patrelli, Petersen, Petiton, Phillips, Poey, Quetelet, Rankine, Reslhuber, de la Rive, Robinson, Roche, Rogers, Ross, Salm-Horstmar, Santini, J. Schmidt, Secchi, Serpieri, Siemens, Stevelly, Sturgeon, Tempel, Tromboldt, Viechelmann, Vinchent, Watts, H. Weber, Wheeler, Winchell, Zirkel.
Nordpol, Meteorolog. Thatsachen für d Oceanität am Nordpol XX. 637 — s. Winter — Mühry.
Nordsee, Der an der irischen und skandinav. Küste v. d. Fluth abgelöste Schutt lagert sich in d. N. ab VIII. 611 — Auffallende Fluthererschein. in d. N. XV. 742. 781 — s. Hallier.
Nordwestliche Durchfahrt entdeckt 1850, IX. 636.
Normalgewicht s. Gewicht.
Normalmaass s. Maass.
Norwegen, Physikal. Beschreib. X. 784 — Meeresströmungen an d. norweg. Küste XVI. 790 — Seen in Norweg. durch Gletscher gebildet XVI. 798 — Zustand v. Norw. in älteren geolog. Epochen XVI. 853.
Nullpunkt, Nach Person d. absolute N. bei — 160° C, II. 268; IV. 231 — Lage d. absoluten N. nach Rankine IX. 419; X. 374; XI. 369 — Vegetationsnullp. XIV. 616.
Nussöl, Brechungsexponent XVII. 237.
Nutation, Erklärung IX. 81.

Oberer See, Physikal. Beschaffenheit dess. VIII. 621 — Niveauänderungen XIII. 574 — Erschein. beim Schmelzen d. Eises auf d. See XVI. 806.
Oberfläche, Eine frische Ob. von Glimmer condensirt d. Hauch, eine ältere nur wenig II. 22 — Gewisse Salze krystallisiren auf den mit e. Stift beschrieb. Linien in e. Gefäss zuerst. Analogie mit d. Verdichtung d. Quecksilb. in d. Daguerreotypie II. 23 — Manche Dämpfe schlagen sich vorzugsweise auf schwarzen, andere

auf weissen Stoffen nieder. Mechan. Wahlverwandtschaft III. 9 — s. Condensation, Mosersche Bilder.
Objectiv s. Camera obsc., Fernrohr, Linsen, Mikroskop — Grunert.
Observatorien s. Magnetismus tellur., Meteorologie.
Obsidian, Die Dichteänderung durch Erhitzen nicht bleibend XX. 11.
Ocular s. Fernrohr.
Oder, Wasserstand u. Schiffbarkeit XVI. 814.
Oelbildendes Gas s. Kohlenwasserstoff.
Oele, fette, glätten eine v. Wellen gekräuselte Wasserfläche XII. 25 — Wasser verdunstet unter e. Oelschicht, auch d. atmosphär. Sauerstoff durchdringt sie XV. 117 — Brechungsindex v. Leberthran, Ricinus-, Rüb-, Nuss- u. Olivenöl XVII. 237 — Prüfung d. Oele auf ihre Reinheit XX. 68. 71.
Oele, flüchtige, Drehung d. Polarisationsebne durch fl. Oele XVI. 266; XVII. 288 — Brechungsexpon. verschied. fl. Oele XVII. 236 — Prüfung d. Oele auf ihre Reinheit durch Brechungsindex u. Drehvermögen XIX. 176; durch d. Cohäsionsfiguren XX. 68. 71.
Oenanthylsäure, Brechungsexponent XVIII. 200. 203.
Ofen, Temperatur im Hohofen und Siemensschen Schmelzofen XVII. 401 — s. Faraday, Siemens.
Ohio, Gefälle u. Wassermasse VIII. 623.
Ohmad s. Elektricität-Leitung.
Ohmsches Gesetz, Abwehr von Pouillet's Anspruch auf die Entdeckung desselben I. 442 — Das O. G. ohne Anwendung bei Zweigströmen, wenn der eine durch e. Metall, d. andere durch e. Flüssigkeit geht I. 447 — Die elektroskop. Erscheinungen d. geschloss. Kette in Uebereinstimmung mit d. O. Ges. V. 266 — Ableitung d. O. G. aus d. Theorie d. Elektrostatik v. Kirchhoff V. 267 — Bestätigung des O. G. durch e. Voltameter ohne Polarisation VIII. 465 — Prüfung d. Gesetzes v. Despretz VIII. 476; v. Secchi VIII. 477 — Abweichungen v. d. Gesetz rühren v. d. Erwärmung d. Drahtes durch d. Strom her VIII. 477; IX. 476 — Nachweis d. O. Gesetzes v. d. Vertheilung d. freien Elektricität auf d. Schliessungsdraht e. galvan. Kette durch Ladungsströme von Siemens XIII. 317 — Umformung d. Ohmschen Formeln v. Du Moncel XVII. 451 — Das O. G. auch auf schlechte Leiter anwendbar XV. 414 — Graphische Darstellung d. O. Gesetzes XX. 457.
Ohr, Nach Savart d. Sitz der Tonempfindung mitten im Kopf I. 152 — Das O. unterscheidet Töne v. 32 bis 37000 Schwingungen I. 149 — Töne im Schwingungsverhältniss 1000 : 1001 noch unterscheidbar u. Anwend. davon zur Erklärung d. Savartschen Versuche II. 128 — Versuche üb. d. Abnahme der Schallintensität auf hohen Bergen V. 111; X. 231 — Durch e. continuirl. Eindruck wird d. Ohr abgestumpft XIII. 176 — Nach Moon nimmt d. Ohr nur d. Luftverdünnung als Ton wahr XIV. 162 — Tonwahrnehmung bei Eisenbahnfahrten XV. 178 — Eine Sympathie d. Trommelfelle findet nicht statt II. 126; der Gesichtssinn verhält sich anders II. 127 — Art d. Schallfortpflanzung v. Trommelfell zum Labyrinth XV. 177 — Bedeutung d. Trommelfells XVII. 179 — Prüfung d. Gehörnerven durch d. Schallleitung in d. Kopfknochen IV. 118 — Das rechte Ohr hört die Töne meist höher XVI. 178 — Nach Fechner d. linke Ohr meist sensibler als d. rechte XVI. 179; nach Knorr hört d. rechte O. meist besser XVII. 174 — Coincidenz gleicher Gehörsempfindungen im Hinterhaupt XVI. 180 — Die Empfindung d. Klangfarbe wahrscheinl. durch d. Cortischen Fasern verursacht XVIII. 153; Bestätigung dieser Ansicht durch d. Gehörorgan d. Dekapoden XIX. 100 — Anwendung d. Gesetze des Mitschwingens auf d. Gehörorgan XIX. 95 — Akumeter zur Messung d. Grades d. Taubheit III. 106 — Le Cot's Mittel zur Minderung der Schwerhörigkeit schon v. Strauss-Dürkheim angewandt X. 231 — Das Sonometer zur Bestimmung d. Gehörgränze für leise Töne V. 116 — Das Stethophon zur Wahrnehmung e. Tones mit nur einem Ohr XIV. 158 — Analyse e. zusammengesetzten Tones mittelst des Stethophons XIV. 160 — s. Caguiard-Latour, Erhard, Katolinsky, Mach.
Olivenöl, Lichtbrechungsindex XVII. 237 — Prüfung seiner Reinheit XX. 68. 71.

Onegasee, Seine plötzlichen Erhebungen (seiches) v. Verschiedenheit im Luftdruck herrührend XIII. 575.

Ontariosee, Niveauschwankungen desselben VI. 1021; XV. 747; XVI. 802 — Hoher Wellengang in Folge eines Erdstosses X. 796.

Opal, Ursache d. Farben d. edlen Op. I. 194 — Specif. Gew. II. 35 — Op. nicht doppeltbrechend XX. 223.

Ophthalmodiastimeter v. Landsberg XVI. 300.

Ophthalmometer nach Helmholtz XVI. 300.

Ophthalmoskop v. Castorani XII. 306 — v. Giraud-Teulon XVII. 334.

Ophthalmotonometer v. Hamer XIX. 296.

Ophthalmotrop v. Ruete I. 220.

Optik, Lateinischer Codex d. Ptolemäischen Optik VI. 394 — Physiolog. O. v. Helmholtz XVII. 338 — s. Decher, Vallée.

Optische Instrumente, Vereinfachte Theorie d. opt. Instr. IX. 187 — Grösse u. Lage d. Bildes in denselben XII. 805 — Instr. v. Meyerstein zur Bestimm. d. Brechungsinindex u. d. Dispersion XII. 246 — Maschine um opt. Gläsern beliebige Rotationsflächen zu geben XIV. 292 — Verhältniss v. Vergrösserung u. Lichtstärke bei gleicher Deutlichkeit des Bildes in opt. Instr. XIV. 308 — Prüfung der zu opt. Instr. bestimmten Gläser hinsichtlich der Dauer ihrer Klarheit XIX. 300 — Das Megameter zur Messung d. Vergrösserung der opt. Instr. XIX. 305 — Allgemeine Eigenschaft d. aplanat. Apparate XX. 148 — Schlierenapparat von Töpler XX. 166 — s. Goniometer, Linsen — Mossotti.

Optometer v. Landsberg XVI. 299 — v. Burow XIX. 296 — s. Young.

Orangenblüthenöl, Brechungsexponent XVII. 236.

Orbe, Ueberschwemmung durch d. O. u. Trockenleg. d. Sümpfe in d. Orbethal XVI. 815 — Quelle u. Lauf XVIII. 730 — s. Jayet.

Oregon, Physikal. Geographie v. Or. V. 465.

Orgel, Stein's O. e. Physharmonika III. 105 — Dampforgel XIII. 193 — s. Pfeifen.

Orthit, Opt. Eigenschaften XVI. 257.

Osmium, Specif. Wärme XI. 384; XVII. 392.

Osmose, osmotische Kraft, Bedeutung nach Graham X. 16 — Chemische Thätigkeit die Ursache X. 21; Lhermite dagegen 22 — Vorstellung v. d. Vorgang bei der Osm. XVII. 139. 140.

Ostsee, Hebung der schwedischen Ostseeküste VIII. 648 — Wasserstand zu verschied. Zeiten IX. 638; X. 768; XIX. 669; XX. 842 — Bewegung der errat. Blöcke in d. O. X. 787 — Ebbe u. Fluth XII. 727; XIII. 567; XIV. 681; XVI. 786 — Langsames Steigen der Ufer oft Folge v. Anschwemmungen XII. 747 — Temperatur d. O. XIV. 602 — Muthmaassl. Seebeben in d. O. XIV. 717 — Riesenwellen darin XV. 742 — Anlage v. Austerbänken in d. O. XVII. 739 — Salzgehalt XX. 849.

Oxaläther s. Aethyloxyd oxalsaur.

Oxalsäure, Krystallform u. Lage d. opt. Axen X. 293 — Lichtbrechungsexpon. XVIII. 200 — Löslichkeit XX. 95.

Oxus, Physikal. Geographie seines Beckens V. 477.

Ozon, Litteratur darüber bis zum J. 1847, I. 471. 480; III. 376 — Oz. schon v. J. W. Ritter bemerkt XIV. 467 — Geschichte d. Oz. XV. 575 — Ozon e. Modification d. Sauerstoffs I. 482: IX. 505; XI. 459; XII. 478; XV. 470 — Nach Clausius ist ein Sauerstoffmolecül zweiatomig, Ozon einatomig XIV. 23; XX. 18 — Oz. nach Baumert e. neue Oxydationsstufe d. Wasserstoffs IX. 503 — Ozon u. Antozon XIV. 18; XV. 24. 25 — Grosse Verwandtschaft d. elektrolyt. Sauerstoffs III. 375 — Eigenschaften d. Oz. VIII. 488 — Dichte d. Oz. XIII. 82 — Erzeugung v. Oz. durch Wasserzersetzung in niedriger Temperatur X. 507 — Ozongeruch der an e. galvanisch glühenden Platindraht aufgestiegenen Luft XII. 478; XVI. 502; XVII. 517 — Neue Ozonisirung des Sauerstoffs XIV. 20 — Bildung d. Oz. aus Sauerstoff durch Elektr.; es giebt bei d. Zerstörung kein Wasser XV. 470; XVI. 516 — Entwickl. v. Ozon aus übermangansaur. Kali u. Schwefelsäure XVI. 17 — Oz. nicht in dem der Luft ausgesetzten Terpenthinöl XV. 27; XVI. 18 — Eigenschaften des aus Baryumsuperoxyd u. Schwefelsäure erhalt. Sauerstoffs XVII. 24 —

Darstellung v. Oz. nach v. Babo und nach Soret XVII. 516; XIX. 441 — Salpetrige Säure meist die Ursache d. Ozongeruchs XVII. 517 — Wann sich bei d. Elektrolyse Oz. bildet XX. 480.

Ozongehalt d. Atmosphäre bei verschied. Witterung VI. 1099; X. 649; XV. 578. 579; XVIII. 528; XIX. 578. 579; XX. 619 — Im Winter mehr O. in d. Luft als im Sommer VIII. 708 — Ozongehalt d. Luft in verschied. Jahreszeiten X. 647; zu verschied. Tageszeiten XX. 619 — Feuchtigkeit vermindert d. Ozonreaction XIX. 583 — Elektricität u. Licht erklären alle dem atmosphär. Ozon beigelegten Wirkungen XX. 617 — Ozonbildung bei Luftbewegung durch Gebläse, Ventilation u. dgl. XX. 18. 617. 618 — Das O. in der Atmosphäre soll die Luft v. Miasmen reinigen VI. 734 — Beziehung d. Ozongehalts der Luft zur Sterblichkeit XI. 589 — desgl. zur Witterung u. den herrschenden Krankheiten XI. 593. 594; XVIII. 528.

Die aromat. Ausdünstungen der Pflanzen zeigen keine Ozonreaction XIV. 22 — In d. grünen Theilen der Pflanzen entwickelt sich O. nur bei Tage XX. 619 — O. im Flussspath v. Wölsendorf XVI. 18 — s. v. Babo, Béchamp, Berigny, Berthelot, Bineau, Brame, Campani, Cloez, E. Kopp, Kornhuber, de Luca, Mitchell, Pouriau, Reinsch, Reslhuber, Rogers, Scoutetten, Weltzien, Wolf.

Ozonometrie, Quantitative Bestimm. des Ozons nach Houzeau XIII. 467; XIX. 580 — nach Zenger XIII. 468 — nach Osann XV. 470 — nach Lankaster XV. 621; XVI. 632 — Vergleich verschied. Sorten v. ozonometr. Papier XIII. 466 — Reactionspapier v. Houzeau XV. 576 — Neue Farbenskale für Ozonbeobachtungen XV. 577 — Unsicherheit d. Ozonometrie XV. 582 — Ozonometr. Beobacht. zur Zeit e. Nordlichts XV. 621 — Ozonbeobacht. u. Messung zu Pisa XVIII. 527 — zu Emden XVIII. 544; XX. 619 — Hawarden XVIII. 544 — Strassburg XVIII. 545 — Havanna XIX. 581 — in d. Pyrenäen XX. 618 — siehe Barker, Houzeau, Moffat.

Ozonwasserstoff s. Wasserstoff.

Pacific s. Stilles Meer.

Pacinische Körperchen kein elektr. Organ d. Säugethiere IV. 328.

Palladium, Aenderung seiner Festigkeit mit d. Temperatur VI. 16 — Schmelzpunkt XIX. 352.

Panorguepiano e. Art Physharmonika IV. 126.

Pantelegraph v. Caselli XIX. 466.

Pantograph zur Copirung v. Zeichnungen in belieb. Maassstab I. 582 — P. v. Pawlowicz I. 583.

Papaverin, Opt. Drehvermögen IX. 289.

Papier elektr. II. 360. 362; III. 341; VI. 650; XX. 428 — Schnell rotirende Papiercylinder greifen harte Körper, Quarz, Granit u. dgl. an VI. 16 — Vorrichtung zum Messen d. Papierdicke XI. 49 — Verschied. Flüssigkeiten werden v. ungeleimtem Papier ungleich schnell aufgesogen XVII. 117.

Paraffin, Druck erniedrigt den Erstarrungspunkt d. Par. VI. 262. 931.

Paraguay, Lauf desselben XVII. 755.

Parallelgläser s. Plangläser.

Parallelmerometer s. Meroskop.

Parallelogramm d. Kräfte, Beweis v. Ettingshausen V. 39 — von Möbius VI. 75 — Sätze v. Par. und Parallelepipedon d. Kräfte v. Crelle VIII. 50 — Beweis v. Cohen X. 37 — v. Matzka XII. 84 — Anwendung d. imaginären Zahl zur Darstellung d. Satzes vom Par. u. Parallelepipedon d. Kräfte XII. 84 — Analyt. Beweis v. Schlömilch XIII. 93; XVI. 23.

Parallelogramm, Wattsches, Theorie desselben IX. 31; XII. 97 — Wattsche Curve XII. 98.

Paramagnetisch, Begriff VI. 1156.

Paramylon, Verbrennungswärme II. 251.

Paris s. Delesse.

Passage-Prisma zur Erkennung d. Ganges d. Uhren II. 244. 611.

Passat, Gränze desselben VI. 1108 — Lauf d. P. nach Smyth VIII. 772 — Anomalien bezüglich der Richtung XVIII. 578 — Erklär. d. P. v. Vaillant XX. 730.

Passatstaub s. Regen, Staubmeteore.

Passivität, Eisen wird durch oxydirende Mittel passiv, durch reducirende activ. Litteratur üb. Pass. I. 460 — Eisen besonders zur Pass. geneigt wegen d. Entfern. zw. Metall

u. seinem Oxyd in d. Spannungsreihe I. 460 — Nach Rollmann d. Pass. auf e. Aenderung d. elektr. Widerstandes im Eisen beruhend IV. 290 — Die P. in e. dünnen das Eisen elektronegativer machenden Ueberzug begründet IV. 292 — Unterscheidung v. zwei Fällen d. Pass. XVII. 488 — Flüssigkeiten, welche Eisen passiv machen IV. 293 — Verfahren Eisen passiv zu machen XVI. 457 — Pass. d. Meteoreisens VIII. 475 — bei Nickel u. Kobalt IX. 487 — künstl. Schwefeleisen XIV. 440 — Stahl XVII. 488 — Elektr. Stellung von Eisen, Nickel u. Kobalt im passiven Zustand IX. 487 — Die Bildung e. unlöslichen Ueberzugs auf d. Metallen d. Ursache der Pass. XIX. 436 — Bei Eisen, Stahl u. Gusseisen die Pass. v. einem Oxydüberzug herrührend XX. 475.

Patentdikatopter von Hagenow, zur Erleichterung des Abzeichnens kleiner Gegenstände, IX. 320.

Pausen, elektrische, XII. 406. 522; XV. 387; XVI. 427.

Paviin die fluorescirende Substanz aus d. Rinde d. Rosskastanie XIV. 238 — P. identisch mit Fraxin XVI. 247.

Pegel, Vorschläge zu zweckmäss. Einricht. u. Beobacht. dess. VI. 1046.

Pelopsäure, Specif. Gew. IV. 53.

Pendel, Benutzung zur Messung sehr kleiner Zeittheile I. 62 — Herstellung d. Isochronismus bei ungleicher Schwingungsweite I. 74 — Verfahren Baily's Compensationspendel gegen hygrometr. Einflüsse unempfindlich zu machen I. 585 — Pendelcompensation v. Giulio VI. 86 — Correctionen beim P. mit Quecksilbercompensation XIV. 79 — Compensationspendel von Stahl u. Zink XVI. 4 — Vorschlag zu e. P. mit immerwährender Bewegung VI. 86 — Ob die Pendelbeweg. elektr. Ströme inducirt, welche auf sie zurückwirken VI. 152 — Theorie d. wälzenden P. v. Moseley VI. 89. 91. 93; X. 39 — Theorie d. liegenden P. X. 39 — Elementare Ableitung d. Schwingungsdauer d. mathematischen Pendels XI. 61 — Schwingungsdauer der an elast. Platten aufgehängten P. XII. 97 — Formel von Gauss für d. physische P. XVII. 41 — Formel v. Gauss für die Schwingungszeit d. P. XVIII. 18 — Einfluss d. innern Reibung d. bewegten Luft auf d. Schwingung des P. nach Stokes VI. 94 — Widerstand d. Luft nach Giulio IX. 109 — Messung d. Geschwindigkeit e. Wagens oder Schiffes durch d. P. IX. 53 — Luftwiderstand gegen d. ballistische P. IX. 112; XI. 80 — Ballist. P. aus Holz zu verwerfen, e. unelast. Körper d. geeignetste Material X. 69; XI. 80 — Das an e. Schwingungsebne gebundene P. wird durch d. Umdrehung der Erde, sowie von Sonne u. Mond nicht beeinflusst X. 79; XI. 91 — Der Einfluss d. Sonne auf d. P. sehr gering X. 79. 80 — Beobacht. kleiner elliptisch. Schwingungen am scheinbar ruhenden P. XI. 80; XII. 116. 118. 119. 120 — Einfluss der Sonnenwärme auf d. Pendelbeweg. IX. 23. 24 — Uebertragung der Beweg. eines P. auf e. anderes XIII. 121 — Zwei Apparate zur Demonstration d. Oscillationsdauer bei veränderter Schwere XVII. 40 — Zusammenhang zw. Ringelpendel u. mathemat. Pendel XVII. 41 — Länge d. Secundenpendels in Paris VI. 115 — auf dem Schlosse Güldenstein XI. 75 — zu Toulouse XIV. 82 — s. Uhren — Bessel, Laugier, Unferdinger.

Pendel, Foucaultsches, Ablenkung d. Schwingungsebne d. P. in Folge d. Axendrehung d. Erde nach Foucault VI. 105; ähnliches Verhalten e. vibrirenden Stabes in d. Drehbank VI. 121 — Aehnlicher Versuch 1836 v. Guyot VI. 141 — Aeltere derart. Beobachtungen durch d. Mitglieder d. Acad. del Cimento VI. 145 — Versuch v. Grante 1750, VI. 151 — Dubuat's Ansichten von 1821 nicht hierher gehörig VI. 152 — Die Erhaltung der Schwingungsebne schon 1782 v. P. de Sivry ausgesprochen XVI. 49 — Theorie u. Beweis d. Foucaultschen Versuchs: von Binet VI. 108; v. Coombe VI. 116. 129, s. auch XI. 84; von Marignac VI. 118; von Thacker 121; v. Tebay 122; v. Anstice 123; v. Clausen 124; v. Schaar VI, 126; v. Challis VIII. 74; v. Crahay VIII. 74; v. Bellavitis VIII. 77; IX. 65; von Eschweiler VIII. 78; von Woodbury 79; v. Dieu 85; v. Schaub 87; v. Pagani VIII. 106; v. Lamarle VIII. 107. 110; IX. 65; von Grunert IX. 62; XII. 125; XIII. 122; von Plana unter

Berichtigung e. muthmaassl. Versehens Poisson's IX. 62; v. Hädenkamp IX. 63; v. Hansen IX. 67; X. 78; von Holtzmann XII. 122; v. Lottner XII. 125; XIII. 122; von Sire XIV. 84; v. v. Poncelet XVI. 48; v. Jelinek XVII. 44; v. E. Dubois XVIII. 25 — Erleichternde Auffassungen d. Vorgangs bei d. Drehung d. Schwingungsebne VI. 120 133 — Leichter Nachweis der Drehung durch zwei Pendel VI. 135 — Ursache d. Störungen in d. gleichförm. Bewegung d. Schwingungsebne VI. 140 — Verzögerung durch mangelhafte Aufhängung IX. 61 — Vorrichtungen zur Veranschaulichung d. Foucaultschen Versuchs VI. 144. 146. 148. 150; IX. 63 — Mittel die Schwingungen lange zu unterhalten VI. 142. 148; IX. 64; XI. 81 — Kupferdraht zur Aufhängung zweckmässiger als Stahldraht XII. 126.

Welche Kräfte auf d. Beweg. des Pendels einwirken VI. 120; X. 73 — In d. Meridianebne ist d. Ablenkung langsamer als senkr. dagegen VI. 136. 139; VIII. 72. 73; X. 73 — Bei Annäherung an den magnet. Meridian werden die Schwingungen schneller, senkrecht dazu langsamer VI. 139 — Der Einfluss d. Azimuths der ersten Schwing. unmerklich IX. 66 — Grösse d. Seitenschwingung d. P. in Folge seiner Theilnahme an d. Rotation d. Erde IX. 66 — Grösse der Drehung d. Schwingungsebne zu Bristol VI. 134. 135; VIII. 71 — zu Genf VI. 137 — New-York 138 — auf Ceylon 139 — zu Rio Janeiro VI. 149; IX. 64 — Rom VIII. 71 — Middelburg VIII. 73 — im Dom zu Köln VIII. 88 — zu Quebeck X. 76 — s. Bravais, Day, Delabar, Secchi.

Pendel, konisches, Einfluss der Drehung d. Erde auf kreisförmige Schwingungen nach Bravais VI. 113; X. 77 — Länge d. Secundenpendels in Paris aus d. Schwing. d. kon. P. hergeleitet VI. 115 — Beweg. d. kon. P. mit Rücksicht auf d. Drehung d. Erde VIII. 81; XI. 89 — auf e. widerstehendes Mittel IX. 65 — desgl. auf die Centrifugalkraft der Stangen, welche d. Kugeln tragen XII. 96 — Bedingungen d. constanten Rotation bei e. Raumpendel XI. 65 — Durch kon. P. ist d. Coincidenz zweier Uhren zu erreichen XVI. 29 — Grosse Genauigkeit d. Uhren mit kon. P. XVI. 29 — Isochronismus durch e. kon. P. v. Foucault XVIII. 31 — s. Davy, Grunert, Jacobi.

Pendel, magnetisches, XIII. 442.

Pennin, Brechungsexponent X. 292 — Asterismus XII. 270 — Zwei Klassen v. P. XIII. 249.

Peridot wird beim Erhitzen magnetisch XX. 499.

Perpetuum mobile v. Redhoeffer u. v. Lukens III. 37 — Schwierigkeiten d. Construction VI. 77 — Vorschlag zu e. Pendel mit immerwährender Bewegung VI. 86.

Perspective, Theorie u. Anwend. d. barycentrischen Persp. XIX. 15.

Perspirator X. 189.

Petalit, Der Castor v. Elba nach d. opt. Axen zum P. gehörig XIX. 252.

Petroleum s. Erdöl.

Pfahl, Tragkraft eines eingerammten Pf. X. 39.

Pfeffermünzöl, Brechungsexponent XVII. 236.

Pfeifen, das, mit d. Mund, Vorgang dabei VI. 309.

Pfeifen, Anblasen derselben durch Wasser III. 102; IV. 110 — Bestimmung d. Schwingungszahl in prismat. offenen Pf. von Wertheim VI. 300; XVI. 158 — Gesetz d. kubischen Pf. VI. 305 — Töne in Glasröhren mit erhitzten Kugeln daran u. Einfluss d. Röhrenweite VI. 307 — Einfluss d. Querschnitts schwingender Luftsäulen auf d. Tonhöhe IX. 141 — Transversalbeweg. neben d. longitudinalen in d. Luftsäule IX. 142 — Vorgänge in Röhren, welche durch die aus e. kreisförm. Oeffnung strömende Luft angeblasen werden IX. 152; Versuche mit konischen Röhren ergeben dieselben Gesetze XII. 202 — Neue Theorie der tönenden Röhren v. Quet X. 197 — Töne in e. Röhre aus gewundenem mit Kautschuck umhüllten Kupferdraht X. 230; XI. 217 — Wellenlänge und Knotenlage in cylindr. Röhren XI. 194; in Halbkugeln 197; in konischen Röhren XI. 198; Werthheim's Einwürfe dagegen XII. 217 — Durch Erwärmen e. Glasröhre wird d. Ton erhöht XIII. 183 — Theorie d. Luftschwingungen in offenen Röhren v. Helmholtz XV. 130 — Tonerreg. in e. offenen Röhre mit e. erhitzten Drahtnetz im Innern

XV. 165 — Einfluss d. Dimensionen d. Orgelpfeifen auf d. Tonhöhe XVI. 157. 158 — Veranschaulichung der Knoten u. Bäuche in Pf. XVIII. 138; XX. 128.

Einfluss d. Mundstücke bei Zungenpfeifen auf d. Tonerregung XV. 170 — Theorie d. Zungenpf. von Helmholtz XVII. 164 — Der Schwingungszustand durchschlagender Zungen nur e. einfacher dem Grundton entsprechender XVIII. 140 — Benutzung d. Zungenpf. zur Erzeugung d. Lissajousschen Figuren (s. üb. diese XII 221) XVIII. 140 — s. Kahl.

Pfeilgift s. Urari.

Pferd, Zugkraft desselben bei verschied. Neigungswinkel der Stränge VI. 104 — s. Cavalli.

Pferdekraft, Unbestimmtheit des Ausdrucks XIII. 119 — Grösse der Pf. nach d. neuen preuss. Gewicht XV. 8.

Pflanzen, Bei Mirabilis Jal. u. Allium Cepa krümmen sich d. Wurzeln dem Lichte zu I. 284 — Woraus d. Blätter d. Pfl. unter Einwirkung des Lichts Sauerstoff entwickeln I. 283; II. 233; VI. 526 — Wirk. d. Sonnenspectrums auf vegetabil. Flüssigkeiten II. 230 — Einfluss d. Lichts auf d. Keimen u. Wachsen d. Pfl. II. 232; III. 200. 645; VIII. 344; XIII. 271; XX. 259 — Vorzüge d. grünen Glases auf Treibhauspfl. III. 201 — Einfluss d. Lichts auf die Richtung u. Respiration d. Blätter III. 201 — Die dem Licht entzogenen Pflanzen werden zuckerreicher III. 202 — Die meisten Pflanzentheile brechen das Licht doppelt IV. 166 — Junge Zweige beugen sich durch d. Licht XIII. 270 — Leuchten v. Papaver u. Lilium zu Upsala XV. 239 — Tiefe d. Eindringens d. Lichts in verschiedene Pflanzentheile XVII. 240 — Anwend. d. polarisirten Lichts auf d. Untersuch. der Pflanzenorgane XVIII. 255; XX. 308 — Das Licht wirkt auf die Stoffe in d. lebenden Pflanze anders als auf die daraus isolirten XX. 258.

Ein Einfluss d. Elektricität auf d. Entwicklung d. Pfl. (Elektrokultur) fraglich I. 501; II. 439 — Muthmaassl. Wirkung d. Gewitterwolken auf Bäume II. 438 — Die Entwicklung d. Pfl. erzeugt keine Elektr. II. 464 — Beobacht. elektr. Ströme in verschied. Pflanzentheilen IX. 529 — Ursprung d. Ströme XIV. 520; XVII. 464 — Magnetismus ohne Einfluss auf d. Saftbewegung d. Charen II. 440.

Diffusion d. Gase durch Blätter u. Wurzeln II. 25 — Vorgänge bei der Respiration II. 234; III. 202 — Bei d. immergrünen Pfl. ist d. Verdunstung geringer als bei d. periodisch vegetirenden XII. 195 — Tägl. Verdunstung verschied. Pfl. Aus bewachsenem Boden verdunstet mehr als aus entblösstem XVII. 658 — Einfluss d. Luftdrucks auf d. Vegetation XI. 667; XIII. 556 — Nach Jamin leisten die v. Luftblasen unterbroch. Flüssigkeitssäulen in d. Saftgefässen gegen Druck grossen Widerstand XVI. 85; dagegen Quincke XVI. 85 Anm.; desgl. Toscani XIX. 80 — Steighöhe d. Säfte in d. Pfl. XVII. 132 — Das Aufsteigen e. Saftes findet nur in d. Zellen statt XVIII. 93 — In d. Gefässen d. Pfl. stets Flüssigkeit enthalten XIX. 80 — Apparat zur Nachahmung d. Vorgänge bei d. Ernährung d. Pfl. XX. 91.

Zusammenhang zw. Temperatur u. Pflanzenentwicklung III. 646; V. 377; VI. 1092; XIII. 495 — Pfl. sind Thermometer für d. Summe der stattgefund. Temperaturen XI. 653 — Wärmemenge zur Entwickl. d. Korns XI. 655; d. Gerste 656 — Temperaturmess. im Innern d. Gewächse XIV. 401 — Thermische Constanten für die Blüthen- u. Fruchtreife v. 889 Pflanzenarten XVII. 619 — Quellen der den Pfl. zugeführten Wärme XX. 666 — Zerstörung d. Bäume durch Eisumhüllungen XII. 692 — Wirkung des Frostes im Frühling auf die Baumblätter XVII. 618.

Vorschriften für die Registrirung period. Erscheinungen an Pfl. VI. 1091 — Einfluss klimatischer Faktoren auf d. Pflanzenentwickl. XIII. 495 — Bestimmung d. Vegetationsnullpunktes XIV. 616 — Vegetationsbeobachtungen in Belgien IV. 457; XI. 668; XIV. 618 — Vegetationsgränze in d. Alpen V. 417 — Epochen d. Weinlese in Frankreich V. 421 — Entwicklung v. 24 Pfl. verglichen mit 30jähr. meteorolog. Beobachtungen zu Braunschweig XI. 659; XIII. 491 — Vegetationsentwickl. in Deutschland XI. 664 — zu Wien und an anderen

Orten in Oesterreich XI. 669; XII. 650 — Blüthezeit verschied. Pflanzen im botan. Garten zu Edinburg XI. 673; XVII. 619 — Pflanzen in Texas, deren Blätter u. Blüthen nach Norden gerichtet sind, natürl. Compass III. 433 — Beobacht. d. Wachsthums e. Art Kalabas V. 450 — Samen aus d. Luft gefallen bei Jülich VIII. 708 — s. Blätter, Chlorophyll, Weinstock — Abich, Asmus, Baxter, Becquerel, Billiard, Csader, Dörksen, Flemming, Fritsch, Gladstone, von Herder, Hunt, Lachmann, Lawson, Lowe, v. Martius, Quetelet, Sachs.

Pflug, Theorie dess. XII. 107.

Phanoskop v. Porro XV. 229.

Phantaskop zur Wahrnehmung d. Erschein. d. Doppeltsehens VI. 506 s. XVI. 280 — Lucrez mit Unrecht beim Ph. erwähnt VIII. 337.

Phenakit, Opt. Eigenschaften XIII. 247.

Phenol, Siedepunkt, specif. Gew., Wärmeausdehnung XI. 43.

Phenylhydrat, Aenderung d. Lichtbrech. mit d. Temperatur XIV. 241.

Phenylsäure, Brechungsexponent XX. 158.

Phonautograph v. Scott, Beschreibung XV. 167; vergl XVIII. 136 — Anwend. zur Untersuch der Klangfarbe d. Vocale XX. 134 — s. Platten — Lippich.

Phonometer v. Schafhäutl XVI. 156 — s. Schallmessung.

Phonoskop zur Ermittl. des für d. Violine geeigneten Theils einer Saite XVIII. 138.

Phosphor, Schmelzpunkt II. 113 — Volumenänderung beim Schmelzen XI. 30 — Geschmolzener Ph. lässt sich ohne zu erstarren in feinen Tropfen unter d. Schmelzpunkt abkühlen XVII. 377 — Specif. u. latente Wärme d. flüss. Ph. II. 113; des festen Ph. II. 264. 266; V. 230. 231 — Specif. Wärme d. rothen Ph. IX. 387 — Rother Ph. nicht krystallisirt zu erhalten XI. 17 — Entstehung von rothem u. weissem Ph. XIII. 20 — Rother Ph. zuerst v. Napoli als Modification unterschieden XIII. 24 — Darstell. v. gelbem u. farblosem Ph. III. 8 — Ursache d. Leuchtens VI. 526; VIII. 343; XVIII. 240 — Phosphor im Schlauchzustand IX. 10. 12 — Krystallform XI. 17 — Wärmeentwickl. bei d. Bildung d. verschied. Sauerstoff- u. Chlorverbindungen IX. 370. 372 — In Sauerstoff verbrennender Ph. liefert viele chemische für die Photographie brauchbare Strahlen XI. 278 — Aenderung d. Lichtbrech. mit d. Temperatur XIV. 241 — Brechungsexpon. d. festen u. flüss. Ph. XV. 210 — Brechungsexpon. d. Dampfes XVII. 235 — Dampfdichte XV. 21. 22 — Selbstentzündung v. Ph. XVII. 401.

Phosphorchlorür, Verdampfungswärme IV. 237.

Phosphorescenz, Litteratur bis zum J. 1845, I. 243 — Blaues Licht regt im Diamant d. Ph. an, rothes schwächt sie I. 283 — Einfluss der verschied. Farben auf d. Cantonschen Phosphor III. 199 — Beziehung zw. d. Farbe d. erregenden Lichts zum erregten XIII. 218; XIV. 226. 230 — Anfertigung v. Leuchtsteinen, künstl. Phosphore III. 199; XIV. 227 — Ph. e. Grotte bei Alexanderbad III. 200 — Beziehung d. phosphorescirenden Flussspaths zu Licht, Wärme, Elektr. u. Structur VI. 524 — Ph. v. Kreidestrichen VI. 526 — Die Ph. d. Phosphors erfordert Sauerstoff VI. 526; VIII. 344; XVIII. 240 — Ph. v. Kalium u. Natrium VI. 526; XIV. 236; XV. 239; XVI. 246 — Phosphore sind Körper, die länger fluoresciren als die Bestrahlung währt XI. 277 — Zusammenhang zw. Ph. und Fluorescenz XVII. 241. 270 — Leuchtorgane der Leuchtkäfer XIII. 220. 221; XIX. 236; XX. 216 — Ph. an lebenden Exemplaren v. Papaver u. Lilium XV. 239 — Bei Meerfischen d. Ph. nicht v. Phosphor herrührend XVI. 247 — Die Ph. v. Fleisch geht nicht v. d. Muskelsubstanz aus XVII. 269 — Ph. der Beroe XVIII. 240 — Nach Becquerel fünf Arten v. Ph. zu unterscheiden XIV. 226 — Farbe d. phosphorescir. Lichts XIV. 231 — Mit d. Temperatur ändert sich die Farbe XIV. 235; XVI. 245 — Bestimm. der Intensität d. Ph-lichtes XVI. 243 — Ph-licht ist unpolarisirt, auch wenn d. bestrahlende Licht polarisirt war XVII. 269 — Entdeck. d. Ph. bei vielen Körpern XIV. 233 — Ph. d. Wolken nach Blitzen XIII. 462; XV. 238 — Ph. durch elektr. Licht XIV. 234 — Ph. gewisser Gase in Geisslerschen Röhren nach d. Durchgang d. elektr. Stro-

mes XV. 234; XVII. 504 — Ausbreit. d. Ph-lichts u. Versuche Wärme dadurch zu erregen XIV. 235; XV. 235; XVI. 243 — Wärme ohne Bestrahlung bewirkt keine Ph. XVII. 269 — Schwefelsaur. Chinin, phosphorescirt beim Erwärmen, valeriansaur. Ch. beim Zerstossen XIV. 236; XVI. 246 — Ph. v. Kupfer XV. 239; XVI. 246 — v. Silber XV. 239 — Ph. von erhitztem Schwefelantimon XVI. 246 — v. Urankrystallen XVI. 246 — v. Seewasser XIX. 235 — siehe Blanchet, Böttger, Calloud, Fabre, Ghaye, Hartig, Heller, Hutstein, Kölliker, Penny, Phipson, Reinhardt, J. Schmidt, Schnetzler.

Phosphoroskop zur Ermittlung d. Dauer d. Phosphorescenz XIV. 232; XV. 235; XVI. 243.

Photoelektr. Lampe s. Lampe.

Photographie s. Lichtbilder.

Photometer s. Lichtmesser.

Photometrie s. Lichtmessung.

Photomikroskop v. Dagron, Monkhofen, Liebert XX. 303. 304.

Phozometer zur Bestimm. d. Brennweite e. Objectivs VI. 535.

Physharmonika v. Stein III. 105.

Physiologie siehe Giraud-Teulon, Hiffelsheim.

Pikrotoxin, Opt. Drehvermögen IX. 289.

Pinit e. süsser Stoff aus Pinus lambertiana XI. 317.

Piroroco s. Bore, Pororoca.

Planeten, Die Beweg. d. Pl. befolgt dieselben Normen wie d. Rotationen des Elektromagnetismus I. 544 — Vorschlag die Höhen d. Atmosphären d. Pl. zu ermitteln II. 161 — Vergleich d. Pl. Helligkeit d. zur Sonne VIII. 269 — Relative Weisse, albedo, v. Venus, Mars, Jupiter, Saturn IX. 255; XV. 230; XVIII. 236 — Umstände, von denen d. Temperatur d. Planeten abhängig ist XII. 649 — Licht- u. Wärmemenge, die jeder Pl. empfängt XIII. 490 — Randfärbungen d. Pl. bei ihrem Auf- und Niedersteigen XV. 546 — Spectra d. Lichts von Venus, Mars, Jupiter u. Saturn XIX. 207; XX. 204 — Modell zur Erläuterung d. Präcession XI. 79 — Enveloppe gewisser Planetenbahnen XIII. 109 — Eigenschaften der Hodographen d. Plenetenbahnen XIII. 109 — Photographien v. Jupiter u. Saturn XV. 278 — Bedenken gegen d. Vorstellung v. Laplace über die Entstehung d. Pl. XVII. 45 — s. de la Rue, Secchi.

Planimeter v. Beuvière I. 580 — s. Bouniakowsky, Bremiker.

Planparallele Gläser, Prüfung derselben auf d. Parallelismus der Flächen I. 301. 305; XVIII. 281; XIX. 298.

Platin, Specif. Gew. in verschied. Zuständen IV. 40. 41. 43 — Elasticitätscoefficient IV. 92; XIX. 59 — Latente Schmelzwärme IV. 231 — Schmelzung durch Kohlenfeuer VIII. 414; durch d. galvan. Batterie XIII. 352 - Schmelzung u. Guss grosser Massen XVI. 349; Schmelzpunkt XIX. 353 — Aenderung d. Festigkeit mit d. Temperatur VI. 16 — Wärmeleitung XIV. 356 — Ausdehnung durch d. Wärme XVI. 339; XX. 339 — Specif. Wärme bei verschied. Temperatur XVI. 370 — Bildung v. Ozon u. Salpetersäure an e. glühenden Platindraht XII. 478; XVI. 502; XVII. 517 — Porosität v. glühendem Pl. XIX. 84 — Elektrochemische Reduction d. Pl. XVIII. 444 — Lichtbrechungsexponent XIX. 250 — siehe Osann, Schönbein.

Oxalsaur. Pl. Opt. Eigenschaften III. 149 — s. Cyanplatin.

Platinschwamm erglüht durch elektr. Ströme von den sich berührenden Gasen V. 289.

Platinschwarz, Verfahren Platin- od. Silberplatten damit zu überziehen XII. 481.

Platten, Aenderung der Formeln Poisson's für d. Bewegung elast. Pl. v. Kirchhoff IV. 93 — Prüfung der Formeln an kreisförm. Platten V. 100 — Schwingungen einer freien Kreisscheibe VI. 234 — Töne u. Knotenlinien kreisförm. Gypsplatten VI. 238 — Die Messung d. Knotenlinien an Kreisscheiben giebt kleine ab. constante Abweichungen v. d. neuen Formel XI. 143 — Fixirung d. Klangfiguren VI. 311 — Magnetismus ändert d. Lage d. Knotenlinien nicht VI. 311. 1146 — Darstellung kreisförm. Klangfiguren XIV. 172 — Klangfig. auf Glocken XVI. 133 — Bestätigung v. Wheatstone's Erklärung d. Klangfig. durch König XX. 122; Bemerk. dazu v. Faye XX. 125 — Ergebniss

d. Versuche v. Terquem mit rechtwinkl. Platten XX. 126 — Gleichungen für d. Schwing. quadrat. Platten XX. 126 — Schwingungsgesetze quadrat. Membranen XVI. 148 — Membranen schwingen nicht mit jedem Ton in Einklang XVI. 148 — Membranen nicht zur Autographie der Sprache verwendbar XVIII. 136 — Zusammenstellung d. analyt. Arbeiten üb. Schwingungen d. Membranen XX. 127 — s. Phonautograph, Schwingung.

Pleochroismus, Erklär. u. Untersuch. d. Krystalle mit d. Dichroskop I. 196 — Die Farben d. reflectirten Lichts complementar zum durchgehenden VIII. 273 — Künstliche Erzeugung d. Pl. X. 288 — Eigenthümkeit d. Andalusits u. Axinits I. 198 — Untersuch. d. Cyanplatinmagnesiums u. chrysamminsaur. Kalis II. 186 — Pl. am Chrysoberyll III. 150 — Amethyst III. 151; X. 296 — oxalsauren Chromoxydkali u. Vivianit IV. 170 — Andersonit V. 169 — Antigorit V. 170 — bei einigen Augiten u. Amphibolen X. 297; XI. 308 — Weltzienit X. 298 — essigsaur. Manganoxydul XI. 308 — schwefelsaur. Kobaltoxydul-Ammoniak XI. 309 — Beobacht. d. Pl. an vielen anderen Krystallen VI. 437; X. 298. 299 — siehe Dichroismus.

Plesiomorphie, Fälle v. Isomorphie unter Formen verschied. Krystallsysteme VI. 8.

Pluvioskop zur Bestimmung der Regendauer u. Grösse d. Regentropfen XVI. 668; XVIII. 595 — s. Regenwasser.

Polarebne, Erklär. XI. 226.

Polarimeter v. Arago VI. 419. 420 — v. Wild XV. 228 — s. Thalén.

Polarisationsbüschel, Haidingers Beobacht. u. Erklär. derselben II. 185; X. 321 — Veränderung derselben durch eine senkr. zur Axe geschliffene Quarzplatte III. 154 — Vergleich mit d. Interferenzschachbrettmuster VI. 493 — Dauer ihres Eindrucks auf d. Netzhaut X. 320 — Nach Brewster rühren die Büschel nicht v. der polarisirenden Structur d. Krystalllinse her XV. 291 — Erklärung d. Büschel v. Silbermann II. 223 — von v. Erlach II. 224; IV. 187 — v. Moigno IV. 165 — v. Brewster VI. 494 — v. Stokes VI. 495 — von Power XIV. 209 — Erklär. u. Nachbildung von v. Lang XX. 234.

Polariskop v. Senarmont VI. 428 — v. Bravais VI. 454; XI. 300 — von Pohl XVIII. 288 — v. Wild XIX. 221 — Untersuch. von Höfen u. Nebensonnen mit d. Pol. XVI. 568.

Polarmeer ist offen, nicht gefroren XIV. 687 — s. Broun, Hayes, Mac Clintock, Mac Clure, Simmonds, Tomlinson.

Polarplanimeter s. Bremiker.

Polychroismus s. Pleochroismus.

Polyeder d. Kräfte XII. 85.

Polyoptometer VIII. 356.

Polytrop v. Magnus IX. 83; X. 80 — Aehnl. Apparat v. Powell. X. 83.

Populin dreht d. Polarisationsebne links VIII. 288.

Porcellan schwindet beim Brennen, nimmt aber dennoch an Dichte ab II. 29 — Ausdehnungscoefficient XV. 21; XX. 338.

Pororoca X. 775; XVII. 756.

Porosität d. glühenden Platins u. Eisens XIX. 84.

Porto Santo, Geolog. Beschreib. XX. 900.

Potential, Beweis e. Satzes aus d. Theorie d. P. v. Weingarten XI. 61 — Die Potentialfunction u. d. Pot. v. Clausius XV. 43 — Anwendung d. Abbildungsprincips auf d. Theorie d. Gravitation XVIII. 23 — Pot. e. Kreises für alle Punkte d. Raumes, wenn es für alle Punkte d. Kreises gegeben ist X. 47; XI. 61 — Pot. einer unendl. dünnen zw. zwei ellipt. Paraboloiden eingeschlossen. Schicht XIII. 114 — Flächenpotential XIII. 115 — Neue Formel für die Dichte einer unendl. dünnen sphär. Schicht, wenn der Potentialwerth in jedem Punkt d. Oberfläche gegeben ist XIII. 116 — Theorie d. cylindr. Potentials XV. 43. 44; XVII. 32 — Pot. e. homogenen Cylinders mit ellipt. Basis XVII. 30; XVIII. 19; XIX. 16 — Pot. e. homogenen rechtwinkl. Parallelepipedums XVI. 36 — Pot. e. Kugelschale XVI. 36; XVIII. 18 — Pot. e. Kugelfläche, wenn d. Dichte e. jeden Flächenelements umgekehrt proport. ist der Entfernung v. e. innern Punkt XVII. 32 — Pot. e. heterogenen Ellipsoids XVII. 29 — Potentialfunction zweier homogenen Ellipsoide XX. 24

— Pot. d. Erde auf e. Punkt ihrer Oberfläche XVII. 63 — s. Anziehung — de la Goupillière, Urbanski.

Potential, elektrisches, Allgemeine Richtigkeit d. Satzes v. Green üb. d. el. Pot. IV. 269 — Anwendung des Abbildungsprincips auf d. elektr. Vertheilung XVIII. 21.

Praecession, Erläuter. derselben v. Poinsot IX. 48; v. Magnus IX. 81 — Apparat zur Erklär. d. Pr. XI. 79; XII. 127. 128. 129. 137 — Einfluss der inneren Beschaffenheit der Erde auf d. Pr. XIX. 30 — s. Drehung.

Praecisionsblasebalg XIX. 94.

Preisfrage, meteorologische betreff. d. Gang d. Thermo- u. Barometers III. 565.

Prisma, Anwend. zu Winkelmessungen VI. 554; XX. 155 — Anwendung des Reversionsprismas als terrestr. Ocular u. zum Winkelmessen VI. 554 — Fraunhofer's Prismen minder vollkommen als die später v. d. opt. Institut gelieferten VIII. 245 — Farbenerschein. bei e. Prisma aus Bergkrystall mit Flächen rechtwinklig zur Krystallaxe VIII. 277 — Erscheinungen an Pr. aus Doppelspath, Arragonit, Quarz u. Beryll VIII. 278; IX. 257 — Zerleg. e. Lichtstrahls in vier durch zwei Quarzprismen XI. 312 — Minimumablenkung durch doppelt brechende Prismen XIV. 270; Anwend. XV. 251 — Kennzeichen guter u. schlechter Quarzprismen XVII. 340 — Rother Saum an d. Farbenbogen an d. Gränze d. totalen Reflexion bei auffallendem weissen Licht VIII. 334 — Richtungen, in denen d. Bilder eines leuchtenden Punktes im gleichseit. Pr. gesehen werden X 276 — Herstellung v. Prismen mit Schwefelkohlenstoff XVIII. 211 — Synthetische Darstellung d. Gesetze d. Lichtbrechung in e. Pr. XVIII. 163; XIX. 188 — s. Balken, Lichtpolarisationsapparate, Spectralapparate — Steinheil.

Prismenporrhometer V. 35.

Propionsäure, Specif. Gewicht, Siedepunkt, Wärmeausdehnung XI. 43 — Lichtbrechungsexpon. XVIII. 200. 203.

Propylalkohol, Brechungsexponent XX. 158.

Propylengas, Absorptionscoefficient XVIII. 94.

Protuberanz s. Sonnenfinsterniss.

Pseudodiaskop XVI. 298.

Pseudoskop IX. 301; XIV. 304.

Pseudoskopie, Unterschied d. monocularen u. binocularen Ps. XIII. 254.

Psychrometer s. Hygrometer.

Pulshammer zeigt nur die Bewegung d. ausgedehnten Luft XVIII. 340 — Die Wallung rührt v. dem an d. Wandung aufsteigenden Dampf her XX. 367.

Pulver s. Schiesspulver.

Pumpen, Verbesser. v. Poole I. 587; v. Simpson VI. 191; v. Löwe, Japy, Ramsay, Marsden X. 177 — Pumpe für medicin. Injectionen I. 588 — Einaxige Mönchskolben- Hub- und Druckp. für sandiges Wasser VI. 191 — Wasserhebemaschinen VI. 193. 194; IX. 102; X. 177 — P. ohne Kolben u. Ventile VIII. 125; X. 178; XI 100; XVIII. 52 — Malbeck's P. ohne Kolben XI. 100 — Strahlp. v. Thomson VIII. 123; IX. 100 — Anwend. v. Windkesseln bei Saugepumpen IX. 101; X. 176 — Vermeidung d. Erschütterung v. Pumpenklappen X. 177 — Ununterbrochen wirkende Saug- u. Hubpumpe X. 179 — Kirchweger's Saug- u. Druckpumpe XI. 101 — P. v. Hovasse XX. 43 — s. Centrifugalpumpe, Luftpumpe — Appold, Caligny, Delpech, Franchot, Guillemot, Gwynne, Magistrini, Miquel, Newton, Rittinger, Stumpf.

Purpurin, Opt. Eigenschaften XV. 225.

Pyrheliometer zur Messung der strahlenden Sonnenwärme IX. 394.

Pyroelektrische Ströme sind galvan. Ströme in e. geschmolzenen Körper X. 486.

Pyrometer, Bestimm. hoher Temperaturen nach Wilson VIII. 425 — Pyrometrische Legirungen XI. 162 — Platinpyr. XII. 59 — Metallp. XVI. 339 — Luftpyr. v. Regnault XVII. 373 — Pyr. v. Byström XVIII. 344; XIX. 355; v. Schinz XVIII. 373 — Mess. hoher Temperaturen durch d. el. Widerstand e. erhitzten Platindrahts, Widerstandspyrometer XVII. 475; XIX. 427; mit e. Thermoelement v. Platin u. Palladium XIX. 225. 349. 352.

Pyroxylin s. Schiessbaumwolle.

Quarnerischer Golf, Physikal. Verhältnisse u. Organismen desselben XIX. 673.

Quarz s. Kieselsäure.

Qobar, trockener Nebel in Aethiopien VI. 1098.

Quecksilber in dünnen Bläschen bläulich durchscheinend I. 183 — Das Anlaufen d. Q. in verschlossenen Röhren angebl. von Schwefelnatrium im Glase veranlasst II. 13 — Verhinderung d. Oxydhaut auf d. Q. V. 207 — Verdampfen d. Q. bei gewöhnlicher Temperatur II. 106 — Verdunstungsgränze III. 75 — Q. hört bei keiner Temp. auf zu verdampfen V. 83 — Verdampfen d. Q. weit unter 0° X. 152 — Verdampfungswärme II. 270; III. 254 — Latente Schmelzwärme III. 250 — Ausdehnung durch d. Wärme III. 83. VI. 52; XX. 341 — Gefrieren d. Q. in e. glühenden Platintiegel III. 91; XIII. 158; XIV. 127 — Specif. Wärme IV. 228 — Specif. Wärme d. festen Q. V. 231 — Spannkraft d. Dampfes bei verschied. Temperatur X. 384; XVI. 360 — Starke Verflüchtigung d. Q. im Vereine mit Wasserdämpfen XVI. 354 — Wärmeleitung XII. 372; XV. 363 — Schmelzpunkt XIX. 348 — Specif. Gew. III. 80 — Quecksilbertropfen auf Wasser schwimmend XX. 72 — Zusammendrückbarkeit d. Q. III. 84 — Cohäsion IV. 20 — Aufsteigen d. Q. in Blei- u. anderen Metallstäben VIII. 29 — Q. dringt in alle v. ihm benetzten Metalle IX. 20 — Bewahrung d. Q. in dem künstl. Horizont bei astronom. Beobacht. vor Erschütterungen u. Beseitigung der Fehler dadurch VIII. 362; IX. 329; X. 340; XX. 125 — Wasserstoff bewirkt im Entstehungszustand die Amalgamation verschied. Metalle XIII. 368 — Bewegung d. Q. im galvan. Kreise XIV. 480; XV. 477 — Aenderung des elektr. Leitvermögens mit d. Temperatur XVI. 489. 495 — Q. die geeignetste Einheit bei d. Messung des elektr. Widerstandes XVI. 489 — Einfluss der Beimischungen im Q. auf d. elektr. Leitungsvermögen XVIII. 435 — s. Amalgamation — Faraday, Regnault, Sartori.

Qecksilberoxyd, Löslichkeit in Wasser XI. 170.

Quecksilbervoltagometer V. 283.

Quellen, Erklär. periodischer Q. II. 75 — Höhengränze d. Q. in d. Alpen V. 403 — Abhängigkeit d. Q. v. Lage u. Neigung d. Gebirgsschichten V. 483 — Auffindung unterird. Wasser mit Hülfe der Geologie VI. 1023 — Q. in Thälern sind nicht wärmer als die auf Abhängen u. Gipfeln in gleicher Höhe VI. 1025 — Q. aus krystallin. Gesteinen haben e. niedrigere Temperatur als die aus Kalk- u. dichten Gesteinen VIII. 615 — Jedesmaliges Steigen e. Q. bei bevorstehendem Regen IX. 654 — Anschwellen d. Q. in Californien vor d. Regenzeit XX. 870 — Eintheilung d. Q. nach Fournet XVI. 830 — Ausbleiben verschied. Q. bei ungewöhnlich hohem Luftdruck XVI. 840 — Tiefblaue Farbe e. Q. bei Tübingen V. 158 — Ungewöhnl. Klarheit d. Silver-Spring in Florida XVI. 838 — Intermittirende Q. zu Kissingen VI. 1027; zu Phipsburg VI. 1028; v. Aïn-Oumach XVI. 843; bei Sklo in Galizien XVIII 747; intermitt. Wassersprudel zu Neuenahr XVIII. 747 — Zeitweises Verschwinden d. Q. im Brentathal XIV. 690 — Beschaffenheit d. Gasq. von Heilbronn VIII. 626; von Turbaco u. Zamba in Neugranada VIII. 852; IX. 655 — Blutq. in Honduras X. 778; XI. 778; XII. 743 — Bildung e. Q. zu Vaucluse XI. 779 — Zerleg. des Wassers zweier durch e. Erdbeben im Visperthal entstandenen Q. XIII. 608 — Spectralanalyse verschied. Q. in London XVI. 231 — Entstehung v. Süsswasserquellen bei Homburg XVI. 833 — Ursprung d. Q. in Dänemark XVI. 833 — Die Moseq. im steinig. Arabien XVII. 762 — Bildung d. Q. in d. Ostschweiz XX. 869.

Beschreib. d. Mineralquellen Canadas VI. 1028 — Bestandtheile e. Q. d. blauen Salzthons in Kentucky VI. 1030 — d. Adelheidsquelle zu Heilbrunn in Oberbaiern VI. 1036 — d. Mineralq. v. Bourbon, l'Archambault u Kirouars VI. 1037 — v. la Bernerie VI. 1038 — Eintheilung d. Mineralq. Frankreichs VI. 1039 — Die Jodq. v. Krankenheil u. Heilbronn VIII. 626; v. Saxon in Wallis XVI. 840 — Die Mineralquellen v Szliacs XI. 779 — Arsenikgehalt in verschied. Q. XVI. 829 — Lage d. Mineralq. v. Nièvre XVI. 841 — Spectralanalyse v. Bünd-

ner u. and. Mineralwasser (Aussee, Hallerwasser, Wildbad, Vichy, Bourbonne-les-Bains) XVII. 253. 254. 255. 761 — Die kaukasischen Mineralq. XVII. 763 — Die Mineralq. im Saroser Comitat XVIII. 745 — Die Min. v. la Malou XVIII. 746 — Die Heilquellen Oesterreichs XIX. 695 — Reihenförm. Anordnung d. Mineralquellen in Belgien XX. 874 — Die Min. am Urmiahsee XX. 877 — Die Soolquellen in Virginien u. d. Salinen v. Onondaga VI. 1041 — Die Soolq. d. westphäl. Kreidegebirges XI. 774 — in Worcestershire XI. 779 — bei Welleville in Ohio XVIII. 744 — Saline v. Chita in Neugranada XVIII. 745 — Die Schwefelquellen v. Trentschin-Teplitz in Ungarn XV. 750 — v. Schuls u. Tarasp XV. 765 — im Gouvernement Orenburg XV. 765 — zu Bagsjasch XVI. 842 — Ursprung d. Schwefelq. in Savoyen XVIII. 745 — Schwefelq. v. Eaux-Bonnes XVIII. 746 — Die Heilkraft d. Mineralwasser v. Elektricität herrührend XX. 463.

Bestandtheile mehrerer Thermen Kleinasiens VI. 1031 — d. Herkulesbäder im Banat VI. 1035 — Beschreib. d. Thermen v. Washitta in Arkansas VI. 1041 — v. Nauheim VIII. 625; XI. 774; XII. 742 — d. Mescutinquellen in Algerien VIII. 627 — d. warmen Q. zu Baden im Aargau VIII. 628 — bei Teheran XV. 750 — zw. Irkutzk u. Turansk XV. 750 — Absätze aus d. heissen Q. auf Ischia XV. 751 — Warme Q. auf Guadeloupe XVI. 743 — Geolog. Alter d. Hauptthermen in Wiesbaden XVI. 839 — Heisse Q. im Dep. de la Drôme XVI. 841 — Zeolithbildung im Cäment durch d. Thermen von Luxeuil XVI. 841 — Heisse Q. zu Ssemipalatinsk XVI. 842 — zu Bosher bei Muscat XVI. 842 — auf Kamtschatka XVI. 878 — in Venezuela XVI. 880 — in Indien XVIII. 746 — in d. Provinz Auckland auf Neuseeland XVIII. 799 — zu Ems XIX. 696 — Zusammensetz. d. Thermen v. Landeck XX. 873 — Zusammensetz. d. Gase aus d. Thermen v. Porreta XX. 875 — s. Geyser, Temperatur — Amy, Anstedt, Bohn, Boué, Braithwaite, Buist, Campbell, Carrié, Charpentier, Clutterbruck, Coet, Delesse, Drouot, Dufour, Eisel, Felix, Fournet, Fresenius, Fuhlrott, Garelli, Glatz, Göttl, Gozzadini, Gregory, Günsberg, Guyon, Hartmann, Hauer, v. Hochstetter, How, Jacquot, Kirschleger, Ladame, Landerer, Lang, Lecocq, Lersch, Lorenz, de Luca, Mitteregger, Möller, Mylne, Northcote, Planta, Rascher, Robinet, Roucher, Sandberger, Schaub, Schlagintweit, Schneider, Sgarzi, Simmler, Stevenson, Stur, Verga, Ville, Villeneuve, Zeithammer.

Queteletsche Streifen, Entstehung u. Erklär. ders. VI. 406; IX. 234.

Quetschhahnbüretten, Calibrirung derselben XII. 80.

Rad, Keilräder nur bei häufigen Unterbrechungen den Zahnrädern vorzuziehen IX. 52; XI. 74 — Erscheinungen d. rollenden Rades XI. 90 — Aeusserste Umdrehungsgeschwindigkeit e. Rades, bei der es durch die Centrifugalkraft noch keinen Bruch erleidet XIII. 135.

Räderfuhrwerk, Theorie d. Bewegung desselben IX. 54 — Singen d. R. bei grosser Kälte XX. 122.

Rafraichisseur, Nervenstärker v. Oppel XX. 52.

Ras-de-maré, Enstehung X. 773; XII. 733.

Rauch v. Lampen setzt sich vorzugsweise auf d. besser wärmeleitenden Stellen d. Decke XV. 111.

Rauchringe s. Ringe.

Reautometer s. Rheautometer.

Rebe s. Weinstock.

Recca bei Triest, ihr unterird. Lauf VI. 1044; XVIII. 741.

Reductionsniveau, Einrichtung V. 34.

Reflexion s. Licht-Reflexion.

Reflexionsgoniometer s. Goniometer.

Reflexionshypsometer zur Messung v. Höhenwinkeln XII. 335.

Refraction s. Lichtbrechung.

Refrigerator s. Eis.

Regelation, Zusammenfrieren von Eisstücken bei 0°; Erklär. v. Faraday XV. 350. Thomson dagegen 353 — Erklär. v. Forbes u. Tyndall XV. 758 — Reg. soll auch bei Glas und anderen Substanzen statt finden XVI. 347 — s. Faraday, J. Thomson.

Regen geht d. Blitz voran V. 259 —

Der Unterschied d. Regenmenge in verschied. Höhen im Sommer geringer als im Winter V. 379 – Bildung d. Regens aus Schnee VI. 1099 – R. bei heiterm Himmel VI. 1099 – Einfluss d. Mondes auf d. Regenmenge VIII. 700; XIII. 554 – Vertheilung d. R. in d. verschied. Zonen X. 749; XIII. 549. 552; XVI. 662 – Einfluss d. Wälder auf d. Ablaufen d. Regenwassers X. 776 – Grösse u. Gestalt d. Regentropfen XV. 729 – Die Tropfen vergrössern sich nicht im Fallen durch Condensation von Dampf XVIII. 660 – Compensation d. Regenmengen; neben Gegenden v. grosser Trockenheit sind solche mit vielem R. XVI. 737 – R. in Folge v. Geschützdonner XVII. 668 – Die bei d. Condensation d. Wasserdampfs frei werdende Wärme geht durch Strahlung verloren XVIII. 660 – Zusammenhang zw. Luftfeuchtigkeit u. Regenmenge XVIII. 660 – Die Regenm. nimmt nahe über d. Erdoberfläche ansehnlich zu XVIII. 661.

Regenmenge in Freiberg IX. 729 – in Deutschland XI. 703. 705; XVIII. 656 – zu Bayreuth XI. 722 – in d. Rheinlanden XII. 685; XX. 789 – zu Lübeck XIII. 538 – auf d. preuss. meteorolog. Stationen XIV. 654; XVII. 718; XX. 816. 817 – zu München und Hohenpeissenberg XIV. 659. 673 – Ittendorf XV. 668 – Giessen XV. 728 – Bonn XVII. 656 – Kreuznach XVII. 695 – Regenverhältnisse im nordwestl. Deutschland XX. 752. 753 – Regenmenge in Harlem III. 611 – Löwen IV. 457 – Brüssel VI. 882; XIV. 659 – Gent XIV. 659 – im Seedistrict v. Cumberland u. Westmoreland III. 613; VI. 1100; XVIII. 662 – zu Tormevara, Bezirk v. Limerick III. 641 – zu Whitehaven VI. 1100 – bei Edinburg X. 747 – Vertheilung d. R. in Grossbrittanien XI. 706; XVIII. 655; XX. 758 – in Irland XI. 749 – Regenmenge auf 37 Stationen in Schottland XIII. 552 – In England hat sich seit 100 Jahren d. Regenmenge nicht geändert XVIII. 590

Regenmenge in Dublin u. Enniskillen XVIII. 661 – Bath XX. 800 – Paris V. 420; X. 748 – in verschied. Gegenden v. Frankreich VIII. 706; X. 748; XIV. 672 – in Cherbourg VIII. 754 – Montpellier X. 748; XII. 682; XIII. 554 – Bayonne u. Pau XI. 702 – Prag IV. 436; V. 436; VI. 1044 – Udine VIII. 754 – Krakau X. 715 – Pressburg XV. 670 – Regenverhältnisse in d. Alpen V. 412; VI. 1022; X. 744. 745 – Regenmenge zu Mailand u. am Comersee XV. 727; XX. 755 – Vertheilung d. R. in Italien XX. 774 – Zahl der Regentage in Dorpat XI. 708; XVI. 717 – Regen- u. Schneemenge in Russland XII. 684 – zu Orel XV. 691 – Icogmut XV. 694 – Anzahl d. Regentage in d. russ. Steppen XVII. 706 – Regenmenge in Warschau XVII. 722 – auf Chios XI. 715; XII. 702 – zu Athen XX. 803.

Regenmenge an d. Küste v. Travacore u. Tableland of Uttree III. 613 – auf 127 Stationen in Bengalen IX. 728 – in Jerusalem XIV. 636 – Algier IV. 424; XI. 737 – Sierra Leone XI. 701 – d'Urban, Picter-Maritzburg, Südafrika XI. 726; XIV. 632 – Capstadt XIV. 629 – Simons Bay, Cap. d. g. Hoffn. XVIII. 674 – Gongo Soco in Brasilien III. 618 – Rio Janeiro XIV. 672 – Regenverhältnisse in einigen brasilian. Provinzen XV. 696 – Regenlosigkeit d. Küste v. Atakama IX. 731 – Regenmenge in d. Havanna X. 747; XI. 700; XII. 683 – in Cayenne u. Georgetown XIV. 641 – auf Trinidad XIV. 673 – Mendoza, Parana, Tucuman XVII. 688; XX. 754 – Regenverhältnisse in der Argentin. Republik XX. 753 – Regenmenge zu Beloit VIII. 733 – Arbroath XII. 648 – San Francisco XII. 711 – an d. Küste in Californien XIV. 671 – in d. Verein. Staaten XV. 728 – St. Louis XIX. 656 – auf St. Helena XVIII. 661 – zu Melbourne u. a. Orten d. Colonie Victoria XI. 731; XX 823 – in Südaustralien XVI. 739.

Mannaregen II. 209; XX. 771 – Erdr. im südöstl. Frankreich und Staubregen auf dem Mittelmeer III. 173 – Sandr. VI. 1102; XX. 770 – Rother Regen zu Reims VIII. 707; in Zürich XI. 711; zu Siena XVII. 670 – R. v. Samenkörnern VIII. 708 – Eisregen XX. 759 – Schwarzer R. in Schottland XX. 769 – Steinr. zu Birmingham XX. 769 – s. Staubmeteore – d'Abbadie, Ainsworth, Argelander, Baxendell, Belgrand, Berthelot, Blodget, Bouis, Brown, Brüg-

mann, Buist, Buys-Ballot, Campani, Clare, Crahay, Cresson, Curtis, Davy, Dove, Fargeaud, Fleury, Galbraith, Galle, Gasparini, Glaisher, Gonin, Gube, Haeghens, Hansteen, Heis, Henry, Holten, Hopkins, Jevons, Köne, Kohlrausch, Laborde, Lamont, Lortet, de Luca, Mac-Millan, Miller, Morris, Müller, Oldham, Person, Phipson, Quetelet, Reissenberger, Reuss, Rozet, Sandemann, R. Schmidt, Schröpfer, Secchi, Simonin, Stark, Symons, Vernon, Zantedeschi.

Regenbogen, Erklärung d. weissen R. II. 192; III. 160. 671; V. 454; VIII 587 — Ungewöhnl. Farbenvertheilung im R. II. 193 — Merkwürdige Veränderung e. R. während e. Sonnenfinsterniss II. 193 — Rother Bogen nach Sonnenuntergang II. 194 — Mondregenb. II. 195; XVIII. 469 — Farblose R. vielleicht Nebelstreifen IV. 183 — Theorie d. R. v. Grunert V. 177; v. Raillard. Bei abnehmender Grösse d. Tropfen verschwindet d. R. XIII. 454 — Entstehung d. überzähligen R. V. 178; VIII. 587 — R. in Wasser IX. 606; X. 633 — Intensität d. verschied. Farben d. R. X. 625 — Beobacht. e. mehrfachen R. bei Wien XVIII. 489 — Beobacht. d. 17 ersten R. in e. Wasserstrahl XIX. 523; Messungen daran XX. 573 — s. Beer, Boué, Brückner, Chamard, Chevallier, Dingle, Dufour, Florimond, Gray, Grunert, Guisan, Hartwell, E. B. Hunt, Just, Lescarbault, Macgregor, Miller, Mohr, Mounsey, Poey, Quetelet, de Ram, Ritter, J. Schmidt, Walker, Watts.

Regenmesser, Einfluss d. Windes darauf III. 605. 641 — R. v. Dollond III. 589 — v. Straton IX. 682 — v. Fagnoli X. 682 — v. Fleming XI. 640 — Pluvioskop v. Heroé-Mangon zur Bestimm. d. Regendauer u. Tropfengrösse XVI. 668; XVIII. 595 — Selbstregistrirende Regenmesser: von Osler XII. 617; v. Wild XX. 652; v. Palmieri XX. 662 — s. Fleury, Gardiner, Jevons, Legeler, Maille, Palmieri, Symons.

Regenwasser, Bestandtheile des an verschied. Orten in Frankreich aufgefang. Regenw. VIII. 706; XX. 765 — desgl. im Regenw. zu Manchester VIII. 707 — Gehalt d. Schnee-, Hagel- u. Regenwassers an Salpetersäure XIV. 674 — Salpetersaur. Ammoniak im R. XVII. 669. 670 — Zusammensetz. d. R. im Seedistrict v. Cumberland XVIII. 662 — Bestandtheile e. rothen zu Siena gefall. Regens XVII. 670 — s. Meissner, Robinet.

Reibung, Schiele's Reibungscurve zur Verminderung d. R. V. 41; X. 58. 59; XIV. 79 — Haughton's Reibeschlitten zum Anhalten d. Eisenbahnzüge VIII. 68 — Der Reibungscoefficient zw. Eisen u. Erde wird zu niedrig angegeben VIII. 69 — Zapfenreib. bei d. stehenden Welle X. 58 — Die Reibung nimmt mit wachsender Geschwindigkeit ab XIV. 80 — Reib. auf Eisenbahnen XVI. 43. 45 — Bestimm. d. Reib. v. Sella mit d. Tripsometer XVII. 45 — Rollende R. e. Cylinders od. Rades auf e. elast. Boden XX. 54 — Vorgänge bei der gleitenden Reibung XX. 103.

Bestimm. d. Reib. bei Flüssigkeiten nach Saint Venant II. 72 — Grösse d. Reib. d. Wassers an einem Fahrzeug od. schwimmenden Körper V. 60 — Einfluss d. innern Reib. d. Flüssigkeiten auf d. Pendelbewegung VI. 94; auf e. sich gleichförm. bewegende Kugel VI. 103 — Vernichtung d. Wellen durch d. innere R. VI. 103 — Reibung rotirender Scheiben in Wasser XI. 97 — Bestimm. d. Constanten für d. innere Reib. d. Flüssigkeiten v. Helmholtz XVI. 101. 106 — Meyer's Untersuch. d. Reib. d. Flüssigkeiten XVII. 79. 88. 93; XIX. 34 — Einfluss von Druck, Temperatur, Durchmesser u. Länge d. Röhren auf d. Reib. der darin fliessenden Flüssigkeit XVII. 76 — Formeln v. Mathieu üb. d. Ausfluss d. Flüssigkeiten mit Berücksichtigung d. inneren Reibung XIX. 35 — Bei Benutzung der Fluthwelle zum Mühlenbetrieb wird die in Folge d. Reibung entstehende Wärme durch d. Rotation der Erde erzeugt XIX. 334 — s. Rochet, Chenot, Moon.

Reif, Bedingung seiner Bildung XX. 775.

Resonanz in Schuhen XV. 170.

Retinasphalt, Elektr. Leitvermögen I. 388.

Rheautometer v. Lo Cicero, ein Galvanometer XVI. 477.

Rhein zeigt keine Abnahme d. Was-

serstandes V. 476 — Erhöhung des Rheinbettes während e. Jahrhunderts VI. 925 — Das Rheinthal zw. Strassburg u. Bingen einst e. Binnensee VI. 936 — Wasserstand d. Rh. bei Basel seit 50 Jahren nach P. Merian XV. 657.

Rheostat, Verfahren v. Gore zur Einschaltung grosser u. kleiner Widerstände IX. 513 — Rh. v. Page IX. 513 — v. Pierre XII. 487 — Stromregulator von Lacassagne u. Thiers XII. 487; XIII. 379 — Rh. v. Bergeat XIII. 378 — v. Regnard XIV. 441 — Intensitätsaccommodator v. Gallois XV. 405 — Rh. für grosse Widerstände XVII. 479.

Rhodium, Specif. Gew. d. geschmolz. Rh. II. 114 — Specif. Wärme XI. 384; XVII. 392.

Rhone, Wasserstand bei Lyon XVI. 816 — Gefälle XII. 745 — Anschwemmungen XII. 747 — Wassermenge XIII. 582 — Farbe XVI. 807.

Ricinusöl, Lichtbrechungsexponent XVII. 237.

Riffe, Korallenriffe im Süden v. Florida XIX. 675.

Ringe, Erzeugung von Rauchringen XVI. 53; v. entsprechenden Ringen durch e. farbige Flüssigkeit XVI. 54 — Rauchringe am Vesuv u. aus Geschützen XVI. 58 — Nachbildung d. Rauchringe mit Salmiakdämpfen XX. 50 — Ringe bei d. Reflexion d. polarisirten Lichts v. einer mit e. dünnen Oxydschicht überzogenen Metallplatte II. 158 — R. in Kalkspath u. Beryll v. Höhlungen herrührend IV. 167 — R. bei Betrachtung e. Lichts durch e. fasrigen Kalkspath XVII. 275 — Osann's Erklär. d. Farbenringe auf einer mit Lycopodium bestreuten Glastafel vor e. Licht XV. 252 — s. Farben-, Nebel-, Sonnenringe.

Rockall, Felsen im nordatlant. Meer XVII. 745.

Röhren, Eigenthümliche Längsspaltung eiserner verrosteter Röhren XVII. 103 — s. Glasröhren, Pfeifen — Fairbairn.

Roheisen s. Gusseisen.

Rohrzucker s. Zucker.

Rosesches Metall s. Legirung.

Rosmarinöl, Brechungsexponent XVII. 236.

Rotaskop v. Johnson zur Erläuterung d. Rotationserschein. XI. 82; XII. 130.

Rotation s. Drehung, Elektrodynam. Rotation.

Rotations-Magnetismus siehe Elektrodynamik.

Rothes Meer, Relatives Niveau d. Mitteländ. u. Rothen Meeres VI. 1000; IX. 637 — Strömungen im R. M. IX. 645 — Fluthhöhe, Salzgehalt, Tiefe, Temperatur XV. 743; XVI. 785 — s. Lapierre.

Rubidium, Entdeck. desselben durch d. Spectralanalyse XVII. 246 — Vorkommen XVII. 253. 254. 761. 762; XVIII. 221.

Rubin s. Korund.

Rüböl, Brechungsexponent XVII. 237; XX. 244.

Rückstand, elektrischer, siehe Flasche Leidener.

Runkelrüben, Reinigung d. Rübenmelasse durch Diffusion XI. 27 — Zuckergehalt XVI. 265 — Rubidium darin XVIII. 221.

Russland s. Magnetismus tellur., Regen, Temperatur — Reineke, Spassky.

Saccharimeter v. Soleil III. 215; IV. 201; IX. 293 — Behandlung der Zuckerlösung v. Clerget vor ihrer Prüf. mit d. Sacch. IV. 200; V. 166 — Neuer Compensator für d. Sacch. v. Duboscq u. Soleil VI. 557 — Mitscherlich's Sacch. für technische Zwecke nutzbar gemacht XII. 297 — Sacch. v. Jellett XIX. 307 — Sacch. v. Wild XX. 309 — s. Pohl.

Sägen, Bestimm. der zum Holzsägen erforderl. Kraft IX. 37.

Säuren, Dichtigkeit gemischter Lösungen v. S. XV. 19 — Aenderungen im Schmelzpunkt beim Mischen fetter Säuren X. 135 — Gesetzmässigkeiten im Schmelzpunkt fetter Säur. XVI. 354.

Sahara, Artes. Brunnen daselbst XII. 743; XIII. 577; XVIII. 744; XX. 871 — Höhenbestimm. u. niedrige Wintertemperaturen in d. Sah. XIII. 531.

Saiten, Bewegung eines einzelnen Punktes einer S. bei transversaler Schwingung II. 130 — Töne in S., welche von unterbrochenen elektr. Strömen durchlaufen od. v. e. Spirale mit solchen Strömen umgeben werden II. 149 — Correction bei Be-

rechnung d. Töne steifer S. IV. 116 — Verfahren gespannte S. in Schwingungen v. gleichbleibender Weite zu versetzen VI. 312 — Einfluss d. Geschwindigkeit d. streichenden Bogens auf d. Schwingungen e. S. XII. 234 — Saitenschwingungen durch die gleichmässige Reibung e. Rolle XII. 237 — Schwingungen einer aus mehreren ungleichen Stücken zusammengefügten Saite XIV. 118; XV. 99 — Construction der v. einer schwingenden u. dabei senkr. zur Schwingungsebne fortbewegten Saite beschriebenen Fläche XIV. 165 — Die Schwingung einer mit e. Bogen gestrichenen Saite aus mehreren Bewegungen zusammengesetzt XVII. 156 — Erzeugung d. harmon. Töne e. Saite mittelst d. Violinbogens XVII. 163 — Beziehen e. Violine mittelst d. Phonoskops XVIII. 138 — Stimmen d. S. mit Hülfe d. Gesichtssinns XIX. 96 — s. Pierre.

Salicin dreht die Polarisationsebne links VIII. 286. 288 — Elektrolyse XVII. 494.

Salicylige Säure, Brechungsexponent XVIII. 201; XX. 158.

Salmiak s. Chlorammonium.

Salpeter s. Kali salpetersaures.

Salpetersäure, Wärmeerregung bei d. Verbind. mit Wasser I. 321. 322 — Elektr. Leitungsvermögen bei verschied. Temperatur VI. 702 — Ozon die Ursache d. Bildung v. Salp. in d. Luft VIII. 708 — Lichtbrechung verschied. Gemische v. S. u. Wasser XIV. 243 — Entstehung der S. aus atmosphär. Luft durch Inductionsströme XIV. 469 — Dichte d. Dämpfe XVII. 23 — Bildung von Salp. an e. glühenden Platindraht XVII. 517.

Salpetrige Säure, Verhalten bei starker Abkühlung I. 130.

Salz, Kochsalz, s. Chlornatrium.

Salze, Einfluss d. Druckes auf die Löslichkeit III. 6; XVIII. 88; XIX. 11 — Lösungswärme verschied. Salzlösungen VI. 616 — Einfluss d. specif. Gewichts auf d. Löslichkeit VIII. 143 — Die Löslichkeit wächst mit dem Krystallwasser VIII. 144 — Salze, welche bei d. Auflösung viel Kälte erzeugen, absorbiren bei d. Verdünnung ihrer Auflösung wenig Wärme VIII. 416 — Contraction d. S. bei d. Auflös. u. Bestimmung ihres Salzgehalts aus dem specif. Gew. X. 142; XVII. 16; XVIII. 15 — Volumenänderung bei d. Auflösung nach Kremers XI. 37; XII. 54; XIII. 80; XIV. 128. 131; XV. 347; nach Schiff und nach Tissier XV. 18. 19 — Berechnung d. specif. Gew. v. Salzlösungen aus d. Salzgehalt XV. 17 — Ungleiche Dichte e. Salzlösung in verschied. Schichten XX. 12 — Ableitung d. relativen Löslichkeit d. Salze aus ihrer Constitution X. 143; XI. 3; XII. 185 — Löslichkeit der schwefelsaur. Salze der Magnesiareihe XI. 168 — Löslichkeitsverhältnisse von Salzgemengen mit Rücksicht auf geolog. Vorgänge XII. 181 — Löslichkeit verschied. Salze XX. 94. 95 — Löwel's Versuche mit übersättigten Salzlösungen VI. 268; VIII. 144; IX. 133; XI. 163. 165; XII. 182; XVI. 108 — Uebersättigte Salzlösungen werden durch filtrirte Luft vor Veränderung bewahrt XV. 356; XVII. 28 — Umstände, welche d. Erstarrung e. übersättigten Lösung verursachen XVI. 109 — Apparat zur Bestimm. d. Löslichk. der Salze in höherer Temperatur XII. 189.

Glühende Kohle fällt Metalle aus ihren Lösungen IV. 299 — Ein aufgelöster Stoff ändert d. Siedepunkt d. Lösungsmittels, aber nicht ein damit gemengter wie Gummi in Wasser X. 148 — Siedepunkt verschied. gesättigter Salzlösungen XII. 187 — Mehrere Ammoniak- u. Silbersalze erregen bei d. Zersetz. Elektricität X. 438 — Affinität der Salze zum Wasser XII. 51 — Die Aufnahme od. Abgabe v. Krystallisationswasser in e. gelösten Salz ändert d. Dichtigkeit d. Lösung nicht XVI. 9 — Dichte d. Krystallwassers in d. Salzen XVII. 17 — Molecularconstitution d. Salze nach Sullivan XV. 110 — Berechnung d. Schmelzpunktes v. Salzgemengen, Kali- u. Natronsalpeter XVI. 354 — Die bei d. Verbindung e. Säure u. Basis auftretenden Bewegungen v. d. Krystallform d. entstehenden Salzes abhängig XVI. 518 — s. Auflösung, Elektricitäts-Erreg., Lithion salpetersaur., Natron schwefelsaur., Siedepunkt, Wärmeerregung — Gerlach, Kremers, Playfair, Schiff.

Salzkammergut, Grösse, Tiefe u. Temperatur der Seen daselbst VI. 1013.

Salzsäure s. Chlorwasserstoff.
Salzseen s. Seen.
Samarskit erglüht beim Erhitzen unter Aenderung d. specif. Gewichts u. d. specif. Wärme XIV. 11. 224 — s. H. Rose.
Samen aus d. Luft gefallen VIII. 708 — Samenregen in der Rheinprovinz X. 752.
Sanct-Elmsfeuer, Etymologie des Worts VI. 884.
Sand, Druck u. Ausflussmenge des trocknen S. VIII. 59 — Wärmeleitung XIII. 301 — Sandbildung durch Gletscher XIII. 565 — Tönender S. XIII. 591; XIV. 681 — Wirkung d. Windes auf trocknen S. XIX. 41.
Sandelholzöl, Brechungsexponent VI. 396.
Sandregen in China VI. 1102 — in Rom u. auf d. Canar. Inseln XX. 770 — s. Berthelot, Bouis, Secchi.
Sandstein, Wärmeleitung VIII. 419. 421; XVIII. 365.
Sangaï, Beschreib. VI. 968; IX. 667.
Sangir-Inseln, Vulkane derselben XIII. 598; XV. 777.
Santonin, Nach d. Genuss v. Sant. erscheinen d. Gegenstände in veränderten Farben XIV. 313; XVI. 295 — S. e. Stärkungsmittel für d. Augen, aber mit Vorsicht anzuwenden XVI. 296 — Zersetzung d. Sant. durch Licht XX. 257.
Saone, Geschwindigkeit XII. 745 — Niveauänderungen XIV. 691.
Sapphir s. Korund.
Satellit, Niveauflächen der Atmosphäre e. Satelliten VIII. 70 — siehe Mond.
Saturn, Bestimm. der Drehungsgeschwindigkeit d. Ringes II. 162 — Erklärung d. Stabilität d. Ringes XI. 79 — Theorie der v. d. Ringen reflectirten Strahlenflächen XIV. 208 — Lichtstärke d. Atmosphäre u. Photographie d. Sat. XIV. 576; XV. 278 — Spectrum d. Saturnlichts XIX. 207; XX. 204. 207.
Sauerstoff wird unter hohem Druck nicht flüssig I. 130; XVII. 383 — Volumenänderung durch hohen Druck II. 107 — Ausdehnungscoefficient u. Dichte III. 78 — Specif. Wärme IX. 416; XVIII. 347 — Absorption durch Alkohol XI. 180 — Lichtbrechungsvermögen XVII. 235 — Sauerstoff macht d. Körper negativ elektr. VIII. 472 — Entstehung e. allotropen Zustandes v. S. beim Durchschlagen elektr. Funken durch trocknen S. IX. 505 — Volumenänderung durch Einwirk. d. Elektricität XVI. 515 — Schönbein's Ansicht üb. d. Rolle d. S. in verschied. Verbindungen u. bei d. Elektrolyse X. 528 — Wirkung d. Platins auf d. Sauerstoff in Verbindungen XIV. 15 — Aehnliche Wirkung von Eisen, Eisenoxydulsalzen u. Blutkörperchen XIV. 16. 21 — Zwei chemisch verschied. u. entgegengesetzte Zustände d. S., Ozon u. Antozon XIV. 17. 18. 19; XV. 24 — Eigenschaften des v. Terpenthinöl absorbirten Sauerstoffs XV. 27; XVI. 18 — S. dringt durch e. Oelschicht XV. 117 — Vorgang bei d. langsamen Verbrennung XVI. 16 — Gewöhnlicher u. ozonisirter S. erzeugen bei Verbindung mit Stickoxydgas dieselbe Wärme XX. 355 — Explosion bei d. Verbrennung in comprimirtem Sauerst. XX. 359 — s. Blut, Eudiometrie, Ozon — Meissner, Osann, Weltzien.
Saugeräder VI. 206.
Save, Wasserstand XV. 752.
Schall, Vorschlag die Schallfortpflanzung durch Röhren od. Wasser zu telegraph. Mittheilungen zu benutzen II. 154; V. 114 — Der Sch. aus bisher bekannten mechan. Wirkungen nach Mackenzie u. Sang nicht erklärbar III. 103; XIII. 191 — Intensität d. Sch. auf hohen Bergen IV. 443; V. 111; X. 230; ist dort so gering wegen Mangel an Resonanz XI. 217 — Vor einem Eisengitter verwandelt sich d. Knall e. Peitsche in Zischen VI. 314 — Merkwürd. Beispiele von ungleichförm. Ausbreitung d. Schalles VIII. 159 — Glühhitze vermindert d. Schallleitung im Eisen VIII. 160 — Schnee e. schlechter Leiter des Sch. VIII. 630 — Fortpflanzung des Schalls durch Holzstäbe XI. 215 — Durch Nebel pflanzt sich d. Schall besser fort als durch klare Luft XI. 217 — In Flüssigkeiten mit gasförm. od. anderen Beimengungen wird d. Schallbewegung bedeutend gehemmt XIII. 174; aber nicht d. Longitudinalschwing. d. Glases XIII. 175 — Einfluss d. Windes auf d. Schallintensität XIII. 181 — Ungleichheit d. Schallbewegung in d. Hölzern nach verschied. Richtungen XIV. 13 — Verstärkung

d. Sch. durch Einschaltung v. Wasser in d. Hörrohr XV. 170 — Singen der Wagen bei strenger Kälte XX. 122.

Schallbrechung, Doppler's Vorschlag zur Bestimmuug d. Brech. d. Schalles V. 97 — Bestimm. der Refraction d. Sch. von Sondhauss VIII. 156 — Die Schallbr. analog. der d. Lichts XII. 217. 220.

Schallfiguren, Pendel zur Veranschaulichung der Lissajous'schen Schallfig. XX. 127.

Schallgeschwindigkeit, Die Beweg. d. Schalles v. Gipfel d. Faulhorns ebenso schnell herab wie hinauf I. 149 — Theorie d. Schallgeschw. v. Joule III. 101 — v. Challis IV. 102; XX. 114. Bemerk. dazu v. Airy u. Stokes IV. 105. 107; v. Blake IV. 110; V. 93; v. Moon V. 96 — Theorie v. Potter u. Einwendungen v. Haughton, Challis, Rankine, Stokes, Bravais VI. 295; VIII. 159 — Ableitung d. Schallgeschw. v. Saint-Venant XII. 159 — Theorie v. Riemann XV. 123; XVI. 178 — v. Waterston XV. 163 — Einwand v. Duhamel gegen das von Laplace hinsichtlich d. Schallgeschw. aufgestellte Princip XVIII. 115; dagegen Clausius u. Saint-Venant XVIII 116, 117. 121 — Theorie von Duhamel XVIII. 117. 121. 122 — Ableitung d. Formel für d. Schallg. in Gasen v. Stefan XIX. 93 — Nach Tyndall ist die Laplacesche Correction der Newtonschen Formel nur bei bestimmten Gasen zulässig XIX. 337; Einfluss der Wärmestrahlung dabei XX. 114 — Geschichte d. Theorie d. Schallgeschw. von Leconte XX. 107. Entgegnung dazu von Earnshaw und Potter 110. 116. 118 — Allgemeinheit des Integrals von Poisson, auf welchem d. Theorie der Schallfortpflanz. gasförm. Körper beruht XII. 201 — Integration einer für d. theoret. Bestimmung d. Schallgeschw. wichtigen Gleichung v. Earnshaw XIV. 163; Berichtigung dazu XVI. 173.

Schallgeschwindigk. in Wasser, Alkohol, Aether, Kochsalzlösung IV. 112 — in flüss. u. festen Körpern v. begränzter Ausdehnung VI. 249 — in verschied. Gesteinen VI. 946 — in Eisen VI. 300 — in e. cylindrischen Zinkröhre XVIII. 133 — in verschied. Gasen nach d. Versuchen v. Regnault IX. 418 — in Gasen und Dämpfen nach Masson XIII. 173 — Der Schall d. Donners soll e. besondere grosse Geschwindigkeit haben XVI. 165. 170. Bedenken dagegen 167. 171 — Weshalb die aus Pfeifen abgeleitete Geschwindigk. erst nach Multiplication mit V³/₂ mit d. directen Messung übereinstimmt IV. 113 — Apparat zur Bestimm. d. Schallgeschw. in Gasen bei verschiedener Spannung u. Temperatur VI. 309 — Ermittlung d. Schallgeschw. durch zwei Uhren v. etwas verschiedenem Gang nach d. Methode d. Coincidenzen IX. 163; XVIII. 127. 129 — Apparat von König zur Messung der Schallgeschw. XVIII. 127 — Vorschlag zur Bestimm. d. Sch. von Kahl XX. 120; v. Stevelly XX. 121.

Schallintensität, Messung derselben XI. 214; XII. 238; XVI. 156 — s. Schall.

Schallinterferenz s. Schallwellen.

Schallmessung, (Phonometrie), Versuche die Schallstärke zu messen v. Schafhäutl XI. 214; XVI. 156; v. Renz u. Wolf XII. 238.

Schallreflexion v. zwei Marmorschalen im Louvre u. von Hohlspiegeln XV. 169. — s. Echo.

Schallsignale auf d. See bei Nebel XVIII. 141.

Schallwellen, Verschied. Ordnungen derselben nach Russell I. 159 — Bestimmung d Schwingungsgeschwindigkeit e. Luftttheilchens II. 128 — Die Bewegung d. schallfortpflanzenden Mediums ausserhalb d. Wellenfläche nicht null II. 138 — Schwingungsrichtung d. Schallwellen II. 140 — Fortpflanzung der Wellen in e. heterogenen Mittel II. 141 — Ablenkung d. Schallstrahlen beim Durchgang durch e. rotirendes Mittel II. 160 — Beugung d. Schalles III. 102 — Einfluss d. Luftbewegung auf d. Fortpflanzung d. Schallw. V. 123 — Verfahren v. Lissajous die tönenden Schwingungen sichtbar zu machen XI. 209. 210; XII. 221. 222. 224. 230 — Akustischer Wellenapparat von Schulze XIII. 179 — Apparat um d. Schallschwingungen ungeschwächt zum Ohr zu leiten XX. 129.

Lage d. Knoten u. Bäuche bei d. Begegnung directer und reflectirter Schallstrahlen I. 150; Seebeck dazu

II. 123. 128 — Töne durch stehende Wellen im Wasser III. 102 — Apparat zum Nachweis d. Interferenz d. Schallwellen v. Lissajous XI. 207 — Akust. Interferenzröhre v. Nörremberg XII. 241 — Objectiver Nachweis d. Schallinterferenz XIII. 175 — Interferenz an Stimmgabeln u. Saiten XV. 171 — s. Schallgeschwindigkeit.

Schatten, Brücke's Erklär. d. farbigen Schatten VI. 498 — Der Sch nur bei Beleuchtung mit diffusem Licht complementär gefärbt XIV. 312 — Farbige Sch. sind objectiver Natur XV. 298 — Benutzung d. Sch. zur Erzeugung v. Lichtschattirungen XIV. 299 — s. Babinet, Bassolini, Beaumont, Magrini, Poey.

Schaum bildet sich besonders auf organ. Flüssigkeiten XIII. 127 — Der Sch. d. Meeresbrandung wärmer u. salziger als d. Meerwasser XIII. 294.

Scheiben s. Platten, Reibung.

Schiessbaumwolle wird durch Reiben stark elektr. II. 360. 361; III. 340. 351 — Zersetzung durch Licht XVII. 293 — Verbrennung im luftverdünnten u. leeren Raum XVIII. 333; XX. 359.

Schiesspulver, Bestimmung seines specif. Gewichts XII. 61 — Druckgrösse d. Gase beim Abfeuern eines Geschützes XII. 153 — Berechn. d. mechan. Effects XIII. 134; XIX. 338 — Vergleich d. Wirkung d. Schiessp. mit d. Dampfmaschine XIX. 338; XX 327 — Chemischer Vorgang beim Abbrennen d. Sch. XIII. 130 — Verbrenn. d. Sch. im Vacuum u. luftverdünnten Raum XVIII. 333; XX. 359 — Sch. löscht brennenden Schwefel aus u. wird durch flammende Schiesswolle nicht entzündet XIX. 360 — Bewegung d. Pulvergase im Geschützrohr XV. 82; XVI. 58 — Spiralförm. Gang d. Pulvergase im Geschützrohr XVII. 100 — s. Minen.

Schiffe, Messung d. Geschwindigkeit d. Sch. I. 51; X. 172 — Reibung d. Wassers an e. Fahrzeug V. 60 — Fortbewegung derselben nach dem Princip d. Segnerschen Kreisels VIII. 126; X. 182; XI. 99 — Einfluss des Vorder- u. Hintertheils d. Sch. auf d. Widerstand d. Wassers XI. 96 — Verbesser. in d. Fortbewegung der Sch. XI. 101 — Sicherung d. Metallbeschläge d. Seeschiffe XX. 486 — s. Schraubenpropeller — Mackay.

Schiller, Untersuch. u. Erklärung d. Metallschillers an Krystallen II. 186; III. 149. 150; XVIII. 246; XIX. 238 — Zusammenhang d. orientirten Flächenschillers mit d. Lichtabsorption bei chrysolepinsaur. u. aloetinsaur. Kali IV. 169 — beim krokonsaur. Kupferoxyd, platinsaur. Ammoniak u. Hypersthen IV. 170.

Schlämmen wird beschleunigt durch Zusatz v. Salzen od. Säuren, welche d. Cohäsion d. Wassers vermindern VI. 16.

Schlammstellen auf grossen Höhen XVII. 664.

Schlammvulkan v. Turbaco VIII. 652; IX. 655.

Schlauchzustand geht nach Brame der Krystallbildung voran IX. 7. 12. 14 — beim Schnee nicht nachweisbar IX. 14.

Schleuder, hydraulische XI. 98.

Schleuse, Schleusensystem v. Girard I. 592 — Ersatz durch d. aërohydrostat. Waage XX. 43 — s. Berthault, de Caligny, Lowthorp.

Schlierenapparat v. Töpler XX. 166.

Schmelzofen v. Siemens, Temperatur darin XVII. 401.

Schmelzpunkt des Phosphors II. 113 — Reihe d. schwerschmelzbaren Körper IV. 199 — Bestimmung des Schmelzpunktes nach Pohl VI. 267; v. schwerschmelzbaren Substanzen nach Wilson VIII. 425 — Durch Druck wird d. Schm. d. Wassers erniedrigt VI. 260. 261. 587 — Druck erhöht d. Schm. bei Paraffin u. Wallrath VI. 262. 931; desgl. bei Wachs IX. 428 — Einfluss d. hohen Drucks auf den Schmelzp. von Wallrath, Wachs, Schwefel, Stearin, X. 381 — Schm. d. Stearins X. 134 — Aenderung d. Schm. fetter Säuren, wenn sie gemischt werden X. 135 — Bestimmung d. Schm. bei Fetten und ihren Mischungen v. Bouis XI. 160 — Schmelzpunkt pyrometrischer Legirungen XI. 162 — Mischungen v. essigsaur. u. salpetersaur. Kali od. Natron haben e. niedrigeren Schmelzp. als d. Bestandtheile XIII. 160 — Gesetze des Schm. bei Legirungen XVI. 353; bei Gemengen v. Fettsäuren u. Salzen XVI. 354 — Schm. d. Legirungen v.

Zinn u. Blei XVII. 15 — In feinen Tropfen zertheilt lassen sich manche Substanzen ohne zu erstarren unter ihren Schm. abkühlen XVII. 375. 377 — Der Schmelzp. e. Körpers wird nicht geändert, wenn sich derselbe in einem nicht chemisch auf ihn wirkenden Lösungsmittel befindet XVIII. 337 — Wärmemenge für d. Temperaturerhöhung einer unter ihren Schm. abgekühlten Flüssigkeit XVIII. 337 — Schmelzp. d. Metalle XIX. 350. 352 — s. Triaden — Gordon, Robin.

Schmelzung v. Iridium u. Rhodium II. 114 — v. Platin u. Kieselsäure VIII. 414 — s. Schmelzpunkt.

Schnee, Ungewöhnlicher Schneefall im April 1837 im nördl. Deutschland III. 665 — Schneeberge im tropisch. Afrika V. 378; IX. 664 — Schneesturm zu St. Ives im August VI. 1096 — Rother Schnee 1850 in Graubünden VI. 1103 — Schnee mit ziegelrothem u. graugelbem Staub 1864 zu Reifnig XX. 768 — Schnee e. schlechter Leiter des Schalles VIII. 630 — Verhältniss zw. dem Volumen des Schnees u. d. Wassers daraus XI. 710 — Schneemenge in Russland XII. 684 — Wiedererscheinen von Schneeflächen nach Sonnenuntergang XII. 703 — Grösse u. Gestalt d. Schneeflocken XV. 729 — Wärmeleitung d. Schnees XVIII. 365 — s. Winter — Allman, Fritsch, Ghaye, Richardson, Rohrer, Smallwood, Spängler.

Schneegränze in d. verschied. Zonen III. 592 — in d. Alpen V. 409 — Untere Schneegr. v. Bodensee bis zur Säntisspitze während d. Jahres IX. 666; XI. 789 — Schn. in d französ. Alpen X. 790 — Schneegr. in d. Vogesen V. 466 — im Himalaya VI. 982. 1079 — in d. Pyrenäen VI. 1078 — Zwischen Ladak u. d. östl. Turkestan XII. 703 — Herabsinken d. Schn. zur Diluvialzeit XVIII. 702 — Abhängigkeit d. Schneegr. v. d. Mitteltemperatur XX. 680 — s. Denzler, Fischer-Oester.

Schneemesser s. Gardiner, Guest.

Schraubenpropeller, Rawson darüber VI. 206 — Bewegung d. Schiffsschraube bei verschied. Wassertiefe u. Geschwindigkeit XIII. 128 — siehe Penning, Rennie, Scott.

Schuh Resonanz an einem in der Hand gehaltenen Sch. XV. 170.

Schwarzes Meer, Zufrieren dess. XI. 786 — s. Caspisches Meer.

Schwebungen s. Stösse.

Schwefel, Verbrennungswärme der verschied. Modificationen II. 253 — Wärmeentwicklung durch d. Bildung d. verschied. Sauerstoffverbindungen IX. 374 — Latente Wärme II. 264. 266. 270; III. 254 — Specif. Wärme II. 264 — Sprünge in d. Dauer der Abkühlungszeit beim geschmolzenen Schw. VIII. 8 — Ausdehnung durch d. Wärme VIII. 33 — Wärmeentwickl. beim Uebergang des monoklinoedrischen Schw. in rhombenoktaedrischen VIII. 415; XI. 386; XIII. 23 — Schmelzpunkt d. verschied. Modificationen X. 130 — Druck erhöht d. Schmelzpunkt d. Schw. X. 381 — Erstarrungstemperatur XI. 385 — Geschmolz. Schw. erstarrt in feine Tropfen zertheilt noch nicht bei d. Abkühlung unter d. Schmelzpunkt XVII. 377 — Veränder. des Schw. durch Wärme XIII. 20 — Einfluss v. Zeit u. Temperatur auf d. verschied. Modificationen XIV. 29 — Wärmeleitung des geschmolz. Schwefels XVIII. 365 — Siedepunkt d. Schw. XIX. 350 — Dampfdichte XV. 21. 22 — Brechungsindex d. Dampfes XVII. 235 — Spannkraft d. Dampfes bei verschied. Temperatur XVIII. 352 — Specif. Gew. d. natürl. u. künstl. Schw. in seinen verschied. Zuständen III. 25; VIII. 9. 11 — Volumenänderung beim Schmelzen XI. 30 — Beziehung zw. Atomgewicht u. specif. Gewicht XVI. 15 — Gleichzeitige Darstellung beider Krystallformen d. Schw. aus e. Lösung in Schwefelkohlenstoff IV. 7 — Alle Modificationen d. Schw. unter Druck in Schwefelkohlenstoff löslich VIII. 144 — Sichere Gewinnung prismatischer Krystalle aus e. Lösung in Schwefelkohlenstoff XIV. 31 — Löslichkeit d. Schw. in Alkohol VI. 273 — Aus d. Auflösung in Benzol scheidet sich Schw. sowohl oktaedrisch wie prismatisch aus VIII. 7; desgl. aus Terpenthinöl XV. 28 — Bedingung für d. Entstehung d. schlauchförm. u. krystallin. Schw. IX. 9. 12 — Eigenschaften d. verschied. Krystallformen d. Schw. IX. 14 — Eigenschaften d. natürlichen, compacten, durchsichtigen Schw. IX. 17 — Umwandlung des weichen Schw. beim

Liegen od. unter Bedeckung v. Terpenthinöl XII. 23 — Nach Berthelot bestehen v. Schw. zwei Arten, oktaedrischer u. amorpher XIII. 15 — Einfluss dieser Modificat. auf ihre Verbindungen XIII. 17; Cloez dagegen XIV. 25 — Erwider. v. Berthelot XIV. 27 — Verhalten des aus d. Hyposulfiten ausgeschied. Schw. XIII. 22 — Eigenschaften d. unlösl. Schw. nach Deville XIII. 22 — Rother Schw. XIII. 23 — Amorpher Schw. wird bei 80° v. Salpetersäure aufgelöst XIV. 27 — Einfluss d. Lichts auf d. Schw. IX. 16 — Der in Sauerstoff verbrennende Schw. liefert viele in d. Photographie brauchbare Strahlen XI. 278 — Viele Substanzen, besonders Fette, färben d. Schw. beim Erhitzen roth XII. 22 — Optische Constanten d. Schw. XVI. 259 — s. Berthelot, Deville, Mitscherlich, Nicklès.

Schwefelaether s. Aethyloxyd.

Schwefelaethyl, Wärmeausdehnung VI. 58 — Specif. Wärme u. Dichte IX. 416; XVIII. 347.

Schwefelantimon phosphorescirt beim Erhitzen XVI. 246.

Schwefelblei (Bleiglanz), Ausdehnung d. Bleigl. durch d. Wärme VIII. 33; XV. 337 — Wärmeleitung XVI. 389.

Schwefelcadmium leitet in d. Glühhitze die Elektricität VI. 708.

Schwefelcyanmethyl, Wärmeausdehnung VI. 58.

Schwefeleisen (Eisenkies, Schwefelkies), Ausdehnung durch d. Wärme VIII. 33; XIV. 60; XV. 337 — Wärmeleitung XVI. 389 — Stellung des Schwefelk. in d. thermoelektr. Reihe XIII. 340 — Elektromotor. Verhalten d. künstl. Schwefeleisens XIV. 440 — Pyroelektricität des Schwefelk. XVI. 448 — Schwefelk. in Hagelkörnern XV. 727 — Specif. Gew. d. Sulfurets, d. Sesqui- u. Bisulfurets XX. 11.

Schwefelkies s. Schwefeleisen.

Schwefelkohlenstoff, Siedepunkt, specif. Gew. u. Wärmeausdehnung I. 39 — Schw. wird bei —166° F. nicht fest I. 130 — Verbrennungswärme II. 254 — Verdampfungswärme II. 270; III. 254; IV. 237 — Absoluter Siedepunkt XIII. 53 — Specif. Wärme u. Dichte IX. 416; XVIII. 347 — Spannkraft d. Dampfes X. 388; XVI. 357 — Die Flamme d. Schw. bewirkt Fluorescenz XII. 257 — Aenderung der Lichtbrechung mit der Temperatur XIV. 241 — Schwef. wird durch die stärkste Säule nicht zersetzt XVII. 494 — Entzündungstemperatur XIX. 358. 359.

Schwefelkupfer wird durch Erwärmen e. guter Leiter d. Elektricität VI. 707.

Schwefelmangan wird bei Glühhitze e. Elektricitätsleiter VI. 708.

Schwefelmethyl, Wärmeausdehnung VI. 58.

Schwefelquecksilber (Zinnober), Circularpolarisation desselben XIII. 251.

Schwefelregen s. Fischer.

Schwefelsäure, Wärmeerreg. bei d. Verbindung v. Schw. u. Wasser I. 322 324. 335; V. 224 — Cohäsion d. concentr. Schw. II. 19 — Specif. Gew. bei verschied. Verdünnung II. 41; XII. 58 — Dichte, Concentration u. Aräometergrade d. Gemische aus Schw. u. Wasser V. 29 — Verdampfungswärme d. Schw. II. 270; III. 254 — Specif. Wärme IV. 228 — Specif. Wärme d. wasserfreien und wasserhalt. schwefelsaur. Salze XIX. 371 — Der Schmelzpunkt d. wasserfreien Schw. deutet zwei isomere Modificationen an IX. 132 — Elektr. Leitungsvermögen bei verschiedner Temperatur VI. 701 — Elektrolyse d. Schw. XV. 467 — Krystallisationstemperatur verschied. Hydrate IX. 131 — Brechungsexponent verschied. Gemische aus Schw. u. Wasser XIV. 243 — Spannkraft der Dämpfe aus Mischungen von Schw. u. Wasser XIX. 368.

Schwefelsilber wird beim Erwärmen e. guter Leiter der Elektr. VI. 707.

Schwefelwasserstoff fest u. flüssig darstellbar; Spannkraft d. Dämpfe d. flüss. Schw. I. 125; XVI. 361. 362 — Specif. Wärme u. Dichte IX. 416; XVIII. 347 — Grösse d. Absorption in Alkohol u. Wasser XI. 181. 183.

Schwefelzink, Wärmeausdehnung d. Zinkblende VIII. 33.

Schweflige Säure, Spannkraft d. Dämpfe d. flüss. Schw. I. 125; XVI. 361. 362 — Wärmeausdehnungscoeffic. u. specif. Gew. der flüss. Schw. III. 26; XIV. 53; XV. 343. 347 — Aus-

dehnungscoeff. d. gasförm. Schw. III. 78; die Ausdehnung darstellbar durch e. Hyperbel XX. 342 – Verdampfungswärme IX. 347 – Specif. Wärme u. Dichte IX. 416; XVIII. 347 — Specif. Gewicht d. Gases IV. 49 — Wärmeerreg. u. Verdichtung bei d. Absorption durch Kohle V. 221; IX. 348 — Absorption durch Alkohol XI. 181 — durch Wasser XI. 183; XVII. 142. 144.

Schweiz, Senkungen u. Hebungen d. Bodens in d. Schw. VI. 922.

Schwere s. Schwerkraft.

Schwerkraft auf dem Festland geringer als auf kleinen Inseln V. 31 — Schw. auf d. Oberfläche e. Ellipsoids mit drei ungleichen Axen V. 31 — Ein Zusammenhang zwischen Schwerkr. u. Elektricität nicht nachweisbar VI. 678 — Die Schw. an d. Oberfläche d. Meeres unabhängig v. d. Erhebung d. Continente über das Meer X. 48 — Ursachen d. Ablenkung d. Loths in Indien X. 52; XI. 76 77. XIV. 83; XVII. 728; XVIII. 691 — Einfluss d. Oceans auf die Lothlinie in Indien XV. 54; XVI. 38 — Ablenk. d. Lothes zw. Dunnose u. Burleigh Moor in England XI. 78. Berichtig. dazu XIV. 84 -- Ablenk. d. Lothes zu Arthur's Seat bei Edinburg XII. 107 — Schwerericht. an verschied. Orten auf d. Erde XIII. 117 — Die angebl. Aenderung d. Schw. mit d. Geschwindigkeit der Erde in ihrer Bahn beruht auf unricht. Beobacht. XIII. 118; XIV. 82; XV. 55 -- Grösse d. Schw. zu Toulouse XIV. 82 — Ermittelung des Verhältnisses d. Schw. an zwei verschied. Punkten nach Kupffer XV. 53 — Ablenk. d. Bleilothes auf mehreren russischen Stationen XVI. 39; XVII. 729 — Localattraction bei Moskau XVIII. 692; XX. 838 — Einfluss d. Schwereänderungen auf d. Oscillationen d. Stimmgabel XVII. 45. 148 — Vorrichtung zur Messung geringer Aenderungen der Schwerkr. v. Broun XVII. 42; XIX. 17. 18; v. Perrot XVIII. 30; v. Babinet XIX. 17 — Richtung d. Schwere in verschied. Höhen üb. d. Erde XX. 33 — s. Pratt, Sludskji.

Schwerpunkt, Wann d. Schw. e. ebnen Vierecks ausserhalb desselben liegt VIII. 50 — Erweiterung eines Satzes vom Schwerp. durch Burhenne IX. 31 — Kurzer Beweis eines von Schellbach gegeb. Satzes über den Schw. XI. 53 — Oberfläche d. dreiax. Ellipsoids u. deren Schwerp. XII. 86 — Apparat zur Auffindung d. allgem. Schwerp. d. menschl. Figur XIII. 120 — Elementare Begründung d. Guldinschen Regel XV. 37 — Schwerp. einer von zwei ähnl. Dreiecken begränzten Fläche XV. 38 — Der Schw. e. rechtwinckl. Dreiecks ist auch d. Schw. d. Dreiecks aus d. Verbindung der Schwerpunkte der üb. d. rechtw. Dreieck errichteten Quadrate XV. 38 — Schw. e. Tetraederstumpfs XIX. 14 — Theorie u. Anwendung d. barycentrischen Perspective XIX. 15 — Volumbestimmung mittelst d. Schwerpunktstheorie XIX. 16 — Bestimm. d. Schwerp. länglicher Geschosse XIX. 16 - Schwerp. d. Vierecks u. d. Vielecke XX. 21.

Schwerspath s. Baryterde schwefelsaure.

Schwingungen, Faraday's Vorstellung v. d. Schwing. der Kraftlinien II. 623 — Superposition d. Schw. IV. 118 — Bestimmung d. Coefficienten in d. Gleichungen für d. Schw. eines homogenen Körpers VI. 84 — Die Schwingungsebne e. vibrirenden Stabes wird nach Foucault durch d. Rotation d. haltenden Apparats (Drehbank) nicht geändert VI. 121 — Theorie d. Schw. elast. fester Körper v. Heim VI. 229 – Verfahren gespannte Saiten u. elast. Federn in Schw. v. gleicher Weite zu versetzen VI. 312 — Einwendung gegen Petzval's Princip v. d. Erhaltung d. Schwingungsdauer VIII 167. 170 — Transversale Schw. neben d. longitudinalen in tönenden Luftsäulen u. Stäben IX. 142 — Schwingungsgesetze von Flüssigkeiten in cylindr. Gefässen XII. 150 – Leichter Nachweis v. Longitudinalschw. XIV. 173 — Veranschaulichung d. Schw. bei glockenförmigen Körpern XVI. 133 — Bewegungen in Wasser durch e. schwingenden Stab XVI. 146 — Aufzeichnung tönender Schw. auf einer berussten Glasplatte XVI. 161 — Uebertragung tönender Schw. in d. Ferne durch Elektricität XVI. 163 — Longitudinalwellenmaschine v. Pierre XVII. 173 — Universalkaleidophon v. Melde zur Darstellung v. Schwingungscurven XVIII. 113; graphishe Darstell. u. Theorie der-

selben XIX. 99 — Sichtbarmachung d. Knoten u. Bäuche e. schwingenden Luftsäule XVIII. 138 — Knotenlinien bei Torsionsschwing. XVIII. 139 — Pendel zur Veranschaulichung der Lissajousschen Figuren XX. 127 — Untersuch. d. kleinen Schwingungen e. periodisch eingerichteten Systems materieller Punkte v. Christoffel XX. 141 — s. Platten, Saiten, Stäbe, Ton, Wellen — Pierre, Robida, Sang, Vallerius.

Scintillometer von Arago VI. 380 — v. Liandier XVII. 548 — Sternchromatoskop v. Claudet XIX. 305 — Sc. v. Montigny XX. 569.

Seebeben s. Erdbeben.

Seele, Die S. ist immateriell und folgt keinem Satz über Ursache u. Wirkung XVII. 299.

Seelenstärker, rafraichisseur, v. Oppel XX. 52.

Seen, Ursprung d. Salzes in d. Salzseen VI. 1010 — Schwefelsee bei Tivoli VI. 1011 — Plötzliches Verschwinden d. Eises auf d. Champlainsee am Ende d. Winters VI. 1012; XV. 747 — Aehnliche Erschein. bei anderen nordamerikan. Seen XVI. 806; XIX. 680 — Niveauänderungen der grossen nordamerikan. Seen XI. 771; XIII. 574; XV. 746; XVII. 751 — Hafenbauten in d. nordamerik. Seen XVI. 801 — Unterird. S. bei Waterville, Obercanada XVIII. 742 — Kraterförm. S. v. Manlius VI. 1022 — Verdampfung auf den Tulare S. in Californien XII. 740 — Der See Yojou od. Taulebé in Honduras XV. 747. 748. 754 — Die S. bei Mexiko XX. 862 — Grösse, Tiefe u. Temperatur d. S. des Salzkammerguts VI. 1013 — Der Kochelsee VIII. 627 — Leopoldsteiner See XV. 744 — Neusiedlersee XX. 859 — Sodaseen in Ungarn XX. 859 — Vulkan. Natur d. Trichtersees Sta Anna in Siebenbürgen XX. 912 — Der Luganer S. XV. 745 — Plötzliche Entstehung e. S. bei Thonon XVI. 795 — Period. Schwankungen d. Wassers in d. S. bei Noville u. Lausanne XVI. 795 — Ursprung d. S. in d. Alpen XVI. 796; XIX. 677. 678; XX. 894 — Eigenthümlichkeiten der Seen am Südabhang d. Alpen XVII. 748 — Flächeninhalt d. Schweizerseen XVII. 750 — Der Plauer S. in Mecklenburg XIX 683 — Der Bauerngraben od. Hungersee am Harz XX. 856 — Bestandtheile d. Wassers d. S. in d. asiat. Steppen XII. 739 — Die Astrachanschen Salzseen XIV. 688 — Der Vranasee auf Cherso XV. 744. 748; XVI. 799 — Der Ludogasee XV. 745 — Der Alpensee Issyk-Kul XVI. 800; XVII. 750 — Salzseen im Himalaya XVI. 800 — Salzsee Elton XVIII. 725 — S. ohne Abfluss bei Damaskus XIX. 680 — Veränderungen in einigen Salzs. d. Krim XIX. 681 — Zusammensetz. d. Wassers d. ägypt. Natronseen XVIII. 724 — Der Roto mahana od. warme S. auf Neuseeland XVIII. 799.

Seebildung durch Gletscher in Norwegen XVI. 798 — in den Alpen XVIII. 721; XIX. 677. 678; XX. 890. 892. 894 — in Nordamerika XX. 899 — Eisbildung auf Seen u. Entstehung d. Schründe u. Spalten in der Eisdecke XX. 854 — s. Gletscher, Inseln, Baikal-, Erie-, Genfer-, Laacher-, Mälar-, Neuchateler-, Nicaragua-, Oberer-, Onega-, Ontario-, Zürchersee — Burton, Dittrich, Downing, Farkas, Grad, Kopp, Lavizzari, Lawrence, Littrow, Martineau, Rogg, Simony, Struve, Taylor.

Seeränder alte, Entstehung derselben V. 467.

Segnersches Wasserrad, Nutzeffect desselben V. 61.

Seidenstoffe, Ursache ihrer opt. Effecte I. 178.

Seife, Absorption derselben durch Glas XI. 264.

Seifenblasen s. Blasen.

Seignettesalz s. Kali weinsteinsaures.

Seile, Morin's Formel für d. Steifigkeit d. S. I. 74 — Festigkeit von Hanfseilen XII. 178.

Seilpolygon s. Mainardi.

Seine, Löslichkeit d. Luft im Seinewasser XI. 186 — Zufrieren der S. oberhalb Paris im Winter 1853 und 1854, XI. 781 — Wasserstand seit 1732, XV. 728.

Seismometer (Erdbebenmesser) v. Forbes VI. 956 — v. Kreil XI. 795 — Elektromagnet. Seism. XIII. 604 — — Seism. v. Cavalleri XV. 785 — v. Marchand XVII. 786 — s. Palmieri.

Selen, Elektr. Leitvermögen I. 387 — Specif. Gew. im glasigen u. körnigen Zustand III. 24; IX. 22 — Ei-

genschaften d. krystall. u. amorphen S. VI. 6; XI. 16; XIII. 20 — Wärmeentwickl. bei d. Bildung d. Sauerstoffverbindungen IX. 375 — Specif. Wärme XI. 385 — Temperaturerhöhung beim Uebergang aus d. glasigen in d. metall. Zustand XI. 386 — Dampfdichte XV. 21. 22 — Beziehung zw. specif. Gewicht u. Atomgewicht XVI. 15.

Senegal s. Brouezec, Lejean.

Senföl, Specif. Wärme IV. 228 — Specif. Gew., Siedepunkt, Wärmeausdehnung XII. 54.

Serpentin, Wärmeleitung VIII. 421; XVIII. 365 — Magnetische Polarität XIII. 481.

Sibirien, Eismulden im östl. Sib. IX. 656 — Temperaturverhältnisse in Ostsib. XIV. 637.

Sicherheitslampe von Davy wird mehr durch Strahlung als Leitung d. Wärme abgekühlt XX. 416.

Sieden wird in luftfreiem Wasser verzögert II. 20; III. 92; IV. 14 — Einleiten v. Luft verhindert d. Stossen II. 21 — Andere Mittel zur Verhütung d. Stossens VI. 284; XV. 359 — Sand in stossweise kochenden Alkohol gestreut bringt ihn zum heftigen Aufschäumen III. 91 — Trocknes Eispulver bewirkt heftiges Sieden in heissem Wasser XVIII. 340 — Anhaltendes Sieden e. übersättigten Glaubersalzlösung nach Entfernung d. Wärmequelle XI. 189 — Ursachen d. Siedeverzögerung IV. 250 — Plötzliches Aufkochen nach e. Siedeverzug die Ursache von Dampfkesselexplosionen III. 93; XX. 372 — Mechanische Erschütterung u. Gasentwicklung in d. Flüssigkeit verhindern die oft sehr bedeutenden Siedeverzüge XIX. 362; XX. 371 — s. Destillation — Artur.

Siedepunkt, Die Bestimm. d. chemischen Constitution organ. Verbindungen aus d. Siedep. noch unsicher I. 8. 10 — Einfluss d. chem. Elemente auf d. S. II. 4. 11 — Berechnung d. Siedep. nach Groshans V. 88; VI. 280 — v. Kopp XI. 10; XII. 195 — von Church XI. 188 — v. Berthelot XII. 6 — v. Hofmann u. Duppa XII. 194 — Verfehlte Versuche den S. a priori zu bestimmen XVII. 25 — Siedep. auf d. Montblanc, in d. Pyrenäen, zu Genf u. Paris I. 116 — auf verschiedenen Höhen in Amerika VI. 278 — auf d. Monte Rosa X. 742 — Der Dampf aus siedenden Salzlösungen heisser als d. Siedep. d. Wassers X. 390 — Siedep. verschied. gesätt. Salzlösungen XII. 187 — Absoluter S. verschied. Flüssigkeiten XIII. 53; XVII. 371 — Tropfen v. Wasser, Chloroform und schwefliger Säure können ohne zu sieden über ihren S. hinaus erhitzt werden XVII. 378. 379; XIX. 361 — Salze erhöhen den S. d. Wassers XVII. 380 — Bestimmung hoher Siedep. v. Becquerel XIX. 350. 352 — v. Deville u. Troost XIX. 354 — Druckverminderung erhöht den S. über d. normalen XIX. 361 — Siedepunkt d. Gemische v. Schwefelkohlenstoff mit Aether u. Alkohol sowie v. Alkohol u. Wasser XX. 368 — siehe Triaden — Deville u. Frost, H. Kopp.

Signale durch gespiegeltes Sonnenlicht XI. 356; XII. 333 — Anwend. d. elektr. Lichts zu telegraph. Sign. XII. 334 — Vorsicht bei farbigen Sign. in Rücksicht d. Farbenblindheit mancher Personen XII. 314 — Einfluss d. Windes auf d. Richtung d. Signalscheiben XX. 53 — Nebelsignale für Schiffe XX. 748.

Signalscheiben s. Signale.

Silber spratzt beim Schmelzen unter einer den Sauerstoff abhaltenden Decke nicht II. 109 — Reduction d. Silbers aus d. Erzen mittelst Elektr. II. 411; X. 539 — Das bei d. Elektrolyse v. Silbersalzen entstehende angebl. Hydrür ist fein vertheiltes S. IV. 298 — Cohärentes S. aus salpetersaur. S. mittelst Elektrolyse XVIII. 445 — Die hydrostatische Silberprobe von Karmarsch unrichtig III. 20 — Specif. Gew. d. S. IV. 39 — Elasticitätscoeffic. IV. 92 — Silber als Zusatz zu Glocken verschlechtert deren Ton XVI. 164 — Latente Wärme IV. 231 — Schmelzpunkt VIII. 425; XIX. 351. 352 — Geschmolzenes S. leuchtet beim Erstarren XV. 239 — Wärmeleitung XIV. 356 — Wärmeausdehnung XVI. 339 — Specif. Wärme XVI. 370 — s. Spiegel — Brunner, Wandsleben.

Silberoxyd, Wirkung des Lichts darauf I. 279 — Löslichkeit in Wasser XI. 170 — Wirk. d. Lichts auf salpetersaures S. I. 280.

Silicium, Schmelzung durch d. gal-

van. Strom V. 287 — Gewinnung d. S. durch Elektrolyse X. 538 — Explosion von schwammförm. S. unter grossem Druck XI. 4 — S. existirt in drei Modificationen: amorph, graphitartig u. oktaedrisch XI. 4; XIII. 26 — Beziehung zw. Atomgewicht u. specif. Gew. XVI. 15 — Specif. Wärme XVII. 393.

Siliciumwasserstoff, Darstellung auf elektrochem. Wege XIII. 373.

Sinusbussole v. Callan X. 532 — Theorie d. Sinusb. XV. 406; XVI. 475 — s. Viollet.

Sinuselektrometer v. Kohlrausch IX. 438 — von Riess XI. 409 — von Heidner XIV. 443.

Sinustangentenbussole v. Siemens u. Halske XVI. 476.

Sirene, Versuche mit d. Wassersirene VI. 310 — Lochsirene für gleichzeitige Erregung mehrerer Töne VI. 311 — Messung der Spannung von Dämpfen u. comprimirter Luft mittelst d. Sir. VI. 313 — Sir. v. Opelt VIII. 154 — v. Ladd XX. 129.

Sirocco wahrscheinlich die Ursache d. Austretens d. Flüsse in Frankreich VIII. 763.

Skalenrädchen v. H. v. Schlagintweit XIX. 4.

Skandinavien, Hebungen u. Senkungen in Sk. VI. 924. 926. 934 — Structur d. Hochgebirge daselbst VI. 933.

Sklerometer zur genauen Härtemessung d. Krystalle X. 121.

Socunusco, Geograph. u. physikal. Beschaffenheit V. 467.

Soda s. Natron kohlensaures.

Sodaseen, Zusammensetz. d. Wassers d. Natronseen in Aegypten XVIII. 724 — Sodas. in Ungarn XX. 859.

Solarcamera zur Vergrösserung kleiner Negative XVI. 307; XVII. 341.

Solfatara s. Vulkane.

Sommer, Temperatur des S. in Lappland XIV. 608 — Vergleich der S. v. 1842, 46 u. 57 zu Berlin XIV. 660.

Sonne, Das Licht vom Sonnenrand nicht verschieden v. dem in d. Mitte III. 125 — Intensität des durch die Erdatmosphäre zerstreuten Sonnenlichts IV. 142 — Messung d. Sonnenlichts durch photograph. Papier IX. 254 — Vergleich der Intensität des Sonnenl. mit d. Himmels- u. Lampenlicht XII. 264 — Schwächung d. Sonnenlichts durch Polarisationsapparate XIII. 248. 274; XIV. 290 — Grosser Fehler in d. Berechnung d. Intensität d. Sonnenlichts XVII. 262 — Fernere Leuchtdauer d. S. X. 377; XVII. 362 — Lichtmenge, welche Erde u. Planeten v. d. Sonne empfangen XIII. 490 — Nach Draper rührt das Sonnenl. v. e. Verbrennungsprocess her XIV. 221 — Wirkung d. Sonnenl. auf d. galvan. Polarisation XIV. 469 — Ursache d. Leuchtens d. S. nach Vaughan XIV. 581 — Chemische Helligkeit d. verschied. Theile d. Sonnenscheibe XIX. 263; XX. 256.

Die erwärmende Wirkung d. Sonne nach Buys-Ballot in einem sie umgebenden Ringe gelegen III. 628 — Eismenge, welche d. S. am Cap und an ihrer eigenen Oberfläche zu schmelzen vermag IV. 242 — Messung der Sonnenwärme IX. 394; IX 411; X. 377 — Faye gegen die dynamische Theorie d. Sonnenwärme XVIII. 324 — Nach Secchi nimmt die Wärme d. S. nach d. Rand hin ab VIII. 433. 435. 438; IX. 397 — Die Erwärmung durch d. nördl. u. südl. Hemisphäre d. S. ungleich VIII. 434. 437; desgl. durch d. östl. u. westl. IX. 397 — Absorption d. Wärmestrahlen d. S. durch d. Erdatmosphäre VIII. 439; XIX. 618 — Quarz u. Glas für die Wärmestrahlen d. S. noch diathermaner als Steinsalz VIII. 440 — Ein Einfluss d. Rotation d. S. auf die Temperatur an d. Erdoberfläche noch fraglich VIII. 698 — Ansichten üb. d. Ursprung d. Sonnenwärme IX. 411; X. 375. 377; XVII. 361 — Einfluss d. ungleichen Wärmevertheilung in der Sonnenoberfläche auf d. Temperatur d. Erdoberfläche IX. 710 — Erwärmung d. Erde durch d. S. XII. 358. 375; XVII. 589 — Wärmemenge, welche die Erde u. d. Planeten v. d. Sonne empfangen XIII. 490; hinsichtlich d. Monderwärmung s. IX. 396 — Ursprüngliche Temperatur d. S. XVII. 363 — Wärmestrahlung d. S. auf Teneriffa XII. 376 — Thätigkeit e. Heronsballs durch Sonnenwärme XX. 418 — Heizung durch Sonnenwärme XX. 418.

Wahre Farbe d. Sonne V. 157 — Blaue Färbung d. Sonne XIV. 583. 585; XV. 548 — Färbung d. Sonnen-

ränder beim Auf- u. Absteigen d. S. XV. 546 — Dicke d. Lichthülle der Sonne XIV. 580 — Beschaffenheit d. Sonnenatmosphäre u. d. Sonnenkörpers XVII. 250; Faye dagegen 258 — Nach Angström sind Strontium, Mangan u. Aluminium in der Sonnenatmosphäre XVII. 260 — Durch d. Refraction d. Sonnenatmosph. wird d. scheinbare Durchmesser d. S. vergrössert XVIII. 491 — Licht- u. Wärmeabsorption durch d. Sonnenatmosphäre XIX. 382 — Bestätigung der Kirchhoffschen Ansicht üb. d. Sonne durch d. Wärmeausstrahlung glühender Körper XX. 410 — Beschaffenheit d. Sonnenoberfläche XX. 576. 584 — Theorien üb. d. Natur dieser Oberfläche XX. 579. 581 — Ermittelung d. Sonnenparallaxe mit Hilfe d. totalen od. ringförm. Sonnenfinsterniss XIV. 589 — Parallaxe d. Sonne nach Foucault XVIII. 199; Bedenken dagegen XIX. 170. 171.

Instrument zur Registrirung des Sonnenscheins XVII. 606 — Erscheinung d. Wasserziehens an der der Sonne entgegengesetzten Seite XX. 750 — s. Actinograph, Lichtmessung, Sonnenstrahlen, Spectrum — Brückner, Bunsen u. Roscoe, Buys-Ballot, Chacornac, Clark, Coulston, Deherain, Faye, Fleury, Fritsch, Geniller, Gladstone, Laugier, Liais, Lowe, Maggi, Meyn, Nasmyth, Peytier, Powell, Schwabe, Schweizer, Secchi, Smyth, Stewart, Wolff, Woods.

Sonnenfinsterniss, Nach Babinet sind d. feuerfarb. Hervorragungen (Protuberanzen) am Sonnenrad bei d. totalen Sonnenf. Wolken v. planetar. Natur II. 201 — Nachbildung u. Erklärung d. leuchtenden Ringes um d. Sonnenscheibe bei totaler S. III. 163 — Beschaffenheit d. Lichtkrone u. Protuberanzen XIV. 588 — Erscheinungen bei e. ringförm. S. IV. 180 — Litteratur üb. d. totale S. v. 28. Juli 1851, VI. 874; VIII. 598 — Bestimm. der v. d. Sonne während der Verfinsterung v. 1851 ausgestrahlten Wärme mittelst Herschel's Actinometer VIII. 431 — Temperatur während dieser S. VIII. 689. 692 — Während d. S. soll d. Magnetnadel schneller schwingen VI. 900; VIII. 607; IX. 626 — Erleuchtung e. Flächenelements auf d. Erde durch d. Phasen e. Sonnenf. IX. 227 — Meteorolog. u. photometr. Beobachtungen bei d. S. v. 15. März u. 7. Sept. 1858, XIV. 586 — Photographie d. Sonnensichel XIV. 589 — Benutz. d. totalen u. ringförm. Sonnenf. zur Feststellung d. Sonnenparallaxe XIV. 589 — Vorbereitungsschriften für die Sonnenf. v. 18. Juli 1860, XVI. 569; Bericht üb. d. Erscheinungen bei derselben XVI. 570. 577 — Scheinbare Ausstrahlung v. Lichtpunkten aus d. Sonnenrand bei e. Sonnenf. XIX. 523 — s. d'Abbadie, Airy, Arago, Biddle, Brown, Bulard, Cantzler, Colmeiro, Desains, Donati, Edlund, Faye, von Feilitzsch, Gillis, Goldsmith, Hind, Lamont, Leverrier, Liais, Lindelöff, Mädler, Moesta, Parès, Respighi, Rodriguez, de la Rue, Rümker, J. Schmidt, Secchi, Shea, Stewart, O. Struve, Thomson, Wallmark, Weiss, Zantedeschi.

Sonnenflecke senden weniger Wärme aus als d. leuchtende Theil d. Sonnenscheibe I. 373; III. 678; IV. 241; VIII. 433 — Einfluss d. S. auf d. Temperatur d. Erdoberfläche III. 675 — Sonnenfl. mit blossem Auge sichtbar IV. 177. 180 — Dauer derselben IV. 181; XIV. 580 — Vereinigung mehrerer IV. 182 — Wahre Farbe d. Flecke V. 157 — Anzahl d. Sonnenfl. in verschied. Jahren VI. 1103; XIV. 582 — Fleckenreiche Jahre sind trocken u. fruchtbar, fleckenarme nass u. stürmisch VIII. 604 — Die Sonnenflecke zeigen nach Wolf eine mit d. Variationen d. Erdmagnetismus übereinstimmende 11jährige Periode VIII. 603. 605. 609, s. auch IX. 596 — Ein Zusammenhang zw. d. Sonnenfl. u. d. jährl. Gange d. Variationen findet nicht statt IX. 625 — Lamont auch gegen d. elfjährige Periode XVIII. 558 — Beschreib. d. Veränderungen d. Sonnenfl. XIV. 577 — Lichterscheinung in e. Sonnenfl. XVI. 374 — Ursprung d. S. nach Vaughan XIV. 581 — S. nach Kirchhoff Wolken XVII. 251 — Erklärung d. S. v. Dawes XX. 579 — v. Chacornac 583 — v. J. Herschel XX. 584 — s. Baxendell, Birt, Bornitz, Carl, Carrington, Chacornac, Dawes, Fritsch, Gautier, Goldschmidt, Greg, Heis, Hodgson, Hornstein, Howlett, Jaennicke, Jenzer, Kopp, Lamont, Leng-

let, Liais, Littrow, Lowe, Mosotti, Noble, Peters, Plana, de la Rue, J. Schmidt, Schröder, Schwabe, Schweizer, Secchi, Selwyn, Smith, Spörer, Stewart, Thiele, Tissot, Venerio, Weiss, Wolf.

Sonnenringe, Newtonsche Ringe um d. Sonne II. 195 — Beobachtung v. Sonnenr. zu Paris u. a. a. O. II. 196 — in England II. 197 — Erklär. d. Ringe v. 22° u. 46° aus Wolken u. Eistheilchen III. 161 — Erklärung d. ungewöhnl. Ringe III. 162. 672 — Theorie d. weissen Ringe v. 1° u. 2° um Sonne u. Mond VI. 479 — Sonnenhalo auf frisch gefallenem Schnee XX. 574 — s. Nebensonne — Laussédat.

Sonnenstrahlen, Benutzung der Sonnenstr. zu weiten Signalen XI. 356 — S. ohne Einfluss auf die Schnelligkeit d. Verbrennung XIV. 222 — Elektricitätserreg. durch Sonnenstrahlen XIX. 390. 391 — S. erhöhen d. Kraft e. galvan. Kette XIX. 411 — Grosse Erwärmung eingeschloss. Luft durch Sonnenstr. XX. 417 — Das Eisschmelzen bewirken besonders d. dunklen Wärmestrahlen der Sonne XX. 417 — s. Sonne — Casoni, Secchi, Waterston.

Sonnenuhr, welche Bruchtheile e. Minute anzeigt XIII. 275 — S. von August XIV. 293 — Hemisphär. S. v. Schmeisser XVI. 310.

Sonometer zur Bestimm. d. Gränze d. Hörens leiser Töne V. 116.

Sorbin dreht die Polarisationsebne links VIII. 287.

Spaltungsflächen, Lage u. Bildung derselben in Sedimentärgesteinen XI. 123.

Spanien, Höchster Berg in Sp. d. Cerro de Mulahacen IX. 663 — Meteorologie u. Klimatologie v. Sp. XI. 732.

Spannung s. Dampf, Festigkeit.

Spatheisenstein, Ausdehn. durch d. Wärme XV. 337.

Spectralanalyse siehe Spectrum glühender Körper.

Spectralapparate (Spectroskop) v. Mousson, desgl. v. Crookes XVII. 243 — Vorsichtsmaassregeln beim Gebrauch XVII. 244 — Sp. v. Bunsen u. Kirchhoff XVII. 248 — v. Janssen XVIII. 212 — v. Kahl, desgl. v. Cooke XVIII. 213 — v. Littrow XVIII. 214 — Flintglas von Merz für Spectr. XIX. 184 — Spectroskop v. Duboscq XIX. 184 — v. Steinheil sowie v. Gibbs XIX. 185 — Spectr. mit drei Prismen aus Schwefelkohlenstoff und einem aus Flintglas XIX. 186 — Sp. von Gassiot mit 9 Prismen XIX. 186 — Sp. v. Cooke mit 9 Prismen aus Schwefelkohlenstoff XIX. 186 — Sp. mit 11 Schwefelkohlenstoffprismen XX. 171. 172 — Sp. von Osann XIX. 187 — v. Hofmann zum Gradeaussehn XIX. 187; desgl. v. Valz 188; v. Browning XX. 173 — Reisespectr. v. Simmler XIX. 188 — Sp. v. Reynolds XX. 173 — Vorschläge zur Erzielung e. gemeinsamen Skala XIX. 184. 195; XX. 174. 175 — Vorschlag zu e. Thermospectrometer XX. 417 — s. Spectrometer — Valentin.

Spectralröhren zur Untersuch. d. Gasspectra XVII. 500 — Spectralr. ohne Elektroden XVIII. 458 — siehe Spectrum d. elektr. Lichts.

Spectrometer, Das Linsenprisma zur Erleichterung des Studiums des Spectrums IX. 243 — Spectr. v. Zantedeschi XII. 259; XVIII. 214 — von Meyerstein XVII. 234 — Apparat v. Steinheil zur Beobacht. der Sternspectra XIX. 208.

Spectroskop s. Spectralapparat.

Spectrum d. Sonnenlichts, Erleichterung d. Studiums d. Sp. durch d. Linsenprisma IX. 243 — Durch Abblenden d. hellen Theils v. Sp. werden Theile jenseit des Roth u. Violett erkennbar II. 227; XI. 335 — Die brechbarsten od. chem. Strahlen durchdringen d. Augenmedien XII. 316 — Magnetism. verändert d. Sp. nicht II. 516 — Schöne Farbenerscheinungen mittelst des Sp. II. 611 — Während d. Verlaufs e. Sonnenfinsterniss erleidet d. Sp. keine Veränderung III. 125 — Nach Brewster enthält jeder Theil d. Sp. weisses Licht und besteht aus verschiedenen Farben III. 131. 133; XI. 261; Einwürfe dagegen IV. 161. 162; VIII. 251. 252 — Dasein d. braunen Farbe im Sp. IV. 158 — Im Sommer ist die Atmosphäre für die brechbarsten Strahlen durchsichtiger als im Winter IX. 244 — Beschaffenheit des durch Quarzprismen erzeugten Sonnenspectr. XI. 335; XII. 250; XVI. 231 — Die Atmosphäre hält e. ansehnlichen

Theil der brechbarsten Strahlen zurück XII. 251 — Photographie des Sonnensp. XII. 251; XVII. 259; bei Anwendung v. Quarzprismen XV. 221 — Photographie des ultravioletten Theils vom Sp. XIX. 189 — Abbildung d. Sonnensp. XVI. 230 — Bedingungen zur Darstell. e. deutlichen Spectrums XVII. 242 — Wie dem Farbenblinden d. Sp. erscheint XVII. 331 — Die Farbenfolge im Sp. wird durch Joddampf umgekehrt XVIII. 211 — Eintheilung d. Spectralstrahlen in Newtonsche, Herschelsche und Rittersche XIX. 189; Umwandlung derselben XX. 423 — Verlängerung d. Sp. nach Osann XX. 176 — Braun im Beugungsspectrum IV. 158 — Draper's Ansprüche auf d. objective Darstell. d. Beugungsspectrums XIII. 234 — Historisches üb. d. Sp. XVII. 241.

Fraunhofersche Linien, Darstellung auf e. Pappschirm I. 181 — Dunkle Linien diesseits d. Roth III. 126; VI. 413 — Die Fr. Lin. e. Interferenzwirkung IV. 156 — Erklär. d. Fraunh. Lin. u. ihre Nachbildung v. Kirchhoff XV. 215; XVI. 234; XVII. 250; XVIII. 223 — Ansichten v. Brewster u. Gladstone über d. Fr. Lin. XVI. 230 — Zeichnung der mit blossem Auge sichtbaren Linien v. Broch V. 153; Bemerk. v. Merz dazu VIII. 246 — Die Lage d. Linien ändert sich nicht mit d. Standort in merkl. Weise, gegen Merz, X. 279 — Wahrnehmung d. Fr. L. mit d. Flintglasprismen e. Candelabers X. 279 — Zerleg. d. Linie D in 9 Linien XIX. 210 — Nach Kuhn wächst d. Zahl d. Linien mit d. Senkung d. Sonne IX. 247 — Linien und Streifen im Spectrum, wenn d. Sonne nahe am Horizont steht XIV. 239; XVII. 259; XVIII. 225 — Linien bei Auf- und Untergang der Sonne XVIII. 225 — Linien im Spectrum von der Atmosphäre der Erde veranlasst, Erdlinien, XVIII. 226; XIX. 198. 206. 211; XX. 207. 208 — Die in Griechenland wahrgenommene Verbreiterung d. Fr. L. schon früher v. Draper in Amerika beobachtet XIX. 212 — s. Lichtwellen — Angström.

Longitudinalstreifen auf Mängel an den Apparaten beruhend II. 181; III. 126; IV. 163. 164; V. 154; VI. 412; VIII. 246; XVIII. 214.

Spectrum d. Mond- und Sternenlichts, Swan's Methode zur Beobacht. d. Sp. d. Sterne XII. 259 — Apparat v. Steinheil zur Beobachtung d. Sternspectra XIX. 208 — Abbild. d. Mondspectr. XVI. 230; XIX. 207. 211 — Spectrum verschied. Fixsterne XVIII. 225; XIX. 208. 209. 210. 211; XX. 205 — Sp. der Planeten XIX. 207.

Spectrum d. elektr. Lichts, Sp. d. galvan. Lichtbogens V. 289; IX. 243 — Das Sp. d. el. Lichts besteht aus d. Sp. d. Gasart u. dem d. Leiters IX. 251; X. 279; XI. 280 440; XV. 215. 443 — Reichthum an ultravioletten Strahlen XII. 465; XVIII. 212 — Absorbirende Eigenschaft d. elektr. Lichtbogens hergeleitet aus dessen Sp. XVI. 235 — Photographie d. el. Sp. u. Vergleich mit d. Sonnenspectrum XVII. 259 — Sp. des blauen Lichts am negat. Pol. XVIII. 212 — Sp. d. Inductionsfunkens in verschied. flüss., gas- od. dampfförm. Medien mit verschied. Metallelektroden XVIII. 234; XIX. 201. 203 — Vergleich d. Spectrums d. Lichterscheinungen in Geisslerschen Röhren mit d. Sp. d. Nordlichts XIV. 413 — Sp. v. Stickgas, Kohlensäure, Ammoniakgas, Sauerstoff, Stickoxydgas und Wasserdampf in Geissl. Röhren XIV. 414 — v. Kohlensäure, Sauerstoff, Wasserstoff, Chlor zw. verschiedenart. Elektroden XV. 443. 444. — v. Wasserst-, Sauerst-, Stickstoff XV. 446 — v. Brom, Chlor, Zinnchlorid, Chlorsilicium, Kohlensäure XV. 447 — von Schwefelkohlenstoff, Jod, Phosphor, Chlorphosphor XV. 448 — v. Selenwasserstoff u. wasserfreier Schwefelsäure XVII. 500 — v. Gasen bei verschied. Temperatur XVIII. 217 — v. verschied. Kohlenwasserstoffen XVIII. 224 — von Fluorsilicium und Fluorbor XVIII. 459 — Aenderung d. Sp. d. Gase in d. Röhren mit d. Stromstärke XX. 195 — s. Spectralröhren — Stokes.

Spectrum glühender Körper (Spectralanalyse), Das Chromoskop zur Beobacht. der Flammenspectra XV. 222 — Spectrum verschiedenfarb. Flammen I. 186 — Sp. d. Flammen d. Kohlenwasserstoffverbindungen XII.

260; XV. 222; des unteren blauen Theils e. Lichtflamme XIX. 198 — Umkehrung d. Sp. d. Flammen durch Drummondsches od. Sonnenlicht XV. 215; XVI. 234 — Spectr. der grünen Flamme d. Tellurigen Säure, Phosphor-, Molybdän-, Borsäure, d. Baryt-, Mangan- u. Kupferverbindungen XVII. 255 — Sp. vieler Chlorverbindungen in Flammen XVIII. 216 — Sp. d. Flamme v. Wasserstoff, Kohlenoxyd u. anderen Gasen XVIII. 224; XIX. 199. 200; XX. 192 — Sp. der Flamme beim Bessemer Process XIX. 200.

Das Sp. e. glühenden Körpers gewinnt mit steigender Temperatur an brechbareren Strahlen III. 132; IV. 152 — Anwendung d. Prismas zur Erkennung d. Zusammensetz. e. Salzes XIII. 230 — Sp. des Didymiums XIII. 230; XVIII. 222 — Sp. d. Strontiumdämpfe XVI. 230 — d. Metalle d. Alkalien u. alkal. Erden XVI. 232; XVIII. 219. 235 — Entdeckung und Sp. d. Cäsiums XVI. 235; XVII. 246. 248; XVIII. 221; XIX. 194. 195 — Die empfindliche Reaction des Natriums schon 1856 v. Swan beobachtet XVI. 236 — Undurchsichtigkeit d. Natronflamme für ihre eigene Farbe XVII. 252 — Die Natriumlinie gehört dem Metall an, nicht d. Oxyd XVIII. 215 — Sp. des Natriums bei verschied. Temperatur XVIII. 221 — Zerlegung der Natriumlinie in 7 Linien XVIII. 221 — Sp. d. leuchtenden Metalldämpfe XVI. 239; XVII. 248. 251; XX. 190. 200 — Die Fraunhoferschen Linien u. d. hellen Linien d. Metallspectra sollen verschied. Natur sein XVII. 253 — Die Spectra gehören d. Metallen, nicht d. Verbind. an XVIII. 215 — Sp. d. Eisens XVI. 240 — Sp. u. Entdeckung d. Rubidiums XVII. 246. 248; XVIII. 221 — Die rothe Kaliumlinie nicht mit d. Fraunhof. Linie A übereinstimmend XVII. 252 — Anlass zu Irrungen im Calciumspectrum XVII. 256; XVIII. 219. 222 — Lithiumsalze ohne Lithiumlinie XVII. 256 — Lithium giebt in hoher Temperatur e. blaue Linie XVII. 257; XVIII. 218 — Entdeckung u. Sp. d. Thalliums XVII. 257; XVIII. 222; XIX. 195. 196. 198 — Eine Beimischung v. Chlornatrium unterdrückt d. Thalliumlinie XX. 191 — Sp. d. Indiums XIX. 197; XX. 192 — Sp. v. Tellur u. Blei XIX. 198 — v. Osmium XIX. 199 — Metalle in d. Sonnenatmosphäre XVI. 240; XVII. 249. 250; XIX. 191 — Uebereinstimm. heller Linien im Goldspectrum mit dunklen im Sonnensp. XX. 172.

Spectrum v. Schwefel u. Phosphor XVII. 245; XIX. 199; XX. 198 — Sp. d. dampfförm. Kohlenstoffs XVIII. 224 — v. Selen XVII. 253; XIX. 198; XX. 198 — Sp. v. Bor, Flussspath, Manganchlorür, Chlorwismuth, Chlorblei, Kupferchlorid u. Chloroform XVII. 253 — v. vielen anderen Chlorverbindungen XVIII. 216 — Einfluss d. Menge d. Salzes u. d. Temperatur auf d. Spectrum XVIII. 218 — Sp. d. salpetersaur. Didymoxyds XVIII. 222 — Ultravioletter Theil d. Sp. verschied. im Knallgasgebläse verflüchtigter Salze XIX. 190 — Benutzung der Spectralanalyse zur Untersuch. der Luft in Sumpfgegenden u. s. w. XVIII. 223 — Sp. d. Drummondschen Lichts XIX. 198 — Sp. d. Chlorchromsäure XIX. 200 — Bei verschied. Temperatur kann e. Körper mehrere Spectra geben, Stickstoff drei; Spectra erster u. zweiter Ordnung XIX. 193; XX. 196. 197. 198 — Ansicht v. Mach üb. d. Entstehung d. verschiedenen Spectra XVIII. 216; XX. 202 — Gesetzmässigkeit d. Lage d. dunklen Linien im Spectr. d. Elemente XX. 203.

Untersuch. verschied. Quellen in London durch die Spectralanalyse XVI. 231; XVII. 256 — Spectralanal. verschied. Mineralwasser XVII. 253. 254. 255 — der Mineralwasser v. Tivoli XIX. 198 — einiger niederländ. Wasser XX. 201.

Moigno beansprucht die Priorität d. Spectralanalyse XVII. 258 — Angström gab schon 1853 mehrere Sätze für d. Spectralanal. XVII. 260 — Historische Entwicklung d. Spectralanal. XVIII. 219; XIX. 193 — s. Baumgartner, Gladstone, Kirchhoff u. Bunsen, A. Mitscherlich, Zantedeschi.

Spectrum mit Absorptionsstreifen, (Absorptionsspectrum), Die Untersuchung vieler Gase und anderer Körper liess e. Zusammenhang zw. d. chem. Constitution u. den durch Absorption entstand. Linien nicht erkennen I. 186 — Streifen in dem v. blauem Glas gelieferten Spectrum

II. 592 — Abbildung d. Absorptionsspectrums vom salpetrigsauren Gas XVI. 230 — Aenderung d. Lage der Linien im Spectrum d. Salpetergases bei fortschreitender Dichte desselben XVII. 245 — Absorptionsstreifen im Sonnenspectr. durch verschied. Farbstofflösungen XIX. 217 — Umkehrung der Absorptionsstreifen im Didymspectrum, Absorptionslinien d. Salze v. Erbium u. Terbium XX. 209.

Sphäroidaler Zustand (Leidenfrostscher Versuch), Nach Armstrong entweicht d. Dampf unter d. Flüssigkeit, daher kein Sieden erfolgt I. 23; ähnlich Kersting I. 375 — Der sph. Zust. nicht die Ursache d. Dampfkesselexplosionen I. 24 — Ursache d. sph. Zust. nach Boutigny I. 373; IV. 254; VI. 284; XVI. 367 — Gefrorenes Quecksilber in e. glühenden Tiegel III. 91 — Leidenfrost. Versuch auf Glas III. 310 — Bewegung e. Dampfmaschine durch d. Dampf v. sphäroidal. Wasser IV. 254 — Erscheinungen an sphäroid. Flüssigkeiten, durch welche d. Strom einer Leydener Flasche od. galvan. Batterie geleitet wird IV. 352 — Uebergang d. elektr. Stroms zw. d. erhitzten Gefäss u. Tropfen XVI. 367 — Der sph. Z. schützt feuchte Häute, wenn sie in e. glühende Masse getaucht werden, z. B. Leder in geschmolz. Eisen V. 87 — Der Tropfen wird v. d. Dämpfen getragen VI. 285; XI. 190 — Erklärung d. Erscheinung v. Buff VI. 287; nach ihm berühren sich d. Tropfen u. d. Unterlage XI. 190 — Versuche gegen d. Berührung beider X. 153 — Temperatur d. Unterlage bei d. Tropfenbildung verschied. Flüssigkeiten VI. 288 — Bildung von Tropfen mit sternförm. Figuren VI. 289; IX. 138 — Schnelle Rotation d. Tropfen unter Einwirk. e. Luftstroms VIII. 148 — Bedeutung d. sphär. Zust. für Technik u. Geologie VIII. 148 — Analogie d. sph. Zust. mit d. Schlauchzustand, welcher der Krystallisation nach Brame vorangeht IX. 14 — Beweg. e. Tropfens Salpetersäure, Essigs., Schwefelsäure auf warmem Aether IX. 137 — Wasser geht auch bei zu starkem Erhitzen in e. Kessel aus d. gewöhnlichen in d. sphär. Z. über X. 153 — Ableitung d. Drehung der Erde u. Planeten aus d. sphär. Z. v. Boutigny XII. 196 — Wassertropfen, die auf e. Wasserfläche fallen, bewahren noch einige Zeit ihre Gestalt XII. 197. 198 — Temperatur d. Wassers im sphär. Zust. XVI. 368; XVII. 385. Einfluss d. Wanddicke auf d. Versuch XVII. 384 — Alle Körper, die in d. Gaszustand übergehen, zeigen d. Leidenfr. Phänomen XIX. 365; z. B. flüssiges Stickoxydul V. 84 — — Sphär. Zust. bei gewöhnl. Temperatur XX. 81 — s. Artur, Beauregard, Buff, Clément, Come, Emsmann, Légal, de Luca, Osann, Palmstedt, Seegen.

Sphärometer v. Du Moncel XI. 49 — Elektr. Sph. od. Bathorheometer v. Giordano XIX. 4 — Sph. v. Perreaux XX. 3.

Spiegel, Versilberung v. Glasspiegeln I. 308; XVI. 309 — Sp. aus versilbertem Porcellan XI. 356 — Galvan. versilberte Convexspiegel aus Glas XII. 336 — Anfertigung kleiner versilberter Hohlspiegel XVI. 309 — Anwendung konischer Sp. II. 244 — Verfertigung d. magischen chinesischen Sp. III. 119. 120; IX. 231 — Gute Copieen v. Metallspiegeln auf galvan. Wege II. 423 — Verbesser. beim Giessen v. Metallsp. V. 212 — Maschine zum Poliren v. Metallsp. V. 212 — Beste Mischung zu Spiegelmetall III. 271 — Darstellung v. Stahlspiegeln XVI. 308 — Chemische Zerlegung e. röm. Metallspiegels XVII. 339 — Construction von Stevenson's Holophotalreflectoren für Leuchtthürme VI. 368. 552 — Anfertigung parabolischer Sp. VI. 551 — Herstellung v. Sp. mit 6 Fuss Oeffnung XVIII. 282 — Bestimm. d. Fehler, wenn d. Ebnen e. Glasspiegels nicht parallel sind XI. 259 — Ermittlung d. Fehlers bei e. Spiegelinstrument, wenn d. Spiegel nicht rechtwinklig auf d. Limbus steht XI. 260 — Erhellung dunkler Zimmer bei Tage durch Sp. XI. 356 — Fehler bei d. Beurtheilung d. Glasdicke d. Sp. aus d. Entfernung d. Bilder v. d. vorderen u. hinteren Fläche XX. 155.

Mittel zur Einprägung d. Erscheinungen bei sphär. Spiegeln V. 152 — Intensität d. Bilder im Brennpunkt d. sphär. Sp. VI. 361. 365 — Nur bei

binocularem Sehen erscheint beim Hohlspiegel d. Bild vor demselben VIII. 330 — Construction d. subjectiven Bildes in e. Hohlsp. für ein Auge XVIII. 195 — Elementare Bestimmung d. Lage u. Grösse d. Bilder in Systemen v. Linsen u. Sp. mit gemeinsamer Axe IX. 187 — Krümmung durch sphär. Sp. entstehender Bilder XIII. 215 — Bestimm. d. Krümmungshalbmessers d. sphär. Sp. XVII. 340 — Geometr. Beweis für d. Vereinigungsweite bei Convexsp. XVII. 232 — Einfache Bestimm. des virtuellen Brennpunkts v. Convexsp. XIX. 174 — Vereinigungsweite d. reflectirten Strahlen bei e. Hohlspieg. XVIII. 195 — Lage d. opt. Bilder gegen d. Object bei ebenen u. sphär. Spiegeln XIX. 172.

Anamorphosen v. Kegelspiegeln V. 152. 212; VIII. 214 — Anzahl d. Bilder bei Winkelspiegeln VI. 383 — s. Bilder — Kempton, Robinson, Stenhouse.

Spiegeldiopter V. 34; X. 335.

Spiegelmetall s. Spiegel.

Spiegelniveau V. 34.

Spiegel-Teleskop s. Teleskop.

Spieköl, Brechungsexponent VI. 396.

Spiralfeder (Feder), Verhalten d. Sp. gegen Druck, Zug u. Torsion V. 78 — Theorie d. Spiralf. in Chronometern u. Uhren XV. 58; XVI. 29. 33 — Wärmeänderungen in einer Sp. bei ihrer Dehnung XVII. 400 — Zweckmässigste Construction d. Federn für Eisenbahnwagen VIII. 141; XIV. 109. 110 — Spannung u. Elasticitätsmoment in jedem Querschnitt e. gebog. Feder XVI. 35 — Verfahren v. Cagniard de Latour e. Feder constant gespannt zu halten XX. 52.

Spirator, Neue Form dess. XIV. 97.

Spirometer s. Guillet, Schnepf.

Sprache, Bildung derselben bei völlig verschloss. Kehlkopf XV. 178 — s. Stimme, Vokale.

Sprengen s. Minen, Zersprengen.

Springbrunnen, Erscheinungen an e. kleinen Springbr. innerhalb einer elektr. Atmosphäre XII. 398; XIV. 389; XVI. 429 — Steighöhe springender Wasserstrahlen bei verschiedenen Mundstücken u. Druckhöhen XVII. 64.

Sprung s. Giraud-Teulon.

Stabilität, Theorie d. St. d. lockeren Erde XII. 101. 106 — Theorie d. St. d. Gleichgewichts XIV. 65 — Bedingung d. St. eines auf d. Gipfel e. krummen Fläche ruhenden Körpers XVII. 37.

Stadia zum Messen v. Entfernungen IX. 323; X. 334.

Stadium, Länge d. olymp. u. römischen St. XVIII. 4.

Stäbe, Seebeck's Bestimm. d. Knotenpunkte u. d. Punkte d. stärksten Schwingung für die Transversalschwingung nicht gespannter St. IV. 115 — Die tiefere Oktave d. Longitudinaltons e. Stabes rührt v. Transversalschwingungen her V. 98 — Lage der Knoten bei Transversalschwing. e. Stabes mit freien, festen od. angestemmten Enden nach Lissajous VI. 232 — Erklärung d. Knotenlinien auf prismat. St. aus d. Zusammenwirken v. longitudinalen u. transversalen Schwingungen von Terquem XIV. 151. 154; XV. 148. 150; Bestätigung durch Lissajous XIV. 153 — Montigny's Verfahren die Schwingungen e. elast. Stabes sichtbar u. zählbar zu machen VIII. 140 — Schwingungszahlen d. Longitudinal- u. Transversaltons XV. 161 — Ein Stab kann nicht schwingen, wenn Transversal- u. Longitudinalton unison sind XX. 123 — Mathematisches zur Theorie d. Transversalschwing. XIV. 117 — Theorie der Torsionsschwingungen d. Stäbe V. 76; XV. 158 — Knotenlinien bei Torsionsschwingungen XVIII. 139 — Veränderung d. Schwingungsdauer elast. Stäbe durch Belastung in e. belieb. Punkt XVIII. 61 — Doppelbrech. d. Lichts in tönenden Glasstäben XX. 232 — Schallgeschwindigkeit in elast. Stäben V. 99 — Magnetisirende Wirkung der Torsion auf e. Eisenstab VIII. 534 — Theorie d. Biegung u. Torsion krummer elast. St., wenn d. Axe keine Formänderung erleidet XIX. 53. 55 — Ableit. d. Gleichungen für d. Torsion elast. Stäbe XX. 60 — Bewegung d. Molecüle in einem sich abkühlenden Stabe X. 127; XII. 177 — Gleichgewicht u. Biegung d. Stabgitter XX. 58. 59 — s. Biegung, Elasticität, Stoss, Torsion.

Stärke, Opt. Drehvermögen d. Umwandlungsproducte durch Kali, Chlorzink u. Säuren XII. 290.

Stärkezucker s. Zucker.

Stahl, Aenderung des Magnetismus im St. mit d. Temperatur I. 574 — Coercitivkraft d. St. bei verschied. Härte XI. 521 — Drehspähne aus St. sind magnetisch XX. 498 — Zweckmässigste Form d. Stahlfedern für Eisenbahnwagen VIII. 141; XIV. 109. 110 — Cohäsion und Torsionskraft d. Kruppschen Gussstahls XI. 145 — Fallproben an Gussstahlaxen XII. 178 — Festigkeit verschied. Stahlsorten XIII. 143; XIV. 111; XV. 97. 100 — Zusammenschmelzen von Stahlstücken durch d. elektr. Batterie XIII. 352 — Wärmeleitung XIV. 356 — Wärmeausdehnung VI. 49; XVI. 339 — Specif. Wärme bei verschied. Temperatur XVI. 370 — Eigenthüml. Zeichnungen auf Stahlstäben in Folge d. Biegung XVI. 59 — Elasticität d. St. XVI. 62; XIX. 51. 59 — Verhältniss d. Längenausdehnung zur Quercontraction bei Stahlstäben XIX. 56 — Elasticitätsgränze d. St. XX. 62 — Bestimm. d. Härte d. St. aus der Magnetisirung durch d. elektr. Strom XIX. 465 — s. R. Phillips.

Stathamsche Zünder, Ersatz derselben XI. 407.

Statik, Bedingungen d. Gleichgewichts v. vier Kräften III. 32 — Beweise verschied. Sätze d. St. von Steichen VIII. 56 — Winkler's Methode in d. St. IX. 31 — Gleichgewicht bei Maschinen IX. 52 — Princip d. isorhopischen Axen in d. St. XI. 53 — Bedingungsgleichung für d. Gleichgewichtsaxen XI. 53 — Beweis e. Satzes in d. St. v. Möbius XI. 53 — Gleichgewicht d. Seilpolygons XI. 54 — Sätze v. Minding aus d. St. XII. 85 — Fälle, wo d. sechs Bedingungsgleichungen für d. Gleichgewicht nicht gültig sind XII. 95 — Gleichgewichtslage eines im Schwerpunkt aufgehängten Stabes nach Puiseux XII. 122; XVIII. 30 — Vervollständigung d. allgem. Gleichgewichtsgleich. durch ein der Reibung entsprechendes Glied XIII. 96 — Gleichgew. biegsamer Oberflächen XIV. 80; XVI. 35 — Gleichgewichtscurve e. Kraft, die sich proport. dem Weg ihres Angriffspunktes verändert XVII. 38 — Unbeweglichkeit e. Kugel auf einer sich drehenden Scheibe XVIII. 31 — Gleichgewicht polyedrischer Stabsysteme, Gitter XX. 58. 59 — s. Faden, Stabilität — Fagnoli, Mainardi.

Staub, Bestandtheile des Staubes in d. Atmosphäre XVII. 669.

Staubmeteore, Gleichförmigkeit d. organ. Bestandtheile in den meisten St. III. 171 — Passatstaub auf dem St. Gotthard 1850, VI. 1102 — Schnee mit ziegelrothem u. graugelbem Staub XX. 768 — Staubnebel in der Zone d. äquatorialen Windstille XX. 771 — s. Regen — Baddeley, Clymer, Ehrenberg, Seezen, Weisse.

Stauroskop von v. Kobell XI. 311 — Anwendung zur Bestimmung der Hauptschnitte v. Krystallplatten XII. 270 — v. Eis XIV. 278 — v. gekühlten Glasplatten XV. 253 — v. Krystallen d. Eisen- u. Kupfervitriols, Eisencyanids u. hippursaur. Kalks XVIII. 252 — v. Kaliumosmiumcyanür XIX. 246.

Stearin, Schmelzpunkt d. beiden Modificationen d. St. X. 134 — Druck erhöht d. Schmelzpunkt X. 381 — Volumänderung beim Schmelzen XI. 32.

Stearinsäure, Verbrennungswärme II. 251 — Volumänderung beim Schmelzen XI. 32.

Stecknadeln, Zuspitzung derselben durch Elektrolyse XX. 483.

Steifigkeit d. Seile, Mathemat. Ausdruck dafür v. Morin I. 74.

Steinkohle, Wärmeleitung XVIII. 365.

Steinsalz s. Chlornatrium.

Stephanoskop zur Darstellung d. Höfe III. 212.

Steppe, Klima d. südruss. St. XVI. 741; XVII. 697; XX. 866.

Stereograph, Instrument zur perspect. Aufnahme belieb. Gegenstände IX. 322.

Stereometer v. Regnault I. 35 — v. Leslie verbessert v. Kohlmann IX. 28.

Stereomonoskop v. Claudet XIV. 306.

Stereophantoskop von Duboscq VIII. 319.

Stereophoroskop v. Czermak XI. 323.

Stereoskop v. Brewster V. 213; VI. 501; VIII. 320. 321 — Prismen- u. Spiegelster. v. Dove VI. 502. 503 — Neue Ster. v. Duboscq (Sterophan-

toskop, Bioskop, Panoramenster.) VIII. 319; XIII. 257 — Chromatisches St. VIII. 321 — Anwendung der camera lucida zu e. Ster. VIII. 322 — St. v. Rollmann IX. 300; X. 323 — Pseudoskop von Hardie IX. 301 — Gleichzeitige Anfertigung v. stereoskop. Daguerreotypien auf derselben Platte mit e. gewöhnl. Camera obsc. IX. 319 — Kosmoram. Ster. X. 322 — Winkel der beiden stereoskop. Projectionen X. 322 — Stereoskope v. Oppel, Faye, Zinelli XII. 301. 302 — Hessemer's stereoskop. Bilder XII. 303 — Unregelmässigkeiten durch d. Halblinsen XII. 305 — St. mit bewegl. Bildern v. Halske XIII. 255 — St. v. Elliot XIII. 255 — Das Telestereoskop XIII. 256 — Methoden v. Boblin u. Claudet mittelst einer Photographie e. stereoskop. Wirkung zu erhalten (Stereomonoskop) XIV. 305. 306 — Verfahren um Vielen zugleich die stereoskopischen Wirkungen zu zeigen XIV. 307 — Ster. mit Einstellung d. Linsen u. Bilder XV. 298 — Ster. von Volpicelli XVI. 280. 308 — Das Stereotrop XVII. 334 — Benutzung d. Hohlspiegels als Ster. XVII. 349 — Verbesserung an Stereoskopen IX. 308; XIV. 305; XVI. 280; XVII. 349 — Ansprüche an d. Erfind. d. Ster. v. Wheatstone u. Brewster XII. 306 — Stereoskopische Bilder v. mikroskop. Gegenständen IX. 318. 319; XVII. 313 — Erzeugung stereoskopische Bilder ohne Hülfe der Photographie durch eine einfache Maschine XVII. 348 — Combination stereoskop. Zeichnungen mit starken u. schwachen Linien XVIII. 269 — Stereoskop. Bilder im Innern v. Glasstücken XIX. 305.

Vereinigung der Farben zur Mischungsfarbe durch d. Ster. II. 223 — Heilung d. Schielens mittelst d. Ster. VIII. 325 — Beweglichkeit der Augen an e. stereoskop. Portrait XII. 304 — Erzeugung e. stereoskop. Reliefs nach Cima XIII. 255; XVIII. 270 — Vorgang beim stereoskop. Sehen XIII. 259 — Stereoskop. Darstell. eines durch e. Doppelspath betrachteten Typendrucks XV. 276 — Anwendung d. Ster. um e. Nachdruck vom Original zu unterscheiden XV. 276 — Stereoskopische Photographien d. Mondes sowie d. Planeten Jupiter u. Saturn XV. 277. 278 — Beziehung der stereoskop. Erscheinungen zur Lehre v. d. identischen Netzhautbildern XV. 284 — Ursache d. Augenanstreng. u. d. Reliefs d. seitl. Bilder beim stereoskop. Sehen XV. 288 — Nachahmung d. Goldkäferglanzes u. Verwandlung v. Körpern in Ebnen durch d. Ster. XV. 288. 289 — Stereoskop. Erscheinungen mittelst zweier Stricknadeln XVI. 281 — Körpersehen beim elektr. Funken XVI. 282; XVII. 309 — Für d. stereoskop. Wirkung sind aufeinander folgende Eindrücke nicht nöthig XVI. 282 — Wahrnehmung der Ungleichheit v. den in derselben Form erhalt. Medaillen ungleicher Metalle durch d. Ster. XVI. 283 — Stereoskop. Combination durch einander folgende Gesichtseindrücke XVII. 309 — Nach Panum die Tiefenwahrnehmung ein Act der einfachen Empfindung XVII. 311 — Stereoskopische Ansicht des Kehlkopfes XVIII. 286 — s. Beck, Brewster, Claudet, Crookes, Douliot, Dove, Du Moncel, Lissajous, Meissner, Tyndall.

Stereotrop v. Shaw XVII. 334.

Sterne, Die Farbe d. St. nach Doppler aus d. Bewegung derselben entstehend I. 154 — Bedenken dagegen I. 157. Widerlegung der Bedenken II. 620; X. 282 — Mit Doppler übereinstimmend: Fizeau V. 112; Sestini VI. 416; VIII. 258; Mach XVI. 156 — Die Geschwindigkeit der Gestirne nicht gross genug um ihre Farbe daraus zu erklären XVII. 206 — Erklär. d. Farbe d. St. v. Vallée IX. 294 — Bestimm. d. Farbe d. St. nach d. hellen Streifen im Spectrum des zw. Metallen überspringenden elektr. Funkens XI. 280 — Spectrum d. St. XII. 259; XIX. 208. 209. 210. 211; XX. 205 — Färbung d. St. in Folge d. Dispersion d. Atmosphäre beim Auf- u. Absteigen XV. 545 — Ursache d. Erscheinung e. Sterns vor d. dunklen Mondscheibe I. 189; II. 184 — Scheinbare Sichtbarkeit der St. hinter d. Mond X. 276 — Erscheinungen bei Sternbedeckungen durch d. Mond XIX. 522. 523 — Ermittlung d. Rotationszeit d. Nebelsterne u. Nebelflecke nach Doppler II. 163 — Helligkeit verschied. Fixsterne u. Planeten II. 212; VIII. 267.

270. 272; IX. 256; XV. 229; XIX. 231. 232 — Methode d. Helligkeitsmessung v. Doppler II. 602; v. Johnson IX. 254; von Steinheil XIV. 255; von Zöllner XVII. 264 — Bestimmung d. scheinbaren Durchmesser d. Fixsterne II. 602. 604; IX. 256 — Bestimm. d. wahren Grösse u. Entfernung der Fixst. II. 604 — Das Licht aller St. nach Arago v. gleicher Geschwindigkeit u. die Bewegung d. Erde ohne Einfluss auf d. Brechung desselben IX. 252 — Ablenkung d. St. in der Nähe d. Sonne XI. 368 — s. Funkeln, Planeten — Airy, Cavalleri, Chacornac, Ennis, Fonvielle, Humboldt, Montigny, Respighi, de la Rue, Schönfeld, Secchi.

Sternschnuppen, Beobacht. aus d. J. 1841 bis 1846, II. 206; III. 673 — Period. Erschein. 1847, III. 170 — St. in d. Augustnächten 1848, IV. 178; V. 455 — Am 11. Aug. 1851 in Belgien VIII. 703 — Aeltere period. Beobachtungen d. St. XIX. 530 — Ansichten üb. St. v. Strickland II. 207; v. Forster III. 169; v. Lubbock IV. 175; v. Quetelet, Herschel, Hansteen XX. 587. 588 — Nach Joule rührt d. Lichterscheinung v. d. Widerstand in d. Atmosphäre her IV. 177 — Berechn. d. Entfernung einer durch ihren Eintritt in d. Erdschatten verschwindenden St. V. 186 — Correspondirende Beobachtungen d. St. mittelst d. Telegraphen zuerst von Heis angestellt XVIII. 495 — Ergebniss d. bisherigen Beobacht. üb. St. XVIII. 499 — Einfluss der Erde auf d. Verschiebung d. Radiationspunktes d. St. XVIII. 501 — Ursache des Verlöschens d. St. bei tieferem Eindringen in die Atmosphäre XIX. 524 — Nach Faye giebt es mehrere Klassen von St. XIX 532. Heis dagegen 533 — Bahnbestimm. d. Novemberringes XX. 585 — Ermittelung d. Strahlungscentren XX. 585 — Am häufigsten begegnet d. Erde Sternschnuppen auf d. Wege vom Aphel zum Perihel XX. 586. 587 — Zusammenhang zw. Sternschn., Meteoriten u. Feuerkugeln XX. 590 — Einfluss d. St. auf d. Windrichtung XX. 644. 645 — s. Anglès, Babinet, Berthoud, Bielz, Boehm, v. Boguslawski, Bontemps, Bornitz, Bouvy, Bradley, Bravais, Buchner, Chacornac, Chapelas, Colla, Coulvier-Gravier, Duprez, Flammarion, Forshey, Gebauer, Glaisher, Greg, Haidinger, Hansteen, Heis, Hennessy, Henrick, Herrick, Herschel, Humboldt, Jonquières, Lane, Leconte, Leverrier, Liandier, Lowe, Marsh, Masterman, H. A. Newton, Ogrincz, Oppolzer, Pape, Poey, Quetelet, Safarik, Scarpellini, J. Schmidt, Secchi, Serpieri, Trublet, Twining, Vaughan, Wolf.

Sternschwanken beruht auf unwillkührl. Bewegung der Augen XV. 553. 554 — s. Schurig, Vogel.

Stethoskop, Stetophon, Instrument zur Wahrnehmung e. Tones mit e. Ohr allein XIV. 157.

Stickstoff liess sich nicht condensiren I. 130, XVII. 383 — Verhalten unter sehr hohem Druck II. 107; VI. 275 — Ausdehnungscoefficient III. 75 — Wärmeentwickl. bei Bildung d. verschied. Oxydationsstufen IX. 372 — Specif. Wärme IX. 416; XVIII. 347 — Dichte III. 78; IX. 416; XVIII. 347 — Absorption in Alkohol XI. 180 — Lichtbrechungsvermögen XVII. 235 — s. Schönbein.

Stickstoffoxyd konnte nicht condensirt werden I. 130; XVII. 383 — Verhalten unter hohem Druck II. 107 — Absorptionscoeffic in Alkohol XI. 181 — Dichte u. specif. Wärme IX. 416; XVIII. 347.

Stickstoffoxydul, Condensation in d. flüss. u. festen Zustand I. 127; V. 84 — Spannkraft d. Dämpfe des flüss. St. I. 127; XVIII. 353 — Ausdehnungscoeffic. d. gasförm. St. III. 78; d. flüss. St. XV. 347 — Sphäroidaler Zustand u. Gefrieren d. flüss. St. V. 84 — Siedepunkt d. flüss. St. V. 86 — Specif. Wärme u. Dichte des Gases IX. 416; XVIII. 347 — Absorption in Alkohol XI. 180.

Stilles Meer (Pacific) s. Becher, Gras, Hunter, Jouan, Maury.

Stimme, Die menschl. St. e. Zungenton. Nachbildung derselben und Einfluss verschied. Abänderungen hierbei I. 160; II. 143 — Wirkung d. einzelnen Theile und des ganzen Kehlkopfes bei d. Stimmbildung II. 145; IV. 120 — Vorgang im Kehlkopf beim Singen IV. 120; XI. 218; XVII. 175 — Sprachbildung bei verschloss. Kehlkopf XV. 178 — Vorgang bei d. Stimmbildung nach Bishop II.

146; nach Harless VIII. 161; X. 232; nach C. Mayer VIII. 162; nach Battaille XVII. 176 — Die verschied. Modificationen d. menschl. St. III. 103 — Stimmbildung beim Einathmen, namentlich beim Bauchreden IV. 119 — Nach Segond wird d. Bruststimme durch die unteren, die Kopfstimme durch d. oberen Stimmbänder hervorgebracht V. 116 — Klangfarbe der Vokale XV. 172 — Was d. Klang d. menschl. St. bedingt XVIII. 149 — Stimmbildung bei den langhalsigen Vögeln XVII. 180 — s. Eyrel, Garcia, Guillet, Martyn.

Stimmgabel, Herstell. e. chromatischen St. mittelst e. verschiebbaren silbernen Klötzchens IX. 166 — Verfahren v. Lissajous d. Schwingungen d. St. sichtbar zu machen XI. 209. 210; XII. 221, s. auch XVIII. 140 — Nothwendigkeit e. Normalgabel wegen fortschreitender Tonerhöhung d. musikalischen Instrumente XI. 212 — Schwingungszahl der Normalstimmgabel in Frankreich XV. 167 — Einführung d. Pariser St. in Russland XVII. 150 — St. aus Aluminium XI. 213 — Vorrichtung an St. um die Obertöne auszuschliessen XII. 204 — Dauernde Erreg. d. St. XII. 233 — Durch Berührung mit einer Flamme wird d. Ton e. St. verstärkt XII. 241 — Stählerne Stimmgabeln sollen im Lauf d. Zeit e. höheren Ton annehmen XIII. 193 — Interferenz zweier gleichgestimmter aber entgegengesetzt schwingender Gabeln XIV. 171 — Einfluss d. Variation d. Schwere auf d. Schwingungen d. St. XVII. 45. 148 — Klänge ohne Obertöne am besten durch St. zu erhalten XVIII. 147 — Dynamoskop. St. oder Biometer XVIII. 160 — Ein zusammengerolltes Blatt e. Surrogat für d. St. XIX. 99 — s. Cagniard de la Tour, Jobard.

Stösse, akustische, (Schwebungen), Theorie d. St. v. Vincent V. 102 — Anzahl d. St. bei zwei Tönen V. 108; bei unvollkommener Consonanz XIV. 156 — Melde's Verfahren die Stösse sichtbar zu machen XV. 166 — siehe Challis.

Stoss, Darstellung des graden centralen St. zweier festen Körper von Burg VI. 77 — Weshalb e. bewegliche Windfahne v. e. scharfen Flintenkugel durchlöchert ab. nicht gedreht wird IX. 33 — Theorie des Stosses von Phillips IX. 121; von Schellbach IX. 121; v. Ostrogradsky XII. 87. 88 — Ermittelung d. Punktes in e. Körper, der durch d. Stoss keine Erschütterung erfährt, und in der dabei entstandenen Drehungsaxe liegt X. 45 — Zusammenstoss einer Reihe elast. Körper XII. 177 — Stoss translatorisch bewegter u. rotirender unelast. Körper gegen feste Punkte XIII. 99; Bewegungsgrösse e. Körpers durch d. Stoss e. materiellen Punktes XV. 45; Stoss durch einen v. belieb. Kräften bewegten Körper v. Poinsot, wie die beiden vorhergehenden XV. 49 — Die Ausbiegung v. Eisenstäben durch d. Stoss gegen d. Mitte folgt d. hyperbol. Gesetz VI. 253. 254 — Theorie d. transversalen Stosses gegen elast. an beiden Enden unterstützte Balken X. 85; XIII. 145 — s. Bertrand, Cauchy, Duhamel, Fergola, Moigno, Poncelet, Seguin.

Strahlenbrechung, atmosphärische, Elementarer Beweis d. Formeln v. Simpson u. Bradley IX. 608 — Berechnung d. Versuche v. Biot u. Arago üb. d. Brechungsvermögen d. Luft mit d. verbesserten Coefficienten XI. 547 — Zweckmässigkeit d. Bestimm. der astronom. Refraction aus den meteorolog. Elementen d. Beobachtungsortes X. 638 — Die physikal. Constanten d. Laplaceschen Näherungsformel XI. 549. 550; sie giebt d. sichersten Resultate XI. 565 — Erörterung d. Theorien v. Jvory, Bessel, Kramp XI. 554. 558. 563 — Theorie d. Str. v. Baeyer XI. 566; XVI. 566 — v. Kummer XVI. 565 — Formel v. Babinet XVII. 545. 547 — Bestimm. d. Str. v. Bauernfeind XX. 557 — v. St. Robert XX. 559.

Schwanken d. Gegenstände nahe am Horizont X. 633 — Farbenzerstreuung durch die atmosphär. Luft X. 634; XI. 575 — Nach Faye ist bei d. astronom. Str. auch d. irdische zu berücksichtigen X. 636; Einwürfe dagegen 637 — Beweis, dass die astronom. Str. v. d. Constitution d. Atmosphäre unabhängig ist XIII. 451 — Ablenkung d. Lichtstrahlen beim Durchgang durch Luftmassen v. verschied. Temperatur XI. 575 — Zeit-

weises Verschwinden einzelner Theile e. Objectes, Schwankungen d. Sonnenrandes, Farbensäume d. Himmelskörper am Horizont in Folge der Strahlenbr. XI. 578 — Scheinbare Gestalt d. Himmelsgewölbes XI. 581 — Einfluss d. Wasserdampfs auf d. atm. Str. XIV. 254 — Histor. Entwickl. d. astronom. Str. XVII. 547 — Durch d. Strahlenbr. d. Atmosphären d. Himmelskörper wird deren scheinbarer Durchmesser vergrössert XVIII. 490 — s. Alexander, Baeyer, Bessel, Challis, Dufour, Kummer, Lindhagen, Lottner, Lubbock, Moigno, Sawitsch, Smyth, Vionnois, Werdmüller.

Strahlenbündel, Eigenschaften d. unendl. dünnen opt. gradlinigen Str. XVI. 190 — Experimentelle Bestätigung XVIII. 196 — Geometr. Entwicklung d. Eigenschaften XIX. 105; XX. 146 — s. Meibauer.

Streifen, Schwingungsgesetze tönender Str. v. Glas, Metall od. Holz VI. 230.

Stroboskopische Scheiben, Das Princip derselben schon bei d. Alten erwähnt VI. 497 — Bewegliche Bilder an d. Wand nach Art d. strob. Sch. IX. 305 — Neue Anwend. der str. Sch. v. Rollmann IX. 305 — Anwend. d. intermittirenden Inductionslichtes bei str. Sch. XII. 523.

Stromboli, Vulkan. Erscheinungen daselbst 1855 u. 1856, XII. 756; XV. 773 — Ansichten v. Str. XVIII. 782.

Strontianerde, Löslichkeit in Wasser XI. 170 — Wärmeausdehnung d. Cölestins od. d. schwefelsaur. Str. VIII. 33; XV. 338 — Opt. Eigenschaften der salpetersaur. Str. XI. 294 — Kohlensaure Str., Löslichkeit in Wasser XI. 170 — Ameisensaure Str., Zusammenhang zw. Krystallform u. opt. Eigenschaften VI. 458 — Opt. Constanten der ameisens. Str. XVI. 259 — Die hemiedr. Krystalle der ameisensaur. Str. aufgelöst geben stets wieder Krystalle derselben Form XVII. 27.

Strontium, Elektrolyt. Darstellung XI. 449. 450. 451 — Elektr. Leitvermögen XII. 453.

Structur, Aenderung derselben in e. Gewehrlauf V. 18 — Krystallin. Auftreibungen an Orgelpfeifen; krystallin. Gefüge in Eisen nach häufigen Erschütterungen VI. 7 — Structuränderung in Metallen vor dem Zerbrechen derselben X. 10.

Struvit, Pyroelektricität desselb. II. 362.

Strychnin, Löslichkeit in Wasser, Alkohol u. Glycerin XI. 172; desgl. v. schwefelsaur. Str. XI. 172 — Circularpolarisation d. schwefels. Str. XIII. 252 — Krystallform u. Dichroismus d. Verbindungen v. Jod u. Str. XI. 310.

Sturm s. Wind.

Sturmglas, Inhalt desselben XIX. 614.

Suezkanal, Gefälle dess. XIX. 676.

Sympiezometer, das von d. Temperatur unabhängig ist IV. 81.

Synaphie s. Adhäsion.

Synthermalen, Bedeutung XIX. 633.

Tabasco, Geograph. u. physikal. Beschaffenh. V. 467.

Tacheometer zur Bestimm. aller Entfernungen über u. unter d. Erde, Minentacheom. XI. 354.

Tachistoskop zum Ersatz d. elektr. Funken um momentan zu sehen XV. 283.

Tachometer zur graph. Darstell. d. Ganges e. Locomotive VIII. 45.

Täuschung, optische, bei der Drehung d. Sphäroids aus Messingstreifen auf d. Schwungmaschine I. 221 — Scheinbare Bewegung farbiger Muster auf anders gefärbtem Grund, flatternde Herzen I. 223; IV. 191; VIII. 330; X. 309; XVI. 278 — Helle Punkte in d. Kreuzungsstellen gekreuzter schwarzer Linien I. 223 — Grosse Verschiedenheit in d. Beurtheilung d. Grösse d. Himmelskörper II. 222 — Entstehung d. Reliefs aus e. vertieften Zeichnung III. 188 — Hohle Körper als Relief erscheinend VI. 507 — Scheinbarer Uebergang e. Matrize in e. Patrize VIII. 325 — Das Anaglyptoskop XI. 333 — Unvollkommene Accommodation die Ursache d. Umkehrung d. Vertieften u. Erhabenen XII. 306 — Entstehung e. Reliefs durch die beiden Hälften e. Bildes XIII. 255 — Inversion der durch Lupen umgekehrten Bilder XIV. 310 — Scheinbare Erhöhung von Fusstapfen im Sande XVI. 279 —

Umkehrung d. Mondreliefs durch d. Fernrohr XVIII. 277; XIX. 296 — Opt. Täusch. beim Fahren auf d. Eisenbahn III. 191 — Scheinbare Beweg. d. vorderen Theile e. stereoskop. Landschaft bei Beweg. d. Augen XII. 303 — Beim Abwenden d. Auges v. e. bewegten Gegenstand auf e. festen bewegt sich dieser scheinbar entgegengesetzt XII. 312; XVI. 279 — Scheinbare Drehung v. Objecten bei seitlicher Drehung d. Kopfes XVI. 279 — Drehrichtung d. Flügel einer v. Weitem gesehenen Windmühle; Sprungrichtung d. Affen in Sanssouci; Schussziel e. gemalten Schützen XVI. 291. 292 — Zerrbilder beim Anblick bewegter Figuren durch e. festen Spalt XVIII. 275 — Opt. Täusch. üb. d. Rotationsrichtung e. Zahnrades XVIII. 276 — Compensation bei d. Bewegung d. Beobachters u. d. Objects XVIII. 276 — Scheinbare Bewegung schwarzer auf e. rotirenden weissen Cylinder gezeichneten Linien XX. 298 — Wachsende Kreise beim Drehen e. weissen Spirale auf schwarzer Scheibe V. 198 — Eine grade Linie erscheint beim Doppeltsehen gekrümmt VI. 505 — Erschein. bei zwei Röhren, deren eine e. offenen, die andere e. verschloss. Boden hat VI. 507; wenn er aus ungleichfarb. Gläsern besteht XII. 309 — Opt. Täusch. bei Silhouetten VIII. 327 — Erschein. an e. schwarzen Faden üb. e. schwarzen Strich VIII. 328 — Opt. T. bei Betrachtung eines Rechtecks mittelst Fernrohr IX. 308 — Sichtbarkeit e. Sternes hinter d. Monde X. 276 — Verticale Längen erscheinen grösser als horizontale; Beschreib. verschied. geometr. opt. Täuschungen v. Oppel VIII. 314; XI. 332; XIV. 311; XVII. 336 — Apparat für opt. T. im Grossen XV. 293 — Scheinbare Convergenz v. Parallelen, die von zwei schiefen sich kreuzenden Systemen parall. Linien geschnitten werden XVI. 291; XVII. 323. 324 — Das Pseudodiaskop XVI. 298 — Purkyne's Lichtschattenfigur XVI. 296; XVII. 325. 327 — Purkyne's ellipt. Lichtstreifen XVII. 324 — Weshalb e. Landschaft unter d. Arm durchgesehn lebhafter gefärbt erscheint XVII. 337 — siehe Pseudoskopie, Stereoskop — Hunt, Lewis, E. Rose, Zeno.

Tafelwaage v. Hofmann I. 71 — s. Kuhn.

Tahiti, Vulkane daselbst XV. 779.

Taiarapu, Vulkane auf d. Halbinsel XV. 779.

Talbotsche Linien, Theorie derselben II. 606; XI. 271; XX. 188 — Erzeug. im prismat. und Beugungsspectrum XX. 221.

Talkerde (Magnesia), Specif. Gew. IV. 55 — Löslichkeit in Wasser XI. 170 — Dispersion d. opt. Axen in d. schwefelsaur. Ammoniak-T. X. 300 — Uebersättigung d. schwefelsaur. T. XI. 163 — Wärmeausdehnung beim Bitterspath (kohlens. T.) VIII. 33 — Löslichkeit d. kohlensaur. T. in Wasser XI. 170 — Grosse Dispersion d. opt. Axen im chromsaur. Magnesia-Ammoniak XIV. 274 — Ausscheid. v. krystallis. phosphorsaur. Ammoniak-Magnesia aus einer mit e. Feder berührten u. auf e. Glasplatte ausgebreiteten Lösung XV. 35.

Tamtam, Anfertigung desselben III. 105.

Tangentenbussole, Wirkung von Kreisströmen auf e. kleine Magnetnadel VIII. 513 — Mässige Zuverlässigkeit d. gewöhnl. Tangentenb. VIII. 516; X. 494 — T. v. Gaugain IX. 537; Theorie derselben v. Bravais IX. 538; Vereinfachung d. Formel X. 567; Abänderung d. Gaugainschen Bussole XIV. 443 — T. v. Buff mit langem Multiplicatordraht IX. 555 — Hädenkamp's Theorie d. T. X. 566 — Zenger's Theorie XI. 475. Einwürfe dagegen XVIII. 432 — Spiegel an d. T. um feine Versuche einer grossen Versammlung zu zeigen XI. 463 — Ajustirung d. Nadel XIV. 442 — Unrichtigkeit d. Tangentengesetzes XVI. 477 — s. Viollet.

Tannin, Löslichkeit in Wasser, Alkohol u. Glycerin XI. 172.

Tantalsäure, Specif. Gew. IV. 53.

Tartramid kann vollflächig u. hemiedrisch erhalten werden VIII. 290.

Tastengyrotrop zur Aenderung d. Stromrichtung IX. 513.

Tautochrone, Theorie d. T. X. 39 — s. Brioschi.

Telakuphanon, Sprachrohr zu telegraph. Zwecken IV. 126.

Telegraphie, akustische, durch Röhrenleitungen an Eisenbahnen II. 154 — durch Fortpflanz. d. Schalles

in Wasser V. 114 — s. Telakuphanon, Telephon.

Telegraphie, elektrische, Geschichte d. elektr. Tel. I. 553 — Das Princip d. el. Tel. v. Arago herrührend X. 576 — Frühere Litteratur üb. el. Tel. II. 530; IV. 356; für 1852 bis 1855, VIII. 552; IX. 577; X. 587; XI. 511.

Benutzung d. Erde u. d. Wassers zur Leitung I. 534; II. 531; XV. 419. 422 — Die Erde erscheint als Reservoir, nicht als Leiter I. 567; XI. 427 — Elektr. Leitvermögen d. Erdbodens II. 523. 537; V. 284; VI. 705. 706; X. 501; XI. 435; XIII. 348; XV. 418; XVII. 480 — Störungen d. Stroms im Erdboden XII. 457 — Jacobi's Versuche üb. unterird. Leitungen I. 549 — Die Grösse der in die Erde versenkten Platten ohne Einfluss auf d. Stromstärke I. 567 — Versuche mit d. Drahtleitung zw. Havre und Paris I. 569 — Stromverlust in der Leitung II. 385; XVI. 487 — Wirk. d. Gewitter auf den Tel. u. Mittel gegen d. Störungen durch atmosphär. Elektricität II. 538. 540; III. 668; V. 262. 263; XVI. 629 — Gewitter und Blitze sollen durch die Drähte geschwächt werden III. 347 — Gefährlichkeit d. Telegraphendrähte bei Gewittern XVIII. 522. 523 — Beobacht. v. Ladungserscheinungen an Kabeln v. Faraday X. 498; v. Wheatstone XI. 426 — Peristaltische Induction in e. Kabel XI. 468 — Gesetz der Fortpflanzung d. Elektr. in Kabeln XII. 503 — Ladungserscheinungen an Flaschendrähten XIII. 320 — Einschaltung e. Gegenbatterie um die Polarisation unschädlich zu machen XV. 422 — Fortpflanz. d. Elektr. in Telegraphendrähten nach dem Ohmschen Gesetz XV. 423 — Ladungscoeffic. für Telegraphendrähte XVI. 485 — Gesetz d. Stromfortpflanzung in diesen Drähten XVI. 478; XX. 478 — Einfluss d. Nebenschliessung auf d. Fortpflanzungsdauer XX. 477 — Beseitigung d. Getöns an Telegraphendrähten XX. 131.

Telegraph v. Bain II. 532; v. Highton II. 534; v. Leonhard u. v. Steinheil II. 535; v. Hipp XV. 502 — Magnetoelektr. Maschine für d. Tel. v. Page II. 531; v. Breguet II. 534; v. Sinsteden X. 571 — Anwend. kleiner Stahlmagnete statt der Anker aus weichem Eisen II. 533 — Anwend. v. Elektromagneten mit zwei Drähten XIV. 498 — Herstellung v. Elektromagneten für Drucktelegraphen XX. 506 — Versuche mit Inductionsströmen für d. Tel. XV. 501 — Schliessungsdauer zur guten Wirksamkeit d. telegraph. Apparate XX. 540 — Auffällige Störung d. Apparate am 19. Dec. 1857, XIV. 715 — Rechenaufgaben für Telegraphenbeamte XIX. 427.

s. Kabel — Airy, Allan, Amyot, Arago, Arnoldi, Baggs, Bain, Bakewell, Ball, Barlow, Baumgartner, Berthaud, Bockewell, Botto, Brachet, Brande, Breguet, Brett, Bright, Brisbart, Broun, Caselli, Casselmann, Channing, Chester, Chuard, Dick, Drescher, Dub, Dujardin, Du Moncel, Dumont, Dupin, Elphinstone, Encke, Esselbach, Fardeli, French, Fontainemoreau, Froment, Galle, Garnier, Garthe, Gersheim, Gillet, Gintl, Glösener, Guillemin, Hamel, Hammerton, Hatcher, Henley, Highton, Hjorths, Hipp, Jacobi, Komaroff, Kramer, Kreil, Kuhn, Laborde, Leconte, Little, Locke, Logeman, Loomis, Mackenzie, Magrini, Mapple, Mathiot, Maunoir, Moigno, Morse, Mouilleron, Müller, Nicklès, Nott, Palagi, Paltrinieri, Poole, Poppe, Pouillet, Quetelet, Reid, Ricardo, Robert, Sauteyron, Schellen, Séguier, Siemens, Steinheil, Sudre, Thomas, Varenna, Varley, Volpicelli, Walker, Wartmann, Westbrook, Wheattone, Window, Wishaw, Zetzsche.

Telegraphenströme in Telegraphenleitungen sind nach Airy Erdströme XVII. 569. 570 — s. Erdströme.

Telemeter, Fernrohr zur Mess. v. Entfernungen v. Porro IX. 326 — v. Soleil XI. 354.

Telephon, Röhrenleitung zum Ersatz d. Telegraphen II. 154 — Tel. v. Reis XVII. 171; XIX. 96.

Teleskop, Lord Rosse's grosses Tel. I. 309 — Silberspiegel nach Rosse VI. 551 — Versilberte Glasspiegel nach Foucault XIII. 272; XIV. 291; XV. 302. 303; XVIII. 283. Schon früher v. Steinheil verfertigt XIII. 273 — Bequemere Einrichtung u. Verbesser. d. Spiegelteleskope VI. 549; XIII. 273 — Katoptr. Tel. v. Lyman

VIII. 359 — v. Babinet XV. 303 — v. Lassel XIX. 303 — Zweckmässigste Mischung zu parabolischen Spiegeln für Tel. IX. 329 — Tel. zur Erzeugung v. Lichtbildern von astronom. Gegenständen XVII. 343 — Plan zu d. Spiegeltel. für Victoria in Australien XIX. 303 — s. Fernrohr — Adie, Brewster, Key, J. Liebig, Robinson, Steinheil, Vasserot.

Telestereoskop v. Helmholtz XIII. 256 — Dem Tel. ähnlich das Pseudoskop IX. 301; XIV. 304.

Tellur, Specif. Wärme XI. 384.

Temperatur, akustische, welche für alle Tonarten gleiche Tonverhältnisse liefert VIII. 151 — Beseitigung der durch d. gleichschwebende Temp. in manchen Fällen entstehenden störenden Combinationstöne XVII. 151 — s. Ellis.

Temperatur, Erzeugung einer sehr niedrigen T. mittelst Kohlensäure I. 121; mittelst Stickstoffoxydul I. 132 — Höchste Temp. in e. Draht durch d. galvan. Strom XIX. 228 — Temp. d. posit. Kohlenspitze d. volt. Lichtbogens XIX. 353 — Entzündungstemp. v. Wasserstoff, Kohlenwasserstoff, Schwefelkohlenstoff XIX. 358 — Bestimm. hoher Temp. durch Eintauchen v. erhitztem Platin in Wasser VIII. 425; durch e. Thermoelement v. Platin u. Palladium XIX. 225. 349 352 — Messung d. Luft u. d. Bodens durch e. Thermoelement XIV. 627 — Ausdruck für d. stationären Zustand d. Temp. e. homogenen Kugel XVII. 30 — T. d. Weltenraums X. 700 — Definition d. Temp. v. Dubré u. Potter XVIII. 326. 327 — s. Nullpunkt.

Periodische Aenderungen d. Temp. durch d. Sonne III. 624; VIII. 698; XIII. 490; XIV. 608. 613 — Die Wärmewirkung d. Sonne geht v. einem sie umkreisenden Ringe aus III. 628 — Einfluss d. Sonnenflecke auf d. Temp. auf der Erde III. 675 — Betrag der Sonnenwärme auf d. Erde XII. 358. 375; XIII. 490; XVII. 589 — Die Erwärmung e. Ortes proport. d. Winkelbewegung d. Sonne in d. Ekliptik XIX. 634 — Vom Polarkreis nimmt d. mittlere Intensität d. Sonnenwärme nach d. Pol hin zu XX. 395 — Der Dampfgehalt d. Luft erhöht d. Insolation in Indien und Hochasien XX. 670 — Bestimm. d. Insolation nach Waterston XX. 674; nach Secchi XX. 675 — Insolation in den verschied. Jahreszeiten XX. 676 — Einfluss d. Mondes auf d. Temp. III. 627; XIV. 610; XIX. 630 — Erniedrig. d. Temp. durch d. Wärmestrahlung III. 295; IV. 416 — Einfluss d. Barometeränderung auf d. Temp. XII. 632 — Einfluss d. Erdbodens auf d. T. der ihn berührenden Luftschichten XII. 631; XIV. 613; XV. 714; XVII. 610. 615; XVIII. 603. 606; XIX. 627. 631 — Einfluss d. Temp. d. heissen Zone auf d. ganze Erde XVIII. 613 — Einfluss d. Luftbewegung auf d. Thermometer XIII. 289 — Einfluss der Bäume auf d. Temp. XVI. 688; XVII. 609 — Verschiedene Bestimmungsweisen d. Lufttemp. X. 684. 720; XI. 632; XII. 632; XVI. 681; XX. 653.

Temperaturänder. im Laufe d. Tages in verschiedenen Jahreszeiten u. Gegenden III. 620; X. 730; XIII. 487 — Stündliche Aenderung d. Temp. in d. Tropen XVI. 678; Eintreffen des Maximums vor d. Mittag XVI. 680 — Gang der Temp. an Gewittertagen XVI. 659 — Eintritt d. höchsten u. niedrigsten Temp. d. Tages u. Jahres XIX. 626 — Die Formel v. Everett üb. d. jährl. Gang d. Temp. den Thatsachen nicht entsprechend XIX. 634 — Unterschied d. Temp. in d. Luft u. am Boden VIII. 656 — Ursachen d. Veränder. d. Temp. an d. Erdoberfläche VIII. 657 — Die Mitteltemp. auf d. Erde hat e. Periode VIII. 696; IX. 708 — Mittlere Abnahme d. Wärme bei zunehmender Breite VIII. 721; XVI. 691 — Ursache der ungleichen Abnahme in verschied. Meridianen VIII. 727 — Erläuterung d. Wärmeverbreitung u. ihrer Aenderung auf d. Erdoberfläche durch Temperaturcurven nach Dove IV. 461; VI. 1114; IX. 685 — Die nördliche Erdhälfte wärmer als d. südliche IX. 690 — Bestimm. d. Function für d. Vertheilung d. Temp. auf der Erde unter Berücksichtig. d. Einflusses v. Wasser u. Land XVI. 696 — Unterschied d. T. im Innern d. Städte u. im Freien VIII. 731 — Vergleich d. Temp. der Luft mit der in Bäumen XIV. 401.

Bestimmung d. Tagesmittel aus d. Temp. v. 9h Morgens u. d. Extremen d. Tages X. 686 — Ermittl. d.

günstigsten Stundencombination für d. Tagesmittel XVIII. 605; XIX. 620 — Vorzüge d. fünftägigen Mittel für d. Darstell. d. Wärmeerscheinungen X. 689; XI. 641; XX. 684 — Darstellung d. Wärmeerschein. nach d. fünftäg. Mitteln auf vielen Stationen d. Erde XII. 644 — Lufttemp. in der Calmenzone VIII. 774 — Jährliche Temperaturvertheilung im nördl. Europa, Asien u. Amerika XII. 640. 641 — Gang d. Temp. in d. Tropen XVI. 678 — auf 27 Stationen in Europa u. Asien XX. 808 — Einfluss d. Golfstroms auf d. Temp. d. Küstenlande XIV. 612; auf d. Winter d. engl. Küsten XIV. 656 — Localeinflüsse auf d. Mitteltemp. XIX. 624 — Kälteperiode um d. Mitte Mai im nördl. Deutschland IV. 459; V. 440; XVI. 687; d. Ursache keine kosmische VI. 1111; Erklär. nach Hennessy XX. 679 — Die anomalen Veränderungen dringen schnell vor X. 690 — Die Rückfälle d. Kälte im Frühjahr u. d. Wärme im Herbst wahrscheinl. v. localen Einflüssen herrührend X. 691 — Ungewöhnl. Kälte im Nov. 1858 im nordöstl. Deutschland u. in anderen Theilen Europas XIV. 602; XV. 711.

Temperaturbeobacht. auf d. preussischen u. mehreren benachbarten Stationen IX. 696; XI. 643; XX. 810 — Kälteextreme auf d. preuss. Stationen VI. 1113; XIV. 653 — T. in Elbing III. 616 — in Fulda IX. 706 — Breslau X. 711 — Hamburg XII. 635 — Lübeck XIII. 538 — Emden XVI. 705; XVII. 612. 614; XIX. 630 — Frankfurt a. M. XVI. 748 — Gotha XVI. 753 — Köln XVI. 756 — Crefeld XVII. 673 — Hanau XVII. 676 — Kreuznach XVII. 695 — Schwerin XX. 807 — Temperaturverhältnisse in Bayern V. 439 — T. d. Hohenpeissenbergs; ist um 1° C. höher als in d. Alpen bei gleicher Höhe VI. 1068; VIII. 728; IX. 692 — T. zu München VIII. 751; X. 728; XIII. 525; XV. 681 — zu Passau XIV. 661 — Ittendorf XV. 668 — T. zu Prag V. 434; XVII. 715. 716 — Temperaturverhältnisse in Böhmen VI. 1079 — — T. in Lemberg VI. 1081 — Krakau X. 715; XI. 687. 720 — Pressburg XV. 670 — Wien XVIII. 612 — T. in Brüssel IV. 449; XIII. 506. 508 — Einfluss d. Temp. d. Febr. und März zu Brüssel auf d. Vegetation IX. 698 — Kälteste Wintertage in Brüssel u. and. belgischen Städten XVII. 608 — T. zu Löwen IV. 456 — Plötzliche Temperaturänderungen im Jan. in Belgien V. 446; VI. 1113 — Niedrige Temperatur im Dec. 1853 in Belgien X. 696 — Temp. zu Genf u. auf d. grossen St. Bernhard VIII. 744; IX. 708; XI. 718; XII. 649; XIV. 611; XVI. 690; XX. 826 — T. zu Basel VIII. 749; XV. 658; XX. 799 — zu Riehen bei Basel VIII. 753 — zu Bern VIII. 750; XI. 645 — Neuchatel XI. 645 — Lausanne XVI. 695 — T. an 23 Punkten d. Schweiz XVII. 692 — T. zu Cherbourg VIII. 751 — T. zu Paris VIII. 764; X. 720; XVIII. 607 — Grosse Kälte zu Montpellier Jan. 1855, XI. 646. 648 — Grosse Temperaturerniedrig. Ende April 1855 in Frankreich XI. 650; desgl. im Nov. 1858 zu Chambon XIV. 610 — Temp. d. Sommers in Nimes XIII. 482; XV. 710 — T. zu St. Helier, Jersey und Chiswick III. 604 — London IV. 427; VI. 1081; XX. 668 — Huggate VI. 1082 — in Irland VIII. 729; XI. 743; XII. 647 — Dublin XI. 739 — Glasgow VIII. 752 — zu Torquay XII. 712; XIII. 534 — Greenwich XIII. 484 — Einfluss d. Golfstroms auf d. Winter d. engl Küsten XIV. 656 — Temp. zu Dunfermline XVI. 755 — Manchester XVIII. 612 — Grosse Kälte 1860 bei Nottingham XVIII. 615 — T. zu Bath XX. 800 — an verschiedenen Orten in Spanien XI. 734 — zu Udine VIII. 751 — Rom IX. 695 — Mailand X. 710; XV. 687 — Starke Abkühlung Ende April 1855 in Italien XI. 650 — zu Athen XII. 707; XVI. 687; XX. 803 — Chios XI. 715; XII. 702 — Constantinopel VI. 1082 — Lappland XIV. 608 — Petersburg IV. 433; V. 437 — zu Helsingfors VI. 1062 — Riga X. 694 — Taganrog X. 716 — Warschau XI. 687; XVII. 722 — Odessa u. Sebastopol XI. 652 — in d. Krim XI. 753 — zu Dorpat XI. 753; XVI. 676 — zu Naronovo XI. 787 — Kasan XIII. 512 — Temperaturtafeln aus vielen Orten Russlands XIII. 515 — T. zu Nowgorod XV. 690 — Orel XV. 691 — Archangel XV. 713 — im Fort Wernoïe XVI. 746; XVII. 681 — T. der Monate und Jahreszeiten an

vielen Punkten d. russ. Steppe XVII. 701 — T. zu Kostroma XVII 679.

Temperaturbeobacht. auf d. russ. Stationen in Transkaukasien IV. 433 — zu Nischne Tagilsk VI. 1083; IX. 695 — Tobolsk IX. 732; XII. 620 — T. zu Jakuzk XIV. 604; XVI. 758; XX. 666; Niedrigste Temp. daselbst XII. 641 — T. in Ostsibirien XIV. 637 — T. zu Catharinenburg XV. 713; XVI. 758 — T. am Ussurifluss XVI. 745 — zu Barnaul u. Nertschinsk XVI. 758 — Peking XV. 665 — T. zu Chacodate in Japan XVI. 760 — an d. Ostküste v. Asien XVIII. 613 — in Bombay III. 600. 603 — in Leh im Industhal XII. 646 — auf e. Reise nach Sikkim u. Assam XII. 704 — in Indien XIX. 622. 623 — zu Singapore XX. 668 — zu Aden III. 603 — Trebisonde, Kaisaria VI. 1082 — Jerusalem XVI. 702 — auf Madeira IV. 431 — Niedrige Temp. in Aegypten im Jan. u. Apr. 1855, XI. 650 — T. zu Alexandrien XVII. 675 — T. in Algerien XI. 736 — zu Gondokoro XIII. 522 — Chartum XIII. 523; XV. 686; XVI. 751 — Niedrige Wintertemp. in d. Sahara XIII. 531 — T. zu Port Natal XI. 726 — T. am Cap d. guten Hoffn. XIV. 629 — T. an d. Westseite d. trop. Afrika XVIII. 615 — T. v. Cincinnati VI. 1073 — T. zu Marietta, Ohio, VIII. 730; XI. 752 — Burlington VIII. 731; XI. 752 — Grosse Kälte zu Eutah, Alabama VIII. 732 — T. zu Toronto VIII. 732; IX. 714 — Beloit VIII. 733 — Attleboro' VIII. 734 — Grönland, Rensselaer Bucht X. 693; XIV 658; XV. 698; XX. 666 — in d. neu entdeckten arkt. Ländern, Behringsstrasse, Beecheyinsel X. 693 — Mellevilleinsel XI. 727 — Point-Barrow XIII. 485; XIV. 605 — Jowa XIII. 533 — Ikogmut XV. 692 — Sitka XVI. 676 — St. John, Neu-Fundland XVII. 674 — Kennedy XX. 666 — an d. atlant. Küsten Nordamerikas XIII. 483 — an d. Küsten d. Stillen Meeres XIII. 484 — St. Martin, St. Francisco, Sacramento XI. 752 — Gongo Soco in Brasilien III. 618 — Antisana VI. 1088 — auf d. Antillen VI. 1088 — Fernambuk VI. 1089 — St. Michael VI. 1090 — Montevideo XI. 644 — Santiago XIII. 519 — Cayenne und Georgetown XIV. 640 — Mendoza XIV. 642; XVII. 688 — Nicaragua XVI. 686 — Cap Horn XVI. 735 — Parana u. Tucaman XVII. 688 — T. zu Hobarton in Van Diemensland V. 393 — zu Melbourne XVI. 743; XX. 668. 821 — in Adelaide u. verschiedenen Orten d. Colonie Victoria XX. 668. 822 — Ueb. Temp. auf d. Meer s. Temp. d. Flüsse u. Meere.

Temp. in verschied. Höhe, Gleichzeit. Temp. in verschied. Höhen d. Kette des Corbières V. 378 — Abnahme d. Temp. in d. Alpen V. 407. 410; VI. 1073; XIX. 619 — T. in verschied. Höhe bei Batavia V. 442 — T. auf d. Hohenpeissenberg VI. 1068; VIII. 728; IX. 692 — Abnahme d. T. zw. Quito u. Antisana VI. 1088 — T. auf d. Aetna VIII. 656 — auf d. Gr. St. Bernhard VIII. 744; IX. 708; XI. 718; XVI. 690; XVIII. 683 — auf d. Monte Rosa X. 742 — auf d. Gipfel d. Nethou XIV. 609. 656 — auf d. Höhen in Schlesien und am Brocken XIV. 650 — auf verschied. Höhen in Indien XIX. 622 — Ursache der Temperaturerniedrig. auf hohen Bergen V. 378; XVI. 674 — Grosse Verschiedenheit d. Höhe für d. Abnahme d. T. um 1° C., VI. 1075; XII. 357; XVI. 326. 703; XX. 645. 671. 797 — Abnahme d. T. beim Aufsteigen im Luftballon VI. 1077; XVIII. 573; XX. 795. 797 — Correction d. Temperaturangaben wegen d. Einflusses der Meereshöhe XIII. 486 — Grosse nächtl. Ausstrahlung auf Bergen XV. 709 — Durch die Condensation des Wasserdampfes werden die oberen Luftschichten wärmer, als sie in Folge d. Expansion d. aufsteigenden Luft sein würden XVIII. 315 — Beziehung zw. Abnahme d. T. u. d. Aenderungen d. Regens u. Barometers in der Höhe XVIII. 579 — Gürtel, in welchem d. Abnahme d. T. im Winter grösser als im Sommer ist XVIII. 614 — T. d. obersten Schichten d. Atmosphäre XX. 673 — Grosse erwärmende Kraft d. Sonne auf hohen Bergen XX. 680.

Temp. d. Brunnen u. Quellen, d. Geyserquellen III. 92 — d. heissen Q. in Sardinien XIII. 576. 577 — Nach Bianconi rührt die hohe Temp. der Thermalquellen v. der Reibung des Wassers an d. Gestein her XVIII. 329 — T. d. heissen Quellen v. Porreta XX. 875; desgl. in d. Pyrenäen XX. 876 — T. d. Thermen v. Hammam-Me-

louan XX. 876 — T. d. Brunnen zu Basel u. Porentruy IV. 444 — in Bohrbrunnen zu Rouen VIII. 618; bei Elmen VIII. 619; in Stassfurth VIII. 620 — zu la Mouillonge XIII. 590 — T. d. Brunnen bei Montpellier VIII. 621 — d. artes. Brunnen v. Mondorf IX. 654; Charleston X. 797; St. Louis XIII. 589; Columbus, Ohio XVI. 837 — T. d. Wassers in Ziehbrunnen bei Bern XII. 742 — Quellentemp. in d. Alpen V. 404; X. 780; XIX. 619 — T. d. Quellen d. Jura, der Vogesen u. d. Kaiserstuhls V. 483; VIII. 615 — im Salzkammergut V. 486 — in Oberkrain VI. 1026 — in Steiermark u. Oberösterreich VIII. 615 — T. einiger Quellen zu Kissingen VI. 1027 — T. d. Quellen bei Marienberg X. 779 — bei Kremsmünster X. 779 — bei Gräfenberg XII. 743 — T. der Quellen am rechten Ufer d. Isar XIII. 578 — Die Quellentemp. nicht höher als d. T. an Abhängen u. Gipfeln bei gleicher Höhe VI. 1025 — Fourier's Theorie üb. Quellentemp. nicht gegen d. Erfahrung VIII. 735. 743 — Einfluss d. Bodenwärme auf d. T. d. Quellen XI. 776 — Unterschied. zw. Quellen- u. Luftmittel XI. 777 — Abnahme d. Quellentemp. mit d. Höhe im Thüringer Wald XV. 748 — s. Quellen.

Temp. der Flüsse, Seen u. Meere, T. des Loir in Vendôme VIII. 616 — In Gegenden mit vorherrschenden Sommerregen d. Mitteltemp. d. Flüsse höher als die d. Luft VIII. 617; nach Rankine d. Reibung d. Wassers am Flussbett die Ursache davon VIII. 618 — T. der Gewässer d. Rhonegebiets IX. 653 — d. verschied. Gewässer zw. Hohenschwangau u. Venedig IX. 654 — T. d. Isar XIII. 578 — Verhältniss d. Temp. v. Themse, Rhone, Saone u. m. a. Flüssen zur Lufttemp. XIII. 579 — T. d. Weser XX. 814 — T. d. Flusses Yarra in Australien XX. 822 — T. d. Thuner Sees in verschied. Tiefen IV. 445 — d. Seen im Salzkammergut VI. 1016 — T. d. Genfersees VIII. 616 — d. Sees v. Neuchatel XI. 645 — T. in d. Tiefe d. Seen XVI. 793 — Temp. an d. Oberfläche im Atlant. Ocean V. 389; VI. 1008. 1009; IX. 644; XIV. 687; XVI. 678. 785; XVII. 682. 686; XVIII. 682; XIX. 646 — in grosser Tiefe d. Atlant. Oceans XIV. 686 — T. d. Luft auf d. Fahrt v. St. Thomas nach Plymouth XVI. 690; desgl. v. Southampton nach Guadeloupe XVI. 742 — Höchste T. auf d. Atlant. Ocean XVI. 742 — T. im Stillen Meer VI. 1008. 1009; XVI. 678; XVII. 682. 686; XIX. 646 — T. d. Luft an d. Meeresoberfläche zw. 25° nördl. u. südl. Br. VIII. 711 — T. d. Meeres unter verschied. Breiten XVIII. 715 — T. auf e. Reise v. Samoa nach Valparaiso IX. 645 — T. in verschied. Tiefen d. Mittelmeers X. 771; XI. 764 — T. d. Rothen Meeres XI. 764; XVI. 784 — am Cap d. guten Hoffn. XII. 680; XV. 738 — T. d. Meeres zu Scarborough XII. 733 — in d. Ostsee XIV. 602; zu Dobberan XX. 814 — im Finnischen Meerbusen XIV. 605 — an d. Küsten v. Schottland XV. 737 — T. d. Wassers d. Hobson's Bay, Australien XX. 823 — Aenderung der Meerestemp. in d. jährl. Periode XV. 736 — T. in grossen Tiefen des Oceans XVI. 784; s. auch VIII. 613 — In d. Nähe v. Klippen u. Sandbänken nimmt d. Meerestemp. ab XVIII. 608 — Nach e. Sturm ist d. T. d. Meeres erhöht XX. 343.

Temp. d. Erdbodens u. Erdinnern, Beobachtung d. Temp. im Scherginschacht bei Jakutzk VI. 939; XIV. 604 — Bodentemp. in d. Alpen VI. 1023. 1025; X. 780 — T. d. Höhlen bei Montpellier VIII. 620 — Bodent. in verschied. Höhen d. Cordillere v. Neugranada VIII. 655 — T. in Braunkohlenbergwerken IX. 675 — Unterschied zw. d. Temp. d. Bodens u. d. Luft zu verschied. Tageszeiten X. 781; XI. 651 — Bodent. zu Neapel X. 797 — zu Tobolsk XII. 627; XIII. 298 — bei Edinburg XII. 749; XVI. 699 — zu Brüssel XIII. 507 — Lüttich XIII. 589 — in Minen von Cornwall XIII. 589; im Schacht zu Dunkinfield XVII. 616; XVIII. 613 — Vergleich d. Luft- u. Bodentemp. zu Aix XIV. 609 — Bodentemp. bei Freising XIV. 698; XVI. 700 — Reduction d. period. Variationen d. Bodent. XV. 764 — Gang d. Temp. in verschiedener Tiefe nach d. Untersuchungen mehr. Beobachter XVI. 701; XVII. 615; XVIII. 605. 608; XIX. 629 — Wärmeänderungen in d. oberen

Erdschichten durch d. nicht period. Wechsel d. T. an d. Oberfläche XVIII. 368 — Bodent. zu Berlin, Gütersloh, Schwerin, Heinrichshafen XX. 814 — Zunahme d. Temp. mit d. Tiefe IX. 654; XVIII. 695 — Ob d. Temp. vom Mittelpunkt d. Erde mit d. Quadrat d. Entfern. abnimmt e. müssige Frage XI. 788 — Ursache d. innern Erdwärme XII. 346 — Formel für die Temperaturvariationen in e. beliebigen Tiefe XVIII. 615 — Brunnen zur Ermittl. d. unterird. Temp. nicht geeignet XVIII. 611 — Bestimmung der Temp. in d. Tiefe durch d. elektr. Thermometer XIX. 624 — T. in Bohrlöchern u. artes. Brunnen s. Temp. d. Brunnen.

siehe Andrau, Angström, Babinet, Ball, Becquerel, Bravais, Buhse, Burmeister, Buys-Ballot, Casoni, Crahay, Decharmes, Desains, Dewey, Dove, Dupré, Etangs, Everett, Faye, Fendler, Forbes, Fournet, Friedmann, Fritzsch, Glaisher, Gromoff, Harrison, Hennessy, Hopkins, Jeitteles, Jelinek, Kämtz, H. Karsten, Krutzsch, Lamont, Laurent, Liais, Lowe, Martins, Meech, Napiersky, Olbers, Oldham, Petermann, Plana, Plantamour, Pouriau, Prestel, Pullen, Quetelet, Renou, Saalschütz, Schlagintweit, J. Schmidt, Schneeberger, Siljeström, Simmler, Smallwood, Smyth, Spassky, Stark, Susewind, Sykes, W. Thomson, Tyndall, Venetz, Vervaet, Veselofsky, Wael, Waitz, Wichert, Witte.

Tenebroskop v. Soleil XIX. 298.

Teneriffa, Submariner Ursprung d. Insel XV. 766 — Der Pik v. T. nicht durch Hebung entstanden XV. 767.

Tereben, Verbrennungswärme II. 252 — Specif. u. latente Wärme II. 259 262 — Wärmeausdehnung VI. 59.

Terpentinöl wird bei —166° F nicht fest I. 130 — Verbrennungswärme II. 252 — Specif. u. latente Wärme II. 259. 262. 270; III. 254; IX. 417; XVIII. 347 — Siedepunkt u. Wärmeausdehnung III. 29 — Dampfdichte IX. 417; XVIII. 347 — Spannkraft d. Dämpfe X. 389; XVI. 360 — Gesammtwärme des Dampfes XVIII. 356 — Schallgeschwindigk. im Terp. IV. 112 — Bestandtheile d. natürl. Terp. IX. 292 — Einfluss d. Hitze auf d. opt. Drehvermögen IX. 293 — Sauerstoff ändert d. Drehvermögen im T. nicht XV. 28 — Lichtbrechungsexp. XVII. 236 — s. Berthelot.

Thäler, Bildung derselben in den Alpen V. 402; VI. 931; XIX. 678 — in Neu-Süd-Wales VI. 919 — Das Rheinthal zw. Strassburg u. Bingen einst ein Binnensee VI. 936 — In Thälern ist es in d. Alpen nicht wärmer als auf Abhängen u. Gipfeln v. gleicher Höhe VI. 1025 — Richtige Darstellung von Thalrichtungen VIII. 636 — Umstände, welche in geschloss. Th. die Wärmeausstrahlung begünstigen XVIII. 601 — s. Boué.

Thallium, Entdeckung durch das Spectroskop XVII. 257; XVIII. 222; XIX. 195. 196. 198 — Eigenschaften XVIII. 222 — Specif. Wärme XVIII. 342 — Specif. Gew. XIX. 6 — Elektr. Leitvermögen d. Th. u. seiner Legirungen bei verschied. Temperatur XIX. 421. 422 — Th. diamagnetisch XX. 496.

Thalliumoxyd, schwefelsaur., Krystallform u. opt. Eigenschaften XIX. 252.

Thau, Bestätigung der Theorie von Wells durch Melloni III. 642; IV. 245 — Thaubild. nach Zantedeschi und Fusinieri IV. 243. 247; XX. 775; nach Hopkins VI. 636 — Die Materialien zur Thautheorie schon vor Wells bekannt XVII. 667 — s. della Casa, Melloni, Zantedeschi.

Thaumesser, Drosometer v. Mlle Thomé X. 681.

Theiss, Geschwindigkeit u. Gefälle XII. 745.

Theodolit, Verbesser. desselb. XII. 336 — s. Heussi.

Thermen s. Quellen, Temperatur d. Quellen.

Thermobarometer v. Jeannon XX. 654 — s. Thermohypsometer.

Thermochemie s. Wärme-Erregung.

Thermogenerator von Beaumont XI. 372; XVI. 373.

Thermograph v. Wollheim XIII. 500; v. Marey XX. 660; v. Semmola XX. 661 — s. Barbier, Zantedeschi.

Thermographie (Wärmebilder), Litteratur I. 271.

Thermohypsometer v. Pohl XIV. 618 — s. Thermobarometer.

Thermometer, elektrisches, v. Becquerel zur Bestimm. der Temp.

d. Luft, Erde u. Gewässer XIV. 401. 627.
Thermometer, Quecksilber nicht mit Vortheil durch andere Flüssigkeiten zu ersetzen I. 42 — Th. zum Höhemessen II. 86; XII. 612 — Nutzen d. Th. für Seefahrer II. 118 — Vergleich d. Lufttherm. mit d. Quecksilberth. III. 80; IX. 427; XIV. 327; XX. 339 — Vergleich d. Lufttherm. mit Th. mit mehr als 40 Flüssigkeiten IV. 249 — Luftth. v. Tate XVI. 338; v. Armellini XX. 656 — Luftth. für Vorlesungen XVIII. 326 — Vergleich d. Weingeisttherm. mit dem Quecksilberth. XX. 342. 801 — Das Schwefelalkoholtherm. (Kryometer) schon v. Ragsky angefertigt III. 309 — Verbessertes Geotherm. III. 310 — Tiefentherm. XVIII. 714 — Selbstregistrirende Th. III. 588. 589; IV. 249; X. 683; XII. 611; XVI. 667; XVII. 605; XIX. 609 — Th. v. Plücker u. Geissler VIII. 34 — v. Tyndall VIII. 422 — Beschaffenheit d. Th. d. Observatoriums zu Kew VIII. 664; IX. 681 — Uhrtherm. v. Becquerel VIII. 658 — Metallth. IX. 25. 675 — Metastat. Th. v. Walferdin X. 673; XIV. 621 — Neues Badetherm. XI. 51 — Vorlesungsth. von Beetz XVI. 338 — Min. u. Maximumth. v. Negretti und Zambra VIII. 665; XI. 631; XII. 613; XIX. 606 — desgl. v. Adie VIII. 666 — v. Walferdin XI. 630 — v. Macvicar XIII. 500; XIV. 621 — v. Hicks XVI. 666 — von Doulcet und Baudin XVIII 596 — v. Symons XVIII. 597; XIX. 617 — v. Casella XVIII. 598 — Maximumth. von J. Phillips XII. 614 — Einwirk. d. Erdmagnetism. auf d. eisernen Index XIII. 501 — Behandlung d. Maximumth. um d. freie Beweg. d. Stiftes zu sichern XVI. 665 — Maximumth. v. Geissler XIX. 612.
Einfluss d. Luftdrucks auf d. Angaben d. Th. IV. 85 — Die mechan. Wärmewirk. als Maass für d. Th. IV. 249 — Elastische Skalen IX. 25 — Uebelstände der gebräuchl. Skalen u. Vorschlag e. neuen XI. 633 — Bestimm. des Siedepunkts am Th. XI. 629 — Gefrier- u. Siedepunkt des Quecksilbers als Fundamentalpunkte XVIII. 326 — Messung hoher Temp. durch e. Th. mit Wasserstoff üb. d. Quecks. III. 309 — durch Schmelzen v. Metallgemischen XII. 373 — durch e. Thermoelement v. Platin u. Palladium XIX. 225. 349. 352 — s. d'Abbadie, Adie, Doulcet, Drach, Glaisher, Golaz, Govi, Joule, Kreil, Lewis, Liais, Lüdersdorff, Militzer, Moritz, Peytal, Potter, Sheepshank, Sykes, Tate.
Thermometrograph aus Kupferdraht v. Kreil XV. 654.
Thermomultiplicator, Theorie dess. XIV. 403.
Thermoskop v. Leroux XVII. 400 — v. Joule XIX. 357.
Thermospectrometer, Vorschlag dazu XX. 417.
Thibet, Höhe d. Plateaus v. Th. V. 461.
Thiere, Ursprung d. thier. Wärme I. 347. 349; II. 259 — Analogie zw. d. Gefässbildung d. Hühnchens u. d. Elektromagnetismus II. 472 — Einfluss d. Diffusion bei d. Säftebeweg. im thier. Organismus IV. 35 — Die meisten Thiersubstanzen brechen d. Licht doppelt IV. 166 — Einfluss d. Körpergrösse auf Erzeugung u. Ausgabe v. Wärme bei d. Thieren IV. 223 — Registrirung d. period. Erscheinungen an d. Th. VI. 1091 — Einfluss der verschied. Farben des Spectrums auf d. Th. XIV. 289 — In Zuckerwasser sterben Wasserthiere schnell in Folge der Diffusion der thier. Säfte XVI. 117 — s. Elektricität animal., Insecten, Vögel — Asmus, Dörksen, Fritzsch.
Thon, Wärmeleit. XIII. 301 — siehe Winkler.
Thonerde, Specif. Gew. IV. 54 — Anwend. d. Hydrats als Entfärbungsmittel XIII. 46. 47 — Bildung von Thonerdehydrat auf elektrochemisch. Wege XVII. 491 — s. Korund.
Thonwaaren, Specif. Wärme im glasirt. u. unglasirten Zustand XIII. 303.
Thuner See, Thermometr. Sondirungen IV. 445; V. 485.
Tiber, Vorschreiten d. Tiber-Deltas VIII. 629.
Tischrücken, Litteratur darüber IX. 84.
Titan, Verflüchtig. durch d. galvan. Strom V. 287 — Aenderungen des Atomgew. u. d. Formeln seiner Verbindungen nicht ausreichend begründet XII. 195.
Titansäure, Ausdehnung d. Rutils

durch d. Wärme VIII. 33 — Darstell. d. flüss. T. XX. 89.
Tobolsk, Temperatur u. Windricht. IX. 732; XII. 620.
Todtes Meer, Zusammensetz. seines Wassers V. 480; XII. 739; XIX. 681 — Tragkraft d. Wassers V. 482 — Entstehung d. T. Meeres nach d. alten Testament XIX. 725.
Toluol, Brechungsexponent XVIII. 201.
Ton, Ursache d. Tonschwächung in e. Mischung v. Wasserstoff u. atmosphär. Luft I. 29 — Fortpflanzung d. T. in heterogenen Mitteln II. 141 — Ermittlung d. Schwingungsgeschwindigk. e. Lufttheilchens beim Tönen nach Doppler II. 128; Bedenken dagegen VI. 299; VIII. 157 — Geschichtliches üb. d. Tönen in d. Luft ausgespannter Drähte III. 103 — Tonbildung in erhitzten Glasröhren VI. 308 — in e. offenen Röhre mit e. heissen Drahtnetz XV. 165 — Anhaltendes Tönen einer stellenweise abgekühlten Röhre durch e. Flamme XVI. 132 — Tonbild. beim Pfeifen mit d. Munde VI. 309 — beim Drehen um e. Axe, Axenton, VI. 310 — Vorgänge bei der Tonerreg. durch Reibung mit e. Violinbogen XII. 234 — Singen d. Wagen bei strenger Kälte XX. 122 — Tonbild. an Kreuzungsstellen d. Eisenbahn mit Strassen XX. 130 — Tonerreg. in Phonolith, Feuerstein, Holzkohle, Blei XX. 133 — bei d. Muskelspannung, Muskelgeräusch XX. 136 — Nach Fermond beruht alle Tonbild. auf Spiralbewegung VI. 299 — Nur d. Luftverdünnung erregt die Tonempfindung XIV. 162 — Nach Helmholtz entsteht d. T. aus einfachen Schwingungen XVIII. 144 — Die Cortischen Fasern die wahrscheinl. Ursache d. Tonempfindung XVIII. 152 — Entstehung v. Consonanzen, Dissonanzen, Accorden, Melodie XVIII. 157. 158 — Bezieh. zw. Tonintervallen u Farben VIII. 153; XI. 207. 275; XX. 171 — Versinnlichung der Tonverhältnisse durch Logarithmen VIII. 155 — Angebl. Zusammenhang zw. T. u. Magnetismus XII. 240 — Sprengung eines starken Glases durch e. kräftigen Ton XIII. 191 — Ermittlung d. Spannung in Eisenconstructionen durch Töne XIX. 98 — Verfahren von Lissajous die Schwingungen tönender Körper sichtbar zu machen XI. 207. 209. 210; XII. 228.
Aenderung d. Tonhöhe durch die Annäherung od. Entfern. d. Tonquelle I. 157; II. 620; V. 112 — Meinungsunterschiede zw. Petzval u. Doppler bei einem in Strömung befindl. Medium VIII. 167. 170; XVI. 225 — Die Versuche von Mach für Doppler's Theorie XVI. 155; XVII. 147; XVIII. 114 — Aenderung der Tonhöhe des Echos in Folge der Bewegung von Tonquelle u. Hörer X. 229 — Aenderung d. Tonhöhe beim Durchgang d. Schalles durch verschied. Medien XVI. 174 — beim Auffliegen u. Niedersetzen der Insecten XVII. 169 — Tonerhöhung e. rotir. Glocke VI. 314.
Tonerregung in Saiten u. Stäben aus Eisen durch elektr. Ströme .. 141; II. 151; V. 114; XII. 524; XVIII 496; XVIII. 483 — Die dadurch erregt. Schwingungen sind longitudinal II. 150; IV. 124 — Tonerr. in Telegraphendrähten II. 152 — bei Entladung e. Leydener Flasche II. 152 — Tonänderung e. Glocke nach e. Gewitter II. 152 — Radiale Beweg. in e. Eisenstab, der nicht in d. Axe der elektr. Spirale liegt IV. 122 — Tönende Körper erfahren durch Elektrisiren keine Aenderung IV. 351 — In e. Eisenplatte werden durch Magnetisiren die Knotenlinien nicht geändert IV. 374 — T. bei Entladung d. Nebenbatterie IX. 444 — Tonbild. bei d. Elektrolyse XVII. 517; XVIII. 451. 483 — bei der elektromagnet. Rotation XVII. 518 — bei Entladung e. Condensators XIX. 409 — bei d. Magnetisirung v. Stahl- od. Eisenstäben XX. 507 — in einem v. intermittirenden Strömen durchflossenen Draht XX. 508.
Tonbildung bei Ausfluss v. Flüssigkeiten aus kurzen Ansatzröhren IX. 143 — Bezieh. zw. Schwingungszahl dieser Töne, Druckhöhe u. Oeffnungsdurchmesser IX. 148 — desgl. beim Ausströmen d. Luft aus kreisförm. Oeffnungen nach Masson IX. 151 — Modificationen dieser Versuche IX. 152. 156 — Tonbild. beim Ausströmen d. Luft aus kreisförm. u. schmalen rechteck. Oeffnungen nach Sondhauss X. 217 — beim Ausströmen gegen e. Schneide od. Spitze

X. 218 — beim Ausströmen aus Oeffnungen in dicken Platten X. 222.

Combinationstöne, Vorrichtung an d. Stimmgabel um d. Grundton frei von Obertönen zu erhalten XII. 204 — Zwei Arten v. Comb., Differenz- u. Summationstöne XII. 207 — Theorie d. Comb. von Helmholtz XII. 209 — Erneute Wahrnehm. der Comb. durch Zantedeschi XIII. 192 — Die Tartinischen Töne sind objectiv XV. 166 — Erklär. der Summationstöne v. Fabri XVI. 159.

Harmonische Töne e. Saite u. Glocke XIII. 192.

Klirrtöne, Höhe derselben bei e. Saite XV. 168.

Nebentöne auf Saiten V. 113 — Verfahren die Beitöne hörbar zu machen v. Magrini XVII. 169; v. Dove XVIII. 133.

Reflexionstöne, Entsteh. derselben an e. Gitter nach Oppel XI. 200 — Refl. in e. schmalen Gang XIII. 186 — Aehnl. Tonbild. an kleinen Quellen XIII. 190 — Anwend. d. Reflex. zur Schätzung d. Breite von Gängen XVII. 170 — Obertöne des Reflexionstones zw. parallelen Wänden XVIII. 142; XX. 130.

Schwingungszahl e. Tones, Bestimm. derselben nach Svanberg V. 110; nach Stancari 1706; XVI. 160 — Prüfung der für d. Schw. d. Grundtons in isophonen Körpern aufgestellten Formel an Streifen v. Glas, Metall, Holz u. Quarz VI. 229 — Schwingungsz. d. ā-Gabel bei verschied. Musikinstituten XI. 212 — Schw. d. Normalstimmgabel in Frankreich XV. 167 — Verfahren v. Helmholtz d. Grundton e. Stimmgabel allein zu erhalten XII. 204 — Nach Zantedeschi soll e. Stimmgabel ihren Ton erhöhen u. e. Normalton nur durch Sirenen zu erhalten sein XIII. 193.

s. Klang, Pfeifen, Saiten, Schallwellen, Stimmgabel, Stösse, Telephon, Trevelyan-Instrument — Legat, Ringer, Weber.

Tonleiter, Ableitung derselb. aus Terzen XI. 205.

Tonmessung, Apparat von König zum Stimmen musikal. Instrumente XVIII. 135.

Tonometer v. Scheibler XVIII. 135.

Topas, Höhlungen in d. Krystallen III. 153 — Brechungsexp. VIII. 285 — Ausdehn. durch d. Wärme XV. 337.

Tornados im Ind. Meer, Ursache derselben VIII. 768. 771.

Torsion, Versuche über Torsionsschwingungen an Drähten v. Kupffer VI. 237; VIII. 138 — Formeln für d. Torsionsmoment VIII. 66; XVI. 68 — Theorie d. Tors. d. Prismen v. St. Venant IX. 123; X. 94. 105; XI. 110; XII. 165; XIV. 102; XVI. 68; XIX. 53. 55; XX. 60 — Elementare Ableitung d. Grundformeln dieser Theorie XIV. 102 — Gypsmodelle für d. Torsion d. Prismen mit verschied. Basis XVI. 72 — Erweiter. der Theorie durch Cauchy X. 90 — Bestätig. d. Resultate von St. Venant durch Rankine XVIII. 64 — Gesetze, wenn d. Querdimensionen nicht mehr sehr klein sind, u. d. tordirten Körper ihre Homogenität verlieren XI. 107; XIII. 145 — Allmähliche Abnahme d. Torsionsmomentes e. tordirten Fadens XIX. 50 — Einfluss d. Tors. auf d. Magnetisirung v. Stahlstäben nach Wertheim VIII. 534; XI. 522 — nach Matteucci XIV. 484. 499 — nach Wiedemann XIV. 504; XV. 483; XVI. 521; XVIII. 473 — s. Elasticität, Stäbe — Morin.

Torsionswaage v. Riess zur Bestimm. d. Dichte d. Elektricität III. 319.

Toskana, Die Lagunen das. VI. 920.

Trägheitsmoment, Bestimm. dess. bei belieb. Körpern VI. 71 — Werth d. Hauptträgh. in unsymmetr. Körpern X. 41 — Bestimm. d. Trägh. in symmetr. Rotationskörpern v. ungleicher Dichte X. 43 — Ausdruck für d. Tr. eines belieb. Polyeders für e. belieb. Axe XI. 62 — Tr. zusammengesetzter Flächen XII. 156 — Küpper's Bemerk. zur Theorie d. Tr. u. Satze darüber XIII. 95 — Neue geometr. Theorie d. Hauptträgheitsaxen XIV. 65 — Eigenschaften d. Tr. d. zweiten Centralellipsoids XV. 41 — Elementare Bestimm. d. Tr. XV. 42 — Tr. v. schiefen Prismen u. Pyramiden XVI. 33 — Beweis e. Satzes üb. Tr. XVI. 34 — Tr. ebner Vielecke XVIII. 17 — Tr. e. centrobarischen Körpers XX. 24 — Tr. e. Dreiecks XX. 29 — s. Cipoletti, Grunert.

Transpiration d. Flüssigkeiten, e. charakterist. Kennzeichen chem. Verbindungen XVII. 96.

Traubensäure, Opt. Drehvermögen IV. 10 — Tr. besteht aus einer rechts- u. einer links drehenden Säure; die rechts drehende identisch mit Weinsteinsäure V. 174; VI. 465 — Tr. o. Naturproduct im Weinstein verschied. Gegenden IX. 276 — Künstl. Umwandl. d. Weinsteinsäure in Tr. IX. 282 — Bild. v. Tr. aus Dulcin mittelst Salpetersäure XVI. 266.

Traubenzucker s. Zucker.

Trevelyan-Instrument, Geschichtliches X. 223 — Die Schwingungen finden auch zw. Substanzen derselben Art statt X. 227 — desgl. zw. nicht metall. Körpern X. 228 — Versuche zu Gunsten d. Ansicht v. Faraday die Schwing. aus Wärmewirk. abzuleiten XVI. 176 — Neue Art d. Tonbild. bei d. Trevelyanversuch nach J. Schneider XVI. 176; XVIII. 109; XIX. 97 — Bei welcher Temperatur Wieger v. Kupfer od. Eisen auf verschied. Unterlagen tönen XVIII. 101 — Einfluss d. Gewichts, d. Gestalt u. d. Metalls d. Wieger XVIII. 102. 103. 105 — Verschied. Stadien d. Tonentwickl. dabei XVIII. 107 — Tonbild. mittelst d. galvan. Stromes VI. 311 — Wiegende Bewegung von Gaskohle durch d. elektr. Strom XIV. 479; Wiegen u. Rollen einer Metallröhre od. Kugel dadurch XIV. 482.

Triaden, Bedeut. u. Anordnung d. Elemente danach XII. 187 — Vergleich d. specif. Wärme, Schmelz- u. Siedepunkte d. Tr. XIII. 6. 7 — Conjugirte Tr. XIII. 8 — Farbenerschein. d. Tr. XIII. 231.

Trinidad, Der Asphaltsee auf Tr. XI. 817 — Temperatur auf Tr. XIV. 606 — Regenmenge XIV. 673.

Tripsometer v. Sella XVII. 45.

Trocheidoskop XVI. 299.

Trombe (Wasserhose, Windhose), auf d. Neuchateler See II. 369 — an der Küste v. Algier, auf d. Eriesee III. 349 — zu Ostende III. 350 — zu Schwedt VI. 1094 — Landhosen, Staubsäulen in d. asiat. Steppen XV. 659 — Tr. im Adriat. Meer XV. 721 — Zerstör. durch e. Tr. II. 369 — Vergleich d. Tr. mit elektr. Condensatoren IV. 277 — Wirk. d. Wasserhosen auf Bäume V. 263; VI. 735 — Anweisung zur Beobacht. d. Windh. VI. 1093 — Erklär. d. Tr. durch Wirbelwinde IX. 105; durch verticale Luftströme XX. 717 — Nachbild. v. W. XII. 673 — Formen d. Seetromben XIV. 664 — Etymologie d. Wortes Tr. XX. 42 — s. Blanchet, Bonnafont, Boué, Castelnau, Christlieb, Deschwanden, Gaume, Girard, Hugueny.

Tropfen, Widerstand d. Oberfläche gegen d. Zerreissen bei d. Tropfenbild. I. 23 — Gewicht der am untern Ende e. verticalen Röhre sich bildenden Tr. bei verschied. Flüssigkeiten XX. 65 — Tr. v. Chloroform u. anderen Substanzen sinken in verschied. Flüssigkeiten ungleich schnell unter, entsprechend der chem. Verwandtschaft IV. 21. 22 — Erschein. beim Fall v. Tr. durch e. Flüssigkeit X. 161 — Wassertropfen bewahren beim Fall auf eine flüss. Oberfläche einige Zeit lang ihre Gestalt XII. 197 198 — Erscheinungen bei Ausbreit. eines Tr. Terpentinöl auf Wasser XIV. 32 — Alkoholtr. auf fettem Oel XIV. 33 — Ringbild. beim Fall farbiger Tr. auf Wasser XIV. 96 — Figuren, Cohäsionsfiguren, welche Tr. bei Ausbreit. auf e. flüss. Oberfläche annehmen XVIII. 72; XX. 66. 67 — Verhalten d. Eugenigen Säure hierbei XX. 66 — Bild. v. Tr. auf d. Oberfläche d. gleichart. Flüssigkeit XIX. 77; XX. 80. 81 — Tr. v. Quecksilber auf Wasser XX. 72 — Vorgang bei d. Ausbreit. e. Tr. auf d. Oberfläche e. Flüssigk. nach Cantoni XX. 83 — s. Sphäroidal. Zustand — Guthrie, Tomlinson.

Tunnel s. Alpen.

Turbaco s. Vulkane.

Turbine, Verbesser. von Callon u. Fontaine I. 589 — Anwend. d. Princips d. hydropneumat. Wehre auf d. T. VI. 197 — T. für wechselnden Wasserspiegel, Ebbe- u. Fluthturb. VI. 199 — Widerstand, welchen das Wasser beim Durchgang durch die Turbinenkanäle erleidet VI. 200 — Leistung e. einfachen Reactionsrades VI. 201. 202 — T. v. Whitelaw X. 185 — T. ohne Leitcurven od. Schraubenrad mit horizontaler Axe XI. 100 — Ausdruck für d. wirklichen Werth der Peripheriegeschwindigk. XVI. 54 — s. Kreisel Segnerscher — Boileau, de Caligny, Dahlhaus, Köchlin, Marozeau, Morin, Patrelli, Tournaire.

Turmalin, Das Atomvolumen der

Arten wenig verschieden VI. 11 — Wärmeleit. in verschied. Richtung VI. 604; XVI. 389 — Wärmeausdehn. nach d. verschied. Axen XIV. 60; XV. 337 — Brechungsexponent VIII. 285 — Optisch zweiaxige Turmaline XV. 251 — Das Licht wird auch durch e. glühende Turmalinplatte polarisirt XV. 219; XVI. 239 — Pyroelektric. d. T. XII. 415; XIII. 339.
Typoskop v. Emsmann XVIII. 280.
Tyrit, Opt. Eigenschaften XVI. 257.

Ueberführung s. Jonen.
Uebergangswiderstand, elektrischer, II. 386; XVIII. 443.
Uebermangansäure, Opt. Unterscheid. ihrer Verbindungen v. schwefelsaur. u. phosphorsaur. Manganoxyd XIX. 217.
Ueberschwemmung in d. Schweiz im J. 1852, XI. 788 — in Schlesien u. am Harz 1858, XIV. 638 — in Westamerika 1858, XIV. 675 — in d. Thälern d. Orbe u. Broye XVI. 815 — Einfluss d. Entwaldung d. Berge auf d. Ueberschw. XV. 753 — Ursachen u. Bekämpf. d. Ueberschwemm. XV. 753; XVI. 811; in Holland XVIII. 719 — s. Cayley, Dausse, Dobson, Dove, Fabre, Fournet, Hofmann, Lavallée, d'Olincourt, Paravey, Partiot, Vallée.
Uhren, Litteratur üb. Uhrwerke u. Pendeleinricht. III. 43 —. Theorie d. Echappements X. 58; XV. 56 — Coincidenz zweier Uhren durch konische Pendel XVI. 29 — Grosse Genauigk. d. U. mit kon. Pendel v. Résal XVI. 29 — Einfluss d. tägl. Erddrehung auf d. Gang e. astronom. Uhr XVIII. 26 — Regulirung e. astronom. Uhr durch e. Magnetstab XIX. 460 — Barometercompensation der astronom. Pendeluhren XX. 6 — Regulir. d. U. verticaler u. geneigter Lage XX. 33. Elektr. Uhren I. 568; II. 527; XII. 78; XV. 56 — Regulirung e. belieb. Anzahl Uhren durch Elektromagnetismus XIX. 466 — Uhrthermometer VIII. 658 — Hall's meteorolog. Uhr VIII. 658 — Barometr., thermometr. u. hygrometrische Uhr X. 683 — s. Chronometer, Sonnenuhr, Zeitmessung — Breguet, Bryson, Detouche, Devison, Du Moncel, Ellis, Faye, Foucault, P. Garnier, Gérard, Jacobi, Jaspar, Laugier, Liais, Penn, Porro, Rutter, Scholle, Verité, Weare.
Ukerewe-See, Klima daselbst XIX. 649.
Universalkaleidophon v. Melde XVIII. 113.
Untersalpetersäure, Entsteh. aus atmosphär. Luft durch Inductionsströme XIV. 469 — Wärmeausdehnung XV. 343 — Dampfdichte für niedere Temperaturen XVII. 23.
Unterschwefligsaure Salze, Specif. Wärme mehrerer XX. 377.
Uran, Phosphorescenz d. Krystalle XVI. 246.
Uranoxyd, Essigsaur. U., opt. Constanten XVI. 259 — Lichtbrechungsexp. d. salpetersaur., oxalsaur. und weinsteinsaur. U. XVIII. 200. 201 — Essigsaur. U-Natron giebt circular polarisirende Krystalle XI. 294.
Urari s. Curare.

Vacuum s. Luftpumpe.
Valeraldehyd, Specif. Gew., Wärmeausdehnung u. Siedepunkt XI. 41.
Valeriansäure, Verbrennungswärme II. 251 — Specif. u. latente Wärme II. 258. 262 — Siedepunkt, specif. Gewicht u. Wärmeausdehnung X. 151; XI. 43 — Elektrolyse V. 296 — Brechungsexponent X. 151; XVIII. 203.
Valerol, Brechungsexpon. XX. 158.
Vallisneria spiralis, Einfluss elektr. Ströme auf d. Beweg. in d. Zellen XVII. 464.
Vaporimeter zur Bestimmung d. Alkoholgehalts in alkohol. Flüssigkeiten X. 385.
Vegetation s. Pflanzen.
Velocimeter für Schiffe X. 172 — s. Dixons.
Ventil, elektrisches, v. Gaugain XI. 492; XII. 522.
Ventilation im Conservatoire des arts et Met. VIII. 131 — Jobard's Ventilsystem XI. 98.
Ventilator, Grubenvent. X. 191 — Construct. u. Berechn. des Centrifugalvent. X. 191.
Ventilsystem v. Jobard XI. 98.
Venus, Zur Zeit d. Conjunction v. ihr mehr als die Hälfte sichtbar V. 455 — Lichtstärke, Albedo d. Ven.

XVIII. 236; XIX. 232 — Spectrum d. Ven. XIX. 207; XX. 205.
Veratrin, Löslichk. in Wasser, Alkohol u. Glycerin XI. 172.
Verbrennung, Sonnenlicht verzögert d. Verbrenn. nicht XIV. 222 — Expansion d. Gemenge v. Wasserstoff u. Leuchtgas mit Luft bei der Entzündung XVII. 366 — In verdünnter Luft wird d. Verbr. langsamer XVII. 262; XVIII. 331; XX. 360 — Einfluss d. Druckes auf d. Verbr. verschied. Gasgemische XVIII. 532 — Verbr. v. Schiesspulver, knallsaur. Salzen u. Schiessbaumwolle im Vacuum XVIII. 333; XX. 359 — Temperatur, bei welcher sich Kohlenwasserstoff, Kohlenoxyd u. Schwefelkohlenstoff entzünden XIX. 358. 359 — s. Sauerstoff — Faraday, Frankland, Siemens.
Verdampfen, In isolirten Abdampfschalen soll weniger Wasser verdampfen als in nicht isolirten VI. 642 — Bildung von Zellen, Bläschen, Dendriten u. dgl. beim Verdunsten VIII. 9 — In e. verdampfenden Flüssigk. ist d. Temp. niedriger als in d. Umgebung IX. 390 — Einfluss d. Tiefe auf d. Verd. IX. 391 — Aus e. Gemenge v. Sand u. Wasser verdampft mehr als aus reinem Wasser IX. 391 — Aus e. Salzlös. ist d. Verdampfung langsamer als aus Regenwasser XI. 765; Einfluss verschied. Salze dabei XV. 358 — Bei immer grünen Pflanzen ist d. Verd. geringer als bei period. vegetirenden XII. 195 — Die Verdampfung nicht proport. d. Grösse d. Wasseroberfläche XVII. 386 — Das Daltonsche Gesetz über d. Dampfbild. schon v. Volta gefunden XVII. 386 — Schnelligk. d. Verdunst. an d. Oberfläche poröser Körper XIX. 367 — Vorgang bei d. Verdunstung nach Cantoni XX. 83 — s. Dampf, Hygrometrie — Clark, Wolf.
Verdampfungsmesser, Verdunstungsmesser s. Atmometer.
Verdichtung s. Condensation.
Verdunsten s. Verdampfen.
Verflüchtigung fixer Salze mit Wasserdämpfen V. 86.
Vergolden, -platiniren, -silbern, u. s. w. s. Galvanoplastik.
Vernier s. Leroy.
Verwandtschaft s. Affinität.
Verwitterung d. Gesteine hauptsächlich durch salzart. Substanzen veranlasst XIX. 364.
Vesuv, Ausbruch im J. 1850, VI. 964. 968; XI. 790 — im J. 1851, VIII. 642 — im J. 1855, XI. 790. 792. 793; XII. 754. 755; XIII. 596 — im J. 1856, XII. 752 — im J. 1857, XIII. 592. 597 — im J. 1861, XVII. 778; XVIII. 758. 765 bis 772. 782 — Die Sublimationen dieses Ausbruchs XVIII. 760. 764; d. elektr. Erscheinungen dabei XVIII. 763; Beschaffenheit der dabei entstand. Fumarolen u. Laven XVIII. 765. 767. 772; Hebung d. Küste u. andere Folgen d. Ausbruchs XVIII. 780. 781; XIX. 705 — Temperatur d. Fumarolen auf d. Lava d. Vesuvs XIII. 595 — Veränderung d. V. seit 1854, XIV. 707 — Neue wissenschaftl. Arbeiten üb. d. Ves. XIX. 706 — s. Andrini, Capozzi, Castrucci, Deville, Farrar, Giordano, Hartland, Rammelsberg, Roth, Wentrup.
Vesuvian, Ausdehn. durch d. Wärme XV. 337.
Victoria regia s. Caspary.
Violine s. Phonoskop.
Vivianit, Pleochroismus dess. IV, 170.
Vocale, Klangfarbe derselben XV. 172; XVIII. 151; XX. 134.
Vögel, Wanderzeit d. Vög. in Belgien IV. 457 — Mechanik d. Fluges der Vög. V. 70 — Theorie d. Vogelflugs V. 72; XVII. 101; XX. 52 — s. Giraud-Teulon, Liais.
Vogesen, Schneezone u. Lawinen derselben V. 466.
Voltameter von Crusell II. 406 — Wirk. d. fein zertheilten Platins auf d. Elektroden II. 394; III. 370; V. 276 — Elektroden v. Draht geben mehr Gas als Platten V. 295 — Osann's Zinkagometer VIII. 475 — Weshalb die im Volt. aufgefang. Gase nicht immer dem elektrolyt. Gesetz entsprechen IX. 500; ähnl. Vorgänge bei Anwend. des Inductionsstromes 503 — In e. Volt. mit ungleich grossen Kupferplatten werden durch denselben Strom ungleiche Kupfermengen in Folge d. Löslichk. d. Kupfers in d. Kupfervitriollös. niedergeschlagen XV. 468 — Eigenthüml. Erschein. bei e. Volt. mit Kupferelektroden XVI. 518 — Genauigkeit d. Silbervolt. XVII. 453.
Volumen, Aender. desselben bei

chem. Vorgängen XIV. 8 — Erklär. d. ungewöhnl. Condensationen bei Verbindungen im Dampfzustand XIV. 50. 51 — Unsicherheit d. Volumenbestimm. durch Messung XVII. 5 — Volumenänderung beim Mischen zu zweien v. Alkohol, Aether, Chloroform, Schwefelkohlenstoff, Essigsäure u. Wasser XX 352.

Volumen, specifisches s. Atomvolumen.

Volumenometer zur Bestimm. d. Atomvolume II. 7 — zur Bestimm. d. specif. Gewichts III. 17.

Vrana-See, Krähensee, auf Cherso XV. 744. 748; XVI. 799.

Vulcano, Beschreib. der Insel XII. 763.

Vulkane, Beschaffenheit u. Zusammensetz. d. vulkan. Exhalationen III. 346; VIII. 642; XII. 752. 763; XIII. 595. 601; XVIII. 765 — Vorgang bei d. Ammoniakbild. in Vulk. XVIII. 749 — Die Gesteine d. isländ. u. armenischen Vulkanensystems auf zwei Herde zurückführbar VI. 930 — Entstehung d. V. nach Belli XII. 723; nach Hartung XVIII. 756; nach Perrey XIX. 720 — Gründe gegen u. für d. Theorie der Erhebungskratere XIV. 703; XV. 767; XVI. 855 — Die Wände d. Vulk. nicht in directer Verbind. mit d. flüss. Erdkern XVI. 772. 774 — Nach Daubrée dringt das Wasser durch die Gesteine ins Erdinnere trotz d. Gegendrucks d. Dämpfe XVII. 116. 776 — Tiefe d. vulkan. Herde XVIII. 752; Temperatur derselb. XIX. 704 — Bogenförm. Gestalt d. Reihenvulkane XIX. 699 — Beschaffenh. d. Kratere erloschener Vulk. XIX. 704; XX. 911 — Erklär. d. Kraterbild. XX. 906 — Vulk. sind Dampfkessel, nicht Sicherheitsventile XX. 908.

Vulkan. Ausbrüche auf Hawaii VI. 963; VIII. 637; XI. 794; XII. 758 — Entsteh. e. Solfatara am Cerro Azul in Chile VIII. 640 — Vulk. Ausbrüche im J. 1852, IX. 673; im J. 1855 u. 1856, XIV. 704 — Aschenfall auf d. Ebne v. Quito XIII. 600 — Ausbruch d. Awoe auf d. Sangirinseln XIII. 598 — Ausbr. bei Guadalaxara XIV. 705 — Ausbrüche 1857 in Salvador und Nicaragua XIV. 712 — auf d. Insel Réunion XVI. 873; XVIII. 790 — bei Edd an d. afrikan. Küste XVII. 780 — Submariner V. im Stillen Meer IX. 669 — bei Formosa XII. 763 — Neuer submar. V. in der Nähe der Aleuten XIII. 599 — in d. Nähe d. Aequators XIII. 600 — Ausbr. 1857 im Meer nahe d. Azoren XIV. 713 — bei Birara im Grossen Ocean XIX. 711 — Entstehung e. Insel im Casp. Meer unter Feuer und Rauch XVIII. 801; XIX. 712. 717 — Erneute Hebung d. Ferdinandsinsel im Mittelmeer XIX. 708 — Neu gehobene Insel im Mittelmeer XX. 914 — Angebl. vulk. Ausbruch im Geb. v. Real del monte in Mexico XIII. 601; XV. 781 — Zusammenhang vulkan. Ausbrüche mit d. Jahreszeit XVIII. 750 — mit d. Sonnenflecken u. magnet. Variationen XIX. 700 — mit d. Witterung XIX. 702 — Einfluss v. Sonne u. Mond auf d. vulkan. Erscheinungen XIX. 718.

Besteigung d. Pi-sé des Vulk. v. Osorno od. Clanquihua VIII. 634 — Die thätigen u. erlosch. Vulkane in Mexiko XI. 794; XIV. 700; XV. 749 — Die Vulk. d. Anden XIII. 599 — Beschreib. d. Pichincha XIV. 706 — V. v. Salvador XIV. 712; XVI. 877 — in Venezuela u. auf Trinidad XVI. 879 — Der V. v. Chillan in Chili XVII. 781; XVIII. 793; XIX. 710; XX. 919 — Die Vulkane v. Costarica XVII. 781; XVIII. 795 — Vulk. d. trop. Amerika XVIII. 796; Ursprung des bei ihren Ausbrüchen auftretenden Wassers 798 — Höhe d. Aconcagua XX. 918 — Aussehn d. Cotopaxi u. Arequipa XX. 918 — V. im bengal. Meerbusen VIII. 642 — im indischen Archipel VIII. 650; XVI. 863. 864 — Höhe des Vulk. Tambora auf Sumbawa XI. 794 — Vulkane d. Insel Java XII. 766; XVI. 872 — Merkwürd. Hügelbildung am Gunong-Gelunggung XVI. 881 — Der V. Jdjen in Ost-Java XVIII. 786 — Der Ringgit in Ost-Java ein erlosch. Vulk. XX. 916 — Vulkan. Erscheinungen in Centralasien XIII. 597 — Vulkan. Beschaffenh. d. Gegend östl. von Damascus u. vom Hauran-gebirge XV. 775. 777; XVI. 861. 862 — Reise nach dem Demavend XVII. 780 — Höhe d. Kilimandjaro XVIII. 789 — Irrthum in Betreff d. vulkan. Thätigkeit in Chorassan XIX. 709 — V. Tandurek in Kleinasien XX. 915 — Vulk. d. Sangirinseln XIII. 598; XV. 777 — Vulk. v. Chiachkotan, Ku-

rilen, XIV. 705 — Der Bibiluto auf Timor XIV. 706 — Vulk. der Insel u. d. Halbinsel Taiarapu XV. 779 — Vulkan. Erschein. auf d. Insel Formosa XVI. 862 — auf d. Insel Puynipet XVI. 863 — auf St. Paul und Neu-Amsterdam XVI. 864 — auf den Stewartinseln XVI. 868 — auf Neu-Seeland XVI. 868. 869; XVIII. 799. 800; XX. 920 — Vulk. d. Insel Luzon XVI. 875; XVIII. 792 — Vulkane v. Kamtschatka XVI. 878 — Barren Island XVI. 882 — Aehnlichkeit des oberen Theils v. Teneriffa mit d. Mondbergen XIV. 701 — Entstehung d. Caldera v. Palma XVIII. 753; v. Gran Canaria 754 — Vulkan. Erschein. im Camerungebirge, Westafrika, XIX. 709 — Die vulkan. Gegend d. Vultur IX. 669 — Die Solfatara v. Puzzuoli XII. 764; Vorkommen d. Bianchetto darin XV. 764 — Falscher V. v. Livorno XIV. 700 — Die Vulk. d. Eifel XX. 903; Entsteh. d. Kratere u. Wesen d. Vulkane danach XX. 906. 908.

Schlammvulkane (Gasquellen) von Turbaco und Zamba in Neugranada VIII. 652; IX. 655; X. 798 — Gase d. Schlammvulkane auf der Halbinsel Apscheron XI. 801; XIX. 714 — Ausbruch d. Schlammvulk. auf d. Halbinsel Taman XI. 816 — Vulkanische Quellen in Südcalifornien XI. 817 — Gasquellen u. Schlammvulk. in Girgenti XI. 818; XII. 765 — s. Aetna, Antuco, Chimaera, Erdbeben, Gasausströmung, Geyser, Hebungen, Hekla, Jorullo, Kilauea, Mauna, Loa, Milo, Sangaï, Stromboli, Vesuv — Burkart, v. Buschen, Combier, Forbes, Landgrebe, Laugel, Ponzi, Salvin, Schmidt, Scrope, Speke, Stöhr, Tyndall, Volger, Winkler.

Waage, Tafelw. v. Hoffmann I. 71 — Vervollkommn. d. hydrostat. W. v. Tralles IV. 59 — Käppelin's hydrostat. Waage XII. 82 — Brückenwaage von Steinheil VI. 63 — v. Schönemann VIII. 64; X. 54; XI. 67; XIII. 120 — Multiplumsbrückenw. v. Pflanzeder XIII. 119 — W. nach Béranger VI. 63 — Aerometrische W. zur Erkennung d. Dichtigkeitsänderungen in Gasen VI. 218 — Briefw. IX. 28 — Libellendecimalw. XI. 50 — Schnellw. für Decimal- u. Duodecimalgewichte zugleich XV. 3 — W. v. Deleuil XVII. 4 — Präcisirungsbogen an W. v. Gallois XVIII. 5; XX. 10 — Federw. zu genauen Wägungen XX. 8 — W. v. Sacré XX. 10 — Aerohydrostat. Waage XX. 43 — Tafeln zur Reduction d. Wägung auf d. leeren Raum IV. 37; VI. 64 — Verfahren bei genauen Wägungen V. 494 — Verfahren zur Wägung äusserst kleiner Mengen XIV. 61 — Einfache Prüfung d. Parallelelismus d. Endaxen gegen d. Mittelaxe XV. 6 — Theorie der gleicharmigen W. mit Rücksicht auf d. elast. Biegung des Balkens XV. 52 — Einfluss d. Biegung d. Waagebalkens auf d. Richtigk. d. Wägung XVIII. 4 — Verbesser. an W. u. Gewichten XX. 9 — Vortheilhafteste Reihe d. Gewichtsstücke XX. 9 — s. Athey, Béranger, Burg, Delamorinière, Ekman, Grissell, Hamilton, Kuhn, Landsberg, Makins, Peale, Riddell, Sacré, Silvester, Wartmann.

Wachs, Specif. u. latente Wärme II. 264; IX. 389 — Wärmeleitung IX. 386; XIII. 301 — Erhöhung des Schmelzpunkts durch hohen Druck IX. 428; X. 381 — Volumänderung beim Schmelzen XI. 31.

Wärme, Gleichgew. d. Wärme in e. Ellipsoid I. 377 — Sätze über isotherme Flächen I. 377 — Isotherme Curvensysteme in isotropen Körpern XX. 394 — W. abgeleitet aus d. Beweg. vollkommen elast. Molecüle II. 175 — W. u. Licht identisch II. 274; III. 267; IV. 154; VI. 636. 671; XIII. 307; XVII. 407; e. Versuch v. Zantedeschi dagegen II. 402 — W. ein Strahlungszustand d. Materie III. 202 — Wärmeerzeug. durch Druck u. Reibung auch durch e. Wärmestoff erklärbar III. 231 — Die W. gewichtlos und keine Materie IX. 428 — Wärmestoff u. elektr. Fluidum identisch X. 366 — W. e. Stoff XII. 346 — Wesen d. W. nach Helmholtz III. 237 — nach Buys-Ballot V. 12; XIV. 319 — Nothwendigkeit verschied. Wärmearten anzunehmen IX. 403 — Die W. e. Vibrationsbeweg. d. Atome X. 398; XI. 115; XIII. 281; XIV. 318 — Vorstellung v. Hirn üb. d. W. XVIII. 299. 311 — Uebergang d. Aetherschwin-

gungen in thermometr. Wärme XIX. 339 — W. nach Croll in Expansion u. Contraction d. Atome bestehend XX. 330 — Verwandlung d. W. in Elektricität XII. 343; XIV. 431 — Vorstellungen üb. Leitung, Absorption d. W., specif. Wärme u. s. w. nach d. mechan. Wärmetheorie XII. 344 — W. e. Maas d. Cohäsion II. 313 — Wirk. der Sonnenwärme auf die Stellung d. Bunkerhillmonuments IX. 23; auf Pendel IX, 24 — Wärmeänderung bei d. Formänderung elast. Körper XI. 365 — Fluorescenz der W. XVII. 271; XVIII. 243 — Vorgang bei d. Ausdehnung d. Körper durch d. W. nach Faye XVIII. 17 — siehe Beetz, Bentham, Bernoulli, Bizio, Challis, Claubry, d'Estocquois, Ermerins, Hirn, Niepce, Prouhet, Rankine, Résal, Turazza, Wartmann.

Wärme-Absorption, Bei gleicher Einstrahlung ist d. Erwärm. nur von d. Natur d. absorbirenden Substanz abhängig II. 290 — Je dicker u. je weniger diatherman e. Körper, desto grösser seine Erwärmung II. 291. 292 — Absorptions- u. Diffusionsvermögen fein zertheilter Körper IV. 240 — Abs. d. Körper für Sonnen- u. Lampenwärme VI. 634 — Unter gleichen Umständen d. Verhältniss v. Emission u. Abs. stets dasselbe VI. 635; XIV. 359; XV. 216. 369; XVIII. 384 — Ungleiche Abs. verschied. Wärmearten, helle u. dunkle, durch Steinsalz IX. 398. 402. Melloni's Einwürfe dazu IX. 400; X. 423 — Mit d. Absorption d. Lichtstrahlen in farbigen Flüssigkeiten (Kupfervitriol u. a.) findet auch Abs. d. Wärmestrahlen statt XIII. 306; XIV. 361 — Das Absorptionsverhältniss zweier Körper für jede Wellenlänge dasselbe XVI. 237 — Feuchte Luft absorbirt nach Magnus nicht mehr Wärme als trockne XVI. 395; nach Tyndall absorbirt d. feuchte 15 mal mehr als trockne XVI. 401 — Nach Magnus wird d. scheinbare grosse Absorpt. durch das hygroskop. Verhalten des Steinsalzes veranlasst XVII. 410; XX. 401 — Weitere Versuche Beider darüber XVIII. 375; XIX. 375. 382 — Nach Tyndall ist die starke Wärmeabsorpt durch d. Wasserdampf v. erhebl. Einfluss auf d. Temp. d. Erdoberfläche XIX. 378 — Grosses Absorptionsvermögen d. ölbild. Gases u. d. Dämpfe flücht. Flüssigkeiten XVI. 398. 400; XVII. 409 — Aus stark absorbirenden Flüssigkeiten entstehen auch stark absorbir. Dämpfe XIX. 382; XX. 403; Zusammenhang mit der chem. Zusammensetz. XX. 404 — Verschied. Absorptionsvermögen d. Gase bei gewöhnl. u. sehr vermindertem Druck XVI. 402; XVIII. 378. 379 — Die Abs. in Luft findet nach Magnus in den ersten durchstrahlten Schichten statt XVIII. 376 — Abs. d. Wärme in einer mit d. Dämpfen wohlriechender Oele od. Ozon erfüllten Luft XVIII. 382 — Tyndall's Erklär. der auswählenden Absorpt. in e. undurchsicht. Lösung v. Jod in Schwefelkohlenstoff XX. 404. 405. 407 — s. Wärme strahlende.

Wärme-Aequivalent, Der Gedanke eines Arbeitsäq. d. Wärme v. Mayer herrührend IV. 66; Anspruch darauf v. Joule V. 228. 237. 241 — Bestimm. d. Wärmeäq. durch Luftcompression u. Reibung v. Joule I. 345. 346; III. 230; VI. 586 — Berechn. aus d. Ausdehn. d. Wasserdampfs v. Seguin III. 231 — Berechn. v. Holtzmann III. 231 — Coldings Versuche üb. Aequivalenz v. Wärme u. Arbeit VI. 597 — Ableit. d. Wärmeäq. aus d. Elasticitätscoeffic. verschied. Metalle v. Kupffer VIII. 373. Einwand dagegen 375 — Wärmeäq. v. d'Estocquois IX. 424 — v. Person X. 367; XI. 363 — v. Laboulaye XI. 363; XIV. 347; XVI. 328 — v. Hirn XI. pag. XV.; XIV. 345; XVI. 328; XVIII. 300 bis 305 — v. Favre XIII. 400; XIV. 348 — v. Leroux XIV. 349 — Zusammenstell. der bis 1858 gefundenen Werthe XIV. 351. 418 — Bestimm. d. Wärmeäq. auf elektrodynam. Wege nach Matteucci XV. 500 — Wärmeäq. v. della Casa XIX. 314 — v. Dahlander XX. 315 — v. Dupré XX. 323 — v. Tresca u. Laboulaye XX. 325 — s. Wärmetheorie — Burdin.

Wärme-Ausdehnung d. Wassers I. 38; IV. 50; XV. 341 — d. Alkohols I. 38; II. 37; XVI. 341 — v. Holzgeist, Schwefelkohlenstoff, Aethyloxyd, Aethylchlorür I. 39 — Aethylbromür, Methylbromür, Methyljodür, Holzgeistessigäther I. 40 — Methyl- und Amylalkohol, Aethyljodür, buttersaur. u. essigsaur. Aethyl u. Methyl II. 37 — Aldehyd, Buttersäure, Chlor-

äthyl, Chlorelayl, ameisensaur. Aethyloxyd, Chlorkohlenstoff, Schwefelmethyl, Schwefelcyanmethyl, Schwefeläthyl, Chloroform, Chloramyl, Bromamyl, Tereben VI. 57 — Ausdehn. d. Quecksilbers III. 83; VI. 52; XX. 341 — Bleibende Ausdehn. von Wasser u. and. Flüssigkeiten beim Erwärmen mit Luft in Capillarröhren VI. 54 — Wie bei flüss. Kohlensäure wächst auch bei Chloräthyl, Untersalpetersäure u. schwefliger Säure in flüss. Zustand d. Ausdehnungscoeffic. mit d. Temp. XIV. 52; XV. 342 — Ausd. v. Salzlösungen bis zu 200°C, XV. 341 — Zur Theorie der äquidistanten Punkte I. 42; II. 38 – Ausdehn. flüss. Körper beim Uebergang in den luftförm. Zustand VI. 596 — Gesetz d. Ausdehn. bei flüss. Körpern IX. 24; XIX. 355. 356; XX. 341 — Ausdehn. homologer Flüssigkeiten XVI. 340 — Ausdehn. d. Gase nach Regnault III. 78 — der Luft nach Dalton XV. 336 — Grösse d. inneren Arbeit bei d. Ausdehn. d. Gase XV. 323 — Ausdehnungsgesetz d. Gase XX. 342 — Ausd. d. Eises V. 28; VI. 48; VIII. 37 — v. Gusseisen, Messing, Kupfer X. 34 — Ausd. verschied. Hölzer XIII. 293 — Bestimm. d. Ausdehn. fester Körper v. Roberts VI. 54; v. Kopp VIII. 31 — Beweg. der Molecüle einer sich abkühlenden Stange X. 127 — Erklär. der Ausd. durch d. Wärme X. 379; XI. 371 — Die Ausd. mancher Körper durch d. Kälte ist nicht gegen d. mechan. Wärmetheorie X. 382 — Aenderungen des mittleren Volumens der Körper durch Temperaturänder. XIII. 80; XIV. 131; XV. 347 — Ausdehn. der Krystalle in verschied. Richtung XIV. 58; XV. 336 — Drei rechtwinkl. thermische Axen in rhombischen Krystallen XIV. 263 — Aenderung d. Krystallaxen im Arragonit durch die Wärme XIV. 266 — s. v. Paucker, Silbermann, Waterston.

Wärme-Ausstrahlung, Verbesser. d. Austr. durch e. Firnissüberzug I. 365 — Einfluss d. Umhüllung eines Körpers u. der Luftdichte in seinem Innern auf d. Ausstr. I. 370 — Durch Ueberziehen mit kohlensaur. Natron nimmt d. Austr. e. glühenden Platinplatte zu XX. 410. 416 — Wärmestr. e. festen Körpers gegen e. Thermometer mit cylindr. Gefäss I. 372 — Abkühlung eines Thermometers in Wasserstoff, Kohlensäure, Stickoxydul II. 275 — Abkühlungsgeschwindigkeit nach Wilhelmy VI. 637 — Ausstrahlungsvermögen von Russ, Platin, Silber, Gold, Kupfer II. 278 — v. borsaur. Bleioxyd u. Glas in hoher Temp. X. 422 — von Glas, Kreide, Sand u. Kalkstein XVII. 413 — von Natron u. Platin XX. 411 — Durch Ritzen d. Oberfläche wird d. Ausstr. nur geändert, wenn Dichte u. Härte sich dabei verändert hatten II. 295 — Fein vertheilte Metalle strahlen mehr aus als gegossene od. gehämmerte; d. Ausstr. bei allen fein zertheilten Körpern gleich III. 257; IV. 240 — Ausstrahlung polirter Oberflächen bei verschiedener Dicke u. Temperatur verschied. Körper XIV. 358; XV. 369 — Rauhigk. d. Oberfläche vermehrt d. Wärmeausstr. XX. 411. 412; vermindert d. Lichtintensität 415 — Die Ausstr. erwärmter fester Körper unabhängig v. d. Art ihrer Erwärm. II. 296. 302 — Mit d. Temp. wächst d. Mannichfaltigkeit d. ausgestrahlten Wärme II. 309 — Verhältniss der Ausstr. zur Neigung der erhitzten Fläche III. 257 — Ungleiche Körper senden auch bei völlig gleicher Temp. verschiedenart. Wärmestrahlen aus VIII. 430 — Grosse nächtl. Ausstr. des Bodens in bedeutenden Höhen XV. 709 — Umstände, welche die Ausstr. in geschlossenen Thälern begünstigen XVIII. 601 — Einfluss der Bodenausstr. auf d. Erwärm. d. angränzenden Luftschichten XVIII. 603 — Geringe Ausstr. gasförm. Körper XX. 410 — Calorimeter v. Hopkins die Ausstr. erwärmter Körper zu bestimmen XVII. 412 — Die Abkühlung d. Davyschen Sicherheitslampe erfolgt hauptsächl. durch Ausstr. XX. 416 — s. Wärme-Absorption, Wärme strahlende.

Wärme-Beugung, Nachweis derselben II. 311; III. 285 — s. Wärme-Interferenz.

Wärme-Bilder, Thermographien, Litteratur I. 271.

Wärme-Brechung, Doppelbrech. d. Wärmestrahlen III. 268 — Die einen Kalkspath in verschied. Richtungen durchstrahlend. Wärmemengen gleich III. 283.

Wärme-Diffusion s. Wärme-Reflexion.
Wärme-Erregung bei d. Zerstör. d. Krystalle verschied. Salze III. 225 — bei der Condensation der Gase durch Kohle u. andere poröse Körper V. 221; IX. 347; X. 416; XIX. 367 — durch Magnetisiren V. 327; VIII. 502 — durch d. Wirk. e. Elektromagnets auf e. rotirende Scheibe XI. 364 — durch Compression v. Gasen VI. 594. 595; IX. 348; v. festen und flüss. Körpern XVII. 365; XX. 344 — durch Verwandl. des monoklinoedr. Schwefels in rhombenoktaedr. VIII. 415 — durch chem. od. andere Zustandsänderungen XII. 362 — durch d. Reibung zw. Maschinentheilen bei Anwend. verschied. Schmiermittel XI. 361 — Wärmeerreg. für technische Zwecke durch Reibung, Thermogenerator XI. 372; XVI. 373 — durch Reibung e. Thermometers an Luft XIII. 288; XV. 332; XVI. 327 — durch Reibung v. Wasser XIII. 293 — durch den Schaum der Meeresbrandung u. fallenden Hagel XIII. 294 — Entstehung der heissen Quellen durch die Reibung d. Wassers am Gestein XVIII. 329 — Wärmeerreg. durch Biegung eines elast. um seine Längsrichtung sich drehenden Stabes XI. 364 — Wärmeentwickl. in d. Schwingungsknoten vibrirender Körper XVI. 373.

Wärmeerreg. durch chemische Action, Methode von Hess zur Bestimm. der Wärmemengen I. 336 — Verfahren v. Grassi; Bedeut. d. Calorie I. 338. 340 — Wassercalorimeter v. Favre u. Silbermann VIII. 399 — Quecksilbercalorimeter VIII. 413 — Luftcalorimeter v. Schwarzenbach XVII. 402 — Nach Hess sind die bei chem. Verbindungen derselben Stoffe erregt. Wärmemengen Multipla I. 318; s. auch IX. 367; XII. 362; XVI. 328 — Die v. Matteucci gefund. Bezieh. zw. chem. Action u. Wärmeerreg. ungenau III. 226 — Bei Entstehung e. Verbind. wird eben soviel Wärme entwickelt, wie bei ihrer Zersetz. gebunden VI. 602; VIII. 392. 393; IX. 333. 354; XII. 363 — Calorische Aequivalente IX. 350 — Erklär. der Wärmeentwickl. bei chem. Verbind. nach Woods VIII. 390; nach Deville XVI. 381; nach d. mechan. Wärmetheorie XX. 318.

Wärmeerreg. bei d. Verbindung v. Schwefelsäure u. Wasser I. 319. 322. 324. 335; III. 220; V. 225; IX. 334; XVI. 376. 377 — Schwefelsäure mit Bleioxyd u. Zinkoxyd I. 322 — Schwefels. mit Kali u. Natron X. 407 — Salpetersäure mit Wasser I. 321. 322 — Säuren mit Basen I. 321. 327; III. 221. 222; IV. 206; IX. 343 — bei d. Sättigung v. Phosphorsäure u. Arseniksäure I. 329; X. 409 — Oxalsäure u. Weinsteinsäure III. 223 — Borsäure u. Kieselsäure X. 408 — Verbindungswärme v. Säuren u. Alkalien abgeleitet aus d. Säurekalikette XIV. 424 — Wärmeerr. bei d. Verbind. v. Wasser mit wasserfreien Salzen I. 326 — bei d. Bildung neutraler, saurer u. bas. Salze IX. 337. 341. 343 — bei d. Verbind. verschied. Metalle und Metalloide mit Chlor. Brom, Jod, Schwefel I. 327; V. 217, 220; IX. 344; XIV. 426; XX. 354 — Kali mit Chlor IV. 207 — Verbrenn. d. Metalle in Chlor IV. 218 — desgl. v. Wasserstoff, Phosphor u. Arsenik in Chlor II. 250; IX. 372 — Verbr. v. Kohle in Stickstoffoxydul II. 255; VIII. 410 — Wärmeerr. bei Einwirk. d. Metalle auf Säuren X. 413 — bei Verbrenn. v. Kohle u. Kohlenoxyd I. 340. 342; IV. 211. 213; VIII. 403; IX. 374 — v. Kohlenwasserstoffen I. 341; II. 251; IV. 211; VIII. 406 — v. verschied. Metallen I. 342; IV. 207. 214. 216; V. 217. 220; IX. 344 — bei d. Verbind. d. Metalle mit 1 Grm. Sauerstoff VIII. 393 — bei d. Verbrenn. v. Wasserstoff IV. 207; VIII. 401. 402 — Schwefel II. 253; IV. 214; VIII. 409; IX. 374 — Schwefelkohlenstoff II. 254 — Phosphor IV. 214; IX. 370 — Alkohol IV. 214 — v. Aether u. d. Alkoholen VIII. 407 — Aceton, Bienenwachs, d. Säuren mit d. Zusammensetz. der Ameisensäure u. den zusammengesetzten Aetherarten VIII. 408 — bei d. verschied. Sauerstoffverbind. d. Chlors IX. 367 — d. Arseniks IX. 370 — d. Stickstoffs IX. 372 — d. Selens IX. 374 — Bestimm. der durch verschied. Brennmaterialien erzeugten Wärmemengen III. 229 — Angebl. Wärmeerhöhung durch Verbrennen comprimirter Gase XI. 372 — Berechn. der bei Verbrenn. organ. Verbindungen entwickelten Wärme XVI. 374 — Wegen d. Disso-

ciation erzeugt Knallgas bei d. Verbrennung mehr Hitze als zu seiner Entstehung erforderl. ist XVI. 380 — Von zwei isomeren Substanzen hat d. dichtere die geringere Verbrennungswärme XVII. 401 — Bei Verbind. v. gewöhnl. Sauerstoff u. Ozon mit Stickoxydgas ist d. Temperaturerhöhung dieselbe XX. 355.

Wärmeänderung bei Auflösung v. Salzen in Wasser I. 325. 330; VI. 616; IX. 336. 352; XVI. 377; XX. 347 — bei d. Auflös. v. Ammoniakgas u. saur. Gasen in Wasser IX. 335 — beim Mischen verschied. Substanzen mit Wasser u. Alkohol XVI. 377. 378; XX. 353 — beim Mischen zweier Flüssigkeiten unter Wasser, Alkohol, Aether, Essigsäure, Terpentinöl, Schwefelkohlenstoff, Chloroform XX. 350.

Wärmeänderung bei Metallfällungen I. 331; VI. 599 — durch d. Zersetzung v. Wasserstoffsuperoxyd III. 220; VIII. 412 — v. Blei u. Barytsalzen durch Säuren V. 223 — Kalkspath und Arragonit erfordern zur Zersetz. gleich viel Wärme III. 219 — Wärmeabsorption bei chem. Zersetzungen VI. 603; XII. 363 — Bestimm. d. Verbindungswärme v. Zink, Kupfer u. Wasserstoff aus d. galvan. Zersetz. VIII. 394. 398; s. auch IX. 354 — Zersetz. d. Stickoxyduls VIII. 411; d. Silberoxyds VIII. 412 — Wärmeentwickl. aus d. Zersetzungsproducten v. Wasser u. glühender Kohle XI. 375 — Wärmeerreg. durch d. weinige Gährung XII. 364 — Wann bei der Zersetzung Wärme verbraucht oder entwickelt wird XX. 345 — Wärmeverbrauch bei d. Bild. v. Ameisensäure aus Kohlenoxyd u. Wasser XX. 356.

s. Caspary, Charnoz, Joule, Liebermeister, Laboulaye, Nordenskiöld, Pape, Robin, Traube.

Wärme-Fluorescenz s. Fluorescenz.

Wärme-Interferenz, Wahrnehm. derselben mit e. Weingeistthermometer III. 267 — Wellenlänge der Wärmestrahlen III. 267 — Nachweis d. Wärmeinterf. IV. 241; XV. 365 — s. Knoblauch.

Wärme, latente, Theoret. Bestimmung der Verdampfungswärme von Person II. 262. 270; III. 254; desgl. d. lat. Schmelzwärme, namentlich d. Legirungen II. 265. 270 — Beziehung zw. d. lat. Schmelzwärme d. Metalle und ihrem Elasticitätscoeffic. nach Person IV. 230. 231 — Bestimm. d. lat. W. v. Favre u. Silbermann IX. 346 — Tafeln v. Rankine für d. lat. W. d. Dämpfe XI. 369 — Beziehung zw. Capillarität u. latent. W. XIV. 37 — Bestimmung d. lat. W. aus der Dampfspannung nach Dupré XVI. 328 — Lat. W. d. Phosphors II. 114 — d. Kohlenwasserstoffarten II. 258 — des Wasserdampfs unter verschied. Druck III. 85; V. 237 — d. Quecksilbers III. 250 — Geschmolzene Legirungen verweilen bei d. Abkühlung auf gewissen Wärmegraden längere Zeit III. 252; IV. 232 — Lat. W. verschied. Metalle IV. 231. 232 — Lat. W. d. Jods V. 221 — d. Wassers VI. 611. 613; IX. 389 — d. schwefligen Säure IX. 346 — d. Wachses IX. 389 — Gusseisen ohne eigentl. Schmelzwärme XVII. 395 — s. Robin.

Wärme-Leitung in Kupfer, Zinn, Blei, Stahl nach Langberg I. 357 — Einfluss d. Magnetismus auf d. Wärmeleit. in Eisen VI. 605 — Wärmeleit. in Guss- u. Schmiedeeisen nach Despretz VIII. 418 — Fortpflanzung der Wärme in Eisenstangen VIII. 421. 422; XII. 370 — Leitung d. Metalle nach Franz u. Wiedemann IX. 378; XI. 376 — Uebergang d. Wärme aus e. Metall in e. besser od. schlechter leitendes IX. 387. 403; XVI. 384 — Leitung in Zink XI. 376; XII. 370 — in Quecksilber XII. 372 — Leitung der Wärme in Metallen, Legirungen u. Amalgamen nach Calvert u. Johnson XIV. 355; XV. 363; XVIII. 372 — in d. Legirungen v. Kupfer, Zinn, Zink, Wismuth und im Roseschen Metall nach Wiedemann XV. 364 — Relatives Leitungsvermögen v. Kupfer u. Eisen nach Angström XVII. 403. 405; XVIII. 362; XX. 396 — Leit. v. Kupfer, Messing, Zink, Neusilber, Eisen nach Neumann XVIII. 364 — Einfluss d. Drucks, d. Ausdehnung u. Härtung v. Platten aus Glas, Porzellan und Bergkrystall auf die Wärmeleit. IV. 224 — Leit. in Marmor, Sandstein VIII. 418. 420 — in Quarz, Glimmerschiefer, Granit, Serpentin, Aphanitporphyr VIII. 420. 422; IX. 386 — in verschiedenen Bodenarten XII. 372 — Kreide, Sand, Thon, Basalt, Marmor

XIII. 301 — in Schwefel, Schnee, Eis, Serpentin, Granit, Sandstein, gefrorener Erde XVIII. 365 — Wärmeleit. in d. verschied. Richtungen bei ungleichaxigen Krystallen III. 246. 247; IV. 225; VI. 605; XI. 412; XVI. 389 — beim Turmalin VI. 604 — Gyps XI. 379 — in vielen Holzarten IX. 383. 386; XIV. 13 — Leit. in verschied. Baumrinden, Wallrosszähnen, Elfenbein, Horn IX. 386 — Steinkohle IX. 386; XVIII. 365 — Wachs, Guttapercha, Mandelkern, Wallrath IX. 386; XIII. 301 — Wärmeleitung der Luft 1400mal kleiner als die d. Bleies XVI. 324 — Wasserstoff leitet wie d. Metalle XVI. 390. 393.

Wärmezustand eines an beiden Enden gleich erhitzten Drahtes II. 260 — Gleichungen für d. Wärmevertheilung in d. Körpern von Bertrand IV. 225 — Theorie d. Wärmeleit. in d. Körpern v. Amsler VI. 608. 609 — von Thomson X. 418 — von Lamé XVI. 383 — Bedingungen des Temperaturgleichgewichts in homogenen Körpern XII. 366 — Beweg. d. Wärme in e. System v. Punkten v. variabler Temperatur nach Duhamel XII. 367 — Stationärer Temperaturzustand eines v. zwei nicht concentr. Kugelflächen begränzten Körpers XVIII. 356 — Theorie d. Wärmevertheil. in e. Ringe XX. 391 — s. Minnigerode, W. Thomson, Valentin.

Wärme-Polarisation durch Reflexion III. 270; XVII. 411 — durch einfache Brechung III. 274; VI. 619 — durch Doppelbrechung III. 278 — Drehung d. Polarisationsebne durch d. galvan. Strom II. 280; durch Magnetismus V. 240; durch e. Glassatz VI. 622; durch Terpentinöl, Zucker u. Campherlösung VI. 626 — Andeut. v. ellipt. Polarisation d. Wärme III. 274 — Analogie in d. Polarisat. d. Lichts u. d. Wärme V. 239 — Die v. glühendem Platin od. Eisen ausgestrahlte Wärme ist ähnl. dem Licht polarisirt VI. 627 — desgl. die v. d. Atmosphäre ausstrahlende Wärme VI. 631 — Polarisirte W. durchstrahlt Turmalin- u. Quarzkrystalle bei verschied. Lage der Polarisationsebne zur Krystallaxe in ungleicher Menge VIII. 427.

Wärme-Reflexion, Die Aender. d. strahl. Wärme bei d. diffusen Reflex. v. d. Natur d. Wärmequelle u. d. reflectirenden Körpers abhängig I. 367. 368; II. 305; XIII. 309; XVI. 404 — Die Reflex. bei Metallen nur v. der Politur abhängig III. 259 — Vergleich d. Reflex. v. e. Stahl- u. e. schwarzen Glasspiegel III. 261 — Intensität der v. verschied. Körpern bei gewissen Einfallswinkeln diffus reflect. Wärme IV. 239; VI. 629 — Reflex. verschied. Wärmearten von Metallen V. 238; VI. 624 — Die Reflex. an kaltem u. glühendem Platin dieselbe VI. 629 — Reflex. d. dunklen Wärme an Glas u. Steinsalz IX. 401. 402 — Menge u. Art der v. polirten Platten verschied. Stoffe reflect. Wärme XIV. 258 — s. Knoblauch.

Wärme, specifische, d. Lösungen v. schwefelsaur., salpeters., essigsaur. Kali und Chlorkalium nach Andrews I. 360; V. 222; desgl. von salpetersaur. Natron u. Chlornatrium V. 222 — der Lös. v. salpetersaurem Kali, salpeters. u. phosphors. Natron, Chlorcalium und Chlornatrium nach Person VI. 615 — Specif. W. d. festen Chlorcalciums u. phosphorsaur. Natrons v. Person V. 233 — der wasserfreien u. wasserhalt. schwefelsaur. Salze v. Pape XIX. 371; desgl. mehrerer unterschwefligs. Salze XX. 377 — Specif. W. d. Eises I. 361; V. 230; IX. 389 — d. flüss. u. festen Phosphors II. 113. 264; V. 230; 231; des rothen Phosphors IX. 388 — Spec. W. v. Schwefel II. 264 — v. festem u. flüss. Jod V. 221; IX. 346 — v. Brom V. 232 — Selen XI. 385 — v. d. Kohlenwasserstoffarten II. 258 — Wachs II. 264; V. 235; IX. 389 — Sp. W. d. Wassers in verschied. Temperaturen III. 86; VIII. 371 — von Zinn, Wismuth, Blei, d'Arcet'schem Metall II. 264 — Kalium V. 229 — v. festem Quecksilber V. 231 — Blei V. 231 — Sp. W. der Metalle nach Bède XI. 381; Regnault XI. 384. 385 — Bei Legirungen ist d. sp. W. in hohen Temperat. grösser als in niedrigen III. 251 — Sp. W. von glasirten u. unglasirten Thonkacheln XIII. 303 — Aenderung d. sp. W. bei Gadolinit u. Samarskit durch Glühen XIV. 10. 223 — Sp. W. d. Luft u. vieler Gase und Dämpfe nach Regnault IX. 414. 415. 416; XVIII. 347; Uebereinstimm. mit d. theoret. Bestimm. v. Rankine

IX. 417 (s. auch VI. 572); Berichtig. v. Joule IX. 418 — Apparat zur Ermittl. d. sp. W. d. Gase v. Favre u. Silbermann IV. 238; v. Akin XX. 390 — Spec. W. d. Luft bei verschied. Temp. u. Dichte nach Joule u. W. Thomson X. 365 — Verhältniss der sp. W. d. Luft bei constant. Volum u. bei const. Druck nach Assmann VIII. 369; Weisbach XV. 325; Buff XVI. 316; für Gase u. Dämpfe nach Clausius XVII. 389 — Verhältniss d. sp. W. verschied. Gase bei verschied. Temperatur u. Druck v. Cazin XVIII. 311. 314 — Sp. W. d. Wasserdampfs XIV. 332; XVI. 320 — Einwendungen v. Pape gegen Regnault's Methode zur Bestimm. der sp. W. XX. 373; Entgegn. v. Regnault 374; v. Bohn 376 — Vergleich d. specif. W. der Grundstoffe in verschied. Aggregatzuständen XX. 378 — Resultate von Kopp üb. d. sp. W. d. unzerlegten Körper XX. 381; d. Legirungen, Haloidverbindungen, Arsen- u. Schwefelmetalle 383; d. Oxyde u. Salze 384. 385; der organ. Verbindungen XX. 386.

Person's Auffass. v. d. sp. W. II. 267 — Beziehung zw. dem mittleren Atomgewicht d. einfachen Körper u. ihrer sp. W. VIII. 423; IX 388; bei Gasen XVI. 319; XX. 391 — Die sp. W. eines zusammengesetzten Atoms gleich d. Summe d. sp. W. in den einzelnen Atomen IX. 389 — Berechn. d. specif. W. v. Berthelot XII. 9; v Dupré XVI. 328 — Vergleich d. sp. W. d. Atome d. Triaden, dreigliedr. Gruppen von Elementen XIII. 6 — Formel für die Wärmecapacität der Legirungen XIII. 281 — Bezieh. zw. d. Dulong-Petitschen Gesetz üb. d. sp. W. homologer Verbindungen u. der mechan. Wärmetheorie XV. 332; ähnlich die Bezieh. zw. der sp. W., dem Ausdehnungs- u. Elasticitätscoeffic. d. Metalle VIII. 376; XV. 334 — Formeln für d. Differenz d. sp. W. fester u. flüssiger Körper XVII. 365 — Bezieh. zw. Dichte u. sp. W. d. Metalle XVII. 395 — Begriff der sp. Wärme nach Subic XIX. 333 — Wahre sp. W. nach Dupré XX. 319 — s. Buff, Donkin, Stefan, Zernikow.

Wärme, strahlende, Alle undurchsicht. Körper üben e. Anzieh. auf d. Wärmestrahlen II. 279 — Einfluss d. Temperatur der Wärmestrahlen auf ihren Durchgang II. 281 — Einfluss der durchstrahlten Substanz II. 287 — Mittel zu erkennen ob ein Körper diatherman sei II. 302 — Ergebnisse d. Untersuch. v. Knoblauch üb. str. W. II. 310; III. 293 — Strahl. W. e. Strahlungszustand d. Materie III. 202 — Zantedeschi mit Melloni hinsichtlich d. Durchstrahlung d. Steinsalzes in Widerspruch III. 262; IX. 403 — Nach Zantedeschi Steinsalz für Strahlen v. niedriger Temp. diathermaner als für Strahlen höherer Temp.; bei Flintglas umgekehrt XIII. 304 — Verhalten d. polirten, rauhen, geschmolz. u. berussten Steinsalzes gegen strahl. W. XIX. 383 — Durchgang d. str. W. durch e. Kalkspath nach verschied. Richtungen III. 283 — Bei Turmalin u. Quarz geht die str. W. in Richtung d. Krystallaxe in anderen Verhältnissen durch als senkrecht dagegen VIII. 427; die Erschein. dabei ähnlich d. Dichroismus od. Polychroismus beim Licht VIII. 428; X. 419 — Einfluss d. Wärmestrahlung auf d. Temp. der Körper im Freien III. 295; IV. 416 — Wasser für nicht intensive Wärmequellen wenig, für dunkle gar nicht diatherman VI. 625 — Leuchtende u. wärmende Strahlen v. derselben Brechbarkeit erleiden beim Durchstrahlen dieselben Veränderungen in Intensität u. Polarisation VI. 636 — Beim Glas nimmt d. Diathermansie mit d. Temperatur zu VIII. 429 — Durchgang d. str. W. durch verschiedenfarb. Gläser XIV. 359 — Wärmestrahlung durch Luft, Wasserstoff, Chlor, salpetrige Säure, Bromdämpfe nach Franz XI. 387 — durch verschied. Gase u. Dämpfe nach Tyndall XV. 368; XVI. 396. 400; XVIII. 378. 382 — nach Magnus XVI. 390; XVII. 410; XVIII. 375; XIX. 375; XX. 401 — durch Ozon XVIII. 382 — Dynamische Strahlung d. Gase nach Tyndall XVIII. 380; XIX. 380 — Durch d. ausgeathmete Kohlensäure wird d. Durchstrahlbark. d. Luft verringert XX. 409 — Wärmestrahlung durch farbige Salzlösungen XI. 388; XIII. 306 — durch die Lösung v. Jodstärke u. mangansaur. Kali XII. 374 — durch d. Augenmedien XVIII. 383 — Diathermansie e. undurchsichtigen Lösung v. Jod in

Schwefelkohlenstoff XX. 404. 407 — Durchstrahl. d. Blattgoldes XI. 390 — Vergleich der v. Metallen durchgelass. und reflectirten Wärme XIII. 309 — Reihenfolge, in welcher durchsicht. Körper d. dunkle Wärme durchlassen XVII. 408 — Die Strahlung e. Wasserstoffflamme wesentlich e. dunkele XX. 406 — Grosse Ueberlegenheit d. Sonnenstrahlen üb. d. dunkle Wärme ird. Körper XX. 417 — Erklär. d. Schwächung d. str. W. beim Durchgang durch trübe Medien XX. 420 — Vertheil. d. Wärme in einem durch e. Flintglas- u. Steinsalzprisma erzeugten Spectrum XIV. 362 — Die weniger brechbaren Strahlen d. wärmsten XIV. 361 — Wärmevertheil. im Spectrum einer Argandschen Lampe XIV. 363 — Wellenlänge und Brechungsexpon. d. äussersten dunklen Strahlen XIV. 364 — Thermospectrometer XX. 417 — s. Fluorescenz — Ermerins, Powell, Stewart, Waterston, Wilhelmy.

Wärmetheorie, mechanische, Geschichtliches IV. 66; V. 228. 237. 241; XVIII. 323; XIX. 334; XX. 330 331 — Andeutungen zur mechan. W. bei d. Alten XVIII. 324 — Ansprüche v. Seguin auf d. Erfind. d. mechan. W. IX. 405; XIV. 350 — Colding's Verdienste XX. 330 — Die Principien von Mayer u. Carnot VI. 567 — Folgerungen u. Erweiterungen derselben von Clausius VI. 567. 571. 577; X. 369; XII. 343; XVIII. 293; XX. 313 — v. Helmholtz VI. 568. 575 — v. Thomson VI. 581; VIII. 372. 377; IX. 410 — v. Dupré XVI. 328; XVII. 357; XX. 318 — v. Hirn XIX. 316 — Ermittl. v. Carnot's Function aus d. Temperaturänder. beim Ausströmen comprimirter Luft aus engen Oeffnungen durch Joule u. Thomson VI. 589; VIII. 381; IX. 409. 412; X. 361. 363; XII. 350; XIX. 311; Entdeckung der wahren Form XII. 349; Bemerk. v. Waterston XIII. 288 — Die Formel für d. Arbeit beim Uebergang d. Wärme in e. niedrigere Temperatur von Rankine herrührend X. 396 — Begriff u. Bestimm. der Wirkungsgrösse u. Wirkungsfunction v. Kirchhoff XIV. 329 — Begriff der Disgregation v. Clausius XVIII. 294. 297 — de Tessau's Folgerungen aus d. Princip d. Aequivalenz v. Arbeit u. Wärme unrichtig XVI. 315 — Hirn gegen d. Begründung d. Carnotschen Princips von Clausius und Thomson XVIII. 306; XIX. 315; Erwiderung v. Clausius XIX. 316 — Dupré's vermeintl. Berichtig. mehrerer Formeln von Thomson u. Zeuner XX. 324 — Graphische Darstell. d. mechan. W. v. Rankine X. 366 — Decher's Einwürfe gegen d. mech. W. u. Widerleg. derselben v. Clausius XI. 363; XIV. 318 — Mech. W. v. Wilhelmy VI. 564 — Rankine VI. 565 — Reech IX. 404; XII. 345; XIV. 326 — v. Behr X. 381 — v. Seydlitz XII. 357; dagegen Hoppe XIII. 280 — v. Zeuner XV. 313 — Hirn XVIII. 298.

Verdünnung der Luft ohne Ausübung e. mechan. Effects veranlasst keine Wärmeänderung I. 345; IX. 414 — Temperaturänder. d. Gase bei Dilatation u. Compression IX. 415. 419 — Wärmebeweg. in d. Gasen nach Joule VI. 592; XIII. 282 — nach Krönig XII. 352 — nach Clausius XIII. 283 — Folgerungen für Gase aus d. mechan. W. nach Hoppe XII. 348; XIII. 280 — Die langsame Diffusion d. Gase e. Argument gegen Clausius XIV. 321. 322; XVI. 325; XVIII. 319 Note — Mittlere Weglänge d. Gasatome nach Clausius XIV. 324; nach Maxwell XV. 318 — Anzahl d. Zusammenstösse nach Maxwell XV. 319; XVI. 323, nach Clausius XVI. 321 — Die ungleiche innere Arbeit bei der Ausdehnung d. verschied. Gase ist d. Ursache der Abweich. d. Wärmeäquivalents bei ihnen XV. 323 — Ableitung d. Spannungsgesetzes der Gase aus d. mech. W. XVII. 355.

Bezieh. zw. d. mechan. Wirkung d. Wärme u. d. chemischen Kräften; Unveränderlichkeit d. Energie IX. 406. 408. 409 — Arbeit bei d. Ausgleichung d. Temperatur zw. zwei ungleich warmen Körpern X. 374 — Ableitung d. Dichte d. Lichtäthers aus d. mech. W. X. 378; XV. 313 — Die Ausdehnung mancher Körper in d. Kälte widerspricht nicht d. mech. Wärmeth. X. 382 — Temperaturänderung durch Druckänder. in Flüssigkeiten XIII. 290; XIV. 342 — in Metallen, Guttapercha und Kautschuck XIII. 291; XV. 331 — in Holz XIII. 293; XIV. 341 — Erhöhung d. Schmelzpunkts durch Druck XIII. 295 — Be-

ziehung zw. Wärmeänder. u. Arbeit bei Bildung e. Seifenblase XIV. 342 — Bezieh. d. Dulong-Petitschen Gesetzes über d. specif. Wärme zur mech. Wärmeth. XV. 332 — Schlüsse v. Marić-Davy über d. Stoss elast. Körper u. d. Verbindungswärme d. Atome XVII. 358 — Ein belasteter Draht kühlt sich bei d. Ausdehn. ab, u. erwärmt sich bei plötzl. Zusammenzieh. wieder um ebensoviel, wenn dabei keine Arbeit geleistet wird XVII. 397 — Wärmeverbrauch u. Arbeit bei Dampfmaschinen proportional XVIII. 305 — Innere Arbeit des Aequivalents der Temperatur nach Subic XIX. 332.

Arbeitskraft der Wärme, durch welche d. Atmosphäre den Wasserdampf erhält III. 249. 662 — Mech. Effect d. Sonnenwärme, der Beweg. v. Sonne, Mond u. Erde u. ihrer gegenseit. Anziehung VIII. 379 — Thomson's Folgerungen aus dem Carnotschen Princip üb. d. Endzustand d. Welt VIII. 380; Bemerk. v. Rankine dazu VIII. 380; v. Clausius XX. 314 — Durch d. Anziehung d. Erde wird d. abwärts gerichtete Wärmebeweg. d. Molecüle verstärkt, daher d. Ungleichheit d. Temp. in d. Atmosphäre IX. 410 — Betrag der durch e. Aerolithenfall erregten Wärme. Ursache d. Temperatur d. Weltkörper IX. 411; X. 377; XVI. 374 — Faye gegen die dynamische Theorie d. Sonnenwärme XVIII. 324 — Erklär. d. glühendflüss. Erdinnern nach d. mechan. Wärmeth. XIII. 295 — Bei Benutz. der Fluthwelle zum Mühlenbetrieb würde die in den Mühlsteinen erregte Wärme durch d. Erdrotation entstehen XIX. 334 — s. Wärme, Wärmeäquivalent — Abbe, v. Baumgartner, Caligny, Cazin, Codazza, Combes, Croll, Dronke, Dyer, A. Fuchs, Gill, Hirn, Joule, Kahl, Mann, Mayer, Matteucci, Morin, Rankine, Schmidt, Soret, W. Thomson, Turazza, Tyndall, Verdet, Zernikow.

Wärme, thierische, Ursprung derselben I. 347. 349; II. 259 — Bestimm. der auf verschied. Wegen im menschl. Körper erzeugten u. verausgabten Wärme IV. 222; XIV. 344 — Wärmeerreg. durch Muskelcontraction und Nerventhätigkeit XVI. 382; XIX. 360 — Grosse Erwärmung einiger Schmetterlinge beim Fliegen XVIII. 334 — s. Athmen — Billroth, Davy, Donders, A. Fick, Heidenhain, Kernig, Leyden, Mayer, Meyerstein, Rigg, Walther, Wunderlich.

Wallrath, Erhöhung des Schmelzpunkts durch Druck VI. 262. 931; X. 381 — Wärmeleitung XIII. 301.

Wasser, In luftfreiem W. steigt d. Siedepunkt bedeutend I. 25; II. 20; III. 92 — Absolute Siedetemperatur XVII. 371 — Steighöhe d. W. in Capillarröhren besonders zw. 0° u. 4° C, II. 16 — Eingemengte Flüssigkeiten verändern d. Capillarität XX. 73 — Cohäsion d. Wassers II. 16. 19; III. 11 — Leichtes Gefrieren d. W. auf e. berussten Fläche unter der Luftpumpe II. 115 — In Capillarröhren gefriert W. erst weit unter 0°, XV. 356 — Ausdehn. d. W. beim Gefrieren VIII. 37; XVIII. 10. 11 — Bei Luftverdünnung bleibt W. noch weit unter 0° flüssig IX. 393 — Latente Wärme II. 266; VI. 611. 613 — Zersetz. d. W. durch Glühhitze II. 312; III. 303. 305; XIX. 8 — Wärme verändert d. Affinität d. Wasserelemente IV. 288 — Temperatur d. Maximums d. Dichte III. 25. 27; VIII. 36 — Dichte d. W. bei verschied. Temp. IX. 22 — Dichte d. W. bei 0°, XII. 61 — Ausdehnung durch die Wärme bis 100°, III. 27; IV. 50; VIII. 36; XII. 66. 69; XVII. 26; XX. 335 — bis 200°, XV. 341; XIX. 355; XX. 341 — Ausdehn. bei der Abkühlung unter 0°, XVIII. 10 — Einfluss d. Gefässe auf d. Zusammendrückbarkeit d. W. III. 84 — Zusammendrückbark. bei verschied. Temp. IV. 94; VI. 55. 60 — Specif. Wärme d. W. bei verschied. Temperaturen III. 86; VIII. 371 — Reines W. ist blau III. 135. 136; XVII. 239; XVIII. 227 — Tiefblaue Farbe einer Quelle V. 158 — Lichtbrech. d. W. in verschied. Temperatur VI. 397; XIV. 241; XX. 178. 245 — Wasser hat bei 0° u. nicht bei 4° C. d. grössesten Brechungsexponenten XII. 263 — Brechungsexp. d. W. unter verschied. Druck XIV. 247 — W. zeigt bei 0° und 4° keine polarisirende Wirkung VI. 442 — Lichtabsorptionscoefficient d. W. XII. 266 — Schneewasser e. schlechter Leiter d. Elektricität XVI. 483 — Schallgeschwindigkeit im Seine- u. Meerwasser IV.

112 — Eine v. Wellen gekräuselte Wasserfläche wird von Oel glatt u. klar XII. 25 — Wassertropfen, die auf e. Wasserfläche fallen, behalten einige Zeit ihre Gestalt XII. 197. 198 — Löslichkeit vieler organ. u. unorgan. Stoffe in Wasser XI. 170. 171 — Affinität d. Salze zum W. XII. 52 — Dichte d. Krystallwassers in einigen Salzen XVII. 17 — Kohle reinigt W. besser als Sand XII. 26 — Verminderung d. W. auf der Erdoberfläche XVIII. 695 — s. Meerwasser.

Wasserbadtrichter v. Plantamour II. 118.

Wasserdampf, Bildung desselben durch d. Centrifugalkraft VI. 283 — beim Ausströmen d. Wassers unter hohem Druck VI. 284 — Latente Wärme II. 262. 270; III. 254; IV. 237; V. 237 — Specif. Wärme VI. 581; IX. 416; XIV. 332; XVI. 320; XVIII. 347 — Dichte IX. 416; XV. 10. 11; XVI. 343; XVII. 22. 358. 360; XVIII. 307. 347 — Brechungsexponent XIV. 253 — s. Dampf.

Wasserdruckmaschine v. Sinclair IX. 102.

Wasserfall, Vibrationen d. Wassers beim W. zu Halyoke XIII. 580; XV. 754; XIX. 694.

Wasserhebemaschinen s. Pumpen — Magistrini.

Wasserhose s. Trombe.

Wasserlinien hinter e. schwimmenden Körper XIX. 36.

Wassermesser v. Lapointe III. 46 — v. Boileau III. 48; IV. 67; VI. 182 — Hydrometrischer Becher v. Weisbach X. 173.

Wassermühle v. Argostoli XV. 754; XIX. 674.

Wasserräder, Versuche an unterschlächt. W. mit gekrümmten Schaufeln II. 61 — Theorie d. unterschlächt. W. XIV. 96 — Anwend. d. Princips d. hydropneumat. Wehre auf W. VI. 197 — Grössester Effect d. verticalen Stoss- u. Druckwasserr. VI. 198 — Bremsversuche an einem Kropfrad VI. 199 — Kastenwasserr. VI. 206; IX. 103 — Beschreib. d. Ponceletrades u. Versuche damit X. 183 — Federndes Schaufelrad X. 184 — Oberschlächt. W. v. Banner X. 184 — s. Turbine — Zeuner, Zuppinger.

Wassersäulenmaschine, Versuche üb. Widerstände daran VI. 192.

Wasserstandszeiger, magnetischer für Dampfkessel u. Dampfpfeife X. 36.

Wasserstoff bis jetzt nicht condensirbar I. 130; II. 107; XVII. 383 — W. folgt unter hohem Druck nicht mehr dem Mariotteschen Gesetz VI. 275 — Ausdehnungscoeffic. III. 78 — Dichte u. specif. Wärme III. 78; IX. 416; XVIII. 347 — Ein galvanisch glühender Platindraht wird durch W. u. seine gasförm. Verbind. mehr abgekühlt als durch andere Gase III. 301; IV. 293; V. 288 — Durchgang des W. durch Blattgold und Blattsilber V. 27 — Elektrochem. Eigenschaften d. Wasserst. VIII. 474 — Nach Baumert ist Ozon e. Oxydationsstufe d. Wasserst. IX. 503 — Der elektrolyt. W. nach Osann e. neue Modification, Ozonwasserstoff, IX. 506; XI. 456; XII. 479; XIII. 14. 368; XIV. 24. 466; XV. 470; XVI. 517; XIX. 442; XX. 481 — Absorptionscoeffic. des W. für Alkohol XI. 180 — Unreiner W. wird durch Holzkohle geruchlos XIV. 32 — Expansion d. W. bei d. Verbrenn. XVII. 366 — W. in Contact mit allen Metallen elektropositiv XVIII. 407 — W. in Blasen auf Armstronggeschossen XIX. 440 — s. Heldt.

Wasserstoffsuperoxyd, Entstehung bei d. Oxydation v. Metallen XVI. 17.

Wassertrommelgebläse, Erklär. VI. 175. 180 — Geschichtl. üb. d. W. XX. 42.

Wasseruhr v. Pyrlas I. 590 — s. Suszbiewicz.

Wasserwaage s. Libelle.

Wasserwellen, Theorie d. W. von Earnshaw III. 95; v. Stokes III. 96; von Hagen XVIII. 46. 52; XIX. 36 — Das Interferenzoskop zur Erzeugung u. Beobacht. d. Interferenz bei Wasserw. VI. 209; IX. 98 — Leichte Erkenn. d. kreisförm. Beweg. d. Wassertheilchen im Schaum der Wellen VIII. 123 — Bahn d. Molecüle in den Wasserwellen XV. 74; XVI. 53 — Oel glättet die von Wellen gekräuselte Oberfläche d. Wassers XII. 25; XIV. 34 — Verschiebung fester Körper durch fortschreitende W. XVII. 72 — Gestalt d. Curve, welche d. Wellenberg rasch nach einander erregter Wellen durch d. Fortrücken mit d. Strom erzeugt XVII. 73. 74 — Er-

scheinung bei Wasserw. in Kanälen XVIII. 43; XX. 42 — Bildung d. Mascaret XVIII. 45 — s. Meereswellen, Wellen.
Wasserziehen an der Seite der Sonne gegenüber XX. 750.
Wattsches Parallelogramm s. Parallelogramm.
Webestuhl s. Bonelli, Pascal, C. H. Schmidt.
Wehre hydropneumatische VI. 197.
Wein, Bestimm. des Alkoholgehalts aus d. Siedepunkt VI. 278 — Einfluss d. Witterung auf d. Weinproduction XVIII. 570.
Weinlese, Epochen derselben in Frankreich V. 421.
Weinsteinsäure (Weinsäure), Opt. Drehungsvermögen IV. 10; V. 164; VIII. 290. 293 — Einfluss d. Borsäure darauf XII. 273; XV. 255 — Das Drehvermögen hat für e. bestimmte Farbe e. Maximum, das mit d. Concentration seinen Ort ändert XIV. 281 — W. identisch mit rechtsdrehender Traubensäure V. 174; VI. 465 — Bildung v. zwei isomeren Zuständen in d. Wärme VI. 461. 463. 464 — Umwandl. der Weinsäuren in Traubensäure IX. 282 — Inactive W.; zur Zeit vier verschied. Weinsäuren bekannt IX. 284 — Innere konische Refraction bei der Weinsäure XIV. 275.
Weinstock, Nachahmung d. Blutens d. Rebe XVIII. 92.
Weissbleierz, Winkel d. optischen Axen VIII. 276.
Weisses Meer, Ebbe u. Fluth darin V. 468; IX. 647.
Welle, Zapfenreib. bei stehenden Wellen X. 58.
Wellen, Einfluss d. Bewegung der wellenerregenden Quelle auf d. sinnliche Wahrnehmung I. 154 — Ablenk. d. Licht- u. Schallstrahlen bei ihrem Durchgang durch e. rotirendes Mittel II. 160 — Einfluss d. Beweg. d. Mittels auf d. Fortpflanzung der W. V. 123 — Bestimm. der in einer Flüssigkeit möglichen W. IV. 74 — Wellenform in e. Strom v. unendl. Breite u. Tiefe XIV. 90; XVI. 53 — Fixirung d. Wellenbeweg. in Quecksilber mittelst Gypsbrei VI. 210 — Beschaffenheit d. W. auf Quecksilber bei Erschütter. desselben in e. rectangulären Gefäss XX. 124 — Anwend. d. Wellenlehre auf d. Kreislauf d. Bluts VI. 210 — Transversale W. bewirken Anziehung, longitudinale Abstossung VIII. 384; XI. 371 — Erregung stehender W. in gespannten Fäden XVI. 137 — s. Licht-, Schall-, Wasserwellen, Wellenmaschine — Bazin, Briot, Chavagneux, Gerling, Laurent, Mathieu, Weber.
Wellenmaschine, Anwendung der stroboskop. Scheiben zur Versinnlichung d. Wellenbeweg. II. 153 — Vorrichtung v. Osann die Durchkreuzung zweier Wellenzüge zu versinnlichen X. 129 — Wellenm. v. Fessel V. 213 — v. O. Schulze XIII. 179 — Longitudinalwellenm. v. Pierre XVII. 173 — Theorie d. optisch-akustisch. Wellenapparate XIX. 99 — s. Rousseau.
Weltenraum, Temperatur desselb. X. 700 — s. Liais.
Weltzienit, Form u. Farbe X. 298.
Wetter s. Barometer, Meteorologie.
Wetterglas (Wetterparoskop), Inhalt desselben XIX. 614.
Wetterleuchten, Jahrescurve d. W. in Bern XI. 598 — W. v. fernen Blitzen herrührend XV. 574 — W. in d. südamerikan. Cordilleren XV. 616.
Whewellsche Streifen VI. 406; IX. 234.
Widder, hydraulischer, Maschinen d. Art v. Caligny VI. 193; VIII. 124 — v. Leblanc VI. 194 — v. Gatchell X. 182.
Widerstand, Grösse d. Luftwiderstandes I. 77; IX. 112; XVI. 57 — W. d. Luft gegen Geschosse IV. 62; XII. 115; XVIII. 57 — gegen e. Pendel IX. 109 — gegen e. bewegte Scheibe XX. 50 — W. des Mittels bei sehr kleinen Amplituden schwingender Körper II. 590 — Form der Körper für d. geringsten W. bei d. Beweg. in e. widerstehenden Mittel X. 62 — Fläche des kleinsten Widerstandes XVI. 52 — Berechnung d. W. fester Körper X. 105; XII. 156; bei complicirtem Querschnitt derselb. XX. 60 — W. verschied. Bausteine gegen Zusammendrück. XIII. 157 — Der W. eiserner Röhren geg. Zusammendrück. nimmt mit ihrer Länge ab XIV. 113 — W. körniger Materialien u. d. Erddrucks XVI. 46 — s. Mittel widersteh., Reibung — Jouravski, Liais.

Wildbäche, ihre Wirkungen VIII. 623.

Wind, Bedenken gegen d. Annahme d. Luftströme v. d. Aequator nach d. Polen u. umgekehrt III. 33 — Belege aus beiden Hemisphären für Dove's Drehungsgesetz III. 635; XIII. 542 — Bestätig. desselben durch d. Beobacht. in Gnadenfeld III. 636; zu Kharkov IX. 732; zu Toronto XVII. 694; auf Bermuda u. in Australien XVIII. 644 — Ursache der Luftströmungen nach Vettin XII. 718; XIII. 545. 561 — Gesetz d. Winddrehung nach Wolfers XVIII. 645 — Die Drehung d. Winde nach Poey durch d. Beweg. d. Wolken bedingt XX. 736 — Beschaffenh. d. oberen Luftströme nach Henrici III. 663. 665 — Relative Häufigkeit d. oberen u. unteren Winde V. 427; VIII. 756 — Starke Brise oben, Windstille unten VI. 1095 — Nach Bulard die Windricht. abhängig v. d. Unterschied d. Declination d. Sonne u. d. Mondes X. 759 — Bestimm. d. Windrichtung aus d. Spiegelbild d. Wolken u. e. Compass XI. 640 — Bedenken gegen d. Bestimm. d. mittleren Windrichtung nach Lambert's Formel XVII. 647; XX. 713 — Windricht. in verschied. Theilen d. nördl. Halbkugel X. 753 — Einfluss der Sternschnuppen auf d. Windricht. XX. 644. 645 — Die Luftbeweg. nach Hopkins hauptsächlich v. d. Niederschlag d. Wassers bedingt XIII. 564; XIV. 671; XVIII. 577 — Geograph. Windsysteme nach Wüllerstorf XV. 722; XVI. 730 — Aehnlichk. d. atmischen u. barometr. Windrose V. 386 — Bezieh. zw. Barometerstand u. W. VIII. 758. 769; XIII. 557; XVII. 694 — Einfluss der Drehung d. Erde auf d. Bewegung d. Luft XIV. 667; XV. 739; XX. 648 — Thermische Windrose für d. nordwestl. Deutschland XVII. 612; XIX. 630 — Zusammenhang zw. Windrichtung u. Isothermen XVII. 696 — Erklär. d. veränderl. Winde von C. Koppe XVII. 648 — Einfluss d. Gebirge auf d. W. in d. benachbarten Ebnen XVIII. 649 — Bestimmung d. Windgeschwindigk. zu Amsterdam V. 381 — Geschwind. e. Windstosses in d. Schweiz VIII. 755 — Einfluss d. Windgeschwindigk. auf d. Barometer VIII. 769 — Instrument zur Beobacht. verticaler und geneigter Luftströmungen XII. 615 — Ursachen und Wirkungen verticaler Luftströme XX. 716 — Ursprung des Namens Föhn XVI. 726 — Der Wisper u. Bodenthalwind XX. 714 — Einfluss d. W. auf d. Temperatur d. Bodens u. seiner Pflanzendecke V. 385 — Einfluss d. W. auf d. Signalscheiben XX. 53.

Windverhältnisse auf dem Atlant. Ocean VI. 1107; XIII. 549; XVII. 721; XX. 712 — im mexikan. Meerbusen zu Mobile (Point u. Cat Island VI. 1107 — im Mittelmeer zw. Frankreich u. Algier XII. 671; XX. 638 — in verschied. Theilen d. Oceans XII. 674; XVI. 728. 729 — an d. Westküste d. Verein. Staaten XIV. 665 — an d. Westküste v. Grönland XV. 701 — an d. deutschen Nordseeküste XX. 734 — im Finnischen u. Rigaschen Meerbusen XX. 736.

Beobacht. üb. Richtung, Stärke u. Schwank. d. W. zu Gnadenfeldt III. 636 — Karlsruhe VIII. 758 — Breslau X. 711 — Zechen XIV. 651 — Crefeld XIV. 670 — Prag XVII. 715. 716 — in Holland III. 638. 640; V. 383 — zu Utrecht XVI. 725 — zu Brüssel und an anderen Orten in Belgien IV. 453; XVI. 713 — auf d. St. Bernhard VIII. 748 — zu Udine VIII. 753 — Bologna XX. 740 — in Irland XI. 746 — zu Beeston XII. 673 — Liverpool XII. 616. 673 — Manchester XVIII. 649 — Dorpat XIV. 644. 655; XVI. 718 — Petersburg XIV. 646 — in verschiedenen Gegenden Russlands XIV. 645; XVII. 710 — In Nordasien d. Windverhältnisse mit Halley's Ansicht nicht in Einklang VIII. 765 — Windrichtung in Tobolsk IX. 734 — auf d. Spitze d. Cotopaxi XV. 724 — zu Toronto XVII. 694 — Simons Bay, Cap d. guten Hoffn. XVIII. 674.

Stürme, Ungleiche Drehung der Windfahne bei verschied. Stürmen III. 633; X. 759 — Eigenthümlichkeit d. St. im Ind. Ocean III. 648. 651 — Ursache d. Tornados im Ind. Meer nach Dove VIII. 768; nach Taylor VIII. 771 — Entwickl. d. Gesetzes d. St. v. Reid V. 389 — Hare's Theorie d. St. VI. 1103 — Nach Hopkins Dampfniederschlag Ursache der St. VIII. 771; XVIII. 577 — Verhalten d. Cyclonen in Irland XI. 747 — Red-

field's Erfahrungen u. Theorie über Wirbelstürme XIII. 543. 544; Chappelsmith dagegen XIV. 663 — Entstehung der Wirbelst. nach Vettin XIII. 546 — Dove's „Gesetz der Stürme" e. Samml. seiner Untersuch. XIII. 547 — Beschreib. u. Erklär. d. Cyclonen v. Baeyer XIV. 669; XV. 721 — Cyclonentheorie nach Maury XV. 724 — Entstehung d. Cycl. nach Wüllerstorf XVI. 732 — Einwürfe gegen d. Theorie d. Cyclonen XVIII. 578 — Theorie d. Cycl. von Andrau XVIII. 641; XX. 715; v. Ashe XVIII. 650; v. Rambosson XX. 732 — Hagelstürme in Indien VI. 1095 — Ausbreit. d. St. üb. d. britt. Inseln VI. 1105; X. 758 — Sturmbahnen im südl. Stillen Ocean X. 762 — Monatl. Vertheilung v. 364 in 362 Jahren beobachteten Stürmen XI. 694 — Charakter d. St. in d. Pyrenäen XI. 695 — Analyse von 170 Stürmen in Nordamerika XIV. 666 — In Europa treten d. St. in drei Formen auf XVIII. 668; XX. 715 — Geschwindigk. mancher St. VIII. 755; X. 761; XI. 696 — Vorschriften zur Beobacht. d. St. VI. 1106 — Anleitung für Seeleute den Gefahren vor St. zu entgehen X. 757 — Einrichtungen zur Vorherbestimm. d. St. an d. engl. Küsten XVII. 650. 652; XVIII. 648; XX. 709; an d. russ. Küsten XX. 711.

Ein Orkan, welcher e. Schiff fünfmal im Kreise herumführte III. 654 — Schneesturm im August zu St. Ives VI. 1096 — Beobacht. über d. Orkan v. 30. Juni 1854 in Oesterreich X. 760 — v. Novemb. 1854 im südl. Europa XI. 696; XII. 674 — Verlauf zweier St. 1852 u. 1854 in Nordamerika XI. 696 — Gang der Stürme im Dec. 1836 in Europa u. Nordamerika XV. 724; XVIII. 645 — Wirbelsturm 1859 zu Penzance XVI. 899 — Windstille am Rand d. Insel Helgoland während e. Sturmes XVII. 647 — Beschreibung e. Cyclone zw. Java u. d. Cap XVII. 649 — Stürme im Oct. u. Nov. 1859 an d. engl. u. französ. Küsten XVII. 653 — Erscheinungen bei d. Sturm im Aug. 1862 zu Paris XIX. 652; XX. 723 — Beschreib. d. St. v. Sept., Oct. u. Dec. 1863, XX. 715. 724. 725. 738.

s. Anemometer, Föhn, Passat — Adie, Airy, Albert, Bache, Berger, Bertrand, Bridet, Capelli, Capello, Cappès, Chappelsmith, Core, Danson, Dellmann, Dobson, Dove, Duperrey, Fitz-Roy, Foot, Fournet, Fuhlrott, Galton, Glaisher, v. Graefe, de la Harpe, Hartness, Haughton, Heelis, Hennessy, Hunt, Jelinek, Jülfs, Kämtz, Keller, Kornhuber, Krake, Krecke, Kreuger, Lartigue, Lesley, Leverrier, G. v. Liebig, Liévin, Loomis, Lowe, Magrini, Mangon, Marié-Davy, Martin, Maury, Murray, Neumayer, Olmstedt, Parish, Plantamour, Poey, Prestel, Quetelet, Redfield, Reid, Rodgers, Russel, Saint Leon, Schönborn, Schomburgh, Secchi, Snow, Stewart, Stoddard, J. Thomson, Thury, Vaughan, Warlemont, Wilkes, Witte.

Winde, hydraulische, X. 183.

Windhose s. Trombe.

Windkessel bei Saugepumpen IX. 101; X. 176.

Windmesser s. Anemometer.

Winkelmessung s. Goniometer.

Winkelspiegel, Anzahl d. Bilder bei ihnen VI. 383.

Winter, Vergleich d. W. von 1853 mit d. 16 vorangehenden in Berlin IX. 705 — Eigenschaften d. strengen u. milden W. nach d. Beobacht. der 18 letzten W. in Berlin X. 697 — W. von 1863 in Berlin XX. 669 — Milder W. in Grönland 1854 u. 55 während grosser Kälte in Europa XI. 646 — Milde W. unter 70° nördl. Br. XIV. 608 — Wintertemperatur in d. Polargegenden XX. 637. 638. 666 — Nachweis e. Wärmedämmerung in der Winternacht der Polarländer XX. 663 — Ursache d. milden W. im westl. Grönland XX. 669 — Temperatur des W. 1854 u. 55 in Belgien XI. 649 — Kältester Wintertag in Brüssel u. and. belg. Städten XVII. 608 — Jahre, in denen der Februar d. kälteste Monat in Belgien war XI. 649 — Grosse Kälte im Jan. 1855 in Montpellier XI. 646. 648 — Angebliche Periode d. strengen W. in Paris XVI. 686; XVII. 607 — Schneereicher W. 1855 in Basel XI. 710 — Gang d. Temp. im W. 1863 u. 64 in der Schweiz XX. 682 — Gang der Temp. im W. 1855 in Russland XI. 753 — Ungewöhnl. Kälte im Nov. 1858 im nordöstl. Deutschland XIV. 602 — Einfluss des Golfstromes auf

d. W. d. engl. Küsten XIV. 656; XV. 740 — Erscheinungen d. W. 1862 u. 63, XIX. 641 — s. Buhse, Dove, Fonvielle, Morren, Murphy, Quetelet.
Wismuth, Latente Wärme II. 263; IV. 232 — Specif. Wärme II. 264; XI. 381. 382 — Schmelzpunkt II. 265 — Ausdehn. durch d. Wärme VIII. 33; XVI. 339 — Nach schnellem Erkalten d. geschmolz. W. ist d. specif. Gew. geringer als beim krystallisirten Metall XI. 35 — Bei ganz reinem W. wird d. erstarrte Oberfläche v. flüss. Metall darunter nicht durchbrochen XI. 46 — Wärmeleitung XIV. 356 — Erzeug. lebhafter Farben auf polirtem W. mittelst Elektrolyse IV. 298 — Eigenthümlichkeit d. W. in elektr., diamagnet. u. chem. Bezieh. VIII. 458 — Die Leitung für Elektr. u. Wärme ist in comprimirtem W. besser in Richtung der Compression als senkr. dagegen XI. 412 — Elektr. Leitvermögen zweier Wismuthstäbe v. verschied. Structur XI. 412; XII. 454 — Magnet. Moment des W. XIV. 507 — Erzeug. bleibender magnet. Polarität im W. XVI. 556.
Wismuthoxyd, Brechungsexpon. d. Lösung v. salpetersaur. W. XX. 178.
Wolfram (Metall), Specif. Wärme XVII. 393.
Wolframsäure, Darstell. flüssiger W. XX. 89.
Wolga, Ursache der Versandungen im Wolgabecken XVI. 822 — siehe Sokolowski.
Wolken, Rothe W. bei Vollmond III. 167 — Wolken bestehn aus Tröpfchen III. 167; IV. 414; VIII. 222. 586; XIII. 454; XV. 725; nach Andern aus Bläschen IX. 603; XX. 744 — Bestimm. d. Höhe d. W. III. 585; IV. 199; V. 396; VI. 420; XI. 697; XX. 749 — Höhe d. W. in d. Alpen X. 744; im Himalaya XII. 704 — Instrument zur Bestimm. d. Wolkenhöhe XX. 750 — Spiegelung d. Sonne an einer W. VI. 1096 — Erklär. der Farbe d. W. VIII. 590 — Regenw. sind in d. Mitte positiv, am Rande negativ elektr. X. 645; XIX. 556 — Bildung u. Beschaffenheit d. Gewitterwolk. XI. 595; XX. 613 — Leuchtende elektr. W. XII. 582; XVI. 623; XVIII. 536; XIX. 568 — Zerreissen e. W. durch d. Blitz XV. 584 — Beobacht. v. merkwürd. Wolkenformen XI. 698 — Butler's Theorie d. Wolkenbildung XII. 681 — Entstehung der verschied. Wolkenformen XIV. 676 — Spiegel zum bequemen Einzeichnen d. Wolkenformen XVII. 606 — Ursache d. Aenderung in der tägl. Wolkenmenge XVII. 663 — Periodicität in d. Form u. Menge d. W. XVIII. 652 — Der Wolkenzug folgt d. Doveschen Drehungsgesetz XX. 736 — Ursache d. Schwebens der W. XX. 742. 744 — Bewölkung in Christiania XX. 745 — s. Bagot, Bravais, Chevallier, Dupré, Haidinger, Hunt, Jevons, Krecke, Ladame, Liais, Peyré, Pooy, Pouillet, Prestel, Quetelet, Raillard, Reslhuber, de Tessan.
Wolnyn identisch mit Schwerspath XVI. 258.
Wood's leichtflüssige Legirung XVI. 346. 347.
Wurf, Ablenk. d. Wurflinie durch d. Axendrehung der Erde VI. 107. 149 — Bestimm. d. Winkels, unter welchem e. Körper im leeren Raum geworfen werden muss um e. bestimmtes Ziel zu treffen X. 38 — Grössete Wurfweite im leeren Raum XII. 100. 101; XIII. 96 — Wurfweite im lufterfüllten Raum XIII. 121 — Lage d. Directrix d. Wurflinie XIX. 18 — W. auf e. schiefen Ebne XII. 99 — Beweg. eines vom Mond zur Erde geworf. Körpers XX. 28 — s. Leurs, Otto.

Yttrotantalit, Opt. Eigenschaften XVI. 257.

Zähigkeit, Bestimm. derselben in Flüssigkeiten durch d. Ausfluss aus Röhren XVI. 93. 101.
Zauberlaterne für Nebelbilder VI. 553.
Zeichnungen, Neue Vervielfältigungsart derselben XIII. 47.
Zeiodelit zu wasserdichten Zellen für galvan. Batterien XIX. 410.
Zeitmessung, Wheatstone's Methode zur Mess. kleiner Zeitabschnitte I. 62 — Chronograph v. Rieussec I. 581; v. Liais X. 36; von Gloesener XVII. 514; v. Lissajous u. Schulz XVIII. 5; von Boulangé XX. 7 — Galvan.

Zeitregistrirapparat VI. 1125 — Constanten für d. Hippsche Chronoskop VIII. 48 — Beseitig. d. Schwierigk. durch d. Inductionsströme bei elektromagnet. Chronoskopen VIII. 544 — Bei gleicher Stromstärke erregt e. vielpaarige Batterie d. Magnetismus schneller als e. einpaarige XI. 506 — Mess. v. Bruchtheilen e. Secunde XII. 81 — Mess. kleiner Zeittheile nach Helmholtz XIV. 530 — Elektroballist. Chronoskop XV. 58; XVII. 47 — Chronograph mit Benutz. d. Inductionsfunkens XVII. 513; XVIII. 486 — Elektrophonischer Chronogr. XVII. 513 — Chronoskop v. Valerius mit Benutz. d. Stimmgabel XX. 8 — s. Chronometer, Geschosse, Uhren, Wasseruhren — Airy, Brettan, Carrington, Garnier, Glösener, Hansteen, Hartnup, Hipp, Jacobi, Liais, Poncelet, Walker, Weare.

Zeolithe, Entstehung derselben XV. 750 — Bildung im röm. Cäment d. Thermen v. Luxeuil XVI. 841.

Zerdrückungsfestigkeit siehe Festigkeit.

Zersetzung durch Hitze: Wasser, Alkohol, Aether, Terpentinöl, Mandelöl, Schwefelwasserstoff II. 312; III. 303. 305. 307. 373; IX. 493 — Zersetz. gasförm. Verbindungen durch elektr. Glühen XVI. 501.

Zersprengen, Regelmässigkeit d. Sprengstücke beim Zerspr. v. Kugeln durch e. elast. Fluidum IX. 113 — s. Minen.

Ziegelsteine s. Backsteine.

Zimmtöl, Lichtbrechungsexpon. XVII. 236.

Zink, Latente Wärme II. 264; IV. 232 — Schmelzpunkt II. 265; XIX. 350. 352 — Siedepunkt XIX. 350. 352 — Ausdehn. durch die Wärme VI. 49; VIII. 33; XVI. 339 — Specif. Wärme XI. 381. 382 — Wärmeleitung XI. 376; XII. 370; XV. 364; XVIII. 364 — Elektr. Leitungsvermögen XVIII. 364 — Beschleunig. d. Auflösung d. Zinks in Säuren und Salzlösungen I. 477 — Specif. Gew., Structur u. Löslichk. d. Z. in Schwefelsäure unter verschied. Verhältnissen XI. 6 — Z. ist dimorph IV. 12; XV. 36 — Amalgamirung d. Z. für galvan. Ketten VIII. 492; XIV. 441; XVIII. 411; d. Gasentwickl. dabei oft v. Kohlensäure herrührend IX. 519 — Elektr. Stellung d. amalgamirten Z. zum reinen XVI. 467 — Amalgam. Z. wird durch e. Ueberzug von Wasserstoff vor verdünnter Schwefelsäure geschützt XVII. 483 — Kleine Stücke Z. schwimmen auf geschmolz. XIX. 7.

Zinkoxyd, Verflüchtigung durch d. elektr. Strom V. 286 — Oktaedrische Krystalle von Zinkoxydhydrat auf elektr. Wege VIII. 486 — Löslichk. d. Z. in Wasser XI. 170 — Schwefelsaur. Z., Zinkvitriol, elektr. Leitungsvermögen bei verschied. Temp. VI. 702.

Zinn, Latente Wärme II. 263; IV. 232 — Specif. Wärme II. 264; XI. 381. 382 — Schmelzpunkt II. 265; XIX. 350 — Ausdehnung durch die Wärme VIII. 33; XVI. 339 — Schnell erkaltetes geschmolz. Zinn hat eine geringere Dichte als d. krystallisirte XI. 35 — Wärmeleitung XIV. 356; XV. 364 — Starker Klang d. Z. XV. 163 — Elasticität XVI. 62.

Zinnchlorid s. Chlorzinn.

Zinnoxyd, Magnet. Polarität d. Zinnsteins V. 343 — Wärmeausdehn. d. Zinnst. VIII. 33; XV. 337 — Darstell. flüss. Zinnsäure XX. 89.

Zinnober s. Schwefelquecksilber.

Zinnsäure, Zinnstein s. Zinnoxyd.

Zirkon, Ausdehn. durch d. Wärme XV. 337 — Aenderung seiner Dichte beim Erhitzen XX. 11. 12.

Zitteraal, Zitterrochen, Zitterwels s. Elektricität animalische.

Zodiakallicht, Wie sich entscheiden lässt, ob d. Z. zur Sonnenatmosphäre gehört II. 163 — Lage d. Z. im Raum II. 198 — Beobacht. e. schönen Z. II. 199 — Z. in Ägypten VIII. 642 — Erklär. d. Z. aus Reflex. an den höchsten Schichten der Atmosphäre VIII. 589 — Theorie d. Z. v. Challis XIX. 533 — s. Arndt, Barnard, Baxendell, Bibra, Bornitz, Brorsen, Brückner, Burr, Chacornac, Challis, Faye, Fonvielle, Goldschmidt, Heelis, Heis, Herrick, v. Humboldt, E. B. Hunt, Jacob, Jones, Kohlmann, Laussédat, Lecot, Liais, Lowe, Masterman, Neumayer, Olmstedt, Piazzi, J. Schmidt, Simmler, Sponholz, Wilkes, Wolf, Zulauf.

Zucker, Aufgelöster Rohrz. wird unter Umständen von Knochenkohle unter Erhitz. bis zur Explosion ab-

sorbirt VIII. 145 — Opt. Drehvermögen d. Rohrz. VIII. 295; XIV. 280 — Bezieh. zw. Procentgehalt, Dichte u. d. Beauméschen Aräometergraden bei verschied. Zuckerlösungen X. 30 — Löslichk. d. Z. in Wasser und Glycerin XI. 172 — Eigenschaften d. Umwandlungsproducte d. Rohrz. durch Säuren XII. 294; XX. 253 — Innere konische Refraction d. Z. XIV. 275 — Einfluss d. Kalkgehalts auf d. Dichte u. Polarisation der Zuckerlösungen XVI. 265 — Abscheid. d. Salze aus d. Zuckersäften durch Dialyse XX. 89.

Stärkezucker (Trauben-, Krümelz.), Abhängigk. d. opt. Drehvermögens v. d. Temperatur V. 168 — Eine frisch bereitete Lösung dreht d. Polarisationsebne stärker als eine ältere XII. 275 — Nach Pasteur beruht d. Aender. des Drehungsvermögens auf e. Aenderung der latenten Wärme, nach Béchamp auf e. Entwässerung d. Zuckers XII. 278. 281 — Krystallform d. Verbindung von Stärkez. mit Chlornatrium XII. 279 — Unzweckmässigkeit des Namens Glykose für St. XII. 279 — Wasserfreier Stärkez. besteht in zwei Arten XII. 285 — Die Ausscheid. d. Traubenzuckers aus Honig u. intervertirtem Rohrzucker eine Lichtwirkung XIX. 265.

Melitose, Eucalyn, Pinit, zuckerähnl. Substanzen, Beschreib. XI. 316. 317 — Mykose dreht d. Polarisationsebne mehr als andere Zuckerarten XIII. 253 — Trehalose hat d. grösseste Drehvermögen XIV. 282 — s. Saccharimeter — Brix.

Zündruthen verbrennen in verdünnter Luft langsamer als gewöhnlich XVIII. 331; XX. 360.

Zürchersee, Niveauänderungen desselben XI. 770.

Zufrieren s. Gewässer.

Zugerzeugung durch Dampfstrahlen XIX. 42. 329.

Zungenpfeifen s. Pfeifen.

Zusammendrückbarkeit verschied. Salzlösungen VI. 56 — s. Aether, Alkohol, Condensation, Wasser.

www.ingramcontent.com/pod-product-compliance
Lightning Source LLC
LaVergne TN
LVHW092150300926
849161LV00002B/235